ERDAS IMAGINE 遥感图像处理教程

党安荣　贾海峰　陈晓峰
张建宝　王晓栋　沈涛　陈玉荣　编著
李京伟　沈莎　袁辉　杨晓明

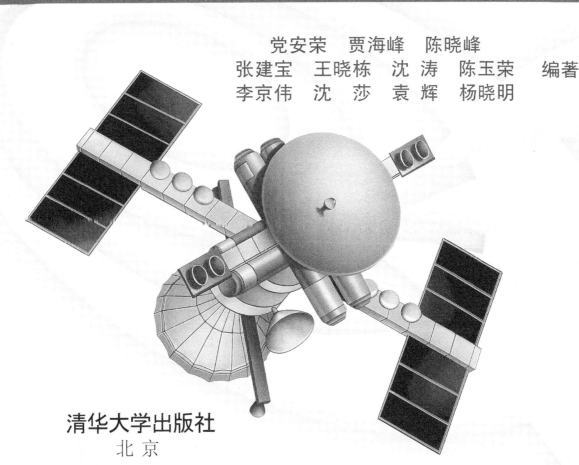

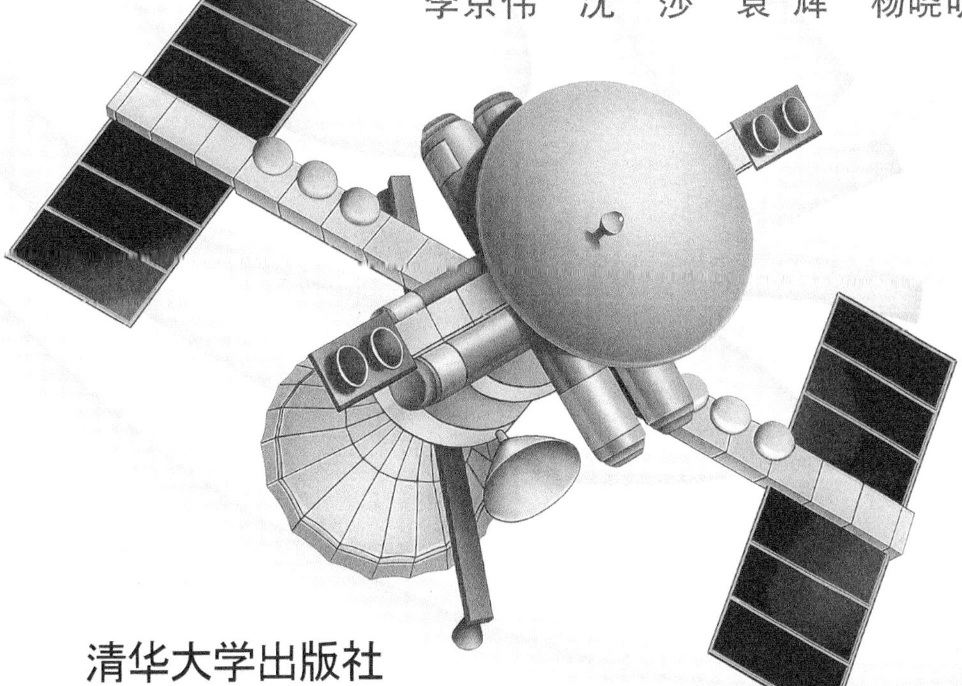

清华大学出版社
北　京

内 容 简 介

本书根据作者多年遥感应用研究和 ERDAS IMAGINE 软件应用经验编著而成，系统地介绍了 ERDAS IMAGINE 9.3 的软件功能及遥感图像处理方法。全书分基础篇和扩展篇两部分，共 25 章。基础篇涵盖了视窗操作、数据转换、几何校正、图像拼接、图像增强、图像解译、图像分类、子像元分类、矢量功能、雷达图像、虚拟 GIS、空间建模、命令工具、批处理工具、图像库管理、专题制图等 ERDAS IMAGINE Professional 级的所有功能，以及扩展模块 Subpixel、Vector、OrthoRadar、VirtualGIS 等；扩展篇则主要针对 ERDAS IMAGINE 9.3 的新增扩展模块进行介绍，包括图像大气校正（ATCOR）、图像自动配准（AutoSync）、高级图像镶嵌（MosaicPro）、数字摄影测量（LPS）、三维立体分析（Stereo Analyst）、自动地形提取（Automatic Terrain Extraction）、面向对象信息提取（Objective）、智能变化检测（DeltaCue）、智能矢量化（Easytrace）、二次开发（EML）等十个扩展模块的功能。

本书将遥感图像处理的理论和方法与 ERDAS IMAGINE 软件功能融为一体，可以作为 ERDAS IMAGINE 软件用户的使用教程，对其他从事遥感技术应用研究的科技人员和高校师生也有参考价值。

图书在版编目（CIP）数据

ERDAS IMAGINE 遥感图像处理教程 / 党安荣等编著. —北京：清华大学出版社，2010.4（2021.7重印）
ISBN 978-7-302-21861-6

Ⅰ. ①E… Ⅱ. ①党… Ⅲ. ①遥感图像-图像处理-应用软件，Erdas Imagine 9.3-教材 Ⅳ. ①TP75-39

中国版本图书馆 CIP 数据核字（2010）第 011216 号

责任编辑：夏兆彦
责任校对：徐俊伟
责任印制：宋　林

出版发行：清华大学出版社
　　网　　址：http://www.tup.com.cn, http://www.wqbook.com
　　地　　址：北京清华大学学研大厦 A 座　　邮　　编：100084
　　社 总 机：010-62770175　　邮　　购：010-62786544
　　投稿与读者服务：010-62776969，c-service@tup.tsinghua.edu.cn
　　质量反馈：010-62772015，zhiliang@tup.tsinghua.edu.cn
印 装 者：北京九州迅驰传媒文化有限公司
经　　销：全国新华书店
开　　本：190mm×260mm　　印　　张：43　　字　　数：1093 千字
版　　次：2010 年 4 月第 1 版　　印　　次：2021 年 7 月第 9 次印刷
定　　价：69.00 元

产品编号：034535-01

前　　言

随着遥感技术的飞速发展，遥感应用的逐步深入，遥感图像处理系统如雨后春笋不断涌现。在众多的遥感软件当中，ERDAS IMAGINE 以其强大的综合功能、特别是与地理信息系统的有机集成，得到遥感界众多用户的青睐，越来越多的遥感机构、科技人员和高校师生，加入到 ERDAS IMAGINE 的应用和开发行列。

在徕卡测量系统贸易(北京)有限公司的大力支持下，我们根据多年遥感应用研究和 ERDAS IMAGINE 软件应用经验，在 2003 年出版的《ERDAS IMAGINE 遥感图像处理方法》(8.5 版)基础上，根据来自全国各界读者的建议和 ERDAS IMAGINE 9.3 最新功能，于 2009 年编写了《ERDAS IMAGINE 遥感图像处理教程》。本书将遥感图像处理的基础理论和应用方法与 ERDAS IMAGINE 9.3 软件功能融为一体，可以作为 ERDAS IMAGINE 软件用户的应用教程，对其他从事遥感应用研究的科技人员和高校师生也有参考价值。

全书分基础篇和扩展篇两个部分，共 25 章。基础篇涵盖了视窗操作、数据转换、几何校正、图像拼接、图像增强、图像解译、图像分类、子像元分类、矢量功能、雷达图像、虚拟 GIS、空间建模、命令工具、批处理工具、图像库管理、专题制图等 ERDAS Professional 级的所有功能，以及常用扩展模块 Subpixel、Vector、OrthoRadar、VirtualGIS 等；扩展篇则主要讲述 ERDAS Professional 的扩展功能，包括图像大气校正（ATCOR）、图像自动配准（AutoSync）、高级图像镶嵌（MosaicPro）、数字摄影测量（LPS）、三维立体分析（Stereo Analyst）、自动地形提取（Automatic Terrain Extraction）、面向对象信息提取（Objective）、智能变化检测（DeltaCue）、智能矢量化（Easytrace）、二次开发（EML）10 个扩展模块。

本书是由 11 位作者通力合作完成的，其中第 1～5、10、11、15 和 23 章由党安荣和沈涛编写，第 8、12、13 和 14 章由贾海峰、王晓栋、陈玉荣编写，第 16、17、18 和 24 章由贾海峰和陈玉荣编写，第 6、7、9、19、20、21、22、25 章主要由陈晓峰和张建宝编写，编写过程中的技术与数据支持由徕卡测量系统贸易（北京）有限公司的李京伟、沈莎、袁辉、杨晓明完成，全书由党安荣和贾海峰完成统稿编辑工作。

本书第一作者党安荣，理学博士，清华大学教授、博导，清华大学人居环境信息实验室主任，中国地理学会环境遥感分会理事，中国地理信息系统协会（CAGIS）理事，中国海外地理信息系统协会（CPGIS）国内负责人，2008 年荣获中国高校十大 GIS 创新人物奖。

由于编写时间和作者水平所限，书中难免出现缺点和错误，真诚希望读者批评指正。

致　谢

在本书的编写过程中，得到诸多方面的支持与帮助，在此一并表示诚挚的谢意!

感谢徕卡测量系统贸易（北京）有限公司的大力支持！感谢清华大学人居环境信息实验室毛其智教授的关心和支持！感谢清华大学出版社冯志强主任和夏兆彦编辑的全力支持与辛勤工作!感谢所有给予我们技术及学术方面支持和帮助的《ERDAS IMAGINE 遥感图像处理方法》（8.5 版）读者及遥感界同仁!

约　定

在阅读本书之前，请注意下列几点约定：

（1）书中出现的 ERDAS、ERDAS IMAGINE 等，都是指 ERDAS IMAGINE 软件；

（2）书中使用数据主要来自 ERDAS 系统，位于<IMAGINE-HOME>\examples\下；

（3）书中使用的部分数据是操作过程中形成的中间结果，在 examples 下无法找到；

（4）书中出现的“单击左键、单击右键、双击”等术语，都是指对鼠标键的操作。

编　者

2009 年 6 月于清华园

目　录

基　础　篇

扩 展 篇

基　础　篇

第1章 概　　述

本章学习要点

- ➢ 遥感的基本概念
- ➢ 遥感的主要特点
- ➢ 遥感的物理基础
- ➢ ERDAS IMAGINE 软件系统
- ➢ ERDAS IMAGINE 图标面板
- ➢ ERDAS IMAGINE 功能体系

1.1 遥感技术基础

1.1.1 遥感的基本概念

遥感（Remote Sensing, RS）一词的字面含义是“遥远的感知”，遥感技术是一种不直接接触探测目标，应用探测仪器从远距离获取探测目标信息，从而揭示探测目标特性的综合性探测技术。目前，对探测目标进行的探测主要是利用目标反射或辐射的电磁波，属于狭义遥感的范畴；此外，力场、机械波（声波、地震波）、重力场等也可作为信息获取媒介，包含在广义遥感之中。

在上述遥感概念中，接收探测目标反射或辐射电磁波的装置称为遥感器或者传感器（Sensor），而搭载遥感器（传感器）的工具称为遥感平台（Platform）。

1.1.2 遥感的主要特点

1．宏观性

遥感器在离地面一定高度的遥感平台上获取探测目标信息，航天遥感平台的高度通常为200～1000 千米，静止轨道气象卫星甚至高达 36000 千米；航空遥感平台的高度一般也在 1 千米以上，高者可达 50 千米。在如此高空的广阔视野中俯瞰地球，观察地面的范围从几十千米到几千千米不等，所获取的遥感信息具有明显的宏观性，为人类进行大范围的宏观规律性研究提供了有益手段，是传统方法望尘莫及的。

2．综合性

宏观性决定了遥感技术所获取的信息能够宏观地反映地球上各种事物或现象的形态与分布，综合地体现一个区域的地质、地貌、土壤、植被、水文、人工构筑物等地形与地物的特征，全面地揭示地理事物或现象之间的关联性。另一方面，由传感器性能所决定的遥感信息的空间分辨率，体现了对探测目标信息的综合程度，特别是中低分辨率的遥感信息中包含大量的混合像元，所反映的往往是多种地物的综合信息。

3．丰富性

丰富性是指遥感技术探测目标的手段很多，获取的信息量大。根据不同的任务，可选用不同的遥感平台、传感器、遥感波段来获取信息，例如可采用可见光探测物体，也可采用紫外线、红外线和微波探测物体。利用不同波段对物体不同的穿透性，还可获取地物内部信息，例如地面深层、冰层下的水体，沙漠下面的资源特性等。此外，微波波段还可以全天候工作。

4．实用性

遥感技术能够在较短的时间内，从空中或太空对大范围地区进行探测，获取有价值的数据。这些数据拓展了人们的视觉空间，为宏观掌握地物的现状情况创造了极为有利的条件，同时也为自然现象和规律的宏观研究提供了宝贵的第一手资料。此外，对于那些自然条件极为恶劣，人类难以到达的区域，如沙漠、沼泽、高山等，都可以应用遥感技术进行探测获取信息。

5．经济性

尽管遥感系统是一个复杂而昂贵的系统，对用户而言，虽然还需要承担遥感数据及其处理软硬件系统的费用，但总的来看遥感还是一种成本效益很好的空间信息采集方式。遥感技术与传统的探测技术相比，可以大大地节省人力、物力、财力和时间，具有很高的经济效益和社会效益。有人估计过，美国陆地卫星的经济投入与取得的效益之比为1:80，甚至更大。

1.1.3 遥感的常用分类

1．按遥感平台分类

- **地面遥感** 传感器设置在地面上，如：车载、手提、高架平台等。
- **航空遥感** 传感器设置在航空器上，如：气球、飞机、航空器等。
- **航天遥感** 传感器设置在航天器上，如：人造地球卫星、航天飞机等。
- **航宇遥感** 传感器设置在星际飞船上，指对地月系统外的目标进行的探测。

2．按探测波段分类

- **紫外遥感** 探测波段在0.05~0.38μm之间。
- **可见光遥感** 探测波段在0.38~0.76μm之间。
- **红外遥感** 探测波段在0.76~1000μm之间。
- **微波遥感** 探测波段在1mm~10m之间。

3．按工作方式分类

根据传感器是主动还是被动获取目标物电磁波信号的工作方式，可以分为以下两种。

- **主动遥感** 由传感器主动发射一定电磁波能量并接收目标的后向散射信号。
- **被动遥感** 传感器仅接收目标物的自身发射和对自然辐射能量的反射信号。

根据传感器是否成像的工作方式，可以分为以下两种。

- **成像遥感** 传感器接收的目标电磁辐射信号可以转换成（数字或模拟）图像。
- **非成像遥感** 传感器接收的目标电磁辐射信号不能形成图像。

4．按应用领域分类

从总体的应用领域可以分为外层空间遥感、大气遥感、陆地遥感、海洋遥感等。

从具体的应用领域可以分为资源遥感、环境遥感、农业遥感、林业遥感、渔业遥感、地质遥感、气象遥感、水文遥感、城市遥感、军事遥感等。

1.1.4 遥感的物理基础

1．电磁波与电磁波谱

电磁波是在真空或物质中通过传播电磁场的振动而传输电磁能量的波。电磁波的传输可以从麦克斯韦方程式中推导出。电磁波具有以下特点：① 不需要传播介质即可传播；② 电磁波是横波，在真空中以光速传播；③ 具有波粒二象性；④ 波长与频率成反比，且两者之积为光速；⑤ 传播遇到气体、固体、液体介质时，会发生反射、折射、吸收等现象。

电磁波的范围非常广泛，实验证明，γ 射线、X 射线、紫外线、可见光、红外线、无线电波都是电磁波，它们的区别仅在于频率或波长具有差别。人们按照电磁波在真空中传播的波长或频率，以递增或递减的顺序进行排列，就构成了电磁波谱。表 1-1 列出了电磁波段的划分。

表 1-1 电磁波谱

波段名称			波长
γ 射线			小于 10^{-6}μm
X 射线			10^{-6}～10^{-3}μm
紫外线			10^{-3}～0.38μm
可见光波段		紫光波段	0.38～0.43μm
		蓝光波段	0.43～0.47μm
		青光波段	0.47～0.50μm
		绿光波段	0.50～0.56μm
		黄光波段	0.56～0.59μm
		橙光波段	0.59～0.62μm
		红光波段	0.62～0.76μm
红外波段		近红外波段	0.76～1.3μm
		短波红外波段	1.3～3μm
		中红外波段	3～8μm
		热红外波段	8～14μm
		远红外波段	14μm～1mm
无线电波	微波	毫米波	1～10mm
		厘米波	1～10cm
		分米波	0.1～1m
	超短波		1～10m
	短波		10～100m
	中波		1.1～1km
	长波		1～10km
	超长波		大于 10km

2. 电磁辐射与辐射源

能量以电磁波的形式通过空间传播的现象称之为电磁辐射。电磁辐射按照其形式可分为发射辐射、入射辐射、反射辐射、透射辐射、散射辐射等。自然界中的一切物体，只要温度在绝对温度零度以上，都以电磁波的形式时刻不停地向外传送电磁能量。所以，任何物体都可能是辐射源，既可以向外辐射电磁能量，也可以吸收、反射或透射其他物体传送的入射辐射；只有黑体能够完全吸收入射的全部电磁辐射，既无反射也无透射。

下面是电磁辐射相关基本概念。

（1）辐射源：任何物体都可以是辐射源，向外辐射电磁能量。

（2）辐射能量（w）：电磁辐射的能量，单位：J。

（3）辐射通量（Φ）：单位时间内通过某一面积的辐射能量，单位：W。辐射通量是波长的函数。

（4）辐射通量密度（E）：单位时间内通过单位面积上的辐射通量。

（5）辐照度（I）：被辐射的物体表面单位面积上的辐射通量。

（6）辐射出射度（M）：辐射源物体表面单位面积上的辐射通量。

（7）辐射亮度（L）：辐射源在某一方向、单位投影表面、单位立体角内的辐射通量。

（8）朗伯体：辐射亮度与观察角无关的辐射体，称为朗伯体。

（9）黑体：指入射的全部电磁波被完全吸收，既无反射也无透射的物体。

3．地物波谱及其特征

自然界中任何地物都具有其自身的电磁辐射规律，如具有反射和吸收外来的紫外线、可见光、红外线和微波的某些波段的特性；它们又都具有发射某些红外线、微波的特性；少数地物还具有透射电磁波的特性，这种特性称为地物的波谱特性。

当电磁辐射能量入射到地物表面上，将会出现3种过程：一部分入射能量被地物反射；一部分入射能量被地物吸收，成为地物本身内能或部分再发射出来；一部分入射能量被地物透射。

（1）地物的反射特性：不同地物对入射电磁波的反射能力是不一样的，通常采用反射率来表示。反射率不仅是波长的函数，同时也是入射角、物体的电学性质（电导、介电、磁学性质等）以及表面粗糙度和质地等的函数。一般来说，当入射电磁波波长一定时，反射能力强的地物，反射率大，在黑白遥感图像上呈现的色调就浅。反之，反射入射电磁辐射能力弱的地物，反射率小，在黑白遥感图像上呈现的色调就深。

（2）地物的辐射特性：任何地物当温度高于绝对零度时，组成物质的原子、分子等微粒在不停地做热运动，都有向周围空间辐射红外线的能力。地物发射率根据物质的介电常数、表面的粗糙度、温度、波长、观测方向等条件而变化，发射率的差异也是遥感探测的基础和出发点。

（3）地物的透射特性：当电磁波入射到两种介质的分界面时，部分入射能穿越两介质的分界面的现象称为透射。透射率就是入射光透射过地物的能量与入射总能量的百分比，地物的透射率随着电磁波的波长和地物的性质而不同。例如，水体对0.45～0.56μm的蓝绿光波具有一定的透射能力，较混浊水体的透射深度为1～2m，一般水体的透射深度可达10～20m。一般情况下，绝大多数地物对可见光都没有透射能力。红外线只对具有半导体特征的地物才有一定的透射能力。微波对地物具有明显的透射能力，这种透射能力主要由入射波的波长而定。因此，在遥感技术中，可以根据它们的特性，选择适当的传感器来探测水下、冰下某些地物的信息。

4．典型地物反射波谱特性

地物反射波谱不仅随不同地物反射率而不同，同种地物在不同内部结构和外部形态条件下也有差异。一般来说，地物反射率随波长变化有规律可循，从而为遥感图像的解译提供依据。

（1）植物的反射波谱特性：由于植物均进行光合作用，所以各类绿色植物具有很相似的反射波谱特性，其特征是：在可见光波段0.55μm（绿）附近有反射率为10%～20%的一个波峰，两侧0.45μm（蓝）和0.67μm（红）则有两个吸收带。这一特征是由于叶绿素的影响造成的，叶绿素对蓝光和红光吸收作用强，而对绿色反射作用强。在近红外波段（0.8～1.0μm）有一个反射的陡坡，至1.1μm附近有一峰值，形成植被的独有特征。这是由于植被叶的细胞结构的影响，除了吸收和透射的部分，形成的高反射率。在中红外波段（1.3～2.5μm）受到绿色植物含水量的影响，吸收率大增，反射率大大下降，特别是以1.45μm、1.95μm和2.7μm为中心是水的吸收带，形成低谷。植物波谱在上述基本特征下仍有细部差别，这种差别与植物种类、季节、病虫害影响、含水量多少有关系。

（2）水体的反射波谱特性：水体的反射主要在蓝绿光波段，其他波段吸收率很强，特别在近红外、中红外波段有很强的吸收带，反射率几乎为零，因此在遥感中常用近红外波段确定水体的位置和轮廓，在此波段上，水体呈黑色，与周围的植被和土壤有明显的反差，很容易识别和判读。但是当水中含有其他物质时，反射光谱曲线会发生变化。水含泥沙时，由于泥沙的散射作用，可见光波段反射率会增加，峰值出现在黄红区。水中含有叶绿素时，近红外波段明显抬升，这些反射波谱特性都是遥感图像分析的重要依据。

（3）土壤的反射波谱特性：在自然状态下，土壤表面的反射率没有明显的峰值和谷值，一般来讲土壤的光谱特性曲线与以下一些因素有关，即：土壤类别、含水量、有机质含量、砂、土壤表面的粗糙度、粉砂相对百分含量等。此外，土壤肥力也对反射率有一定的影响。土壤反射波谱特性曲线较平滑，因此在不同光谱段的遥感图像上，土壤的亮度区别不明显。

（4）岩石的反射波谱特性：岩石的反射波谱曲线无统一的特征，岩石成分、矿物质含量、含水状况、风化程度、颗粒大小、色泽、表面光滑程度等都会对反射波谱曲线的形态产生影响。在遥感探测中，可以根据所测岩石的具体情况选择不同的波段。

1.2 ERDAS IMAGINE 软件系统

1.2.1 ERDAS IMAGINE 概述

ERDAS IMAGINE 是美国 ERDAS 公司开发的遥感图像处理系统。ERDAS IMAGINE 以其先进的图像处理技术、友好的用户界面、灵活的操作方式，面向广阔应用领域的产品模块，服务于不同层次用户的模型开发工具以及高度的遥感图像处理和 GIS 集成功能，为遥感及其应用领域的用户提供了功能强大的图像处理工具，代表了遥感图像处理系统未来的发展趋势。

ERDAS IMAGINE 是以模块化的方式提供给用户的，用户可以根据自己的应用要求、资金情况合理地选择不同功能模块及其不同组合，对系统进行剪裁，充分利用软硬件资源，并最大限度地满足用户的专业应用要求。ERDAS IMAGINE 对于系统的扩展功能采用开放的体系结构，以 IMAGINE Essentials、IMAGINE Advantage、IMAGINE Professional 的形式为用户提供了低、中、高 3 种级别产品架构，并有丰富的扩展模块供用户选择，使产品模块的组合具有极大的灵活性。

1. IMAGINE Essentials 级

IMAGINE Essentia1s 是一个包括有制图和可视化核心功能的图像工具软件。无论用户是独立地从事工作或是处在企业协同计算的环境下，都可以借助 IMAGINE Essentials 完成二维 / 三维显示、数据输入与管理、图像配准、专题制图以及简单的分析。可以集成使用多种数据类型，并在保持相同的易于使用和剪裁的界面下，升级到其他级别的 ERDAS IMAGINE 软件。

2. IMAGINE Advantage 级

IMAGINE Advantage 是建立在 IMAGINE Essential 级基础之上的，增加了更丰富的栅格图像 GIS 分析和单张航片正射校正等强大功能的软件，为用户提供了灵活可靠的用于栅格分析、正射校正、地形编辑及图像拼接的相关工具。简而言之，IMAGINE Advantage 是一个完整的图像地理信息系统（Imaging GIS）。

3. IMAGINE Professional 级

IMAGINE Professional 是面向从事复杂分析、需要最新和最全面处理工具、经验丰富的专业用户，是功能完整丰富的图像地理信息系统。除了 Essentials 和 Advantage 中包含的功能以外，

IMAGINE Professional 还提供易用的空间建模工具（使用简单的图形化界面）、高级的参数 / 非参数分类器、知识工程师和专家分类器、分类优化和精度评定，以及雷达图像分析工具。

4．三种级别产品的主要功能

表 1-2 列出了 ERDAS IMAGINE 9 的主要功能。

表 1-2　ERDAS IMAGINE 9 主要功能列表

功能	Essentials	Advantage	Professional
在地理位置相关的窗口中工作	√	√	√
使用超过 130 种不同类型的图像格式	√	√	√
快速显示和任意漫游	√	√	√
在图像上数字化形成 ArcGIS Coverage 和 Shapefiles 矢量数据层	√	√	√
用超过 1000 种不同地理参考创建和地图打印	√	√	√
投影坐标系统	√	√	√
显示和分析 ESRI GeoDatabase	√	√	√
定义地理参考	√	√	√
批处理命令	√	√	√
图像镶嵌处理		√	√
点内插数字地形（DEM）		√	√
图像正射校正		√	√
空间增强、辐射增强、光谱增强		√	√
雷达图像分析			√
高级图像分类			√
空间建模工具			√
高光谱数据处理			√

5．IMAGINE 动态连接库

ERDAS IMAGINE 中支持动态链接库（DLL）的体系结构。它支持目标共享技术和面向目标的设计开发，提供一种无需对系统进行重新编译和连接而向系统加入新功能的手段，并允许在特定的项目中裁剪这些扩充的功能。

（1）图像格式 DLL——提供对多种图像格式文件无需转换的直接访问，从而提高易用性和节省磁盘空间。支持的图像格式包括：IMAGINE、GRID、LAN/GIS、TIFF （GeoTIFF）、GIF、JFIF（JPEG）、FIT 和原始二进制格式等。

（2）地形模型 DLL——提供新型的校正和定标（Calibration），从而支持基于传感器平台的校正模型和用户剪裁的模型。这部分模型包括：Affine、Polynomial、Rubber Sheeting、TM、SPOT、Single Frame Camera 等。

（3）字体 DLL 库——提供字体的裁剪和直接访问，从而支持专业制图应用、非拉丁语系国家字符集和商业公司开发的上千种字体。

1.2.2　ERDAS IMAGINE 安装

1．ERDAS IMAGINE 9.3 系统要求

（1）硬件要求

- ❑ **中央处理器（CPU）** Intel Pentium 4 或者更高。
- ❑ **内存（RAM）** 最少需要 1 GB，建议使用 2 GB 或者更高。
- ❑ **硬盘空间** 建议具有 2 GB 或者更多的空闲硬盘空间来安装软件。
- ❑ **显示器** Super VGA，分辨率 1024×768、彩色 32 位，或者更高。

（2）软件要求

- ❑ **操作系统** Windows Vista Business / Enterprise / Ultimate，Windows XP Professional SP2 及以上版本，或者 Windows XP Professional x64 Edition SP1 及以上版本（需要 Intel EM64T 或者 AMD64 处理器）。
- ❑ 为了使用 VirtualGIS、Image Drape 和 Stereo Analyst 模块，需要 OpenGL 1.1 以上版本。
- ❑ Adobe Acrobat Reader 7 或更高版本。
- ❑ 具有 JavaScript 脚本语言的浏览器，如 Internet Explorer 6 或更高版本。
- ❑ Java Runtime 1.6 将会随 ERDAS IMAGINE 一起安装。
- ❑ Microsoft DirectX 9c 或更高版本。

2. ERDAS IMAGINE 9.3 安装步骤

ERDAS IMAGINE 9.3 的安装过程可能会涉及一些扩展模块，运行这些扩展模块中的任何一个，都需要购买相应的软件注册号及使用许可。

ERDAS 产品 DVD 的主安装界面提供了进入 ERDAS IMAGINE 9.3 不同组件和 ERDAS 其他产品的安装入口。单击下一个按钮就可以进入相应的产品或组件的安装菜单（图 1-1）。

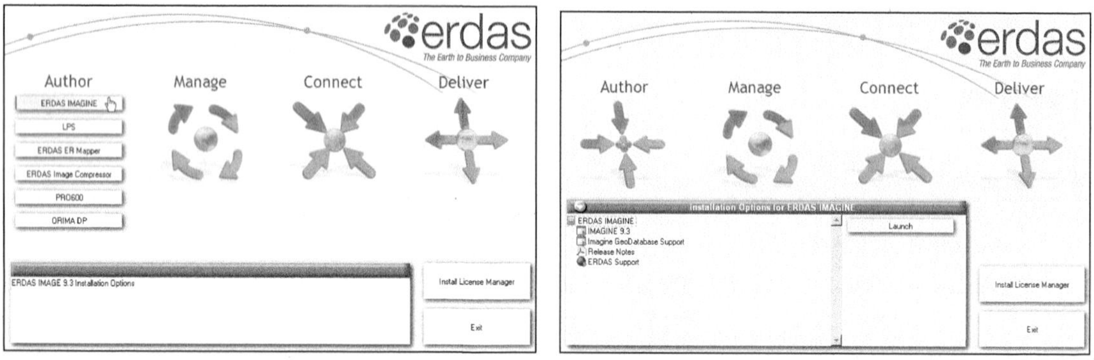

图 1-1 **ERDSA 产品安装主界面**

① 单击 Author 图标，打开产品选择菜单。

② 在产品选择菜单中，选择 ERDAS IMAGINE 选项，打开选项列表。

③ 选择 IMAGINE 9.3 选项，然后单击 Launch 按钮开始安装，接着出现欢迎安装对话框（图 1-2）。

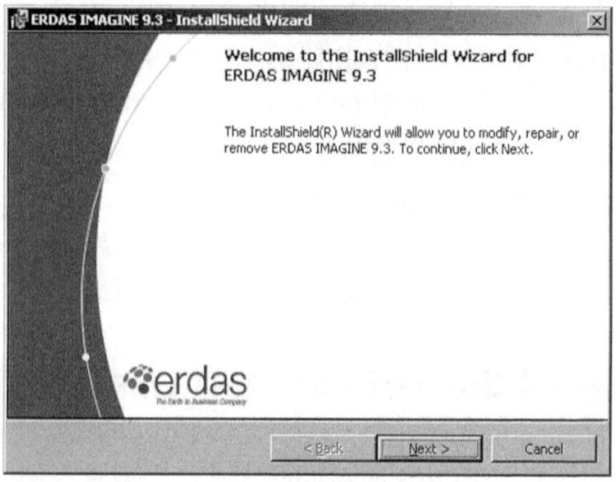

图 1-2 欢迎安装对话框

④ 单击欢迎对话框中的 Next 按钮，将会打开软件授权协议对话框（图略）。应完全阅读授权协议，如果同意软件授权协议提出的条款和条件，选中 I accept the terms in the license agreement 单选按钮，然后单击 Next 按钮，打开安装目录对话框（图 1-3），进入下一步。如

果用户不同意授权协议，选中 I do not accept the terms in the license agreement 单选按钮，然后单击 Cancel 按钮退出安装。

⑤ 安装目录对话框提示安装 ERDAS IMAGINE 9.3 的目标文件夹，运行 ERDAS IMAGINE 9.3 所需的所有文件将被安装到这个文件夹。用户可以单击 Change 按钮来改变安装目录（图 1-3）。然后单击 Next 按钮，打开选择模块对话框（图 1-4）。

⑥ 在选择模块对话框（图 1-4）中，用户可以选择希望安装的 ERDAS IMAGINE 9.3 模块。表 1-3 列出了 ERDAS IMAGINE 9.3 的模块安装选择，可以帮助用户选择适当的模块进行安装。

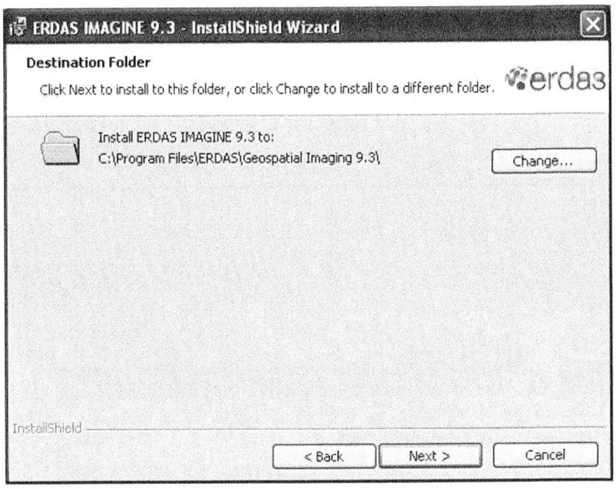

图 1-3　安装目录对话框

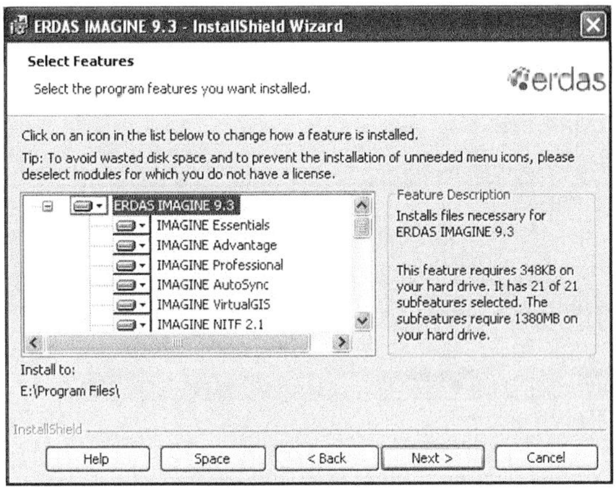

图 1-4　选择模块对话框

表 1-3　ERDAS 9.3 模块安装选择列表

模块名称	各级别产品必须选择安装才能使用的模块			
	Essentials 级	Advantage 级	Professional 级	备注
IMAGINE Vector	√			矢量功能模块
IMAGINE VirtualGIS	√			虚拟 GIS 模块
IMAGINE AutoSync	√			图像自动匹配
IMAGINE NITF 2.1	√			支持 NITF 2.1 格式
IMAGINE Enterprise Editor	√			集成图像处理和空间特征的编辑器，通过网页和直接连接 Oracle Spatial 10g 数据库方式管理数据
Vector Feature Loader (Oracle)	√			导入矢量数据到 Oracle Spatial 10g 数据库系统
Georaster Loader(Oracle)	√			导入栅格数据到 Oracle Spatial 10g 数据库系统
IMAGINE Help	√			系统帮助模块
IMAGINE Radar Interpreter		√		雷达图像基本处理
IMAGINE OrthoRadar		√		正射雷达校正模块
IMAGINE InSAR		√		InSAR 数据处理
IMAGINE Coherence Change Detection		√		干涉雷达变化检测

续表

模块名称	各级别产品必须选择安装才能使用的模块			
	Essentials 级	Advantage 级	Professional 级	备注
IMAGINE StereoSAR DEM		√		雷达立体像对提取 DEM 模块
IMAGINE Objective		√		面向对象信息提取
ERDAS Stereo Analyst		√		三维立体分析模块
IMAGINE DeltaCue		√		智能变化检测模块
IMAGIZER Data Prep		√		数据发布模块
Java SE Runtime(1.6.0.6)				Java 运行环境
MrSID Encoder				MrSID 压缩编码
IMAGINE Easytrace				智能矢量化模块
ERDAS MosaicPro				高级图像镶嵌模块

⑦ 单击选择模块对话框下部的 Next 按钮，打开准备安装对话框（图 1-5）。

⑧ 单击准备安装对话框下部的 Install 按钮，正式开始软件的安装，并打开显示安装进程的进度条（图 1-6）。

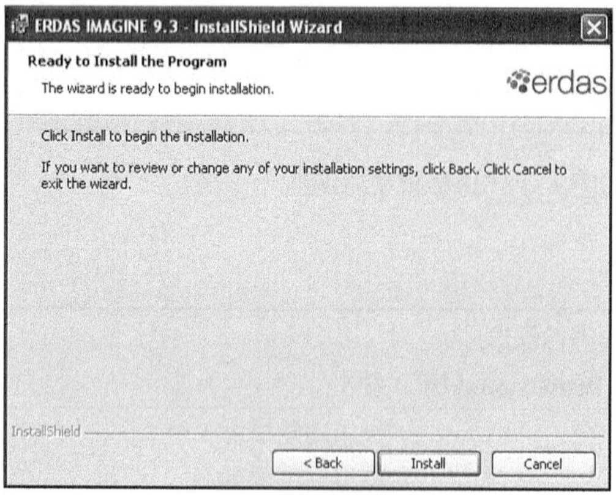

图 1-5 准备安装对话框

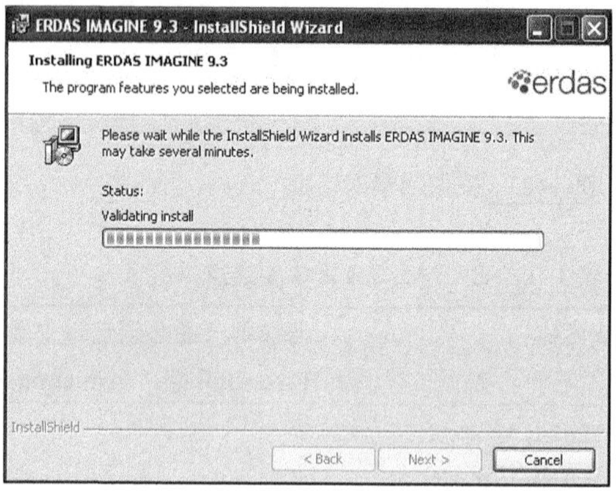

图 1-6 安装进程

⑨ 当安装进度条达到 100%时，打开执行设置对话框（图 1-7）。

⑩ 当设置工作完成后，打开安装完成对话框（图 1-8），单击 Finish 按钮完成安装。

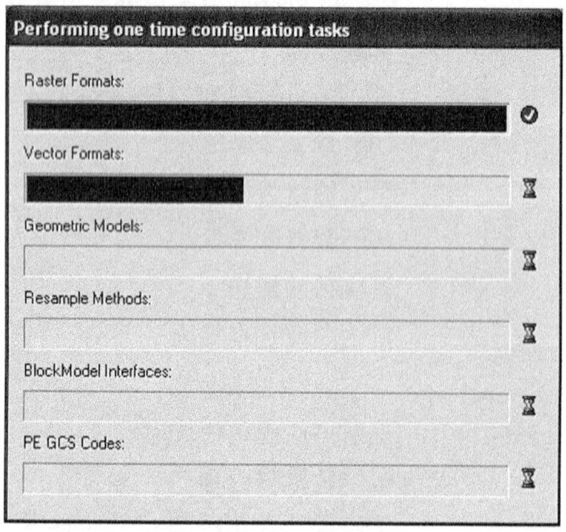

图 1-7 执行设置对话框

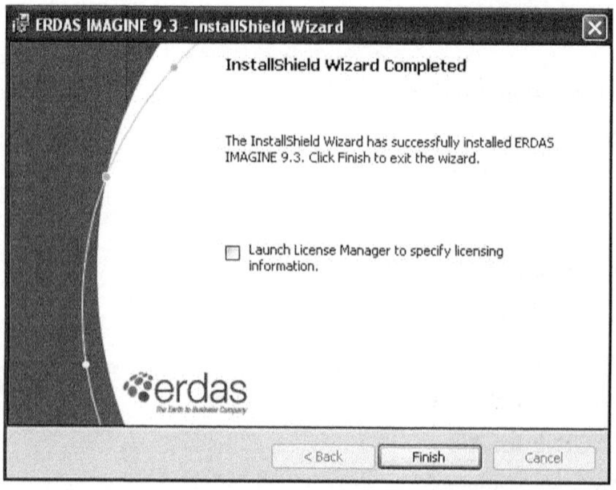

图 1-8 安装完成对话框

1.3 ERDAS IMAGINE 图标面板

启动 ERDAS IMAGINE 9.3 以后，用户首先看到的就是 ERDAS IMAGINE 的图标面板（Icon Panel）（图 1-9），包括菜单条（Menu Bar）和工具条（Tool Bar）两部分，其中提供了启动 ERDAS IMAGINE 9.3 软件模块的全部菜单（表 1-4～表 1-9）和图标（表 1-10）。

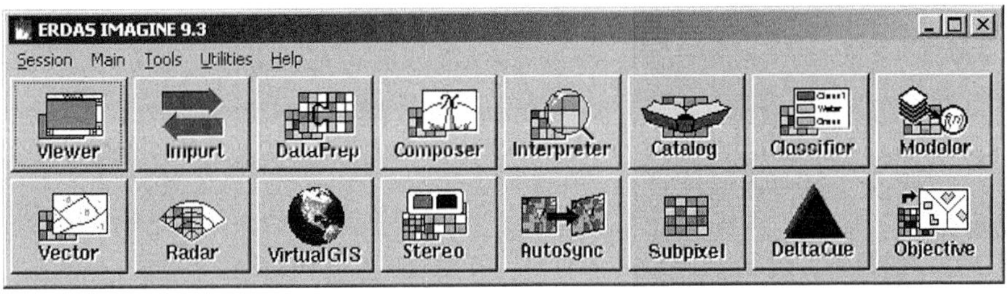

图 1-9 ERDAS IMAGINE 图标面板

1.3.1 菜单命令及其功能

如图 1-9 所示，ERDAS IMAGINE 9.3 图标面板菜单条中包括 5 项下拉菜单（表 1-4），每个菜单都是由一系列命令或选择项组成的，这些命令或选择项及其功能分别如表 1-5～表 1-9 所列。

表 1-4 ERDAS IMAGINE 图标面板菜单条

菜单命令		菜单功能
Session:	综合菜单	完成系统设置、面板布局、日志管理、启动命令工具、批处理过程、实用功能、联机帮助等
Main:	主菜单	启动 ERDAS IMAGINE 图标面板中包括的所有功能模块
Tools:	工具菜单	完成文本编辑、矢量及栅格数据属性编辑、图形图像文件坐标变换、注记及字体管理、三维动画制作
Utilities:	实用菜单	完成多种栅格数据格式的设置与转换、图像的比较
Help:	帮助菜单	启动关于图标面板的联机帮助，ERDAS IMAGINE 联机文档查看、动态连接库浏览等

表 1-5 综合菜单（Session）命令及其功能

命令	功能
Preference	面向单个用户或全体用户，设置 ERDAS IMAGINE 功能参数和系统默认值
Configuration	为 ERDAS IMAGINE 配置各种外围设备，如打印机、磁带机
Session Log	记录 ERDAS IMAGINE 的处理过程和错误信息
Active Process List	查看与取消 ERDAS IMAGINE 系统当前正在运行的处理操作
Commands	启动命令工具，进入命令菜单状态，通过命令执行处理操作
Enter Log Message	向系统综合日志（Session Log）输入文本信息
Start Recording Batch Commands	开始记录一个或多个最近使用的 ERDAS IMAGINE 命令
Open Batch Command File	打开一个已经存在的批处理命令文件

续表

命令	功能
View Offline Batch Queue	打开批处理进程对话框，查看、编辑、删除批处理队列
Flip Icon	确定图标面板（Icon Panel）的水平或垂直显示状态
Tile Viewers	平铺排列两个以上已经打开的视窗（Viewer）
Close All Viewers	关闭当前打开的所有视窗（Viewer）
Main	进入主菜单（Main Menu），启动图标面板中包括的所有模块
Tools	进入工具菜单（Tools Menu），显示和编辑文本及图像文件
Utilities	进入实用菜单（Utilities Menu），执行 ERDAS 的常用功能
Help	打开 ERDAS IMAGINE 联机帮助（On-line Help）文档
Properties	打开 IMAGINE 系统特性对话框，查看和配置序列号与模块及环境变量
Generate System Information Report	产生系统信息报告
Exit IMAGINE	退出 ERDAS IMAGINE 软件环境

表 1-6　主菜单（Main）命令及其功能

命令	功能
Start IMAGINE Viewer	启动 ERDAS IMAGINE 视窗（Viewer）
Import / Export	启动 ERDAS IMAGINE 数据输入输出模块（Import）
Data Preparation	启动 ERDAS IMAGINE 数据预处理模块（DataPrep）
Map Composer	启动 ERDAS IMAGINE 地图编制模块（Composer）
Image Interpreter	启动 ERDAS IMAGINE 图像解译模块（Interpreter）
Image Catalog	启动 ERDAS IMAGINE 图像库管理模块（Catalog）
Image Classification	启动 ERDAS IMAGINE 图像分类模块（Classifier）
Spatial Modeler	启动 ERDAS IMAGINE 空间建模工具（Modeler）
Vector	启动 ERDAS IMAGINE 矢量功能模块（Vector）
Radar	启动 ERDAS IMAGINE 雷达图像处理模块（Radar）
Virtual GIS	启动 ERDAS IMAGINE 虚拟 GIS 模块（Virtual GIS）
Subpixel Classifier	启动 ERDAS IMAGINE 子像元分类模块（Subpixel）
DeltaCue	启动 ERDAS IMAGINE 智能变化检测模块（DeltaCue）
Stereo Analyst	启动 ERDAS IMAGINE 三维立体分析模块（Stereo）
IMAGINE AutoSync	启动 ERDAS IMAGINE 图像自动匹配模块（AutoSync）
IMAGINE Objective	启动 ERDAS IMAGINE 基于对象的图像处理模块（Objective）

表 1-7　工具菜单（Tools）命令及其功能

命令	功能
Edit Text Files	建立和编辑 ASCII 码文本文件
Edit Raster Attributes	查看、编辑和分析栅格文件属性数据
View Binary Data	查看二进制文件的内容
View IMAGINE HFA File Structure	查看 ERDAS IMAGINE 层次文件结构
Annotation Information	查看注记文件信息，包括元素数量与投影参数
Image Information	获取 ERDAS IMAGINE 栅格图像文件的所有信息

续表

命令	功能
Vector Information	获取 ERDAS IMAGINE 矢量图形文件的所有信息
Image Commands Tool	打开图像命令对话框，进入 ERDAS 命令操作环境
NITF Metadata Viewer	查看 NITF 文件的元数据
Coordinate Calculator	将坐标系统从一种椭球体或参数转变为另外一种
Create/Display Movie Sequences	产生和显示一系列图像画面形成的动画
Create/Display Viewer Sequences	产生和显示一系列视窗画面组成的动画
Image Drape	以 DEM 为基础的三维图像显示与操作
DPPDB Workstation	输入和使用 DPPDB 产品

表 1-8 实用菜单（Utilities）命令及其功能

命令	功能
JPEG Compress Image	应用 JPEG 压缩技术对栅格图像进行压缩，以便保存
Decompress JPEG Image	将应用 JPEG 压缩技术所生成的栅格图像进行解压缩
Convert Pixels to ASCII	将栅格图像文件数据转换成 ASCII 码文件
Convert ASCII to Pixels	以 ASCII 码文件为基础产生栅格图像文件
Convert Images to Annotation	将栅格图像文件转换成 IMAGINE 注记文件中的多边形
Convert Annotation to Raster	将包含有矢量图形的注记文件转换成栅格图像文件
Create/Update Image Chips	产生或更新栅格图像分块尺寸，以便于显示管理
Create Font Tables	用任一 ERDAS IMAGINE 的字体生成栅格的字符映射表
Font to Symbol	将特定的字体转换为地图符号
Compare Images	打开图像比较对话框，比较两幅图像之间的属性
Oracle Spatial Table Tool	添加、删除和编辑在 Oracle 空间表里的行和列
CSM Plug-in Manager	设置 ERDAS IMAGINE 用到的 CSM 插件库
Reconfigure Raster Formats	重新配置系统中栅格图像数据格式
Reconfigure Vector Formats	重新配置系统中矢量图形数据格式
Reconfigure Resample Methods	重新设置系统中图像重采样方法
Reconfigure Geometric Models	重新设置系统中图像几何校正方法
Reconfigure PE GCS Codes	计算投影引擎里的地理坐标系统

表 1-9 帮助菜单（Help）命令及其功能

命令	功能
Help for ICON Panel	显示 ERDAS IMAGINE 图标面板的联机帮助
IMAGINE Online Documentation	进入联机帮助目录，查看 IMAGINE 联机文档
IMAGINE Version	查看正在运行的 ERDAS IMAGINE 软件版本
IMAGINE DLL Information	查看 IMAGINE 动态连接库的类型与常数信息
About ERDAS IMAGINE	显示 ERDAS IMAGINE 版本、公司、时间等信息

1.3.2 工具图标及其功能

与 IMAGINE Professional 级对应的图标面板工具条中的图标有 16 个（表 1-10）。

表 1-10 ERDAS IMAGINE 图标面板工具条

图标	命令	功能
	Start IMAGINE Viewer	打开 IMAGINE 视窗
	Import / Export	启动数据输入/输出模块
	Data Preparation	启动数据预处理模块
	Map Composer	启动地图编制模块
	Image Interpreter	启动图像解译模块
	Image Catalog	启动图像库管理模块
	Image Classification	启动图像分类模块
	Spatial Modeler	启动空间建模工具
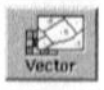	Vector	启动矢量功能模块
	Radar	启动雷达图像处理模块
	Virtual GIS	启动虚拟 GIS 模块
	Stereo Analyst	启动三维立体分析模块
	AutoSync	启动图像自动匹配模块
	Subpixel Classifier	启动子像元分类模块
	DeltaCue	启动智能变化检测模块
	Objective	启动面向对象信息提取模块

1.4 ERDAS IMAGINE 功能体系

前面关于 ERDAS IMAGINE 软件组成及其图标面板的介绍表明，ERDAS IMAGINE 是一个功能完整的、集遥感与地理信息系统于一体的专业软件。那么，用户在进行遥感图像处理、转换、分析和成果输出的过程中，如何有效地应用系统所提供的众多功能呢？本节将根据 ERDAS IMAGINE 系统功能、常规遥感图像处理与遥感应用研究的工作流程，用图 1-10 所示的框图，进一步说明 ERDAS IMAGINE 的功能体系，包括基础功能模块、基础核心功能模块、扩展核心功能模块、高级功能模块等方面的具体组成。

（1）基础功能模块：包括视窗操作模块、空间建模模块、命令工具模块、批处理操作模块、图像库管理模块等，是开展遥感图像处理的基础环境或通用操作模块。

（2）核心功能模块：包括数据输入/输出模块、数据预处理模块、图像解译模块、图像分类模块、矢量处理模块等基础核心功能模块，以及雷达图像处理模块、正射图像校正模块、子像元分类模块、虚拟 GIS 模块等扩展核心功能模块，是进行遥感图像处理的核心功能模块。

（3）高级功能模块：包括图像自动匹配模块、图像高级镶嵌模块、变化自动检测模块、三维立体分析模块、地形自动提取模块、智能矢量化模块等，属于遥感图像处理的高级功能模块。

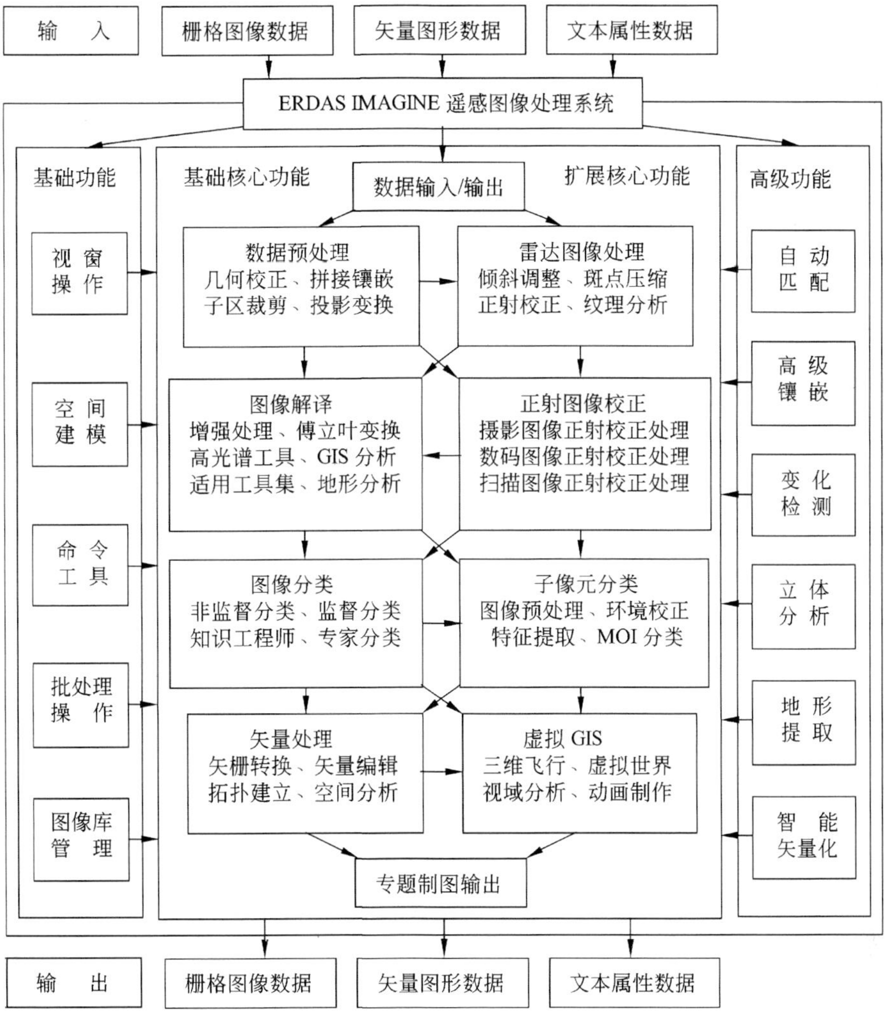

图 1-10 ERDAS IMAGINE 功能体系

第2章 视窗操作

本章学习要点

- ➢ ERDAS 视窗功能概述
- ➢ 图像及图形文件显示
- ➢ 图像叠加与三维显示操作
- ➢ 重要的实用菜单功能
- ➢ 感兴趣区域 AOI 的操作
- ➢ 基本的栅格图像处理
- ➢ 矢量图形要素及属性编辑
- ➢ 注记文件与注记要素

2.1 视窗功能概述

ERDAS IMAGINE 二维视窗（Viewer）是显示栅格图像、矢量图形、注记文件、AOI（感兴趣区域）等数据层的主要窗口。每次启动 ERDAS IMAGINE 时，系统都会弹出一个对话框（图 2-1），询问打开哪种视窗。用户可以根据需要选择打开的视窗形式，同时可以选中对话框下部的 Don't ask me this question again（不要再次询问该问题）复选框来将选择的视窗设为默认视窗。

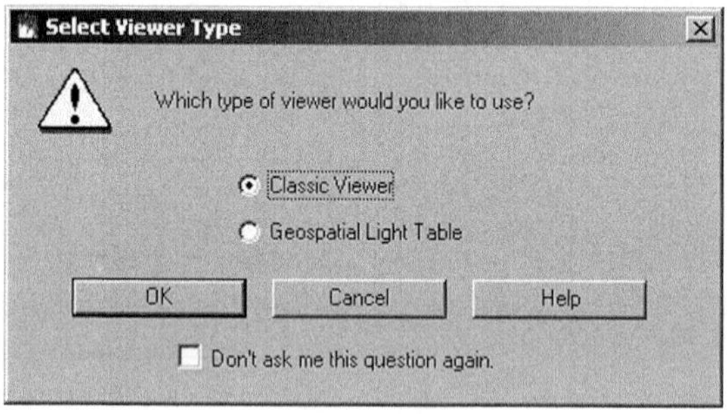

图 2-1 打开视窗询问对话框

ERDAS IMAGINE 包括两种二维视窗，一种是传统的单窗口式视窗（Classic Viewer）（图 2-2），另一种是集合了多种经常使用的工具的多窗口式视窗（Geospatial Light Table，GLT）（图 2-3）。

当然，用户在操作过程中可以随时打开新的视窗，操作过程如下。

在 ERDAS 图标面板菜单条中单击 Main|Start IMAGINE Viewer 命令，打开二维视窗；或者在 ERDAS 图标面板工具条中单击 Viewer 图标，打开二维视窗（如图 2-2）。

图 2-2 Classic Viewer 二维视窗（打开图像之后）

本教程后面的介绍中，主要使用 Classic Viewer 视窗。如图 2-2 所示，二维视窗主要由菜单条（Menu Bar）、工具条（Tool Bar）、显示窗（Window）和状态条（Status Bar）4 部分组成。此外，还有滑动条（Scroll Bars）和标题条（Borders）。在处于系统默认状态时，视窗的各个组成部分都出现在视窗中，用户可以通过视窗快捷菜单重新设置各个组成部分的出现与否（见 2.1.3 节）。

IMGAINE 视窗中集成了大量的图像图形操作功能，所有功能可以通过以下 3 种途径调用。

（1）通过位于视窗上部的视窗菜单条（Viewer Menu Bar）调用。

（2）通过位于视窗菜单下方的视窗工具条（Viewer Tool Bar）调用。

（3）通过在视窗显示窗右击出现的快捷菜单（Quick View Menu）调用。

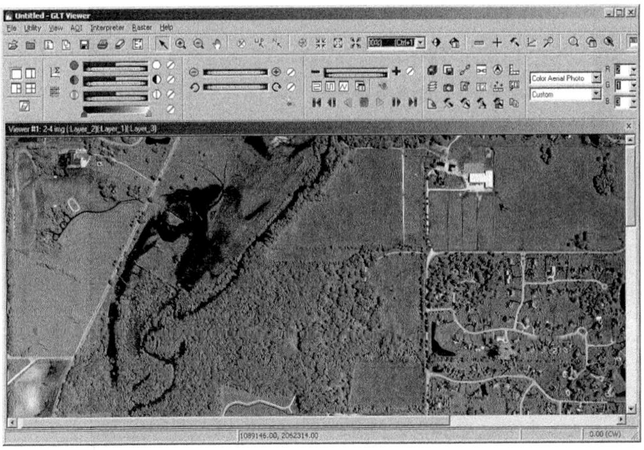

图 2-3　GLT 二维视窗（打开图像之后）

2.1.1　视窗菜单功能

如不打开任何文件，视窗菜单条中将包含 5 个菜单：File、Utility、View、AOI、Help。另外的一些菜单将在打开相应文件的时候以动态的形式出现。各命令对应的功能如表 2-1 所列。

表 2-1　视窗菜单条命令与功能

命令		功能
File		文件操作
Utility		实用操作
View		显示操作
AOI		AOI 操作
动态出现	Raster	栅格操作
	Vector	矢量操作
	Annotation	注记操作
	TerraModel	地形模型操作
Help		联机帮助

2.1.2　视窗工具功能

如图 2-2 所示，视窗工具条中共有 19 个图标，各图标对应的命令及功能如表 2-2 所列。

表 2-2　视窗工具条图标与功能

图标	命令	功能
	Open	打开文件
	Close	关闭上层文件
	Info	显示上层文件信息
	Save	保存上层文件
	Print	打印当前视窗内容
	Erase	清除视窗所有内容
	Reset Zoom	恢复视窗到缩放操作前的比例
	Previous Extent	返回上一视窗显示比例

续表

图标	命令	功能
	Zoom In	放大两倍显示（以窗口为中心）
	Zoom Out	缩小两倍显示（以窗口为中心）
	Measure	量测（点、线、面）工具
	Inquire Cursor	启动光标查询功能
	Tools	显示对应上层的工具菜单
	Profile	启动剖面线工具
	Select Tool	选择工具
	Zoom In	放大两倍显示（以点为中心）
	Zoom Out	缩小两倍显示（以点为中心）
	Roam	拖动图像漫游
	GPS Tool	开启 GPS 工具，可以使图像视窗与 GPS 接收机同步

2.1.3 快捷菜单功能

只要在二维视窗的显示窗口右击，就会弹出快捷菜单。快捷菜单中共有 14 项命令，各命令对应的功能如表 2-3 所列。

表 2-3 快捷菜单命令与功能

命令	功能
Arrange Layers	调整视窗中各层的显示顺序
Inquire Cursor	开启屏幕光标查询功能
Inquire Box	开启方框区域查询功能
Zoom:	缩放显示工具：
Zoom In By 2	放大 2 倍显示
Zoom Out By 2	缩小 2 倍显示
Default Zoom	按照默认倍数缩放
Rotate and Magnify Area	旋转并放大一个区域
Create Magnifier	打开放大窗口
Fit Image to Window	按照窗口缩放图像
Fit Window to Image	按照图像调整窗口大小
Geo. Link / Unlink	视窗地理关联的建立与取消
Background Color	设置视窗背景颜色
Close Window	关闭视窗（Viewer）
Status Bar	设置视窗状态条显示与否
Scroll Bar	设置视窗滑动条显示与否
Menu Bar	设置视窗菜单条显示与否
Tool Bar	设置视窗工具条显示与否
Border	设置视窗标题条显示与否

2.1.4 常用热键功能

ERDAS IMAGINE 系统设定了一系列方便用户进行键盘快捷操作的热键，热键通常包括两部分：其一是 Alt 键与视窗菜单条命令中加下划线字母的组合；其二是 Ctrl 键与视窗菜单条相应下拉菜单各命令中加下划线字母的组合。常用热键及其功能如表 2-4 所列。

表 2-4 常用热键与功能

热键	功能	热键	功能
Alt + F	打开文件菜单	Alt + H	打开帮助菜单
Alt + U	打开实用菜单	Ctrl + S	保存上层文件
Alt + V	打开显示菜单	Ctrl + P	打印上层文件
Alt + O	打开 AOI 菜单	Ctrl + L	关闭当前视窗
Alt + V	打开矢量菜单	Ctrl + C	复制文件内容
Alt + R	打开栅格菜单	Ctrl + V	粘贴复制内容
Alt + A	打开注记菜单	Ctrl + U	恢复前一操作

2.2 文件菜单操作

视窗菜单条中的 File 所对应的下拉菜单包含了 8 项命令，其中前 3 项命令又有相应的二级下拉菜单，菜单中各项命令及其功能如表 2-5 所列。

表 2-5 文件菜单命令与功能

命令	功能
New：	创建新文件：
AOI Layer	创建 AOI 文件
Vector Layer	创建矢量文件
Annotation Layer	创建注记文件
Viewer Specified	用一个指定的彩色模式创建一个视窗
Map Composition	创建地图制图编辑
Map Report	导出视窗内容到一个制图模板中
Classic Viewer	创建一个新的传统视窗
Geospatial Light Table	创建一个新的 GLT 视窗
Footprint	创建视窗中个文件的边框图层
IEE Layer	选择一个 IMAGINE Enterprise Editor 连接到 Oracle 的地理空间数据库
Open：	打开文件：
AOI Layer	打开 AOI 文件
Raster Layer	打开栅格文件
Vector Layer	打开矢量文件
Annotation Layer	打开注记文件
TerraModel Layer	打开地形模型文件
Web Service	连接到另一个服务器
View	打开视窗文件
Map Composition	打开地图编辑
Three Layer Arrangement	打开一个 3 波段图像并分别用 3 个视窗显示每一个波段
Multi-Layer Arrangement	打开多波段图像并分别用视窗显示每个波段
NITF as Container	打开一个 NITF 文件

续表

命令	功能
Save:	保存文件：
Top Layer	保存上层文件
Top Layer As	另存上层文件
AOI Layer As	另存 AOI 文件
All Layers	保存所有文件
All Layers As NITF	保存所有层为一个 NITF 文件
All Layers As NITF Chip	保存所有层为一个 NITF 碎片文件
View	保存视窗内容
View to Image File	视窗内容转换为 3 波段的 RGB 文件（GRID Stack、IMAGINE image 或 TIFF 格式）
Print	打印视窗中的内容
Clear	清除视窗中的所有内容
Close	关闭当前视窗
Close Other Viewers	关闭其他视窗

2.2.1 图像显示操作

第 1 步：启动程序

在视窗菜单条中单击 File|Open|Raster Layer 命令，打开 Select Layer To Add 对话框（图 2-4）；或者在视窗工具条中单击【打开文件】图标，打开 Select Layer To Add 对话框（图 2-4）。

第 2 步：确定文件

如图 2-4 所示，在 Select Layer To Add 对话框中有 File、Raster Options 和 Multiple3 个选项卡，其中 File 选项卡就是用于确定图像文件的，具体内容及操作实例如表 2-6 所列。

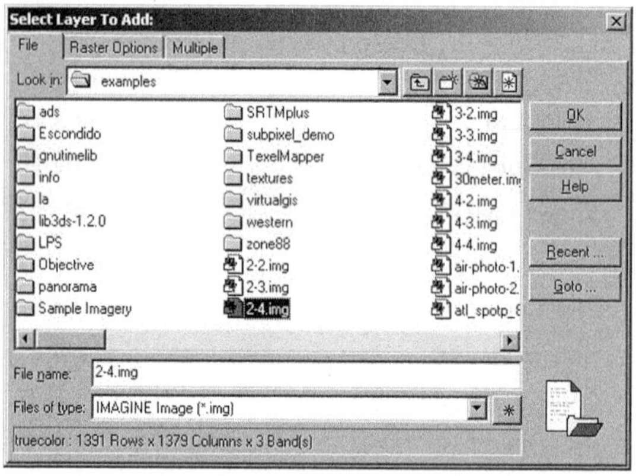

图 2-4 Select Layer To Add 对话框（File 选项卡）

表 2-6 图像文件确定参数

参数项	含义	实例
Look in	确定文件目录	examples
File name	确定文件名	xs_truecolor_sub.img
Files of type	确定文件类型	IMAGINE Image（*.img）
Recent	选择近期操作过的文件	——
Goto	改变文件路径	——

第 3 步：设置 Raster Options

在 Select Layer To Add 对话框（图 2-4）中单击 Raster Options 选项卡，就进入设置参数状态，如图 2-5 所示。Raster Options 选项卡用于设置图像文件显示的各项参数，具体内容及实例操作设置如表 2-7 所列。

表 2-7 图像文件显示参数

参数项	含义	实例/说明
Display as:	图像显示方式:	图像显示方式:
True Color	真彩色（多波段图像）	真彩色图像
Pseudo Color	假彩色（专题分类图）	——
Gray Scale	灰色调（单波段图像）	——
Relief	地形图（DEM 数据）	——
Layers to Colors:	图像显示颜色:	图像显示颜色:
Red	红色波段（1）	Red（2）
Green	绿色波段（2）	Green（1）
Blue	兰色波段（3）	Blue（3）
Clear Display	清除视窗中已有信息	清除视窗中已有信息
Fit to Frame	按照视窗大小显示图像	按照视窗大小显示图像
Data Scaling	设置图像密度分割	通过 Set Data Scaling 对话框进行密度分割设置
Set View Extent	设置图像显示范围	通过设置左上和右下坐标设定图像显示范围
No Stretch	图像线性拉伸设置	选中确定是否进行拉伸
Background Transparent	背景透明设置	选中确定背景是否透明
Zoom by	定量缩放设置	若选中了 Fit to Frame 复选键，则此项不能设置
Using:	重采样方法:	重采样方法:
Nearest Neighbor	邻近像元插值	邻近像元插值
Bilinear Interpolation	双线性插值	——
Cubic Convolution	立方卷积插值	——
Bicubic Spline	三次样条插值	——

第 4 步：设置 Multiple

在 Select Layer To Add 对话框（图 2-4）中单击 Multiple 选项卡，就进入设置参数状态，如图 2-6 所示。如果在文件选择中同时选择了多个文件，就需要设置 Multiple 选项卡，其具体内容及实例操作设置如表 2-8 所列。

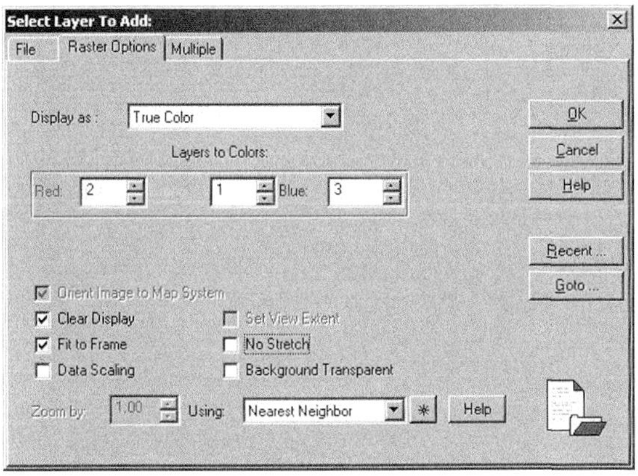

图 2-5 Select Layer To Add 对话框（Raster Options 选项卡）

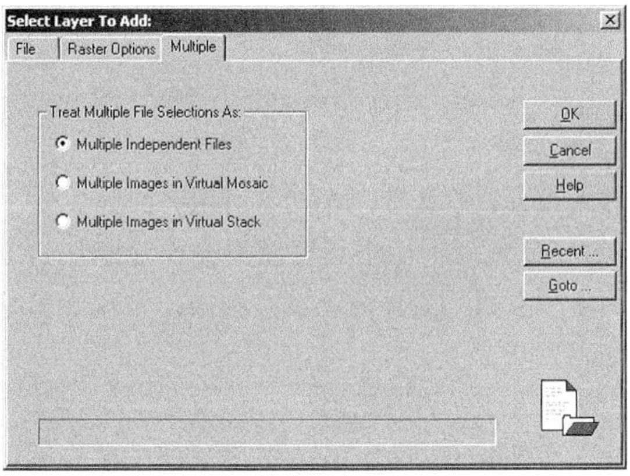

图 2-6 Select Layer To Add 对话框（Multiple 选项卡）

表 2-8 多个图像文件打开参数

参数项	含义
Multiple Independent Files	以不同的层打开多个文件
Multiple Images in Virtual Mosaic	多个文件以一个逻辑文件的形式在一个层中打开
Multiple Images in Virtual Stack	多个文件在一个虚拟层中打开

第 5 步：打开图像

在 Select Layer To Add 对话框中单击 OK 按钮，打开所确定的图像，视窗中显示该图像。

2.2.2 图形显示操作

第 1 步：启动程序

在视窗菜单条中单击 File|Open|Vector Layer 命令，打开 Select Layer To Add 对话框（图 2-7）；或者在视窗工具条中单击【打开文件】图标，打开 Select Layer To Add 对话框（图 2-7）。

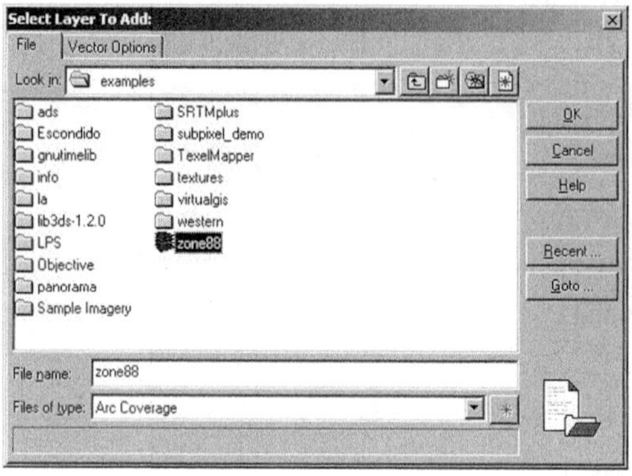

图 2-7 Select Layer To Add 对话框（File 选项卡）

第 2 步：确定文件（Determine File）

如图 2-7 所示，在 Select Layer To Add 对话框中有 File 和 Vector Options 两个选项卡，其中 File 选项卡就是用于确定图形文件的，具体内容及实例操作如表 2-9 所列。

表 2-9 矢量文件确定参数

参数项	含义	实例
Look in	确定文件目录	examples
File name	确定文件名	Zone88
Files of type	确定文件类型	Arc Coverage
Recent	选择近期操作过的文件	——
Goto	改变文件路径	——

第 3 步：设置参数

在 Select Layer To Add 对话框（图 2-7）中单击 Vector Options 选项卡，就进入设置参数状态，如图 2-8 所示。Vector Options 选项卡用于设置图形文件显示的各项参数，具体内容及实例操作设置如表 2-10 所列。

第 4 步：打开图形

在 Select Layer To Add 对话框中单击 OK 按钮，打开所确定的图形，视窗中显示该图形。

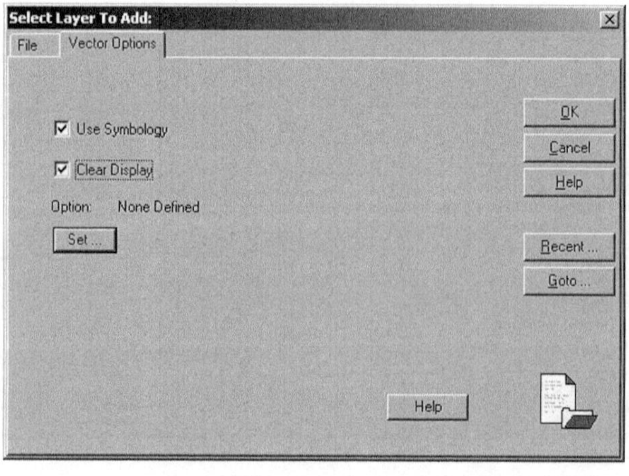

图 2-8 Select Layer To Add 对话框（Vector Options 选项卡）

表 2-10 图形文件显示参数

参数项	含义	实例
Use Symbology	定义是否使用符号文件	使用符号文件
Clear Display	清除视窗中已显示信息	清除已有信息
Option: *.evs	符号文件的路径与名称	——
Set	确定所使用的符号文件	——

说 明

上面以显示栅格图像文件和矢量图形文件为例，说明 IMAGINE 的文件操作过程和可以处理的两类主要的数据格式。此外，IMAGINE 9.3 还可以处理多种格式的其他数据类型，诸如 JPG 栅格数据、TIF 栅格数据、SHP 矢量数据等。用户只要在 Select Layer To Add 对话框的文件类型（Files of Type）框单击，所有可以直接处理的数据格式或类型便一目了然。

2.3 实用菜单操作

视窗菜单条中 Utility（实用功能）所对应的下拉菜单中包含了 17 项命令，各项命令及其功能如表 2-11 所列。

表 2-11 实用菜单命令与功能

命令	功能	命令	功能
Inquire Cursor	启动光标查询功能	Swipe	卷帘显示上下两层图像
Inquire Box	启动框形查询功能	Flicker	闪烁显示上下两层图像
Inquire Color	设置查询光标颜色	Enable Hyperlinks	允许操作与图像超链接的文件
Inquire Shape	设置查询光标形状	Layer Info	显示视窗上层文件信息
Inquire Home	查询光标复位于视窗中心	HFA Info	显示 IMAGINE 层次数据结构
Measure	启动系统量测功能	Image Drape	启动三维图像功能
Selector Properties	改变当前查询光标的特性	VirtualGIS	启动虚拟地理信息系统功能
Pick Properties	数字化操作中显示坐标数据	GPS Tool	启动 GPS 工具
Blend	混合显示上下两层图像		

2.3.1 光标查询功能

在视窗菜单条中单击 Utility | Inquire Cursor 命令，打开 Inquire Cursor 对话框（图 2-9）；或者在视窗工具条中单击【光标查询】图标＋，打开 Inquire Cursor 对话框（图 2-9）。

在打开 Inquire Cursor 对话框的同时，视窗中出现“十字”查询光标，对话框与十字光标是同步关联的，在视窗中任意移动十字光标，对话框中的信息动态更新。从图 2-9 可以看出，对话框中显示出了十字光标当前所在位置像元的纵横坐标——地图坐标（Map）或文件坐标（File）或地理坐标（Lat / Lon）或图纸坐标（Paper）或者军事网格参考系统

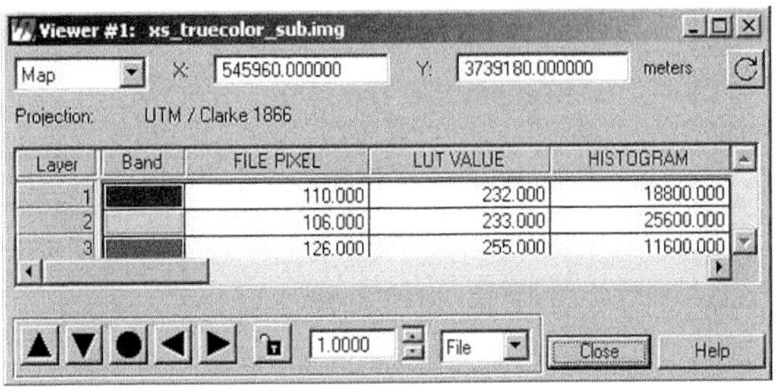

图 2-9 Inquire Cursor 对话框

（MGRS）、3 个波段的颜色、3 个波段的灰度值、LUT 表值、像元大小直方图等信息。利用对话框左下方的上、下、左、右这 4 个移动功能键，也可以移动十字光标的位置。随着十字光标位置的移动，对话框中的像元信息实时发生变化。

在 Inquire Cursor 对话框中单击 Close 按钮，关闭 Inquire Cursor 对话框，退出光标查询状态。

2.3.2 量测功能

在视窗菜单条中单击 Utility|Measure 命令，打开 Measurement Tool 视窗（图 2-10）；或者在视窗工具条中单击【量测】图标，打开 Measurement Tool 视窗（图 2-10）。

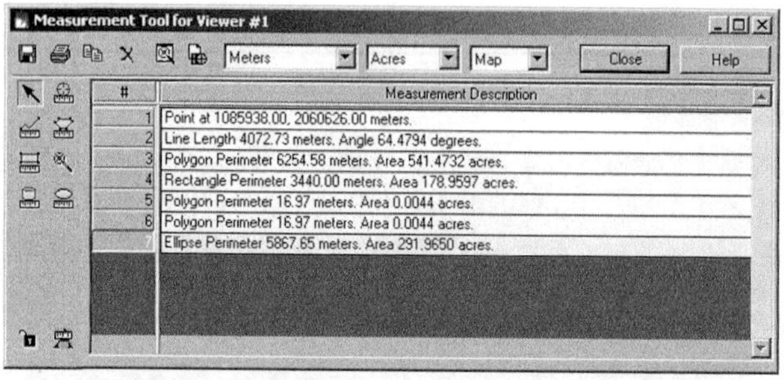

图 2-10　**Measurement Tool 视窗（执行量测之后）**

如图 2-10 所示，Measurement Tool 视窗分别由工具条、量测工具栏、量测结果显示窗 3 个部分组成。其中，工具条和量测工具栏中的命令及其功能分别如表 2-12 和表 2-13 所列。

表 2-12　工具条图标的功能与设置

工具图标	功能	工具图标	功能
	量测结果保存为文件	Meters	量测长度单位设置
	打印量测结果	Meters	量测面积单位设置
	复制选定量测结果	Meters	量测坐标系统设置
	清除最后量测结果	Close	关闭窗口
	打开区域增长设置	Help	联机帮助
	打开数字化仪设置		

表 2-13　量测工具栏图标与功能

图标	命令	功能
	Disables Measurements	停止量测功能
	Measure Positions	量测点的坐标（位置）
	Measure Lengths and Angles	量测线的长度与角度
	Measure Perimeters and Areas	量测多边形周长与面积
	Measure Rectangular Areas	量测矩形面积
	Region Grow Tool（Seed Tool）	根据区域增长设置中的参数，以一个像素点为中心向外扩张成区域，然后测量其周长和面积
	Measure the Cylinder Lying on the Ground	量测地面上圆柱体的半径和方位角
	Measure Ellipses Areas	量测椭圆面积
	Lock / Unlock Current Tool	锁定或解除量测工具命令
	Create Measurement In Annotation Layer	在注记层打开或关闭量测功能

在 Measurement Tool 视窗中使用各种工具进行量测，量测结果会顺序地进行显示（图 2-10）。

2.3.3 数据叠加显示

数据叠加显示（Blend、Swipe、Flicker）是针对具有相同地理参考系统（地图投影和坐标系统）的两个文件进行操作的，所以，在进行数据叠加操作之前，首先需要按照 2.2.1 节或 2.2.2 节的步骤，在视窗（Viewer）中同时打开两个文件。

1. 叠加数据准备

在视窗菜单条中单击 File | Open | Raster Layer 命令，打开 Select Layer To Add 对话框；或者在视窗工具条中单击【打开文件】图标，打开 Select Layer To Add 对话框。进行下列设置：

① 确定文件路径（Look in）：examples。

② 确定文件类型（Files of type）：IMAGINE Image（*.img）。

③ 选择文件名称（File name）：lanier.img。

④ 单击 OK 按钮（关闭 Select Layer To Add 对话框，打开下层图像文件）。

在视窗工具条中单击【打开文件】图标，打开 Select Layer To Add 对话框。进行下列设置：

① 确定文件路径（Look in）：examples。

② 确定文件类型（Files of type）：IMAGINE Image（*.img）。

③ 选择文件名称（File name）：lnlandc.img。

④ Raster Options 选项卡：取消选中 Clear Display 复选框。

⑤ 单击 OK 按钮（关闭 Select Layer To Add 对话框，打开上层图像文件）。

2. 叠加显示操作

IMAGINE 系统所提供的数据叠加显示工具有 3 个，分别是混合显示工具（Blend Tool）、卷帘显示工具（Swipe Tool）和闪烁显示工具（Flicker Tool），都集成在实用菜单中。

（1）混合显示工具（Blend Tool）

本操作通过控制上层图像显示的透明度大小，使得上下两层图像混合显示。

在视窗菜单条中单击 Utility|Blend 命令，打开 Viewer Blend / Fade 对话框（图 2-11）。

在 Viewer Blend / Fade 对话框中，用户既可以通过设置 Blend / Fade Percentage（0～100）达到混合显示效果，也可以通过定义 Speed 和选中 Auto Mode 复选框自动显示文件混合效果。用户还可以通过 Multilayer Mode 复选框设置图层的状态和进行动态显示。

需要说明的是本操作适用于以下几种文件。

- 真彩色（True Color）、假彩色（Pseudo Color）以及灰度（Gray Scale）图像文件。
- Arc/Info 的 Coverage 矢量图形文件。
- IMAGINE 注记文件（Annotation）和符号文件（Symbology）。

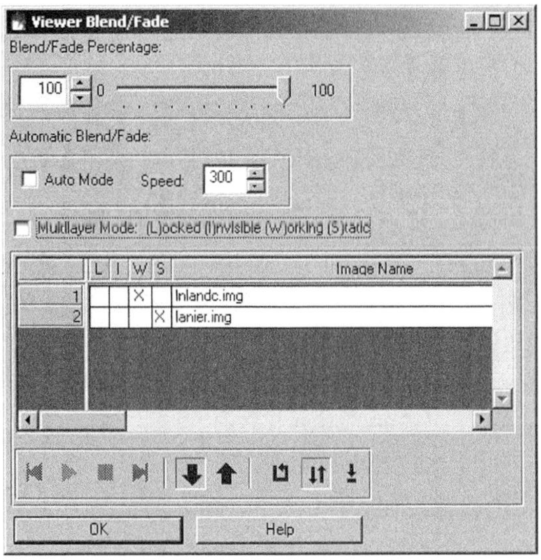

图 2-11 Viewer Blend / Fade 对话框

❑ ERDAS IMAGINE 所支持的所有其他栅格图像文件。

（2）卷帘显示工具（Swipe Tool）

卷帘显示工具通过一条位于视窗中部可实时控制和移动的过渡线，将视窗中的上层数据文件分为不透明（Opacity）和透明（Transparency）两个部分。移动过渡线就可以同时显示上下两层数据文件，查看其相互关系。

在视窗菜单条中单击 Utility|Swipe 命令，打开 Viewer Swipe 对话框（图 2-12）。

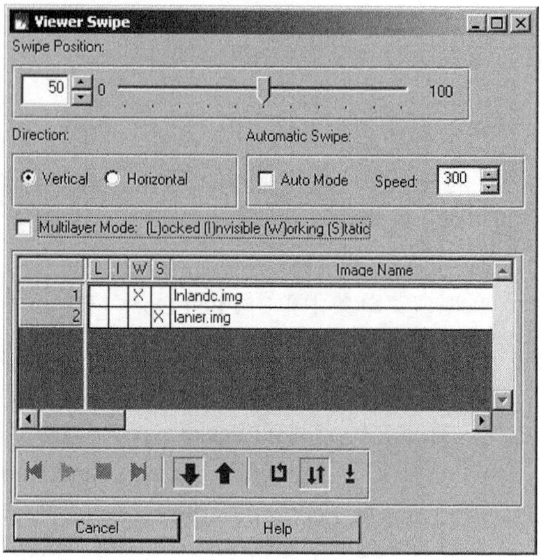

图 2-12 Viewer Swipe 对话框

从图 2-12 可以看出：在 Viewer Swipe 对话框中，可以设置手动卷帘（Manual Swipe）和自动卷帘（Automatic Swipe）两种模式，还可以设置水平卷帘（Horizontal）和垂直卷帘（Vertical）两种方向，具体参数及功能如表 2-14 所列。水平卷帘与垂直卷帘的显示效果如图 2-13 所示。用户还可以通过 Multilayer Mode 复选框设置图层的状态和进行动态显示。

表 2-14 卷帘显示参数与功能

参数	功能
Swipe Position	手动定义卷帘位置（0～100）
Direction：	定义卷帘方向：
Vertical	垂直方向卷帘
Horizontal	水平方向卷帘
Automatic Swipe：	自动卷帘模式：
Auto Mode	设置自动模式
Speed	设置卷帘速度

需要说明的是本操作适用于以下几种文件。

❑ 真彩色（True Color）、假彩色（Pseudo Color）以及灰度（Gray Scale）图像文件。

❑ Arc / Info 的 Coverage 矢量图形文件。

❑ IMAGINE 注记文件（Annotation）和符号文件（Symbology）。

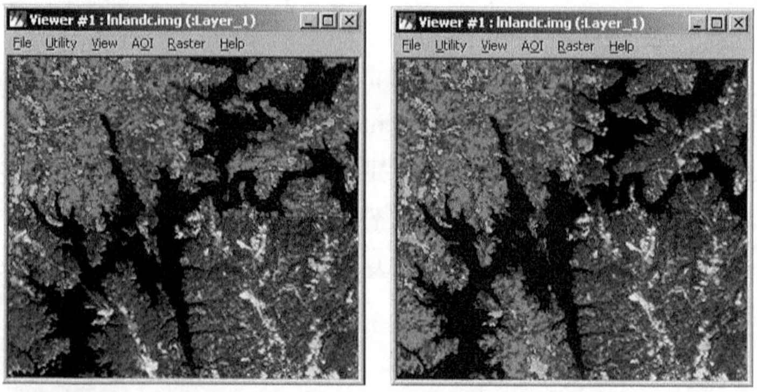

图 2-13 水平卷帘（左）与垂直卷帘（右）效果

❑ ERDAS IMAGINE 所支持的所有其他栅格图像文件。

（3）闪烁显示工具（Flicker Tool）

本操作主要用于自动比较上下两层图像的属性差异及其关系，经常应用该操作的典型实例是分类专题图像与原始图像之间的比较，本例中的 lnlandc.img（土地覆盖）就是 TM 原始图像 lanier.img 的分类专题图像。

在视窗菜单条中单击 Utility|Flicker 命令，打开 Viewer Flicker 对话框（图 2-14）。

从图 2-14 可以看出：在 Viewer Flicker 对话框中，可以设置自动闪烁（Automatic Flicker）与手动闪烁（Manual Flicker）两种模式。自动闪烁是按照所设定的速度（Speed）自动控制上层图像的显示与否，而手动闪烁则是手动控制上层图像的显示与否。用户还可以通过 Multilayer Mode 复选框设置图层的状态和进行动态显示。

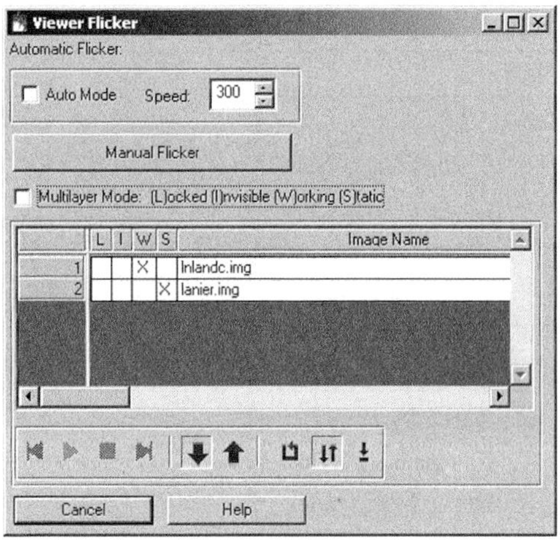

图 2-14 Viewer Flicker 对话框

2.3.4 文件信息操作

1. 图像信息显示

本操作主要应用于查阅或修改图像文件的有关信息，如投影信息、统计信息、显示信息等。

在视窗菜单条中单击 Utility|Layer Info 命令，打开 Image Info 对话框（图 2-15）；或者在视窗工具条中单击【文件信息】图标，打开 ImageInfo 对话框（图 2-15）。

如图 2-15 所示，ImageInfo 对话框由菜单条、工具条、信息栏、状态条 4 部分组成，其中菜单条主要包括了 4 项操作命令，各操作命令及其功能如表 2-15 所列。

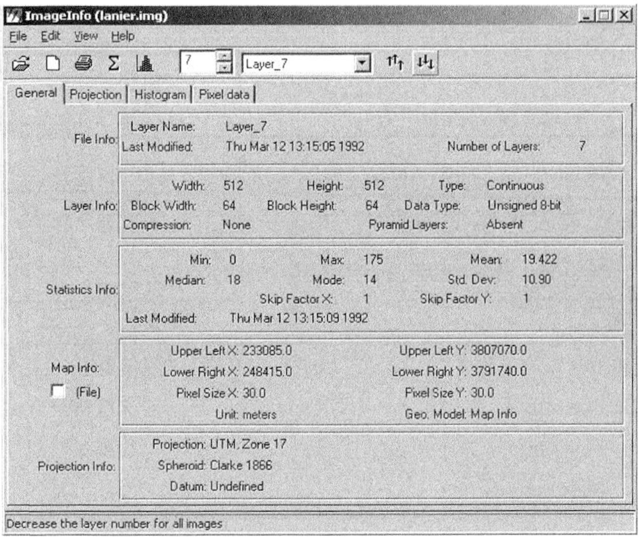

图 2-15 ImageInfo 对话框

表 2-15 ImageInfo 对话框菜单命令与功能

命令	功能
File:	文件操作：
Open	打开文件信息对话框
New	创建文件信息对话框
Print Options	设置图像信息打印
Print	打印输出图像信息
Print To File	把图像信息设置输出为一个文本文件
Close	关闭当前文件信息对话框
Close All	关闭所有文件信息对话框

续表

命令	功能
Edit：	编辑操作：
Change Layer Name	改变数据层名称
Change Layer Type	改变数据层类型
Delete Current Layer	删除当前数据层
Set NoData Value	设置或改变图像中的 NoData 值
Compute Statistics	计算文件统计值
Compute Pyramid Layers	计算金字塔数据层
Delete Pyramid Layers	删除金字塔数据层
Change Map Model	改变地图坐标模式
Delete Map Model	删除地图坐标模式
Add/Change Projection	加载/改变地图投影
Delete Projection	删除地图投影
Add/Change Elevation Info	添加或修改当前文件关联的高程信息
Raster Attribute Editor	编辑栅格属性
View：	显示操作：
Histogram	显示图像直方图
Pixels	显示像元灰度值
Help：	联机帮助：
Help for ImageInfo	关于 ImageInfo 的联机帮助

如图 2-15 所示，ImageInfo 对话框信息栏中包含了 4 个方面的图像信息，4 项信息内容及其意义如表 2-16 所列。

表 2-16　ImageInfo 对话框图像信息内容与含义

内容	含义
General：	一般信息栏：
File Info	文件信息（文件名、波段数等）
Layer Info	数据层信息（图像大小、数据类型等）
Statistics Info	统计信息（最小值、最大值、方差等）*
Map Info	地图信息（分辨率、坐标、单位等）
Projection Info	投影信息（投影类型、参考椭球体等）
Projection：	投影信息栏：**
Projection Type	投影类型
Spheroid Name	椭球体名称
Datum Name	基准面名称
UTM Zone	UTM 带号
North or South	北半球或南半球
Histogram	图像直方图
Pixel data	像元灰度值

注：*——统计信息中的 Skip Factor 对于图像的显示效果是有影响的，特别是对于雷达图像显示。可以通过下列途径重新定义 Skip Factor 的取值。在 Image Info 对话框中单击 Edit | Compute Statistics 命令，打开 Statistics Generation Options 对话框，在其中设置 Skip Factor X / Skip Factor Y 的数值，然后单击 OK 按钮。

**——表中所列只是 UTM 投影信息，不同的投影类型有不同的投影信息。

2. 图像信息编辑

在实际工作中，经常需要借助 ImageInfo 对话框中 Edit 菜单命令对图像信息进行编辑、修改或增加，其中 Add / Change Projection 命令对于图像增加或改变投影信息是非常重要的，而 Compute Pyramid Layer 对于三维图像操作（Image Drape）有控制作用，没有 Pyramid 数据层的图像是无法进行三维操作的，通过 Pyramid Compute 可以增加 Pyramid 数据层。

如“改变投影信息”的基本过程如下。

在 Image Info 对话框中单击 Edit | Add / Change Projection 命令，打开 Projection Chooser 对话框。在此对话框中进行下列设置：

（1）Standard（标准投影模式）

① Categories：选择投影类型。

② Projection：确定投影参数。

（2）Custom（用户投影模式）

① Projection Type：投影类型（以 Transverse Mercator 为例）。

② Spheroid Name：椭球体名称（Krasovsky）。

③ Datum Name：基准面名称（Undefined）。

④ Scale Factor at Central Median：中央经线比例（1.0）。

⑤ Longitude of Central Median：中央经线（110）。

⑥ Latitude of Origin of Projection：坐标原点纬度（0.0）。

⑦ Fasle Easting：坐标东移距离（500 000）。

⑧ Fasle Northing：坐标北移距离（000 000）。

2.3.5 三维图像操作

三维图像操作（Image Drape）的本义是图像垂挂或图像披挂，实质上是将图像与 DEM 叠加生成三维透视图，并在此基础上进行多种空间操作，其中 DEM 文件是由 ERDAS 软件 SURFACE 模块在具有高程（类高程）值的线状或点状 Coverage 基础上生成的 IMG 文件。

1. 三维图像操作准备

在视窗中同时打开下层 DEM 文件（Bottom Layer）和上层图像文件（Top Layer），操作练习时可以使用系统提供的实例文件 eldodem.img（下层 DEM）和 eldoatm.img（上层图像）。

2. 三维图像操作简介

在视窗菜单条中单击 Utility | Image Drape 命令，打开 Image Drape 视窗（图 2-16）。

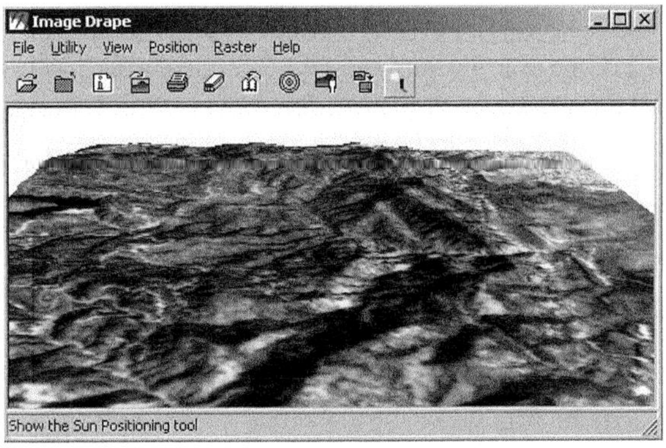

图 2-16 Image Drape 视窗（调整背景之后）

三维图像操作是借助 Image Drape 视窗菜单条或工具条中的相关命令完成的，其中菜单条命令及其功能如表 2-17 所列。

表 2-17 Image Drape 视窗菜单命令与功能

命令	功能
File：	文件操作：
New	创建一个新的 Image Drape 视窗
Open	打开栅格文件或三维图像工程文件
Save	保存三维图像工程文件
View to Image File	将视窗图像转换为 IMG 文件
Print	打印输出视窗图像
Close Top Layer	关闭上层文件
Clear Scene	清除当前三维视景
Close Image Drape	关闭 Image Drape 视窗
Utility：	实用操作：
Options	三维显示信息设置
Dump Contents to Viewer	三维视窗信息转储到二维视窗
Layer Info	图像数据层信息
HFA Info	层次文件结构信息
View：	显示操作：
Update Display	显示刷新（重新显示）
LOD Control	调整三维数据显示的详细程度
Arrange Layers	数据文件层次管理
Sun Positioning	太阳光源位置调整
Link/Unlink With Viewer	建立/解除二维与三维视窗的连接
Show Coverage in Viewer	在二维视窗中显示三维视域范围
Background Color	调整三维图像背景颜色
Position：	观测位置：
Current Position	当前位置（打开位置信息对话框）
Reset Position	将观测位置恢复到默认状态
Save Position	保存当前观测位置
Goto Last	定位于最后一个观测位置
Positions Editor	观测位置编辑器
Raster：	栅格操作：
Band Combinations	图像波段组合调整
Toggle Transparency	转换图像透明度
Help：	联机帮助：
Help for Image Drape	关于 Image Drape 的联机帮助

3. 三维图像操作关键

在表 2-17 中所列的三维图像操作命令中，Utility Options、Sun Positioning、Current Position 等命令是应用较多，对于图像三维操作比较重要的命令，下面重点介绍。

（1）三维显示参数设置

在 Image Drape 菜单条单击 Utility | Options 命令，打开 Options 对话框（图 2-14）。

从图 2-17 中可知：三维显示参数设置包括 DEM、Fog、Background 3 个选项卡。

❑ **DEM 选项卡（DEM 显示参数）**

- ➢ **Exaggeration** 三维显示垂直比例尺。
- ➢ **Terrain Color** DEM 显示颜色。
- ➢ **Viewing Range** 三维视域范围。
- ➢ **Elevation Units** 地形高程单位。
- ➢ **Render Back Side** 图像背面三维显示。

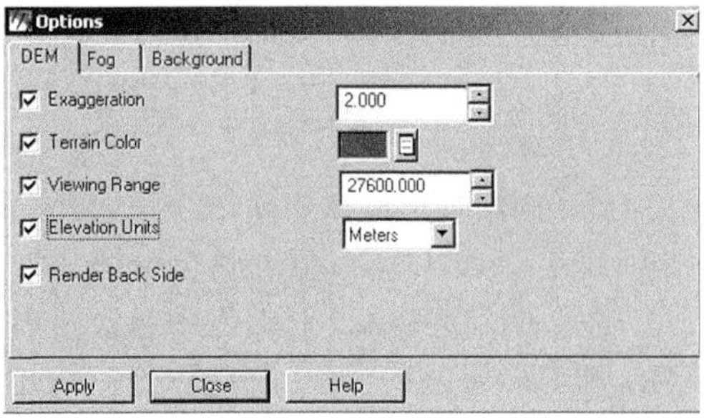

图 2-17 **Options 对话框（DEM 参数）**

❑ **Fog 选显卡（Fog 显示参数）**

- ➢ **Switch** 雾气显示开关。
- ➢ **Color** 雾气颜色设置。
- ➢ **Density** 雾气浓度确定。

❑ **Background 选项卡（Background 显示参数）**

三维图像背景设置有 Solid Color、Fade Color、Image 3 种类型。

- ➢ **Solid Color 类型** 直接设置背景颜色（Background Color）。
- ➢ **Fade Color 类型** 需要设置 Start Color、End Color、Fade Range。
- ➢ **Image 类型** 确定背景图像文件（Image File Name: *.img）。

单击 Apply 按钮，应用上述三维显示参数设置，Image Drape 视窗的三维图像相应变化。

单击 Close 按钮，关闭 Options 对话框，完成三维显示参数设置。

（2）三维视窗信息转储

在 Image Drape 菜单条中单击 Utility|Dump Contents to Viewer 命令，打开二维视窗（Viewer）。

打开的二维视窗中包含有生成三维图像所应用的下层 DEM 与上层图像文件，以及定位工具（Positioning Tool），定位工具由 Eye（观测点）和 Target（目标点）及其“连线”组成，可以借助鼠标任意移动 Eye、Target、“连线”来调整视角与视域，达到调整三维图像的目的。也可以通过下列操作定义确切的 Eye、Target 坐标位置与颜色来调整三维图像显示效果。

在二维视窗菜单条中单击 Utility | Selector Properties 命令，打开 Eye/Target Edit 对话框（图 2-18）。

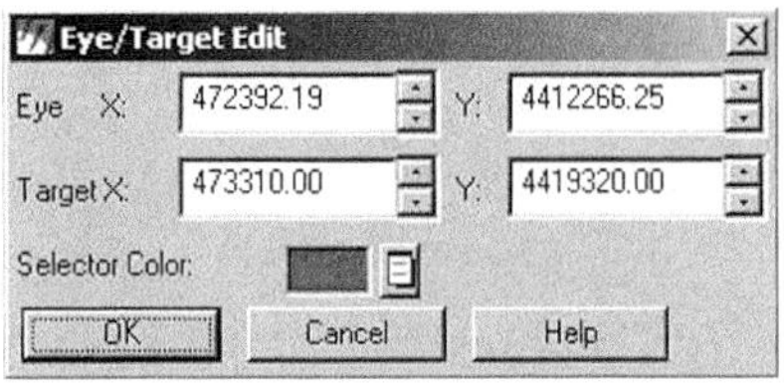

图 2-18 **Eye/Target Edit 对话框**

如果二维视窗中没有出现定位工具（Positioning Tool），说明三维视窗与二维视窗没有建立连接关系，这时，需要进行下列操作来完成三维视窗与二维视窗直接的连接。

在 Image Drape 菜单条中单击 View | Link/Unlink With Viewer 命令，打开 Viewer Selection Instruction 指示器。在二维视窗中单击，确定需要连接的视窗（二维视窗中出现定位工具，包括 Eye、Target 及其“连线”）。

（3）太阳光源参数设置

在 Image Drape 菜单条中单击 View | Sun Positioning 命令，打开 Sun Positioning 对话框（图 2-19）。设置下列参数：

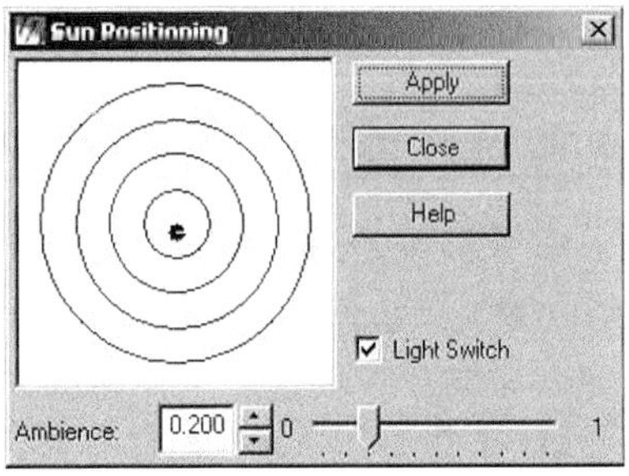

图 2-19 **Sun Positioning 对话框**

❑ **Light Switch（光源设置开关）** 打开光源设置开关，设置才起作用。

❑ **Ambience（光照强度设置）** 设置太阳光照强度，取值范围为 0~1。

❑ **Sun Position（太阳光源位置）** 直接在 Sun Positioning 对话框中拖动。

单击 Apply 按钮，应用光源参数设置，Image Drape 视窗的三维图像相应变化。

单击 Close 按钮，关闭 Sun Positioning 对话框，结束光源参数设置。

（4）显示详细程度设置

在 Image Drape 菜单条中单击 View | LOD Control 命令，打开 Level Of Detail 对话框（图 2-20）。

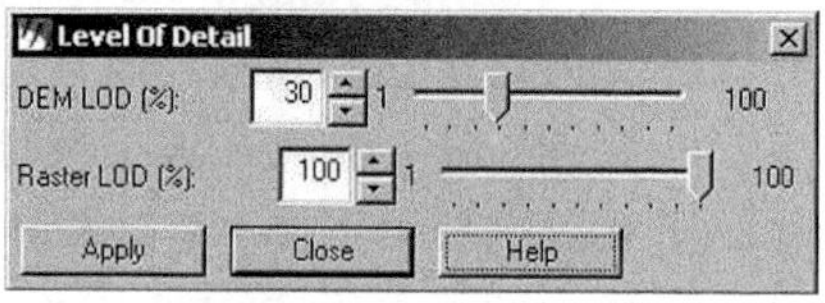

图 2–20 Level Of Detail 对话框

在 Level Of Detail 对话框中包含两项设置：DEM LOD（%）和 Raster LOD（%），分别对应于 DEM 数据显示的详细程度和图像数据显示的详细程度，两项参数的取值都是百分数（0%～100%）。可以直接输入数字，也可以拖动对应的标尺来改变取值，取值的大小影响三维图像的显示效果和操作速度。通常，详细程度越高，显示效果越好，操作速度越慢。

（5）观测位置参数设置

在 Image Drape 菜单条中单击 Position | Current Position 命令，打开 Position Parameters 对话框（图 2-21）；或者在 Image Drape 工具条中单击 Show the Observer Position Tool 图标，打开 Position Parameters 对话框（图 2-21）。

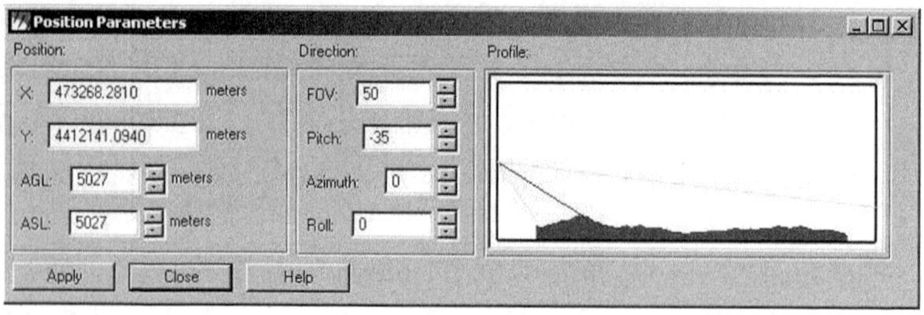

图 2–21 Position Parameters 对话框

Position Parameters 对话框中包含 3 个方面的信息：观测位置信息（Position）、观测方向信息（Direction）、观测剖面信息（Profile），具体参数及其意义如表 2-18 所列。

表 2–18 Position Parameters 对话框参数与含义

参数	含义
Position：	位置信息：
X:（Value）meters	观测点 X 坐标及单位
Y:（Value）meters	观测点 Y 坐标及单位
AGL（Above Ground Level）	观测点距地平面的高度
ASL（Above Sea level）	观测点距海平面的高度
Direction：	方向信息：
FOA（Field of View）	视场角度
Pitch	俯视角度
Azimuth	方位角度
Roll	旋转角度
Profile	观测位置剖面图

参数调整之后，首先需要单击 Apply 按钮应用参数，然后单击 Close 按钮关闭 Position Parameters 对话框。

在三维操作过程中，如出现屏幕显示不清楚的情况，可调用屏幕刷新功能解决。

- 在 Image Drape 菜单条中单击 View | Update Display 命令（屏幕立即刷新）。
- 在 Image Drape 工具条中单击 Update Image Drape 图标（屏幕立即刷新）。

在调整观测者位置时，如果没有达到理想的显示效果，可以随时返回到初始位置。

- 在 Image Drape 菜单条中单击 Position | Reset Position 命令（立即返回初始位置）。

- 在 Image Drape 工具条中单击 Goto Original Position 图标（立即返回初始位置）。

经过上述一系列操作，三维图像显示效果可能比较理想，应该保存为工程文件。

在 Image Drape 菜单条中单击 File | Save | Project 命令，打开 Save ImageDrape Project 对话框。

① 确定文件路径（Look in）：users。

② 选择文件类型（Files of type）：VirtualGIS Project（*.vwp）。

③ 确定文件名称（File name）：imagedrape.vwp。

④ 单击 OK 按钮（保存三维图像工程文件，关闭 Save ImageDrape Project 对话框）。

2.4 显示菜单操作

视窗菜单条中的 View 所对应的下拉菜单中包含了 20 项命令，其中部分命令又有相应的二级下拉菜单，菜单中各项命令及其功能如表 2-19 所列。

表 2-19 View 菜单命令与功能

命令	功能	命令	功能
Arrange Layer	文件显示顺序操作	North Arrow	放置指北针
Create Magnifier	创建一个放大窗口	Scale Bar	放置比例尺
Tile Viewer	视窗平铺排列	Virtual Roaming	虚拟漫游（开关键）
Window Information	视窗信息显示	Link/Unlink Viewer	建立/取消视窗连接
Viewer Projection	设置地图投影信息	Background Color	文件背景颜色设置
Split	视窗分割（水平、垂直）	Status Bar	视窗状态条（开关键）
Zoom	显示缩放(按照倍数缩放)	Scroll Bars	视窗滑动条（开关键）
Scale	显示比例(任意比例缩放)	Menu Bar	视窗菜单条（开关键）
Rotate	显示旋转(任意角度旋转)	Tool Bar	视窗工具条（开关键）
Rotate/Flip/Stretch	显示变换（旋转、反转、拉伸）	Borders	视窗标题框（开关键）

2.4.1 文件显示顺序

在实际工作中，经常需要在同一个视窗中同时打开多个文件，包括图像文件、图形文件、AOI 文件、注记文件等，可以应用 Arrange Layers 命令调整文件显示顺序。为了说明文件显示顺序操作功能，需要首先在视窗中依次打开一组图像文件（lnlandc.img、lanier.img、lndem.img、lnlakes.img），注意打开上层图像时，不要清除视窗中已经打开的图像。

在视窗菜单条中单击 View | Arrange Layers 命令，打开 Arrange Layers Viewer 对话框（图 2-22）。

在 Arrange Layers Viewer 对话框中单击或拖动文件，达到调整文件顺序之目的，也可以右击打开快捷菜单，删除不需要的文件，然后单击 Apply 按钮，应用显示顺序调整，并单击 Close 按钮关闭（Close）Arrange Layers Viewer 对话框，结束文件显示顺序操作。

2.4.2 显示比例操作

此操作用于调整文件显示比例及其与视窗的对比关系。Scale 菜单对应的二级下拉菜单中包括 4 个命令，依次如下。

- ❑ **Image to Window** 按照视窗大小调整文件显示比例。
- ❑ **Window to Image** 按照文件尺寸调整视窗大小。
- ❑ **Extent** 显示文件整体范围。
- ❑ **Scale Tool** 通过比例工具定义显示比例。

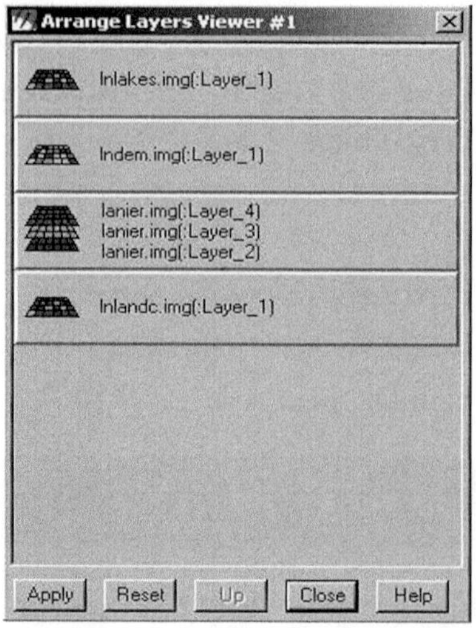

图 2-22 **Arrange Layers Viewer 对话框**

2.4.3 显示变换操作

显示变换操作（Rotate/Flip/Stretch）实质上是对图像进行仿射变换，不过只是显示而已。变换操作可以同时进行缩放、平移、拉伸、旋转、镜面等线性变换。

在视窗菜单条中单击 View | Rotate/Flip/Stretch 命令，打开 Viewer Linear Adjustment 对话框（图 2-23）。

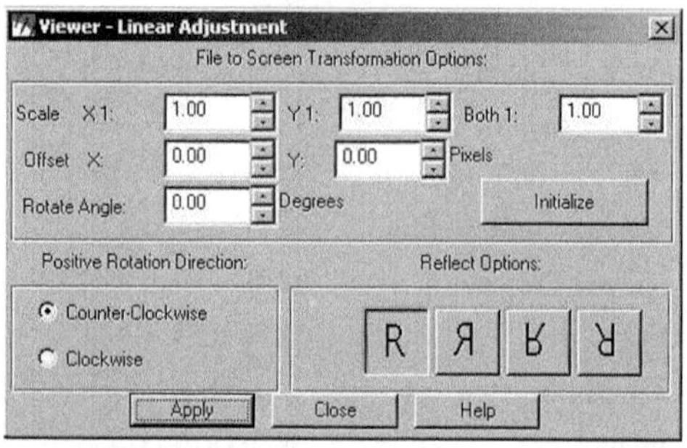

图 2-23 **Viewer Linear Adjustment 对话框**

从 Viewer Linear Adjustment 对话框中可以看出，执行变换操作的参数包括缩放比例（Scale）、平移参数（Offset）、旋转角度（Rotate Angle）、旋转方向（Positive Rotation Direction）、镜面操作（Reflect Options）等，而且水平方向（X1）和垂直方向（Y1）的缩放比例可以不同。如果不同，需要分别在 Scale X1 和 Y1 栏给定比例因子；如果相同，则只在 Both1 栏给定比例因子。

2.5 AOI 菜单操作

AOI 是用户感兴趣区域（Area Of Interest）的缩写，AOI 菜单包含了 AOI 工具（AOI Tools）等 16 项命令，分别应用于完成与 AOI 有关的文件操作。确定了一个 AOI 之后，可以使相关的 ERDAS IMAGINE 的处理操作针对 AOI 内的像元进行；AOI 区域可以保存为一个文件，便于在以后的多种场合调用，AOI 区域经常应用于图像分类模版（Signature）文件的定义。需要说明的是，一个视窗只能打开或显示一个 AOI 数据层。当然，一个 AOI 数据层中可以包含若干个 AOI 区域。AOI 菜单命令及其对应功能如表 2-20 所列。

表 2-20 AOI 菜单命令与功能

命令	功能
Tools	打开 AOI 工具面板
Undo	取消编辑操作（可多次取消）
Cut	剪贴 AOI 区域
Copy	复制 AOI 区域
Paste	粘贴 AOI 区域

续表

命令	功能
Delete Raster Masker	删除栅格掩膜
Group	建立 AOI 要素组合
Ungroup	取消 AOI 要素组合
Reshape	改变 AOI 要素形状
Invert Polygon	选择 AOI 区域以外的要素
Element Properties	AOI 要素特性
Styles	AOI 显示特性
Seed Properties	AOI 种子特征
Copy Selection to AOI	向 AOI 复制选择要素
Link	建立视窗 AOI 连接
Tablet Input:	数字化仪输入:
New Configuration	建立新的数字化仪配置
Current Configuration	调用已配置的数字化仪

2.5.1 打开 AOI 工具面板

在视窗菜单条中单击 AOI | Tools 命令，打开 AOI 工具面板（图 2-24）。AOI 工具面板中几乎包含了所有的 AOI 菜单操作命令。AOI 工具面板大致可以分为 3 个功能区，前两排图标是产生 AOI 与选择 AOI 功能区，中间 3 排是编辑 AOI 功能区，而最后两排则是定义 AOI 属性功能区。掌握 AOI 工具面板中的命令功能，对于在图像处理工作中正确使用 AOI 功能、发挥 AOI 的作用是非常有意义的。

图 2-24 AOI 工具面板

2.5.2 定义 AOI 显示特性

在视窗菜单条中单击 AOI | Style 命令，打开 AOI Styles 对话框（图 2-25）。或者在 AOI 工具面板中单击 Display AOI Styles 图标，打开 AOI Styles 对话框（图 2-25）。

对话框一目了然地说明了 AOI 显示特性（AOI Styles）的内容，既有 AOI 区域边线的线型（Foreground Width / Background Width）、颜色（Color）、粗细（Thickness），还有 AOI 区域填充与否（Fill 开关设置）及填充颜色（Fill Color）。

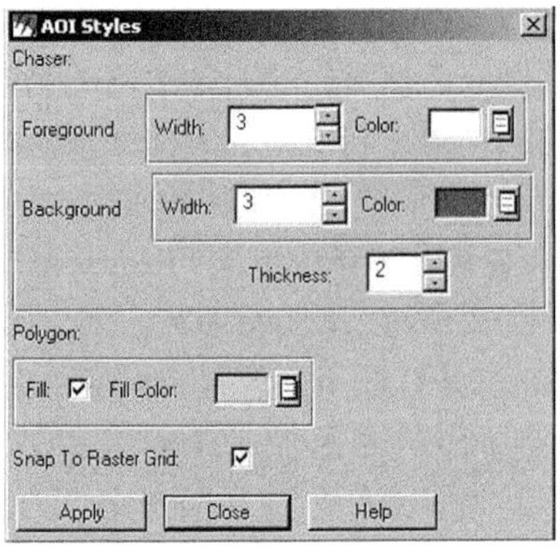

图 2-25 AOI Styles 对话框

2.5.3 定义 AOI 种子特征

创建 AOI 区域有两种方式：其一是选择绘制 AOI 区域的命令后用鼠标在屏幕视窗或数字化仪上给定一

系列数据点，组成 AOI 区域；其二是以给定的种子点为中心，按照所定义的 AOI 种子特征（Seed Properties）进行区域增长，自动产生任意边线的 AOI 区域。定义 AOI 种子特征就是为产生后一种 AOI 区域做准备，这种 AOI 区域在图像分类模板定义中经常使用。

在视窗菜单条中单击 AOI | Seed Properties 命令，打开 Region Growing Properties 对话框（图 2-26）。Region Growing Properties 对话框中各项参数的具体含义如表 2-21 所列。实际操作中，根据需要设置好相关的参数之后，关闭（Close）对话框，参数将应用于随后的 AOI 区域生成。

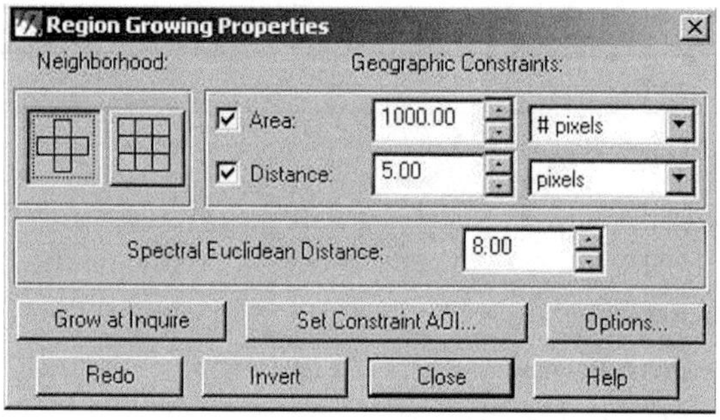

图 2-26 **Region Growing Properties 对话框**

表 2-21 AOI 种子特征参数及含义

参数	含义
Neighborhood：	种子增长模式：
4 Neighborhood Mode	4 个相邻像元增长模式
8 Neighborhood Mode	8 个相邻像元增长模式
Geographic Constraints：	种子增长的地理约束：
Area（pixels/hectares/acres）	面积约束（像元个数、面积）
Distance（pixels/meters/feet）	距离约束（像元个数、距离）
Spectral Euclidean Distance	光谱欧氏距离
Grow at Inquire	以查询光标为种子增长
Set Constraint AOI	以 AOI 区域为约束条件
Options：	选择项定义：
Include Island Polygons	允许岛状多边形存在
Update Region Mean	重新计算 AOI 区域均值
Buffer Region Boundary	对 AOI 区域进行 Buffer

2.5.4 保存 AOI 数据层

无论应用哪种方式在视窗中建立了多少个 AOI 区域，总是位于同一个 AOI 数据层中，可以将众多的 AOI 区域保存在一个 AOI 文件中，以便随后应用。

在视窗菜单条中单击 File | Save | AOI Layer as 命令，打开 Save AOI as 对话框（图 2-27），并进行新下列设置：

① 确定文件路径：users。

② 确定文件名称（Save AOI as）：myaoi.aoi。

③ 单击 OK 按钮（保存 AOI 文件，关闭 Save AOI as 对话框）。

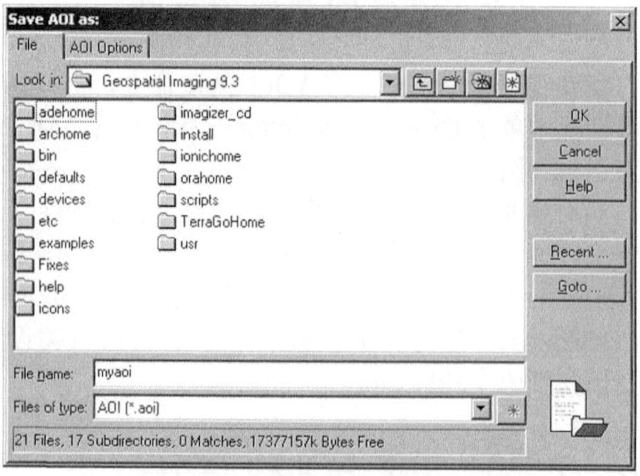

图 2-27 **Save AOI as 对话框**

2.6 栅格菜单操作

栅格菜单操作（Raster Menu Operation）是视窗菜单操作命令中的重要内容，栅格菜单包含了栅格工具（Raster Tools）等 20 项命令，可以对栅格图像数据进行多种变换处理或属性设置。栅格菜单命令及其对应的功能如表 2-22 所列。

表 2-22 栅格菜单命令与功能

命令	功能	命令	功能
Tools	打开 Raster 工具面板	Interpolate	图像插值处理
Undo	取消编辑操作(可以多次取消)	Recompute Statistics	图像特征重新统计
Copy	复制所选择的栅格区域	Recompute Statistics on Window	视窗显示图像特征重新统计
Past	粘贴所选择的栅格区域	Attributies	栅格属性编辑器
Band Combination	图像波段组合调整	Compute Pyramid Layers	建立金字塔层
Pixel Transparency	像元透明显示设置	Geometric Correction	图像几何校正
Set Resampling Method	图像重采样方法设置	Set Drop Point	图像坐标平移
Data Scaling	图像数值调整	Mosaic Images	图像镶嵌
Contrast	图像对比度调整	Profile Tools	图像剖面工具
Filtering	图像滤波处理	Relief Shading Tools	地势阴影工具
Recode	图像分类重编码	Toggle Discrete DRA	漫游图像时亮度\对比度动态调整
Fill	图像数值填充	DRA Properties	亮度\对比度动态调整参数设置
Offset Value	图像数值位移		

2.6.1 栅格工具面板功能

在视窗菜单条中单击 Raster | Tools 命令，打开 Raster 工具面板（图略）。

Raster 工具面板（Tool Palette）中包含了主要的 Raster 菜单操作命令和栅格要素编辑命令，表 2-23 列出了栅格工具面板中主要的图标及其功能。

表 2 23 栅格工具面板图标与功能

图标	命令	功能
	Select AOI Elements	单击选择 AOI 要素
	Select Multiple AOI Elements	矩形选择多个 AOI 要素
	Create Rectangular AOI	绘制矩形 AOI 要素
	Create Ellipse AOI	绘制圆形 AOI 要素
	Create Polygon AOI	绘制多边形 AOI 要素
	Create Polyline AOI	绘制曲线 AOI 要素
	Region Grow AOI	区域增长生成多边形 AOI

续表

图标	命令	功能
	Create Point AOI	绘制点状 AOI 要素
	Cut Selected Elements	剪贴选择要素
	Reshape Polyline or Polygon	改变选择要素形状
	Invert Region Grown Area	反向区域增长选择岛屿
	Open AOI Properties Dialog	打开 AOI 特征对话框
	Open AOI Styles Dialog	打开 AOI 类型对话框
	Region Growing Properties	打开区域增长特性对话框
	Create New Tablet Configuration	配置新的数字化仪
	Open Existing Tablet Configuration	使用现有数字化仪
	Undo Previous Raster Edit	恢复编辑操作（可多次恢复）
	Copy Selected Raster Area	复制所选择的栅格区域
	Paster Copied Raster Area	粘贴所复制的栅格区域
	Change Band Combination	调整图像波段组合
	Change Background Transparency	设置图像背景透明度
	Change Spectral Data Scaling	改变光谱数据分级
	Histogram Equalize	直方图均衡化
	Standard Stretch	标准差拉伸处理
	General Histogram Tools	图像直方图处理工具
	Contrast/Brightness Tool	对比度/亮度调整工具
	Piecewise Contrast/Brightness Tool	分段对比度/亮度调整工具
	Breakpoint Editor	直方图断点编辑
	Load Breakpoints	加载直方图断点
	Save Breakpoints	保存直方图断点
	Smooth Image Display	图像平滑处理（低通滤波）
	Sharpen Image Display	图像锐化处理（边缘增强）
	Edge Detect	边缘检测处理
	General Convolution	通用卷积滤波处理
	Statistical Filtering	统计滤波处理
	Recode Area	分类专题图重编码
	Fill Area	区域填充
	Offset Area Value	区域数值位移
	Local Surface Interpolation	局部表面插值
	Immediate Surface Interpolation	实时表面插值
	Recompute Histogram/Statistics	图像直方图/统计特征重新计算
	Recompute Histogram/Statistics for Visiable Areas	可视图像部分直方图/统计特征重新计算
	Open Easytrace Tool	打开图像智能矢量化工具
	Open Raster Attribute	打开栅格属性表
	Geocorrect Image	图像几何校正

续表

图标	命令	功能
	Offset Coordinates of Image	图像坐标位移操作
	Profile Tool	图像剖面工具
	Lock / Unlock Selected Tool	锁住 / 释放当前选择的工具
	On-Line Help	栅格操作的联机帮助

2.6.2 图像对比度调整

栅格菜单中的图像对比度调整命令（Contrast）对应着 9 项二级菜单命令，功能如表 2-24 所列。

表 2-24 Contrast 菜单命令与功能

命令	功能	命令	功能
Histogram Equation	直方图均衡化处理	Piecewise Contrast	分段对比度调整
Standard Deviation Stretch	标准差拉伸处理	Breakpoints	直方图断点处理
General Contrast	通用对比度调整	Load Breakpoints	加载直方图断点
Brightness / Contrast	亮度/对比度调整	Save Breakpoints	保存直方图断点
Photography Enhancements	摄影图像增强处理		

1. 分段线性拉伸（Piecewise Linear Stretch）

分段线性拉伸用于对图像局部区域通过分割 LUT 表进行增强，通常将 LUT 表分为低、中、高 3 段，然后分段调整其亮度和对比度，可增强阴影区等。

在视窗菜单条中单击 Raster | Contrast | Piecewise Contrast 命令，打开 Contrast Tool 对话框（图 2-28）。

在 Contrast Tool 对话框中，Range Specifications 选项组的 Low、Middle、High 分别对应于低、中、高 3 段不同的亮度值范围，而 Select Color 选项组的 Red、Green、Blue 则分别对应于图像的红、绿、蓝 3 个波段。通过波段与亮度范围的选择组合，达到调整图像亮度与对比度的目的。

需要说明的是：① 分段亮度值代表该段亮度值的中点；② 分段对比度代表该段可能输出范围的比例。

该命令常常与查询光标（Inquire Cursor）一同使用，首先查询特定区域各波段的灰度值，然后设置 Range Specifications 分段值。

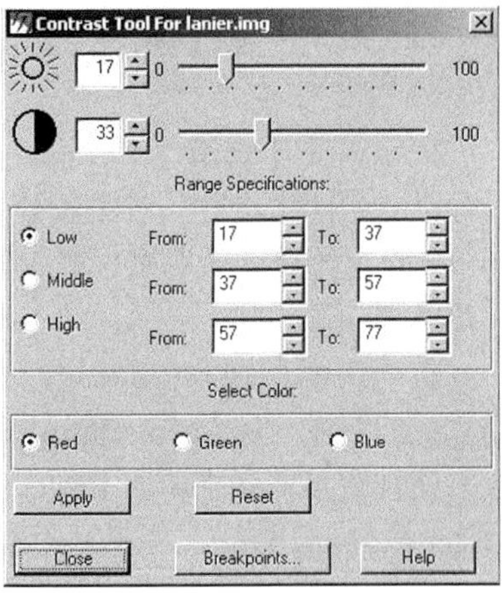

图 2-28 Contrast Tool 对话框

2. 直方图断点操作（Histogram Breakpoints）

在视窗菜单条中单击 Raster | Contrast | Breakpoints 命令，打开 Breakpoint Editor 对话框（图 2-29）。在 Breakpoint Editor 对话框中，首先可以设置图像直方图的显示效果。

在 Breakpoint Editor 工具条中单击 Histogram Display Options 图标 ，打开 Histogram Options 对话框（图 2-30），并进行下列设置：

（1）对选定的直方图（Histogram Select）进行设置。

① 显示输出直方图为 Show Output Histogram。

② 显示查找表图形为 Show LUT Graph。

③ 显示断点为 Show Breakpoint。

④ 直方图填充颜色为 Fill Histogram。

⑤ 剔除断点误差为 Weed Tolerance。

⑥ 单击 Close 按钮（完成直方图显示设置，关闭 Histogram Options 对话框）。

（2）借助直方图断点编辑工具（Histogram Edit Tools）对各波段直方图进行编辑。

① 插入断点（Insert Breakpoint）

② 删除断点（Cut Breakpoint）

③ 左断点曲线（Left-Right Curve）

④ 右断点曲线（Right-Left Curve）

（3）或者，单击 Start Table Editor 图标，打开 LUT 表（图 2-31），直接输入断点数值。

① 输入 Breakpoints X 和 Breakpoints Y 的一组灰度值，单击 Close 按钮。

② 单击 Save 按钮（保存直方图断点编辑）。

③ 单击 Close 按钮（关闭 Breakpoint Editor 对话框，完成直方图断点编辑）。

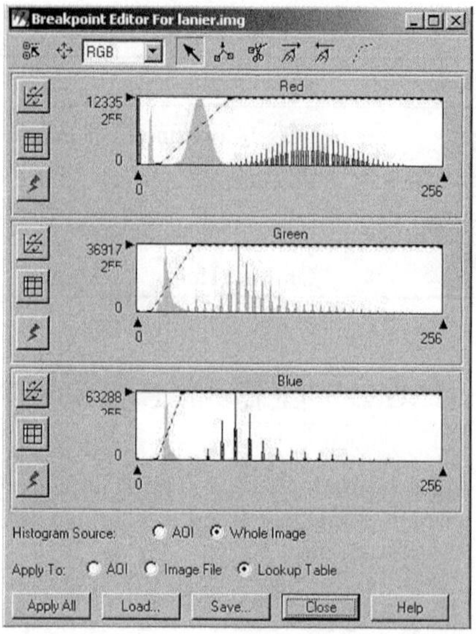

图 2-29 Breakpoint Editor 对话框

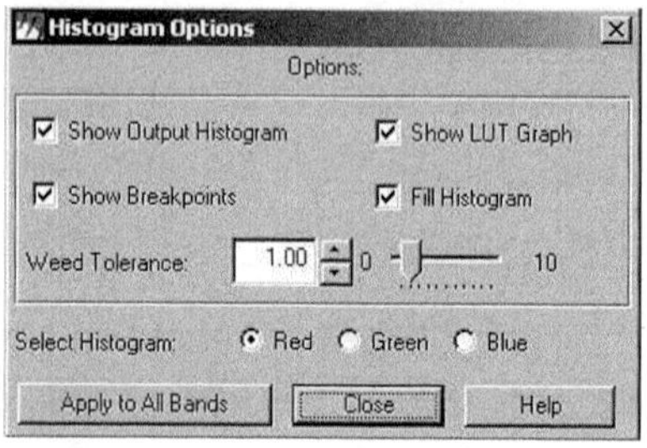

图 2-30 Histogran Options 对话框

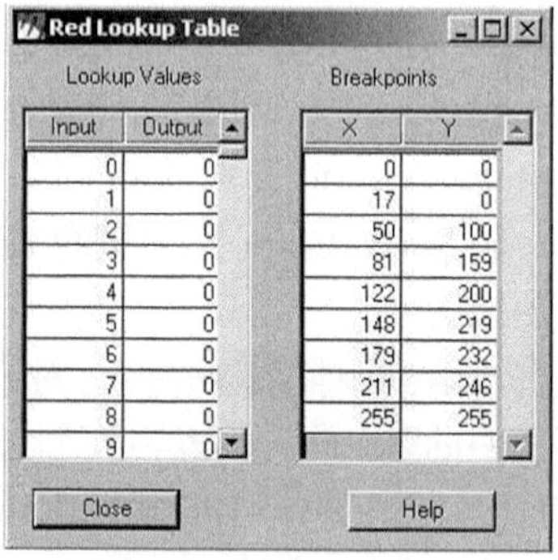

图 2-31 LUT 表

2.6.3 栅格属性编辑

栅格属性（Raster Attribute）编辑功能经常应用于对分类专题图像进行各种编辑处理，包括改变分类图斑颜色、设置图斑的透明度、增加栅格属性字段、生成分类统计报告等。

首先需要在视窗中同时打开两幅具有相同投影坐标系统的图像（lanier.img/lnsoils.img）。

在视窗菜单条中单击 Raster | Attributes 命令，打开 Raster Attribute Editor 对话框（图 2-32）。

Raster Attribute Editor 对话框由菜单条（Menu Bar）、工具条（Tool Bar）、栅格属性表（Attribute CellArray）、状态条（Status Bar）4 部分组成，其中，菜单条中的编辑菜单（Edit）和工具条中的部分工具经常用于对栅格属性进行编辑，下面就主要的编辑命令予以说明。

1. 改变分类图斑颜色

在 Raster Attribute Editor 对话框的栅格属性表（Attribute CellArray）中，将鼠标放在“Color（颜色）”属性字段下方的彩色框内，单击或右击可以弹出常用颜色表，从中选择所需要的颜色，或者选择“Other（其他）”选项，调出 Color Chooser 对话框（图 2-33）。

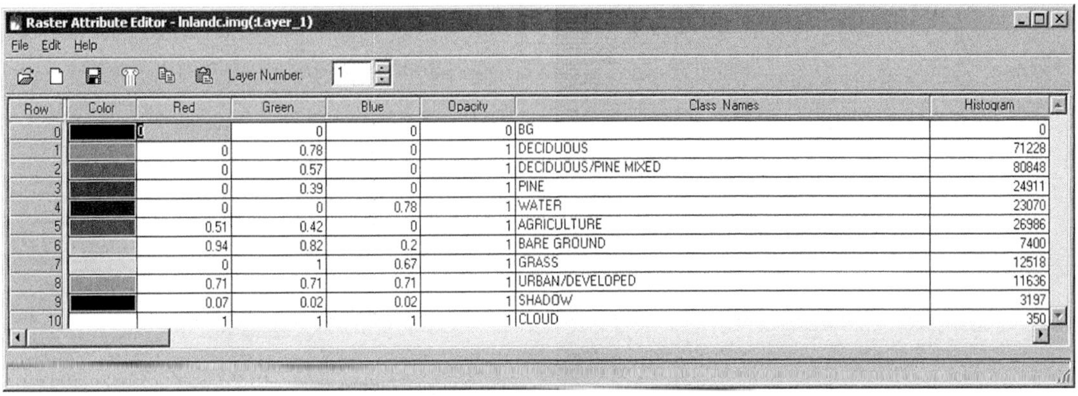

图 2-32 **Raster Attribute Editor 对话框**

在 Color Chooser 对话框中的标准色表（Standard）或用户色表（Custom）中确定所需要的颜色，然后单击 Apply（应用）按钮选择颜色，并单击 Close（退出）按钮退出 Color Chooser 对话框。

如果想取消刚才的颜色改变，可以按照下列操作来否定前面的操作。

在 Raster Attribute Editor 菜单条中单击 Edit | Undo Last Edit 命令。

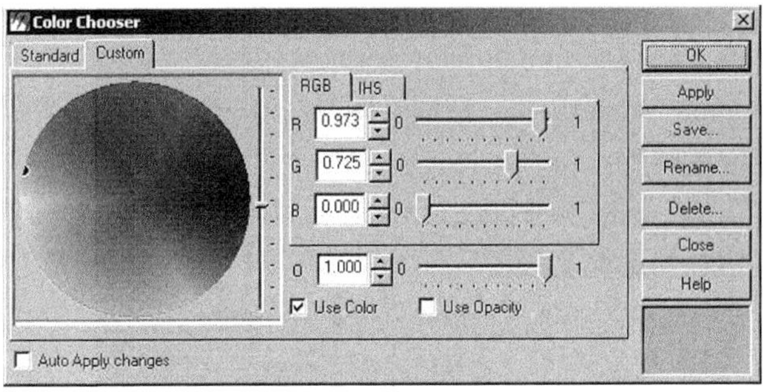

图 2-33 **Color Chooser 对话框**

2. 设置图像的透明度

可以通过两种方法改变图像（主要是分类专题图像）的透明度（Transparent）。

方法之一：直接改变栅格属性表（Attribute CellArray）中 Opacity（不透明）属性字段下方的数字，该数字取值范围是 0～1，取 0 值表示完全透明，取 1 值表示完全不透明，取 0～1 之间的小数值表示具有一定的透明度。

方法之二：设置颜色的透明程度，在栅格属性表（Attribute CellArray）中进行如下操作：

① 将鼠标放在 Color（颜色）属性字段下方的彩色框内右击。

② 弹出常用颜色表，在色表中选择 Other 选项，调出 Color Chooser 对话框（图 2-33）。

③ 在 Color Chooser 对话框中选中 Use Opacity（使用不透明）复选框。

④ 拖动 Use Opacity 复选框上方的不透明程度标尺，设置不透明程度（或者直接在其前边的微调框内输入 0～1 之间的数字）。

⑤ 单击 Apply 按钮（应用颜色不透明程度参数设置）。

⑥ 单击 Close 按钮（关闭 Color Chooser 对话框）。

⑦ 在 Raster Attribute Editor 菜单条中单击 File | Save 命令（保存对栅格属性表的编辑）。

3. 增加栅格属性字段

栅格属性表（Attribute CellArray）中增加属性字段（Attribute Column）是实际工作中经常需要进行的操作，其中“分类名称（Class Name）”、“类型面积（Area Column）”特殊字段是单列在编辑菜单（Edit）中的，而其他属性字段则通过“字段特征（Column Properties）”操作来完成。

（1）增加分类名称字段

在 Raster Attribute Editor 菜单条中单击 Edit | Add Class Name 命令。

（2）增加分类面积字段

在 Raster Attribute Editor 菜单条中单击 Edit | Add Area Column 命令，打开 Add Area Column 对话框，并进行下列设置：

① 选择面积单位（Unit）。

② 确定面积字段名（Name）。

③ 单击 OK 按钮（增加面积字段，并计算字段数值）。

（3）增加其他属性字段

在 Raster Attribute Editor 菜单条中单击 Edit | Column Properties 命令，打开 Column Properties 对话框（图 2-34），并定义属性字段特性：

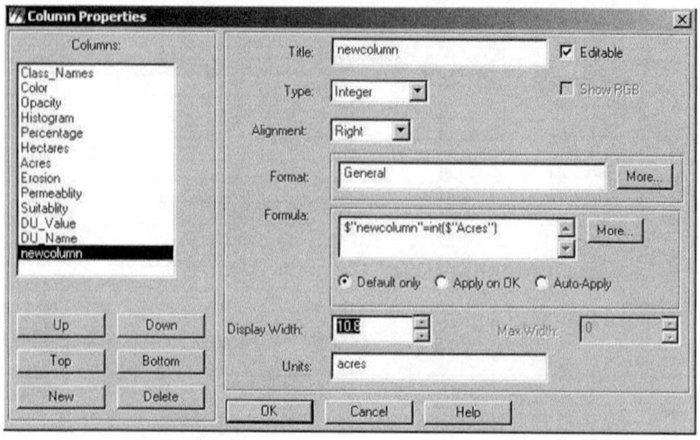

图 2-34　Column Properties 对话框

① 单击 New 按钮（增加新属性字段），定义增加新属性字段的特性。

② 字段名称（Title）为 Newcolumn。

③ 数据类型（Type）为 Integer。

④ 排列方式（Alignment）为 Right。

⑤ 数据格式（Format）为 Default。

⑥ 计算方法（Formula）为$"newcolumn"=int($"Acres")。

⑦ 应用方式（Apply）为 Default only。

⑧ 显示宽度（Display Width）为 10.8。

⑨ 单位（Unit）为 acres。

⑩ 单击 OK 按钮（增加新属性字段，并计算字段数值）。

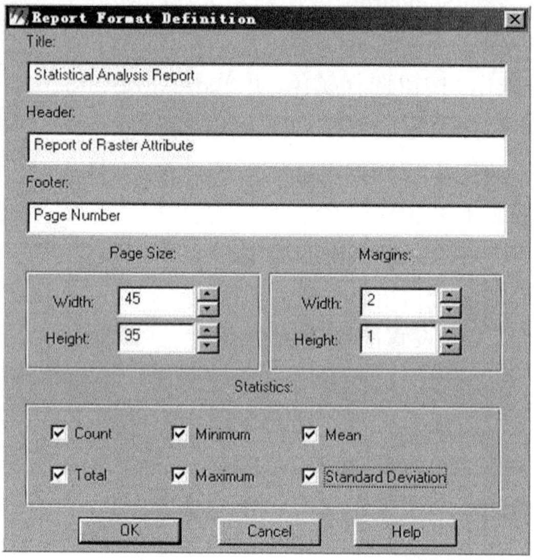

图 2-35　Report Format Definition 对话框

4．生成分类统计报告

对于栅格属性表中的所有属性字段，都可以进行统计分析，生成统计报告（Statistical Report）。

在 Raster Attribute Editor 菜单条中单击 Edit | Report 命令，打开 Report Format Definition 对话框（图 2-35），然后定义下列参数：

① 报告的标题（Title）：Statistical Analysis Report。

② 报告的表头（Header）：Report of Raster Attribute。

③ 报告的页脚（Footer）：Page Number。

④ 纸张大小（Paper Size）：宽度（Width）45、高度（Height）95。

⑤ 纸边尺寸（Margin）：宽度（Width）2、高度（Height）1。

⑥ 统计指标（Statistics）：Count、Total、Minimum、Maximum、Mean、StandardDeviation。

⑦ 单击 OK 按钮，执行统计分析，并生成统计报告单。

⑧ 打开 ERDAS 文本编辑器，显示统计报告单（图 2-36）。

⑨ 保存统计报告：单击 File | Save As 命令，保存 Report.txt 文本文件。

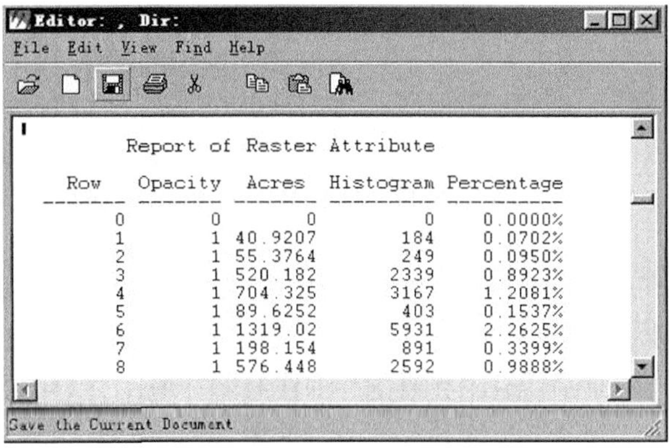

图 2-36 Report Format Definition 对话框

2.6.4 图像剖面工具

图像剖面工具（Profile Tools）提供了自动生成光谱剖面曲线、空间剖面曲线和三维空间剖面 3 种功能，对于分析地物的图像特征、进行专题信息提取都是有意义的。

1．光谱剖面曲线

光谱剖面曲线（Spectral Profile）是分析高光谱数据的基础，随着 RS 光谱数量的增加和光谱分辨率的提高，传感器发展到可见光/近红外光谱仪。每个波段在一个像元内的反射值（DN）都可以绘制出一条相应的剖面曲线，有助于估计像元内地物的化学组成，操作过程如下。

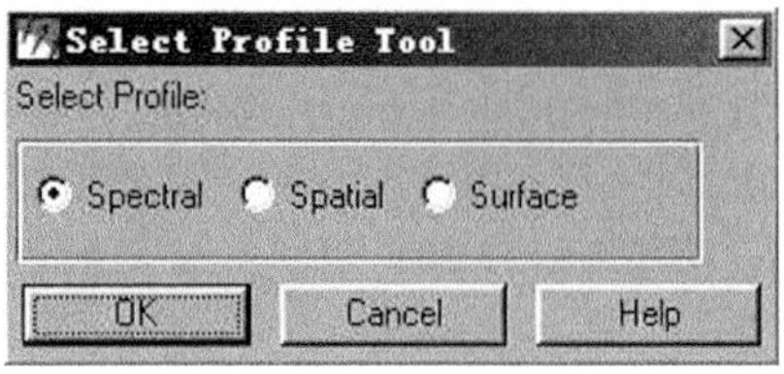

图 2-37 Select Profile Tool 对话框

首先在视窗中打开一幅高光谱图像（\examples\Hyperspectral.img），然后绘制剖面。

在视窗菜单条中单击 Raster | Profile Tools 命令，打开 Select Profile Tool 对话框（图 2-37）；在 Select Profile Tool 对话框中选中 Spectral（光谱剖面曲线）单选按钮，单击 OK 按钮，打开 Spectral Profile 视窗（图 2-38），然后完成下列操作：

① 在 Spectral Profile 工具条中单击 Create New Profile Point 图标 。

② 在视窗图像中选择像元并给定一点。

③ 自动生成该像元点的光谱剖面曲线（图 2-38）（曲线的横坐标是光谱波段，纵坐标是像元灰度值）。

④ 重复上述过程，在视窗图像中选择确定另外两个像元。

⑤ 在 Spectral Profile 视窗中绘制 3 条光谱剖面曲线（红、黄、蓝）。

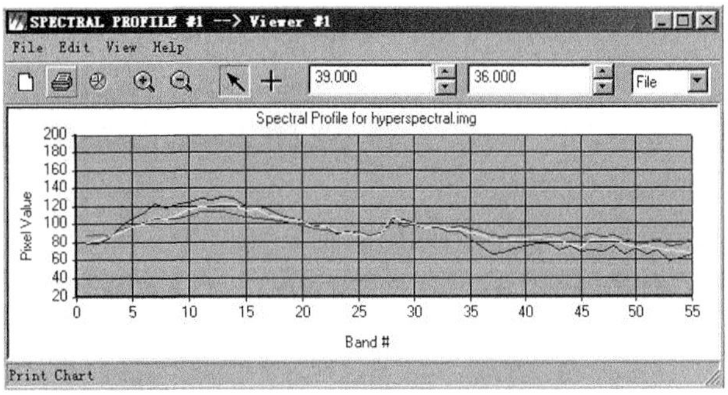

图 2-38 Spectral Profile 视窗

对于生成的光谱剖面曲线，可以通过 Spectral Profile 视窗菜单条中的编辑菜单（Edit）做进一步的编辑操作与设置。

① 单击 Edit | Chart Options 命令，打开 Chart Options 对话框，然后对剖面图编辑设置。

② 单击 Edit | Chart Legend 命令，打开 Legend Editor 对话框，然后对剖面线编辑设置。

③ 单击 Edit |Use Sensor Attributes 命令，打开 Sensor Attributes 对话框，然后对传感器设置。

④ 单击 Edit | Plot Stats 命令，打开 Spectral Statistical 对话框，再绘制统计曲线。

⑤ 单击 Edit | Delete Plots 命令，打开 Delete Spectral Plots 对话框，再删除剖面曲线。

此外，还可以显示与光谱曲线对应的像元灰度值，从光谱库中调用光谱曲线的步骤如下。

① 单击 View | Tabular Data 命令，打开 Profile Tabular Data 表，显示像元灰度值。

② 单击 View | Spec View 命令，打开 Spec View 对话框，显示光谱曲线库。

也可以将生成的光谱曲线打印输出或保存为数据文件（*.sif）与图像文件（*.ovr）。

① 单击 File | Print 命令，打开 Printer 属性设置对话框，打印输出光谱曲线。

② 单击 File | Export Data 命令，打开 Export Profile 对话框，确定文件名（*.sif）。

③ 单击 File | Save As 命令，打开 Save Profile 对话框，确定文件名（*.ovr）。

最后，退出光谱剖面曲线绘制环境。

单击 File | Close 命令，关闭 Spectral Profile 视窗，完成光谱剖面曲线的绘制

2. 空间剖面曲线

空间剖面曲线（Spatial Profile）反映的是沿用户定义曲线上的像元灰度值。这种剖面曲线可以是二维的（单波段），也可以是三维透视图（多个波段）。

在视窗菜单条中单击 Raster | Profile Tools 命令，打开 Select Profile Tool 对话框（图 2-37）；在 Select Profile Tool 对话框中，选中 Spatial（空间剖面曲线）单选按钮，单击 OK 按钮，打开 Spatial Profile 视窗（图 2-39），然后完成下列操作：

① 在 Spatial Profile 工具条中单击 Create New Polyline 图标。

② 在视窗图像中任意定义一条曲线（或直线）。

③ 自动生成沿该曲线的空间剖面曲线（图 2-39）（曲线的横坐标是空间距离，纵坐标是像元灰度值）。

在 Spatial Profile 视窗中可以只显示一个波段空间剖面，也可以同时显示多个波段空间剖面。

① 单击 Edit | Plot layers 命令，打开 Band Combination 对话框。

② 单击 Add Selected Layer to Chart 命令。

③ 单击 Apply 按钮（Spatial Profile 视窗中同时显示多波段空间剖面）。

④ 单击 Close 按钮（关闭 Band Combination 对话框）。

类似于对光谱剖面曲线的编辑，也可以对空间剖面进行各种编辑操作，并打印和保存。

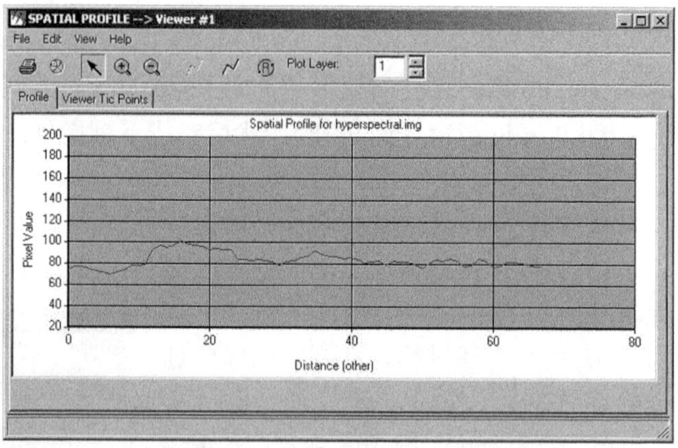

图 2-39 Spatial Profile 视窗

3. 三维空间剖面

三维空间剖面（Surface Profile）可以显示任一波段或任一空间数据集的灰度值空间起伏状况。

在视窗菜单条中单击 Raster | Profile Tools 命令，打开 Select Profile Tool 对话框（图 2-37）；在 Select Profile Tool 对话框中，选中 Surface（三维空间剖面）单选按钮，单击 OK 按钮，打开 Surface Profile 视窗（图 2-40），然后完成下列操作：

① 在 Surface Profile 工具条中单击 Create Box in Viewer 图标。

② 在视窗图像中任意定义一个矩形（Box）。

③ 自动生成该区域的三维空间剖面（图 2-40）。

如图 2-40 所示，通常三维空间剖面的横纵坐标（Z，X）分别代表该区域像元的行（Rows）列（Columns）数，而垂直方向的 Y 坐标则是像元的反射值。图像中的每一个波段都对应一个三维空间剖面，图 2-40 中显示的是第 5 波段的空间剖面。

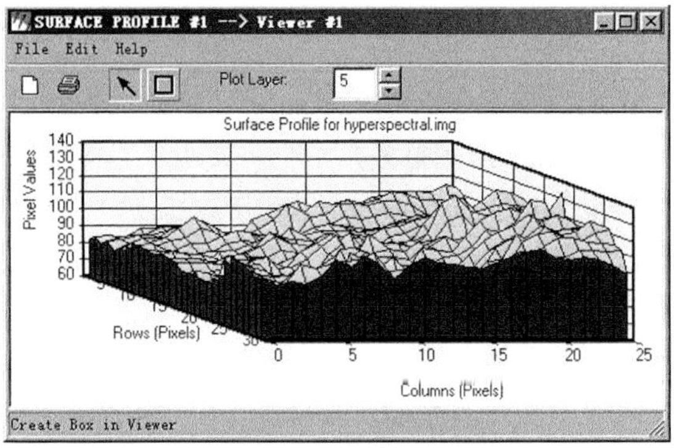

图 2-40 Surface Profile 视窗

对于已经生成的三维空间剖面，可以通过调整 3 个坐标轴属性和叠加图像的方法优化显示。

在 Surface Profile 视窗菜单条中单击 Edit | Chart Options 命令，打开 Chart Options 对话框。

① 分别设置 General / X Axis / Y Axis / Z Axis 属性。

② 单击 Apply 按钮应用设置，单击 Close 按钮关闭对话框。

在 Surface Profile 视窗菜单条中单击 Edit | Overlay Thematic（Gray Scale / True Color）命令。

① 单击选择 Overlay Thematic（Gray Scale / True Color）on Surface。

② 确定图像文件并选择波段组合，单击 OK 按钮。

2.7 矢量菜单操作

矢量菜单操作（Vector Menu Operation）功能是 ERDAS IMAGINE 将遥感与地理信息系统相结合的一个体现。不过，这里只讲 ERDAS 集成的有关矢量操作的基本命令，有关矢量扩展模块（Vector Model）的详细功能将在后面的章节（第 8 章）详细介绍。矢量菜单包含了矢量工具（Vector Tools）等 23 项命令，所有命令及其功能如表 2-25 所列。

表 2-25 矢量菜单命令与功能

命令	功能	命令	功能
Enable Editing	进入编辑状态	Group	建立矢量要素组合
Tools	打开 Vector 工具面板	Ungroup	取消矢量要素组合
Undo	取消编辑操作（可多次取消）	Attributes	矢量要素属性表格
Cut	剪贴矢量要素	From View Attributes	查看当前显示矢量的属性
Copy	复制矢量要素	Viewing Properties	显示矢量要素特征
Paste	粘贴矢量要素	Symbology	定义矢量符号文件
Delete	删除矢量要素	Attributes to Annotation	用属性生成注记文件
Reshape	改变矢量要素形状	Options	设置要素编辑参数
Spline	圆滑矢量要素形状	Seed Properties	设置区域增长种子特征
Densify	加密平滑矢量要素	Copy Selection to Vector	将选择要素复制到矢量文件
Generalize	删除矢量要素多余节点	Tablet Input	数字化仪输入设置
Join	相邻线状要素连接		

2.7.1 矢量工具面板功能

在视窗菜单条中单击 Vector | Tools 命令，打开 Vector 工具面板；或者在视窗工具条单击 Show Tool Palette 图标，打开 Vector 工具面板。

矢量工具面板（Vector Tool Palette）中包含了主要的 Vector 菜单操作命令和矢量要素编辑命令，矢量工具面板大致可以分为 3 个功能区。前 4 排图标是绘制矢量要素与选择矢量要素的功能区，中间 3 排是编辑矢量要素的功能区，而最后 3 排则是定义矢量要素属性的功能区。掌握矢量工具面板中的命令，对于矢量图层与矢量要素的编辑是非常重要的。表 2-26 列出了矢量工具面板中主要的图标及其功能。

表 2-26 矢量工具面板图标与功能

图标	命令	功能
	Select Features	选择图形要素
	Place a Point Feature	绘制点状图形要素
	Place a TIC Mark	放置 TIC 控制点
	Place a Line Feature	绘制线状图形要素
	Split a Line	分割线状图形要素
	Replace a Portion of Line	编辑线状图形要素
	Place a Simple Polygon	绘制简单多边形
	Region Growing Tool	区域增长生成多边形
	Split Polygon Tool	用线分割已有多边形
	Replace Polygon Tool	增加或减少部分多边形
	Append Polygon Tool	绘制共边相临多边形
	Create Ellipse	绘制椭圆
	Rectangular Marquee	矩形选择框（多要素选择）
	Elliptical Marquee	椭圆选择框（多要素选择）
	Polygonal Marquee	多边形选择框（多要素选择）
	Line Selection	线形选择框（多要素选择）
	Undo Last Edit	恢复编辑操作（可多次恢复）
	Cut Selected Features	剪贴选择要素
	Copy Selected Features	复制选择要素
	Paste Features	粘贴图形要素
	Delete Selected Features	删除选择要素
	Reshape a Single Line	改变要素形状
	Smooth Selected Arcs	平滑选择要素
	Add Points to Selected Lines	向弧段添加节点
	Eliminate Unnecessary Vertices	删除多余节点
	Combine Two Arcs	连接两条弧段
	Grouping Selected Features	组合选择要素
	Break up Multi-Part Feature	取消多要素组合

续表

图标	命令	功能
	Open Vector Attribute	打开矢量属性表
	Open Vector Properties	打开矢量特征对话框
	Open Vector Symbology	打开矢量符号对话框
	Open Vector Options	打开矢量选择对话框
	Region Growing Properties	打开区域增长特性对话框
	Add Selected Annotation	向矢量文件添加选择注记
	Create New Tablet Configuration	配置新的数字化仪
	Use an Existing Tablet	使用现有数字化仪
	Show Attributes From View	显示当前矢量的属性
	IMAGINE Easytrace tool	智能矢量化工具
	Lock / Unlock Selected Tool	锁住 / 释放当前选择的工具
	On-Line Help	矢量操作的联机帮助

2.7.2 矢量文件生成与编辑

矢量文件生成（Create Vector Layer）并不是矢量菜单操作的范畴，但是为了练习矢量要素的绘制与编辑，也为了说明图像交互解译的基本过程，从实际应用的角度出发，下面就以遥感图像（\examples\ xs_truecolor_sub.img）的交互解译为例，简单介绍矢量文件的建立与编辑过程。

第 1 步：打开图像文件（Open Raster Layer）

在视窗菜单条中单击 File | Open | Raster Layer 命令，打开 Select Layer To Add 对话框；或者在视窗工具条中单击【打开文件】图标，打开 Select Layer To Add 对话框（参见图 2-4）。

① 确定文件路径（Look in）：examples。

② 确定文件类型（Files of type）：IMAGINE Image（*.img）。

③ 选择文件名称（File name）：xs_truecolor_sub.img。

④ 单击 OK 按钮，关闭 Select Layer To Add 对话框，打开图像文件。

第 2 步：创建图形文件（Create Vector Layer）

在视窗菜单条中单击 File | New | Vector Layer 命令，打开 Create a New Vector Layer 对话框。

① 确定文件路径（File Look in）：users。

② 确定文件类型（File of Type）：Arc Coverage。

③ 确定文件名称（File Name）：xsvector。

④ 单击 OK 按钮（关闭 Create a New Vector Layer 对话框）。

⑤ 打开 New Arc Coverage Layer Option 对话框。

⑥ 选择矢量文件精度（New Coverage Precision）：Single Precision。

⑦ 单击 OK 按钮，关闭 New Arc Coverage Layer Option 对话框，生成矢量文件。

第 3 步：绘制图形要素（Draw Vector Elements）

在视窗菜单条中单击 Vector | Enable Editing 命令，置矢量文件为可编辑状态。然后，在 Vector 工具面板进行下列操作：

① 单击 Place Point 图标，在视窗中依据栅格图像绘制油罐（点）。

② 单击 Draw Line 图标，在视窗中依据栅格图像绘制道路（线）。

③ 单击 Create Polygon 图标，在视窗中依据图像绘制公园（面）。

④ 改变图形要素特征后，矢量文件及图形显示如图 2-41 所示。

第 4 步：保存矢量文件（Save Vector Layer）

在视窗菜单条中单击 File | Save Top Layer 命令，保存当前为上层文件的矢量文件。单击 File | Close 命令，关闭视窗及矢量文件。

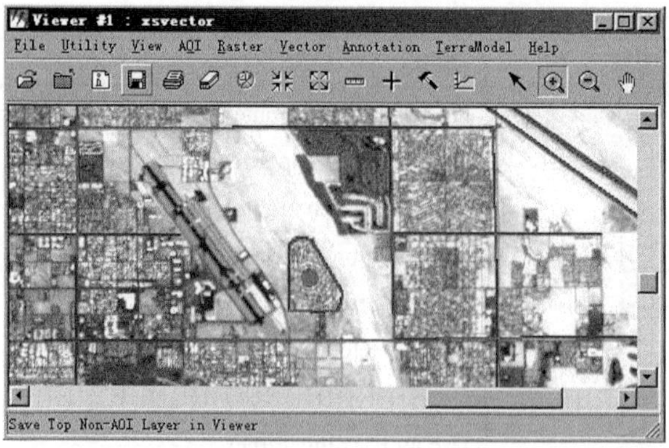

图 2-41 xsvector 矢量图形视窗

2.7.3 改变矢量要素形状

为了练习矢量菜单操作，首先需要应用 2.2.2 节所介绍的操作方法，打开系统中的实例矢量图形文件：\examples\zone88（Arc Coverage）。

进行矢量要素编辑之前，首先要进入编辑状态，并选择需要编辑的要素，然后再进行编辑。

第 1 步：进入编辑状态（Enable Editing）

在视窗菜单条中单击 Vector | Enable Editing 命令，进入编辑状态。

第 2 步：选择编辑要素（Select Features）

在视窗工具条中单击 Reset Window Tool 图标，进入选择状态；或者在 Vector 工具面板单击 Select Features 图标，进入选择状态。单击在图形视窗中选择要素，被选择要素发亮显示。

第 3 步：改变要素形状（Reshape a Single Line）

再启动改变矢量要素形状的功能，进行如下操作。

在视窗菜单条中单击 Vector | Reshape 命令，视窗显示选择要素上的节点；或者在 Vector 工具面板中单击 Reshape a single Line 图标，视窗显示选择要素上的节点。

① 在矢量要素节点上按住左键移动位置、改变要素形状。

② 在矢量要素上单击中键增加节点、改变要素形状。

③ 按住 Shift 键，并单击中键删除节点、改变要素形状。

④ 如果要恢复矢量要素形状，单击 Undo Last Edit 图标。

⑤ 在当前编辑要素之外的区域单击，退出编辑状态。

2.7.4 调整矢量要素特征

矢量要素特征（Vector Properties）是指各类矢量要素的显示特征，调整矢量要素特征实质上就是按照矢量要素属性进行符号化的过程，包括符号类型的选择、颜色的确定等。

在视窗菜单条中单击 Vector|Viewing Properties 命令，打开 Properties for Vector Layer 对话框（图 2-42）；或者在 Vector 工具面板中单击 Open Vector Properties 图标，打开 Properties for Vector Layer 对话框（图 2-42）。

在 Properties for Vector Layer 对话框中，根据需要分别设置点（Point）、线（Arc）、面（Polygon）、属性（Attribute）、注记（Text）、控制点（Tic）、端点（Node）、边框（Bounding Box）、选择要素显示（Selection Color）等的符号与颜色特征。可以将所有的显示特征设置保存为一个符号文件（*.evs），以便多次调用；或者可以直接在 Properties for Vector Layer 对话框中，确定应用已有的符号文件（Attribute-based Symb- ology），并选择符号文件（*.evs）。

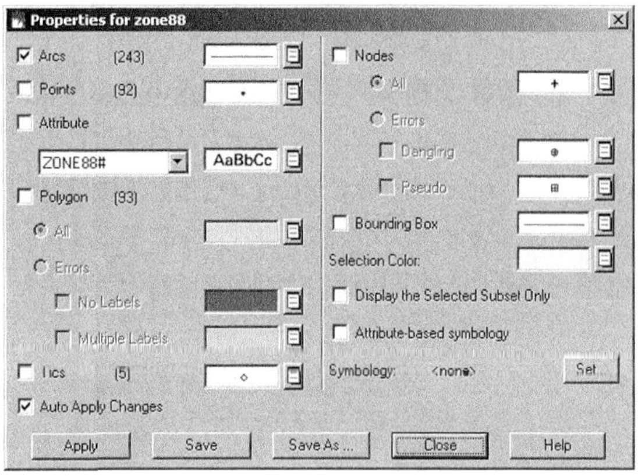

图 2-42　Properties for Vector Layer 对话框

2.7.5　编辑矢量属性数据

矢量要素的属性（Vector Attributes）是指矢量要素所对应的 INFO 表，也叫矢量属性表（Vector CellArray），其中可以包含与矢量要素一一对应的一系列定量数据和定性描述，可用于进行各种统计分析和空间分析操作。

在视窗菜单条中单击 Vector | Attributes 命令，打开 Vector Attributes 视窗（图 2-43）；或者在 Vector 工具面板中单击 Open Vector Attribute 图标▦，打开 Vector Attributes 视窗（图 2-43）。由图 2-43 可知，Vector Attributes 视窗由菜单条、工具条、矢量属性表 3 部分组成，其主体是矢量属性表，可以通过菜单条中的编辑菜单（Edit）命令对属性表进行编辑。

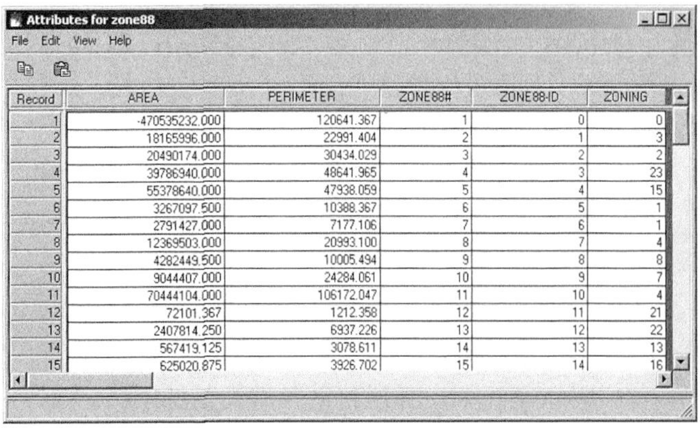

Record	AREA	PERIMETER	ZONE88#	ZONE88-ID	ZONING
1	-470535232.000	120641.367	1	0	0
2	18165996.000	22991.404	2	1	3
3	20490174.000	30434.029	3	2	2
4	39786940.000	48641.965	4	3	23
5	55378640.000	47938.059	5	4	15
6	3267097.500	10388.367	6	5	1
7	2791427.000	7177.106	7	6	1
8	12369503.000	20993.100	8	7	4
9	4282449.500	10005.494	9	8	8
10	9044407.000	24284.061	10	9	7
11	70444104.000	106172.047	11	10	4
12	72101.367	1212.358	12	11	21
13	2407814.250	6937.226	13	12	22
14	567419.125	3078.611	14	13	13
15	625020.875	3926.702	15	14	16

图 2-43　Vector Attributes 视窗

1．增删矢量属性字段（Add/Delete Column Attributes）

在当前矢量图层处于编辑状态情况下，可以对 Vector Attributes 视窗中的矢量属性表（Vector CellArray）进行编辑，增加或删除矢量属性字段，具体过程如下。

在 Vector Attributes 视窗中单击 Edit | Column Attributes 命令，打开 Column Attributes 对话框（图 2-44）。单击 New 按钮，增加属性字段，需要定义的字段参数如下：

① 字段名称（Title）：USER_ID。

② 字段类型（Type）：Real。

③ 数据精度（Precision）：Single。

④ 小数点位数（Decimal Places）：1。

⑤ 字段显示宽度（Display Width）：3。

⑥ 单击 OK 按钮，新字段 USER_ID 添加到属性表中。

在 Vector Attributes 视窗中单击 Edit | Column Attributes 命令，打开 Column Attributes 对话框（图 2-44）。

① 在 Columns 栏下选择字段 USER_ID。

② 单击 Delete 按钮，删除属性字段。

③ 单击 OK 按钮，删除字段 USER_ID。

2. 条件选择矢量要素（Criteria Selection）

在 Edit 菜单下选择 Select Rows by Criteria 选项，打开 Selection Criteria 对话框（图 2-45）。在 Criteria 表单里填入需要进行的选择语句，然后单击 Add 按钮即可选出相应的矢量要素。

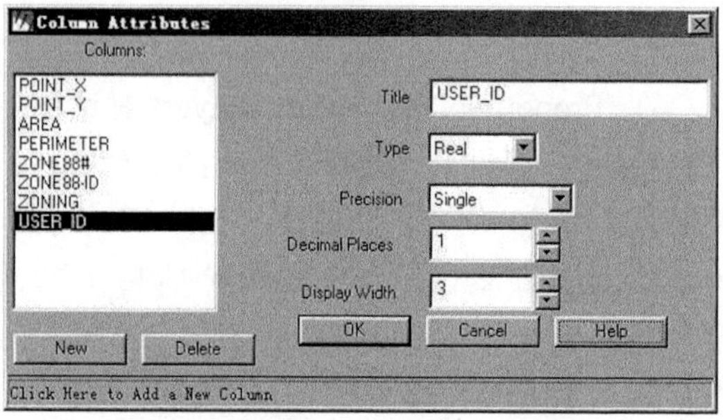

图 2-44 **Column Attributes 对话框**

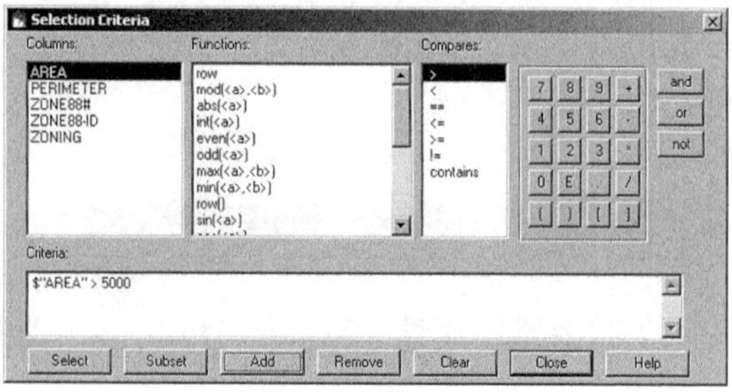

图 2-45 **Selection Criteria 对话框**

2.7.6 定义要素编辑参数

部分编辑参数（Options Parameter）直接影响矢量要素的编辑效果，这些编辑参数可以通过下列过程来定义。

在视窗菜单条中单击 Vector | Options 命令，打开 Options for Vector 对话框（图 2-46）；或者在 Vector 工具面板中单击 Open Vector Options 图标，打开 Options for Vector 对话框（图 2-46）。

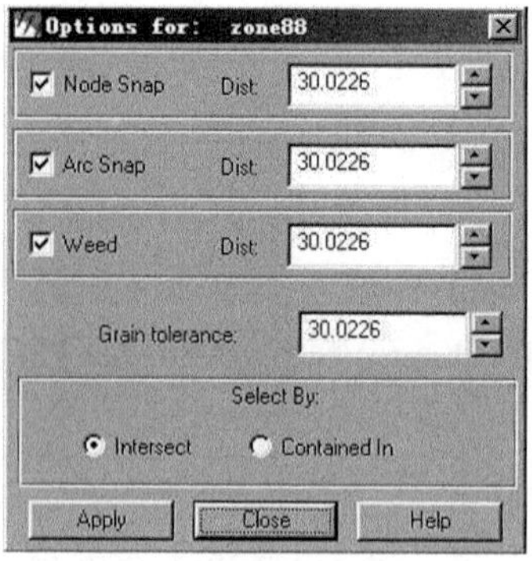

图 2-46 **Options for Vector 对话框**

从图 2-46 可知，需要定义的编辑参数有如下几项。

① Node Snap & Dist：端点抓点开关及抓点距离定义，影响线状要素的连接。

② Arc Snap & Dist：弧段抓点及抓点距离定义，影响面状要素的封闭。

③ Weed & Dist：弧段自动延伸及延伸距离定义，影响要素关系的控制。

④ Grain Tolerance：节点之间的最小距离定义，影响 Spline 和 Densify 命令。

⑤ Select By：定义选择模式 Intersect（相交）/ Contained In（包含）。

⑥ 单击 Apply 按钮应用参数定义，单击 Close 按钮关闭 Options for Vector 对话框。

2.8 注记菜单操作

注记数据层（Annotation Layer）是 ERDAS IMAGINE 软件继栅格数据层（Raster Layer）、矢量数据层（Vector Layer）、AOI 数据层（AOI Layer）之后的第 4 种数据类型，往往作为栅格数据层和矢量数据层的附加数据层叠加在上面，用于标识和说明主要特征或重点区域。注记数据层是注记要素的集合，注记要素不仅包括说明文字，而且包括多种图形（矩形、椭圆、弧段、多边形、格网线、控制点）和地图符号，甚至还包括制图输出功能所支持的比例尺和图例；注记数据层可以显示在视窗中，也可以显示在制图输出窗口。

视窗菜单条中的注记菜单操作包含了注记工具（Annotation Tools）等 20 项命令，所有命令及其功能如表 2-27 所列。

表 2-27 注记菜单命令与功能

命令	功能
Tools	打开注记工具面板
Undo	取消编辑操作（可多次取消）
Cut	剪贴注记要素
Copy	复制注记要素
Past	粘贴注记要素
Group	建立注记要素组合
Ungroup	解除注记要素组合
Reshape	改变注记要素形状
Raise:	上移注记要素的叠置层次：
To the Front	移到最上层
Forward by One	只上移一层
Lower:	下移注记要素的叠置层次：
To the Back	移到最下层
Backward by One	只下移一层
Distribute:	注记要素半距放置：
Vertically	垂直移动到上下要素半距处
Horizontally	水平移动到左右要素半距处
Flip:	注记要素翻转：
Vertically	绕要素水平中线轴垂直翻转
Horizontally	绕要素垂直中线轴水平翻转
Align Object North	注记要素按指北排列
Alignment	注记要素按定义排列
Element Properties	注记要素特征
Styles	注记要素类型
Attributes	注记要素属性
Seed Properties	设置区域增长种子特征
Copy Selection to Annotation	将选择要素复制到注记文件
Tablet Input:	数字化仪输入设置：
New Configuration	使用一个新的设置
Current Configuration	使用当前的设置

虽然注记菜单中包含了大量注记编辑操作命令，特别是注记工具面板（Tools Palette）中有各种注记要素的生成命令，但是注记文件的创建与打开操作还必须借助视窗菜单条中的文件操作部分完成。同时，注记数据层虽然可以独立于栅格数据层、矢量数据层而操作，但是如果不用具有地理参考的图像（栅格数据层）或图形（矢量数据层）作为背景，或者背景图像或图形没有地理参考的话，所创建的注记数据层是没有地理参考的，注记菜单中的部分编辑命令是无法应用的。所以，下面首先以具有地理参考的数据层为背景创建注记文件，然后设置注记要素类型，并对注记要素属性进行编辑。

2.8.1 创建注记文件

首先在视窗中打开一幅具有地理参考的图像（\examples\lanier.img）或图形，然后进行如下操作。

在视窗菜单条中单击 File | New | Annotation Layer 命令，打开 Annotation Layer 对话框：

① 在 Annotation Layer 对话框中确定路径与文件名（*.ovr）。

② 单击 OK 按钮，创建一个新的注记文件，并打开、进入编辑状态。

如果是要打开一个已经存在的注记文件，则可以不需要首先打开图像或图形文件，进行如下操作。

在视窗菜单条中单击 File | Open | Annotation Layer 命令，打开 Select Layer to Add 对话框：

① 在 Select Layer to Add 对话框中选择路径与文件名（*.ovr）。

② 单击 OK 按钮，打开一个注记文件，并进入编辑状态。

2.8.2 设置注记要素类型

在视窗菜单条中单击 Annotation | Styles 命令，打开 Styles for Annotation Layer 对话框（图 2-47）。在 Styles for Annotation Layer 对话框中依次设置点、线、面、及文字的类型。

① Line Styles：线状符号类型与颜色。

② Fill Styles：面状填充符号类型与颜色。

③ Text Styles：文字注记字体与颜色。

④ Symbol Styles：点状符号类型与颜色。

⑤ 单击 Close 按钮，关闭 Styles for Annotation Layer 对话框。

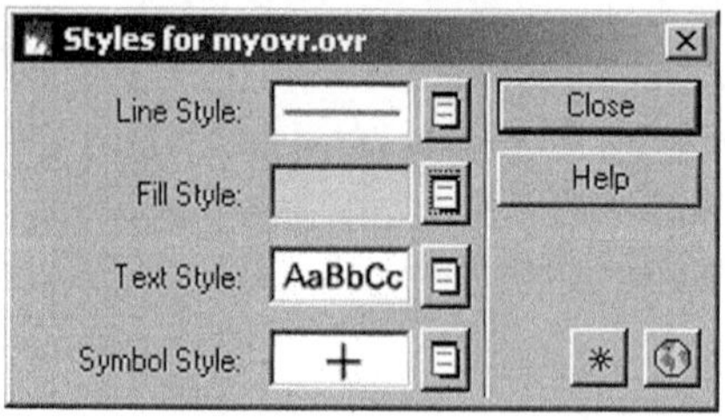

图 2-47 Styles for Annotation Layer 对话框

2.8.3 放置注记要素

要在注记文件中放置注记要素（Drawing Annotation Elements），首先必须打开注记工具面板。

在视窗菜单条单击 Annotation | Tools 命令，打开 Annotation 工具面板（图略）。

Annotation 工具面板（Tools Palette）中包含了全部的注记要素放置命令和主要的注记要素编辑命令，Annotation 工具面板大致可以分为 4 个功能区，前 5 排图标是绘制注记要素与选择注记要素的功能区，中间 5 排是编辑注记要素的功能区，接下来的两排是建立和设置坐标网的工具，最后两排则是定义注记要素属性的功能区。表 2-28 列出了 Annotation 工具面板中主要的图标及其功能。

表 2-28 注记工具面板图标与功能

图标	命令	功能
	Select Annotation Elements	选择注记要素
	Box Select Annotation	框选多个注记要素
	Create Rectangle Annotation	绘制矩形注记要素
	Create Ellipse Annotation	绘制圆形注记要素
	Create ConcentricRngs	绘制同心圆注记要素
	Create Polygon Annotation	绘制多边形注记要素
	Create Polyline Annotation	绘制曲线注记要素

续表

图标	命令	功能
	Create Freehand Polyline	绘制自由曲线注记要素
	Create Arc Annotation	绘制圆弧注记要素
	Create Symbol Annotation	绘制点状注记符号
	Create Text Annotation	放置无框字符注记要素
	Create Text Annotation in Box	放置有框字符注记要素
	Polygon Growing Tool	多边形区域增长工具
	Create Map Frame	绘制地图图框（地图编制）
	Select Map Frame	选择地图图框（地图编制）
	Create Grids/Ticks	绘制坐标格网（地图编制）
	Create Scale Bars	绘制比例尺（地图编制）
	Create Legend	放置图例（地图编制）
	Undo Previous Edit	恢复编辑操作（可多次恢复）
	Cut Selected Annotation	剪贴选择注记要素
	Copy Selected Annotation	复制选择注记要素
	Paste Copied/Cut Annotation	粘贴图形注记要素
	Reshape Selected Annotation	改变选择注记要素形状
	Group Selected Annotation	组合选择注记要素
	Ungroup Selected Annotation	取消多注记要素组合
	Open Properties Dialog	打开注记特征对话框
	Move Annotation to Top	将选择注记要素移到最上层
	Move Forward by One Rank	将选择注记要素上移一层
	Move Annotation to Bottom	将选择注记要素移到最下层
	Move Back by One Rank	将选择注记要素下移一层
	Align Selected Annotation	将选择注记要素排成一行
	Align Annotation to North	置注记选择要素于指北方向
	Evenly Distribute Vertically	将选择要素严格垂直对齐
	Evenly Distribute Horizontally	将选择要素严格水平对齐
	Flip Annotation Vertically	将选择要素垂直翻转
	Flip Annotation Horizontally	将选择要水平直翻转
	Generate UTM GridTics	生成 UTM 坐标网
	Generate Geo GridTics	生成地理坐标网
	Modify GridTics	启动坐标网修改工具
	Deconflict GridTics	消除坐标网相互压盖
	Change Preference for Grid Style	设置坐标网格式
	Annotation Styles Dialog	打开注记特征对话框
	Annotation Attributes Dialog	打开注记属性对话框
	Region Growing Properties	打开区域增长特征框
	Add Element to Annotation Layer	将选择要素添加到注记层

续表

图标	命令	功能
	Create New Tablet Configuration	配置新的数字化仪
	Use an Existing Tablet	使用现有数字化仪
	IMAGINE Easytrace tool	智能矢量化工具
	Lock / Unlock Selected Tool	锁住 / 释放选择工具
	On-Line Help	注记操作的联机帮助

在各种注记要素中，点、线、面等图形要素的放置相对简单，下面以文字要素的放置为例，说明其放置过程和变形编辑（Reshape）过程。

在 Annotation 工具面板中单击 Create Text Annotation 图标A。

① 在注记文件视窗中单击定义位置。

② 打开 Annotation Text 对话框。

③ 在 Enter Text String 区域输入文字注记。

④ 单击 OK 按钮（文字注记放置在文件视窗中）。

⑤ 单击选择刚刚放置的文字注记（使文字注记处于编辑状态）。

⑥ 在视窗菜单条中单击 Annotation|Reshape 命令。

⑦ 视窗中的文字注记下方出现下划线（Polyline）。

⑧ 按住左键移动下划线的节点或端点，改变文字注记的走向。

⑨ 在下划线上单击中键增加下划线节点，改变文字注记形状。

⑩ 按住 Shift 键并单击中键删除下划线节点，改变文字注记形状。

⑪ 如果要恢复文字注记形状，多次单击 Undo Last Edit 图标。

⑫ 在当前编辑文字之外的区域单击，退出编辑状态。

2.8.4 注记要素属性编辑

与矢量文件类似，每个注记文件都有一个对应的属性表，其中记录着每个注记要素的标识码（ID）、类型（Type）、名称（Name）、说明（Description）、坐标范围（ULX、ULY、LRX、LRY）等信息，用户可以随时查阅有关信息，并可以对部分信息进行编辑（Editing Annotation Attributes）。

在视窗菜单条中单击 Annotation | Attributes 命令，打开 Attributes 对话框（图略）或者在注记工具面板中单击 Annotation Attributes Dialog 图标，打开 Attributes 对话框（图略）。

Attributes 对话框由菜单条和属性表两部分组成，属性表中的名称（Name）和描述（Description）两个属性字段是允许用户编辑修改的，而其他属性字段是自动生成的，并与注记文件中的注记要素动态连接，随注记要素的编辑修改而变化。同时，系统还提供了一些诸如条件选择、排序等属性操作功能。

此外，每个注记要素的特征属性表可以通过双击该要素而直接调出，不同的要素类型对应着不同的特征属性表，图2-48是一个点状符号的特征属性表，表中显示了该符号的名称(Name)、说明（Description)、中心点坐标（Center X、Center Y）及坐标类型（Type）与单位（Units)、角度（Angle）及角度单位（Units)、大小尺寸（Size）及尺寸类型（Type）与单位（Units)，其中符号名称与描述是可以随时修改的，修改结果将同时保存在文件属性表中。

2.8.5 添加坐标格网

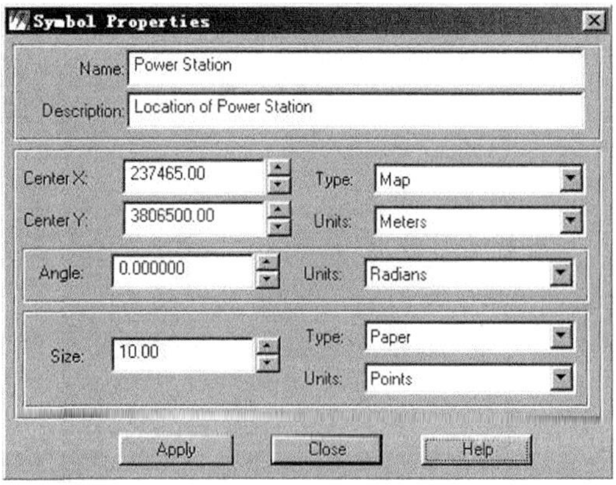

图 2-48 Symbol Properties 对话框

地图中的坐标系统是地图数学基础的重要内容。地图中的地图格网是重要的地图图面要素，是地图坐标系统和投影信息的反映。地图的坐标系有地理坐标和投影坐标两种。简单地说，地理坐标是直接建立在球体上的地理坐标，用经度和纬度表达地理对象位置；投影坐标是建立在平面直角坐标系之上，用（x，y）表达地理对象位置。

在 ERDAS IMAGINE 中可以用注记工具（Annotation 菜单下的 Tools）方便地添加通用横轴墨卡托（Universal Transverse Mercartor，UTM）投影（平面直角坐标系中的一种投影方式）格网和地理格网。

单击注记工具面板中的 Generate UTM GridTics 图标或 Generate Geo GridTics 图标，然后在相应的 View 视窗中单击，就可以添加两种坐标格网，ERDAS IMAGINE 中默认的格网设置是根据 1:50000 比例尺的地图要求设置的。

而后，单击 Change Preference for Grid Style 图标，弹出格网参数设置对话框（图 2-49 与图 2-50）。选择 UTM/MGRS Grid 选项卡，可以对 UTM 坐标格网进行设置（图 2-49）。在 Line 选项组中可以对格网的线型进行设置；在 Length outside 中按照图面空间单位设置在地图图廓外标注格网的距离；在 Spacing 中设置 UTM 格网的间隔距离；在 External Text 和 External text height 中设置地图图廓外标注文字的格式和大小；在 Internal Text 和 Internal text height 中设置地图图廓内标注文字的格式和大小；在 Horizontal 和 Vertical 中设置内部水平和垂直的标注数值；在 Horiz. Gap 和 Vert. Gap 中设置水平和垂直标注间隔。单击 Geographic Grid 选项卡可以打开地理坐标格网设置选项卡（图 2-50），其中在 Spacing 中以度、分、秒的单位设置格网间隔。单击 User Save 按钮将对上述设置的参数进行保存，但不反映在当前视窗中，只有下一次应用格网工具时才有体现。

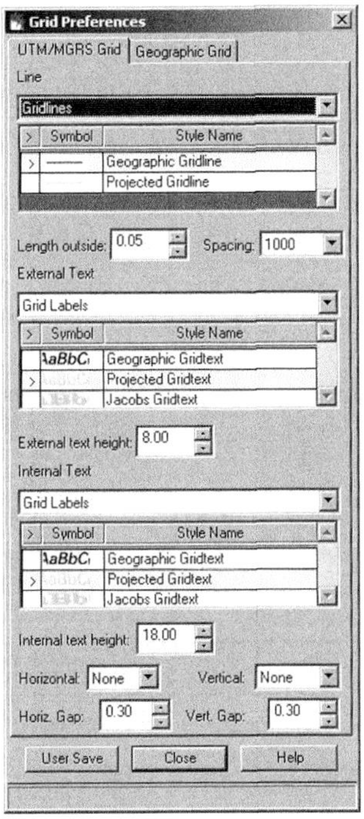

图 2-49 UTM 格网设置

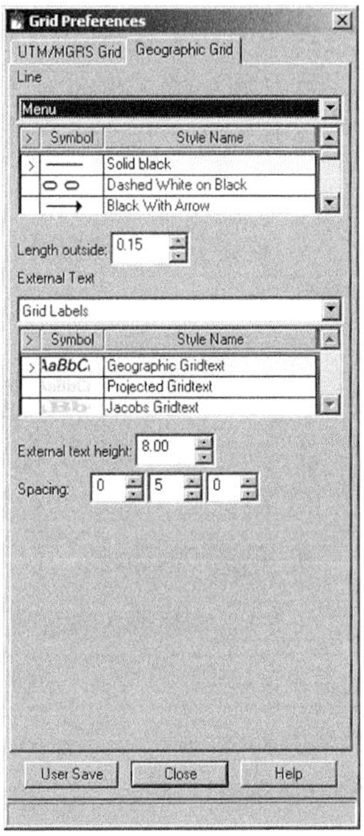

图 2-50 地理格网设置

第 3 章　数据输入/输出

本章学习要点

- 常用输入/输出数据格式
- 普通二进制图像数据输入
- HDF 图像数据输入操作
- JPG 图像数据输入/输出

3.1　数据输入/输出概述

ERDAS IMAGINE 的数据输入/输出（Import/Export）功能允许用户输入多种格式的数据供 IMAGINE 使用，同时可以将 IMAGINE 的文件转换成多种数据格式。目前，IMAGINE 9.3 可以输入的数据格式达 170 多种，可以输出的数据格式 60 多种，几乎包括常用或常见的栅格数据和矢量数据格式，具体的数据格式都罗列在 IMAGINE 输入/输出对话框中（图 3-1），而表 3-1 只列出了实际工作中可能用到的 IMAGINE 所支持的常用数据格式。

数据输入/输出的一般操作过程如下。

在 ERDAS 图标面板菜单条中单击 Main | Import/Export 命令，打开数据输入/输出对话框（图 3-1），或者在 ERDAS 图标面板工具条中单击 Import/Export 图标，打开数据输入/输出对话框（图 3-1）

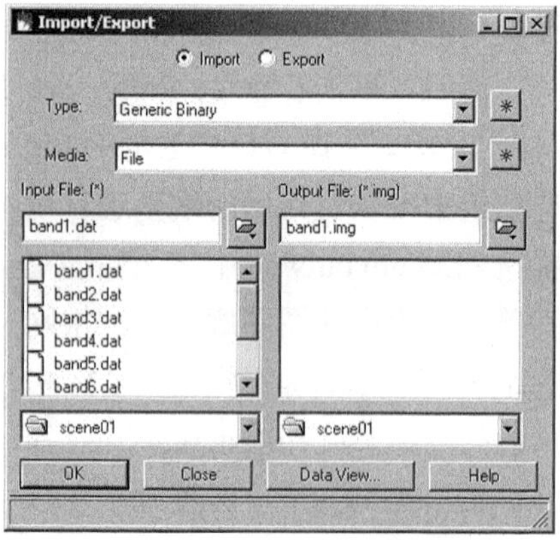

图 3-1　数据输入/输出对话框

在数据输入/输出对话框中，通常需要设置下列参数信息。

① 确定是输入数据（Import）还是输出数据（Export）。

② 在 Type 下拉列表框中选择输入数据或输出数据的类型（Type）。

③ 在 Media 下拉列表框中选择输入数据或输出数据的存储介质（CD-ROM、Tape、File）。

④ 确定输入数据文件路径和文件名（Input File: *.*）。

⑤ 确定输出数据文件路径和文件名（Output File: *.*）。

⑥ 单击 OK 按钮，进入下一级参数的设置，随数据类型而不同。

表 3-1　常用输入/输出数据格式

数据输入格式	数据输出格式	数据输入格式	数据输出格式
ArcInfo Coverage E00	ArcInfo Coverage E00	DXF	DXF
ArcInfo GRID E00	ArcInfo GRID E00	DGN	DGN
ERDAS GIS	ERDAS GIS	IGDS	IGDS
ERDAS LAN	ERDAS LAN	Generic Binary	Generic Binary
Shape File	Shape File	Geo TIFF	Geo TIFF

续表

数据输入格式	数据输出格式	数据输入格式	数据输出格式
TIFF	TIFF	MSS Landsat	DFAD
JPEG	JPEG	TM Landsat	DLG
USGS DEM	USGS DEM	Landsat-7 HDF	DOQ
GRID	GRID	SPOT	PCX
GRASS	GRASS	AVHRR	SDTS
TIGER	TIGER	RADARSAT	VPF

3.2 二进制图像数据输入

用户从遥感卫星地面站购置的 TM 图像数据或其他图像数据，往往是经过转换以后的单波段普通二进制数据文件，外加一个说明头文件。对于这种数据，必须按照 Generic Binary 格式来输入，而不能按照 TM 图像或 SPOT 图像来输入。同时，虽然数据文件是存储在 CD 或 DVD 中的，但为了提高数据转换速度并保证转换质量，最好是将数据文件直接复制到计算机硬盘中，而后选择文件（File）作为输入介质。下面就详细介绍普通二进制图像数据的输入过程。

3.2.1 输入单波段数据

首先需要将各波段数据（Band Data）依次输入，转换为 ERDAS IMAGINE 的 IMG 文件。

在 ERDAS 图标面板菜单条中单击 Main|Import/Export 命令，打开输入/输出对话框（图 3-1）；或者在 ERDAS 图标面板工具条中单击 Import/Export 图标，打开输入/输出对话框（图 3-1）。

① 选择输入数据操作：Import。

② 选择输入数据类型（Type）为普通二进制：Generic Binary。

③ 选择输入数据介质（Media）为文件：File。

④ 确定输入文件路径和文件名（Input File）：band3.dat。

⑤ 确定输出文件路径和文件名（Output File）：band3.img。

⑥ 单击 OK 按钮（关闭数据输入/输出对话框）。

⑦ 打开 Import Generic Binary Data 对话框（图 3-2）。

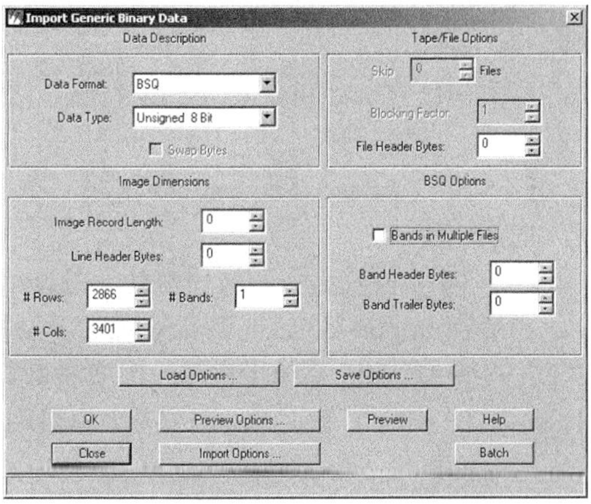

图 3-2 Import Generic Binary Data 对话框

在 Import Generic Binary Data 对话框中定义下列参数（在图像说明文件里可以找到参数）。

① 数据格式（Data Format）：BSQ。

② 数据类型（Data Type）：Unsigned 8 Bit。

③ 图像记录长度（Image Record Length）：0。

④ 头文件字节数（Line Header Bytes）：0。

⑤ 数据文件行数（Rows）：5728。

⑥ 数据文件列数（Cols）：6920。

⑦ 文件波段数量（Bands）：1。

⑧ 保存参数设置（Save Options）。

⑨ 打开 Save Options File 对话框（图略）。

⑩ 定义参数文件名（Filename）：*.gen。

⑪ 单击 OK 按钮，退出 Save Options File 对话框。

⑫ 预览图像效果（Preview）。

⑬ 打开一个视窗显示输入图像。

⑭ 如果预览图像正确，说明参数设置正确，可以执行输入操作。

⑮ 单击 OK 按钮，关闭 Import Generic Binary Data 对话框。

⑯ 打开 Importing Generic Binary Data 进程状态条（图 3-3）。

⑰ 单击 OK 按钮，关闭状态条，完成数据输入。

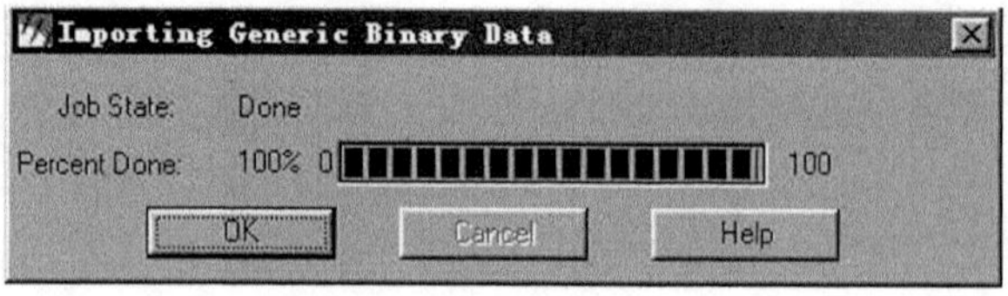

图 3-3　Importing Generic Binary Data 进程状态条

重复上述部分过程，依次将多个波段数据全部输入，转换为 IMG 文件。

需要说明的是：上述数据输入过程是以 Landsat5 单波段整景 TM 无头数据为例的，其中文件的行列数是从附加的头文件中获得的。上述过程中保存参数文件（*.gen）是为了输入其余波段时直接调用该参数（Load Options），而无须再次一个个输入参数。输入过程中预览图像是为了检验输入参数的正确性，如果参数不正确，就不会显示出正确的图像。

另外在 Import Generic Binary Data 对话框中，首先需要定义的是遥感图像数据记录格式（Data Format），下面说明遥感图像数据记录的 4 种格式。

（1）BIP（Band Interleaved by Pixels）格式：按照波段顺序交叉排列像元记录图像数据的一种格式，曾经用过。

（2）BIL（Band Interleaved by Line）格式：按照波段顺序交叉排列扫描行记录图像数据的一种格式，曾经用过。

（3）BSQ（Band Sequential）格式：按照波段顺序依次排列扫描行记录图像数据的一种格式，应用广泛。

（4）Tiled 格式：按照波段分块记录图像数据的一种格式，分块的大小需要进一步确定。

再有在 Import Generic Binary Data 对话框中需要定义的是遥感图像数据类型（Data Type），ERDAS IMAGINE 系统提供了 10 多种数据类型，其中目前最为常用的是无符号的 8 位数据（Unsigned 8 Bit），就是以 0～255 来记录图像像元的灰度值的数据类型。

3.2.2　组合多波段数据

上面的数据输入只是将单波段的普通二进制数据文件转换成 ERDAS 系统自己的单波段 IMG 文件，而在实际工作中，对遥感图像的处理和分析都是针对多波段图像进行的，所以还需要将若干单波段图像文件组合（Layer Stack）成一个多波段图像文件，具体过程如下。

在 ERDAS 图标面板菜单条中单击 Main | Image Interpreter | Utilities | Layer Stack 命令，打开 Layer Selection and Stacking 对话框（图 3-4）；或者在 ERDAS 图标面板工具条中单击 Interpreter 图标 | Utilities | Layer Stack 命令，打开 Layer Selection and Stacking 对话框（图 3-4）。

在 Layer Selection and Stacking 对话框中，依次选择并加载（Add）单波段图像。

① 输入单波段文件（Input File: *.img）：选择 Band3.img 文件，单击 Add 按钮。

② 输入单波段文件（Input File: *.img）：选择 Band4.img，单击 Add 按钮。

③ 输入单波段文件（Input File: *.img）：选择 Band5.img，单击 Add 按钮。

④ 重复上述步骤。

⑤ 输出多波段文件（Output File: *.img）：bandstack.img。

⑥ 输出数据类型（Output Data Type）：Unsigned 8 Bit。

⑦ 波段组合选择（Output Option）：Union。

⑧ 输出统计忽略零值：Ignore Zero in Stats。

⑨ 单击 OK 按钮，关闭 Layer Selection and Stacking 对话框，执行波段组合。

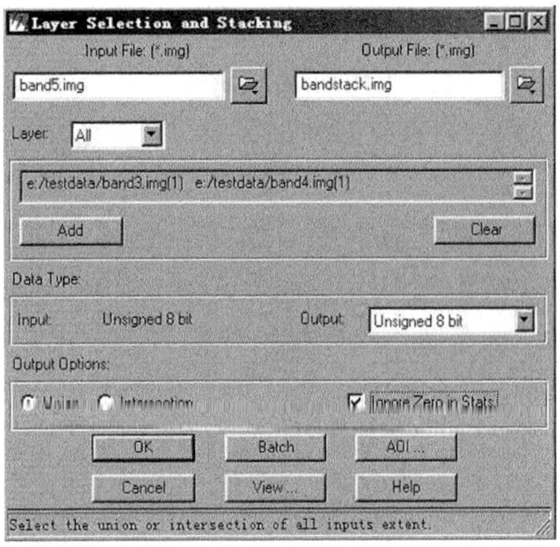

图 3-4 Layer Selection and Stacking 对话框

3.3 其他图像数据输入/输出

3.3.1 HDF 图像数据输入操作

1999 年美国发射的陆地资源卫星 Landsat 7 所携带的传感器 Enhanced Thematic Mapper Plus 获得的多光谱图像 ETM+，具有与早期陆地资源卫星图像不同的数据格式——层次数据结构（Hierarchical Data Format，HDF）。ERDAS IMAGINE 针对这种数据格式，开发了专门的数据输入模块 Import TM Landsat 7 HDF Format。如果所购买的 Landsat 7 图像数据是以 HDF 格式记录的话，就需要调用该模块进行数据输入，具体的操作过程如下。

在 ERDAS 图标面板菜单条中单击 Main | Import/Export 命令，打开输入/输出对话框(图 3-5)；或者在 ERDAS 图标面板工具条中单击 Import/Export 图标，打开输入/输出对话框(图 3-5)。

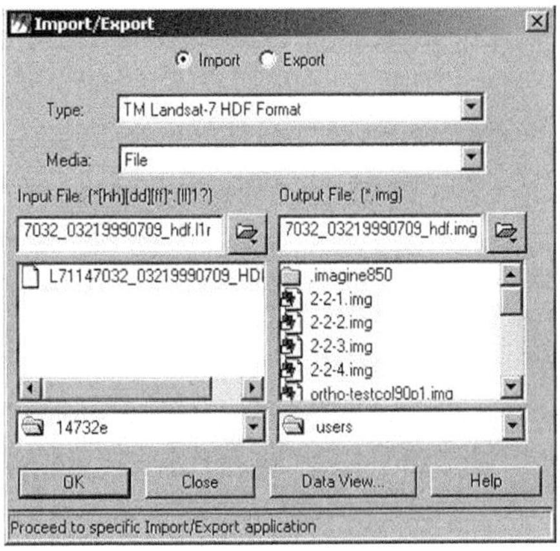

图 3-5 数据输入/输出对话框

① 选择输入数据操作：Import。

② 选择输入数据类型（Type）陆地资源 7 号 HDF：Landsat 7 HDF Format。

③ 选择输入数据媒体（Media）为文件：File。

④ 确定输入文件路径和文件名（Input File）：…709_hdf.l1r（为了说明问题，此处调用了 Examples 中没有 HDF 实例数据）。

⑤ 确定输出文件路径和文件名（Output File）：…709_hdf.img。

⑥ 单击 OK 按钮，打开 TM Landsat 7 HDF Format Import 对话框（图 3-6）。

在 TM Landsat 7 HDF Format Import 对话框中，对话框的 Image Information 显示了输入图

像数据及其获取的有关信息，包括以下内容：

① 获取数据的遥感平台（Spacecraft）：Landsat 7。

② 获取数据的传感器（Sensor）：ETM+。

③ HDF 图像数据产品类型（Product Type）：L1R（辐射校正产品）。

④ 图像数据获取的日期（Date）：1999-07-09。

⑤ 图像数据 WRS 轨道编号（WRS Path）：147。

⑥ 图像数据 WRS 起始行编号（Start WRS Row）：032。

⑦ 图像数据 WRS 结束行编号（End WRS Row）：032。

⑧ 图像数据的波段组成（Reflective bands）：1 2 3 4 5 7。

⑨ 图像数据的行数（No. Rows）：6000。

⑩ 图像数据的列数（No. Columns）：6600。

以上信息是从图像数据的头文件中读取的，可以从中概要了解图像数据。

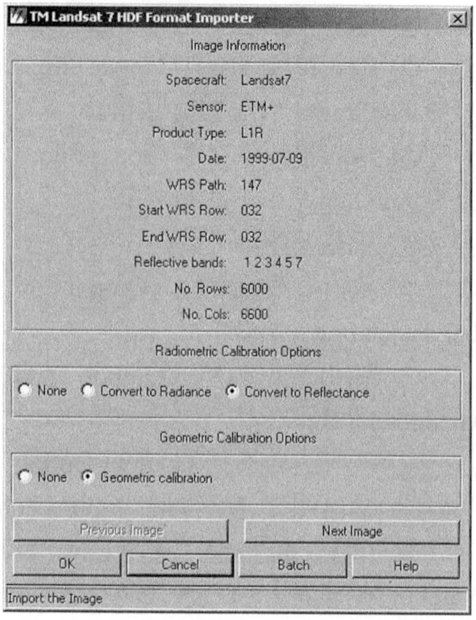

图 3-6 TM Landsat 7 HDF Format Import 对话框

在 Radiometric Calibration Options 选项组，需要选择图像数据辐射校正方式：

① 不进行辐射校正、直接读取 DN 值（None）。

② 将 DN 值转换为光谱反射值（Convert to Radiance）。

③ 将光谱反射值转换为反射系数（Convert to Reflectance）。

对于第 6 波段，选项是：将反射值转换为温度（Convert to Temperature）。在 Geometric Calibration Options 选项组，需要选择图像数据几何校正方式。

对于 L1R 产品有两种选择：

① 不进行几何校正、直接读取图像（None）；

② 进行系统几何校正（Geometric Calibration）。

对于已经进行了几何校正的 L1G 产品，直接显示几何校正的投影信息。

① 单击 Previous Image 按钮，可以浏览本目录中前一幅图像的信息。

② 单击 Next Image 按钮，可以浏览本目录中后一幅图像的信息。

③ 单击 OK 按钮，执行 HDF 图像数据输入，一次输入多波段组合图像。

3.3.2 JPG 图像数据输入/输出

JPG 图像数据是一种通用的图像文件格式，ERDAS 可以直接读取 JPG 图像数据，只要在打开图像文件时，将文件类型指定为 JFIF（*.JPG）格式，就可以直接在视窗中显示 JPG 图像，但操作处理速度比较慢。如果要对 JPG 图像做进一步的处理操作，最好将 JPG 图像数据转换为 IMG 图像数据，一种比较简单的方法是在打开 JPG 图像的视窗中，将 JPG 文件另存为（Save As）IMG 文件就可以了。

然而如果要将自己的 IMG 图像文件输出成 JPG 图像文件，供其他图像处理系统或办公软件使用，就必须按照下面介绍的转换过程进行。

在 ERDAS 图标面板菜单条中单击 Main | Import/Export 命令，打开输入/输出对话框（图 3-1）；或者在 ERDAS 图标面板工具条中单击 Import/Export 图标，打开输入/输出对话框（图 3-1）。

① 选择输出数据操作：Export。

② 选择输出数据类型（Type）为 JPG：JFIF（JPEG）。

③ 选择输出数据媒体（Media）为文件：File。

④ 确定输入文件路径和文件名（Input File: *.img）：\examples\Lanier.img。

⑤ 确定输出文件路径和文件名（Output File: *.jpg）：\examples\Lanier.jpg。

⑥ 单击 OK 按钮，关闭数据输入/输出对话框，打开 Export JFIF Data 对话框。

在 Export JFIF Data 对话框中设置下列输出参数：

① 图像对比度调整（Contrast Option）：Apply Standard Deviation Stretch。

② 标准差拉伸倍数（Standard Deviations）：2。

③ 图像转换质量（Quality）：100。

在 Export JFIF Data 对话框中单击 Export Options（输出设置）按钮，打开 Export Options 对话框（图 3-7）。在 Export Options 对话框中（图 3-7），定义下列参数：

① 选择波段（Select Layers）：4,3,2。

② 坐标类型（Coordinate Type）：Map。

③ 定义子区（Subset Definition）：ULX、ULY、LRX、LRY。

④ 单击 OK 按钮，关闭 Export Options 对话框，结束输出参数定义，返回 Export JFIF Data 对话框。

⑤ 单击 OK 按钮，关闭 Export JFIF Data 对话框，执行 JPG 数据输出操作。

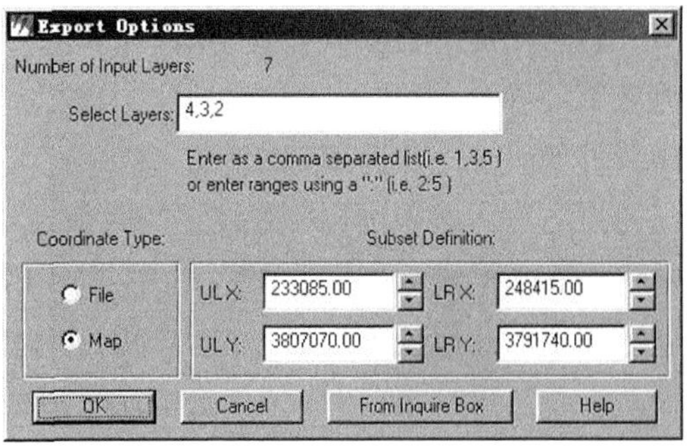

图 3-7 **Export Options 对话框**

3.3.3 TIFF 图像数据输入/输出

TIFF 图像数据是非常通用的图像文件格式，ERDAS IMAGINE 系统里有一个 TIFF DLL 动态连接库，从而使 ERDAS IMAGINE 支持 6.0 版本的 TIFF 图像数据格式的直接读写，包括普通 TIFF 和 GeoTIFF。

用户在使用 TIFF 图像数据时，不需要通过 Import / Export 来转换 TIFF 文件，而是只要在打开图像文件时，将文件类型指定为 TIFF 格式就可以直接在视窗中显示 TIFF 图像。不过，操作 TIFF 文件的速度比操作 IMG 文件要慢一些。

如果要在图像解译器（Interpreter）或其他模块下对图像做进一步的处理操作，依然需要将 TIFF 文件转换为 IMG 文件，这种转换非常简单，只要在打开 TIFF 的视窗中将 TIFF 文件另存为（Save As）IMG 文件就可以了。

同样，如果 ERDAS IMAGINE 的 IMG 文件需要转换为 GeoTIFF 文件，只要在打开 IMG 图像文件的视窗中将 IMG 文件另存为 TIFF 文件就可以了。

第 4 章　数据预处理

本章学习要点

- ➢ 图像处理概述
- ➢ 图像裁剪处理
- ➢ 图像高程计算
- ➢ 三维地形表面
- ➢ 图像几何校正
- ➢ 图像网络发布
- ➢ 图像镶嵌处理
- ➢ 图像投影变换
- ➢ 图像目录列表

4.1　遥感图像处理概述

在应用遥感技术获取数字图像的过程中，必然受到太阳辐射、大气传输、光电转换等一系列环节的影响，同时，还受到卫星的姿态与轨道、地球的运动与地表形态、传感器的结构与光学特性的影响，从而引起数字遥感图像存在辐射畸变与几何畸变。所以，遥感数据在接收之后与应用之前，必须进行辐射校正与几何校正，包括系统校正与随机校正两个方面。系统校正通常由遥感数据接收与分发中心完成，而用户则根据需要进行随机辐射校正与几何校正，特别是遥感图像的几何校正是遥感技术应用过程中必须完成的预处理工作。几何校正处理之后需要开展的工作，就是根据研究区域空间范围进行图像的裁剪或者镶嵌处理，并根据需要进行图像投影变换处理，为随后的图像分类处理与空间分析做准备。

4.1.1　遥感图像几何校正

遥感图像中包含的随机几何畸变，具体表征为图像上各像元的位置坐标与所采用的标准参照投影坐标系中目标地物坐标的差异。图像几何校正的目的即是定量确定图像上的像元坐标与相应目标地物在选定的投影坐标系中的坐标变换，建立地面坐标系与图像坐标系间的对应关系。

此外，不同传感器或同一传感器不同时期获取的图像，尽管图幅大小差异不大，但像元之间往往不能一一对应。而且，相对于同一地区地面目标的卫星图像与地图扫描图像，由于比例尺、投影方式、表示原则与方法的不同，像元亦不能相互对应。为进行图像与图像的融合处理、图像与 GIS 空间数据库矢量数据叠加，也必须采用几何校正处理将数据元素在空间上加以对应。

遥感图像几何校正的基本函数模型为

$$\begin{cases} X = f(x, y) \\ Y = g(x, y) \end{cases} \tag{4-1}$$

最简单的变换模型是二维仿射变换模型，对于具有线性误差的图像，使用二维仿射变换就可以了，即

$$X = Mx + b \tag{4-2}$$

式中：$M = \begin{bmatrix} a & b \\ c & d \end{bmatrix} \begin{bmatrix} r_1 \cos v_1 - r_2 \sin v_2 \\ r_1 \sin v_1 - r_2 \cos v_2 \end{bmatrix}$。

复杂一些的是三维仿射变换模型，即

$$\begin{cases} X = \dfrac{a_1 x + a_2 y + a_3}{c_1 x + c_2 y + 1} \\ Y = \dfrac{b_1 x + b_2 y + b_3}{c_1 x + c_2 y + 1} \end{cases} \tag{4-3}$$

三维变换最适合用于校正平坦地区的航空像片。其改进模型也可用来校正TM和SAR图像。

使用最多的是二元多项式几何校正模型，即

$$\begin{cases} X = \sum_{i=0}^{m} \sum_{j=0}^{m-1} a_{ij} x^i y^j \\ Y = \sum_{i=0}^{m} \sum_{j=0}^{m-i} b_{ij} x^i y^j \end{cases} \tag{4-4}$$

对于很多卫星遥感图像的几何校正，采用二次或三次的二元多项式几何校正模型就已经足够了。但是对于航空遥感相片，因其受飞机、遥感器，以及地形起伏等因素的影响比较大，误差变化剧烈，并拥有许多非系统误差，采用多项式变换不能得到满意的效果。

4.1.2 遥感图像裁剪与镶嵌

如果工作区域较小，只要一景遥感图像中的局部就可以覆盖的话，就需要进行遥感图像裁剪处理。同时，如果用户只关心工作区域之内的数据，而不需要工作区域之外的图像，同样需要按照工作区域边界进行图像裁剪。此外，有时候可能需要对整个工作区域的遥感图像按照某种比例尺的标准分幅进行分块裁减。于是就出现规则裁剪、任意多边形裁剪，以及分块裁剪等类型。

如果工作区域较大，需要用两景或者多景遥感图像才能覆盖的话，就需要进行遥感图像镶嵌处理。遥感图像镶嵌处理就是将经过几何校正的若干相邻图像拼接成一幅图像或一组图像，需要拼接的输入图像必须含有地图投影信息，且必须具有相同的波段数；但是可以具有不同的投影类型，像元大小也可以不同。当然，也可以在镶嵌之前通过投影变化，统一所有图像的地图投影。

4.1.3 数据预处理模块概述

ERADS IMAGINE 数据预处理模块由一组实用的图像数据处理工具构成，包括生成单值图像（Create New Image）、创建三维地形表面（Create Surface）、图像几何校正（Image Geometric Correction）、图像裁剪（Subset Image）、图像分块裁剪（Dice Image）、图像镶嵌（Mosaic Images）、图像非监督分类（Unsupervised Classification）、图像投影变换（Reproject Images）、高程重计算（Recalculate Elevation Values）、Imagizer 数据准备（Imagizer Data Prep）、产生或更新图像目录列表文件（Make RPF TOC）、RPC 文件生成器（RPC Generation）、合成 NITF 文件（Unchip NITFs）、从 NITF 文件中提取矢量文件（Extract Shapefiles from NITF）、获取图框轮廓线并降低分辨率或建立金字塔（Process Footprints and RSETS）等，主要是根据工作区域的地理特征和

专题信息提取的客观需要，对数据输入模块中获得的 IMG 图像文件进行范围调整、误差校正、坐标转换等处理，以便进一步开展图像解译、专题分类等分析研究。

数据预处理模块简称 Data Preparation 或 Data Prep，可以通过两种途径启动。

在 ERDAS 图标面板菜单条中单击 Main | Data Preparation 命令，打开 Data Preparation 菜单（图 4-1）；或者在 ERDAS 图标面板工具条中单击 Data Prep 图标，打开 Data Preparation 菜单（图 4-1）。

从图 4-1 可以看出，ERDAS IMAGINE 数据预处理模块包含了 15 项主要功能，其中第 7 项功能（图像非监督分类）将在图像分类一章中进行说明；第 12 项功能（RPC 文件生成器）与 ERDAS 的数字摄影测量模块 LPS（Leica Photogrammetry Suite）关系密切，需要 LPS 里处理的结果才能操作；第 13 和 14 项功能（合成 NITF 文件和从 NITF 文件中提取矢量文件）需要具有 NITF 格式文件组成结构的知识。因此，下面将主要介绍其余的功能，重点是图像几何校正、裁剪处理、镶嵌处理，因为这 3 项操作是从事遥感应用研究必须开展的基本工作过程。

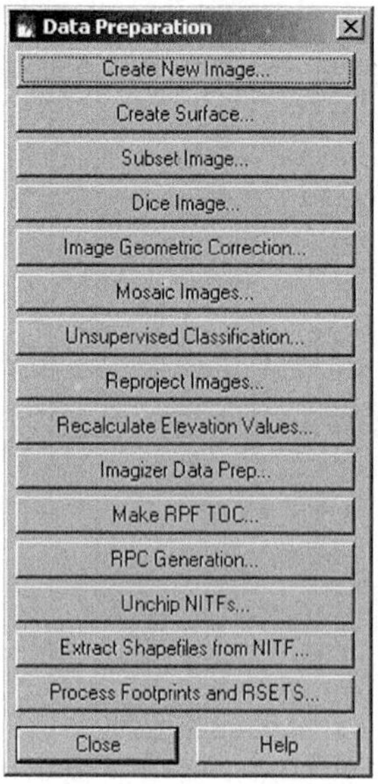

图 4-1 Data Preparation 菜单

4.2 三维地形表面处理

三维地形表面工具允许用户在不规则空间点的基础上产生三维地形表面，所支持的输入数据类型包括：ArcGIS 的 Coverage 文件、Shapefile 文件、栅格图像文件、ASCII 码文件、SDE 矢量文件和注记文件。所有输入数据都必须具有 X、Y、Z 值，三维地形表面工具所应用的是 TIN 插值方法，所输出的是一个连续的栅格图像文件。每一个已知 Z 值的空间点在输出的地形表面上保持 Z 值不变，而没有 Z 值的空间点，其输出表面的 Z 值是基于其周围的已知点插值计算获得的。

在三维地形表面工具中提供了两种 TIN 插值方法：线性插值（Linear Rubber Sheeting）与非线性插值（Non-linear Rubber Sheeting）。线性插值方法是应用一次多项式方程进行计算，输出的 TIN 三角面是一些有棱角的平面；非线性插值方法应用五次多项式方程进行计算，输出的是平滑的表面，这种情况下，TIN 三角面不是一个平面，而是具有弹性（Rubber Sheet）的曲面。线性插值方法的速度快但结果简单，而非线性插值方法产生基于不规则分布数据集的非常连续的、圆滑的表面结果。

4.2.1 启动三维地形表面

在 ERDAS 图标面板菜单条中单击 Main | Data Preparation| Create Surface 命令，打开 Create Surface 对话框(图 4-2);或者在 ERDAS 图标面板工具条中单击 Data Prep 图标 | Data Preparation | Create Surface 命令，打开 Create Surface 对话框（图 4-2）。

在这个对话框中，有两个选项：三维地形工具（Surfacing Tool）和地形数据准备工具（Terrain Prep）。三维地形工具通过输入的点状高程数据产生三维地形表面；地形数据准备工具用来对地形数据进行合并、分割等预处理。

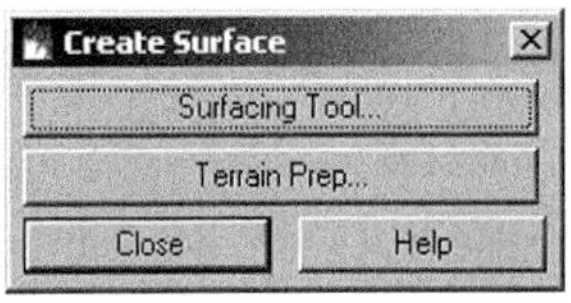

图 4-2　**Create Surface 对话框**

单击 Surfacing Tool 按钮后，可以进入创建三维地形表面的应用程序界面（图 4-3）。

3D Surfacing 窗口由菜单条（Menu Bar）、工具条（Tool Bar）和数据表格（Data CellArray）3 个部分组成。菜单条主要由文件操作（File）、数据行操作（Row）和表面生成（Surface）菜单组成，而工具条则由读取数据文件（Read Point）图标、保存数据文件（Save Point）图标和生成地形表面（Perform Surfacing）图标组成。

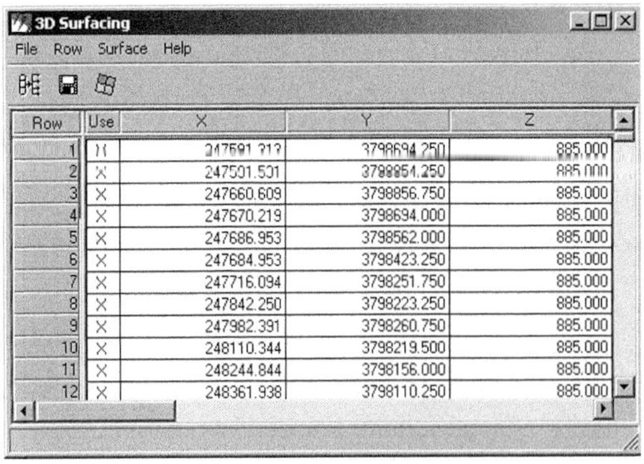

图 4-3　**3D Surfacing 窗口（加载数据之后）**

4.2.2　定义地形表面参数

在 3D Surfacing 对话框菜单条中单击 File | Read 命令，打开 Input Data 对话框（图 4-4）；或者在 3D Surfacing 对话框工具条中单击 Read Point 图标，打开 Input Data 对话框（图 4-4）。

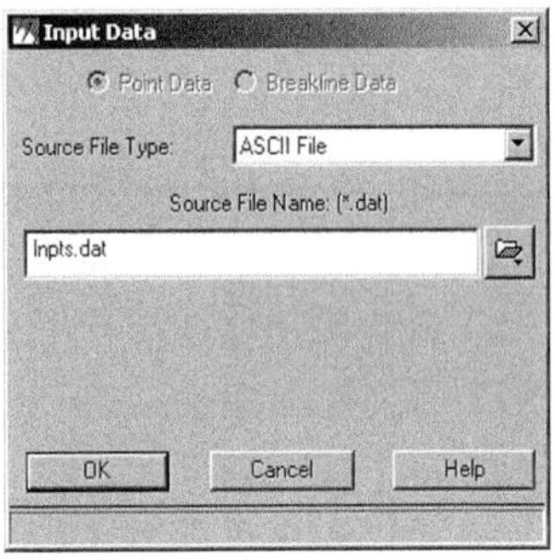

图 4-4　**Input Data 对话框**

在 Input Data 对话框中需要定义下列参数。

① 数据源文件类型（Source File Type）：ASCII File。

② 数据源文件名称（Source File Name）：\examples Inpts.dat。

③ 单击 OK 按钮，关闭 Read Points 对话框，打开 Import Options 窗口（图 4-5）。

在 Import Options 窗口的 Field Definition 选项卡（图 4-5）中需要确定下列参数。

① 选择字段类型（Field Type）：Delimited by Separator（分割字符）。另一个单选按钮 Fixed Width 表示人为设定字段个数的方式输入字段。

② 选择将各字段分隔开的字符（Separator Character）：Comma（逗号分隔）。另外几个选项分别是：WhiteSpace（空白字符分隔，如换行、跳格等）、Colon（：冒号分隔）、SemiColon（；分号分隔）、Vertical Bar（|竖线分隔）、Space（空格分隔）、Tab（制表符分隔）。

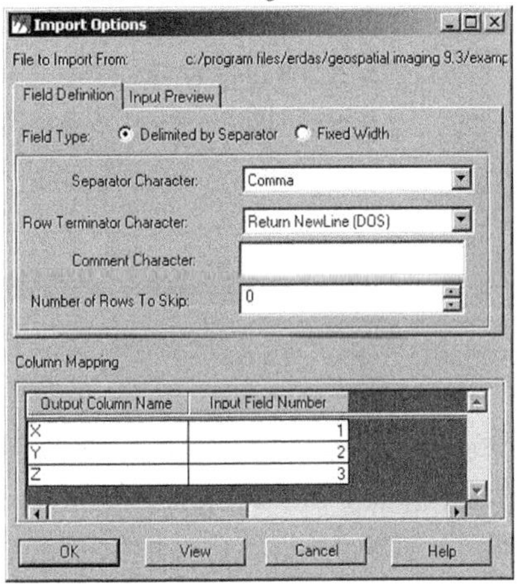

图 4-5　**Import Options 窗口（Field Definition 选项卡）**

③ 每行结束字符（Row Terminator Character）：Return

New Line(DOS)，其余两个选项分别是UNIX和MacOS操作系统中的结束字符NewLine(UNIX)和 Return（MacOS）。

④ 确定跳过几行（Number of Rows to Skip）：0（从头读）。

⑤ 单击 Input Preview 标签，进入 Input Preview 选项卡（图 4-6）。

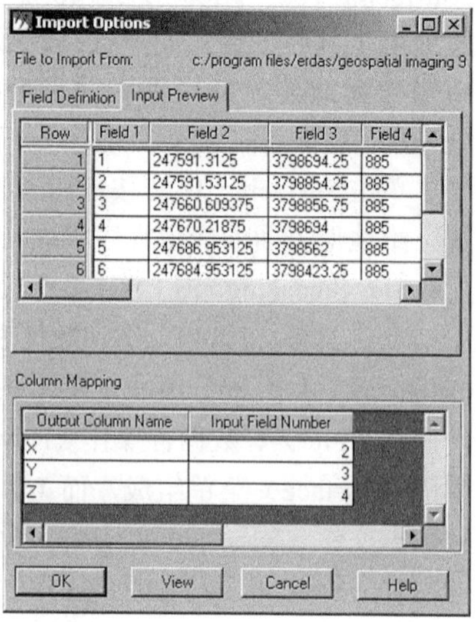

图 4-6 Import Options 窗口（Input Preview 选项卡）

从 Import Options 窗口的 Input Preview 选项卡(图 4-7)中显示的原始数据可知，数据文件中的数据记录方式是一行一个点，每一行数据包括点号、X 坐标、Y 坐标、高程值 4 个字段，其中点号在此处读入数据时不需要，因而，必须在 Import Options 窗口的 Column Mapping 中确定 X、Y、Z 与数据文件中字段的对应关系。

① Output Column Name：X 对应 Input Field Number：2。

② Output Column Name：Y 对应 Input Field Number：3。

③ Output Column Name：Z 对应 Input Field Number：4。

④ 单击 OK 按钮，关闭 Import Options 窗口，读入数据。

⑤ 数据加载到 3D Surfacing Data CellArray 中（图 4-3）。

如果需要的话，可以将读入的数据保存为其他格式文件，具体操作过程如下。

① 在 3D Surfacing dialog 菜单中单击 File|Save As 命令，打开 Save As 对话框（图 4-7）。

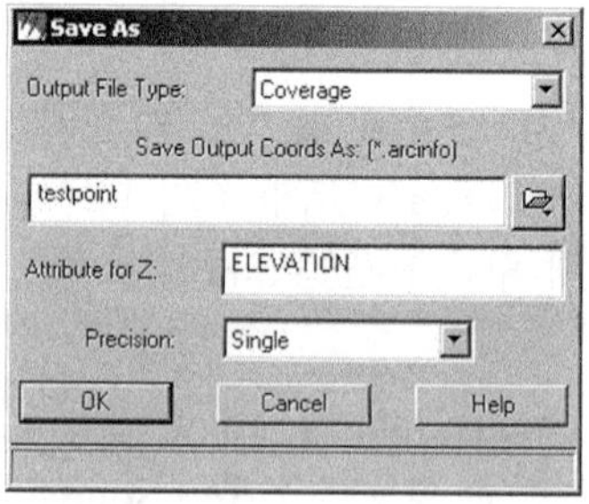

图 4-7 Save As 对话框

② 确定输出文件类型（Output File Type）：Coverage。另外 3 种文件类型是：3D Shapefile、TerraModel TIN 和 Annotation Layer

③ 确定输出文件名（Save As Arcinfo）：testpoint。

④ 确定输出文件中的高程字段（Attributes for Z）：ELEVATION。

⑤ 确定输出数据精度（Precision）：Single。

⑥ 单击 OK 按钮，关闭 Save As 对话框，保存 Coverage 数据。

4.2.3 生成三维地形表面

在 3D Surfacing 对话框菜单条中单击 Surface | Surfacing 命令，打开 Surfacing 对话框（图 4-8）；或者在 3D Surfacing 对话框工具条中单击 Perform Surfacing 图标，打开 Surfacing 对话框（图 4-8）。

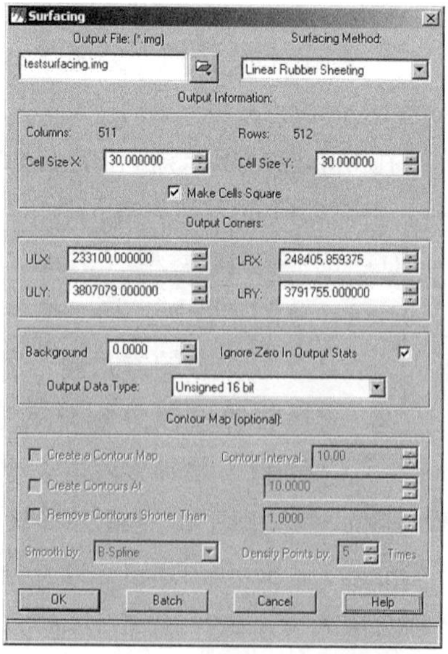

图 4-8 Surfacing 对话框

在 Surfacing 对话框中需要设置下列参数。

① 输出文件名称（Output File）：testsurfacing.img。

② 表面插值方法（Surfacing Method）：Linear Rubber

Sheeting。

③ 输出像元大小（Output Cell Size）：X: 30 / Y:30。

④ 输出文件范围（Output Corners）：自动读取 ULX、ULY、LRX、LRY。

⑤ 输出像元形状：Make Cells Square。

⑥ 输出图像背景值（Background Value）：0。

⑦ 输出统计忽略零值，选中 Ignore Zero In Output Stats 复选框。

⑧ 输出数据类型（Output Data Type）：Unsigned 16 bit。

⑨ 单击 OK 按钮，关闭 Surfacing 对话框，执行地形表面过程。

在 Surfacing 对话框的下部为 Contour Map（optional）选项组。这组设置可以生成等值线图。产生的等值线图的名称为产生的三维表面文件的名称后加上“_contour”，以 shape 文件的格式存在同一目录下。但是，这组设置只有在用户安装了 LPS 数字摄影测量软件包中的数字地面模型自动提取模块（Automatic Terrain Extraction，ATE）后才能使用。

4.2.4 显示三维地形表面

由三维地形表面过程生成的图像文件就是 ERDAS IMAGINE 系统的 DTM 文件，DTM 文件常常用于进行三维图像（Image Drape）的显示或虚拟地理信息系统（Virtual GIS）操作。所以，可以在 Viewer 视窗中打开上面所生成的地形表面文件 Testsurface.img 文件，显示其二维平面效果或通过 Image Info 查看其定量信息；也可以在其上叠加对应的具有相同投影系统的图像文件，显示其三维立体效果（详细情况可查阅“视窗操作”或“虚拟 GIS”的相关内容）。

4.3 图像几何校正

几何校正（Geometric Correction）就是将图像数据投影到平面上，使其符合（Conform）地图投影系统的过程；而将地图坐标系统赋予图像数据的过程，称为地理参考（Geo-referencing）。由于所有地图投影系统都遵从于一定的地图坐标系统，所以几何校正包含了地理参考。

4.3.1 图像几何校正概述

在正式开始介绍图像几何校正方法和过程之前，首先对 ERDAS IMAGINE 图像几何校正过程中的几个普遍性的问题进行简要说明，以便于随后的操作。

1．图像几何校正类型

遥感图像几何校正分为两种：① 针对引起畸变原因而进行的几何粗校正；② 利用控制点进行的几何精校正。几何精校正实质上是用数学模型来近似描述遥感图像的几何畸变过程，并且认为遥感图像的总体畸变可以看作是挤压、扭曲、缩放、偏移以及更高次的基本变形的综合作用的结果，利用畸变的遥感图像与标准地图或图像之间的一些对应点（即控制点数据对）求得这个几何畸变模型，然后利用此模型进行几何畸变的校正，这种校正不考虑引起畸变的原因。

2．图像几何校正步骤

① 确定地面控制点（Ground Control Point， GCP），即在原始畸变图像空间与标准空间寻找控制点对。地面控制点应该在图像上有明显清晰的定位识别标志，地面控制点上的地物不随时间而变化，地面控制点应当均匀分布在整幅图像内，且要有一定的数量保证。地面控制点

的数量、分布和精度直接影响几何校正的效果。控制点的精度和选取的难易程度与图像的质量、地物的特征及图像的空间分辨率密切相关。

② 地面控制点确定后，要在图像与图像或地图上分别读出各个控制点在图像上的像元坐标（x，y）及其标准地图或图像上的坐标（X，Y）。

③ 选择合适的坐标变换函数（即几何校正数学模型），建立图像坐标（x，y）与其参考坐标（X，Y）之间的关系式，通常应用多项式校正模型。利用地面控制点对数据求出模型的未知参数，然后利用此模型对原始图像进行几何精校正。

④ 几何精校正的精度分析，利用几何校正数学模型计算校正之后的图像误差。

⑤ 确定每一点的亮度值。根据输出图像上各像元在输入图像中的位置，对原始图像按一定规则重新采样，进行亮度值的插值计算，建立新的图像矩阵。

3. 图像几何校正途径

在 ERDAS IMAGINE 系统中进行图像几何校正，通常有两种途径启动几何校正模块。

（1）数据预处理途径

在 ERDAS 图标面板菜单条中单击 Main | Data Preparation | Image Geometric Correction 命令，打开 Set Geo Correction Input File 对话框（图 4-9）；或者在 ERDAS 图标面板工具条中单击 Data Prep 图标，打开 Set Geo Correction Input File 对话框（图 4-9）。

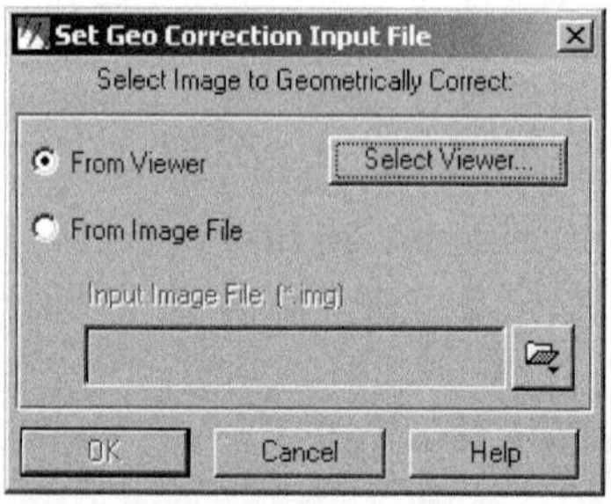

图 4-9 Set Geo Correction Input File 对话框

在 Set Geo Correction Input File 对话框中，需要确定校正图像，有两种选择情况。

其一：首先确定来自视窗（From Viewer），然后选择显示图像视窗（Select Viewer）。

① 打开 Set Geometric Model 对话框（图 4-10）。

② 选择几何校正计算模型（Select Geometric Model）。

③ 单击 OK 按钮。

④ 打开校正模型参数与投影参数设置对话框（图 4-14）。

⑤ 定义校正模型参数与投影参数→Apply→Close。

⑥ 打开 GCP Tool Reference Setup 对话框（图 4-11）。

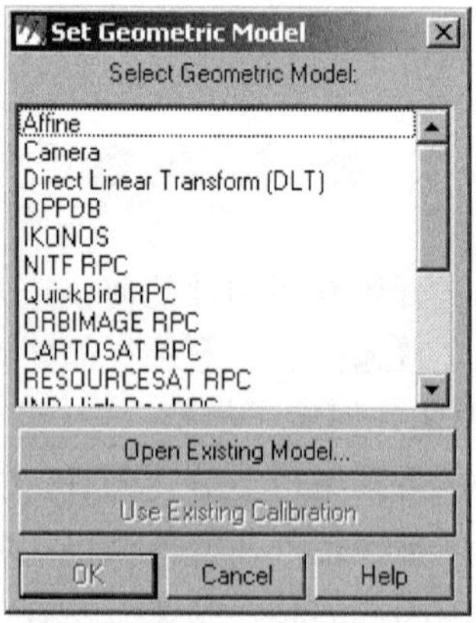

图 4-10 Set Geometric Model 对话框

其二：首先确定来自文件（From Image File）| 然后选择输入图像（Input Image File）。

① 打开 Set Geometric Model 对话框（图 4-10）。

② 选择几何校正计算模型（Select Geometric Model）。

③ 单击 OK 按钮。

④ 打开校正模型参数与投影参数设置对话框（图 4-14）。

⑤ 定义校正模型参数与投影参数。

⑥ 打开 GCP Tool Reference Setup 对话框（图 4-11）。

对于第一种情况，必须事先在一个视窗中打开需要几何校正的图像，否则无法进行选择。

（2）视窗栅格操作途径

这种途径是首先在一个视窗中打开需要校正的图像，然后在栅格操作菜单中启动几何校正模块，具体过程如下。

在视窗菜单条中单击 Raster | Geometric Correction 命令，打开 Set Geometric Model 对话框（图 4-10）。

① 选择几何校正计算模型（Select Geometric Model）。

② 单击 OK 按钮，打开校正模型参数与投影参数设置对话框（图 4-14）。

③ 定义几何校正计算模型参数与投影参数。

④ 打开 GCP Tool Reference Setup 对话框（图 4-11）。

几何校正模块启动的两种途径相比，视窗栅格操作途径更为直观简便，建议采用。

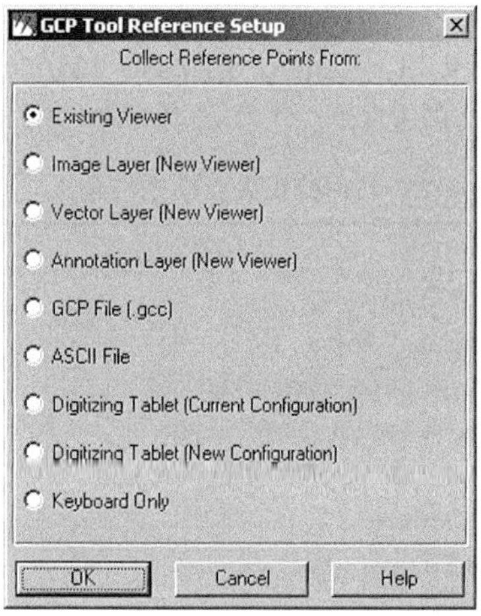

图 4-11 GCP Tool Reference Setup 对话框

4. 几何校正计算模型

如图 4-10 所示，ERDAS IMAGINE 9.3 提供的图像几何校正计算模型（Geometric Correction Model）有 18 种，具体功能如表 4-1 所列。

表 4-1 几何校正计算模型与功能

序号	模型	功能
1	Affine	图像仿射变换（不做投影变换）模型
2	Camera	航空图像正射校正模型
3	Direct Linear Transform（DLT）	直接线形变换模型
4	DPPDB	数字式点定位数据库校正模型
5	IKONOS	IKONOS 卫星图像校正模型
6	NITF RPC	NITF 格式图像校正模型
7	QuickBird RPC	快鸟卫星图像校正模型
8	ORBIMAGE RPC	ORBIMAGE 卫星图像校正模型
9	CARTOSAT RPC	CARTOSAT 卫星图像校正模型
10	RESOURCESAT RPC	RESOURCESAT 卫星图像校正模型
11	IND High Res RPC	IND High Res 校正模型
12	WorldView RPC	WorldView 卫星图像校正模型
13	IRS	IRS 卫星图像校正模型
14	Landsat	Landsat 卫星图像正射校正模型
15	Polynomial	多项式变换（同时做投影变换）模型
16	Projective Transform	投影变换模型（主要用于多投影图像）
17	Rubber Sheeting	非线形、非均匀变换
18	Spot	SPOT 卫星图像正射校正

其中，多项式变换（Polynomial）在卫星图像校正过程中应用较多，在调用多项式模型时，需要确定多项式的次方数（Order），通常整景图像选择 3 次方。次方数与所需要的最少控制点数是相关的，最少控制点数计算公式为（$(t+1)*(t+2)$）/ 2，式中 t 为次方数，即 1 次方最少需要 3 个控制点，2 次方需要 6 个控制点，3 次方需要 10 个控制点，依次类推。

5. 几何校正采点模式

图 4-11 中列出了 ERDAS IMAGINE 系统提供的 9 种控制点采集模式。仔细分析这 9 种模式，可以归纳为 3 大类，具体类型与含义如表 4-2 所列。

表 4-2 几何校正采点模式与含义

模式	含义
Viewer to Viewer:	视窗采点模式:
Existing Viewer	在已经打开的视窗中采点
Image Layer（New Viewer）	在新打开的图像视窗中采点
Vector Layer（New Viewer）	在新打开的矢量视窗中采点
Annotation Layer（New Viewer）	在新打开的注记视窗中采点
File to Viewer:	文件采点模式:
GCP File（*.gcc）	在控制点文件中读取点
ASCII File	在 ASCII 码文件中读取点
Map to Viewer:	地图采点模式:
Digitizing Tablet（Current Configuration）	在当前数字化仪上采点
Digitizing Tablet（New Configuration）	在新配置数字化仪上采点
Keyboard Only	通过键盘输入控制点

表 4-2 所列的 3 类几何校正采点模式，分别应用于不同的情况。

① 如果已经拥有需要校正图像区域的数字地图或经过校正的图像或注记图层的话，就可以应用第 1 种模式（视窗采点模式），直接以数字地图或经过校正的图像或注记图层作为地理参考，在另一个视窗中打开相应的数据层，从中采集控制点。

② 如果事先已经通过 GPS 测量或摄影测量或其他途径获得了控制点的坐标数据，并保存为 ERDAS IMAGINE 的控制点文件格式或 ASCII 数据文件的话，就应该调用第 2 种类型（文件采点模式），直接在数据文件中读取控制点坐标。

③ 如果前两种条件都不符合，只有印刷地图或坐标纸作为参考的话，则只好采用第 3 种类型（地图采点模式），要么首先在地图上选点并量算坐标，然后通过键盘输入坐标数据；要么在地图上选点后，借助数字化仪来采集控制点坐标。

在实际工作中，这 3 种采点模式都是有可能遇到的。

4.3.2 资源卫星图像校正

1. 图像校正的一般流程

下面所要介绍的是以已经具有地理参考的 SPOT 图像为基础，进行 Landsat TM 图像校正的过程，其工作流程如图 4-12 所示。

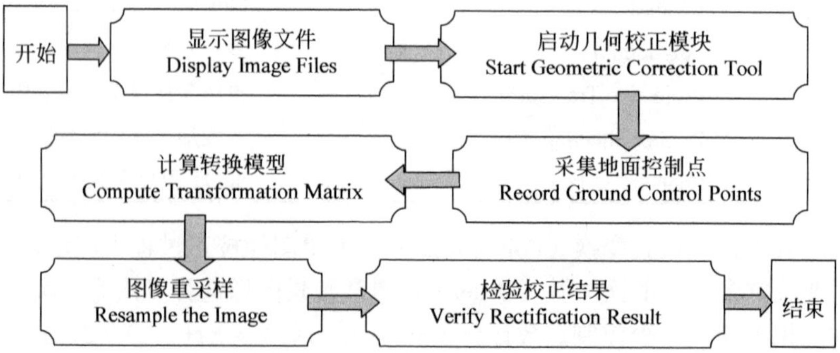

图 4-12 图像校正的一般流程

2. 图像校正的具体过程

第 1 步：显示图像文件

首先，在 ERDAS 图标面板中单击 Viewer 图标两次，打开两个视窗（Viewer #1/ Viewer #2），并将两个视窗平铺放置，操作过程如下。

在 ERDAS 图标面板菜单条单击 Session | Tile Viewers。

然后，在 Viewer #1 中打开需要校正的 Landsat TM 图像：tmAtlanta.img。

在 Viewer #2 中打开作为地理参考的校正过的 SPOT 图像：panAtlanta.img。

第 2 步：启动几何校正模块

在 Viewer #1 菜单条中单击 Raster | Geometric Correction 命令，打开 Set Geometric Model 对话框（图 4-10）。

① 选择多项式几何校正计算模型：Polynomial。

② 单击 OK 按钮，同时打开 Geo Correction Tools 对话框（图 4-13）和 Polynomial Model Properties 对话框（图 4-14）。

在 Polynomial Model Properties 对话框中，定义多项式模型参数及投影参数。

① 定义多项式次方（Polynomial Order）：2。

② 单击 Apply|Close 按钮，打开 GCP Tool Reference Setup 对话框（图 4-11）。

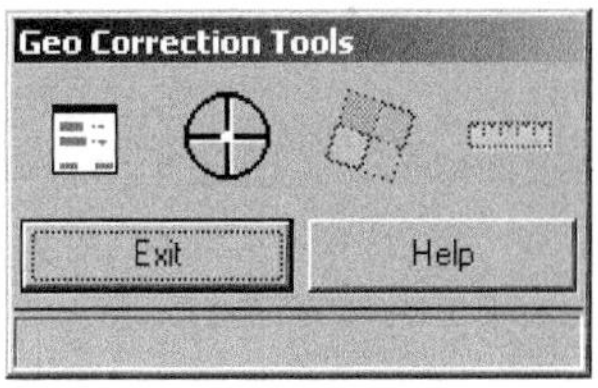

图 4-13 Geo Correction Tools 对话框

说　明

该实例是采用视窗采点模式，作为地理参考的 SPOT 图像已经含有投影信息，所以，这里可以不需要定义投影参数。但是，如果不是采用视窗采点模式，或者参考图像没有包含投影信息，则必须在这里定义投影信息，包括投影类型及其对应的投影参数。

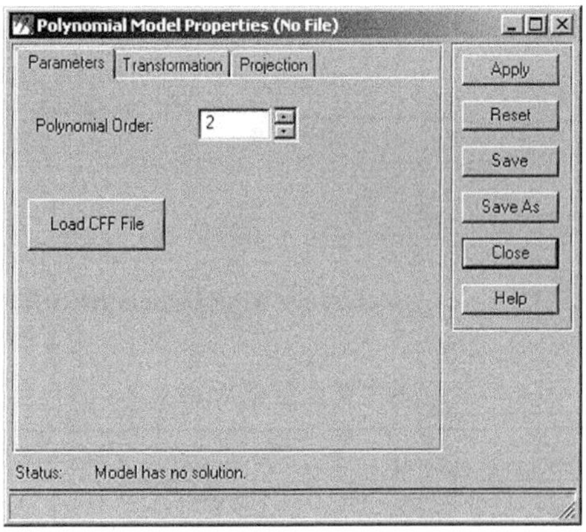

图 4-14 Polynomial Model Properties 对话框（多项式设置）

第 3 步：启动控制点工具

首先在 GCP Tool Reference Setup 对话框（图 4-11）中选择采点模式。

① 选择视窗采点模式：Existing Viewer。

② 单击 OK 按钮（关闭 GCP Tool Reference Setup 对话框）。

③ 打开 Viewer Selection Instructions 指示器（图 4-15）。

④ 在显示作为地理参考图像 panAtlanta.img 的 Viewer #2 中单击。

⑤ 整个屏幕将自动变化为如图 4-16 所示的状态，其中包含两个主视窗、两个放大窗口、两个关联方框（分别位于两个视窗中，指示放大窗口与主视窗的关系）、控制点工具对话框、几何校正工具等。这表明控制点工具被启动，进入控制点采集状态。

第 4 步：采集地面控制点

（1）控制点工具对话框简介

在正式开始采集控制点之前，首先对控制点工具对话框进行说明。

GCP 工具对话框（GCP Tool）由菜单条（Menu Bar）、工具条（Tool Bar）和控制点

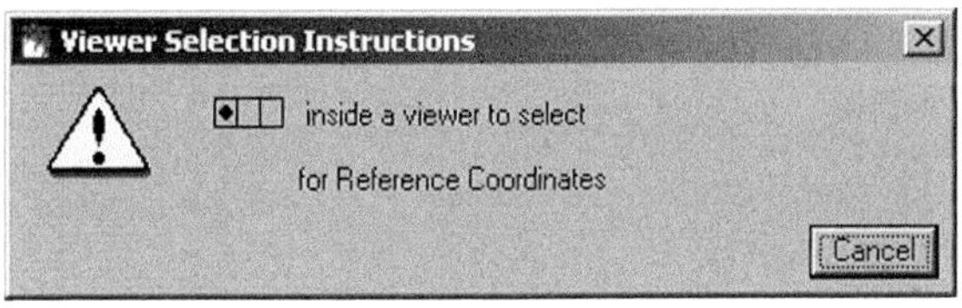

图 4-15 Viewer Selection Instructions 指示器

数据表（GCP CellArray）及状态条（Status Bar）4 个部分组成。菜单条中菜单命令及其功能如表 4-3 所列，工具条中的图标及其功能如表 4-4 所列，控制点坐标表的组成如表 4-5 所列。

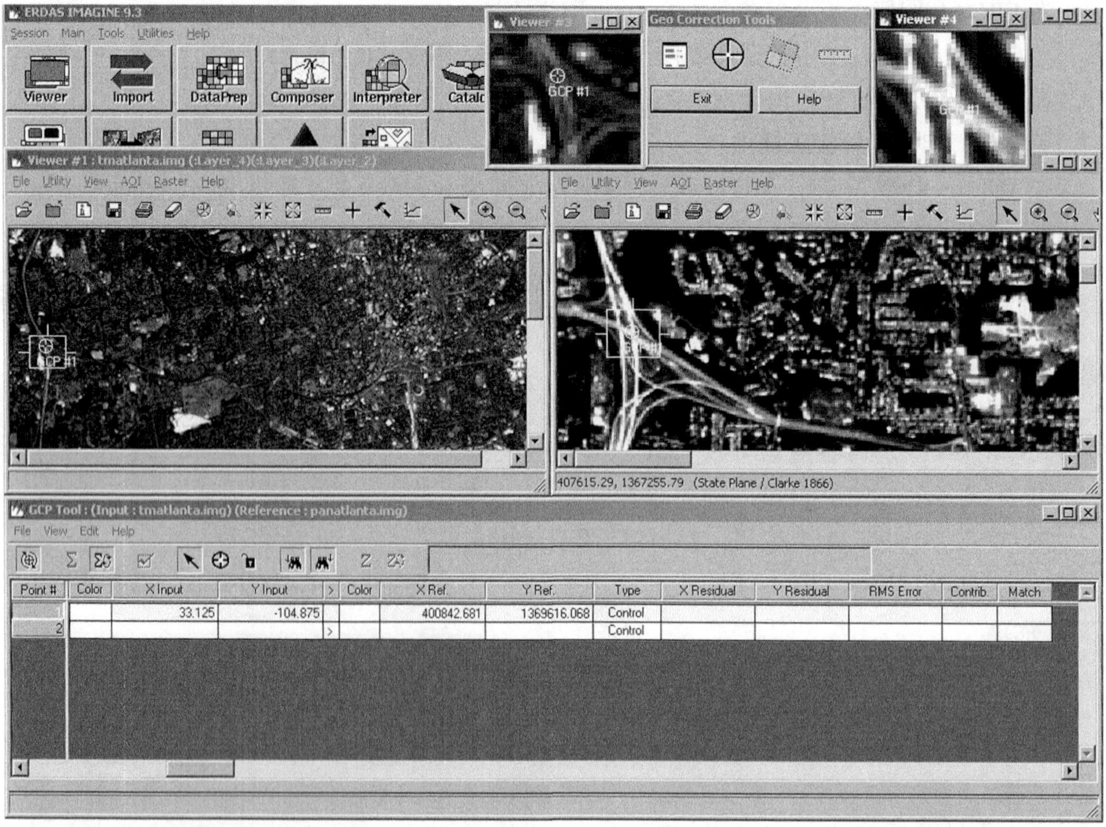

图 4-16 **Reference Map Information 提示框**

表 4-3 GCP 菜单命令及其功能

命令	功能
File:	文件操作:
Load Input	调用输入控制点文件（*.gcc）
Save Input	将输入控制点保存在图像中
Save Input As	保存输入控制点文件（*.gcc）
Load Reference	调用参考控制点文件（*.gcc）
Save Reference	将参考控制点保存在图像中
Save Reference As	保存参考控制点文件（*.gcc）
Close	关闭控制点工具
View:	显示操作:
View Only Selected GCP's	视窗仅显示所选择的控制点
Show Selected GCP in Table	在表格显示所选择的控制点
Arrange Frames on Screen	重新排列屏幕中的组成要素
Tools	调出控制点工具图标面板
Start Chip Viewer	重新打开放大窗口

续表

命令	功能
Edit:	编辑操作：
Set Point Type（Control/Check）	设置采集点的类型（控制/检查）
Reset Reference Source	改变参考控制点源文件
Reference Map Projection	改变参考文件的投影参数
Point Prediction	按照转换方程计算下一点位置
Point Matching	借助像元的灰度值匹配控制点
Help:	联机帮助：
Help for GCP Tool	关于 GCP 工具的联机帮助

表 4-4　GCP 工具图标及其功能

图标	命令	功能
	Toggle	自动 GCP 编辑模式开关键
	Calculate	依据控制点求解几何校正模型
	Automatic	设置自动转换计算开关
	Compute Error	计算检查点的误差，更新 RMS 误差
	Select GCP	激活 GCP 选择工具、在视窗中选择 GCP
	Create GCP	在视窗中选择定义 GCP
	Lock	锁住当前命令，以便重复使用
	Unlock	释放当前被锁住命令
	Find in Input	选择寻找输入图像中的 GCP
	Find in Refer	选择寻找参考文件中的 GCP
	Z Value	计算更新所选 GCP 的 Z 值
	Auto-Z Value	自动更新所有 GCP 的 Z 值

表 4-5　GCP 数据表字段及其含义

字段	含义	字段	含义
Point #	GCP 顺序号，系统自动产生	Y Reference	参考 GCP 的 Y 坐标
Point ID	GCP 标识码，用户可以定义	Type	GCP 的类型（控制点/检查点）
>	GCP 当前选择状态提示符号	X Residual	单个 GCP 的 X 残差
Color	输入 GCP 显示颜色	Y Residual	单个 GCP 的 Y 残差
X Input	输入 GCP 的 X 坐标	RMS Error	单个 GCP 的 RMS 误差
Y Input	输入 GCP 的 Y 坐标	Contribution	单个 GCP 的贡献率
Color	参考 GCP 显示颜色	Match	两幅图像 GCP 像元灰度值的匹配程度
X Reference	参考 GCP 的 X 坐标		

关于 GCP 工具对话框，还需要说明几点。

① 输入控制点（Input GCP）是在原始文件视窗中采集的，具有原文件的坐标系统；而参考控制点（Reference GCP）是在参考文件视窗中采集的，具有已知的参考坐标系统，GCP 工具将根据对应点的坐标值自动生成转换模型。

② 在 GCP 数据表中，残差（Residuals）、中误差（RMS）、贡献率（Contribution）及匹

配程度（Match）等参数是在编辑 GCP 的过程中自动计算更新的，用户是不可以任意改变的，但可以通过精确 GCP 位置来调整。

③ 每个 IMG 文件都可以有一个 GCP 数据集与之相关联，GCP 数据集保存在一个栅格层数据文件中；如果 IMG 文件有一个 GCP 数据集存在的话，只要打开 GCP 工具，GCP 点就会出现在视窗中。

④ 所有的输入 GCP 都可以直接保存在图像文件中（Save Input），也可以保存在控制点文件中（Save Input As）。如果是保存在图像文件中，调用的方法如③所述；如果是保存在 GCP 文件中，可以通过加载调用（Load Input）。

⑤ 参考 GCP 也可以类似地保存在参考图像文件中（Save Reference）或 GCP 文件中（Save Reference As），便于以后调用。

（2）GCP 的具体采集过程

在图像几何校正过程中，采集控制点是一项非常重要和相当繁琐的工作，具体过程如下。

① 在 GCP 工具对话框中单击 Select GCP 图标，进入 GCP 选择状态。

② 在 GCP 数据表中将输入 GCP 的颜色（Color）设置为比较明显的黄色。

③ 在 Viewer #1 中移动关联方框位置，寻找明显的地物特征点，作为输入 GCP。

④ 在 GCP 工具对话框中单击 Create GCP 图标，并在 Viewer #3 中单击定点，GCP 数据表将记录一个输入 GCP，包括其编号、标识码、X 坐标、Y 坐标。

⑤ 在 GCP 工具对话框中单击 Select GCP 图标，重新进入 GCP 选择状态。

⑥ 在 GCP 数据表中将参考 GCP 的颜色（Color）设置为比较明显的红色。

⑦ 在 Viewer #2 中移动关联方框位置，寻找对应的地物特征点，作为参考 GCP。

⑧ 在 GCP 工具对话框中单击 Create GCP 图标，并在 Viewer #4 中单击定点，系统将自动把参考点的坐标（X Reference, Y Reference）显示在 GCP 数据表中。

⑨ 在 GCP 工具对话框中单击 Select GCP 图标，重新进入 GCP 选择状态；并将光标移回到 Viewer #1，准备采集另一个输入控制点。

⑩ 不断重复步骤①～⑨，采集若干 GCP，直到满足所选定的几何校正模型为止；而后，每采集一个 Input GCP，系统就自动产生一个 Ref. GCP，通过移动 Ref.GCP 可以逐步优化校正模型。

采集 GCP 以后，GCP 数据表如图 4-17 所示。

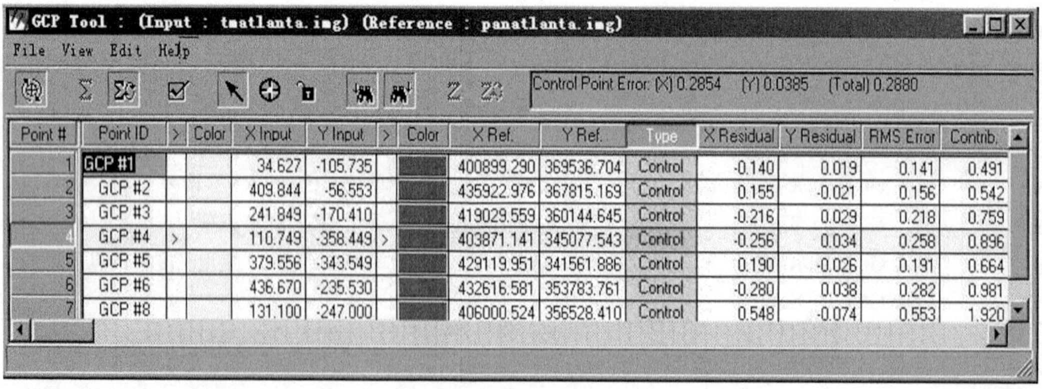

Point #	Point ID	>	Color	X Input	Y Input	>	Color	X Ref.	Y Ref.	Type	X Residual	Y Residual	RMS Error	Contrib.
1	GCP #1			34.627	-105.735			400899.290	369536.704	Control	-0.140	0.019	0.141	0.491
2	GCP #2			409.844	-56.553			435922.976	367815.169	Control	0.155	-0.021	0.156	0.542
3	GCP #3			241.849	-170.410			419029.559	360144.645	Control	-0.216	0.029	0.218	0.759
4	GCP #4	>		110.749	-358.449	>		403871.141	345077.543	Control	-0.256	0.034	0.258	0.896
5	GCP #5			379.556	-343.549			429119.951	341561.886	Control	0.190	-0.026	0.191	0.664
6	GCP #6			436.670	-235.530			432616.581	353783.761	Control	-0.280	0.038	0.282	0.981
7	GCP #8			131.100	-247.000			406000.524	356528.410	Control	0.548	-0.074	0.553	1.920

图 4-17　GCP 工具对话框与 GCP 数据表

第 5 步：采集地面检查点

以上所采集的 GCP 的类型（Type）均为 Control Point（控制点），用于控制计算，建立转换模型及多项式方程。下面所要采集的 GCP 的类型均是 Check Point（检查点），用于检验所建立的转换方程的精度和实用性。如果控制点的误差比较小的话，也可以不采集地面检查点。

依然在 GCP Tool 对话框状态下进行如下操作。

（1）在 GCP Tool 菜单条中确定 GCP 类型：单击 Edit | Set Point Type | Check 命令。

（2）在 GCP Tool 菜单条中确定 GCP 匹配参数（Matching Parameter）：单击 Edit | Point Matching 命令，打开 GCP Matching 对话框（略）。

在 GCP Matching 对话框中，需要定义下列参数。

① 在匹配参数（Matching Parameters）选项组中设置最大搜索半径（Max. Search Radius）为 3；搜索窗口大小（Search Window Size）为 X : 5、Y : 5。

② 在约束参数（Threshold Parameters）选项组中设置相关阈值（Correlation Threshold）为 0.8；删除不匹配的点（Discard Unmatched Point）为 Active。

③ 在匹配所有/选择点（Match All / Selected Point）选项组中设置从输入到参考（Reference from Input）或从参考到输入（Input from Reference）。

④ 单击 Close 按钮（关闭 GCP Matching 对话框）。

（3）确定地面检查点：在 GCP Tool 工具条中单击 Create GCP 图标以及 Lock 图标，锁住 Create GCP 功能，如同选择控制点一样，分别在 Viewer#1 和 Viewer#2 中定义 5 个检查点，定义完毕后单击 Unlock 图标，解除 Create GCP 功能。

（4）计算检查点误差：在 GCP Tool 工具条中单击 Compute Error 图标，检查点的误差就会显示在 GCP Tool 的上方。只有所有检查点的误差均小于一个像元（Pixel），才能继续进行合理的重采样。一般来说，如果控制点（GCP）定位选择比较准确的话，检查点匹配会比较好，误差会在限差范围内。否则，若控制点定义不精确，检查点就无法匹配，误差会超标。

第 6 步：计算转换模型

在控制点采集过程中，一般是设置为自动转换计算模式（Compute Transformation），所以，随着控制点采集过程的完成，转换模型就自动计算生成，下面是转换模型的查阅过程。

在 Geo Correction Tools 对话框中单击 Display Model Properties 图标，打开 Polynomial Model Properties（多项式模型参数）对话框（图 4-18），在多项式模型参数对话框中查阅模型参数，并记录转换模型单击 Close 按钮，关闭模型特性对话框，进入图像重采样阶段。

第 7 步：图像重采样

（1）图像重采样简介

重采样（Resample）过程就是依据未校正图像像元值计算生成一幅校正图像的过程，原图像中所有栅格数据层都将进行重采样。ERDAS IMAGINE 提供了 4 种最常用的重采样方法。

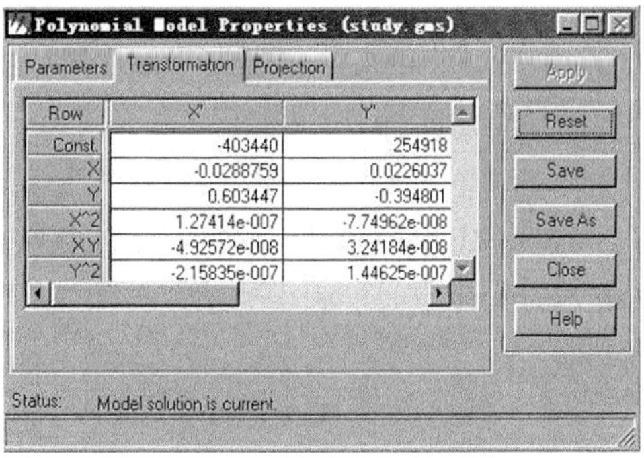

图 4-18 Polynomial Model Properties 对话框

- **Nearest Neighbor** 邻近点插值法，将最邻近像元值直接赋予输出像元。
- **Bilinear Interpolation** 双线性插值

法，用双线性方程和 2 × 2 窗口计算输出像元值。

- ❑ **Cubic Convolution** 立方卷积插值法，用三次方程和 4 × 4 窗口计算输出像元值。
- ❑ **Bicubic Spline Interpolation** 双三次样条插值，产生比双线性插值更平滑的图像边缘。

（2）图像重采样过程

首先，在 Geo Correction Tools 对话框中单击 Image Resample 图标，打开 Resample（图像重采样）对话框（图 4-19）然后，在 Resample 对话框中，定义重采样参数。

① 输出图像文件名（Output File ）：rectify.img。

② 选择重采样方法（Resample Method）：Nearest Neighbor。

③ 定义输出图像范围（Output Corners）：ULX、ULY、LRX、LRY。

④ 定义输出像元大小（Output Cell Sizes）：X : 30、Y : 30。

⑤ 设置输出统计中忽略零值：Ignore Zero in Stats.。

⑥ 设置重新计算输出默认值（Recalculate Output Defaults）：Skip Factor: 10。

⑦ 单击 OK 按钮（关闭 Image Resample 对话框，启动重采样进程）。

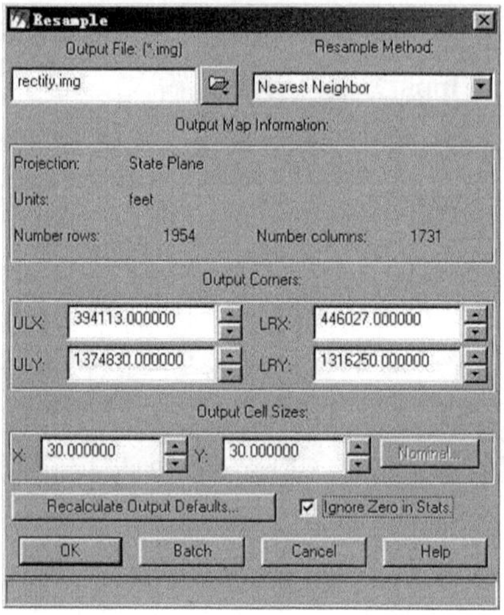

图 4-19 **Resample 对话框**

第 8 步：保存几何校正模式

在 Geo Correction Tools 对话框中单击 Exit 按钮，退出图像几何校正过程，按照系统提示选择保存图像几何校正模式，并定义模式文件（*.gms），以便下次直接使用。

第 9 步：检验校正结果

检验校正结果（Verify Rectification Result）的基本方法是：同时在两个视窗中打开两幅图像，其中一幅是校正以后的图像，一幅是当时的参考图像，通过视窗地理连接（Geo Link / Unlink）功能及查询光标（Inquire Cursor）功能进行目视定性检验，具体过程如下。

（1）打开两个平铺图像视窗

在视窗菜单条中单击 File | Open | Raster Option 命令，选择图像文件；或者在 ERDAS 图标面板中单击 Session | Tile Viewers 命令，选择平铺视窗。

（2）建立视窗地理连接关系

在 Viewer #1 中右击，在快捷菜单中选择 Geo Link /Unlink 命令。

在 Viewer #2 中单击，建立与 Viewer #1 的连接。

（3）通过查询光标进行检验

在 Viewer #1 中右击，在快捷菜单中选择 Inquire Cursor 命令，打开光标查询对话框。

在 Viewer #1 中移动查询光标，观测其在两屏幕中的位置及匹配程度，并注意光标查询对话框中数据的变化。如果满意的话，关闭光标查询对话框。

4.3.3 遥感图像仿射变换

在实际工作中，经常需要对图像进行一次线性转换，诸如旋转、位移、翻转、拉伸等，以便图像的北方向真正向上，这些操作都属于图像仿射变换（Affine）的范畴，具体过程如下。

第 1 步：显示需要变换的图像

具体过程参见 4.3.2 节。

第 2 步：启动几何校正工具

具体过程参见 4.3.2 节。

第 3 步：选择几何校正模型

在 Set Geometric Model 对话框（图 4-10）中选择 Affine（仿射变换）选项，单击 OK 按钮。打开 Affine Model Properties 对话框（图 4-20）。

第 4 步：定义图像仿射变换参数

在 Affine Model Properties 对话框中，定义下列参数。

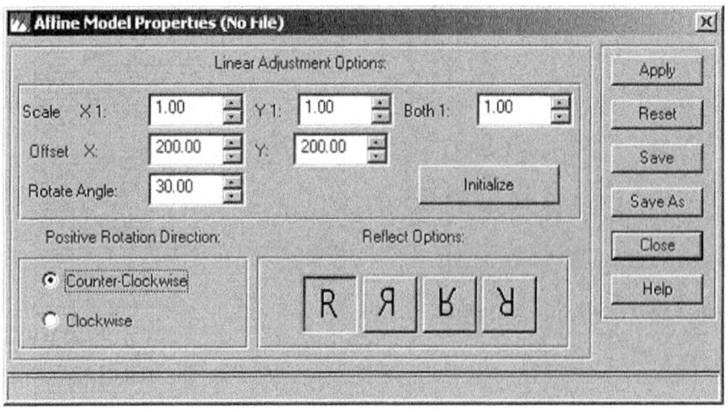

图 4-20 **Affine Model Properties 对话框**

① 线性变换选择项（Linear Adjustment Options）。

② 比例因子（Scale）：X1 : 1、Y1 : 1、Both : 1。

③ 位移因子（Offset）：X : 200、Y1 : 200。

④ 旋转角度（Rotate Angle）：30。

⑤ 确定正向旋转方向（Positive Rotation Direction）。

⑥ 逆时针方向为正：Counter–Clockwise。

⑦ 翻转方向选择（Reflect Options）：（4 种任选）。

⑧ 单击 Apply | Close 命令。

第 5 步：图像重采样

在 Geo Correction Tools 对话框中单击 Image Resample 图标，打开 Resample（图像重采样）对话框（图 4-19），在 Resample 对话框中定义重采样参数。

① 输出图像文件名（output File ）：affine.img。

② 选择重采样方法（Resample Method）：Nearest Neighbor。

③ 定义输出图像范围（Output Corners）：ULX、ULY、LRX、LRY。

④ 定义输出像元大小（Output Cell Sizes）：X : 10、Y : 10。

⑤ 设置输出统计中忽略零值：Ignore Zero in Stats.。

⑥ 设置重新计算输出默认值（Recalculate Output Defaults）：Skip Factor: 5。

⑦ 单击 OK 按钮，关闭 Image Resample 对话框，启动重采样进程。

第 6 步：重采样图像与原图像对比

同时打开两个视窗（Viewer #1、Viewer #2），并平铺排列（Tile Viewer）。

① 在 Viewer #1 中打开经过仿射变换以后的图像，并在 Raster Option 中将 Orient Image to map system 选择项设置为 OFF 状态。

② 在 Viewer #2 中打开仿射变换以前的原始图像。

③ 将两个视窗建立地理关联（Geo-Link），显示、查看、对比变化。

4.3.4 航空图像正射校正

1．航空图像正射校正的一般流程

本节所介绍的是航空图像的正射校正（Orthorectify），其一般工作流程（General Workflow）如图 4-21 所示。

2．航空图像正射校正的具体过程

第 1 步：显示航空遥感图像

在视窗菜单条中单击 File | Open | Raster Layer | File Name: ps_napp.img。

第 2 步：启动几何校正模块

在视窗菜单条中单击 Raster| Geometric Correction 命令，打开 Set Geometric Model 对话框（图 4-10）。

① 在 Set Geometric Model 对话框中选择 Camera 选项。

② 单击 OK 按钮（关闭 Set Geometric Model 对话框）。

③ 同时打开 Geo Correction Tools 对话框(图 4-13)和 Camera Model Properties 对话框（图 4-22）。

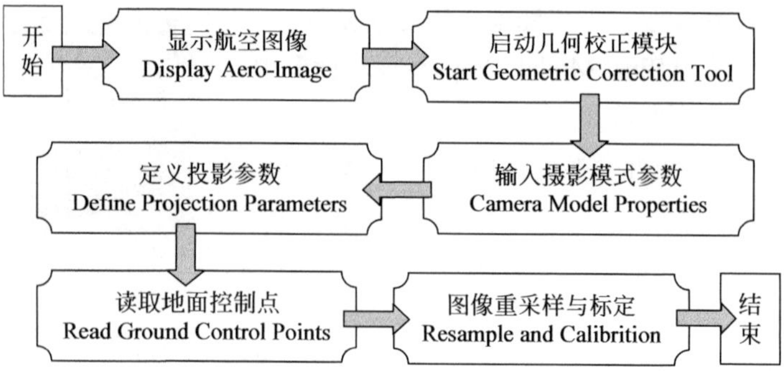

图 4-21 航空图像正射校正的一般流程

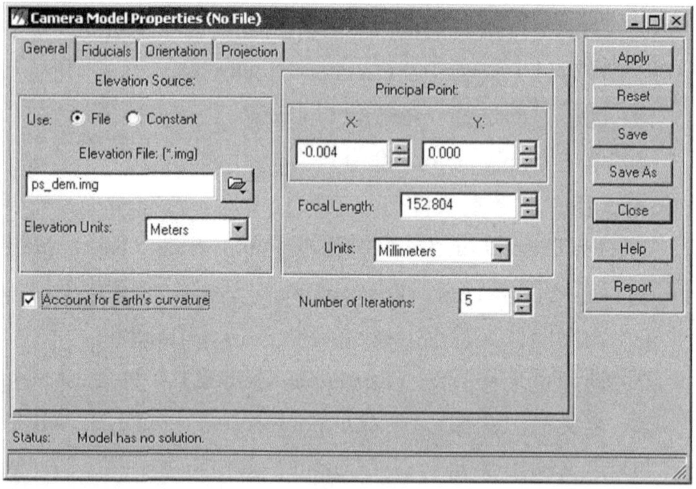

图 4-22 Camera Model Properties 对话框

第 3 步：输入航摄模式参数

在 Camera Model Properties（航摄模式特性）对话框中设定以下常规（General）参数。

① 确定高程模型文件（Elevation File）：ps_dem.img。

② 确定高程单位（Elevation Unit）：meters。

③ 输入像主点坐标（Principal Point）：X : –0.004　Y : 0.000。

④ 输入镜头焦距（Focal Length）：152.804。

⑤ 确定镜头焦距单位（Units）：Millimeters。

⑥ 确定考虑地球曲率：Account for Earth's curvature。

⑦ 定义迭代次数（Number of Iterations）：5。

以上参数是航空图像正射校正的基本参数，由航空图像销售商提供。

第 4 步：确定内定向参数

在 Camera Model Properties 对话框中，单击 Fiducials 标签，打开内定向对话框（图 4-23）。

在航空图像内定向对话框中，需要设置 Fiducials（框标）参数和定义 Fiducials 位置。

① 选择框标类型（Fiducial Type）：第 1 种。

② 定义框标位置（Viewer Fiducial Locator）。

③ 单击 Toggle Image Fiducial Input 图标。

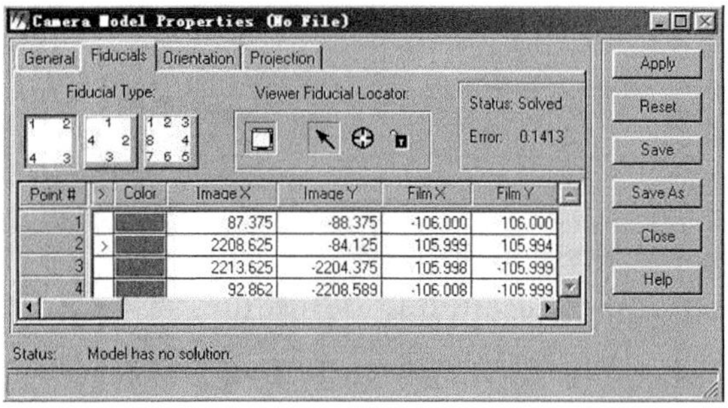

图 4-23 航空图像内定向对话框（定义框标位置后）

④ 按照系统提示单击 ps_napp.img 图像视窗（Viewer #1）（图像视窗中出现一个关联框（Link Box），同时打开局部放大视窗 Viewer #2）。

⑤ 在 Viewer #1 中拖动 Link Box 到图像左上角的框标点，使两者的十字交点重叠。

⑥ 在航空图像内定向对话框中单击 Place Fiducial 图标，进入框标定位状态。

⑦ 在 Viewer #1 或 Viewer #2 中的框标中心点位置单击，输入第一个框标点位置，该点的图像坐标（Image X、Image Y）显示在框标数据表（Fiducial CellArray）中。

⑧ 在框标数据表（Fiducial CellArray）中输入该点的已知图像坐标：FilmX、FilmY。

⑨ 重复上述过程，依次在航空图像中数字化其他 3 个框标点，并输入对应的图像坐标。

当 4 个框标点全部数字化并输入了对应的图像坐标后，图像内定向对话框的整体状态如图 4-23 所示。特别应注意其右上方的状态提示：Status: Solved / Error: 0.1413（图 4-23），这意味着航空图像的内定向（Interior Orientation）工作已经接近完成，内定向参数已经确定。如果误差 Error<1，是可以接受的；反之，如果 Error > 1，说明定点不精确或有错误，需要重做。

再次单击 Toggle Image Fiducial Input 图标，关闭局部放大窗口。

由于在前面的步骤中选择了考虑地球曲率参数（Account for Earth's curvature），航空图像的外方位元素（Orientation Options）将不能进行设置，下面直接进入投影参数设置。

第 5 步：设置投影参数

在 Camera Model Properties 对话框中，单击 Projection 选项卡，打开投影参数设置对话框（图 4-24）。单击选择 Add / Change Projection 选项，打开 Projection Chooser 对话框，单击 Custom 按钮，定义下列投影参数。

① 投影类型（Projection Type）：UTM。

② 参考椭球体（Spheroid Name）：Clarke 1866。

③ 基准面名称（Datum Name）：NAD 27。

④ UTM 投影分带（UTM Zone）：11。

⑤ 南北半球（North or South）：North。

⑥ 单击 OK 按钮（关闭 Projection Chooser 对话框，返回 Projection Options 对话框）。

⑦ 上述投影参数将显示在投影参数设置对话框（图 4-24）中。

⑧ 进一步定义地图坐标单位（Map Units）：Meters。

⑨ 单击 Apply 按钮。

⑩ 单击 Save As 按钮，打开 Geometric Model Name 对话框。

⑪ 确定文件名（File Name）：camera.gms。

⑫ 单击 OK 按钮（关闭 Geometric Model Name 对话框）。

说　明

由于例子中的航空遥感图像是系统实例，不是我国领土范围内的图像，因而，投影参数没有按照我国常用的投影类型进行选择设置。

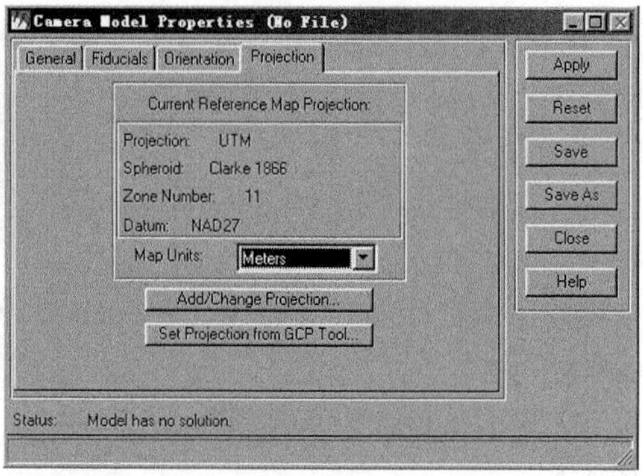

图 4-24　投影参数设置对话框

第 6 步：读取地面控制点

在 Geo Correction Tools 对话框中，单击 Start GCP Editor 图标，打开 GCP Tool Reference Setup 对话框（图 4-11），在 GCP Tool Reference Setup 对话框中选择控制点文件（GCP File），单击 OK 按钮。

① 打开 Reference GCC File 对话框，确定控制点文件（File Name）：ps_camera.gcc。

② 单击 OK 按钮（关闭 Reference GCC File 对话框，屏幕上产生一个局部放大视窗 Viewer#2，同时在 Viewer #1 中出现对应的关联框（Link Box）并打开 GCP Tool 对话框）。

③ 在 GCP Tool 对话框中，单击 Calculate 图标 Σ，系统自动求解模型（Solve Model），计算中误差（RMS）、残差（Residuals），及控制点 X、Y 坐标值误差。

④ 在 Camera Model Properties 对话框中单击 Save 按钮。

第 7 步：图像校正标定

图像校正标定（Calibration）只是在原航空图像文件中将校正的数学模型以辅助信息层的方式保存，而不进行重采样、不生成新文件。每当校正标定图像被使用时，相应的校正模型也必须被调用。比如用户需要在视窗中显示校正标定图像的校正效果，用户就可以在 Select Layer to Add 对话框中选择 Orient Image to Map System，图像就会基于校正模型快速（on-the -fly）重采样。

图像校正标定的主要优点是使用磁盘空间少，并可以保持光谱特性不变；而其主要不足在于：如果校正数学模型很复杂的话，校正标定图像的全过程会明显减慢。所以，建议只在非常必要时才使用图像校正标定。

图像校正标定的具体过程如下。

① 在 Geo Correction Tools 对话框中，单击 Calibrate Image（标定图像）图标。

② 打开 Calibrate Image 对话框（图 4-25）。

③ 单击 OK 按钮（提示保存正射校正模式：calibrate.gms）：（执行图像标定操作，关闭 Geo Correction Tools 对话框及其相关对话框；原始图像关闭，以 Orient Image to Map System 选择项的 OFF 状态再次打开）。

④ 要对标定图像进行校正显示，需要将视窗中图像显示的 Orient Image to Map System 选择项设为 ON 状态。

⑤ 在标定图像视窗中，可以单击 Info 图标查看校正标定图像的标定信息。

⑥ 在标定图像视窗中，可以在 Image Info 对话框中删除图像标定信息（Delete Map Model）。

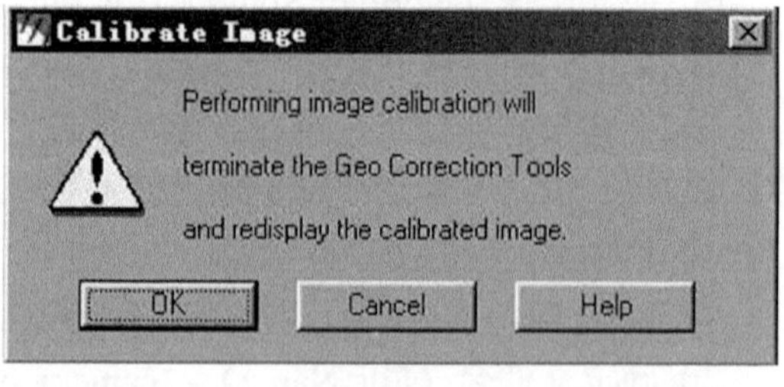

图 4-25　Calibrate Image 对话框

说　明

航空图像一旦被校正标定，就不能再进行正射校正处理，除非将校正标定信息删除。

第 8 步：航空图像重采样

鉴于图像校正标定有一定的限制，所以在一般情况下，都是直接进行图像重采样，而不进行标定。重采样的具体过程如下。

① 在 Geo Correction Tools 对话框中，单击 Image Resample 图标。

② 打开重采样（Resample）对话框（图 4-19）。

③ 在重采样对话框中设定重采样参数（类似于 4.3.2.2 第 7 步）。

④ 单击 OK 按钮（关闭重采样对话框，执行图像重采样）。

⑤ 单击 OK 按钮（完成图像重采样，结束航空图像正射校正）。

4.4　图像裁剪处理

在实际工作中，经常需要根据研究工作范围对图像进行裁剪（Subset Image），按照 ERDAS 实现图像裁剪的过程，可以将图像裁剪分为 3 种类型：规则裁剪（Rectangle Subset）、不规则裁剪（Polygon Subset）、分块裁剪（Dice Image）。

4.4.1　图像规则裁剪

规则裁剪（Rectangle Subset）是指裁剪图像的边界范围是一个矩形，通过左上角和右下角两点的坐标或者矩形 4 个顶点的坐标，就可以确定图像的裁剪位置，整个裁剪过程比较简单。

在 ERDAS 图标面板菜单条中单击 Main | Data Preparation | Data Preparation 菜单（图 4-1），选择 Subset Image 选项，打开 Subset Image 对话框（图 4-26）；或者在 ERDAS 图标面板工具条中单击 Data Prep 图标，打开 Data Preparation 菜单（图 4-1），选择 Subset Image 选项，打开 Subset Image 对话框（图 4-26）。

在 Subset Image 对话框中需要设置下列参数。

① 输入文件名称（Input File）：\examples\Lanier.img。

② 输出文件名称（Output File）：Lanier_sub.img。

③ 坐标类型（Coordinate Type）：File。

④ 裁剪范围（Subset Definition）：输入 ULX、ULY、LRX、LRY（如果选中 Four Corners 单选按钮，则需要输入 4 个顶点的坐标）。

⑤ 输出数据类型（Output Data Type）：Unsigned 8 bit。

⑥ 输出文件类型（Output Layer Type）：Continuous。

⑦ 输出统计忽略零值：Ignore Zero In Output Stats。

⑧ 输出像元波段（Select Layers）：1:7（表示选择 1～7 这 7 个波段）。

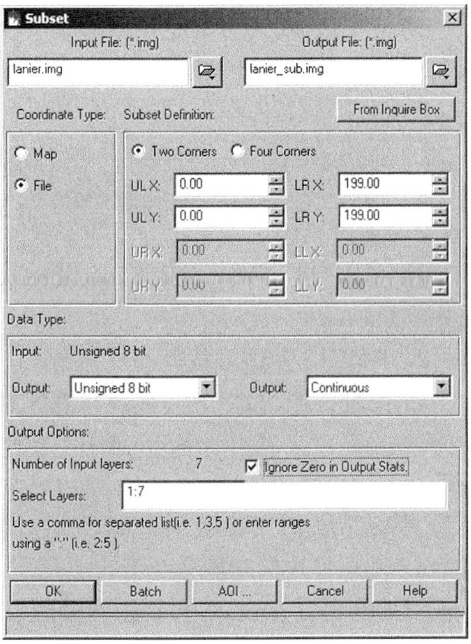

图 4-26　Subset Image 对话框

⑨ 单击 OK 按钮（关闭 Subset Image 对话框，执行图像裁剪）。

说 明

在上述图像裁剪过程中，裁剪范围是通过直接输入左上角点坐标（ULX、ULY）和右下角点坐标（LRX、LRY）定义的。此外，还可以通过两种方式定义裁剪范围：其一是应用查询框（Inquire Box），具体过程是首先在打开被裁剪图像的视窗中放置查询框，然后在 Subset Image 对话框中选择 From Inquire Box 功能；其二是应用感兴趣区域(AOI)，具体过程是首先在打开被裁剪图像的视窗中绘画矩形 AOI，然后在 Subset Image 对话框中选择 AOI 功能，打开 AOI 对话框，并确定 AOI 区域来自图像视窗即可。

4.4.2 图像不规则裁剪

不规则裁剪（Polygon Subset）是指裁剪图像的边界范围是任意多边形，无法通过顶点坐标确定裁剪位置，而必须事先生成一个完整的闭合多边形区域，可以是一个 AOI 多边形，也可以是 ArcGIS 的一个 Polygon Coverage，针对不同的情况采用不同裁剪过程。

1. AOI 多边形裁剪

首先在视窗中打开需要裁剪的图像，并应用 AOI 工具绘制多边形 AOI，可以将多边形 AOI 保存在文件中（*.aoi），也可以暂时不退出视窗，将图像与 AOI 多边形保留在视窗中，然后进行如下操作。

在 ERDAS 图标面板菜单条中单击 Main | Data Preparation | Data Preparation 菜单（图 4-1），选择 Subset Image 选项，打开 Subset Image 对话框（图 4-26）；或者在 ERDAS 图标面板工具条中单击 Data Prep 图标，打开 Data Preparation 菜单（图 4-1），选择 Subset Image 选项，打开 Subset Image 对话框（图 4-26）。

在 Subset Image 对话框中需要设置下列参数。

① 输入文件名称（Input File）：Lanier.img。

② 输出文件名称（Output File）：lanier_aoisub.img。

③ 应用 AOI 确定裁剪范围：单击 AOI 按钮。

④ 打开选择 AOI（Choose AOI）对话框（图 4-27）。

⑤ 在 Choose AOI 对话框中确定 AOI 的来源（AOI Source）：File（已经存在的 AOI 文件）或 Viewer（视窗中的 AOI）。

⑥ 如果选择了文件（File），则进一步确定 AOI 文件，否则，直接进入下一步。

⑦ 输出数据类型（Output Data Type）：Unsigned 8 bit。

⑧ 输出像元波段（Select Layers）：1:7（表示选择 1～7 这 7 个波段）。

⑨ 单击 OK 按钮（关闭 Subset Image 对话框，执行图像裁剪）。

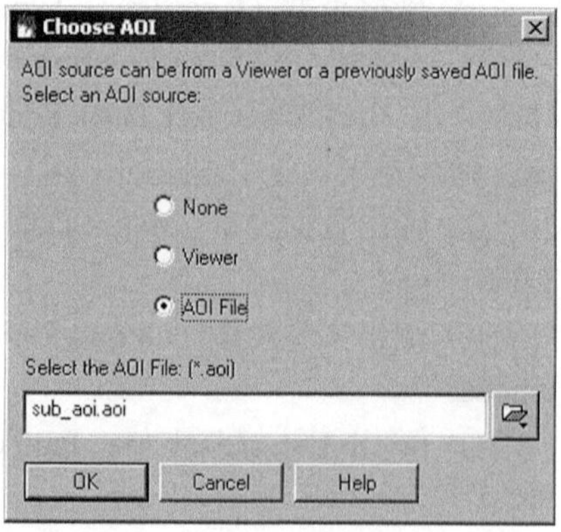

图 4-27 Choose AOI 对话框

2. ArcGIS 多边形裁剪

如果是按照行政区划边界或自然区划边界进行图像的裁剪，往往是首先利用 ArcGIS 或 ERDAS 的 Vector 模块绘制精确的边界多边形(Polygon)，然后以 ArcGIS 的 Polygon 为边界条件进行图像裁剪。对于这种情况，需要调用 ERDAS 其他模块的功能分两步完成。

第 1 步：将 ArcGIS 多边形转换成栅格图像文件

在 ERDAS 图标面板菜单条中单击 Main | Image

Interpreter | Utilities | Vector to Raster 命令，打开 Vector to Raster 对话框(图 4-28)；或者在 ERDAS 图标面板工具条中单击 Interpreter 图标 | Utilities | Vector to Raster 命令，打开 Vector to Raster 对话框（图 4-28）。

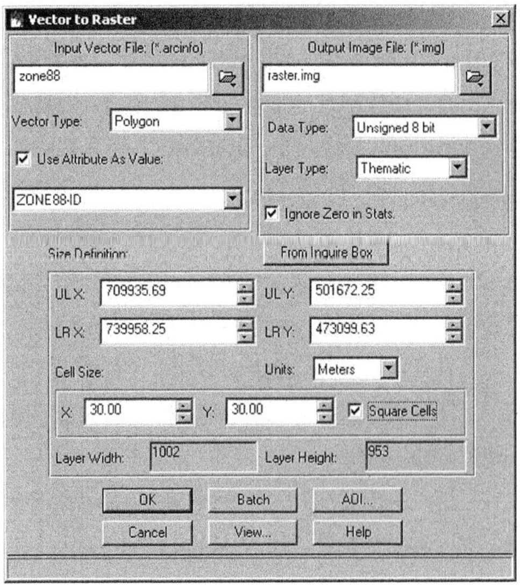

图 4-28 Vector to Raster 对话框

在 Vector to Raster 对话框中需要设置下列参数。

① 输入矢量文件名称（Input Vector File）：zone88。

② 确定矢量文件类型（Vector Type）：Polygon。

③ 使用矢量属性值（Use Attribute as Value）：ZONE88-ID。

④ 输出栅格文件名称（Output Image File）：raster.img。

⑤ 栅格数据类型（Data Type）：Unsigned 8 bit。

⑥ 栅格文件类型（Layer Type）：Thematic。

⑦ 转换范围大小（Size Definition）：ULX、ULY、LRX、LRY。

⑧ 坐标单位（Units）：Meters。

⑨ 输出像元大小（Cell Size）：X : 30、Y : 30。

⑩ 选择正方形像元：Squire Cell。

⑪ 单击 OK 按钮（关闭 Vector to Raster 对话框，执行矢栅转换）。

第 2 步：通过掩膜运算（Mask）实现图像不规则裁剪

在 ERDAS 图标面板菜单条中单击 Main | Image Interpreter | Utilities | Mask 命令，打开 Mask 对话框(图 4-29)；或者在 ERDAS 图标面板工具条中单击 Interpreter 图标 | Utilities | Mask 命令，打开 Mask 对话框（图 4-29）。

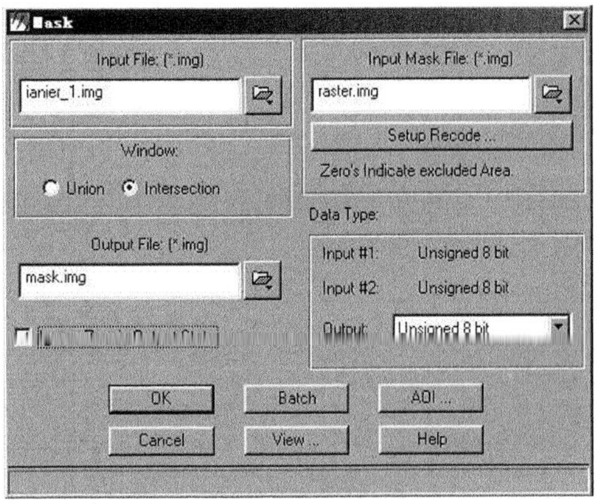

图 4-29 Mask 对话框

在 Mask 对话框中需要设置下列参数。

① 输入图像文件名称（Input File）：ianier_1.img。

② 输入掩膜文件名称（Input Mask File）：raster.img。

③ 单击 Setup Recode 按钮设置裁剪区域内新值（New Value）为 1，区域外取 0 值。

④ 确定掩膜区域做交集运算：Intersection。

⑤ 输出图像文件名称（Output File）：mask.img。

⑥ 输出数据类型（Output Data Type）：Unsigned 8 bit。

⑦ 输出统计忽略零值：Ignore Zero In Output Stats。

⑧ 单击 OK 按钮（关闭 Mask 对话框，执行掩膜运算）。

4.4.3 图像分块裁剪

图像分块裁剪（Dice Image）功能允许用户根据设定的大小将一幅大图像分割成一些相同尺寸的小幅图像，常常用于设定比例尺标准分幅系列卫星影像图的制作。

在 ERDAS 图标面板菜单条中单击 Main | Data Preparation | Data Preparation 菜单（图 4-1），选择 Dice Image 选项，打开 Dice a Image 对话框（图 4-30）；或者在 ERDAS 图标面板工具条单击 Data Prep 图标 | Data Preparation 菜单（图 4-1），选择 Dice Image 选项，打开 Dice an Image 对话框（图 4-30）。

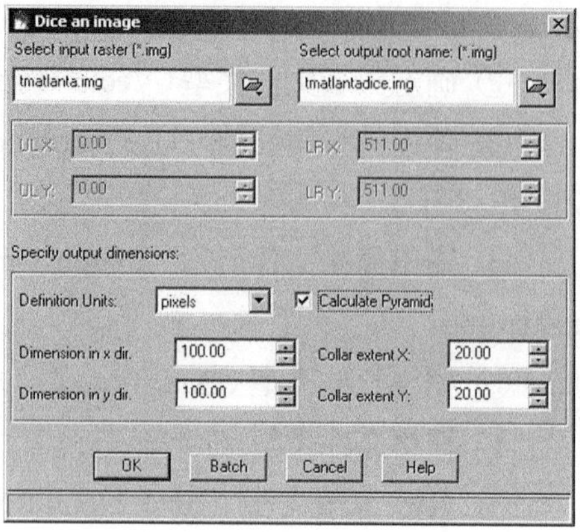

图 4-30 **Dice an Image 对话框**

在 Dice an Image 对话框中需要设置下列参数。

① 输入图像文件名称（Select input raster）：tmatlanta.img。

② 输出图像文件根名称，输出的所有图像将根据根名称排序命名（Select output root name）：tmatlantadice.img。

③ Dimension in x dir.：设置 x 方向上分割的尺寸。

④ Dimension in y dir.：设置 y 方向上分割的尺寸。

⑤ Collar extent X：设置 x 方向上相互重叠的尺寸。

⑥ Collar extent Y：设置 y 方向上相互重叠的尺寸。

4.5 图像镶嵌处理

图像镶嵌处理（Mosaic Images）是要将具有地理参考的若干相邻图像合并成一幅图像或一组图像，需要拼接的输入图像必须含有地图投影信息，或者说输入图像必须经过几何校正处理（Rectified）或进行过校正标定（Calibrated）。虽然所有的输入图像可以具有不同的投影类型、不同的像元大小，但必须具有相同的波段数。在进行图像镶嵌时，需要确定一幅参考图像，参考图像将作为输出镶嵌图像的基准，决定镶嵌图像的对比度匹配，以及输出图像的地图投影、像元大小和数据类型。

4.5.1 图像镶嵌功能概述

图像镶嵌处理工具可以通过下列两种途径启动。

在 ERDAS 图标面板菜单条中单击 Main | Data Preparation | Data Preparation 菜单（图 4-1），选择 Mosaic Images 选项，打开 Mosaic Images 按钮面板（图 4-31）；或者在 ERDAS 图标面板工具条中单击 Data Prep 图标，打开 Data Preparation 菜单（图 4-1）。

选择 Mosaic Images 选项，打开 Mosaic Images 按钮面板（图 4-31）。

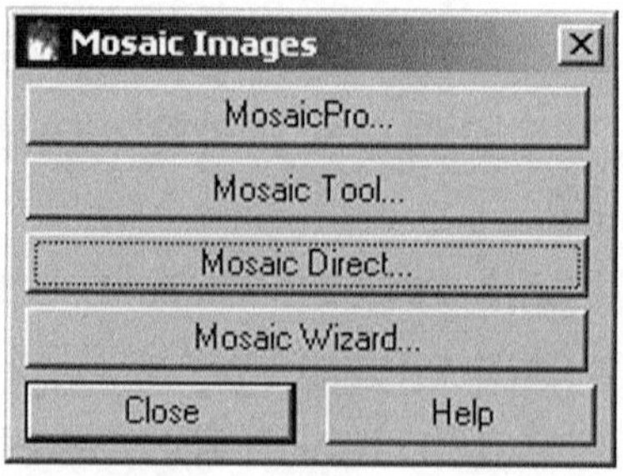

图 4-31 **Mosaic Images 按钮面板**

在 Mosaic Images 按钮面板有 4 个按钮：Mosaic Pro（高级图像镶嵌）、Mosaic Tool（图像镶嵌工具）、Mosaic Direct（图像镶嵌工程参数设置）、Mosaic Wizard（建立图像镶嵌工程向导）。

1. Mosaic Pro 图像镶嵌

使用 Mosaic Pro 图像镶嵌功能，用户可以将两个或两个以上，已经经过几何校正的图像文件拼接成一个图像文件或者形成一个图像镶嵌工程文件（.mop）。在 Mosaic Pro 里镶嵌图像，必须首先具有一个镶嵌线多边形。

单击 Mosaic Pro 按钮，进入 Mosaic Pro 视窗（图 4-32）。

Mosaic Pro 视窗由菜单条（Menu Bar）、工具条（Tool Bar）、图形窗口（Graphic View）和状态条（Status Bar）及图像文件列表窗口（Image Lists）等几个部分组成，其中菜单条中的菜单命令及其功能如表 4-6 所列，工具条中的图标及其功能如表 4-7 所列。

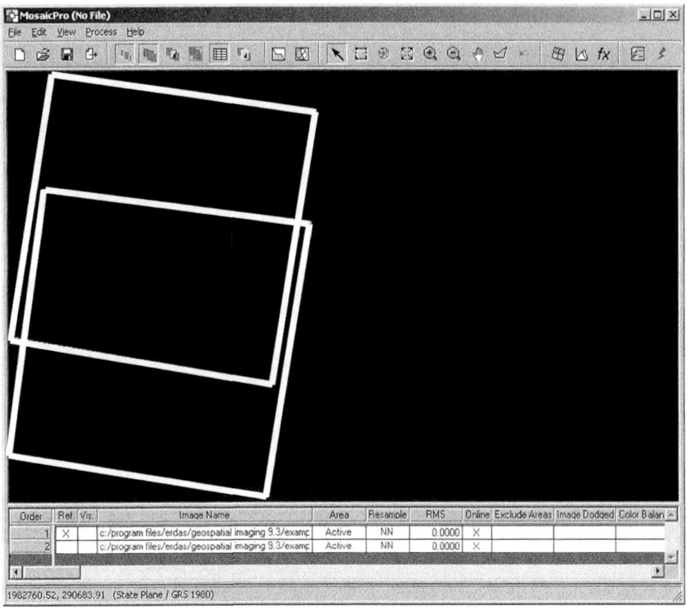

图 4-32 **Mosaic Pro 视窗（加载图像后）**

表 4-6 Mosaic Pro 视窗菜单命令及其功能

命令	功能
File:	文件操作：
New	打开新的 MosaicPro 视窗
Open	打开图像镶嵌工程文件（*.mop 或*.mos）
Save	保存图像镶嵌工程文件（*.mop）
Save As	重新保存图像镶嵌工程文件
Load Seam Polygons	导入镶嵌线多边形文件（.shp 格式）
Save Seam Polygons	存储镶嵌线多边形文件（.shp 格式）
Load Reference Seam Polygons	导入具有地理参考的镶嵌线多边形文件
Annotation	将镶嵌图像轮廓保存为注记文件
Save to Script	将拼接工程各参数存为脚本文件
Close	关闭当前图像镶嵌工具
Edit:	编辑操作：
Add Images	向图像镶嵌视窗加载图像
Delete Image（s）	删除图像镶嵌工程中的图像
Sort Images	图像文件根据地理相似性或相互重叠度进行分类的开关
Color Corrections	设置镶嵌图像的色彩校正参数
Set Overlap Function	设置镶嵌图像重叠区域数据处理方式
Output Options	设置输出图像参数
Show Image Lists	是否显示图像文件列表开关

续表

命令	功能
View：	窗口视图：
Show Active Areas	显示激活区域
Show Seam Polygons	显示镶嵌线
Show Rasters	显示栅格图像
Show Outputs	显示输出区域边界线
Show Reference Seam Polygons	显示具有地理参考的镶嵌线
Set Selected to Visible	显示所选择的图像
Set Reference Seam Polygon Color	设置镶嵌线的颜色
Set maximum number of rasters to Display	设置显示图像的最大数目
Process：	处理操作：
Run Mosaic	执行图像镶嵌处理
Preview Mosaic for Window	图像镶嵌效果预览
Delete the Preview Mosaic Window	关闭图像镶嵌效果预览
Help：	联机帮助：
Help for Mosaic Tool	关于图像镶嵌的联机帮助

表 4-7 Mosaic Pro 视窗工具图标及其功能

图标	命令	功能
	Open New Mosaic Window	打开一个新的镶嵌窗口
	Open	打开图像镶嵌工程文件
	Save	存储当前图像镶嵌工程文件
	Add Images	向图像镶嵌视窗加载图像
	Display Active Area Boundaries	显示激活区域边界线
	Display the Seam Polygons	显示镶嵌线
	Display Raster Images	显示栅格图像
	Display Output Area Boundaries	显示输出区域边界线
	Show/Hide Image Lists	显示 / 隐藏图像文件列表
	Make Only Selected Images Visble	只显示选择的图像
	Automatically Generate Seamlines for Intersections	自动产生镶嵌线
	Delete Seamlines for Intersections	删除镶嵌线
	Select Point	选择一个点进行查询
	Select Area	选择一个区域进行查询
	Reset Canvas	改变图面尺寸以适应镶嵌图像
	Scale Canvas	改变图面比例以适应选择对象
	Zoom Image IN by 2	两倍放大图形窗口
	Zoom Image OUT by 2	两倍缩小图形窗口
	Roam Canvas	图形窗口漫游
	Edit seams polygon	编辑镶嵌线
	Undo seams polygon edits	取消镶嵌线编辑

图标	命令	功能
	Image Resample	打开图像重采样对话框
	Color Correction	打开图像色彩校正对话框
	Overlap Function	打开镶嵌图像重叠区域设置
	Output Options	打开输出图像设置对话框
	Run Mosaic Process	运行图像镶嵌过程

2. Mosaic Tool 图像镶嵌

Mosaic Tool 图像镶嵌处理可以通过下列两种途径启动。

在 ERDAS 图标面板菜单条中单击 Main | Data Preparation | Data Preparation 菜单（图 4-1），选择 Mosaic Images 选项，打开 Mosaic Images 按钮面板（图 4-31），单击 Mosaic Tool 按钮，打开 Mosaic Tool 视窗（图 4-33）。

或者在 ERDAS 图标面板工具条中单击 Data Prep 图标，打开 Data Preparation 菜单（图 4-1），选择 Mosaic Images 选项，打开 Mosaic Images 按钮面板（图 4-31），单击 Mosaic Tool 按钮，打开 Mosaic Tool 视窗（图 4-33）。

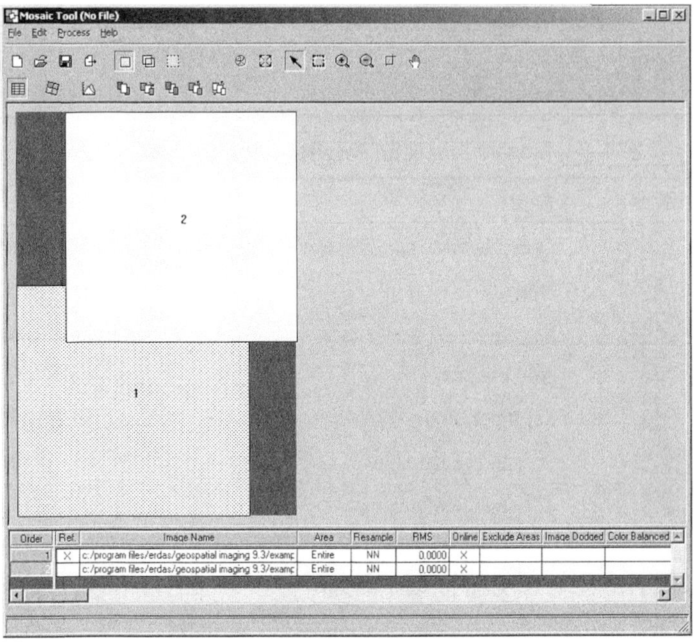

图 4-33 Mosaic Tool 视窗（加载图像后）

Mosaic Tool 视窗由菜单条（Menu Bar）、工具条（Tool Bar）、图形窗口（Graphic View）和状态条（Status Bar）及图像文件列表窗口（Image Lists）等几个部分组成，其中菜单条中的菜单命令及其功能如表 4-8 所列，工具条中的图标及其功能如表 4-9 所列。

表 4-8 Mosaic Tool 视窗菜单命令及其功能

命令	功能
File:	文件操作：
New	打开新的图像镶嵌工具
Open	打开图像镶嵌工程文件（*.mos）
Save	保存图像镶嵌工程文件（*.mos）
Save As	重新保存图像镶嵌工程文件
Annotation	将镶嵌图像轮廓保存为注记文件
Close	关闭当前图像镶嵌工具

续表

命令	功能
Edit:	编辑操作：
Add Images	向图像镶嵌视窗加载图像
Delete Image（s）	删除图像镶嵌工程中的图像
Color Corrections	设置镶嵌图像的色彩校正参数
Set Overlap Function	镶嵌线光滑和羽化设置
Output Options	设置输出图像参数
Delete Outputs	删除输出设置
Show Image Lists	是否显示图像文件列表窗口的开关
Process:	处理操作：
Run Mosaic	执行图像镶嵌处理
Preview Mosaic	图像镶嵌效果预览
Help:	联机帮助：
Help for Mosaic Tool	关于图像镶嵌的联机帮助

表 4–9　Mosaic Tool 视窗工具图标及其功能

图标	命令	功能
	Open New Mosaic Window	打开一个新的镶嵌窗口
	Open	打开图像镶嵌工程文件
	Save	存储当前图像镶嵌工程文件
	Add Images	向图像镶嵌视窗加载图像
	Set Input Mode:	设置输入图像模式：
	Image Resample	打开图像重采样对话框
	Image Matching	打开图像色彩校正对话框
	Send Image to Top	将选择图像置于最上层
	Send Image Up One	将选择图像上移一层
	Send Image to Bottom	将选择图像置于最下层
	Send Image Down One	将选择图像下移一层
	Reverse Image Order	将选择图像次序颠倒
	Set Intersection Mode:	设置图像交接关系：
	Next Intersection	选择下一种相交方式
	Previous Intersection	选择前一种相交方式
	Overlap Function	打开叠加功能对话框
	Default Cutlines	设置默认相交截切线
	AOI Cutlines	设置 AOI 区域截切线
	Toggle Cutline	开关截切线的应用模式
	Delete Cutlins	删除相交区域截切线
	Cutline Selection Viewer	打开截切线选择视窗
	Auto Cutline Mode	设置截切线自动模式
	Save Cutline	存储截切线及叠加区域

续表

图标	命令	功能
	Set Output Mode：	设置输出图像模式：
	Output Options	打开输出图像设置对话框
	Run Mosaic Process	运行图像镶嵌过程
	Preview Mosaic	预览图像镶嵌效果
	Reset Canvas	改变图面尺寸以适应镶嵌图像
	Scale Canvas	改变图面比例以适应选择对象
	Select Point	选择一个点进行查询
	Select Area	选择一个区域进行查询
	Zoom Image IN by 2	两倍放大图形窗口
	Zoom Image OUT by 2	两倍缩小图形窗口
	Select Area for Zoom	选择一个区域进行放大
	Roam Canvas	图形窗口漫游
	Image List	显示/隐藏镶嵌图像列表

3. 图像镶嵌工程参数设置（Mosaic Direct）

Mosaic Direct 工具预先汇集了图像镶嵌工程的所有重要信息，可以用最少的预处理构建图像镶嵌工程，从而可以使 Mosaic Tool 的高级用户快捷地建立图像镶嵌工程。这个工具以选项卡的形式提供了一系列的设置对话框，在这些对话框中可以设置图像镶嵌工程的所有参数。

在 ERDAS 图标面板菜单条中单击 Main | Data Preparation | Data Preparation 菜单（图 4-1），选择 Mosaic Images 选项，打开 Mosaic Images 按钮面板（图 4-31），单击 Mosaic Direct 选项，打开 Mosaic Direct 设置界面（图 4-34）。或者在 ERDAS 图标面板工具条中单击 Data Prep 图标，打开 Data Preparation 菜单（图 4-1），选择 Mosaic Images 选项，打开 Mosaic Images 按钮面板（图 4-31），单击 Mosaic Tool 按钮，打开 Mosaic Direct 设置界面（图 4-34）。

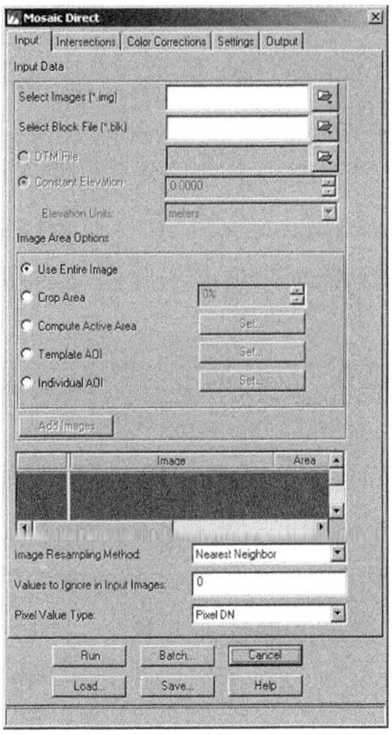

图 4-34　Mosaic Direct 设置界面

① Input 选项卡中用户可以设置：输入数据、图像镶嵌区域、图像重采样方法、像元值类型等。

② Intersections 选项卡主要用来对裁切线进行设置。

③ Color Corrections 选项卡主要用来对色彩校正进行设置。

④ Settings 选项卡主要用来设置输出图像的投影信息、像元信息、统计信息、图像质量等。

⑤ Output 选项卡主要用来对图像镶嵌处理的输出信息进行设置。

4. 建立图像镶嵌工程向导（Mosaic Wizard）

Mosaic Wizard 可以使用户通过 9 个步骤建立图像镶嵌工程，Mosaic Direct 设置界面如图

4-35 所示，界面中的每个选项卡对应于一个步骤。

在 ERDAS 图标面板菜单条中单击 Main | Data Preparation | Data Preparation 菜单（图 4-1），选择 Mosaic Images 选项，打开 Mosaic Images 按钮面板（图 4-31），单击 Mosaic Direct 按钮，打开 Mosaic Wizard 设置界面(图 4-35)；或者在 ERDAS 图标面板工具条中单击 Data Prep 图标，打开 Data Preparation 菜单（图 4-1），选择 Mosaic Images 选项，打开 Mosaic Images 按钮面板（图 4-31），单击 Mosaic Tool 按钮，打开 Mosaic Wizard 设置界面（图 4-35）。

① 在 Input 选项卡中，用户可以输入已经存在的图像镶嵌工程，并输入需要拼接的图像，设置重采样方法等。

② 在 Input Area 选项卡中设置图像镶嵌区域。

③ Elevation选项卡用于设置DEM参数，如果用户的输入文件是.blk 文件，就可能在图像镶嵌的时候做正射校正，因此需要在 Elevation 选项卡中对 DEM 进行设置。

④ Color Corrections 选项卡主要用来对色彩校正进行设置。

⑤ Cutlines 选项卡主要用来对裁切线进行设置。

⑥ Output Tiles 选项卡主要用于对输出区域进行设置。

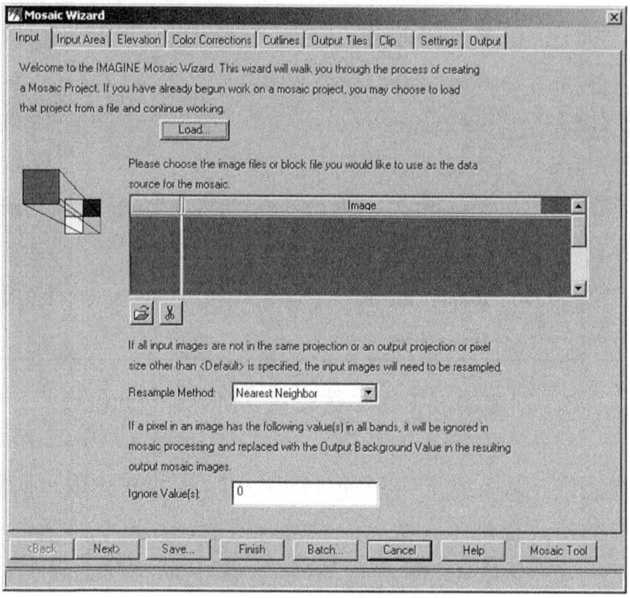

图 4-35 Mosaic Direct 设置界面

⑦ Clip 选项卡允许用户设置一条边界线裁剪不想要的拼接文件的部分。

⑧ Settings 选项卡主要用来设置输出图像的投影信息、像元信息、统计信息、数据类型等。

⑨ Output 选项卡主要用来对图像镶嵌处理的输出信息进行设置。

4.5.2 卫星图像镶嵌处理

本节利用 Mosaic Tool 图像镶嵌功能，通过 3 幅陆地资源卫星图像（wasia1_mss.img、wasia2_mss.img、wasia3_tm.img）的拼接处理，介绍卫星图像的镶嵌（Satellite Image Mosaic）处理过程。

1. 启动图像镶嵌工具

Mosaic Tool 图像镶嵌功能可以通过下列两种途径启动。

在 ERDAS 图标面板菜单条中单击 Main | Data Preparation | Data Preparation 菜单（图 4-1），选择 Mosaic Images 选项，打开 Mosaic Images 按钮面板（图 4-31），单击 Mosaic Tool 按钮，打开 Mosaic Tool 视窗（图 4-33）；或者在 ERDAS 图标面板工具条中单击 Data Prep 图标，打开 Data Preparation 菜单（图 4-1），选择 Mosaic Images 选项，打开 Mosaic Images 按钮面板（图 4-31），单击 Mosaic Tool 按钮，打开 Mosaic Tool 视窗（图 4-33）。

2．加载 Mosaic 图像

在 Mosaic Tool 视窗菜单条中单击 Edit | Add Images 命令，打开 Add Images 对话框（图 4-36）；或者在 Mosaic Tool 视窗工具条单击 Add Images 图标，打开 Add Images 对话框（图 4-36）。

在 Add Images 对话框中，需要设置以下参数：

① 选择镶嵌图像文件（Image File name）：wasia1_mss.img。

② 设置图像镶嵌区域（打开 Image Area Options 选项卡）：Compute Active Area。

③ 单击 Add 按钮（图像 wasia1_mss.img 被加载到 Mosaic 视窗中）。

④ 重复前 3 步操作，依次加载 wasia2_mss.img 和 wasia3_tm. img。

⑤ 单击 Close 按钮（关闭 Add Images for Mosaic 对话框）。

在 Image Area Options 选项卡中，可以设置图像镶嵌区域（图 4-37）。各项设置含义如表 4-10 所列。

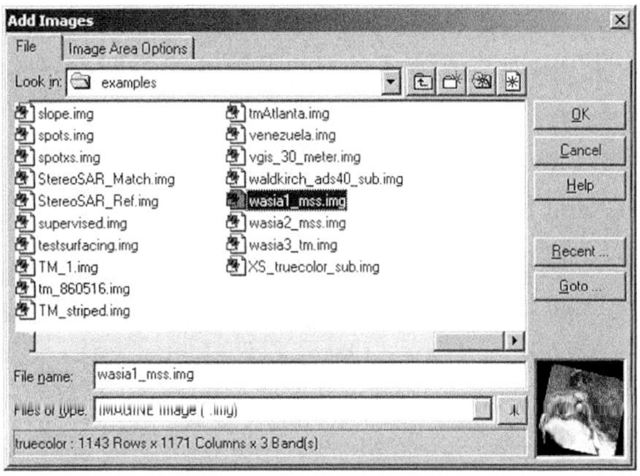

图 4-36 Add Images for Mosaic 对话框（选择文件后）

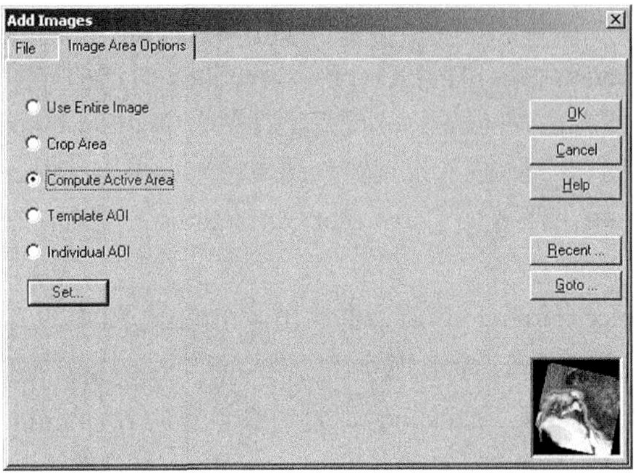

图 4-37 Image Area Options 选项卡设置

表 4-10 Image Area Options 选项卡的设置及其功能

设置选项	功能
Use Entire Image	默认设置，图像全部区域设置为镶嵌区域
Crop Area	按百分比裁剪后将剩余的部分设置为镶嵌区域； 需在 Image Area Option 选项卡中设置 Crop Percentage
Compute Active Area	将计算的激活区域设置为镶嵌区域； 需在 Image Area Option 选项卡中进行设置（Set）（图 4-38）。 Select Search Layer：设置计算激活区域的数据层。 Background Value Range：背景值设定。 Boundary Search Type：边界类型设置。一是 Corner：四边形边界。二是 Edge：图像的全部形成的边界。 Crop Area：选中 Corner 单选按钮时有效，裁切掉的面积百分比
Template AOI	用一个 AOI 模板设定多个图像的镶嵌边界
Individual AOI	一个 AOI 只能用于一个图像的镶嵌边界设置

3．图像叠置组合次序

在 Mosaic Tool 视窗工具条中单击 Set Input Mode 图标，并在图形窗口单击选择需要调整的图像，进入设置输入图像模式的状态，Mosaic Tool 视窗工具条中会出现与该模式对应的调整图像叠置次序的编辑图标（表 4-9）。充分利用系统所提供的编辑工具，根据需要进行上下层调整，这些调整工具包括。

① Send Image to Top：将选择图像置于最上层。

② Send Image Up One：将选择图像上移一层。

③ Send Image to Bottom：将选择图像置于最下层。

④ Send Image Down One：将选择图像下移一层。

⑤ Reverse Image Order：将选择图像次序颠倒。

⑥ 调整完成后，在 Mosaic Tool 视窗图形窗口单击，退出图像叠置组合状态。

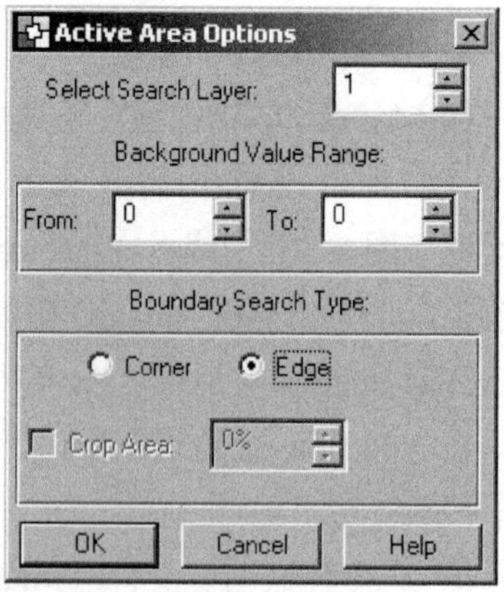

图 4-38 Active Area Options 对话框

4. 图像色彩校正设置

在 Mosaic Tool 视窗菜单条中单击 Edit | Color Corrections 命令，打开 Color Corrections 对话框（图 4-39）；或者在 Mosaic Tool 视窗工具条中单击 Set Input Mode 图标，进入设置输入图像模式，单击 Color Corrections 图标，打开 Color Corrections 对话框（图 4-39）。

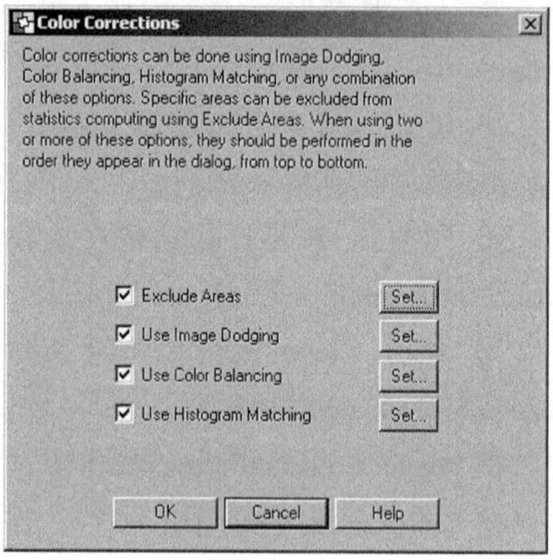

图 4-39 Color Corrections 对话框

Color Corrections 对话框给出 4 个选项（图 4-39），允许用户对图像进行图像匀光（Image Dodging）、色彩平衡（Color Balancing）、直方图匹配（Histogram Matching）等处理。 在 Color Corrections 对话框中，Exclude Areas 允许用户建立一个感兴趣区（AOI），从而使图像匀光、色彩平衡、直方图匹配等处理排出一定的区域。

在 Mosaic Tool 视窗菜单条中单击 Edit|Set Overlap Function 命令，打开 Set Overlap Function 对话框（图 4-40）；或者在 Mosaic Tool 视窗工具条中单击 Set Intersection Mode 图标，进入设置图像关系模式。

① 单击 Overlap Function 图标。

② 打开 Set Overlap Function 对话框（图 4-40）。

在 Set Overlap Function 对话框中，设置以下参数。

① 设置相交关系（Intersection Method）：No Cutline Exists（没有裁切线）。

② 设置重叠区像元灰度计算（Select Function）：Average（均值）。

③ 单击 Apply（保存设置）| Close 命令（关闭 Matching Options 对话框）。

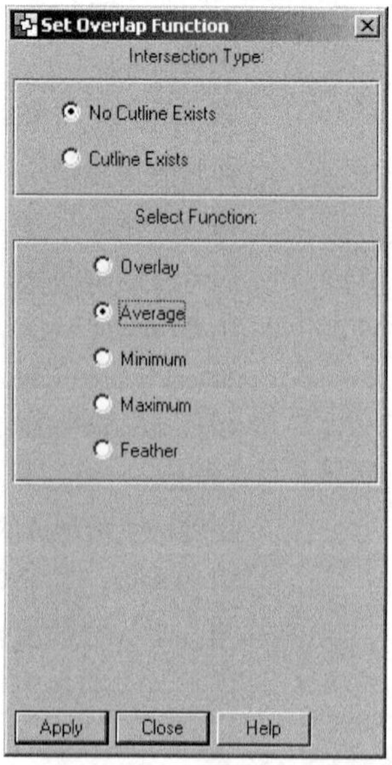

图 4-40 Set Overlap Function 对话框

5. 运行 Mosaic 工具

在 Mosaic Tool 视窗菜单条中单击 Process | Run

Mosaic 命令，打开 Run Mosaic 对话框（图 4-41）。

在 Run Mosaic 对话框中，设置下列参数。

① 确定输出文件名（Output File Name）：wasia_mosaic.img。在 Output Options 选项卡里进行如下设置。

② 确定输出图像区域（Output）：All。

③ 忽略输入图像值（Ignore Input Values）：0。

④ 输出图像背景值（Output Background Value）：0。

⑤ 忽略输出统计值（Stats Ignore Value）：0。

⑥ 单击 OK 按钮（关闭 Run Mosaic 对话框，运行图像镶嵌）。

6．退出 Mosaic 工具

① 在 Mosaic Tool 视窗菜单条中单击 File | Close 命令，系统提示是否保存 Mosaic 设置。

② 单击 No 按钮（关闭 Mosaic Tool 视窗，退出 Mosaic 工具）。

4.5.3 航空图像镶嵌处理

本节将介绍航空图像的镶嵌过程（Mosaic Airphoto Images），进行镶嵌的两幅航空图像是由系统提供的，分别是\examples\air_photo_1.img 和\examples\air_photo_2.img。

1．图像镶嵌准备工作

同时打开两个视窗（Viewer #1 / Viewer #2），并将视窗平铺排列（详见 4.3.2 节），然后在 Viewer #1 中显示图像 air_photo_1.img，在 Viewer #2 中显示图像 air_photo_2.img。

2．启动图像镶嵌工具

图像镶嵌工具可以通过两种途径启动（详见 4.5.1 节或 4.5.2 节）。

3．设置输入图像范围

在 Viewer #1 视窗菜单条中单击 AOI | Tool 命令，打开 AOI Tool 图标面板。

① 单击 Polygon 图标。

② 在 Viewer #1 中沿着 air_photo_1.img 外轮廓绘制多边形 AOI。

③ 将多边形 AOI 保存在文件中（template.aoi）。（File | Save | AOI Layer As：template.aoi）。

4．加载 Mosaic 图像

在 Mosaic Tool 视窗工具条中单击 Add Images 图标，打开 Add Images for Mosaic 对话框；或者在 Mosaic Tool 视窗菜单条中单击 Edit | Add Images 命令，打开 Add Images for Mosaic 对话框。

① Image Filename（*.img）：air_photo_1.img。

② Image Area Option：Template AOI | Set。

③ 打开 Choose AOI 对话框（图 4-42）。

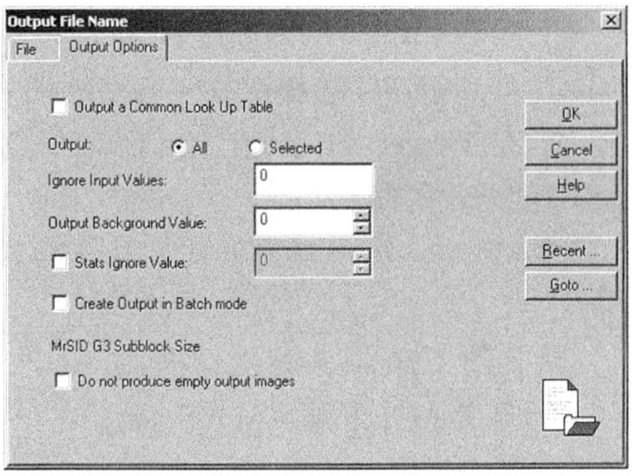

图 4-41 Run Mosaic 对话框

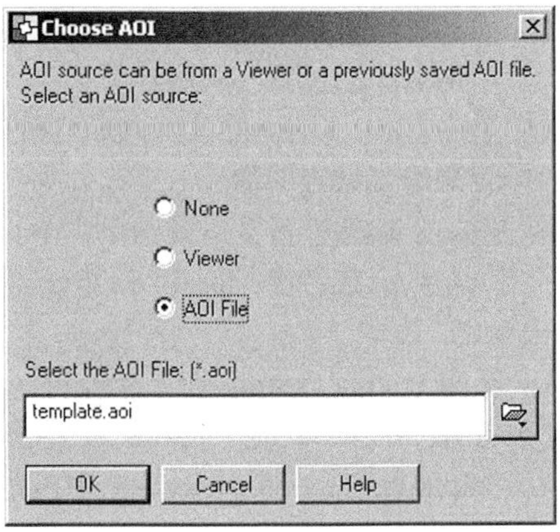

图 4-42 Choose AOI 对话框

在 Choose AOI 对话框中设置下列参数。

① AOI 区域来源（AOI Source）：AIO File（来自 AOI 文件）。

② AOI 文件名（AOI File）：template.aoi。

③ 单击 OK 按钮（关闭 Choose AOI 对话框），图像 air_photo_1.img 被加载到 Mosaic 视窗中。

④ 类似的过程加载图像文件 air_photo_2.img。

⑤ Image Area Option：Compute Active Area（edge）。

⑥ 单击 Close 按钮（关闭 Add Images for Mosaic 对话框）。

5．确定图像相交区域

在 Mosaic Tool 视窗工具条中单击 Set Input Mode 图标，进入设置输入图像模式。

① 单击 Color Corrections 图标。

② 打开 Color Corrections 对话框，设置直方图匹配。

③ 打开 Set Overlap Function 对话框，设置图像重叠区域参数。

Mosaic Tool 视窗工具条中单击 Set Intersection Mode 图标，进入设置图像关系模式，在图形窗口单击选择两幅图像的相交线，使其高亮显示。

6．绘制图像相交裁切线

在 Mosaic Tool 视窗工具条中单击 Set Intersection Mode 图标，进入设置图像关系模式。

① 单击 Cutline Selection Viewer 图标。

② 打开截切线选择视窗（Viewer #3）。

③ 在 Viewer #3 中选择绘制线状 AOI 功能，并绘制相交区域的外轮廓线。

④ Mosaic Tool 视窗工具条中单击 AOI Cutlines 图标。

⑤ 打开 Choose AOI 对话框。

⑥ 定义 AOI 来源（AOI Source）：单击 Viewer | Viewer #3。

在 Mosaic Tool 视窗工具条单击 Overlap Function 图标，打开 Set Overlap Function 对话框（图 4-43）。

① 设置相交类型（Intersection Type）：Cutline Exists。

② 单击 Apply 按钮（应用设置）。

③ 单击 Close 按钮(关闭 Set Overlap Function 对话框)。

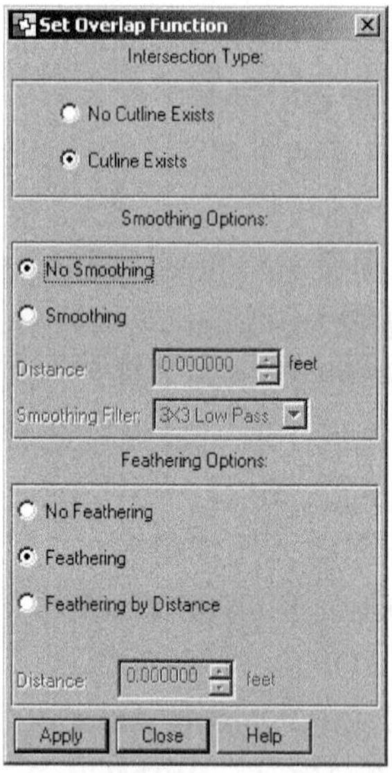

图 4-43 Set Overlap Function 对话框

7．定义输出镶嵌图像

在 Mosaic Tool 视窗菜单条中单击 Edit | Output Options 命令，打开 Output Image Options 对话框（图 4-44）；或者在 Mosaic Tool 视窗工具条中单击 Set Output Mode 图标，进入设置图像输出模式。

① 单击 Output Options 图标。

② 打开 Output Image Options 对话框（图 4-44）。

在 Output Image Options 对话框中，定义下列参数。

① 定义输出图像区域（Define Output Map Areas）：Union of All Inputs。

② 定义输出像元大小（Output Cell Size）：X: 18、Y: 18。

③ 定义输出数据类型（Output Data Type）：Unsigned 8 bit。

④ 单击 OK 按钮（关闭 Output Image Options 对话框，保存设置）。

8. 运行图像镶嵌功能

在 Mosaic Tool 视窗菜单条中单击 Process | Run Mosaic 按钮，打开 Run Mosaic 对话框。

在 Run Mosaic 对话框中，设置下列参数。

① 确定输出文件名（Output File Name）：wasia_mosaic.img。

② 确定输出图像区域（Output）：All。

③ 忽略输入图像值（Ignorc Input Values）：0。

④ 输出图像背景值（Output Background Value）：0。

⑤ 忽略输出统计值（Stats Ignore Value）：0。

⑥ 单击 OK 按钮，关闭 Run Mosaic 对话框，运行图像镶嵌。

9. 退出 Mosaic 工具

① 在 Mosaic Tool 视窗菜单条单击 File | Close 命令，系统提示是否保存 Mosaic 设置。

② 单击 No 按钮（关闭 Mosaic Tool 视窗，退出 Mosaic 工具）。

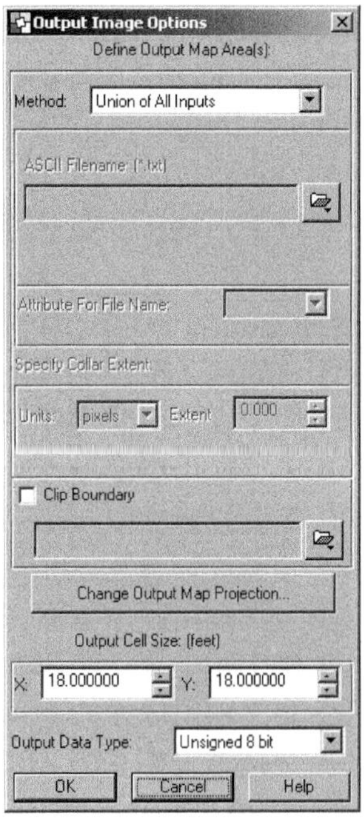

图 4-44 **Output Image Options 对话框**

4.6 图像投影变换

图像投影变换（Reproject Images）的目的在于将图像文件从一种地图投影类型转换到另一种投影类型，这种变换可以对单幅图像进行，也可以通过批处理向导（Batch Wizard）对多幅图像进行。与图像几何校正过程中的投影变换相比，这种直接的投影变换可以避免多项式近似值的拟合，对于大范围图像的地理参考是非常有意义的。

4.6.1 启动投影变换

图像投影变换功能既可以在数据预处理模块中启动，也可以在图像解译模块中启动。

（1）在数据预处理模块（Data Preparation）中可以通过两种途径启动。

在 ERDAS 图标面板菜单条中单击 Main | Data Preparation | Reproject Images 命令，打开 Reproject Images 对话框（图 4-45）；

或者在 ERDAS 图标面板工具条中单击 Data Prep 图标|Reproject Images 命令，打开 Reproject Images 对话框（图 4-45）。

（2）在图像解译模块（Image Interpreter）中也可以通过两种途径启动。

在 ERDAS 图标面板菜单条中单击 Main | Image Interpreter|Utilities | Reproject Images 命令，打开

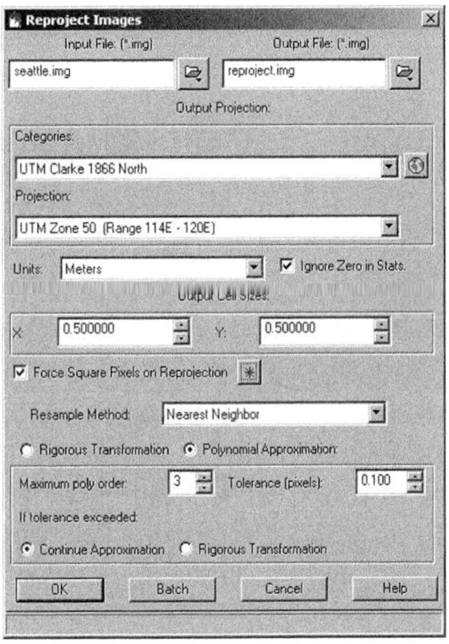

图 4-45 **Reproject Images 对话框**（设置参数之后）

Reproject Images 对话框（图 4-45）：

或者在 ERDAS 图标面板工具条中单击 Data Prep 图标 | Utilities | Reproject Images 命令，打开 Reproject Images 对话框（图 4-45）。

4.6.2 投影变换操作

在 Reproject Images 对话框中必须设置下列参数，方可进行投影变换。

① 确定输入图像文件（Input File）：seattle.img。
② 定义输出图像文件（Output File）：reproject.img。
③ 定义输出图像投影（Output Projection）：包括投影类型和投影参数。
④ 定义投影类型（Categories）：UTM Clarke 1866 North。
⑤ 定义投影参数（Projection）：UTM Zone 50（Range 114E-120E）。
⑥ 定义输出图像单位（Units）：Meters（或 Feet / 或 Degrees）。
⑦ 确定输出统计默认零值：Ignore Zero in Stats 。
⑧ 定义输出像元大小（Output Cell Sizes）：X: 0.5 Y: 0.5。
⑨ 选择重采样方法（Resample Method）：Nearest Neighbor。
⑩ 定义转换方法：Rigorous Transformation（严格按照投影数学模型进行变换）。
Polynomial Approximation（应用多项式近似拟合实现变换）。

如果选择 Polynomial Approximation 转换方法，还需设置下列参数。

① 多项式最大次方（Maximum Poly Order）：3。
② 定义像元误差（Tolerance Pixels）：1。
③ 如果在设置的最大次方内没有达到像元误差要求，则按照下列设置执行。
④ If Tolerance Exceeded：Continue Approximate（依然应用多项式模型转换）、
Rigorous Transformation（严格按照投影模型转换）。
⑤ 单击 OK 按钮（关闭 Reproject Images 对话框，执行投影变换）。

4.7 其他预处理功能

4.7.1 生成单值栅格图像

这项功能允许用户建立一幅新的 IMAGINE 图像文件，定义图像的大小和数据类型。可以用如下两种方式启动此工具。

在 ERDAS 图标面板菜单条中单击 Main | Data Preparation | Data Preparation 菜单（图 4-1），选择 Create New Image 选项，打开 Create File 对话框（图 4-46）；或者在 ERDAS 图标面板工具条中单击 Data Prep 图标，打开 Data Preparation 菜单（图 4-1），选择 Create New Image 选项，打开 Create File 对话框（图 4-46）。

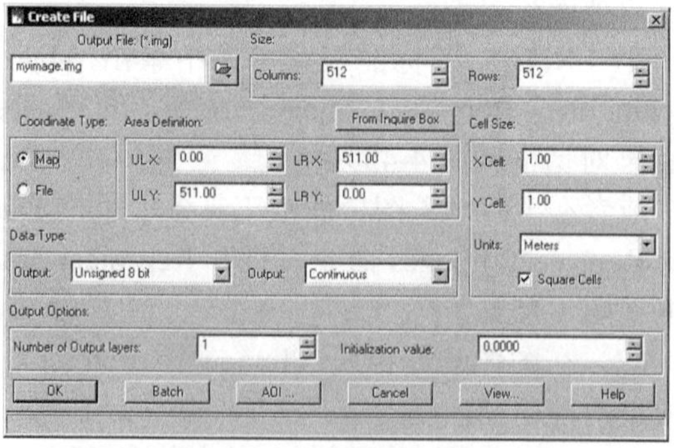

图 4-46 Create File 对话框

在 Output File 文本框中输入将要建立的文件的名称（后缀为.img）。在 Size 选项组中输入图像文件的大小，Columns 表示文件的列数，Rows 表示文件的行数。在 Coordinate Type 选项组中可以选择文件的坐标类型。Map 表示地图坐标，如果选中此单选按钮，则需要填入像元大小（Cell Size）；File 表示文件坐标，此坐标起始于图像的左上角。在 Area Definition 选项组中可以用查询框（From Inquire Box）或者定义左上角和右下角的坐标来设定图像的区域。在 Data Type 选项组中设定文件的数据类型和文件形式。在 Number of Output layers 微调框中设定图像的波段数。在 Initialization value 微调框设定每个像元的初始值。AOI 按钮允许从一个感兴趣区（AOI）来建立新的图像。单击 View 按钮可以打开空间建模编辑器（Model Maker）视窗。

4.7.2 重新计算图像高程

重新计算图像高程（Recalculate Elevation Values）工具可以使用户根据重新定义的椭球体和基准面参数重新计算高程值。

可以通过以下途径启动高程重计算工具。

在 ERDAS 图标面板菜单条中单击 Main | Data Preparation | Recalculate Elevation Values 命令，打开 Recalculate Elevation for Images 对话框（图 4-47）；或者在 ERDAS 图标面板工具条中单击 Data Prep 图标 | Recalculate Elevation Values 命令，打开 Recalculate Elevation for Images 对话框（图 4-47）。

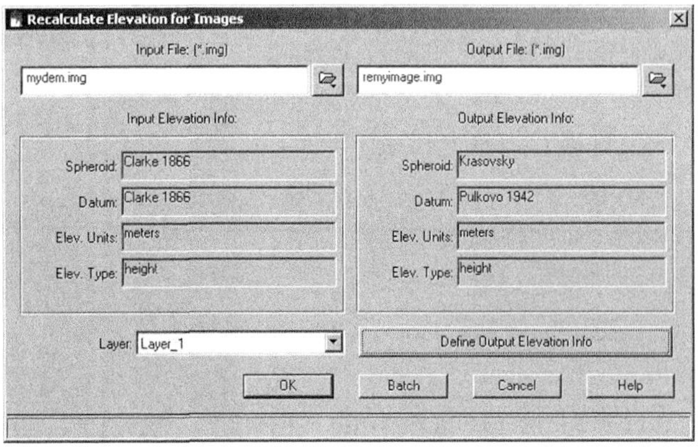

图 4-47　Recalculate Elevation for Images 对话框

单击 Define Output Elevation Info 按钮，出现 Elevation Info Chooser 对话框（图 4-48）。在这个对话框中，用户可以根据需要选择椭球体（Spheroid）和基准面（Datum）。

4.7.3 数据发布与浏览准备

数据发布与浏览准备（Imagizer Data Prep）工具能够让用户把 Imagizer 所需的数据文件复制到指定的目录，以便借助 Imagizer 进行数据发布和浏览。

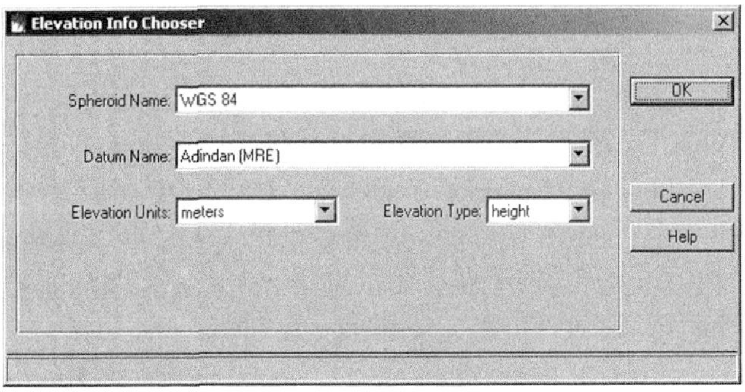

图 4-48　Elevation Info Chooser 对话框

可以通过以下途径启动 Imagizer 数据预处理工具。

在 ERDAS 图标面板菜单条中单击 Main | Data Preparation | Imagizer Data Prep 命令，打开 Imagizer Data Preparation 对话框(图 4-49)；或者在 ERDAS 图标面板工具条中单击 Data Prep 图标

| Imagizer Data Prep 命令，打开 Imagizer Data Preparation 对话框（图 4-49）。

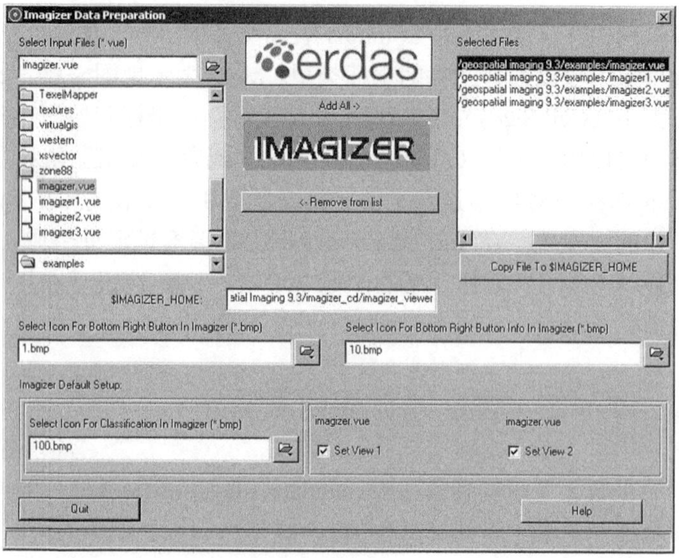

图 4-49 **Imagizer Data Preparation 对话框**

在 Imagizer Data Preparation 对话框中需要进行如下设置。

选择输入文件（Select Input Files）：输入.vue 文件名称，.vue 文件可以在视窗中通过 File|Save|View 命令来生成。

添加所有文件（Add All）：将选择文件目录下的所有视窗文件添加到选择文件列表中。

被选择文件列表（Selected Files）：显示被选择的所有文件。

$IMAGIZER_HOME：设置存储文件的路径，在这个路径下会自动生成一个叫 data 的文件夹，输入的文件就存在这个目录下。

Copy File to $IMAGIZER_HOME：在文件列表中选择文件，单击此按钮进行复制操作。

Select Icon For Bottom Right Button In Imagizer、Select Icon For Bottom Right Button Info In Imagizer 、Select Icon For Classification In Imagizer 等几个功能用来设置 Imagizer 的图标。

启动 Imagizer，可以在 Imagizer 视窗（图 4-50）浏览刚才创建的发布数据。

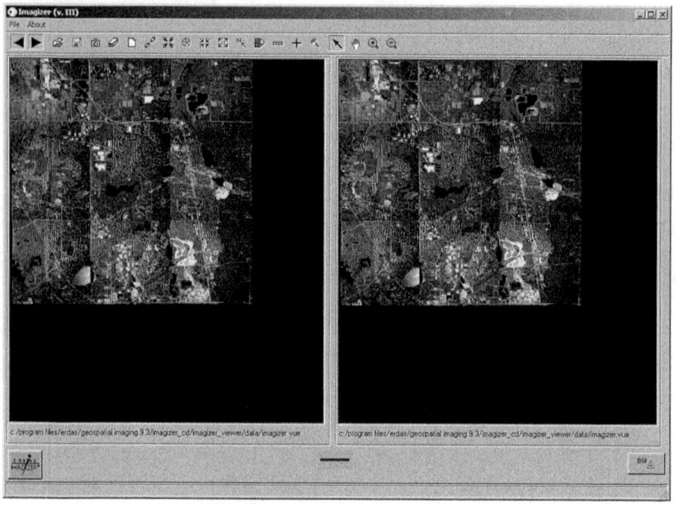

图 4-50 **Imagizer 视窗**

4.7.4 产生或更新图像目录

这项功能可以使用户产生或更新指定目录里所有栅格图像的目录列表文件。Make RPF TOC 工具搜索到的栅格图像文件包括指定目录下所有子目录里的图像文件。

可以通过以下途径启动 Make RPF TOC 工具。

在 ERDAS 图标面板菜单条中单击 Main | Data Preparation | Make RPF TOC 命令，打开 Make RPF TOC 对话框（图 4-51）；或者在 ERDAS 图标面板工具条中单击 Data Prep 图标 | Make RPF TOC 命令，打开 Make RPF TOC 对话框（图 4-51）。

在 Make RPF TOC 对话框中需要进行如下设置。

① 在 RPF Directory 选项卡中设置.toc 文件存储的目录和名称。

② 在 NITF Header 里设置 NITF（National Imagery Transmission Format ）栅格图像的头文件信息。

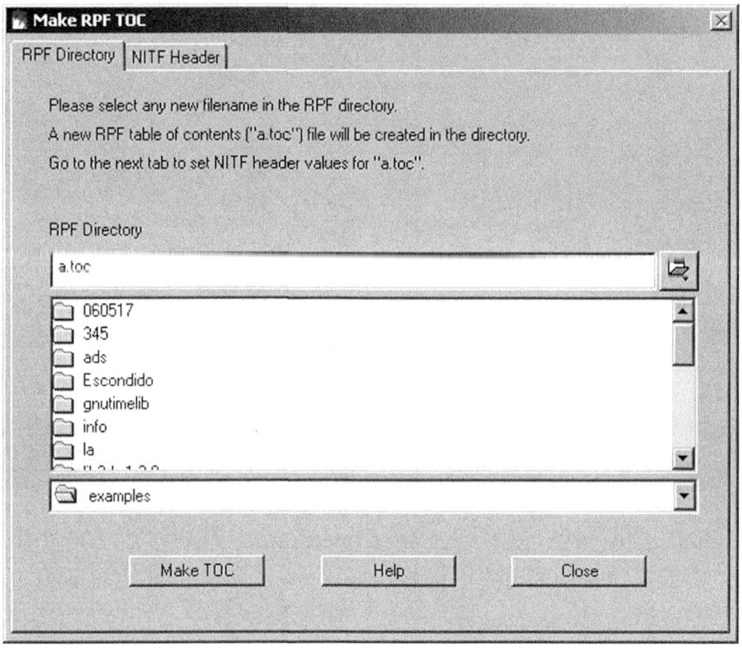

图 4-51 Make RPF TOC

4.7.5 图像范围与金字塔计算

这项功能可以使用户计算获得图像四角点坐标、建立图像金字塔、并统计图像特征值。

可以通过以下途径启动 Make RPF TOC 工具。

在 ERDAS 图标面板菜单条中单击 Main | Data Preparation | Process Footprints and RSETS 命令，打开 Process Footprints and NITF RSETS 对话框（图 4-52）；或者在 ERDAS 图标面板工具条中单击 Data Prep 图标 | Process Footprints and RSETS 命令，打开 Process Footprints and NITF RSETS 对话框（图 4-52）。

在 Process Footprints and NITF RSETS 对话框中可以进行如下设置。

① 在 Image File（*img）里输入需要处理的文件名称。

② 选中 Compute Corners 复选框计算图像范围的四角坐标。

③ 选中 RRD（RSET or Pyramids）复选框建立图像金字塔。

④ 选中 Calculate statistics 复选框计算图像统计特征信息。

⑤ 选中 Ignore Black 复选框在计算图像统计信息的时候忽略背景值。

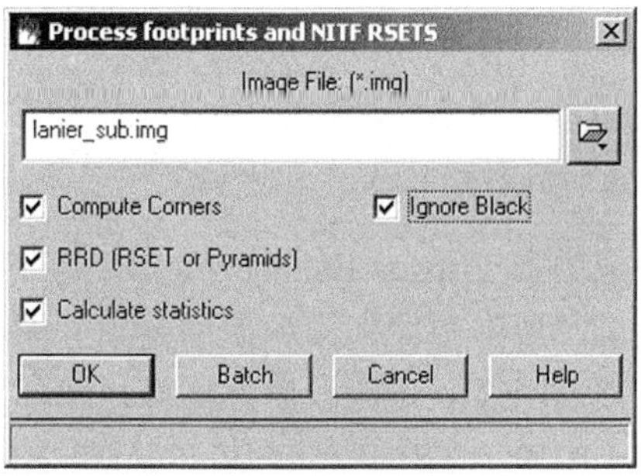

图 4-52 Process Footprints and NITF RSETS 对话框

第 4 章 数据预处理

第5章 图像解译

本章学习要点

- 图像空间增强
- 图像辐射增强
- 图像光谱增强
- 高光谱基本工具
- 高光谱高级工具
- 地形分析功能
- 傅里叶变换
- 实用分析功能
- 地理信息系统分析

5.1 图像解译功能概述

ERADS IMAGINE 的图像解译模块（Image Interpreter）包含了近 100 个用于遥感图像处理的功能模块，这些功能模块在执行过程中都需要用户通过各种按键或对话框定义参数，多数解译功能都借助模型生成器（Model Maker）建立了图形模型算法，很容易调用或编辑。

图像解译模块又称 Image Interpreter 或 Interpreter，可以通过两种途径启动。

在 ERDAS 图标面板菜单条中单击 Main | Image Interpreter 命令，打开 Image Interpreter 按钮面板（图 5-1）；或者在 ERDAS 图标面板工具条中单击 Interpreter 图标，打开 Image Interpreter 按钮面板（图 5-1）。

从图 5-1 可以看出，ERDAS 图像解译模块包含了 9 个方面的功能，依次是遥感图像的空间增强（Spatial Enhancement）、辐射增强（Radiometric Enhancement）、光谱增强（Spectral Enhancement）、高光谱基本工具（Basic HyperSpectral Tools）、高光谱高级工具（Advanced HyperSpectral Tools）、傅里叶变换（Fourier Analysis）、地形分析（Topographic Analysis）、地理信息系统分析（GIS Analysis）以及其他实用分析功能（Utilities），每一项功能菜单中又包含若干具体的遥感图像处理功能（表 5-1～表 5-9）。

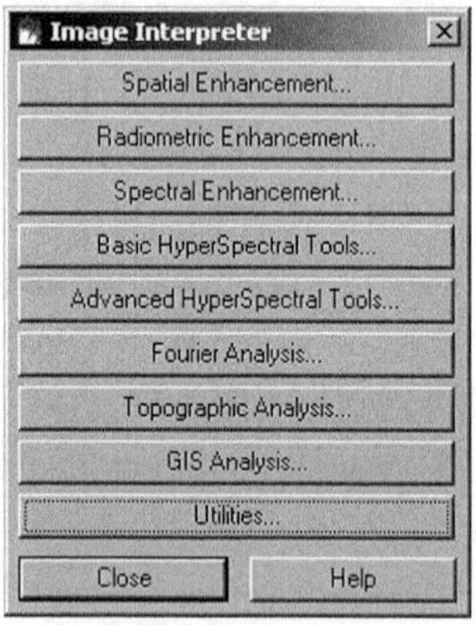

图 5-1 Image Interpreter 按钮面板

5.1.1 图像空间增强

图像增强（Image Enhancement）是改善图像质量、增加图像信息量、加强图像判读和识别效果的图像处理方法。图像增强的目的是针对给定图像的不同应用，强调图像的整体或局部特性，将原来不清晰的图像变得清晰或增强某些感兴趣区域的特征，扩大图像中不同物体特征之间的差别，满足某些特殊分析的需要。图像增强的途径是通过一定的手段对原图像附加一些信息或变换数据，有选择地突出图像中感兴趣区域的特征或者抑制（掩盖）图像中某些不需要的特征。图像增强的方法通常包括空间域增强和频率域增强两类，空间域增强通常包括空间增强（Spatial Enhancement）、辐射增强（Radiometric Enhancement）、光谱增强（Spectral Enhancement）3 种。

图像空间增强(Spatial Enhancement)技术是利用像元自身及其周围像元的灰度值进行运算，达到增强整个图像之目的。ERDAS IMAGINE 提供的空间增强处理功能如表 5-1 所列。

表 5-1 遥感图像空间增强命令及其功能

空间增强命令		空间增强功能
Convolution：	卷积增强	用一个系数矩阵对图像进行分块平均处理
Non-directional Edge：	非定向边缘增强	首先应用两个正交卷积算子分别对图像进行边缘探测，然后将两个正交结果进行平均化处理
Focal Analysis：	聚焦分析	使用类似卷积滤波的方法，选择一定的窗口和函数，对输入图像文件的数值进行多种变换
Texture：	纹理分析	通过二次变异等分析增强图像的纹理结构
Adaptive Filter：	自适应滤波	应用自适应滤波器对 AOI 进行对比度拉伸处理
Statistical Filter：	统计滤波	以协方差统计值作参数对像元灰度值滤波变换
Resolution Merge：	分辨率融合	不同空间分辨率遥感图像的融合处理
Mod. IHS Resolution Merge：	改进的 IHS 融合	通过 IHS 变换进行图像融合处理
HPF Resolution Merge：	HPF 融合	通过高通滤波进行图像融合处理
Wavelet Resolution Merge：	小波融合	通过小波变换进行图像融合处理
Subtractive Resolution Merge：	删减法融合	用一个减法运算进行图像融合处理
Ehlers Fusion：	Ehlers 融合	用 Ehlers 方法进行图像融合处理
Crisp：	锐化处理	增强整景图像亮度而不使其专题内容发生变化

5.1.2 图像辐射增强

图像辐射增强（Radiometric Enhancement）处理是对每个波段的单个像元的灰度值进行变换，达到图像增强的目的。ERDAS IMAGINE 提供的辐射增强处理功能如表 5-2 所列。

表 5-2 遥感图像辐射增强命令及其功能

辐射增强命令		辐射增强功能
LUT Stretch：	查找表拉伸	通过修改图像查找表（Lookup Table）使输出图像值发生变化，是图像对比度拉伸的总和
Histogram Equalization：	直方图均衡化	对图像进行非线性拉伸，重新分布图像像元灰度值，使一定灰度范围内像元的数量大致相等
Histogram Match：	直方图匹配	对图像查找表进行数学变换，使一幅图像的直方图与另一幅图像类似，常用于图像镶嵌处理
Brightness Inverse：	亮度反转	对图像亮度范围进行线性及非线性取反值处理
Haze Reduction：	去霾处理	降低多波段图像及全色图像模糊度的处理方法
Noise Reduction：	降噪处理	利用自适应滤波方法去除图像噪声
Destripe TM Data：	去条带处理	对 Landsat TM 图像进行三次卷积处理去除条带

5.1.3 图像光谱增强

图像光谱增强（Spectral Enhancement）处理是基于多波段数据对每个像元的灰度值进行变

换，达到图像增强的目的。ERDAS IMAGINE 提供的光谱增强处理功能如表 5-3 所列。

表 5-3 遥感图像光谱增强命令及其功能

光谱增强命令		光谱增强功能
Principal Components:	主成分变换	将具有相关性的多波段图像压缩到完全独立的较少的几个波段，使遥感图像更易于解译分析
Inverse Principal Components:	主成分逆变换	与主成分变换操作正好相反，将主成分变换图像依据当时的变换特征矩阵重新恢复到 RGB 彩色空间
Independent Components:	独立分量分析	是一种信号处理技术，可以用于图像特征提取，目的是去除波段之间的相关性，以恢复原始图像的特征信息
Decorrelation Stretch:	去相关拉伸	首先对图像的主成分进行对比度拉伸处理，然后再进行主成分逆变换，将图像恢复到 RGB 彩色空间
Tasseled cap:	缨帽变换	在植被研究中旋转数据结构轴，优化图像显示效果
RGB to IHS:	色彩变换	将图像从红（R）绿（G）蓝（B）彩色空间转换到亮度（I）、色度（H）、饱和度（S）彩色空间
IHS TO RGB:	色彩逆变换	将图像从亮度（I）、色度（H）、饱和度（S）彩色空间转换到红（R）、绿（G）、蓝（B）彩色空间
Indices:	指数计算	用于计算反映矿物及植被的各种比率和指数
Natural Color:	自然色彩变换	模拟自然色彩对多波段数据变换，输出自然色彩图像
Landsat 7 Reflectance:	ETM 数据反射率变换	针对 Landsat 7 ETM 数据进行灰度值到反射率的计算
Spectral Mixer:	光谱混合器	将一个多光谱图像混合为以红、绿、蓝 3 色显示的 3 波段图像

5.1.4 高光谱基本工具

高光谱基本工具（Basic HyperSpectral Tools）是通过补偿大气对光谱的混淆来增强图像的。ERDAS IMAGINE 提供的高光谱基本工具命令及其功能如表 5-4 所列。

表 5-4 高光谱基本工具命令及其功能

高光谱基本工具命令		高光谱基本工具功能
Automatic Relative Reflectance:	自动相对反射	将归一化处理、内部平均相对反射和三维数值调整 3 种算法集成，对高光谱图像进行处理
Automatic Log Residuals:	自动对数残差	将归一化处理、对数残差处理和三维数值调整 3 种算法集成，对高光谱图像进行处理
Normalize:	归一化处理	将每个像元光谱值统一到整体的平均亮度水平
IAR Reflectance:	内部平均相对反射	用整景图像的平均光谱值去除每个像元的光谱值来计算相对反射值，输出相对反射值图像的方法
Log Residuals:	对数残差	通过像元值归一化处理，校正因大气吸收、仪器系统误差及两像元之间亮度差异引起的畸变
Rescale:	数值调整	有条件地将高光谱图像取值调整到 0～255 之间
Spectrum Average:	光谱均值	用于计算任一像元集的均值；像元集在空间上可以不连续，没有数量限制
Signal to Noise:	信噪比	利用像元平均值和标准差来计算像元的信噪比

续表

高光谱基本工具命令		高光谱基本工具功能
Mean per Pixel:	像元均值	计算每个像元的均值，并进行拉伸处理，无论输入波段有多少，只输出单波段灰度图像
Spectral Profile:	光谱剖面	反映一个像元内各波段的反射光谱值变化
Spatial Profile:	空间剖面	反映所定义曲线上像元的单波段反射值变化
Surface Profile:	区域剖面	反映所确定区域内像元的单波段反射值变化
Spectral Library:	光谱数据库	包含 JPL、USGS 对参考地物测定的反射波谱

5.1.5 高光谱高级工具

高光谱高级工具（Advanced HyperSpectral Tools）是一个面向任务的应用工具，可以使用户通过最少的操作就能够从高光谱图像中提取信息。高光谱高级工具引入了成像光谱的概念、数据结构、图像处理功能，用简单的界面实现了专用于高光谱数据处理的功能强大的算法，并可以产生专业的终端产品以供分析。高光谱高级工具为特殊的高光谱传感器开发了新的输入工具和栅格 DLL，向光谱库结构中加入了通用的光谱库。

因为高光谱数据不只是为成像光谱测定领域的专家使用、高光谱图像也不必先进行目视判读，分析人员只要分析的数据和结果，所以高光谱分析工具的重要特征就是易于使用、易于追踪的工作流程、智能的数据处理选项。

ERDAS IMAGINE 提供的高光谱高级工具即光谱分析工具的命令与功能如表 5-5 所列。

表 5-5 高光谱高级工具（光谱分析工具）命令及其功能

高光谱高级工具（光谱分析工具）命令		高光谱高级工具（光谱分析工具）功能
Anomaly Detection:	异常探测	在含有异常现象的高光谱图像中识别异常地物
Target Detection:	目标探测	在输入图像中寻找特殊的目标地物。输出结果为灰度图或二值图，标出目标的范围。目标地物可以从已知的地物光谱库中选择
Material Mapping:	地物制图	根据输入的感兴趣地物的光谱，在输入图像中寻找地物的分布
Project Wizard:	光谱分析工程向导	引导用户进行一系列的处理，对高光谱数据进行预处理，如大气校正等
Spectral Analysis Workstation:	光谱分析工作站	是一个多面板的工作空间，具有全部的工具和功能，可以利用窗口交互地分析高光谱图像、光谱特征曲线和显示其他类型数据

5.1.6 傅里叶变换

傅里叶变换（Fourier Analysis）是首先把遥感图像从空间域转换到频率域，然后在频率域上对图像进行滤波处理，减少或消除周期性噪声，再把图像从频率域转换到空间域，达到增强图像的目的。ERDAS IMAGINE 提供的傅里叶变换处理命令及其功能如表 5-6 所列。

表 5-6 傅里叶变换命令及其功能

傅里叶变换命令		傅里叶变换功能
Fourier Transform：	傅里叶变换	将空间域图像转换成频率域傅里叶图像（FFT）
Fourier Transform Editor：	傅里叶变换编辑	集成了一系列交互式的编辑工具和过滤器，让用户对傅里叶图像（FFT）进行多种编辑和变换
Inverse Fourier Transform：	傅里叶逆变换	根据二维快速傅里叶变换图像计算其逆向值，将快速傅里叶图像（FFT）转换成空间域图像
Fourier Magnitude：	傅里叶显示变换	将傅里叶图像（FFT）转换为 IMG 文件，以便在 ERDAS IMAGINE 视窗显示操作
Periodic Noise Removal：	周期噪声去除	通过对遥感图像进行分块傅里叶变换处理，自动去除图像中诸如扫描条带等周期性噪声
Homomorphic Filter：	同态滤波	利用照度 / 反射模型对遥感图像进行滤波处理

5.1.7 地形分析功能

地形分析功能（Topographic Analysis）主要是在点、线、面高程基础上，对多种地形因素进行分析，并对图像进行地形校正。ERDAS IMAGINE 提供的地形分析命令及其功能如表 5-7 所列。

表 5-7 地形分析命令及其功能

地形分析命令		地形分析功能
Slope：	坡度分析	以 DEM 栅格数据为基础进行地形坡度分析
Aspect：	坡向分析	以 DEM 栅格数据为基础进行地形坡向分析
Level Slice：	高程分带	按照用户定义的高度分级表对栅格数据分类
Shaded Relief：	地形阴影	以 DEM 栅格数据为基础生成地形阴影图像
Painted Relief：	彩色地势	以 DEM 栅格数据为基础生成彩色地势图像
Topographic Normalize：	地形校正处理	应用一定的转换模型减少地形对遥感图像的影响，转换模型包括朗伯体及非朗体反射模型
Raster Contour：	栅格等高线	依据数字高程模型（DEM）产生栅格等高线
Create Surface：	地形表面生成	利用多种数据源（点、线、面）产生地形表面
Viewshed：	视域分析	依据数字高程模型和定义参数进行视域分析
Anaglyph：	三维浮雕	依据数字高程模型生成仿真三维浮雕地形图像
DEM Height Converter：	DEM 高度转换	将输入的 DEM 图像按照不同的高度单位转换成另一个 DEM 图像
Route Intervisibility：	路径视域分析	根据矢量文件中所选择的线，在底层 DEM 上进行视域分析

5.1.8 地理信息系统分析

地理信息系统分析功能（GIS Analysis）主要是对图像进行各种空间分析，涉及像元之间或专题分类之间的空间关系处理，使处理后的图像更好地表达主要的专题信息。ERDAS IMAGINE 提供的地理信息系统分析命令及其功能如表 5-8 所列。

表 5-8 地理信息系统分析命令及其功能

GIS 分析命令		GIS 分析功能
Neighborhood:	邻域分析	采用类似于卷积滤波的方法分析图像分类值
Clump:	聚类统计	用于标定专题分类图像中的连续类组
Sieve:	过滤分析	将一定大小的类组（Clump）过滤生成新类组
Eliminate:	剔除处理	剔除小面积类型，并以相邻像元的类型替代
Perimeter:	周长计算	对做过 Clump 分析的图像计算每个类组的周长
Search:	查找分析	根据用户定义的专题属性值，对输入文件进行邻近（Proximity）分析，搜索接近程度较大的区域
Index:	指标分析	采用加权求和的方法，将两个输入文件的分类值按照权重相加，产生一个新的综合文件
Overlay:	叠加分析	根据两个输入文件的最小值或最大值，叠加产生一个新的综合文件
Matrix:	矩阵分析	根据两个输入文件专题属性的重叠程度，生成包含说明重叠程度属性的新文件
Recode:	重新编码	对专题分类图像的类型赋予新的编码值，生成一幅新的专题分类图像
Summary:	归纳分析	对两个专题分类图像的分类面积进行对比分析，生成双向统计表（Cross-tabulation）
Zonal Attributes:	区域特征	按照矢量多边形统计分析叠加栅格图像特征值

5.1.9 实用分析功能

实用分析功能（Utilities）包括了基本的图像处理操作，具体命令及其功能如表 5-9 所列。

表 5-9 实用分析命令及其功能

实用分析命令		实用分析功能
Change Detection:	变化检测	根据多时相遥感图像进行动态变化分析
Functions:	函数分析	应用特定的空间模型函数进行图像处理
Operators:	代数运算	应用 6 种代数运算对图像进行简单处理
RGB Clustering:	色彩聚类	应用简单的分类和压缩技术进行非监督分类
Adv RGB clustering:	高级色彩聚类	依据一个或多个输入图像，在三维 RGB 色彩空间对图像进行色彩聚类分析
Random Class Colors:	随机赋色	给专题栅格图随机设置颜色
Layer Stack:	层组组合操作	对图像多波段进行叠加组合或提取操作
Subset Image:	取子区操作	在输入图像文件中取一个子区生成新文件
Create File:	创建文件	按照用户定义的大小和数据类型建立单值文件
Rescale:	数值调整	通过改变像元的取值范围调整图像输入输出
Mask:	掩膜操作	按照掩膜文件的属性值生成一个或若干新文件
Degrade:	图像退化	按照一定的倍数降低图像的空间分辨率
Replace Bad Line:	去除坏线	用邻近像元值或进行计算后的值替代坏线的值
Vector to Raster:	矢栅转换	将矢量图形数据转换成栅格图像数据
Reproject:	投影变换	将图像从一种投影类型转换到另一种投影类型
Aggie:	聚合处理	简化专题栅格图像的分类
Thematic to RGB:	专题栅格图转为 RGB 彩色	将专题栅格图像转化为 RGB 的彩色显示
Morphological:	形态学计算	用形态学的方法对数据进行分析

5.2 空间增强处理

5.2.1 卷积增强处理

卷积增强（Convolution）是将整个图像按照像元分块进行平均处理，用于改变图像的空间频率特征。卷积增强处理的关键是卷积算子——系数矩阵的选择，该系数矩阵又称为卷积核（Kernal）。卷积运算的方法就是在图像的左上角开一个与卷积算子同样大小的窗口，图像窗口的灰度值矩阵与卷积算子值对应再相加。假定卷积算子大小为 $M \times N$，图像窗口为 $X(m, n)$，卷积算子为 $Y(m, n)$，则卷积运算为

$$r(i, j) = \sum_{m=2}^{M} \sum_{n=2}^{N} X(m, n) Y(m, n)$$

将计算结果 $r(i, j)$ 放在窗口中心的像元位置，成为新像元的灰度值。然后活动窗口向右移一个像元，再按照公式进行同样的计算，仍把计算结果放在移动后的窗口中心位置，依次进行逐行扫描，直到全幅图像扫描一遍，最后生成一幅新的图像。

ERDAS IMAGINE 将常用的卷积算子放在一个名为 default.klb 的文件中，分为 3×3、5×5、7×7 三组，每组又包括 Edge Detect / Edge Enhance / Low Pass / High Pass / Horizontal / Vertical / Summary / …等多种不同的处理方式。具体的执行过程如下。

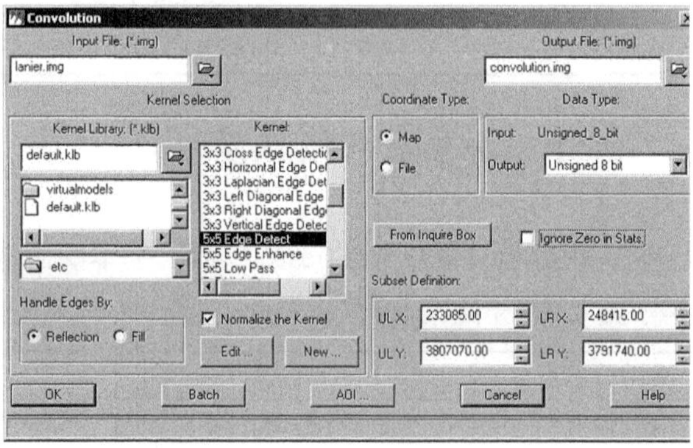

图 5-2 **Convolution 对话框**

在 ERDAS 图标面板菜单条中单击 Main | Image Interpreter | Spatial Enhancement | Convolution 命令，打开 Convolution 对话框（图 5-2）；或者在 ERDAS 图标面板工具条中单击 Interpreter 图标 | Spatial Enhancement | Convolution 命令，打开 Convolution 对话框（图 5-2）。

在 Convolution 对话框中，需要设置下列参数。

① 确定输入文件（Input File）：lanier.img。

② 定义输出文件（Output File）：convolution.img。

③ 选择卷积算子（Kernel Selection）。

④ 卷积算子文件（Kernel Library）：default.klb。

⑤ 卷积算子类型（Kernel）：5×5 Edge Detect。

⑥ 边缘处理方法（Handle Edges by）：Reflection。

⑦ 卷积归一化处理：Normalize the Kernel。

⑧ 文件坐标类型（Coordinate Type）：Map。

⑨ 输出数据类型（Output Data Type）：Unsigned 8 bit。

⑩ 单击 OK 按钮（关闭 Convolution 对话框，执行卷积增强处理）。

说 明

卷积增强处理的关键是卷积核（Kernal）的选择与定义，下面说明两点。

(1) 系统所提供的卷积核不仅包含了3×3、5×5、7×7等不同大小的矩阵，而且预制了不同的系数，以便应用于不同目的的图像处理，诸如用于边缘检测（Edge Detect）、边缘增强（Edge Enhance）、低通滤波（Low Pass）、高通滤波（High Pass）、水平增强（Horizontal Enhance）、垂直增强（Vertical Enhance）、水平边缘检测（Horizontal Edge Detection）、垂直边缘检测（Vertical Edge Detection）、交叉边缘检测（Cross Edge Detection）等。

(2) 如果系统所提供的卷积核（Kernal）不能满足图像处理需要，用户可以随时编辑修改或重新建立卷积核（Kernal），过程非常简单，只要在如图5-2所示的Convolution对话框中单击Edit或New按钮，就可以随时进入卷积核（Kernal）编辑或建立状态。图5-3就是在选择7×7 Edge Detect卷积核（Kernal）的基础上，单击Edit按钮打开的卷积核（Kernal）编辑对话框。借助该对话框，用户可以任意定义所需要的卷积核（Kernal）。

5.2.2 非定向边缘增强

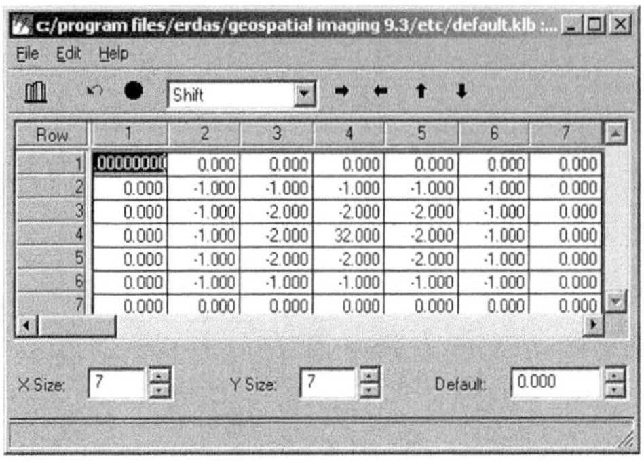

图 5-3 卷积核（Kernal）编辑对话框

非定向边缘增强（Non-directional Edge）应用两个非常通用的滤波器（Sobel滤波器和Prewitt滤波器），首先通过两个正交卷积算子（Horizontal算子和Vertical算子）分别对遥感图像进行边缘检测，然后将两个正交结果进行平均化处理。操作过程比较简单，关键是滤波器的选择。

在ERDAS图标面板菜单条中单击Main | Image Interpreter | Spatial Enhancement | Non-directional Edge命令，打开Non-directional Edge对话框（图5-4）；或者在ERDAS图标面板工具条中单击Interpreter图标 | Spatial Enhancement | Non-directional Edge命令，打开Non-directional Edge对话框（图5-4）。

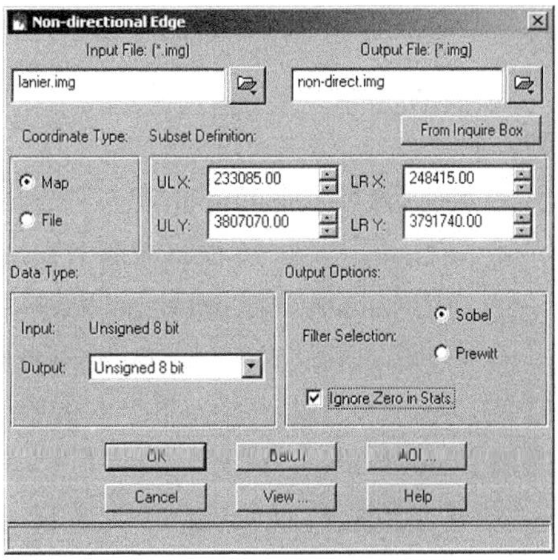

图 5-4 Non-directional Edge对话框

在Non-directional Edge对话框中，需要设置下列参数。

① 确定输入文件（Input File）：lanier.img。

② 定义输出文件（Output File）：non-direct.img。

③ 文件坐标类型（Coordinate Type）：Map。

④ 处理范围确定（Subset Definition）：ULX / Y、LRX / Y（默认状态为整个图像范围，可以应用Inquire Box定义窗口）。

⑤ 输出数据类型（Output Data Type）：Unsigned 8 bit。

⑥ 选择滤波器（Filter Selection）：Sobel。

⑦ 输出数据统计时忽略零值：Ignore Zero in Stats.。

⑧ 单击OK按钮（关闭Non-directional Edge对话框，执行非定向边缘增强）。

说明 1

在非定向边缘增强处理中，与 Sobel 滤波器对应的两个正交卷积算子分别是：

水平算子（Horizontal）$\begin{bmatrix} -1 & -2 & -1 \\ 0 & 0 & 0 \\ 1 & 2 & 1 \end{bmatrix}$ 和垂直算子（Vertical）$\begin{bmatrix} 1 & 0 & -1 \\ 2 & 0 & -2 \\ 1 & 0 & -1 \end{bmatrix}$。

说明 2

在非定向边缘增强处理中，与 Prewitt 滤波器对应的两个正交卷积算子分别是：

水平算子（Horizontal）$\begin{bmatrix} -1 & -1 & -1 \\ 0 & 0 & 0 \\ 1 & 1 & 1 \end{bmatrix}$ 和垂直算子（Vertical）$\begin{bmatrix} 1 & 0 & -1 \\ 1 & 0 & -1 \\ 1 & 0 & -1 \end{bmatrix}$。

5.2.3 聚焦分析

聚焦分析（Focal Analysis）使用类似卷积滤波的方法对图像数值进行多种分析，其基本算法是在所选择的窗口范围内，根据所定义的函数，应用窗口范围内的像元数值计算窗口中心像元的灰度值，从而达到图像增强的目的。操作过程比较简单，关键是聚焦窗口的选择（Focal Definition）和聚焦函数的定义（Function Definition）。

在 ERDAS 图标面板菜单条中单击 Main | Image Interpreter | Spatial Enhancement | Focal Analysis 命令，打击 Focal Analysis 对话框（图 5-5）；或者在 ERDAS 图标面板工具条中单击 Interpreter 图标 | Spatial Enhancement | Focal Analysis 命令，打开 Focal Analysis 对话框（图 5-5）。

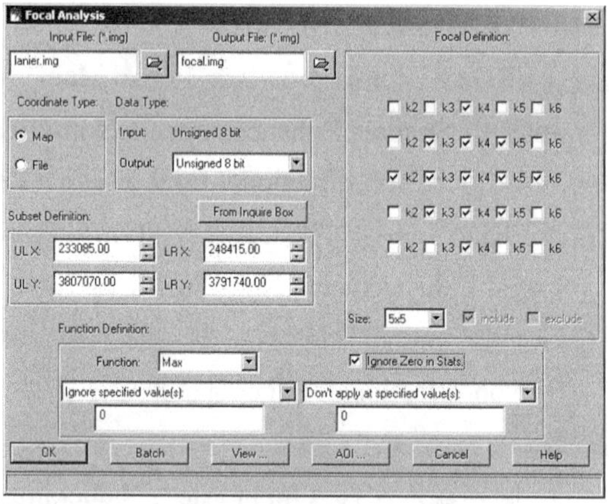

图 5-5 Focal Analysis 对话框

在 Focal Analysis 对话框中，需要设置下列参数。

① 确定输入文件（Input File）：lanier.img。

② 定义输出文件（Output File）：focal.img。

③ 文件坐标类型（Coordinate Type）：Map。

④ 处理范围确定（Subset Definition）：ULX / Y、LRX / Y（默认状态为整个图像范围，可以应用 Inquire Box 定义窗口）。

⑤ 输出数据类型（Output Data Type）：Unsigned 8 bit。

⑥ 聚焦窗口选择（Focal Definition）：包括窗口大小和形状。

⑦ 窗口大小（Size）：5×5（或 3×3 或 7×7）。

⑧ 窗口形状：默认形状为矩形，可以调整为各种形状（如菱形）。

⑨ 聚焦函数定义（Function Definition）：包括算法和应用范围。

⑩ 算法（Function）：Max（或 Min / Sum / Mean / SD / Median）。

⑪ 应用范围：包括输入图像中参与聚焦运算的数值范围（3 种选择）和输入图像中应用聚焦运算函数的数值范围（3 种选择）。

⑫ 输出数据统计时忽略零值：Ignore Zero in Stats.。

⑬ 单击 OK 按钮（关闭 Focal Analysis 对话框，执行聚焦分析）。

说明 1

聚焦窗口大小（Size）依据系统所提供的 3 种选择任意确定一种（5×5 或 3×3 或 7×7）。聚焦窗口形状可以通过调整对话框中提示的窗口组成要素来确定，其中被选择的要素以√标记，将参与聚焦运算；而未选择的要素保持空白，不参与聚焦运算。

说明 2

聚焦函数定义（Function Definition）包括算法和应用范围两个方面。系统提供的算法包括总和（Sum）、均值（Mean）、标准差（SD）、中值（Median）、最大值（Max）和最小值（Min），其数学意义如表 5-10 所列。而对于聚焦算法的应用范围，则需要分别对输入文件和输出文件进行选择定义，系统所提供的 3 种范围选择及其意义如表 5-10 所列。

表 5-10　聚焦函数算法与范围选项及其意义

聚焦函数选择项	聚焦函数选项意义
聚焦函数算法：	
Sum（总和）	窗口中心像元值被整个窗口像元值之和代替
Mean（均值）	窗口中心像元值被整个窗口像元平均值代替
SD（标准差）	窗口中心像元值被整个窗口像元标准差代替
Median（中值）	窗口中心像元值被整个窗口像元值中数代替
Max（最大值）	窗口中心像元值被整个窗口像元最大值代替
Min（最小值）	窗口中心像元值被整个窗口像元最小值代替
输入图像参与聚焦运算范围：	
Use all values in computation	输入图像中的所有数值都参与聚焦运算
Ignore specified values(s)	所确定的像元数值将不参与聚焦运算
Use only specified value(s)	只有所确定的像元数值参与聚焦运算
输入图像应用聚焦函数范围：	
Apply function at all values	输入图像中的所有数值都应用聚焦函数
Don't apply at specified values(s)	所确定的像元数值将不应用聚焦函数
Apply only at specified value(s)	只有所确定的像元数值应用聚焦函数

5.2.4 纹理分析

纹理分析（Texture Analysis）通过在一定的窗口内进行二次变异分析（2nd-order Variance）或三次非对称分析（3rd-order Skewness），使雷达图像或其他图像的纹理结构得到增强。操作过程比较简单，关键是窗口大小（Window Size）的确定和操作函数（Operator）的定义。

在 ERDAS 图标面板菜单条中单击 Main | Image Interpreter | Spatial Enhancement | Texture 命令，打开 Texture 对话框（图 5-6）；或者在 ERDAS 图标面板工具条中单击 Interpreter 图标 | Spatial Enhancement | Texture 命令，打开 Texture 对话框（图 5-6）。

在 Texture 对话框中，需要设置下列参数。

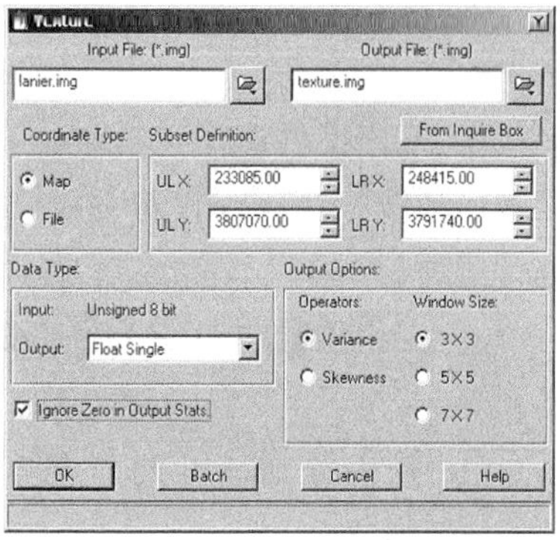

图 5-6　**Texture 对话框**

① 确定输入文件（Input File）：lanier.img。

② 定义输出文件（Output File）：texture.img。

③ 文件坐标类型（Coordinate Type）：Map。

④ 处理范围确定（Subset Definition）：ULX / Y、LRX / Y（默认状态为整个图像范围，可以应用 Inquire Box 定义子区）。

⑤ 输出数据类型（Output Data Type）：Float Single。

⑥ 操作函数定义（Operators）：Variance（方差）或 Skewness（偏度）。

⑦ 窗口大小确定（Window Size）：3×3（或 5×5 或 7×7）。

⑧ 输出数据统计时忽略零值：Ignore Zero in Output Stats.。

⑨ 单击 OK 按钮（关闭 Texture 对话框，执行纹理分析）。

5.2.5 自适应滤波

自适应滤波（Adaptive Filter）是应用 Wallis Adapter Filter 方法对图像的感兴趣区域（AOI）进行对比度拉伸处理，从而达到图像增强的目的。操作过程比较简单，关键是移动窗口大小（Moving Window Size）和乘积倍数大小（Multiplier）的定义。移动窗口大小可以任意选择，如 3×3、5×5、7×7 等，应注意通常都确定为奇数（Odd Numbers）；而乘积倍数大小（Multiplier）是为了扩大图像反差或对比度，可以根据需要确定，系统默认值为 2.0。

在 ERDAS 图标面板菜单条中单击 Main | Image Interpreter | Spatial Enhancement | Adaptive Filter 命令，打开 Wallis Adapter Filter 对话框（图 5-7）；或者在 ERDAS 图标面板工具条中单击 Interpreter 图标 | Spatial Enhancement | Adaptive Filter 命令，打开 Wallis Adapter Filter 对话框（图 5-7）。

在 Wallis Adapter Filter 对话框中，需要设置下列参数。

① 确定输入文件（Input File）：lanier.img。

② 定义输出文件（Output File）：adaptive.img。

③ 文件坐标类型（Coordinate Type）：Map。

④ 处理范围确定（Subset Definition）：ULX / Y、LRX / Y（默认状态为整个图像范围，可以应用 Inquire Box 定义子区）。

⑤ 输出数据类型（Output Data Type）：Unsigned 8 bit。

⑥ 移动窗口大小（Moving Window Size）：3（表示 3×3）。

⑦ 输出文件选择（Options）：Bandwise（逐个波段进行滤波）或 PC（仅对主成分变换后的第一主成分进行滤波）。

⑧ 乘积倍数定义（Multiplier）：2（用于调整对比度）。

⑨ 输出数据统计时忽略零值：Ignore Zero in Stats.。

图 5-7 Wallis Adapter Filter 对话框

⑩ 单击 OK 按钮（关闭 Wallis Adapter Filter 对话框，执行自适应滤波）。

5.2.6 统计滤波

统计滤波（Statistical Filter）是应用 Sigma Filter 方法对用户选择图像区域之外的像元进行改进处理，从而达到图像增强的目的。统计滤波方法最早使用在雷达图像斑点噪声压缩（Speckle Suppression）处理中，随后引入到光学图像的处理。在统计滤波操作中，移动滤波窗口大小（Moving Window Size）被固定为 5×5，而乘积倍数大小（Multiplier）则可以在 4.0、2.0、1.0 之间选择。统计滤波处理的操作比较简单，关键是理解其处理原理并选择合理的参数，才能获得比较满意的处理结果。

在 ERDAS 图标面板菜单条中单击 Main | Image Interpreter | Spatial Enhancement | Statistical Filter 命令，打开 Statistical Filter 对话框（图 5-8）；或者在 ERDAS 图标面板工具条中单击 Interpreter 图标| Spatial Enhancement | Statistical Filter 命令，打开 Statistical Filter 对话框（图 5-8）。

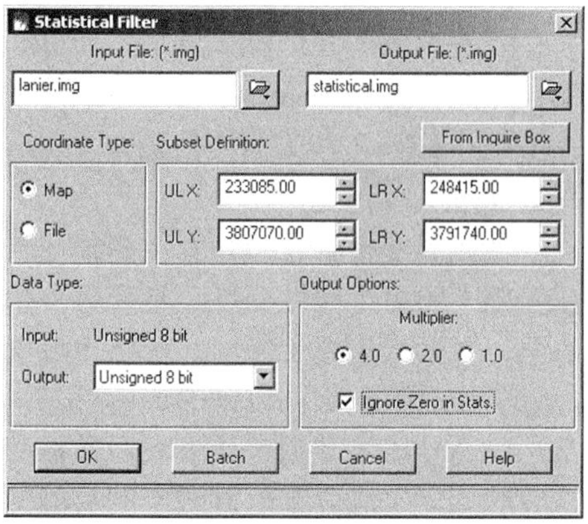

图 5-8 Statistical Filter 对话框

在 Statistical Filter 对话框中，需要设置下列参数。

① 确定输入文件（Input File）：lanier.img。

② 定义输出文件（Output File）：statistical.img。

③ 文件坐标类型（Coordinate Type）：Map。

④ 处理范围确定（Subset Definition）：ULX / Y、LRX / Y（默认状态为整个图像范围，可以应用 Inquire Box 定义子区）。

⑤ 输出数据类型（Output Data Type）：Unsigned 8 bit。

⑥ 乘积倍数选择（Multiplier）：2.0。

⑦ 输出数据统计时忽略零值：Ignore Zero in Stats.。

⑧ 单击 OK 近钮（关闭 Statistical Filter 对话框，执行统计滤波）。

5.2.7 分辨率融合

分辩率融合（Resolution Merge）是对不同空间分辨率遥感图像的融合处理，使处理后的遥感图像既具有较好的空间分辨率，又具有多光谱特征，从而达到图像增强的目的。图像分辨率融合的关键是融合前两幅图像的配准（Rectification）以及处理过程中融合方法（Method）的选择，只有将不同空间分辨率的图像精确地进行配准，才可能得到满意的融合效果；而对于融合方法的选择，则取决于被融合图像的特性以及融合的目的，同时，需要对融合方法的原理有正确的认识。

在 ERDAS 图标面板菜单条中单击 Main | Image Interpreter | Spatial Enhancement | Resolution Merge 命令，打开 Resolution Merge 对话框（图 5-9）；或者在 ERDAS 图标面板工具条中单击 Interpreter 图标 | Spatial Enhancement | Resolution Merge 命令，打开 Resolution Merge 对话框（图 5-9）。

在 Resolution Merge 对话框中，需要设置下列参数。

① 确定高分辨率输入文件（High Resolution Input File）：spots.img。

② 确定多光谱输入文件（Multispectral Input File）：dmtm.img。

③ 定义输出文件（Output File）：merge.img。

④ 选择融合方法（Method）：Principle Component（主成分变换法）系统提供的另外两种融合方法是：Multiplicative（乘积方法）和 Brovey Transform（比值方法）。

⑤ 选择重采样方法（Resampling Techniques）：Bilinear Interpolation。

⑥ 输出数据选择（Output Options）：Stretch to Unsigned 8 bit。

⑦ 输出波段选择（Layer Selection）：Select Layers 1:7。

⑧ 单击 OK 按钮（关闭 Resolution Merge 对话框，执行分辨率融合）。

需要说明的是：Resolution Merge 模块所提供的图像融合方法有 3 种：主成分变换融合（Principle Component）、乘积变换融合（Multiplicative）和比值变换融合（Brovey Transform）。

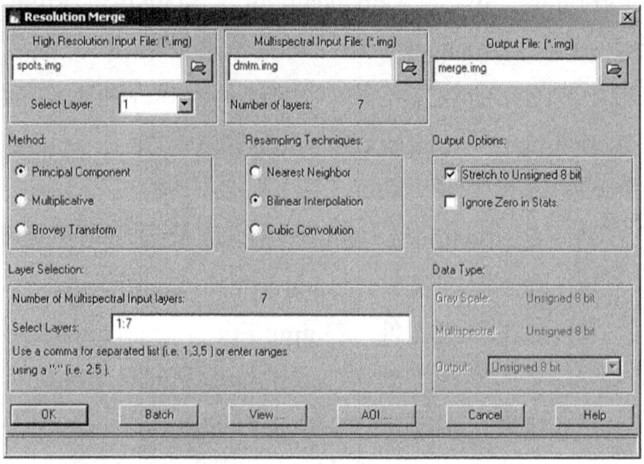

图 5-9 Resolution Merge 对话框

主成分变换融合是建立在图像统计特征基础上的多维线性变换，具有方差信息浓缩、数据量压缩的作用，可以更准确地揭示多波段数据结构内部的遥感信息，常常是以高分辨率数据替代多波段数据变换以后的第一主成分来达到融合的目的的。具体过程是：首先对输入的多波段遥感数据进行主成分变换，然后以高空间分辨率遥感数据替代变换以后的第一主成分，最后再进行主成分逆变换，生成具有高空间分辨率的多波段融合图像。

乘积变换融合是应用最基本的乘积组合算法直接对两种空间分辨率的遥感数据进行合成，即：$Bi\_new = Bi\_m \times B\_h$。式中：Bi_new 代表融合以后的波段数值（$i = 1、2、3、\ldots、n$）；Bi_m 表示多波段图像中的任意一个波段数值；B_h 代表高分辨率遥感数据。乘积变换是由 Crippen 的 4 种分析技术演变而来的，Crippen 研究表明：将一定亮度的图像进行变换处理时，只有乘法变换可以使其色彩保持不变。

比值变换融合是将输入遥感数据的 3 个波段按照下列公式进行计算，获得融合以后各波段的数值：$Bi\_new = [Bi\_m / (Br\_m + Bg\_m + Bb\_m)] \times B\_h$。式中：$Bi\_new$ 代表融合以后的波段数值（$i = 1、2、3$）；Br_m、Bg_m、Bb_m 分别代表多波段图像中的红、绿、蓝波段数值；Bi_m 表示红、绿、蓝三波段中的任意一个；B_h 代表高分辨率遥感数据。

5.2.8 改进 IHS 融合

在图像处理中经常用到两个彩色空间：一个是由红（R）、绿（G）、蓝（B）三原色组成的彩色空间，是一个对物体颜色属性进行描述的系统；另外一个是 IHS 模型，即亮度（Intensity）、色度（Hue）和饱和度（Saturation）的彩色空间，是从人眼的主观感觉出发描述颜色的系统。在色度学中，通常把 RGB 空间向 IHS 空间的变换称为 IHS 变换。在 IHS 彩色空间中，I 主要反映图像中地物反射的全部能量和图像所包含的空间信息，对应于图像的地面分辨率；H 表示色度，指组成色彩的主波长，由红、绿、蓝色的比重所决定；S 表示饱和度，代表颜色的纯度；H 与 S 代表图像的光谱分辨率。因此，可以把用 RGB 彩色空间表示的遥感图像的 3 个波段变换到 IHS 彩色空间，然后用另一具有高空间分辨率的遥感图像的波段代替其中的 I 值，再反变换回 RGB 空间，形成新的图像。这样做的目的就是既获得较高的空间分辨率，又获得较高的光谱分辨率。

ERDAS IMAGINE 的这项功能使用的是 Yusuf Siddiqui 于 2003 年提出的一种改进的 IHS 变换来进行的融合，可以对高分辨率的全色图像和低分辨率的多光谱图像进行融合，融合的结果既具有高空间分辨率，又具有高光谱分辨率。

在 ERDAS 图标面板菜单条中单击 Main | Image Interpreter | Spatial Enhancement | Mod. IHS Resolution Merge 命令，打开 Modified IHS Resolution Merge 对话框（图 5-10～图 5-12）；或者在 ERDAS 图标面板工具条中单击 Interpreter 图标 | Spatial Enhancement | Mod. IHS Resolution Merge 命令，打开 Modified IHS Resolution Merge 对话框（图 5-10～图 5-12）。

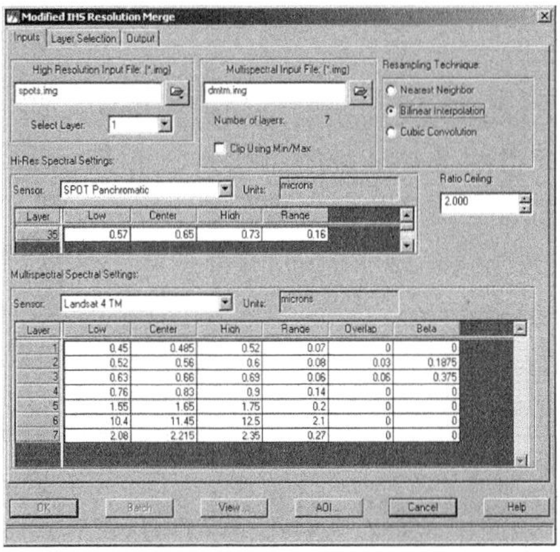

图 5-10 Modified IHS Resolution Merge 对话框（Input 选项卡）

在 Modified IHS Resolution Merge 对话框的 Input 选项卡中（图 5-10），需要设置下列参数。

① High Resolution Input File (*.img)：确定高空间分辨率图像文件 spots.img。

② Select Layer：选择高分辨率图像参与运算的波段。

③ Multispectral Input File (*.img) ：输入多光谱图像文件 dmtm.img。

④ Number of layers：显示多光谱图像的波段数 。

⑤ Clip Using Min/Max：用多光谱数据像元的最大和最小值来规定重采样后的多光谱数据的像元值范围。当选择三次卷积(Cubic Convolution）重采样方法后这个设置才有效，因为最邻近像元（Nearest Neighbor）和双线形插值（Bilinear Interpolation）两种重采样方法产生的像元值范围不会超出原来数据的像元值范围，而三次卷积插值重采样后可能超出。

⑥ Resampling Technique：选择重采样方法。

⑦ Hi-Res Spectral Settings：设置高空间分辨率图像信息。

⑧ Ratio Ceiling：设置亮度修正系数的上限。

⑨ Multispectral Spectral Settings：设置多光谱图像信息。

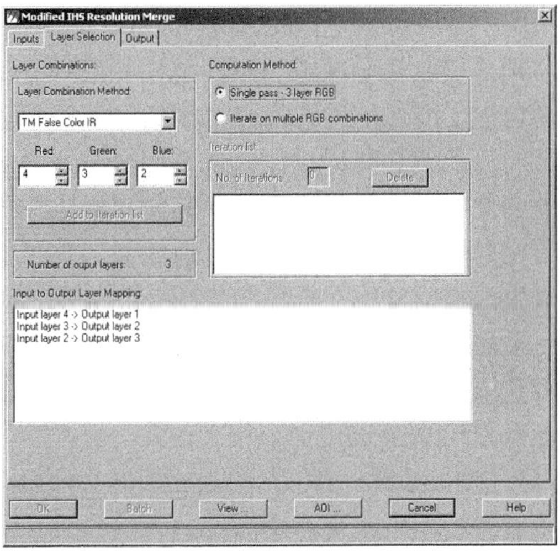

图 5-11 Modified IHS Resolution Merge 对话框（Layer Selection 选项卡）

在 Modified IHS Resolution Merge 对话框的 Layer Selection 选项卡中（图 5-11），用户可以

对需要处理的多光谱数据的波段进行设定，设置参数如下。

① Layer Combination Method：定义进行从 RGB 到 IHS 转换的波段组合。

② Computation Method：选择计算方法。默认方法是 Single pass - 3 layer RGB（只用所选择的 3 个多光谱图像的波段进行输出图像的计算），另一个选项是 Iterate on multiple RGB combinations（选择多于 3 个多光谱图像的波段进行输出图像的计算，这时需要在 Layer Combination Method 选项中再选择波段组合）。

③ 单击 Add to Iteration list 按钮。

在 Modified IHS Resolution Merge 对话框的 Output 选项卡中（图 5-12），用户需要对输出的融合图像结果进行设置。

① Output File (*.img)：输出图像文件 ihsmerge.img。

② Data Type：显示高空间分辨率图像与多光谱图像的数据类型信息，并设置输出图像文件的数据类型。

③ Processing Options：Ignore Zeros in Output Statistics（统计计算时忽略 0 值）， Ignore Zeros in Raster Match（栅格图像匹配时忽略 0 值）。

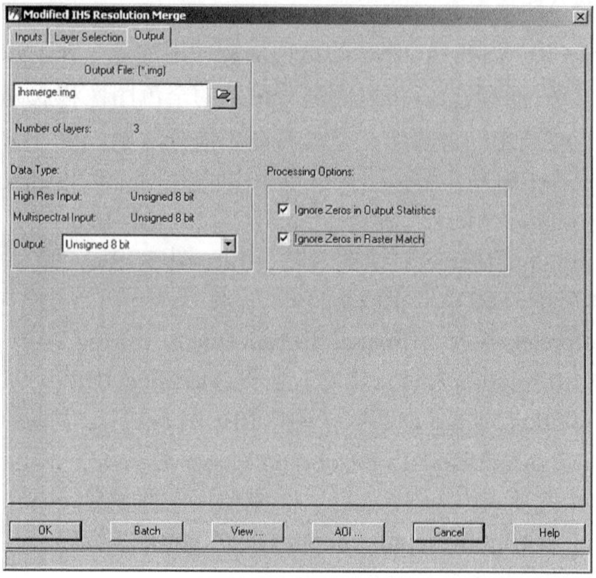

图 5-12 Modified IHS Resolution Merge 对话框（Output 选项卡）

5.2.9 HPF 图像融合

HPF 图像融合是使用 HPF（High Pass Filtering，高通滤波）算法来实现遥感图像融合的。

一般来说，一幅图像由不同频率的成分所组成。根据图像频谱的概念，高的空间频率对应图像中灰度急剧变化的部分，而低的频率代表图像中灰度缓慢变化的部分。对于遥感图像来说，高频分量包含了图像的空间结构，低频分量则包含了图像的光谱信息。因为遥感图像融合的目的就是要尽量保留低空间分辨率多光谱图像的光谱信息和高空间分辨率全色图像的空间信息，所以可以用高通滤波器算子提取出高空间分辨率全色图像的空间信息，然后采用像元相加的方法加到低空间分辨率的多光谱图像上，这样就可以实现遥感图像的融合。

ERDAS IMAGINE 的这项功能是使用高通滤波卷积来实现遥感图像融合的，具体操作如下。

在 ERDAS 图标面板菜单条中单击 Main | Image Interpreter | Spatial Enhancement | HPF Resolution Merge 命令，打开 HPF Resolution

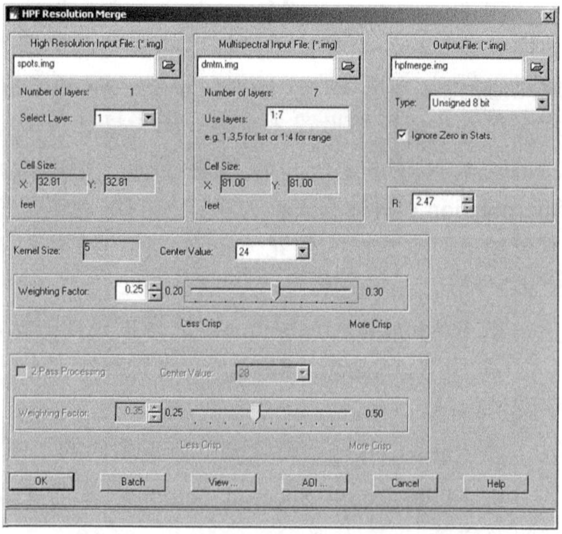

图 5-13 HPF Resolution Merge 对话框

Merge 对话框（图 5-13）；或者在 ERDAS 图标面板工具条单击 Interpreter 图标 | Spatial Enhancement | HPF Resolution Merge 命令，打开 HPF Resolution Merge 对话框（图 5-13）。

在 HPF Resolution Merge 对话框中，需要设置下列参数。

① High Resolution Input File (*.img)：输入高空间分辨率图像文件 spots.img。

② Select Layer：选择高空间分辨率图像的波段。

③ Multispectral Input File (*.img)：输入多光谱图像文件 dmtm.img。

④ Use layers：融合所使用的多光谱图像的波段，1:7 表示选择 7 个波段。

⑤ Output File (*.img)：输出图像文件 hpfmerge.img。

⑥ Type：输出文件的数据类型。

⑦ R：多光谱图像和高空间分辨率图像像元大小之比。这个值的大小控制着以下处理过程的参数设置。

⑧ Kernel Size：高通滤波器大小，这个设置依赖于 R 值的设定。

⑨ Center Value：高通滤波器中心位置的数值，这个设置依赖于 R 值的设定。

⑩ Weighting Factor：高通滤波处理的高空间分辨率图像在融合结果计算中所占的权重。高权重使得融合结果锐化，低权重使得融合结果平滑。

⑪ 2 Pass Processing：这个设置只有当 R 值大于等于 5.5 时才有效，选择这个设置可以执行第二次高通滤波。

5.2.10 小波变换融合

小波变换可以使图像的压缩、传输和分析更加便捷。不像以正弦函数为基础函数的傅里叶变换，小波变换基于一些小型波，具有小型波变化的频率和有限的持续时间。对于图像而言，小波变换就是将图像分解成频率域上各个频率上的子图像，以代表原始图像的各个特征分量，因此基于小波变换的图像融合可以根据不同的特征分量采用不同的融合方法以达到最佳的融合效果。

在一幅图像的小波分解中，绝对值较大的小波高频系数对应着亮度急剧变化的点，也就是图像中对比度变换较大的边缘特征，如边界、亮线及区域轮廓。融合的效果就是对同样的目标，融合前在图像 A 中若比图像 B 中显著，融合后图像 A 中的目标就被保留，图像 B 中的目标就被忽略。这样，图像 A、B 中目标的小波变换系数将在不同的分辨率水平上占统治地位，从而在最终的融合图像中，图像 A 与图像 B 中的显著目标都被保留。

在 ERDAS 图标面板菜单条中单击 Main | Image Interpreter | Spatial Enhancement | Wavelet Resolution Merge 命令，打开 Wavelet Resolution Merge 对话框（图 5-14）；或者在 ERDAS 图标面板工具条中单击 Interpreter 图标 | Spatial Enhancement | Wavelet Resolution Merge 命令，打开 Wavelet Resolution Merge 对话框（图 5-14）。

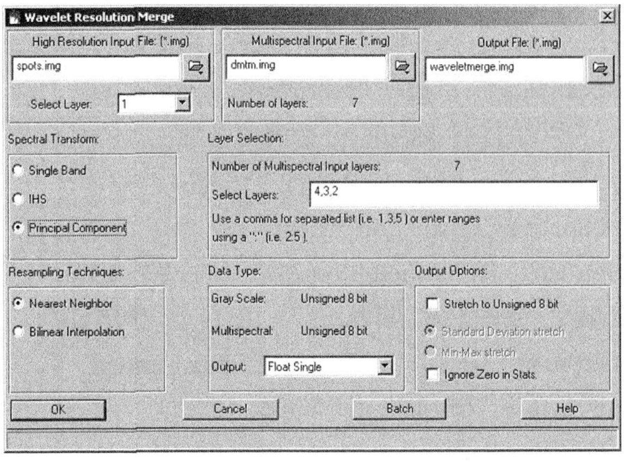

图 5-14 Wavelet Resolution Merge 对话框

在 Wavelet Resolution Merge 对话框

中，需要设置下列参数。

① High Resolution Input File：输入高空间分辨率图像文件 spots.img。

② Select Layer：如果高空间分辨率图像是多波段，选择需要使用的波段号。

③ Multispectral Input File（*.img）：输入多光谱图像文件 dmtm.img。

④ Number of layers：多光谱图像波段信息。

⑤ Output File：输出图像文件 waveletmerge.img。

⑥ Spectral Transform：选择多光谱图像变为单波段灰度图像的方法。

a．Single Band：只选择一个波段。

b．IHS：使用 IHS 方法进行变换，并使用亮度分量进行融合。

c．Principal Component：使用主成分变换，并使用第一主成分进行融合。

⑦ Layer Selection：选择进行融合的多光谱图像的波段。

⑧ Resampling Techniques：设置重采样的方法。

⑨ Data Type：设置输出文件数据类型。

a．Gray Scale：显示高空间分辨率图像的数据类型。

b．Multispectral：显示多光谱图像的数据类型。

c．Output：选择输出文件的数据类型。

⑩ Output Options：输出文件设置。

⑪ Stretch to Unsigned 8 bit：输出文件的像元范围拉伸到 0～255 之间，如选此项，则 Output 中不能设置数据类型。有两种拉伸方法：Standard Deviation stretch（标准差拉伸）和 Min-Max stretch（用最大最小值形成拉伸范围）。

⑫ Ignore Zero in Stats：计算输出文件时忽略 0 值。

5.2.11 删减法融合

删减法图像融合需要用一个减法运算来使多光谱图像锐化增强。输入文件包括用于全色图像和多光谱图像。输出文件既保留了多光谱图像的色彩信息，又保留了全色图像的空间细节信息。这个算法专门为 Quickbird、Ikonos 和 Formosat images 等几种遥感图像设计，其共同特点是同时获取 4 个波段的多光谱和全色图像，而且多光谱波段与全色波段的像元大小之比为 4:1。如果其他传感器获取的图像与这些参数相似，也可以使用这个融合工具。

在 ERDAS 图标面板菜单条中单击 Main | Image Interpreter | Spatial Enhancement | Subtractive Resolution Merge 命令，打开 Subtractive Resolution Merge 对话框(图 5-15)；或者在 ERDAS 图标面板工具条中单击 Interpreter 图标 | Spatial Enhancement | Subtractive Resolution Merge 命令，打开 Subtractive Resolution Merge 对话框(图 5-15)。

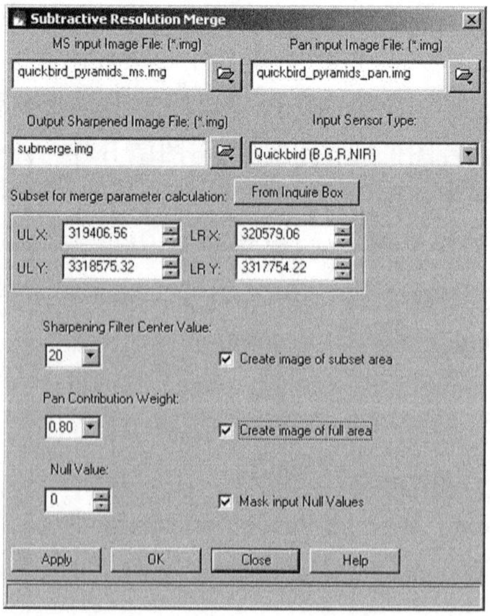

图 5-15　Subtractive Resolution Merge 对话框

在 Subtractive Resolution Merge 对话框中，

需要设置下列参数。

① MS input Image File：输入多光谱图像文件 quickbird_pyramids_ms.img。

② Pan input Image File：输入全色图像文件 quickbird_pyramids_pan.img。

③ Output Sharpened Image File：输出锐化后的图像文件 submerge.img。

④ Input Sensor Type：选择传感器的类型。

⑤ Subset Definition：ULX / Y、LRX / Y 用于确定处理范围（默认状态为整个图像范围，可以应用 Inquire Box 定义子区）。

⑥ Sharpening Filter Center Value：锐化滤波器中心的数值。

当只有选中了 Create image of subset area 或 Create image of full area 复选框其中之一，这个选择才有效。

这种融合算法经常导致图像变得模糊，因此首先需要锐化全色图像。

Sharpening Filter Center Value 是一个 3×3 锐化卷积的中心值，这个卷积的其他值是–1。小的中心值产生更好的锐化效果。

① Create image of subset area：根据子区的坐标来定义融合图像的范围。

② Pan Contribution Weight：融合时全色图像所占的权重。

③ Create image of full area：融合后的图像为多光谱和全色图像的全部范围。

④ Mask input Null Values：设置输出图像空值的数值。

5.2.12 Ehlers 图像融合

这种融合方法是由 Osnabrück 大学的 Manfred Ehlers 教授创立的，是基于快速傅里叶变换（FFT）滤波对全色波段进行锐化，然后用 IHS 变换来完成融合的。关于快速傅里叶变换的内容将在 5.7 节中讲述。ERDAS IMAGINE 里的这项功能具有友好的界面，在基于用户选择图像特征（城市或乡村）的基础上提供了预设的 FFT 滤波选项。

在 ERDAS 图标面板菜单条中单击 Main | Image Interpreter | Spatial Enhancement | Ehlers Fusion 命令，打开 Ehlers Fusion 对话框（图 5-16）；或者在 ERDAS 图标面板工具条中单击 Interpreter 图标 | Spatial Enhancement | Ehlers Fusion 命令，打开 Ehlers Fusion 对话框（图 5-16）。

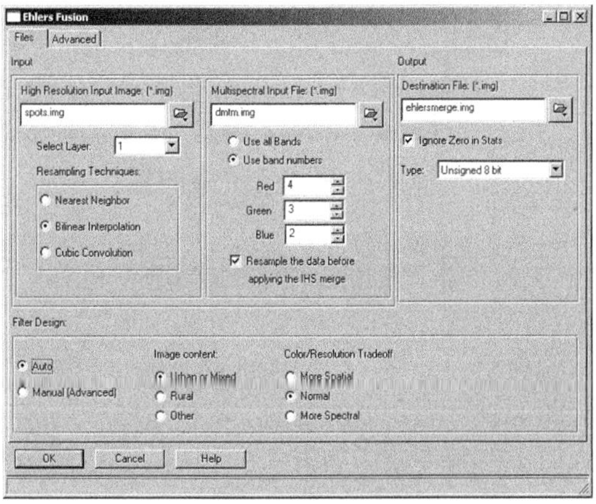

图 5-16　Ehlers Fusion 对话框（Files 选项卡）

需要在 Ehlers Fusion 对话框的 Files 选项卡中设置如下参数。

① High Resolution Input File：输入高空间分辨率图像文件 spots.img。

② Select Layer：选择高空间分辨率图像进行融合的波段。

③ Resampling Techniques：重采样技术选择。

④ Multispectral Input File：输入多光谱图像文件 dmtm.img。

⑤ Use all Bands：多光谱图像的所有波段参与融合。

⑥ Use band Numbers：使用所选择的多光谱图像的波段进行融合。

⑦ Resample the data before applying the IHS merge ：应用 IHS 方法进行融合前的重采样。

⑧ Destination File：融合结果输出图像文件 ehlersmerge.img。

⑨ Ignore Zero in Stats：计算输出文件时忽略 0 值。

⑩ Type：输出文件数据类型。

对于 Filter Design（滤波器设置）选项组，如果选中 Manual [Aduanced]单选按钮，需要进入高级设置选项卡（Advanced）进行设置（图 5-17）；如果选中 Auto 单选按钮则，要进行如下设置。

① Image content：选择图像的主要特征，包括 Urban or Mixed（城乡混合型）、Rural（乡村型）。Other（其他，包括单一匀质型地表，如水体、森林等）。

② Color/ Resolution Tradeoff：选择融合中多光谱图像和高空间分辨率图像所占的比重，包括 More Spatial（高空间分辨率图像占较多的比重）、Normal（同等的比重）、More Spectral（多光谱图像占较多的比重）。

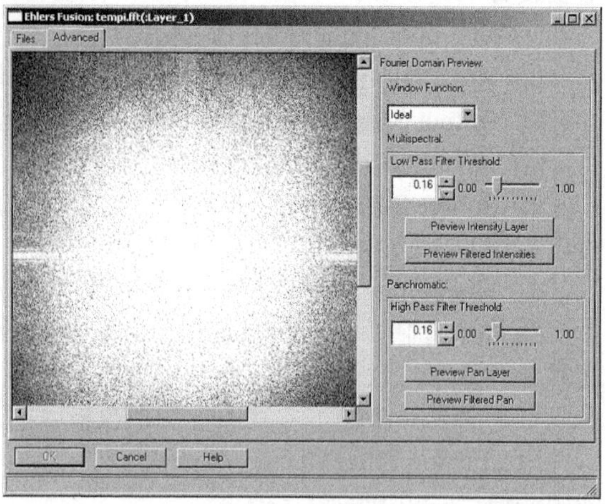

图 5-17 Ehlers Fusion 对话框（Advanced 选项卡）（频率域的亮度波段预览）

在 Ehlers Fusion 对话框的 Advanced 选项卡（图 5-17）中，可以对 FFT 进行如下设置。

① Window Function：选择滤波器，包括 Ideal（理想滤波器）、Bartlett（巴特利特滤波器或称三角滤波器）、Butterworth（巴特沃思滤波器）、Gaussian（高斯滤波器）、Hanning（汉宁滤波器）。

② Multispectral：对多光谱图像进行如下设置。

a．Low Pass Filter Threshold：输入低通滤波器的半径。

b．Preview Intensity Layer：预览多光谱图像的频率域亮度分量。

c．Preview Filtered Intensities：预览低通滤波后多光谱图像的频率域亮度分量。

③ Panchromatic：对全色图像进行如下设置。

a．High Pass Filter Threshold：输入高通滤波器的半径。

b．Preview Pan Layer：预览频率域的高空间分辨率图像。

c．Preview Filtered Pan：预览高通滤波后频率域的高空间分辨率图像。

5.2.13 锐化增强处理

锐化增强处理（Crisp Enhancement）实质上是通过对图像进行卷积滤波处理，使整景图像的亮度得到增强而不使其专题内容发生变化，从而达到图像增强的目的。根据其底层的处理过程，又可以分为两种方法：其一是根据用户定义的矩阵（Custom Matrix）直接对图像进行卷积处理（空间模型为：Crisp-greyscale.gmd）；其二是首先对图像进行主成分变换，并对第一主成分进行卷积滤波，然后再进行主成分逆变换（空间模型为：Crisp-Minmax.gmd）。由于上述变换过程是在底层的空间模型支持下完成的，用户的操作比较简单。

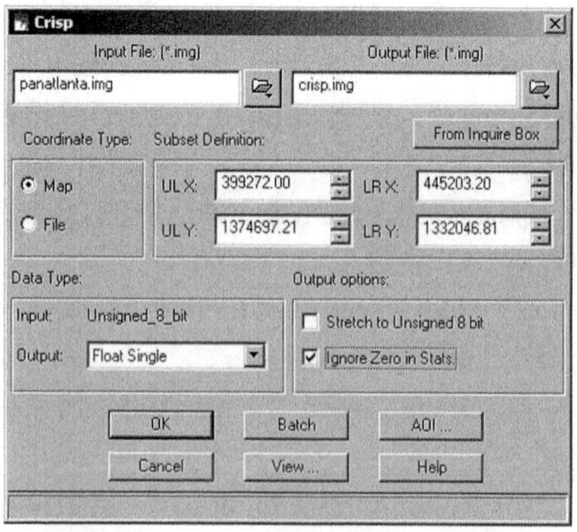

图 5-18 Crisp 对话框

在 ERDAS 图标面板菜单条中单击 Main | Image Interpreter | Spatial Enhancement | Crisp 命

令，打开 Crisp 对话框(图 5-18)；或者在 ERDAS 图标面板工具条中单击 Interpreter 图标 | Spatial Enhancement | Crisp 命令，打开 Crisp 对话框（图 5-18）。

在 Crisp 对话框中，需要设置下列参数。

① 确定输入文件（Input File）：panatlanta.img。

② 定义输出文件（Output File）：crisp.img。

③ 文件坐标类型（Coordinate Type）：Map。

④ 处理范围确定（Subset Definition）：ULX / Y、LRX / Y（默认状态为整个图像范围，可以应用 Inquire Box 定义子区）。

⑤ 输出数据类型（Output Data Type）：Float Single。

⑥ 输出数据统计时忽略零值：Ignore Zero in Stats.。

⑦ 单击 View 按钮（打开模型生成器视窗，浏览 Crisp 功能的空间模型）。

⑧ 退出模型生成器视窗单击 File | Close All 按钮。

⑨ 单击 OK 按钮（关闭 Crisp 对话框，执行锐化增强处理）。

需要说明的是：在图 5-2～图 5-18 的对话框中大多含有 Batch、View、AOI 等按钮，为了让初学者简单明了，前文并没有对此进行说明，这里统一说明如下。

Batch 按钮：单击 Batch 按钮调用 ERDAS 的批处理向导（图 5-19），进入批处理状态。

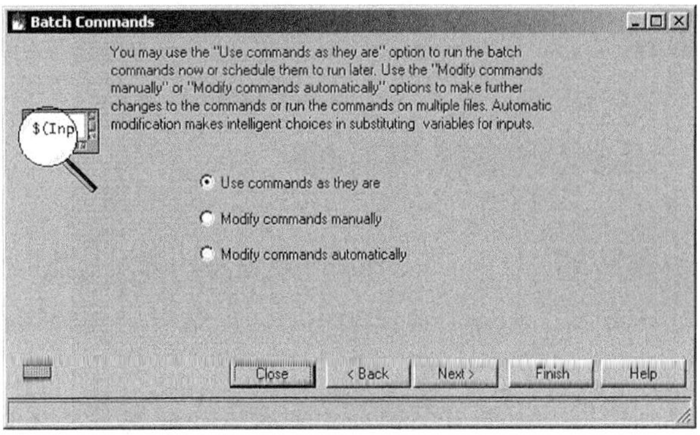

图 5-19 Batch Commands 窗口

View 按钮：单击 View 按钮打开模型生成器视窗，浏览空间模型（图 5-20）。

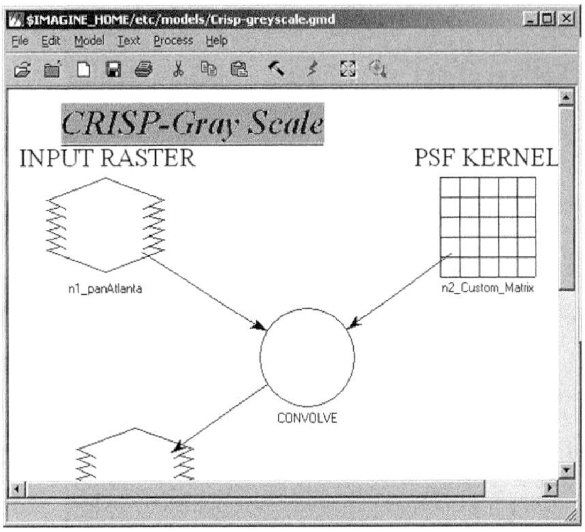

图 5-20 空间模型生成器视窗

AOI 按钮：单击 AOI 按钮打开 Choose AOI 对话框（图 5-21），通过 AOI 文件或视窗中的 AOI 要素确定感兴趣区域，使系统只对 AOI 区域进行处理。

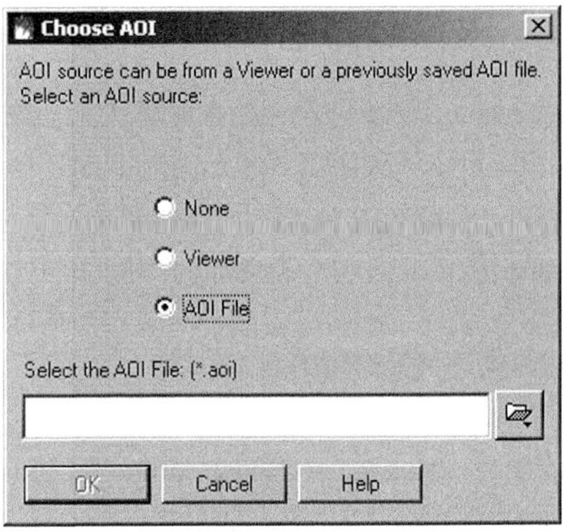

图 5-21 Choose AOI 对话框

关于批处理操作、空间模型和用户感兴趣区域（AOI）的概念与应用，详见本书其他章节。

5.3 辐射增强处理

5.3.1 查找表拉伸

查找表拉伸（LUT Stretch）是遥感图像对比度拉伸的总和，是通过修改图像查找表（Lookup Table）使输出图像值发生变化的。根据用户对查找表的定义，可以实现线性拉伸、分段线性拉伸、非线性拉伸等处理。菜单中的查找表拉伸功能是由空间模型（LUT_strech.gmd）支持运行的，用户可以根据自己的需要随时修改查找表（在 LUT Stretch 对话框中单击 View 按钮进入模型生成器视窗，双击查找表进入编辑状态），实现遥感图像的查找表拉伸。

在 ERDAS 图标面板菜单条中单击 Main | Image Interpreter | Radiometric Enhancement | LUT Stretch 命令，打开 LUT Stretch 对话框（图 5-22）；或者在 ERDAS 图标面板工具条中单击 Interpreter 图标 | Radiometric Enhancement | LUT Stretch 命令，打开 LUT Stretch 对话框（图 5-22）。

在 LUT Stretch 对话框中，需要设置下列参数。

① 确定输入文件（Input File）：mobbay.img。

② 定义输出文件（Output File）：stretch.img。

③ 文件坐标类型（Coordinate Type）：Map。

④ 处理范围确定（Subset Definition）：ULX / Y、LRX / Y（默认状态为整个图像范围，可以应用 Inquire Box 定义子区）。

⑤ 输出数据类型（Output Data Type）：Unsigned 8 bit。

⑥ 确定拉伸选择（Stretch Options）：RGB（多波段图像、红绿蓝）或 Gray Scale（单波段图像）。

⑦ 单击 View 按钮，打开模型生成器视窗（图略），浏览 Stretch 功能的空间模型。

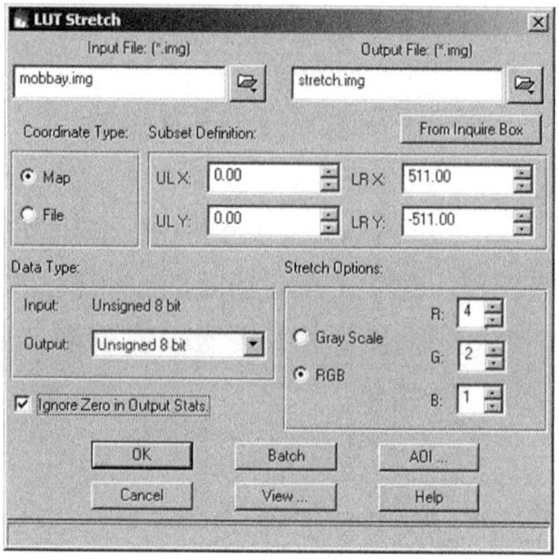

图 5-22 LUT Stretch 对话框

⑧ 双击 Custom Table 进入查找表编辑状态（图略），根据需要修改查找表。

⑨ 单击 OK 按钮（关闭查找表定义对话框，退出查找表编辑状态）。

⑩ 单击 File | Close All 命令（退出模型生成器视窗）。

⑪ 单击 OK 按钮（关闭 LUT Stretch 对话框，执行查找表拉伸处理）。

5.3.2 直方图均衡化

直方图均衡化（Histogram Equalization）又称直方图平坦化，实质上是对图像进行非线性拉伸，重新分配图像像元值，使一定灰度范围内像元的数量大致相等；这样，原来直方图中间的峰顶部分对比度得到增强，而两侧的谷底部分对比度降低，输出图像的直方图是一个较平的分段直方图，如果输出数据分段值较小的话，会产生粗略分类的视觉效果。

在 ERDAS 图标面板菜单条中单击 Main | Image Interpreter | Radiometric Enhancement |

Histogram Equalization 命令，打开 Histogram Equalization 对话框（图 5-23）；或者在 ERDAS 图标面板工具条中单击 Interpreter 图标 | Radiometric Enhancement | Histogram Equalization 命令，打开 Histogram Equalization 对话框（图 5-23）。

在 Histogram Equalization 对话框中，需要设置下列参数。

① 确定输入文件（Input File）：Lanier.img。

② 定义输出文件（Output File）：equalization.img。

③ 文件坐标类型（Coordinate Type）：File。

④ 处理范围确定（Subset Definition）：ULX / Y、LRX / Y（默认状态为整个图像范围，可以应用 Inquire Box 定义子区）。

⑤ 输出数据分段（Number of Bins）：256（可以小一些）。

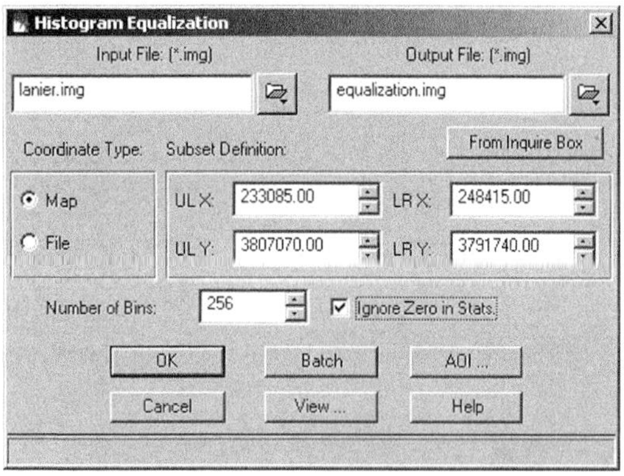

图 5-23 **Histogram Equalization 对话框**

⑥ 输出数据统计时忽略零值：Ignore Zero in Stats.。

⑦ 单击 View 按钮，打开模型生成器视窗（图略），浏览 Equalization 空间模型。

⑧ 单击 File | Close All 命令（退出模型生成器视窗）。

⑨ 单击 OK 按钮（关闭 Histogram Equalization 对话框，执行直方图均衡化处理）。

5.3.3 直方图匹配

直方图匹配（Histogram Match）是对图像查找表进行数学变换，使一幅图像某个波段的直方图与另一幅图像对应波段类似，或使一幅图像所有波段的直方图与另一幅图像所有对应波段类似。直方图匹配经常作为相邻图像镶嵌或应用多时相遥感图像进行动态变化研究的预处理工作，通过直方图匹配可以部分消除由于太阳高度角或大气影响造成的相邻图像的效果差异。

在 ERDAS 图标面板菜单条中单击 Main | Image Interpreter | Radiometric Enhancement | Histogram Match 命令，打开 Histogram Matching 对话框（图 5-24）；或者在 ERDAS 图标面板工具条中单击 Interpreter 图标 | Radiometric Enhancement | Histogram Match 命令，打开 Histogram Matching 对话框（图 5-24）。

在 Histogram Matching 对话框中，需要设置下列参数。

① 输入匹配文件（Input File）：wasia1_zmss.img。

② 匹配参考文件（Input File to Match）：wasia2_mss.img。

③ 匹配输出文件（Output File）：wasia1_match.img。（也可以直接将匹配结果输出到图像查找表中：LUT of Input File）。

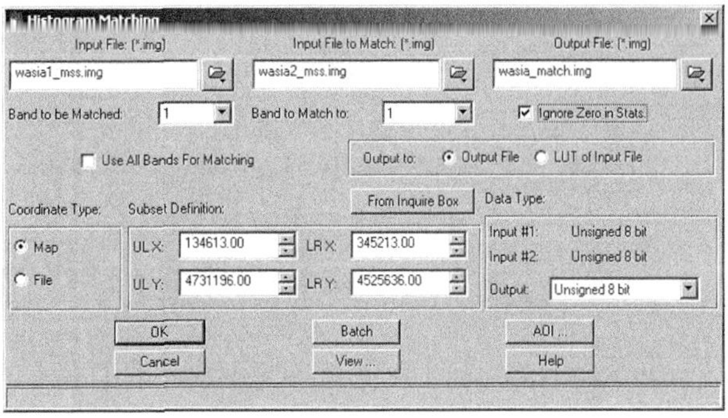

图 5-24 **Histogram Matching 对话框**

第 5 章 图像解译

④ 选择匹配波段（Band to be Matched）：1。

⑤ 匹配参考波段（Band to Match to）：1（也可以对图像的所有波段进行匹配：Use All Bands For Matching）。

⑥ 文件坐标类型（Coordinate Type）：File。

⑦ 处理范围确定（Subset Definition）：ULX / Y、LRX / Y（默认状态为整个图像范围，可以应用 Inquire Box 定义子区）。

⑧ 输出数据统计时忽略零值：Ignore Zero in Stats.。

⑨ 输出数据类型（Output Data Type）：Unsigned 8 bit。

⑩ 单击 View 按钮，打开模型生成器视窗（图略），浏览 Matching 空间模型。

⑪ 单击 File | Close All 命令（退出模型生成器视窗）。

⑫ 单击 OK 按钮（关闭 Histogram Matching 对话框，执行直方图匹配处理）。

5.3.4 亮度反转处理

亮度反转处理（Brightness Inverse）是对图像亮度范围进行线性或非线性取反，产生一幅与输入图像亮度相反的图像，原来亮的地方变暗，原来暗的地方变亮。其中又包含两个反转算法：一个是条件反转（Inverse），一个是简单反转（Reverse）。前者强调输入图像中亮度较暗的部分，后者则简单取反、同等对待。

在 ERDAS 图标面板菜单条中单击 Main | Image Interpreter | Radiometric Enhancement | Brightness Inversion 命令，打开 Brightness Inversion 对话框（图 5-25）；或者在 ERDAS 图标面板工具条中单击 Interpreter 图标 | Radiometric Enhancement | Brightness Inversion 命令，打开 Brightness Inversion 对话框（图 5-25）。

在 Brightness Inversion 对话框中，需要设置下列参数。

① 确定输入文件（Input File）：loplakebedsig357.img。

② 定义输出文件（Output File）：inversion.img。

③ 文件坐标类型（Coordinate Type）：Map。

④ 处理范围确定（Subset Definition）：ULX / Y、LRX / Y（默认状态为整个图像范围，可以应用 Inquire Box 定义子区）。

⑤ 输出数据类型（Output Data Type）：Unsigned 8 bit。

⑥ 输出数据统计时忽略零值：Ignore Zero in Stats.。

⑦ 输出变换选择（Output Options）：Inverse（或 Reverse）。

⑧ Inverse：条件反转，条件判断，强调输入图像中亮度较暗的部分。

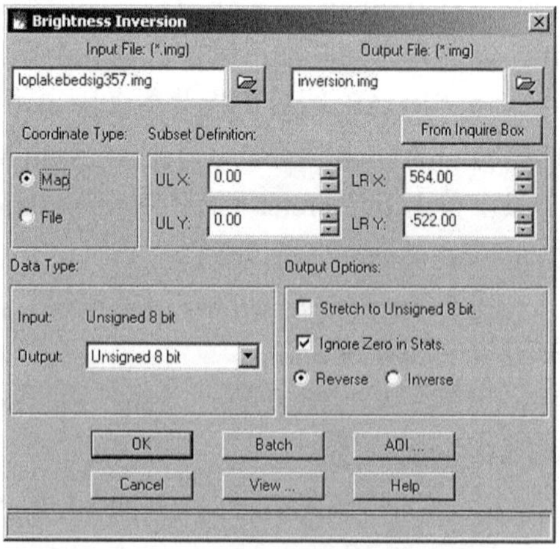

图 5-25 Brightness Inversion 对话框

⑨ Reverse：简单反转，简单取反，输出图像与输入图像等量相反。

⑩ 单击 View 按钮，打开模型生成器视窗，浏览 Inverse/Reverse 空间模型。

⑪ 单击 File | Close All 命令（退出模型生成器视窗）。

⑫ 单击 OK 按钮（关闭 Brightness Inversion 对话框，执行亮度反转处理）。

5.3.5 去霾处理

去霾处理（Haze Reduction）的目的是降低多波段图像（Landsat TM）或全色图像的模糊度（霾）。对于多波段图像（Landsat TM），该方法实质上是基于缨帽变换方法（Tasseled Cap Transformation），首先对图像进行主成分变换，找出与模糊度相关的成分并剔除，然后再进行主成分逆变换回到 RGB 彩色空间，达到去霾之目的。对于全色图像，该方法采用点扩展卷积反转（Inverse Point Spread Convolution）进行处理，并根据情况选择 5×5 或 3×3 的卷积算子分别用于高频模糊度（High-haze）或低频模糊度（Low-haze）的去除。

在 ERDAS 图标面板菜单条中单击 Main | Image Interpreter | Radiometric Enhancement | Haze Reduction 命令，打开 Haze Reduction 对话框（图 5-26）；或者在 ERDAS 图标面板工具条中单击 Interpreter 图标 | Radiometric Enhancement | Haze Reduction 命令，打开 Haze Reduction 对话框（图 5-26）。

在 Haze Reduction 对话框中，需要设置下列参数。

① 确定输入文件（Input File）：klon_tm.img。

② 定义输出文件（Output File）：haze.img。

③ 文件坐标类型（Coordinate Type）：Map。

④ 处理范围确定（Subset Definition）：ULX / Y、LRX / Y（默认状态为整个图像范围，可以应用 Inquire Box 定义子区）。

⑤ 处理方法选择（Method）：Landsat 5 TM（或 Landsat 4 TM）。

⑥ 单击 OK 按钮（关闭 Haze Reduction 对话框，执行去霾处理）。

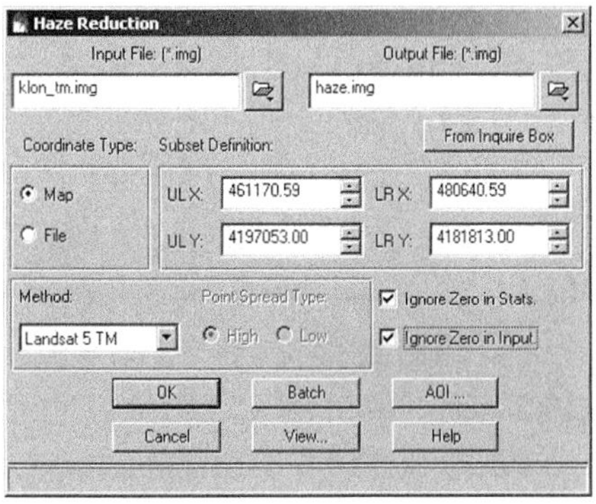

图 5-26 **Haze Reduction 对话框**

5.3.6 降噪处理

降噪处理（Noise Reduction）是利用自适应滤波方法去除图像中的噪声，该技术在沿着边缘或平坦区域去除噪声的同时，可以很好地保持图像中一些微小的细节（Subtle Details）。

在 ERDAS 图标面板菜单条中单击 Main | Image Interpreter | Radiometric Enhancement | Noise Reduction 命令，打开 Noise Reduction 对话框（图 5-27）；或者在 ERDAS 图标面板工具条中单击 Interpreter 图标 | Radiometric Enhancement | Noise Reduction 命令，打开 Noise Reduction 对话框（图 5-27）。

在 Noise Reduction 对话框中，需要设置下列参数。

① 确定输入文件（Input File）：dmtm.img。

② 定义输出文件（Output File）：noise.img。

③ 文件坐标类型（Coordinate Type）：Map。

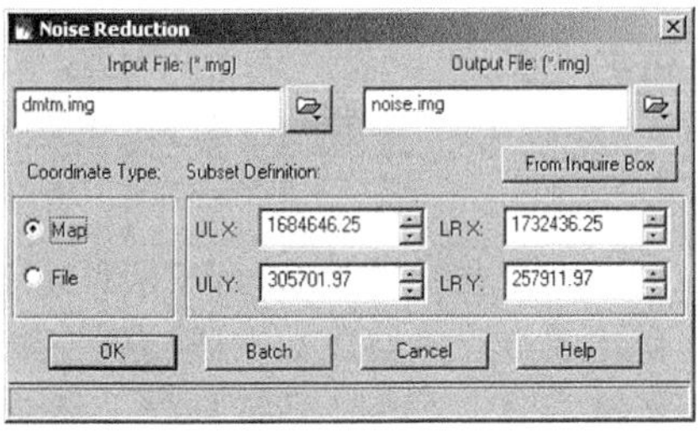

图 5-27 **Noise Reduction 对话框**

④ 处理范围确定（Subset Definition）：ULX / Y、LRX / Y（默认状态为整个图像范围，可以应用 Inquire Box 定义子区）。

⑤ 单击 OK 按钮（关闭 Noise Reduction 对话框，执行降噪处理）。

5.3.7 去条带处理

去条带处理（Destripe TM Data）是针对 Landsat TM 的图像扫描特点对其原始数据进行 3 次卷积处理，以达到去除扫描条带之目的。在操作过程中，只有一个关于边缘处理的选择项需要用户定义，其中的两项选择分别是 Reflection（反射）和 Fill（填充）。前者是应用图像边缘灰度值的镜面反射值作为图像边缘以外的像元值，这样可以避免出现晕光（Halo）；而后者则是统一将图像边缘以外的像元以 0 值填充，呈黑色背景。

在 ERDAS 图标面板菜单条中单击 Main | Image Interpreter | Radiometric Enhancement | Destripe TM Data 命令，打开 Destripe TM 对话框（图 5-28）；或者在 ERDAS 图标面板工具条中单击 Interpreter 图标 | Radiometric Enhancement | Destripe TM Data 命令，打开 Destripe TM 对话框（图 5-28）。

在 Destripe TM 对话框中需要设置下列参数。

① 确定输入文件（Input File）：tm_striped.img。

② 定义输出文件（Output File）：destripe.img。

③ 输出数据类型（Output Data Type）：Unsigned 8 bit。

④ 输出数据统计时忽略零值：Ignore Zero in Stats.。

⑤ 边缘处理方法（Handle Edges by）：Reflection。

⑥ 文件坐标类型（Coordinate Type）：Map。

⑦ 处理范围确定（Subset Definition）：ULX / Y、LRX / Y（默认状态为整个图像范围，可以应用 Inquire Box 定义子区）。

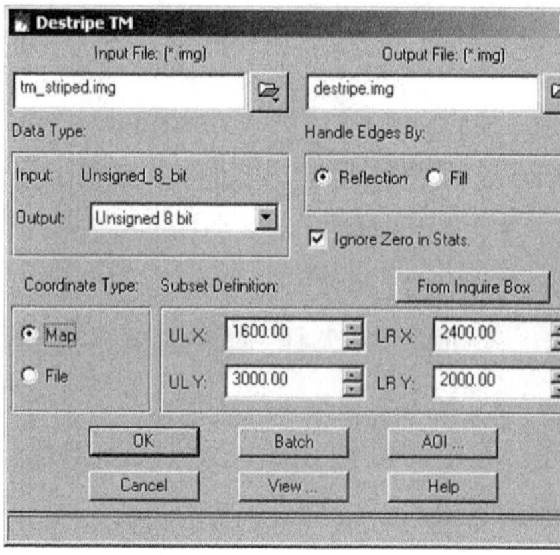

图 5-28 **Destripe TM 对话框**

⑧ 单击 OK 按钮（关闭 Destripe TM 对话框，执行去条带处理）。

5.4 光谱增强处理

5.4.1 主成分变换

主成分变换（Principal Component Analysis，PCA）是一种常用的数据压缩方法，它可以将具有相关性的多波段数据压缩到完全独立的较少的几个波段上，使图像数据更易于解译。主成分变换是建立在统计特征基础上的多维正交线性变换，是一种离散的 Karhunen-Loeve 变换，又叫 K-L 变换。ERDAS IMAGINE 提供的主成分变换功能，最多可以对 256 个波段的图像进行变换。

在 ERDAS 图标面板菜单条中单击 Main | Image Interpreter | Spectral Enhancement | Principal Comp.命令，打开 Principal Components 对话框（图 5-29）；或者在 ERDAS 图标面板工具条中单

击 Interpreter 图标 | Spectral Enhancement | Principal Comp.命令，打开 Principal Components 对话框（图 5-29）。

在 Principal Components 对话框中，需要设置下列参数。

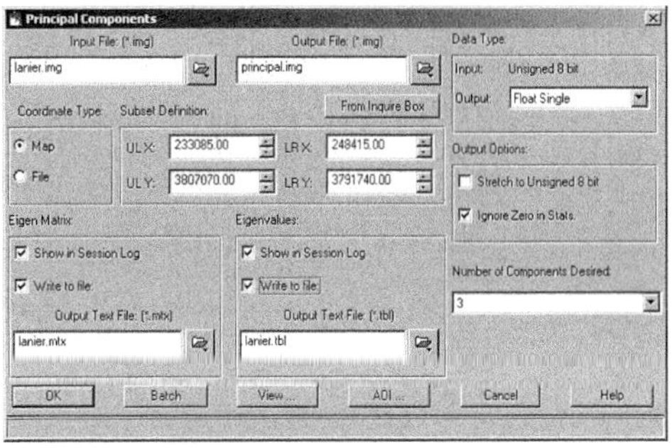

图 5-29　Principal Components 对话框

① 确定输入文件（Input File）：lanier.img。

② 定义输出文件（Output File）：principal.img。

③ 文件坐标类型（Coordinate Type）：Map。

④ 处理范围确定（Subset Definition）：ULX / Y、LRX / Y（默认状态为整个图像范围，可以应用 Inquire Box 定义子区）。

⑤ 输出数据类型（Output Data Type）：Float Single。

⑥ 输出数据统计时忽略零值：Ignore Zero in Stats.。

⑦ 特征矩阵输出设置（Eigen Matrix）。

⑧ 在运行日志中显示：Show in Session Log。

⑨ 写入特征矩阵文件：Write to file（必选项，逆变换时需要）。

⑩ 特征矩阵文件名（Output Text File）：lanier.mtx。

⑪ 特征数据输出设置（Eigen Value）。

⑫ 在运行日志中显示：Show in Session Log。

⑬ 写入特征数据文件：Write to file。

⑭ 特征矩阵文件名（Output Text File）：lanier.tbl。

⑮ 需要的主成分数量（Number of Components Desired）：3。

⑯ 单击 OK 按钮（关闭 Principal Components 对话框，执行主成分变换）。

5.4.2　主成分逆变换

主成分逆变换（Inverse Principal Components Analysis）就是将经主成分变换获得的图像重新恢复到 RGB 彩色空间，应用时，输入的图像必须是由主成分变换得到的图像，而且必须有当时进行主成分变换的特征矩阵（*.mtx）参与。

在 ERDAS 图标面板菜单条中单击 Main | Image Interpreter | Spectral Enhancement | Inverse Principal Comp.命令，打开 Inverse Principal Components 对话框（图 5-30）；或者在 ERDAS 图标面板工具条中单击 Interpreter 图标| Spectral Enhancement | Inverse Principal Comp.命令，打开 Inverse Principal Components 对话框（图 5-30）。

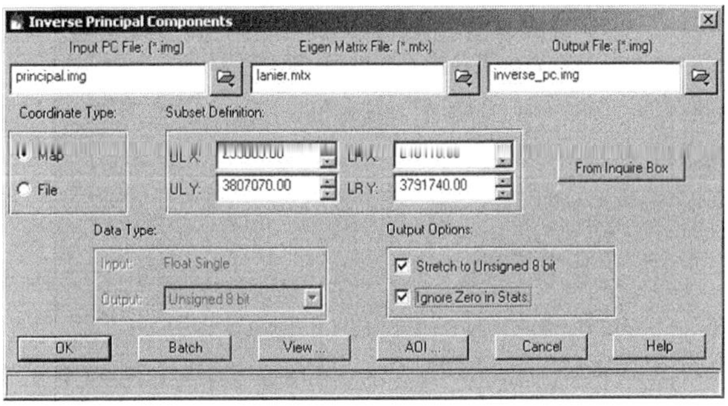

图 5-30　Inverse Principal Components 对话框

在 Inverse Principal Components 对话框中，需要设置下列参数。

① 确定输入文件（Input PC File）：principal.img。

② 确定特征矩阵（Eigen Matrix File）：lanier.mtx。

③ 定义输出文件（Output File）：inverse_pc.img。

④ 文件坐标类型（Coordinate Type）：Map。

⑤ 处理范围确定（Subset Definition）：ULX / Y、LRX / Y（默认状态为整个图像范围，可以应用 Inquire Box 定义子区）。

⑥ 输出数据选择（Output Options）：两项选择。

a．输出数据拉伸到 0～255：Stretch to Unsigned 8 bit。

b．输出数据统计时忽略零值：Ignore Zero in Stats.。

⑦ 单击 OK 按钮（关闭 Inverse Principal Components 对话框，执行主成分逆变换）。

5.4.3 独立分量分析

独立分量分析（Independent Components Analysis）是从盲信号分离技术发展起来的一种新方法。该方法能从观测信号出发，对已知信息量很少的源信号进行估计，获得互相独立的原始信号的近似值。独立分量分析不同于主成分分析，主成分分析是基于二阶统计量的协方差矩阵，而独立分量分析则基于高阶的统计量，不但能实现主成分分析的去相关特性，而且能获得分量之间相互独立的特性。因此，独立分量分析能获得较主成分分析更好的效果。

在 ERDAS 图标面板菜单条中单击 Main | Image Interpreter | Spectral Enhancement | Independent Comp.命令，打开 Independent Components 对话框（图 5-31）；或者在 ERDAS 图标面板工具条中单击 Interpreter 图标 | Spectral Enhancement |Independent Comp.命令，打开 Independent Components 对话框（图 5-31）。

在 Independent Components 对话框中，需要设置下列参数。

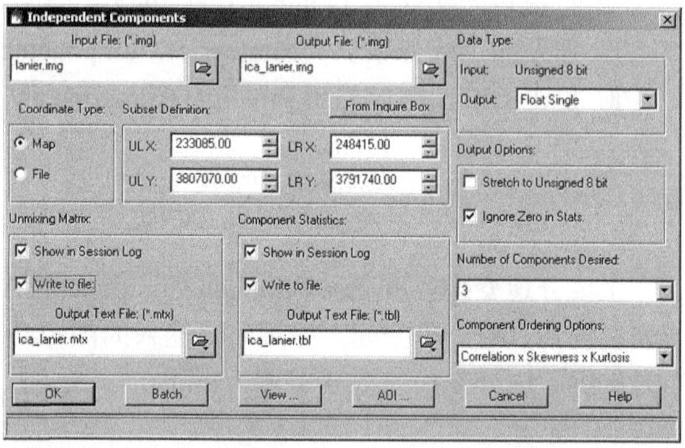

图 5-31 Independent Components 对话框

① 确定输入文件（Input File）：lanier.img。

② 定义输出文件（Output File）：ica_lanier.img。

③ 文件坐标类型（Coordinate Type）：Map。

④ 处理范围确定（Subset Definition）：ULX / Y、LRX / Y（默认状态为整个图像范围，可以应用 Inquire Box 定义子区）。

⑤ 输出数据类型（Output Data Type）：Float Single。

⑥ 输出数据统计时忽略零值：Ignore Zero in Stats.。

⑦ 特征矩阵输出设置（Eigen Matrix）。

⑧ 在运行日志中显示：Show in Session Log。

⑨ 写入特征矩阵文件：Write to file。

⑩ 特征矩阵文件名（Output Text File）：ica_lanier.mtx。

⑪ 特征数据输出设置（Eigen Value）。

⑫ 在运行日志中显示：Show in Session Log。

⑬ 写入特征数据文件：Write to file。

⑭ 特征矩阵文件名（Output Text File）：ica_lanier.tbl。

⑮ 需要的独立分量数量（Number of Components Desired）：3。

⑯ 单击 OK 按钮（关闭 Independent Components 对话框，执行独立分量分析）。

5.4.4 去相关拉伸

去相关拉伸（Decorrelation Stretch）是对图像的主成分进行对比度拉伸处理，而不是对原始图像进行拉伸。当然用户在操作时，只需要输入原始图像就可以了，系统将首先对原始图像进行主成分变换，并对主成分图像进行对比度拉伸处理，然后再进行主成分逆变换，依据当时变换的特征矩阵，将图像恢复到 RGB 彩色空间，达到图像增强的目的。

在 ERDAS 图标面板菜单条中单击 Main | Image Interpreter | Spectral Enhancement | Decorrelation Stretch 命令，打开 Decorrelation Stretch 对话框（图 5-32）；或者在 ERDAS 图标面板工具条中单击 Interpreter 图标 | Spectral Enhancement | Decorrelation Stretch 命令，打开 Decorrelation Stretch 命令对话框（图 5-32）。

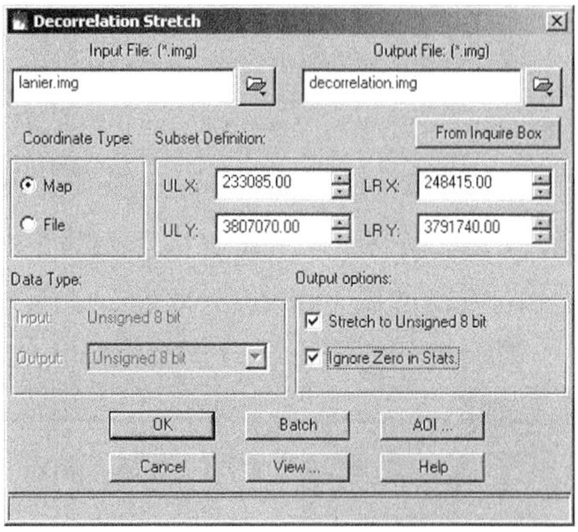

图 5-32 Decorrelation Stretch 对话框

在 Decorrelation Stretch 对话框中，需要设置下列参数。

① 确定输入文件（Input File）：lanier.img。

② 定义输出文件（Output File）：decorrelation.img。

③ 文件坐标类型（Coordinate Type）：Map。

④ 处理范围确定（Subset Definition）：ULX / Y、LRX / Y（默认状态为整个图像范围，可以应用 Inquire Box 定义子区）。

⑤ 输出数据选择（Output Options）：两项选择。

⑥ 输出数据拉伸到 0～255：Stretch to Unsig- ned 8 bit。

⑦ 输出数据统计时忽略零值：Ignore Zero in Stats.。

⑧ 单击 OK 按钮（关闭 Decorrelation Stretch 对话框，执行去相关拉伸）。

5.4.5 缨帽变换

缨帽变换（Tasseled Cap）是针对植物学家所关心的植被图像特征，在植被研究中将原始图像数据结构轴进行旋转，优化图像数据显示效果，是由 R.J.Kauth 和 G.S.Thomas 两位学者提出来的一种经验性的多波段图像线性正交变换，因而又叫 K-T 变换。该变换的基本思想是：多波段（*N* 波段）图像可以看作是 *N* 维空间（N-dimensional Space），每一个像元都是 *N* 维空间中的一个点，其位置取决于像元在各个波段上的数值。专家的研究表明，植被信息可以通过 3 个数据轴（亮度轴、绿度轴、湿度轴）来确定，而这 3 个轴的信息可以通过简单的线性计算和数据空间旋转获得，当然还需要定义相关的转换系数；同时，这种旋转与传感器有关，因而还需要确定传感器类型。

在 ERDAS 图标面板菜单条中单击 Main | Image Interpreter | Spectral Enhancement | Tasseled Cap 命令，打开 Tasseled Cap 对话框（图 5-33～图 5-35）；或者在 ERDAS 图标面板工具条中单击 Interpreter 图标 | Spectral Enhancement ｜ Tasseled Cap 命令，打开 Tasseled Cap 对话框（图 5-33～图 5-35）。

在 Tasseled Cap 对话框的输入/输出选项卡（图 5-33）中，需要设置下列参数。

① 确定输入文件（Input File）：lanier. img。

② 定义输出文件（Output File）：tasseled.img。

③ 确定图像获取的传感器（Sensor）：当选定输入文件后，就会出现相应的传感器信息。如果没有出现传感器信息，则这个输入文件不能作缨帽变换。

④ 文件坐标类型（Coordinate Type）：Map。

⑤ 处理范围确定（Subset Definition）：ULX / Y、LRX / Y（默认状态为整个图像范围，可以应用 Inquire Box 定义子区）。

⑥ 输出数据选择（Output Options）：两项选择。

⑦ 输出数据拉伸到 0～255：Stretch to Unsigned 8 bit。

⑧ 输出数据统计时忽略零值：Ignore Zero in Stats。

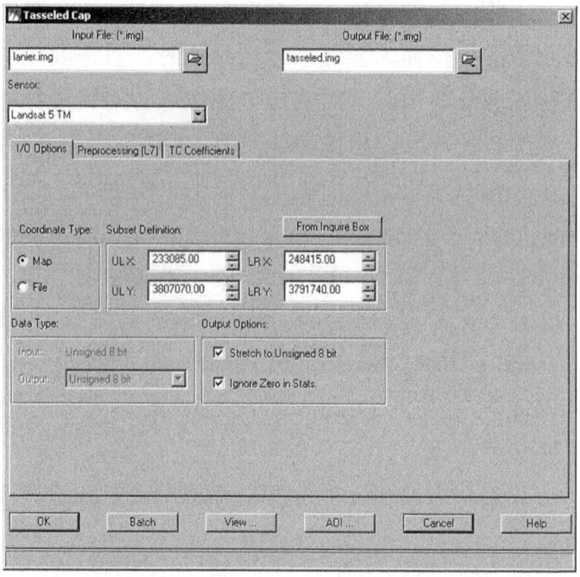

图 5-33　Tasseled Cap 对话框（输入/输出选项卡）

当图像文件为 Landsat 7 类型时，需要设置 Tasseled Cap 对话框的 LandSat 7 数据处理（Preprocessing (L7)）选项卡（图 5-34）中的参数，具体设置方法参见本节 Landsat 7 数据反射率变换处理的介绍（5.4.10 节）。

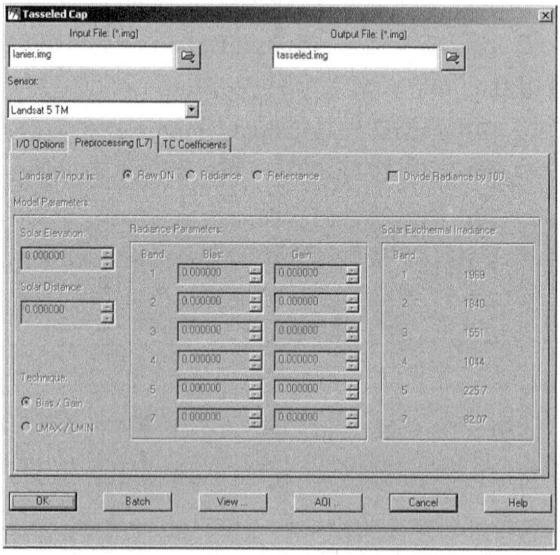

图 5-34　Tasseled Cap 对话框（LandSat 7 数据处理选项卡）

① 选择 Tasseled Cap 对话框 TC Coefficients 选项卡定义相关系数。

② 打开 TC Coefficients 对话框（图 5-35）。

③ 确定传感器类型（Sensor）：Landsat 5 TM。

④ 定义相关系数（Coefficient Definition）：可利用系统默认值。

⑤ 单击 OK 按钮（关闭 Tasseled Cap Coefficients 对话框）。

⑥ 单击 OK 按钮（关闭 Tasseled Cap 对话框，执行缨帽变换）。

5.4.6 色彩变换

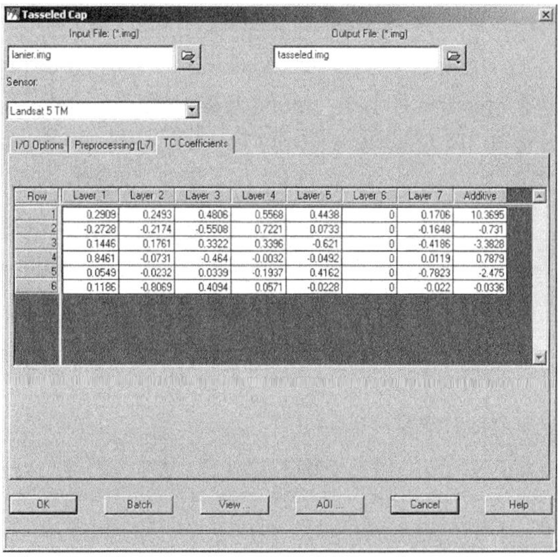

图 5-35 **Tasseled Cap 对话框（TC Coefficients 选项卡）**

色彩变换（RGB to IHS）是将遥感图像从红（R）、绿（G）、蓝（B）3 种颜色组成的彩色空间转换到以亮度（I）、色度（H）、饱和度（S）作为定位参数的彩色空间，以便使图像的颜色与人眼看到的更为接近。其中，亮度表示整个图像的明亮程度，取值范围是 0～1；色度代表像元的颜色，取值范围是 0～360；饱和度代表颜色的纯度，取值范围是 0～1。（具体算法参见《ERDAS Field Guide》CHAPTER 5 Enhancement。）

在 ERDAS 图标面板菜单条中单击 Main | Image Interpreter | Spectral Enhancement | RGB to HIS 命令，打开 RGB to IHS 对话框（图 5-36）；或者在 ERDAS 图标面板工具条中单击 Interpreter 图标 | Spectral Enhancement | RGB to HIS 命令，打开 RGB to IHS 对话框（图 5-36）。

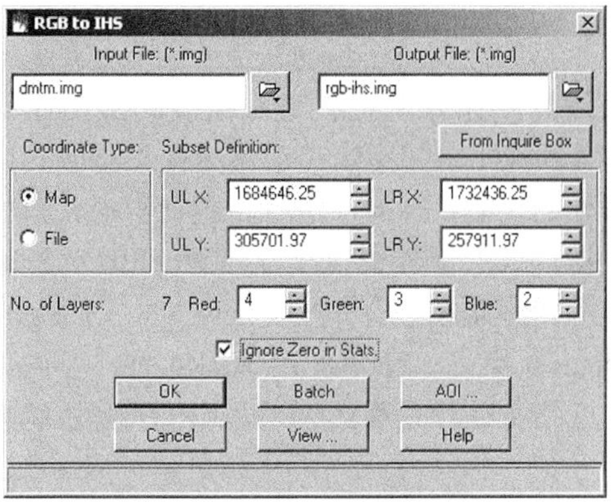

图 5-36 **RGB to IHS 对话框**

在 RGB to IHS 对话框中，需要设置下列参数。

① 确定输入文件（Input File）：dmtm.img。

② 定义输出文件（Output File）：rgb-ihs.img。

③ 文件坐标类型（Coordinate Type）：Map。

④ 处理范围确定（Subset Definition）：ULX / Y、LRX/Y（默认状态为整个图像范围，可以应用 Inquire Box 定义子区）。

⑤ 确定参与色彩变换的 3 个波段：Red: 4 / Green: 3 / Blue: 2。

⑥ 输出数据统计时忽略零值：Ignore Zero in Stats.。

⑦ 单击 OK 按钮（关闭 RGB to IHS 对话框，执行 RGB to IHS 变换）。

5.4.7 色彩逆变换

色彩逆变换（IHS to RGB）是与上述色彩变换对应进行的，是将遥感图像从以亮度（I）、色度（H）、饱和度（S）作为定位参数的彩色空间转换到红（R）、绿（G）、蓝（B）3 种颜色组成的彩色空间。需要说明的是在完成色彩逆变换的过程中，经常需要对亮度（I）与饱和度（S）进行最小最大拉伸，使其数值充满 0～1 的取值范围。（具体算法参见《ERDAS Field Guide》CHAPTER 5 Enhancement。）

在 ERDAS 图标面板菜单条中单击 Main | Image Interpreter | Spectral Enhancement | IHS to

RGB 命令，打开 IHS to RGB 对话框（图 5-37）；或者在 ERDAS 图标面板工具条中单击 Interpreter 图标| Spectral Enhancement| IHS to RGB 命令，打开 IHS to RGB 对话框（图 5-37）。

在 IHS to RGB 对话框中，需要设置下列参数。

① 确定输入文件（Input File）：rgb-ihs.img。

② 定义输出文件（Output File）：ihs-rgb.img

③ 文件坐标类型（Coordinate Type）：Map。

④ 处理范围确定（Subset Definition）：ULX / Y、LRX / Y（默认状态为整个图像范围，可以应用 Inquire Box 定义子区）。

⑤ 对亮度（I）与饱和度（S）进行拉伸：Stretch I-S。

⑥ 确定参与色彩变换的 3 个波段：Intensity: 1 / Hue: 2 / Sat: 3。

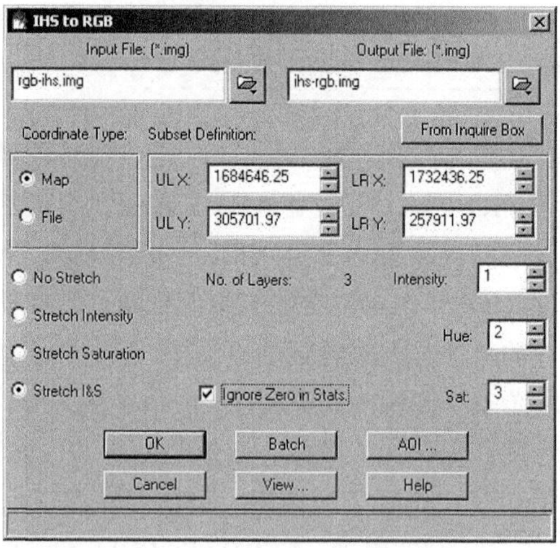

图 5-37 **IHS to RGB 对话框**

⑦ 输出数据统计时忽略零值：Ignore Zero in Stats。

⑧ 单击 OK 按钮（关闭 IHS to RGB 对话框，执行 IHS to RGB 变换）。

5.4.8 指数计算

指数计算（Indices）是应用一定的数学方法，将遥感图像中不同波段的灰度值进行各种组合运算，计算反映矿物及植被的常用比率和指数。各种比率和指数与遥感图像类型即传感器有密切的关系，因而在进行指数计算时，首先必须根据输入图像类型选择传感器。ERDAS 系统集成的传感器类型有 SPOT XS / XI、Landsat TM、Landsat MSS、NOAA AVHRR4 种，不同传感器对应指数计算是有区别的。ERDAS 系统集成了与各种传感器对应的常用指数，如 Landsat TM 所对应的矿物指数有粘土矿指数（Clay Minerals）、铁矿指数（Ferrous Minerals）等几种，植被指数有 NDVI、TNDVI 等几种。（具体算法参见《ERDAS Field Guide》CHAPTER5 Enhancement。）

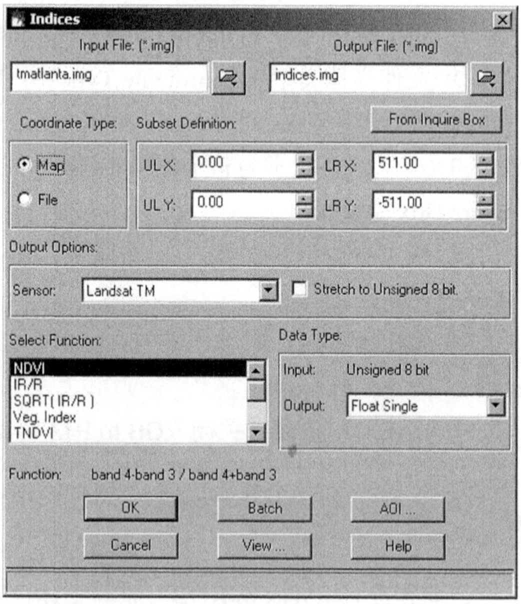

图 5-38 **Indices 对话框**

在 ERDAS 图标面板菜单条中单击 Main | Image Interpreter | Spectral Enhancement | Indices 命令，打开 Indices 对话框（图 5-38）；或者在 ERDAS 图标面板工具条中单击 Interpreter 图标 | Spectral Enhancement | Indices 命令，打开 Indices 对话框（图 5-38）。

在 Indices 对话框中，需要设置下列参数。

① 确定输入文件（Input File）：tmatlanta. img。

② 定义输出文件（Output File）：indices.img。

③ 文件坐标类型（Coordinate Type）：Map。

④ 处理范围确定（Subset Definition）：ULX / Y、LRX / Y（默认状态为整个图像范围，可以应用 Inquire Box 定义子区）。

⑤ 选择传感器类型（Sensor）：Landsat TM。

⑥ 选择计算指数函数（Select Function）：NDVI（相应的计算公式将显示在对话框下方的 Function 提示栏）。

⑦ 输出数据类型（Output Data Type）：Float Single。

⑧ 单击 OK 按钮（关闭 Indices 对话框，执行指数计算）。

5.4.9 自然色彩变换

自然色彩变换（Natural Color）就是模拟自然色彩对多波段数据进行变换，输出自然色彩图像。变换过程中关键是 3 个输入波段光谱范围的确定，这 3 个波段依次是近红外（Near Infrared）、红（Red）、绿（Green）。如果 3 个波段定义不够恰当，则转换以后的输出图像也不可能是真正的自然色彩。

在 ERDAS 图标面板菜单条中单击 Main | Image Interpreter | Spectral Enhancement | Natural Color 命令，打开 Natural Color 对话框（图 5-39）；或者在 ERDAS 图标面板工具条中单击 Interpreter 图标 | Spectral Enhancement 命令，打开 Natural Color | Natural Color 对话框（图 5-39）。

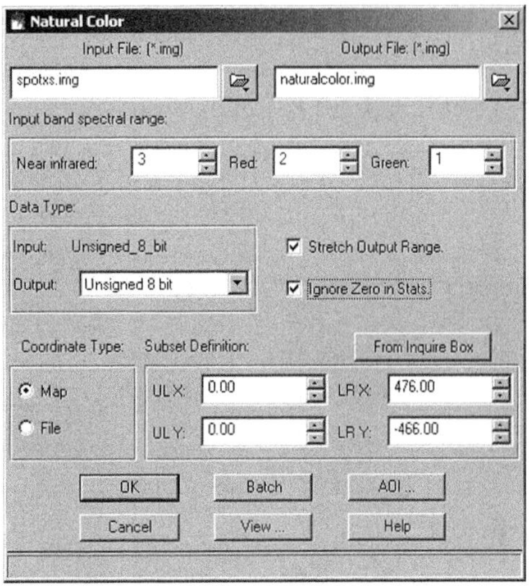

图 5-39 Natural Color 对话框

在 Natural Color 对话框中，需要设置下列参数。

① 确定输入文件（Input File）：spotxs.img。

② 定义输出文件（Output File）：naturalcolor.img。

③ 确定输入光谱范围（Input band spectral range）：NI: 3 / R: 2 / G: 1。

④ 输出数据类型（Output Data Type）：Unsigned 8 bit。

⑤ 拉伸输出数据：Stretch Output Range。

⑥ 输出数据统计时忽略零值：Ignore Zero in Stats。

⑦ 文件坐标类型（Coordinate Type）：Map。

⑧ 处理范围确定（Subset Definition）：ULX / Y、LRX / Y（默认状态为整个图像范围，可以应用 Inquire Box 定义子区）。

⑨ 单击 OK 按钮（关闭 Natural Color 对话框，执行 Natural Color 变换）。

5.4.10 ETM 反射率变换

众所周知，遥感器所接收到的是地物的反射与辐射光谱，地物反射光谱主要集中在可见光和近红外波段。遥感器接收到的电磁辐射经过光电转换后就是数字图像中像元灰度值。因此，在利用遥感数据进行某些定量遥感计算的时候，例如计算植被指数等，都需要使用反射率。使用灰度值是不严密和不精确的，因此，需要进行反射率变换。

ERDAS IMAGINE 提供的这个工具能够把 LandSat 7 数据的灰度值（DN）转化为反射率。

在 ERDAS 图标面板菜单条中单击 Main | Image Interpreter | Spectral Enhancement | Landsat 7 Reflectance 命令，打开 Landsat 7 Reflectance Conversion 对话框（图 5-40～图 5-41）；或者在 ERDAS 图标面板工具条中单击 Interpreter 图标 | Spectral Enhancement| Landsat 7 Reflectance 命令，打开 Landsat 7 Reflectance Conversion 对话框（图 5-40～图 5-41）。

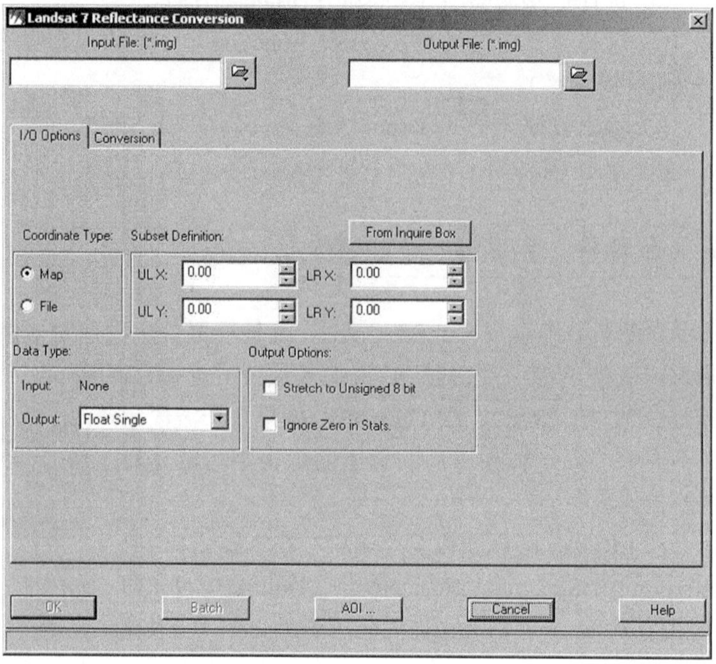

图 5-40 **Landsat 7 Reflectance Conversion 对话框的输入/输出设置**

在 Landsat 7 Reflectance Conversion 对话框的输入/输出设置中（图 5-40），需要设置下列参数。

① Input File：确定输入文件。

② Output File：定义输出文件。

③ Coordinate Type：文件坐标类型。

④ 处理范围确定（Subset Definition）：ULX / Y、LRX / Y（默认状态为整个图像范围，可以应用 Inquire Box 定义子区）。

⑤ 在 Data Type 选项组中设置输出文件的数据类型。

⑥ 拉伸输出数据：Stretch Output Range。

⑦ 输出数据统计时忽略零值：Ignore Zero in Stats。

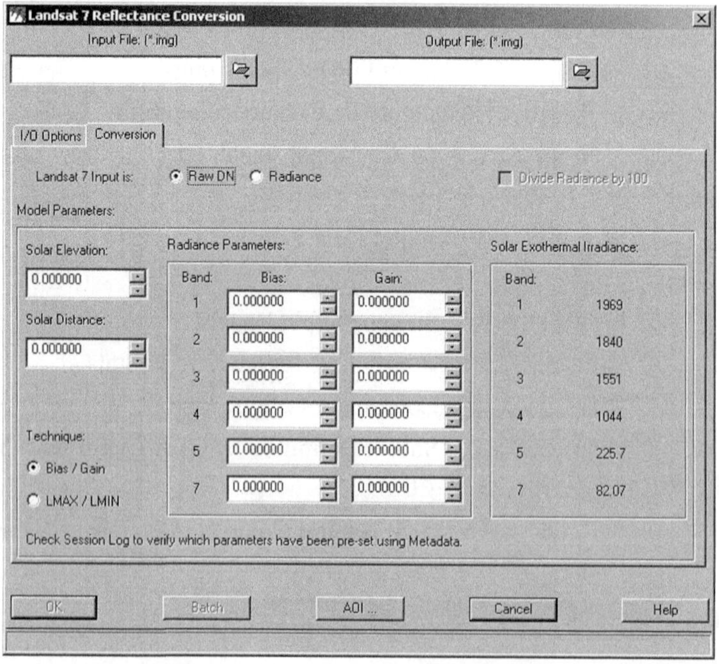

图 5-41 **Landsat 7 Reflectance Conversion 对话框的转换设置**

在 Landsat 7 Reflectance Conversion 对话框的转换设置中（图 5-41），需要设置下列参数。

（1）Landsat 7 Input is：Landsat 7 数据输入设置。

① Raw DN：输入图像数据为灰度值，如果选择这个选项，就需要设置对话框里的全部参数。

② Radiance：输入图像数据为辐亮度值。

③ Divide Radiance by 100：选择这个选项能够使辐亮度到反射率的转换计算节省磁盘空间。

（2）Model Parameters：转换模型参数设置。

① Solar Elevation：遥感图像获取时的太阳高度角，用户需要在遥感图像的头文件或元数据中获取。

② Solar Distance：遥感图像获取时的日地天文距离，用户需要在遥感图像的头文件或元数据中获取。

③ Technique：选择转换的方法。

- **Bias/Gain** 根据偏置（Bias）和增益（Gain）来进行转换。
- **LMAX/LMIN** 根据光谱辐亮度的最大最小值来进行转换。
- **Radiance Parameters** 辐射参数设置。
- **Solar Exothermal Irradiance** 太阳热光参数设置，在光谱辐射到反射率的转换计算中需要，是根据不同的传感器来确定的。

下面为反射率转换的方法：

① 将图像灰度值 *DN* 值转换为辐亮度的公式为

$$Radiance = gain * DN + bias \qquad (5\text{-}1)$$

式中：gain——增益，单位是 $\mathrm{W/m^2 \cdot ster \cdot \mu m}$，取决于监测系统的波谱响应函数；

bias ——偏移量，单位是 $(\mathrm{W/m^2 \cdot ster \cdot \mu m})/\mathrm{DN}$，取决于监测系统的大气干扰情况。

② 式（5-1）也可表达为

$$Radiance = (LMAX - LMIN)/(QCALMAX - QCALMIN) * (DN - QCALMIN) + LMIN \qquad (5\text{-}2)$$

式中：*QCALMIN* ——1；

QCALMAX ——255；

LMIN 和 *LMAX*——各个波段 *DN* 值为 1 和 255 时的辐亮度，增益不同时，其值也不相同。

③ 辐亮度向反射率的转换为

$$\rho_p = \frac{\pi \cdot L_\lambda \cdot d^2}{ESUN_\lambda \cdot \cos\theta_s} \qquad (5\text{-}3)$$

式中：ρ_p ——反射率；

L_λ ——传感器接受的辐亮度；

d ——日地天文单位距离；

$ESUN_\lambda$ ——太阳辐照度；

θ_s ——太阳天顶角。

5.4.11 光谱混合器

ERDAS IMAGING 能够使用户将输入图像的多个波段组合起来，输出一个 3 波段图像。一般来说，多光谱图像可以选出 3 个波段来以红（R）、绿（G）、蓝（B）3 色显示。同时，依据图像中可利用的波段，用户可以突出不同的背景特征。目前，图像的可利用波段越来越多，一些先进的传感器，可以有效利用的波段达到数十个、上百个。如果只能看到3个波段，意味着只利用了这些数据的很小一部分。虽然有些变换技术（如主成分分析），可以提取出包含所有波段信息的几个主成分波段，但是却不能很好解释这种变换的物理意义。

为了能使用户可以看到3个以上波段，ERDAS IMAGINE提供了光谱混合器。光谱混合器仍然产生被分配以红、绿、蓝3色的3个波段，但并不是一个波段赋予一个颜色，而是将光谱波段进行加权平均之后分配颜色。例如要进行假彩色近红外显示，而图像具有很多近红外和中红外的波段，用户就可以将这些波段分别赋予一个权重，然后平均形成一个近红外波段来进行显示。

在ERDAS图标面板菜单条中单击Main | Image Interpreter | Spectral Enhancement | Spectral Mixer命令，打开Spectral Mixer（Linear Combination）对话框（图5-42）；或者在ERDAS图标面板工具条中单击Interpreter图标 | Spectral Enhancement | Spectral Mixer命令，打开Spectral Mixer （Linear Combination）对话框（图5-42）。

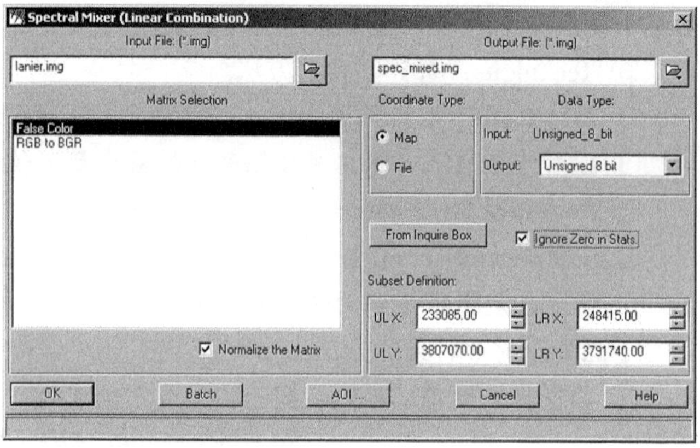

图5-42 Spectral Mixer (Linear Combination)对话框

在Spectral Mixer（Linear Combination）对话框中，需要设置下列参数。

① 确定输入文件（Input File）：lanier.img。

② 定义输出文件（Output File）：spec_mixed.img。

③ 矩阵选择（Matrix Selection）：False Color。

选择矩阵进行卷积运算，矩阵列表存储在ERDAS安装路径/etc/SpectralMixer下。False Color就存储在这个文件夹中，是一个ASCII文件（图5-43），用户可以建立新的文件或修改已有的文件。

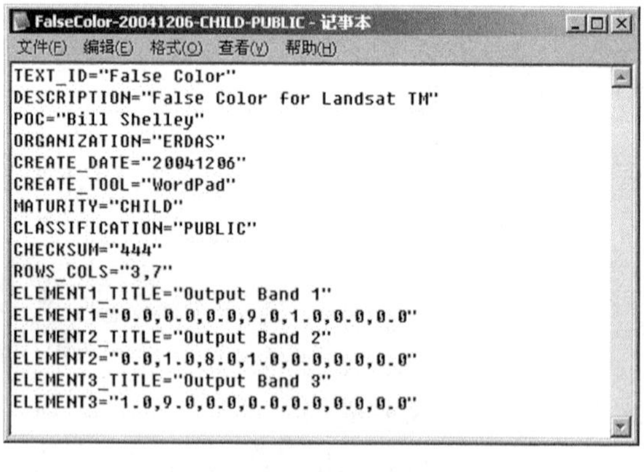
FalseColor-20041206-CHILD-PUBLIC - 记事本
文件(F) 编辑(E) 格式(O) 查看(V) 帮助(H)

```
TEXT_ID="False Color"
DESCRIPTION="False Color for Landsat TM"
POC="Bill Shelley"
ORGANIZATION="ERDAS"
CREATE_DATE="20041206"
CREATE_TOOL="WordPad"
MATURITY="CHILD"
CLASSIFICATION="PUBLIC"
CHECKSUM="444"
ROWS_COLS="3,7"
ELEMENT1_TITLE="Output Band 1"
ELEMENT1="0.0,0.0,0.0,9.0,1.0,0.0,0.0"
ELEMENT2_TITLE="Output Band 2"
ELEMENT2="0.0,1.0,8.0,1.0,0.0,0.0,0.0"
ELEMENT3_TITLE="Output Band 3"
ELEMENT3="1.0,9.0,0.0,0.0,0.0,0.0,0.0"
```

图5-43 光谱混合器控制文件编辑

① 矩阵归一化处理：Normalize the Matrix。

② 文件坐标类型(Coordinate Type)：Map。

③ 处理范围确定（Subset Definition）：默认状态为整个图像范围，可以应用Inquire Box定义子区。

④ 输出数据选择（Data Type）：Unsigned 8 bit。

⑤ 输出数据统计时忽略零值：Ignore Zero in Stats。

⑥ 单击OK按钮（关闭Spectral Mixer (Linear Combination)对话框，执行光谱混合）。

说 明

用户可以编辑自己的光谱混合器控制文件（图 5-43）。编辑文件的关键主要有以下两点。

(1) ROWS_COLS="3,7"：指定了矩阵的大小，引号中的第一个数字表明了输出的波段数，第二个数字表明需要处理的图像具有的波段总数。

(2) ELEMENT 表示输出的波段，它后面的引号里的数字表示原图像每个波段所占的权重。

5.5 高光谱基本工具

5.5.1 自动相对反射

自动相对反射功能（Automatic Relative Reflectance）实质上是将 3 个高光谱图像处理功能集成在一起，首先应用归一化处理功能（Normalize）对原始图像进行归一化处理，然后应用内部平均相对反射功能（IAR Reflectance）计算内部平均相对反射，最后应用三维数值调整功能（Three Dimensional Rescale）在三维方向上对图像数值进行缩放，达到对高光谱图像的增强处理。

在 ERDAS 图标面板菜单条中单击 Main | Image Interpreter | Basic Hyper Spectral Tools | Automatic Relative Reflectance 命令，打开 Automatic Internal Average Relative Reflectance 对话框（图 5-44）；或者在 ERDAS 图标面板工具条中单击 Interpreter 图标 | Basic Hyper Spectral Tools| Automatic Relative Reflectance 命令，打开 Automatic Internal Average Relative Reflectance 对话框（图 5-44）。

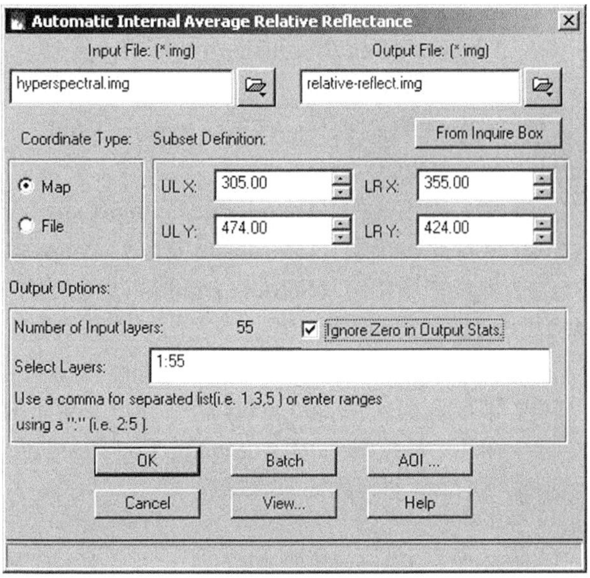

图 5-44 Automatic Internal Average Relative Reflectance 对话框

在 Automatic Internal Average Relative Reflectance 对话框中，需要设置下列参数。

① 确定输入文件（Input File）：hyper spectral.img。

② 定义输出文件（Output File）：relative-reflect.img。

③ 文件坐标类型（Coordinate Type）：Map。

④ 处理范围确定（Subset Definition）：ULX / Y、LRX / Y（默认状态为整个图像范围，可以应用 Inquire Box 定义子区）。

⑤ 输出数据统计时忽略零值：Ignore Zero in Output Stats。

⑥ 波段选择（Select Layers）：1:55（从第 1 波段到第 55 波段）。

⑦ 单击 OK 按钮（关闭图 5-44 所示对话框，执行自动相对反射处理）。

5.5.2 自动对数残差

自动对数残差功能（Automatic Log Residuals）实质上是将归一化处理、对数残差、三维数值调整 3 个高光谱图像处理功能集成在一起，对高光谱图像进行增强处理。系统首先调用归一化处理功能（Normalize）对原始图像进行归一化处理，然后调用对数残差功能（Logarithmic Residuals）计算光谱的对数残差，最后调用三维数值调整功能（Three Dimensional Rescale）在三维方向上对图像数值进行缩放，从而对高光谱图像进行增强处理。

在 ERDAS 图标面板菜单条中单击 Main | Image Interpreter | Basic Hyper Spectral Tools | Automatic Log Residuals 命令，打开 Automatic Log Residuals 对话框（图 5-45）；或者在 ERDAS 图标面板工具条中单击 Interpreter 图标 | Basic Hyper Spectral Tools | Automatic Log Residuals 命令，打开 Automatic Log Residuals 对话框（图 5-45）。

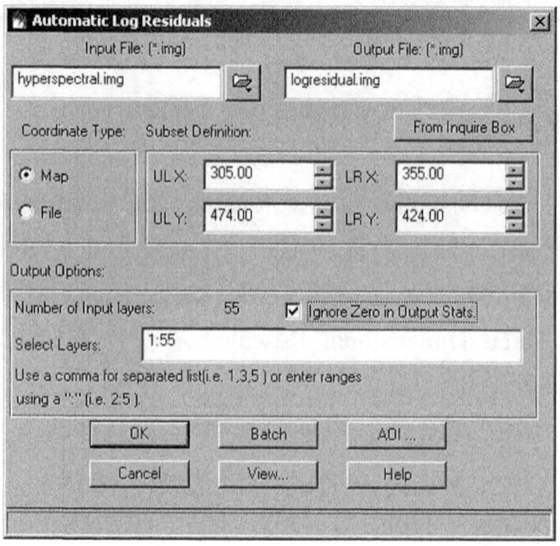

图 5-45 Automatic Log Residuals 对话框

在 Automatic Log Residuals 对话框中，需要设置下列参数。

① 确定输入文件（Input File）：hyperspectral. img。

② 定义输出文件（Output File）：logresidual. img。

③ 文件坐标类型（Coordinate Type）：Map。

④ 处理范围确定（Subset Definition）：ULX / Y、LRX / Y（默认状态为整个图像范围，可以应用 Inquire Box 定义子区）。

⑤ 输出数据统计时忽略零值：Ignore Zero in Output Stats。

⑥ 波段选择（Select Layers）：1:55（从第 1 波段到第 55 波段）。

⑦ 单击 OK 按钮（关闭 Automatic Log Residuals 对话框，执行自动对数残差处理）。

5.5.3 归一化处理

归一化处理（Normalize）是将高光谱图像中每一个像元的灰度值，统一到相同的总能量水平，或者说是将每个像元的光谱值统一到整体平均亮度的水平，以消除或尽量减少反照率（albedo）变化和地形影响所造成的差异。

在 ERDAS 图标面板菜单条中单击 Main | Image Interpreter | Basic Hyper Spectral Tools | Normalize 命令，打开 Normalize 对话框（图 5-46）；或者在 ERDAS 图标面板工具条中单击 Interpreter 图标 | Basic

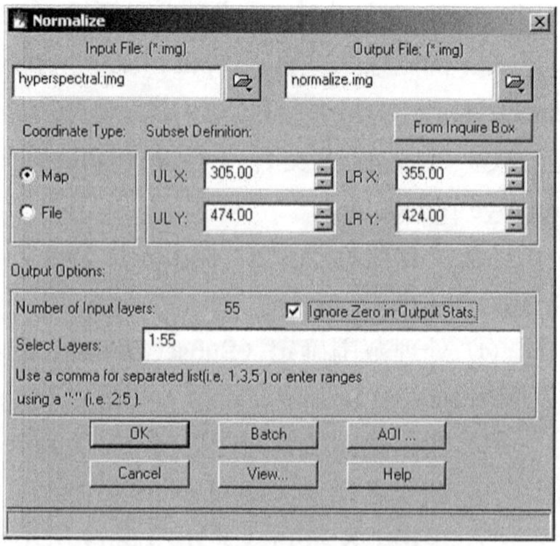

图 5-46 Normalize 对话框

Hyper Spectral Tools | Normalize 命令，打开 Normalize 对话框（图 5-46）。

在 Normalize 对话框中，需要设置下列参数。

① 确定输入文件（Input File）：hyperspectral.img。

② 定义输出文件（Output File）：normalize.img。

③ 文件坐标类型（Coordinate Type）：Map。

④ 处理范围确定（Subset Definition）：ULX / Y、LRX / Y（默认状态为整个图像范围，可以应用 Inquire Box 定义子区）。

⑤ 输出数据统计时忽略零值：Ignore Zero in Output Stats。

⑥ 波段选择（Select Layers）：1:55（从第 1 波段到第 55 波段）。

⑦ 单击 OK 按钮（关闭 Normalize 对话框，执行归一化处理）。

5.5.4 内部平均相对反射

内部平均相对反射功能（IAR Reflectance）是用整景图像的平均光谱值去除每个像元的光谱值来计算相对反射值的，将原始图像的像元灰度值（绝对反射值）转换为相对反射值。

在 ERDAS 图标面板菜单条中单击 Main | Image Interpreter | Basic Hyper Spectral Tools | IAR Reflectance 命令，打开 IAR Reflectance 对话框（图 5-47）；或者在 ERDAS 图标面板工具条中单击 Interpreter 图标 | Basic Hyper Spectral Tools | IAR Reflectance 命令，打开 IAR Reflectance 对话框（图 5-47）。

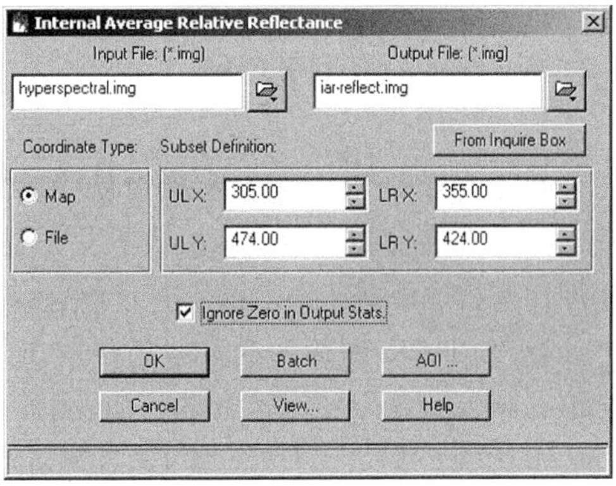

图 5-47 IAR Reflectance 对话框

在 IAR Reflectance 对话框中，需要设置下列参数。

① 确定输入文件（Input File）：hyperspectral.img。

② 定义输出文件(Output File)：iar-reflect.img。

③ 文件坐标类型（Coordinate Type）：Map。

④ 处理范围确定（Subset Definition）：ULX / Y、LRX / Y（默认状态为整个图像范围，可以应用 Inquire Box 定义子区）。

⑤ 输出数据统计时忽略零值：Ignore Zero in Output Stats。

⑥ 单击 OK 按钮（关闭 IAR Reflectance 对话框，执行内部平均相对反射处理）。

5.5.5 对数残差

对数残差功能（Log Residuals）是通过对每个像元的反射值进行归一化处理，使所有波段的基本能量都还原为 1.0，来提取原始反射值中的吸收特征值，从而校正由于大气吸收、仪器系统误差变化及两像元之间亮度差异引起的畸变。

在 ERDAS 图标面板菜单条中单击 Main | Image Interpreter | Basic Hyper Spectral Tools | Log Residuals 命令，打开 Log Residuals 对话框（图 5-48）。或者在 ERDAS 图标面板工具条中单击 Interpreter 图标 | Basic Hyper Spectral Tools | Log Residuals 命令，打开 Log Residuals 对话框（图 5-48）。

在 Log Residuals 对话框中，需要设置下列参数。

① 确定输入文件（Input File）：hyperspectral.img。

② 定义输出文件（Output File）：residuals.img。

③ 文件坐标类型（Coordinate Type）：Map。

④ 处理范围确定（Subset Definition）：ULX / Y、LRX / Y（默认状态为整个图像范围，可以应用 Inquire Box 定义子区）。

⑤ 输出数据统计时忽略零值：Ignore Zero in Output Stats。

⑥ 波段选择（Select Layers）：1:55（从第 1 波段到第 55 波段）。

⑦ 单击 OK 按钮（关闭 Log Residuals 对话框，执行对数残差处理）。

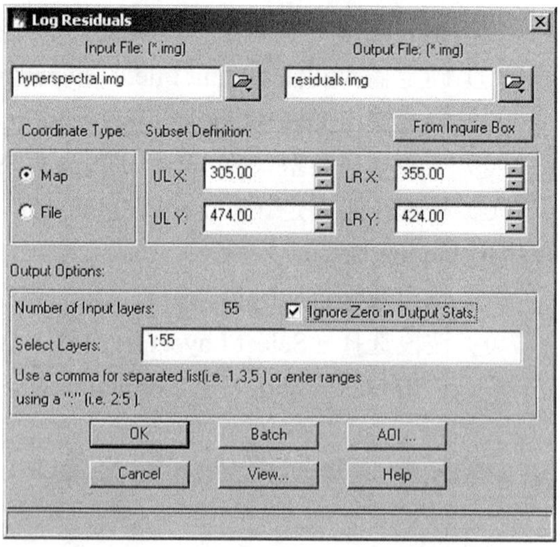

图 5-48 **Log Residuals 对话框**

5.5.6 数值调整

数值调整（Rescale）实质上就是对高光谱图像进行三维数值调整（Three Dimensional Rescale），是在保持光谱曲线形状不发生变化的前提下，将高光谱图像像元灰度值调整到 0～255 之间，有效地保持图像数据值的三维集成。

在 ERDAS 图标面板菜单条中单击 Main | Image Interpreter | Basic Hyper Spectral Tools | Rescale 命令，打开 3 Dimensional Rescale 对话框（图 5-49）；或者在 ERDAS 图标面板工具条中单击 Interpreter 图标 | Basic Hyper Spectral Tools | Rescale 命令，打开 3 Dimensional Rescale 对话框（图 5-49）。

在 3 Dimensional Rescale 对话框中，需要设置下列参数。

① 确定输入文件（Input File）：hyperspectral.img。

② 定义输出文件（Output File）：rescale.img。

③ 文件坐标类型（Coordinate Type）：Map。

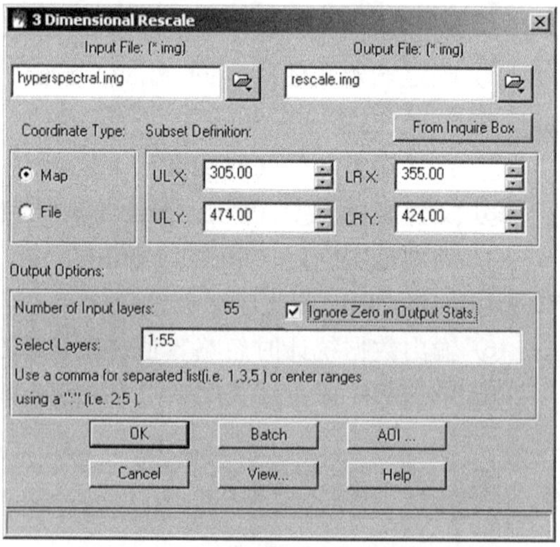

图 5-49 **3 Dimensional Rescale 对话框**

④ 处理范围确定（Subset Definition）：ULX / Y、LRX / Y（默认状态为整个图像范围，可以应用 Inquire Box 定义子区）。

⑤ 输出数据统计时忽略零值：Ignore Zero in Output Stats。

⑥ 波段选择（Select Layers）：1:55（从第 1 波段到第 55 波段）。

⑦ 单击 OK 按钮（关闭 3 Dimensional Rescale 对话框，执行数值调整）。

5.5.7 光谱均值

光谱均值功能（Spectrum Average）用于计算图像任一像元集的均值，像元集在空间上可以不连续且没有数量限制，所得结果可以加载到光谱库中，以便随后进行比较分析。

在 ERDAS 图标面板菜单条中单击 Main | Image Interpreter | Basic Hyper Spectral Tools | Spectrum Average 命令，打开 Spectrum Average 对话框（图 5-50）；或者在 ERDAS 图标面板工具条中单击 Interpreter 图标 | Basic Hyper Spectral Tools | Spectrum Average 命令，打开 Spectrum Average 对话框（图 5-50）。

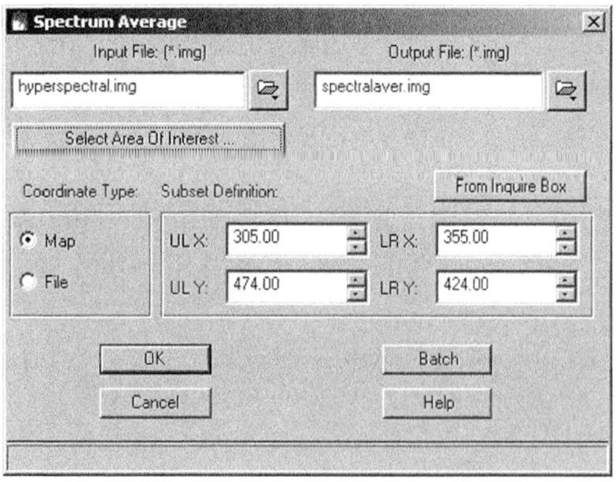

图 5-50 **Spectrum Average 对话框**

在 Spectrum Average 对话框中，需要设置下列参数。

① 确定输入文件（Input File）：hyperspectral.img。

② 定义输出文件（Output File）：spectralaver.img。

③ 选择感兴趣区域（Select Area Of Interest）：单击按钮，打开 Choose AOI 对话框（图略），AOI 区域可以来自 AOI 文件或图像视窗中；如果不选择 AOI 区域，则依据下面确定的处理范围进行操作。

④ 文件坐标类型（Coordinate Type）：Map。

⑤ 处理范围确定（Subset Definition）：ULX / Y、LRX / Y（默认状态为整个图像范围，可以应用 Inquire Box 定义子区）。

⑥ 输出数据统计时忽略零值：Ignore Zero in Output Stats。

⑦ 波段选择（Select Layers）：1:55（从第 1 波段到第 55 波段）。

⑧ 单击 OK 按钮（关闭 Spectrum Average 对话框，执行光谱均值处理）。

5.5.8 信噪比功能

信噪比功能（Signal to Noise）通过对原始高光谱图像进行 3×3 移动窗口处理，首先分别计算每个窗口像元的平均值和标准差，然后以平均值和标准差之比来计算每个像元的信噪比，最后对信噪比进行拉伸输出信噪比图像，用于直观评价各个波段的可利用程度及利用效力。

在 ERDAS 图标面板菜单条中单击 Main | Image Interpreter | Basic Hyper Spectral Tools | Signal to Noise 命令，打开 Signal to Noise 对话框

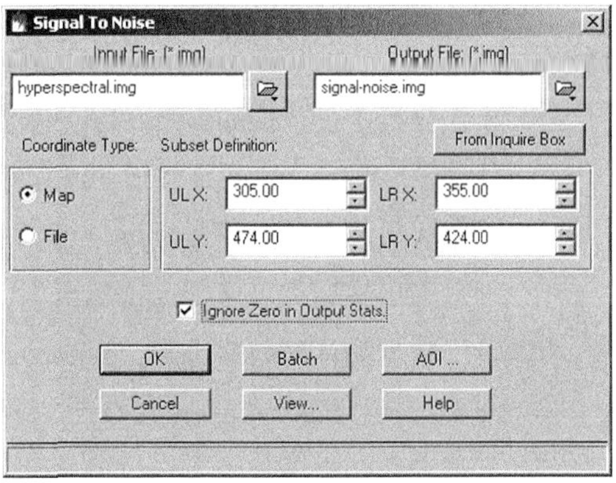

图 5-51 **Signal to Noise 对话框**

（图 5-51）；或者在 ERDAS 图标面板工具条中单击 Interpreter 图标 | Basic Hyper Spectral Tools | Signal to Noise 命令，打开 Signal to Noise 对话框（图 5-51）。

在 Signal to Noise 对话框中，需要设置下列参数。

① 确定输入文件（Input File）：hyperspectral.img。

② 定义输出文件（Output File）：signal-noise.img。

③ 文件坐标类型（Coordinate Type）：Map。

④ 处理范围确定（Subset Definition）：ULX / Y、LRX / Y（默认状态为整个图像范围，可以应用 Inquire Box 定义子区）。

⑤ 输出数据统计时忽略零值：Ignore Zero in Output Stats。

⑥ 单击 OK 按钮（关闭 Signal to Noise 对话框，执行信噪比处理）。

5.5.9 像元均值

像元均值功能（Mean per Pixel）通过计算每个像元平均反射值，并将其拉伸到 0～255 的取值范围，输出像元均值灰度图像。无论输入波段有几个，只输出单波段数值；然后根据像元均值灰度图像的明暗程度，发现异常亮值或异常暗值，并进行相邻图像对比，用于评价传感器性能。

在 ERDAS 图标面板菜单条中单击 Main | Image Interpreter | Basic Hyper Spectral Tools | Mean Per Pixel 命令，打开 Mean Per Pixel 对话框（图 5-52）；或者在 ERDAS 图标面板工具条中单击 Interpreter 图标 | Basic Hyper Spectral Tools | Mean Per Pixel 命令，打开 Mean Per Pixel 对话框（图 5-52）。

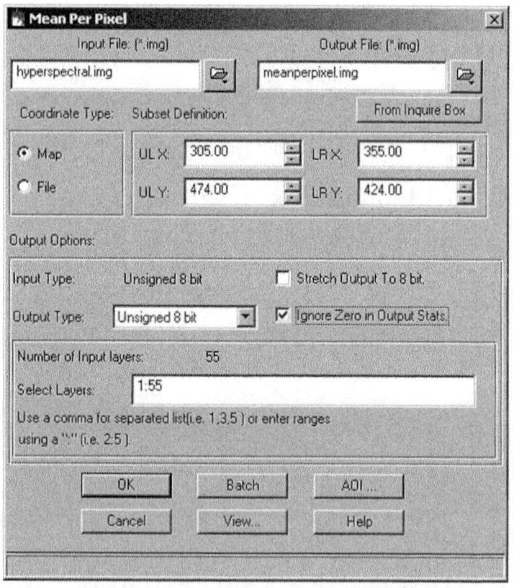

图 5-52 Mean Per Pixel 对话框

在 Mean Per Pixel 对话框中，需要设置下列参数。

① 确定输入文件（Input File）：hyperspectral.img。

② 定义输出文件（Output File）：meanperpixel.img。

③ 文件坐标类型（Coordinate Type）：Map。

④ 处理范围确定（Subset Definition）：ULX / Y、LRX / Y（默认状态为整个图像范围，可以应用 Inquire Box 定义子区）。

⑤ 确定输出数据类型（Output Type）：Unsigned 8 bit。

⑥ 输出数据统计时忽略零值：Ignore Zero in Output Stats。

⑦ 波段选择（Select Layers）：1:55（从第 1 波段到第 55 波段）。

⑧ 单击 OK 按钮（关闭 Mean Per Pixel 对话框，执行像元均值处理）。

5.5.10 光谱剖面

光谱剖面（Spectral Profile）反映的是一个像元在各波段反射光谱值变化曲线，是分析高光谱数据的基础，有助于估计像元内地物的化学组成，操作过程如下。

首先在视窗中打开一幅高光谱图像（hyperspectral.img），然后按照下列过程进行操作。

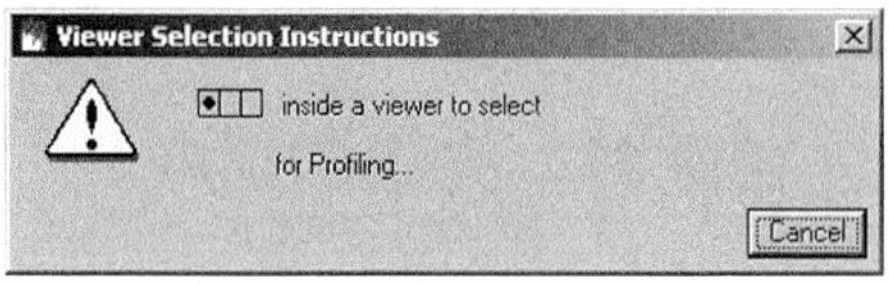

图 5-53 Viewer Selection Instructions 指示器

在 ERDAS 图标面板菜单条中单击 Main | Image Interpreter | Basic Hyper Spectral Tools | Spectral Profile 命令，打开 Viewer Selection Instructions 指示器（图 5-53）；或者在将鼠标移到高光谱图像视窗中单击，确定绘制剖面曲线的图像，打开 Spectral Profile 视窗（图 5-54）；或者在 ERDAS 图标面板工具条中单击 Interpreter 图标 | Basic Hyper Spectral Tools | Spectral Profile 命令，打开 Viewer Selection Instructions 对话框（图 5-53）；或者在将鼠标移到高光谱图像视窗中单击，确定绘制剖面曲线的图像，打开 Spectral Profile 视窗（图 5-54）。

在 Spectral Profile 视窗中，可以进行下列操作。

① 在 Spectral Profile 工具条中单击 Create New Profile Point 图标＋。

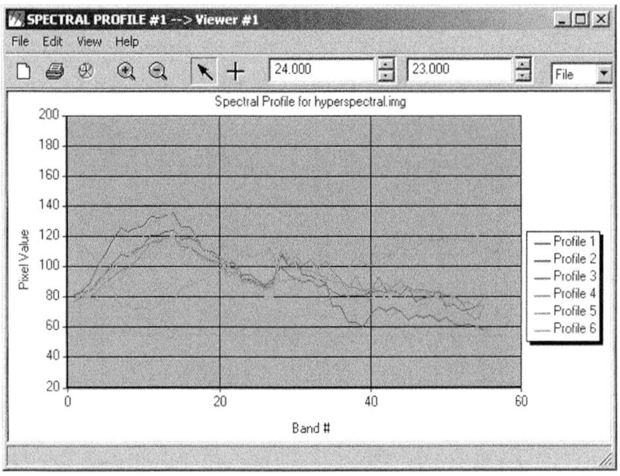

图 5-54 Spectral Profile 视窗与光谱剖面曲线

② 在高光谱图像视窗中选择像元，单击确定一点。

③ Spectral Profile 视窗中自动生成该像元点的光谱剖面曲线（图 5-54）。光谱剖面曲线的横坐标是光谱波段，纵坐标是像元反射值。

④ 重复上述过程可以生成多个像元点的光谱剖面曲线（图 5-54）。

应用 Spectral Profile 视窗编辑命令，可以编辑光谱剖面曲线。

① 单击 Edit | Chart Options 命令，打开 Chart Options 对话框，编辑曲线。

② 单击 Edit | Chart Legend 命令，打开 Legend Editor 对话框，编辑图例。

③ 单击 Edit | Plot Stats 命令，打开 Spectral Statistical 对话框，统计曲线。

应用 Spectral Profile 视窗显示命令，可以显示光谱曲线像元灰度值。

① 单击 View | Tabular Data 命令，打开 Profile Tabular Data 对话框，像元灰度。

② 单击 View | Spec View 命令，打开 Spec View 对话框，光谱曲线库。

应用 Spectral Profile 视窗文件操作，可以打印和保存光谱剖面曲线。

① 单击 File | Print 命令，打开 Printer 属性设置对话框，打印曲线。

② 单击 File | Save As 命令，打开 Save Profile 对话框，文件名（*.ovr）。

③ 单击 File | Export Data 命令，打开 Export Profile 对话框，文件名（*.sif）。

④ 单击 File|Close 命令（关闭 Spectral Profile 视窗，退出光谱剖面工具）。

此外，ERDAS IMAGINE 还提供了空间剖面（Spatial Profile）与区域剖面（Surface Profile）绘制功能。空间剖面（Spatial Profile）的绘制与修改过程与光谱剖面类似，具体含义与空间剖面图参见 2.6.4 节文字与图 2-39。区域剖面（Surface Profile）的绘制与修改过程与光谱剖面类似，具体含义与区域剖面图参见 2.6.4 节文字与图 2-40。

5.5.11 光谱数据库

ERDAS IMAGINE 光谱数据库（Spectral Library）中包含了美国宇航局喷气推进实验室（Jet Propulsion Laboratory，JPL）、美国地质测量局（U.S. Geological Survey，USGS），以及 ERDAS 公司所建立的大量地物波谱，特别是矿物波谱数据及其光谱曲线，用户可以随时浏览，并与自己的研究进行对比分析。当然，用户也可以浏览自己建立的光谱剖面（*.sif），此类光谱数据可以在 Spec Profile 视窗产生（具体过程见 5.10 节）。光谱库的浏览与对比操作过程如下。

在 ERDAS 图标面板菜单条中单击 Main | Image Interpreter | Basic Hyper Spectral Tools | Spectral Library 命令，打开 Spec View 视窗（图 5-55）；或者在 ERDAS 图标面板工具条中单击 Interpreter 图标 | Basic Hyper Spectral Tools | Spectral Library 命令，打开 Spec View 视窗（图 5-55）。

在 Spectral Profile 视窗菜单条中单击 View | Spec View | Spec View 视窗（图 5-55）。

在 Spec View 视窗中，可以进行下列操作。

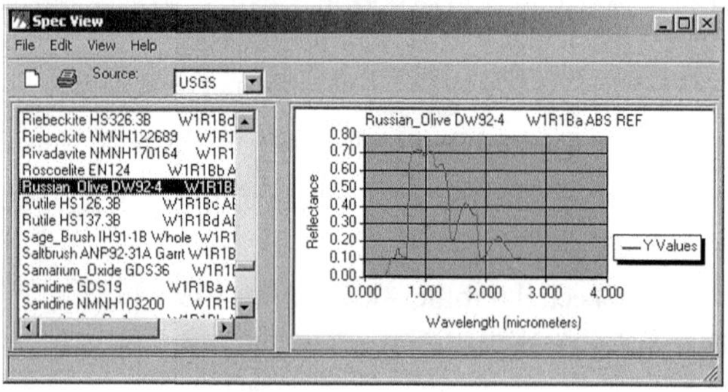

图 5-55 Spec View 视窗与光谱曲线

① 选择 USGS 光谱库作为数据源（Source）：USGS。

② 选择显示 Russian Olive DW92-4 光谱曲线（图 5-55）。

③ 编辑光谱曲线可单击 Edit | Chart Options 命令，打开 Chart Options 对话框（图略）。

④ 编辑曲线特性可单击 Edit | Chart Legend 命令，打开 Legend Editor 对话框（图略）。

⑤ 浏览光谱数据可单击 View | Tabular 命令，打开 Tabular Data 表格（图略）。

⑥ 保存光谱曲线可单击 File | Save As | Postscript / Annotation 命令。

⑦ 打印光谱曲线可单击 File | Print 命令，打开设置打印参数，并打印输出。

⑧ 关闭光谱数据库可单击 File | Close / Close All 命令（退出 Spectral View 视窗）。

5.6 高光谱高级工具

5.6.1 异常探测

异常探测（Anomaly Detection）功能是通过搜索整幅输入图像的像元，发现哪些像元与背景光谱之间的显著不同。

在 ERDAS 图标面板菜单条中单击 Main | Image Interpreter | Advanced Hyper Spectral Tools | Anomaly Detection 命令，进入异常探测工作流程（图 5-56～图 5-70）；或者在 ERDAS 图标面板工具条中单击 Interpreter 图标 | Advanced Hyper Spectral Tools | Anomaly Detection 命令，进入异常探测工作流程（图 5-56～图 5-70）。

第 1 步：确定输入文件： 输入文件对话框（图 5-56）

在异常探测工作流程的第一个对话框中，用户可以建立一个新的工程文件、打开已存在的工程文件或者选择一幅需要处理的图像。设置完毕后单击 Next 按钮。

第 2 步：定义输出文件： 输出文件对话框（图 5-57）

在第二个对话框中，用户需要对输出文件进行设置，有两种输出文件的类型可以选择。

① Continuous：输出一幅灰度图，像元值在 0（黑）到 1（白）之间

② Yes/No：输出一幅二值图，0 表示黑和 1 表示白。如果输出二值图，需要设定阈值（Threshold），越小的阈值会产生越多的异常点

第 3 步：识别坏波段： 坏波段识别对话框（图 5-58～图 5-60）

输出文件设置结束后，如果单击 Next 按钮，将会弹出坏波段识别对话框（图 5-58）。

高光谱图像经常会出现一些被破坏的波段，可能具有较低的信噪比，或者是由于大气的存在、传感器的性能等造成的。如果在高光谱图像处理中不排除这些坏波段，就会使计算结果不能令人满意。为了排除这种情况的发生，应该预先列出一个处理中不使用的波段表。

选中 Exclude Bad Band 单选按钮，然后单击右下角的图标，进入坏波段选择工具（Bad Band Selection Tool）对话框（图 5-59）。

在这个对话框中，有 4 个窗口，依

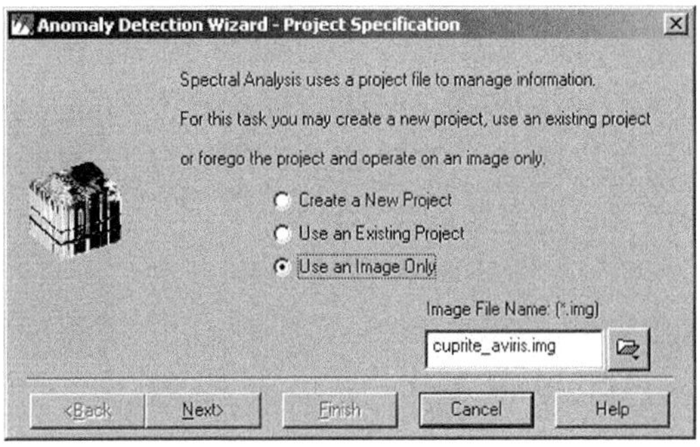

图 5-56 输入文件对话框

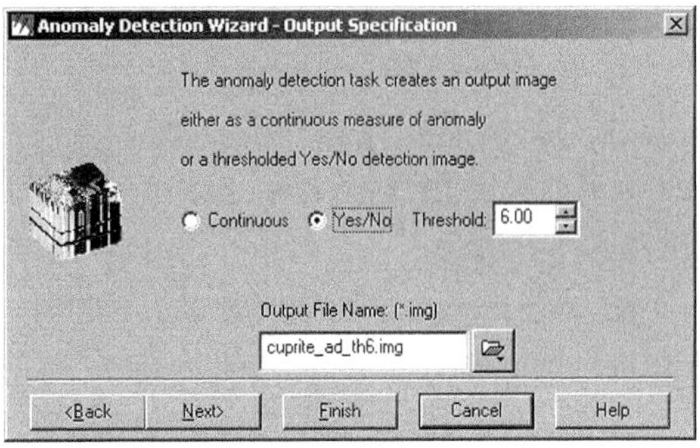

图 5-57 输出文件对话框

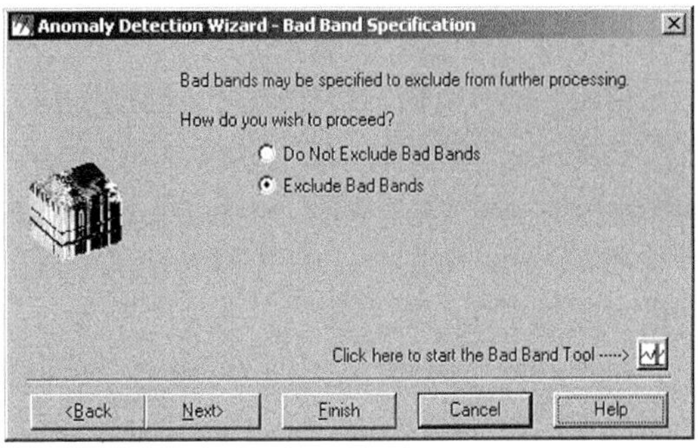

图 5-58 坏波段识别对话框

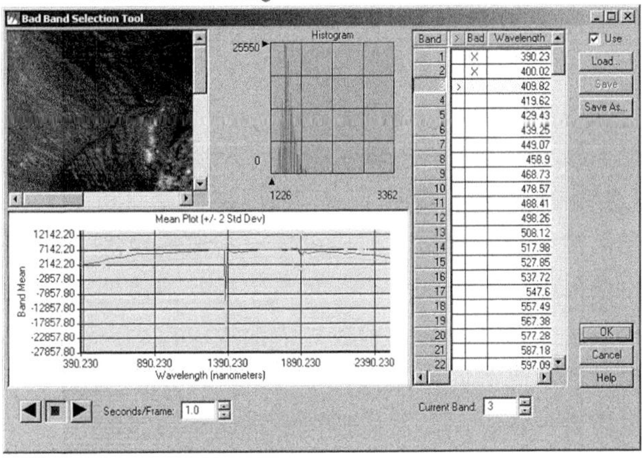

图 5-59 坏波段选择工具对话框

次是所选波段的图像预览、图像直方图窗口（Histogram）、光谱曲线窗口和波段列表窗口。

① 双击波段，可以进行波段选择，会出现一个“>”标志，预览窗口出现该波段的图像扣预览。

② 在波段列表窗口中标识出坏波段 1 或 2，以符号“x”表示。

③ 单击 按钮以动画的形式向下播放波段，并显示预览，单击 按钮停止，单击 按钮向前播放。

④ 根据每个波段的目视情况，标识出 108～113 为坏波段（图 5-60），另外标识 13、153～166、221～224 波段为坏波段。

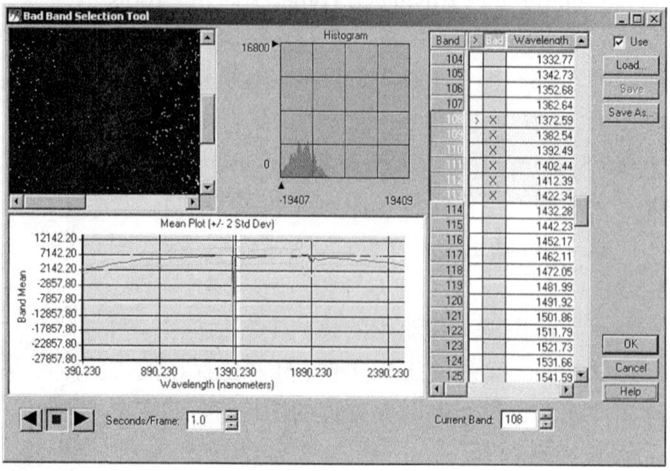

图 5-60　标识坏波段

⑤ 单击 Save As 按钮，设置保存的文件名称，单击 Save 按钮保存。

⑥ 确保选中 Use 复选框，单击单击 OK 按钮，完成坏波段识别。

第 4 步：光谱子区选择：光谱子区选择工具对话框（图 5-61～图 5-62）

单击 Next 按钮，弹出的对话框提示用户是否进入光谱子区选择工具（Spectral Subset Selection Tool）（图 5-61）。本例中选中 Don't Define Subset（Use All Bands）单选按钮，即使用所有波段进行计算。

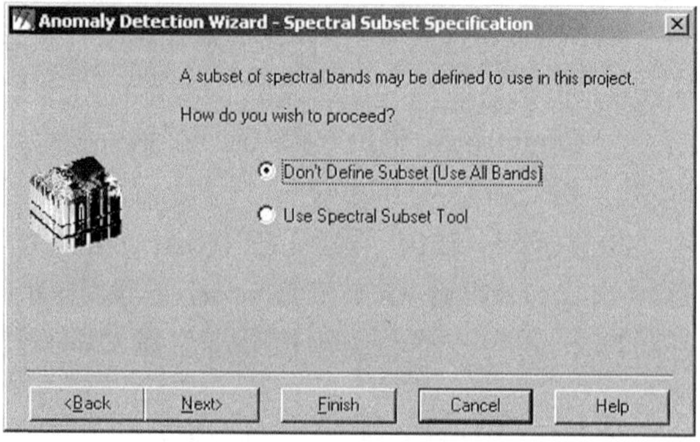

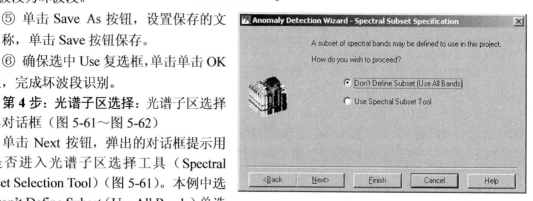

图 5-61　光谱子区选择工具对话框

在某些应用分析中，用户可能已经可以确定需要哪些波段，或者已经确定某些波段是不需要的，这时就需要使用光谱子区选择工具选择出特定的一些波段（光谱范围）。如果选中需要定义光谱子区，即 Use Spectral Subset Tool 单选按钮，这时对话框的右下角会出现一个图标，单击此图标就进入光谱子区选择工具对话框（图 5-62）。在这个对话框中有 3 个窗口：光谱库选择窗口、波段选择窗口和光谱曲线显示窗口。用户可以单击或拖曳波段选择窗口中 Band 字段下的数字进行波段选择，选择的波段会显示在光谱曲线窗口中；也可以从光谱库中选择特定的地物，并拖曳至光谱曲线窗口，然后根据地物光谱曲线的特征，从波段显示窗口中进行选择，最后将选择的波段进行存储。

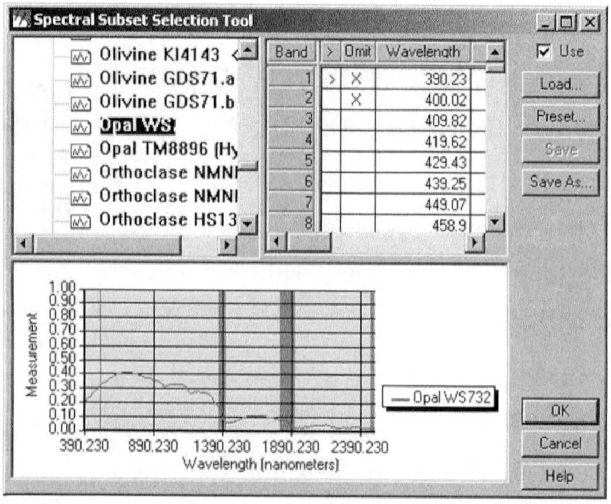

图 5-62　光谱子区选择工具对话框

第 5 步：空间范围选择：空间范围选择工具对话框（图 5-63～图 5-64）

在光谱子区选择工具对话框（图 5-61）中，单击 Next 按钮，弹出空间范围选择工具对话框（图 5-63），提示“是否进入空间范围选择工具”。本例中选中 Don’t Define Subset（Use Entire Image）单选按钮，即使用图像的所有空间范围进行计算。

在某些应用分析中，用户可能只希望使用图像的一部分进行计算。这时就需要选择图像的空间范围，选中 Use Spatial Subset Tool 单选按钮，对话框的右下角会出现一个图标，单击这个图标就可以进入空间范围选择工具（图 5-64）。在这个工具里，用户可以使用查询框和 AOI 工具进行空间范围的选取，并可以将选取结果存储为文件的形式。

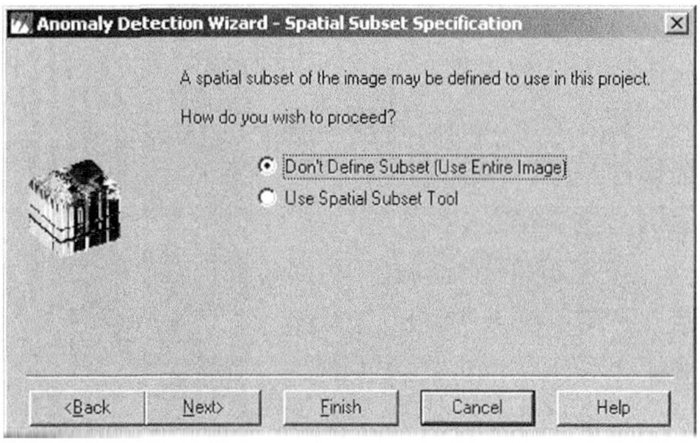

图 5-63 空间范围选择工具对话框

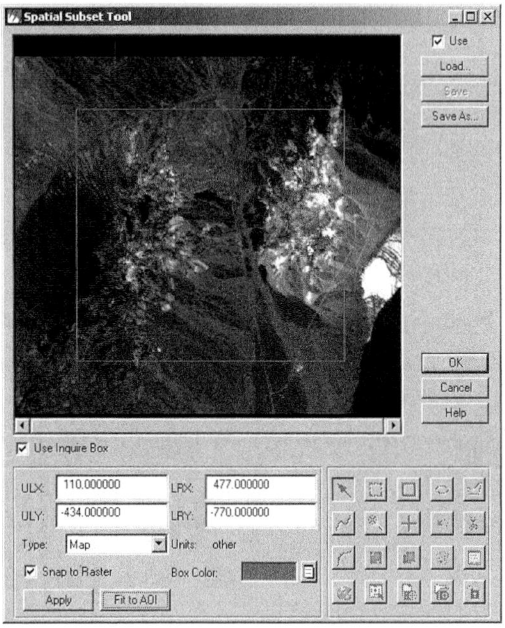

图 5-64 空间范围选择工具对话框

第 6 步：大气校正工具选择：大气校正工具选择对话框（图 5-65～图 5-66）

在空间范围选择工具对话框（图 5-63）中，单击 Next 按钮，弹出大气校正工具选择对话框（图 5-65），提示是否进入大气校正设置工具（图 5-65）。本例中选中 Don’t Perform Atmospheric Adjustment 单选按钮，即不进行大气校正。

大气校正的目的是去除地球大气的吸收和散射对遥感图像的影响，并使图像灰度值转换到具有物理意义的反射率。有两种方法可以实现这个目的：一是大气模型方法，一是经验方法。大气模型方法试图定量地分析图像获取时大气组分，并且计算可能产生的影响。经验方法是根据图像获取时，地面上的真实情况来进行大气校正的，这种方法需要知道地面上一些不受大气影响地点的光谱数据。ERDAS IMAGINE 系统的高光谱高级工具使用经验方法进行大气校正。

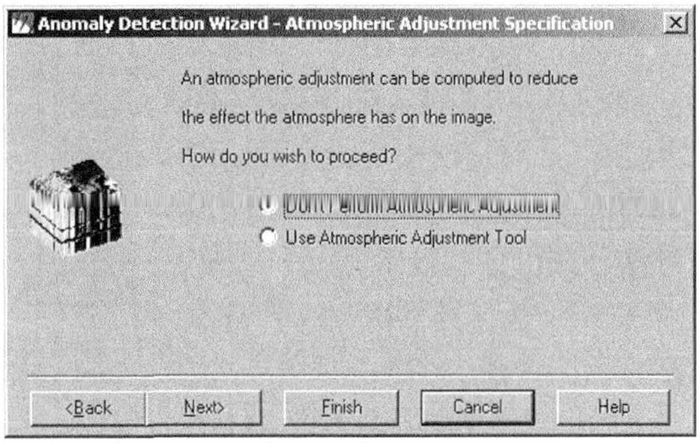

图 5-65 大气校正工具选择对话框

如果选中 Use Atmospheric Adjustment Tool 单选按钮，则在对话框的右下角出现一个图标，单击这个图标即可进入大气校正工具对话框（图 5-66）。在这个对话框中，用户可以从光谱库中拖曳一种物质的光谱到光谱曲线窗口，然后在图像中存在该物质的地点进行选取，选取区域的光谱自动显示在光谱曲线窗口。对比获得的光谱曲线，选择接近的作为地面经验，然后根据 Method 中选择的方法进行大气校正。

第 7 步：MNF 转换工具选择：MNF 转换工具选择对话框（图 5-67）

在空间范围选择工具对话框（图 5-65）中，单击 Next 按钮，弹出 MNF 转换工具选择对话框（图 5-67），提示是否进入 MNF（Minimum Noise Fraction，最小噪声分离）设置工具（图 5-67）。本例中选中 Don't Perform Transformation 单选按钮，即 MNF 转换。

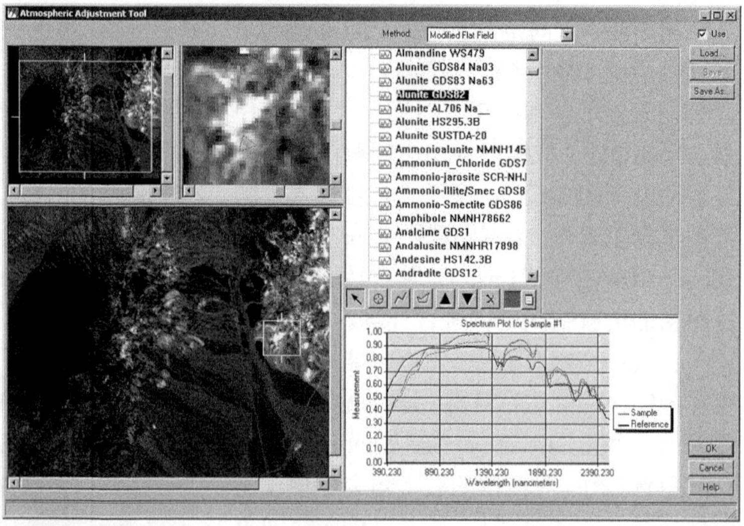

图 5-66 大气校正工具选择对话框

在很多情况下，图像所存在的噪声有可能会和用户所感兴趣的地物相似，因此需要降低图像的噪声。MNF 分析方法首先把噪声成分从图像信息中分离出去，这样也同时减少了对超大数据量的处理要求。第一步是以噪声成分的协方差矩阵为基础，对图像数据做去相关和重定标处理，这样既使得噪声成分具有单一方差，又去除了波段间的相关性；第二步对经上述处理后的新数据做一次标准的主成分分析。最后，通过对比特征值与相应的结果图像，可以把结果图像分成大特征值及主要成分图像和小特征值及噪声成分为主的图像两部分。

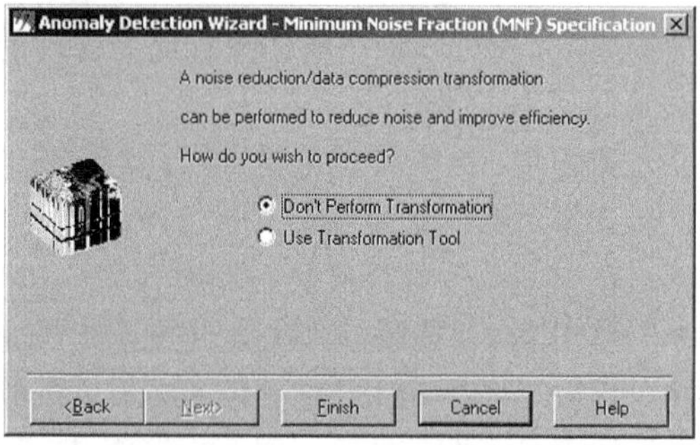

图 5-67 MNF 转换工具选择对话框

如果选中 Use Transformation Tool 单选按钮，则在对话框的右下角出现一个图标MNF，单击这个图标即可进入 MNF 转换工具对话框（图 5-68）。在 MNF 转换工具对话框中，用户可以选择计算协方差的空间范围，预设噪声滤波方法，并可预览显示。

第 8 步：执行异常探测：异常探测执行对话框（图 5-69）

在 MNF 转换工具选择对话框（图 5-67）中单击 Finish 按钮，弹出异常探测执行对话框（图 5-69）。选中 Create Output File and Proceed to Workstation 单选按钮，单击 OK 按钮，执行异常探测并打开光谱分析工作站（Spectral

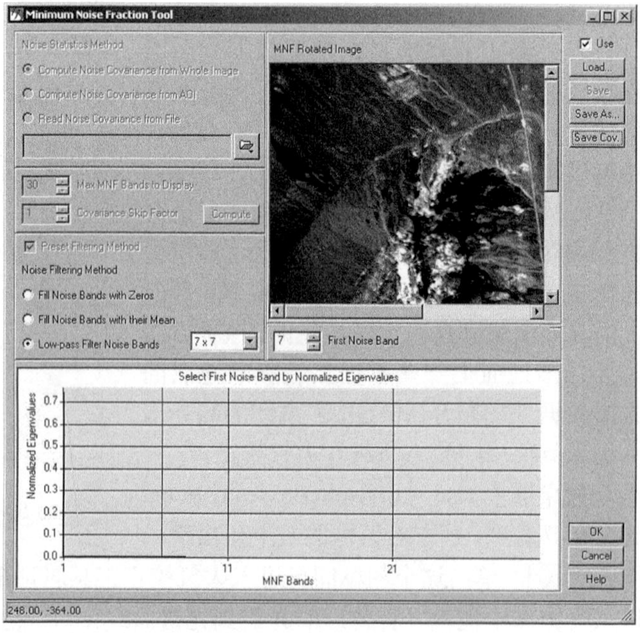

图 5-68 MNF 转换工具对话框（转换后）

Analysis Workstation）（图 5-70），用户可以查看探测结果及异常点的光谱特征。关于光谱工作站的使用将在后续章节中介绍。

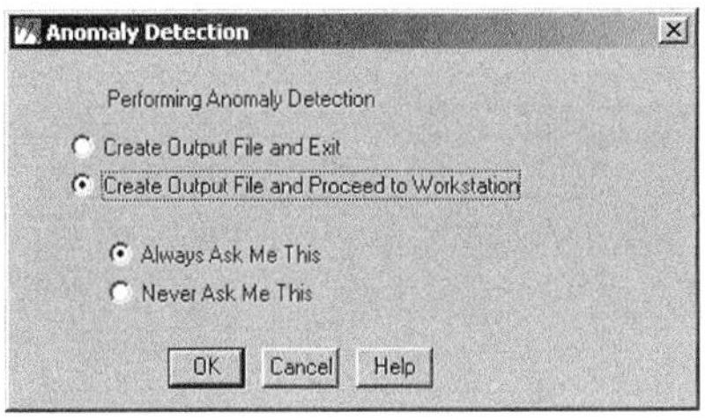

图 5-69 异常探测执行对话框

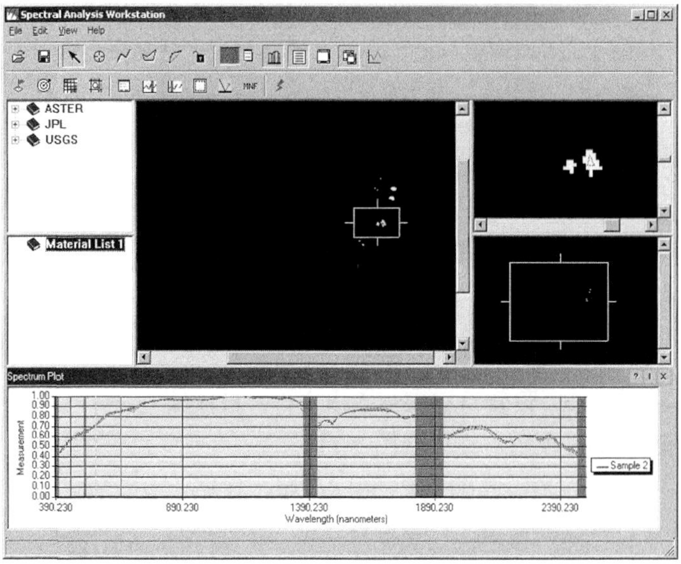

图 5-70 光谱工作站（异常探测结果）

5.6.2 目标探测

目标探测（Target Detection）就是在输入图像中寻找特殊的目标地物，目标地物可以从已知的地物光谱库中选择，输出结果为灰度图或二值图的目标范围。目标探测的流程和异常探测类型重复的地方将不再介绍。

在 ERDAS 图标面板菜单条中单击 Main | Image Interpreter | Advanced Hyper Spectral Tools | Target Detection 命令，打开进入目标探测工作流程（图 5-71～图 5-76）；或者在 ERDAS 图标面板工具条中单击 Interpreter 图标 | Advanced Hyper Spectral Tools | Target Detection 命令，进入目标探测工作流程（图 5-71～图 5-76）。

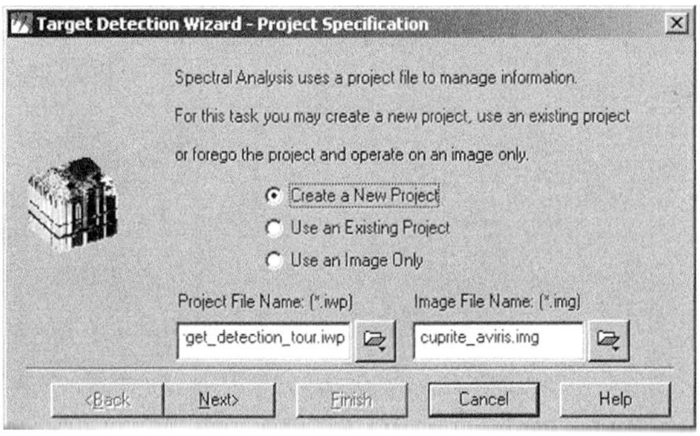

图 5-71 创建目标探测工程对话框

第 1 步：创建目标探测工程：创建目标探测工程对话框（图 5-71）

① 选中 Create a New Project 单选按钮。

② 输入工程文件名称（Project File Name: (*.iwp)）：target_detection_tour.iwp。

③ 输入图像文件名称（Image File Name: (*.img)）：/examples/ cuprite_aviris.img。

第 2 步：探测目标光谱选择：目标光谱选择器（图 5-72）

在创建目标探测工程对话框中，单击 Next 按钮，进入目标光谱选择器（图 5-72）。右击选择器，在弹出的快捷菜单中选择 Open a spectrum library file（打开一个光谱库文件）选项，将会出现文件选择器，然后在/examples 目录下选择 buddingtonite_scenederived.spl（图 5-72）选项，单击 OK 按钮。在目标光谱选择器中选择目标光谱文件 buddingtonite_scenederived（图 5-73）。

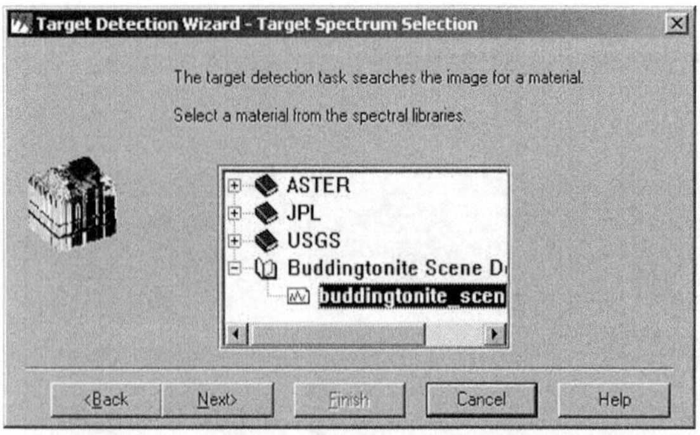

图 5-72　目标光谱选择器

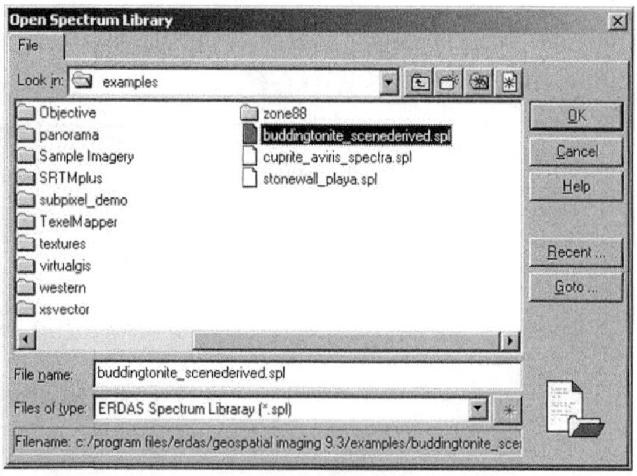

图 5-73　选择光谱库文件

第 3 步：设置目标探测输出文件：目标探测输出文件设置对话框（图 5-74）

在目标光谱选择器中，单击 Next 按钮，打开目标探测输出文件设置对话框（图 5-74）。

第 4 步：执行目标探测功能：目标探测执行对话框（图 5-75）

在目标探测输出文件设置对话框中，单击 Finish 按钮，弹出目标探测执行对话框（图 5-75）。选中 Create Output File and Proceed to Workstation 单选按钮，单击 OK 按钮，执行目标探测并打开光谱分析工作站（Spectral Analysis Workstation）（图 5-76），用户可以查看探测结果及目标地物的光谱特征。

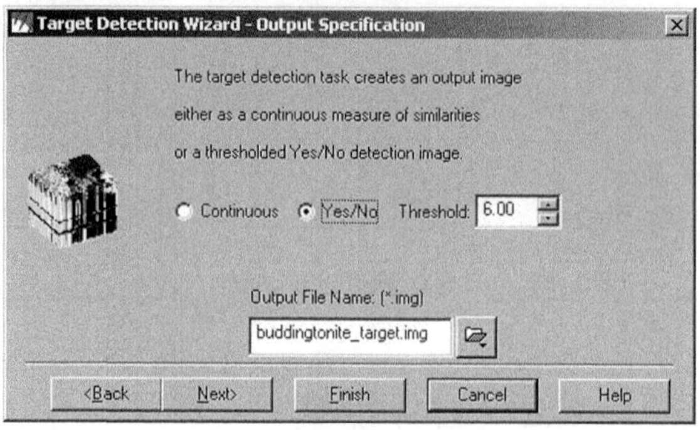

图 5-74　目标探测输出文件设置对话框

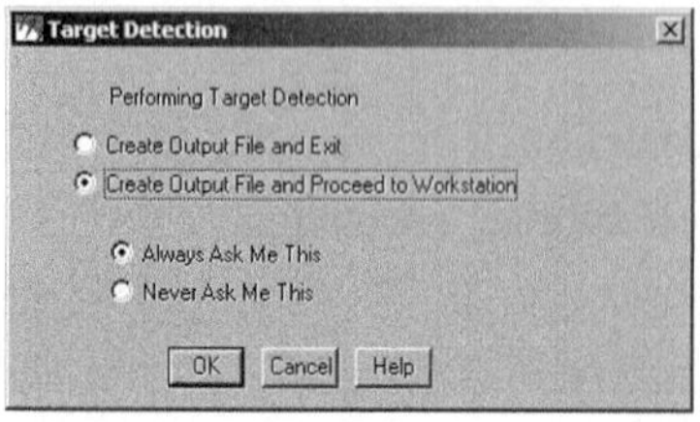

图 5-75　目标探测执行对话框

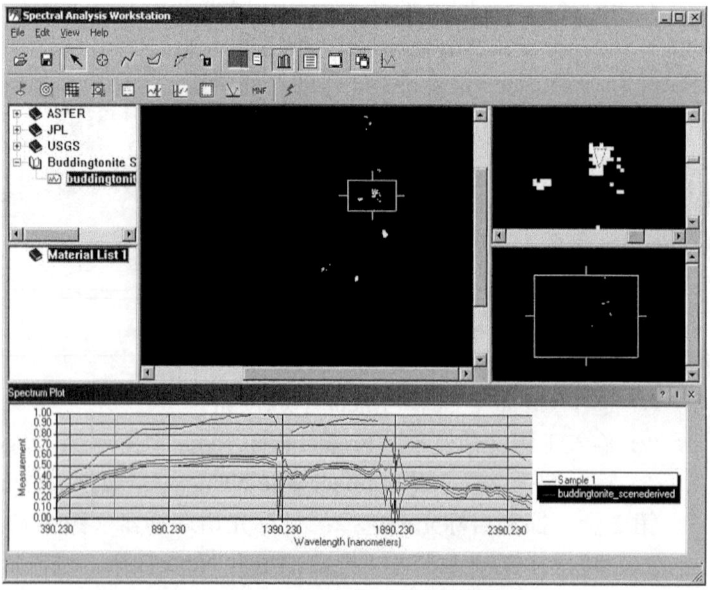

图 5-76　光谱分析工作站（目标探测结果）

5.6.3 地物制图

地物制图（Material Mapping）功能就是根据输入的感兴趣地物的光谱特征，在输入图像中寻找地物的分布。

在ERDAS图标面板菜单条中单击Main | Image Interpreter | Advanced Hyper Spectral Tools | Material Mapping命令，进入地物制图工作流程(图5-77～图5-92)；或者在ERDAS图标面板工具条中单击 Interpreter 图标 | Advanced Hyper Spectral Tools | Material Mapping 命令，进入地物制图工作流程（图5-77～图5-92）。

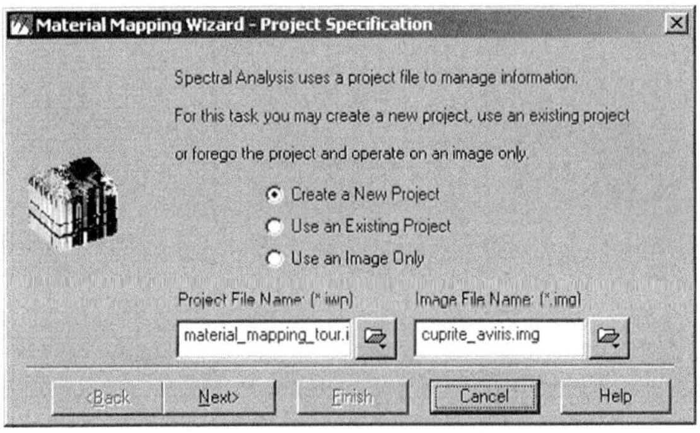

图 5-77 创建地物制图工程对话框

第1步：创建地物制图工程：创建地物制图工程对话框（图5-77）

① 选中 Create a New Project 单选按钮。

② 输入工程文件名称(Project File Name: (*.iwp))：material_mapping_tour.iwp。

③ 输入图像文件名称(Image File Name: (*.img))：/examples/ cuprite_aviris.img。

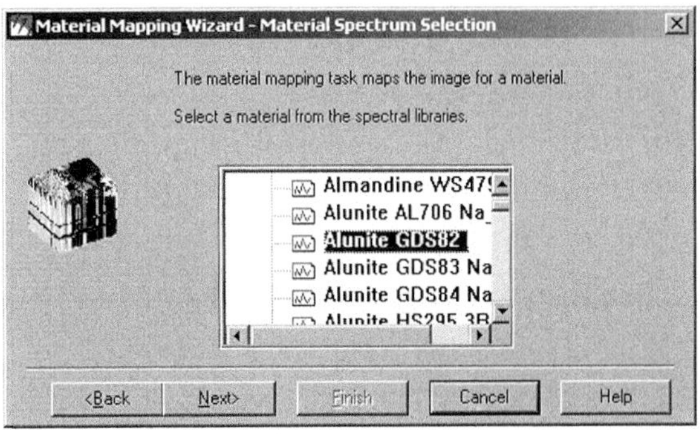

图 5-78 目标光谱选择器

第2步：选择目标光谱：目标光谱选择器（图5-78）

在创建地物制图工程对话框中，单击Next按钮，进入目标光谱选择器（图5-78）。右击选择器，在USGS(United States Geological Survey，美国地质调查局）光谱库中，选择Alunite GDS82 Na82光谱文件（图5-78）。

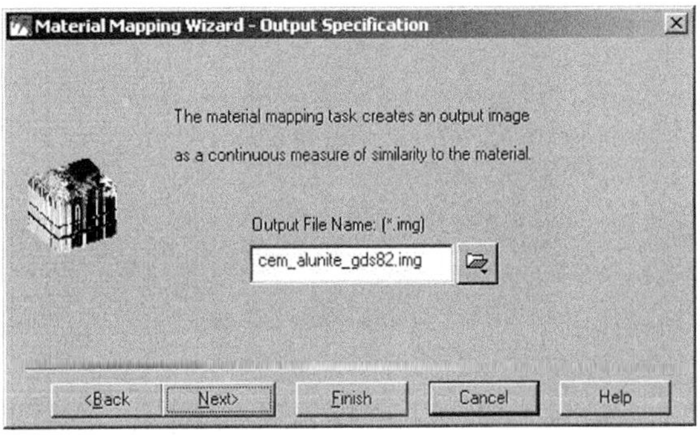

图 5-79 地物制图输出文件设置对话框

第3步：设置地物制图输出文件：地物制图输出文件设置对话框（图5-79）

在目标光谱选择器，单击Next按钮，弹出地物制图输出文件设置对话框（图5-79），定义输出文件。

第4步：设置传感器信息：传感器信息设置对话框（图5-80～图5-81）

在地物制图输出文件设置对话框，单击Next按钮，弹出设置传感器信息对话框（图5-80），提示是否进行传感器信息设置（图 5-80）。由于选择的地物制图的信号不是来自要分析的图像而是来自光谱库，应该使目标地物的光谱与图像的波段信息相适应，因此设置传感器信息是必需的。选中Use Sensor Information单选按钮后，会在对话框右下角出现一个图标▭，单击此图标进入传感器信息设置对话框（图5-81），设置传感器信息之后，单击OK按钮退出。

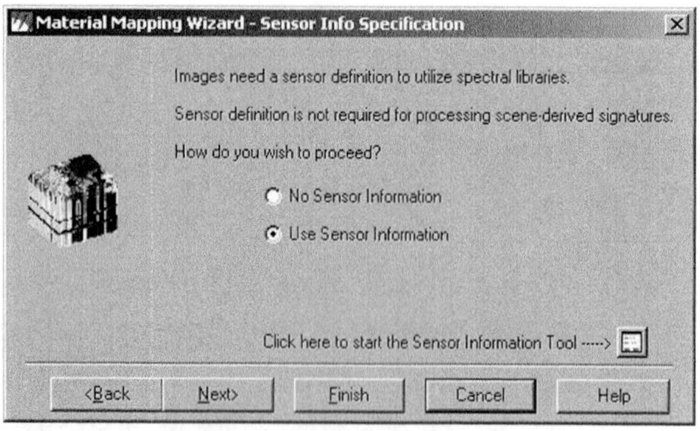

图 5-80　传感器信息设置对话框

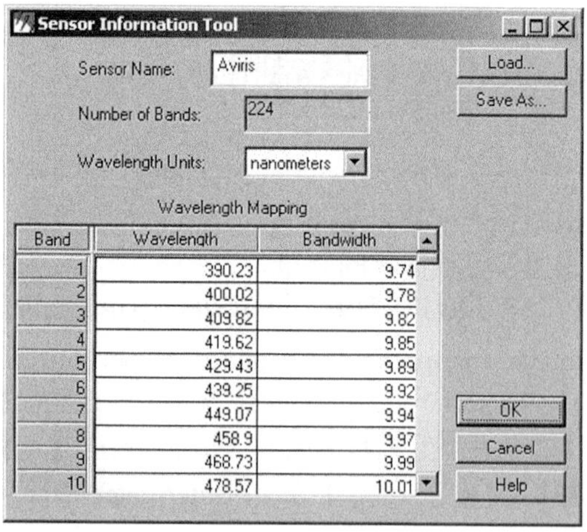

图 5-81　传感器信息设置对话框

第 5 步：识别与选择坏波段：坏波段识别对话框（图 5-82～图 5-83）

在传感器信息设置对话框（图 5-80）中，单击 Next 按钮，弹出坏波段识别对话框（图 5-82）。选中 Exclude Bad Bands 单选按钮，然后单击右下角的图标，进入坏波段选择工具(Bad Band Selection Tool)对话框(图 5-83)，设置 1、2、13、108～113、153～166、221～224 为坏波段，也可以单击 Load 按钮，导入异常探测中存储的坏波段文件 aviris_badbands.bbl，单击 OK 按钮退出。

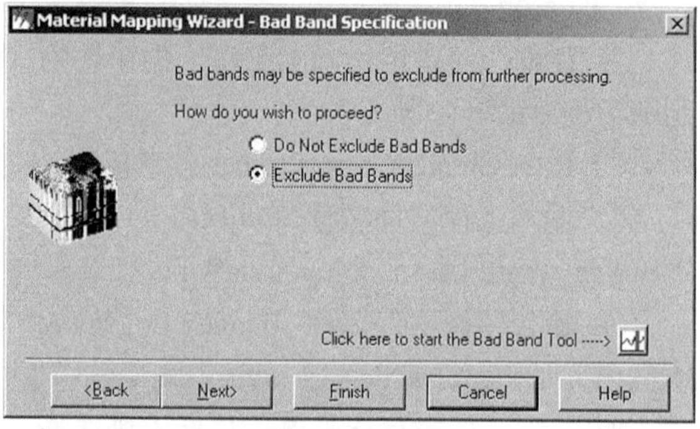

图 5-82　坏波段识别对话框

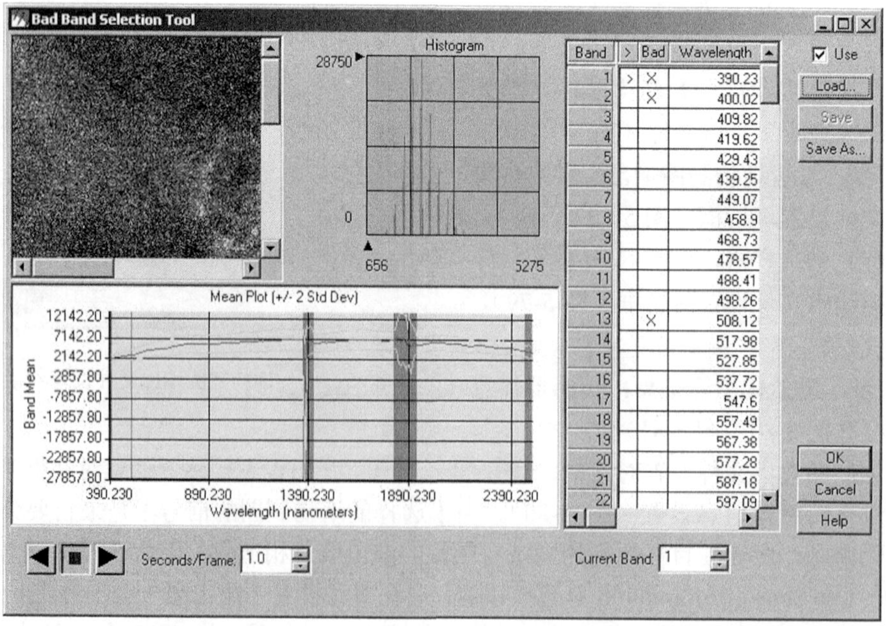

图 5-83　坏波段选择工具对话框

第 6 步：执行地物制图功能：执行地物制图对话框（图 5-84～图 5-85）

在坏波段识别对话框（图 5-82）中，单击 Finish 按钮，弹出地物制图执行对话框（图 5-84）。选中 Create Output File and Proceed to Workstation 单选按钮，单击 OK 按钮，执行地物制图并打开光谱分析工作站（Spectral Analysis Workstation）（图 5-84），用户可以查看地物制图结果。

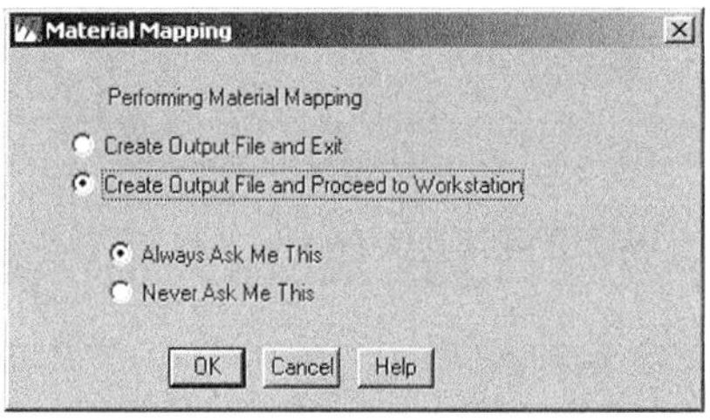

图 5-84 执行地物制图对话框

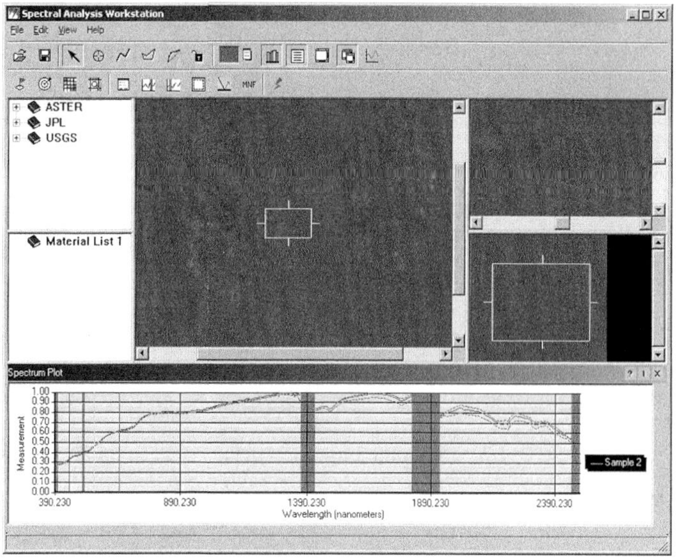

图 5-85 光谱分析工作站（地物制图结果）

第 7 步：地物制图结果分析：地物制图结果与分类图叠加（图 5-86）

在光谱分析工作站（地物制图结果）（图 5-85）菜单中选择 Open Overlay 选项，选择 /examples 目录下的 cuprite_classified_map.img 文件，即图像的分类文件，进行地物制图结果的对比（图 5-86）。

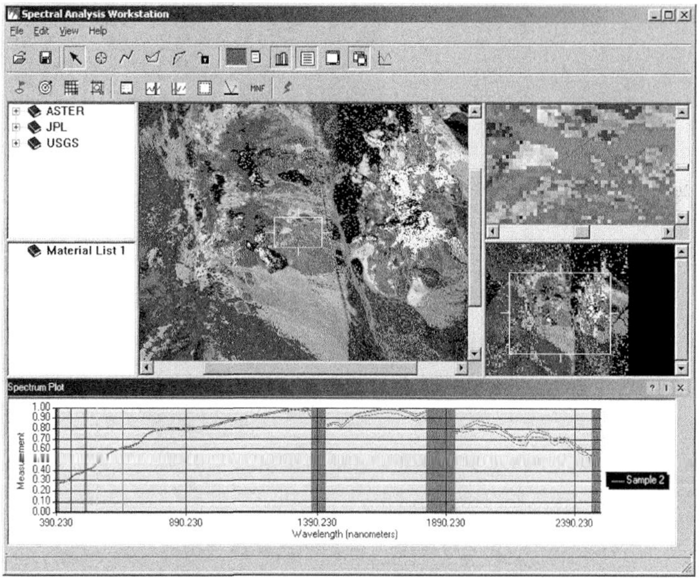

图 5-86 地物制图结果与分类图叠加

第 8 步：分类图属性编辑：属性编辑对话框（图 5-88）

在地物制图结果与分类图叠加（图 5-86）主视图窗口中右击，选择 Arrange Layers 选项（图 5-87），然后右击分类图图层，选择属性编辑（Attribute Editor）；在属性编辑中右击 Row 字段下的一个记录，选择 Select All 选项；单击 Color 字段下的一个颜色框，选择黑色；右击 Row 字段下的一个记录，选择 Select None 选项；把 Row 字段下的 59 和 80 设为红色（图 5-88），分类结果显示为图 5-89 所示的分类图属性调整后的结果。

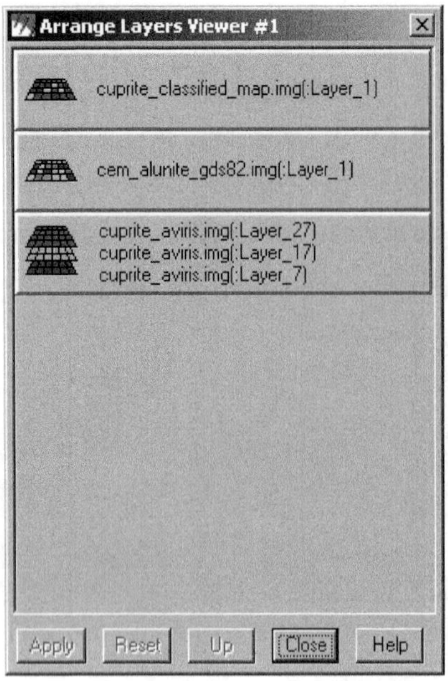

图 5–87 Arrange Layers 对话框

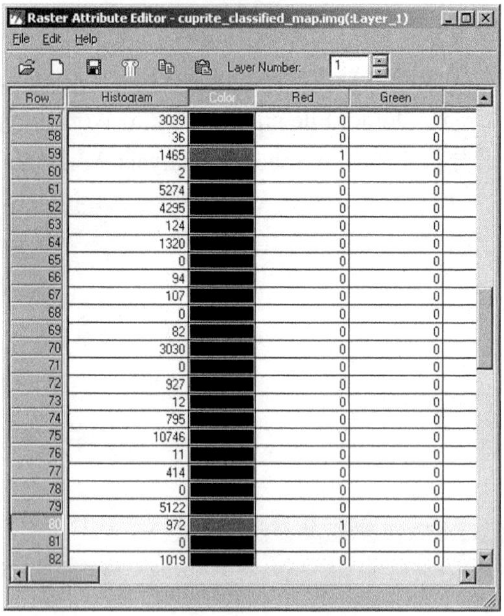

图 5–88 属性编辑对话框

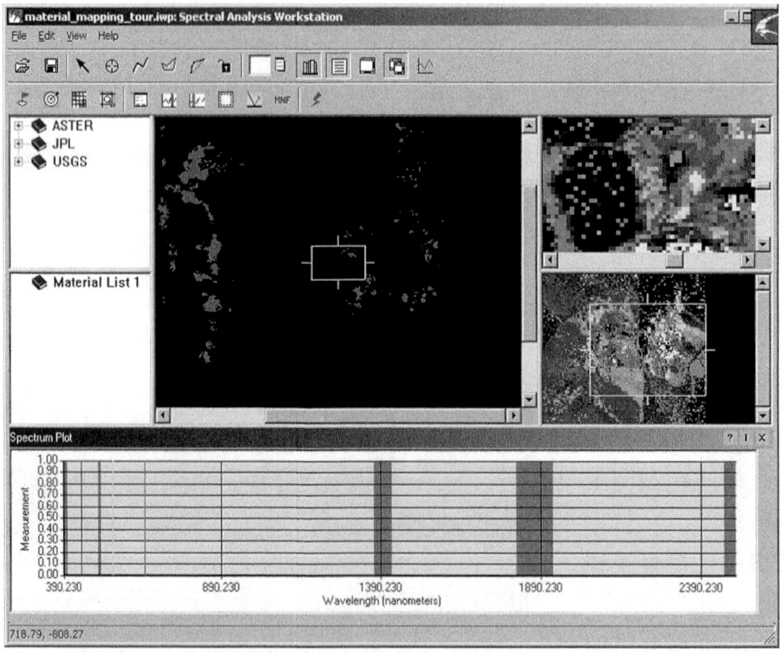

图 5–89 分类图属性调整后的结果

第 9 步：地物制图属性编辑：属性编辑对话框（图 5-90）

在 Arrange Layers 对话框（图 5-87）中，将地物制图结果 cem_alunite_gds82.img 放至最上层，然后右击此图层，选择属性编辑（Attribute Editor），把 103～255 设置为绿色（图 5-90～图 5-91）。

第 10 步：地物制图结果对比：地物制图结果与分类结果比较（图 5-92）

在地物制图属性调整后的结果（图 5-91）中，右击主窗口，选择 Swipe 选项，采用视窗卷帘功能对比地物制图结果与分类图结果（图 5-92）。

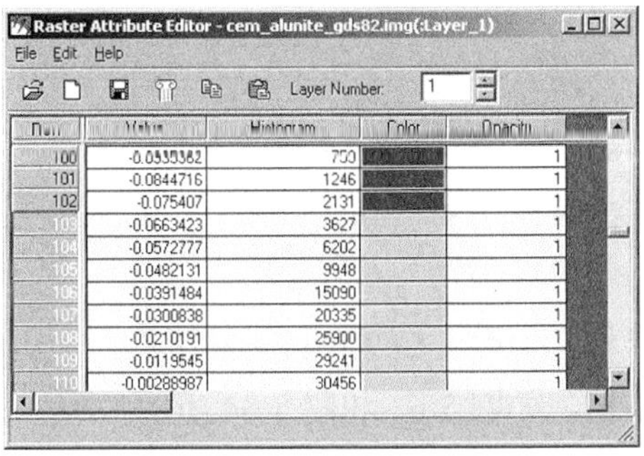

图 5-90 属性编辑对话框

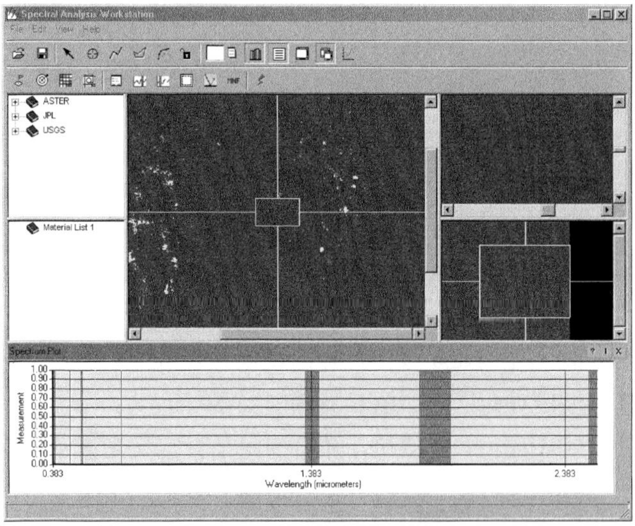

图 5-91 地物制图属性调整后的结果

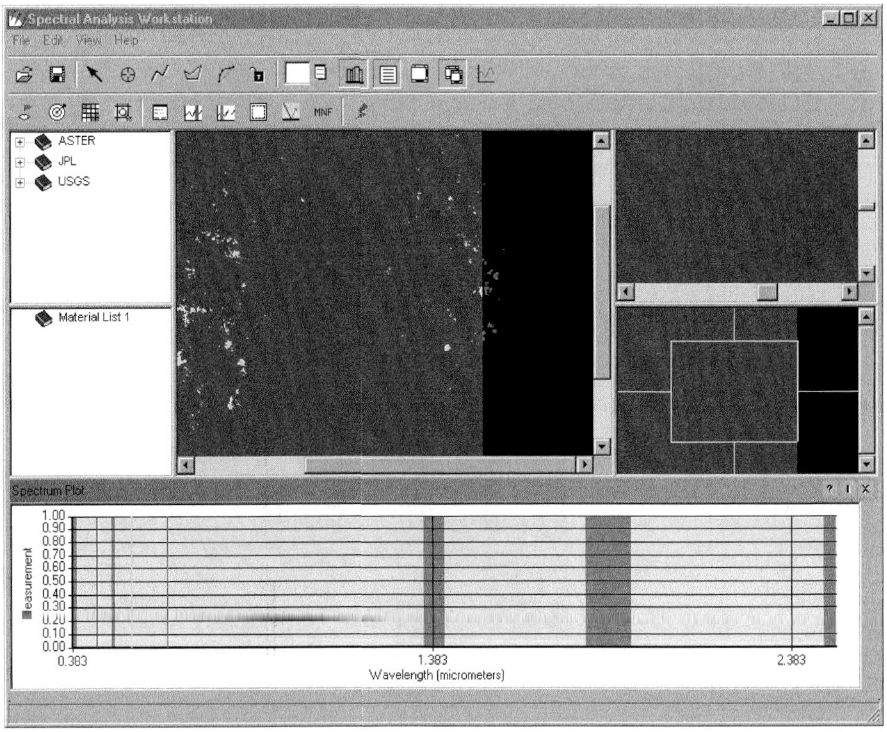

图 5-92 地物制图结果与分类结果比较

5.6.4 光谱分析工程向导

光谱分析工程向导（Project Wizard）引导用户对高光谱数据进行一系列处理。

在 ERDAS 图标面板菜单条中单击 Main | Image Interpreter | Advanced HyperSpectral Tools |

Project Wizard 命令，进入工程向导（图 5-93）；或者在 ERDAS 图标面板工具条中单击 Interpreter 图标 | Advanced Hyper Spectral Tools | Project Wizard 命令，进入工程向导（图 5-93）。

① 创建或使用新的工程（图 5-93）。

② 单击 Next 按钮，弹出询问是否设置传感器信息对话框，如图 5-80 和图 5-81 所示。

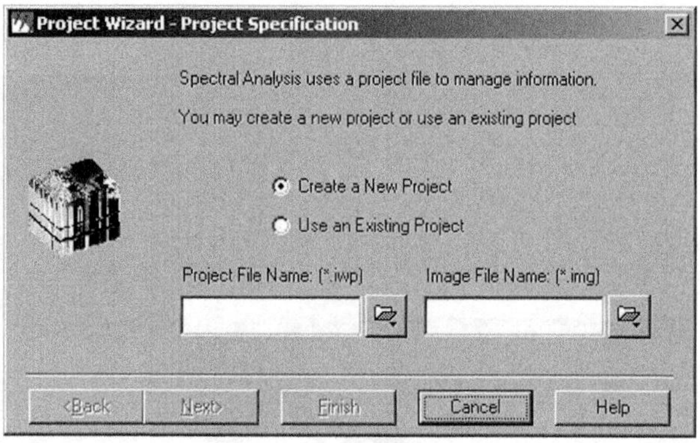

图 5-93 创建或使用新的工程

③ 单击 Next 按钮，弹出询问是否选择坏波段对话框，如图 5-58 和图 5-59 所示。

④ 单击 Next 按钮，弹出询问是否定义光谱子区对话框，如图 5-61 和图 5-62 所示。

⑤ 单击 Next 按钮，弹出询问是否定义空间范围对话框，如图 5-63 和图 5-64 所示。

⑥ 单击 Next 按钮，弹出询问是否进行大气校正对话框，如图 5-65 和图 5-66 所示。

⑦ 单击 Next 按钮，弹出询问是否进行 MNF 转换对话框，如图 5-67 和图 5-68 所示。

⑧ 单击 Finish 按钮，结束工程向导。

5.6.5 光谱分析工作站

光谱分析工作站（Spectral Analysis Workstation）提供了交互式的界面，可以完成所有的光谱分析工作流程和处理功能。可以从解译和分类两个模块启动光谱分析工作站。

在 ERDAS 图标面板菜单条中单击 Main | Image Interpreter | Advanced Hyper Spectral Tools | Spectral Analysis Workstation 命令，打开光谱分析工作站视窗（图 5-94）；或者在 ERDAS 图标面板菜单条中单击 Main | Image Classfication | Spectral Analysis | Spectral Analysis Workstation 命令，打开光谱分析工作站视窗（图 5-94）。

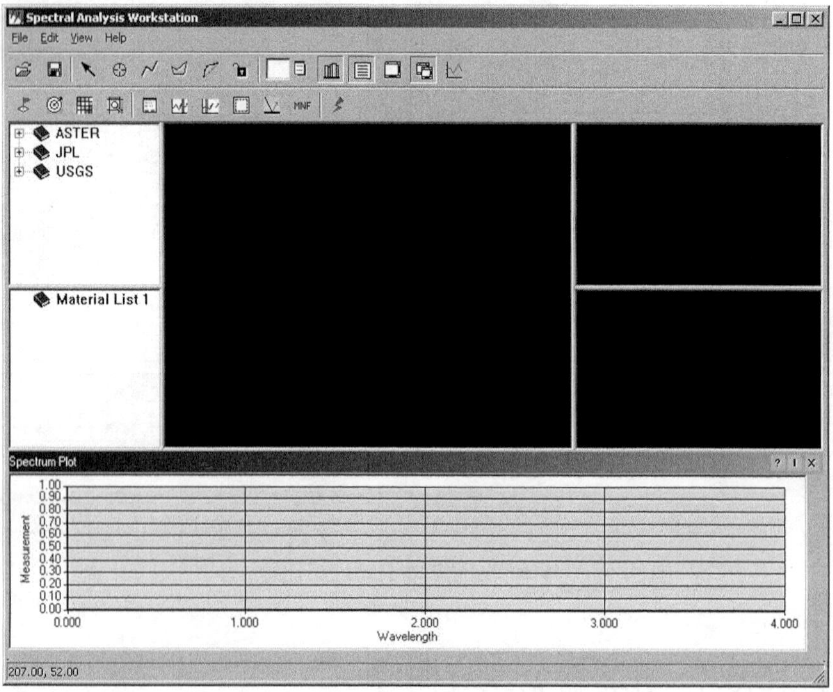

图 5-94 光谱分析工作站视窗

光谱分析工作站为分析高光谱图像和光谱库提供了集成环境，允许用户在视窗内交互式地分析图像、光谱信号和显示其他数据。光谱分析工作站视窗基本组成如图 5-94 所示。

光谱分析工作站视窗（图 5-94）由菜单命令、工具条和若干窗口组成。

1．光谱分析工作站菜单命令与功能

光谱分析工作站（Spectral Analysis Workstation）菜单命令与功能如表 5-11 所列。

表 5-11 光谱分析工作站菜单命令与功能

命令	功能
File：	文件菜单：
New	新建一个工程
Open Project	打开一个工程
Open Analysis Image	打开要分析的图像
Open Overlay	打开一个叠置层
Load Selectors From AOI	导入一个 AOI 文件
Save	存储工程文件
Save As	另存工程文件
Save Preprocessed Image	存储预处理的图像
Save Selectors To AOI File	存储选择特征为 AOI 文件
Close	关闭当前光谱分析工作站
Close All	关闭所有光谱分析工作站
Edit：	编辑菜单：
Sensor Information	传感器信息工具
Bad Bands	坏波段选择工具
Spectral Subset	光谱子区选择工具
Spatial Subset	空间范围选择工具
Atmospheric Adjustment	大气校正工具
Minimum Noise Fraction (MNF)	MNF 分析工具
View：	视窗菜单：
General Workstation Mode	一般的工作站视窗模式
Anomaly Detection Mode	异常探测视窗模式
Target Detection Mode	目标探测视窗模式
Material Mapping Mode	地物制图视窗模式
Material Identification Mode	地物识别视窗模式
Preprocess	执行预处理
No Preprocessed Image	显示没有预处理的图像
Bad Bands	显示坏波段处理的图像
Preset RGB Combinations	选择预设的波段组合
True Color	真彩色波段组合
False Nature Color	假彩色波段组合
False Color IR	红外假彩色波段组合
Desktop RGB	1、2、3 波段表示为红、绿、蓝
Desktop BGR	3、2、1 波段表示为红、绿、蓝
Preference	预设的颜色波段组合
Reset Viewers	重设图像使之适合显示窗口
Help	光谱分析工作站联机帮助

2．光谱分析工作工具条图标与功能

光谱分析工作站（Spectral Analysis Workstation）工具条图标与功能如表 5-12 所列。

表 5-12 光谱分析工作站工具条图标与功能

图标	命令	功能
	Open	打开光谱分析工程文件
	Save	保存光谱分析工程文件
	Select	选择工具
	Create Point Selector	点选工具
	Create Polyline Selector	线选工具
	Create Polygon Selector	面选工具
	Reshape Selector	修改线状或面状选择工具
	Unlock/Lock	解锁/锁定工具
	Color Selector	选择颜色工具
	Show Spectral Library	显示光谱库
	Show Working Materials List	显示处理地物列表
	Display Only Main View	只显示主窗口
	Display All Views	显示所有窗口
	Spectrum Plot	显示光谱曲线
	Anomaly Detection	异常探测功能
	Target Detection	目标探测功能
	Material Mapping	地物制图功能
	Material Identification	地物识别功能
	Sensor Information	传感器信息工具
	Bad Band Selection	坏波段选择工具
	Spectral Subset Selection	光谱子区选择工具
	Spatial Subset	空间范围选择工具
	Atmospheric Adjustment	大气校正工具
	Minimum Noise Fraction	MNF 分析工具
	Run	执行操作

5.7 傅里叶变换

傅里叶变换（Fourier Analysis）首先是将遥感图像从空间域转换到频率域，把 RGB 彩色图像转换成一系列不同频率的二维正弦波傅里叶图像；然后，在频率域内对傅里叶图像进行滤波、掩膜等各种编辑，减少或消除部分高频成分或低频成分；最后，再把频率域的傅里叶图像变换到 RGB 彩色空间域，得到经过处理的彩色图像。傅里叶变换主要是用于消除周期性噪声，此外，还可用于消除由于传感器异常引起的规则性错误；同时，这种处理技术还以模式识别的形式用于多波段图像处理。

5.7.1 快速傅里叶变换

应用傅里叶变换功能的第一步，就是把输入的空间域彩色图像转换成频率域傅里叶图像

（*.fft），这项工作就是由快速傅里叶变换（Fourier Transform）完成的，具体步骤如下。

在 ERDAS 图标面板菜单条中单击 Main | Image Interpreter | Fourier Analysis | Fourier Transform 命令，打开 Fourier Transform 对话框（图 5-95）；或者在 ERDAS 图标面板工具条中单击 Interpreter 图标 | Fourier Analysis | Fourier Transform 命令，打开 Fourier Transform 对话框（图 5-95）。

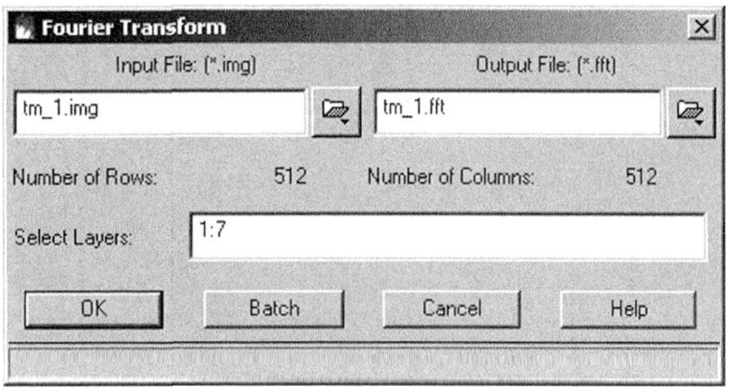

图 5-95 Fourier Transform 对话框

在 Fourier Transform 对话框中，需要设置下列参数。

① 确定输入图像（Input File）：tm_1.img。

② 定义输出图像（Output File）：tm_1.fft。

③ 波段变换选择（Select Layers）：1:7（从第 1 波段到第 7 波段）。

④ 单击 OK 按钮（关闭 Fourier Transform 对话框，执行快速傅里叶变换）。

5.7.2 傅里叶变换编辑器

傅里叶变换编辑器（Fourier Transform Editor）集成了傅里叶图像编辑的全部命令与工具，通过对傅里叶图像的编辑，可以减少或消除遥感图像条带噪声和其他周期性的图像异常。不过，始终应该记住一点：傅里叶图像的编辑是一个交互的过程，没有一个现成的最好的处理规则，只能根据用户所处理的数据特征，通过不同编辑工具应用的不断试验，寻找到最适合的编辑方法和途径。当然，用户可以用鼠标在傅里叶图像上单击或拖拉，查询其坐标位置（u，v），坐标值将在编辑器视窗下部的状态条中显示。通过查询坐标，可以辅助用户决定傅里叶图像处理过程中的参数设置。

1. 启动傅里叶变换编辑器

在 ERDAS 图标面板菜单条中单击 Main | Image Interpreter | Fourier Analysis | Fourier Transform Editor 命令，打开 Fourier Editor 视窗（图 5-96）；或者在 ERDAS 图标面板工具条中单击 Interpreter 图标 | Fourier Analysis | Fourier Transform Editor 命令，打开 Fourier Editor 视窗（图 5-96）。

2. 傅里叶变换编辑器功能

从图 5-96 可知，傅里叶变换编辑器视窗由菜单条（Menu Bar）、工具条（Tool Bar）、图像窗口（Image Window）和状态条（Status Bar）组成。菜单条中的命令及其功能如表 5-13 所列，工具条中的图标及其功能如表 5-4 所列。

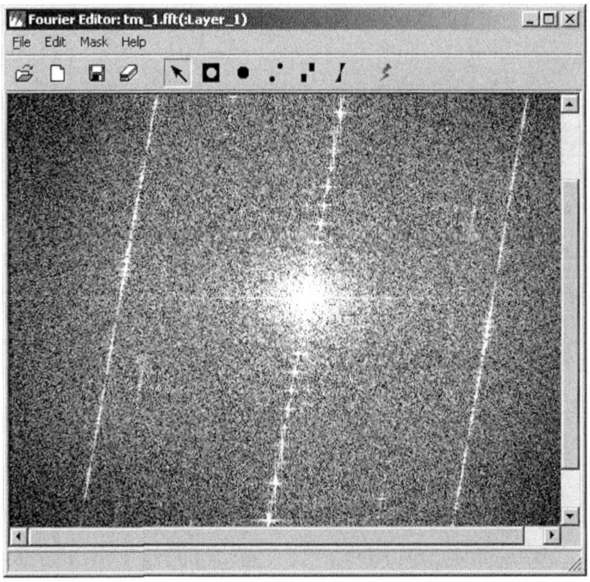

图 5-96 Fourier Editor 视窗（打开 FFT 图像之后）

表 5-13　傅里叶变换编辑器菜单命令及其功能

命令	功能
File:	文件操作：
New	打开一个新的傅里叶变换编辑器
Open	打开傅里叶图像（*.fft）
Revert	恢复所有的傅里叶图像编辑
Save	保存编辑后的傅里叶图像
Save All	保存所有编辑过的傅里叶图像
Save As	将编辑后的傅里叶图像保存为新文件
Inverse Transform	执行傅里叶逆变换
Clear	清除傅里叶编辑器视窗中的图像
Close	关闭当前傅里叶变换编辑器
Close All	关闭所有傅里叶变换编辑器
Edit:	编辑操作：
Undo	恢复前一次傅里叶图像编辑
Filter Options	设置基于鼠标的图像编辑滤波器
Mask:	掩膜操作：
Filters	滤波操作（高通滤波 / 低通滤波）
Circular Mask	圆形掩膜（以图像中心为对称）
Rectangular Mask	矩形掩膜（以图像中心为对称）
Wedge Mask	楔形掩膜（以图像中心为对称）
Help:	联机帮助：
Help for Fourier Editor	傅里叶变换编辑器的联机帮助

表 5-14　傅里叶变换编辑器工具图标及其功能

图标	命令	功能
	Open FFT Layer	打开傅里叶图像
	Create	打开新的傅里叶编辑器
	Save FFT Layer	保存傅里叶图像
	Clear	清除傅里叶图像
	Select	选择傅里叶工具、查询图像坐标
	Low-Pass Filter	低通滤波
	High-Pass Filter	高通滤波
	Circular Mask	圆形掩膜
	Rectangular Mask	矩形掩膜
	Wedge Mask	楔形掩膜
	Inverse Transform	傅里叶逆变换

5.7.3　傅里叶图像编辑

傅里叶图像编辑（Editing Fourier Image）是借助傅里叶变换编辑器所集成的众多功能完成的。要编辑傅里叶图像，首先必须打开傅里叶图像，所以，下面首先从打开傅里叶图像讲起，然后分别介绍低通滤波、高通滤波、矩形掩膜、楔形掩膜等常用的傅里叶图像编辑方法，以及多种编辑方法的组合。各种编辑方法的操作过程并不复杂，关键是各种参数的设置与滤波方法的选择。如果没有特别说明，每进行一种处理操作，都需要重新打开傅里叶变换图像。

1. 打开傅里叶变换图像

在 Fourier Editor 视窗菜单条中单击 File | Open 命令，打开 Open FFT Layer 对话框(图 5-97)；或者在 Fourier Editor 视窗工具条中单击 Open 图标，打开 Open FFT Layer 对话框（图 5-97）。

在 Open FFT Layer 对话框中，确定傅里叶变换文件。

① 确定傅里叶变换文件目录：examples。

② 确定傅里叶变换文件名称：tm_1.fft。

③ 单击 OK 按钮，打开 Fourier Editor 视窗（图 5-98）。

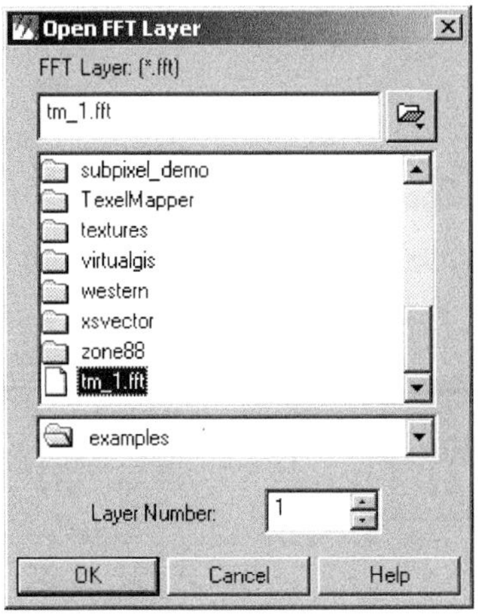

图 5-97 **Open FFT Layer 对话框**

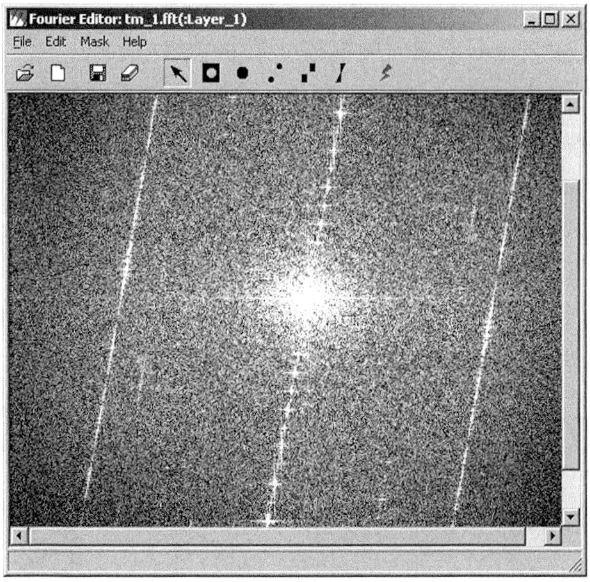

图 5-98 **Fourier Editor 视窗（打开 tm_1.fft 之后）**

2. 低通滤波

低通滤波（Low-Pass Filtering）的作用是消弱图像的高频组分，而让低频组分通过（Passthrough），使图像更加平滑、柔和。具体的操作过程如下。

在 Fourier Editor 视窗菜单条中单击 Mask | Filters 命令，打开 Low / High Pass Filter 对话框（图 5-99）。

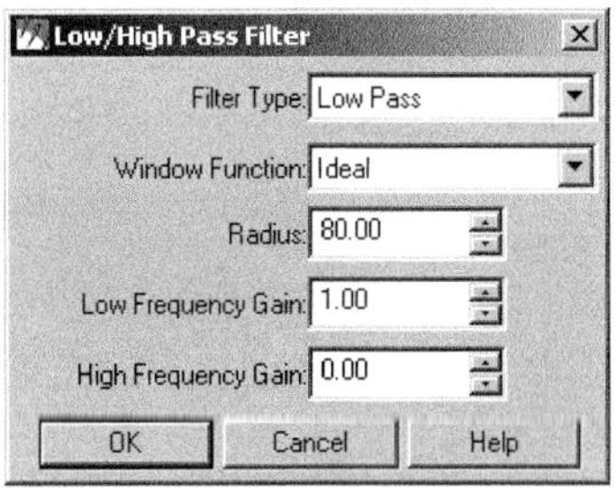

图 5-99 **Low / High Pass Filter 对话框**

在 Low / High Pass Filter 对话框中，需要设置下列参数。

① 选择滤波类型（Filter Type）：Low Pass（低通滤波）。

② 选择窗口功能（Window Function）：Ideal（理想滤波器）。

③ 圆形滤波半径（Radius）：80（圆形区域以外的高频成分将被滤掉）。

④ 定义低频增益（Low Frequency Gain）：1.0。

⑤ 单击 OK 按钮（关闭 Low / High Pass Filter 对话框，执行低通滤波处理）。

⑥ Fourier Editor 视窗显示低通滤波处理后的图像（图 5-100）。

为了比较处理效果，需要将低通滤波处理后的傅里叶图像保存下来，并进行傅里叶逆变换。

（1）保存傅里叶处理图像

在 Fourier Editor 视窗菜单条中单击 File | Save As 命令，打开 Save Layer As 对话框（图 5-101）。

① 确定输出傅里叶图像路径：examples。

② 确定输出傅里叶图像文件名（Save As）：tm_1_lowpass.fft。

③ 单击 OK 按钮（关闭 Save Layer As 对话框图，保存 tm_1_lowpass.fft 文件）。

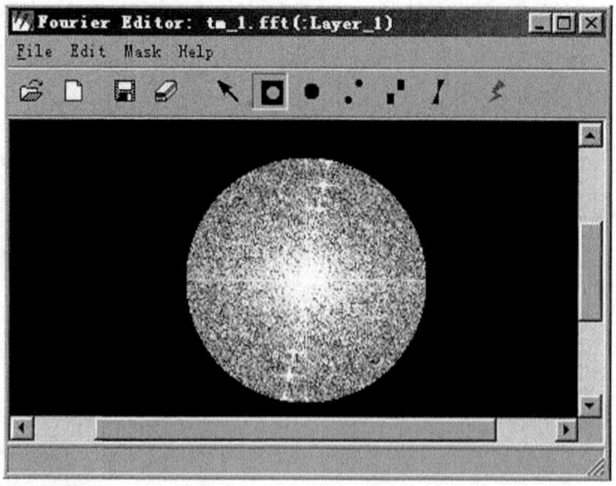

图 5-100 Fourier Editor 视窗（低通滤波效果）

（2）执行傅里叶逆变换

在 Fourier Editor 视窗菜单条中单击 File | Inverse Transform 命令，打开 Inverse Fourier Transform 对话框（图 5-102）。

① 确定输出图像路径：examples。

② 确定输出图像文件（Output File）：tm_1_lowpass.img。

③ 输出数据类型（Output）：Unsigned 8 bit。

④ 输出数据统计时忽略零值：Ignore Zero in Stats。

⑤ 单击 OK 按钮（关闭 Inverse Fourier Transform 对话框，执行傅里叶逆变换）。

图 5-101 Save Layer As 对话框

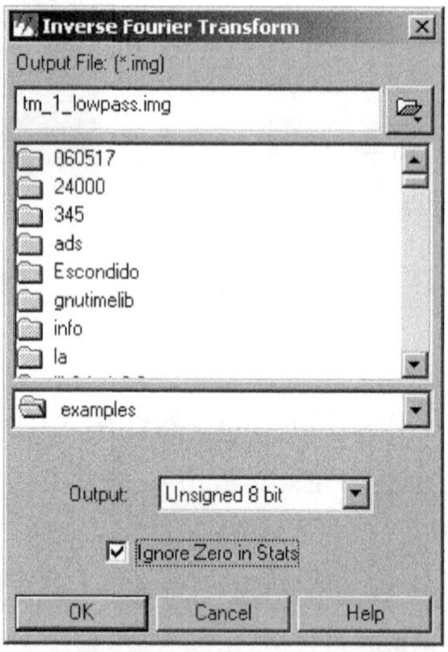

图 5-102 Inverse Fourier Transform 对话框

（3）对比傅里叶处理效果

在一个 ERDAS IMAGINE 视窗中同时打开处理前图像 tm_1.img 和处理后图像 tm_1_lowpass.img，通过图像叠加显示功能，观测处理前后图像的不同与变化，用户会发现处理后的图像比处理前更糟糕，这说明所选择的方法和参数不够恰当或处理不够充分（具体操作见本书 2.2.1 节和 2.3.3 节）。

说 明

ERDAS IMAGINE 系统提供了 5 种常用的滤波窗口类型，其功能特点如表 5.15 所列。

表 5-15 傅里叶滤波窗口类型及其功能特点

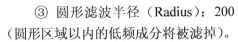

滤波窗口类型	滤波功能特点
Ideal：理想滤波窗口	理想滤波窗口的截取频率是绝对的，没有任何过渡；其主要缺点是会产生环形条纹，特别是半径较小时
Bartlett：三角滤波窗口	三角滤波窗口采用一种三角形函数，有一定的过度
Butterworth：巴特滤波窗口	巴特滤波窗口采用平滑的曲线方程，过渡性比较好；其主要优点是最大限度地减少了环形波纹的影响
Gaussian：高斯滤波窗口	高斯滤波窗口采用的是自然底数幂函数，过渡性好；具有与巴特滤波窗口类似的优点，可以互换应用
Hanning：余弦滤波窗口	余弦滤波窗口采用的是条件余弦函数，过渡性好；具有与巴特滤波窗口类似的优点，可以互换应用

3. 高通滤波

与低通滤波的作用相反，高通滤波（High-Pass Filtering）是削弱图像的低频组分，而让高频组分通过（Passthrough）保留，可以使图像锐化和边缘增强。具体的操作过程如下（还是对 tm_1.fft 进行操作）。

在 Fourier Editor 视窗菜单条中单击 Mask | Filters 命令，打开 Low / High Pass Filter 对话框（图 5-103）。

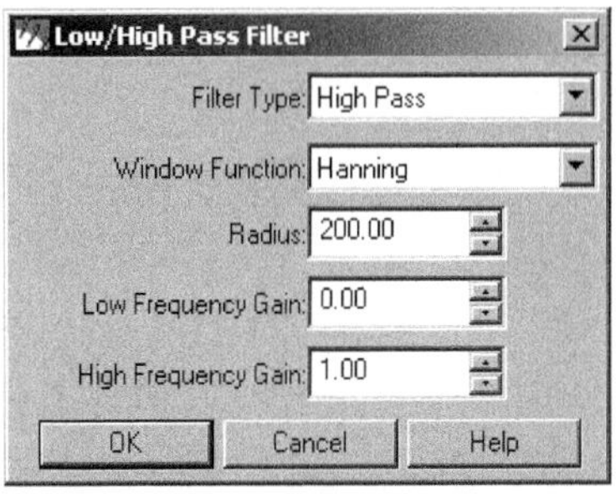

图 5-103 Low / High Pass Filter 对话框

在 Low / High Pass Filter 对话框中，需要设置下列参数。

① 选择滤波类型（Filter Type）：High Pass（高通滤波）。

② 选择窗口功能（Window Function）：Hanning（余弦滤波器）。

③ 圆形滤波半径（Radius）：200（圆形区域以内的低频成分将被滤掉）。

④ 定义高频增益（High Frequency Gain）：1.0。

⑤ 单击 OK 按钮（关闭 Low / High Pass Filter 对话框，执行高通滤波处理）。

⑥ Fourier Editor 视窗显示高通滤波处理后的图像（图 5-104）。

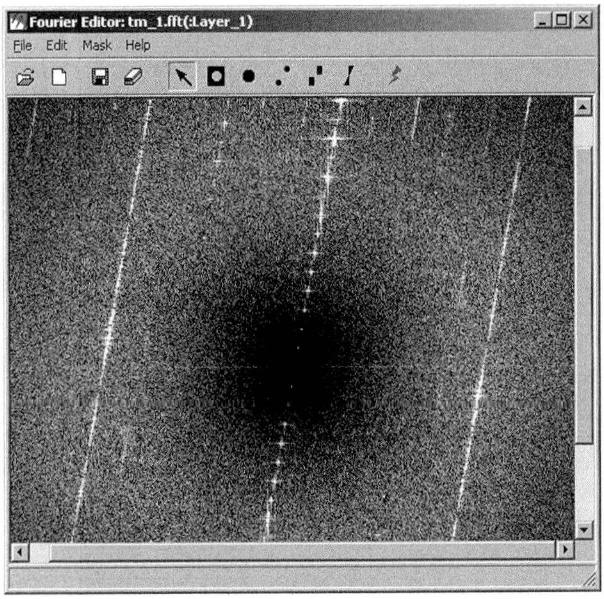

图 5-104 Fourier Editor 视窗（高通滤波效果）

为了比较处理效果，需要将高通滤波处理后的傅里叶图像保存下来，并进行傅里叶逆变换。

（1）保存傅里叶处理图像

在 Fourier Editor 视窗菜单条中单击 File | Save As 命令，打开 Save Layer As 对话框（图 5-101）。

① 确定输出傅里叶图像路径：examples。

② 确定输出傅里叶图像文件名（Save As）：tm_1_highpass.fft。

③ 单击 OK 按钮（保存 tm_1_highpass.fft 文件）。

（2）执行傅里叶逆变换

在 Fourier Editor 视窗菜单条中单击 File | Inverse Transform 命令，打开 Inverse Fourier Transform 对话框（参见图 5-102）。

① 确定输出傅里叶图像路径：examples。

② 确定输出图像文件（Output File）：tm_1_highpass.img。

③ 输出数据类型（Output）：Unsigned 8 bit。

④ 输出数据统计时忽略零值：Ignore Zero in Stats。

⑤ 单击 OK 按钮（关闭 Inverse Fourier Transform 对话框，执行傅里叶逆变换）。

（3）对比傅里叶处理效果

用户可以在同一视窗同时打开处理前图像 tm_1.img 和处理后图像 tm_1_highpass.img，对比处理前后图像的不同与变化。同时，还可以分别在两个视窗打开低通滤波和高通滤波处理后的图像，观测效果差异（图 5-105）。

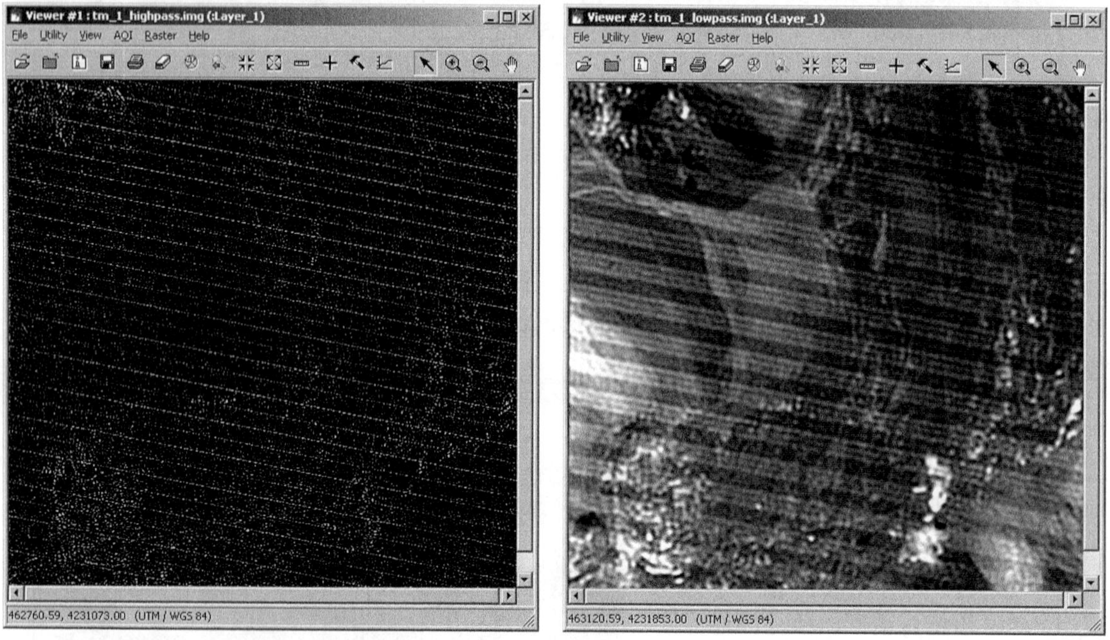

图 5-105 高通滤波（左）与低通滤波（右）效果差异

4．圆形掩膜

在 Fourier Editor 图像窗口可以看到，傅里叶图像（tm_1.fft）中有几个分散分布的亮点，应用圆形掩膜处理（Circular Mask）将其去除。首先，需要应用鼠标查询亮点分布坐标：在 Fourier Editor 图像窗口用鼠标单击亮点中心，其坐标就会显示在状态条上（44，57）；然后启动圆形掩膜功能，设置相应的参数进行处理。

在 Fourier Editor 视窗菜单条中 Mask | Circular Mask 命令，打开 Circular Mask 对话框（图 5-106）。

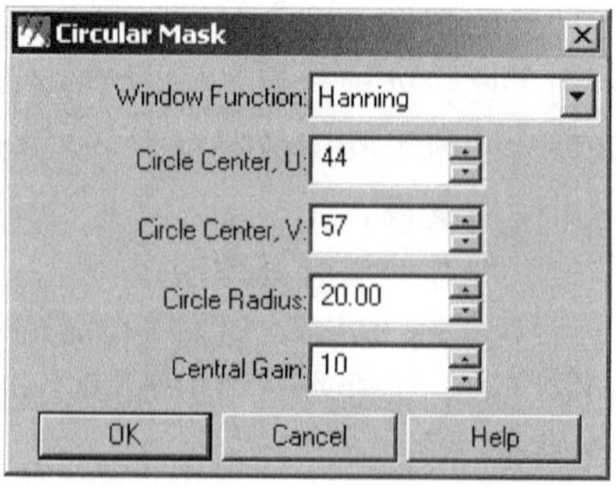

图 5-106 Circular Mask 对话框

在 Circular Mask 对话框中，需要设置下列参数。

① 选择窗口功能（Window Function）：Hanning（余弦滤波器）。

② 圆形滤波中心坐标 U(Circle Center, U)：44。

③ 圆形滤波中心坐标 V(Circle Center, V)：57。

④ 圆形滤波半径（Radius）：20。

⑤ 定义中心增益（Central Gain）：10。

⑥ 单击 OK 按钮（关闭 Circular Mask 对话框，执行圆形掩膜处理）。

⑦ Fourier Editor 视窗显示圆形掩膜处理后的图像（图 5-107）。

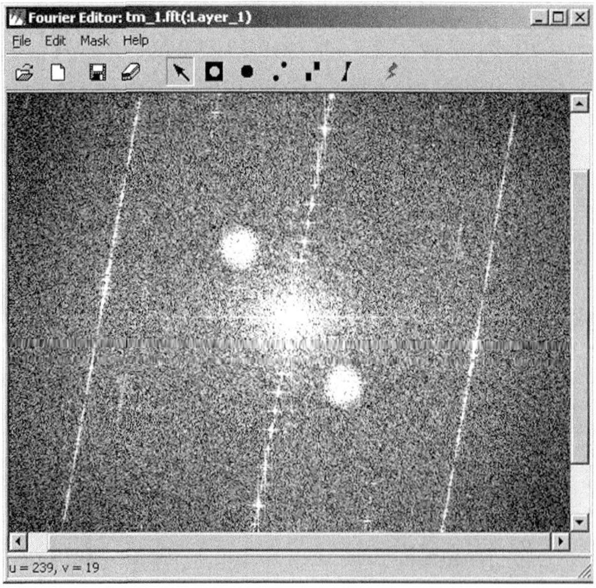

图 5-107 **Fourier Editor 视窗（圆形掩膜效果）**

为了比较处理效果，需要对圆形掩膜处理后的傅里叶图像保存下来，并进行傅里叶逆变换。

（1）保存傅里叶处理图像

在 Fourier Editor 视窗菜单条中 File | Save As 命令，打开 Save Layer As 对话框（图 5-101）。

① 确定输出傅里叶图像路径：examples。

② 确定输出傅里叶图像文件名（Save As）：tm_1_circular.fft。

③ 单击 OK 按钮（保存 tm_1_circular.fft 文件）。

（2）执行傅里叶逆变换

在 Fourier Editor 视窗菜单条中单击 File | Inverse Transform 命令，打开 Inverse Fourier Transform 对话框（图 5-102）。

① 确定输出傅里叶图像路径：examples。

② 确定输出图像文件（Output File）：tm_1_circular.img。

③ 输出数据类型（Output）：Unsigned 8 bit。

④ 输出数据统计时忽略零值：Ignore Zero in Stats。

⑤ 单击 OK 按钮（关闭 Inverse Fourier Transform 对话框，执行傅里叶逆变换）。

（3）对比傅里叶处理效果

在同一视窗同时打开处理前图像 tm_1.img 和处理后图像 tm_1_circular.img，对比处理前后图像的不同与变化。

5．矩形掩膜

矩形掩膜功能（Rectangular Mask）可以产生矩形区域的傅里叶图像，编辑过程类似于圆形掩膜，应用于非中心区的傅里叶图像处理，具体过程是首先打开傅里叶图像（tm_1.fft），然后按照下列步骤处理。

在 Fourier Editor 视窗菜单条中单击 Mask | Rectangular Mask 命令，打开 Rectangular Mask 对话框（图 5-108）。

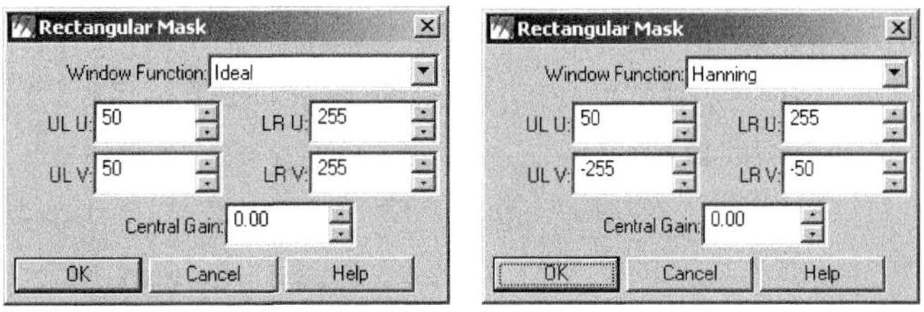

图 5-108 **Rectangular Mask 对话框**

在 Rectangular Mask 对话框中，需要设置下列参数。

① 选择窗口功能（Window Function）：Ideal（理想滤波器）。

② 矩形滤波窗口坐标：ULU：50、ULV：50、LRU：255、LRV：255。

③ 定义中心增益（Central Gain）：0.00。

④ 单击 OK 按钮（执行矩形掩膜处理，图 5-108 左）。

⑤ 选择窗口功能（Window Function）：Ideal（理想滤波器）。

⑥ 矩形滤波窗口坐标：ULU：50、ULV：–255、LRU：255、LRV：–50。

⑦ 定义中心增益（Central Gain）：0.00。

⑧ 单击 OK 按钮（执行矩形掩膜处理，图 5-108 右）。

⑨ Fourier Editor 视窗显示两次矩形掩膜处理后的图像（图 5-109）。

为了比较处理效果，需要将矩形掩膜处理后的傅里叶图像保存下来，并进行傅里叶逆变换。

（1）保存傅里叶处理图像

在 Fourier Editor 视窗菜单条中单击 File | Save As 命令，打开 Save Layer As 对话框（图 5-101）。

① 确定输出傅里叶图像文件名（Save As）：tm_1_rectangul.fft。

② 单击 OK 按钮（保存 tm_1_rectangul.fft 文件）。

注 意

如果对处理以后的图像效果不满意，在保存之前可以恢复单击 File | Revert 命令。

但是，如果要进行傅里叶逆变换，则必须首先保存处理后的傅里叶图像。

（2）执行傅里叶逆变换

在 Fourier Editor 视窗菜单条中单击 File | Inverse Transform 命令，打开 Inverse Fourier Transform 对话框（图 5-102）。

① 确定输出图像文件（Output File）：tm_1_rectangul.img。

② 输出数据类型（Output）：Unsigned 8 bit。

③ 输出数据统计时忽略零值：Ignore Zero in Stats。

④ 单击 OK 按钮（执行傅里叶逆变换）。

（3）对比傅里叶处理效果

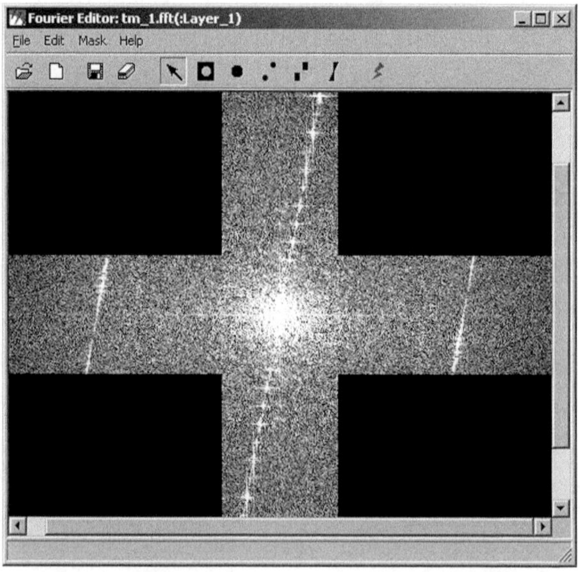

图 5-109 Fourier Editor 视窗（矩形掩膜效果）

在同一视窗同时打开处理前图像 tm_1.img 和处理后图像 tm_1_rectangul.img，对比处理前后图像的不同。同时，还可以分别在两个视窗打开圆形掩膜和两次矩形掩膜处理后的图像，观测效果差异（图 5-110）。

6. 楔形掩膜

楔形掩膜（Wedge Mask）经常用于去除图像中的扫描条带（Strip），扫描条带在傅里叶图像中表现为光亮的辐射线（Radial Line）。Landsat MSS 与 TM 图像中的条带在傅里叶图像中多数都表现为非常明显的高亮度的、近似垂直的、穿过图像中心的辐射线，正如例子中的情况。应用楔形掩膜去除条带的具体过程是首先打开傅里叶图像（tm_1.fft），然后按照下列步骤处理。

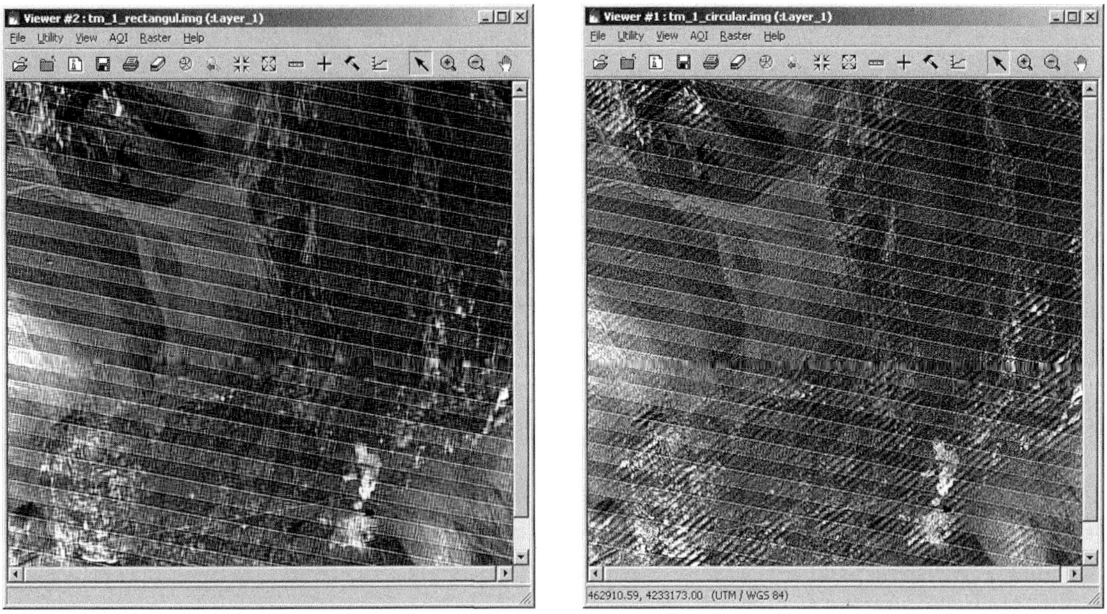

图 5-110 圆形掩膜（左）与矩形掩膜（右）效果差异

第 1 步：确定辐射线的走向

应用鼠标查询沿着辐射线分布的任意亮点坐标：在 Fourier Editor 图像窗口单击辐射线上亮点的中心，其坐标就会显示在状态条上（36，–185），该点坐标将用于计算辐射线的角度（–atan（–185/36）= 78.99）。

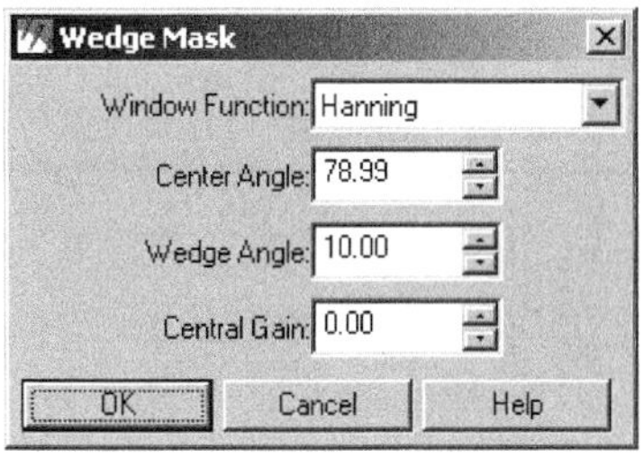

图 5-111 **Wedge Mask 对话框**

第 2 步：定义楔形掩膜参数

在 Fourier Editor 视窗菜单条中单击 Mask | Wedge Mask 命令，打开 Wedge Mask 对话框（图 5-111）。

在 Wedge Mask 对话框中，需要设置下列参数。

① 选择窗口功能（Window Function）：Hanning（余弦滤波器）。

② 辐射线与中心的夹角（Center Angle）：78.99（–atan（–185/36））。

③ 定义楔形夹角（Wedge Angle）：10.00。

④ 定义中心增益（Central Gain）：0.00。

⑤ 单击 OK 按钮（关闭 Wedge Mask 对话框，执行楔形掩膜处理）。

⑥ Fourier Editor 视窗显示楔形掩膜处理后的图像（图 5-112）。

为了比较处理效果，需要将楔形掩膜处理后的傅里叶图像保存下来，并进行傅里叶逆变换。

（1）保存傅里叶处理图像

在 Fourier Editor 视窗菜单条中单击 File | Save As 命令，打开 Save Layer As 对话框（图 5-101）。

① 确定输出傅里叶图像文件名（Save As）：tm_1_wedge.fft。

② 单击 OK 按钮（保存 tm_1_wedge.fft 文件）。

（2）执行傅里叶逆变换

在 Fourier Editor 视窗菜单条中单击 File | Inverse Transform 命令，打开 Inverse Fourier Transform 对话框（图 5-102）。

① 确定输出图像文件（Output File）：tm_1_wedge.img。

② 输出数据类型（Output）：Unsigned 8 bit。

③ 输出数据统计时忽略零值：Ignore Zero in Stats。

④ 单击 OK 按钮（执行傅里叶逆变换）。

（3）对比傅里叶处理效果

在同一视窗同时打开处理前图像 tm_1.img 和处理后图像 tm_1_wedge.img，对比处理前后图像的不同与变化。

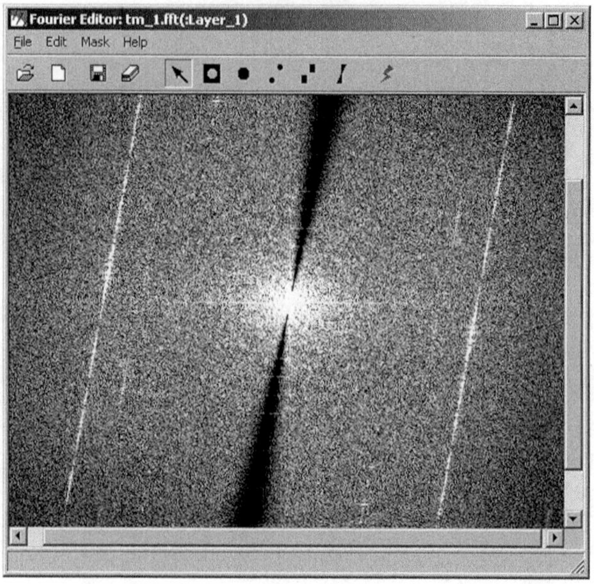

图 5-112 Fourier Editor 视窗（楔形掩膜效果）

7．组合编辑

以上所介绍的都是单个傅里叶图像编辑命令，事实上，用户可以任意组合（Combine）系统所提供的所有傅里叶图像编辑命令，对同一幅傅里叶图像进行编辑。由于傅里叶变换与傅里叶逆变换都是线性操作，所以，每一次编辑变换都是相对独立的。下面将在上述楔形编辑图像的基础上进一步做低通滤波处理。保持 Fourier Editor 视窗中的楔形处理图像，然后做如下操作。

在 Fourier Editor 视窗菜单条中单击 Mask | Filters 命令，打开 Low / High Pass Filter 对话框（图 5-113）。

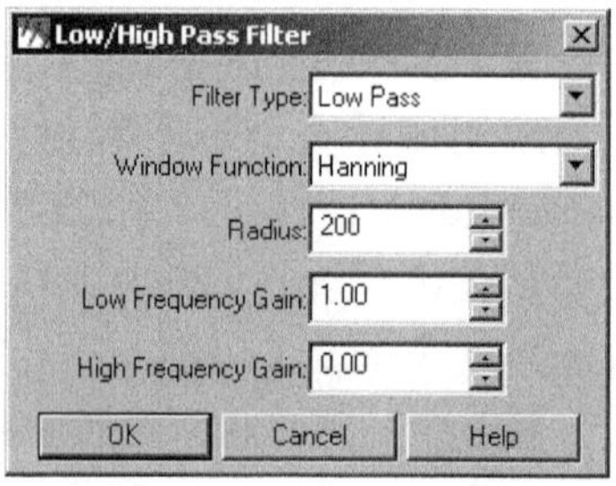

图 5-113 Low / High Pass Filter 对话框

在 Low / High Pass Filter 对话框中，需要设置下列参数。

① 选择滤波类型（Filter Type）：Low Pass（低通滤波）。

② 选择窗口功能（Window Function）：Hanning（余弦滤波器）。

③ 圆形滤波半径（Radius）：200。

④ 定义低频增益（Low Frequency Gain）：1.0。

⑤ 单击 OK 按钮（关闭 Low / High Pass Filter 对话框，执行低通滤波处理）

⑥ Fourier Editor 视窗显示低通滤波处理后的图像（图 5-114）。

为了比较处理效果，需要将组合编辑处理后的傅里叶图像保存下来，并进行傅里叶逆变换。

（1）保存傅里叶处理图像

在 Fourier Editor 视窗菜单条中单击 File | Save As 命令，打开 Save Layer As 对话框（图 5-101）。

① 确定输出傅里叶图像文件名（Save As）：tm_1_wedgelowpass.fft。

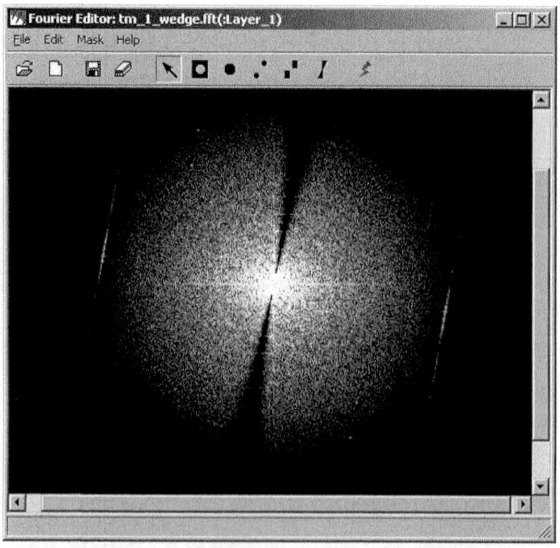

图 5-114 Fourier Editor 视窗（楔形掩膜与低通滤波组合效果）

② 单击 OK 按钮（保存 tm_1_wedgelow pass.fft 文件）。

（2）执行傅里叶逆变换

在 Fourier Editor 视窗菜单条中单击 File | Inverse Transform 命令，打开 Inverse Fourier Transform 对话框（图 5-102）。

① 确定输出图像文件（Output File）：tm_1_wedgelowpass.img。

② 输出数据类型（Output）：Unsigned 8 bit。

③ 输出数据统计时忽略零值：Ignore Zero in Stats。

④ 单击 OK 按钮（关闭 Inverse Fourier Transform 对话框，执行傅里叶逆变换）。

（3）对比傅里叶处理效果

在同一视窗同时打开处理前图像 tm_1.img 和处理后图像 tm_1_wedgelowpass.img，对比处理前后图像的不同。同时，还可以分别在两个视窗打开楔形掩膜和楔形掩膜与低通滤波组合处理后的图像，观测效果差异（图 5-115）。

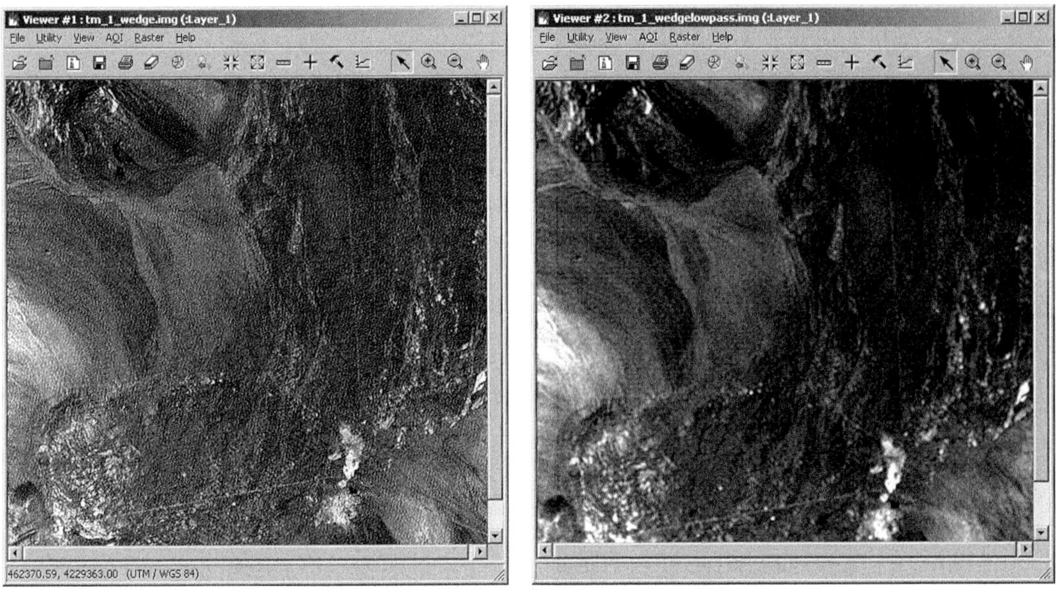

图 5-115 楔形掩膜（左）和楔形掩膜与低通滤波组合（右）效果差异

8．基于鼠标的傅里叶图像编辑

以上所介绍的傅里叶图像编辑功能都是基于菜单命令进行的，事实上，傅里叶变换编辑器中的编辑工具都是基于鼠标驱动的，下面就简要介绍基于鼠标的傅里叶图像编辑工具（Edit Using Mouse Driven Tool）。

（1）选择滤波器参数

要进行基于鼠标的傅里叶图像编辑操作，第一步必须选择滤波器参数，确定滤波器之后，所有基于鼠标的傅里叶图像编辑都是应用该滤波器，直到选择了新的滤波器。

在 Fourier Editor 视窗菜单条中单击 Edit | Filter Options 命令，打开 Filter Options 对话框（图 5-116）。

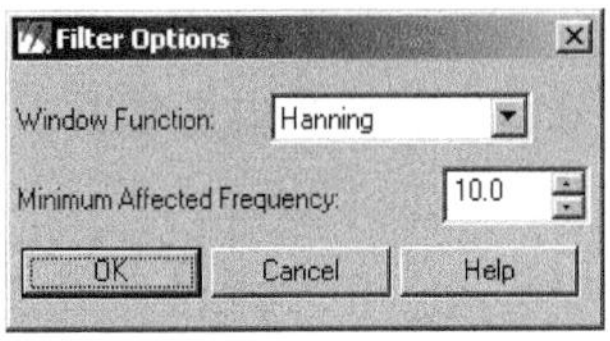

图 5-116 Filter Options 对话框

在 Filter Options 对话框中，确定下列参数。

① 选择窗口功能（Window Function）：Hanning（余弦滤波器）。

② 确定最小影响频率（Minimum Affected Frequency）：10。

③ 单击 OK 按钮（应用所确定的参数）。

（2）打开傅里叶图像

如同基于菜单命令编辑傅里叶图像一样，首先必须打开傅里叶图像。

在 Fourier Editor 工具条中单击 Open FFT Layer 图标，打开 Open FFT Layer 对话框。

① 确定需要编辑的傅里叶图像：tm_1.fft。

② 单击 OK 按钮（打开所选择的傅里叶图像）。

（3）低通滤波

在 Fourier Editor 工具条中单击 Low-Pass Filter 图标。

① 将光标放在 Fourier Editor 视窗中心，按住左键向外拖动鼠标，直到坐标状态条上显示的 u 值大于 80，释放按键。

② 鼠标左键一旦释放，图像立即被滤波。

（4）高通滤波

根据需要，保存低通滤波图像或恢复编辑前的图像状态或重新打开原始傅里叶图像。

在 Fourier Editor 工具条中单击 High-Pass Filter 图标。

① 将光标放在 Fourier Editor 视窗中心，按住左键向外拖动鼠标，直到坐标状态条上显示的 u 值大于 20，释放按键。

② 鼠标左键一旦释放，图像立即被滤波。

（5）楔形掩膜

根据需要，保存高通滤波图像或恢复编辑前的图像状态或重新打开原始傅里叶图像。

在 Fourier Editor 工具条中单击 Wedge Mask 图标。

① 将光标放在 Fourier Editor 视窗中心，按住左键向外拖动鼠标，直到两条线的夹角（wedge Angle）大于 20，释放按键。

② 鼠标左键一旦释放，楔形掩膜随即执行。

（6）组合编辑

在上面楔形滤波图像的基础上，再进行低通滤波，可以取得两个命令组合编辑的效果。

在 Fourier Editor 工具条中单击 Low-Pass Filter 图标。

① 将光标放在 Fourier Editor 视窗中心，按住左键向外拖动鼠标，直到坐标状态条上显示的 u 值达到 200，释放按键。

② 鼠标左键一旦释放，图像立即被滤波。

类似于基于菜单命令的傅里叶图像编辑，用户随时可以通过单击保存傅里叶图像（Save FFT Layer）图标对编辑后的图像进行保存，然后单击傅里叶逆变换（Inverse Transform）图标对编辑后的傅里叶图像进行傅里叶逆变换，生成变换以后的空间域彩色图像，并对比其处理效果。

5.7.4 傅里叶逆变换

傅里叶逆变换（Inverse Fourier Transform）的作用就是将频率域上的傅里叶图像转换到空间域上，以便对比傅里叶图像处理的效果。事实上，前面已经涉及到傅里叶图像逆变换操作，但运行过程有一点差别。

在 ERDAS 图标面板菜单条中单击 Main | Image Interpreter | Fourier Analysis | Inverse Fourier Transform 命令，打开 Inverse Fourier Transform 对话框（图 5-117）；或者在 ERDAS 图标面板工具条中单击 Interpreter 图标 | Fourier Analysis | Inverse Fourier Transform 命令，打开 Inverse Fourier Transform 对话框（图 5-117）。

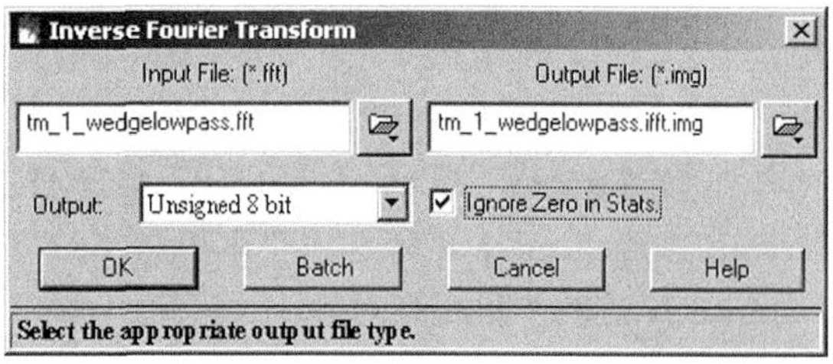

图 5-117 **Inverse Fourier Transform 对话框**

在 Inverse Fourier Transform 对话框中，确定下列参数。

① 选择输入傅里叶图像（Input File）：tm_1_wedgelowpass.fft。

② 确定输出彩色图像（Output File）：tm_1_wedgelowpass_fft.img。

③ 定义输出数据类型（Output）：Unsigned 8 bit。

④ 输出数据统计时忽略零值：Ignore Zero in Stats。

⑤ 单击 OK 按钮（关闭 Inverse Fourier Transform 对话框，执行傅里叶逆变换）。

5.7.5 傅里叶显示变换

傅里叶显示变换（Fourier Magnitude）是将傅里叶图像变换为 ERDAS IMAGINE 的 IMG 图像，可以脱离傅里叶变换编辑器，直接在 ERDAS IMAGINE 视窗中显示操作。

在 ERDAS 图标面板菜单条中单击 Main | Image Interpreter | Fourier Analysis | Fourier Magnitude 命令，打开 Fourier Magnitude 对话框（图 5-118）；或者在 ERDAS 图标面板工具条中单击 Interpreter 图标 | Fourier Analysis | Fourier Magnitude 命令，打开 Fourier Magnitude 对话框（图 5-118）。

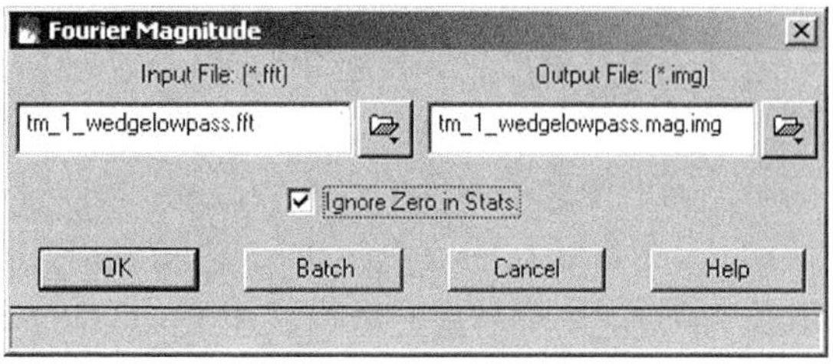

图 5-118 **Fourier Magnitude 对话框**

在 Fourier Magnitude 对话框中，确定下列参数。

① 选择输入傅里叶图像（Input File）：tm_1_wedgelowpass.fft。

② 确定输出彩色图像（Output File）：tm_1_wedgelowpass.mag.img。

③ 输出数据统计时忽略零值：Ignore Zero in Stats。

④ 单击 OK 按钮（关闭 Fourier Magnitude 对话框，执行傅里叶变换显示）。

5.7.6 周期噪声去除

周期噪声去除（Periodic Noise Removal）是通过傅里叶变换来自动消除遥感图像中诸如扫描条带等周期性噪声的。输入图像首先被分割成相互重叠的 128×128 的像元块，每个像元块分别进行快速傅里叶变换，并计算傅里叶图像的对数亮度均值，依据平均光谱能量对整个图像进行傅里叶变换，然后再进行傅里叶逆变换，这样原始图像中的周期性噪声就会明显减少或被去除。

在 ERDAS 图标面板菜单条中单击 Main | Image Interpreter | Fourier Analysis | Periodic Noise Removal 命令，打开 Periodic Noise Removal 对话框（图 5-119）；或者在 ERDAS 图标面板工具条中单击 Interpreter 图标 | Fourier Analysis | Periodic Noise Removal 命令，打开 Periodic Noise Removal 对话框（图 5-119）。

在 Periodic Noise Removal 对话框中，确定下列参数。

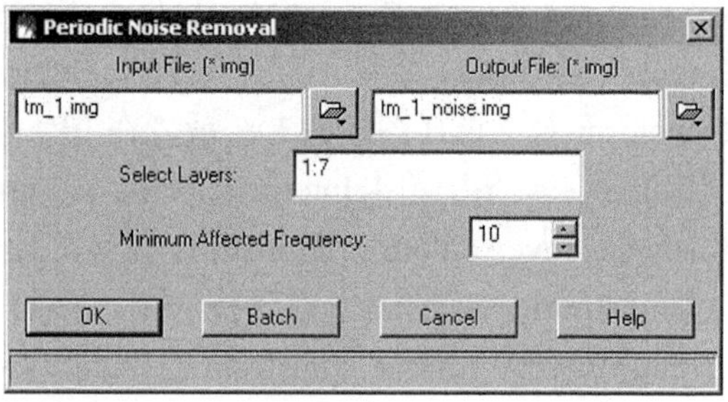

图 5-119 Periodic Noise Removal 对话框

① 选择输入图像（Input File）：tm_1.img。

② 确定输出图像（Output File）：tm_1_noise.img。

③ 选择处理波段（Select Layers）：1:7。

④ 确定最小影响频率（Minimum Affected Frequency）：10。

⑤ 单击 OK 按钮（关闭 Periodic Noise Removal 对话框，执行周期噪声去除）。

5.7.7 同态滤波

同态滤波（Homomorphic Filter）是应用照度 / 反射率模型对遥感图像进行滤波处理，常常应用于揭示阴影区域的细节特征。该方法的基本原理是：将像元灰度值看作是照度和反射率两个组分的产物，由于照度相对变化很小，可以看作是图像的低频成分，而反射率则是高频成分，通过分别处理照度和反射率对像元灰度值的影响，达到揭示阴影区域细节特征的目的。该功能应用的关键是照度增益、反射率增益和截取频率 3 个参数的设置，照度增益的取值在 0～1 之间时，输出图像中照度的影响被减弱；如果照度增益的取值大于 1，则照度的影响被加强。类似地，反射率增益的取值在 0～1 之间时，输出图像中反射率的影响被减弱；如果反射率增益的取值大于 1，则反射率的影响被加强。截取频率用于分割高频与低频，大于截取频率的成分作为高频成分，而小于截取频率的成分作为低频成分。

在 ERDAS 图标面板菜单条中单击 Main | Image Interpreter | Fourier Analysis | Homomorphic Filter 命令，打开 Homomorphic Filter 对话框（图 5-120）；或者在 ERDAS 图标面板工具条中单击 Interpreter 图标 | Fourier Analysis | Homomorphic Filter 命令，打开 Homomorphic Filter 对话框（图 5-120）。

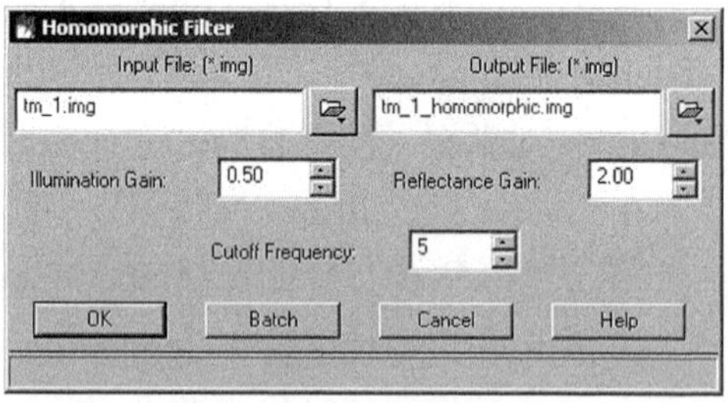

图 5-120 Homomorphic Filter 对话框

在 Homomorphic Filter 对话框中，确定下列参数。

① 选择输入图像（Input File）：tm_1.img。

② 确定输出图像（Output File）：tm_1_homomorphic.img。

③ 设置照度增益（Illumination Gain）：0.5。

④ 设置反射率增益（Reflectance Gain）：2.0。

⑤ 设置截取频率（Cutoff Frequency）：5。

⑥ 单击 OK 按钮（关闭 Homomorphic Filter，执行同态滤波处理）。

5.8 地形分析

地形分析功能（Topographic Analysis）中的各种操作几乎都是以 DEM 为基础的，所以 DEM 文件的生成应该是进行地形分析的首要任务。在 ERDAS IMAGINE 数据预处理（本书第 4 章）中已经讲过 Create Surface（三维地形表面）命令，该命令的功能就是在点、线、面 Coverage 或 ASCII 文件的基础上生成 DEM 栅格图像数据。在地形分析菜单中，有一个功能完全相同的命令 Create Surface，本节就不重复介绍了，下面直接在 DEM 栅格数据基础上进行地形分析。

5.8.1 坡度分析

以 DEM 栅格数据为基础进行地形坡度分析（Slope）时，DEM 图像必须是具有投影地理坐标，而且其中高程数据及其单位必须是已知的。如果 DEM 图像中平面坐标为经纬度（角度），而高程坐标为距离单位，坡度分析将无法进行。

在 ERDAS 图标面板菜单条中单击 Main | Image Interpreter | Topographic Analysis | Slope 命令，打开 Surface Slope 对话框（图 5-121）；或者在 ERDAS 图标面板工具条中单击 Interpreter 图标 | Topographic Analysis | Slope 命令，打开 Surface Slope 对话框（图 5-121）。

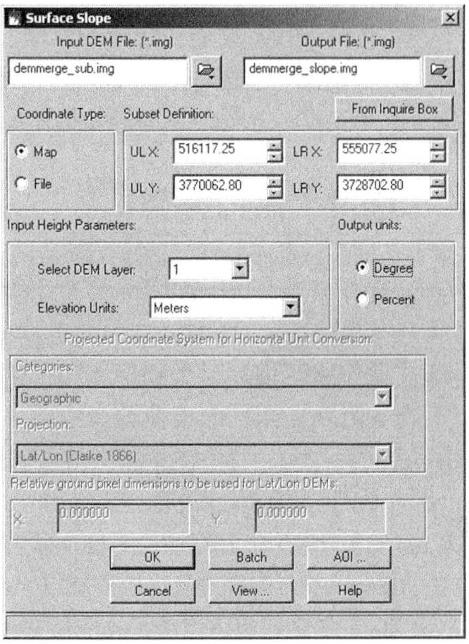

图 5-121　Surface Slope 对话框

在 Surface Slope 对话框中，确定下列参数。

① 选择输入 DEM（Input DEM File）：demmerge_sub.img。

② 确定输出图像（Output File）：demmerge_slope.img。

③ 文件坐标类型（Coordinate Type）：Map。

④ 处理范围确定（Subset Definition）：ULX / Y、LRX / Y（默认状态为整个图像范围，可以应用 Inquire Box 定义子区）。

⑤ 选择 DEM 数据（Select DEM Layer）：1（多个 DEM 中选一个）。

⑥ 选择高程数据单位（Elevation Units）：Meters。

⑦ 输出坡度单位（Output units）：Degree。

⑧ 单击 OK 按钮（关闭 Surface Slope 对话框，执行坡度分析处理）。

5.8.2 坡向分析

以 DEM 图像数据为基础进行地形坡向分析（Aspect）时，输出图像有两种类型：连续色调（Continuous）和专题图像（Thematic），前者是系统默认状态，后者可以进一步做重编码处理。

在 ERDAS 图标面板菜单条中单击 Main | Image Interpreter | Topographic Analysis | Aspect 命令，打开 Surface Aspect 对话框（图 5-122）；或者在 ERDAS 图标面板工具条中单击 Interpreter 图标 | Topographic Analysis | Aspect 命令，打开 Surface Aspect 对话框（图 5-122）。

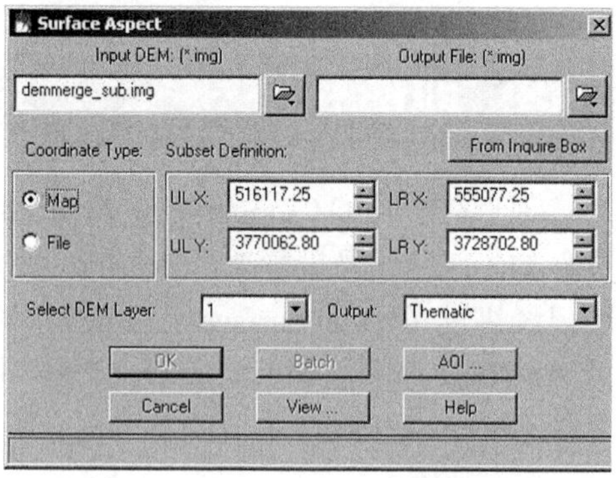

图 5-122　Surface Aspect 对话框

在 Surface Aspect 对话框中，确定下列参数。

① 选择输入 DEM（Input DEM）：demmerge_sub.img。

② 确定输出图像（Output File）：demmerge_aspect.img。

③ 文件坐标类型（Coordinate Type）：Map。

④ 处理范围确定（Subset Definition）：ULX / Y、LRX / Y（默认状态为整个图像范围，可以应用 Inquire Box 定义子区）。

⑤ 选择 DEM 数据（Select DEM Layer）：1（多个 DEM 中选一个）。

⑥ 输出图像类型（Output）：Thematic。

⑦ 单击 OK 按钮（关闭 Surface Aspect 对话框，执行坡向分析处理）。

5.8.3　高程分带

高程分带功能（Level Slice）是按照用户定义的分级表对 DEM 数据或其他图像数据进行分带（分类或分级），每个分带中的数据间隔相等。对于 DEM 数据，这种处理就是高程分带，而对于其他遥感图像，这种处理相当于进行专题分类（或分级）。

在 ERDAS 图标面板菜单条中单击 Main | Image Interpreter | Topographic Analysis | Level Slice 命令，打开 Topographic Level Slice 对话框（图 5-123）；或者在 ERDAS 图标面板工具条中单击 Interpreter 图标 | Topographic Analysis | Level Slice 命令，打开 Topographic Level Slice 对话框（图 5-123）。

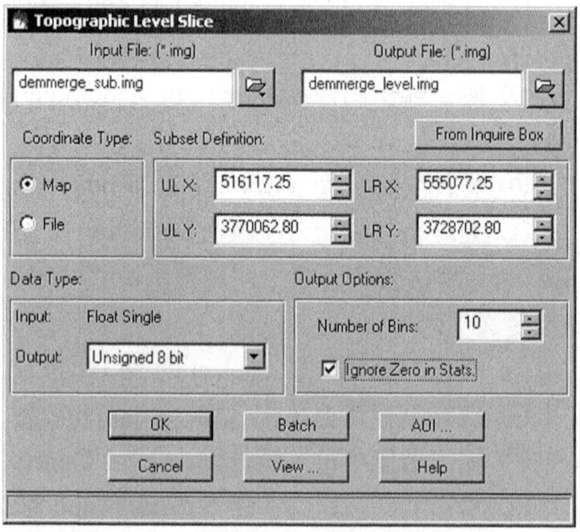

图 5-123　Topographic Level Slice 对话框

在 Topographic Level Slice 对话框中，确定下列参数。

① 选择输入 DEM（Input File）：demmerge_sub.img。

② 确定输出图像（Output File）：demmerge_level.img。

③ 文件坐标类型（Coordinate Type）：Map

④ 处理范围确定（Subset Definition）：ULX / Y、LRX / Y（默认状态为整个图像范围，可以应用 Inquire Box 定义子区）。

⑤ 输出数据类型（Output Data Type）：Unsigned 8 bit。

⑥ 确定分带数量（Number of Bins）：10。

⑦ 输出数据统计时忽略零值：Ignore Zero in Stats。

⑧ 单击 OK 按钮（关闭 Topographic Level Slice 对话框，执行高程分带处理）。

5.8.4 地形阴影

地形阴影功能（Shaded Relief）是以 DEM 栅格数据为基础，在一定的光照条件下生成地形阴影图像（单色地势图），该功能要求 DEM 图像必须具有投影地理坐标。如果 DEM 图像中平面坐标为经纬度（角度），而高程坐标为距离单位，地形阴影分析将无法进行。如果需要在地形阴影图上叠加其他图像数据层，可以确定叠加图像，产生具有地形阴影的影像图。

在 ERDAS 图标面板菜单条中单击 Main | Image Interpreter | Topographic Analysis | Shaded Relief 命令，打开 Shaded Relief 对话框（图 5-124）；或者在 ERDAS 图标面板工具条中单击 Interpreter 图标 | Topographic Analysis | Shaded Relief 命令，打开 Shaded Relief 对话框（图 5-124）。

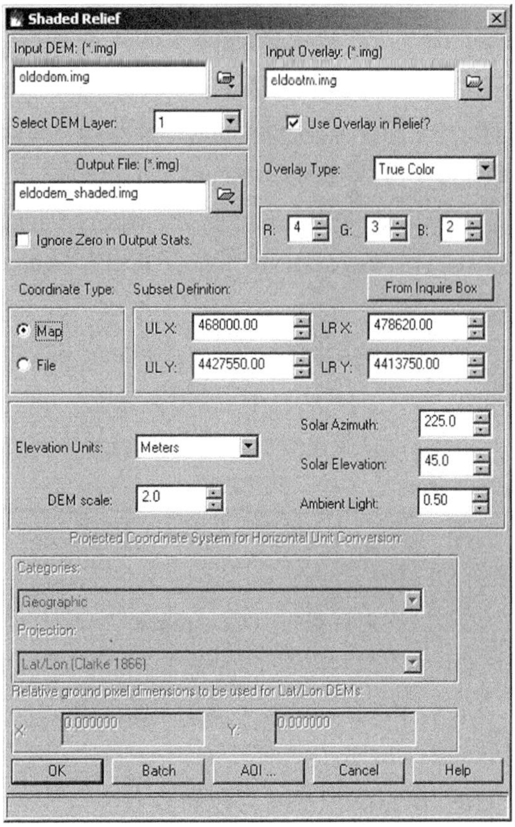

图 5-124 **Shaded Relief 对话框**

在 Shaded Relief 对话框中，确定下列参数。

① 选择输入 DEM（Input DEM）：eldodem.img。

② 确定输出图像（Output File）：eldodem_shaded.img。

③ 确定在地形阴影上叠加图像：Use Overlay in Relief。

④ 确定叠加图像文件（Input Overlay）：eldotm.img。

⑤ 选择叠加类型（Overlay Type）：True Color（Gray Scale / Pseudocolor）。

⑥ 选择叠加颜色（RGB）：R:4 / G:3 / B:2。

⑦ 输出数据统计时忽略零值：Ignore Zero in Output Stats。

⑧ 文件坐标类型（Coordinate Type）：Map。

⑨ 处理范围确定（Subset Definition）：ULX / Y、LRX / Y（默认状态为整个图像范围，可以应用 Inquire Box 定义子区）。

⑩ 输出高程单位（Elevation Units）：Meters。

⑪ 确定垂直比例（DEM Scale）：2.0。

⑫ 确定太阳方位角（Solar Azimuth）：225（西南方向）。

⑬ 确定太阳高度角（Solar Elevation）：45（与水平面夹角）。

⑭ 环境亮度因子（Ambient Light）：0.5（影响对比度）。

⑮ 单击 OK 按钮（关闭 Shaded Relief 对话框，执行地形阴影分析）。

5.8.5 彩色地势

彩色地势分析功能（Painted Relief）类似于地形阴影分析功能，也是以 DEM 栅格数据为基础，在一定的光照条件下，根据地形对太阳光的反射强弱以及地势高度，生成彩色地形阴影图像（彩色地势图），图像的色彩分别表示地形坡度与地势高度的变化。在默认状态下，系统自动将地形高程分割为 25 个等间隔的高程带，并依据 USGS 的色彩查找表（Color LookUp Table）给每一个高程带赋予一种颜色，同一种颜色又根据地形坡度而产生不同的亮度变化，从而形成彩色地势图。该功能要求 DEM 图像必须具有投影地理坐标，如果 DEM 图像中平面坐标为经纬度（角度），而高程坐标为距离单位，彩色地势分析将无法进行。

在 ERDAS 图标面板菜单条中单击 Main | Image Interpreter | Topographic Analysis | Painted Relief 命令，打开 Painted d Relief 对话框（图 5-125）；或者在 ERDAS 图标面板工具条中单击 Interpreter 图标 | Topographic Analysis | Painted Relief命令，打开Painted Relief对话框(图 5-125)。

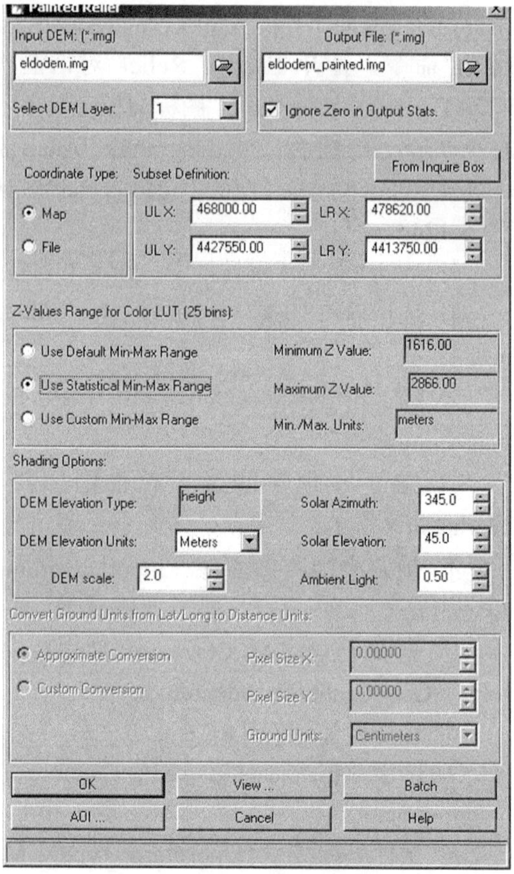

图 5-125 **Painted Relief 对话框**

在 Painted Relief 对话框中，确定下列参数。

① 选择输入 DEM（Input DEM）：eldodem.img。

② 确定输出图像（Output File）：eldodem_painted.img。

③ 输出数据统计时忽略零值：Ignore Zero in Output Stats。

④ 选择 DEM 数据（Select DEM Layer）：1（多个 DEM 中选一个）。

⑤ 文件坐标类型（Coordinate Type）：Map。

⑥ 处理范围确定（Subset Definition）：ULX/Y、LRX / Y（默认状态为整个图像范围，可以应用 Inquire Box 定义子区）。

⑦ 设置高程范围与色彩查找表（Z-Values Range for Color LUT）。包括三个选项：

Use Statistical Min-Max Range（依据 DEM 高程统计），Use Default Min-Max Range（应用系统默认高程）和 Use Custom Min-Max Range（用户定义高程范围）。如果选中 Use Custom Min-Max Range 单选按钮，需要进一步确定高程范围：最小高程值（Minimum Z Value）和最大高程值（Maximum Z Value）。

⑧ 确定 DEM 高程单位（DEM Elevation Units）：Meters。

⑨ 确定垂直比例（DEM Scale）：2.0。

⑩ 确定太阳方位角（Solar Azimuth）：225（西南方向）。

⑪ 确定太阳高度角（Solar Elevation）：45（与水平面夹角）。

⑫ 环境亮度因子（Ambient Light）：0.5（影响对比度）。

⑬ 单击 OK 按钮（关闭 Painted Relief 对话框，执行彩色地势分析）。

5.8.6 地形校正

地形校正（Topographic Normalize）处理应用朗伯体反射模型来部分消除地形对遥感图像的影响。由于地形坡度、坡向和太阳高度角、方位角的共同影响，遥感图像特征会发生几何畸变，在拥有 DEM 数据和已知太阳高度角，方位角的前提下，对遥感图像进行地形校正处理，可以部分消除地形影响。地形校正功能要求 DEM 图像必须具有投影地理坐标，如果 DEM 图像中平面坐标为经纬度（角度），而高程坐标为距离单位，地形校正处理将无法进行。关于遥感图像获取时的太阳高度角和方位角参数信息，通常包含在图像的头文件中，可以在图像分发商那里获得。

在 ERDAS 图标面板菜单条中单击 Main | Image Interpreter | Topographic Analysis | Topographic Normalize 命令，打开 Lambertian Reflection Model 对话框（图 5-126）；或者在 ERDAS 图标面板工具条中单击 Interpreter 图标 | Topographic Analysis | Topographic Normalize 命令，打开 Lambertian Reflection Model 对话框（图 5-126）。

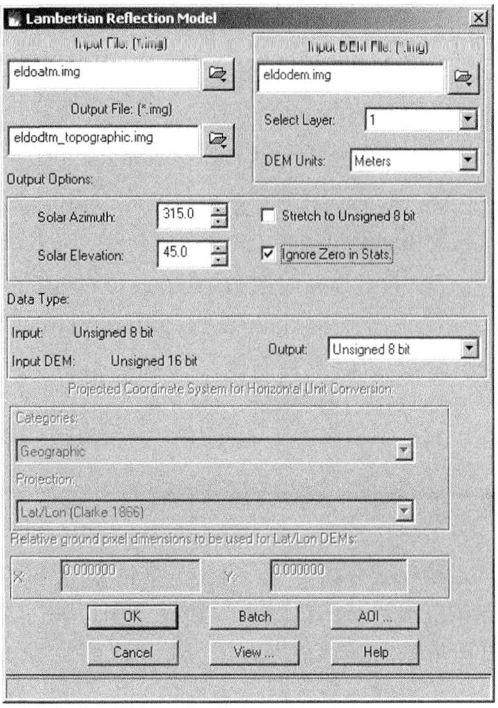

图 5-126 **Lambertian Reflection Model 对话框**

在 Lambertian Reflection Model 对话框中，确定下列参数。

① 确定输入图像（Input File）：eldoatm.img。

② 选择输入 DEM（Input DEM File）：eldodem.img。

③ 确定输出图像（Output File）：eldodtm_topographic.img。

④ 选择 DEM 数据（Select DEM Layer）：1（多个 DEM 中选一个）。

⑤ 选择高程数据单位（DEM Units）：Meter。

⑥ 确定太阳方位角（Solar Azimuth）：315。

⑦ 确定太阳高度角（Solar Elevation）：45。

⑧ 输出数据统计时忽略零值：Ignore Zero in Output Stats。

⑨ 确定输出数据类型（Output）：Unsigned 8 bit。

⑩ 单击 OK 按钮（执行地形校正处理）。

5.8.7 栅格等高线

栅格等高线生成（Raster Contour）是依据数字高程模型（DEM）产生栅格等高线的。推而广之，输入图像如果是数字温度模型，可以产生等温线；如果是数字环境模型，可以产生环境等值线。

在 ERDAS 图标面板菜单条中单击 Main | Image Interpreter | Topographic Analysis | Raster Contour 命令，打开 Raster Contour 对话框（图 5-127）；或者在 ERDAS 图标面板工具条中单击 Interpreter 图标 | Topographic Analysis | Raster Contour 命令，打开 Raster Contour 对话框（图 5-127）。

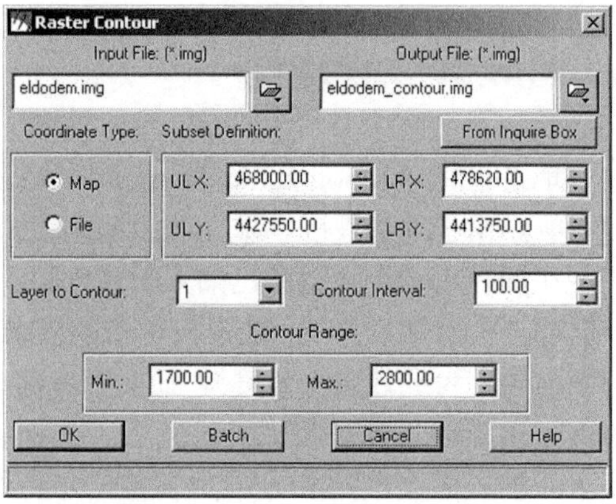

图 5-127 **Raster Contour 对话框**

在 Raster Contour 对话框中，确定下列参数。

① 确定输入 DEM 图像（Input File）：eldodem.img。

② 确定输出等值线图像（Output File）：eldodem_contour.img。

③ 文件坐标类型（Coordinate Type）：Map。

④ 处理范围确定（Subset Definition）：ULX / Y、LRX / Y（默认状态为整个图像范围，可以应用 Inquire Box 定义子区）。

⑤ 输出等高线层数（Layer to Contour）：1。

⑥ 确定等高线间隔（Contour Interval）：100。

⑦ 等高线高程范围（Contour Range）：Min：1700 / Max：2800。

⑧ 单击 OK 按钮（关闭 Raster Contour 对话框，执行栅格等高线处理）。

5.8.8 点视域分析

点视域分析（Viewshed）是依据数字高程模型（DEM）来分析一个或多个观测者的通视度、可视范围和阻挡范围的。观测者的位置、高度、视程等参数都是可以任意调整的，其通视度、可视范围和阻挡范围既可以通过图形直观表达，也可以通过表格定量表达。视域分析工具对于城市标志性建筑、通信设施等的选址与高度规划有重要的意义，也可以应用于对现有的通信或影视服务范围的分析和对潜在市场的分析。

要进行点视域分析，通常需要执行下面的一系列操作。

1. 点视域分析准备

为了进行点视域分析，首先必须在 ERDAS IMAGINE 视窗显示 DEM 图像和相应的遥感图像，并最好进行图像三维显示（Image Drape）。

（1）显示 DEM 图像

在视窗菜单条中单击 File | Open | Raster Layer 命令，打开 Select Layer To Add 对话框；或者在视窗工具条中单击“打开文件”图标，打开 Select Layer To Add 对话框。

① 确定文件路径（Look in）：examples。

② 确定文件类型（Files of Type）：IMAGINE Image（*.img）。

③ 选择文件名称（File Name）：eldodem.img。

④ 单击 Raster Options 标签，选择 Fit to Frame 设置。

⑤ 单击 OK 按钮（关闭 Select Layer To Add 对话框，显示 DEM 图像）。

（2）显示遥感图像

在视窗菜单条中单击 File | Open | Raster Layer 命令，打开 Select Layer To Add 对话框；或者在视窗工具条中单击“打开文件”图标，打开 Select Layer To Add 对话框。

① 确定文件路径（Look in）：examples。

② 确定文件类型（Files of Type）：IMAGINE Image（*.img）。

③ 选择文件名称（File Name）：eldoatm.img。

④ 单击 Raster Options 标签，取消 Clear Display 设置。

⑤ 单击 OK 按钮（关闭 Select Layer To Add 对话框，叠加遥感图像）。

（3）图像三维显示

在视窗菜单条中单击 Utility | Image Drape 命令，打开 Image Drape 视窗：图像三维显示；或者在视窗菜单条中单击 View | LOD Contraol 命令，打开 Level Of Detail 对话框。

① 调整显示 DEM 的详细程度（DEM LOD）为 100%。

② 单击 Apply | Close 按钮（关闭 Level Of Detail 对话框）。

说　明

图像三维显示的前提条件是在视窗中同时打开下层 DEM 文件（eldodem.img）和上层图像文件（eldoatm.img），两个文件必须具有相同的地理参考系统（地图投影和坐标系统）。需要说明的是：在打开第二个文件时，一定要在 Raster Options 中设置不清除视窗中已经打开的文件（不选择 Clear Display 选项），否则无法同时显示。

2．点视域分析操作

（1）启动点视域分析工具

在 ERDAS 图标面板菜单条中单击 Main | Image Interpreter | Topographic Analysis | Viewshed 命令，打开 Viewer Selection Instructions 指示器（图 5-128）；或者在 ERDAS 图标面板工具条中单击 Interpreter 图标 | Topographic Analysis | Viewshed 命令，打开 Viewer Selection Instructions 指示器（图 5-128）。

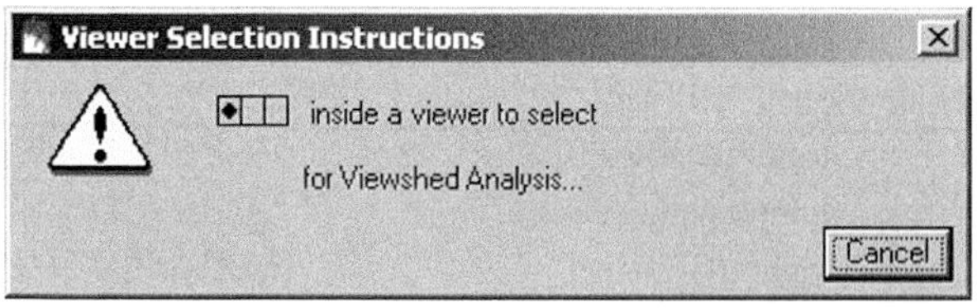

图 5-128　Viewer Selection Instructions 指示器

将鼠标移到显示 DEM 与遥感图像的二维视窗中，单击指定视域分析视窗。

① 打开 Viewshed 对话框（Function 选项卡）（图 5-129）。

② 二维视窗中心自动产生一个观测点（Observer #1）。

③ 单击 Viewshed 对话框中的 Apply 按钮。

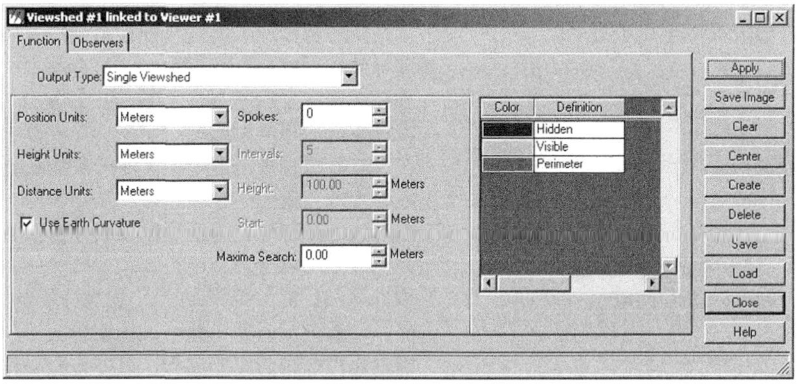

图 5-129　Viewshed 对话框（Function 选项卡）

④ 二维视窗中出现第一个观测点的视域分析结果（图 5-130）（按照系统默认的视域分析参数和颜色显示分析结果）。

⑤ 单击 Viewshed 对话框中的 Obserbers 标签。

⑥ 打开 Viewshed 对话框（Observers 选项卡）（图 5-131）：浏览观测者位置。

图 5-130 第一个观测点视域分析结果

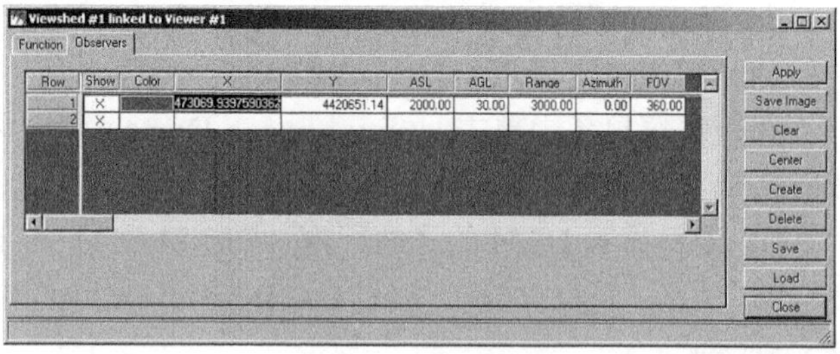

图 5-131 Viewshed 对话框（Observers 选项卡）

（2）点视域分析工具简介

如图 5-129 和图 5-131 所示，体现点视域分析工具的 Viewshed 对话框包括 Function 和 Observers 两个选项卡，其中 Function 选项卡主要用于设置进行视域分析的各种参数（表 5-16），而 Observers 选项卡主要用于定义观测者的位置与视角（表 5-17）。

表 5-16 Viewshed 对话框点视域分析参数设置

参数类型	功能特点
Output Type：输出类型	视域分析结果输出类型选择：
Single Viewshed	视窗中只显示一个视域分析结果
Multiple Viewsheds	视窗中可以显示多达 40 个以上的视域分析结果
Height AGL	按照颜色显示视域分析结果的范围距离地面的高度
Height ASL	按照颜色显示视域分析结果的范围距离海面的高度
PositionUnits：位置单位	选择观测者位置的度量单位：系统提供了 4 种选择，分别是 Meters、Degrees、Feet 和 Pixels
HeightUnits：高度单位	定义视窗中地形高程的度量单位：系统提供了两种选择，分别是 Meters 和 Feet
DistanceUnits：距离单位	定义视域范围最大高度与视程范围的度量单位：系统提供了 4 种选择，分别是 Meters、Feet、Pixels 和 Miles
UseEarthCurvature：考虑地球曲率	该项选择将使得视域分析过程中，在计算位置、距离和高度时，考虑地球本身的曲率影响
Spokes：视线数量	在 360 度的视域范围内定义若干条从观测者到视域边缘的放射性视线，辅助视域分析
Intervals：高程分带	当以 AGL 或 ASL 高度输出视域分析结果时，定义高程分带才有意义，高程最多可以分为 40 带
Height：高程间隔	当以 AGL 或 ASL 高度输出视域分析结果时，定义高程分带的高程间隔，一般确定为整米数，如 100 米
Start：起始高程	确定高程分带的起始高程，以便按照高程间隔分带
MaximaSearch：高度搜索	可以让观测者在视域范围内，自动定位于制高点上
LegendCellarray：图例表格	用于确定视域分析结果显示的各种颜色
Apply：执行视域分析	按照 Function 或 Observer 选项卡的设置进行视域分析
Save：保存分析结果	将图像视窗中的视域分析结果保存为独立图像文件
Clear：清除分析结果	将图像视窗中的视域分析结果清除
Center：观测位置居中	将图像视窗中的观测位置调整到视窗图像中心位置

续表

参数类型	功能特点
Create：生成新观测点	在图像视窗生成一个新的观测点（观测者）
Delete：删除观测点	将所选择的观测点（观测者）删除
Close：关闭视域工具	关闭视域分析对话框及视域分析工具
Help：打开联机帮助	打开系统提供的关于视域分析的联机帮助

表 5-17　Viewshed 对话框观测者位置参数设置

参数类型	功能特点
Show：可视状态	表明观测者标记的可视状态，标有 X 符号者表示可视
Color：标记颜色	设置视窗中观测者标记的颜色，可以任意设置
XCoordinates：水平坐标	显示观测者位置的水平 z 坐标，可以任意改变
YCoordinates：垂直坐标	显示观测者位置的垂直坐标，可以任意改变
ASL：绝对高度	显示观测者位置高出海平面的绝对高度，可以编辑
AGL：相对高度	显示观测者位置高出地面的相对高度，可以编辑
Range：视程范围	显示观测者的视程范围，最大范围可达 5000 单位
Azimuth：方位角度	显示观测者的观测方向，可以在 0～360 范围内变化
FOV：视场角度	显示观测者的视域范围，可以在 0～360 范围内变化

（3）点视域分析参数应用

在 Viewshed 对话框（Function 选项卡）（图 5-129）中进行如下操作。

① 设置输出类型（Output Type）：Multiple Viewsheds。

② 单击 Viewshed 对话框中的 Color 按钮，调整视域分析结果显示颜色。

③ 单击 Viewshed 对话框中的 Observers 标签，进入 Viewshed 对话框（Observers 选项卡）（图 5-131）。

在 Viewshed 对话框（Observer 选项卡）（图 5-122）中进行如下操作。

① 单击对话框中的 Create 按钮，添加一个新的观测者。

② 改变两个观测者的水平坐标：475400 / 471980。

③ 统一设置两个观测者的垂直坐标：4419280 / 4419280。

④ 改变两个观测者的绝对高度：2150 / 2200。

⑤ 统一设置两个观测者的视程范围：3000。

⑥ 改变两个观测者的方位角度：30 / 50

⑦ 统一设置两个观测者的视场角度：360。

⑧ 单击 Apply 按钮，应用点视域分析参数（图 5-132）。

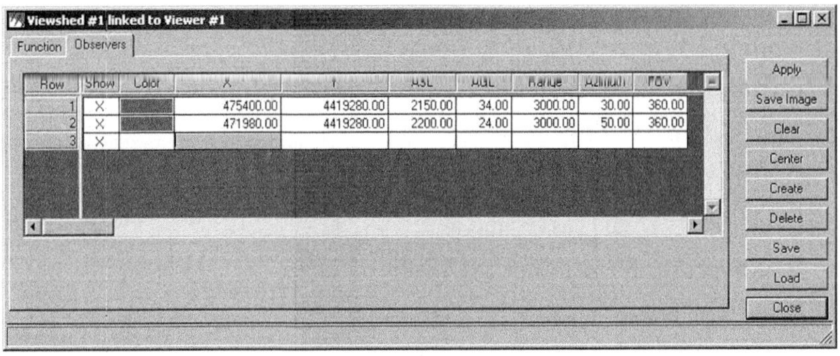

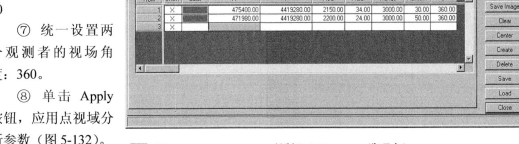

图 5-132　Viewshed 对话框（Observers 选项卡）

二维视窗中显示新的点视域分析结果（图 5-133）。

（4）点视域分析三维显示

在 Viewshed 对话框（Observers 选项卡）（图 5-131）中进行如下操作。

① 调整两个观测者位置、视角、视域等参数（方法同前）。

② 单击 Apply 按钮，应用参数设置，显示分析结果（图 5-134）。

③ 在二维视窗用鼠标拖动 Eye 到观测点 1、Target 到观测点 2。

④ 三维视窗中的三维景观相应发生变化（图 5-135）。

（5）点视域分析数据操作

在显示点视域分析结果的二维视窗菜单条（图 5-134）中进行如下操作。

图 5-133 两个观测点视域分析结果

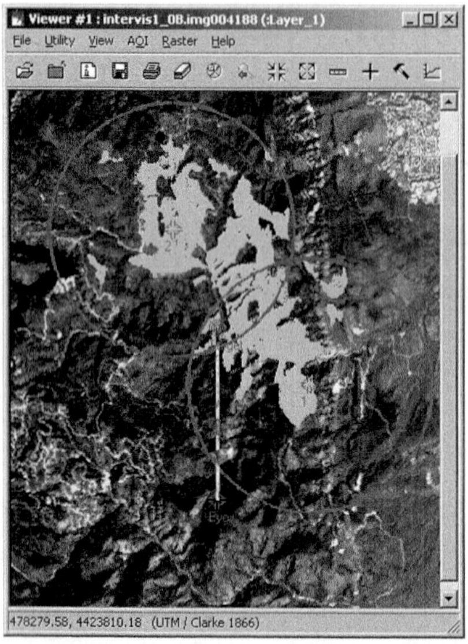

图 5-134 点视域分析结果二维显示

图 5-135 点视域分析结果三维显示

单击 Raster | Attributes 命令，打开 Raster Attributes Editor 对话框（图 5-136）。在 Raster Attributes Editor 对话框菜单条（图 5-136）中进行如下操作。

① 单击 Edit | Add Class Name 命令。

② Raster Attributes Editor 对话框数据表增加 Class Name 字段。

③ 依据 Viewshed 对话框（Function 选项卡）图例表格颜色设置，依次在 Class Name 字段输入下列名称：

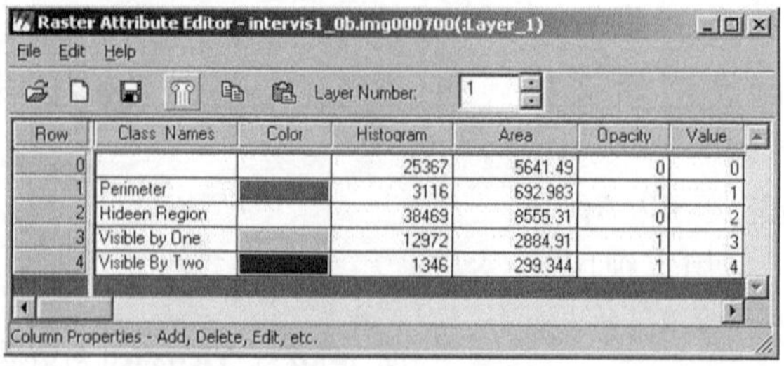

图 5-135 Raster Attributes Editor 对话框（分析数据）

Row 1　Perimeter　　/　Row 2　Hidden Region

Row 3　Visible By One　/　Row 4　Visible by Two

④ 单击 Edit | Add Area Column 命令，打开 Add Area Column 对话框（略）。

⑤ 在 Add Area Column 对话框中设置单位：Acres　/　字段名：Area。

⑥ 单击 OK 按钮（关闭 Add Area Column 对话框），数据表增加 Area 字段。

⑦ 单击 Edit | Column Properties 命令，打开 Column Properties 对话框。

⑧ 在 Columns 栏选择 Histogram 字段，单击 UP 按钮使其向上移动。

⑨ 同样，在 Columns 栏选择 Area 字段，单击 UP 按钮使其向上移动。

⑩ 单击 OK 按钮（关闭 Column Properties 对话框），分析数据如图 5-136 所示。

（6）点视域分析结果输出

显示在二维视窗中的点视域分析结果（图 5-134）可以保存为 IMG 文件，以便于制作分析报告插图或进行点视域分析对比等。

在 Viewshed 对话框（图 5-132）中进行如下操作。

① 单击 Save 按钮，打开 Save Viewshed Image 对话框。

② 确定保存文件目录、名称：\examples\Viewshed_analysis.img。

③ 单击 OK 按钮（关闭 Save Viewshed Image 对话框，保存文件）。

5.8.9　路径视域分析

路径视域分析（Route Intervisibility）是依据数字高程模型（DEM）来分析一条路径上的搜索范围和可视范围的。路径的搜索半径和路径的高度可以设置，其搜索范围和可视范围既可以通过图形直观表达，也可以通过表格定量表达。要进行视域分析，通常需要执行下面的一系列操作。

（1）路径视域分析准备

为了进行路径视域分析，首先必须在 ERDAS IMAGINE 视窗显示 DEM 图像和相应的遥感图像，并最好进行图像三维显示（Image Drape）。

① 数据显示

显示 DEM 图像、显示遥感图像、图像三维显示等操作和视域分析相同，参见本章 5.8.8 节。

② 绘制或显示路径

在视窗菜单条中单击 File | New | Vector Layer 命令，打开 Create a New Vector Layer 对话框，建立一个矢量文件为 route。或者在视窗菜单条中单击 Vector | Tools 命令，绘制一条线，存储矢量文件。

用户也可以直接打开已经存在的路径矢量文件进行视域分析。

（2）路径视域分析操作

在 ERDAS 图标面板菜单条单击 Main | Image Interpreter | Topographic Analysis | Route Intervisibility 命令，打开 Viewer Selection Instructions 指示器（图 5-137）；或者在 ERDAS 图标面板工具条中单击 Interpreter 图标 | Topographic Analysis | Route Intervisibility 命令，打开 Viewer Selection Instructions 指示器（图 5-137）。

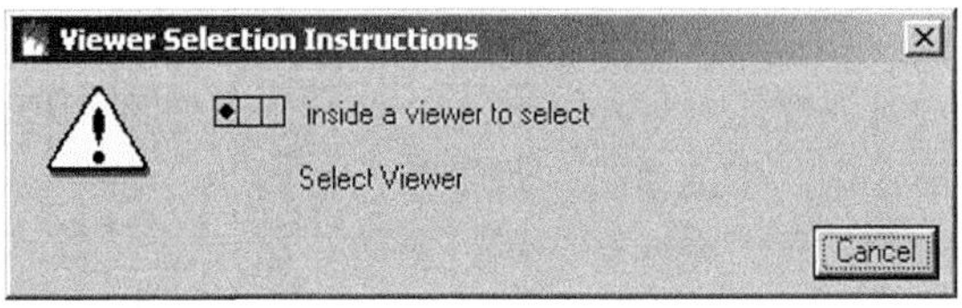

图 5-137　Viewer Selection Instructions 指示器

将鼠标移到显示 DEM 与遥感图像的二维视窗中，单击指定视域分析视窗，打开 Route Intervisibility based on a line 对话框（图 5-138）。

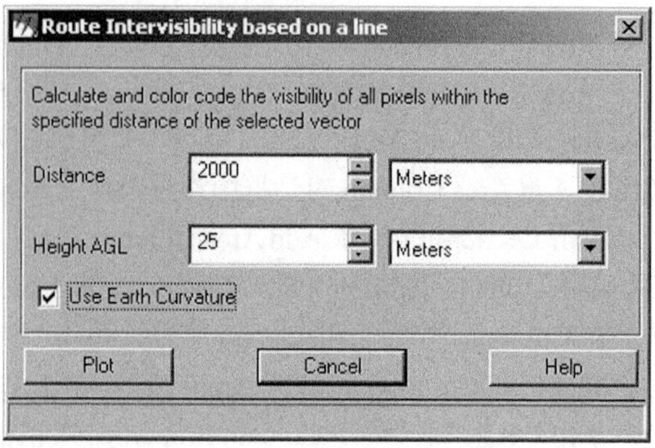

图 5-138 Route Intervisibility based on a line 对话框

在 Route Intervisibility based on a line 对话框中进行如下设置。

① 设置路径周围的搜索距离（Distance）：2000 Meters。

② 设置路径的高度（Height AGL）：25 Meters。

③ 选中 Use Earth Curvature 复选框：计算路径视域的时候考虑地球曲率的影响。

④ 在二维视窗中，选择需要进行分析的路径。

⑤ 单击 Plot 按钮，会弹出一个文件选择器对话框，填入输出文件名称。

⑥ 单击单击 OK 按钮后，将会进行路径视域分析，分析结果如图 5-139（二维视窗）和图 5-140（三维视窗）所示。

⑦ 用户可以用鼠标拖动 Eye 和 Target 的位置进行新的观察。

⑧ 用户可以使用 5.8.8 节的方法对分析结果进行数据分析。

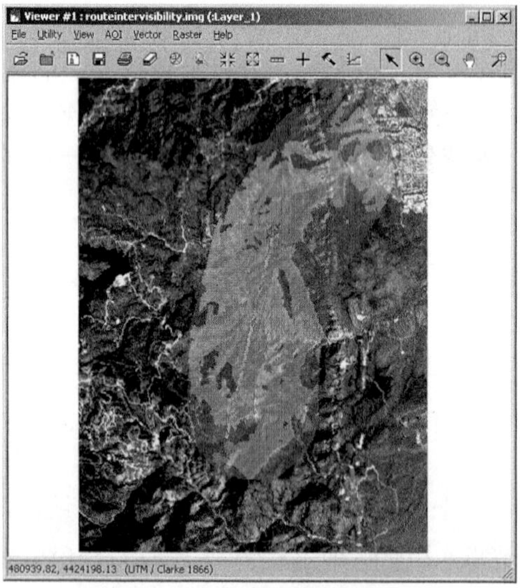

图 5-139 路径视域分析结果（二维视窗）

图 5-140 路径视域分析结果（三维视窗）

5.8.10 三维浮雕

三维浮雕工具（Anaglyph）是依据数字高程模型（DEM）和相应的遥感图像，通过计算三维地形变化，生成仿真三维地形浮雕效果，以便于更好地显示地物状况、解译图像以及提取更多的细部信息。在实际应用过程中，要求输入的 DEM 必须具有统计特征值，而且要忽略 0 高程值，因为最小高程值对于运算结果有较大的影响；还要求遥感图像必须具有地图投影，这将作为生成三维浮雕图像的地图投影；如果 DEM 和遥感图像都没有投影信息的话，生成的三维浮雕将是错误的。此外，在实际应用中，可以根据需要适当夸大垂直比例尺。垂直比例尺与输出图像比例尺的设置极大地影响三维浮雕效果，可以生成单波段三维浮雕或多波段三维浮雕。

在 ERDAS 图标面板菜单条中单击 Main | Image Interpreter | Topographic Analysis | Anaglyph 命令，打开 Anaglyph Generation 对话框（图 5-141）；或者在 ERDAS 图标面板工具条中单击 Interpreter 图标 | Topographic Analysis | Anaglyph 命令，打开 Anaglyph Generation 对话框（图 5-141）。

在 Anaglyph Generation 对话框中确定下列参数。

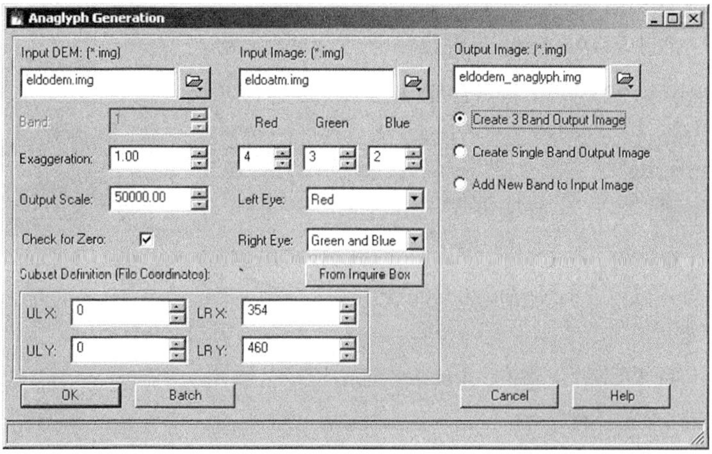

图 5-141　**Anaglyph Generation 对话框**

① 确定输入 DEM 图像（Input DEM）：eldodem.img（如果输入的 DEM 图像具有多波段，需要在 Band 窗口确定波段）。

② 确定输入遥感图像（Input Image）：eldoatm.img（单波段或多波段）。

③ 确定输出图像类型：Create 3 Band Output Image（生成三波段图像）、其他两种类型为：Create Single Band Output Image（生成单波段图像）、Add New Band to Input Image（向原图像增加波段）。

④ 确定输出浮雕图像（Output Image）：eldodem_anaglyph.img。

⑤ 设置垂直比例尺（Exaggeration）：2（垂直比例夸大一倍）。

⑥ 输出图像比例（Output Scale）：5000（决定浮雕图像像元数量）。

⑦ 设置 0 值检查：选中 Check for Zero（检查 DEM 中的 0 值）复选框。

⑧ 确定输出图像的红波段（Red）：4（原图像中的红波段）（对于单波段图像，默认值为 1，对于多波段图像需要设定；如果在输出图像类型中选中 Create Single Band Output Image 或 Add New Band to Input Image 单选按钮，需要设置定为被替换的波段）。

⑨ 确定输出图像的绿波段（Green）：3（原图像中的绿波段）（只有在输出图像类型为 Create 3 Band Output Image 时才设置）。

⑩ 确定输出图像的蓝波段（Red）：2（原图像中的蓝波段）（只有在输出图像类型为 Create 3 Band Output Image 时才设置）。

⑪ 确定左眼滤光镜颜色（Left Eye）：Red（默认状态为红色滤光镜）。

⑫ 确定右眼滤光镜颜色（Right Eye）：Green and Blue（默认状态）（只有在输出图像类型为 Create 3 Band Output Image 时才设置）。

⑬ 图像处理范围确定（Subset Definition）：ULX / Y、LRX / Y（默认状态为整个图像范围，可以应用 Inquire Box 定义子区）。

⑭ 单击 OK 按钮（关闭 Anaglyph Generation 对话框，执行三维浮雕处理）。

5.8.11　高程转换

高程转换（DEM Height Converter）是将输入的数字高程模型（DEM）的高程值（DN Values）

从一种计量单位（Unit Set）转换到另一种计量单位，例如从英尺（Feet）转换到米（Meter）。这种单位转换只改变 DEM 高程值，而不影响 DEM 的水平坐标单位，这种转换也不在 DEM 图像统计信息表中显示。

在 ERDAS 图标面板菜单条中单击 Main | Image Interpreter | Topographic Analysis | DEM Height Converter 命令，打开 DEM Height Converter 对话框（图 5-142）；或者在 ERDAS 图标面板工具条中单击 Interpreter 图标 | Topographic Analysis | DEM Height Converter 命令，打开 DEM Height Converter 对话框（图 5-142）。

在 DEM Height Converter 对话框中，确定下列参数。

① 确定输入 DEM 图像（Input DEM）：eldodem.img。

② 确定输入 DEM 波段（Band）：1（如果输入的 DEM 图像具有多波段）。

③ 确定输出 DEM 图像（Output DEM）：eldodem_convert.img。

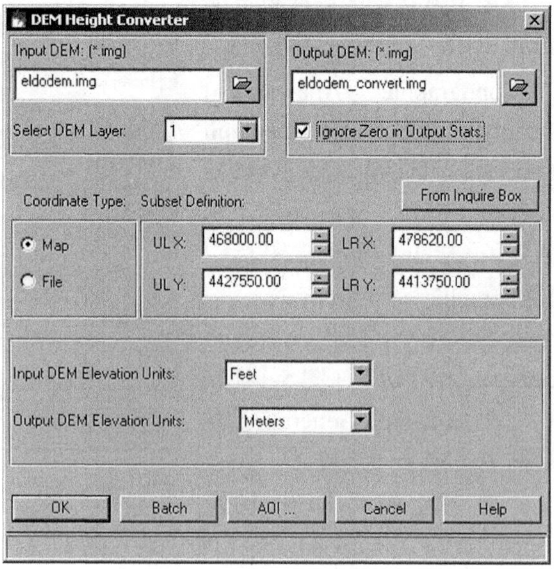

图 5-142 DEM Height Converter 对话框

④ 输出数据统计时忽略零值：Ignore Zero in Stats。

⑤ 文件坐标类型（Coordinate Type）：Map。

⑥ 处理范围确定（Subset Definition）：ULX / Y、LRX / Y（默认状态为整个图像范围，可以应用 Inquire Box 定义子区）。

⑦ 输入 DEM 高程单位（Input DEM Elevation Units）：Feet。

⑧ 输出 DEM 高程单位（Output Elevation Units）：Meters。

⑨ 单击 OK 按钮（关闭 DEM Height Converter 对话框，执行高程转换）。

5.9 地理信息系统分析

地理信息系统分析功能（GIS Analysis）相对较多，其中部分功能与图像分类密切相关，如聚类统计（Clump）、过滤分析（Sieve）、剔除处理（Eliminate）、重编码（Recode）等。为了学习方便，将在图像分类一章中进行介绍。因而，下面只介绍其中部分功能。

5.9.1 邻域分析

邻域分析（Neighborhood）是针对分类专题图像（Thematic Image），采用类似于卷积滤波的方法对图像分类值（Class Values）进行多种分析，每个像元的值都参与用户定义的邻域范围（Definition Neighborhood）和分析函数（Function）所进行的分析，而邻域中心像元的值将被分析结果所取代。系统所提供的邻域范围大小有 3×3、5×5、7×7 这 3 种，而邻域范围的形状可以在矩形的基础上任意修改；系统所提供的分析函数有 8 种，依次是总和（Sum：邻域范围像元值总和）、分离度（Diversity：邻域范围内不同数值像元数比例）、密度（Density：邻域范围内相同数值像元数比例）、多数值（Majority：邻域范围内出现最多的像元值）、少数值（Minority：邻域范围内出现最少的像元值）、最大值（Max）、最小值（Min）、序列值（Rank）。此外，对于所定义的邻域范围和分析函数，还可以进一步确定其应用范围，包括输入图像中参与邻域分析的数值范围（3 种选择）和输出图像中应用邻域分析结果的数值范围（3 种选择）。

在 ERDAS 图标面板菜单条中单击 Main | Image Interpreter | GIS Analysis | Neighborhood 命令，打开 Neighborhood Functions 对话框（图 5-143）；或者在 ERDAS 图标面板工具条中单击 Interpreter 图标 | GIS Analysis | Neighborhood，打开 Neighborhood Functions 对话框（图 5-143）。

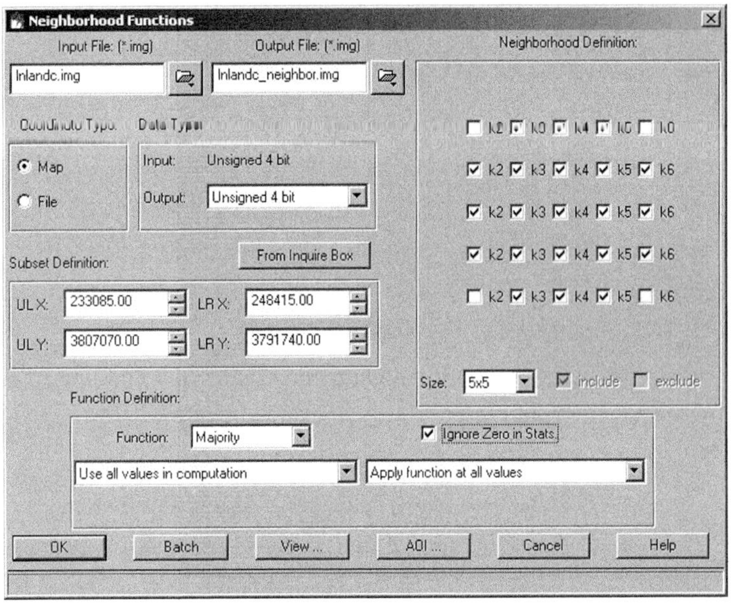

图 5-143　**Neighborhood Functions 对话框**

在 Neighborhood Functions 对话框中，确定下列参数。

① 确定输入文件（Input File）：lnlandc.img。

② 定义输出文件（Output File）：lnlandc_neighbor.img。

③ 文件坐标类型（Coordinate Type）：Map。

④ 处理范围确定（Subset Definition）：ULX / Y、LRX / Y（默认状态为整个图像范围，可以应用 Inquire Box 定义子区）。

⑤ 输出数据类型（Output Data Type）：Unsigned 4 bit。

⑥ 定义邻域窗口（Neighborhood Definition）：包括窗口大小（Size）：5×5（或 3×3 或 7×7），与窗口形状：默认形状为矩形，可以调整为各种形状（如圆形）。

⑦ 分析函数定义（Function Definition）：包括

a. 算法（Function）：Majority。

b. 输入图像中参与邻域分析的数值范围的 3 种选择。

Use all values in computation——输入图像中的所有数值都参与分析；

Ignore specified values(s)——所确定的数值不参与分析，进一步确定数值；

Use only specified value(s)——只有所确定的数值才参与分析，确定数值。

c. 输出图像中应用邻域分析结果的数值范围的 3 种选择。

Apply function at all values——所设置的功能应用于所有图像数值；

Don't apply at specified values(s)——所设置的功能不应用于所确定的图像数值，需要进一步确定具体数值；

Apply only at specified value(s)——所设置的功能只应用于所确定的图像数值，需要进一步确定具体数值。

⑧ 输出数据统计时忽略零值：Ignore Zero in Stats。

⑨ 单击 OK 按钮（关闭 Neighborhood Functions 对话框，执行邻域分析）。

5.9.2 周长计算

周长计算（Perimeter）仅对 Clump 聚类专题图像（Thematic Image）计算每个类组（Clumps）的周长。输入文件必须是经过 Clump 处理的，而且是可读写的，对于只读文件无法操作。

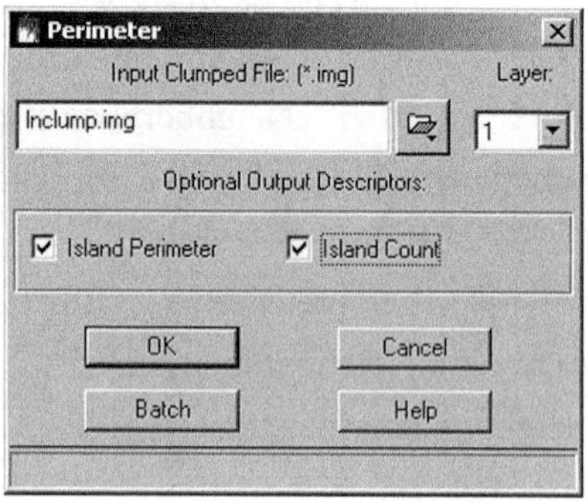

图 5-144 **Perimeter 对话框**

在 ERDAS 图标面板菜单条中单击 Main | Image Interpreter | GIS Analysis | Perimeter 命令，打开 Perimeter 对话框（图 5-144）；或者在 ERDAS 图标面板工具条中单击 Interpreter 图标 | GIS Analysis | Perimeter 命令，打开 Perimeter 对话框（图 5-144）。

在 Perimeter 对话框中，确定下列参数。

① 确定输入文件（Input Clumped File）：lnclump.img。

② 选择 Clump 数据（Layer）：1（多个 Clump 中选一）。

③ 定义输出描述参数（Optional Output Descriptors）。

a. 计算岛状多边形周长的总和：Island Perimeter。

b. 计算每个 Clump 类组中岛状多边形数量：Island Count。

④ 单击 OK 按钮（关闭 Perimeter 对话框，执行周长计算）。

⑤ 可以在图像属性表中看到周长字段。

5.9.3 查找分析

查找分析（Search）是对输入的分类专题图像或矢量图形进行邻近（Proximity）分析，产生一个新的输出栅格文件，输出像元的属性值取决于其位置与用户选择专题类型像元的接近程度和用户定义的接近距离，输出文件中用户所选择专题类型的属性值重新编码为 0，其他相邻区域属性值取决于它们与所选择专题类型像元的欧氏距离。

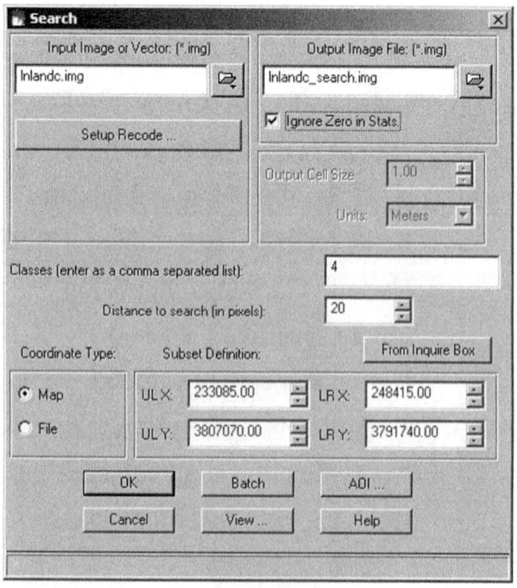

图 5-145 **Search 对话框（分类专题图像）**

在 ERDAS 图标面板菜单条中单击 Main | Image Interpreter | GIS Analysis | Search 命令，打开 Search 对话框（图 5-145）；或者在 ERDAS 图标面板工具条中单击 Interpreter 图标 | GIS Analysis | Search 命令，打开 Search 对话框（图 5-145）。

在 Search 对话框中，需要确定下列参数。

① 确定输入文件（Input Image or Vector）：lnlandc.img。

② 确定输出文件（Output Image File）：lnlandc_search.img。

③ 重编码设置（Setup Recode）：打开重编码表格进行编码。

④ 确定查找分析类型（Classes）：4（重编码后的类型编码）。

⑤ 定义查询距离（Distance to search）：20（像元个数）。

⑥ 文件坐标类型（Coordinate Type）：Map。

⑦ 处理范围确定（Subset Definition）：ULX / Y、LRX / Y（默认状态为整个图像范围，可以应用 Inquire Box 定义子区）。

⑧ 单击 OK 按钮（关闭 Search 对话框，执行查找分析）。

图 5-145 所示的 Search 对话框和上面所讲的都是针对分类专题图像的查找分析，下面就矢量 Coverage 的查找分析进行说明。如果打开的文件是矢量 Coverage，则 Search 对话框的内容和参数设置会有一定的变化（图 5-146）。

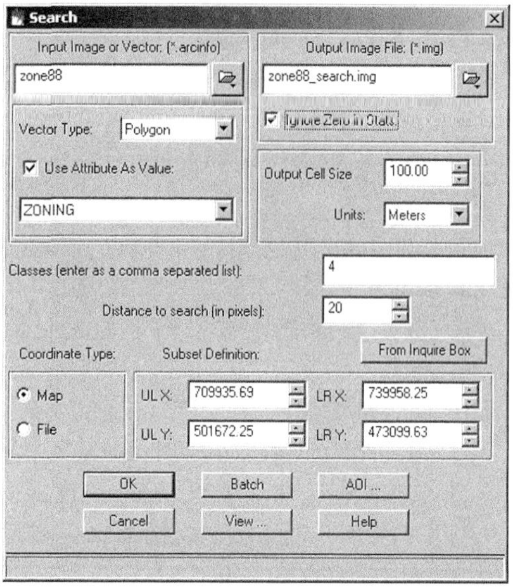

图 5-146　Search 对话框（矢量地图数据）

在图 5-146 所示的 Search 对话框中，需要确定下列参数。

① 确定输入文件（Input Image or Vector）：zone88。

② 定义输出文件（Output Image File）：zone88_search.img。

③ 矢量数据类型（Vector Type）：Polygon（多边形）。

④ 确定使用矢量属性值：Use Attribute As Value。

⑤ 选择矢量属性字段：ZONING。

⑥ 确定输出像元大小（Output Cell Size）：100。

⑦ 选择输出像元单位（Units）：Meters。

⑧ 确定查找分析属性（Classes）：4（原始属性值）。

⑨ 定义查询距离（Distance to search）：20（像元个数）。

⑩ 文件坐标类型（Coordinate Type）：Map。

⑪ 处理范围确定（Subset Definition）：ULX / Y、LRX / Y（默认状态为整个图像范围，可以应用 Inquire Box 定义子区）。

⑫ 单击 OK 按钮（关闭 Search 对话框，执行查找分析）。

5.9.4　指标分析

指标分析功能（Index）可以将两个输入分类专题图像或矢量地图数据，按照用户定义的权重因子（Weighting Factor）进行相加，产生一个新的综合图像文件。

在 ERDAS 图标面板菜单条中单击 Main | Image Interpreter | GIS Analysis | Index 命令，打开 Index 对话框（图 5-147）；或者在 ERDAS 图标面板工具条中单击 Interpreter 图标 | GIS Analysis | Index 命令，打开 Index 对话框（图 5-147）。

在 Index 对话框中，需要确定下列参数。

① 确定第一个输入文件（Image or Vector File #1）：lnslope.img。

② 重编码设置（Setup Recode）：打开重编码表格进行编码。

③ 确定权重因子（Weighting Factor）：5。

④ 确定第二个输入文件（Image or Vector File #2）：lnsoils.img。

⑤ 重编码设置（Setup Recode）：打开重编码表格进行编码。

⑥ 确定权重因子（Weighting Factor）：10。

⑦ 确定输出文件（Output File）：lnslope_soils.img。

⑧ 输出数据统计时忽略零值：Ignore Zero in Stats。

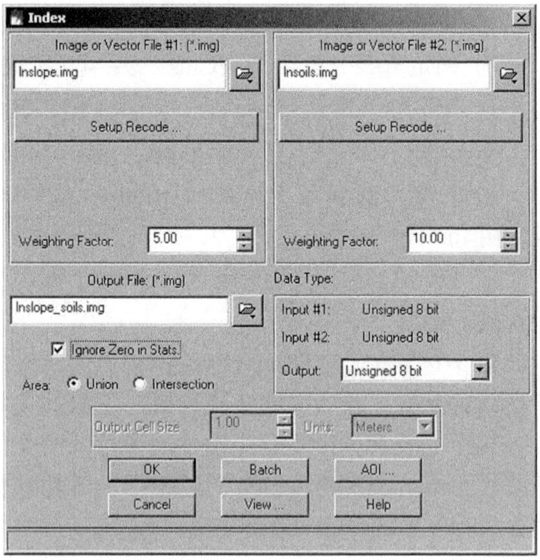

图 5-147 **Index 对话框**

⑨ 确定输出数据类型（Output）：Unsigned 8 bit。

⑩ 设置两幅图像运算规则（Area）：Union（并集）。

⑪ 单击 OK 按钮（关闭 Index 对话框，执行指标分析）。

图 5-147 所示的 Index 对话框和上面所讲的都是针对分类专题图像的指标分析。如果参与分析的文件是矢量Coverage，则Index对话框的内容和参数设置会有一定的变化，可参见图5-146和 5.9.3 节后半部分。

5.9.5 叠加分析

叠加分析（Overlay）是根据两个输入分类专题图像文件或矢量图形文件数据的最小值或最大值，产生一个新的综合图像文件。系统所提供的叠加选择项允许用户提前对数据进行处理，可以根据需要掩膜剔除一定的数值。

在 ERDAS 图标面板菜单条中单击 Main | Image Interpreter | GIS Analysis | Overlay 命令，打开 Overlay 对话框（图 5-148）；或者在 ERDAS 图标面板工具条中单击 Interpreter 图标 | GIS Analysis | Overlay 命令，打开 Overlay 对话框（图 5-148）。

在 Overlay 对话框中，需要确定下列参数。

① 确定第一个输入文件（Image or Vector File #1）：lnlandc.img。

② 重编码设置（Setup Recode）：打开重

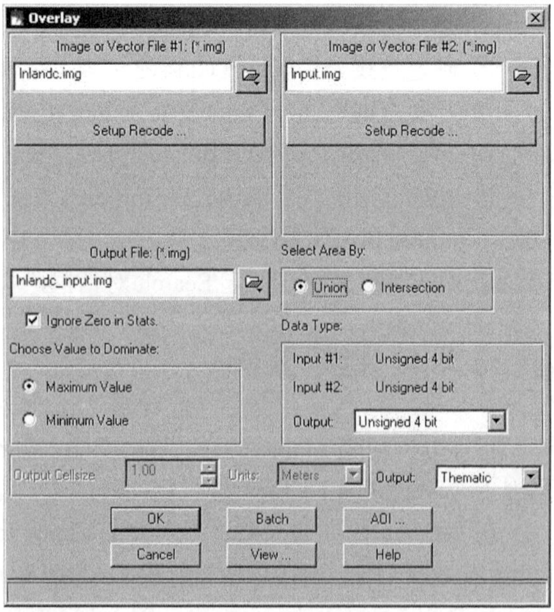

图 5-148 **Overlay 对话框**

编码表格进行编码。

③ 确定第二个输入文件（Image or Vector File #2）：Input.img。

④ 重编码设置（Setup Recode）：打开重编码表格进行编码。

⑤ 确定输出文件（Output File）：lnlandc_input.img。

⑥ 输出数据统计时忽略零值：Ignore Zero in Stats。

⑦ 设置两幅图像运算规则（Select Area by）：Union（并集）。

⑧ 选择输出图像取值（Choose Value to Dominate）：Maximum Value0。

⑨ 确定输出数据类型（Output）：Unsigned 4 bit。

⑩ 确定输出图像类型（Output）：Thematic（分类专题图像）。

⑪ 单击 OK 按钮（关闭 Overlay 对话框，执行叠加分析）。

图 5-148 所示的 Overlay 对话框和上面所讲的都是针对分类专题图像的叠加分析。如果参与分析的文件是矢量 Coverage，则 Overlay 对话框的内容和参数设置会有一定的变化，可参见图 5-146 和 5.9.3 节后半部分。

5.9.6 矩阵分析

矩阵分析功能（Matrix）可以将两个输入分类专题图像或矢量地图数据，按照其专题属性在空间上的重叠性产生一个新的图像文件，新文件包含两个输入文件中重叠的分类专题属性。

在 ERDAS 图标面板菜单条中单击 Main | Image Interpreter | GIS Analysis | Matrix 命令，打开 Matrix 对话框（图 5-149）；或者在 ERDAS 图标面板工具条中单击 Interpreter 图标 | GIS Analysis | Matrix 命令，打开 Matrix 对话框（图 5-149）。

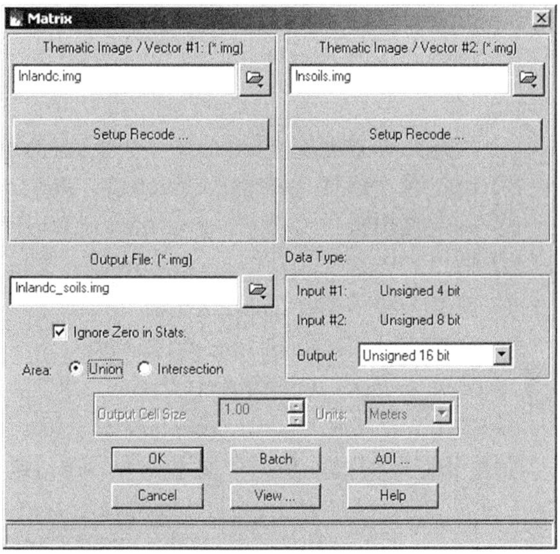

图 5-149 Matrix 对话框

在 Matrix 对话框中，需要确定下列参数。

① 确定第一个输入文件（Thematic Image or Vector #1）：lnlandc.img。

② 重编码设置（Setup Recode）：打开重编码表格进行编码。

③ 确定第二个输入文件（Thematic Image or Vector #2）：lnsoils.img。

④ 重编码设置（Setup Recode）：打开重编码表格进行编码。

⑤ 确定输出文件（Output File）：lnlandc_soils.img。

⑥ 输出数据统计时忽略零值：Ignore Zero in Stats。

⑦ 设置两幅图像运算规则（Area）：Union（并集）。

⑧ 确定输出数据类型（Output）：Unsigned 16 bit。

⑨ 单击 OK 按钮（关闭 Matrix 对话框，执行矩阵分析）。

图 5-149 所示的 Matrix 对话框和上面所讲的都是针对分类专题图像的矩阵分析。如果参与分析的文件是矢量 Coverage，则 Matrix 对话框的内容和参数设置会有一定的变化，可参见图 5-146 和 5.9.3 节后半部分。

5.9.7 归纳分析

归纳分析功能（Summary）可以根据输入分区图像和分类图像产生一个交叉统计表格（输出报告），内容包括每个分区（Zone）内所有分类（Class）的像元数量及其面积、百分比等统计值，可用于一定区域内多种专题数据相互关系的栅格叠加统计分析。

在 ERDAS 图标面板菜单条中单击 Main | Image Interpreter | GIS Analysis | Summary 命令，打开 Summary 对话框（图 5-150）；或者在 ERDAS 图标面板工具条：单击 Interpreter 图标 | GIS Analysis | Summary 命令，打开 Summary 对话框（图 5-150）。

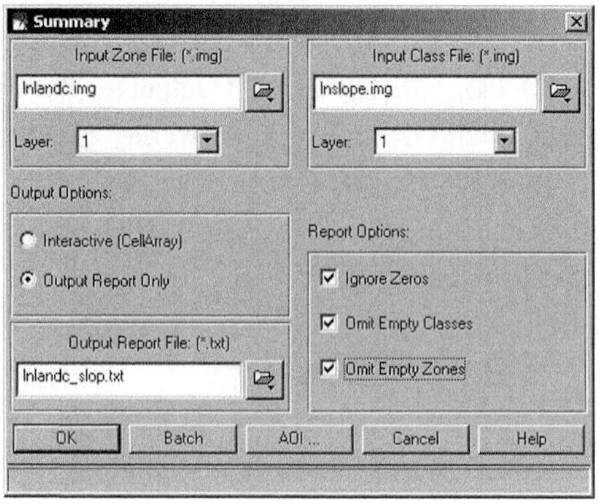

图 5-150 Summary 对话框

在 Summary 对话框中，需要确定下列参数。

① 确定输入分区文件（Input Zone File）：Inlandc.img。

② 选择文件数据层（Layer）：1（多层任选一层）。

③ 确定输入分类文件（Input Class File）：Inslope.img。

④ 选择文件数据层（Layer）：1（多层任选一层）。

⑤ 确定输出选择（Output Options）：Output Report Only。

⑥ 确定输出报告文件（Output Report File）：Inlandc_slop.txt。

⑦ 输出报告选择项（Report Options）：3 个选择项。

⑧ 忽略分级零值：Ignore Zeros。

⑨ 省略空分级：Omit Empty Classes。

⑩ 省略空分区：Omit Empty Zones。

⑪ 单击 OK 按钮（关闭 Summary 对话框，执行归纳分析）。

归纳分析所得报告是一个文本文件，可以在文本编辑器打开查阅统计结果，并打印输出。

当然，在运行过程中，还可以选择交互式的统计表格（Interactive CellArray）作为输出结果。

5.9.8 区域特征

区域特征分析（Zonal Attributes）是根据多边形 Coverage 与背景图像之间的地理关系，按照多边形分区统计多种图像特征值，并作为多边形的属性数据保存在多边形属性表中，常用于按照行政区划边界统计栅格分类图像的专题属性，如土地利用状况。由于系统中没有相应的数据进行区域特征分析，这里只能介绍其基本概念和操作过程，而无法给出实例。

在 ERDAS 图标面板菜单条中 Main | Image Interpreter | GIS Analysis | Zonal Attributes 命令，打开 Save Zonal Statistics To Polygon Attributes 对话框；或者在 ERDAS 图标面板工具条中单击 Interpreter 图标 | GIS Analysis | Zonal Attributes 命令，打开 Save Zonal Statistics To Polygon Attributes 对话框。

在 Save Zonal Statistics To Polygon Attributes 对话框中，需要确定下列参数。

① 确定矢量文件（Vector Layer）：*.arcinfo。

② 确定栅格文件（Raster Layer）：*.img。

③ 选择栅格数据层（Select Layer）：（如果有多层数据）。

④ 处理范围确定（Window）：Union（并集）/ Intersection（交集）。

⑤ 分区计算时忽略零值：Ignore Zero in Zonal Calculations。

⑥ 选择区域统计函数（Zonal Functions）：包括统计项与属性字段名，系统提供了 10 个统计项，根据栅格数据类型，可选择项有一定差异。

⑦ 单击 OK 按钮（执行区域统计分析）。

5.10 实用分析功能

实用分析功能（Utilities）共有 18 项，其中部分功能分别在相关的章节中进行了介绍，如随机赋色（Random Class Colors）和专题栅格图转为 RGB 彩色（Thematic to RGB）的操作较为简单，图像数据层组合操作（Layer Stack）在数据输入输出一章中叙述，图像子区操作（Subset Image）和创建文件（Create File）在数据预处理一章中介绍，矢栅数据转换（Vector to Raster）在矢量操作一章中说明等，因而，下面只介绍其中部分功能。

5.10.1 变化检测

变化检测（Change Detection）是根据两个时期的遥感图像来计算其差异，系统可以根据用户所定义的阈值（Threshold）来标明重点变化区域，并输出两个分析结果图像：其一是图像变化文件（Image Difference File），其二是主要变化区域文件（Highlight Change File）。

在 ERDAS 图标面板菜单条中单击 Main | Image Interpreter | Utilities | Change Detection 命令，打开 Change Detection 对话框（图 5-151）；或者在 ERDAS 图标面板工具条中单击 Interpreter 图标 | Utilities | Change Detection 命令，打开 Change Detection 对话框（图 5-151）。

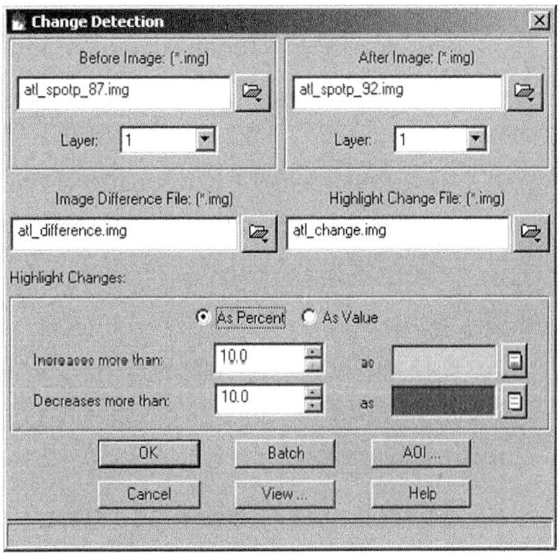

图 5-151 Change Detection 对话框

在 Change Detection 对话框中，确定下列参数。

① 确定变化前图像（Before Image）：atl_spotp_87.img。

② 选择图像数据层（Layer）：1（多波段数据层中选一）。

③ 确定变化后图像（After Image）：atl_spotp_92.img。

④ 选择图像数据层（Layer）：1（多波段数据层中选一）。

⑤ 定义图像变化文件（Image Difference File）：atl_difference.img。

⑥ 定义主要变化文件（Highlight Change File）：atl_change.img。

⑦ 选择主要变化指标（Highlight Changes）：两种选择。

a. 变化比例（As Percent）：适用于连续色调图像变化分析。

b. 变化数值（As Value）：适用于 GRID 图像变化分析。

⑧ 确定主要变化数量与颜色：两种情况。

a. 增加数量与颜色（Increases more than）：10 as Green。

b. 减少数量与颜色（Decreases more than）：10 as Red。

⑨ 单击 OK 按钮（关闭 Change Detection 对话框，执行变化检测分析）。

5.10.2 函数分析

函数分析（Functions）通过调用特定的空间模型函数进行图像变换处理。系统提供了 36 个函数，诸如绝对值函数（ABS）、三角函数（COS、SIN、TAN）、反三角函数（ACOS、ASIN、ATAN）、二值函数（BINARY）、指数函数（EXP）、对数函数（LOG、LOG10）等，每次处理可以从中任选一个函数，因而又叫单个输入函数处理（Single Input Functions）。

在 ERDAS 图标面板菜单条中单击 Main | Image Interpreter | Utilities | Functions 命令，打开 Single Input Functions 对话框（图 5-152）；或者在 ERDAS 图标面板工具条中单击 Interpreter 图标 | Utilities | Functions 命令，打开 Single Input Functions 对话框（图 5-152）。

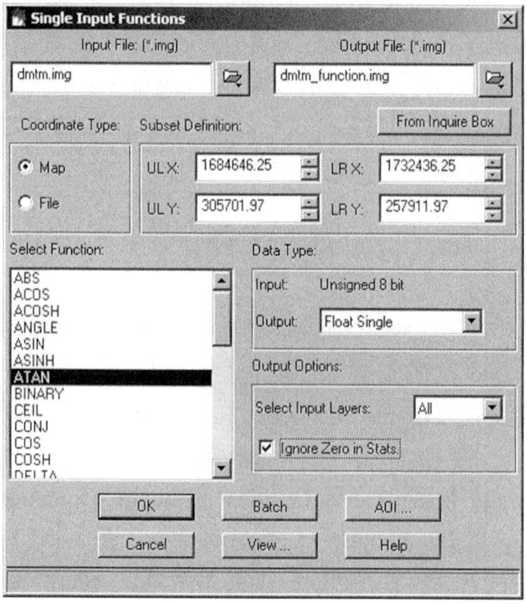

图 5-152 **Single Input Functions 对话框**

在 Single Input Functions 对话框中，确定下列参数。

① 确定输入图像（Input File）：dmtm.img。

② 定义输出图像（Output File）：dmtm_function.img。

③ 图像坐标类型（Coordinate Type）：Map。

④ 处理范围确定（Subset Definition）：ULX / Y、LRX / Y（默认状态为整个图像范围，可以应用 Inquire Box 定义子区）。

⑤ 选择处理函数（Select Function）：ATAN（反正切函数）。

⑥ 确定输出数据类型（Output）：Float Single。

⑦ 选择图像数据层（Select Input Layers）：All。

⑧ 输出数据统计时忽略零值：Ignore Zero in Stats。

⑨ 单击 OK 按钮（关闭 Single Input Functions 对话框，执行函数分析）。

5.10.3 代数运算

代数运算（Operators）是按照系统提供的 6 种代数运算符（加、减、乘、除、幂、模），对两幅输入图像进行简单的代数运算处理。

在 ERDAS 图标面板菜单条中单击 Main | Image Interpreter | Utilities | Operators 命令，打开 Two Input Operators 对话框（图 5-153）；或者在 ERDAS 图标面板工具条中单击 Interpreter 图标 | Utilities| Operators 命令，打开 Two Input Operators 对话框（图 5-153）。

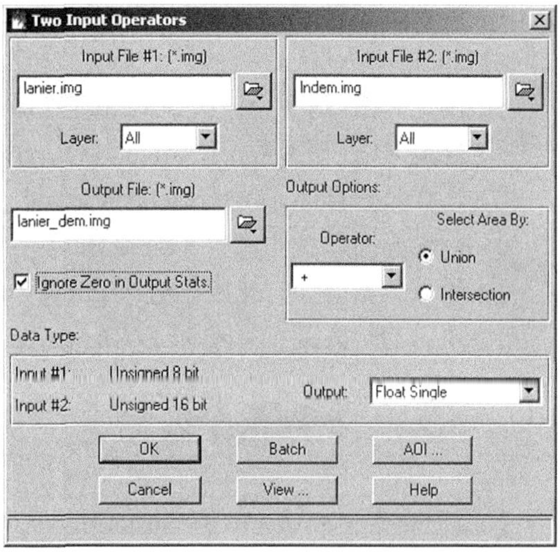

图 5-153 **Two Input Operators 对话框**

在 Two Input Operators 对话框中，确定下列参数。

① 确定第一幅输入图像（Input File #1）：lanier.img。

② 选择图像数据层（Layer）：All。

③ 确定第二幅输入图像（Input File #2）：lndem.img。

④ 择图像数据层（Layer）：All。

⑤ 定义输出图像（Output File）：lanier_dem.img。

⑥ 输出数据统计时忽略零值：Ignore Zero in Output Stats。

⑦ 选择代数运算类型（Operator）：+（Addition）。

⑧ 确定代数运算规则（Select Area by）：Union。

⑨ 确定输出数据类型（Output）：Float Single。

⑩ 单击 OK 按钮（关闭 Two Input Operators 对话框，执行函数分析）。

5.10.4 色彩聚类

色彩聚类分析（RGB Clustering）是应用简单的数据分类和压缩技术对图像进行非监督分类，或将 RGB 这 3 个波段图像压缩为单波段图像，常用于将 24 Bit 图像数据压缩成 8 Bit 图像数据。

在 ERDAS 图标面板菜单条中单击 Main | Image Interpreter | Utilities | RGB Clustering 命令，打开 RGB Clustering 对话框（图 5-154）；或者在 ERDAS 图标面板工具条中单击 Interpreter 图标 | Utilities | RGB Clustering 命令，打开 RGB Clustering 对话框（图 5-154）。

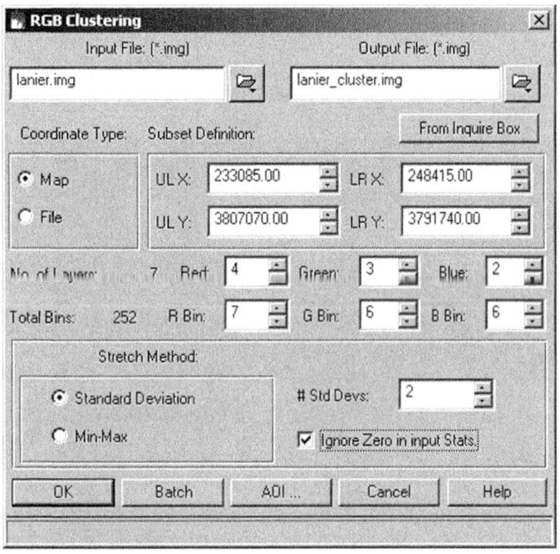

图 5-154 **RGB Clustering 对话框**

在 RGB Clustering 对话框中，确定下列参数。

① 确定输入图像（Input File）：lanier.img。

② 定义输出图像（Output File）：lanier_cluster.img。

③ 文件坐标类型（Coordinate Type）：Map。

④ 处理范围确定（Subset Definition）：ULX / Y、LRX / Y（默认状态为整个图像范围，可以应用 Inquire Box 定义子区）。

⑤ 确定 RGB 这 3 个波段：Red:4 / Green:3 / Blue:2。

⑥ 确定 RGB 聚类数：R Bin:6 / G Bin:6 / B Bin:6。

⑦ 选择数据拉伸方法（Stretch Method）：Standard Deviation。

⑧ 确定标准差拉伸倍数（# Std Devs）：2。

⑨ 输入数据统计时忽略零值：Ignore Zero in Input Stats。

⑩ 单击 OK 按钮（关闭 RGB Clustering 对话框，执行色彩聚类）。

5.10.5 高级色彩聚类

高级色彩聚类（Adv. RGB clustering）是应用简单的数据分类和压缩技术对一个或多个输入的图像文件（*.img）进行非监督分类，或将 RGB 这 3 个波段图像压缩为单波段图像，常用于将 24 Bit 图像数据压缩成 8 Bit 图像数据。与 5.10.4 节所讲色彩聚类不同的是，高级色彩聚类首先依据 RGB 这 3 个输入波段绘制 3D 特征空间图，并应用 3D 格网将特征空间分割成若干类组（Cluster）；然后，根据用户所设置的最小聚类阈值（Minimum Threshold）确定输出分类。

高级色彩聚类通常分 4 步完成：第 1 步是对输入数据的特征空间进行分割；第 2 步是根据分类数量的需要调整聚类参数；第 3 步是建立查找表（LUT）；第 4 步是产生输出图像文件。下面就按照这 4 步进行说明。

第 1 步：分割输入数据（Partitioning Input Data）

在 ERDAS 图标面板菜单条中单击 Main | Image Interpreter | Utilities | Adv. RGB Clustering 命令，打开 RGB Cluster（Image I/O）对话框（图 5-155）；或者在 ERDAS 图标面板工具条中单击 Interpreter 图标 | Utilities | Adv. RGB Clustering 命令，打开 RGB Cluster（Image I/O）对话框（图 5-155）。

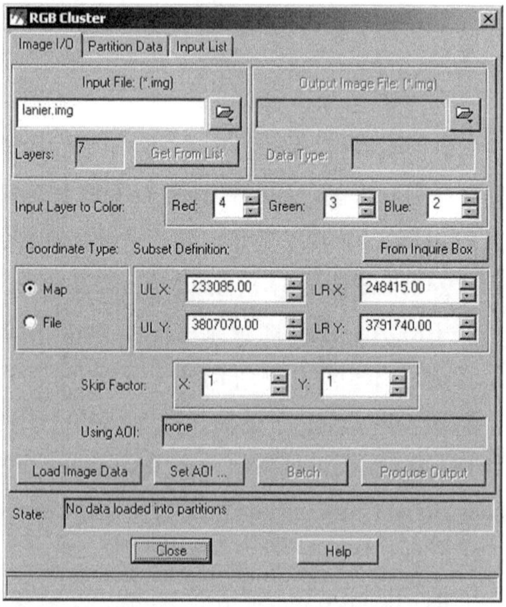

图 5-155 RGB Cluster（Image I/O）对话框

在 RGB Cluster（Image I/O）对话框中，确定下列参数。

① 确定输入图像（Input File）：lanier.img。

② 确定 RGB 这 3 波段：Red:4 / Green:3 / Blue:2。

③ 文件坐标类型（Coordinate Type）：Map。

④ 处理范围确定（Subset Definition）：ULX / Y、LRX / Y（默认状态为整个图像范围，可以应用 Inquire Box 定义子区）。

⑤ 确定统计参数（Skip Factor）：X: 1、Y: 1。

⑥ 加载图像数据进行分割（单击 Load Image Data 按钮）。

⑦ 打开 RGB Cluster 对话框，选择 Partition Data 选项卡（图 5-156）。

第 2 步：调整聚类参数（Adjusting Parameters）

在 RGB Cluster 对话框 Partition Data 选项卡中，确定下列参数。

① 确定聚类阈值（Threshold Count）：2000。

② 阈值聚类百分比（Threshold Percent）：（随聚类阈值变化）。

③ 自动计算分类数：Auto-calculate classes。

④ 优化阈值与分类：Optimize threshold for 8 classes。

说　明

在 RGB Cluster 对话框（Partition Data 选项卡）中，Red Sections（32）、Green Sections（32）、Blue Sections（32）是由加载图像数据时的特征空间分割数（Number of Partition）所决定的，在确定聚类参数时不能随意改变。如果需要改变聚类数，可以清除所有分割数据（Clear All Partition Data），而后再重新分割数据。

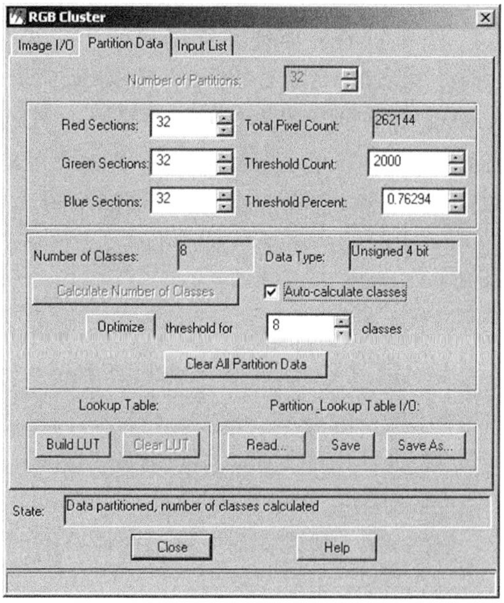

图 5-156　**RGB Cluster 对话框（Partition Data 选项卡）**

第 3 步：建立查找表（Building Lookup Table）

当聚类参数设置好以后，在 RGB Cluster 对话框的 Partition Data 选项卡中进行如下操作。

① 单击 Build LUT 按钮，自动建立查找表。

② 打开 RGB Cluster 对话框，选择 Image I / O 选项卡（图 5-157）。

③ 打开 Partition Data 选项卡。

④ 单击 Save / Save As 按钮，保存查找表。

第 4 步：生成输出文件（Creating Output Files）

建立查找表以后，在 RGB Cluster（Image I / O）对话框（图 5-157）进行如下操作。

① 确定输出图像（Output Image File）：lanier_advcluster.img。

② 单击 Produce Output 按钮，产生输出文件。

③ 单击 Close 按钮（关闭 RGB Cluster 对话框，完成高级色彩聚类）。

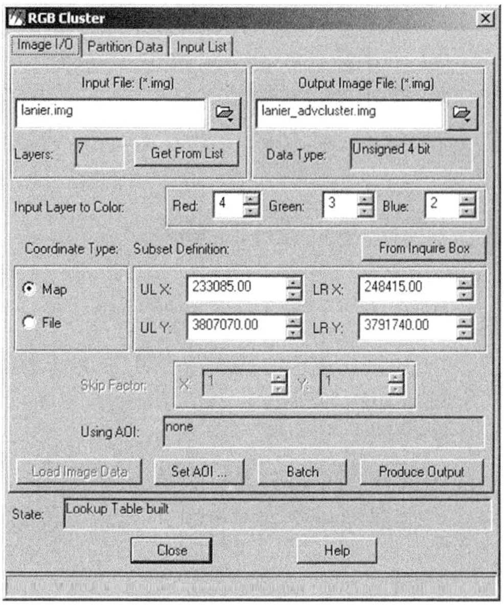

图 5-157　**RGB Cluster 对话框（Image I/O 选项卡）**

5.10.6　数值调整

数值调整（Rescale）就是对输入图像像元的取值范围进行改变，如把 8 Bit 的图像调整成 4 Bit 的图像，使图像特征发生变化。这里的数值调整功能与高光谱工具中的数值调整功能基本类似，只是前者在二维空间进行调整，而后者在三维空间进行调整，而且处理的图像类型有所区别，应用场合有所不同。

在 ERDAS 图标面板菜单条中单击 Main | Image Interpreter | Utilities | Rescale 命令，打开 Rescale 对话框（图 5-158）；或者在 ERDAS 图标面板工具条中单击 Interpreter 图标 | Utilities | Rescale 命令，打开 Rescale 对话框（图 5-158）。

在 Rescale 对话框对话框中，需要确定下列参数。

① 确定输入图像（Input File）：lanier.img。

② 定义输出图像（Output File）：lanier_rescale.img。

③ 文件坐标类型（Coordinate Type）：Map。

④ 处理范围确定（Subset Definition）：ULX / Y、LRX / Y（默认状态为整个图像范围，可以应用 Inquire Box 定义子区）。

⑤ 输入数据范围选择（Input Range Option）：Stabdard Deviation 2。

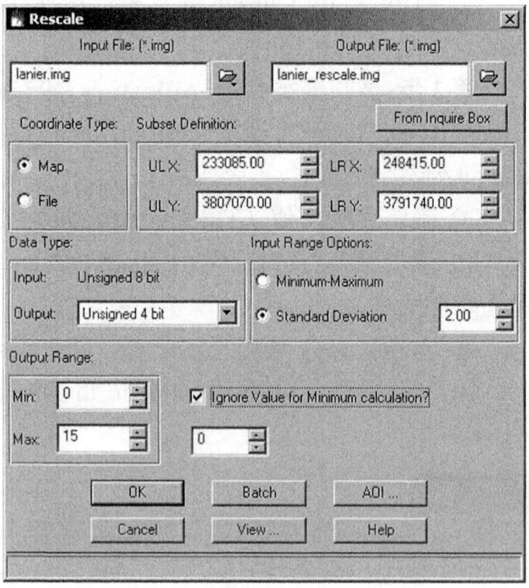

图 5-158 Rescale 对话框

⑥ 输出数据类型（Output Data Type）：Unsigned 4 bit。

⑦ 输出数据范围（Output Range）：Min:0 / Max:15。

⑧ 最小统计中忽略零值：Ignore Value for Minimum Calculation: 0。

⑨ 单击 OK 按钮（关闭 Rescale 对话框，执行数值调整）。

5.10.7 图像掩膜

图像掩膜（Mask）是按照一幅图像所确定的区域以及区域编码，采用掩膜的方法从相应的另一幅图像中进行选择产生一幅或若干幅输出图像。该功能常用于按照行政边界裁剪图像，裁剪的过程通常有 3 步：第 1 步是产生行政区划边界多边形矢量文件；第 2 步是通过矢栅转换生成栅格行政区划图像；第 3 步是应用图像掩膜技术依据行政区划图像进行裁剪（参见本书 4.4.2 节）。

在 ERDAS 图标面板菜单条中单击 Main | Image Interpreter | Utilities | Mask 命令，打开 Mask 对话框（图 5-159）；或者在 ERDAS 图标面板工具条中单击 Interpreter 图标 | Utilities | Mask 命令，打开 Mask 对话框（图 5-159）。

在 Mask 对话框中，需要确定下列参数。

① 确定输入图像文件（Input File）：lanier.img。

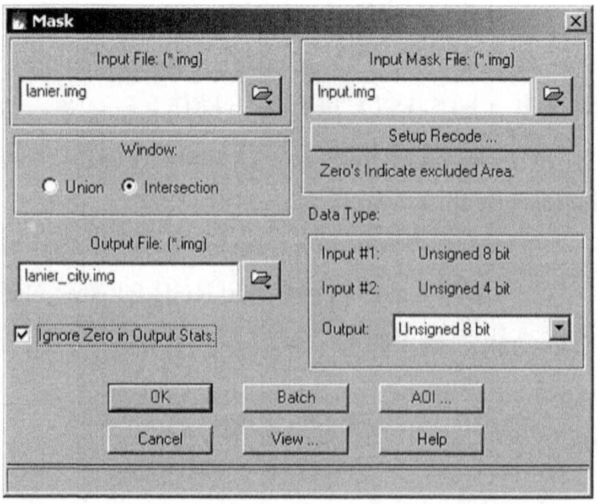

图 5-159 Mask 对话框

② 确定输入掩膜文件（Input Mask File）：input.img。

③ 设置掩膜文件编码（Setup Recode）：将 City of Gainesville 区域的新编码（New Value）设置为 1，其他分类编码都设置为 0。

④ 设置处理窗口功能（Window）：Intersection。

⑤ 定义输出图像（Output File）：lanier_city.img。

⑥ 输出统计中忽略零值：Ignore Zero in Output Stats。

⑦ 输出数据类型（Output Data Type）：Unsigned 8 bit。

⑧ 单击 OK 按钮（关闭 Mask 对话框，执行掩膜操作）。

5.10.8 图像退化

图像退化（Degrade）操作就是按照一定的整数比例因子（Factor）降低输入图像的空间分辨率，其中 X、Y 方向上的比例因子可以不同，从而可以产生矩形输出像元。

在 ERDAS 图标面板菜单条中单击 Main | Image Interpreter | Utilities | Degrade 命令，打开 Image Degradation 对话框（图 5-160）；或者在 ERDAS 图标面板工具条中单击 Interpreter 图标 | Utilities | Degrade 命令，打开 Image Degradation 对话框（图 5-160）。

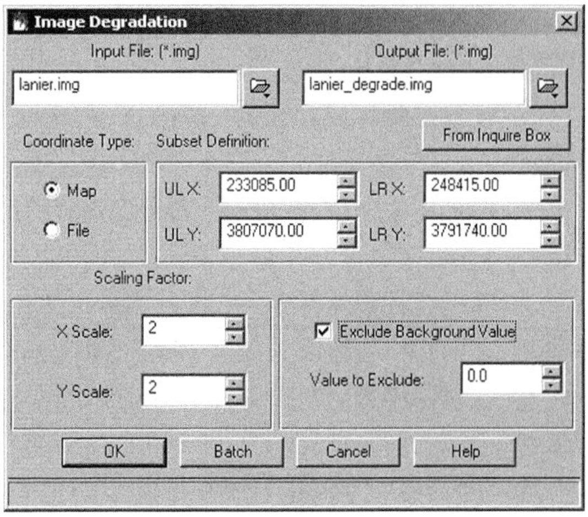

图 5-160　Image Degradation 对话框

在 Image Degradation 对话框中，需要确定下列参数。

① 确定输入图像文件（Input File）：lanier.img。

② 定义输出图像（Output File）：lanier_degrade.img。

③ 文件坐标类型（Coordinate Type）：Map。

④ 处理范围确定（Subset Definition）：ULX / Y、LRX / Y（默认状态为整个图像范围，可以应用 Inquire Box 定义子区）。

⑤ 设置像元比例因子（Scaling Factor）：X Scale : 2 / Y Scale : 2。

⑥ 排除图像背景值：Exclude Background Value。

⑦ 设置排除数值（Value to Exclude）：0。

⑧ 单击 OK 按钮（关闭 Image Degradation 对话框，执行图像退化操作）。

5.10.9 去除坏线

去除坏线操作（Replace Bad Lines）就是要将原始扫描图像中的缺失扫描线（行或列），用相邻像元灰度值按照一定的计算方法予以替代，达到去除坏线的目的。要进行该项操作，首先必须确定图像中坏线的位置（行号或列号），这需要在 ERDAS 视窗中打开该图像，通过光标查询的方法来确定；坏线的位置必须记录下来，以便去除坏线操作时能够准确输入。

在 ERDAS 图标面板菜单条中单击 Main | Image Interpreter | Utilities | Replace Bad Lines 命

令，打开 Replace Bad Lines 对话框（图 5-161）；或者在 ERDAS 图标面板工具条中单击 Interpreter 图标 | Utilities | Replace Bad Lines 命令，打开 Replace Bad Lines 对话框（图 5-161）。

在 Replace Bad Lines 对话框中，需要确定下列参数。

① 确定输入图像文件（Input File）：badlines.img。

② 定义输出图像（Output File）：badlines_replace.img。

③ 文件坐标类型（Coordinate Type）：Map。

④ 处理范围确定（Subset Definition）：ULX / Y、LRX / Y（默认状态为整个图像范围，可以应用 Inquire Box 定义子区）。

⑤ 设置去除坏线功能：Replace Bad Lines by: Average。

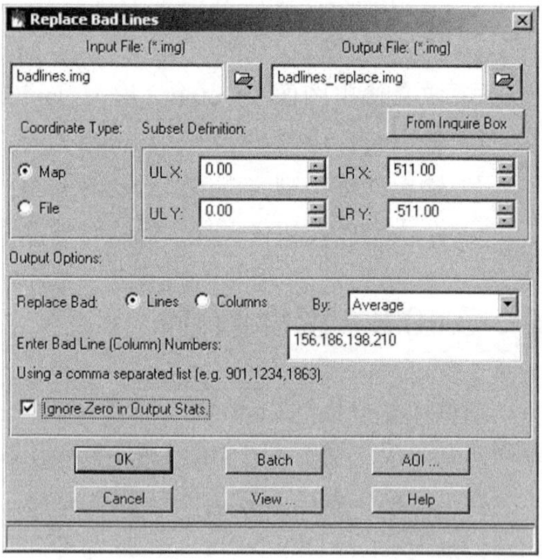

图 5-161 **Replace Bad Lines 对话框**

⑥ 输入坏线的位置（Enter Bad Lines）：156,186,198,210（多条坏线位置之间用逗号隔开，注意必须是西文逗号）。

⑦ 输出统计忽略零值：Ignore Zero in Output Stats。

⑧ 单击 OK 按钮（关闭 Replace Bad Lines 对话框，执行去除坏线操作）。

⑨ 在视窗中同时打开坏线去除前后的两幅图像，对比处理效果。

5.10.10 投影变换

投影变换（Reproject Images）的目标是把遥感图像从一种地图投影类型变换到另一种投影类型。在视窗操作、几何校正及数据预处理等章节的有关内容中，曾经涉及到图像的地图投影及其变换问题，这里所讲的投影变换大同小异，由于缺乏实例数据，下面只做一般介绍。

在 ERDAS 图标面板菜单条中单击 Main | Image Interpreter | Utilities | Reproject Images 命令，打开 Reproject Images 对话框（图 5-162）；或者在 ERDAS 图标面板工具条中单击 Interpreter 图标 | Utilities | Reproject Images 命令，打开 Reproject Images 对话框（图 5-162）。

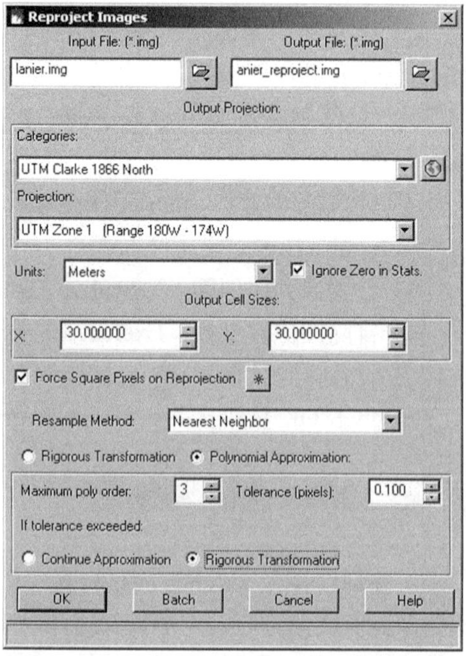

图 5-162 **Reproject Images 对话框**

在 Reproject Images 对话框中，需要确定下列参数。

① 确定输入图像文件（Input File）：lanier.img。

② 定义输出图像文件（Output File）：lanier_ reproject.img。

③ 选择投影类型（Categories）：UTM Clarke 1866 North 或者单击  图标进行选择。

④ 确定投影分带（Projection）：UTM Zone 1。

⑤ 确定投影坐标单位（Units）：Meters。

⑥ 定义输出像元大小（Output Cell Size）：X: 30 / Y :30。

⑦ 确定重采样方法（Resample Method）：Nearest Neighbor。

⑧ 选择多项式近似转换方法：Polynormial Approximation。

⑨ 确定转换多项式最大次方（Maximum poly order）：3。

⑩ 确定转换限定误差（Tolerance）：1.0 pixel。

⑪ 选择替补转换方法：Rigorous Transformation。

⑫ 单击 OK 按钮（关闭 Reproject Images 对话框，执行投影变换）。

5.10.11 聚合处理

聚合处理（Aggie）工具能够简化分类图像的类别，相当于降低遥感图像的分辨率。聚合处理将输入图像分成一些窗口，每个窗口赋予一个像元值来反映这个窗口的主要特征。用户可以设置窗口的大小，也可以预先设定类别的优先级，这样可以使输出文件最大可能地保留特征。

在 ERDAS 图标面板菜单条中单击 Main | Image Interpreter | Utilities |Aggie 命令，打开 Aggie—GIS Aggregation 对话框（图 5-163）；或者在 ERDAS 图标面板工具条中单击 Interpreter 图标 | Utilities | Aggie 命令，打开 Aggie—GIS Aggregation 对话框（图 5-163）。

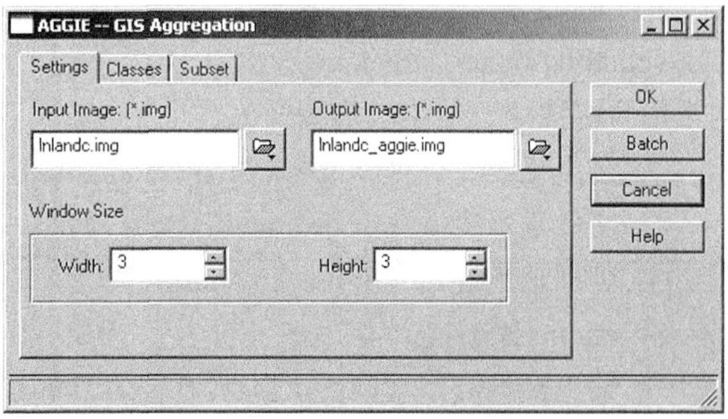

图 5-163 Aggie—GIS Aggregation 对话框（Settings 选项卡）

在 Aggie—GIS Aggregation 对话框的 Settings 选项卡中（图 5-163），用户可以设置输入输出文件名称，可以设置窗口的大小；在 Classes 选项卡中（图 5-164），用户可以在 Priority 字段下设置类别的优先级。

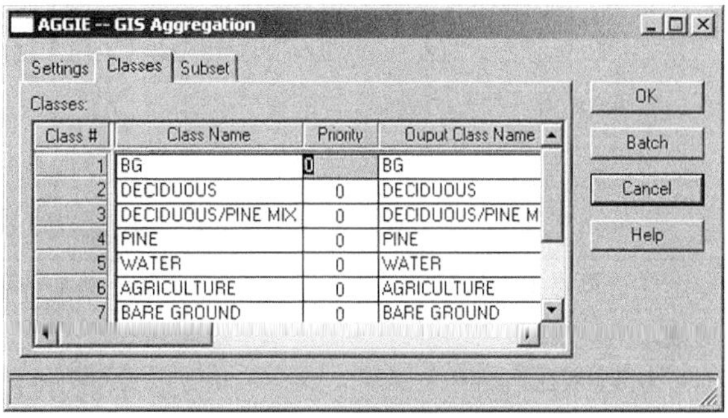

图 5-164 Aggie—GIS Aggregation 对话框（Classes 选项卡）

5.10.12 形态学计算

形态学计算是针对二值图像，依据数学形态学（Mathematical Morphology）的集合论方法发展起来的图像处理方法。通常形态学图像处理表现为一种邻域运算形式，一种特殊定义的邻域称之为“结构元素”（Structure Element），在每个像元位置上与二值图像对应的区域进行特定的逻辑运算，逻辑运算的结果为输出图像的相应像元。形态学运算的效果取决于结构元素的大小、内容以及逻辑运算的性质。常见的形态学运算有腐蚀（Erosion）和膨胀（Dilation）。

在 ERDAS 图标面板菜单条中单击 Main | Image Interpreter | Utilities | Morphological 命令，打开 Morp-hological Operators 对话框（图 5-165）；或者在 ERDAS 图标面板工具条中单击 Interpreter 图标 | Utilities | Morphological 命令，打开 Morp-hological Operators 对话框（图 5-165）。

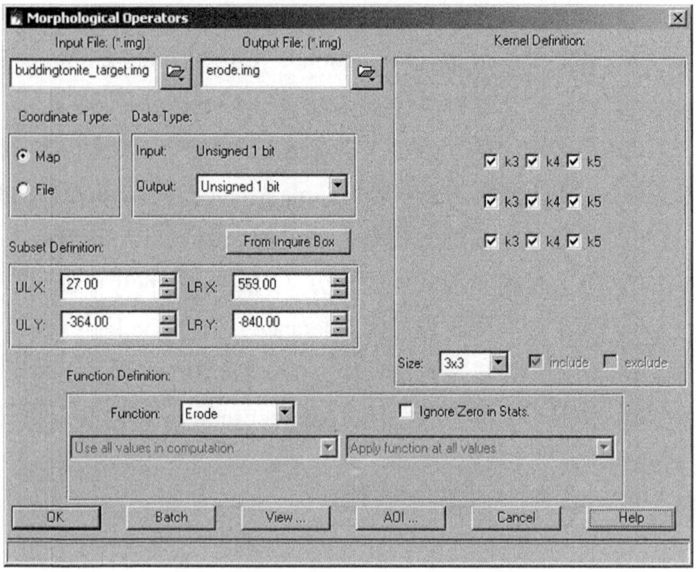

图 5-165 Morphological Operators 对话框

在 Morphological Operators 对话框中，需要设置下列参数。

① 确定输入文件（Input File）：buddingtonite_ target.img（本例采用目标探测的结果二值图像）。

② 定义输出文件（Output File）：erode.img。

③ 文件坐标类型（Coordinate Type）：Map。

④ 处理范围确定（Subset Definition）：ULX / Y、LRX / Y（默认状态为整个图像范围，可以应用 Inquire Box 定义窗口）。

⑤ 输出数据类型（Output Data Type）：Unsigned 1 bit。

⑥ 结构元素定义（Kernel Definition）：包括窗口大小和形状。

a. 窗口大小（Size）：5×5（或 3×3 或 7×7）。

b. 窗口形状：默认形状为矩形，可以调整为各种形状。

⑦ 形态学计算函数定义（Function Definition）：包括算法和应用范围（表 5-18）。其中算法（Function）为 Erode。

⑧ 处理结果比较（图 5-166 和图 5-167）。

表 5-18 形态学计算函数算法与范围选项及其意义

形态学计算函数选择项	函数选项意义
函数：	
Erode （腐蚀）	二值图像以结构元素的形状被腐蚀
Dilate （膨胀）	二值图像以结构元素的形状膨胀
Open （开运算）	膨胀后再腐蚀
Close （闭运算）	腐蚀后再膨胀
输入图像参与聚焦运算范围：	
Use all values in computation	输入图像中的所有数值都参与聚焦运算
Ignore specified values(s)	所确定的像元数值将不参与聚焦运算
Use only specified value(s)	只有所确定的像元数值参与聚焦运算

续表

形态学计算函数选择项	函数选项意义
输入图像应用聚焦函数范围：	
Apply function at all values	输入图像中的所有数值都应用聚焦函数
Don't apply at specified values(s)	所确定的像元数值将不应用聚焦函数
Apply only at specified value(s)	只有所确定的像元数值应用聚焦函数

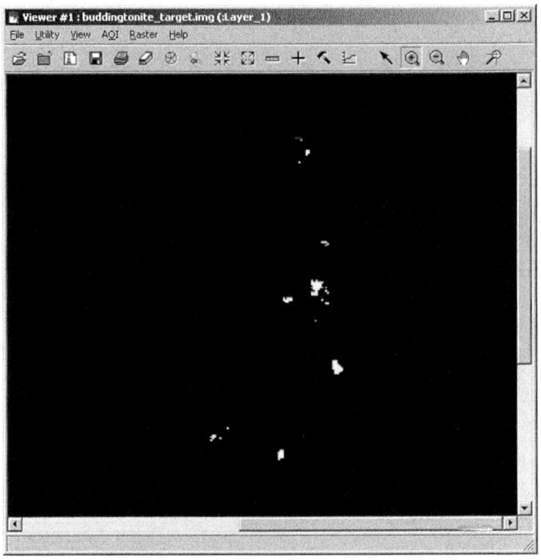

图 5-166 腐蚀处理前

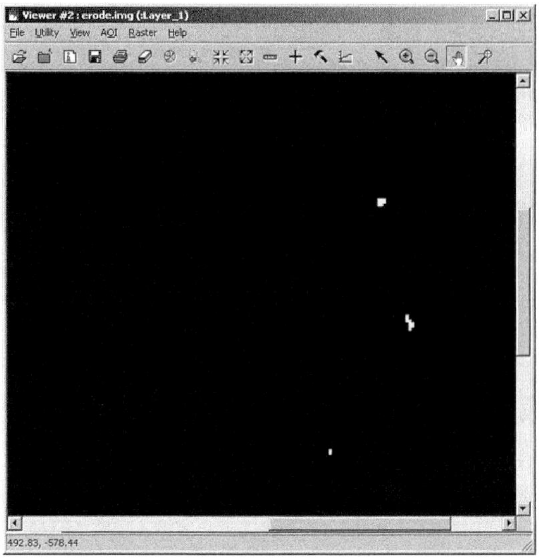

图 5-167 蚀处理后

第6章 图像分类

本章学习要点

- 非监督分类
- 监督分类
- 专家系统分类
- 知识工程师
- 分类后处理
- 分类结果评价

6.1 图像分类简介

遥感图像分类是指根据遥感图像中地物的光谱特征、空间特征、时相特征等，对地物目标进行识别的过程。图像分类通常是基于图像像元的灰度值，将像元归并成有限几种类型、等级或数据集，通过图像分类，可以得到地物类型及其空间分布信息。非监督分类与监督分类是非常经典的遥感图像分类方法，专家分类则是新型的遥感图像分类方法，本节将分别对这 3 种分类方法进行简要介绍。

6.1.1 非监督分类

非监督分类（Unsupervised Classification）又称聚类分析，是通过在多光谱图像中搜寻、定义其自然相似光谱集群，对图像进行分类的过程。非监督分类不需要人工选择训练样本，仅需要预设一定的条件，让计算机按照一定的规则自动地根据像元光谱或空间等特征组成集群组，然后分析、比较集群组和参考数据，给每个集群组赋予一定的类别。常用的非监督分类方法包括 K－均值（K-Means）算法和迭代自组织数据分析技术（ISODATA）两种。

1．K－均值算法

K－均值算法是使集群组中每一个像元到该类中心的特征距离平方和最小的聚类方法。K－均值分类的基本过程可以概括为 4 个步骤。

（1）选 K 个初始聚类中心：$Z_1(1), Z_2(1),\ldots, Z_K(1)$。括号内的序号为寻找聚类中心的迭代运算的次序号。

（2）逐个将待分类的像元$\{x\}$按照最小距离原则分配给 K 个聚类中心中的某一个 $Z_i(1)$。

（3）计算各个聚类中心所包含像元的均值矢量，以均值矢量作为新的聚类中心，再逐个将待分类像元按照最小距离原则分配给新的聚类中心。因为这一步要计算 K 个聚类中心的均值矢量，因此称作 K－均值算法。

（4）比较新的聚类中心的均值矢量与前一次迭代计算中的均值矢量。如果二者相差小于设定的阈值，则聚类过程结束；否则，返回步骤（2），将像元逐个重新分类，重复迭代计算，直到相邻两次迭代计算中聚类中心的均值矢量差小于设定的标准（阈值）。

2．ISODATA 算法

ISODATA 算法与 K－均值算法相似，即聚类中心同样是通过集群组像元均值的迭代运算来得到的。但 ISODATA 还加入了一些试探步骤，并且组合成人机交互结构，使之能够利用通过中间结果所得到的经验。ISODATA 算法的基本步骤如下。

（1）选择一组初始值作为聚类中心，将待分类像元按照指标分配到各个聚类中心。

（2）计算各个聚类中心所包含像元（集群组）的距离函数等指标。

（3）按照给定的要求，将前一次获得的集群组进行分裂和合并处理，以获得新的聚类中心。通常集群组的分裂和合并主要根据下列指标：预设的最大集群组数量、迭代运算中最大的类别不变的像元数、最大迭代次数、每个集群中最小的像元数和最大的标准差、最小的集群均值间距离等。

（4）进行迭代运算，重新计算各项指标，判别聚类结果是否符合要求。经过多次迭代运算后，如果结果收敛，运算结束。

非监督分类的优点在于不需要事先对所要分类的区域有广泛的了解和熟悉，人为引入的误差小，而且独特的、覆盖量小的类别也能够被识别。但在实际应用中的主要缺陷在于其产生的光谱集群组一般难以和分析所获得的预分类别相对应，而且用户难以对分类过程进行控制。

6.1.2 监督分类

监督分类（Supervised Classification）比非监督分类更多地要用户来控制，常用于对研究区域比较了解的情况。在监督分类过程中，首先选择可以识别或者借助其他信息可以断定其类型的像元建立分类模板（训练样本），然后让计算机系统基于该模板自动识别具有相同特性的像元。对分类结果进行评价后再对分类模板进行修改，多次反复后建立一个比较准确的模板，并在此基础上最终进行分类。监督分类一般要经过以下几个步骤：建立模板、评价模板、确定初步分类结果、检验分类结果、分类后处理、分类特征统计、栅格矢量转换等。

监督分类中可用的分类算法很多，这里只介绍经典的常用分类算法，包括最大似然分类法、最小距离分类法、马氏距离分类法、平行六面体分类法、K－NN 分类法。

1．最大似然分类法

最大似然分类方法（Maximum Likelihood Classifier）是遥感图像分类中最常用的方法，其理论基础是贝叶斯（Bayes）分类。

假设一幅图像中的光谱类别表示为

$$\omega_i,\ \ i=1,\cdots,M \tag{6-1}$$

式中：M——总的类别个数。

当判别位于 x 的某一像元的类别时，使用条件概率

$$p(\omega_i\,|\,x),\ \ i=1,\cdots,M \tag{6-2}$$

位置矢量 x 是一个多波段的光谱反射值的矢量，它将像元表达为多维光谱空间中的一个点。概率 $p(\omega_i\,|\,x)$ 给出了在光谱空间中点 x 的像元属于类别 ω_i 的概率。分类按以下规则进行

$$x\in\omega_i\text{，如果 } p(\omega_i\,|\,x)>p(\omega_j\,|\,x)\qquad (j\neq i) \tag{6-3}$$

也就是说，当 $p(\omega_i\,|\,x)$ 最大时，像元属于类别 ω_i。这是 Bayes 分类的一个特例。

一般情况下，$p(\omega_i\,|\,x)$ 是未知的。但是在有足够的训练数据以及地面类别的先验知识的条件下，该条件概率可以估计得到。条件概率 $p(\omega_i\,|\,x)$ 和 $p(x\,|\,\omega_i)$ 可以用 Bayes 定律表达为

$$p(\omega_i\,|\,x)=p(x\,|\,\omega_i)\,p(\omega_i)\,/\,p(x) \tag{6-4}$$

式中：$p(x\,|\,\omega_i)$——x 在类别 ω_i 出现的概率；

$p(\omega_i)$——类别 ω_i 在整个图像中出现的概率，并且有

$$p(x)=\sum_{i=1}^{M}p(x\,|\,\omega_i)\,p(\omega_i) \tag{6-5}$$

在式（6-5）中，$p(\omega_i)$被称为先验概率，$p(\omega_i \mid x)$被称为后验概率。这时分类规则可以表示为

$$x \in \omega_i，\text{如果 } p(x \mid \omega_i)p(\omega_i) > p(x \mid \omega_j)p(\omega_j) \quad (j \neq i) \tag{6-6}$$

这里由于$p(x)$与判别无关，被作为公共项删去。为便于计算，设

$$g_i(x) = \ln\{p(x \mid \omega_i)p(\omega_i)\} = \ln p(x \mid \omega_i) + \ln p(\omega_i) \tag{6-7}$$

则判别函数表达为

$$x \in \omega_i，\text{如果 } g_i(x) > g_j(x) \quad (j \neq i) \tag{6-8}$$

这就是最大似然分类的决策规则。$g_i(x)$被称为判别函数。在$p(x \mid \omega_i)$服从多元正态分布的假设下，判别函数改写为

$$g_i(x) = \ln p(\omega_i) - \frac{1}{2}\ln\left|\sum\nolimits_i\right| - \frac{1}{2}(x-m_i)^T \sum\nolimits_i^{-1}(x-m_i) \tag{6-9}$$

式中：m_i ——类别ω_i中像元的均值；

$\sum_i$ ——类别ω_i中像元的协方差矩阵。

m_i和$\sum_i$可以从训练数据中获得。

最大似然分类属于参数分类方法，在有足够多的训练样本、一定类别先验概率分布的知识且数据接近正态分布的条件下，最大似然分类被认为是分类精度最高的分类方法。但是当训练数据较少时，均值和协方差参数估计的偏差会严重影响分类精度。Swain 和 Davis 认为，在 N 维光谱空间的最大似然分类中，每一类别的训练数据样本至少应该达到 10×N 个，在可能的条件下，最好能达到 100×N 以上。然而，在许多情况下，遥感数据的统计分布不满足正态分布的假设，而且也难以确定各类别的先验概率。

2．最小距离分类法

最大似然分类方法的效果在很大程度上依赖于对每个光谱类别均值矢量m和协方差$\sum$的精确估计。而均值矢量m和协方差$\sum$的精确估计又依赖于每个类别足够的训练样本数。当训练样本不足时，协方差$\sum$的估计误差会导致整个分类结果精度的降低。因此，在训练样本有限的情况下，更有效的分类算法应该是不利用协方差的信息，而仅仅利用光谱均值的信息进行分类。因为在一定训练样本数目的前提下，对光谱类别均值的估计一般要比协方差的估计精确。这就是最小距离分类法（Minimum Distance Classifier），这里的“最小距离”是指像元光谱矢量到类别平均光谱矢量的最小距离。最小距离分类法通过训练样本估计每个类别的光谱均值，然后根据“最小距离”的判别规则将每一个像元划分到其光谱距离最近的类别中。

最小距离分类法判别函数的构造原理如下。

假设$m_i, i=1,\cdots,M$是从训练数据中估计的M个类别的光谱均值，x是待分类像元在光谱空间中的位置，则待分类像元到类别均值的欧氏光谱距离为

$$\begin{aligned} d(x,m_i)^2 &= (x-m_i)^{\mathrm{T}}(x-m_i) \\ &= (x-m_i)\times(x-m_i) i=1,\cdots,M \end{aligned} \tag{6-10}$$

将式（6-10）展开，有

$$d(x,m_i)^2 = x \cdot x - 2m_i \cdot x + m_i \cdot m_i \tag{6-11}$$

这时分类过程按照如下判别式进行

$$x \in \omega_i，\text{如果 } d(x,m_i)^2 \prec d(x,m_j)^2 \quad (j \neq i) \tag{6-12}$$

由于对所有的$d(x,m_j)^2$，$x \cdot x$是公共项，因此可以消去。

令$g_i(x) = 2m_i \cdot x - m_i \cdot m_i$，则最小距离分类的判别函数可以表达为

$$x \in \omega_i，如果 g_i(x) \succ g_j(x) \qquad (j \neq i) \tag{6-13}$$

最小距离分类可以认为是在不考虑协方差矩阵时的最大似然分类方法。当训练样本较少时，对均值的估计精度一般要高于对协方差矩阵的估计。因此，在有限的训练样本条件下，可以只估计训练样本的均值而不计算协方差矩阵。由于没有考虑数据的协方差，类别的概率分布是对称的，而且各类别的光谱特征分布的方差被认为是相等的。很显然，当有足够训练样本保证协方差矩阵的精确估计时，最大似然分类结果精度要高于最小距离精度。然而，在训练数据较少时，最小距离分类精度可能比最大似然分类精度高，而且最小距离算法对数据概率分布特征没有要求。

3．马氏距离分类法

马氏距离分类法（Mahalanobis Distance Classifier）是基于马氏距离的分类方法，是另一种常用的距离分类法。

在最大似然分类的判别函数中，假设各类别的先验概率相等时，判别函数可以变为

$$D(x,m_i)^2 = \ln|\textstyle\sum_i| + (x-m_i)^{\mathrm{T}} \textstyle\sum_i^{-1}(x-m_i) \tag{6-14}$$

如果假设每一类别的协方差矩阵相等，那么式（6-14）中等号右边的第一项可以作为公共项删除。这时判别函数变为

$$D(x,m_i)^2 = (x-m_i)^{\mathrm{T}} \textstyle\sum^{-1}(x-m_i) \tag{6-15}$$

式（6-15）就是马氏距离的表达式。

马氏距离分类法的判别函数表达为

$$x \in \omega_i，如果 D(x,m_i)^2 < D(x,m_j)^2 \qquad (j \neq i) \tag{6-16}$$

马氏距离分类法可以认为是在各类别的协方差矩阵相等时的最大似然分类。由于假定各类别的协方差矩阵相等，和最大似然方法相比，马氏距离分类法丢失了各类别之间协方差矩阵的差异的信息；但和最小距离法相比较，马氏距离分类法通过协方差矩阵保持了一定的方向灵敏性。因此，马氏距离分类法可以认为是介于最大似然和最小距离分类法之间的一种分类法。与最大似然分类一样，马氏距离分类法要求数据服从正态分布。

4．平行六面体分类法

平行六面体分类法（Parallelepiped Classifier）又称箱式决策规则分类法，是根据训练样本的亮度值形成一个多维数据空间。如果被分类像元的亮度值落入某一类别的训练数据构成的多维空间中，则这个像元被表示为该训练数据代表的类别。图 6-1 是一个二维数据空间下平行六面体分类法的示意图。

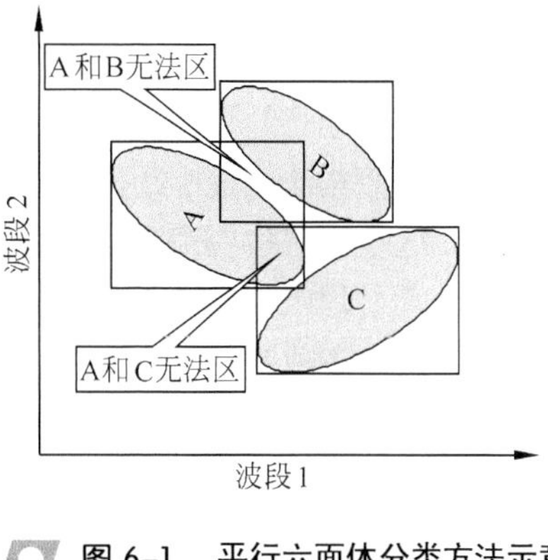

图 6-1 平行六面体分类方法示意图

平行六面体分类是一种简单、快速的分类方法，其缺点在于类别比较多的时候，各类别的训练样本组成的数据空间相互重叠，也可能由于训练样本的代表性问题，使训练样本组成的多维空间范围小于实际像元的亮度值，导致待分类像元无法被分为任何一个类别。

5．K-NN 分类法

K-NN 分类法（K-Nearest Neighbors Classifier）是一种非参数分类方法，是根据与待分类像元在特征空间中最接近的一个或多个训练样本的类别来判断待分类像元类别的一种方法。

当 K=1 时，称为 1-NN 分类法，即给待分类像元赋予在特征空间中与其最近的训练样本的

类别。当 K>1 时，选择在特征空间中与待分类像元最近的 K 个训练样本中样本数最多的类别作为该像元的类别。

6.1.3 专家系统分类

专家系统（Expert System）是利用符号知识来模拟人类专家行为的计算机系统，随着专家系统技术的发展，越来越多的人将专家系统应用于遥感图像分类。

1. 专家系统结构

专家系统的基本组成包括：用户界面（User Interface）、推理器（Inference Engine）、特定领域的知识库（Domain-Specific Knowledge Base）（图 6-2）。用户界面以某种自然语言直接与用户交互；推理器是一个控制器，控制着专家系统所应用的推理过程；知识库负责管理与提供某个领域的有关知识。专家系统中的知识库对于专家系统的建立非常重要，以至于专家系统又通常被叫做知识库系统（Knowledge-Based Systems）。另外，用户（User）、领域专家（Domain Expert）和知识提取工程师（Knowledge Engineer）对于专家系统的成功建立，也是至关重要的。

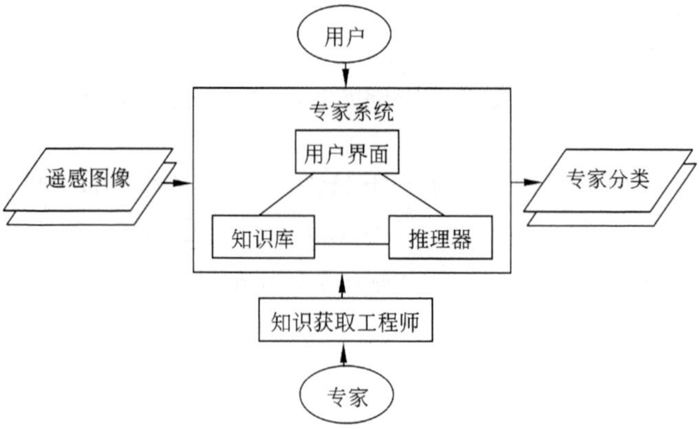

图 6-2 专家系统结构及组成

Richards 曾经以遥感图像分类为例，说明专家系统分类器与传统分类器的区别。如果以传统监督分类法分析图像数据，其工作流程如图 6-3（a）所示：即待分类的数据被输入到一个具备特定算法（最大似然法、最小距离法等）的计算机处理器中，这些算法被应用到各个像元而得到分类结果。这个过程中，用户不必拥有相关光谱反射特征的详细知识或其他特点。图 6-3（b）显示的是专家分类方法的结构，光谱数据和空间数据都被输入到知识库处理器，储存在知识库中的知识是从领域专家处获得的，在处理器中被用来分析数据，这种情况下处理器被称为推理器。

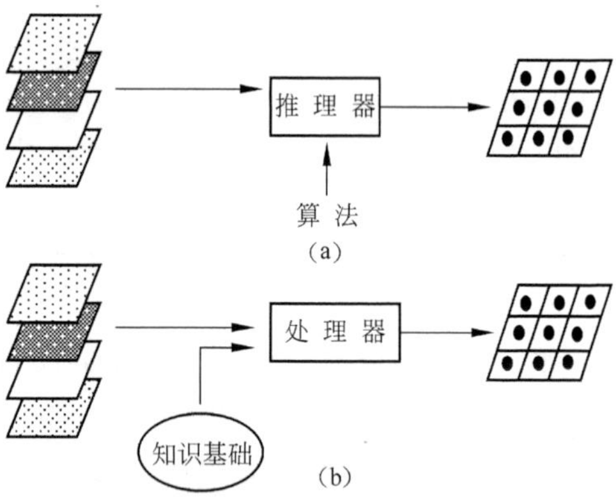

图 6-3 传统图像分析系统和专家系统图像分析系统

2. 专家知识的表达

专家知识可以通过几种方式采集和记录，但最简单也最常用的方式是应用“规则”，其通式是“**如果** 条件，**那么** 推理”。式中的“条件”是一个逻辑表达式，可以是正确的，也可以是错误的。如果“条件”是正确的，那么“推理”就进行，否则“规则”不提供任何信息。“条件”可以是简单的逻辑表达式，也可以是复合的逻辑陈述，其中多个成分通过逻辑符号“或（or）”、“和（and）”和“不（not）”来连接。

专家系统的知识库常常以“事实（Facts）”和“规则（Rules）”（即启发式论据）两种形式存在。“事实”就是被广泛共享的、大众可得的和某个领域被专家一致承认的信息。领域特定的“事实”由程序提供，情形特殊的“事实”可以由用户咨询专家后提供。启发式论据大多数情况下是由个人决定的，对一些常见判断很少讨论的“规则”往往是由专家决策制定的。

很典型的“规则”遵循下列形式：“**如果**　条件是真的，**那么**　得出一个结论，或采取一个行动。”这通常也被叫做“如果/那么”（If / Then）规则，或产出规则（Production Rules）。“如果”部分是前提条件，“那么”部分是前提条件正确的结论。当前提条件不正确时，就得不出后面的结论。一个规则基础上的专家系统推理是从一个规则转至下一个规则，从中获取信息以更新专家系统对情形的理解。最终，当专家系统对情形了解足够了，就可做出一定的结论。下面分别以简单逻辑表达式和复合逻辑表达式举例说明。

简单逻辑表达式：

如果　海拔高度为 2600～2800 米　**那么**　针叶林；
如果　海拔高度为 1800～2600 米　**那么**　针阔混交林；
如果　海拔高度为 1200～1800 米　**那么**　阔叶林；
如果　TM Band3 值为 15～22　**那么**　针叶林；
如果　TM Band3 值为 20～25　**那么**　针阔混交林；
如果　TM Band3 值为 22～25　**那么**　阔叶林。

复合逻辑表达式：

如果　海拔高度为 2600～2800 米　**和**　TM Band3 值为　15～22　**那么**　针叶林；
如果　海拔高度为 1800～2600 米　**和**　TM Band3 值为　20～25　**那么**　针阔混交林；
如果　海拔高度为 1200～1800 米　**和** TM Band3 值为　22～25　**那么**　阔叶林。

尽管“如果 / 那么”规则是专家系统中表达知识最常用的方式，但还有其他方式，如框架法（Frames）、语义网法（Semantic Nets）或逻辑法（Logic）。

3．推理机制

推理是对证据进行调度分析以得出新的结论。一个推理器包含搜索和推理两个过程，从而使专家系统找到问题的解决方案。如果需要，推理器还能为结论提供判断。推理器主要遵循两个推理策略中的一个：正向推理或反向推理。

用于导出问题方案的规则顺序可以看做是搜索空间（Search Space）或决策树（Decision Tree）的一部分（图 6-4）。分支点（Branching Points）被称为结点（Nodes）；一个问题的可能答案称为假设（Hypotheses）或叶结点（Leaf Nodes），出现在分支的末端、决策树的底部。分支代表可能找到答案的途径。

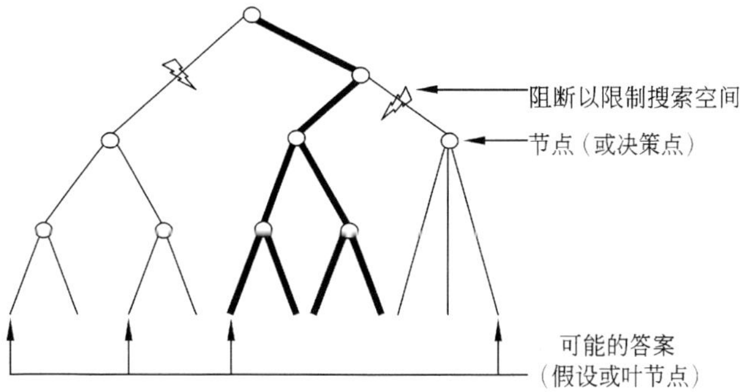

图 6-4　专家系统搜索空间或决策树

搜索规则找到解决问题的方案通常遵循“格局吻合（Pattern Matching）”过程。通过这个过程，程序可以沿着规则推进（Chaining），而最终找到问题答案。专家系统可以是正向推进（Forward Chaining）（图 6-5（a）），也可以是反向推进（Backward Chaining）（图 6-5（b））。

正向推进是数据驱动的系统，规则的前提条件被系统地搜索直到发现一系列规则，当所有基于的前提条件都正确时，就能找到解决问题的方案。简单地说就是从证据到结论或假设。如果问题很复杂，如规划计划等综合问题，正向推进是最有用的，许多现实世界的问题都属于此列。

反向推进是目标驱动的系统，是从一个终端（Terminal）或一个叶结点（Leaf Node）或者说是一个可能的方案（Possible Solution）开始，沿着规则反向推进以寻找那些支持该终端目标成立的前提条件。简单地说就是从假设到证据。

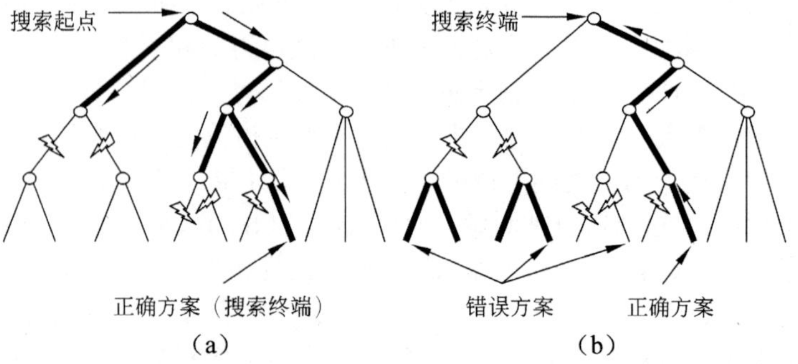

图 6-5 专家系统搜索空间中的正向推进和反向推进

一般来说，如果知识库系统是非常有针对性的，那么推理器或推理机制可以是非常简单的；但如果需要的是一个通用的专家系统，那么就需要非常复杂和功能强大的推理器或推理机制。

4．基于贝叶斯概率的分类计算

专家系统除了与总推理策略（即正向或反向推理）有关外，还要处理不确定性问题。最直接明显的计算不确定性方法是概率理论。大多数利用概率理论的专家系统都采用贝叶斯定理（Bayes's Theorem）将不确定性推理紧连在一起，贝叶斯定理可以简略成下列表达式，即

$$P(H_i \mid E_j) = \frac{P(H_i)P(E_j \mid H_i)}{P(E_j)} \tag{6-17}$$

$$P(E_j) = \sum_{i=1}^{n} P(H_i)P(E_j \mid H_i) \tag{6-18}$$

式中：H_i ——代表假设 i；

E_j ——代表证据 j；

$P(H_i)$——代表假设 H_i 发生的概率；

$P(E_j)$——代表证据 E_j 发生的概率；

$P(E_j|H_i)$——代表证据 j 对于给定假设 i 的概率，又叫条件概率；

$P(H_i|E_j)$——代表假设 i 在给定证据 j 条件下的概率。

为计算方便，多数贝叶斯专家系统都在系统内部采用可更新的运算推理。系统运算起始点的 $P(H_i)$可看作是在给予任何证据之前时假设 i 的概率，被称为先验概率（Prior Probability）；$P(E_j|H_i)$则被称为条件概率（Conditional Probability），运算中 $P(H_i|E_j)$值被称为后验概率（Posterior Probability）。在实际应用中，$P(H_i)$和 $P(E_j|H_i)$均由专家根据现有知识或经验估计给出。

6.2 非监督分类

ERDAS IMAGINE 使用 ISODATA 算法来进行非监督分类。聚类过程始于任意聚类平均值或一个已有分类模板的平均值；每重复一次，聚类的平均值就更新一次，新聚类的均值再用于下次聚类循环。ISODATA 实用程序不断重复，直到最大的循环次数已达到设定阈值，或者两次聚类结果相比，达到百分比要求的像元类别已经不再发生变化。应用非监督分类方法进行遥感图像分类时，首先需要调用系统提供的非监督分类方法进行初步分类，获得初步分类结果，而后再将初步分类结果进行一系列的调整分析，得到最终的分类结果。本节将通过范例说明非监督分类的操作步骤与方法。

6.2.1 获取初始分类

第 1 步：启动非监督分类

调出非监督分类对话框的方法有以下两种。

（1）在 ERDAS 图标面板工具条中单击 DataPrep 图标，打开 Data Preparation 菜单（图 6-6），在菜单中单击 Unsupervised Classification 按钮，打开 Unsupervised Classification 对话框（图 6-7）。

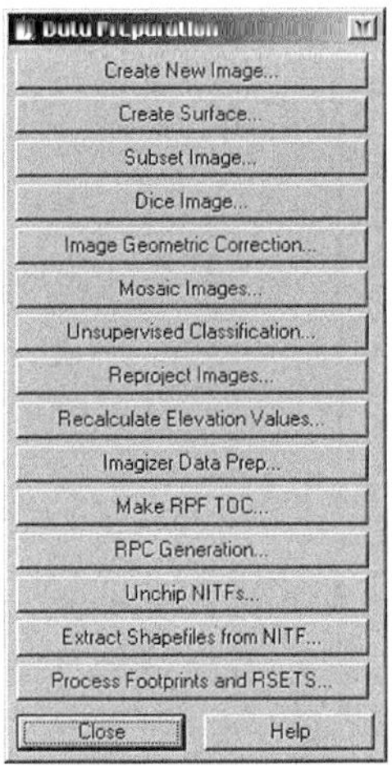

图 6-6　**Data Preparation 菜单**

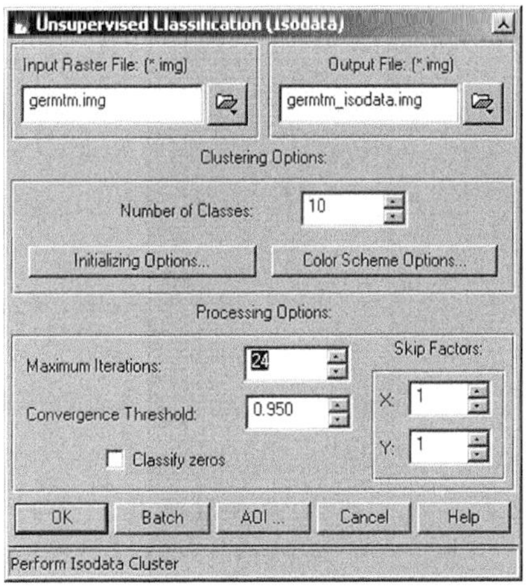

图 6-7　**Unsupervised Classification 对话框（方法一）**

（2）在 ERDAS 图标面板工具条中单击 Classifier 图标，打开 Classification 菜单（图 6-8），单击 Unsupervised Classification 按钮，打开 Unsupervised Classification 对话框（图 6-9）。

图 6-8　**Classification 菜单**

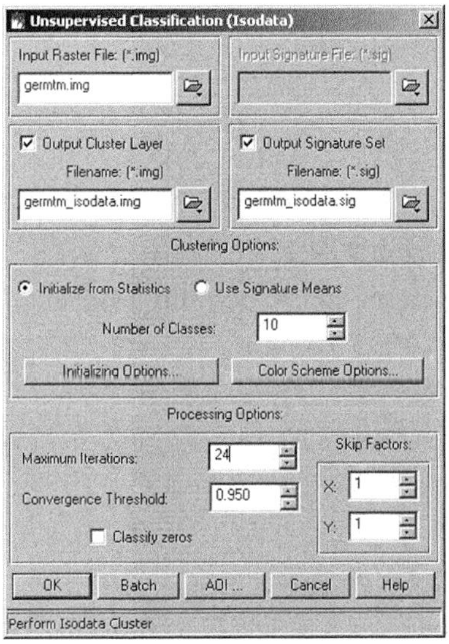

图 6-9　**Unsupervised Classification 对话框（方法二）**

可以看到，两种方法调出的 Unsupervised Classification 对话框有一些区别。

第 2 步：进行非监督分类

在 Unsupervised Classification 对话框（图 6-9）中进行下列设置。

① 确定输入文件（Input Raster File）为 germtm.img（被分类的图像）。

② 确定输出文件（Output File）为 germtm_isodata.img（产生的分类图像）。

③ 选择生成分类模板文件：Output Signature Set（产生一个模板文件）。

④ 确定分类模板文件（FileName）为 germtm_isodata.sig。

⑤ 确定聚类参数（Clustering Options），需要确定初始聚类方法与分类数。

系统提供的初始聚类方法有以下两种。

- Initialize from Statistics 方法是按照图像的统计值产生自由聚类。
- Use Signature Means 方法是按照选定的模板文件进行非监督分类。

⑥ 确定初始分类数（Number of Classes）为 10。（分出 10 个类别，实际工作中一般将初始分类数取为最终分类数的 2 倍以上。）

⑦ 单击 Initializing Options 按钮，打开 File Statistics Options 对话框。设置 ISODATA 的一些统计参数：选中 Diagonal Axis 选项，选中 Std Deviations 选项并设为 1。关闭 File Statistics Options 对话框。

⑧ 单击 Color Scheme Options 按钮，打开 Output Color Scheme Options 对话框，设置分类图像彩色属性。

⑨ 确定处理参数（Processing Options），需要确定循环次数与循环阈值。

- 定义最大循环次数（Maximum Iterations）为 24。（指 ISODATA 重新聚类的最多次数，为了避免程序运行时间太长或由于没有达到聚类标准而导致死循环，在应用中一般将循环次数设置为 6 次以上。）
- 设置循环收敛阈值（Convergence Threshold）为 0.95。（指两次分类结果相比，保持不变的像元所占最大百分比，为了避免 ISODATA 无限循环下去。）

⑩ 单击 OK 按钮（关闭 Unsupervised Classification 对话框，执行非监督分类）。

非监督分类过程执行结束后，单击执行进度对话框 OK 按钮，完成非监督分类。

6.2.2 调整分类结果

获得一个初始分类结果以后，可以应用分类叠加（Classification Overlay）方法来评价分类结果、检查分类精度、确定类别专题意义、定义分类色彩，以便获得最终的分类结果。

第 1 步：显示原图像与分类图像

在窗口中同时显示 germtm.img 和 germtm_isodata.img：两个图像的叠加顺序为 germtm.img 在下、germtm_isodata.img 在上，germtm. img 显示方式用红（4）、绿（5）、蓝（3）。注意在打开分类图像时，一定要在 Raster Option 选项卡取消选中 Clear Display 复选框，以保证两幅图像叠加显示，具体操作过程参见本书 2.3.3 小节。

第 2 步：调整属性字段显示顺序

在窗口工具条中单击图标（或者单击 Raster|Tools 命令），打开 Raster 工具面板。单击 Raster 工具面板的图标（或者在窗口菜单条中单击 Raster|Attributes 命令），打开 Raster Attribute Editor 窗口（germtm_isodata 的属性表）（图 6-10）。

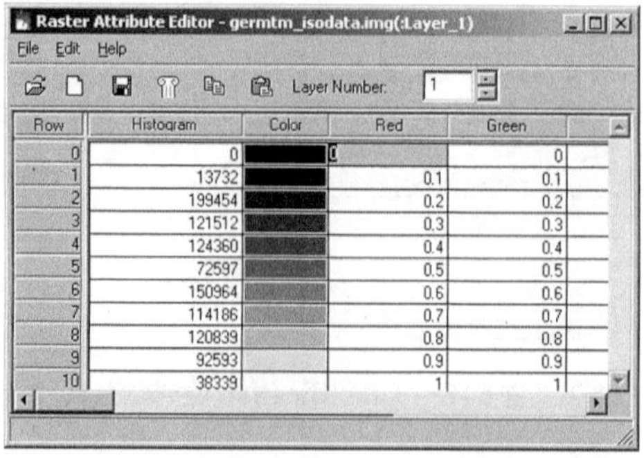

图 6-10 Raster Attribute Editor 窗口

属性表中的记录分别对应生成的 10 类目标，每个记录都有一系列的字段，拖动浏览条可以看到所有字段。为了便于看到关注的重要字段，可按照如下操作调整字段显示顺序。

在 Raster Attribute Editor 对话框菜单条中单击 Edit | Column Properties 命令，打开 Column Properties 对话框（图 6-11）。在 Columns 列表框中选择要调整显示顺序的字段，通过 Up、Down、Top、Bottom 等几个按钮调整到合适的位置。通过设置 Display Width 选项调整其显示宽度，通过 Alignment 选项调整对齐方式。如果选中 Editable 复选框，则可以在 Title 文本框中修改各个字段的名字及其他内容。

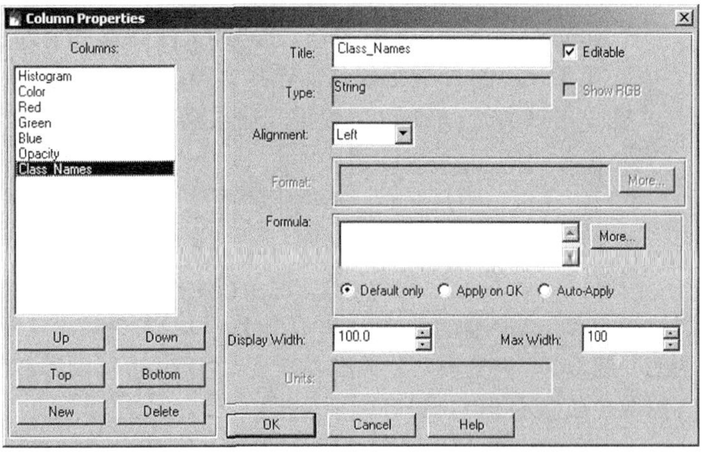

图 6-11　**Column Properties 对话框**

在 Column Properties 对话框中，调整字段顺序为 Histogram、Opacity、Color、Class_Names，单击 OK 按钮，关闭 Column Properties 对话框，返回 Raster Attribute Editor 窗口。

第 3 步：定义类别颜色

如图 6-10 所示，初始分类图像是灰度图像，各类别的显示灰度是系统自动赋予的。为了提高分类图像的直观表达效果，需要重新定义类别颜色。

在 Raster Attribute Editor 窗口（germtm_isodata 属性表）中进行如下操作。

① 单击一个类别的 Row 字段从而选择该类。

② 单击该类的 Color 字段（颜色显示区）。

③ 在 As Is 色表菜单选择一种合适颜色。

④ 重复以上操作，直到给所有类别赋予合适的颜色。

第 4 步：设置不透明度

由于分类图像覆盖在原图像上面，为了对单个类别的专题含义与分类精度进行分析，首先要把其他类别的不透明程度（Opacity）值设为 0（即改为透明），而要分析的类别的透明度设为 1（即不透明），具体操作如下。

在 Raster Attribute Editor 窗口（germtm_isodata 属性表）中进行如下操作。

① 右击 Opacity 字段名。

② 单击 Column Options| Formula 命令（如果 Formula 无效，则先单击 Opacity 字段名），打开 Formula 对话框(图 6-12)。

③ 在 Formula 文本框中输入 0（可以用鼠标单击右上数字区）。

④ 单击 Apply 按钮（应用设置）。

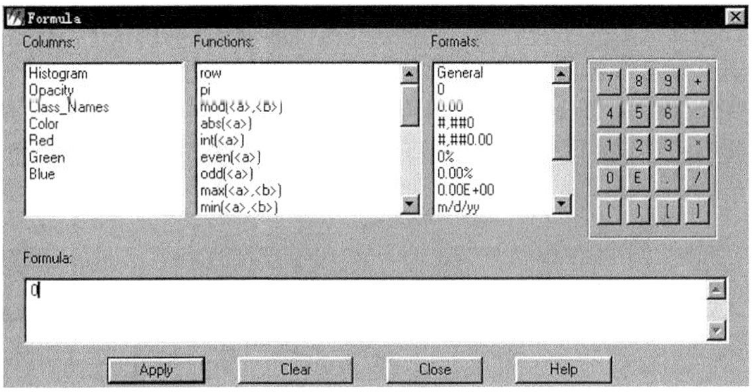

图 6-12　**Formula 对话框**

⑤ 单击 Close 按钮（关闭 Formula 对话框），返回 Raster Attribute Editor 窗口（germtm_isodata 的属性表），则所有类别都设置成透明状态。

下面把需要分析的类别的不透明度设置为 1，即设置为不透明状态。

在 Raster Attribute Editor 窗口（germtm_isodata 的属性表）中进行如下操作。

① 单击某类的 Row 字段从而选择该类。

② 单击该类的 Opacity 字段进入输入状态。

③ 在该类的 Opacity 字段中输入 1，并按 Enter 键。

此时，在窗口中只有要分析类别的颜色显示在原图像的上面，其他类别都是透明的。

第 5 步：确定类别意义及精度

虽然已经得到了图像的分类，但是对于各类的专题意义还没有确定，这一步就是要通过设置分类图像在原图像背景上闪烁（Flicker），来观察其与背景图像之间的关系，从而判断该类别的专题意义，并分析其分类准确程度。当然，也可以用卷帘显示（Swipe）、混合显示（Blend）等图像叠加显示工具，进行判别分析。

在菜单条中单击 Utility | Flicker 命令，打开 Viewer Flicker 对话框（图略），进行如下设置。

① 设置闪烁速度（Speed）为 500。

② 设置自动闪烁状态，选择 Auto Mode 选项（观察各类与原图像之间的对应关系）。

③ 单击 Cancel 按钮（关闭 Viewer Flicker 对话框）。

第 6 步：标注类别名称和颜色

根据第 5 步做出的分类专题意义的判别，在属性表中赋予分类名称（英文或拼音）。

在 Raster Attribute Editor 窗口（germtm_isodata 的属性表）中进行如下设置。

① 单击第 5 步所确定类别的 Row 字段选择该类。

② 单击该类别的 Class Names 字段进入输入状态。

③ 在 Class Names 字段中输入该类别的专题名称（如水体）并按 Enter 键。

④ 单击该类别的 Color 字段（颜色显示区），打开 As Is 色表菜单。

⑤ 选择一种合适的颜色（如水体为蓝色）。

重复以上第 4、5、6 这 3 步，直到对所有类别都进行了分析与处理。当然，在进行分类叠加分析时，一次可以选择一个类别，也可以选择多个类别同时进行。

第 7 步：类别合并与属性重定义

如果经过上述 6 步操作获得了比较满意的分类，非监督分类的过程就可以结束。反之，如果在进行了上述各步操作的过程后，发现分类结果不够理想的话，就需要进行分类后处理，诸如进行聚类统计、过滤分析、去除分析、分类重编码等（详见 6.4.4 节），特别是由于给定的初步分类数量比较多时，往往需要进行类别的合并操作（分类重编码）；而合并操作之后，就意味着形成了新的分类结果，需要按照上述步骤重新定义分类色彩、分类名称、计算各类面积等属性。

6.3 监督分类

监督分类（Supervised Classification）一般有以下几个步骤：定义分类模板（Define Signatures）、评价分类模板（Evaluate Signatures）、进行监督分类（Perform Supervised Classification）、评价分类结果（Evaluate Classification），下面将结合实例讲述这几个步骤。当然，在实际应用过程中，可以根据需要执行其中的部分操作。

6.3.1 定义分类模板

ERDAS IMAGINE 的监督分类是基于分类模板（Classification Signature）来进行的，而分类模板的生成、管理、评价和编辑等功能，是由分类模板编辑器（Signature Editor）来负责的。毫无疑问，分类模板编辑器是进行监督分类一个不可缺少的部分。在分类模板编辑器中生成分类模板的基础是待分类原始图像和（或）其特征空间图像。因此，显示这两种图像的窗口也是进行监督分类的重要部分。

第 1 步：显示需要分类的图像

在窗口中打开<ERDASHOME>\EXAMPLE\germtm.img 图像（选择 Red4/Grean5/Blue3、Fit to Frame，其他使用默认设置）。

第 2 步：打开分类模板编辑器

在 ERDAS 面板菜单条中单击 Main|Image Classification| Signature Editor 命令，打开 Signature Editor 窗口（图 6-13）。

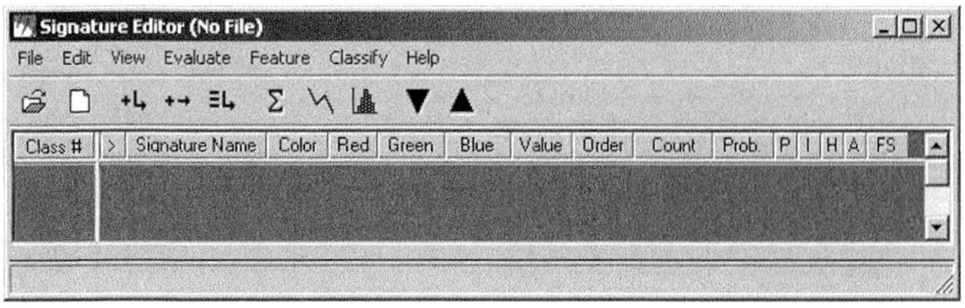

图 6-13 Signature Editor 窗口

或者在 ERDAS 面板工具条中单击 Classifier 图标，在打开的 Classification 菜单（图 6-8）中单击 Signature Editor 命令，打开 Signature Editor 窗口（图 6-13）。

从图 6-13 中可以看到分类模板编辑器由菜单条、工具条和分类模板属性表（CellArray）这 3 部分组成。各组成部分的主要命令、图标以及功能分别如表 6-1、表 6-2 和表 6-3 所列。

表 6-1 分类模板编辑器菜单命令与功能

命令	功能
File：	文件操作：
Open	打开分类模板文件
New	打开分类模板编辑器
Save	保存分类模板文件（.sig）
Save As	重新保存分类模板文件
Report	产生分类模板统计报告
Close	关闭当前分类模板编辑器
Close All	关闭所有分类模板编辑器
Edit：	编辑操作：
Undo	恢复前一次编辑操作
Add	加载新的分类模板
Replace	替换当前分类模板
Merge	合并所选择的分类模板
Delete	删除所选择的分类模板
Colors	改变所选分类模板颜色
Values	复位或颠倒分类模板数值
Order	复位或颠倒分类模板顺序
Probabilites	设置分类模板的概率数值
Parallelepiped Limits	设置分类模板的判别极限
Layer Selection	选择图层
Image Association	定义产生分类模板的源图像
Extract from Thematic Layer	从分类图像中获取分类模板

续表

命令	功能
View：	显示操作：
Image AOI	窗口中显示当前分类模板 AOI
Image Alarm	窗口中显示分类模板预警
Statistics	分类模板中显示统计特征值
Mean Plots	绘制分类模板各波段平均光谱曲线
Histograms	显示所选分类模板统计直方图
Comments	浏览或增加分类模板注释
Columns	确定在分类模板编辑器显示的属性
Evaluate：	模板评价：
Separability	计算分类模板之间的分离性（距离）
Contingency	计算图像 AOI 符合分类的可能性
Feature：	特征空间图像操作：
Create	生成特征空间图像
View	建立特征空间与图像窗口的联系
Masking	将分类模板 AOI 作为图像掩膜
Statistics	计算特征空间图像分类模板统计值
Objects	显示特征空间图像分类模板统计图
Classify：	执行分类：
Unsupervised	应用 ISODATA 算法进行非监督分类
Supervised	应用分类模板进行监督分类
Help：	联机帮助：
Help for the Signature Editor	关于分类模板编辑器的联机帮助

表 6-2　分类模板编辑器工具图标与功能

图标	命令	功能
	Open Signature File	打开已有分类模板文件
	New Signature Editor	打开新的分类模板编辑器
	Create New Signature	依据 AOI 区域建立新的分类模板
	Replace Signatures	用所选 AOI 替换当前分类模板
	Merge Signatures	合并所选择的一组分类模板
	Display Statistics	显示分类模板的统计特征值
	Mean Plot	绘制分类模板各波段平均光谱曲线
	Display Histograms	显示所选分类模板的统计直方图
	Scroll Signature Down	向下移动分类模板标记符号">"
	Scroll Signature Up	向上移动分类模板标记符号">"

表 6-3　分类模板编辑器属性表数据项含义

数据项	含义
Class #	分类编号
>	当前分类指示符号
Signature Name	分类模板名称（将带入分类图像）
Color	分类颜色（将带入分类图像）
Red	分类颜色中的红色数值
Green	分类颜色中的绿色数值

续表

数据项	含义
Blue	分类颜色中的蓝色数值
Value	分类代码（只能用正整数）
Order	分类过程中的判断顺序
Count	分类样区中的像元个数
Prob.	分类可能性权重（用于分类判断）
P（Parametric）	标识分类是否依据一定的参数
I（Inverse）	标识方差矩阵是否可以转置
H（Histogram）	标识分类是否存在统计直方图
A（AOI）	标识分类是否与窗口中的 AOI 对应
FS（Feature Space）	标识分类是否来自于特征空间图像

第 3 步：调整分类属性字段

如图 6-13 所示，Signature Editor 窗口中的分类属性表中有很多字段，不同字段对于建立分类模板的作用不同。为了突出作用较大的字段，需要进行必要的调整。

在 Signature Editor 窗口菜单条中单击 View | Columns 命令，打开 View Signature Columns 窗口（图 6-14）。

在 View Signature Columns 窗口中进行如下操作。

① 单击第一个字段的 Column 列并向下拖鼠标直到最后一个字段，此时，所有字段都被中，并用黄色（默认色）标识出来。

② 按住 Shift 键的同时分别单击 Red、Green、Blue 这 3 个字段，Red、Green、Blue 这 3 个字段将分别从选择集中被清除。

③ 单击 Apply 按钮，分类属性表中显示的字段发生变化。

④ 单击 Close 按钮，关闭 View Signature Columns 窗口。

从 View Signature Columns 窗口可以看到，Red、Green、Blue 这 3 个字段将不再显示。

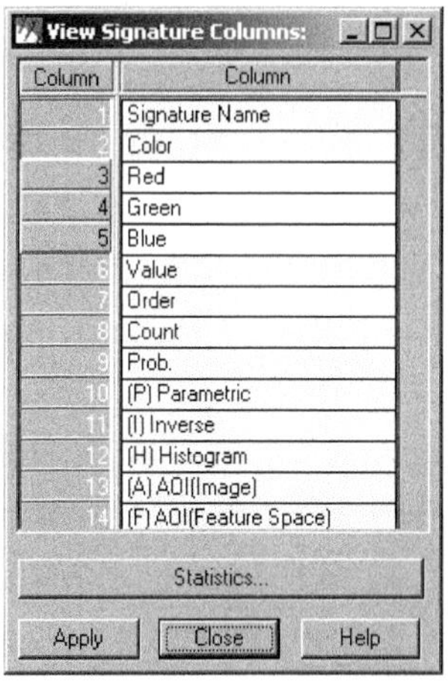

图 6-14 View Signature Columns 窗口

第 4 步：获取分类模板信息

可以分别应用 AOI 绘图工具、AOI 扩展工具、查询光标等方法，在待分类原始图像或特征空间图像中获取分类模板确信息。

无论是在待分类原始图像还是在随后要讲的特征空间图像中，都是通过绘制或产生 AOI 区域来获取分类模板信息的。下面分别讲述在遥感图像窗口中产生 AOI 的 4 种方法，即利用 AOI 工具收集分类模板信息的方法。但在实际工作中可用其中的一种方法，也可将几种方法组合应用。

（1）应用 AOI 绘图工具在原始图像获取分类模板信息

在 germtm.img 图像的窗口工具条中单击 Tools 图标，打开 Raster 工具面板（图 6-15）；或在 germtm.img 图像的窗口菜单条中单击 Raster | Tools 命令，打开 Raster 工具面板（图 6-15）。

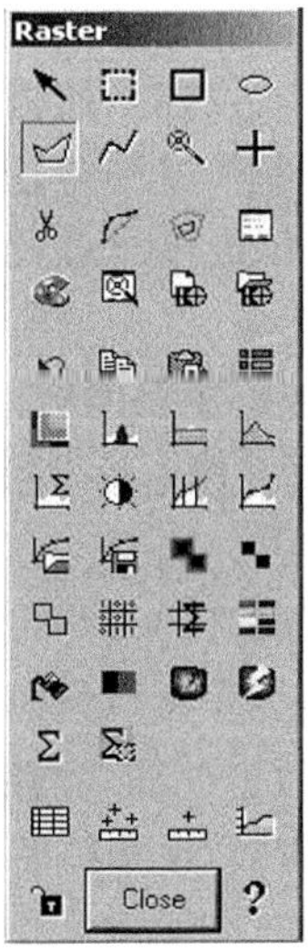

图 6-15 Raster 工具面板

下面的操作将在 Raster 工具面板、图像窗口、Signature

Editor 窗口三者之间交替进行。

① 在 Raster 工具面板单击 图标，进入多边形 AOI 绘制状态。

② 在图像窗口中选择绿色区域（农田），绘制一个多边形 AOI。

③ 在 Signature Editor 窗口中单击 Create New Signature 图标，将多边形 AOI 区域加载到 Signature Editor 分类模板属性表中。

④ 在图像窗口中选择另一个绿色区域（同样是农田），再绘制一个多边形 AOI。

⑤ 同样在 Signature Editor 窗口中单击 Create New Signature 图标，将多边形 AOI 区域加载到 Signature Editor 分类模板属性表中。

⑥ 重复上述两步操作过程，选择图像中属性相同的多个绿色区域（农田），绘制若干多边形 AOI，并将其作为模板依次加入到 Signature Editor 分类模板属性表中。

⑦ 按住 Shift 键的同时在 Signature Editor 分类模板属性表中依次单击选择 Class#字段下面的分类编号，将上面加入的多个绿色区域 AOI 模板全部选定。

⑧ 在 Signature Editor 工具条中单击 Merge Signatures 图标，将多个绿色区域 AOI 模板合并，生成一个综合的新模板，其中包含了合并前的所有模板像元属性。

⑨ 在 Signature Editor 菜单条中单击 Edit | Delete 命令，删除合并前的多个模板。

⑩ 在 Signature Editor 属性表中改变合并生成的分类模板的属性，包括名称与颜色。分类名称（Signature Name）：Agriculture，颜色（Color）：绿色。

⑪ 重复上述所有操作过程，根据实地调查结果和已有成果，在图像窗口选择绘制多个黑色区域 AOI（水体），依次加载到 Signature Editor 分类属性表，并合并生成综合的水体分类模板，然后确定分类模板名称和颜色。

⑫ 同样重复上述所有操作过程，绘制多个蓝色区域 AOI（建筑）、多个红色区域 AOI（林地）、……、加载、合并、命名，建立新的模板。

⑬ 将所有的类型都建立了分类模板后，就可以保存分类模板了。

（2）应用 AOI 扩展工具在原始图像获取分类模板信息

应用 AOI 扩展工具生成 AOI 的起点是一个种子像元，与该像元相邻的像元按照某种约束条件（如空间距离、光谱距离等）来确定其归属。如果相邻像元符合条件被接受的话，就与种子像元一起成为新的种子像元组，并重新计算新的种子像元平均值（当然也可以设置为一直沿用原始种子的值），随后的相邻像元将以新的种子像元平均值来计算光谱距离，执行进一步的判断。但是空间距离始终是以最初的种子像元为原点来计算的。

应用 AOI 扩展工具在原始图像获取分类模板信息，首先必须设置种子像元特性，过程如下。

在 germtm.img 图像的窗口菜单条中单击 AOI | Seed Properties 命令，打开 Region Growing Properties 对话框（图 6-16 左）。

在 Region Growing Properties 对话框中，设置下列参数。

① 选择相邻像元扩展方式（Neighborhood）：选择按 4 个相邻像元扩展。表示以上、下、左、右这 4 个像元作为相邻进行扩展，表示以种子像元周围的 9 个像元进行扩展。

② 选择区域扩展的地理约束条件（Geographic Constrains）如下。

- 面积约束 Area 确定每个 AOI 所包含的最多像元数（或者面积）。
- 距离约束 Distance 确定 AOI 所包含像元距种子像元的最大距离。

这两个约束可以只设置一个，也可以设置两个，或者一个也不设。

③ 确定区域扩展的地理约束参数，约束面积大小为 300 ，单位为像元 Pixels。

④ 设置波谱欧氏距离（Spectral Euclidean Distance）为 10（这是判断相邻像元与种子像元平均值之间的最大波谱欧氏距离，大于该距离的相邻像元将不被接受）。

⑤ 单击 Options 按钮，打开 Region Grow Options 对话框（图 6-16 右），设置区域扩展过程中的算法。

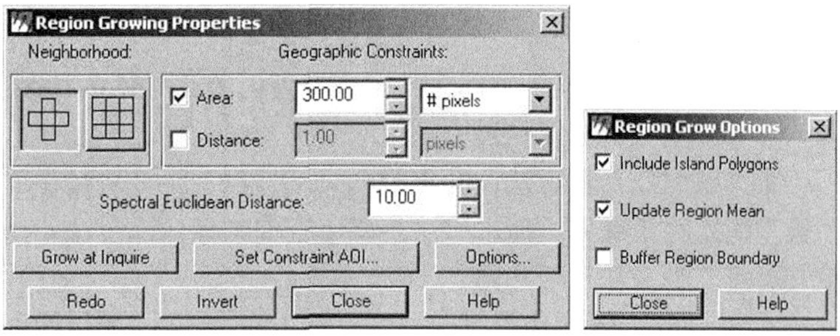

图 6-16　Region Growing Properties 对话框

在 Region Grow Options 对话框中包含 3 种算法（3 个复选框）。

- **Include Island Polygons**　以岛的形式剔除不符合条件的像元；在种子扩展过程中可能会有些不符合条件的像元被符合条件的像元包围，该算法将剔除这些像元。
- **Update Region Mean**　重新计算种子平均值；若不选，则一直以原始种子的值为均值。
- **Buffer Region Boundary**　对 AOI 产生缓冲区，该设置在选择 AOI 编辑 DEM 数据时比较有用，可以避免高程的突然变化。

在本例中选择前两项算法。单击 Region Grow Options 对话框的 Close 按钮和 Region Growing Properties 对话框的 Close 按钮，完成种子扩展特性的设置。

以上将种子扩展特性设置完成，下面将使用种子扩展工具生成 AOI。

在 germtm.img 图像窗口工具条中单击 Tools 图标，打开 Raster 工具面板（图 6-15）；或在 germtm.img 图像窗口菜单条中单击 Raster | Tools 命令，打开 Raster 工具面板（图 6-15）。

下面的操作将在 Raster 工具面板、图像窗口、Signature Editor 窗口三者之间交替进行。

① 在 Raster 工具面板中单击图标，进入扩展 AOI 生成状态。

② 在图像窗口中选择红色区域（林地），单击确定种子像元。系统将依据所定义的区域扩展条件自动扩展生成一个 AOI。

③ 如果生成的 AOI 不符合需要，可以修改 Region Growing Properties 参数，直到符合为止；如果对所生成的 AOI 比较满意，则继续进行下面的操作。

④ 在 Signature Editor 窗口中单击 Create New Signature 图标，将扩展 AOI 区域加载到 Signature 分类模板属性表。

⑤ 重复上述操作过程，选择图像中属性相同的多个红色区域单击生成若干扩展 AOI，并将其作为模板依次加入到 Signature Editor 分类模板属性表中。

⑥ 按住 Shift 键的同时在 Signature Editor 分类模板属性表中依次单击选择 Class#字段下面的分类编号，将上面加入的多个红色区域扩展 AOI 模板全部选定。

⑦ 在 Signature Editor 工具条中单击 Merge Signatures 图标，将多个红色区域 AOI 模板合并，生成一个综合的新模板，其包含了合并前的所有模板像元属性。

⑧ 在 Signature Editor 菜单条中单击 Edit | Delete 命令，删除合并前的多个模板。

⑨ 在 Signature Editor 属性表中改变合并生成的分类模板的属性，包括名称与颜色。分类名称（Signature Name）：Forest，颜色（Color）：红色。

⑩ 重复上述所有操作过程，在图像窗口选择多个黑色区域定义种子像元，自动生成扩展 AOI（水体），依次加载到 Signature Editor 分类属性表，并执行合并生成综合的水体分类模板，然后确定分类模板名称和颜色。

⑪ 同样重复上述所有操作过程，绘制多个蓝色区域AOI（建筑）、多个绿色区域AOI（农田）、……、加载、合并、命名，建立新的模板。

⑫ 如果将所有的类型都建立了分类模板的话，就可以保存分类模板了。

（3）应用查询光标扩展方法获取分类模板信息

本方法与第2种方法大同小异，只不过第2种方法是在选择扩展工具后，用单击的方式在图像上确定种子像元，而本方法是要用查询光标（Inquire Cursor）确定种子像元。种子扩展的设置与第2种方法完全相同。

在germtm.img图像的窗口，单击AOI |Seed Properties命令，打开Region Growing Properties对话框（图6-16左），设置有关参数。

在germtm.img图像的窗口工具条中单击Inquire Cursor图标，打开Inquire Cursor对话框（图6-17）；或者在菜单条中单击Utility | Inquire Cursor命令，打开Inquire Cursor窗口。图像窗口出现相应的十字查询光标，十字交点可以准确定位一个种子像元。

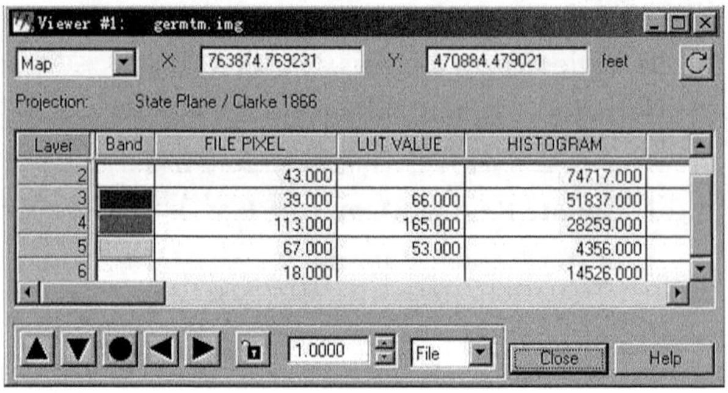

图6-17 Inquire Cursor窗口

下面的操作将在Region Growing Properties对话框、图像窗口或Inquire Cursor窗口、Signature Editor窗口之间交替进行。

① 在germtm.img图像窗口中将十字光标交点移动到种子像元上，则Inquire Cursor对话框中光标对应像元的坐标值与各波段数值相应变化。

② 单击Region Growing Properties对话框左下部的Grow at Inquire按钮，则germtm.img图像窗口中自动产生一个新的扩展AOI。

③ 在Signature Editor窗口中单击Create New Signature图标，将扩展AOI区域加载到Signature分类模板属性表中。

④ 重复上述操作，参见第2种方法，继续进行，直到生成分类模板文件。

（4）在特征空间图像中应用AOI工具产生分类模板

特征空间图像是依据需要分类的原图像中任意两个波段值分别作横、纵坐标轴形成的图像。

前面所讲的在原图像上应用AOI区域产生分类模板的是参数型模板（Parametric），而在特征空间（Feature Space）图像上应用AOI工具产生分类模板则属于非参数型模板（Non-Parametric）。在特征空间图像中应用AOI工具产生分类模板的基本操作是：生成特征空间图像、关联原始图像与特征空间图像、确定图像类型在特征空间的位置、在特征空间图像绘制AOI区域、将AOI区域添加到分类模板中，具体操作过程如下。

在Signature Editor窗口菜单条中单击Feature | Create | Feature Space Layers命令，打开Create Feature Space Images窗口（图6-18）。

在Create Feature Space Images窗口中（图6-18），设置下列参数。

① 确定原图像文件名（Input Raster Layer）为germtm.img。

② 确定输出图像文件名（Output Root Name）为germtm。

③ 选择输出到窗口（Output To Viewer），选中Output To Viewer复选框，则生成的输出特

征空间图像将自动在一个窗口中打开。

④ 确定生成彩色图像，选中 Levels Slice 标题下面的 Color 单选按钮（如果产生黑白图像，可随后通过修改属性表而改为彩色）。

⑤ 在 Feature Space Layers 列表中选择特征空间图像为 germtm_2_5.fsp. img（由第 2 波段和第 5 波段生成的特征空间图像）。

⑥ 单击 OK 按钮，关闭 Create Feature Space Images 窗口，打开生成特征空间图像的进程状态条（图 6-19）。

⑦ 进程结束后（图 6-19），单击 OK 按钮，打开特征空间图像窗口（图 6-20）。

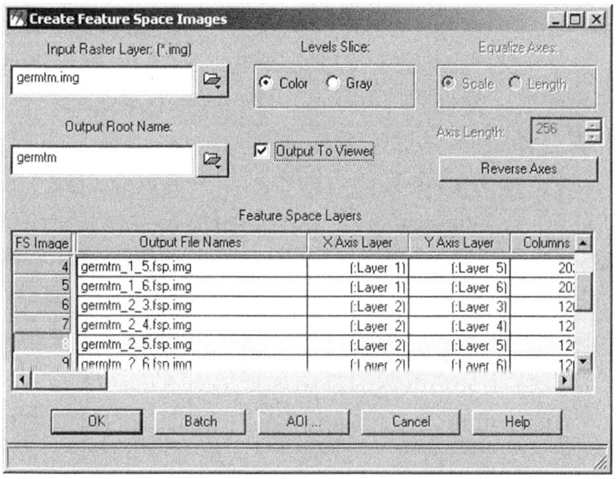

图 6-18　Create Feature Space Images 窗口

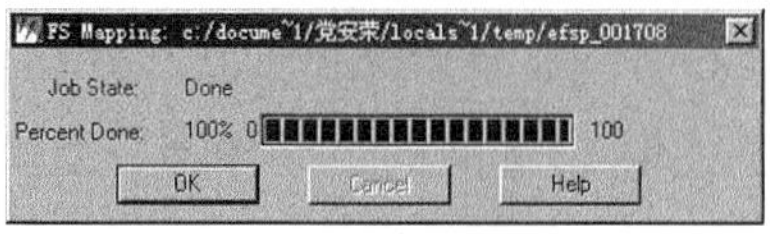

图 6-19　特征空间图像生成进

说明 1

在图 6-18 所示的 Create Feature Space Images 对话框的 Feature Space Layers 列表中，列出了 germtm.img 所有 6 个波段两两组合生成特征空间图像的文件名。这些特征空间图像的文件名是由在对话框中输入的输出文件名以及该图像所使用的波段数组成的，如输出文件名为 germtm，而使用的波段数为 2 和 5，则该特征空间图像的文件名为 germtm_2_5. fsp.img（其中 fsp 为 feature space 之意）。两个波段数字哪个在前则表示产生的图像 X 轴为哪个波段的值，这个顺序可以通过单击 Create Feature Space Image 对话框右中部的 Reverse Axes 按钮进行有反转。

说明 2

在本例中之所以选择图像中的 2 波段和 5 波段来产生特征空间图像，是由于下面所要产生的是水体的分类模板，而这两个波段的组合反映水体比较明显。这也说明在遥感图像分类工作中，对地物波谱特性的掌握是非常重要的。

图 6-20　特征空间图像窗口

产生了特征空间图像后，需要将特征空间图像窗口与原图像窗口联系起来，从而分析原图像上的水体在特征空间图像上的位置。

在 Signature Editor 窗口菜单条中单击 Feature | View| Linked Cursors 命令，打开 Linked Cursors 对话框（图 6-21）。

在 Linked Cursors 对话框中，可以选择原图像将与哪个窗口中的特征空间图像关联，以及在原图像上和特征空间图像上的十字光标的颜色等参数，并确定原始图像中的水体在特征空间图像中的位置范围。

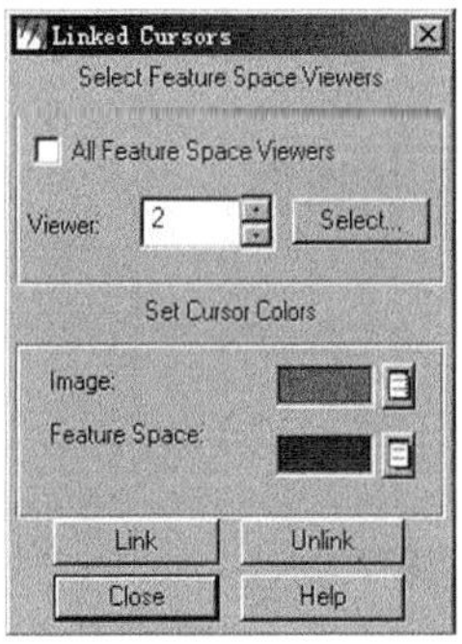

图 6-21　Linked Cursors 对话框

在 Linked Cursors 对话框中，进行下列参数设置。

① 在 Viewer 对应的数字窗口输入 2（因为 germtm_2_5.fsp.img 显示在 Viewer#2 中），也可以先单击 Select 按钮，再根据系统提示在显示特征空间图像 germtm_2_5.fsp.img 的窗口中单击，此时，Viewer 对应的数字窗口中将自动变为 2。如果在多个窗口中显示了多幅特征空间图像，

也可以选中 All Feature Space Viewers 复选框，使原图像与所有的特征空间图像关联起来。

② 设置查询光标的显示颜色（Set Cursor Colors），包括原图像与特征空间图像查询光标的显示颜色。原图像（Image）：在 As Is 色表选择红色；特征空间图像（Feature Space）：在 As Is 色表选择蓝色。

③ 单击 Link 按钮，两个窗口关联起来，两个窗口中的查询光标将同时移动。

④ 在 Viewer#1（显示原始图像）中拖动十字光标在水体上移动，查看像元在特征空间图像（Viewer#2）中的位置，从而确定水体在特征空间图像中的范围。

以上操作不仅生成了特征空间图像并显示在 Viuewer#2 中，而且建立了原始图像与特征空间图像之间的关联关系，进一步确定了原始图像中水体在特征空间图像中的位置范围。下面将通过在特征空间图像上绘制水体所对应的 AOI 多边形，建立水体分类模板等。

在 germtm_2_5.fsp.img 特征空间图像的窗口中单击 AOI | Tools 命令，打开 AOI 工具面板（图略）。

下面所要进行的在特征空间图像中应用 AOI 工具产生分类模板的操作，需要在 AOI 工具面板、特征空间图像窗口、原始图像窗口，以及 Signature Editor 窗口之间交替进行。

① 在 AOI 工具面板上单击  图标，进入多边形 AOI 绘制状态。

② 在特征空间图像窗口中选择与水体对应的区域，绘制一个多边形 AOI。

③ 在 Signature Editor 窗口中单击 Create New Signature 图标 ，将多边形 AOI 区域加载到 Signature Editor 分类模板属性表中。

④ 在 Signature Editor 属性表中改变水体分类模板的属性，包括名称与颜色。分类名称（Signature Name）：Water；颜色（Color）：深蓝色。

⑤ 在 Viewer#1（原始图像）中拖动十字光标在建筑物上移动，查看像元在特征空间图像（Viewer#2）中的位置，从而确定建筑物在特征空间图像中的范围。

⑥ 在 AOI 工具面板中单击  图标，进入多边形 AOI 绘制状态。

⑦ 在特征空间图像窗口中选择与建筑物对应的区域，绘制一个多边形 AOI。

⑧ 在 Signature Editor 窗口中单击 Create New Signature 图标 ，将多边形 AOI 区域加载到 Signature Editor 分类模板属性表中。

⑨ 在 Signature Editor 属性表中改变建筑物分类模板的属性，包括名称与颜色。分类名称（Signature Name）：Building；颜色（Color）：黄色。

⑩ 重复上述步骤，获取更多的分类模板信息。当然，不同的分类模板信息需要借助不同波段生成的不同的特征空间图像来获取。

⑪ 在 Signature Editor 窗口中单击 Feature | Statistics（生成 AOI 统计特性）命令。

⑫ 在 Linked Cursors 对话框中单击 Unlink（解除关联关系）命令，单击 Close（关闭对话框）按钮。

说明 1

在特征空间中选择 AOI 区域时必须要力求准确，绝对不可以大概绘制，只有做到准确，才能够建立科学准确的分类模板，获得精确的分类结果。为了保证在特征空间中绘制 AOI 的精度，在关联两个窗口进行观察时，可以在特征空间图像与水体对应的像元上产生一系列点状 AOI 作为标记，随后绘制 AOI 多边形时，将这些点都准确地包含进去。

说明 2

基于特征空间图像利用 AOI 区域产生的分类模板，本身并不包含任何统计信息，必须重新进行统计来产生统计信息。Signature Editor 窗口分类模板属性表中有一个名为 FS 的字段。如果其内容为空，表明是非特征空间模板；如果其内容是由代表图像波段的两个数字组成的一组数字，则表明是特征空间模板。

第 5 步：保存分类模板

第 4 步分别用不同的方法产生了分类模板，现在需要将分类模板保存起来，以便随后依据分类模板进行监督分类。

在 Signature Editor 窗口中进行如下操作。

① 单击 File | Save 命令，打开 Save Signature Fiel As 对话框（图略）。

② 确定是保存所有模板（All）或只保存被选中的模板（Selected）。

③ 确定保存分类模板文件的目录和文件名（*.sig）。

④ 单击 OK 按钮（关闭 Save Signature Fiel As 对话框，保存模板）。

6.3.2 评价分类模板

分类模板建立之后，就可以对其进行评价（Evaluating）、删除、更名、与其他分类模板合并等操作。分类模板的合并可使用户应用来自不同训练方法的分类模板进行综合分类，这些模板训练方法包括监督、非监督、参数化和非参数化。

本节将要讨论的分类模板评价工具包括：分类预警（Alarms）、可能性矩阵（Contingency Matrix）、特征对象（Feature Objects）、特征空间到图像掩模（Feature Space to Image Masking）、直方图方法（Histograms）、分离性分析（Separability）和分类统计分析（Statistics）等。当然，不同的评价方法各有不同的应用范围。例如不能用分离性分析（Separability）对非参数化（由特征空间产生）的分类模板进行评价，而且要求分类模板中至少应具有 5 个以上的类别。

1．分类预警评价

分类预警评价（Alarms）是根据平行六面体分割规则（Parallelepiped Division Rule）进行判断，并依据那些属于或可能属于某一类别的像元生成一个预警掩膜，然后叠加在图像窗口显示，以示预警。一次预警评价可以针对一个类别或多个类别进行，如果没有在 Signature Editor 窗口中选择类别，那么当前的指示类别（Signature Editor 中“>”符号旁边的类别）就被用于进行分类预警。本功能需要经过下述 3 步操作。

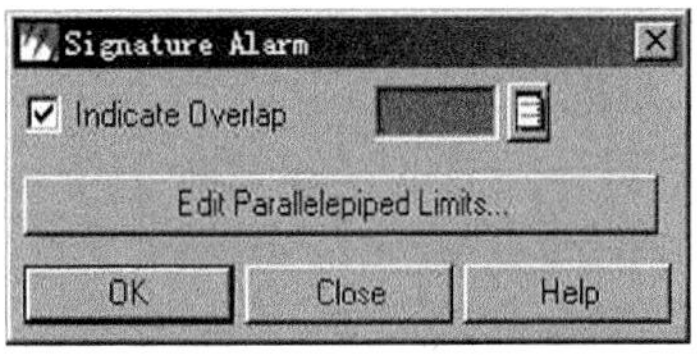

图 6-22 **Signature Alarm 对话框**

第 1 步：产生分类预警掩膜

在 Signature Editor 窗口中进行如下操作。

① 选择某一类或者某几类模板。

② 单击 View | Image Alarm 命令，打开 Signature Alarm 对话框（图 6-22）。

③ 选中 Indicate Overlap 复选框，使同时属于两个及以上分类的像元叠加预警显示。

④ 在 Indicate Overlap 复选框后面的色框中设置像元叠加预警显示的颜色：红色。

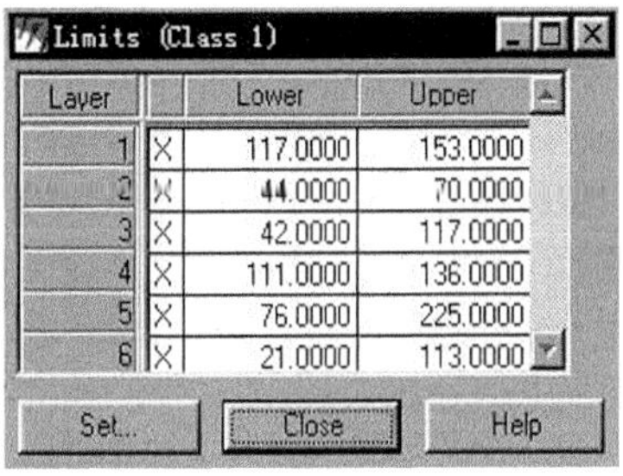

图 6-23 **Limits 窗口**

⑤ 单击 Edit Parallelepiped Limits 按钮，打开 Limits 窗口（图 6-23）。

⑥ 单击 Limits 窗口的 Set 按钮，打开 Set Parallelepiped Limits 对话框（图 6-24）。

⑦ 设置计算方法（Method）为 Minimum / Maximum。

⑧ 选择使用当前模板（Signatures）为 Current。

⑨ 单击 OK 按钮，关闭 Set Parallelepiped Limits 对话框，返回 Limits 对话框。

⑩ 在 Limits 对话框中单击 Close 按钮，关闭 Limits 对话框，返回 Signature Alarm 对话框。

⑪ 在 Signature Alarm 对话框中单击 OK 按钮，执行分类预警评价，形成预警掩膜（掩膜的颜色与模板颜色一致）。

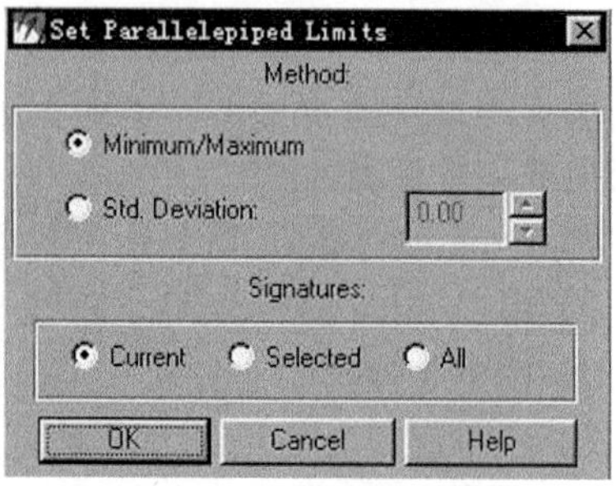

图 6-24　Set Parallelepiped Limits 对话框

⑫ 单击 Close 按钮，关闭 Signature Alarm 对话框。

第 2 步：查看分类预警掩膜

可以应用图像叠加显示功能，如闪烁显示（Flicker）、混合显示（Blend）、卷帘显示（Swipe）等，来查看分类预警掩膜与图像之间的关系，具体操作方法参见 6.2.2 节第 5 步。

第 3 步：删除分类预警掩膜

在 Viewer 窗口菜单条中单击 View | Arrange Layers 命令，打开 Arrange Layers 对话框（图 6-25）。

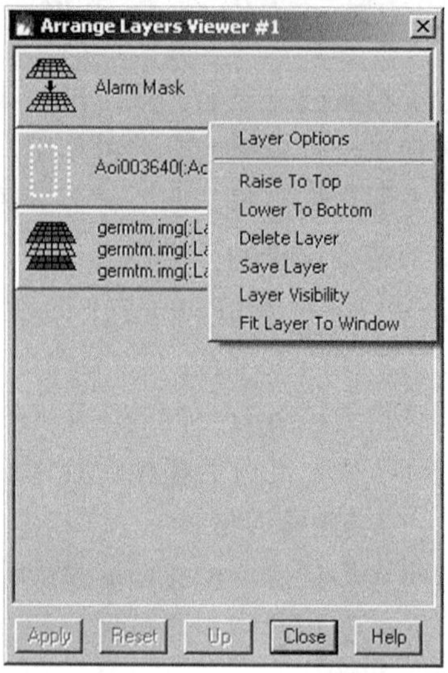

图 6-25　Arrange Layers 对话框

① 右击 Alarm Mask 报警掩膜图层，弹出 Layer Options 快捷菜单（图 6-25）。

② 单击 Delete Layer 命令，Alarm Mask 图层被删除。

③ 单击 Apply 按钮。

④ 在 Save Changes Before Closing 提示对话框中单击【否（N）】按钮，窗口报警掩膜图层被删除。

⑤ 单击 Close 按钮，关闭 Arrange Layers 对话框。

2. 可能性矩阵

可能性矩阵评价工具是根据分类模板，分析 AOI 训练区的像元是否完全落在相应的类别之中。通常都期望 AOI 区域的像元被分到它们参与训练的类别中，实际上 AOI 中的像元对各个类都有一个权重值，AOI 训练样区只是对类别模板起一个加权的作用。Contingency Matrix 工具可同时应用于多个类别，如果没有在 Signature Editor 窗口中确定选择集，则所有的模板类别都参与运算。

可能性矩阵的输出结果是一个矩阵，说明每个 AOI 训练区中有多少个像元分别属于相应的类别。AOI 训练样区的分类可应用下列几种分类原则：平行六面体（PanallelePiped）、特征空间（Feature Space）、最大似然（Maximum Likelihood）、马氏距离（Mahalanobis Distance）。

下面说明可能性矩阵评价工具的使用方法。

在 Signature Editor 窗口中进行如下操作。

① 在 Signature Editor 分类属性表中选择所有类别。

② 单击 Evaluation | Contingency 命令，打开 Contingency Matrix 对话框（图 6-26）。

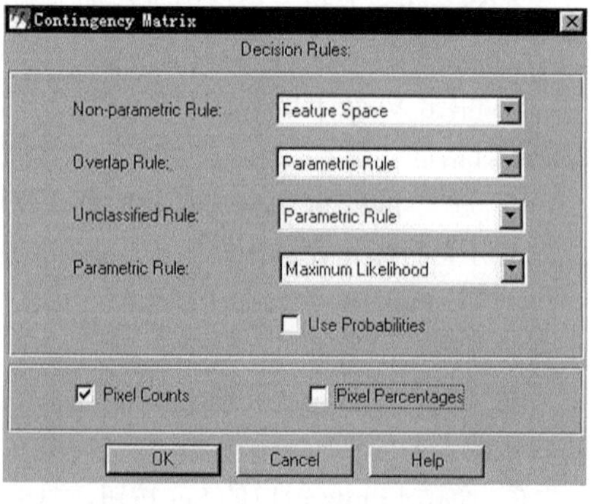

图 6-26　Contingency Matrix 对话框

③ 在非参数规则（Non-Parametric Rule）下拉列表框选择 Feature Space 选项。

④ 在叠加规则（Overlay Rule）下拉列表框选择 Parametric Rule 选项。

⑤ 在未分类规则（Unclassified Rule）下拉列表框选择 Parametric Rule 选项。

⑥ 在参数规则（Parametric Rule）下拉列表框选择 Maximum Likelihood 选项。

⑦ 选择像元总数作为评价输出统计：Pixel Counts。

⑧ 单击 OK 按钮，关闭 Contingency Matrix 对话框，开始计算分类误差矩阵。计算完成后，自动打开 IMAGINE 文本编辑器（Text Editor），显示分类误差矩阵（图 6-27）。

⑨ 单击任务进程结束对话框的 OK 按钮，关闭该对话框。

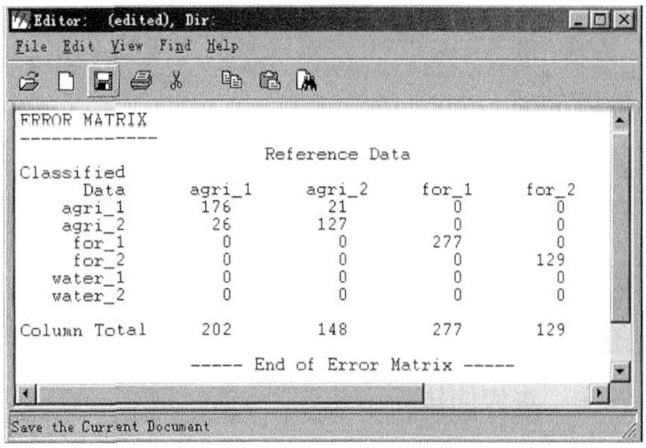

图 6-27 IMAGINE 文本编辑器（Error Matrix）

图 6-27 所显示的是可能性矩阵评价获得的分类误差矩阵（Error Matrix）的局部，从中可以看到在 202 个应该属于 agri_1 类别的像元中有 26 个分到了 agri_2，有 176 仍旧属于 agri_1，分到其他类的数目为 0。类似地，在 148 个应该属于 agri_2 类别的像元中有 21 个分到了 agri_1，有 127 仍旧属于 agri_2，分到其他类的数目为 0。而 277 个属于 for_1 的像元全部归于 for_1，123 个属于 for_2 的像元也全部归于 for_2。由于 agri_1 与 agri_2 都是农用地，期间有少量交叉是可以理解的，因此这个结果是令人满意的。从分类误差总体的百分比来说，如果误差矩阵值小于 85%，则分类模板的精度太低，需要重新建立。

3．分类图像掩膜

只有产生于特征空间的分类模板才可使用本工具，使用时可以基于一个或者多个特征空间模板。如果没有选择集，则当前处于活动状态（位于“>”符号旁边）的模板将被使用。如果特征空间模板被定义为一个掩膜，则图像文件会对该掩膜下的像元作标记，这些像元在窗口中也将被高亮度显示出来（Highlighted）。因此可以直观地知道哪些像元将被分在特征空间模板所确定的类型之中。必须注意，在本工具使用过程中，窗口中的图像必须与特征空间图像相对应。

下面介绍分类图像掩膜的使用过程。

在 Signature Editor 窗口进行如下操作。

① 在分类模板属性表中选择要分析的特征空间分类模板。

② 单击 Feature | Masking | Feature Space to Image 命令，打开 FS to Image Masking 对话框（图 6-28）。

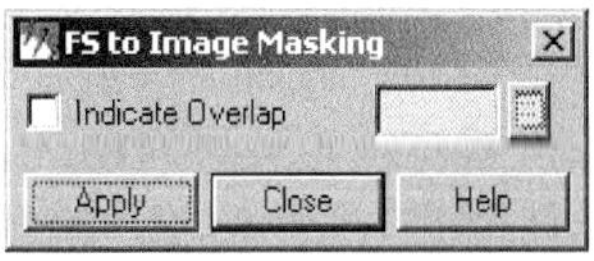

图 6-28 FS to Image Masking 对话框

③ 取消选中 Indicate Overlay 复选框。

④ 单击 Apply 按钮（应用参数设置，产生分类掩膜）。

⑤ 单击 Close 按钮（关闭 FS to Image Masking 对话框）。

⑥ 图像窗口中生成被选择的分类图像掩膜。

⑦ 通过图像叠加显示功能评价分类模板。

4．模板对象图示

模板对象图示工具可以显示各个类别模板（无论是参数型还是非参数型）的统计图，以便比较不同的类别。统计图以椭圆形式显示在特征空间图像中，每个椭圆都是基于类别的平均值及其标准差的。可以同时产生一个类别或多个类别的图形显示。如果没有在模板编辑器中选择类别，那么当前处于活动状态（位于“>”符号旁边）的类别就被应用，模板对象图示工具还可以同时显示两个波段类别均值、平行六面体和标识等信息。由于是在特征空间图像中绘画椭圆，所以特征空间图像必须处于打开状态。

在 Signature Editor 窗口菜单条中单击 Feature | Objects 命令，打开 Signature Objects 对话框（图 6-29）。

① 确定特征空间图像窗口（Viewer）为 2（Viewer#2）。

② 确定绘制分类统计椭圆，选中 Plot Ellipses 复选框。

③ 确定统计标准差（Std. Dev.）为 4。

④ 单击 OK 按钮（执行模板对象图示，绘制分类椭圆）。

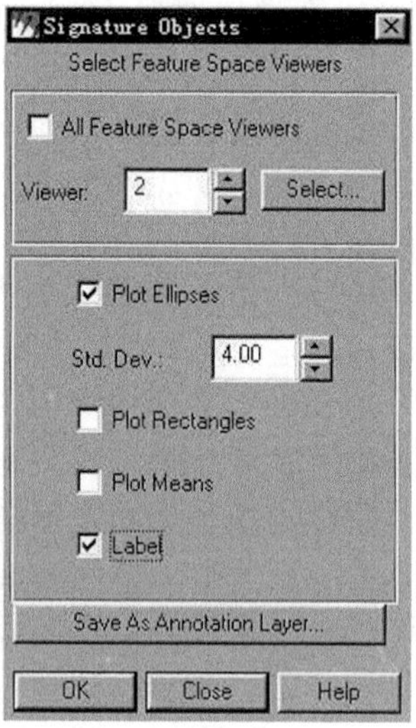

图 6-29 Signature Objects 对话框

说 明

执行模板对象图示工具之后，特征空间图像窗口 Viewr#2 中显示特征空间及所选类别的统计椭圆，这些椭圆的重叠程度反映了类别的相似性。如果两个椭圆不重叠，说明它们代表相互独立的类型。这正是分类所需要的。然而，重叠是肯定有的，因为几乎没有完全不同的类别。如果两个椭圆完全重叠或重叠较多，则这两个类别是相似的，对分类而言，这是不理想的。

5. 直方图绘制

直方图绘制工具通过分析类别的直方图对模板进行评价和比较，本功能可以同时对一个或多个类别制作直方图。如果处理对象是单个类别（选择 Single Signature），那就是当前活动类别（位于“>”符号旁边的那个类别）；如果是多个类别的直方图，那就是处于选择集中的类别。

要执行分类模板直方图绘制工具，首先需要在 Signature Editor 窗口的分类模板属性表中选定某一个或者某几个类别，然后按照下列操作完成直方图绘制。

在 Signature Editor 窗口菜单条中单击 View | Histograms 命令，打开 Histogram Plot Control Panel 对话框（图 6-30）和显示绘制的分类直方图（图 6-31）。

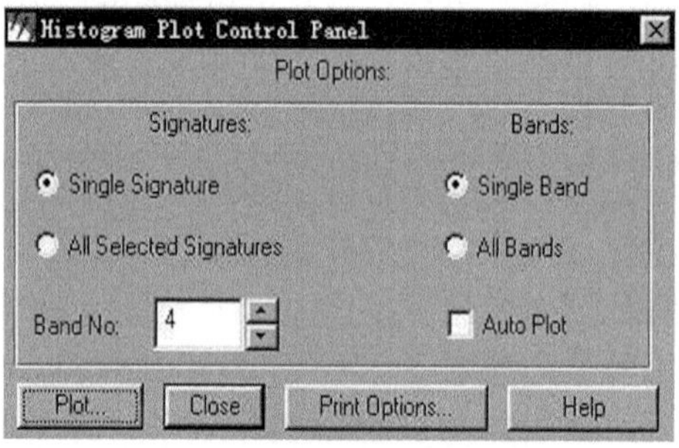

图 6-30 Histogram Plot Control Panel 对话框

在 Histogram Plot Control Panel 对话框中，需要设置下列参数。

① 确定分类模板数量（Signatures）为 Single Signature。

② 确定分类波段数量（Bands）为 Single Band。

③ 确定应用波段（Band No.）为 4。

④ 单击 Plot 按钮，绘制该类对应波段的直方图（图 6-31）。

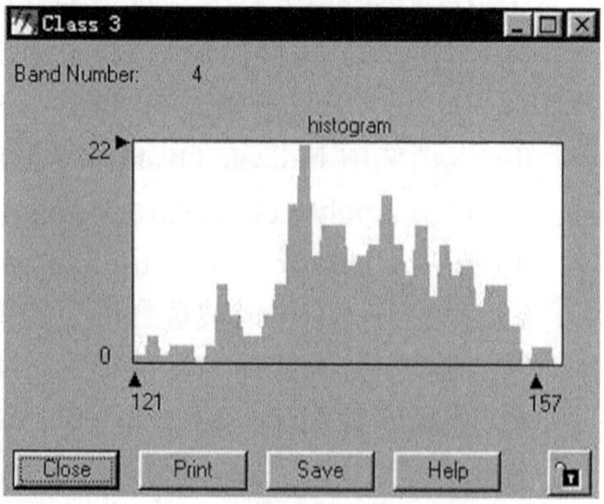

图 6-31 Class 3 类第 4 波段的直方图

说 明

通过选择不同类别、不同波段绘制直方图，可以分析类别的特征。显示出一个图像层的直方图后，如果在 Signature Editor 窗口中将不同的 Signature 置于活动状态（如果选中 Single Signature 单选按钮的话），则图形将立即显示不同模板的直方图。当然也可以在 Histogram Plot Control Panel 对话框中作调整并且单击 Plot 按钮，以实现直方图反映内容的变化。

6. 类别的分离性

类别的分离性工具用于计算任意类别间的统计距离，这个距离可以确定两个类别间的差异性程度，也可用于确定在分类中效果最好的数据层。类别间的统计距离是基于下列方法计算的：欧氏光谱距离、Jefferies-Matusita 距离、分类的分离度（Divergence）、转换分离度（Transformed Divergence）。类别的分离性工具可以同时对多个类别进行操作，如果没有选择任何类别，则它将对所有的类别进行操作。

在 Signature Editor 窗口中进行如下操作。

① 选定某一个或者某几个类别。

② 单击 Evaluate | Separability 命令，打开 Signature Separability 对话框（图 6-32）。

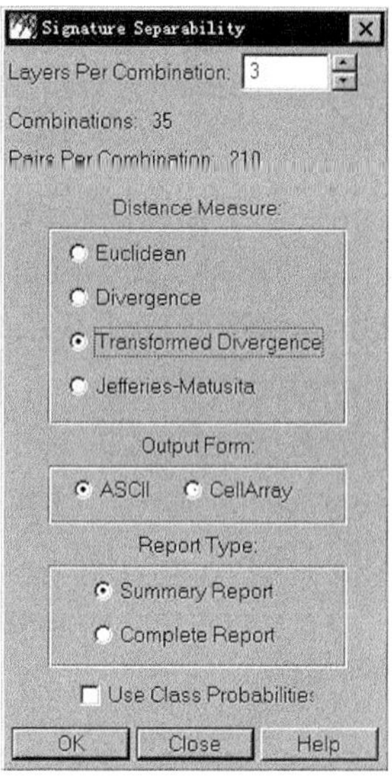

图 6-32 **Signature Separability 对话框**

③ 确定组合数据层数（Layers Per Combination）为 3（表示该工具将基于 3 个波段来计算类别间的距离，从而确定所选择类别在 3 个波段上的分离性大小）。

④ 选择计算距离的方法（Distance Measure）为 Transformed Divergence。

⑤ 确定输出数据格式（Output Form）为 ASCII。

⑥ 确定统计结果报告方式（Report Type）为 Summary Report（系统提供了两种选择：Summary Report，则计算结果只显示分离性最好的两个波段组合的情况，分别对应最小分离性和最好的平均分离性；Complete Report，则计算结果不仅显示分离性最好的两个波段组合，而且要显示所有波段组合的情况）。

⑦ 单击 OK 按钮（执行类别的分离性计算，并将计算结果显示在 ERDAS 文本编辑器窗口，在文本编辑器窗口可以对报告结果进行分析，可以将结果保存在文本文件中）。

⑧ 单击 Close 按钮（关闭 Signature Separability 对话框）。

7. 类别统计分析

类别统计分析功能可以首先对类别专题层进行统计，然后做出评价和比较（Evaluations & Comparisons）。统计分析每次只能对一个类别进行，即位于“>”符号旁边的处于活动状态的类别就是当前进行统计的类别。

在 Signature Editor 窗口中进行如下操作。

① 把要进行统计的类别置于活动状态（单击该类的“>”字段）。

② 在菜单条中单击 View | Statistics 命令（或单击工具条 Σ 图标），打开 Statistics 窗口（图 6-33）。Statistics 窗口的主体是分类统计结果列表，表中包括了该分类模板的基本统计信息，如 Minimum、Maximum、Mean、Std. Dev. 及 Covariance。

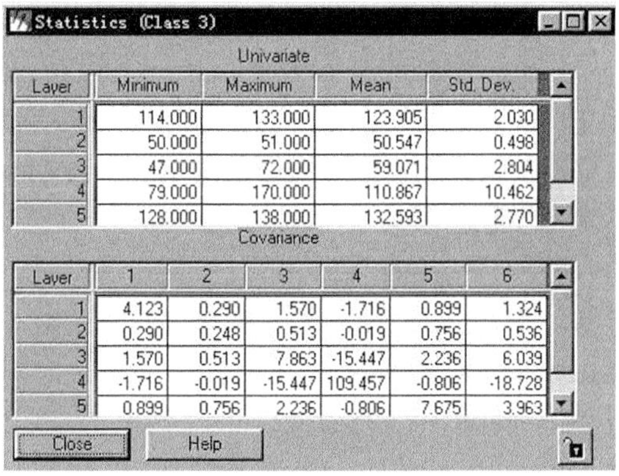

图 6-33 **Statistics 窗口**

6.3.3 执行监督分类

监督分类实质上就是依据所建立的分类模板、在一定的分类决策规则的条件下，对图像像元进行聚类判断的过程。在监督分类过程中，用于分类决策的规则是多类型、多层次的，如对非参数分类模板有特征空间、平行六面体等方法，对参数分类模板有最大似然法、马氏距离法、最小距离法等方法。当然，非参数规则与参数规则可以同时使用，但要注意应用范围，非参数规则只能应用于非参数型模板，而对于参数型模板，要使用参数型规则。另外，如果使用非参数型模板，还要确定叠加规则（Overlay Rule）和未分类规则（Unclassified Rule）。

下面是执行监督分类的操作过程。

在 ERDAS 图标面板菜单条中单击 Main | Image Classification | Supervised Classification 命令，打开 Supervised Classification 对话框（图 6-34）；或者在 ERDAS 图标面板工具条中单击 Classifier| Supervised Classification 命令，打开 Supervised Classification 对话框（图 6-34）。

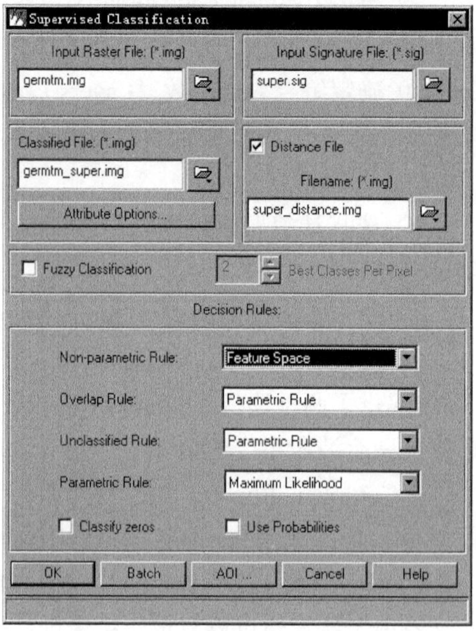

图 6-34 Supervised Classification 对话框

在 Supervised Classification 对话框中，需要确定下列参数。

① 确定输入原始文件（Input Raster File）为 germtm.img。

② 定义分类输出文件（Classified File）为 germtm_super.img。

③ 确定分类模板文件（Input Signature File）为 super.sig。

④ 选中分类距离文件：Distance File 复选框（用于分类结果进行阈值处理）。

⑤ 定义分类距离文件（Filename）为 super_distance.img。

⑥ 选择非参数规则（Non-Parametric Rule）为 Feature Space。

⑦ 选择叠加规则（Overlay Rule）为 Parametric Rule。

⑧ 选择未分类规则（Unclassified Rule）为 Parametric Rule。

⑨ 选择参数规则（Parametric Rule）为 Maximum Likelihood。

⑩ 取消选中 Classify zeros 复选框（分类过程中是否包括 0 值）。

⑪ 单击 OK 按钮（执行监督分类，关闭 Supervised Classification 对话框）。

在 Supervised Classification 对话框中，还可以定义分类的属性表项目。

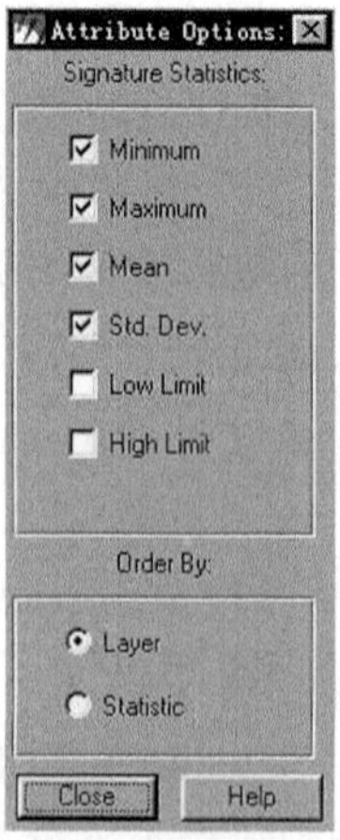

图 6-35 Attribute Options 对话框

① 单击 Attribute Options 按钮，打开 Attribute Options 对话框（图 6-35）。

② 在 Attribute Options 对话框中选择需要的统计信息。

③ 单击 OK 按钮（关闭 Attribute Options 对话框，返回 Supervised Classification 对话框）。

通过 Attribute Options 对话框，可以确定模板的哪些统计信息将被包括在输出的分类图像层中。这些统计值是基于各个层中模板对应的数据计算出来的，而不是基于被分类的整个图像。

6.3.4 评价分类结果

执行了监督分类之后，需要对分类效果进行评价（Evaluate Classification），ERDAS 系统提供了多种分类评价方法，包括分类叠加（Classification Overlay）、定义阈值（Thresholding）、分类重编码（Recode Classes）、精度评估（Accuracy Assessment）等，下面有侧重地进行介绍。

1. 分类叠加

分类叠加（Classification Overlay）就是将分类图像与原始图像同时在一个窗口中打开，将分类专题层置于上层，通过改变分类专题层的透明度（Opacity）及颜色等属性，查看分类专题与原始图像之间的关系。对于非监督分类结果，通过分类叠加方法来确定类别的专题特性并评价分类结果。对监督分类结果，该方法只是查看分类结果的准确性。本方法的具体操作过程参见 6.2.2 节第 5 步。

2. 阈值处理

阈值处理（Thresholding）方法可以确定哪些像元最可能没有被正确分类，从而对监督分类的初步结果进行优化。用户可以对每个类别设置一个距离阈值，将可能不属于它的像元（在距离文件中的值大于设定阈值的像元）筛选出去，筛选出去的像元在分类图像中将被赋予另一个分类值。下面讲述本方法的应用步骤。

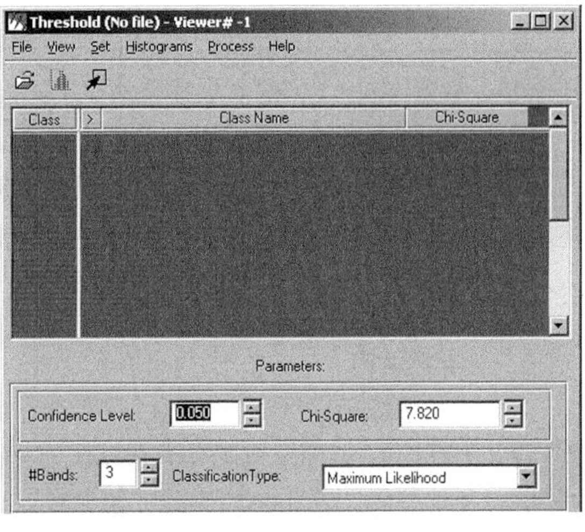

图 6-36 Threshold 窗口

第 1 步：显示分类图像并启动阈值处理

首先需要在窗口中打开分类后的专题图像，然后启动阈值处理功能。

在 ERDAS 图标面板菜单条中单击 Main | Image Classification | Threshold 命令，打开 Threshold 窗口（图 6-36）；或者在 ERDAS 图标面板工具条中单击 Classifier | Threshold 命令，打开 Threshold 窗口（图 6-36）。

第 2 步：确定分类图像和距离文件

在 Threshold 窗口菜单条中单击 File | Open 命令，打开 Open Files 对话框（图 6-37）。

① 确定专题分类图像（Classified Image）为 germtm_superclass.img。

② 确定分类距离图像（Distance Image）为 germtm_distance.img。

③ 单击 OK 按钮（关闭 Open Files 对话框，返回 Threshold 窗口）。

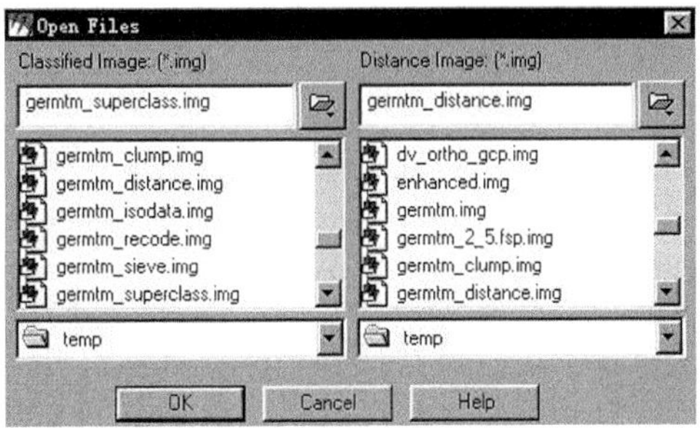

图 6-37 Open Files 对话框

第 3 步：视图选择及直方图计算

① 在 Threshold 窗口菜单条中单击 View | Select Viewer 命令，单击显示分类专题图像的窗口。

② 在 Threshold 窗口菜单条中单击 Histograms | Compute（计算各个类别的距离直方图，如果需要的话，该直方图可通过 Threshold 窗口菜单条中单击 Histogram | Save 命令而保存为一个模板文件*.sig 文件）。

第 4 步：选择类别并确定阈值

① 在 Threshold 窗口分类属性表格中，移动“>”符号到指定的专题类别旁边，选择专题类别。

② 在菜单条中单击 Histograms | View 命令，选定类别的 Distance Histogram 被显示出来（图 6-38）。

③ 拖动 Histogram X 轴上的箭头到想设置为阈值的位置，Threshold 窗口中的 Chi-square 值自动发生变化，表明该类别的阈值设定完毕。

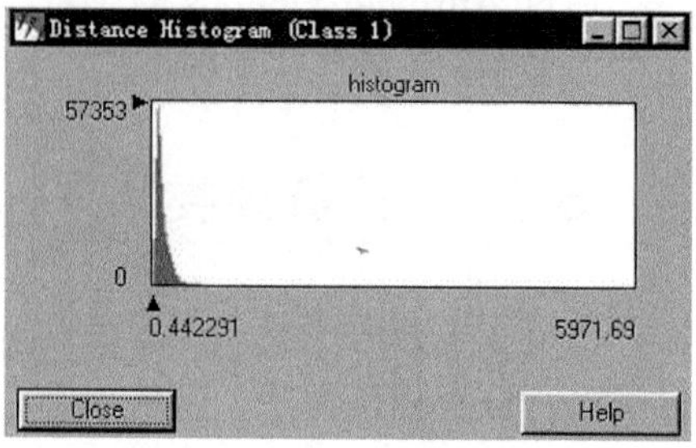

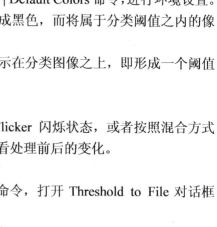

图 6-38 **Distance Histogram 窗口**

④ 重复上述步骤，依次设定每一个类别的阈值。

第 5 步：显示阈值处理图像

① 在 Threshold 窗口菜单条中单击 View | View Colors | Default Colors 命令，进行环境设置。选择默认色彩（Default Colors）是将阈值以外的像元显示成黑色，而将属于分类阈值之内的像元以类别颜色显示。

② 单击 Process | To Viewer 命令，阈值处理图像将显示在分类图像之上，即形成一个阈值掩膜。

第 6 步：观察阈值处理图像

参照 6.2.2 节第 5 步的方法将阈值处理图像设置为 Flicker 闪烁状态，或者按照混合方式（Blend）、卷帘方式（Swipe）进行叠加显示，以便直观查看处理前后的变化。

第 7 步：保存阈值处理图像

① 在 Threshold 窗口菜单条中单击 Process |To File 命令，打开 Threshold to File 对话框（图略）。

② 在 Output Image 中确定要产生的文件的名字和目录。

③ 单击 OK 按钮。

3．分类重编码

对分类图像像元进行了分析之后，可能需要对原来的分类重新进行组合（如将林地 1 与林地 2 合并为林地），给部分或所有类别以新的分类值，从而产生一个新的专题分类图像，这就需要借助分类重编码（Recode Classes）来完成。该功能的详细介绍和具体操作可参见 6.4.4 节。

4．分类精度评估

分类精度评估（Accuracy Assessment）是将专题分类图像中的特定像元与已知分类的参考像元进行比较，实际工作中常常是将分类数据与地面真值、先前的试验地图、航空相片或其他数据进行对比。下面是具体的操作过程。

第 1 步：打开分类前原始图像

在 Viewer 中打开分类前的原始图像，以便进行精度评估。

第 2 步：打开精度评估对话框

在 ERDAS 图标面板菜单条中单击 Main | Image Classification | Accuracy Assessment 命令，打开 Accuracy Assessment 窗口（图 6-39）；

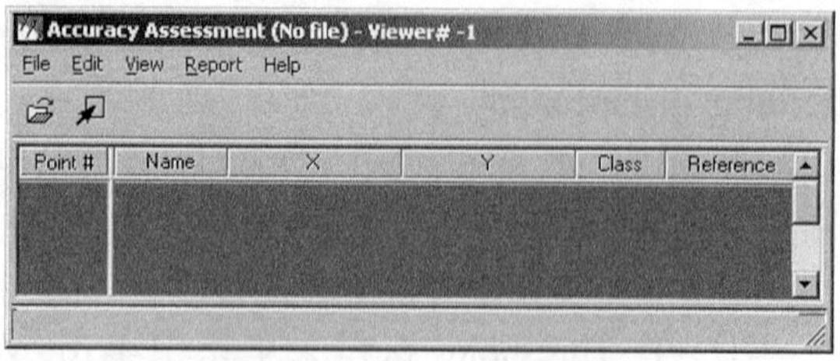

图 6-39 **Accuracy Assessment 窗口**

或者在 ERDAS 图标面板中单击 Classifier| Accuracy Assessment 命令，打开 Accuracy Assessment 窗口（图 6-39）。

如图 6-39 所示，Accuracy Assessment 窗口由菜单条、工具条、精度评估数据表（Accuracy Assessment Cellarray）3 部分组成，各组成部分中的命令、图标及其功能分别如表 6-4、表 6-5 和表 6-6 所列。其中，精度评估矩阵中将包含分类图像若干像元的几个参数和对应参考像元的分类值，该矩阵值可以使用户对分类图像中的特定像元与作为参考的已知分类的像元进行比较，参考像元的分类值是用户自己输入的，矩阵数据保存在分类图像文件中。

表 6-4 分类精度评估对话框菜单命令与功能

命令	功能
File:	文件操作：
Open	打开用于精度评估的分类图像文件
Save Table	将随机点保存在分类图像文件中
Save As Annotation	将随机点保存为注释专题文件
Close	关闭精度评估工具
Edit:	编辑操作：
Create/Add Random Points	产生并按照设置参数显示随机点
Import User-defined Points	从 ASCII 码文件导入用户定义点
Class Value Assignment Options	设置分类值评价参数
Show Class Values	在精度评估矩阵中显示随机点数值
Hide Class Values	在精度评估矩阵中隐藏随机点数值
View:	显示操作：
Select Viewer	选择显示随机点的图像窗口
Change colors	改变随机点的显示颜色
Show All	在图像窗口中显示所有随机点
Hide All	在图像窗口中隐藏所有随机点
Show Current Selection	只有选择的随机点显示在图像窗口
Hide Current Selection	所选择的随机点从图像窗口中隐藏
Report:	评估报告：
Options:	选择输出评估报告类型：
Error Matrix	误差矩阵
Accuracy Totals	整体精度报告
Kappa Statistics	精度评估的 Kappa 统计报告
Accuracy Report	在文本框中输出精度评估报告
Cell Report	在文本框中输出随机像元报告
Help:	联机帮助：
Contents	关于分类精度评估的联机帮助

表 6-5 分类精度评估对话框工具图标与功能

图标	命令	功能
	Open Classified Image File	打开分类专题图像文件
	Select Viewer to Display Random Points	选择显示随机点的窗口

表 6-6 分类精度评估数据表字段与含义

命令	功能
Assigned Value:	获取值:
Point #	显示随机点的编号
Name	显示随机点的名称
X	显示随机点的水平坐标值
Y	显示随机点的垂直坐标值
Class	自动获得的随机点分类名称
Reference	依据地面控制点输入随机点的真值

第 3 步：打开分类专题图像

① 在 Accuracy Assessment 窗口工具条中单击 Open File 图标，或者在菜单条中单击 File | Open 命令，打开 Classified Image 对话框。

② 在 Classified Image 对话框中确定与窗口中对应的分类专题图像。

③ 单击 OK 按钮（关闭 Classified Image 对话框），返回 Accuracy Assessment 窗口。

第 4 步：连接原始图像与精度评估窗口

① 在 Accuracy Assessment 窗口中单击 Select Viewer 图标，或者在菜单条中单击 View| Select Viewer 命令。

② 单击显示原始图像的窗口，原始图像窗口与精度评估窗口相连接。

第 5 步：设置随机点的色彩

① 在 Accuracy Assessment 窗口菜单条中单击 View | Change colors 命令，打开 Change colors 面板（图 6-40）。

② 在 Points with no Reference 中确定没有真实参考值的点的颜色。

③ 在 Points with Reference 中确定有真实参考值的点的颜色。

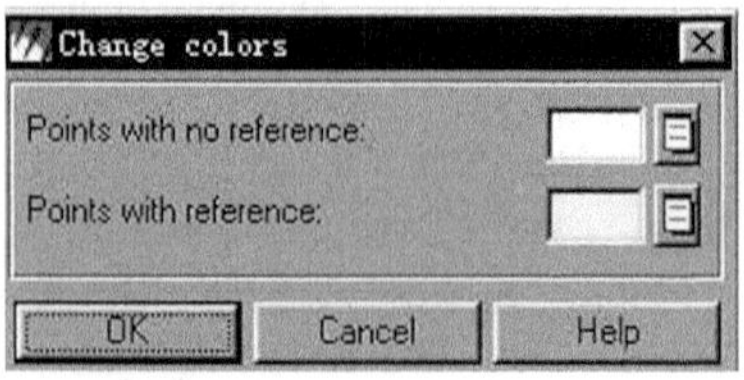

图 6-40 **Change colors 面板**

④ 单击 OK 按钮（执行参数设置），返回 Accuracy Assessment 窗口。

第 6 步：产生随机点

本操作将首先在分类图像中产生一些随机的点，并需要用户给出随机点的实际类别，然后与分类图像的类别进行比较。

在 Accuracy Assessment 窗口中进行如下操作。

① 在菜单条中单击 Edit | Create /Add Random Points 命令，打开 Add Random Points 对话框（图 6-41）。

② 在 Search Count 编辑框中输入 1024。

③ 在 Number of Points 编辑框中输入 10。

④ 在 Distribution Parameters 选项组中选择 Random 单选按钮。

⑤ 单击 OK 按钮（按照参数设置产生随机点），返回 Accuracy Assessment 窗口。

可以看到在 Accuracy Assessment 窗口的数据表中出现了 10 个比较点，每个点都有点号、X/Y 坐标值、Class、Reference 等字段，其中点号、X/Y 坐标值字段是有属性值的。

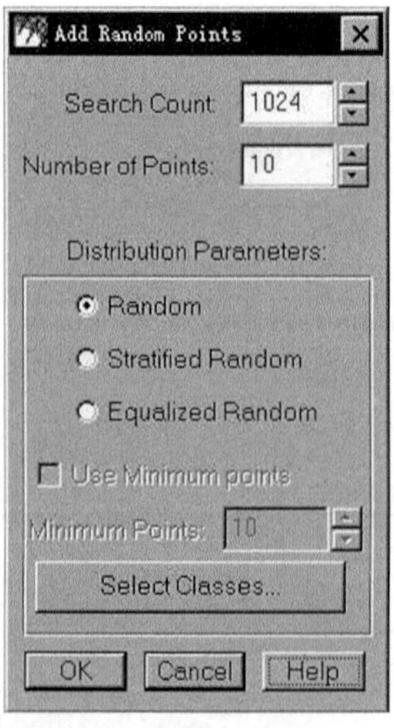

图 6-41 **Add Random Points 对话框**

说　明

在 Add Random Points 对话框中，Search Count 是指确定随机点过程中最多使用的分析像元数，当然，这个数目一般都比 Number of Points 大很多。Number of Points 设为 10 说明是产生 10 个随机点，如果是做一个正式的分类评价，必须产生 250 个以上的随机点。选项 Random 意味着将产生绝对随机的点位，而不使用任何强制性规则。Equalized Random 是指每个类将具有同等数目的比较点。Stratified Random 是指点数与类别涉及的像元数成比例，但选中该复选框后可以确定一个最小点数（选中 Use Minimum Points 复选框），以保证小类别也有足够的分析点。

第 7 步：显示随机点及其类别

在 Accuracy Assessment 窗口中进行如下操作。

① 在菜单条中单击 View | Show All 命令（所有随机点均以第 5 步所设置的颜色显示在窗口中）。

② 在菜单条中单击 Edit | Show Class Values 命令（各点的类别号出现在数据表的 Class 字段中）。

第 8 步：输入参考点实际类别

在 Accuracy Assessment 窗口精度评估数据表中进行如下操作。

在 Reference 字段输入各个随机点的实际类别值（只要输入参考点的实际分类值，其在窗口中的色彩就变为第 5 步设置的 Point With Reference 颜色）。

第 9 步：输出分类评价报告

在 Accuracy Assessment 窗口菜单条中进行如下操作。

① 单击 Report | Options 命令。

② 显示分类评价报告输出内容选项（图 6-42），单击选择参数。

③ 单击 Report | Accuracy Report 命令（产生分类精度报告）。

④ 单击 Report | Cell Report 命令（报告有关产生随机点的设置及窗口环境）。

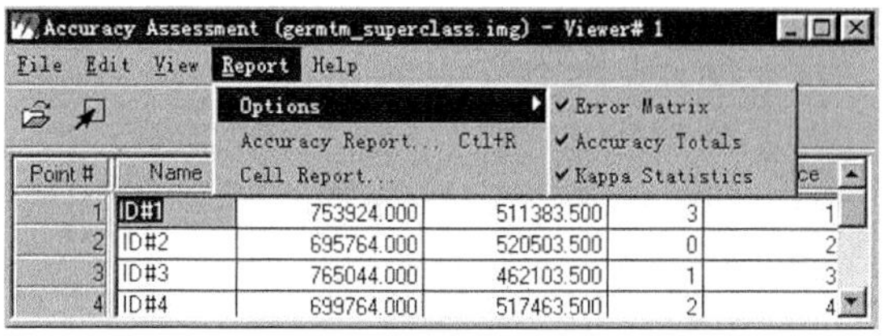

图 6-42　分类评价报告输出内容选项

⑤ 所有报告将显示在 ERDAS 文本编辑器窗口中，可以保存为文本文件。

⑥ 单击 File | Save Table 命令（保存分类精度评价数据表）。

⑦ 单击 File | Close 命令（关闭 Accuracy Assessment 对话框）。

通过对分类的评价，如果对分类精度满意，保存结果；如果不满意，可以进一步做有关的修改，如修改分类模板或应用其他功能进行调整。需要说明的是，从理论和方法上讲，每次进行图像分类时，都应该进行分类精度评估；但是，在实际应用中，可以根据应用项目需要进行多种形式的分类效果评价，而不仅仅借助上述的分类精度评估。

6.4　分类后处理

无论监督分类还是非监督分类，都是按照图像光谱特征进行聚类分析的，因此，都带有一定的盲目性。所以，对获得的分类结果需要再进行一些处理工作，才能得到最终相对理想的分类结果，这些处理操作就通称为分类后处理（Post-Classification Process）。常用的分类后处理方法有聚类统计（Clump）、过滤分析（Sieve）、去除分析（Eliminate）、分类重编码（Recode）等。

6.4.1 聚类统计

应用监督分类或非监督分类，分类结果中都会产生一些面积很小的图斑。无论从专题制图的角度，还是从实际应用的角度，都有必要对这些小图斑进行剔除。应用 ERDAS 系统中的 GIS 分析功能 Clump、Sieve、Eliminate 等，可以联合完成小图斑的处理工作。

聚类统计（Clump）是通过对分类专题图像计算每个分类图斑的面积、记录相邻区域中最大图斑面积的分类值等操作，产生一个 Clump 类组输出图像，其中每个图斑都包含 Clump 类组属性。Clump 类组输出图像是一个中间文件，用于进行下一步处理。

在 ERDAS 图标面板菜单条中单击 Main | Image Interpreter | GIS Analysis | Clump 命令，打开 Clump 对话框（图 6-43）；或者在 ERDAS 图标面板工具条中单击 Interpreter | GIS Analysis | Clump 命令，打开 Clump 对话框（图 6-43）。

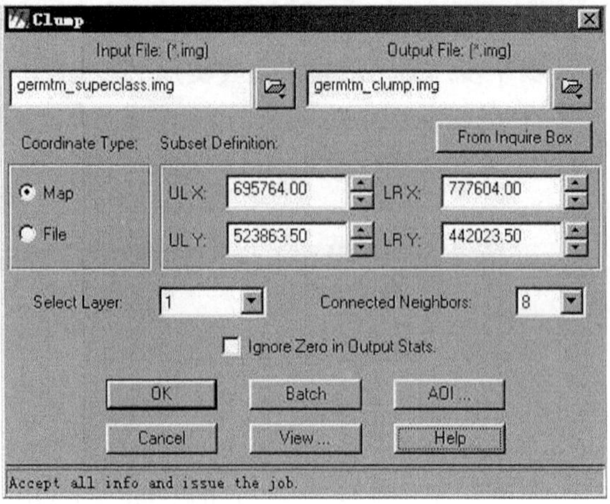

图 6-43 Clump 对话框

在 Clump 对话框中，需要确定下列参数。

① 确定输入文件（Input File）为 germtm_superclass.img。

② 定义输出文件（Output File）为 germtm_clump.img。

③ 文件坐标类型（Coordinate Type）为 Map。

④ 确定处理范围（Subset Definition）：在 ULX / Y、LRX / Y 编辑框中输入需要的数值（默认状态为整个图像，可以应用 Inquire Box 定义子区）。

⑤ 确定聚类统计邻域大小（Connect Neighbors）为 8（即将对每个像元四周的 8 个相邻像元进行统计分析）。

⑥ 单击 OK 按钮（关闭 Clump 对话框，执行聚类统计分析）。

说 明

Clump 聚类统计分析需要较长的时间，特别当邻域为 8 时；如果图像本身非常大，建议统计邻域选择 4。

6.4.2 过滤分析

过滤分析（Sieve）功能是对经 Clump 处理后的 Clump 类组图像进行处理，按照定义的数值大小，删除 Clump 图像中较小的类组图斑，并给所有小图斑赋予新的属性值 0。显然，这里引出了一个新的问题，就是小图斑的归属问题。可以与原始分类图对比确定其新属性，也可以通过空间建模方法、调用 Delerows 或 Zonel 工具进行处理（详见第 11 章空间建模工具联机帮助）。Sieve 经常与 Clump 命令配合使用，对于无须考虑小图斑归属的应用问题，有很好的作用。

在 ERDAS 图标面板菜单条中单击 Main | Image Interpreter | GIS Analysis | Sieve 命令，打开 Sieve 对话框（图 6-44）；或者在 ERDAS 图标面板工具条中单击 Interpreter | GIS Analysis | Sieve 命令，打开 Sieve 对话框（图 6-44）。

在 Sieve 对话框中，需要确定下列参数。

① 确定输入文件(Input File)为 germtm_clump.img。

② 定义输出文件(Output File)为 germtm_sieve.img。

③ 文件坐标类型（Coordinate Type）为 Map。

④ 确定处理范围（Subset Definition）：在 ULX / Y、LRX / Y 编辑框中输入需要的数值（默认状态为整个图像，可以应用 Inquire Box 定义子区）。

⑤ 确定最小图斑大小（Minimum size）为 2 pixels。

⑥ 单击 OK 按钮（关闭 Sieve 对话框，执行过滤分析）。

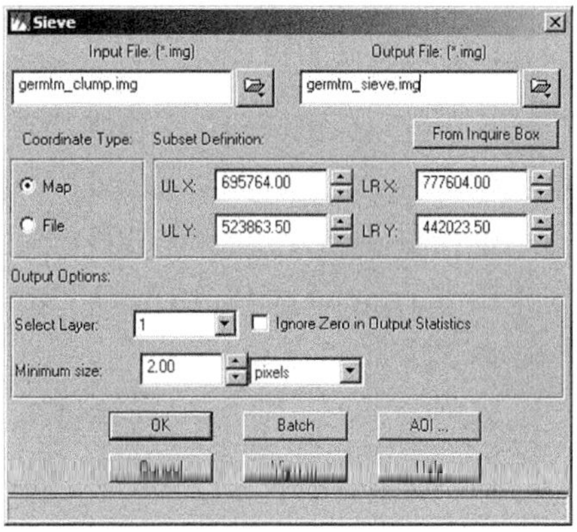

图 6-44　Sieve 对话框

6.4.3　去除分析

去除分析(Eliminate)是用于删除原始分类图像中的小图斑或 Clump 聚类图像中的小 Clump 类组，与 Sieve 命令不同，Eliminate 将删除的小图斑合并到相邻的最大的分类当中。而且，如果输入图像是 Clump 聚类图像的话，经过 Eliminate 处理后，将分类图斑的属性值自动恢复为 Clump 处理前的原始分类编码。显然，Eliminate 处理后的图像是简化了的分类图像。

在 ERDAS 图标面板菜单条中单击 Main | Image Interpreter | GIS Analysis | Eliminate 命令，打开 Eliminate 对话框（图 6-45）；或者在 ERDAS 图标面板工具条中单击 Interpreter | GIS Analysis | Eliminate 命令，打开 Eliminate 对话框（图 6-45）。

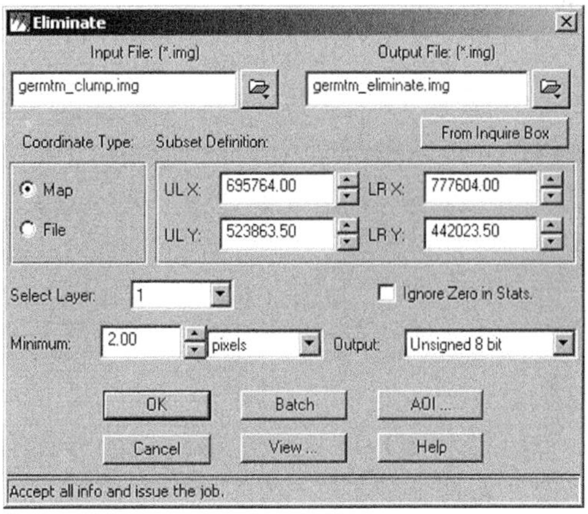

图 6-45　Eliminate 对话框

在 Eliminate 对话框中，需要确定下列参数。

① 确定输入文件（Input File）为 germtm_clump.img。

② 定义输出文件（Output File）为 germtm_eliminate.img。

③ 文件坐标类型（Coordinate Type）为 Map。

④ 确定处理范围（Subset Definition）：在 ULX / Y、LRX / Y 编辑框中输入需要的数值（默认状态为整个图像，可以应用 Inquire Box 定义子区）。

⑤ 确定最小图斑大小（Minimum）为 2 pixels。

⑥ 确定输出数据类型（Output）为 Unsigned 8 bit。

⑦ 单击 OK 按钮（关闭 Eliminate 对话框，执行去除分析）。

6.4.4　分类重编码

作为分类后处理命令之一的分类重编码（Recode），主要是针对非监督分类而言的。由于非监督分类之前，用户对分类地区没有什么了解，所以在非监督分类过程中，一般要定义比最终需要多一定数量的分类数；在完全按照像元灰度值通过 ISODATA 聚类获得分类结果后，首先是将专题分类图像与原始图像对照，判断每个分类的专题属性，然后对相近或类似的分类通过图像重编码进行合并，并定义分类名称和颜色。当然，分类重编码可以用于对 Eliminate 处理后的图像（germtm_eliminate.img）进行分类重编码。

在 ERDAS 图标面板菜单条中单击 Main | Image Interpreter | GIS Analysis | Recode 命令，打开 Recode 对话框（图 6-46）；或者在 ERDAS 图标面板工具条中单击 Interpreter | GIS Analysis | Recode 命令，打开 Recode 对话框（图 6-46）。

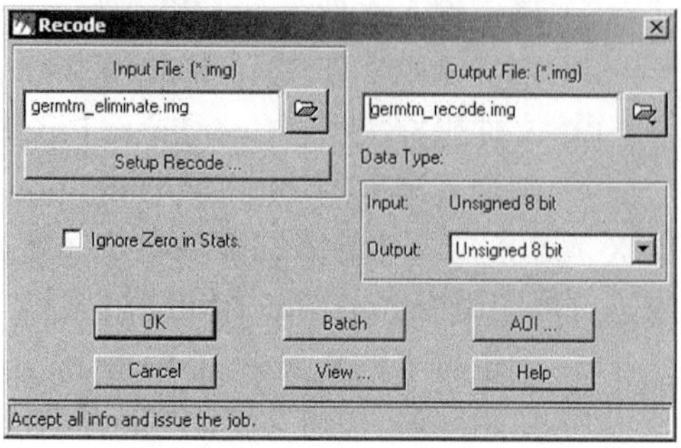

图 6-46 Recode 对话框

在 Recode 对话框中，需要确定下列参数。

① 确定输入文件（Input File）为 germtm_eliminate.img。

② 定义输出文件（Output File）为 germtm_recode.img。

③ 设置新的分类编码（Setup Recode），单击 Setup Recode 按钮，打开 Thematic Recode 表格（图 6-47）。

④ 根据需要改变 New Value 字段的取值（直接输入）。在本例中将原来的 10 类依次两两合并，形成 5 类（图 6-47）。

⑤ 单击 OK 按钮（关闭 Thematic Recode 表格，完成新编码输入）。

⑥ 确定输出数据类型（Output）为 Unsigned 8 bit。

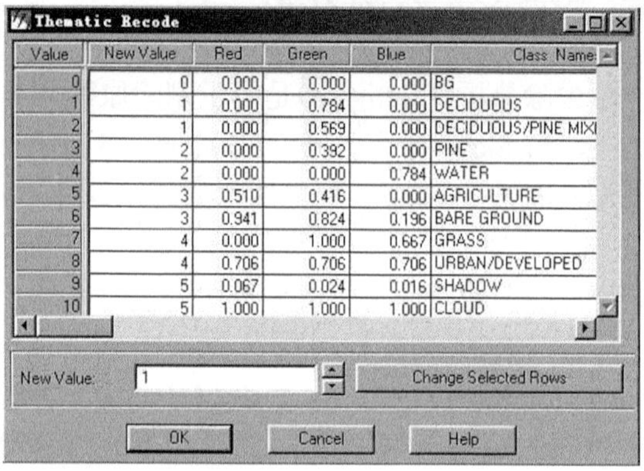

图 6-47 Thematic Recode 表格

⑦ 单击 OK 按钮（关闭 Recode 对话框，执行图像重编码，输出图像将按照 New Value 数值变换专题分类图像属性，产生新的专题分类图像）。

可以在窗口中打开重编码后的专题分类图像，查看其分类属性表。

① 在图像窗口菜单条中单击 File | Open |Raster Layer 命令，选择 germtm_recode.img 文件。

② 在图像窗口菜单条中单击 Raster | Attributes 命令，打开 Raster Attribute Editor 属性表（图 6-48）。

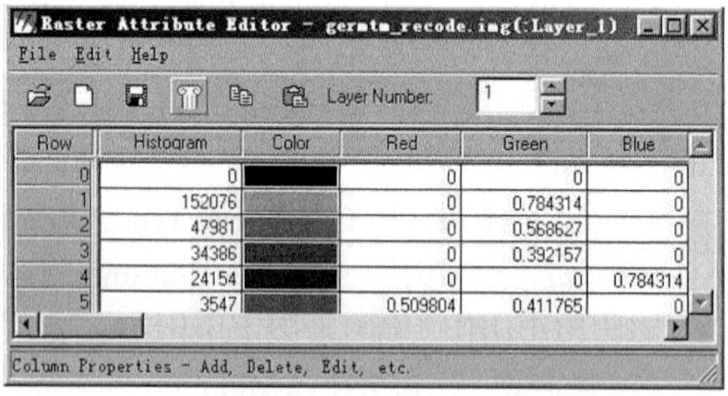

图 6-48 Raster Attribute Editor 属性表

对比图 6-47 分类属性表和图 6-48 分类属性表，特别是其中 Histogram 字段的数值，会发现两者之间的联系与区别。

6.5 专家分类器

专家分类器（Expert Classifier）为用户提供了一种基于规则的分类方法（Rules-based Approach），用于对多波段图像进行分类、分类后处理，以及 GIS 建模分析。实质上，一个专家分类系统就是针对一个或多个假设建立的一个层次性规则集（Hierarchy Rules）或决策树

（Decision Tree），而每一条规则就是一个或一组条件语句，用于说明变量的数值或属性。所以，决策树、假设、规则、变量以及由此组成的知识库，便构成了专家分类器中最基本的概念和组成要素。

ERDAS IMAGINE 专家分类器由两部分组成：其一是知识工程师（Knowledge Engineer），其二是知识分类器（Knowledge Classifier）。知识工程师为拥有第一手数据和知识的专家提供一个用户界面，让专家把知识应用于确定变量、规则和感兴趣的输出类型（假设），生成层次决策树，建立知识库。知识分类器则为非专家提供一个用户界面，以便应用知识库并生成输出分类。

6.5.1 知识工程师

知识工程师（Knowledge Engineer）是一个通过 Classification 菜单调用的独立应用软件，用户可以通过下列途径打开知识工程师的用户界面。

在 ERDAS 图标面板菜单条中单击 Main | Image Classification | Knowledge Engineer 命令，打开 Knowledge Engineer 编辑器（图 6-49）；或者在 ERDAS 图标面板工具条中单击 Classifier| Knowledge Engineer 命令，打开 Knowledge Engineer 编辑器（图 6-49）。

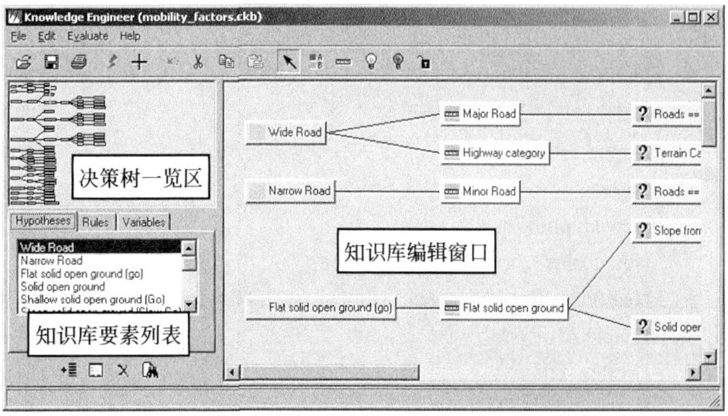

图 6-49 Knowledge Engineer 编辑器（加载知识库之后）

知识工程师编辑器由菜单条、工具条、Decision Tree Overview Section 、知识库要素列表（ Knowledge Base Component List）、知识库要素工具（Knowledge Base Component Tool）、知识库编辑窗口（Knowledge Base Edit Window）、状态条这 7 个部分组成。下面将对各组成部分的功能与特点分别进行介绍。

为了有效地说明知识工程师编辑器的组成与功能，特别是说明在建立知识库过程中非常重要的各种特性对话框的组成与功能，需要首先打开系统提供的一个知识库。

① 在 Knowledge Engineer 编辑器菜单条中单击 File | Open 命令，打开 Open Classification Knowledge Base 对话框(图 6-50)。

② 确定文件路径（File Look in）为 examples。

③ 确定文件类型（File of type）为 Classification Knowledge Base（*.ckb）。

④ 确定文件名称（File name）为 /mobility_factors.ckb。

⑤ 单击 OK 按钮（打开知识库 /mobility_factors.ckb，如图 6-49 所示）。

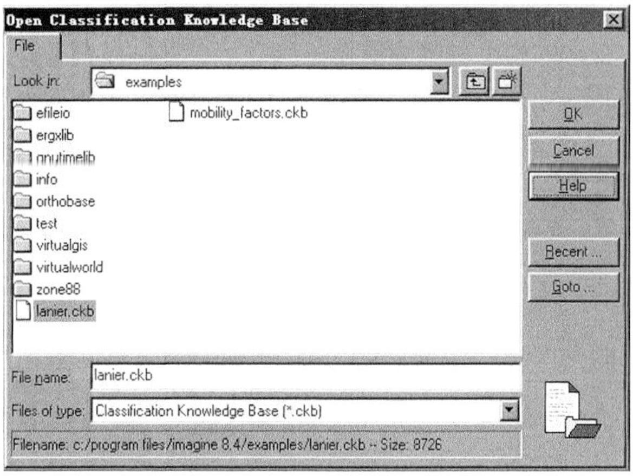

图 6-50 Open Classification Knowledge Base 对话框

1. 知识工程师编辑器菜单

知识工程师编辑器菜单条（Menu Bar）中包含 4 项菜单，每一项菜单又包括若干命令，所有命令及其功能如表 6-7 所列。

表 6-7 知识工程师菜单命令及其功能

命令	功能
File:	文件操作：
New	生成新的知识库
Open	打开已有知识库
Close	关闭当前知识库
Save	保存当前知识库
Save As	保存知识库为新文件
Revert to Saved	返回到上次保存状态
Print	打印当前知识库
Close All	关闭所有编辑窗口
Edit:	编辑操作：
Undo	恢复前一次编辑操作
Cut	剪贴所选知识库要素
Copy	复制所选知识库要素
Paster	粘贴所选知识库要素
New Hypothesis	定义一个新假设
New Rules	定义一个新规则
New Variables	定义一个新变量
Enable All	所有节点都参与分类
Disable All	所有节点都不参与分类
Delete All Disable	删除所有不参与的节点
Clear All Work Files	删除所有临时工作文件
Evaluate:	评价操作：
Test Knowledge Base	测试知识库
Classification Pathway Cursor	显示测试分类路径光标
Help:	联机帮助：
About Knowledge Engineer	知识工程师联机帮助

2. 知识工程师编辑器工具

知识工程师编辑器工具条（Tool Bar）中包含了 15 个常用编辑工具图标，加上编辑器左下方的 4 个知识库要素编辑工具，共计 19 个。所有工具图标及其对应的命令与功能如表 6-8 所列。

表 6-8 知识工程师工具图标及其功能

图标	命令	功能
	Open	打开一个知识库
	Save	保存当前知识库
	Print	打印当前知识库
	Run Test Classification	测试运行当前知识库
	Classification Pathway	显示测试分类路径光标
	Undo	恢复前一次编辑操作
	Cut Selected	剪贴所选知识库要素

续表

图标	命令	功能
	Copy Selected	复制所选知识库要素
	Paster	粘贴所选知识库要素
	Select Node	选择当前知识库节点
	Create Hypothesis	定义一个新假设
	Create Rule	定义一个新规则
	Enable Node	设置节点参与分类
	Disable Node	设置节点不参与分类
	Lock	锁住当前选择工具
	Unlock	释放当前选择工具
	Add New Item	向知识库要素添加新要素
	Show Properties	显示组分中选择要素属性
	Delete Selected Item	删除组分中选择要素
	Find Next	加亮显示组分中选择要素

3．决策树一览区

在编辑窗口的左上方所显示的是整个决策树的一览图（Decision Tree Overview），其中绿框包括的范围是知识库编辑窗口中目前所显示的决策树部分的位置。这个绿框可以通过拖拉来改变其显示位置，高亮度显示的树枝说明目前所选择的假设、规则或者条件。决策树一览区的设置为知识库的编辑提供了极大的方便，让用户随时了解自己所编辑的部分在决策树中的确切位置。

4．知识库要素列表

在决策树一览区的下方是知识库要素列表（Knowledge Base Component List），包括假设（Hypothesis）、规则（Rules）、变量（Variable）3类要素列表。知识库要素列表相当于知识库的组织中心，所有的假设、规则和变量都可以在列表中查看（View）、调用（Access）和编辑（Edit），同时，可以向知识库添加新的假设、规则和变量。每一个要素列表都包含所有在知识库中选定的要素。要查看选定要素的特性，可以单击Show Properties工具图标；要查看下一个假设或规则，单击Find Next工具图标。

5．知识库编辑窗口

知识库编辑窗口（Knowledge Base Edit Window）占整个知识工程师编辑器窗口右边2/3的空间，编辑窗口放置的是决策树（Decision Tree），决策树中的每一个枝脉都由绘制为方框的节点及连接线组成，说明其在决策树中的逻辑关系。在决策树的左部是表达最后输出分类的假设，由此向右，在假设的右边是定义假设的规则。每一个规则都由一系列条件组成，这些条件必须与规则相匹配，一个规则的满足是由其条件的“与（AND）”完成的。一个条件可能包含变量、等级、图像、栅格以及外部程序的输出等。当一个假设的规则被另一条规则的条件所引用或参考时，决策树就会向纵深生长。决策树中位于初始端头的假设代表感兴趣的最终分类，位于中间的假设也许也被标定为感兴趣的分类，这种情况往往出现在分类之间有关联的时候。

（1）色彩方案（Color Scheme）

决策树中不同要素的颜色具有不同的意义。

- **绿色** 表示假设，假设代表的是输出分类，也许有中间假设，但不是最终的输出分类。
- **黄色** 表示规则，一条规则或多条规则定义一个假设，任一个规则为真时假设就为真。

❑ **兰色**　表示条件，一个或多个条件定义一条规则，所有条件都必须为真规则才能成立。

（2）特性对话框（Properties Boxes）

与知识库的 3 个组成要素相对应，系统提供了 3 种特性对话框：假设特性对话框、规则特性对话框、变量特性对话框，分别用于编辑知识库中的假设、规则与变量。

打开特性对话框的途径有以下几种。

❑ **知识库编辑窗口**　双击知识库要素（假设、规则），打开相应的特性对话框。

❑ **知识库要素列表**　在 Hypothesis 列表中，双击任一个假设，打开假设特性对话框。在 Rule 列表中，双击任一个规则，打开规则特性对话框。在 Variables 列表中，双击任一个变量，打开变量特性对话框。

下面详细介绍这 3 个对话框。

（1）假设特性对话框（Hypothesis Properties）

① 在知识库要素列表中单击 Hypothesis 标签，打开假设（Hypothesis）列表。

② 在假设列表中，双击 Narrow Road 假设，打开 Hypothesis Properties 对话框（图 6-51）。

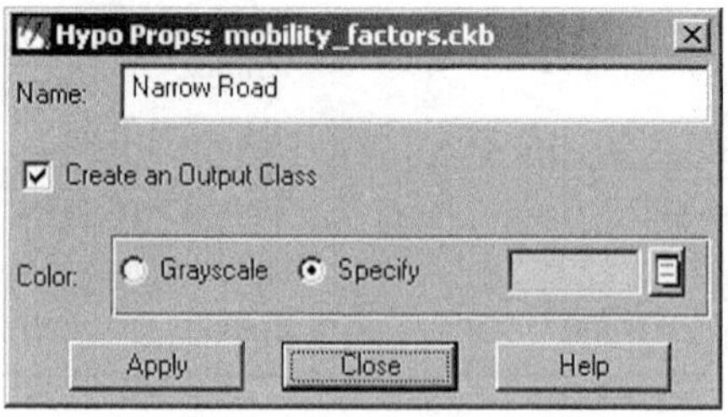

图 6-51　**Hypothesis Properties 对话框**

从图 6-51 可以看出，假设特性对话框中包含了下列特性。

❑ **Name（假设名称）**　最终分类的输出类别。

❑ **Create an Output Class**　确定产生输出分类。

❑ **Color（颜色）**　假设节点上的标记颜色。

（2）规则特性对话框（Rule Properties）

① 在知识库要素列表中单击 Rules 标签，打开规则列表。

② 在规则列表中，双击 River Water 规则，打开 Rule Properties 对话框（图 6-52）。

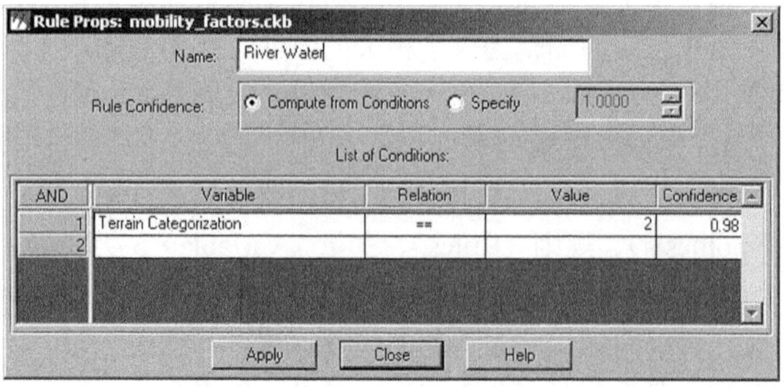

图 6-52　**Rule Properties 对话框**

从图 6-52 可以看出，规则特性对话框中包含了下列特性。

❑ **Name（规则名称）**　在决策树中标识规则。

❑ **Rule Confidence**　确定规则的置信度（可以通过两种方法确定）。

❑ **List of Conditions**　组成规则的所有条件列表。

说　明

规则特性对话框提供了设置变量与规则条件的途径。对于规则的条件，必须定义一个置信度。如果选中 Compute from Conditions 单选按钮，则每个规则的置信度是由专家分类器从与该规则相连的条件的置信度计算获得；如果选中 Specify 单选按钮，则必须为每个规则输入一个置信度值。在条件列表中，每个条件由变量（Variable）、关系（Relation）、值（Value）和置信度（Confidence）组成，变量、关系和值可在下拉列表中选择，置信度可以选中并改变。

（3）变量特性对话框（Variable Properties）

① 在知识库要素列表中单击 Variable 标签，打开变量列表。

② 在变量列表中，双击 Roads 变量，打开 Variable Properties 对话框（图 6-53）。

从图 6-53 可以看出，变量特性对话框中包含的特性非常多。

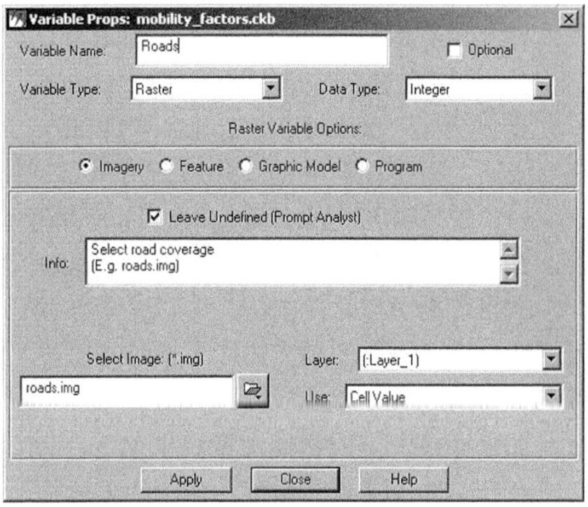

图 6-53 Variable Properties 对话框（Imagery Raster）

- ❑ **Variable Name（变量名称）** 在决策树和规则中标识变量。
- ❑ **Variable Type（变量类型）** 两种变量类型（本例选 Raster）。
- ❑ **Data Type（数据类型）** 3 种数据类型（本例选 Integer）。
- ❑ **Raster Variable Options** 栅格变量选择项（本例选 Imagery）。
- ❑ **Select Image（*.img）** 确定栅格图像文件（本例为 roads.img）。
- ❑ **Layer** 选择图像波段（本例选 Layer_1）。
- ❑ **Use** 确定像元取值（本例选 Cell Value）。

从上面的变量特性项目可以看出，变量的编辑远比假设和条件要复杂，因为系统设定了多种变量，每一种变量又有不同的选择项，详细内容在 6.5.2 节介绍。

6.5.2 变量编辑器

变量编辑器（Variable Editor）提供了定义规则条件中使用变量对象的途径，变量编辑器可以在知识工程师菜单或工具中启动，每个变量的定义都必须确定变量名、变量类型、数据类型、选择项、输入文件、文件波段、像元数值等项目。下面首先介绍两个基本概念，然后按类别说明变量编辑。

（1）变量类型（Variable Type）

系统支持两种变量类型和 3 种数据类型。两种变量是栅格变量（Raster Variable）和等级变量（Scalar Variable）；数据类型依次是整型（Integer）、浮点（Float）、逻辑（Boolean）。不同的变量对应不同的特性，所有变量类型及其特性如表 6-9 所列。

表 6-9 知识库变量类型与特性

变量类型	输入特性	输出特性	待定义特性
Scalar	Model、Program、Value	Scalar	Supported
Imagery	Raster、Layer、Attribute	Raster	Supported
Feature	Coverage、Annotation	Used in Models	Supported
Models	Variables、Modeler Objects	Raster, Scalar	No
Programs	Variables、Arguments	Raster, Scalar	No

（2）工作文件（Work File）

程序变量（Programs Variable）及模型变量（Model Variable）都会产生一个半永久性的工作文件（Work File）。如果有工作文件存在，一旦程序或模型在运行，那么工作文件就被调用。保留工作文件可以使专家分类运行速度加快。然而，如果改变了知识库，就需要清除工作文件，并重新计算。有两个途径清除工作文件。

在变量属性对话框中单击 Clear Work File 按钮，删除与一个变量相连的工作文件。

在知识工程师编辑器菜单条中单击 Edit | Clear all Work Files 命令，删除所有的工作文件。

1．栅格变量

栅格变量（Raster Variables）可以进一步分为图像栅格变量（Imagery）、特征栅格变量（Feature）、模型栅格变量（Models）和程序栅格变量（Programs），下面分别介绍其特性定义。

（1）图像栅格变量（Imagery Raster Variables）

图像栅格变量（Imagery Raster Variables）可以应用 ERDAS IMAGINE 支持的任一种栅格数据，栅格数据可以是单波段，可以是多波段；可以是连续取值，也可以是专题分类；可以被重采样或标定成不同的地图投影。图像栅格变量也支持由 Leave Underdined 选择项指定的非定义状态，如果选择了该选择项，则确定的栅格图像无效，而在执行专家分类时将提示输入图像。

图像栅格变量的特性设置过程如下。

在知识库要素列表，单击 Variable 标签，打开变量列表。

① 单击 Add New Item 图标 ，打开 Variable Properties 对话框（图 6-53）。

② 确定变量名称（Variable Name）为 Roads。

③ 确定变量类型（Variable Type）为 Raster。

④ 选择数据类型（Data Type）为 Integer。

⑤ 确定栅格变量选择项（Raster Variable Options）为 Imagery。

⑥ 确定栅格图像文件（Select Image: *.img）为 roads.img。

⑦ 选择图像波段（Layer）为 Layer_1。

⑧ 确定像元取值（Use）为 Cell Value。

（2）特征栅格变量（Feature Raster Variables）

特征栅格变量（Feature Raster Variables）可以是 ERDAS IMAGINE 的注记文件（Annotation）或 ArcGIS 的图层（Coverage）。无论何种，变量都由文件名定义。专家分类器限定特征栅格变量是模型的输入，也支持 Leave Underdined 选项。执行分类时，专家分类器接口中将提示确定图像名称。特征栅格变量的特性设置过程如下。

在知识库要素列表中单击 Variable 标签，打开变量列表。

① 单击 Add New Item 图标 ，打开 Variable Properties 对话框（图 6-54）。

② 确定变量名称（Variable Name）为 Feature Raster。

③ 确定变量类型（Variable Type）为 Raster。

④ 选择数据类型（Data Type）为 Float。

⑤ 确定栅格变量选择项（Raster Variable Options）为 Feature。

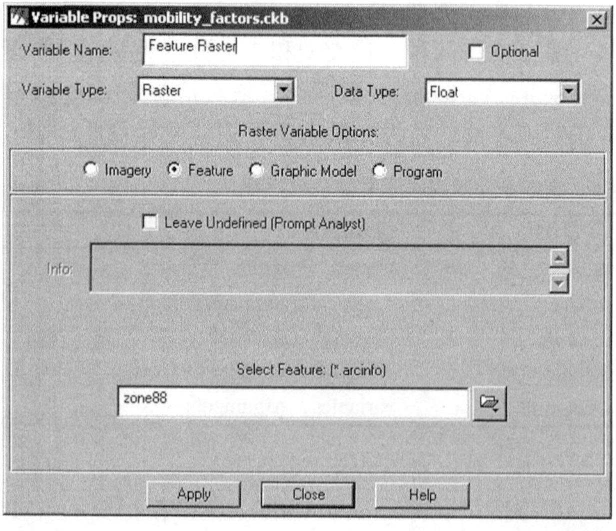

图 6-54　Variable Properties 对话框（Feature Raster）

⑥ 确定特征文件（Select Feature: *.arcinfo）为 zone88。

（3）模型栅格变量（Models Raster Variables）

模型栅格变量（Models Raster Variables）是调用 ERDAS IMAGINE 的图形模型文件（*.gmd）

作为条件的组成部分。系统认为该模型是知识工程师所建立的，动态地支持专家分类器的模型变量。每一个图形模型包含有一个或多个输入和一个输出，这些输入和输出可以由知识库中的其他变量所定义。模型栅格变量的特性定义过程如下。

在知识库要素列表中单击 Variable 标签，打开变量列表。

① 单击 Add New Item 图标 ，打开 Variable Properties 对话框（图 6-55）。

② 确定变量名称（Variable Name）为 Model Raster。

③ 确定变量类型（Variable Type）为 Raster。

④ 选择数据类型（Data Type）为 Float。

⑤ 确定栅格变量选择项（Raster Variable Options）为 Graphic Model。

⑥ 确定图形模型文件（Graphic Model: *.gmd）为 function.gmd。

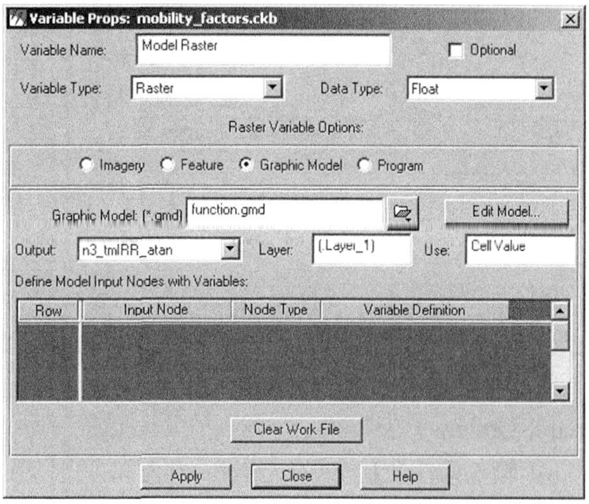

图 6-55 **Variable Properties 对话框（Model Raster）**

⑦ 可以单击 Edit Model 按钮，打开模型编辑器编辑模型文件。

（4）程序型栅格变量（Program Raster Variables）

程序型栅格变量（Program Raster Variables）是专家分类器支持的另一类栅格变量，这里的程序可以是 ERDAS IMAGINE 外部命令集，也可以是其他外部程序。要产生一个程序变量，必须提供程序名、参数数量、输出文件名等参数。与模型栅格变量类似，程序型栅格变量的输入可以是知识库中的其他变量。程序型栅格变量的特性定义过程如下。

在知识库要素列表，单击 Variable 标签，打开变量列表。

① 单击 Add New Item 图标 ，打开 Variable Properties 对话框（图 6-56）。

② 确定变量名称（Variable Name）为 Program Raster。

③ 确定变量类型（Variable Type）为 Raster。

④ 选择数据类型（Data Type）为 Boolean。

⑤ 确定栅格变量选择项（Raster Variable Options）为 Program。

⑥ 确定外部程序文件（Program）。

⑦ 确定输入参数（Number of Argument）。

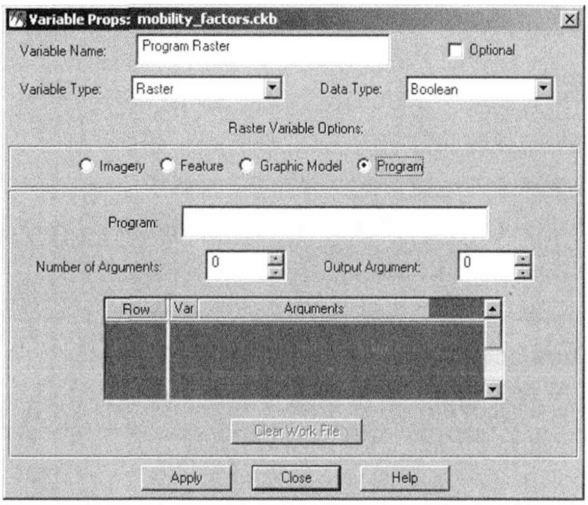

图 6-56 **Variable Properties 对话框（Program Raster）**

⑧ 确定输出参数（Output Argument）。

2．等级变量

等级变量（Scalar Variables）可以直接输入数值来定义，也可以由其他模型或外部程序输出来定义。等级变量又可以分为 3 种——数值等级变量（Value）、模型等级变量（Model）、程序等级变量（Program），其中后两种变量特性设置与前面介绍的栅格型变量完全一样，只是输出值为等级数值（Scalar Output），而非栅格图像。下面仅就数值等级变量的特性设置进行说明。

在知识库要素列表中单击 Variable 标签，打开变量列表。

① 单击 Add New Item 图标 ，打开 Variable Properties 对话框（图 6-57）。

② 确定变量名称（Variable Name）为 Value Scalar。

③ 确定变量类型（Variable Type）为 Scalar。

④ 选择数据类型（Data Type）为 Integer。

⑤ 确定栅格变量选择项（Scalar Variable Options）为 Value。

⑥ 输入等级数值（Enter Value）为 25。

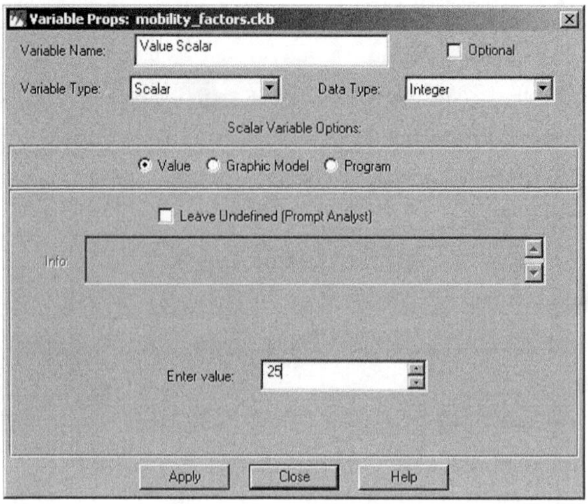

图 6-57 **Variable Properties 对话框（Value Scalar）**

等级变量可以通过直接输入数值来定义，也可以将变量设为待定（Leave Undefined），由用户在使用专家分类器变量和属性（Variables & Properties）时再根据提示确定。

6.5.3 建立知识库

在前两节关于专家分类器和知识工程师学习的基础上，本节将通过一个具体的实例介绍知识库建立（Create Knowledge Base）的方法、过程和相关的操作。为了使初学者易于理解、易于操作、易于掌握，本书选择了一个比较简单的例子：在拥有遥感图像数据和专题地图数据的前提下，来确定居住区（Residential）和商业设施（Commercial Services）分类。

第 1 步：启动知识工程师（Start Knowledge Engineer）

启动知识工程师的操作前面已经讲过，为了便于用户操作，下面再重复一次。

在 ERDAS 图标面板菜单条中单击 Main | Image Classification | Knowledge Engineer 命令，打开 Knowledge Engineer 编辑器（图 6-58）；或者在 ERDAS 图标面板工具条中单击 Classifier| Knowledge Engineer 命令，打开 Knowledge Engineer 编辑器（图 6-58）。

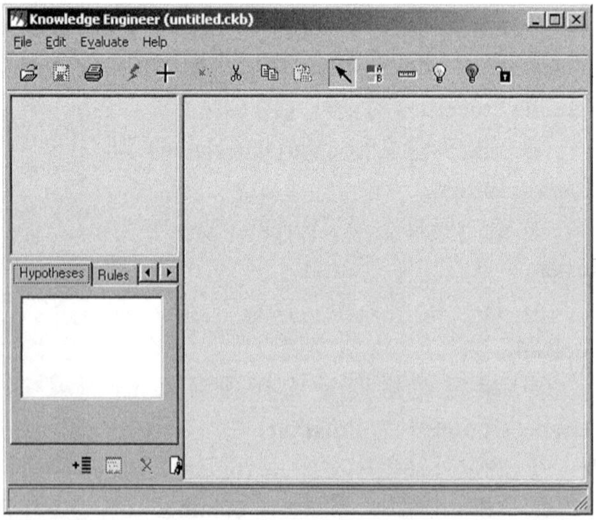

图 6-58 **Knowledge Engineer 编辑器**

第 2 步：放置假设要素（Place Hypothesis）

在知识工程师编辑器菜单条中单击 Edit | New Hypothesis 命令，打开 Hypothesis Properties 对话框（图 6-59）。

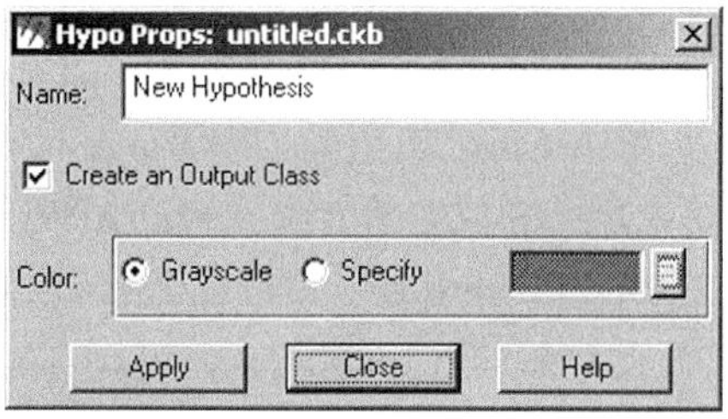

图 6-59 Hypothesis Properties 对话框

在 Hypothesis Properties 对话框中，确定下列假设特性。

① 确定假设名称（Name）为 Residential。

② 确定产生一个输出分类，选中 Create an Output Class 复选框。

③ 确定假设颜色（Specify）为桔黄色（Orange）。

④ 单击 Apply 按钮（应用设置参数，产生一个假设）。

⑤ 知识库编辑窗口出现一个绿色的假设矩形、决策树一览区显示假设框。

⑥ 单击 Edit | New Hypothesis 命令，打开 Hypothesis Properties 对话框，放置名称为 Commercial、颜色为 Red 的假设。

⑦ 单击 Close 按钮（关闭 Hypothesis Properties 对话框）。

第 3 步：定义规则（Enter Rules for Hypothesis）

在知识工程师编辑器中进行如下设置。

① 单击 Create Rule 图标 。

② 鼠标移到编辑窗口中的 Residential 绿色矩形上单击，一个名为 New Rule 的黄色矩形出现在 Residential 右边，决策树一览区同步显示新放置的规则框及其与假设 Residential 的联系。

③ 双击 New Rule 黄色矩形，打开 Rule Properties 对话框（图 6-60）。

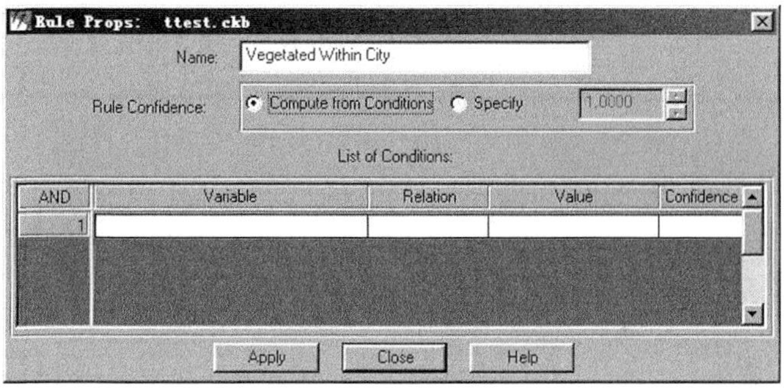

图 6-60 Rule Properties 对话框

④ 确定规则名称（Name）为 Vegetated Within City。

⑤ 确定变量置信度（Rule Confidence）为 Compute from Conditions。

第 4 步：确定变量（Enter Variables for Rule）

在 Rule Properties 对话框进行如下设置。

① 在 List of Conditions 表格中 Variable 字段下方单击。

② 弹出一个下拉菜单，在其中选择 New Variable 选项，打开 Variable Properties 对话框。

③ 确定变量名称（Variable Name）为 Highway Map。

④ 确定变量类型（Variable Type）为 Raster。

⑤ 选择数据类型（Data Type）为 Integer。

⑥ 确定栅格变量选择项（Raster Variable Options）为 Imagery。

⑦ 确定栅格图像文件（Select Image: *.img）为 Input.img（<ERDAS_Data_Home>/examples 目录下）。

⑧ 选择图像波段（Layer）为 Layer_1。

⑨ 确定像元取值（Use）为 Cell Value。

⑩ 单击 Apply 按钮（应用变量特性设置）。

⑪ Highway Map 变量出现 Variable 字段下，Relation 字段下出现“==”。

⑫ 单击 Close 按钮（关闭 Variable Properties 对话框）。

第 5 步：完成变量定义（Finish Variables for Rule）

在 Rule Properties 对话框的 List of Conditions 表格中。

① 在 List of Conditions 表格中的 Value 字段下方单击，在弹出的下拉菜单中选择 Other 选项。

② Value 字段下方变为可编辑状态时，输入“7”，并按 Enter 键。

③ 单击 Apply 按钮（应用条件特性定义），蓝色的变量矩形出现在知识库编辑窗口（图 6-61）。

④ 单击 Close 按钮（关闭 Rules Properties 对话框）。

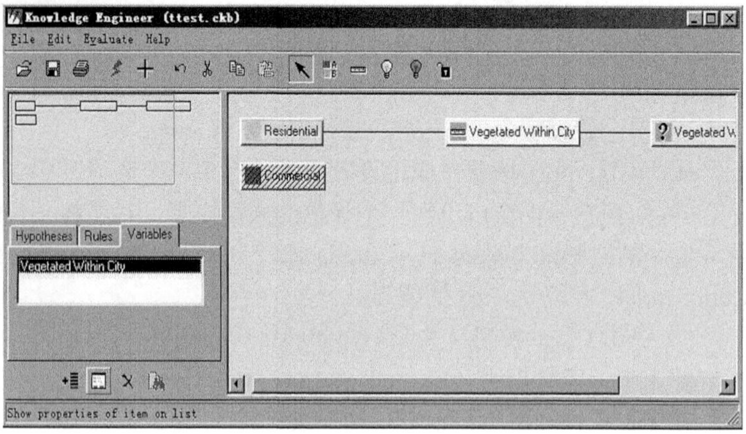

图 6-61 知识库编辑窗口

第 6 步：放置中间假设（Add Intermediate Hypothesis）

在知识工程师编辑器工具条中进行如下操作。

① 单击工具条中的 Create Hypothesis 图标 。

② 鼠标移到编辑窗口中的 Vegetated Within City 黄色矩形上单击，一个名为 New Hypothesis 的绿色矩形出现在 Vegetated Within City 右边（规则与假设之间由一个名为 New Hypothesis = TRUE 的变量矩形连接）。决策树一览区同步显示新放置的变量框、假设框及其连接情况。

③ 双击 New Hypothesis 绿色矩形，打开 Hypothesis Properties 对话框（图 6-62）。

④ 确定假设名称（Name）为 Vegetation。

⑤ 确定不产生输出分类，取消选中 Create an Output Class 复选框。

⑥ 单击 Apply 按钮（应用设置参数，产生中间假设）。

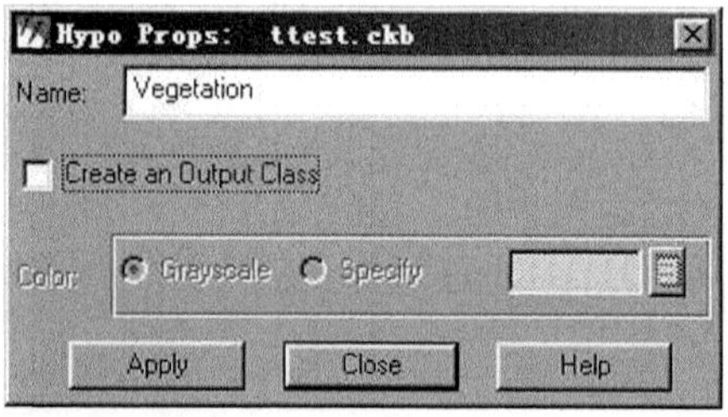

图 6-62 Hypothesis Properties 对话框

⑦ 单击 Close 按钮（关闭 Hypothesis Properties 对话框）。

第 7 步：定义新的规则（Create New Rule）

在知识工程师编辑器工具条中进行如下操作。

① 单击工具条中的 Create Rule 图标 。

② 鼠标移到编辑窗口中的 Vegetation 绿色矩形上单击，一个名为 New Rule 的黄色矩形出现在 Vegetation 右边。

③ 双击 New Rule 黄色矩形，打开 Rule Properties 对话框。

④ 确定规则名称（Name）为 High IR and Low Visible。

⑤ 选择规则置信度（Rule Confidence）为 Compute from Conditions。

（1）确定变量 TM Band4

① 在 List of Conditions 表格中的 Variable 字段下方单击，弹出一个下拉菜单。

② 在下拉菜单中选择 New Variable 选项，打开 Variable Properties 对话框。

③ 确定变量名称（Variable Name）为 TM Band 4。

④ 确定变量类型（Variable Type）为 Raster。

⑤ 选择数据类型（Data Type）为 Integer。

⑥ 确定栅格变量选择项（Raster Variable Options）为 Imagery。

⑦ 确定栅格图像文件（Select Image: *.img）为 lanier.img（<ERDAS_Data_Home>/examples 目录下）。

⑧ 选择图像波段（Layer）为 Layer_4。

⑨ 确定像元取值（Use）为 Cell Value。

⑩ 单击 Apply 按钮（应用变量特性设置）。

⑪ 单击 Close 按钮（关闭 Variable Properties 对话框）。

（2）完成第一个条件 TM Band4 >= 21

① 在 List of Conditions 表格中 Relation 字段下方单击。

② 弹出一个下拉菜单，在其中选择 >=选项。

③ 在 List of Conditions 表格中 Value 字段下方单击。

④ 弹出一个下拉菜单，在其中选择 Other 选项。

⑤ Value 字段下方变为可编辑状态时，输入“21”，并按 Enter 键。

重复上述（1）、（2）两个步骤，定义第二个条件：TM Band2 < 35，形成图 6-63 所示的条件特性对话框。

（1）单击 Apply 按钮（应用条件特性定义）。

（2）单击 Close 按钮（关闭 Rules Properties 对话框。）

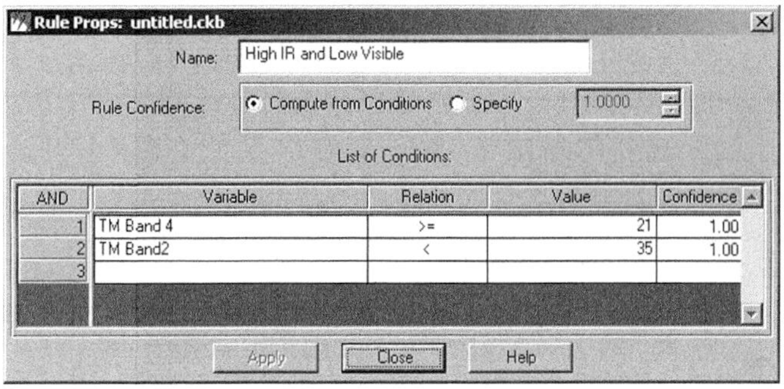

图 6-63 **Rule Properties 对话框**

第 8 步：复制与编辑要素（Copy and Edit）

通过第 2～7 步的操作，已经完成了 Residential 分类假设中的全部条件与变量的定义。由于 Commercial 分类假设所包含的条件和变量与 Residential 非常相似，某些条件甚至可以直接引用。所以，下面将通过复制 Residential 分类假设中的条件和变量，然后进行必要的修改，来完成对 Commercial 的定义，建立完整的知识库。

（1）为 Commercial 假设产生一个规则

① 在知识工程师编辑器中单击工具条中的 Create Rule 图标 ▭。

② 鼠标移到编辑窗口中的 Commercial 绿色矩形上单击，一个名为 New Rule 的黄色矩形出现在 Commercial 右边。

③ 双击 New Rule 黄色矩形，打开 Rule Properties 对话框。

④ 确定规则名称（Name）为 Bright Within City。

⑤ 选择计算规则置信度（Rule Confidence）为 Compute from Conditions。

⑥ 在 List of Conditions 表格中 Variable 字段下方单击，在下拉菜单中选择变量 Highway Map。

⑦ 在 List of Conditions 表格中 Value 字段下方单击，在弹出的下拉菜单中选择 Other 选项。

⑧ Value 字段下方变为可编辑状态时，输入“7”，并按 Enter 键。

⑨ 单击 Apply 按钮（应用规则特性定义）。

⑩ 单击 Close 按钮（关闭 Rules Properties 对话框）。

（2）为 Bright Within City 规则产生中间假设

① 在知识工程师编辑器中单击工具条中的 Create Hypothesis 图标 。

② 鼠标移到编辑窗口中的 Bright Within City 黄色矩形上单击。

③ 一个名为 New Hypothesis 的绿色矩形出现在 Vegetated Within City 右边（规则与假设之间有一个名为 New Hypothesis = TRUE 的变量矩形连接）。

④ 双击 New Hypothesis 绿色矩形，打开 Hypothsis Properties 对话框。

⑤ 确定假设名称（Name）为 Bright。

⑥ 选择不产生输出分类，取消选中 Create an Output Class 复选框。

⑦ 单击 Apply 按钮（应用设置参数，产生中间假设）。

⑧ 单击 Close 按钮（关闭 Hypothesis Properties 对话框）。

（3）为 Bright 中间假设复制规则并编辑

① 在知识库编辑窗口中单击选择 High IR and Low Visible 条件，并右击。

② 弹出 Options 菜单，从中选择 Copy 选项。

③ 单击选择 Bright 中间假设，并右击。

④ 弹出 Options 菜单，从中选择 Paste 选项。一个名为 High IR and Low Visible（1）的规则出现在 Bright 假设右边（规则 High IR and Low Visible 后的（1）表示该规则是复制要素）。

⑤ 双击 High IR and Low Visible（1）矩形，打开 Rules Properties 对话框。

⑥ 修改条件名称（Name）为 High IR and High Visible。

⑦ 修改第二个条件为 TM Band2 >= 35。

⑧ 单击 Apply 按钮（应用条件特性定义）。

⑨ 单击 Close 按钮（关闭 Rules Properties 对话框）。

第 9 步：测试知识库（Test Knowledge Base）

（1）在知识工程师编辑器中单击工具条中的 Run Test Classification 图标 ；或者在知识工程师编辑器中单击菜单条 Evaluate | Test Knowledge Base 命令，打开 Knowledge Classification 对话框第一页（图 6-64），同时打开一个新窗口（Viewer），准备显示测试分类结果。

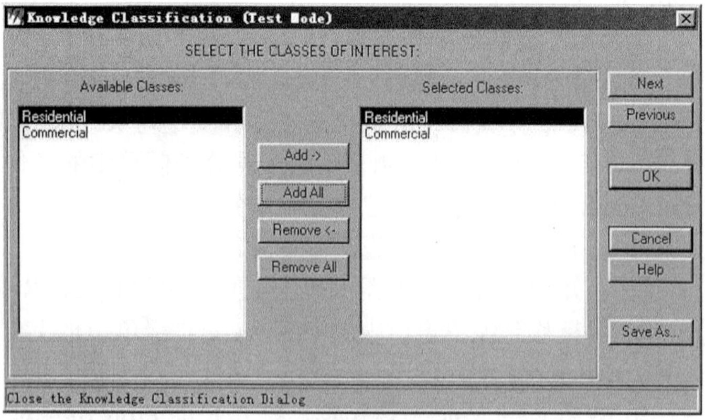

图 6-64 **Knowledge Classification 对话框（第一页）**

① 在 Knowledge Classification 对话框中可以选择感兴趣的分类进行测试，本例中仅有两个分类，都将参与测试，所以两个分类都被选择。

② 单击 Next 按钮，打开 Knowledge Classification 对话框第二页（图 6-65）。

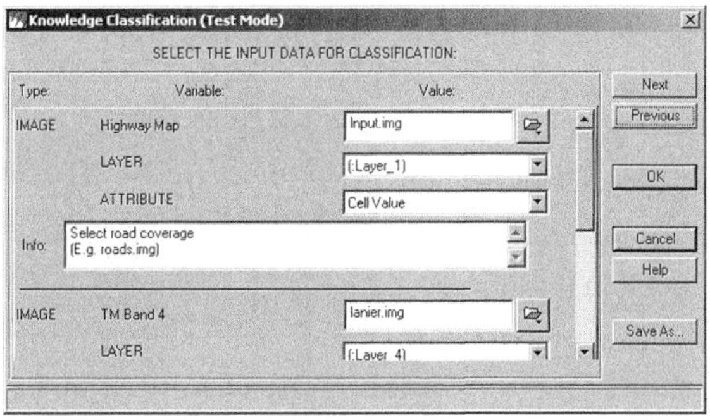

图 6-65 Knowledge Classification 对话框（第二页）

③ 单击 Next 按钮，打开 Knowledge Classification 对话框第三页（图 6-66）。

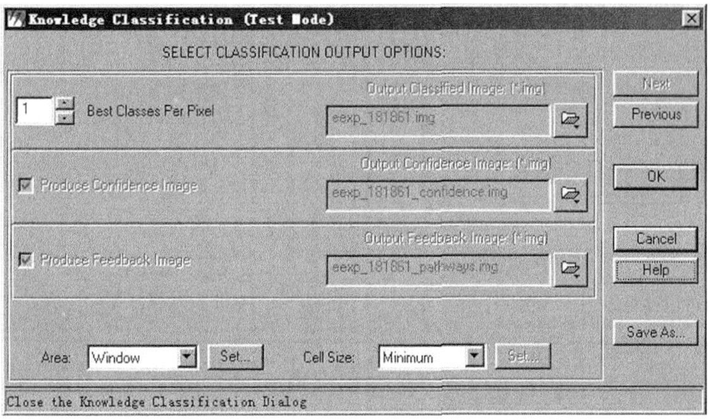

图 6-66 Knowledge Classification 对话框（第三页）

④ 单击 OK 按钮（关闭 Knowledge Classification 对话框，执行测试分类），分类结果将自动显示在预先打开的窗口中（图 6-67）。

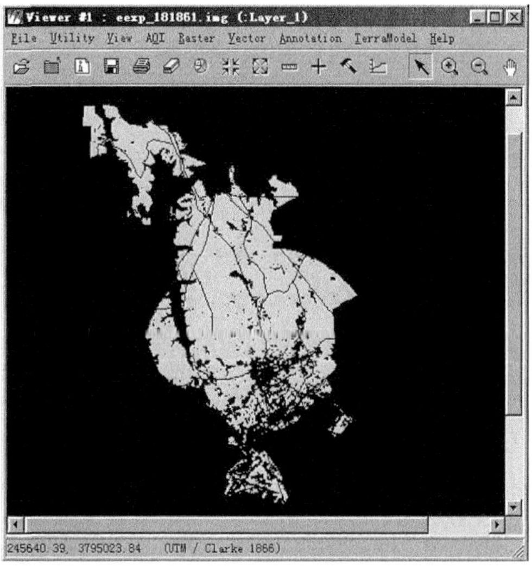

图 6-67 知识库测试分类结果

第 10 步：检查分类结果

在知识工程师编辑器工具条中单击 Classification Pathway 图标 ，打开 Classification Path Information 窗口（图 6-68），同时在显示分类结果窗口中出现一个十字查询光标。

① 按住左键在分类结果窗口中任意移动十字查询光标，Classification Path Information 窗口中的提示信息会相应变化（包括分类名称、分类值、置信度、X 坐标、Y 坐标等）。与此同时，知识库编辑窗口中相关的假设会高亮度显示。

② 单击 Close 按钮（关闭 Classification Path Information 窗口）。

③ 在分类图像显示窗口中单击 File | Close（关闭窗口）命令。

第 11 步：保存知识库（Save Knowledge Base）

在知识工程师编辑器中单击菜单条 File | Save As 命令，打开 Save Classification Knowledge Base 对话框（图 6-69）。

① 确定文件目录（Look in）为 users。

② 确定文件类型（Files of type）为 Classification Knowledge Base。

③ 确定文件名称（File name）为 rescomm_class.ckb。

④ 单击 OK 按钮（关闭保存文件对话框，执行保存知识库操作）。

⑤ 单击 File | Close 命令（关闭知识工程师编辑器）。

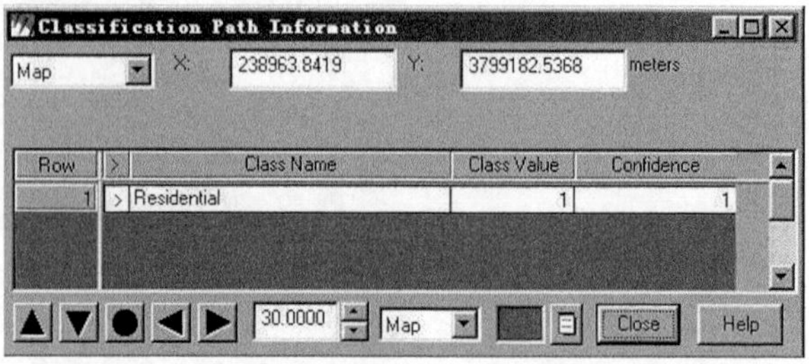

图 6–68 **Classification Path Information 窗口**

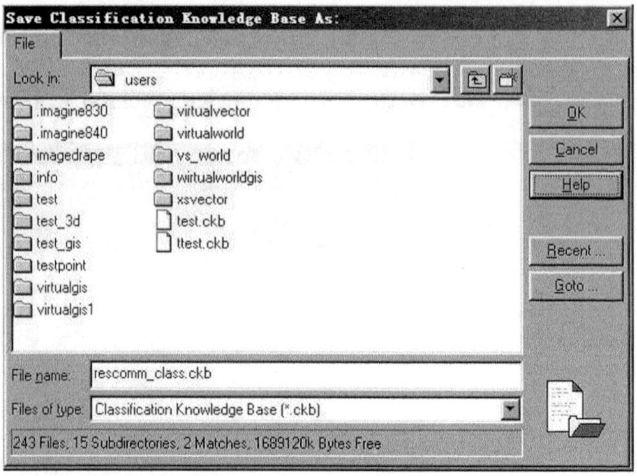

图 6–69 **Classification Path Information 对话框**

6.5.4 知识分类器

知识分类器（Knowledge Classifier）由两部分组成，其一是用户界面应用程序，其二是可执行命令行。用户界面应用程序设计为需要设置参数的几个向导对话框或叫做参数页，允许输入有限的参数集来控制知识库的使用。在每个对话框的右边，Next 和 Previous 按钮可以向前和向后翻动参数页，只有当前一页的参数设置有效，才能翻到下一页，但可随时返回到前面的参数页。

第 1 步：启动知识分类器

（1）在 ERDAS 图标面板菜单条中单击 Main | Image Classification | Knowledge Classifier 命令，打开 Knowledge Classification 对话框（图 6-70）；或者在 ERDAS 图标面板工具条中单击 Classifier | Knowledge Classifier 命令，打开 Knowledge Classification 对话框（图 6-70）。

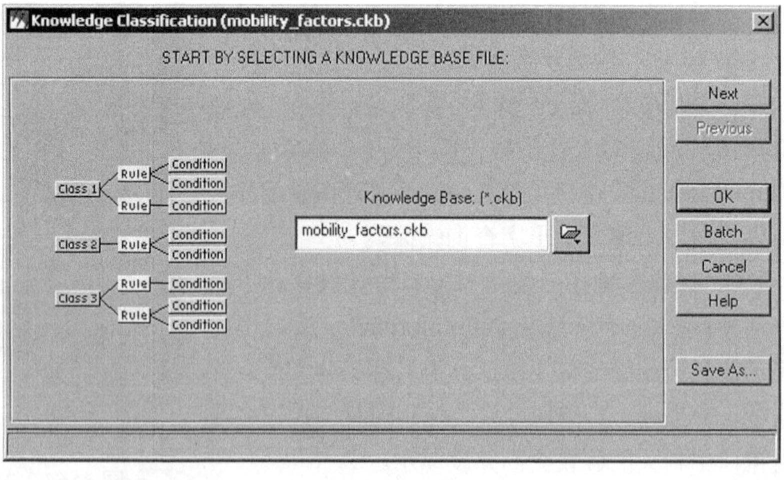

图 6–70 **Knowledge Classification 对话框**

（2）确定知识库（Knowledge Base）为 mobility_factors.ckb，打开 Select the Classes of Interest 对话框（图 6-71）。

第 2 步：选择感兴趣分类

在 Select the Classes of Interest 对话框中，可以根据需要对知识库进行部分调用，选择自己感兴趣的分类作为输出分类结果。默认的分类选择就是知识库中所定义的全部分类，可以操作的分类在左边罗列，而选择的分类显示在右边。

选择感兴趣分类的操作过程如下。

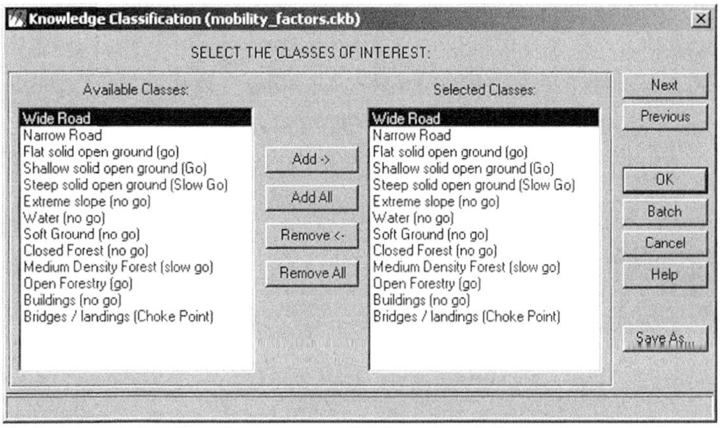

图 6-71 **Select the Classes of Interest 对话框**

① 在 Select the Classes of Interest 对话框中，单击 Remove All 按钮，清除所有 Selected Classes。

② 在 Available Classes 列表框中选择感兴趣的分类。

③ 单击 Add 按钮，将该分类作为 Selected Classes。

④ 重复②、③，将感兴趣类作为 Selected Classes。

⑤ 单击 Next 按钮，进入下一个参数页，打开 select the Input Data for classification 对话框。

第 3 步：确定输出选择项

在 Select the Input data for Classification 对话框中单击 Next 按钮，在打开的 Select Classification Output Options 对话框中，输入下列选择参数。

① 确定输出分类图像的层数（Best Classes per Pixel）：1（一层）。

② 确定输出分类文件（Output Classified Image）为 mobility_factors.img。

③ 选择输出置信度图像为 Produce Confidence Image。

④ 确定置信度文件（Output Confidence Image）为 mobility_factors_confidence.img。

⑤ 设置输出图像范围（Area）为 Window，并单击 Set 按钮，打开 Set Window 对话框（图 6-72），从中可以设置窗口大小。

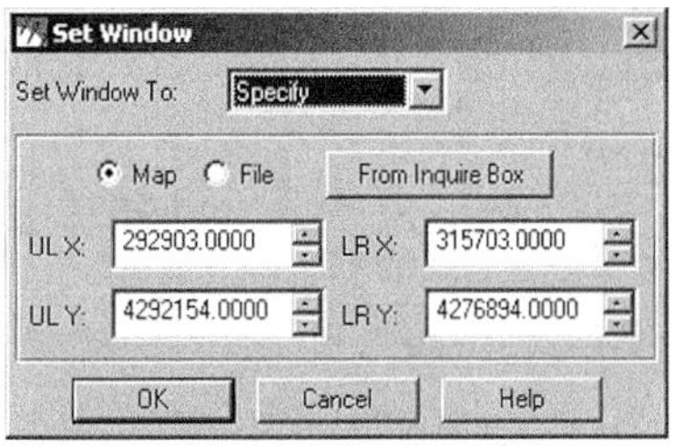

图 6-72 **Set Window 对话框**

⑥ 单击 OK 按钮（关闭 Set Window 对话框，完成窗口设置）。

⑦ 设置输出像元大小（Cell Size）为 Specify，并单击 Set 按钮，打开 Set Cell Size 对话框（图 6-73），从中可以设置输出像元。

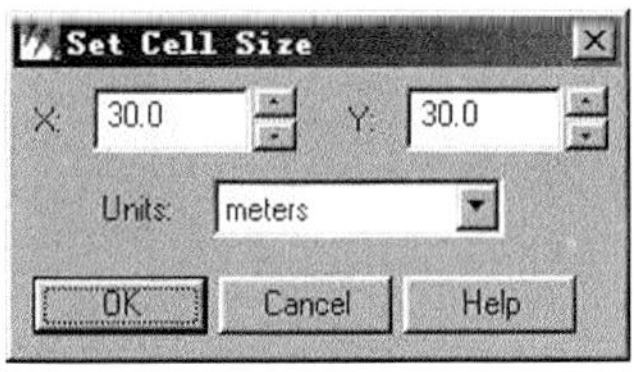

图 6-73 **Set Cell Size 对话框**

⑧ 单击 OK 按钮（关闭 Set Cell Size 对话框，完成像元设置）。

⑨ 单击 OK 按钮（关闭 Select Classification Output Options 对话框，执行分类）。

第 4 步：查看分类结果

为了对比分析，首先重复上述第 1～3 步的操作过程，应用在 6.5.3 节中自己建立的知识库，进行专家分类，生成一个分类文件 test_class.img。然后，同时打开两个窗口 Viewer#1 和 Viewer#2，设置为平铺排列（Tile Viewer），并在 Viewer#1 中打开分类图像 test_class.img，在 Viewer#2 中打开分类图像 lanier_class.img。最后，通过 Geolink 将两个窗口连接（参见第 4 章 4.3.2 节第 9 步），并应用查询光标来对比两个分类结果。

经过上述 4 个步骤，借助知识分类器进行专家分类的过程就完成了。由于上述例子比较简单，系统中提供的有些功能没有涉及，所以下面进行一定的说明。

说明 1

关于输入页面

如果在建立知识库的过程中在 Variable Editor 中选择过 Leave Undefined 变量，在执行专家分类过程中就会在上述第 2～3 步之间出现输入页面。输入页面中包含了由应用程序所动态产生的一系列选择，并提示可供使用的变量及其选择项，用户必须填入相应变量选择。当然，如果知识库中没有未定义（Leave Undefined）的变量出现，输入页就不会显示。

说明 2

关于缺少文件提示

每当知识库被打开时，知识库中所使用的文件就被测试一遍，如果有文件缺少，就罗列在 Missing Files 中，在执行专家分类时就会显示缺少文件提示（Missing Files），这就需要用户修改知识库或者恢复文件。

说明 3

关于输出地图投影

知识分类器支持不同投影类型的输入图像文件。如果知识库包含具有不同投影的图像，Select Image for Map Project 选择项出现在输出参数页面中，用户必须从中选择作为输出图像的地图投影，所有的图像将全部转变为该基础图像的地图投影。

说明 4

关于输出多层图像

输出页面中系统提示的 Number of Best Classes per Pixel 参数用于确定输出的分类图像包含多少层（Layers），适用于分类图像、置信度图像和反馈图像；一层表示输出标准分类图像，如果是两层以上，将按照分类的置信度大小在输出分类图像中依次排列，上层（Top Layer）包含的是最好的（置信度最高的）分类，第二层（Second Layer）是置信度位居第二的分类，依次类推；如果出现两个分类层的置信度相同，则按照其在决策树中排列顺序排列在输出分类图像中。

第7章　子像元分类

本章学习要点

- ➢ 子像元分类原理
- ➢ 子像元分类流程
- ➢ 子像元分类特征
- ➢ 子像元分类方法
- ➢ 子像元分类应用
- ➢ 子像元分类实例

7.1　子像元分类简介

子像元分类（Subpixel Classifier）是一种高级的图像处理工具，是通过使用多光谱图像来检测比像元更小的或者非 100%像元的专题信息，同时也可检测那些范围较大但混合有其他成分的专题信息，从而提高分类精度。子像元分类通过识别包含多种成分的一个像元中的特定成分，可以在一定程度上解决混合像元问题，是遥感图像高效率、低成本应用的有力工具。

7.1.1　子像元分类的基本特征

子像元分类提供了较高水准的光谱识别和感兴趣物质的检测方法，可以对像元中混合有其他的物质的混合像元进行检测。采用不同于传统全像元分类的方法消除背景和增强特征，可以检测和分离那些与感兴趣物质隔离的成分，从而提高分类的准确度。其具体特点表现在下列几个方面。

（1）解决混合像元问题

子像元分类在检测和分类感兴趣物质方面有突破，减少了其他处理过程在解决混合像元问题方面的局限性。不管是解决检测孤立像元中小的感兴趣物质，还是解决大量像元的分类问题，混合像元的分类都具有重要作用。子像元分类在解决混合像元问题方面，具有下列特色。

- ❑ 感兴趣物质子像元的多光谱检测。
- ❑ 检测和分类少于像元 20%的物质。
- ❑ 基于光谱属性而非空间属性的检测。
- ❑ 不同时相图像景间的分类特征转换。

（2）检测感兴趣子像元

子像元分类能够区别不同像元的背景光谱特征，然后分离每一像元的背景，剔除背景后的剩余光谱是相对纯的感兴趣物质的代表，根据参照特征比较剩余光谱，从而在检测中决定取舍。例如，假设一个像元由两个不同的树种组成，由于森林碎屑、杂草和其他通过树冠能够看见的地物的影响，用传统的方法很难成功区别这两种物种；要成功的区别这两种物种，其独特的光谱特征必须被鉴别出来，其他地物产生的混合像元必须被剔除，子像元分类正好可以完成这些工作。

（3）自动环境校正功能

子像元分类具有自动环境校正功能，这种特性可以对卫星图像和航空图像的大气校正因子和太阳校正因子进行计算，消除影响因素，使其达到正常大气影响的程度，并且可以随着获取图像时一天中的不同时间、一年中的不同季节及局部天气情况进行自动计算，并将这些校正因子用于图像分类特征提取和感兴趣物质分类。同时，从一幅图像获取的感兴趣物质的特征提取可以应用于不同时间、不同地理位置获取的图像，即景到景（Scene-to-Scene）的特征转换。

（4）特征提取的 APS/ASK 技术

子像元分类应用了自动参数选取技术（APS），这种技术比较容易从包含感兴趣物质的子像元训练集中产生高质量的分类特征，使分类更加自动化和准确。子像元分类应用的另一种技术是自适应特征核技术（ASK），可以产生更加准确反映变化情况的分类特征，尤其在景到景特征的产生过程中，这一技术可用于特征评价与优化。

（5）与传统分类方法的区别

子像元分类和传统分类方法的主要区别在于：从训练集提取特征和应用于分类的方法不同。传统分类是在包含给定特征的所有波谱中形成分类特征，其中包含有参加训练像元的所有物质分布状况。相反，子像元分类形成的分类特征是一个训练集中感兴趣物质的共有特征，这个特征相对纯粹，因而对于感兴趣物质的鉴别精度较高。

当然，子像元分类和传统分类方法各有优点：子像元分类可以较方便地区别植物品种、建筑材料、岩石及土壤类型；而对于光谱波段范围较大的感兴趣物质的分类，并且作为单个的分类单元，传统的分类法比较适用。例如，森林里有各种波谱明显不同的群落和树种，通过最小距离分类方法可以实现对森林群落的分类；而利用子像元分类可以鉴别出森林中的树种。

子像元分类的优势包括以下几点。

- 可以对小于传感器空间分辨率的物体进行分类。
- 识别混合像元中的特殊成分。
- 产生更纯的光谱特征。
- 具有多种使用类型。
- 实现在不同的时间内景到景之间的光谱特征转换。
- 使大范围地图普查成为可能。

通过更加完善的检测方法，子像元分类可以提高在分类项目中的准确度。它提供更高水准的光谱识别和感兴趣物质的检测精度，甚至当像元中掺有其他的物质时。不同于传统的全像元分类法，它利用完全不同的方法把背景消除和特征加强，子像元分类可以检测和分离那些与感兴趣物质隔离的粗细成分，而这用以前的方法是无法实现的。

7.1.2 子像元分类的基本原理

传感器在获取地面图像时，传感器视场内地面的覆盖区域在接收光照的同时，也反射光线，如图 7-1 所示，这时传感器获取的一帧图像可以认为是一个像元。简单而言，假设地面分为两种物质，一种是感兴趣物质（MOI），另一种是背景物质，背景物质可以看作是多种分离物质的混合体，把这种混合体看作是一种物质。

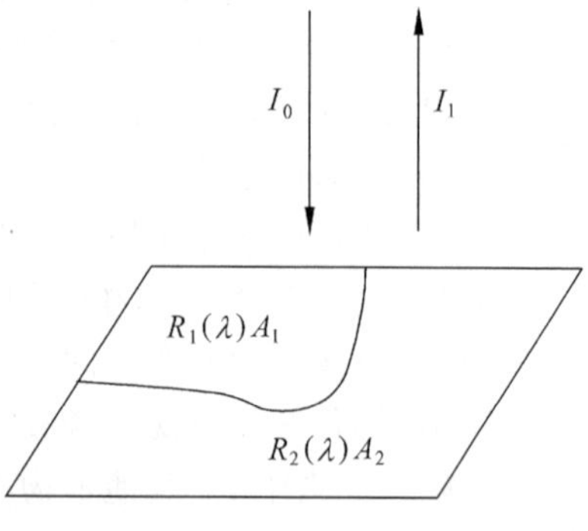

图 7-1 物体光照和反射关系

假设 MOI 的反射系数为 $R_1(\lambda)$，覆盖面积为 A_1。背景物质的 $R_2(\lambda)$，覆盖面积为 A_2。则 $A_1+A_2=A$ 为整

个像元的面积。

像元的入射为$I_0(\lambda)$，反射为$I_1(\lambda)$，则整个像元的反射是两种物质反射能量的混合，公式为

$$I_1(\lambda)=I_0(\lambda)\frac{(R_1(\lambda)A_1+R_2(\lambda)A_2))}{A} \tag{7-1}$$

假设物质占像元的比例为 k，$A_1=kA$，则反射公式变为

$$I_1(\lambda)=k(I_0(\lambda)R_1(\lambda))+(1-K)(I_0(\lambda)R_2(\lambda)) \tag{7-2}$$

考虑大气及传感器的增益偏差修正，像元的亮度与反射成正比。

$$P(\lambda)=k\times S(\lambda)+(1-k)\times B(\lambda) \tag{7-3}$$

式中：$S(\lambda)=R_1(\lambda)$，是 MOI 模板。$B(\lambda)=R2(\lambda)$，是背景光谱。

模板光谱$S(\lambda)$是从一组训练样本像元获得的。子像元分类过程就是找到背景光谱和模板光谱所占像元亮度的比例，基本过程如下。

（1）图像预处理

子像元分类首先进行图像预处理，在图像中确定一组能够代表背景的光谱。方法是对图像进行最大似然的非监督分类，将图像背景分为若干类背景光谱。

（2）图像环境校正

环境校正处理过程是计算一组图像环境因子，用于补偿在获取图像时由于大气及其他环境因素对图像造成的影响。这些因子在像元光谱中的应用为

$$P'(n)=(P(n)-ACF(n))/SCF(n) \tag{7-4}$$

式中：ACF——大气校正因子；

SCF——太阳校正因子。

（3）子像元分类

在分类过程中，在每个背景光谱类计算一组残量和变化系数，公式为

$$P'(n)=k\bullet R(n)+(1-k)B(n)$$
$$R(n)=\frac{P'(n)-(1-k)B(n)}{k} \tag{7-5}$$

正确的残量应该接近模板光谱$S(\lambda)$。因此，子像元分类处理过程就是发现一种背景光谱及其所占像元的比例，该背景光谱最接近于模板光谱。

7.1.3 子像元分类的应用领域

子像元分类可以应用于解决农业中的土地监测问题，进行环境分析和水利监测，在国防方面进行目标的识别等。

（1）农作物监测

农业生产力求寻找一种更准确的方法评估某一作物在不同地方的播种面积和生长状态，而此种作物被夹杂种植在遥远地区的田中，把它与其他作物区别出来很困难，进行如此大范围的土地测量几乎不可能，高分辨率的航片又太昂贵。子像元分类可以用于处理混合环境的分类。

（2）燃油溢出监测

机场附近常有飞机机油意外溢出现像，机油溢出后渗到不同的地方，机场管理人员想了解是否在别的地方曾有机油溢出，而到达这些区域的手段有限，历史记录又不完整，同时资金有限而情况又紧急，地质测量和借助于高分辨率图像又太昂贵，而且浪费时间。而机油的残留物

碳水化合物会改变柏油路、土壤、建筑材料等的光谱特征，利用子像元分类方法，对获取的 TM 卫星图像进行分类处理，就可检测出溢油的位置。

（3）沼泽地鉴别

根据发展的需求，研究人员需要在某地森林中发现一片感兴趣的沼泽地，蓝果树和柏树是沼泽地的特征植物，如果能较早地发现开发计划就能提前实行，而柏树和蓝果树夹杂在别的物种中，森林环境复杂。利用子像元分类可以精确快速地鉴别出柏树和蓝果树，计算湿地面积。一项详细资料表明，对两种植物的鉴别精度达 90%左右。不仅如此，子像元分类独特的环境校正特性，使应用于这幅图像的分类特征能够成功应用于南卡罗莱纳州和乔治亚州的图像。

（4）水利制图

秘鲁的 Tingo Maria 地区是一个不可到达的山区，水利是本地交通和通信网络的关键，数百英里的水路，而地图上尚未表注。对于这样大范围的山区，进行航测制图是比较困难的。子像元分类可以方便地利用从大河提取的特征，识别出数百英里的小河和小溪。对于河水的深度和水质条件需要训练多个特征，其他的空间滤波和插值技术也用来解决大范围的河流分割问题，成果是利用 TM 图像生成本地的水利地图。

7.1.4 子像元分类模块概述

ERDAS IMAGINE 子像元分类（Subpixel Classifier）是 ERDAS IMAGINE 的一个扩展模块，适用于 8 比特或 16 比特的航空图像和多光谱卫星图像，也可用于超光谱图像分类处理，但不适用于全色图像和雷达图像。

1．子像元分类的特点

ERDAS IMAGINE 子像元分类能探测和识别小到 20%像元大小的物质，这极大地提高了鉴别敏感物质的能力，能够使混杂在其他物质中的感兴趣物质得到分离，也可以快速探测混杂于其他物质中的具有明显或不明显特性的物质。子像元分类是图像分析的一大突破。

（1）探测感兴趣物质子像元

在子像元分类出现之前，图像分析人员和分类专家对于小河及其他一些小的难以分类的混杂于其他物质的目标，通常采用很高的分辨率图像来进行。然而，高分辨率图像的地面覆盖范围相对较小，价格昂贵。而应用子像元分类，采用低分辨率图像就可以有效地做大面积的研究。

其实，无论是 30 米的 TM 图像，还是 4 米的 IKONOS 图像，都难免是感兴趣物质只占据像元的一部分。利用传统的分类发现感兴趣的子像元是困难的，ERDAS IMAGINE 子像元分类处理可以去除背景（其他物质），使感兴趣物质的波谱显示出来，从而使得可以利用较低分辨率的航空或航天遥感图像进行大范围的调查研究。此外，子像元分类对于像元重叠的分类也有作用。

（2）独特的特征提取方法

ERDAS IMAGINE 子像元分类和传统分类方法的主要区别在于：从训练集提取特征和应用于分类的方法不同。传统分类是在包含给定特征的所有波谱中形成特征信号，结果特征包含有参加训练的像元的所有物质分布情况。相反，ERDAS IMAGINE 子像元分类形成的训练集是感兴趣物质的共有特性，这个特征相对较纯，因而对于目标识别精度较高。

（3）满足高性能的条件

在不同的情况下，ERDAS IMAGINE 子像元分类和传统分类方法各有优点；ERDAS IMAGINE 子像元分类可以较方便地区别植物品种、建筑材料、岩石及土壤类型。而对于光谱波段范围较大的感兴趣物质的分类，并且作为单个的分类单元，传统的分类法比较适用。例如，森林里有各种明显不同波谱的植物，且包含多个像元，通过最小距离分类方法可以实现对森林的分类，而利用 ERDAS IMAGINE 子像元分类可以方便鉴别出森林中的植物。

2. 子像元分类模块的组成

ERDAS IMAGINE 子像元分类（Subpixel Classifier）可以通过下列途径启动。

在 ERDAS 图标面板菜单条中单击 Main | Subpixel Classifier 命令，打开 Subpixel Classifier 菜单（图 7-2）；或者在 ERDAS 图标面板工具条中单击 Subpixel 图标，打开 Subpixel Classifier 菜单（图 7-2）。

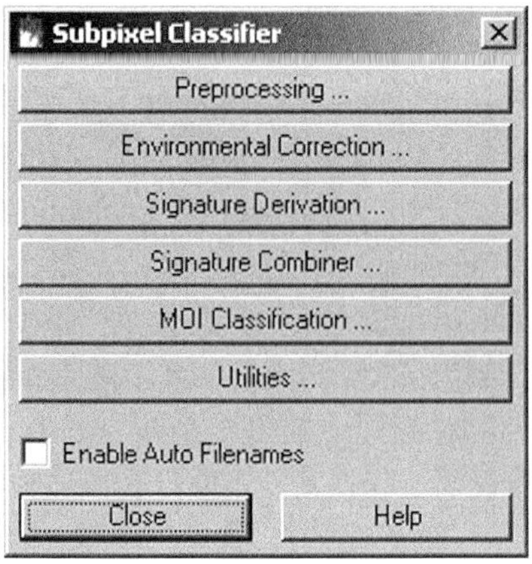

图 7-2　Subpixel Classifier 菜单

从图 7-2 可以看出，ERDAS IMAGINE 子像元分类主要包括 6 个基本模块，分别是：图像预处理模块（Preprocessing）、环境校正模块（Environmental Correction）、分类特征提取模块（Signature Derivation）、特征组合模块（Signature Combiner）、感兴趣物质分类模块（MOI Classification）和实用工具模块（Utilities）。其中分类特征提取模块（Signature Derivation）又由 3 个子模块组成，分别是手工分类特征提取（Manual Signature Derivation）、自动分类特征提取（Automatic Signature Derivation）、分类特征评价与优化（Signature Evaluation and Refinement）；而实用工具模块（Utilities）则由 3 项实用工具组成，分别是使用技巧（Usage Tips）、图像质量确认（Quality Assurance）、联机帮助（Help Contents）、版本与版权（Version and CopyRight）。

3. 子像元分类模块联机帮助

ERDAS IMAGINE 子像元分类使用与 ERDAS IMAGINE 相同的帮助系统，用户可以通过存储于计算机上的一系列 Web 页面文件，查看在线帮助的内容。这些与国际互连网页面功能相似，可以使用默认的页面浏览工具进行。在子像元分类的每一个对话框都有一个帮助按钮，可以直接进入该对话框的帮助系统。也可以选择相应目录和主题进行查看，单个的 HTML 文件可以作为书签供快速参考。

在 Subpixel Classifier 菜单（图 7-2）中单击 Help 按钮，就可以打开 Subpixel Classifier 联机帮助窗口，其中包含 Contents 栏目、Index 栏目、Search 栏目。在 Contents 栏目（图 7-3），可以单击其中的分类内容，浏览联机帮助信息；在 Index 栏目（图 7-4），可以输入一些关键词，通过索引方式浏览帮助信息；在 Search 栏目（图 7-5），可以查找并浏览所需要的帮助信息。

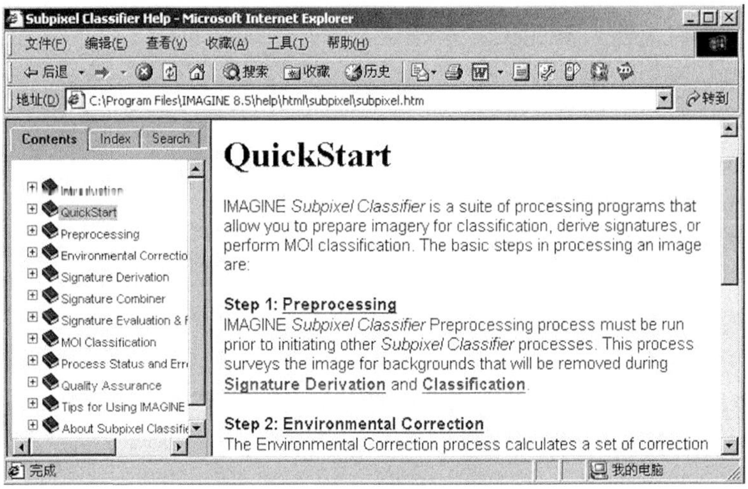

图 7-3　Subpixel Classifier 联机帮助窗口（Contents 栏目）

7.2 子像元分类方法

本节将首先简要介绍执行子像元分类（Subpixel Classifier）的一般流程（图 7-6），包括：图像质量确认（Quality Assurance）、图像预处理（Preprocessing）、自动环境校正（Environmental Correction）、分类特征提取（Signature Derivation）、分类特征组合（Signature Combiner）、特征评价与优化（Signature Evaluation & Refinement）、感兴趣物质分类（MOI Classification）、分类后处理（Post Classification Process）8 个基本步骤，然后对流程中的每一个步骤进行详细的说明，包括其基本原理和操作方法。

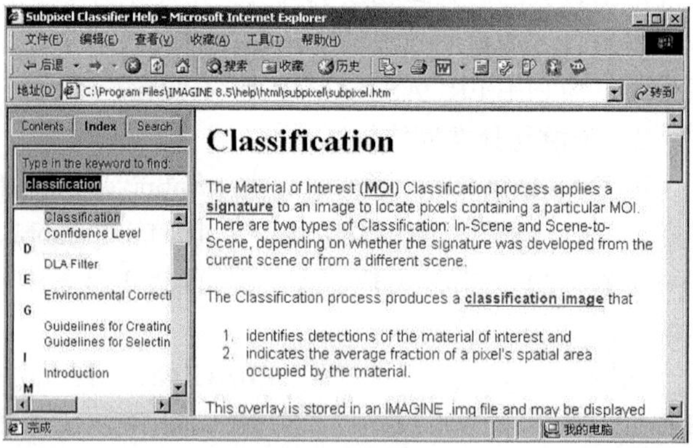

图 7-4 Subpixel Classifier 联机帮助窗口（Index 栏目）

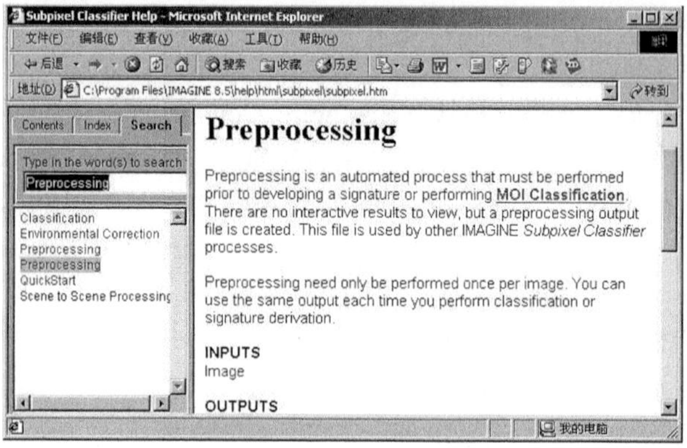

图 7-5 Subpixel Classifier 联机帮助窗口（Search 栏目）

7.2.1 子像元分类流程

（1）图像质量确认（可选）

图像数据的完整性及其质量对于感兴趣物质的准确分类是非常重要。子像元分类（Subpixel Classifier）方法包括一项数据质量确认功能，确保输入数据的有效性。图像质量确认操作实际上是搜索图像中出现的人为数据重复行（Duplicate Line Artifacts，DLAs）。人为数据重复行常常出现在比较早期的资源卫星图像上，往往是在消除图像数据中存在的空行进行重采样时产生的。根据重复数据行的位置和频率，图像质量确认可以对图像的完整性和分类结果进行补偿。

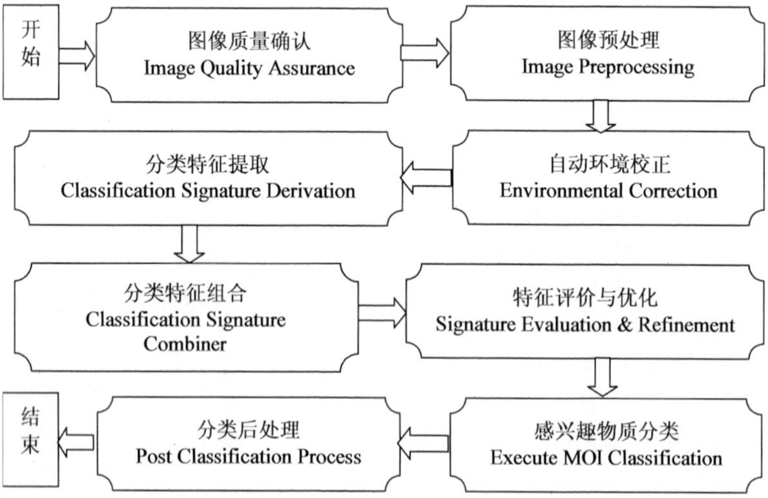

图 7-6 子像元分类的一般流程

（2）图像预处理（必选）

图像预处理功能用于在分类特征提取和感兴趣物质分类时，确定潜在的背景物质特征。为了提取子像元的分类特征，必须去除其他一些物质，留下需要的感兴趣物质的光谱。通过图像预处理，可以使背景物质保留到一个独立的文件中。图像预处理所生成的输出结果不是一个可以交互浏览的图像文件，只是在进行后续的分类特征提取和感兴趣物质分类时作为输入文件。对于任何一幅图像，只需要进行一次预处理操作，便可以在随后的多项操作中重复调用。

（3）自动环境校正（必选）

自动环境校正功能通过自动检测图像光谱中的异常部分，输出一个环境校正因子集，为分类特征提取和感兴趣物质分类做准备。自动环境校正使得所提取的分类特征具有独立于特定图像之外的特点，从而使得从一幅图像中获得的分类特征，可以应用到相同传感器获得的其他图像分类中。自动环境校正对于图像的子像元分类是必不可少的，在完成了图像预处理的前提下，进行环境校正处理需要的输入信息包括文件名和校正类型，输出的信息包括用于特征提取的环境校正因子和感兴趣物质分类函数。自动环境校正包括两种类型——图像之间（Scene-to-Scene）、图像内部（In-Scene）。图像内部环境校正的输出文件用于特征提取和本图像分类，图像之间环境校正的输出文件可以将提取的分类特征应用于其他图像分类。

（4）分类特征提取（必选）

分类特征提取就是建立子像元分类模板，由子像元分类（Subpixel Classifier）产生的特征信息只用于子像元分类。通常是从原始图像中应用 ERDAS AOI 工具，通过手工和自动两种方法从一个训练集（Training Set）中提取分类特征（Signature）。手工分类特征提取方法通常应用在对训练集中的像元物质有相当了解的情况，可以从整像元训练集中手工提取整像元或子像元分类特征；自动分类特征提取方法通常应用在对训练集中的像元物质不太了解的情况，可以使用自动特征提取方法从子像元训练集中提取子像元分类特征，自动特征提取极大地简化了特征提取和测试处理，自动确定训练集中与不同物质像元相关的 5 个最佳特征。从一个子像元集中提取高质量的分类特征，往往需要多次提取、测试和组合的重复过程。

（5）分类特征组合（可选）

分类特征组合实现已有分类特征和环境校正因子的组合或者一系列分类特征的组合，形成一个分类特征族（Signature Family），作为感兴趣物质子像元分类的输入。当然，在实际应用中，是否要组合一系列分类特征形成特征族，取决于在感兴趣物质分类时如何处理分类特征。由分类特征组合功能组合起来的两个或多个特征文件仍然保持其独立特征的性能，其中多个特征的内容和参数的描述，保存在一个 ASCII 文本文件.sdd 中。可以利用特征组合对话框的一个选项设置，或手工编辑组合特征的.sdd 文件，来控制组合特征族的成员（Family Membership）。

（6）特征评价与优化（可选）

分类特征评价与优化用于进一步提高分类特征的性能，特别是要把本图像特征用于其他图像时，更需要进行特征评价与优化。这个功能有两个选项：选项之一是评价已存在的特征文件（SEO），如果应用特征组合产生了一个包含多个特征的文件，可以在这个文件内比较各个特征的性能，也可以比较多个分离特征的性能；然后根据选择的 AOI 区域的分类结果产生一个性能矩阵。选项之二是评价与优化输入的特征（SRE），根据原有特征对感兴趣物质的分类结果和 3 种 AOI 区域对输入特征进行评价和优化，并产生一个新的特征文件作为感兴趣物质分类的输入；这个新特征称为“子特征（Child Signature）”，原来的特征称为“父特征（Parent Signature）”，并自动比较“父特征”中“子特征”的性能，输出到评价报告中。

（7）感兴趣物质分类（必选）

感兴趣物质分类是把选定的子像元分类特征应用于一幅图像，产生一个分类叠加图像。该功能的输入包括选择的图像、环境校正文件、分类特征和控制检测误差的阈值，输出的是按ERDAS格式存储的分类叠加图像（.img）。叠加图像包含像元的物质分类信息和感兴趣物质的位置，分类结果可以利用ERDAS二维窗口查看。

感兴趣物质分类有两种方式：其一是单景内分类（In-Scene），即应用依据本图像提取的分类特征对本景图像进行分类；其二是两景间分类（Scene-to-Scene），即应用从其他图像中获取的分类特征对本景图像进行分类。

子像元分类（Subpixel Classifier）的上述7步流程可以简单地概括如表7-1所列。

表7-1 子像元分类流程与功能（Applied Analysis Inc. 2001）

流程	功能	选择性	描述	输入文件	输出文件
第1步	图像质量确认	可选	检测重复数据行	图像(.img)	叠加层(.img)
第2步	图像预处理	必选	确定图像背景	图像(.img)	预处理结果(.aasap)
第3步	自动环境校正	必选	计算校正因子	图像(.img) 特征(.asd)	环境校正因子 (.corenv)
第4步	分类特征提取	必选	提取训练特征	图像(.img) 训练集(.aoi/.ats)	特征(.asd)、描述(.sdd)、报告(.report)
第5步	分类特征组合	可选	合并单个特征	图像(.img)	特征(.asd)、描述(.sdd)
第6步	特征评价和优化	可选	评价和优化特征	图像(.img)	特征(.asd)、 报告(.report)
第7步	感兴趣物质分类	必选	应用特征于图像	图像(.img)	叠加层(.img)

（8）分类后处理（可选）

类似于常规图像分类中的分类后处理，主要是应用ERDAS系统提供的窗口操作、栅格属性编辑器、图像增强等功能，对分类结果进行一定的处理，以便改善分类结果的表现形式并提高应用程度。一旦拥有了子像元分类图像，就可执行一些后处理，提取更多的感兴趣物质信息，对结果进行更容易的表示，以满足特定的需要。

7.2.2 图像质量确认

质量确认功能通过确定图像重复数据行（Duplicate Line Artifacts，DLA），增强图像的质量。当数据被提供给用户之前，提供者进行过数据重采样，可能产生人为重复数据行。质量确认的输入就是需要进行子像元分类的原始图像，输出的是一幅包含有连续相同的高强度数据的叠加图像（Overlay image），输出文件的命名规则是在原始图像名之后追加_qa.img。对于每个波段的图像，重复行的检测是独立进行的。一些重复数据行影响均匀物质的空间属性，这将影响分类精度和训练集的特征质量。确定重复数据行的位置对于评价特征提取像元的用途和说明分类结果都比较重要。在特征提取中的重复数据行滤波选项可用来自动去除训练像元中的重复数据行。

图像质量确认操作的基本步骤如下。

在ERDAS图标面板菜单条中单击Main | Subpixel Classifier命令，打开Subpixel Classifier菜单（图7-2），单击Utilities按钮，打开子像元分类Utilities菜单（图7-7）；或者在ERDAS图标面板工具条中单击Subpixel图标，打开Subpixel Classifier菜单（图7-2），单击Utilities按钮，打开Subpixel ClassifierUtilities菜单（图7-7）。

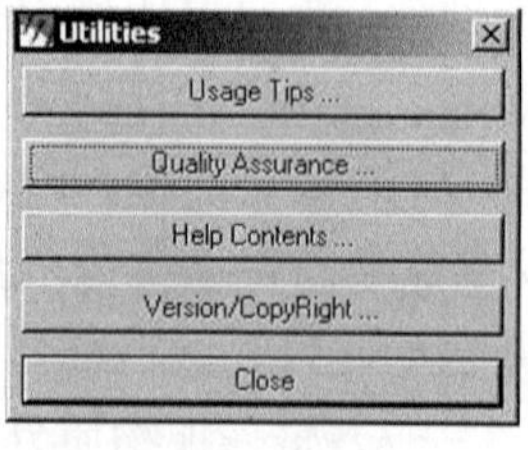

图7-7 Utilities菜单

在Subpixel ClassifierUtilities菜单中进行如下操作。

① 单击 Quality Assurance 按钮，打开 Image Quality Assurance 窗口（图 7-8）。

② 在 Input Image File 下拉列表中，浏览确定执行质量保证的图像为 romespot.img（图像文件一般位于..\ ERDAS\Geospatial Imaging 9.3\examples\ subpixel_demo\..目录下）。

③ 在 Output QA File 下拉列表中，自动出现一个建议的输出图像为 romespot_qa.img（输出图像文件名是可以改变的，输出图像与输入图像的大小和波段相同）。

④ 单击 OK 按钮，执行图像质量确认处理，弹出工作进度条指示处理进程。

⑤ 当处理进程为 100%时，单击 OK 按钮，关闭工作进度状态条。

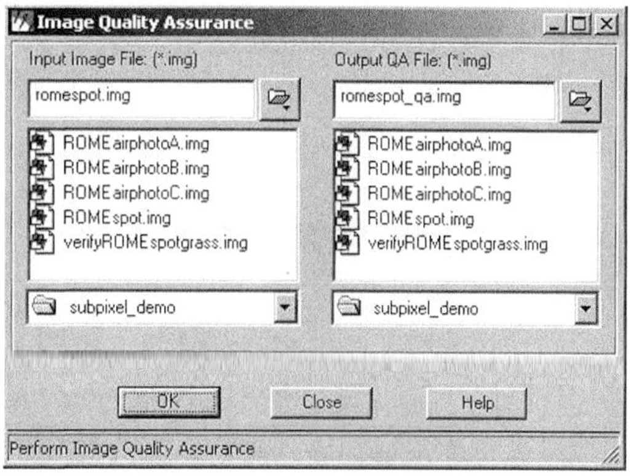

图 7-8 **Image Quality Assurance 窗口**

⑥ 在 ERDAS 二维窗口打开输出图像 romespot_qa.img，显示处理结果。

⑦ 通过卷帘显示等窗口浏览工具，查看不同波段的重复数据行分布。

⑧ 单击 Close 按钮，关闭 Image Quality Assurance 窗口。

说明 1

在对美国陆地资源卫星 7 个波段的 TM/ETM 图像进行质量确认时，子像元分类只处理波段 1～5 和 7。当查看第 7 波段的 QA 结果时，应选择 QA 图像的第 6 波段。

说明 2

在产生训练集与分类特征之前、之后或进行分类时，进行图像质量确认结果的查看是非常重要的，可以对训练集的数据质量进行评估。分类前，包含重复数据行的训练集校正是通过特征提取的重复数据行滤波功能实现的，重复数据行滤波功能自动消除重复数据行内的训练集像元，并产生一个新的训练集。分类后，利用质量确认图像可以确定检测结果是否位于重复数据行内。

7.2.3 图像预处理

图像预处理功能是在分类特征提取时检测并消除图像中的背景，以便产生对于感兴趣物质而言纯净的子像元。图像预处理必须在子像元分类（Subpixel Classifier）的其他功能执行之前进行，只有图像预处理生成的.aasap 文件存在，子像元分类的其他功能才能执行。当然，预处理生成的.aasap 文件必须与被处理的图像位于同一目录下，否则无效。图像预处理生成的.aasap 文件可以被其他的子像元分类功能调用，但无法直接查看。即使输出的.aasap 文件没有作为子像元分类其他功能的输入选择，图像预处理过程也必须进行，Subpixel Classifier 将自动应用输出结果。

图像预处理操作的基本步骤如下。

在 ERDAS 图标面板工具条中单击 Subpixel 图标，打开 Subpixel Classifier 菜单（图 7-2），单击 Preprocessing 命令，打开 Preprocessing 窗口（图 7-9）。

在 Preprocessing 窗口中进行如下操作。

① 在 Input Image File 下拉列表中，浏览确定执行预处理的图像：romespot.img（图像文件一般位于..\ ERDAS\Geospatial Imaging 9.3\examples\subpixel_demo\..目录下）。

② 在对话框下部 Output File 处，自动出现一个输出图像：romespot.aasap（输出图像文件

名与输入文件名相同，而扩展名不同，为. aasap）。

③ 单击 OK 按钮，执行图像预处理，关闭预处理对话框，弹出工作进度状态条。

④ 当处理进程为 100%时，单击 OK 按钮，关闭工作进度状态条。

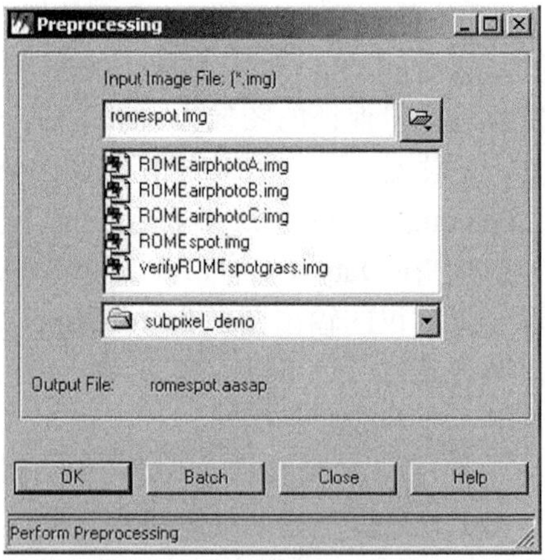

图 7–9 Preprocessing 窗口

7.2.4 自动环境校正

自动环境校正功能将自动计算一组图像环境因子，并将这些因子输出到一个扩展名为.corenv 的文件中，在图像分类特征提取和感兴趣物质分类时使用，用于补偿在获取图像时由于大气及其他环境因素对图像造成的影响。

环境校正因子可以分为两大类——单景图像内（In Scene）的校正因子和两景图像间（Scene to Scene）的校正因子，分别应用于两种不同的情况。第一种情况是：如果提取的特征和要分类的图像相同，由于大气散射、水汽吸收和其他大气扰动，传感器获取的能量与感兴趣物质的实际反射能量不相同，则需要进行大气校正补偿，此为一景图像内的校正因子。第二种情况是：如果从一幅图像获取的特征要应用于不同的图像，则两景图像间的校正因子用于补偿两幅图像间大气和环境的差别，这可使 Subpixel Classifier 能够把获取的特征应用于不同时间和不同地理区域的图像，使特征可以景到景转换。

1. 自动环境校正的一般操作过程

自动环境校正的操作步骤如下。

在 ERDAS 图标面板工具条中单击 Subpixel 图标，打开 Subpixel Classifier 菜单（图 7-2），单击 Environmental Correction 按钮，打开 Environmental CorrectionFactors 对话框（图 7-10）。

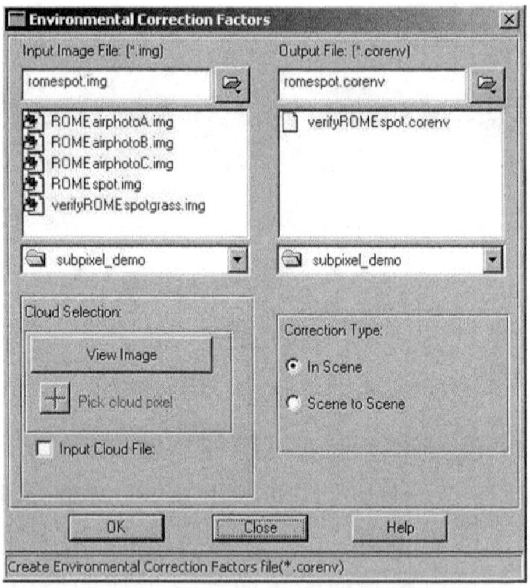

图 7–10 Environmental Correction Factors 对话框

在 Environmental CorrectionFactors 对话框中进行如下操作。

① 在 Input Image File 下拉列表中，浏览确定执行自动环境校正的图像为 romespot.img（图像文件一般位于..\ERDAS\Geospatial Imaging 9.3\examples\ subpixel_demo\..目录。必须与预处理图像文件相同，且具有同目录的预处理输出文件.aasap）。

② 在 Output File 下拉列表中，自动出现一个输出文件为 romespot.corenv（输出文件名可以改变，但其扩展名.corenv 是系统默认的，不能改变）。

③ 在 Correction Type 栏选择环境校正类型。

对于单景图像内的环境校正，选中 In Scene 单选按钮，并直接进入下一步对云的选择操作。

对于两景图像间的环境校正，选中 Scene to Scene 单选按钮，打开 Scene to Scene 对话框（图 7-11）。

④ 在 Scene to Scene 对话框中，在 Input Signature or Corenv File 下拉列表框中浏览输入从

其他图像获得的特征文件（.asd）或景内环境校正文件（.corenv），其中包含有关于其他图像的环境校正因子信息，用于产生两景图像间的环境校正因子。

⑤ 单击 OK 按钮，开始两景图像间的环境校正，关闭 Scene to Scene 对话框。

图 7-11 Scene to Scene 对话框

在 Environmental CorrectionFactors 对话框的 Cloud Selection 选项组中选择确定对图像中云的操作。

① 如果图像无云，直接单击 OK 按钮，系统弹出图像无云处理对话框（图 7-12）。如果确认图像无云，单击【是】按钮，继续执行无云处理操作，直到完成。如果确认图像有云，单击【否】按钮，返回 Environmental Correction Factors 对话框。

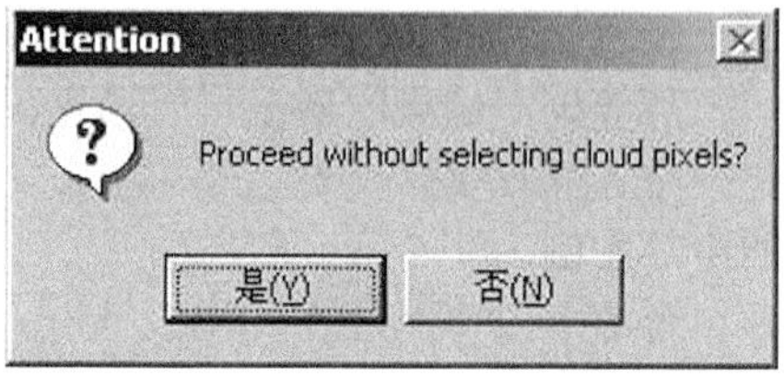

图 7-12 图像无云处理对话框

② 如果图像有云或不能确定时，单击 View Image 按钮，系统读取预处理文件和准备图像检测云。对于较大图像，本操作需要一段时间，并由 Preparing Image 处理进程状态条提示处理状态。一旦处理完成，打开一个 ERDAS 窗口，并显示图像。

③ 如果以前对该图像运行了自动环境校正，并保存过云检测文件，在此可以直接选中 Input Cloud File 复选框，打开选择图像云文件对话框（图 7-13）。

④ 在 Input Cloud File 下拉列表中浏览确定图像云文件，单击 OK 按钮，进一步确定图像窗口。

⑤ 如果希望选择图像中的有云区域，可以应用对话框中 Pick Cloud Pixel 的十字工具，通过单击选择位于云中的像元。不断重复操作，使所有的有云区域都被选中，被选择的云区显示颜色发生变化。可以通过单击已经选中的云区像元，使其变为非选择状态，像元恢复为原始图像的颜色。

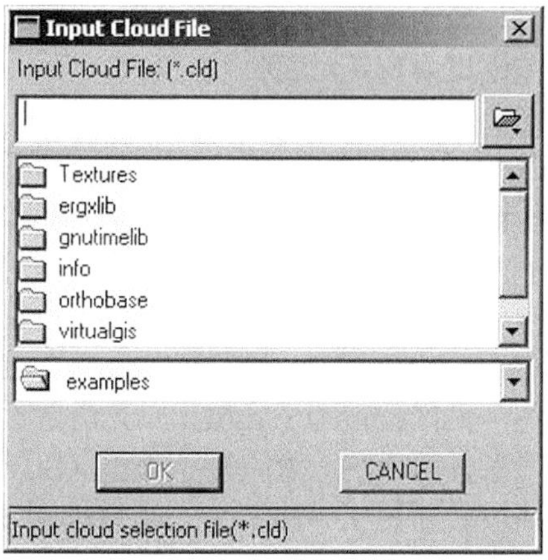

图 7-13 选择图像云文件对话框

⑥ 有云区域选择完成后，单击 OK 按钮，开始自动环境校正处理。

⑦ 如果⑥ 中选择了有云区域，系统打开是否保存云区选择文件对话框。

⑧ 单击【是】按钮，自动产生一个云选择文件（.cld），该文件对应于.corenv 文件，默认文件名与开始定义的输出文件名相同，文件名可以改变，但扩展名必须是.cld。

⑨ 单击【否】按钮，处理继续进行，但不保存云选择文件。

⑩ 一个工作状态条显示处理进程，结束后，单击 OK 按钮，完成环境校正处理。

2．选择云、薄雾和阴影的说明

子像元分类为了确保分类精度，其环境校正处理功能可以自动检测整幅图像中的明暗区域，然后根据这些区域的光谱计算环境校正因子。其中对于云、薄雾和阴影的去除非常重要，可以使得所选像元代表训练的区域并反映整个大气通道状况。

当然，云、薄雾和阴影具有不同的图像特征。

- ❑ 云　云是亮的物体，但离地面较高，使得传感器和地面间的整个大气通道不同，从处理中去除云，必须执行自动特征提取中的操作步骤。云有时是半透明的，使得感兴趣物质的反射能量能够穿透云层，到达传感器。当选择云时，亮的地面特征也可能被选中，如果这些地面特征少于所选区域的 10%，则保持选择；如果地面特征多于 10%，则取消对云的选择。
- ❑ **薄雾**　如果轻微的薄雾离地面较近，却分布于整个训练区域，对于特征提取与分类不回产生太大的影响。而严重的雾则影响太阳校正因子（SCF），进而导其他检测误差。如果图像包含大量的雾，则应该用十字型工具进行选择；当选择了不包含雾的图像集时，必须取消选择；当产生一个子集时，尽量保证原始图像特征的多样性。
- ❑ **阴影**　正常情况下，地面上的阴影区域不应该被选中并处理，而对于低洼区域或山区的图像，其阴影区域应该选中并处理。因为高山区与低洼区的大气通道不同，导致校正因子不同。一般情况下，如果一幅图像幅中该区域的高差达几千英尺时，单一的环境校正因子是不够的，因为要在不同的大气通道上采样。这种情况下，应该产生低洼区和高山区的子图像，并对这些区域分别进行处理，用于产生不同的环境校正因子。

3. 评价与优化环境校正因子

环境校正结果的质量可以通过测试在.corenv 文件中的两项光谱数据进行评价。.corenv 文件是一个 ASCII 文本文件，其内容可以查看和打印。图 7-14 所列的是一个环境校正文件（.corenv）的内容实例。一个.corenv 文件包含如下内容：环境因子的第一项光谱数据标识为 ACF，代表大气校正因子。另一项光谱数据，对于单景内图像标识为 SCF，代表太阳校正因子；对于两景间图像标识为 ECF，代表环境校正因子。这些谱段数据包含的一组数值，从左到右按照图像波段递增排列。例如，对于 TM 图像，左边第一个数值对应 TM1 波段，最右一个数值对应 TM7 波段；对于 SPOT 图像，从左到右分别对应波段 1、2、3、4。

```
ACF = 37.406   9.747   7.330   5.460   0.000   0.000
SCF = 147.503   91.308   120.409   199.351   201.008   131.259
ARAD_FACTOR = 0.000   0.000   5.460   7.330   9.747   37.406
SUN_FACTOR = 131.259   201.008   199.351   120.409   91.308   147.503
DATA_START
```

图 7-14　环境校正文件（.corenv）内容实例（引自 ERDAS）

大气校正因子（ACF）光谱数据用于在特征提取和感兴趣物质分类处理时，补偿大气和环境条件的影响。太阳校正因子（SCF）光谱数据用于在图像内分类时，补偿物体亮度的影响。环境校正因子（ECF）光谱数据用于在不同图像间分类时，补偿提取特征图像和分类图像的亮度。

其中，ACF 光谱数据可以通过比较图像中水面（湖泊、海洋）的暗像元光谱进行评价，每个波段的 ACF 光谱的数值应该低于水光谱对应的数值，但并不一定每个波段水的数值都是最小的，有时数值会稍微高一些。一般来说，对于 TM、ACF 光谱从左到右稳定下降，右边的 7 波段值为 0～5 的范围，到左边的 1 波段，逐渐增加到 30～70。ACF 和 SCF 的值从左到右对应 TM 的波段 1、2、3、4、5、7，而 ARAD_FACTOR 和 SUN_FACTOR 是按相反的顺序排列的。需要注意的是：相同图像产生的 ACF 光谱由于应用景内处理或景间的处理而不同，这是由于环境校正因子根据不同的应用方式采用稍有不同的算法。

在对环境校正因子进行评价时，对于 8-Bit 的数据，可以检查是否有超过 254 的数值；对于 16-Bit 的数据，检查是否有超过 65534 的数值，并检查是否有负值。而 ECF 的评价没有 ACF 和 SCF 那么简单，其变化范围一般在 0.5～1.5 之间。

7.2.5 分类特征提取

分类特征提取功能用于对感兴趣的物质（MOI）提取子像元分类（Subpixel Classifier）特征。一个 Subpixel Classifier 分类特征不仅是感兴趣物质的反射光谱，对于子像元分类和景到景的转换，还包含有其他信息。系统提供了分类特征提取的两种途径：手工分类特征提取和自动分类特征提取。无论何种分类特征提取方式，都是首先借助 ERDAS 的 AOI 工具定义的训练集（Training Set），然后结合原始图像、环境校正因子和训练集中感兴趣物质像元比例，产生分类特征。利用子像元训练集生成的分类特征，不仅可以用于对特定子像元物质进行分类，而且可以用于任何像元比例的物质分类。

1. 定义训练集

定义训练集的目的就是要确定只包含特定的感兴趣物质的像元与子像元，以便进一步确定分类特征。在应用 ERDAS 的 AOI 工具定义训练集的同时，还需要确定物质像元比例和子像元特征的置信度。要提取一个好的分类特征，重要的是训练集像元的质量，而不是数量。对于手工特征提取，物质像元比例和置信度水平设置是分类特征提取的关键。对于自动特征提取，训练集中最好的物质像元比例是自动确定的。

在定义训练集的过程中，必须注意下列问题（Applied Analysis Inc. 2001）。

- ❑ 选择的像元应尽可能多地包含感兴趣物质。可以从包含少于 20%感兴趣物质的像元中提取特征，但当像元包含的物质比例高时，提取的特征质量就高。
- ❑ 在可能的情况下，像元应该从大范围的感兴趣物质中选择，即连续大范围内的像元。如果感兴趣物质是孤立的像元，应确保像元包含有感兴趣的分类物质。
- ❑ 选择的像元应包含相似的物质像元比例（感兴趣物质所占像元的比例），如果怀疑训练像元中物质像元比例的一致性，应对特征提取产生的.ats 文件进行编辑。
- ❑ 选择的像元应反映感兴趣物质光谱特性的自然变化。对于光谱特性变化较大的图像，需要选择类型较多的像元，以便于提取较多的分类特征。
- ❑ 训练集的像元应该包含多种背景，例如对于白皮松的分类特征提取，其背景应该包括白皮松加草、白皮松加树和白皮松加土等类型。
- ❑ 训练集的像元个数应多于 5 个，推荐使用较大的训练集。同时，训练集的大小影响特征提取的时间。对于小于 90%物质像元比例的训练集，应少于 100 个像元，较大的训练集被自动采样到 100 以内。不包含感兴趣物质的无关像元数量应当最少，如果没有去除无关像元，训练集的性能将降低。

2. 手工分类特征提取

手工特征提取适用于从固定的输入参数集中产生单个分类特征。当要从整像元训练集中产生一个分类特征时，利用手工特征提取；当能够确定训练集中物质像元比例时，也可以从子像元训练集中手工提取特征。手工特征提取处理将自动产生一个分类特征文件（.asd）和分类特征描述文件（.sdd），两文件存在于同一目录中。.sdd 文件包含用于输出分类特征文件的特征族参数（Family Parameters），是可以编辑的文本文件，可以改变特征族成员数量去影响感兴趣物质的分类输出。

手工特征提取需要的输入参数包括以下几个。

- ❑ 原始图像（Image File）。
- ❑ 环境校正文件（Environmental Correction File）。

❑ 物质像元训练集（Training Set）。

❑ 感兴趣物质像元比例（Material Pixel Fraction）。

❑ 感兴趣物质置信度水平（Confidence Level）。

其输出结果就是扩展名为.asd 的子像元分类特征文件（Signature File）。

手工特征提取操作的总体步骤如下。

① 启动手工特征提取模块（Manual Signature Derivation）。

② 确定输入图像文件（Input Image File）。

③ 确定环境校正文件（Environmental Correction File）。

④ 选择训练集文件（Select Training Set File）。

⑤ 确定感兴趣物质像元比例（Material Pixel Fraction）。

⑥ 确定感兴趣物质置信度水平（Confidence Level）。

⑦ 确定输出分类特征文件（Output Signature File）。

⑧ 选择输出特征报告文件（Signature Report File）。

⑨ 图像重复数据行滤波（DLA Filter Process）。

⑩ 执行手工分类特征提取操作（OK）。

手工分类特征提取操作的具体过程如下。

在 ERDAS 图标面板工具条中单击 Subpixel 图标，打开 Subpixel Classifier 菜单（图 7-2），单击 Signature Derivation 按钮，打开 Signature Derivation 菜单（图 7-15）。

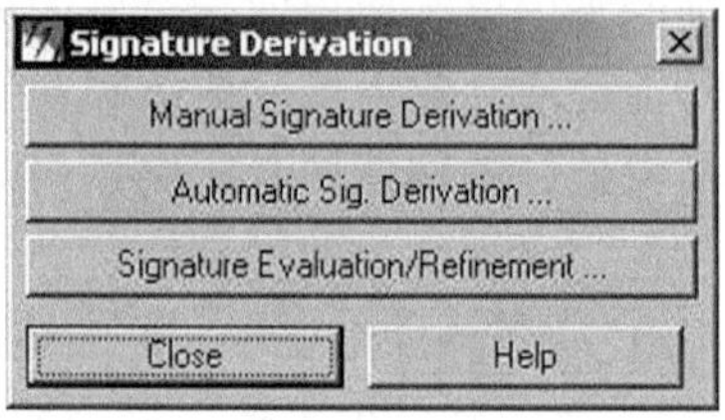

图 7-15　Signature Derivation 菜单

在 Signature Derivation 菜单（图 7-15）中进行如下操作。

① 单击 Manual Signature Derivation 按钮，打开 Manual Signature Derivation 窗口（图 7-16）。

② 在 Input Image File 下拉列表中浏览确定执行分类特征提取的图像为 romespot.img。

③ 在 Input CORENV File 下拉列表中浏览确定自动环境校正文件为 romespot.corenv。（如果该文件不存在，应该退出分类特征提取，返回运行自动环境校正功能）。

④ 在 Input Training Set File 下拉列表中选择包含分类物质位置的文件，有 3 种选择：AOI 文件（.aoi）、整像元分类文件（.img）或者以前生成的特征文件（.ats）。按照系统所提供的实例数据，选择确定 AOI 文件(.aoi)为 romespotgrass. aoi。（AOI 文件位于..\ ERDAS\Geospatial Imaging 9.3\examples\subpixel_demo\..目录。）

⑤ 打开 Convert AOI or IMG to .ats 窗口（图 7-17）。

⑥ Output Training Set File 自动出现扩展名为.ats 的文件：romespotgrass. ats。

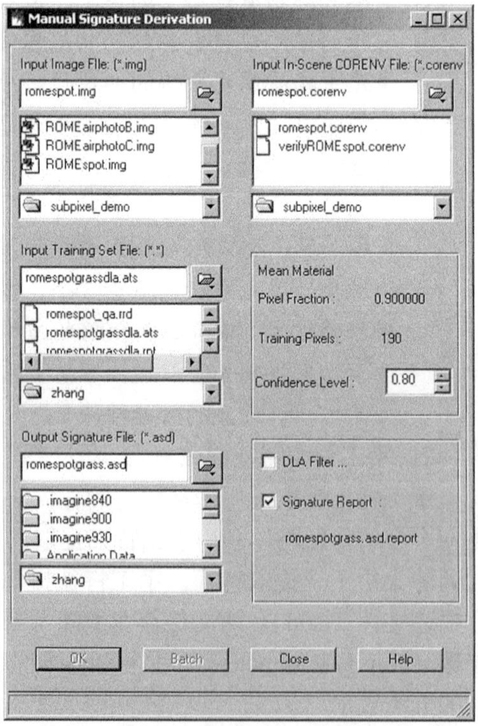

图 7-16　Manual Signature Derivation 窗口

⑦ 定义感兴趣物质像元比例（Material Pixel Fraction）为 0.90。

⑧ 单击 OK 按钮，生成 Output Training Set File 为 romespotgrass. ats（关闭 Convert .aoi to .ats 对话框，返回 Manual Signature Derivation 对话框）。

⑨ 在 Confidence Level 微调框中确定感兴趣物质的置信度水平为 0.80。

⑩ 选中重复数据行滤波（DLA Filter）复选框，打开 Training Set DLA Filter 窗口（图 7-18）。

在 Training Set DLA Filter 窗口中进行如下操作。

① 在 Input QA File 下拉列表中浏览确定图像质量确认文件为 romespot_qa.img。

② 在 Output Training Set 下拉列表中定义重新生成的训练集文件名为 romespotgrassdla.ats。

③ 在 Output Report File 下拉列表中定义训练集文件的报告文件名为 romespotgrassdla.rpt。

④ 单击 OK 按钮，开始重复数据行滤波功能。当进程状态条达 100%时，单击 OK 按钮，关闭进程状态条。

⑤ 单击 Close 按钮，关闭 Training Set DLA Filter 窗口，返回 Manual Signature Derivation 窗口。

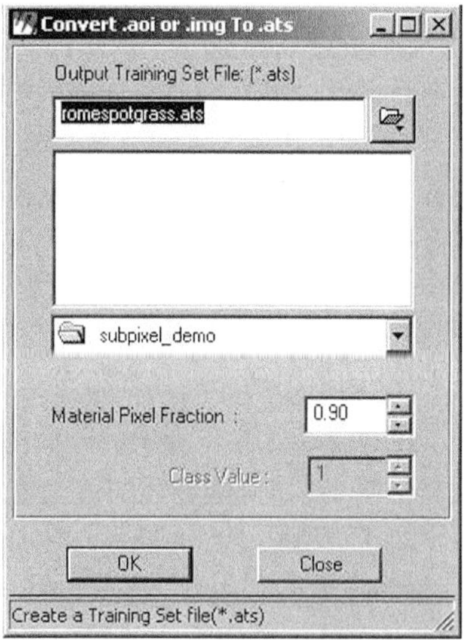

图 7-17 Convert AOI to ATS 窗口

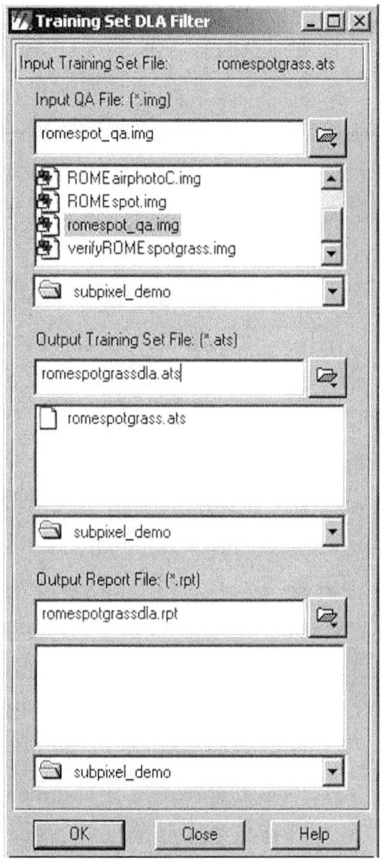

图 7-18 Training Set DLA Filter 窗口

在 Manual Signature Derivation 窗口中进行如下操作。

① 在 Input Training Set File 下拉列表中浏览确定新的训练集文件为 romespotgrassdla.ats。

② 在 Output Signature File 下拉列表中定义产生的分类特征文件名为 romespotgrass.asd。

③ 单击选择分类特征报告文件（Signature Report），生成文件名为 romespotgrass.asd.report 的报告文件。

④ 单击 OK 按钮，执行分类特征提取功能。当进程状态条达 100%时，单击 OK 按钮，关闭进程状态条。

⑤ 单击 Close 按钮，关闭 Manual Signature Derivation 窗口，生成.asd 分类特征和.sdd 特征描述文件。

说明 1：物质像元比例（Material Pixel Fraction）设置

物质像元比例是在空间上感兴趣物质所占像元的比例，输入数值是训练集的平均值。例如，如果一个包含 50%的物质，另一个包含 100%，则物质像元比例应是 75%。虽然一个训练集包含一种物质，但几乎所有的像元都包含其他物质。一般来说，比较保守地选择物质像元比例，有利于生成高质量的分类特征。需要明确的是：物质像元比例的选择对提取的分类特征质量有重要影响，不适当的物质像元比例选择将导致提取错误的物质的分类特征。

如果物质像元比例选择为 90%或更大，则按照上述过程执行。如果物质像元比例小于 90%，需要考虑使用自动特征提取。这个处理自动发现训练集中合适的物质像元比例。如果希望手工提取分类特征，推荐使用以下的操作步骤（Applied Analysis Inc. 2001）。

① 按照 0.05 递增，从 0.15 到 0.90 选择一系列物质像元比例的训练集像元，生成一组分类特征。还可以根据需要，选择更窄的合适的数值范围。

② 利用步骤①在包含感兴趣物质和不包含感兴趣物质的小的 AOI 区域生成的分类特征，进行子像元分类（Subpixel Classifier）。根据分类性能，选择步骤①生成的最好分类特征，可能会有多个最好物质像元比例。

③ 重复步骤①，物质像元范围以 0.01 递增，从 0.04 以下到 0.04 以上，选择步骤②最好的比例。例如，如果最好的特征比例是 0.05，则按 0.01 递增，从 0.51 到 0.59 重新提取特征。

④ 利用步骤③的特征重复步骤②。

比较步骤②和步骤④的分类结果，从而选择最佳性能的分类特征。

说明 2：感兴趣物质的置信度水平（Confidence Level）设置

对于训练集中包含感兴趣物质的置信度水平（Confidence Level），如果确信其为 80%或大于 80%，可以利用其默认的 0.80；如果怀疑训练集与感兴趣物质可能无关的话，可以降低 Confidence Level 的数值。例如，如果确信 2/3 的训练集包含感兴趣物质，则设置 Confidence Level 为 0.67。如果不能确定多少训练像元与感兴趣物质无关，则利用默认数据。

说明 3：重复数据行滤波选择（DLA filter option）设置

重复数据行滤波选择（DLA filter option）设置功能之目的，是在分类特征提取时优化训练数据，该功能需要首先对数据执行质量确认处理。重复数据行滤波比较数据质量，确认检测的重复数据行在训练集像元的位置。如果一些训练集像元在重复数据行，重复数据行滤波将去掉有问题的像元形成新的训练集。对于 TM 卫星图像，利用最临近采样的数据。如果感兴趣物质不是占据连续的大范围，建议利用重复数据行滤波功能。

3. 自动分类特征提取

自动特征提取功能通过对 94 个可能的子像元特征进行有效 AOI 检测和无效 AOI 检测，计算每个特征的特征评价参数（Signature Evaluation Parameter，SEP），以 SEP 数值评价分类特征的平均好坏，然后把其中最好的 5 个分类特征从子像元训练集中自动提取出来。当对整像元分类结果进行了评价并确定需要子像元特征时，或可以确定训练集中物质像元比例是子像元时，应采用自动特征提取处理。

自动特征提取需要的输入参数包括以下几个。

- ❑ 原始图像（Image File）。
- ❑ 环境校正文件（Environmental Correction File）。
- ❑ 物质像元训练集（Training Set）。
- ❑ 有效检测 AOI（Valid Detection AOI）。
- ❑ 无效检测 AOI（False Detection AOI）。
- ❑ 子像元分类阈值（Classification Threshold）。
- ❑ 子像元分级数量（Number of Classification）。
- ❑ 特征报告文件名（Report File Name）。

其输出结果包括子像元分类特征文件（Signature File）和报告文件（Report File）。

自动特征提取操作的总体步骤如下。

① 启动自动特征提取模块（Automatic Signature Derivation）。

② 确定输入图像文件（Input Image File）。

③ 确定环境校正文件（Environmental Correction File）。

④ 选择训练集文件（Select Training Set File）。

⑤ 选择有效检测 AOI（Select Valid Detection AOI）。

⑥ 选择无效检测 AOI（Select False Detection AOI）。

⑦ 选择输出特征报告文件（Output Report File）。

⑧ 选择输出特征报告类型（Short Form or Long Form）。

⑨ 确定子像元分类阈值（Classification Threshold）。

⑩ 确定子像元分类数量（Number of Classification）。

⑪ 选择是否使用附加图像（Additional Scenes）。

⑫ 执行自动分类特征提取操作（OK）。

自动特征提取操作的基本步骤如下。

在 ERDAS 图标面板工具条中单击 Subpixel 图标，打开 Subpixel Classifier 菜单（图 7-2），单击 Signature Derivation | Automatic Sig. Derivation 命令，打开 Automatic Signature Derivation 窗口（图 7-19）。

在 Automatic Signature Derivation 窗口中进行如下操作。

① 确定执行自动分类特征提取的图像（Input Image File）为 romespot.img。

② 确定自动环境校正文件（Input In-Scene CORENV File）为 romespot.corenv。

③ 确定包含被分类的感兴趣物质的 AOI 文件（Input Training Set File）为 romespotgrass.aoi。

④ 如果存在有效 AOI，则在 Input Valid AOI File 文本框选择有效 AOI 文件。

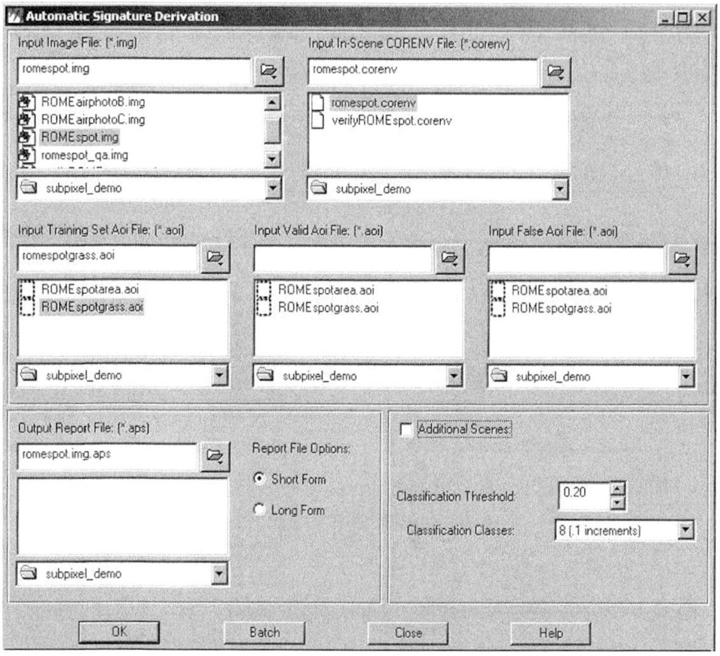

图 7-19 **Automatic Signature Derivation 窗口**

⑤ 如果存在无效 AOI，则在 Input False AOI File 文本框选择无效 AOI 文件。

⑥ 定义输出报告文件名（Output Report File）为 romespot_romespotgrass.aps（该报告文件将包括自动分类特征提取操作产生的 5 个最佳分类特征）。

⑦ 在 Report File Options 选项组中，选择自动特征提取产生的报告类型为 Short Form。

⑧ 在 Classification Threshold 微调框中设置自动分类特征提取的分类阈值为 0.2（有效的分类阈值范围为 0.2～1.0，表示在分类时，最低可以接受的物质像元比例的默认值为 0.2）。

⑨ 在 Classification Classes 下拉列表中选择一个用于评价分类特征的分类输出类别为 8。

⑩ 如果不使用附加图像评价分类特征，直接单击 OK 按钮，开始执行自动特征提取。如果在分类特征评价处理时考虑从其他图像产生的有效或无效 AOI，继续操作。

⑪ 单击选中 Additional Scenes 复选框，打开 Additional Scene 对话框（图 7-20）。

⑫ 如果已经生成了一个多幅图像文件（.msf），在 Input Multi-Scene File 文本框中浏览确定多幅图像文件（*），单击 OK 按钮，返回 Automatic Signature Derivation 窗口。

⑬ 如果没有对应的多幅图像文件，选中 Create Muti-Scene File 复选框，打开 Multi-Scene Input File 对话框（图 7-21），自动产生一个多幅图像文件。

在 Input Multi-Scene File 对话框中进行下列设置。

① 在 Input Image File 文本框中浏览选择执行自动特征提取的附加图像。

② 在 Input STS Corenv File 文本框中浏览选择与附加图像对应的环境校正文件。

③ 在 Input Valid Detections AOI File 文本框中浏览选择一个与附加图像对应的、包含感兴趣物质像元的有效检测 AOI 文件（*）。

图 7-20 **Addtional Scene 对话框**

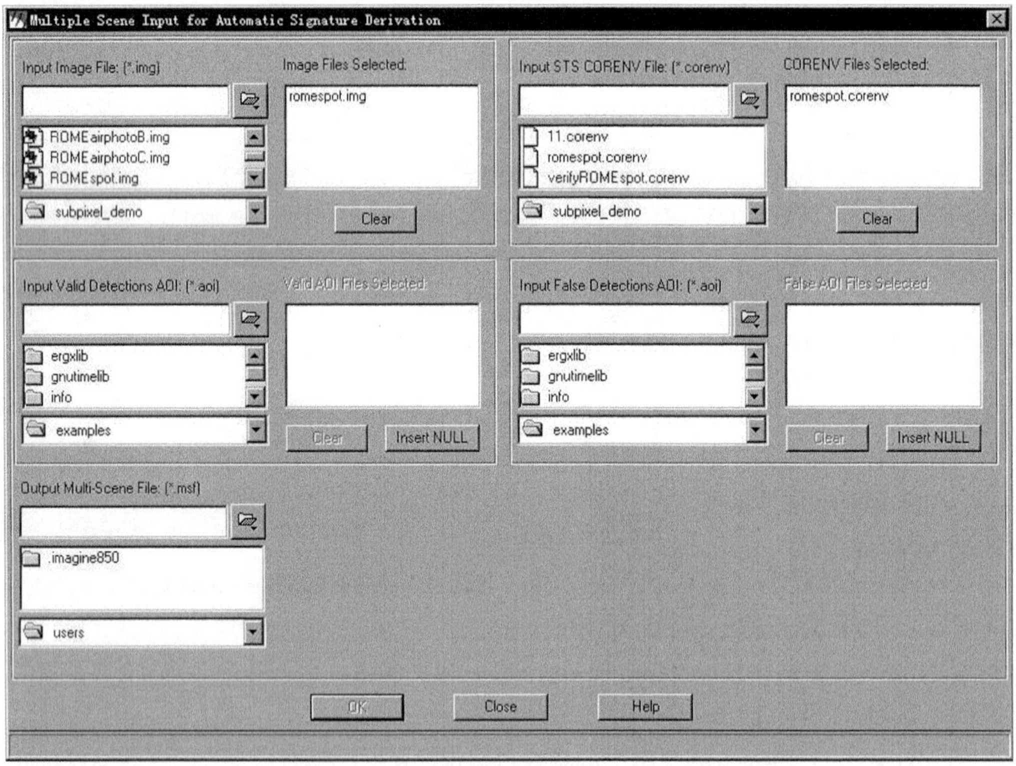

图 7-21 **Multi-Scene Input File 对话框**

④ 在 Input False Detections AOI File 文本框中浏览选择一个与附加图像对应的、包含感兴趣物质像元的无效检测 AOI 文件（*）。

⑤ 在 Output Multi-Scene File 文本框中定义将包含多幅图像信息的文件名。

⑥ 单击 OK 按钮，生成多幅图像文件（.msf），关闭 Multi-Scene Input 对话框。

⑦ 返回 Automatic Signature Derivation 窗口，.msf 文件显示在 Additional Scenes 栏下。

⑧ 单击 OK 按钮，开始自动分类特征提取。进程状态条达 100%后，单击 OK 完成。

⑨ 单击 Close 按钮，关闭 Automatic Signature Derivation 窗口。

说明 1：有效 AOI 与无效 AOI

（1）检测出感兴趣物质的 AOI 就是有效 AOI，没有检测出感兴趣物质的 AOI 就是无效 AOI。

（2）有效和无效 AOI 文件对于自动分类特征提取不是必须的，可以任意选择一个或两个。

（3）当利用附加图像进行分类特征检测时，必须最少输入一个有效或无效检测 AOI 文件。

（4）训练集、有效 AOI 和无效 AOI 的大小可以变化，所包含的图像像元最多可达 250 个。

说明 2：Short Form 与 Long Form 选项

输出报告文件的 Short Form 选项，使输出内容包含：5 个最佳特征、单个特征报告文件、对应的特征描述文件、训练集文件、输出报告文件，这些文件都存放在确定的工作目录。而 Long Form 选项，使输出报告文件.aps 中给出的信息包含：94 个分类特征、特征报告和特征描述，度量提取特征质量的特征评价参数（SEP）也包含在报告中；由于包含所有的文件和报告，在工作目录中最多可以产生 289 个文件。

说明 3：附加图像评价与多幅图像文件

在分类特征评价处理时，使用从附加图像产生的有效或无效 AOI 检测，是提高两景间特征性能的高级特性。当要提高两景间特征性能时，也可使用特征评价和优化。当选择最佳性能特征时，自动特征提取利用这些另外的 AOI 进行两景间的分类。

应用附加图像评价时，不仅需要图像本身，还需要与之相关的预处理文件、两景间环境校正文件和有效、无效 AOI 文件等，这些信息存储于多幅图像文件（.msf）。一个多幅图像文件是一个 ASCII 文本文件，包含有用于自动特征提取的图像信息。多幅图像文件（.msf）格式如下：第一行是用于自动特征提取的附加图像的数量，第二行表明是否选择了有效或无效 AOI（1=YES，0=NO），其余列出了在 Multi-Scene 对话框选择的这些附加图像需要的文件。

7.2.6 分类特征组合

分类特征组合实现已有分类特征和环境校正因子的组合，或者一系列分类特征的组合，形成一个分类特征族，作为感兴趣物质子像元分类的输入。由分类特征组合功能组合起来的两个或多个特征文件仍然保持其独立特征的性能，其中多个特征的内容和参数的描述，保存在一个 ASCII 文本文件.sdd 中，可以利用特征组合对话框的一个选项设置，或手工编辑组合特征的.sdd 文件，来控制组合特征族的成员。当然，在实际应用中，是否要组合一系列分类特征形成特征族，取决于在感兴趣物质分类时如何处理分类特征。

分类特征组合需要的输入参数包括以下几个。

- 多个分类特征文件（Multiple Signature Files）。
- 多个环境校正文件（Multiple Environmental Correction Files）。
- 输出分类特征文件名（Output Signature File Name）。
- 输出环境校正文件名（Output Environmental Correction File Name）。
- 分类特征族选择项（Family Membership Option）。

其输出结果就是扩展名为.asd 组合分类特征文件（Signature File）。

分类特征组合操作的总体步骤如下。

① 启动分类特征组合模块（Signature Combiner）。

② 选择输入分类特征文件（Select Input Signatures）。

③ 选择对应环境校正文件（Environmental Correction File）。

④ 确定输出组合特征文件（Output Signature File）。

⑤ 选择输出特征报告文件（Output Report File）。

⑥ 选择输出特征族设置（Signature Family Association Option）。

⑦ 执行分类特征组合操作（OK）。

分类特征组合操作的具体过程如下。

在 ERDAS 图标面板工具条中单击 Subpixel 图标，打开 Subpixel Classifier 菜单（图 7-2），单击 Signature Combiner 命令，打开 Signature Combiner 窗口（图 7-22）。

在 Signature Combiner 窗口中进行如下操作。

① 在 Input Image File 文本框中浏览选择希望组合在一起的已有分类特征文件（选中的每个文件显示在 Selected Signature Files 中，Clear 可清除所有选择）。

② 在 Input Corenv File 文本框中浏览选择希望组合在一起的环境校正文件（环境校正文件的选择顺序，与分类特征文件的选择顺序必需一致；如果同一图像的多个分类特征文件是组合的，则相同的.corenv 文件必须输入多次）。

③ 在对话框右边的 Select Family Associations in Output Signature File 下拉列表中，选择组合输入特征时特征族的类型。系统提供了 3 种可以选择的类型。

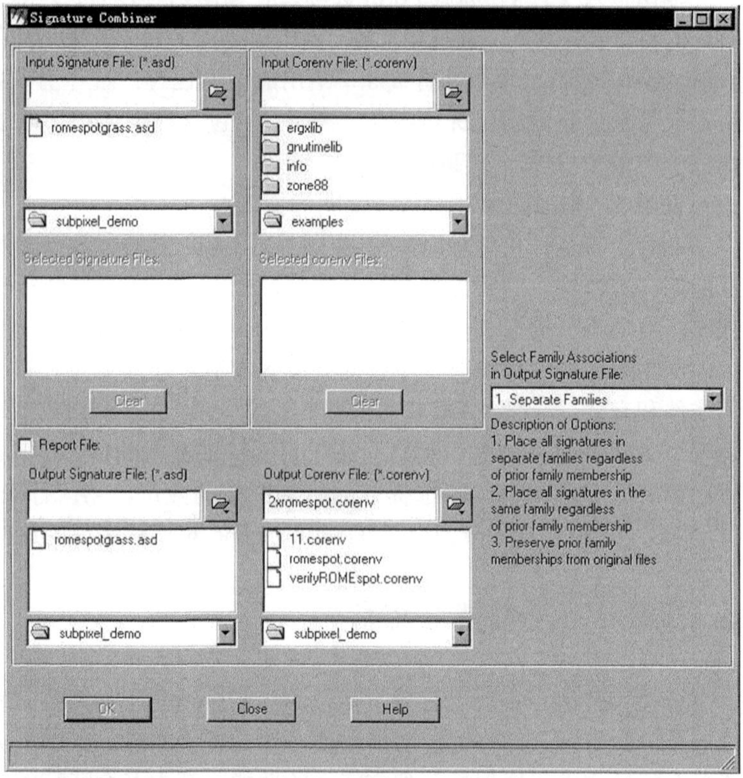

图 7-22 **Signature Combiner 窗口**

❑ **把输入特征置于不同的特征族** Place signatures in separate families。

❑ **把输入特征置于同一个特征族** Place signatures in same family。

❑ **保留输入分类特征原有族成员** Retain family memberships from a previous。

其中，第 3 个选项常用于多次执行分类特征组合功能对多个特征进行组合的情况。

④ 在 Output Signature File 文本框中确定输出的组合分类特征文件名（扩展名为.asd）。

⑤ 在 Output Corenv File 文本框中确定输出的组合环境校正文件名（扩展名为. corenv）。

⑥ 如果希望产生一个报告文件，则选中 Report File 复选框，系统将自动产生一个名为 Output Signature File 文本框，在其中输入的文件名、扩展名为.asd.report 的报告文件。

⑦ 单击 OK 按钮，开始分类特征组合处理。进程状态条达 100%后，单击 OK 完成。

⑧ 单击 Close 按钮，关闭 Signature Combiner 窗口。

7.2.7 分类特征评价

子像元分类的特征评价与优化模块包含两个独立的功能：特征评价（Signature Evaluation Only，SEO）、特征评价与优化（Signature Refinement and Evaluation，SRE）。利用 SEO，可以评价有分类结果和 AOI 定义的特征，分类结果来源于各自的特征，AOI 反映了输出分类中感兴趣物质的有效和无效位置。而 SRE 通过产生一个新的子特征，并与原始特征进行比较，实现特征评价。无效检测、有效检测和遗漏检测这 3 个 AOI 对于 SRE 是可选的。

无论 SEO 和还是 SRE 都需要两个附加输入参数：目标区域（Target Area）和重要性水平（Level of Importance）。这两个参数控制如何计算特征评价值（Signature Evaluation Value）。目标区域表示任意 AOI 内每个点周围的像元数量，一个目标区域核（Target Area Kernel）的大小在默认大于 1×1 的情况下，在评价时附加另外的像元。重要性水平对于确定特征性能是非常重要的，对于输入的每个 AOI，可以确定一个重要性水平。重要性水平值在输出报告文件中，作为计算评价值的权重因子，评价值描述了基于输入 AOI 的特征性能。

1．分类特征评价（SEO）

SEO 用于评价和比较两个或多个分类特征，可以对单个特征或由景内和景间分类结果产生的多个特征进行评估处理。评价输出的是包含一个评价值的报告文件，具有最低评价值的特征是最好的特征。可以一次处理一个特征，人工比较评价值；也可以输入一个特征文件，自动比较单个特征的评价值。

分类特征评价需要的输入参数包括以下几个。

- ❑ 原始图像文件（Image Files）。
- ❑ 环境校正文件（Environmental Correction Files）。
- ❑ 分类特征文件（Signature File）。
- ❑ 分类检测文件（Detection File）。
- ❑ 特征容差值（Signature Tolerance Value）。
- ❑ 有效检测 AOI（Valid Detection AOI）。
- ❑ 无效检测 AOI（False Detection AOI）。

分类特征评价的输出结果便是包含特征评价参数（Signature Evaluation Parameter，SEP）的评价报告文件（Evaluation Report File）。

分类特征评价操作的总体步骤如下。

① 启动分类特征评价与优化模块（Signature Evaluation/Refinement）。
② 选择只进行分类特征评价（Signature Evaluation Only）。
③ 选择输入图像文件名（Select Input Image Name）。
④ 选择对应环境校正文件（Environmental Correction File）。
⑤ 选择执行评价的特征文件（Signature File to be Evaluated）。
⑥ 选择分类检测文件（Detection Classification File）。
⑦ 选择有效检测 AOI（Select Valid Detection AOI）。
⑧ 选择无效检测 AOI（Select False Detection AOI）。
⑨ 确定重要性水平（Level of Importance）。
⑩ 选择目标区域核（Choose Target Area Kernel）。
⑪ 选择分类容差值（Classification Tolerance Value）。

⑫ 改变评价报告文件名（Change Report File Name）。

⑬ 执行分类特征评价操作（OK）。

分类特征评价的具体操作过程如下。

在 ERDAS 图标面板工具条中单击 Subpixel 图标，打开 Subpixel Classifier 菜单（图 7-2），单击 Signature Evaluation/Refinement 按钮，打开 Signature Evaluation/Refinement 窗口（图 7-23）。

在 Signature Evaluation/Refinement 窗口中进行如下操作。

① 选中 Signature Evaluation Only 单选按钮，只对分类特征进行评价。

② 在 Input Image File 文本框中浏览确定用于产生检测文件的原始图像。

③ 在 Input CORENV File 文本框中浏览选择产生输入特征的环境校正文件。

④ 在 Input Signature File 文本框中浏览选择需要评价的分类特征文件。

⑤ 在 Input Detection File 文本框中选择由分类特征文件产生的分类输出文件。

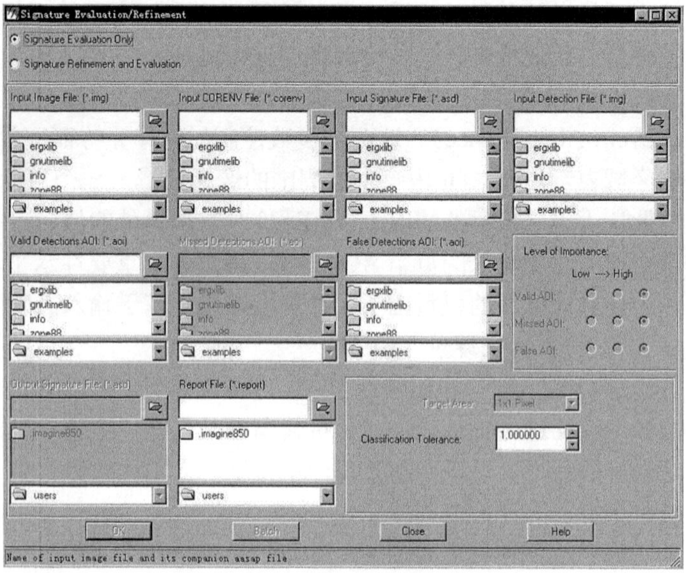

图 7-23 **Signature Evaluation/Refinement 窗口**

⑥ 如果希望利用无效检测提高评价精度，输入 False Detection AOI 文件。

⑦ 如果希望利用有效检测提高评价精度，输入 Valid Detection AOI 文件。

⑧ 为两个 AOI 文件选择重要性水平值，即 Level of Importance。

⑨ 在 Target Area 下拉列表框中选择一个目标区域核的大小。

⑩ 在 Classification Tolerance 微调框中输入分类容差值。

⑪ 在 Report File 文本框中选择是否改变输出报告文件名。

⑫ 单击 OK 按钮，开始执行 SEO。

2. 分类特征优化（SRE）

SRE 功能利用分类特征产生的分类输出对特征进行评价，并根据分类检测图像以及有效、无效和遗漏检测 AOI 输入产生一个优化后的分类特征。AOI 确定了有效、无效和遗漏检测的检测位置，SRE 产生一个新的子特征（Child Signature），并自动执行原始特征——父特征（Parent Signature）与子特征的比较评价，比较结果包含在输出的评价报告文件中。

对于 3 种可能的 AOI 输入：有效检测 AOI 文件是从分类输出文件中提取的检测，其中像元包含感兴趣物质的置信度大于 90%。无效检测 AOI 文件是从分类输出文件中提取的检测，其中像元不包含感兴趣物质的置信度大于 90%。遗漏检测 AOI 是利用特征没有检测到的图像中的像元。这 3 个 AOI 通常指点状 AOI，如果存在连续区域的 AOI，则使用多边形 AOI。

分类特征评价与优化需要的输入参数包括以下几个。

❑ 原始图像文件（Image Files）。

❑ 环境校正文件（Environmental Correction Files）。

❑ 分类特征文件（Signature File）。

❑ 分类检测文件（Detection File）。

❑ 特征容差值（Signature Tolerance Value）。

❑ 有效检测 AOI（Valid Detection AOI）。

❑ 遗漏检测 AOI（Missed Detection AOI）。

❑ 无效检测 AOI（False Detection AOI）。

分类特征评价与优化的输出结果包括两项：优化的子分类特征（Refined Child Signature）、包含特征评价参数（Signature Evaluation Parameter，SEP）的评价报告文件（Evaluation Report File）。

分类特征评价与优化操作的总体步骤如下。

① 启动分类特征评价与优化模块（Signature Evaluation/Refinement）。

② 选择分类特征评价与优化（Signature Refinement and Evaluation）。

③ 选择输入图像文件名（Select Input Image Name）。

④ 选择对应环境校正文件（Environmental Correction File）。

⑤ 选择执行评价的特征文件（Signature File to be Evaluated）。

⑥ 选择分类检测文件（Detection Classification File）。

⑦ 选择有效检测 AOI（Valid Detection AOI File）。

⑧ 选择遗漏检测 AOI（Missed Detection AOI File）。

⑨ 选择无效检测 AOI（False Detection AOI File）。

⑩ 确定重要性水平（Level of Importance）。

⑪ 选择目标区域核（Choose Target Area Kernel）。

⑫ 选择分类容差值（Classification Tolerance Value）。

⑬ 确定输出优化分类特征文件（Refined Output Signature）。

⑭ 改变评价报告文件名（Change Report File Name）。

⑮ 执行分类特征评价与优化操作（OK）。

分类特征评价与优化（SRE）的具体操作过程如下。

在 ERDAS 图标面板工具条中单击 Subpixel 图标，打开 Subpixel Classifier 菜单（图 7-2），单击 Signsture Evaluation/ Refinement 按钮，打开 Signsture Evaluation/ Refinement 窗口（图 7-24）。

在 Signature Evaluation/Refinement 窗口中进行如下操作。

① 选中 Signature Refinement and Evaluation 单选按钮，进行分类

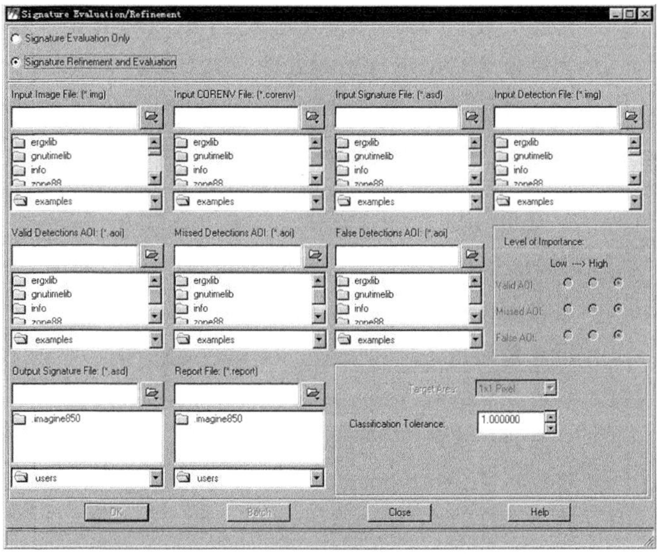

图 7-24 **Signature Evaluation/Refinement 窗口**

特征评价与优化。

② 在 Input Image File 文本框中浏览确定产生输入检测文件的输入图像。

③ 在 Input CORENV File 文本框中浏览选择产生输入特征的环境校正文件名。

④ 在 Input Signature File 文本框中浏览选择需要评价与优化的分类特征文件。

⑤ 在 Input Detection File 文本框中选择由分类特征文件产生的分类输出文件。

⑥ 在 Output Signature File 文本框中输入处理过程产生的优化分类特征文件名。

⑦ 如果希望利用无效检测提高评价精度时，输入 False Detection AOI 文件。

⑧ 如果希望利用遗漏检测提高评价精度时，输入 Missed Detection AOI 文件。

⑨ 如果希望利用有效检测提高评价精度时，输入 Valid Detection AOI 文件。

⑩ 为 3 个 AOI 文件选择重要性水平值，即 Level of Importance。

⑪ 在 Target Area 下拉列表框中选择一个目标区域核的大小。

⑫ 在 Classification Tolerance 微调框中输入分类容差值。

⑬ 在 Report File 文本框中选择是否改变输出报告文件名。

⑭ 单击 OK 按钮，开始执行 SRE。

7.2.8 感兴趣物质分类

感兴趣物质（MOI）分类功能利用光谱特征对图像中包含感兴趣物质的像元进行定位，可以处理由分类特征提取产生的单个特征，也可处理由特征组合功能产生的多个特征。分类功能的输出是一个叠加图像（Overlay Image），包含有感兴趣物质分类的位置，输出图像可以利用 ERDAS 二维窗口进行查看。包含单个特征的图像分类结果只有单个检测层，用于显示输入特征生成的检测位置。多特征的图像分类结果包含多个检测层，每一层对应一个特征，对应于输入文件中的成员特征码。分类输出还包含一个附加层，对应所有输出层的组合。检测出的像元总数和被分类的每个像元的物质像元比例在分类图像栅格属性表中可见。

可以应用一个子像元分类特征对不同图像进行分类——景间分类，有两种情况。

- ❑ **利用一个特征进行景间处理** 利用一个特征在图像内分类和图像间分类的不同点，只是需要利用景间（Scene-to-Scene）环境校正文件和从其他图像提取的分类特征。
- ❑ **利用多个特征进行景间处理** 当利用组合特征进行景间分类时，有 3 个假设。
  - ➢ 从相同图像提取的所有单个特征的组合特征和用于处理的图像相同。
  - ➢ 一个需要分类的原图像组合和景间单个特征。
  - ➢ 单个景间特征文件的组合，这些特征可以来自不同的文件，并需要利用特征组合功能把正确的环境校正文件与对应的单个特征文件相联系。

感兴趣物质分类需要的输入参数包括以下几个。

- ❑ 原始图像文件（Image Files）。
- ❑ 图像预处理文件（Preprocessing .aasap Files）。
- ❑ 环境校正文件（Environmental Correction File）。
- ❑ 分类特征文件（Signature File）。
- ❑ 特征容差值（Signature Tolerance）。
- ❑ 输出分类数量（Number of Output Classes）。

感兴趣物质分类的输出结果是：分类叠加文件（MOI Classification）。

感兴趣物质分类操作的总体步骤如下。

① 启动感兴趣物质分类模块（Select MOI Classification）。

② 选择输入图像文件名（Select Input Image Name）。

③ 选择对应环境校正文件（Environmental Correction File）。

④ 选择分类特征文件（Signature File）。

⑤ 确定输出分类图像（Output Detection File）。

⑥ 选择分类容差值（Classification Tolerance Value）。

⑦ 确定输出分类数量（Number of Output Classes）。

⑧ 选择输出报告文件（Classification Report File）。

⑨ 选择执行分类 AOI（Classification AOI File）。

⑩ 执行感兴趣物质分类操作（OK）。

1. MOI 分类操作

感兴趣物质分类操作的具体过程如下。

在 ERDAS 图标面板工具条中单击 Subpixel 图标，打开 Subpixel Classifier 菜单（图 7-2），单击 MOI Classification 命令，打开 MOI Classification 窗口（图 7-25）。

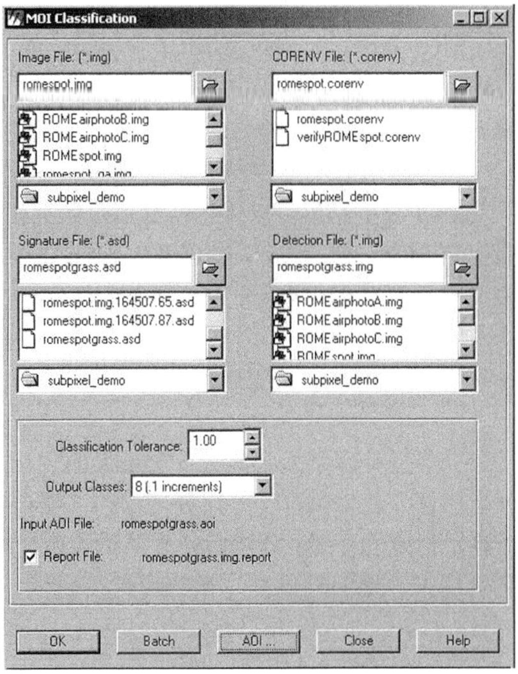

图 7-25 MOI Classification 窗口

在 MOI Classification 窗口中进行如下操作。

① 在 Image File 文本框中浏览选择执行 MOI Classification 的图像。

② 在 CORENV File 文本框中浏览选择上述图像对应的环境校正文件。

③ 在 Signature File 文本框中浏览选择用于图像分类的特征文件。

④ 在 Detection File 文本框中确定存放输出分类结果的文件名。

⑤ 在 Classification Tolerance 文本框中定义或应用默认的分类容差值 1.0（容差值增加可以在检测集中包含更多的像元，降低容差值可以在检测集中包含减少像元数量）。

⑥ 在 Output Classes 下表列表拉框中确定输出分类的类别。

⑦ 单击 AOI 选项，打开 Choose AOI 对话框（图 7-26），选择一个区域执行分类。

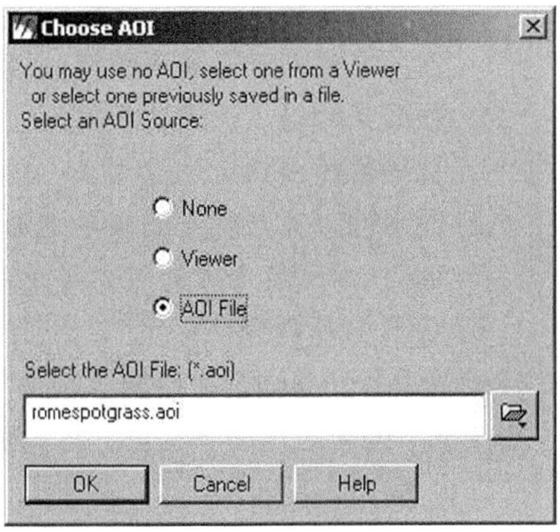

图 7-26 Choose AOI 对话框

⑧ 在 Select an AOI File 文本框中单击选择 AOI File 设置，选择一个 AOI 文件。

⑨ 单击 OK 按钮，关闭 Choose AOI 对话框，返回 MOI Classification 窗口。

⑩ 如果希望产生一个分类报告文件，单击选择 Classification Report 设置。

⑪ 单击 OK 按钮，开始感兴趣物质分类。进程状态条达 100%后，单击 OK 完成。

⑫ 单击 Close 按钮，关闭 MOI Classification 窗口，退出 MOI 分类。

2．MOI 分类结果

（1）浏览 MOI 分类结果

在 ERDAS 图标面板工具条中单击 Viewer 图标，打开二维窗口。

① 在二维窗口显示 MOI Classification 处理检测结果：叠加文件。

② 利用 Raster-Attribute 查看检测结果的数量和分类的物质像元比例。

③ 通过 Raster-Attribute 调整叠加文件中每个类的颜色及其显示效果。

（2）浏览 MOI 分类报告

MOI 分类报告提供了 MOI 分类结果的一些信息：MOI 分类检测文件名记录、图像文件名、环境校正文件名、特征文件名、分类容差值、用于分类的 AOI 文件名；MOI 分类的像元数量和物质像元比例图；一个特征光谱记录、环境校正光谱（ACF、SCF）、处理类型是景内或景间。

（3）利用分类报告评价特征质量

MOI 分类结果可以进行特征质量的评价。在分类输出中的整像元可以用于评价特征是否是期望的 MOI，包含 90%～100%的 MOI 像元称为整像元。当分类数为 8 时，在 Raster-Attribute 中设置类值为 8。这些像元在光谱上与分类特征相似，也可以组合由特征表示的 MOI。

7.2.9 分类后处理

分类后处理是为了改善分类结果的表示，并提高分类结果的应用程度。一旦拥有了子像元分类图像，就可执行一些后处理操作，以便提取更多的有用信息，对结果进行更容易的表示，以满足特定的需要。分类后处理操作主要是应用 ERDAS IMAGINE 的一些图像处理工具，包括几何校正、地面控制点、栅格属性编辑器，以及如卷帘、层结构、颜色和透明性等窗口操作工具。

1．栅格属性编辑器

- **颜色梯度** 利用 ERDAS IMAGINE 的栅格属性编辑器生成一个颜色梯度，用于分析分类结果。标准的梯度是从黄色到红色，分类输出的低比例由黄色表示，高比例由红色表示。这样可以快速浏览感兴趣物质相连的像元出现的比例。
- **获取光标值** 快速获取像元值的另一个方法是打开属性编辑器，在窗口中选择像元。属性编辑器则指示该像元属于哪个类。
- **透明性** 可以改变编辑器中每个分类的透明性列（Opacity），取值从 0（透明）到 1（不透明）。该值是可选的，补充利用颜色表明在单个像元中感兴趣物质所占的比例。

2．GIS 分析处理

子像元的分类输出可以和其他分类输出、图像及利用 GIS 分析操作产生的辅助数据进行合并和集成。因为大量的物质像元比例信息是一个.img 图像格式，适用于 GIS 模型。平均像元比例数据也可以用于 GIS 处理，表明每个像元被分类的比例。

3．分类重编码处理

可以利用 ERDAS IMAGINE 的重编码工具，对子像元分类的物质像元比例类赋予权值。重编码输出用于强调一些类的重要性，如寻找生长在某种土壤的某种植被品种。

4．图像解译处理

ERDAS IMAGINE 的图像解译包含 50 多个应用功能，用于增强图像。典型的功能有卷积、焦点分析、层结构和图像裁剪等，可以对子像元分类图像进行处理，增强其分类效果。

7.3 子像元分类实例

本节通过一个简单的实例，介绍利用子像元分类器处理一幅图像并检测感兴趣物质。具体过程包括图像预处理、环境校正、手工分类特征提取和感兴趣物质分类。本实例是对一幅 350×350 像元的 SPOT 多光谱图像进行草地特征的提取，并把分类特征用于整幅图像，对草地进行检测确定。图像是由 SPOT 公司提供的 1A 级产品，是 1992 年 6 月 16 日获取的。为了评价训练集和分类结果，还利用了 3 幅 1992 年 6 月 14 日获取的彩色航空图像，图像中的颜色变化是由于人工的覆盖造成的。本实例涉及到的输入文件和确认文件都是由 ERDAS 子像元分类系统提供的，存放在 aaisubpixel/subpixel_demo 目录下，具体内容如表 7-2 所列。

表 7-2 实例使用的输入文件和验证文件

输入文件	验证文件	输入文件	验证文件
ROMEspot.img	verifyROMEspotgrass.img		verifyROMEspotgrass.ovr
ROMEspotgrass.aoi	verifyROMEspot.corenv		ROMEairphotoA.img
ROMEspotarea.aoi	verifyROMEspotgrass.asd.report		ROMEairphotoB.img
	verifyROMEspotgrass.img.report		ROMEairphotoC.img

7.3.1 图像预处理

在 ERDAS 图标面板工具条中单击 Subpixel 图标，打开 Subpixel Classifier 菜单（图 7-2）。单击 Preprocessing 按钮，打开 Preprocessing 窗口（图 7-27）。

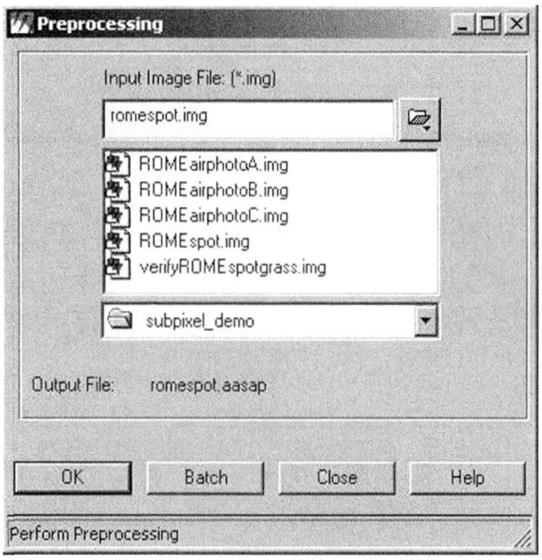

图 7-27 Preprocessing 窗口

在 Preprocessing 窗口中进行如下操作。

① 在 Input Image File 文本框中浏览确定执行预处理的图像为 romespot.img（图像文件一般位于 \ERDAS\Geospatial Imaging 9.3\examples\subpixel_demo 目录下）。

② 在对话框下部 Output File 处，自动出现一个输出图像为 romespot.aasap（输出图像文件名与输入文件名相同，而扩展名不同，为. aasap）。

③ 单击 OK 按钮，执行图像预处理。关闭预处理对话框，弹出工作进度状态条。

④ 当处理进程为 100%时，单击 OK 按钮，关闭工作进度状态条。

7.3.2 自动环境校正

在 ERDAS 图标面板工具条中单击 Subpixel 图标，打开 Subpixel Classifier 菜单（图 7-2），单击 Environmental Correction 命令，打开 Environmental Correction 对话框（图 7-28）。

在 Environmental Correction 对话框中进行如下操作。

① 在 Input Image File 文本框中浏览确定执行自动环境校正的图像为 romespot.img(图像文

件一般位于\ERDAS\Geospatial Imaging 9.3\examples\subpixel_demo 目录，必须与预处理图像文件相同，且具有相同目录的预处理输出文件.aasap）。

② 在 Output File 文本框中自动出现一个输出文件为 romespot.corenv（输出文件名可以改变，但其扩展名.corenv 是系统默认的，不能改变）。

③ 在 Correction Type 选项组中选择环境校正类型为 In Scene（景内环境校正）。

④ 本幅图像无云，直接单击 OK 按钮，弹出图像无云处理对话框（图 7-29）。

⑤ 单击【是】按钮，关闭预处理对话框，执行无云处理，弹出工作进度状态条。

⑥ 当处理进程为 100%时，单击 OK 按钮，关闭工作进度状态条，完成环境校正处理。

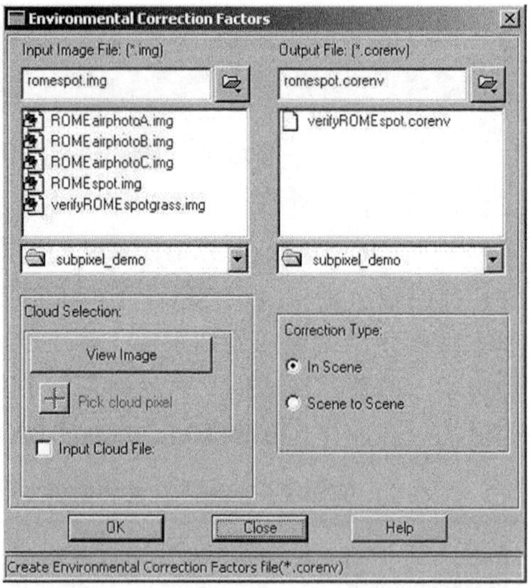

图 7-28 **Environmental Correction** 对话框

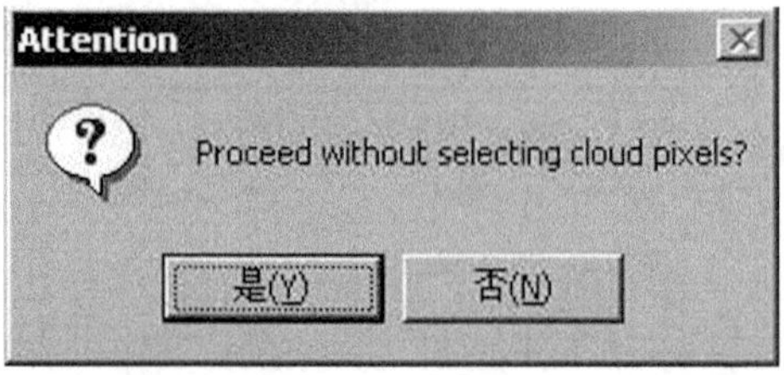

图 7-29 图像无云处理对话框

7.3.3 分类特征提取

在 ERDAS 图标面板工具条中单击 Subpixel 图标，打开 Subpixel Classifier 菜单（图 7-2），单击 Signature Derivation 命令，打开 Signature Derivation 窗口（图 7-30）。

在 Signature Derivation 窗口中进行如下操作。

① 在 Input Image File 文本框中浏览确定执行分类特征提取的图像为 romespot.img（图像文件一般位于\ERDAS\Geospatial Imaging 9.3\examples\subpixel_ demo 目录）。

② 在 Input In-Scene CORENV File 文本框中浏览确定自动环境校正文件为 romespot.corenv（如果该文件不存在，应该退出分类特征提取，返回运行自动环境校正功能）。

③ 在 Input Training Set File 文本框中选择 AOI 文件（.aoi）为 romespotgrass.aoi（AOI 文件一般位于\ERDAS\Geospatial Imaging 9.3\examples\ subpixel_ demo 目录）。

④ 打开 Convert .aoi or .img to .ats 窗口（图 7-31）。

⑤ Output Training Set File 自动出现扩展名为.ats 的文件：romespotgrass. ats。

⑥ 定义感兴趣物质像元比例（Material Pixel Fraction）为 0.90。

⑦ 单击 OK 按钮，生成 Output Training Set

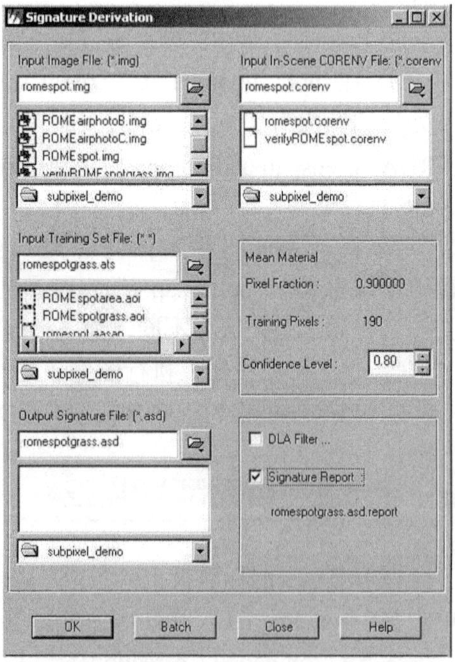

图 7-30 **Signature Derivation** 窗口

File 为 romespotgrass. Ats（关闭 Convert .aoi or .img to .ats 窗口，返回 Signature Derivation 窗口）。

⑧ 在 Confidence Level 文本框中确定训练集包含感兴趣物质的置性度水平为 0.80。

⑨ 在 Output Signature File 文本框中定义输出分类特征文件名为 romespotgrass.asd。

⑩ 取消选中 DLA Filter 复选框，因为图像不包含 DLA（重复数据行）。

⑪ 选中生成分类特征报告文件 Signature Report 复选框，生成扩展名报告文件.report。

⑫ 单击 OK 按钮，执行分类特征提取功能。当进程状态条达 100%时，单击 OK 完成。

⑬ 单击 Close 按钮，关闭 Signature Derivation 对话框，生成.asd 分类特征和.sdd 描述文件。

人工特征提取的输出包括一个分类特征文件和一个特征报告文件。为了确认产生正确的输出，系统提供了一个确认文件 verifyromespotgrass.asd.report，与 romespotgrass.asd.report 文件进行比较，验证处理的正确性。此处产生的分类特征文件将作为 MOI 分类的输入。

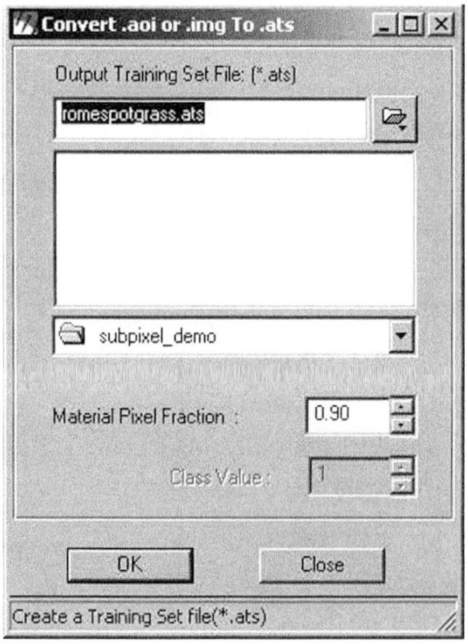

图 7-31 **Convert .aoi or .img to .ats 窗口**

7.3.4 感兴趣物质分类

感兴趣物质分类就是利用分类特征对一幅图像包含感兴趣物质的像元进行定位。输入包括图像文件、环境校正文件、特征和用于控制错误检测的容差值；输出是一个包含感兴趣物质像元位置的图像层。分类输出图像可以在 ERDAS 二维窗口显示，每类的像元数量及每个像元的物质像元比例，可以应用 ERDAS IMAGINE 栅格属性编辑器查看。

下面以草地分类检测为例，说明依据分类特征提取进行感兴趣物质分类的过程。

在 ERDAS 图标面板工具条中单击 Subpixel 图标，打开 Subpixel Classifier 菜单（图 7-2），单击 MOI Classification 命令，打开 MOI Classification 窗口（图 7-32）。

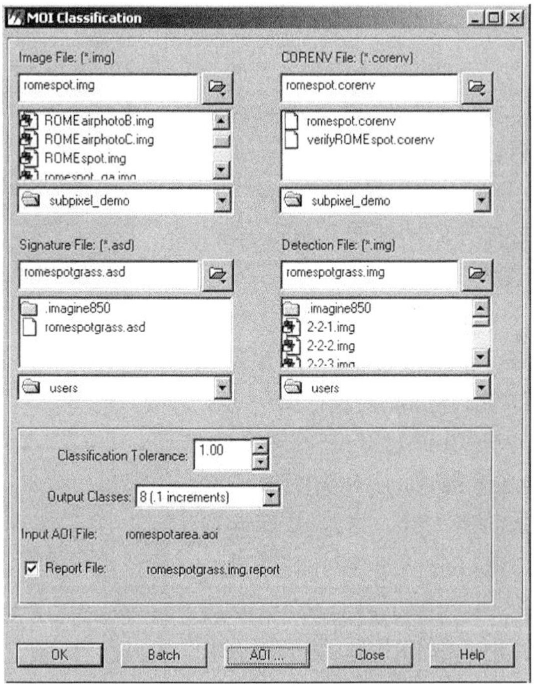

图 7-32 **MOI Classification 窗口**

在 MOI Classification 窗口中进行如下操作。

① 在 Image File 文本框中浏览选择执行 MOI Classification 的图像为 romespot.img。

② 在 CORENV File 文本框中浏览选择上述图像的环境校正文件为 romespot.corenv。

③ 在 Signature File 文本框中浏览选择用于图像分类的特征文件为 romespotgrass.asd。

④ 在 Detection File 文本框中确定输出分类结果的文件名为 romespotgrass.img。

⑤ 在 Classification Tolerance 文本框中选择默认的分类容差值 1.0。

⑥ 在 Output Classes 下拉列表框中确定输出分类的类别（数量）为 8。

⑦ 单击 AOI 按钮，打开 Choose AOI 对话框（图 5-33），选择一个区域执行分类。

⑧ 在 Choose AOI 对话框的 Select an AOI File 栏中选择 AOI 文件为 romespotarea.aoi。

⑨ 单击 OK 按钮，关闭 Choose AOI 对话框，返回 MOI Classification 窗口。

⑩ 选中 Classification Report 复选框，以便输出一个分类报告文件。

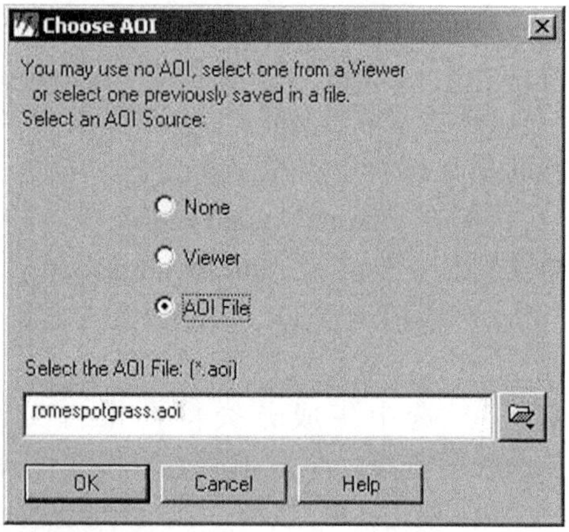

图 7-33　Choose AOI 对话框

⑪ 单击 OK 按钮，执行感兴趣物质分类，进程状态条达 100%后，单击 OK 完成。

⑫ 单击 Close 按钮，关闭 MOI Classification 窗口，退出 MOI 分类。

下面通过 ERDAS 二维窗口与栅格属性表对分类图像进行浏览与设置。

① 首先在 ERDAS 二维窗口打开原始图像：romespot.img（图 7-34）。

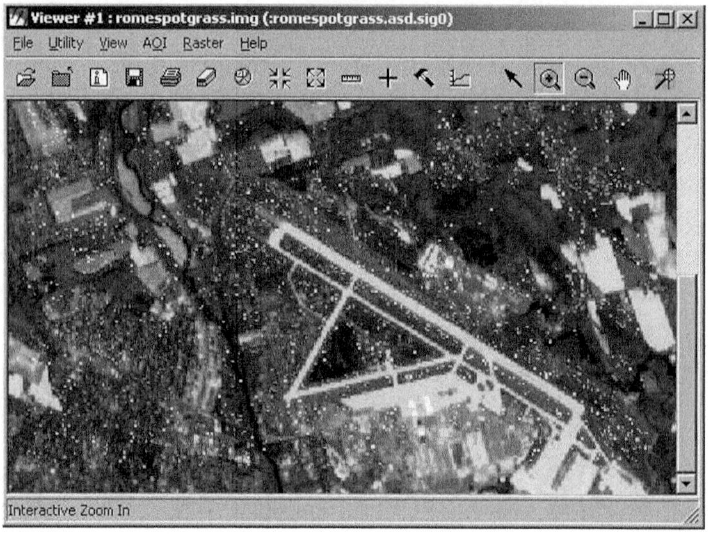

图 7-34　ERDAS 二维窗口显示图像

② 然后再打开分类图像 romespotgrass.img，注意不选中 Clear Display 复选框。

③ 通过菜单条 Raster-Attribute 打开分类图像栅格属性表（图 7-35）。从属性表中可以看出 8 种分类结果的差异：类型 1 具有 0.20～0.29 的物质像元比例，说明其中包含 20%～29%的感兴趣物质；依次类推，从类型 2 到类型 7，物质像元比例渐增；类型 8 的物质像元比例最高，达 0.90～1.0，亦即包含 90%～100%的感兴趣物质。

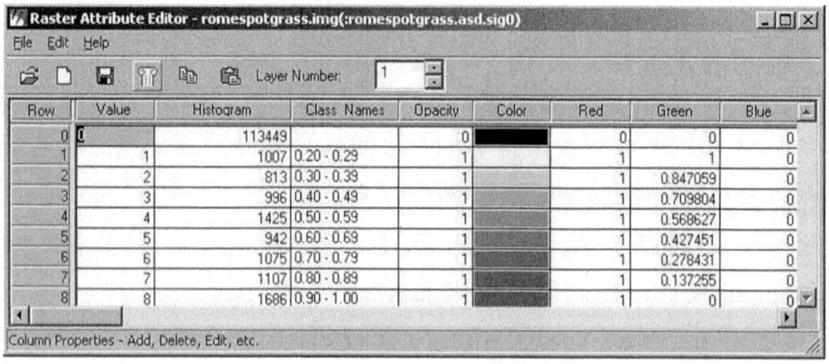

Row	Value	Histogram	Class Names	Opacity	Color	Red	Green	Blue
0		113449		0		0	0	0
1	1	1007	0.20 - 0.29	1		1	1	0
2	2	813	0.30 - 0.39	1		1	0.847059	0
3	3	996	0.40 - 0.49	1		1	0.709804	0
4	4	1425	0.50 - 0.59	1		1	0.568627	0
5	5	942	0.60 - 0.69	1		1	0.427451	0
6	6	1075	0.70 - 0.79	1		1	0.278431	0
7	7	1107	0.80 - 0.89	1		1	0.137255	0
8	8	1686	0.90 - 1.00	1		1	0	0

图 7-35　分类图像栅格属性表

④ 在栅格属性表中单击选择分类色块，在弹出的色表中选择一种需要的颜色或选择 Other 选项，打开 Color Chooser（选择颜色）对话框（图 7-36）。

⑤ 在 Color Chooser 对话框中选择所需要的颜色，单击 OK 按钮返回，改变分类颜色。

7.3.5 查看验证文件

为了确认输出的分类图像的正确性，系统提供了正确处理产生的 5 个验证文件。

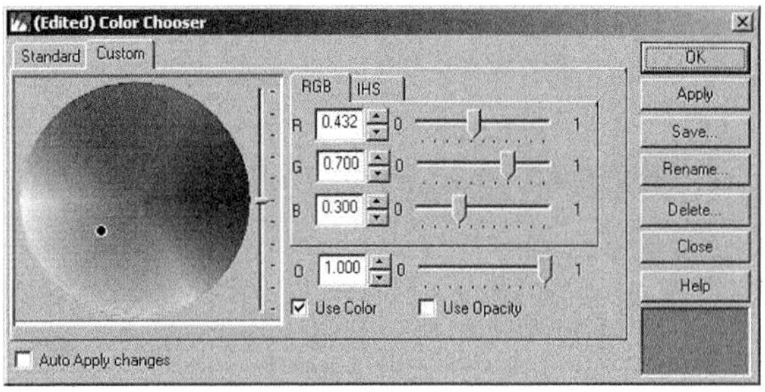

图 7-36 Color Chooser 对话框

- ❑ verifyROMEspotgrass.img——草地分类结果验证文件。
- ❑ verifyROMEspotgrass.corenv——草地环境校正验证文件。
- ❑ verifyROMEspotgrass.asd.report——草地分类特征验证文件。
- ❑ verifyROMEspotgrass.img.report——草地分类报告验证文件。
- ❑ verifyROMEspotgrass.ovr——草地分类典型区标注验证文件。

可以将这些文件的内容与上述分类处理产生的文件内容进行比较，如果文件差异较大，则需要重新进行处理。

下面以草地分类结果图像比较为例进行说明：同时打开两个 ERDAS 二维窗口，并通过 Utilities-Tile Viewers 功能，将两个窗口平铺排列。首先在第一个窗口中分别以真彩色（True Color）打开原始图像 ROMEspot.img 和以假彩色（Pseudo Color）打开草地分类图像 ROMEspotgrass.img，注意在选择项（Option）中不选中 Clear Display 复选框，以保证草地分类图像与原始图像的叠加显示效果。然后在第二个窗口中分别以真彩色（True Color）打开原始图像 ROMEspot.img 和以假彩色（Pseudo Color）打开草地分类验证图像 verifyROMEspotgrass.img，注意在选择项（Option）中不选中 Clear Display 复选框，以保证原始图像与草地分类验证图像的叠加显示效果（图 7-37）。

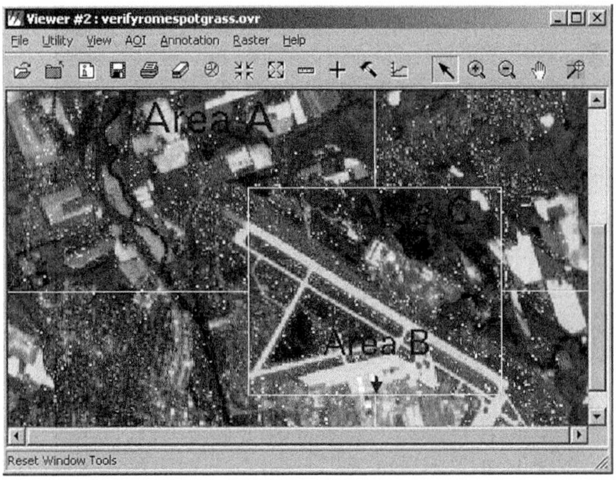

图 7-37 verifyROMEspotgrass.img 窗口

在第二个窗口通过菜单条 Raster-Attribute，打开草地分类验证图像栅格属性表（图 7-38），对比图 7-35 与图 7-38 中各分类的物质像元比例和分类直方图，可以看出两个分类结果高度统一，说明分类结果 ROMEspotgrass.img 在统计特征方面的正确性。

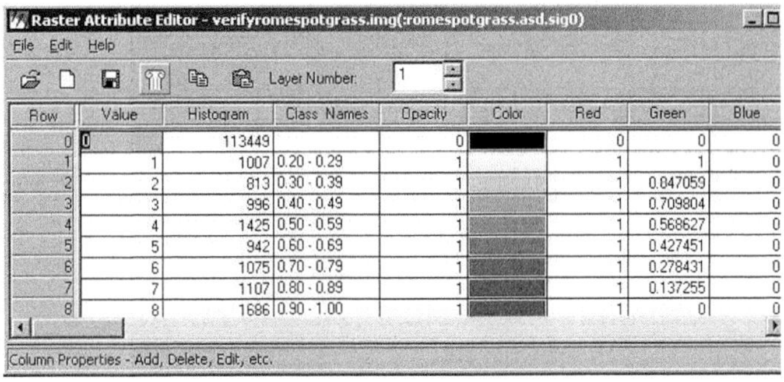

Row	Value	Histogram	Class Names	Opacity	Color	Red	Green	Blue
0	0	113449		0		0	0	0
1	1	1007	0.20 - 0.29	1		1	1	0
2	2	813	0.30 - 0.39	1		1	0.847059	0
3	3	996	0.40 - 0.49	1		1	0.709804	0
4	4	1425	0.50 - 0.59	1		1	0.568627	0
5	5	942	0.60 - 0.69	1		1	0.427451	0
6	6	1075	0.70 - 0.79	1		1	0.278431	0
7	7	1107	0.80 - 0.89	1		1	0.137255	0
8	8	1686	0.90 - 1.00	1		1	0	0

图 7-38 分类图像栅格属性表

在第二个窗口通过菜单条 Open-Annotation Layer，打开草地分类验证图像标注文件 verifyROMEspotgrass.ovr（图 7-37），可以看出其中标注了 3 个区域，分别放大两个窗口，然后通过 GeoLink 将两个窗口关联起来，以便于进一步浏览与观察被标注区域分类结果的一致性，验证分类结果在空间上的正确性。

7.3.6 分类结果比较

采用上述操作过程，在一个 ERDAS 二维窗口中同时打开 ROMEspot.img 图像、verifyROMEspotgrass.img 图像和 verifyROMEspotgrass.ovr 标注文件（图 7-37）。利用系统提供的 3 幅航空图像来分析分类结果。如图 7-37 所示的 A、B、C 这 3 个典型区域，其中区域 A 对应分类特征的训练集像元，区域 B 和 C 对应检测出子像元的区域。分别在另外 3 个 ERDAS 二维窗口打开对应于区域 A、B、C 的 3 幅航空图像 ROMEairphotoA.img、ROMEairphotoB.img 和 ROMEairphotoC.img。对比分析，可以得到以下结果。

1．区域 A：草地训练区域

区域 A 包含草比例 80%～100%的多数像元都被正确分类，位于该区域边缘的其他像元，被认为包含草的比例较低。观察区域的航空图像 ROMEairphotoA.img 和 SPOT3、2、1 彩色合成图像，可以发现区域内纹理的变化。区域北边的草与南边稍有不同，在 190 个训练集像元中，有 3 个检测为没有包含草。在训练集西部附近区域，许多像元在分类时被认为包含草的比例较低；对应的航空图像显示包含有草、土壤、树和与草混合的灌木。

2．区域 B 和 C：航空图像草地

区域 B 和区域 C 在航空图像上对应为草地，这些草地有绿色和褐色，表明草的情况不同。不是所有的草地都被分类为草，只有与训练集位置相似的草被分类为草。有些草地区域的像元包含有小路、停车场和裸地等，在分类时，认为这些像元包含的草比例较低。

3．与传统分类器比较

子像元分类（Subpixel Classifier）对于感兴趣物质的分类，主要是利用物质特定光谱特征最小变化的特性进行的。对于具有大幅度光谱特性和变化的地面覆盖物质类型，如水面、城市或沙漠等，传统分类器与子像元分类相比，可以产生比较全面的、较少类别的分类结果。子像元分类适用于如单个植被品种、特定的水面类型或建筑材料等物质的分类。

就上述关于草地的分类而言，利用传统监督分类与分类特征提取方法，将产生包含更多变化的草地分类特征，分类结果将包含更多的草地变化类型；而子像元分类结果则只包括训练集像元中共有的特定草地类型。

第8章 矢量功能

本章学习要点

- ➢ 显示矢量图层
- ➢ 生成矢量图层
- ➢ 编辑矢量图层
- ➢ 特征选取与查询
- ➢ 建立拓扑关系
- ➢ 图层管理操作
- ➢ 矢量栅格转换
- ➢ 表格数据管理
- ➢ Shapefile 操作

8.1 空间数据概述

空间数据是以点、线、面、体形式，采用编码技术对空间地理实体进行特征描述，并在地理实体之间建立相互联系的数据集。空间数据结构则是地理实体的空间排列方式和相互关系的抽象描述。根据对地理实体的数据表达方法，空间数据结构主要分为栅格数据结构和矢量数据结构。栅格数据结构是指以规则的阵列来表示事物或现象分布的数据组织，组织中的每个数据表示事物或现象的非几何属性，其在数据组织中所处行列位置表示空间几何属性。而矢量数据结构是指通过记录坐标的方式尽可能精确地表示点、线、面、体等空间地理实体。

8.1.1 矢量数据

1．矢量数据结构

矢量是具有一定大小和方向的量，在数学和物理学中叫做向量。矢量数据（Vector Data）是用点、线、面的 *X*、*Y* 空间坐标来构建点、线、面等空间要素的数据模型，用于表示地图图形要素几何数据之间及其与属性数据之间的相互关系。通过记录坐标的方式来尽可能精确地表现点、线、面等地理实体。其坐标空间假定为连续空间，能更精确地确定实体的空间位置。

- ❑ **点实体** 由单独一对（*x*，*y*）坐标定位的一切地理或制图实体。
- ❑ **线实体** 由（*x*，*y*）坐标对串组成的各种线性要素。
- ❑ **面实体** （*x*，*y*）坐标对组成的封闭环，起点与终点重合；在记录面实体时，通常通过记录面状地物的边界来表现，因而有时也称为多边形数据。多边形（Polygon）数据是描述地理空间信息的最重要的一类数据。在区域实体中，具有名称属性和分类属性的，多用多边形表示，如行政区、土地类型、植被分布等；具有标量属性的，有时也用等值线描述（如地形、降雨量等）。

2．拓扑关系

在地图上仅用距离和方向参数描述图上要素之间的关系是不够的。因为图上两点间的距离或方向（在实地上是不变的）会随地图投影的不同而发生变化。因此仅用距离和方向参数还不可能确切地表示它们之间的空间关系。拓扑关系是指空间图形特征中节点、弧段、面域之间的空间关系，主要表现为下列3种关系。

- **拓扑邻接** 指存在于空间图形的同类要素之间的拓扑关系，如图 8-1（a）所示，节点邻接关系有节点 N_1 和 N_2、节点 N_1 和 N_3 等；多边形邻接关系有多边形 P_1 和 P_3、多边形 P_2 和 P_3 等。
- **拓扑关联** 指存在于空间图形的不同类要素之间的拓扑关系，如图 8-1（a）所示，节点与线段关联关系有节点 N_1 和线段 C_1、C_3、C_6 等；多边形与线段的关联关系有多边形 P_1 和线段 C_1、C_5、C_6 等。
- **拓扑包含** 指存在于空间图形的同类但不同级的要素之间的拓扑关系，如图 8-1（b）所示，多边形 P_1 包含多边形 P_2 和 P_3。

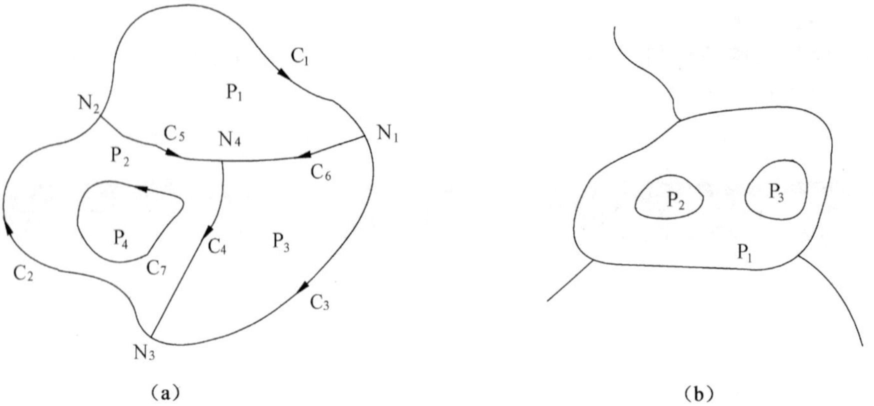

图 8-1 拓扑关系

空间数据拓扑关系对地理信息系统的数据处理和空间分析具有重要意义。反映拓扑关系的数据结构就是拓扑数据结构，记录拓扑关系的空间数据结构，不仅记录要素的空间位置（坐标），而且记录不同要素在空间上的相互关系。根据拓扑关系，不需要利用坐标或距离，即可以确定一种地理实体相对于另一种地理实体的位置关系。在实际应用中，某些几何特征具有现实意义，比如行政区是多边形，不能有相互重叠的区域；线状道路之间不能有重叠线段；公共汽车站点必须在公共交通线路上；等等。拓扑关系所反映的几何特征可以检验数据质量，拓扑数据也有利于空间要素的查询。例如，查询某铁路线有哪些车站？汇入某条河流干流的支流有哪些？以某个交通“节点”为中心，呈辐射状的道路各通向何地？等等。

3．矢量数据特征

矢量数据结构的特点是：定位明显、属性隐含，定位是根据坐标直接存储的，而属性则一般存于文件头或数据结构中某些特定的位置上。这种特点使得其数据存储量小、结构紧凑、冗余度低，有利于空间量测、网络分析、拓扑分析、制图应用，图形显示质量好、精度高；但是数据结构复杂，数据获取慢，对于有些空间分析计算效率低，不容易实现。

8.1.2 栅格数据

1．栅格数据结构

栅格数据结构是最简单、最直观的空间数据结构，是指将地球表面划分为大小均匀紧密相邻的网格阵列，每个网格作为一个像元或像素，由行、列号定义，并包含一个代码，表示该像元的属性类型或量值，或仅仅包含指向其属性记录的指针。因此，栅格数据结构是以规则的阵列来表示空间地物或现象分布的数据组织，组织中的每个数据表示地物或现象的非几何属性特征，遥感图像数据是最典型的栅格数据。

对于栅格数据结构而言，空间点、线、面特征的表示如下。

- **点实体** 由一个栅格像元来表示。
- **线实体** 由一定方向上连接成串的相邻栅格像元表示。
- **面实体（区域）** 由具有相同属性的相邻栅格像元的块集合来表示。

栅格数据结构表示的地物是不连续的，是量化和近似离散的数据。在栅格数据结构中，地物被分成相互邻接、规则排列的矩形方块，每个地块与一个栅格单元相对应。由于栅格数据结构对地表的离散量化，在计算面积、长度、距离、形状等空间指标时，若栅格尺寸较大，则会造成较大的误差；同时由于在一个栅格范围内，可能存在多于一种的地物，而表示在相应的栅格数据结构中常常只能是一个代码。因而，栅格数据的误差不仅有形态上的畸变，还可能包括属性方面的偏差（图 8-2）。

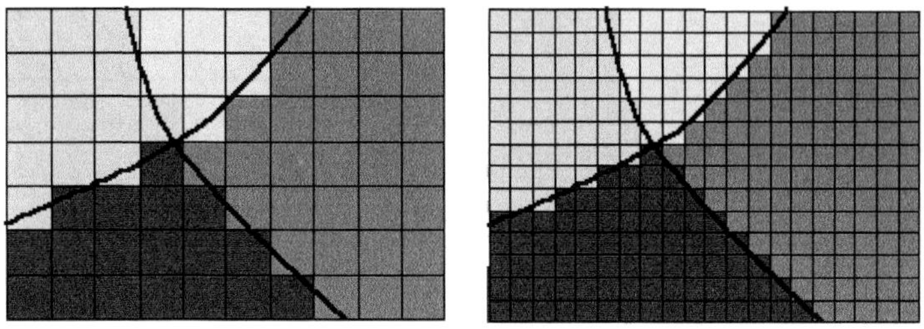

图 8-2 栅格结构

为了达到用栅格结构精确表达空间实体的目的，栅格的尺寸必须小，这样数据量很大，产生数据的冗余。因此对栅格结构的数据储存管理一般采取压缩编码方式。常用的压缩编码技术有行程编码、链式编码、四叉树编码和分块压缩编码，这里不再详细介绍。

2. 栅格数据特征

栅格数据结构的最显著特点是：数据直接记录属性的指针或属性本身，而其所在位置则根据栅格的行列号转换成相应的坐标给出。也就是说，定位是根据数据在数据集合中的位置得到的。

由于栅格行列阵列容易为计算机存储、操作和显示，因此这种结构的存储容易实现，算法简单，且易于扩充、修改，也很直观，特别是易于同遥感图像的结合处理，给地理空间数据处理带来了极大的方便；另外，栅格数据结构简单，可快速获取大量数据；便于空间分析和地表模拟，现势性较强；但是栅格数据存储量大，空间位置精度低，图形输出不够美观，难于进行网络分析，并且投影转换相对复杂。

8.1.3 矢量和栅格数据结构比较

矢量数据结构与栅格数据结构是两种截然不同的空间数据结构。栅格数据结构是“属性特性明显、位置信息隐含”，而矢量数据结构则是“位置特性明显、属性信息隐含”；栅格数据的空间操作总的来说容易实现，而对矢量数据的空间操作则比较复杂；在坐标位置搜索、计算多边形形状面积等方面，栅格结构更为有效，而且易于与遥感相结合，易于信息共享；矢量结构对于拓扑关系的搜索更为高效，对于网络信息也只有用矢量才能完全描述，而且精度较高。

矢量数据结构虽然表达地理数据的精度较高，图形输出美观，数据量小，拓扑关系描述完整，但是数据结构复杂，面域叠加算法较为复杂。而栅格数据结构虽然结构简单，叠加分析和地形表面模拟方便，但数据量大，精度较差，图形输出不够美观，尤其难以进行网络分析，投影变换花的时间也较多；栅格数据结构在与遥感、数字高程模型（Digital Elevation Model，DEM）的结合方面，具有不可替代的作用，而且这是GIS与RS集成的重要桥梁。总的来说，两者共存，各自发挥优势是十分有效的。两种数据的比较如表8-1所列。

表8-1 矢量数据与栅格数据的比较

数据结构	优点	缺点
矢量数据	1. 数据存储量小	1. 数据结构复杂
	2. 数据结构紧凑、冗余度低	2. 数据获取慢
	3. 有利于网络和拓扑分析	3. 多边形叠加分析比较困难
	4. 图形显示质量好、精度高	4. 空间分析不容易实现
栅格数据	1. 数据结构简单	1. 数据量大
	2. 可快速获取大量数据	2. 空间位置精度低
	3. 便于空间分析和地表模拟	3. 投影转换比较复杂
	4. 现势性较强	4. 难以进行网络分析
	5. 易于与遥感结合，易于信息共享	

8.1.4 矢量数据和栅格数据转换

矢量结构与栅格结构对于空间数据的管理各有特点。针对不同的空间分析情况，可以进行栅格数据和矢量数据的转换；矢量到栅格的转换是简单的，栅格到矢量的转换也很容易理解，但是转换算法要复杂得多，ERDAS IMAGINE已经实现了两种数据之间的格式转换。

对于点状实体，每个实体仅由一个坐标对表示，其矢量结构和栅格结构的相互转换基本上只是坐标精度变换问题。线实体的矢量结构由一系列坐标对表示，在转换为栅格结构时，除把序列中坐标对转换为栅格行、列坐标外，还需根据栅格精度要求，在坐标点之间插满一系列栅格点，这也容易由两点式直线方程得到。线实体由栅格结构变为矢量结构与将多边形边界表示为矢量结构相似，因此以下重点讨论面实体（多边形）的矢量结构与栅格结构的相互转换。

1. 矢量数据向栅格的转换

面状矢量数据的栅格化又称为多边形填充，就是在矢量表示的多边形边界内部的所有栅格点上赋以相应的多边形编码，从而形成栅格数据阵列。

矢量数据向栅格数据的转换比较容易实现，算法有很多，其中传统的算法有内部点扩散算法、复数积分算法、射线算法和扫描算法等，新的比较成熟的算法有颜色填充法、掩模（Mask）法、边界代数多边形填充算法（Boundary Algebra Filling，BAF）、边界跟踪法和折线边界追踪法等。下面着重介绍内部点扩散算法和边界代数多边形填充算法。

（1）内部点扩散算法

该算法由每个多边形一个内部点（种子点）开始，向其8个方向的邻点扩散，判断各个新加入点是否在多边形边界上。如果是，则该新加入点不作为种子点，否则把非边界点的邻点作为新的种子点与原有种子点一起进行新的扩散运算，并将该种子点赋以该多边形的编号。重复上述过程，直到所有种子点填满该多边形并遇到边界停止为止。扩散算法比较复杂，需要在栅格阵列中进行搜索，占内存较大；如果复杂图形的同一多边形的两条边界落在同一个或相邻的两个栅格内，会造成多边形不连通，这样一个种子点不能完成对整个多边形的填充。

（2）边界代数算法

该算法是目前使用较多的算法之一，是一种基于积分思想的矢量格式向栅格格式的转换算法，适合于记录拓扑关系的多边形矢量数据转换为栅格结构。图 8-3 表示转换单个多边形的情况，多边形编号为 a，模仿积分求多边形区域面积的过程，初始化的栅格阵列各栅格值为零，以栅格行列为参考坐标轴，由多边形边界上某点开始顺时针搜索边界线。当边界上行时（图 8-3（a）)，位于该边界左侧的具有相同行坐标的所有栅格被减去 a；当边界下行时（图 8-3（b）)，该边界左边（前进方向看为右侧）所有栅格点加一个值 a，边界搜索完毕则完成了多边形的转换（图 8-3（c）)。

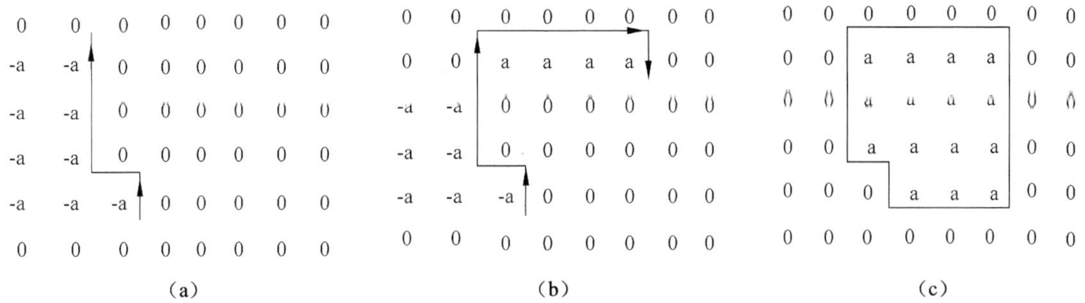

图 8-3 单个多边形的转换

事实上，每幅数字地图都是由多个多边形区域组成的。如果把不属于任何多边形的区域（包含无穷远点的区域）看成编号为零的特殊的多边形区域，则图上每一条边界弧段都与两个不同编号的多边形相邻，按弧段的前进方向分别称为左、右多边形。可以证明，对于这种多个多边形的矢量向栅格转换问题，只需对所有多边形边界弧段做如下运算而不考虑排列次序：当边界弧段上行时，该弧段与左图框之间栅格增加一个值（左多边形编号减去右多边形编号）；当边界弧段下行时，该弧段与左图框之间栅格增加一个值（右多边形编号减去左多边形编号）。

该方法的优点是：它不是逐点判断与边界的关系完成转换的，而是根据边界的拓扑信息，通过简单的加减代数运算将边界位置信息动态地赋给各栅格点，算法简单、可靠性好，各边界弧段只被搜索一次，避免了重复计算，运算速度快，同时少受内存容量的限制。但是这并不意味着边界代数法可以完全替代其他算法，还是需要与其他方法综合运用。

2．栅格数据向矢量的转换

多边形栅格数据向矢量数据转换，就是提取具有相同编号的栅格集合表示的多边形区域的边界和边界的拓扑关系，并表示由多个小直线段组成的矢量数据边界线的过程。

栅格数据向矢量数据转换通常包括以下 4 个基本步骤。

- **多边形边界提取** 采用高通滤波将栅格图像二值化或以特殊值标识边界点。
- **边界线追踪** 对每个边界弧段由一个节点向另一个节点搜索，通常对每个已知边界点需沿除了进入方向的其他 7 个方向搜索下一个边界点，直到连成边界弧段。
- **拓扑关系生成** 对于矢量表示的边界弧段数据，判断其与原图上各多边形的空间关系，以形成完整的拓扑结构并建立与属性数据的联系。
- **去除多余点及曲线圆滑** 由于搜索是逐个栅格进行的，必须去除由此造成的多余点记录，以减少数据冗余。对于搜索结果，由于栅格精度的限制，曲线可能不够圆滑，需采用一定的插补算法进行光滑处理。常用的算法有：线形迭代法、分段三次多项式插值法、正轴抛物线平均加权法、斜轴抛物线平均加权法、样条函数插值法。

相对于矢量数据转换为栅格数据，由栅格转换为矢量则比较复杂，转换速度比较慢，传统的栅格数据向矢量数据的转换算法有边缘跟踪法，新的算法有散列线段聚合法、节点搜索法、双边界搜索算法等。下面只对双边界搜索算法（Double Boundary Direct Finding，DBDF）进行介绍。

该算法的基本思想是通过边界提取，将左、右多边形信息保存在边界点上，每条边界弧段由两个并行的边界链组成，分别记录该边界弧段的左、右多边形编号。边界线搜索采用2×2栅格窗口，在每个窗口内的4个栅格数据的模式可以唯一地确定下一个窗口的搜索方向和该弧段的拓扑关系，极大地加快了搜索速度，拓扑关系也很容易建立。具体步骤如下。

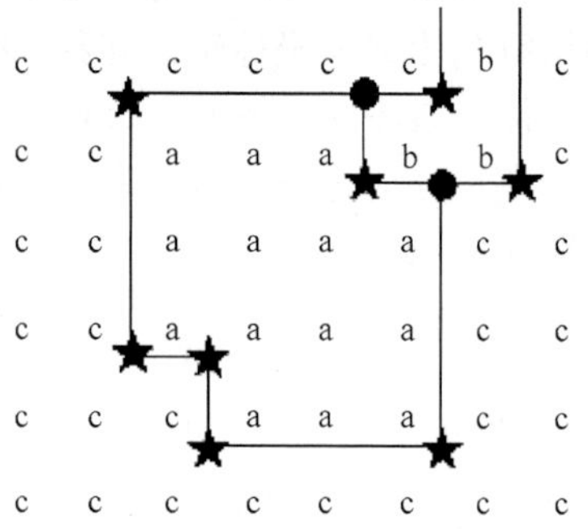

图 8-4 节点与边界点的提取与标识

（1）边界点和节点提取

采用2×2栅格阵列作为窗口，顺序沿行、列方向对栅格图像全图扫描。如果窗口内4个栅格有且仅有两个不同的编号，则该4个栅格的交汇点表示为边界点；如果窗口内4个栅格有3个以上不同编号，则标识为节点（即不同边界弧段的交汇点），保持各栅格原多边形编号信息。对于对角线上栅格两两相同的情况，由于造成了多边形的不连通，也当作节点处理。

（2）边界线搜索与左、右多边形信息记录

首先记录开始边界点的两个多边形编号，作为该弧段的左、右多边形。下一点组的搜索方向则由进入当前点的搜索方向和该点组的可能走向决定。每个边界点组只能有两个走向，一个是前点组进入的方向，另一个则可确定为将要搜索后续点组的方向。例如图8-5（b）（3）所示边界点组只可能有两个方向，即下方和右方，如果该边界点组由其下方的一点组被搜索到，则其后续点组一定在其右方；反之，如果该点在其右方的点组之后被搜索到（即该弧段的左、右多边形编号分别为b和a），对其后续点组的搜索应确定为下方，其他情况依次类推。可见双边界结构可以唯一地确定搜索方向，从而大大地减少搜索时间，同时形成的矢量结构带有左右多边形编号信息，容易建立拓扑结构和与属性数据的联系，提高转换的效率。

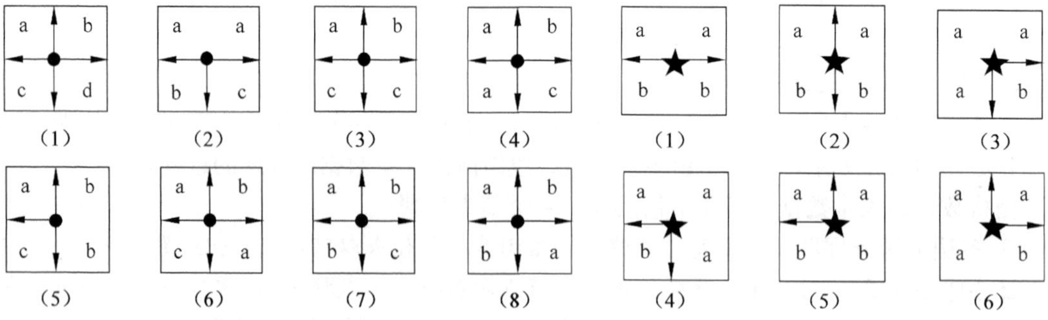

（a）节点的8种情形　　（b）边界点的6种情形

图 8-5 节点的8种情形和边界点的6种情形

（3）多余点去除

多余点的去除基于如下思想：在一个边界弧段上的连续的3个点，如果在一定程度上可以认为在一条直线上（满足直线方程），则3个点中间一点可以被认为是多余的，予以去除。多余点是由于栅格向矢量转换时逐点搜索边界造成的（当边界为直线时）。多余点去除算法可大量去除多余点，减少数据冗余。

8.2 矢量模块功能简介

ERDAS IMAGINE 的主要作用是处理栅格数据结构的遥感图像。考虑到矢量数据应用范围日益广泛及矢量、栅格数据各有优缺点这两个因素，ERDAS IMAGINE 增加了矢量功能。通过将栅格数据和矢量数据集成在一个系统，可以建立研究区域完整的数据库。在此数据库基础上，可以将矢量图层叠加到高精度现势性的遥感图像上，以对矢量数据进行几何形状和属性的更新，也可以用矢量图层在栅格图像上确定一个感兴趣的区域（AOI），以对该区域进行分类、增强等操作。另外，在几何校正、地图生产等许多方面都可以体会到由于可同时操作矢量、栅格数据而使 ERDAS IMAGINE 表现出了更出色的能力。

ERDAS IMAGINE 的矢量工具是基于 ESRI 的数据模型开发的，所以 ArcGIS 的矢量图层（Coverage、Shapefile）和 ESRI SDE 矢量层（Vector Layer）可以不经转换而直接在 ERDAS IMAGINE 中使用，使用方式包括显示、查询、编辑（SDE 矢量层除外）。在本教程中，矢量图层是指 ArcGIS 的矢量图层（Coverage、Shapefile）和 ESRI SDE 矢量层（Vector Layer）。

ERDAS IMAGINE 矢量处理能力可以分成以下两个层次。

（1）内置矢量模块（Native Vector）：是 IMAGE Essentials 级的功能，即内置于 ERDAS IMAGINE 中的矢量功能。这些功能包括基于多种选择工具的矢量数据及属性数据的查询与显示、矢量数据的生成与编辑。

（2）扩展矢量模块（Vector Module）：是 ERDAS IMAGINE 的附加模块，包括针对矢量图层的实用工具和各种格式矢量数据的输入/输出工具。通过矢量实用工具可以操作 INFO 文件、对矢量图层进行矢量－栅格转换、产生 Label 点及进行 Clean、Build、Transform 等操作。通过输入/输出工具可以输入/输出各种格式的矢量数据，包括 DFAD、DGN、DLG、DXF、ETAK、IGES、SDTS、TIGER 及 VDF 等。

矢量实用工具可以通过以下步骤启动。

在 ERDAS 图标面板菜单条中单击 Main | Vector 命令，打开 Vector Utilities 对话框（表 8-2 左列）；或在 ERDAS 图标面板工具条中单击 Vector 图标，打开 Vector Utilities 对话框（表 8-2 左列）。

从 Vector Utilities 对话框可以看出，ERDAS IMAGINE 包括了 19 个矢量实用工具，各个工具对应的功能如表 8-2（右列）所列。

8.3 矢量图层基本操作

矢量图层基本操作（Basic Operation of Vector Layers）包括显示矢量图层（Display Vector Layers）、改变矢量特性（Change Vector Properties）、改变矢量符号（Change Vector Symbology）等几个方面，其中部分内容可以参见本书第 2 章。

8.3.1 显示矢量图层

显示矢量图层（Display Vector Layers）的操作比较简单，在本书第 2 章有过详细说明。

在菜单条中单击 File | Open | Vector Layer 命令，打开 Select Layer To Add 对话框（图 8-6）。或在工具条中单击【打开文件】图标，打开 Select Layer To Add 对话框（图 8-6）。

表 8-2　矢量菜单实用工具及其功能

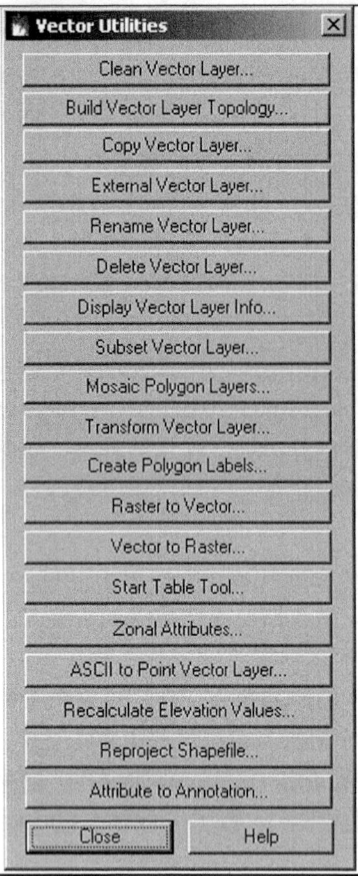

矢量菜单	实用工具	功能
	Clean Vector Layer	Clean 矢量图层
	Build Vector Layer Topology	Build 矢量图层
	Copy Vector Layer	复制矢量图层
	External Vector Layer	导出矢量图层
	Rename Vector Layer	重命名矢量图层
	Delete Vector Layer	删除矢量图层
	Display Vector Layer Info	显示矢量图层信息
	Subset Vector Layer	裁剪矢量图层
	Mosaic Polygon Layers	镶嵌矢量图层
	Transform Vector Layer	变换矢量图层
	Create Polygon Labels	自动产生多边形标识点
	Raster to Vector	栅格－矢量转换
	Vector to Raster	矢量－栅格转换
	Start Table Tool	INFO 表格工具
	Zonal Attributes	区域属性
	ASCII to Point Vector Layer	由文本文件生成点状图层
	Recalculate Elevation Values	重新计算高程值
	Reproject Shapefile	重投影 Shapefile 数据
	Attribute to Annotation	矢量属性转换为注记图层

在 Select Layer To Add 对话框中进行如下操作。

① 确定文件路径（Look in）为 examples。

② 确定文件类型（Files of type）为 Arc Coverage。

③ 选择文件名称（File name）为 zone88。

④ 单击 OK 按钮（关闭 Select Layer To Add 对话框，打开矢量图层）。

⑤ 窗口中显示系统实例矢量图层 zone88。

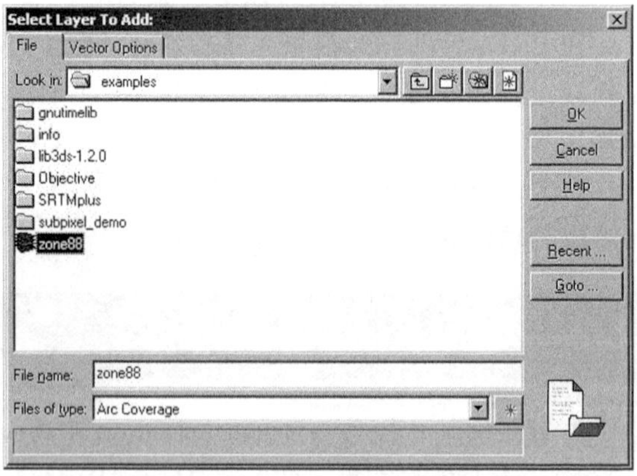

图 8-6　**Select Layer To Add 对话框（File 选项卡）**

8.3.2　改变矢量特性

一个矢量图层包括了很多要素，如点（Label 点、Tic 点、结点等）、线、面、属性、外边框等，而矢量要素特征是指各要素的显示特征。改变矢量要素特征（Change Vector Properties）就是要改变要素的显示方式（包括符号、颜色等）。下面以系统所提供的 zone88 图层文件为例，说明如何改变矢量图层的要素特征。

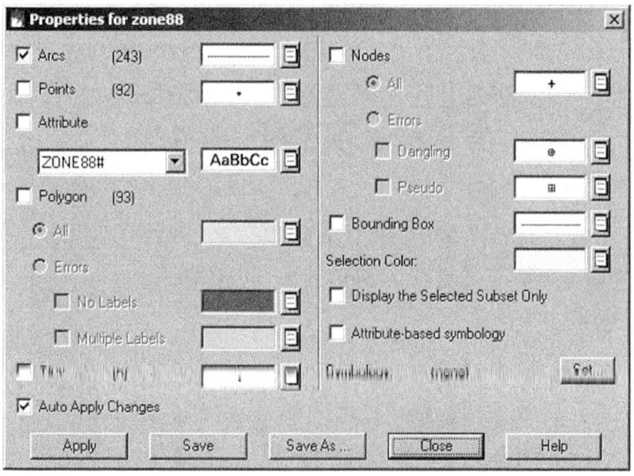

图 8-7 Properties 对话框

在显示 zone88 图层的菜单条中进行以下操作。

① 打开 Vector 菜单。

② 单击 Viewing properties 命令。

③ 打开 Properties 对话框（图 8-7）。

以上操作是通过显示 zone88 的菜单条，打开 Properties 对话框的。也可通过显示 zone88 的工具条，打开该对话框。

① 单击 Show Tool Palette 图标（或者单击 Vector | Tools 命令）。

② 打开 Vector 工具面板（图 8-8）。

③ 在 Vector 工具面板中单击 Show Vector Properties 图标，打开 Properties 对话框（图 8-7）。

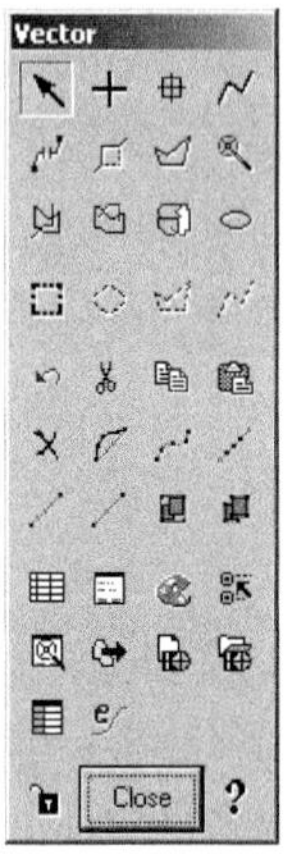

图 8-8 Vector 工具面板

在 Properties 对话框中，根据需要分别设置各个要素的符号特征（颜色、充填等），可以将所有特征的显示设置保存为一个符号文件（*.evs），以便多次调用（通过单击 Properties 对话框中的 Set 按钮来实现，被调用的符号文件名将显示于 Symbology 右侧）。需要注意的是，*.evs 文件有两种：一种是关于矢量图层各个要素显示与否、如何显示的*.evs；一种是对某要素基于属性值确定符号的.evs。如果通过 Set 按钮选择了后者，Attribute-based symbology 复选框会自动选中；如果不选中 Attribute-based symbology 复选框，则该*.evs 针对的要素将用同一种默认的符号显示。从这个角度讲，也可以说符号文件（*.evs）分为 Attribute-based symbology 和非 Attribute-based symbology 两种。

对于 Properties 对话框，还有以下几点需要说明。

① Bounding Box 是由图层中最左、最右、最上、最下的 Tic 点形成的图层外接矩形。

（2）对多边形来讲，如果选择显示 Errors，则正确的多边形便不再显示。

（3）对结点来讲，类似于多边形，如果选择显示 Errors，则正确的结点便不再显示。区别在于，只有当前图层处于可编辑状态，错误的结点才被显示，否则只能选择显示所有结点。

8.3.3 改变矢量符号

矢量特征（Vector Properties）设置是否显示某个要素及总体显示方式，而矢量符号（Vector Symbology）设置 Label 点、弧段、多边形、属性文本这 4 个要素的显示细节。从范围上讲，矢量特征（Properties）涉及的内容要多些；从显示方式上讲，矢量特征（Properties）涉及的更具宏观性。但两者之间是有密切联系的，如在 Properties 对话框中（图 8-7）可以直接调用已有的符号文件（*.evs 文件）。下面是改变矢量图层符号的操作过程。

第 1 步：打开 Symbology 对话框

尽管系统实例文件 zone88 中包含了多边形、Label 点及弧段，但从窗口中可以看到 zone88 默认显示的只有弧段（当然，这可以通过设置 Properties 而进行改变）。如果用户不仅要显示多边形，而且要使 zoning 字段不同的多边形显示不同的颜色，并不需要先在 Properties 设置中将多边形设为“显示”，然后再在 Symbology 中设置显示细节；只要在 Symbology 设置好显示细节并付诸应用后，多边形在 Properties 中的显示开关也将自动打开。

在打开的 zone88 矢量图层的窗口中进行如下操作。

① 单击工具条中的 Show Tool Palette 图标（或者单击菜单条的 Vector | Tools 命令）。

② 打开 Vector 工具面板（图 8-8）。

③ 单击 Vector 工具面板中的 Show Vector Symbology 图标（或者在菜单条中单击 Vector | Symbology 命令）。

④ 打开 Symbology 窗口（图 8-9）。

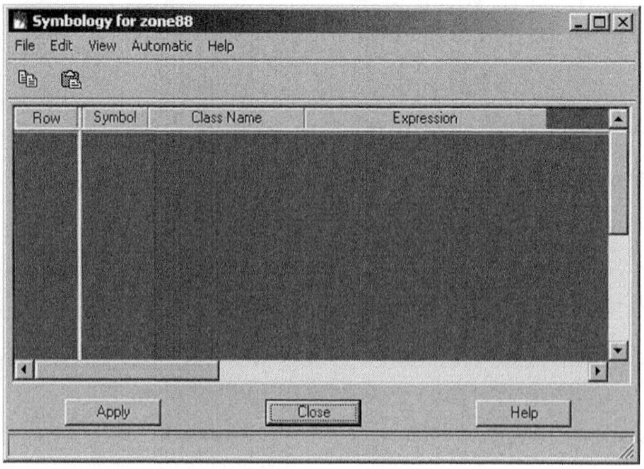

图 8-9 Symbology 窗口

第 2 步：确定要素类型

单击 Symbology 窗口的 View 菜单，可以看到 Point Symbology、Attribute Symbology、Line Symbology 和 Polygon Symbology 4 个菜单项。首先要在此处确定将对哪个要素进行符号设置，或者查看当前的符号是针对哪个要素的。下面将选择多边形要素进行符号设置。

在 Symbology 窗口中进行如下操作。

① 单击 View 菜单条命令，打开 View 下拉菜单。

② 选择 Polygon Symbology 菜单项。

第 3 步：产生新的符号

图 8-9 所示 Symbology 窗口的 Edit 菜单主要用以手动产生符号及编辑已有符号，而 Automatic 菜单主要用以自动产生符号，下面的步骤将使用 Automatic 菜单的自动功能。

在 Symbology 菜单条中进行如下操作。

① 单击 Automatic 菜单条命令。

② 打开 Automatic 下拉菜单。

③ 选择 Unique Value 菜单项。

④ 打开 Unique Value 对话框（图 8-10）。

⑤ 选择属性字段名（Attribute Name）为 ZONING。

⑥ 选中 Generate New Styles 复选框。

⑦ 单击 OK 按钮（关闭 Unique Value 对话框）。

⑧ 返回 Symbology 窗口。

⑨ 单击 Apply 按钮（应用符号设置）。

⑩ 窗口中的多边形以 ZONING 字段显示出不同的符号。

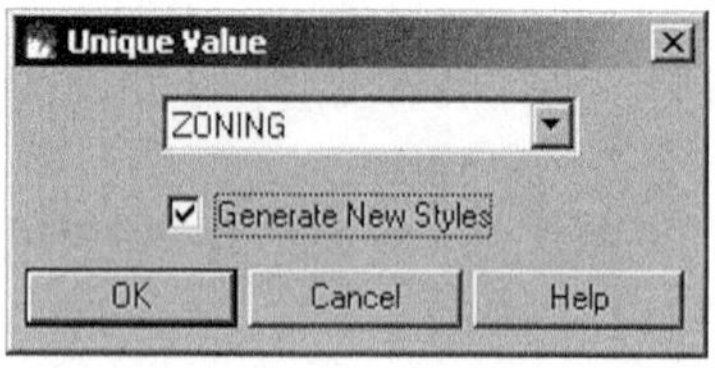

图 8-10 Unique Value 对话框

说明 1

如图 8-9 所示，Symbology 窗口的 Automatic 菜单有 3 个菜单项，分别对应 3 种自动产生符号的方法（表 8-3）。

表 8-3　Symbology 对话框自动产生符号的方法及简介

方法	简介
Equal Divisions	根据选定字段的值域范围进行等距划分
Equal Counts	按选定字段值从小到大进行划分，使落在各组的特征数相同
Unique Value	对选定字段的每个不同值都设一个不同的符号

说明 2

如图 8-10 所示，Unique Value 对话框的下拉选择框让用户选择将依据哪个字段进行符号设置。对 Generate New Styles 复选框的设置要说明以下几种情况。

(1) 如果 Symbology 对话框中原来没有符号类别存在，同时该复选框被选中，则新产生的每一个类别将有不同的符号。

(2) 如果 Symbology 对话框中原来没有符号类别存在，同时该复选框被选中，则新产生的每一个类别将有相同的符号。

(3) 如果 Symbology 对话框中原来有符号类别存在，同时该复选框被选中，则原来的类别及其符号将被新类别及其符号代替。

(4) 如果 Symbology 对话框中原来有类别存在，而同时该复选框没被选中，则新产生的类别将代替原来的类别。在类别的符号上如果新类别种类少，则（按从前到后的顺序）沿用原类别符号。如果新类别的种类更多，则除了沿用原类别的符号，新的符号将用统一的默认符号。

本例选中 Generate New Styles 复选框，使 ZONING 字段不同的多边形具有不同的符号。

第 4 步：进一步设计符号

以上设计的符号只涉及了颜色，没有涉及填充、边框等内容。下面将以 ZONING=15 的多边形为例讲解图形符号进一步设置的方法与操作。

在 Symbology 对话框菜单条中进行如下操作。

① 单击“类名为 15（处于第 14 行）的类”的 Symbol 列。

② 选择 As Is | Other 选项（图 8-11（a））。

③ 打开 Fill Style Chooser 对话框（图 8-11（b））。

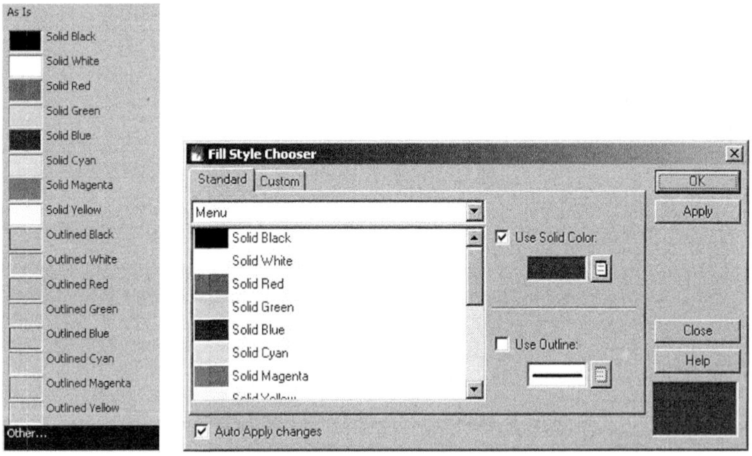

（a）　（b）

图 8-11　**Fill Style Chooser 对话框（Standard 选项卡）**

由于目前是对多边形进行符号设置，所以在上面几步操作后打开了 Fill Style Chooser 对话框。如果是针对弧段、点或者注记进行符号设置，将分别弹出 Line Style Chooser、Symbol Chooser、Text Style Chooser 等对话框。如图 8-11 所示，Fill Style Chooser 对话框有两个选项卡：Standard 与 Custom。在 Standard 选项卡和 Custom 选项卡中可以分别进行表 8-4、表 8-5 所列的各种设置。

表 8-4　Fill Style Chooser 对话框 Standard 选项卡功能简介

设置项	功能简介
下拉选择框 Menu	用以选择颜色模式（默认只有一个 Menu 颜色模式）。颜色模式下将显示该模式的各种颜色，单击任何一种颜色意味着 Use Solid color 复选框被选中，并且以被单击的颜色为填充色
Use Solid color	决定是否用纯色填充多边形。如果该复选框被选中，就可以单击其右下方的图标，打开 As Is 菜单，并从更多的颜色种类中进行充填色的选择。如果选择 Other 菜单项，将打开 Color Chooser 对话框来进一步设定使用的颜色（图 8-12、表 8-6）
Use Outline	决定多边形边界的线型。如果 Use Outline 复选框处于被选中状态，就可以单击其右下的图标，打开 As Is 菜单，并从更多的线型种类中进行线型的选择。或者选择 Other 菜单项，则打开 Line Style Chooser 对话框来设计更复杂的线型（图 8-13、表 8-7、表 8-8）
Auto Apply Changes	将使本对话框的设置效果立即反映到 Symbology 窗口中

注：Use Solid Color 和 Use Outline 复选框可以同时选中，也可以只选中一个，但不可以一个都不选。

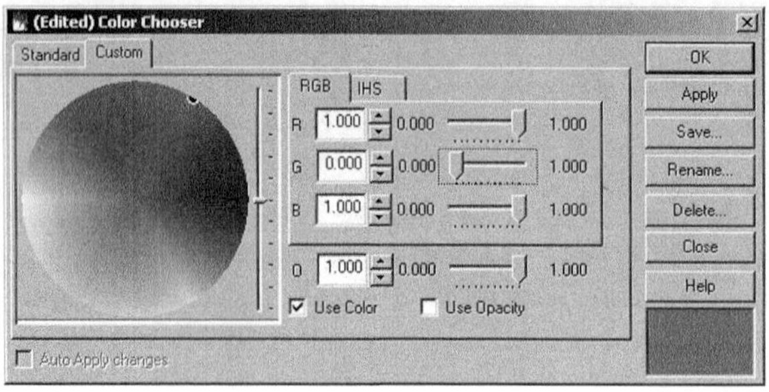

图 8-12　Color Chooser 对话框（Custom 选项卡）

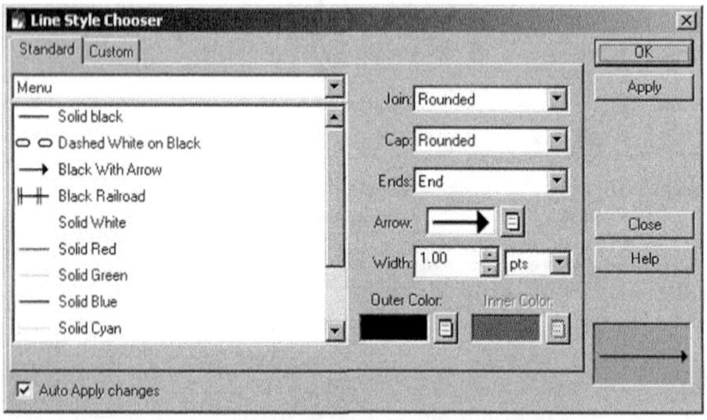

图 8-13　Line Style Chooser 对话框（Standard 选项卡）

表 8-5　Fill Style Chooser 对话框 Custom 选项卡功能简介

设置项	功能简介	
Use Solid color	如表 8-4 所列	
Use Outline	如表 8-4 所列	
Use Pattern	Symbol	确定填充符号。单击其右边的图标可以调出 As Is 菜单，以从更多的符号样式中选择。如果选择 Other 菜单项，则将调出 Symbol Chooser 对话框（图 8-14、表 8-9），以进行更复杂的符号设计
	X/Y Separation	定义符号填充时，各个符号间 X 方向与 Y 方向上的间距
Auto Apply Changes	将使本对话框的设置效果立即反映到 Symbology 窗口中	

注：Use Solid Color、Use Outline、Use Pattern 这 3 个复选框必须有一个处于被选中状态。

表 8-6　Color Chooser 对话框设置项简介（Custom 选项卡）

设置项	功能简介
Color Wheel RGB / HIS	通过这三者可以调整颜色。一是用鼠标拖动 Color Wheel 上的黑点从而改变颜色，用鼠标上下拖动颜色轮旁的游标以改变颜色的亮度；二是输入（或者拖动游标调整）红、绿、蓝值；三是输入（或者拖动游标调整）IHS 值。这 3 种方法的效果相同，而且是互动的
Use Color	决定是否可以调整颜色。颜色调整的前提条件即该复选框被选中
Use Opacity 及其输入框、拖游标	决定是否可以调整透明度（而不是“是否有透明度设置”，因为有时要改变的颜色本身有透明度设置）。如果要使颜色透明度可被改变，则必须选中 Use Opacity 复选框，然后拖动表示透明度的游标或者输入恰当的透明度值
Save	可以打开 Save Color 对话框（图 8-15），将调整好的颜色存储为已有颜色模式（如 General、Menu）中的一个颜色类（Item）
Rename	可以打开 Rename Category or Item 对话框（图 8-16），以改变各个颜色模式或者其中的颜色项的名字
Delete	可以打开 Delete Category or Item 对话框（图 8-17），以删除各个颜色模式或者其中的颜色项

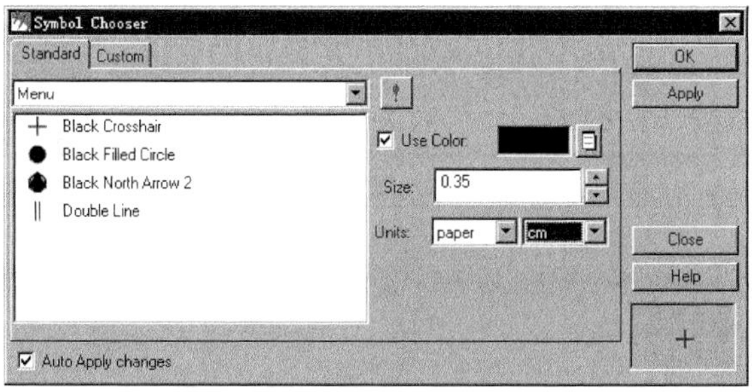

图 8-14　Symbol Chooser 对话框

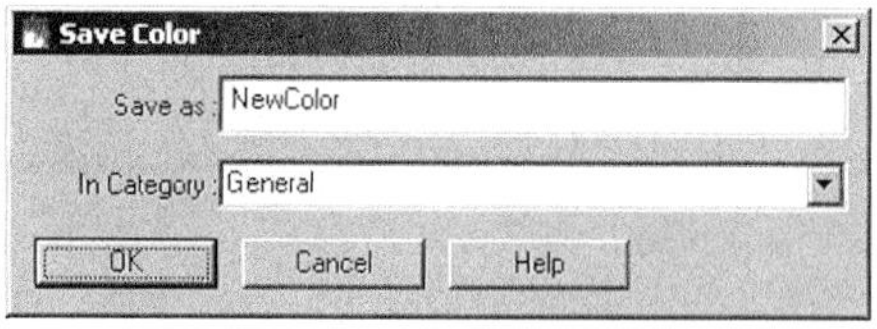

图 8-15　Save Color 对话框

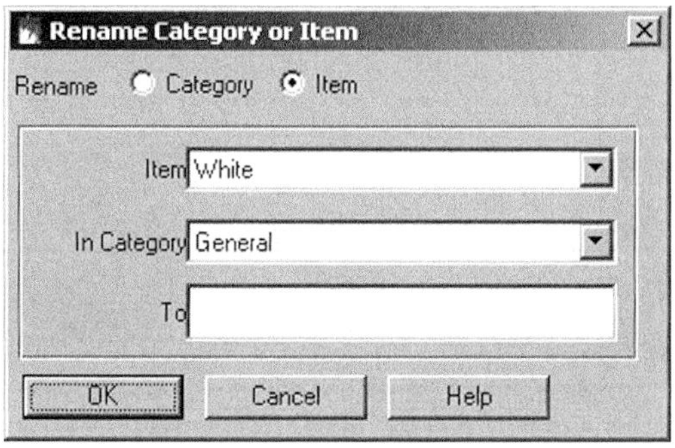

图 8-16　Rename Category or Item 对话框

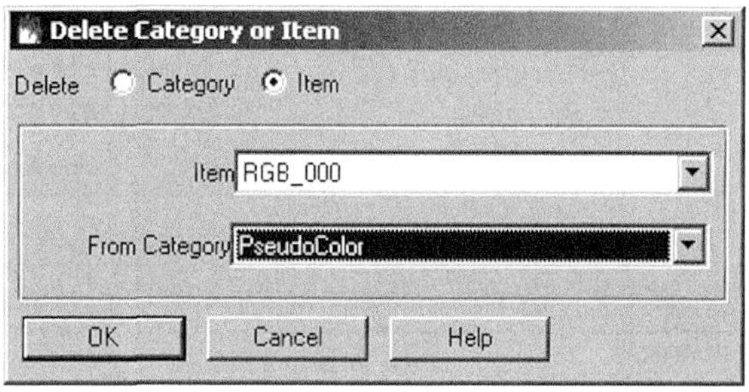

图 8-17　Delete Category or Item 对话框

表 8-7　Line Style Chooser 对话框 Standard 选项卡设置项简介

设置项	功能简介
下拉选择框 Menu	在确定一个线型模式后，从具体模式中选择一种线型
Width	线状符号的宽度
Outer color	线状符号的外部颜色，如果线状符号的内部宽度为 0（如 Solid Black），即为线状符号的颜色
Inner color	线状符号的内部颜色，只有线状符号的内部宽度不为 0（如 Dashed White on Black 线型）时才有效

续表

设置项	功能简介
Ends	线状符号的哪头有箭头
Arrow	箭头的样式。单击其右边的图标可以调出 As Is 菜单，以从更多的箭头样式中选择。如果选择 Other 菜单项，则将调出 Arrow Chooser 对话框（图 8-18、表 8-10），以设计更复杂的箭头
Join	确定两条线在结合处的模式，主要有以下 4 种（图 8-19） Rounded：指两条线的中线（线有宽度）的交叉点以线宽的一半为半径做圆从而将两条线结合起来 Bevel：两线交叉处被垂直于两线夹角一平分线的线切断 Mitre：两线交叉结束于两线外边界的自然交叉点 Butt：两条线各以矩形的方式延伸直到两线的中线相交
Cap	确定线型在非结合性结束处的模式，主要有以下 3 种（图 8-20） Rounded：指线的终点以线宽的一半为半径作圆从而将该线以一个半圆型结束 Butt：线以矩形的方式延伸，直到线的结束。如果有内线的存在，内线与外线以平齐的方式结束 Square：线以矩形的方式延伸，直到线的结束。如果有内线的存在，内线比外线短半个线宽

表 8-8　Line Style Chooser 对话框 Custom 选项卡设置项简介

设置项	功能简介	
Display Line	确定是否显示线型	
	Pattern	确定虚线符号和间隔的大小，其值是以线宽为单位的，并且允许小数值的使用 Mark：短划线的长度；Gap：短划线间的距离
	Outer Width	线的总宽度
	Inner Width	内线占整个线宽度的百分比
	其他	如表 8-7 所列及联机帮助
Use Symbol	确定是否使用符号	
	Spacing	符号沿线的间隔
	Offset	符号在线上或线下多少距离，0 表示符号正好压线
	其他	如表 8-7 所列及联机帮助

注：从叠加顺序来说，线是在符号的下面的。

表 8-9　Symbol Chooser 对话框功能简介（Standard 选项卡）

设置项	功能简介
下拉选择框 Menu	在确定一个符号模式后，从具体模式中选择一种符号。每个符号在选择列表中都是黑白二色，被选中后如果 Use Color 复选框未被选中，则表现为黑白二色
Use Color	如果 Use Color 复选框被选中，则符号的黑色部分将用右边 Use Color 确定的颜色以及透明度
Units Size	用来确定符号的尺寸大小。其中 Units 以 Map 为单位基础，即以矢量图代表的实际地理尺寸为基础。如符号尺寸单位设为 Map:m，大小设为 300，X/Y Separation 设为 3000/6000，表示一个符号的大小相当于实际的 300 米，而符号在横向间隔 3000 米、纵向间隔 6000 米。如果 Units 以 paper 为单位基础，则符号大小不是一个绝对概念，随着屏幕的放大，符号的大小及填充密度不变。这里需要结合作图的部分对各个具体单位进行详细设置
Auto Apply Changes	将使 Symbol Chooser 的设置效果立即反映到 Fill Style Chooser 上

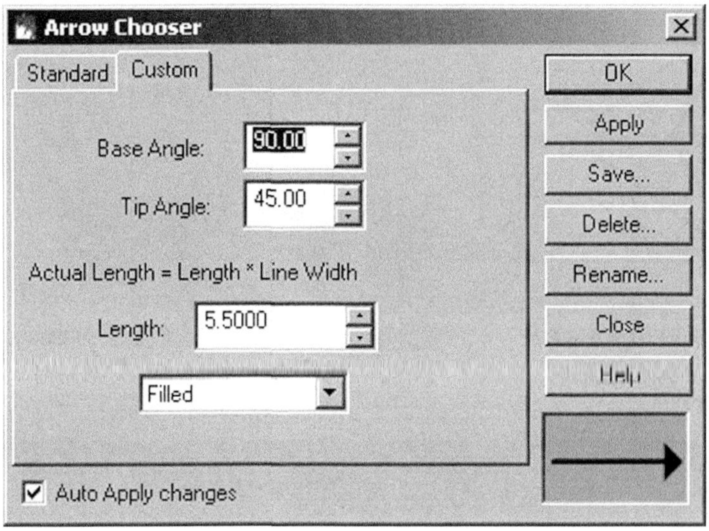

图 8-18 **Arrow Chooser 对话框**

表 8-10 Arrow Chooser 对话框设置项简介

设置项	功能简介	
Standard	可以在确定一个箭头模式后从具体模式中选择一种	
Custom	和 Color Chooser 对话框一样，也有 Save、Delete、Rename 等功能按钮，其用法相同。在 Standard 选项卡中选择一个线型，然后切换到 Custom 选项卡，此时的基础线型为刚才所选择的线型	
	Base Angle	各设置项含义如图 8-21 所列。Length 是以单位线宽为单位的
	Tip Angle	
	Length	
	下拉选择框	可以选择箭头的 Filled、Unfilled、Stick 类型（图 8-22）
Auto Apply Changes	将使 Arrow Chooser 对话框的设置效果立即反映到 Line Style Chooser 对话框	

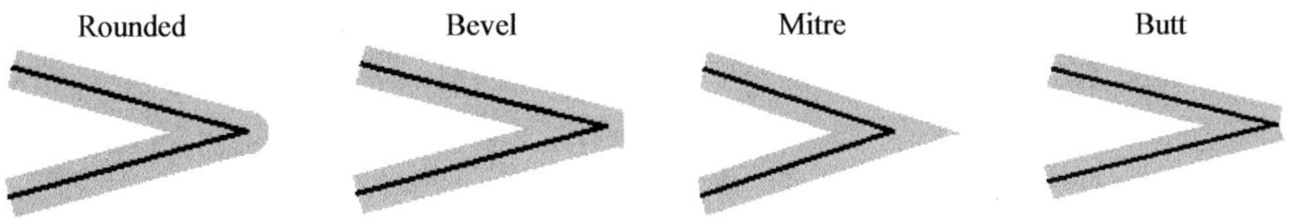

图 8-19 **Line Style Chooser 对话框中的 4 种 Join 模式**

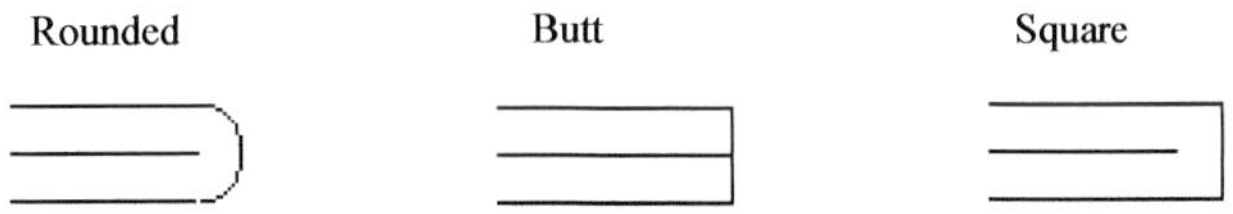

图 8-20 **Line Style Chooser 对话框中的 3 种 Cap 模式**

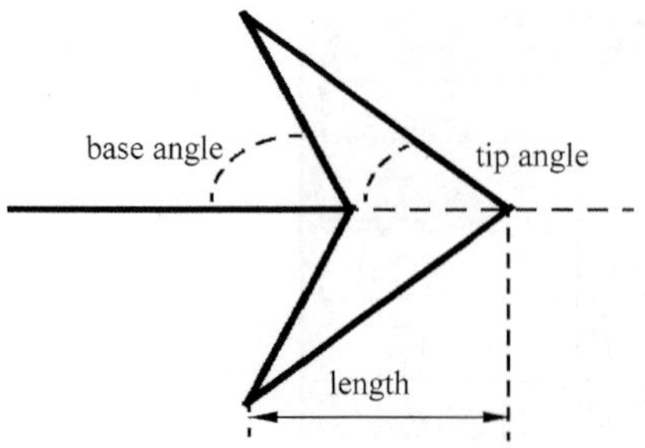

图 8-21　箭头的 **Base Angle**、**Tip Angle** 和 **length** 参数

图 8-22　箭头的 **3** 个类型（**Filled**、**Unfilled**、**Stick**）

8.4　要素选取与查询

8.3 节介绍了根据矢量图层属性设置图形符号，本节主要讲述如何使用默认选择工具，从矢量图层中选择感兴趣的要素并查看其属性值（View Attributes of Selected Features）、多种工具选择要素（Use Other Tools to Select Features）、判别函数选择要素（Use Criteria Function to Select Features）及显示矢量图层信息（Display Vector Layer Info）。

8.4.1　查看选择要素属性

查看选择要素属性（View Attributes of Selected Features）的基本操作过程如下。

第 1 步：选择要素（Select Features）

在打开 zone88 矢量图层的窗口中进行如下操作。

① 单击工具条中的 Show Tool Palette 图标 (或者单击菜单条中的 Vector | Tools 命令)。

② 打开 Vector 工具面板（图 8-8）。

③ 单击 Vector 工具面板中的 Transform Selection 图标 。

④ 在窗口中单击选择对矢量图层中感兴趣的要素。

如果想在矢量图层中同时选择多个多边形、多个线段以及多个 Label 点和 Tic 点（Node 点是不可选的），只要在单击要素的同时按住 Shift 键即可。

如果想撤销对要素的选择，只要在选择要素之外的区域（如外多边形）上单击即可。

需要说明的是，在窗口中设置为“不显示”的图形要素是不能被选择的。

第 2 步：查看属性（View Attributes）

在打开 zone88 矢量图层的窗口中执行第 1 步选择要素之后，进行如下操作。

① 单击 Vector 工具面板中的 Show Vector Attributes 图标 (或者单击菜单条中的 Vector | Attributes 命令)。

② 打开矢量图层属性表窗口（图 8-23）。

图 8-23 所示属性表窗口的 View 菜单有 Point Attributes、Line Attributes、Polygon Attributes、Tic Attributes 4 个菜单项。选择哪一项，则显示哪一项的属性表。这 4 项也是与第 1 步所述的 4 个可选要素是相对应的。属性表中用黄色（默认状态）标注出来的记录，就是在第 1 步所选择的要素的属性。

在属性表中可以浏览任何要素的属性并进行选择。一般来说，属性表与窗口中的图层是关联的。如果在属性表中进行要素选择，窗口中也会相应地发生变化。但如果某要素在窗口中由于 Properties 的设置是不可见的，则属性表中要素的选择在窗口中将得不到表现。

除了在图形窗口用鼠标单击选择要素外，在属性表中可以通过两种方法选择要素：一是借助属性表 Edit 菜单中的菜单命令，二是用右击属性表 Record 字段列激活 Row Selection 菜单来选择（见 8.4.3 节），Row Selection 菜单中的 Sort 命令也是一个常用的工具。

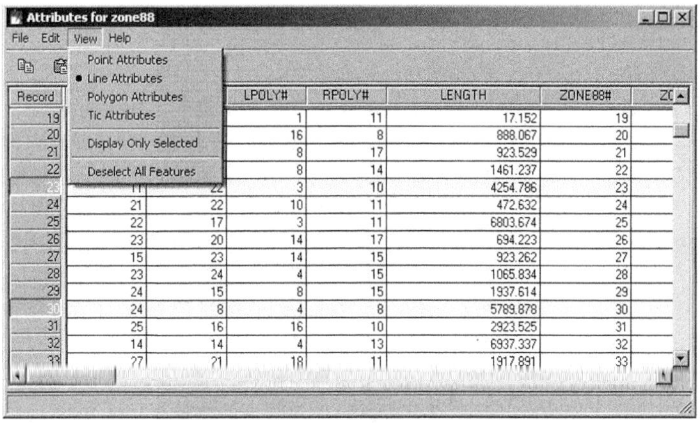

图 8-23 矢量图层属性表窗口

8.4.2 多种工具选择要素

如图 8-8 所示，在矢量工具面板中还有很多有关图形要素选择的工具，本节将主要说明通过多种工具选择图形要素（Use Other Tools to Select Features）的操作过程。

第 1 步：打开工具面板（Tool Palette）

在打开 zone88 矢量图层的窗口中进行如下操作。

① 单击工具条中的 Show Tool Palette 图标（或者单击菜单条中的 Vector | Tools 命令）。

② 打开 Vector 工具面板（图 8-8）。

第 2 步：选择环境设置（Vector Options）

在打开 zone88 矢量图层的窗口中进行如下操作。

① 单击 Vector 工具面板中的 Show Vector Options 图标（或者单击菜单条中的 Vector | Options 命令）。

② 打开 Vector Options 对话框（图 8-24）。

③ 选中 Node Snap 复选框，并设置距离（Dist）为 30.0226。

④ 选中 Arc Snap 复选框，并设置距离（Dist）为 30.0226。

⑤ 选中 Weed 复选框，并设置距离（Dist）为 30.0226。

⑥ 输入编辑误差（Grain tolerance）为 30.0226。

⑦ 选中 Contained In 单选按钮。

⑧ 单击 Apply 按钮（应用参数设置）。

⑨ 单击 Close 按钮（关闭 Vector Options 对话框）。

图 8-24 Vector Options 对话框

如图 8-24 所示，在 Vector Options 对话框中有多个设置项，表 8-11 是对这些设置项的简介。

表 8-11 Vector Options 对话框设置项简介

设置项	功能简介
Node Snap	ArcGIS 的数据模型要求弧段的结束点必定是一个结点。当该复选框被选中后，如果一个新产生或者正被编辑的弧段没有结束于一个已经存在的结点，该弧段的终点将在设置的 Node Snap 距离内搜索结点，并连接到在此距离内离它最近的结点。Node Snap 过程相当于是为弧段的“由于未与其他弧段相交（如露头或者不到）而不成结点的终点”找其他结点进行并入的过程

续表

设置项	功能简介
Arc Snap	如果一个新产生或者正被编辑的弧段没有结束于一个已经存在的结点，该弧段的终点将在设置的 Arc Snap 距离内搜索弧段并与距离它最近的弧段相连，一个新的结点将因此产生。Arc Snap 相当于是一个弧段的“由于未与其他弧段相交（如露头或者不到）而不成结点的终点”找另一个弧段形成新结点的过程
Weed	是处理弧段中间点的，沿一个弧段的任何两个中间点的距离至少得是 Weed 确定的距离。对已经生成的 Arc 进行 Weeding，该设置将使小于该距离的中间点基于 Douglas-Peucker 算法进行合并（一个综合的过程）。对正在生成的弧，与前一个中间点的距离小于 Weed 值的中间点将不被考虑
Grain tolerance	弧段中相邻中间点的距离。该值一般用于平滑弧段或者加密弧段。它影响新产生的弧段，但在对已有弧段加密时不影响该弧段的形状。注意，Grain tolerance 与 Weed 在含义上相近，但应用的操作范围不同
Intersect	用选取框选择要素时，所有与选取框相交以及包含在选取框内的要素都被选中
Contained In	用选取框选择要素时，只有包含在选取框内的要素才被选中

第 3 步：确定选择工具并选择要素（Select Features）

在打开 zone88 矢量图层的窗口中进行如下操作。

① 单击 Vector 工具面板中的 Select Features with Rectangular 图标 。

② 按住鼠标左键在窗口中拖画出一个矩形（如果同时按住 Shift 键，将画出正方形）。

③ 所包含在矩形内、在元素特性设置中处于显示状态的要素都被选中（黄色显示）。

④ 单击 Vector 工具面板中的 Show Vector Attributes 图标 （或者单击菜单条中的 Vector | Attributes 命令）。

⑤ 打开矢量图层属性表窗口（图 8-23）。

⑥ 所有被选择要素的属性记录在属性表中以黄色显示。

如图 8-8 所示，Vector 工具面板中还有其他几种要素选取工具，其操作过程与上述矩形选择框类似，下面对其功能做简单介绍（表 8-12）。

表 8-12　几种矢量要素选取工具的简介

工具图标	功能简介
	本选取工具是画椭圆（同时按住 Shift 键将画出圆）区域来选择图形要素。与矩形选择工具 相似，受本节第 2 步所设置选择环境的影响
	本选取工具是画多边形区域来选择图形要素的。与矩形选择工具 相似，受本节第 2 步所设置选择环境的影响
	本选取工具是选取与所画线相交的“在元素特性设置中处于显示状态”的线要素或者面要素。注意，本选取工具的名字只写了线要素，其实它一样可以选择面要素。本工具不受选择环境设置的影响

8.4.3 判别函数选择要素

前面阐述了如何在窗口中应用选取工具选择要素，本节将结合实例讲述在矢量数据的属性窗口中用判别函数选择要素（Use Criteria Function to Select Features）的方法与过程。

第 1 步：打开判别函数对话框（Selection Criteria）

在打开 zone88 矢量图层的窗口中进行如下操作。

① 单击工具条中的 Show Tool Palette 图标 （或者单击菜单条中的 Vector | Tools 命令）。

② 打开 Vector 工具面板（图 8-8）。

③ 单击 Vector 工具面板中的 Show Vector Attributes 图标 （或者单击菜单条中的 Vector | Attributes 命令）。

④ 打开矢量图层属性表窗口（图 8-23）。

⑤ 在属性表窗口菜单条中单击 View | Polygon Attributes 命令。

⑥ 在属性表 Record 字段列上右击。

⑦ 打开 Row Selection 快捷菜单。

⑧ 单击 Criteria 命令。

⑨ 打开判别函数对话框（图 8-25）。

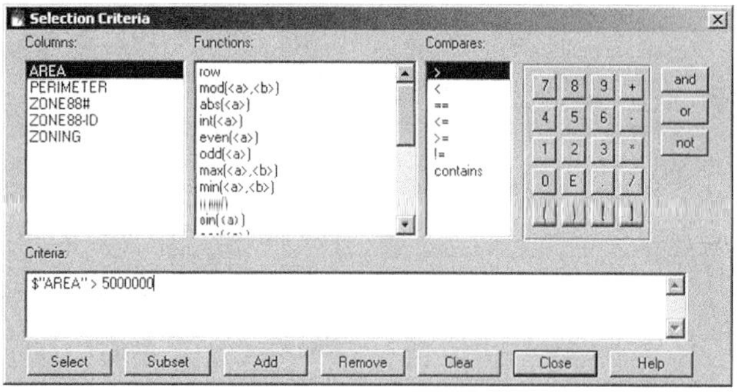

图 8–25　判别函数对话框

下面将选择面积大于 5000000 平方英尺的多边形。由于是对多边形进行判别函数的构造，所以在调出判别函数对话框以前，要确保属性表中的 View 菜单选择了 Polygon Attributes 选项，这样，判别函数对话框中才会显示多边形的属性项。

第 2 步：构造判别函数表达式（Criteria Function）

在图 8-25 所示的判别函数对话框中进行如下操作。

① 双击 Columns 列表框内的 AREA 属性项。

② 双击 Compares 列表框内的“>”符号。

③ 通过判别函数对话框右侧的数字键盘输入“5000000”（也可通过键盘手工输入）。

④ 判别函数对话框中的 Criteria 文本区将出现一个判别式 $"AREA" > 5000000。

说　明

上面所构造判别函数表达式只是一个简单的例子，其实判别函数对话框可以构造更复杂的判别函数。复杂判别函数的构造主要从以下几个方面来实现。

① 通过判别函数对话框中的 and、or、not 对判别式进行交、并、否操作。

② 函数功能的使用：如 row 表示要素在属性表中的记录号，而 row > 25 可以选出记录号大于 25 的所有要素。Convert(<a>,<from>,<to>)是将第一个参数的单位由 from 变为 to，这样 convert($"AREA",meter,kilometer) > 5000 可以选出所有面积大于 5000000 个原始单位的多边形。format（<a>）是将参数 a 由数字型变为字符串型，而 format（$"ZONING"）contains "1"可以找出所有“ZONING”中包含 1 的要素。even（<a>）表示选择所有项 a 为偶数的要素，如 even（$"ZONING"）将选择所有 ZONING 为偶数的要素。

③ 数字键盘功能的使用。从数字键盘不仅可以输入数字，而且可以输入+、–、*、/等几个运算符以及小数点、小括号、中括号和 10 次幂符号，如 5E5 表示 500000。

第 3 步：执行要素选择（Select Features）

在图 8-25 所示的判别函数对话框进行如下操作。

① 单击对话框下面的 Select 按钮。

② 属性表中面积大于 5000000 的多边形将被选择出来，对应的记录用黄色显示。

③ 图形窗口中，如果多边形要素被显示的话，被选择多边形同样用黄色显示。

说 明

上述 Select 是基于目前的判别函数进行选择的，另外还有多个不同的选择方法。Subset 是在目前的选择集中再进行选择。Add 是“基于目前的判别函数”在“目前选择集的补集”中选择新的要素并与当前选择集合并成新的选择集。Remove 是“基于目前的判别函数”在“目前选择集”中选择新的要素并将其从当前选择集中清除出去。Clear 是将目前的选择函数清除，以输入新的选择函数。

8.4.4 显示矢量图层信息

对应于栅格图像的 ImageInfo 工具和 ArcGIS 的 Describe 命令，ERDAS 用 VectorInfo 工具来显示矢量图层信息、改变图层投影、定义新的图层投影信息。

通过以下两个途径可以打开 VectorInfo 窗口并显示矢量图层信息。

（1）矢量图层信息显示途径之一

在 ERDAS 图标面板菜单条中单击 Main | Vector 命令，打开 Vector Utilities 对话框（表 8-2 左列）；或在 ERDAS 图标面板工具条中单击 Vector 图标，打开 Vector Utilities 对话框（表 8-2 左列）。

① 单击 Display Vector Layer Info 按钮。

② 打开无内容的 VectorInfo 窗口。

③ 在 VectorInfo 窗口菜单条单击 File | Open 命令。

④ 打开 Open Vector Coverage 对话框。

⑤ 在 Look in 文本框中确定矢量图层所在目录，然后选中要显示的矢量图层。

⑥ 在 File name 文本框中显示矢量图层名称。

⑦ 单击 OK 按钮（关闭 Open Vector Coverage 对话框）。

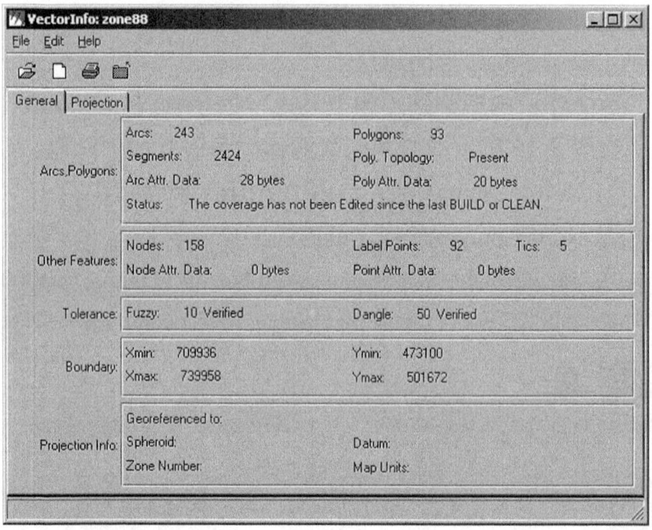

图 8-26 显示有图层信息的 VectorInfo 窗口（General 选项卡）

⑧ 显示有图层信息的 VectorInfo 窗口（图 8-26）。

（2）矢量图层信息显示途径之二

在打开 zone88 矢量图层的窗口中进行如下操作。

① 单击菜单条的 Utility | Layer Info 命令。

② 打开显示图层信息的 VectorInfo 窗口（图 8-26）。

图 8-26 所示的 VectorInfo 窗口与 8.10.1 节中的 Table Tool 窗口相似，通过单击其工具条中的图标可以进一步打开一个 VectorInfo 窗口，这样可以同时为多个文件打开多个 VectorInfo 窗口。而图标可以将当前的 VectorInfo 窗口关闭，如果想关闭所有 VectorInfo 窗口，单击菜单条 File|Close all 命令即可。

VectorInfo 窗口有两个选项卡，Projection 选项卡显示了投影参数，依投影类型不同，这些参数也不相同；而图 8-26 所示的 General 选项卡描述了表 8-13 所列的信息。

表 8-13　VectorInfo 窗口 General 选项卡简介

描述区	描述项	描述项含义
Arcs，Polygons	Arcs	当前图层的弧段数
	Polygons	当前图层的多边形数
	Segments	当前图层的线段数（相邻的中间点、相邻的结点、相邻的中间点与结点都组成了一个线段）
	Poly. Topology	有无多边形拓扑
	Arc Attr. Data	弧段属性数据的字节数
	Poly Attr. Data	多边形属性数据的字节数
	Status	报告是否需要执行 Build 或者 Clean 操作
Other Features	Nodes	当前图层的结点数
	Label Points	当前图层的 Label 点数
	Node Attr. Data	结点属性数据的字节数
	Point Attr. Data	点属性数据的字节数
	Tics	当前图层的 Tic 点数
Tolerance	Fuzzy	模糊容限值的大小及其是否被应用过*
	Dangle	悬挂长度容限值及其是否被应用过**
Boundary	Xmin	图层的最小 X 值
	Ymin	图层的最小 Y 值
	Xmax	图层的最大 X 值
	Ymax	图层的最大 Y 值
Projection Info②	Georeferenced to	地图投影名称
	Spheroid	参考椭球体名称
	Zone Number	地图投影分带号
	Datum	大地水准面名称
	Map Units	图层使用的地图单位

注：* 被应用过（Verified）表示该图层曾基于该值进行过处理，否则为没有被应用过（Unverified）。

** 如果没有投影信息，可以通过 Edit|Add Coverage Projections 命令来加载投影信息，也可以通过 Edit|Re-project the Coverage 命令来改变投影信息。

8.5　创建矢量图层

本章前面对已有矢量图层信息的符号显示、要素选择、属性查询等操作进行了说明，本节主要说明矢量图层的创建(Create New Vector Layers)。首先介绍创建矢量图层的基本方法(Basic Method for Creating Vector Layers)，然后分别说明由 ASCII 文件创建点图层(Import ASCII File To Point Coverage)、镶嵌多边形矢量图层 (Mosaic Polygon Coverage)、创建矢量图层子集(Subset Vector Layer）等常用操作。

8.5.1　创建矢量图层的基本方法

下面通过例子讲述如何创建一个新的矢量图层的基本方法。具体思路是从已有矢量图层中复制一些要素到新创建的图层。这个过程不仅包括空间位置数据的复制，也包括属性数据的复制。

第 1 步：在窗口 1 中打开源图层，打开窗口 2 用于显示新图层

首先，在 ERDAS 图标面板中单击 Viewer 图标两次，打开两个视窗（Viewer #1/ Viewer #2），并将两个窗口平铺放置，操作过程如下。

在 ERDAS 图标面板菜单条中单击 Session | Tile Viewers 命令；然后，在 Viewer #1 中打开参考图像文件为 germtm.img，并选择 fit to frame 选项；并在 Viewer #1 中打开矢量图层源文件为 zone88，取消选中 Clear Display 复选框；在 Viewer #2 中打开参考图像文件为 germtm.img，并选择 fit to frame 选项。

第 2 步：在窗口 2 中创建新图层，确定其目录、文件及精度

在仅显示参考图像的窗口 2 菜单条中进行如下操作。

① 单击 File | New | Vector Layer 命令。

② 打开 Create a New Vector Layer 对话框（图 8-27）。

③ 确定新图层的位置目录（Look in）及其文件名（File name）为 zone88subset。

④ 单击 OK 按钮（关闭 Create a New Vector Layer 对话框）。

⑤ 打开 New Arc Coverage Layer Option 对话框（图 8-28）。

⑥ 选中 Single Precision 单选按钮（设置为单精度）。

⑦ 单击 OK 按钮（关闭 New Arc Coverage Layer Option 对话框）。

⑧ 创建一个名为 zone88subset 的新图层。

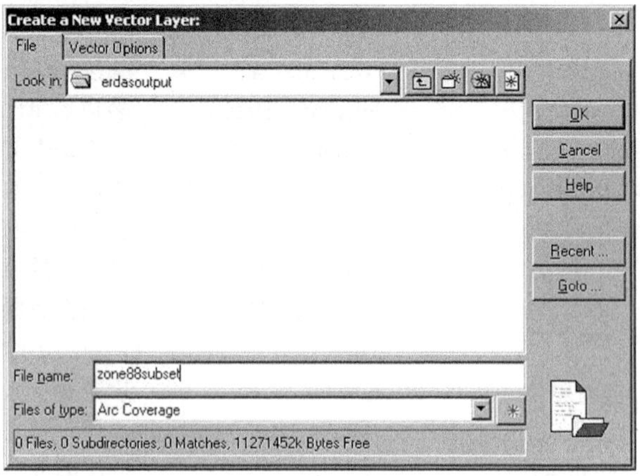

图 8-27　Create a New Vector Layer 对话框

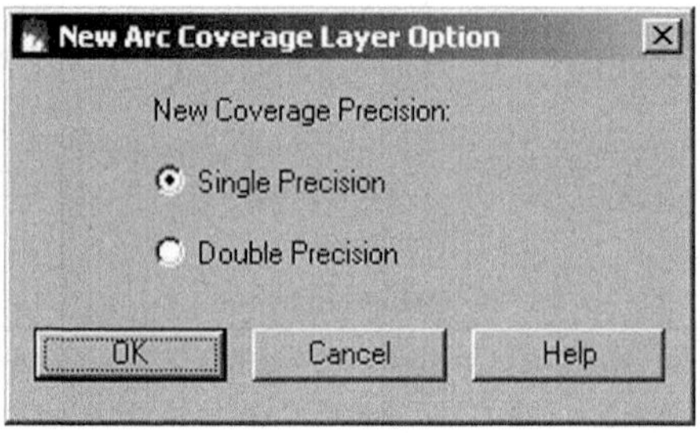

图 8-28　New Arc Coverage Layer Option 对话框

上述操作创建了一个新图层 zone88 subset，不过这个图层的内容是空的，下面将从源图层文件 zone88 中向 zone88subset 复制一些要素。

第 3 步：在源图层文件中选择要素

在显示参考图像与源图层文件 zone88 的窗口 1 中进行如下操作。

① 单击 Vector | Viewing Properties 命令。

② 打开 Properties 对话框（图 8-7）。

③ 选中 Points 复选框，以便在窗口中显示 Label 点。

④ 单击 Apply 按钮。

⑤ 单击 Close 按钮（关闭 Properties 对话框）。

⑥ 按住 Shift 键，在窗口 1 中选择几个 Label 点。

⑦ 被选择的 Label 点在窗口中用黄色（默认）显示。

第 4 步：将选中要素的属性输出到文件

在显示参考图像与源图层文件 zone88 的窗口 1 中进行如下操作。

① 单击 Vector 工具面板中的 Show Vector Attributes 图标 ▦（或者单击菜单条中的 Vector

| Attributes 命令)，打开矢量图层属性表对话框（图 8-23）。

② 单击选择属性表 View | Point Attributes 命令。

③ 选中的 Label 点对应的记录在属性表中显示为黄色（默认）。

④ 单击 zone88 属性表的 ZONNIG 字段，使 ZONNIG 列处于被选状态。

⑤ 右击 ZONNIG 字段名，打开 Column Options 快捷菜单。

⑥ 选择 Export 菜单项，打开 Export Column Data 对话框（图 8-29）。

⑦ 定义输出文件名（Export To）为 zoning.dat。

⑧ 单击 Options 按钮（确定输出文件存储格式），打开 Export Column Options 对话框（图 8-30）。

⑨ 确定输出文件分割字符类型（Separator Character）为 Comma。

⑩ 确定输出文件结尾字符类型(Term- inator Character）为 Return+Line Feed(DOS)。

⑪ 确定输出文件记录跳过行数（Number of Rows To Skip）为 0。

⑫ 单击 OK 按钮(确认参数设置，关闭 Export column Options 对话框)，返回 Export Column Data 对话框（图 8-29）。

⑬ 单击 OK 按钮(执行数据输出，关闭 Export Column Data 对话框)。

⑭ 输出选择 Label 点属性数据文件 zoning.dat。

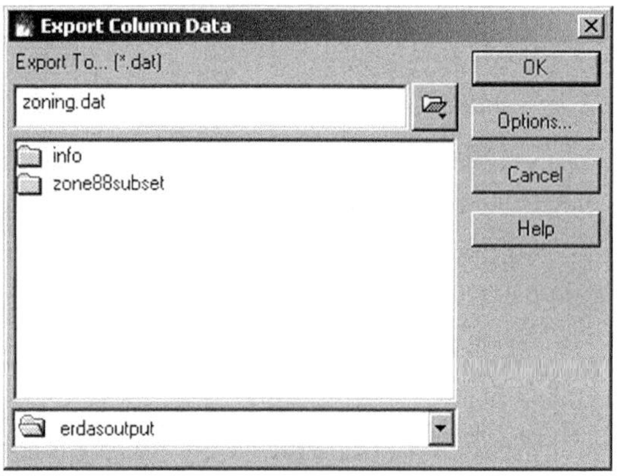

图 8-29 **Export Column Data 对话框**

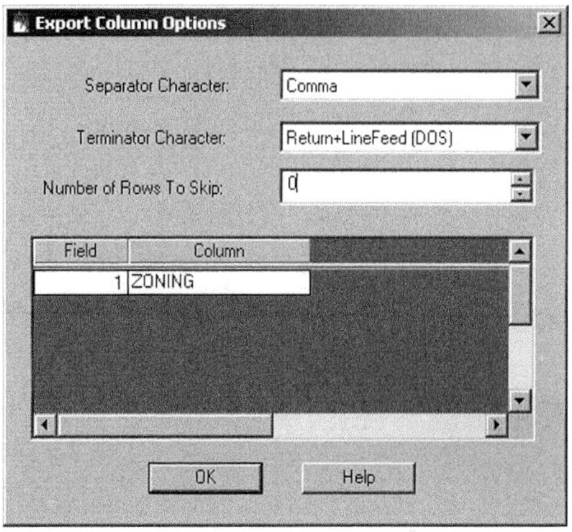

图 8-30 **Export Column Options 对话框**

说 明

Export 是将选择集中要素的选中列（一个或者多个）的属性值输出到一个文本文件中去，可以用 Word 以纯文本方式打开该文件，以便更好地理解图 8-30 所示的设置。

第 5 步：将空间数据复制到创建的新图层

在显示源图层文件 zone88 的窗口 1 和显示参考图像的窗口 2 中进行如下操作。

① 单击窗口 1 矢量工具面板中的 Copy Feature 图标 。

② 单击窗口 1 菜单条 Vector | Enable Editing 命令（进入矢量编辑状态）。

③ 单击窗口 2 矢量工具面板中的 Paste Feature 图标 。

④ 将窗口 1 原文件中选择的点要素复制到视窗 1 中的新文件。

⑤ 单击窗口 2 菜单条 File | Save | Top Layer 命令（保存复制要素）。

第 5 步操作是将 zone88 中所选的 Label 点复制到了 zone88subset 中并做保存。第 6 步操作将通过临时文件 zoning.dat 为中介，给 zone88subset 的 Label 点增加 zoning 字段及内容。

第 6 步：查看新图层属性并增加属性字段

在显示参考图像和创建新图层文件 zone88subset 的窗口 2 中进行如下操作。

① 单击工具条中的 Show Tool Palette 图标 (或者单击菜单条中的 Vector | Tools 命令)，打开 Vector 工具面板（图 8-8）。

② 单击 Vector 工具面板中的 Show Vector Attributes 图标 (或者单击菜单条中的 Vector | Attributes 命令)，打开创建新矢量图层 zone88subset 的属性表（图 8-23）。

③ 单击属性表菜单 View | Point Attributes 命令（查看 zone88subset 的 Label 点属性，所有 Label 点只有位置信息）。

④ 单击属性表菜单 Edit | Create Attributes 命令（zone88subset 的 Label 点属性表增加了许多新信息）。

⑤ 单击属性表 Edit | Column Attributes 命令，打开 Column Attributes 对话框（图 8-31）。

⑥ 单击对话框左下角的 New 按钮，增加一个新属性字段。

⑦ 依次定义新属性字段的下列信息。

a. 字段名（Title）为 zoning。

b. 字段类型（Type）为 Integer。

c. 字段精度（Precision）为 Single。

d. 字段宽度（Display Width）为 12。

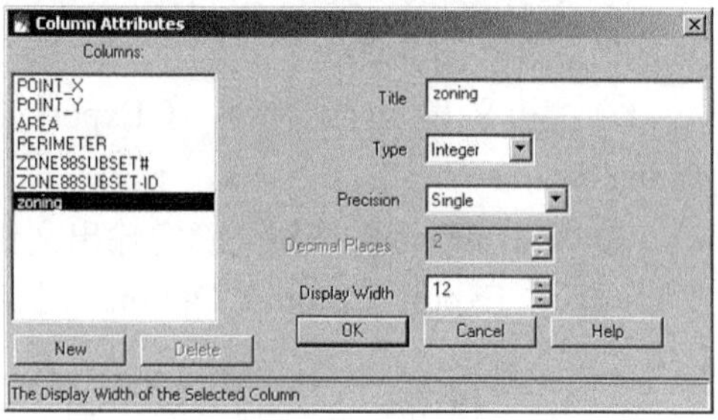

图 8-31 **Column Attributes 对话框**

⑧ 单击 OK 按钮（增加新字段，关闭 Column Attributes 对话框）。

⑨ 返回图层 zone88subset 的属性表（图 8-23）。

说明 1

在 zone88subset 属性表中，zoning 是用户自己加入的字段。在加入 zoning 以前，必须保证图层所有的系统字段存在，包括 Label 点 X 和 Y 位置字段、面积、周长、内部号和用户编码（POINT-X、POINT-Y、AREA、PERIMETER、ZONE88SUBSET#、ZONE88SUBSET-ID）等，其中，前两项是系统自动产生的默认字段，而后面的字段是通过 Create Attributes 操作产生的。

说明 2

在 Column Attributes 对话框中，单击 Delete 按钮可以删除字段，但系统默认字段不可删除。而且，如果图层有未被保存的变化，则该按钮将处于不可用状态。

第 7 步：将文本文件内容输入为新图层的属性值

下面将把存放在 zoning.dat 文件中的属性值读入到 zone88subset 的 zoning 字段中。

在 zone88subset 属性表菜单条（图 8-23）中进行如下操作。

① 单击 zone88subset 属性表 View | Point Attributes 命令。

② 单击 zoning 字段列，使其处于被选中状态。

③ 右击 zoning 字段列，打开 Column Options 快捷菜单。

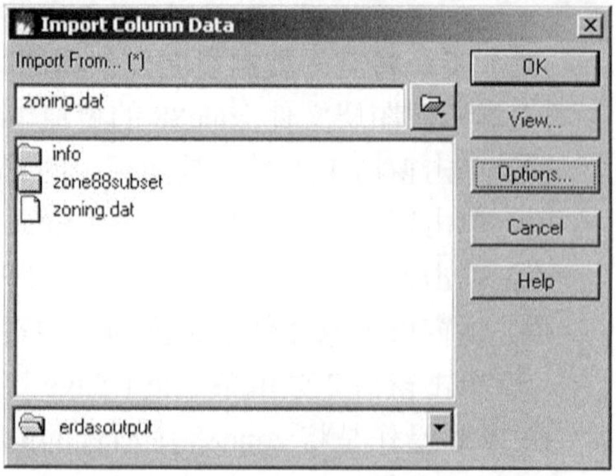

图 8-32 **Import Column Data 对话框**

④ 单击 Import 命令，打开 Import Column Data 对话框（图 8-32）。

⑤ 确定输入文件名（Import From）为 zoning.dat。

⑥ 单击 Options 按钮（确定输入文件存储格式），打开 Import Column Options 对话框（图 8-33）。

⑦ 确定输入文件分隔字符类型（Separator Character）为 Comma。

⑧ 确定输入文件结尾字符类型（Terminator Character）为 Return。

⑨ 确定输入文件记录跳过行数（Number of Rows To Skip）为 0。

⑩ 单击 OK 按钮（确认参数设置，关闭 Import Column Options 对话框）。

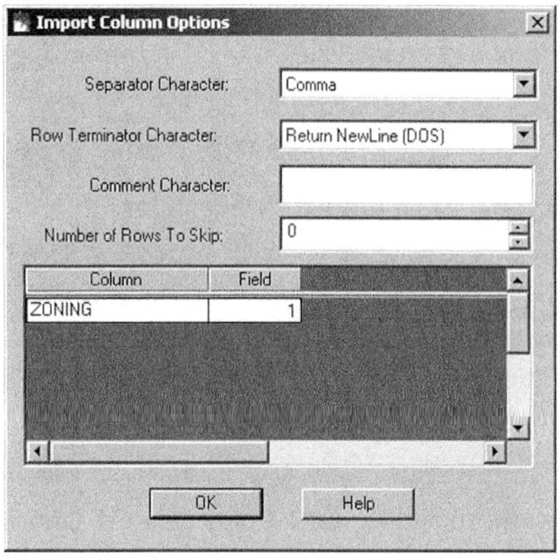

图 8-33 Import Column Options 对话框

⑪ 返回 Import Column Data 对话框（图 8-32）。

⑫ 单击 OK 按钮（执行数据导入，关闭 Import Column Data 对话框）。

⑬ 将数据文件 zoning.dat 输入到 Label 点属性表中。

⑭ 从属性表中可以看到所有 Label 点都有了 zoning 值。

第 8 步：保存结果

在显示参考图像和创建新图层文件 zone88subset 的窗口 2 中进行如下操作。

① 单击选择窗口 2 菜单 File | Close 命令。

② 打开 Verify Save on Close 对话框。

③ 单击 OK 按钮（保存新矢量图层）。

8.5.2 由 ASCII 文件创建点图层

由 ASCII 文件创建点图层（Import ASCII File To Point Coverage）功能可以基于存储有点状地物坐标值的文本文件创建点图层（Point Coverage），下面是具体实施方法。

在 ERDAS 图标面板菜单条中单击 Main | Vector 命令，打开 Vector Utilities 对话框（表 8-2 左列）；或在 ERDAS 图标面板工具条中单击 Vector 图标，打开 Vector Utilities 对话框（表 8-2 左列）。

① 单击 ASCII To Point Vector Layer 按钮，打开 Import ASCII File To Point Coverage 对话框（图 8-34）。

② 确定用于创建点图层的文本文件（Input ASCII File）为 Inpts.dat（Inpts.dat 文件中保存有点状地物的 X、Y 坐标值）。

③ 定义即将创建的点状图层文件（Output Point Coverage）为 point。

④ 确定即将创建的点状图层精度（Output Coverage Precision）为 Single。

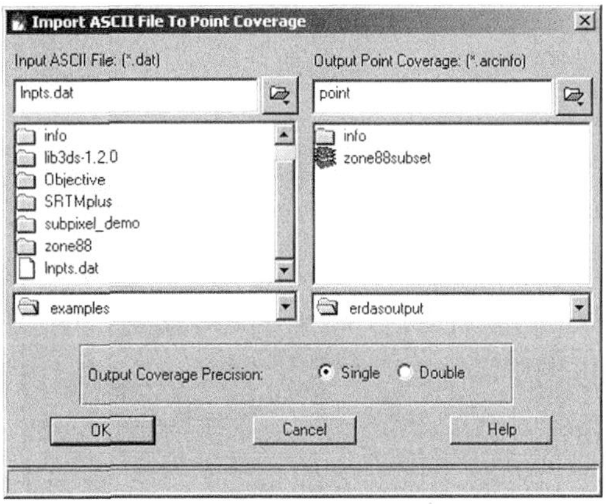

图 8-34 Import ASCII File To Point Coverage 对话框

⑤ 单击 OK 按钮（关闭 Import ASCII File To Point Coverage 对话框），打开 Import Options 对话框（图 8-35）。

⑥ 选择以分隔符号来确定字段类型（Field Type）为 Delimited by Separator。

⑦ 确定输入文件分隔字符类型（Separator Character）为 Comma。

⑧ 确定输入文件结尾字符类型（Terminator Character）为 Return NewLine（DOS）。

⑨ 确定输入文件记录跳过行数（Number of Rows to Skip）为 0（关于 Import Options 对话框中的参数意义，详细内容如表 8-14 所列）。

⑩ 单击 OK 按钮(关闭 Import Options 对话框，读入数据创建点图层)。

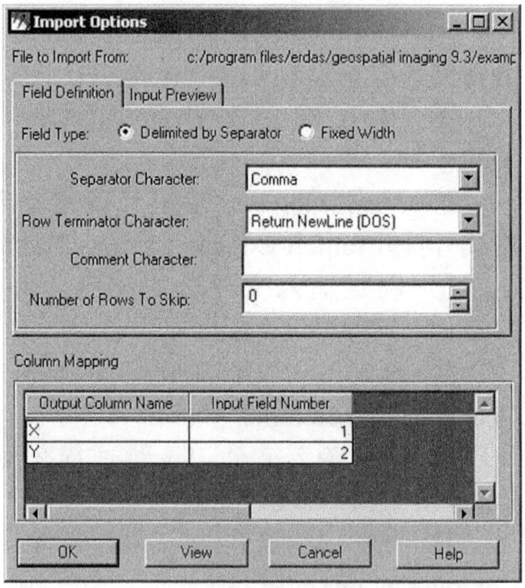

图 8-35 Import Options 对话框

表 8-14 Import Options 对话框各项设置参数的含义

设置参数项	设置参数分区及其含义	设置参数及其含义
Field Definition	Delimited by Separator：即各个字段的值是由分隔符分隔的。每一行的分隔符数目决定了一个记录的字段数，如果在换行符前有 n 个分隔符，则有 n+1 个字段	Separator Character：选择分隔符，可选项有空格、逗号、分号、冒号、竖线、Space 键、Tab 键 Row Terminator Character：选择换行分隔符 Comment Character：输入一个字符，以该字符开头的行是注释行 Number of Rows To Skip：该文本文件的开始多少行不被考虑
	Fixed Width：即各个字段的值所占用的宽度固定。所有文件内容不论分行与否顺次归于各个字段。如果有换行符，则每一个换行标志独立存入下一个字段	Number of Fields：文本文件的内容将属于几个字段 Rows to Skip：该文本文件的开始多少行不被考虑 Specify Field Widths：确定每个字段的宽度
Input Preview	根据字段定义而将文本内容转换成一个表来浏览	
Column Mapping	确定 X、Y 值分别对应哪个字段	

8.5.3 镶嵌多边形矢量图层

镶嵌多边形矢量图层（Mosaic Polgyon Coverage）功能与 ArcGIS 的 MAPJOIN 命令的功能很相似，可以将多达 500 个的相邻多边形图层镶嵌在一起并且重建拓扑。用户可以事先选定一个 Clip 图层以决定最终镶嵌的图层的边界。需要注意的是多个将镶嵌在一起的图层的属性表结构必须相同而且必须是多边形图层（这一点比 ArcGIS 的 MAPJOIN 有很大的局限）。

在 ERDAS 图标面板菜单条中单击 Main | Vector 命令，打开 Vector Utilities 对话框（表 8-2 左列）；或在 ERDAS 图标面板工具条中单击 Vector 图标，打开 Vector Utilities 对话框（表 8-2

左列）。

① 单击 Mosaic Polygon Layers 按钮。

② 打开 Mosaic Polygon Layers 对话框（图 8-36）。

③ 在 Select Input Covers 中确定将被镶嵌在一起的矢量图层文件。

通过 Select Input Covers 文本框输入（或浏览选取）用以镶嵌的多边形矢量图层，这些图层文件将出现在右边的 Current Input Coverage List 列表框中。通过 Delete a Cover from the List 按钮将 Current Input Coverage List 列表框中被选中的图层去掉，以调整将用于镶嵌的图层文件。

① 在 Output Coverage 中输入将镶嵌产生的图层文件名及其所在目录。

② 选中 Select Features to Merge（或者 Use template coverage）复选框，以确定源图层文件中的哪些要素将被镶嵌在一起形成新图层文件。

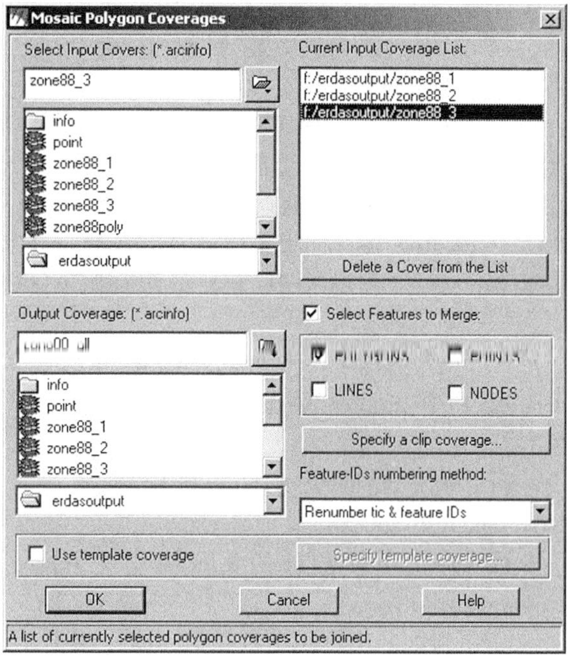

图 8-36 **Mosaic Polygon Coverages 对话框**

③ 单击 Specify a clip coverage 按钮以确定一个边缘裁剪图层（该图层的外多边形，将确定镶嵌操作结果的边界）。

④ 通过 Feature-IDs numbering method 下拉列表框确定如何处理创建图层中的要素 ID 号和 Tic 点的 ID 号（表 8-15）。

⑤ 单击 OK 按钮（执行图层镶嵌，关闭 Mosaic Polygon Layers 对话框）。

说 明

Mosaic Polygon Layers 对话框中的复选框 Select Features to Merge 与 Use template coverage 两者只能选择一个。如果选中前者，则后者被屏蔽掉，反之亦然。如果选中 Select Features to Merge 复选框，则对 POLYGONS、LINES、POINTS、NODES 4 个复选框进行选择以确定图层中的哪些要素将被镶嵌在一起。如果选中 Use Template Coverage 复选框，则单击 Specify a template coverage 按钮，打开 Specify a Template Coverage 对话框，然后选择一个合适的图层。这个图层中的要素将确定要被镶嵌的图层中哪些要素将被镶嵌在一起。

表 8-15 Mosaic Polygon Layers 对话框 Feature-IDs Numbering Method 选项设置

选项	说明
Keep old feature & tic IDs	要素 ID 号和 Tic 点的 ID 号保持不变
Renumber feature IDs only	Tic 点的 ID 号保持不变，重新对要素 ID 号进行编号
Renumber tic IDs only	要素 ID 号保持不变，重新对 Tic 点的 ID 号进行编号。这样，第一个被镶嵌的图层不被重新编号，但后续的图层的相应 ID 号将加上一个偏移量，这个值即为“上一个图层的最大 ID 号+1”
Renumber tic & feature IDs	对要素 ID 号和 Tic 点的 ID 号都进行重新编号

8.5.4 创建矢量图层子集

创建矢量图层子集（Subset Vector Layer）功能是用一个裁剪图层从一个已有矢量图层中裁剪出一个子集形成一个新的矢量图层。类似于 ArcGIS 的 CLIP 命令，但没有 CLIP 命令的参数多，也没有 CLIP 命令的功能更强大。

在 ERDAS 图标面板菜单条中单击 Main | Vector 命令，打开 Vector Utilities 对话框（表 8-2 左列）；或在 ERDAS 图标面板工具条中单击 Vector 图标，打开 Vector Utilities 对话框（表 8-2 左列）。

① 单击 Subset Vector Layer 按钮。

② 打开 Subset Vector Layer 对话框（图 8-37）。

③ 确定要被裁剪的矢量图层（Input Coverage）为 zone88。

④ 确定用以裁剪的矢量图层（Subset Coverage）为 zone88clip。

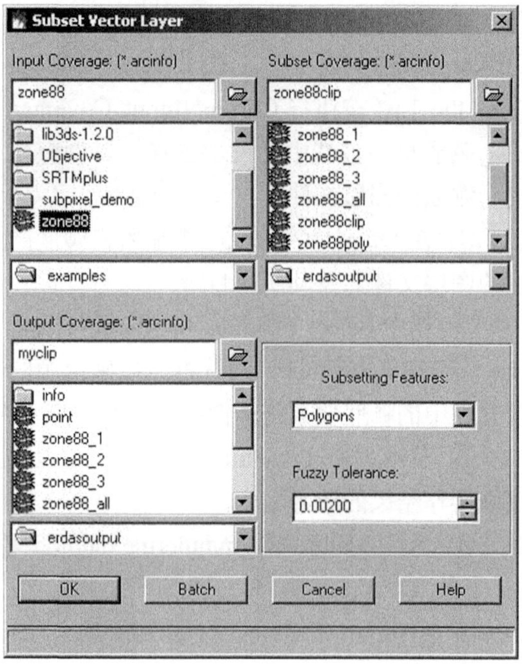

图 8-37 **Subset Vector Layer 对话框**

用于裁剪的图层必须符合以下两个条件：一是多边形图层；二是拓扑关系必须已经被正确建立。该图层的外多边形将用来确定裁剪区域的大小与形状。

① 定义即将产生的矢量图层（Output Coverage）为 myclip。

② 通过 Subsetting Features 下拉列表框选择输入图层中哪些要素将包括在输出图层中（表 8-16）。

③ 在 Fuzzy Tolerance 微调框中输入模糊容限值为 0.0020。

④ 单击 OK 按钮（执行裁剪功能，关闭 Subset Vector Layer 对话框）。

表 8-16 Subset Vector Layer 对话框 Subsetting Features 下拉列表框设置

设置选项	设置说明
Polygons	多边形的空间数据及其属性表将被保留。CLIP 图层的外多边形要参与新图层多边形的形成。在新矢量图层的属性表上即可看到 Label 点、多边形和 Tic 点的属性。其中 Label 点比多边形要少一个（外多边形），其他的记录在两者之间是一一对应的
Lines	弧段的空间数据及其属性表将被保留。CLIP 图层的外多边形不参与新图层的形成。在新矢量图层的属性表上即可看到弧段和 Tic 点的属性
Points	Label 点的空间数据及其属性表将被保留。CLIP 图层的外多边形不参与新图层的形成。在新矢量图层的属性表上即可看到 Label 点、Tic 点和多边形的属性。其中 Label 点和多边形的记录间是一一对应的，每个多边形记录都是由相应 Label 点记录的部分字段的值组成。每个多边形的面积与周长都为 0
Raw	弧段和 Label 的空间数据将被保留，属性数据不保留。CLIP 图层的外多边形不参与新图层形成。在新矢量图层的属性表上即可看到 Label 点、Tic 点的属性，其中 Label 点属性表中存储的仅是每个点的 X 与 Y 的坐标值

说　明

模糊容限值（Fuzzy Tolerance）代表所有弧段点（节点与中间点）坐标间的最小距离，小于此距离被认为是同一个点。模糊容限值太小将导致两类问题：一是不能产生正常的弧段交叉，二是非常小的多边形得不到删除。相反，太大的模糊容限值将导致一些要素移位过多而失真。在这里，模糊容限值默认为 0.002，负值或者 0 值不被系统接受。在实际工作中，模糊容限值经常取矢量图层 BND 文件所确定的图幅宽度的 1/10000 到 1/1000000，或按照容限值与图层单位和比例尺成反比的特点，依据公式[（比例尺分母）/（图层单位长度/1 英寸）]×0.002 来计算模糊容限值。比如对一个 1:600 的以英尺为单位的图层，其容限值为（600/12）×0.002=0.1。

8.6　矢量图层编辑

ERDAS 系统提供了多种矢量图层编辑（Edit Vector Layers）功能，形成了栅格图像处理与矢量图形编辑相结合的工作模式，基本上实现了遥感系统与地理信息系统的集成。本节首先介绍编辑矢量图层的基本方法，然后，就矢量图层变换（Transform Vector Layer）、产生多边形 Label 点（Create Polygon Labels）等基本编辑操作进行说明。关于矢量图层编辑的高级操作，诸如拓扑关系的建立、矢量栅格转换等功能，将在后面介绍。

8.6.1　编辑矢量图层的基本方法

很多时候要在最新的高分辨率图像上叠加矢量图层，以对矢量图层的空间数据进行更新，本节将结合例子讲述编辑矢量图层的基本方法。

第 1 步：在窗口中打开图像及矢量图层

首先，在 ERDAS 图标面板中单击 Viewer 图标，打开一个窗口（Viewer #1），然后在窗口中同时打开图像文件和图形文件，操作过程如下。

① 打开系统实例图像文件 germtm.img（使用 Fit to Frame 选项）。

② 在同一窗口打开系统实例图形文件 zone88（取消选中 Clear Display 复选框）。

第 2 步：使感兴趣的区域充满窗口

可以看到矢量图层的范围只涉及图像范围的一部分。下面将把窗口范围缩小到矢量图层，以便更清楚地看到所关心的编辑区域。

在打开图像文件与图形文件的窗口中进行如下操作。

① 右击窗口，打开 Quick View 菜单。

② 单击 Zoom | Rotate and Magnify 命令，打开 Rotate and Magnify 提示信息框，窗口中同时出现白色操作框（Rot-Box）。

③ 在 Rot-Box 内部中心点拖动 Rot-Box，调整区域位置。

④ 在 Rot-Box 周边 8 个调整点上拖动调整 Rot-Box 大小。

⑤ 在 Rot-Box 内任意点按住鼠标左键，同时按住 Ctrl 键，可以旋转 Rot-Box。

⑥ 重复上述操作，反复调整 Rot-Box 的位置、大小及方向，直到满意为止。

⑦ 在 Rot-Box 内双击鼠标，矢量图层的范围便充满整个窗口。

第 3 步：设置矢量图层的要素特性

按 8.3.2 节的方法设置矢量图层的要素特性，以使矢量图层在图像上更清楚。打开 Properties 对话框，将矢量要素显示特性设置为：选中 Arcs 复选框（颜色用白色，宽度用 2.00 点）、Points

复选框（用 black filled circle 符号，颜色用白色，尺寸为 4.00 点）、Nodes 复选框（颜色用红紫色，尺寸为 6.00 点）。然后，关闭 Properties 对话框时，系统会问是否要将以上设置内容存储成一个.evs 文件，由于以后不再需要该文件，所以单击 NO 按钮。

第 4 步：编辑矢量图层

在打开图像文件与图形文件的窗口中进行如下操作。

① 在菜单条中单击 Vector | Enable Editing 命令，zone88 矢量图层设置为可编辑的状态，否则是不可编辑的。

② 单击工具条中的 Show Tool Palette 图标 (或者单击菜单条中的 Vector | Tools 命令)，打开 Vector 工具面板（图 8-8）。

③ 单击 Vector 工具面板中的 Transform Selection 图标 。

④ 在窗口中单击选择感兴趣的矢量图形要素。

⑤ 应用系统提供的功能编辑选中的要素。

本章 8.4.1 节讲过哪些要素可以被选中，哪些不能被选中，这里要先讲一下哪些要素可以编辑。可以编辑的要素有 Label 点、Tic 点、弧段。多边形是 Label 点和弧段的有机结合，多边形的编辑是通过 Label 点和弧段的编辑来实现的。节点和中间点可以产生、删除和移动。

ERDAS IMAGINE 中有多种矢量图层编辑工具，其使用都要求矢量图层处于可编辑状态，下面对有关工具的具体用法进行介绍（表 8-17）。

表 8-17　矢量工具面板中与矢量图层编辑有关的工具简介

工具图标	功能简介
	在当前图层中加入一个 Label 点。如果 Label 点在当前图层中没有显示，本工具在加入 Label 点的同时将把所有的 Label 点显示出来
	在当前图层中加入一个 Tic 点。如果 Tic 点在当前图层中没有显示，本工具在加入 Tic 点的同时将把所有的 Tic 点显示出来
	在当前图层中加入一个弧段。如果弧段在当前图层中没有显示，本工具在加入弧段的同时将把所有的弧段显示出来。8.4.2 节中的 Node Snap 和 Arc Snap 复选框如果选中的话将对产生新弧段的终点产生作用
	通过单击一条弧段而将该弧段分为两个部分，单击处将产生一个新的节点。原弧段在属性表中的记录将消失，代之以属性表的末尾将产生两个新的记录，分别对应两个新的弧段
	将一个弧段的一部分用新弧段代替
	在当前处于编辑状态的矢量图层中产生一个多边形（封闭的弧段及其中的 Label 点）
	利用区域扩展工具在处于编辑状态的当前矢量图层加入一个多边形（封闭的弧段及其中的 Label 点），注意区域扩展所基于的是矢量图层下的栅格图像，扩展的设置在窗口菜单 Vector | Seed properties 命令中进行
	撤销上一次编辑。本功能可以依次撤销自从矢量图层被保存以来的所有编辑步骤
	将选中的要素删除，删除的内容放入粘贴缓冲区
	将选中的要素放入粘贴缓冲区
	将粘贴缓冲区中的内容复制到当前矢量图层
	将选中的要素删除，删除的内容不放入粘贴缓冲区
	对选中的一条弧段的中间点进行位置移动、删除或者增加新的中间点操作，从而对该弧段的形状进行调整。删除一个中间点要用 Shift+Ctrl+Click 快捷键，加一个中间点要 Ctrl+Click 快捷键。单击选定弧段的外部或者选择另外一个元素将退出该工作模式

续表

工具图标	功能简介
	对选定的弧段用三次样条函数（Cubic Spline Function）进行平滑处理。依据 Grain Tolerance 值增加或者删除中间点
	对选定的弧段按 Grain Tolerance 进行加密。如果中间点的距离小于该值，这两点之间不变。如果两个中间点距离大于该值，则均分为 *n* 份，使得每一份都小于 Train Tolerance。如两中间点相距 80，而 Grain Tolerance 为 30，则将这两个中间点间加入两个中间点，使之均分为 3 份
	依据 Weed 值对选定弧段删除不必要的中间点，以进行弧段综合
	如果一个节点只被两个弧段共用，而两个弧段的中间点数之和不超过 500，则将这两个弧段合并成一个

第 5 步：保存编辑结果

在打开图像文件与图形文件的窗口中进行如下操作。

在菜单条中单击 File | Save | Top layer 命令，编辑后的矢量图层结果被保存。

8.6.2　变换矢量图层

变换矢量图层（Transform Vector Layer）功能是以 Tic 点为基础对矢量图层进行仿射变换或投影变换。常用于将“数字化仪单位”图层转换为“实际地理坐标”图层。仿射变换要求最少 3 个 Tic 点，而投影变换要求最少 4 个 Tic 点。为了取得良好的变换效果，一般都使用比最少数量多的 Tic 点数。变换后图层和变换前图层的 Tic 点 ID 号相同的点代表不同图层中的同一个点，只有这些 Tic 点才在执行变换时起作用。显然，变换后的图层在执行变换之前必须已经存在，其中必须具有与变换前图层相同的 Tic 点，其他要素可有可无。但是，除了 ID 号相同的 Tic 点以外，图层中原有的其他要素都将被“输入图层的经过变换的要素”所代替。

第 1 步：创建变换图层

首先，按照 8.5.1 节的方法在视窗中创建一个新的矢量图层。如果在没有图像或图层打开的视窗中创建新的矢量图层，系统将根据默认状态创建两个 Tic 点。如果在一个打开的矢量图层上创建一个新的矢量图层，则打开图层的所有 Tic 点将被新图层继承。如果在一个打开的图像上创建一个新的矢量图层，则打开图像的所有地面控制点将成为新矢量图层的 Tic 点。

然后，应用系统提供的 Tic 点编辑功能，在空间位置和属性两个方面编辑 Tic 点。

最后，增加新的 Tic 点或者删除已有的 Tic 点，并且编辑 Tic 点的位置数据和 ID 号。

第 2 步：执行变换操作

在 ERDAS 图标面板菜单条中单击 Main | Vector 命令，打开 Vector Utilities 对话框（表 8-2 左列）；或在 ERDAS 图标面板工具条中单击 Vector 图标，打开 Vector Utilities 对话框（表 8-2 左列）。

① 单击 Transform Vector Layer 按钮，打开 Transform Vector Layer 对话框（图 8-38）。

② 确定将被转换的图层（Input Coverage）为 zone88。

③ 确定转换的结果图层（Output Coverage）为 zone88tra。

④ 定义输出统计文件（Output Statistics File）为 tran88（输出统计文件的内容是有关转换过程的各种参数记录，详细内容如图 8-39 所示）。

⑤ 选择图层转换类型（Transform Method）为 Projective（投影转换）。

⑥ 单击 OK 按钮（执行转换，关闭 Transform Vector Layer 对话框）。

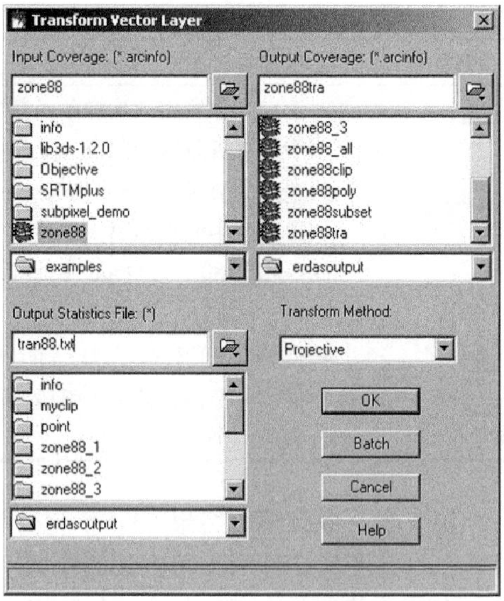

图 8-38 Transform Vector Layer 对话框

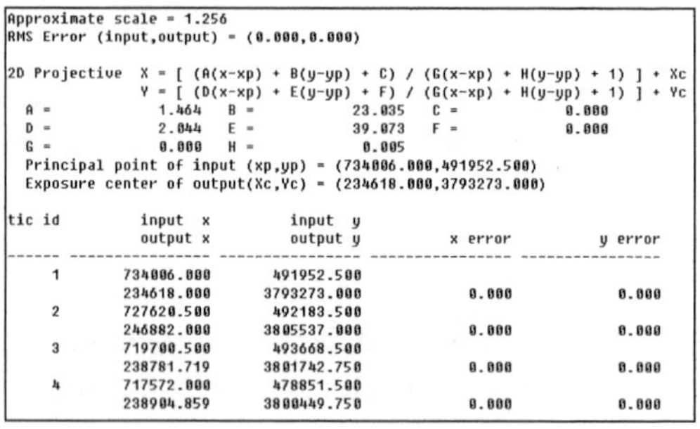

```
Approximate scale = 1.256
RMS Error (input,output) = (0.000,0.000)

2D Projective  X = [ (A(x-xp) + B(y-yp) + C) / (G(x-xp) + H(y-yp) + 1) ] + Xc
               Y = [ (D(x-xp) + E(y-yp) + F) / (G(x-xp) + H(y-yp) + 1) ] + Yc
  A =          1.464   B =          23.035   C =          0.000
  D =          2.044   E =          39.073   F =          0.000
  G =          0.000   H =           0.005
  Principal point of input (xp,yp) = (734006.000,491952.500)
  Exposure center of output(Xc,Yc) = (234618.000,3793273.000)

tic id        input  x        input  y
              output x        output y         x error          y error
------ --------------- --------------- --------------- ---------------
     1      734006.000      491952.500
            234618.000     3793273.000           0.000           0.000
     2      727620.500      492183.500
            246882.000     3805537.000           0.000           0.000
     3      719700.500      493668.500
            238781.719     3801742.750           0.000           0.000
     4      717572.000      478851.500
            238904.859     3800449.750           0.000           0.000
```

图 8-39 转换统计文件的内容

8.6.3 产生多边形 Label 点

ESRI 数据模型要求每个多边形都有一个 Label 点，但由于各种原因会导致有些多边形没有 Label 点，比如手工添加 Label 点时的失误或者不小心删除了不该删除的 Label 点等。所以，自动对没有 Label 点的多边形生成 Label 点很有意义，并且在有的数字地图生产流程中完全依靠该功能来加入 Label 点。

在 ERDAS 图标面板菜单条中单击 Main | Vector 命令，打开 Vector Utilities 对话框（表 8-2 左列）；或在 ERDAS 图标面板工具条中单击 Vector 图标，打开 Vector Utilities 对话框（表 8-2 左列）。

① 单击 Create Polygon Labels 命令，打开 Create Polygon Labels 对话框（图 8-40）。

② 确定要处理的多边形图层（Polygon Coverage）为 zone88tra。

③ 在 ID Base 微调框中输入赋予第一个新 Label 点的 ID 号，其他新 Label 点的 ID 号将依次加 1。如果 ID Base 设置为 0，表示对所有新旧 Label 点统一进行重新编号。

④ 单击 OK 按钮（产生 Label 点，关闭 Create Polygon Labels 对话框）。

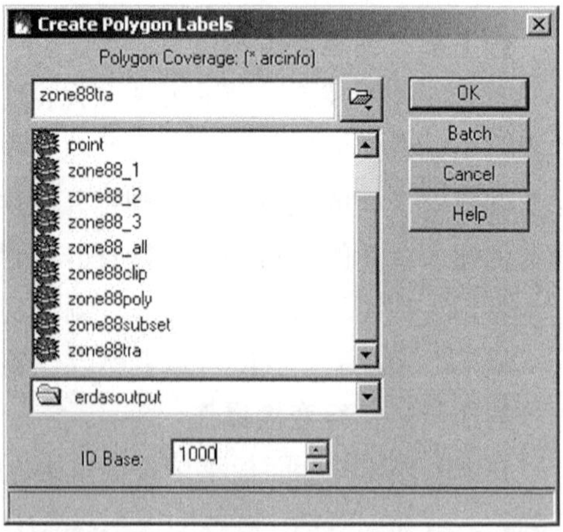

图 8-40 Create Polygon Labels 对话框

说 明

多边形图层文件在执行了 Create Polygon Labels 操作之后，要使用 Build Vector Layer Topology 功能，重建拓扑关系，以更新 PAT 表中的用户 ID 号。

8.7 建立拓扑关系

类似于 ESRI 的地理信息系统软件 ArcGIS，ERDAS 系统也提供了对矢量图层建立拓扑关系（Topology of Vector Layers）的功能，针对实际操作的需要，可以应用两种不同的操作：Build 矢量图层（Build Vector Layers）或 Clean 矢量图层（Clean Vector Layer）。

如果新建或者编辑了一个矢量图层，就需要对图层进行 Clean 或者 Build 处理，以保证空间数据的拓扑关系及空间数据与属性数据的一致性。Build 操作可使没有属性表的矢量图层产生属性表，有属性表的图层更新属性表。尽管 Build 的作用可以被 Clean 代替，但 Build 的效率比 Clean 要高。一般来说，如果一个矢量图层的空间数据没有变化，只是属性数据有变化，则用 Build 操作。而如果图层的空间数据需要做处理（如两弧段交叉处没有节点或者想要删除悬挂弧），则用 Clean 操作。点状图层只用 Build 操作，不用 Clean 操作。

在实际应用操作过程中，需要注意以下两点。

- 不要对一个打开了的矢量图层进行 Build 或者 Clean 操作。在对矢量图层进行 Build 或者 Clean 操作时也不要试图打开该图层。
- ERDAS IMAGINE 中可以显示、编辑 PC ArcInfo 的矢量图层，但是不能对这些图层进行 Build 或者 Clean 操作。表 8-2 所列的大多数矢量工具（除了重命名、删除、复制和 External 外）对 PC ArcInfo 版的矢量图层都不适用。

8.7.1 Build 矢量图层

在 ERDAS 图标面板菜单条中单击 Main | Vector 命令，打开 Vector Utilities 对话框（表 8-2 左列）；或在 ERDAS 图标面板工具条中单击 Vector 图标，打开 Vector Utilities 对话框（表 8-2 左列）。

① 单击 Build Vector Layer Topology 按钮，打开 Build Vector Layer Topology 对话框（图 8-41）。

② 确定需要处理的矢量图层（Input Coverage）为 zone88。

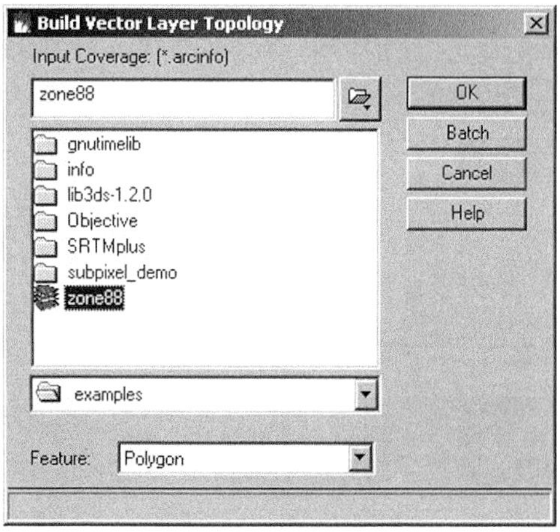

图 8-41　**Build Vector Layer Topology 对话框**

③ 确定需要处理的矢量图层类型（Feature）为 Polygon。

④ 单击 OK 按钮（执行 Build 操作，关闭 Build Vector Layer Topology 对话框）。

8.7.2 Clean 矢量图层

与 Build 矢量图层操作相比，Clean 矢量图层操作需要设置很多的参数，这是因为 Clean 矢量图层操作需要首先对图层中的弧段进行交叉运算，而后再更新属性表。下面是具体的操作过程与参数设置。

在 ERDAS 图标面板菜单条中单击 Main | Vector 命令，打开 Vector Utilities 对话框（表 8-2 左列）；或在 ERDAS 图标面板工具条中单击 Vector 图标，打开 Vector Utilities 对话框（表 8-2 左列）。

① 单击 Clean Vector Layer 按钮，打开 Clean Vector Layer 对话框（图 8-42）。

② 确定需要处理的矢量图层（Input Coverage）为 zone88。

③ 确定需要处理的矢量图层类型（Feature）为 Polygon（Clean 可以处理弧段图层和多边形图层，不处理点状图层）。

④ 选择创建新文件为 Write to New Output（详见说明 1）。

⑤ 确定处理创建的矢量图层（Output Coverage）为 zone88cln。

⑥ 输入模糊容限值（Fuzzy Tolerance）为 0.002（参见 8.5.4 节）。

⑦ 输入悬挂弧长度（Dangle Length）为 0.000（详见说明 2）。

⑧ 单击 OK 按钮（执行 Clean 操作，关闭 Clean Vector Layer 对话框）。

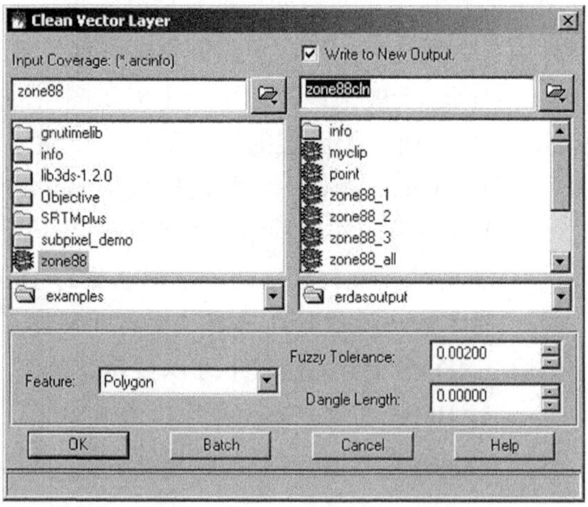

图 8-42 **Clean Vector Layer 对话框**

说明 1

如果对要处理的图层本身进行改变，就取消选中 Write to New Output 复选框；如果不想改变要处理的图层本身，而是创建一个新的图层，就选中 Write to New Output 复选框，并且需要确定新创建的图层文件名及其存放目录。建议选择 Write to New Output 类型。

说明 2

悬挂弧段是指左右多边形相同并且至少有一个悬结点的弧段，悬挂弧长度（Dangle Length）设置确定了最小的悬弧长度，小于该长度的将被删除。对一个弧段图层或者包含弧段的多边形图层该值设为 0。对纯粹的多边形图层，经常用 0.05 英尺（0.127cm）或者图层基本长度单元作为悬弧长度。在 ERDAS IMAGINE 的 Clean 工具中，悬弧长度默认值为 0。实际应用中经常用测量工具量取要保留的最短悬弧的长度来获取该值。

8.8 矢量图层管理

矢量图层管理操作（Manage Vector Layers）涉及许多关于矢量图层的复制、删除、更名、输出等操作，下面主要介绍重命名矢量图层（Rename Vector Layer）、复制矢量图层（Copy Vector Layer）、删除矢量图层（Delete Vector Layer）、导出矢量图层（External Vector Layer）的操作过程与应用方法。

8.8.1 重命名矢量图层

由于矢量图层的特殊结构，必须使用 ArcGIS 命令或者重命名矢量图层（Rename Vector Layer）工具，才能正确地对矢量图层进行重命名。必须注意：ERDAS IMAGINE 重命名工具要求在被改名的矢量图层所在的目录下进行，如果使用了不同的目录，其操作结果其实还是在被重命名的矢量图层所在的目录之下。

在 ERDAS 图标面板菜单条中单击 Main | Vector 命令，打开 Vector Utilities 对话框（表 8-2 左列）；或在 ERDAS 图标面板工具条中单击 Vector 图标，打开 Vector Utilities 对话框（表 8-2 左列）。

① 单击 Rename Vector Layer 按钮，打开 Rename Vector Layer 对话框（图 8-43）。

② 确定需要重命名的矢量图层（Vector Layer to Rename）为 zone88。

③ 定义重命名以后的矢量图层（Output Vector Layer）为 zone88ren。

④ 单击 OK 按钮（执行重命名矢量图层操作，关闭 Rename Vector Layer 对话框）。

8.8.2 复制矢量图层

一个矢量图层不是一个文件，而是由多个文件共同组成的。所以，利用操作系统（Windows 或 UNIX）复制命令无法对矢量图层数据进行正确复制，而必须使用 ERDAS IMAGINE 提供的复制矢量图层（Copy Vector Layer）工具或者 ESRI 的相应软件工具。

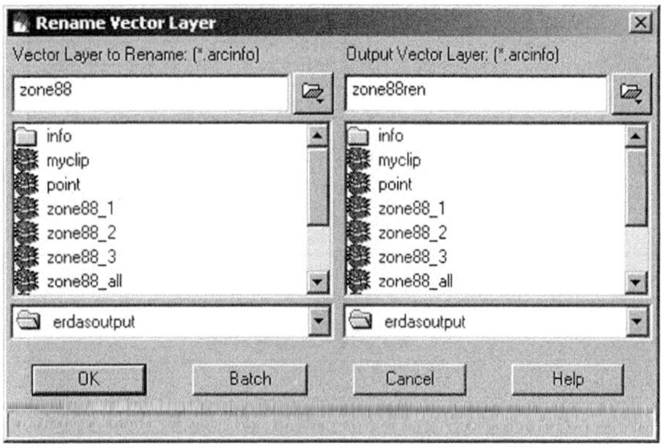

图 8-43 Rename Vector Layer 对话框

在 ERDAS 图标面板菜单条中单击 Main | Vector 命令，打开 Vector Utilities 对话框（表 8-2 左列）；或在 ERDAS 图标面板工具条中单击 Vector 图标，打开 Vector Utilities 对话框（表 8-2 左列）。

① 单击 Copy Vector Layer 按钮，打开 Copy Vector Layer 对话框（图 8-44）。

② 确定将被复制的矢量图层（Vector Layer to Copy）为 zone88。

③ 确定复制创建的矢量图层（Output Vector Layer）为 myzone88。

④ 单击 OK 按钮（执行矢量数据复制操作，关闭 Copy Vector Layer 对话框）。

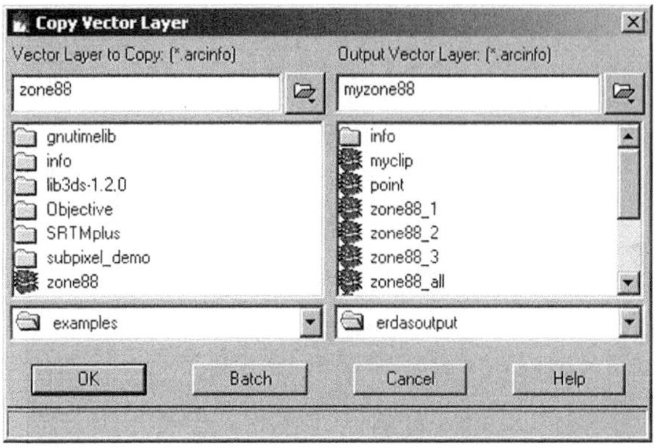

图 8-44 Copy Vector Layer 对话框

8.8.3 删除矢量图层

一个矢量图层不是一个文件，而是由多个文件共同组成的。所以，利用操作系统（Windows 或 UNIX）删除命令无法对矢量图层数据进行正确删除，而必须使用 ERDAS IMAGINE 提供的删除矢量图层（Delete Vector Layer）工具或者 ESRI 的相应软件工具。

在 ERDAS 图标面板菜单条中单击 Main | Vector 命令，打开 Vector Utilities 对话框（表 8-2 左列）；或在 ERDAS 图标面板工具条中单击 Vector 图标，打开 Vector Utilities 对话框（表 8-2 左列）。

① 单击 Delete Vector Layer 按钮，打开 Delete Vector Layer 对话框（图 8-45）。

② 确定需要删除的矢量图层（Vector Layer to Delete）为 zone88ren。

③ 确定需要删除的图层内容（Type of Deletion）为 All（表 8-18）。

④ 单击 OK 按钮（执行矢量图层删除操作，关闭 Delete Vector Layer 对话框）。

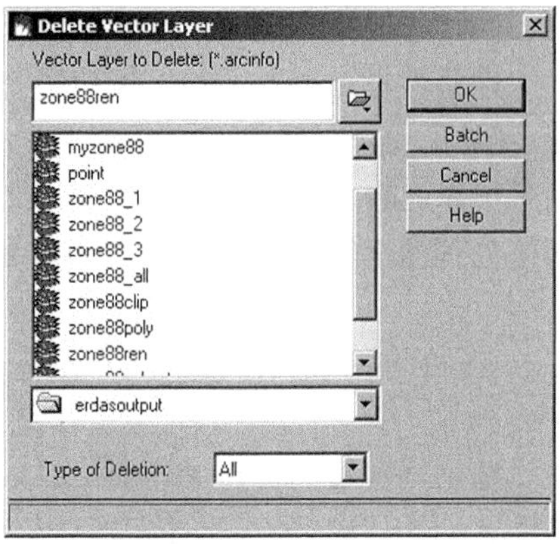

图 8-45 Delete Vector Layer 对话框

表 8-18 Delete Vector Layer 对话框 Type of Deletion 选项简介

选项	说明
All	删除矢量图层的空间数据、属性表和所有以图层名字为前缀的 INFO 文件
ARC	删除矢量图层的空间数据和属性表
INFO	删除矢量图层所处工作空间 INFO 目录下的所有以矢量图层名字为前缀的 INFO，矢量图层的空间数据将被保留

8.8.4 导出矢量图层

一个矢量图层由空间数据和属性数据两部分组成。空间数据存在于以图层名为名字的目录下，而属性数据存在于与该目录并列的 INFO 目录下。空间数据与属性数据的联结是由于空间数据里存储了属性数据文件所在的相对路径和文件名。

如果在复制图层时只用操作系统的 Copy（或者 Remove）功能将包含空间数据的目录复制（移动），则复制的图层将找不到属性数据。此时，需要使用 External 功能将属性数据也复制过来并修改空间数据中存储的属性数据文件的相对路径与文件名。如果 Copy（或者 Remove）功能产生的图层所在目录下没有 INFO 目录，该操作将自动产生一个 INFO 目录。

在 ERDAS 图标面板菜单条中单击 Main | Vector 命令，打开 Vector Utilities 对话框（表 8-2 左列）；或在 ERDAS 图标面板工具条中单击 Vector 图标，打开 Vector Utilities 对话框（表 8-2 左列）。

① 单击 External Vector Layer 按钮，打开 External Vector Layer 对话框（图 8-46）。

② 确定需要输出的矢量图层（Vector Layer to External）为 zone88（一个只包含了空间数据的目录也可以被 ERDAS 认为是一个矢量图层）。

③ 单击 OK 按钮（执行矢量图层输出操作，关闭 External Vector Layer 对话框）。

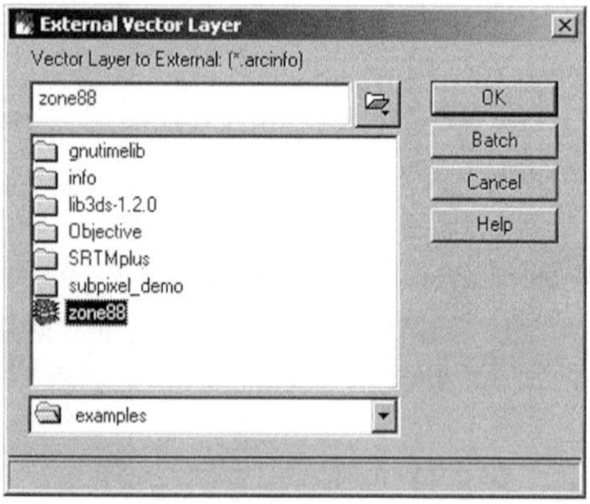

图 8-46 External Vector Layer 对话框

8.9 矢量与栅格转换

栅格数据是遥感（RS）图像处理软件管理与操作的主要数据类型，矢量数据是地理信息系统（GIS）管理与操作的主要数据类型。ERDAS IMAGINE 不仅可以处理栅格数据和矢量数据，而且可以比较方便地实现两种数据之间的格式转换，包括栅格到矢量的转换（Raster to Vector）和矢量到栅格的转换（Vector to Raster）。

8.9.1 栅格转换矢量

栅格到矢量的转换（Raster to Vector）是一个很重要的功能，比如将遥感图像的分类结果转换成 ArcGIS 格式的矢量图层或者将扫描后的专题图转为矢量图层都需要使用该功能。

在 ERDAS 图标面板菜单条中单击 Main | Vector 命令，打开 Vector Utilities 对话框（表 8-2

左列）；或在 ERDAS 图标面板工具条中单击 Vector 图标，打开 Vector Utilities 对话框（表 8-2 左列）。

① 单击 Raster to Vector 按钮，打开 Raster to Vector 对话框（图 8-47）。

② 确定需要转换的栅格图像（Input Raster）。

③ 确定转换产生的矢量图层（Output Vector）。

④ 单击 OK 按钮（执行参数设置，关闭 Raster to Vector 对话框），打开 Raster to ARC/INFO Coverage 对话框（图 8-48）。

⑤ 按照表 8-19 描述的含义进行各种参数设置。

⑥ 单击 OK 按钮（执行栅格矢量转换，关闭 Raster to ARC/INFO Coverage 对话框）。

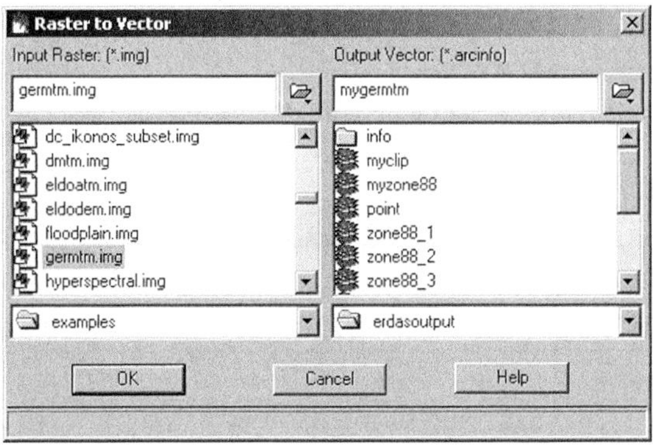

图 8-47 Raster to Vector 对话框

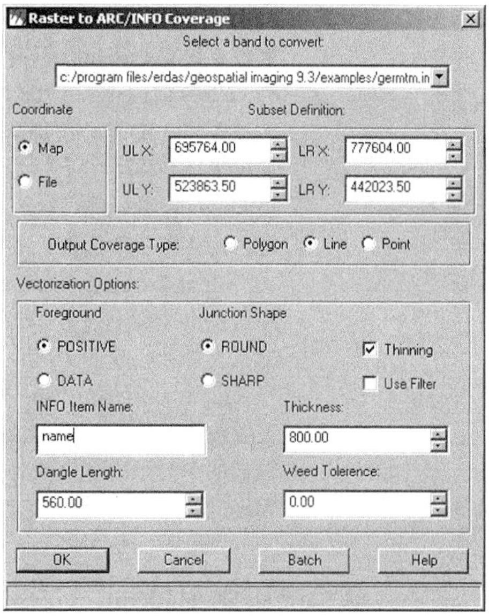

图 8-48 Raster to ARC/INFO Coverage 对话框

表 8-19 Raster to ARC/INFO Coverage 对话框参数设置

参数设置项	参数设置说明
Select a band to convert	如果栅格图像有多个层，则必须在此选择“用来转成矢量图层的层”
Coordinate	ERDAS 允许只对图像的某个矩形区域（Subset Definition）进行栅格到矢量的转换。在用 Subset Definition 确定转化区域以前必须在此选择“坐标系统”是用文件系统还是地图系统。用文件系统时图像的左上角为（0,0），以像元为单位，越向右 x 越大，越向下 y 越大。如果图像没有进行校正处理，则没有地图坐标系统，只能使用文件系统坐标
Subset Definition	确定对图像的哪个矩形区域进行栅格矢量转化
Output Coverage Type	确定输出矢量图层的类型 Polygon：多边形矢量图层。该设置在以下情况时效果较好 ①图像尺寸小于 512×512 ②分类后的图像（否则会产生大量小多边形） ③平滑后的图像（否则会产生大量“岛”多边形） Line：弧段矢量图层。该设置主要用于以下情况 ①对扫描图像的矢量化 ②提取基于一个矢量图层用“矢量到栅格转换工具”转换形成的图像的线状要素 Point：点矢量图层

续表

参数设置项	参数设置说明
Foreground	当 Output Coverage Type 为 Line 时本设置才有效 确定哪些像元是前景像元：将被转化为矢量弧段的图像上的线要素是由前景像元组成的 POSITIVE：数值大于 0 的像元属于前景，而小于 0 或者为 NODATA 的属于背景 DATA：所有具有数据值的像元都属于前景像元，而值为 NODATA 的像元属于背景
Junction Shape	当 Output Coverage Type 为 Line 时本设置才有效 本参数设置确定线的拐角类型：ROUND 类型线的拐角将比较圆滑，这在表达等高线等自然线型时比较客观。SHARP 类型线的拐角比较尖锐
Thinning	当 Output Coverage Type 为 Line 时本设置才有效 本设置确定在矢量化以前是否首先细化前景像元。细化可以加快处理速度
Use Filter	当 Output Coverage Type 为 Line，而且 Thinning 复选框被选中时本设置才有效 本设置将平滑前景和背景像元间的边界。这将在弧段中加入更多的中间点以使弧段显得平滑
INFO Item Name	当 Output Coverage Type 为 Line 或 Point 时本设置才有效 这将产生矢量图层属性表的一个字段名，该字段将包括它所对应的图像的像元值
Thickness	当 Output Coverage Type 为 Line 时本设置才有效 设置栅格图像上线性要素的最大宽度（地图单位）。Thinning 复选框被选中时该项默认为像元尺寸的 10 倍，否则为 2 倍
Dangle Length	当 Output Coverage Type 为 Line 时本设置才有效 设置输出矢量图层中将被保留的悬挂弧的最小长度（地图单位）。当 Thinning 复选框被选中时该项默认值为像元尺寸的 0.7 倍，否则为 0
Weed Tolerance	Weed 容限值是指弧段上两个点间的最小距离（地图单位），默认为 0

8.9.2 矢量转换栅格

矢量到栅格的转换（Vector to Raster）是栅格到矢量转换的反向功能，当同时拥有研究区域的矢量图层数据和栅格图像数据，并且需要进行一定的栅格叠加分析，诸如空间统计分析、空间分布分析时，需要首先将矢量数据转换为栅格数据。下面是该功能的实现过程。

在 ERDAS 图标面板菜单条中单击 Main | Vector 命令，打开 Vector Utilities 对话框（表 8-2 左列）；或在 ERDAS 图标面板工具条中单击 Vector 图标，打开 Vector Utilities 对话框（表 8-2 左列）。

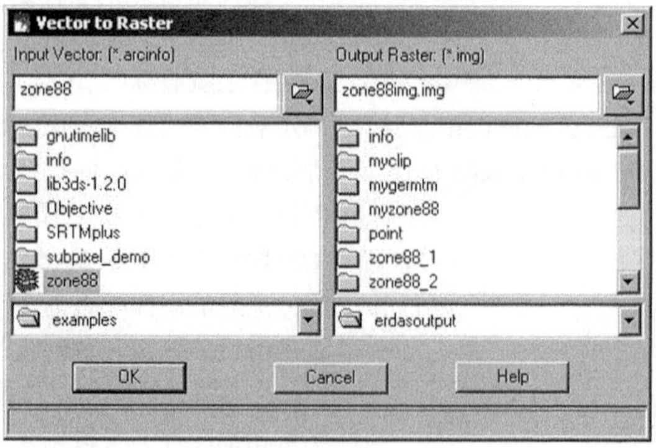

图 8-49 Vector to Raster 对话框

① 单击 Vector to Raster 按钮，打开 Vector to Raster 对话框（图 8-49）。

② 确定需要转换的矢量图层（Input Vector）。

③ 确定转换产生的栅格图像（Output Raster）。

④ 单击 OK 按钮（执行参数设置，关闭 Vector to Raster 对话框），打开 Convert Vector Layer to Raster Layer 对话框（图 8-50）。

⑤ 按照表 8-20 的描述进行各种参数

设置。

⑥ 单击 OK 按钮（执行矢量栅格转换，关闭 Convert Vector Layer to Raster Layer 对话框）。

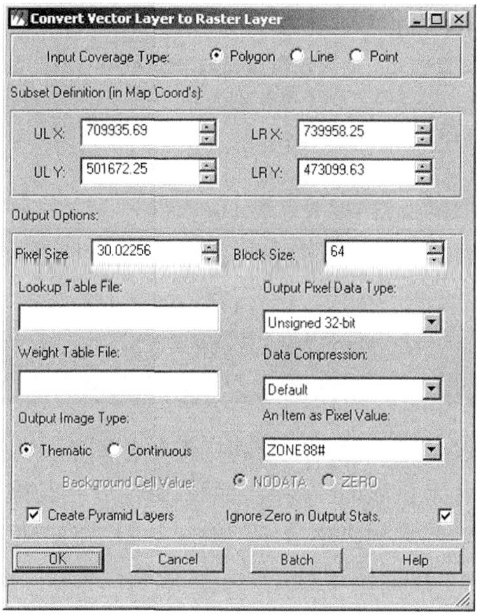

图 8-50 Convert Vector Layer to Raster Layer 对话框

表 8-20 Convert Vector Layer to Raster Layer 对话框设置

参数设置项	参数设置说明
Input Coverage Type	明确要转换的矢量图层是多边形、弧段还是点图层
Subset Definition	可以只对矢量图层的一个矩形子区域进行转换。该区域用它的左上、右下两个角点的 x 与 y 值（地图坐标）来确定
Pixel Size	确定输出的像元大小。默认用矢量图层 x 方向长度的 1/1000。如果 x 方向长度的使用不合理，则默认为 40
Block Size	转换处理单元块的大小，默认为 64
Lookup Table File	输入一个用来确定像元值的 INFO 文件的名字，该文件要满足以下条件。 ①必须包含两个字段：VALUE 与 CODE。 ②CODE 字段是数字型的。 ③INFO 表按 VALUE 值进行升序排序。 假如不明确该文件的路径，则系统默认在当前工作空间内查找（当前工作空间可从 ERDAS IMAGINE 主菜单的 Session | Session Log 命令中查阅或定义）
Weight Table File	输入一个 INFO 文件名，当一个像元有几个可能的像元值时，该文件用来指明每个值的权重，权重最大的像元值将被赋给像元。该文件要满足以下条件。 ①必须包含两个字段：WEIGHT 与 CODE。 ②CODE 与 WEIGHT 字段都得是数字型的。 ③INFO 表按 CODE 值进行升序排序。 ④如果值没有出现在该文件中，则该值的权重为 0
Output Image Type	确定输出的图像是专题性的还是连续性的
Output Pixel Data Type	确定像元值的数据类型
Data Compression	确定输出图像的数据压缩类型（如游程编码）
An Item as Pixel Value	确定矢量图层属性表中的哪一个字段的值将赋予像元。默认时使用内部号

续表

参数设置项	参数设置说明
Background Cell Value	该设置在 Input Coverage Type 为 Line 或者 Point 时才有用，用于定义背景像元的像元值。 NODATA：如果输出像元值类型为符号型，则背景像元值将是一个很大的负数；如果是无符号型，则为 0。 ZERO：背景像元值为 0
Create Pyramid Layers	对输出的图像计算产生金字塔层
Ignore Zero in Output Stats	在对输出的图像计算统计值时忽略 0 值

注：如果要将 ESRI 的 Shapefile 文件或者 SDE 的矢量图层转换为栅格，则必须使用 Image Interpreter | Utilities | Vector to Raster 命令。

8.10 表格数据管理

如前所述，每个矢量图层都是由空间数据和属性数据两部分组成的，其中属性数据通常称为 INFO 表格数据。本章前几节讲述的主要是空间数据的管理与操作，虽然也涉及到属性表格数据，但并没有对其进行详细的说明。本节专门就矢量图层的 INFO 表格数据管理问题进行说明，包括 INFO 表管理（Manipulate INFO Files）、区域属性统计（Zonal Attributes）和属性转换为注记（Attributes to Annotation）功能。

8.10.1 INFO 表管理

利用 INFO 表管理 Table Tool 对 ArcGIS 矢量图层的 INFO 文件进行查看、编辑、关联、输入/输出、复制、重命名、删除、合并以及生成等操作（即对属性信息的管理）是对矢量图层进行管理的主要内容之一，本节将通过例子讲述这方面的内容。

1. 启动 INFO 表管理

在 ERDAS 图标面板菜单条中单击 Main | Vector 命令，打开 Vector Utilities 对话框（表 8-2 左列）；或在 ERDAS 图标面板工具条中单击 Vector 图标，打开 Vector Utilities 对话框（表 8-2 左列）。

单击 Start Table Tool 按钮，打开 INFO 表管理 Table Tool 窗口（图 8-51）。

如图 8-51 所示，INFO 表管理 Table Tool 窗口由菜单条、工具条、INFO 文件内容列表（Cell Array）和状态条 4 个主要部分组成，其中主要的菜单命令与工具图标功能将在下列具体操作中进行说明。

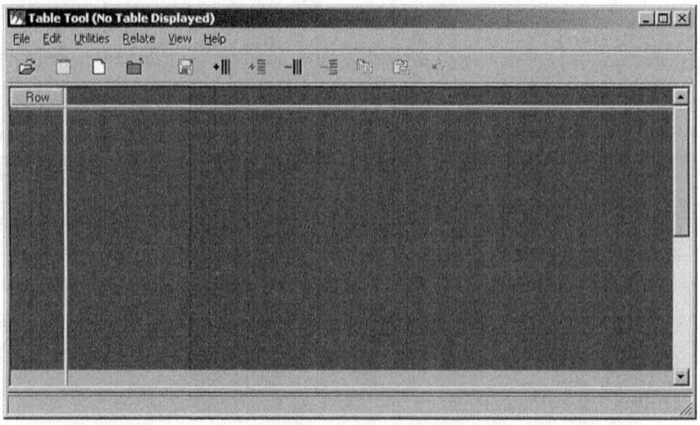

图 8-51 INFO 表管理 Table Tool 窗口

2. 用 Table Tool 管理 INFO 文件

在 INFO 表管理 Table Tool 窗口中进行如下操作。

① 单击 File | Open 命令（或单击工具条 Open 图标），打开 Open Info Table 对话框（图略）。

② 确定打开 INFO 文件目录（Enter the info directory path）为 \example\info。

③ 确定打开 INFO 文件名称（Table List）为 zone88.pat。

④ 可以按照表 8-21 所列的管理功能，对 INFO 文件进行操作。

⑤ 单击 OK 按钮（执行参数设置，关闭 Open Info Table 对话框），返回 INFO 表管理 Table Tool 窗口。

⑥ INFO 文件内容表中将显示 zone88.pat 的内容（图 8-52）。

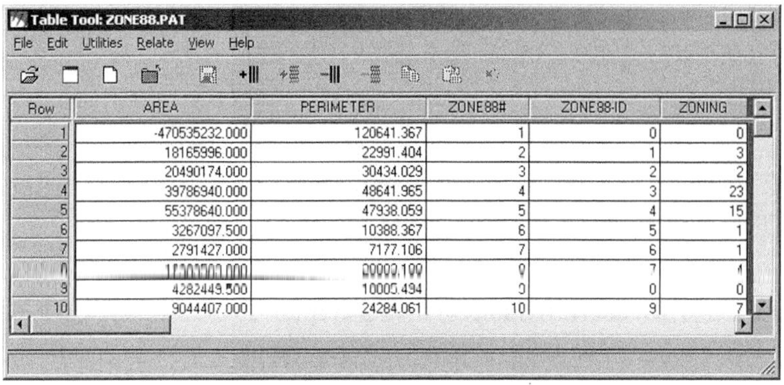

图 8-52 显示属性表 zone88.pat 的 Table Tool 窗口

表 8-21 Open Info Table 对话框一些按钮的功能

按钮	功能
Browse & Close	双击 Table List 中某个文件的效果与先单击该文件再单击 Browse 按钮相同，即可以在不打开该文件的情况下浏览其内容，有关其记录数、字段数、一个记录的字节长度将显示于 Open Info Table 对话框底部。此时用 Close 按钮可以关闭其浏览状态
Rename & Copy	Rename 及 Copy 按钮默认是对 Table List 中所选的文件进行重命名或复制操作，但也可以对任何 INFO 文件进行重命名或复制操作。这两个按钮将分别调出 Rename Info Table 对话框（图 8-53）与 Copy Info Table 对话框（图 8-54）
Delete	删除 Table List 中选中的文件
Merge	默认是调出 Merge Info Tables 对话框（图 8-55），对 Table List 中选中的文件进行关联合并操作。当然，也可以对其他 INFO 文件进行关联合并操作。关联操作的输出可以是不同于输入表及关联表的新表，也可以是输入表或者关联表，前者相当于先对输入表进行关联然后又进行了合并

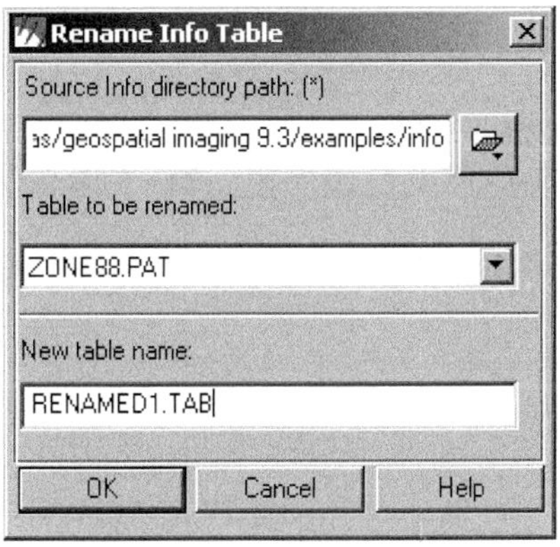

图 8-53 Rename Info Table 对话框

图 8-54 Copy Info Table 对话框

3. 创建新的 INFO 文件

第 1 步：确定 INFO 表的目录、文件名及字段

在 INFO 表管理 Table Tool 窗口中进行如下操作。

① 单击对话框工具条的 New 图标（或者单击对话框菜单条 View | New 命令），打开一个新的 INFO 表管理对话框。

② 单击选择新对话框菜单条 File | New 命令，打开 Create New Table 对话框（图 8-56）。

在 Create New Table 对话框，需要设置下列参数。

① 确定新 INFO 文件目录（Info Directory Path）为 f:\erdasoutput\info。

② 确定新 INFO 文件名称（New Table to Create）为 zone88_new.pat（如果 Table Tool 中原本有一个表打开，则新产生的表将以此为模板，套用已有的字段设置。本例中的 Table Tool 是新打开的，所以新产生的表中没有任何字段）。

③ 单击 Add 按钮，打开 New Column 对话框（图 8-57）。

④ 输入新添加字段的名字（Column Name）为 zone88.id。

⑤ 选择新字段的类型（Column Type）为 Integer。

⑥ 设置新字段的宽度（Display Width）为 8。

⑦ 单击 OK 按钮（执行新字段的参数设置，关闭 New Column 对话框），返回 Create New Table 对话框。

⑧ 单击 OK 按钮（生成新的表文件字段，关闭 Create New Table 对话框），返回显示 zone88_new.pat 的 Table Tool 对话框。

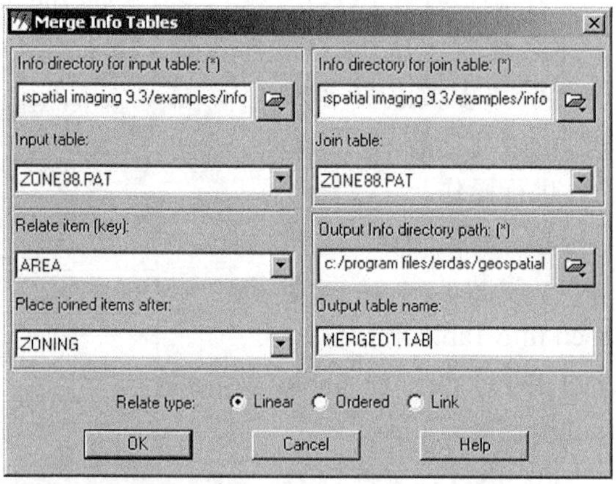

图 8-55 **Merge Info Tables 对话框**

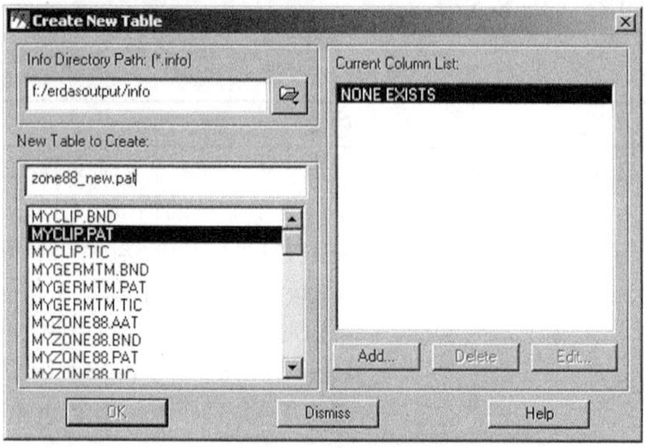

图 8-56 **Create New Table 对话框**

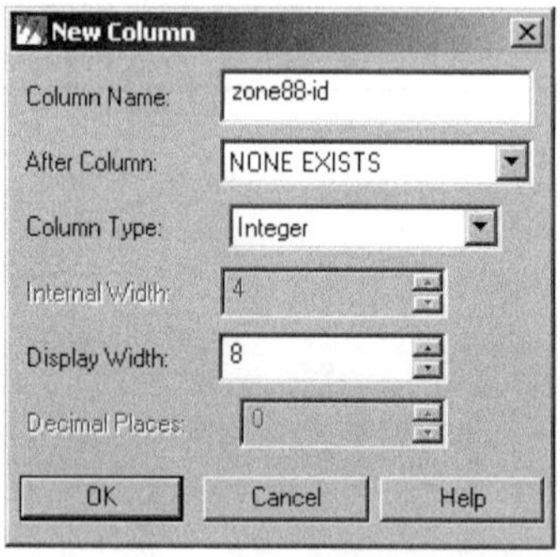

图 8-57 **New Column 对话框**

从显示 zone88_new.pat 的 Table Tool 对话框可以看到，zone88_new.pat 这个 INFO 表中有一个名为 zone88.id 的字段，但是整个表没有任何属性值。下面将从 zone88.pat 中复制 zone88.id 属性值到 zone88_new.pat 的 zone88.id 字段中。

第 2 步：向 INFO 表的字段中加入属性值

在打开 zone88.pat 的 Table Tool 窗口中进行如下操作。

① 单击 zone88.id 字段名，使该列处于选择状态。

② 右击 zone88.id 字段名，打开 Column Options 快捷菜单。

③ 单击 Copy 命令，所有记录的 zone88.id 值被复制。

说　明

由于 zone88.pat 表中没有选择集，因此 Copy 操作将所有记录的 zone88.id 值复制。如果在执行 Copy 操作前 zone88.pat 中有选择集，则复制的将是选择集中的 zone88.id 值。

在打开 zone88_new.pat 的 Table Tool 窗口进行如下操作。

① 单击 zone88.id 字段名，使该列处于选择状态。

② 右击 zone88.id 字段名，打开 Column Options 快捷菜单。

③ 单击 Paste 命令，所有记录的 zone88.id 值被粘贴。

此时，zone88.pat 中 zone88.id 字段的内容被复制到了 zone88_new.pat 的 zone88.id 字段中。下面将在 zone88_new.pat 中加入一个新的字段 new_zoning。

第 3 步：向 INFO 表中加入新的字段

在打开 zone88_new.pat 的 Table Tool 窗口中进行如下操作。

① 单击窗口工具条中的 Add a Column 图标 +||| （或者单击对话框菜单条 Edit | Add a Column 命令），打开 Add Column 对话框（图 8-58）。

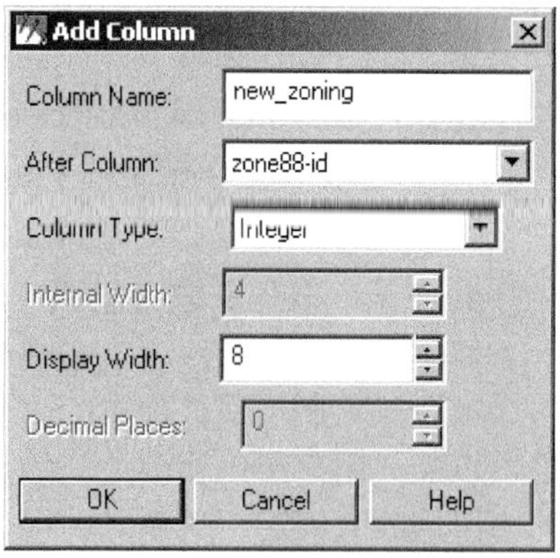

图 8-58　**Add Column 对话框**

② 输入加入新字段的名字（Column Name）为 new_zoning。

③ 选择加入新字段的类型（Column Type）为 Integer。

④ 设置加入新字段的宽度（Display Width）为 8。

⑤ 单击 OK 按钮 （按照参数设置加入新字段，关闭 Add Column 对话框），返回显示 zone88_new.pat 的 Table Tool 窗口。

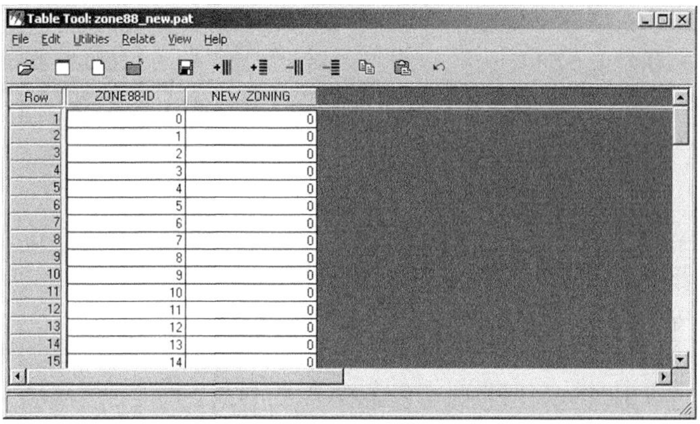

图 8-59　**zone88_new.pat 的 INFO 表**

从 zone88_new.pat 的 Table Tool 可以看到 zone88_new.pat 这个 INFO 表中增加了一个名为 new_zoning 的字段，所有该字段的属性值默认为 0（图 8-59）。

第 4 步：修改 INFO 表的属性值

在打开 zone88_new.pat 的 Table Tool 窗口中进行如下操作。

① 单击需要修改的属性值表格，进入编辑状态。

② 从键盘输入新的属性值，并按 Enter 确认。

③ 重复前两个步骤，直到修改完成。

如果用户有一个文本文件包含了需要输入的属性值，可以通过以下步骤导入。

① 单击 new_zoning 字段名以选中该列。

② 右击 new_zoning 字段名，打开 Column Options 快捷菜单。

③ 单击 Import 命令，打开 Import Column Date 对话框。

④ 确定导入属性值文件（Import From）。

⑤ 单击对话框中的 Option 按钮，打开 Import Column Options 对话框。

⑥ 定义文件记录格式与字段间的对应关系。

⑦ 单击 OK 按钮（从确定的文件中导入属性数值）。

说 明

在将文件内容作为属性值进行导入操作的过程中，很关键的一步是单击 Import Column Date 对话框的 Option 按钮，打开 Import Column Options 对话框，通过该对话框在文件格式字段间建立正确的映射关系。

第 5 步：保存结果

在打开 zone88_new.pat 的 Table Tool 窗口中进行如下操作。

① 单击窗口菜单条中的 File | Save 命令（或单击窗口工具条的 Save 图标）。

② 单击窗口菜单条中的 File | Close 命令，关闭 zone88_new.pat 的 Table Tool 窗口。

4．INFO 表的关联与联接

第 1 步：建立关联（Create Relate）

一个矢量图层属性信息的主要来源是其要素属性表。但是，将属性存储于其他外部表中也是可以的，用户可以通过关联的手段来访问这些数据。尤其当属性表中的字段与其他外部表中的字段值具有多对一关系时，可以大大节省存储空间。

关联（Relate）是基于两个 INFO 表中的公共字段而临时建立的联系。当两个文件公共字段具有对应一致的值时，则一个文件中的某个记录与另一个文件中的某个记录相匹配。如果两个 INFO 表没有公共字段，它们可以通过堆栈式关联建立联系，即使用一个中间表。关联建立的匹配方式一般为一对一、多对一，而一对多的方式只被少数环境支持（如 ArcGIS 的 CURSORS 命令、INFO 的 NEXT 命令）。

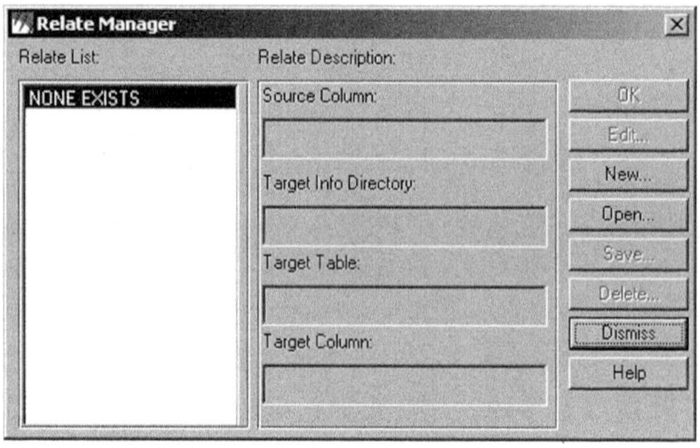

图 8-60 Relate Manager 对话框

在 zone88_new.pat 中有 zone88.id 和 new_zoning 字段，而在 zone88.pat 中有 zoning 和 zone88.id 字段。两个表中的 zone88.id 都可以唯一标识各个记录，所以可以通过该字段将两个表关联起来，这样便可以在一个表中同时看到 zoning 和 new_zoning 字段，从而进行比较。下面对 zone88.pat 建立一个关联，两个表将通过 zone88.id 与 zone88_new.pat 中的 new_zoning 字段联系起来。

在打开 zone88.pat 的 Table Tool 窗口中进行如下操作。

① 单击 Table Tool | Relate 命令，打开 Relate Manager 对话框（图 8-60）（Relate Manager 负责对两个表进行关联方面的管理）。

② 单击 New 按钮，打开 Creating New Relate 对话框（图 8-61）（Creating New Relate 对话框用于产生一个新的关联）。

③ 确定关联类型（Relate Name）为 comparison。

④ 确定关联源字段（Source Column）为 zone88.id。

⑤ 选择关联目标表文件（Target Table）为 zone88_new.pat。

⑥ 选择关联目标表字段（Target Column）为 zone88.id。

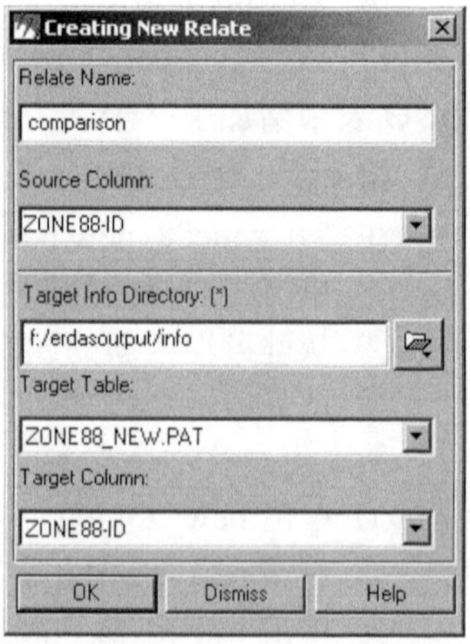

图 8-61 Creating New Relate 对话框

⑦ 单击 OK 按钮（执行参数，关闭 Creating New Relate 对话框，返回 Relate Manager 对话框）。

⑧ 单击 Save 按钮（保存新的关联，打开 Save Relates 对话框，图 8-62）。

⑨ zone88.pat//zone88_new.pat 的 Table Tool 窗口如图 8-63 所示。

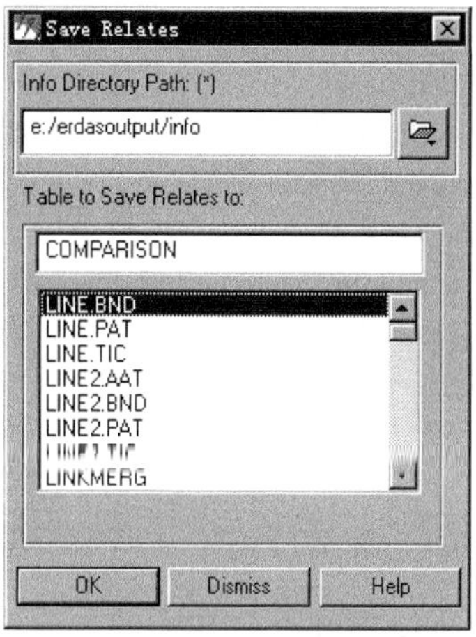

图 8-62 **Save Relates 对话框**

说明 1

在上述关联操作中，只是指出了源表用于关联的字段名字，而没有指定源表的名字，所以一个关联可以被多个恰当的源表使用。一个关联在关联管理器（Relate Manager）中也可以通过 Save 按钮调出 Save Relate 对话框（图 8-62）储存成一个 INFO 文件。该文件是只有一个记录的 INFO 表，唯一的记录描述了用“哪个字段”与“哪个表”的“哪个字段”通过“什么方式”进行关联及其他相关信息。

说明 2

上述操作使得 zone88.pat 与 zone88_new.pat 通过各自的 zone88.id 字段被关联在一起。一个关联只是一个软联接，如果一个表通过使用一个关联与另一个表建立了联系（形成了一个联接后的表），这种联系也是临时的。比如，此时从图 8-63 所示 Table Tool 上部可以看到文件名由 zone88.pat 变成为 zone88.pat//zone88_new.pat 这个临时表。如果想将该临时表恢复为建立关联前的 zone88.pat 或者将该表保存成一个新表，可以通过以下两步操作来实现。

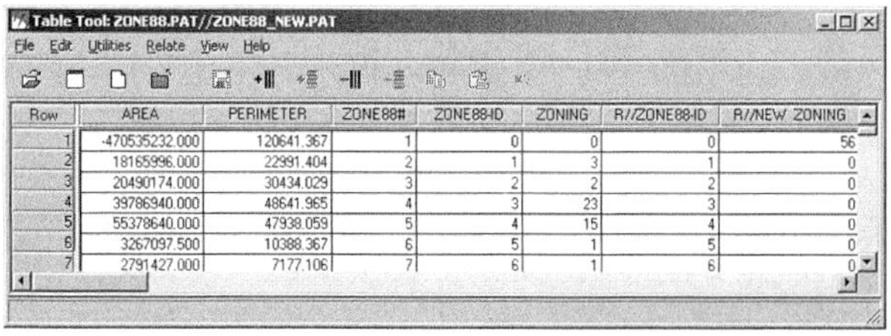

图 8-63 **zone88.pat//zone88_new.pat 的 Table Tool**

第 2 步：取消关联（Drop Relate）

在显示 zone88.pat//zone88_new.pat 的 Table Tool 窗口中进行如下操作。

单击窗口菜单条中的 Relate | Drop 命令，取消 zone88.pat 与 zone88_new.pat 的关联。

此时，从 Table Tool 窗口可以看到，文件名由 zone88.pat//zone88_new.pat 变为 zone88.pat。

第 3 步：关联合并（Table Merge）

本节第 1 步建立的 zone88.pat//zone88_new.pat 关联，可以通过关联合并（Table Merge）存储为一个新表，关联合并（Table Merge）相当于以公共字段为基础，将两个 INFO 表永久地联接成一个表的联接操作。关联合并操作的具体过程如下。

在显示 zone88.pat//zone88_new.pat 的 Table Tool 窗口中，单击窗口菜单条中的 Utility | Table Merge 命令，打开 Merge Info Tables 对话框（图 8-55）。

通过 Merge Info Tables 对话框参数设置，可以将两个 INFO 表按照一定的联接类型进行关联，并生成一个新的 INFO 表。在 Merge Info Tables 对话框中，需要设置表 8-22 所列各项。

表 8-22 Merge Info Tables 对话框各设置项简介

设置项	说明
Info directory for input table	用于关联的源表文件全路径
Input table	源表文件名

续表

设置项	说明
Relate item	用于关联的项（注意该字段在源表及关联表中都必须存在）
Place joined items after	关联进来的字段放在源表哪个字段之后
Info directory for join table	关联表文件全路径
Join table	关联表文件名
Output Info directory path	将产生的新表文件全路径
Output table name	将产生的新表文件名
Relate type	关联类型有 3 个选择：Linear 不要求源表及关联表用来关联的字段进行排序；Ordered 要求关联表必须按用于关联的字段进行排序；Link 用源表的关联项的值作为要关联的关联表记录的内部记录号。如 ww 字段为关联字段，如果第 *n* 个记录的 ww 值为 100，则本记录将与关联表的第 100 个记录关联

8.10.2 区域属性统计

区域属性统计（Zonal Attributes）功能可以将多边形图层的背景图像统计值保存为多边形图层的属性字段，下面是具体的操作过程。

在 ERDAS 图标面板菜单条中单击 Main | Vector 命令，打开 Vector Utilities 对话框（表 8-2 左列）；或在 ERDAS 图标面板工具条中单击 Vector 图标，打开 Vector Utilities 对话框（表 8-2 左列）。

① 单击 Zonal Attributes 按钮，打开 Save Zonal Statistics To Polygon Attributes 对话框（图 8-64）。

② 确定多边形矢量图层（Vector Layer）。

③ 确定背景栅格图像文件（Raster Layer）。

④ 确定区域统计范围（Window）：Union 为矢量图层与栅格图像的并集区域，Intersection 为矢量图层与栅格图像的交集区域。

⑤ 在 Select Layer 下拉列表中确定对多层图像的哪一层进行统计。

⑥ Ignore Zero in Zonal Calculations 复选框确定在对图像进行统计时是否忽略 0 值。

⑦ 在 Zonal Functions 选项组中确定要统计哪些项（表 8-23）。

⑧ 选择并编辑一个字段（Attribute Name），将加入矢量图层属性表。

⑨ 单击 OK 按钮（执行区域统计分析，关闭 Save Zonal Statistics To Polygon Attributes 对话框）。

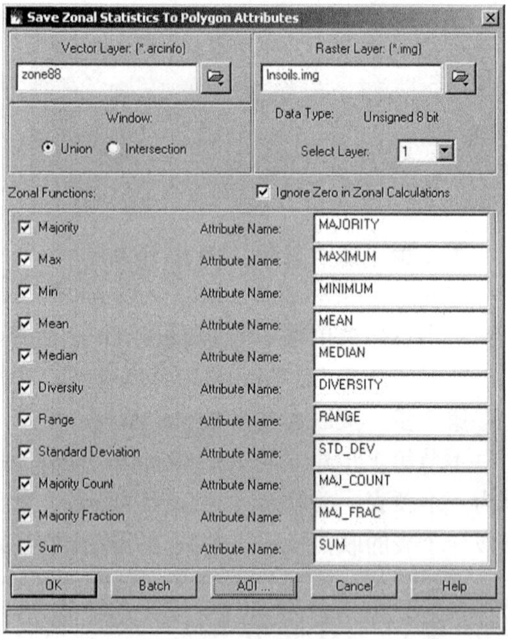

图 8-64 **Save Zonal Statistics To Polygon Attributes 对话框**

表 8-23 Save Zonal Statistics To Polygon Attributes 对话框各复选框含义

复选框	含义	复选框	含义
Majority	最多值	Max*	最大值

续表

复选框	含义	复选框	含义
Min*	最小值	Standard Deviation*	标准偏方差
Mean*	平均值	Majority Count	最多值的像元数
Median	中位值	Majority Fraction	最多值的小数部分
Diversity	类别的总数	Sum	值的总和
Range*	值的范围		

注：* 表示对专题图层及连续图层都有效的复选框，否则只对专题图层有效。

8.10.3 属性转换为注记

属性转换为注记（Attributes to Annotation）功能可以将矢量数据的每一项属性产生一个相应的注记文件（*.ovr）。通过矢量属性转换为注记功能，将所选属性转换为注记层叠加在三维表面上显示，如在虚拟地理信息系统（VirtualGIS，第 10 章）中，可直接将注记层数据叠加在三维表面上。有两种方法可以打开此功能。

（1）在 ERDAS 图标面板菜单条中单击 Main | Vector 命令，打开 Vector Utilities 对话框（或在 ERDAS 图标面板工具条中单击 Vector 图标，打开 Vector Utilities 对话框（表 8-2 左列）），单击 Attributes to Annotation 按钮，打开 Vector Attribute To Annotation 对话框（图 8-65）。

（2）在 ERDAS 图标面板菜单条中单击 Main | Start IMAGINE Viewer 命令，打开 Viewer 窗口（或在 ERDAS 图标面板工具条中单击 Viewer 图标，打开 Viewer 窗口），然后打开一个矢量文件，单击 Vector | Attribute to Annotation 命令，打开 Vector Attribute To Annotation 对话框（图 8-65）。

打开 Vector Attribute To Annotation 对话框后，需要选择输出文件的属性。

① 选择要输出的矢量属性（Select Text label）。

② 选中 Select Description 复选框，使 Select Description 列表可用。

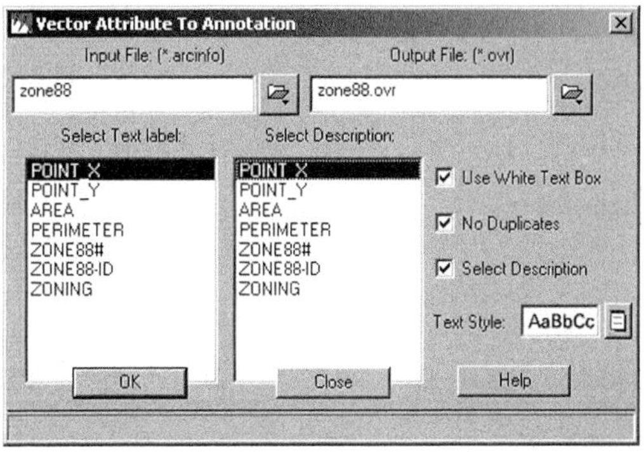

图 8-65 Vector Attribute To Annotation 对话框

③ 选中 Use White Text Box 复选框，文本放置在一个白色背景的框中；文本格式和位置的设置通过调整 Text Style Chooser 对话框（图 8-66）中的设置来实现；如果大小（Size）是用图纸单位（Paper Units）来表示，那么只有当 Alignment 设置为 Center Center 时，注记的放置才是正确的；如果需要 Corner 放置，那么字体大小必须用地图单位（Map Units）表示。

④ 选中 No Duplicates 复选框，确定只有一个属性字段转为注释文本。

⑤ 单击 Text Style 图标，单击 As Is | Other 命令，打开 Text Style Chooser 对话框（图 8-66），可改变默认的文本样式。

⑥ 单击 OK 按钮（执行转换，关闭 Vector Attribute To Annotation 对话框）。

如图 8-66 所示，Text Style Chooser 对话框有两个选项卡：Standard 与 Custom。在 Standard 和 Custom 选项卡中可以分别进行表 8-24、表 8-25 所示的各种设置。

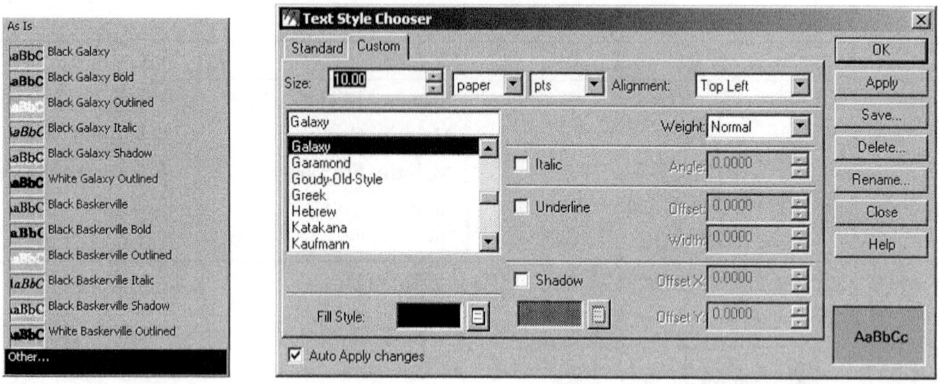

图 8-66 Text Style Chooser 对话框（Custom 选项卡）

表 8-24 Text Style Chooser 对话框 Standard 选项卡功能简介

设置项	功能简介
下拉选择框 Menu/Grid	用以选择文本模式。文本模式下将显示该模式的各种文本样式，单击一种样式将应用到注记中
Labels	
Size	设置文本大小
Units	Map　应用地图单位（地面上的距离） Paper　应用图纸单位（地图上的尺寸） m（米） ft（英尺） in（英寸） cm（厘米） pts（points（相当于 72pts/英寸）） dev（设计单位（300dev/英寸 默认）） other（其他单位） dd（十进制度—此选项对于地理（经度/纬度）图层有效）
Alignment	注记放置的位置，仅适用于矢量属性；下拉列表选项有： Top Left（左上）、Top Center（中上）、Top Right（右上）、Center Left（左中）、Center Center（中中）、Center Right（右中）、Bottom Left（左下）、Bottom Center（中下）、Bottom Right（右下）
Auto Apply Changes	将使本对话框的设置效果立即反映到窗口中

表 8-25 Text Style Chooser 对话框 Custom 选项卡功能简介

设置项	功能简介
Fill Style	表 8-4、表 8-5
Weight	Normal（常规）、Bold（粗体），由对话框左边所选的字体决定
Italic（斜体）	选中后文本有斜体效果。 Angle：输入斜体文本的倾斜角度，角度值介于–45 度到 45 度之间。输入正值文本顺时针倾斜，输入负值文本逆时针倾斜
Underline（下划线）	Offset：输入下划线的偏移量。 Width：输入下划线的宽度
Shadow（阴影）	Offset X：输入阴影的 X–偏移量，负值阴影左倾。 Offset Y：输入阴影的 Y–偏移量，负值阴影向下倾。 单击 ▤ 按钮，选择阴影的颜色，如表 8-6 所列
Auto Apply changes	将使本对话框的设置效果立即反映到窗口中

8.11 Shapefile 文件操作

在实际应用中，根据不同的应用需求，需要对矢量数据进行不同的操作，本节介绍两个对 Shapefile 文件的操作功能，包括重新计算高程值（Recalculate Elevation Values）和投影变换操作（Reproject Shapefile）。

8.11.1 重新计算高程

重新计算高程值（Recalculate Elevation Values）是根据高程信息参数的设置，重新计算 3D Shapefile 数据的 Z 值。ERDAS 中的 Stereo Analyst 立体分析模块可以很方便地提取 3D Shapefile 数据，而 VirtualGIS（虚拟 GIS）模块中可以很方便地显示 3D Shapefile 图形。当需要计算其他不同投影参数下的高程信息时，可应用此功能重新计算高程值。

在 ERDAS 图标面板菜单条中单击 Main | Vector 命令，打开 Vector Utilities 对话框（表 8-2 左列）；或在 ERDAS 图标面板工具条中单击 Vector 图标，打开 Vector Utilities 对话框（表 8-2 左列）。

① 单击 Recalculate Elevation Values 按钮，打开 Recalculate Elevation for 3D Shapefiles 对话框（图 8-67）。

② 输入需要重新计算高程值的 Shapefile 文件，此输入数据必须是 3D Shapefile 文件。

③ 如果输入数据没有高程信息，单击 Define Input Elevation Info 按钮，打开 Elevation Info Chooser 对话框（图 8-68）。

④ 确定计算高程的椭球体名称（Spheroid Name）。

⑤ 确定高程基准面名称（Datum Name）。

⑥ 确定高程值单位（Elevation Units）。

⑦ 确定高程值的类型（Elevation Type）。

a. height：垂直基准面以上的点的高程值是正值，反之是负值。

b. depth：垂直基准面以下的点的高程值是正值，反之是负值。需要说明的是，depth 类型仅适用于水下测量。

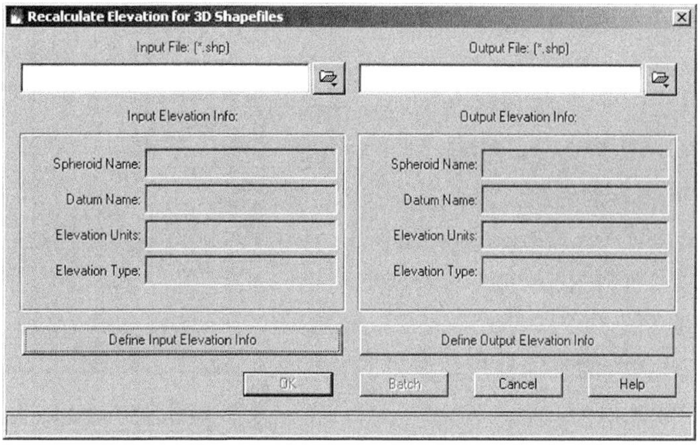

图 8-67 **Recalculate Elevation for 3D Shapefiles 对话框**

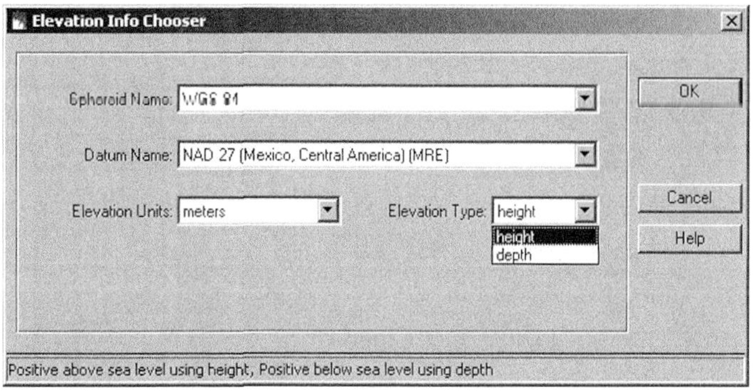

图 8-68 **Elevation Info Chooser 对话框**

⑧ 同样地，需要定义输出高程数据的参数（图 8-68）。

说明 1

3D Shapefile 数据本身不会存储垂直基准面和椭球体信息，因此，需要知道与输入的.shp 文件一致的椭球体和基准面信息。

说明 2

重计算高程值功能不会保存 3D Shapefile 数据高程信息的参数，该功能仅仅根据指定的输出高程信息参数重新计算 Z 列值。

8.11.2 投影变换操作

投影变换操作（Reproject Shapefile）是给 Shapefile 数据重新赋一个不同的投影系统。如在矢量数据与栅格数据叠加时，如果数据的投影方式不匹配，则不能成功叠加，此时可以对矢量数据进行投影变换，重新赋一个与栅格数据相同的投影系统。

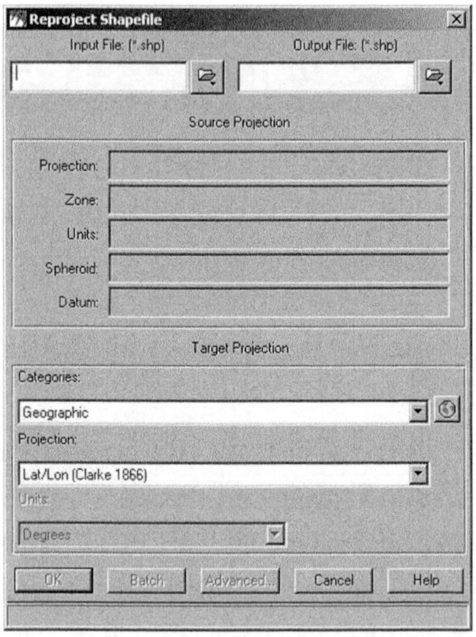

图 8-69 Reproject Shapefile 对话框

在 ERDAS 图标面板菜单条中单击 Main | Vector 命令，打开 Vector Utilities 对话框（表 8-2 左列）；或在 ERDAS 图标面板工具条中单击 Vector 图标，打开 Vector Utilities 对话框（表 8-2 左列）。

① 单击 Reproject Shapefile 按钮，打开 Reproject Shapefile 对话框（图 8-69）。

② 确定需要投影变换的文件（Input File）。

③ 确定投影变换后的结果文件（Output File）。

④ Source Projection 显示当前文件的投影信息：Projection（投影参数）、Zone（投影带）、Units（单位）、Spheroid（椭球体）、Datum（基准面）。

⑤ 定义输出文件的投影信息（Target Projection）。

⑥ 确定投影种类（Categories）和投影参数（Projection）。

⑦ 单击 按钮，打开 Projection Chooser 对话框（图

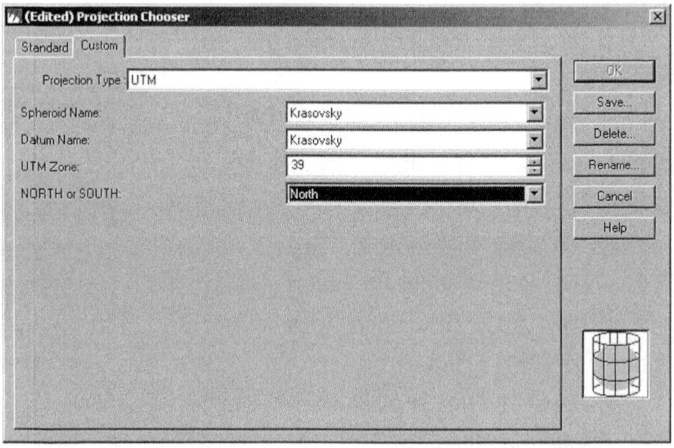

图 8-70 Projection Chooser 对话框（UTM 投影类型为例）

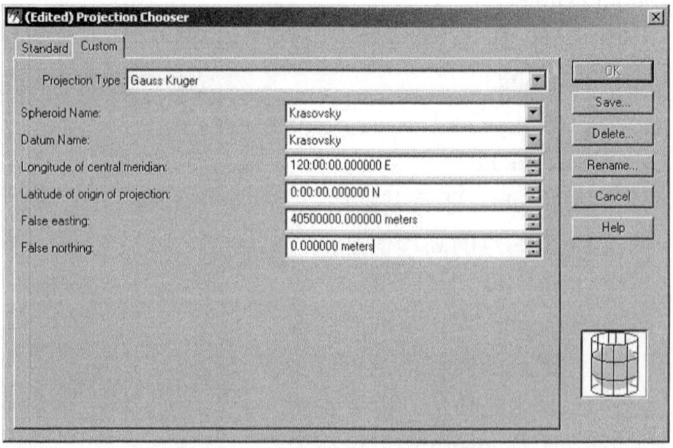

图 8-71 Projection Chooser 对话框（Gauss Kruger 投影类型为例）

8-70、图 8-71），可以修改定义新的投影。选择的投影类型不同，需要设定的参数也不同（以 UTM、Gauss Kruger 投影类型为例，如表 8-26 所列）。

⑧ 选择输出地图单位（Units）。

⑨ 单击 OK 按钮（执行重投影，关闭 Reproject Shapefile 对话框）。

表 8–26 Projection Chooser 对话框（Custom 选项卡）设置简介

设置项	说明
Projection Type	投影类型
Spheroid Name	椭球体名称
Datum Name	基准面名称
UTM Zone	UTM 带号（UTM）
NORTH or SOUTH	北半球或者南半球（UTM）
Longitude of central meridian	中央子午线经度（Gauss Kruger）
Latitude of origin of projection	投影原点纬度（Gauss Kruger）
False easting	伪东偏移（Gauss Kruger）
False northing	伪北偏移（Gauss Kruger）
Save	保存自定义的投影类型（图 8-72）
Delete	删除投影种类或投影类型（图 8-73）
Rename	重命名投影种类或投影类型（图 8-74）

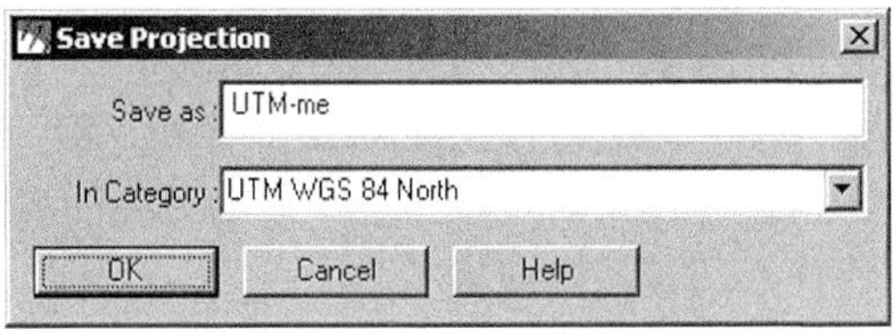

图 8–72 **Save Projection 对话框**

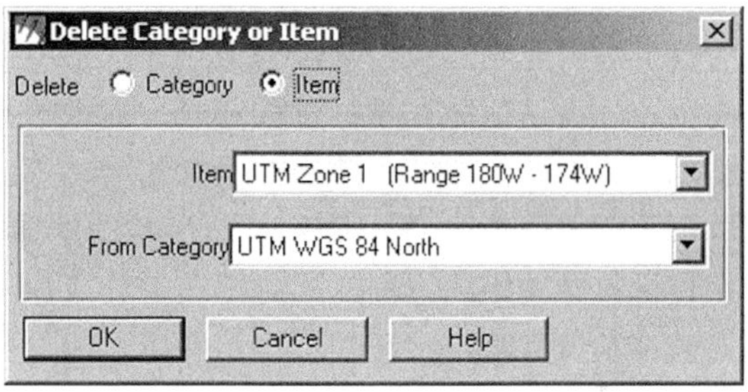

图 8–73 **Delete Category or Item 对话框**

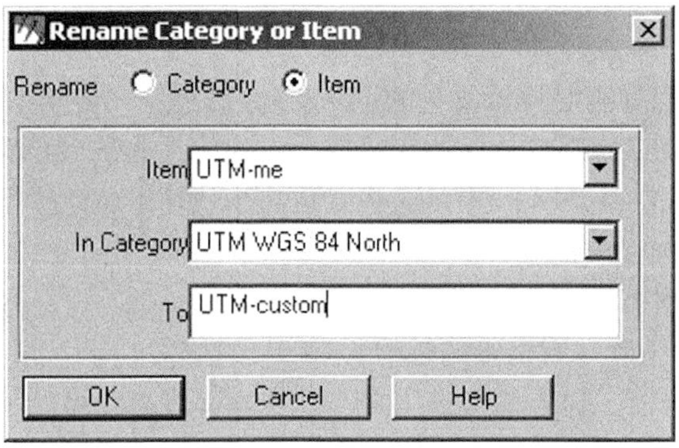

图 8–74 **Rename Category or Item 对话框**

第 9 章　雷达图像处理

本章学习要点

- 斑点噪声压缩
- 图像亮度调整
- 雷达图像增强
- 图像斜距调整
- 边缘增强处理
- 图像纹理分析
- 地理编码 SAR 图像
- 正射校正 SAR 图像
- 雷达像对 DEM 提取
- 干涉雷达 DEM 提取
- 干涉雷达变化检测

9.1　雷达图像处理基础

与光学成像不同，雷达传感器接收的地面目标的后向散射回波信号，在经历一个包括脉冲压缩、徙动校正等复杂过程的成像处理后，将接收的回波信号变成可视的图像。因此，雷达图像的构成没有光学成像中物点与像点之间那种明确的关系，这就造成对雷达成像中空间关系理解的困难。雷达信号在飞行过程获取，成像的几何关系受到传感器运动速度和方向变化、飞行姿态变化、地球的自转以及地面目标的运动等诸多方面的影响。地表目标信号的几何位置主要由以下 3 个方面决定：① 确定地球形状的地球模型；② 确定波束中心的 SAR 多普勒方程；③ 确定目标斜距的距离方程。同时，在雷达成像阶段，雷达波在反射过程中会产生暗或亮的像元点，被称做斑点噪声，在利用雷达图像之前，斑点噪声必须被消除或减少。

9.1.1　雷达图像增强处理

1．斑点噪声压缩

在 SAR 图像中，斑点噪声是比较常见的。斑点是由于在一个分辨单元中的小的散射体间的相互干涉形成的。消除斑点噪声时，保持空间信号不变化是非常重要的。目前，消除噪声的常用方法有 ML、MMSE、Lee、MAP 等，这些方法都是从基本斑点模型入手，用贝叶斯准则得出 RCS（Radar Cross Section）的估计。

一个合适的斑点模型可以写为 $I(x,y)=R(x,y)\cdot F(x,y)$。其中 (x,y) 是分辨单元中心的空间方位和倾斜角，I 是观察强度（有斑点的辐射），R 是雷达随机反射过程。F 是与 R 统计独立的平稳随机过程，其均值为 1。斑点模型是用来描述观察强度最简单的模型，然而该模型有两方面的缺点：首先它对于描述那些由少数在限定位置的散射体组成的人造目标（如建筑物等）的描述是不真实的；其次，该模型没有考虑图像所依赖的极化和波长。本质上，该模型仅当产生平均强度的所有物理过程被正确包括时才可以使用。尽管如此，这个模型仍保持了对任何 SAR 图像中大量像元之间相对起伏的非常好的描述。

SAR 图像斑点噪声消除可以用 Bayes 方法来表示为

$$P_{AP}(\sigma | I) = \frac{P_{speckle}(I | \sigma) P_\sigma(\sigma)}{P_I(I)} \tag{9-1}$$

式中：　I——图像强度；

σ——RCS；

$P_{AP}(\sigma | I)$——从图像强度 I 得到 σ 的后验概率，这就是所需要的结果；

$P_{speckle}(I | \sigma)$——似然函数，描述了斑点的影响。

对于 L 视 SAR 一般用如下 Γ 分布。

$$P_{speckle}(I | \sigma) = \left(\frac{L}{\sigma}\right)^L \frac{I^{L-1}}{\Gamma(L)} \exp\left[-\frac{LI}{\sigma}\right] \tag{9-2}$$

$P_I(I) = \int P(I|\sigma) P_\sigma(\sigma) d\sigma$ 只是用来规一化表达式的，所以在多数情况下该项可以忽略。

2. 图像纹理分析

雷达图像纹理是由同一种目标的若干个分辨率单元空间排列的不均匀性和不同目标的细微纹理占有多个分辨单元而形成的，即以多个分辨单元位尺度来表示的空间色调变化。纹理分析方法可作为一种有利的边缘检测手段。由于 SAR 图像上受噪声影响的均质区，在纹理测度图像上一般对应灰度相同的区域，所以在分类时，引入纹理信息有助于提高精度。

（1）Mean Euclidean Distance 纹理分析算法

Mean Euclidean Distance 算法的数学公式为

$$\text{Mean Euclidean Distance} = \frac{\sum \left[\sum_\lambda (x_{c\lambda} - x_{ij\lambda})^2\right]^{\frac{1}{2}}}{n-1} \tag{9-3}$$

式中：$x_{ij\lambda}$——多光谱图像 λ 波段像元（i,j）的数值；

$x_{c\lambda}$——λ 波段窗口中心像元的数值；

n——为窗口大小。

（2）Variance 纹理分析算法

Variance 算法的数学公式为

$$\text{Variance} = \frac{\sum (x_{ij} - M)^2}{n-1} \tag{9-4}$$

式中：x_{ij}——像元（i,j）的灰度数值；

n——窗口大小；

M——移动窗口的均值。

（3）Skewness 纹理分析算法

Skewness 算法的数学公式为

$$\text{Skewness} = \frac{\left|\sum (x_{ij} - M)^3\right|}{(n-1)(V)^{\frac{3}{2}}} \tag{9-5}$$

式中：x_{ij}——像元（i,j）的灰度数值；

n——窗口大小；

M——移动窗口的均值；

V——窗口的方差。

（4）Kurtosiss 纹理分析算法

Kurtosiss 算法的数学公式为

$$\text{Kurtosiss} = \frac{\sum (x_{ij} - M)^4}{(n-1)(V)^2} \tag{9-6}$$

式中：x_{ij}——像元（i,j）的灰度数值；

n——移动窗口大小；

M——移动窗口的均值；

V——移动窗口的方差。

9.1.2 雷达图像几何校正

雷达的斜视距离成像使图像具有非线性的畸变，图像中的斜距 R 与图像定量分析时需要采用的地面距离 G 的关系为

$$G = R\cos\beta \tag{9-7}$$

式中：β——天线对地面目标的俯角，而地面高度变化对斜距测量的影响会造成按地形随机变化的复杂畸变，即通常所说的雷达图像的透视收缩、叠掩和阴影等特殊的集合问题。

为了定量分析 SAR 图像，对于这种非线性畸变必须予以校正。校正方法是依据像点距离方程和零多普勒条件建立数学模型，将距离投影和侧视几何成像关系转化为多中心的透视几何关系，将线元素和角元素的变化纳入其中。

对于地面控制点容易得到的地区，利用成像参数（平台高度、雷达入射角、飞行路线的方位角、航迹参考点、信号的延迟等）和地面控制点精确估计飞行路线参数为基础正射校正变换公式。对于地面控制点不易得到的地区，可用 DEM 产生模拟图像，将模拟图像与原始图像配准，从而建立 DEM 坐标与原始图像的变换关系。

雷达图像几何校正处理的方法与流程如下。

（1）建立正射图像——正射图像是几何校正的基础，可选择适当的比例尺地形图扫描成栅格图像，再利用地图格网点的地理坐标进行校正得到。此外，也可以采用航空相片和高分辨率卫星光学图像，经过校正得到。

（2）建立数字高程模型（DEM）——由校正的地图图像矢量化其中的等高线和高程注记点，通过三角网内插生成 DEM。

（3）雷达图像地图配准处理——在雷达图像上均匀选择多个校正点，采用一次多项式模型计算，得到雷达图像在地图坐标系中的概略范围，并确定雷达的飞行方向和像元尺寸。

（4）雷达图像地图校正处理——根据雷达斜距方程，由地图上一点的三维坐标计算其在雷达图像中的位置，进行重采样，得到校正到地图上的雷达图像。

（5）雷达图像微分校正处理——校正后的雷达图像再对光学正射图像选择密集校正控制点，进行三角网微分校正。

9.1.3 干涉雷达 DEM 提取

干涉合成孔径雷达是利用同一地区的两幅具有相位偏差的图像，提取高度信息，并用来制作高程图。星载合成孔径雷达是利用卫星在同一地区两次飞行获得 SAR 像对，根据两幅图像的波程差，进行相位干涉，再利用相位与地形高度的关系提取高度信息。

干涉雷达提取 DEM 的处理是从复数像对开始，进行 DEM 的提取的。具体处理过程如下。

在同一地区的两幅复图像（S1）和（S2），经过配准，进行相干处理，即一幅图像与另一幅图像共轭相乘，得到相干图，取出相位进行去平地相位处理，就得到以 2π 为模的缠绕相位。经过解缠，得到两幅图像的相位差，经过相位转换和几何转换，就可以得到高程模型，再经过坐标转换和几何校正等地形编码处理，就得到数字高程模型 DEM。

9.2 雷达图像模块概述

ERDAS IMAGINE 雷达图像处理模块（Radar Module）由两大部分组成：基本雷达图像处理模块和高级雷达图像处理模块。其中，基本雷达模块主要是对雷达图像进行亮度调整、斑点噪声压缩、斜距调整、纹理分析、边缘提取等一些基本的处理，内置在 Professional 级的软件产品中；而高级雷达模块包括了正射雷达（OrthoRadar）、立体像对 DEM 提取（StereoSAR DEM）、干涉雷达 DEM 提取（InSAR DEM）和干涉雷达变化检测（Coherence Change Detection）4 个子模块，是 4 个相对独立的扩展模块，用户可以根据需要选择购置。

如果用户选购了上述全部雷达模块，或者在软件安装时选择安装了所有雷达模块，那么，每次启动雷达模块时，系统弹出的菜单如图 9-1 所示，包括了所有 6 个雷达模块。当然，没有 License 的模块是无法运行的。本章主要介绍基本雷达模块功能，同时，对其他雷达模块功能进行说明。

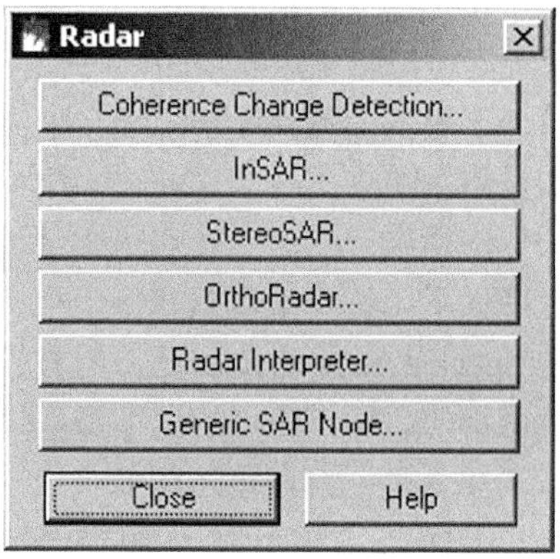

图 9-1 Radar 对话框

雷达图像处理模块可以通过以下两种途径启动。

在 ERDAS 图标面板菜单条中单击 Main | Radar 命令，打开 Radar 对话框（图 9-1）；

在 ERDAS 图标面板工具条中单击 Radar 图标，打开 Radar 对话框（图 9-1）

在图 9-1 所示的雷达模块菜单中，前 4 项分别对应于 4 个扩展的高级雷达模块，而后 2 项则是基本雷达模块涉及的功能。本章将着重介绍 Radar 菜单中的后 3 项内容。

9.3 基本雷达图像处理

只要在 Radar 菜单中单击 Radar Interpreter 按钮，就可以调出基本雷达图像处理对话框（图 9-2），其中包含了全部的内置基本雷达模块（Radar Interpreter）功能。具体操作如下。

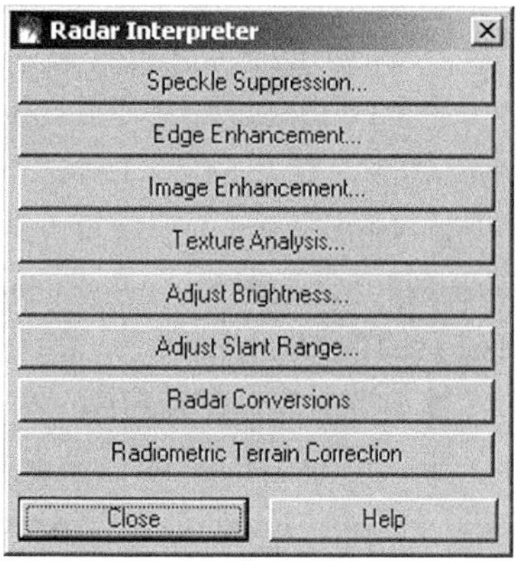

图 9-2 Radar Interpreter 对话框

在 ERDAS 图标面板菜单条中单击 Main | Radar | Radar Interpreter 命令，打开 Radar Interpreter 对话框（图 9-2）；或者在 ERDAS 图标面板工具条中单击 Radar | Radar Interpreter 命令，打开 Radar Interpreter 对话框（图 9-2）。

基本雷达图像处理模块包括 8 个方面的功能，具体内容如表 9-1 所示。

表 9-1 基本雷达图像处理菜单命令及其功能

菜单命令	菜单功能
Speckle Suppression：斑点噪声压缩	调用斑点噪声滤波器减少雷达图像斑点噪声
Edge Enhancement：边缘增强处理	调用边缘增强滤波器突出雷达图像边缘轮廓
Image Enhancement：雷达图像增强	应用 Wallis 自适应滤波器来增强雷达图像
Texture Analysis：图像纹理分析	通过一定的运算规则来探测图像纹理结构
Adjust Brightness：图像亮度调整	调整由于雷达侧视特性引起的图像亮度减退
Adjust Slant Range：图像斜距调整	采用类似于正射校正的方法调整斜距到地距
Radar Conversions：雷达变换	包括域变化和辐射变换
Radiometric Terrain Correction：地形辐射校正	对图像进行地形辐射校正

雷达图像的处理是应用驱动的（Application Driven），没有现成的途径或方式去借用。本节只介绍一些基本功能的应用，用户必须自己去试验适合于用户自己应用需要的数据处理方法。

9.3.1 斑点噪声压缩

雷达图像的斑点噪声是普遍存在的，在利用雷达图像之前，斑点噪声必须被消除或减少。然而，在消除斑点噪声的同时会使图像本身发生变化。为了考虑不同的传感器类型，IMAGINE 设计了不同的斑点噪声压缩（Speckle Suppression）的模型：Mean、Median、Lee-Sigma、Local Region、Lee、Front、Gamma-MAP 等。

应用所有的斑点噪声压缩滤波器都会出现同一个矛盾：在消除噪声的同时，图像的分辨率也降低了。每一景数据和每一个应用项目对这两个因素都有不同的平衡选择。基本雷达模块中的 Speckle Suppression 滤波器被设计成可变的，在对斑点噪声压缩的同时对图像分辨率的减少是微小的。斑点噪声的压缩操作过程如下。

第 1 步：打开雷达图像

为了下面进行雷达图像斑点噪声的压缩操作，首先需要打开两个窗口 Viewer#1 和 Viewer#2，并应用 Tile Viewers 功能使两个窗口平铺排列；然后在 Viewer#1 中打开雷达图像文件\examples\ Loplakebed.img（SIR-A 图像），而 Viewer#2 则将用于显示处理后的图像，以便进行图像处理前后的比较。操作命令如下。

在窗口 Viewer#1 中单击 File | Open | Raster Layer 命令，打开 Select Layer to Add 对话框，选择 File Name（*.img）为 Loplakebed.img，单击 OK 按钮（打开雷达图像）。在 ERDAS 主菜单中单击 Session | Tile Viewers 命令，将两个窗口平铺排列。

第 2 步：启动斑点压缩

在 ERDAS 图标面板菜单条中单击 Main | Radar | Radar Interpreter | Speckle Suppression 命令，打开 Radar Speckle Suppression 对话框（图 9-3）；或者在 ERDAS 图标面板工具条中单击 Radar | Radar Interpreter | Speckle Suppression 命令，打开 Radar Speckle Suppression 对话框（图 9-3）。

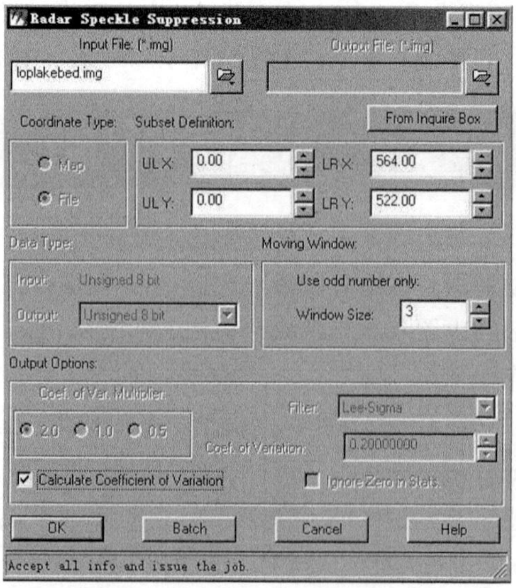

图 9-3 Radar Speckle Suppression 对话框

在 Radar Speckle Suppression 对话框中，需要设置下列参数。

① 选择输入文件（Input File）为 loplakebed.img 。

② 选择计算变异系数为 Calculate Coefficient of Variation。

③ 确定移动窗口大小（Moving Window Size）为 3。

④ 单击 OK 按钮（关闭 Radar Speckle Suppression 对话框）。打开 Coefficient of Variation 状态条（图 9-4），启动变异系数计算进程（Calculate Coefficient of Variation）。

⑤ 单击 OK 按钮（关闭 Coefficient of Variation 状态条，完成变异系数计算）。

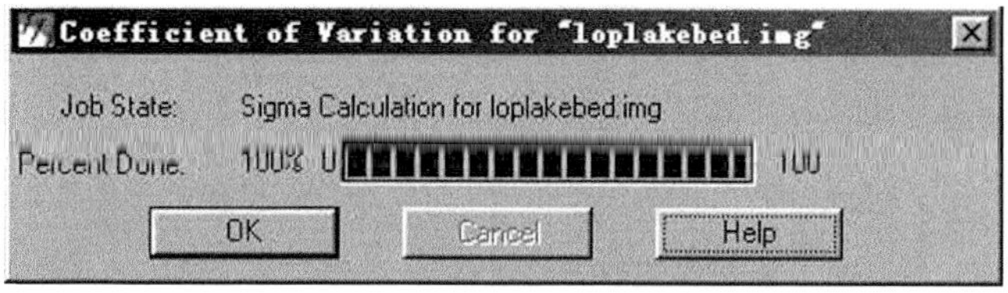

图 9-4　**Coefficient of Variation 状态条**

第 3 步：查阅变异系数

雷达图像斑点压缩功能需要使用图像噪声的变异系数，可以通过计算方差与均值的比值获得；该系数是一个场景衍生参数（Scence-drived），是多数过滤器都需要的输入参数。

在第 2 步的操作中，已经选择了计算变异系数。下面需要查阅变异系数。

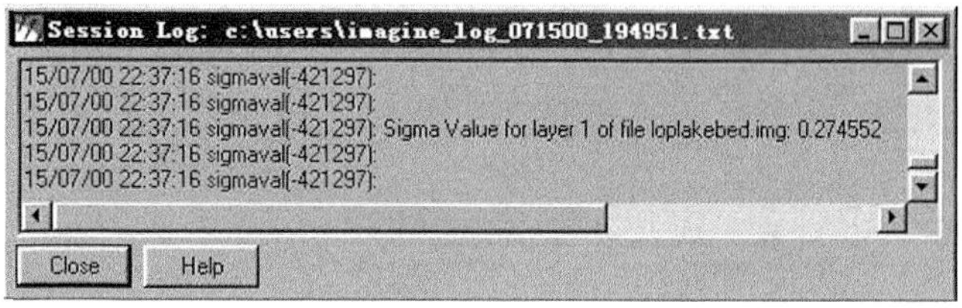

图 9-5　**Session Log 窗口**

在 ERDAS 图标面板菜单条中单击 Session | Session Log 命令，打开 Session Log 窗口（图 9-5）。查阅并读取变异系数：0.274552。单击 Close 按钮（关闭 Session Log 窗口）。

第 4 步：执行斑点压缩

在 ERDAS 图标面板中单击菜单条 Main | Radar | Radar Interpreter | Speckle Suppression 命令，打开 Radar Speckle Suppression 对话框（图 9-6）；或者在 ERDAS 图标面板工具条中单击 Radar | Radar Interpreter | Speckle Suppression 命令，打开 Radar Speckle Suppression 对话框（图 9-6）。

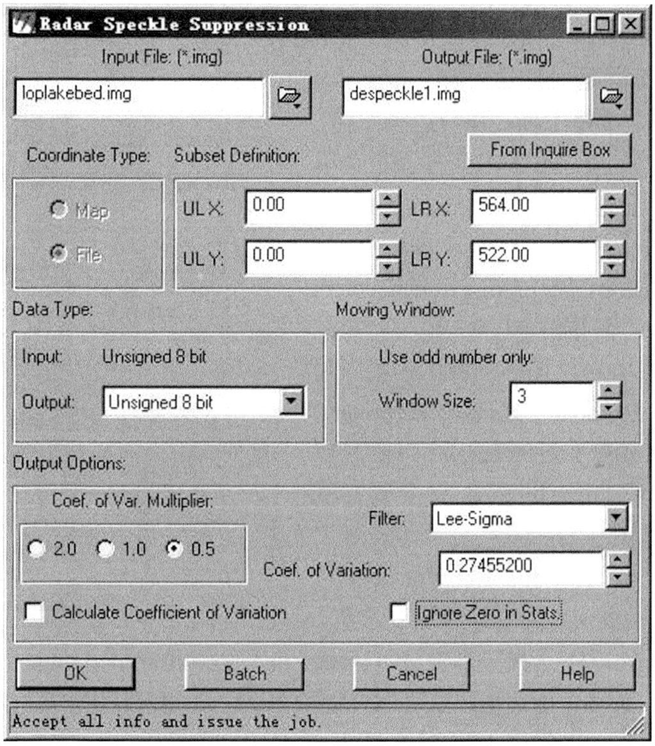

图 9-6　**Radar Speckle Suppression 对话框**

在 Radar Speckle Suppression 对话框中，需要设置下列参数。

① 选择输入文件（Input File）为 loplakebed.img。

② 确定输出文件（Output File）为 despeckle1.img。

③ 确定输出数据类型（Output Data Type）为 Unsigned 8 bit。

④ 确定移动窗口大小（Moving Window Size）为 3。

⑤ 选择变异系数乘数（Coef.of Var. Multiplier）为 0.5。

⑥ 选择滤波器（Filter）为 Lee–Sigma。

⑦ 输入变异系数（Coef. of Variation）：0.274552。

⑧ 单击 OK 按钮（关闭 Radar Speckle Suppression 对话框，执行斑点压缩）。

⑨ 处理结束后，单击进度条 OK 按钮，关闭进度条。

第 5 步：对比处理效果

在窗口 Viewer#2 中打开经过斑点压缩处理的雷达图像 despeckle1.img，并与窗口 Viewer#1 中的原始图像对比，观察斑点压缩效果。

同时，用户可以按照下列参数继续对该雷达图像进行斑点噪声压缩，以对比其压缩效果。

表 9–2 各种参数的斑点压缩

Input File	Output File	Coef.of Var.	Coef.of Var.Multiplier	Window Size
loplakebed.img	despeckle1.img	0.275	0.5	3×3
despeckle1.img	despeckle2.img	0.197	1	5×5
despeckle2.img	despeckle3.img	0.103	2	7×7

9.3.2 边缘增强处理

雷达图像的边缘增强（Enhance Edges）功能与图像解译器中的卷积处理、邻域处理功能类似，常常选择高通滤波器。对于雷达图像，在执行边缘增强之前，应该首先进行斑点噪声压缩。本节将分别对雷达原图像和经斑点压缩的雷达图像进行边缘增强，通过处理结果对比说明斑点噪声处理应该先行一步。

第 1 步：执行边缘增强

在 ERDAS 图标面板菜单条中单击 Main | Radar | Radar Interpreter | Edge Enhancement 命令，打开 Edge Enhancement 对话框（图 9-7）；或者在 ERDAS 图标面板工具条中单击 Radar | Radar Interpreter | Edge Enhancement 命令，打开 Edge Enhancement 对话框（图 9-7）。

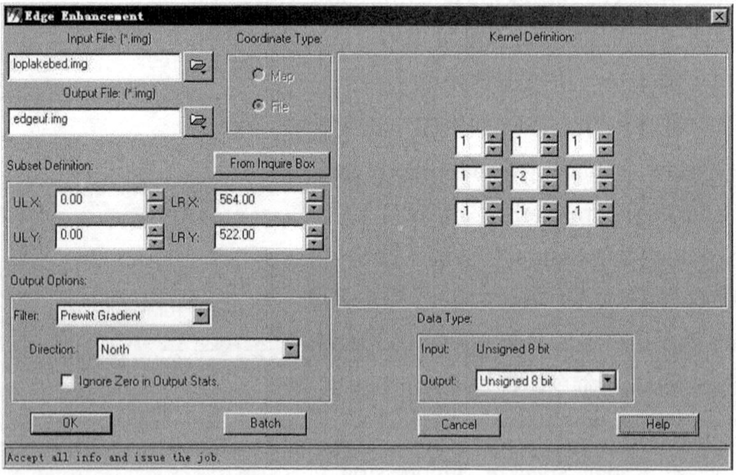

图 9–7 **Edge Enhancement 对话框**

在 Edge Enhancement 对话框中，需要设置下列参数。

① 选择输入文件（Input File）为 loplakebed.img。

② 确定输出文件（Output File）为 edgeuf.img。

③ 确定处理范围（Subset Definition）：在 ULX / Y、LRX / Y 编辑框中输入需要的数值默认状态为整个图像范围，可以应用 Inquire Box 定义子区）。

④ 选择滤波器（Filter）为 Prewitt Gradient。

⑤ 选择边缘方向（Direction）为 North。

⑥ 确定输出数据类型（Output Data Type）为 Unsigned 8 bit。

⑦ 单击 OK 按钮（关闭 Edge Enhancement 对话框，执行边缘增强处理）。

⑧ 处理结束后，单击进度条 OK 按钮，关闭进度条。

⑨ 重复上述过程，对 despecklel.img 进行边缘增强，产生另一个增强雷达图像 edgess.img，以便比较。

第 2 步：对比增强结果

同时打开两个窗口 Viewer#1 和 Viewer#2，并应用 Tile Viewers 功能使两个窗口平铺排列；然后，在 Viewer#1 中打开未进行斑点压缩的边缘增强图像 edgeuf.img，在 Viewer#2 窗口中打开经过斑点压缩的边缘增强图像 edgess.img。对比结果表明：后者含有更多的有用信息。

9.3.3 雷达图像增强

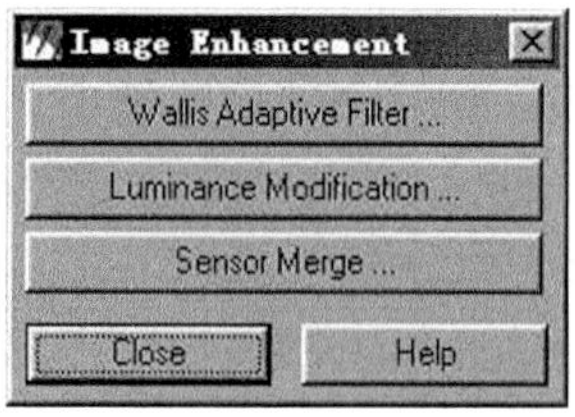

图 9-8 **Image Enhancement** 菜单

在 ERDAS 图标面板菜单条中单击 Main | Radar | Radar Interpreter | Image Enhancement 命令，打开 Image Enhancement 对话框（图 9-8）；或者在 ERDAS 图标面板工具条中单击 Radar | Radar Interpreter | Image Enhancement 命令，打开 Image Enhancement 对话框（图 9-8）。

从图 9-8 可知，雷达图像增强（Enhance Image）功能包括 3 种类型。

- ❑ **Wallis Adaptive Filter**　Wallis 自适应滤波。
- ❑ **Luminance Modification**　亮度修正处理。
- ❑ **Sensor Merge**　图像融合处理。

1．Wallis 自适应滤波

Wallis 自适应滤波（Wallis Adapter Filter）是应用图像的局部区域数值（在窗口中定义区域大小）来对整个图像进行对比度拉抻调整。这一技术有 3 种应用方式。

- ❑ **Bandwise 方式**　对每个波段依次进行自适应滤波。
- ❑ **IHS 方式**　输入的 RGB 图像转换为 IHS 图像，自适应滤波仅对强度组分（I）进行，然后再把 IHS 图像转换为 RGB 图像。
- ❑ **PC 选择项**　输入图像首先转变为若干主成分，自适应滤波仅对第一主成分（PC-1）进行，然后再进行主成分逆变换。

Wallis 自适应滤波的具体操作过程如下。

第 1 步：斑点噪声压缩

在 ERDAS 图标面板菜单条中单击 Main | Radar | Radar Interpreter | Speckle Suppression 命令，打开 Radar Speckle Suppression 对话框（图 9-6）；或者在 ERDAS 图标面板工具条中单击 Radar | Radar Interpreter | Speckle Suppression 命令，打开 Radar Speckle Suppression 对话框（图 9-6）。

在 Radar Speckle Suppression 对话框中，需要设置下列参数。

① 选择输入文件（Input File）为 radar_glacier.img。

② 确定输出文件（Output File）为 despeckle4.img。

③ 确定输出数据类型（Output Data Type）为 Unsigned 8 bit。

④ 确定移动窗口大小（Moving Window Size）为 3。

⑤ 选择滤波器（Filter）为 Gamma-MAP。

⑥ 输入变异系数（Coefficient of Variation）：0.270151。

⑦ 单击 OK 按钮（关闭 Radar Speckle Suppression 对话框，执行斑点压缩）。

⑧ 处理结束后，单击进度条 OK 按钮，关闭进度条。

第 2 步：执行 Wallis 滤波

在 ERDAS 图标面板菜单条中单击 Main | Radar | Radar Interpreter | Image Enhancement | Wallis Adapter Filter 命令，打开 Wallis Adaptive Filter 对话框（图 9-9）；或者在 ERDAS 图标面板工具条中单击 Radar | Radar Interpreter | Image Enhancement | Wallis Adaptive Filter 命令，打开 Wallis Adaptive Filter 对话框（图 9-9）。

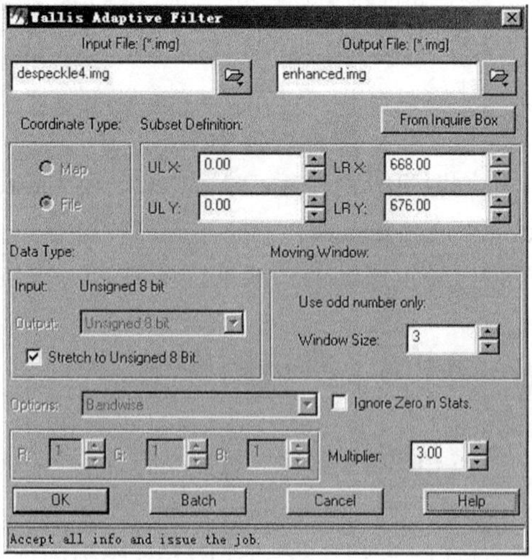

图 9-9 Wallis Adaptive Filter 对话框

在 Wallis Adaptive Filter 对话框中，需要设置下列参数。

① 选择输入文件（Input File）为 despeckle4.img。

② 确定输出文件（Output File）为 enhanced.img。

③ 确定处理范围（Subset Definition）：在 ULX / Y、LRX / Y 编辑框中输入需要的数值（默认状态为整个图像范围，可以应用 Inquire Box 定义子区）。

④ 确定输出数据类型（Data Type）为 Stretch to Unsigned 8 Bit。

⑤ 确定移动窗口大小（Moving Window Size）为 3。

⑥ 设置对比度增强参数（Multiplier）为 3.0。

⑦ 单击 OK 按钮（关闭 Wallis Adaptive Filter 对话框，执行 Wallis 滤波）。

⑧ 处理结束后，单击进度条 OK 按钮，关闭进度条。

第 3 步：对比增强结果

在 Viewer#1 窗口中打开需要处理的雷达图像 radar_glacier.img，在 Viewer#2 窗口中打开经过斑点压缩和滤波处理处理后的雷达图像 enhanced.img，两窗口平铺排列，对比处理前后差异。

2．亮度修正处理

亮度修正处理（Luminance Modification）功能是通过增强滤波器对雷达图像进行局部的亮度和对比度调整。系统首先将输入图像分解成亮度和对比度两个组分，分别对亮度组分和对比度组分进行处理，然后再将两个组分合成，得到处理后的图像，达到增强整个图像的目的。操作过程比较简单，关键是用户必须根据自己处理图像的特点和原始数据类型确定对话框中的各种参数。由于系统中没有提供相应的图像和参数做练习，而随便调用一幅图像是不能说明问题的，所以这里只能简单描述一下。

3．图像融合处理

图像融合处理（Sensor Merge）功能提供了一种将不同传感器的图像融合起来的算法，可以是雷达图像与 TM 图像的融合，也可以是多谱雷达图像与航磁数据的融合。有 3 种不同的基础技术用于完成图像融合：即主成分变换（PC）、色彩变换（IHS）和乘积变换（Multiplilative），其中 Multiplicative 方法类似于 Wallis 自适应滤波方法。关于主成分变换（PC）、色彩变换（IHS）

和乘积变换（Multiplilative）的原理，参见 5.2.7 节、5.4.1 节和 5.4.6 节。

（1）主成分变换（Principle Component）

使用主成分变换（Principle Component）技术，可以有 4 种选择来改变图像的灰度（Grayscale）。

- Remap——按第一主成分（PC-1）来重新划分图像灰度。
- Hist. Match——将灰度图像与第一主成分（PC-1）进行直方图匹配。
- Multiply——将灰度图像重新划分为 0 ~ 1 的取值范围，与第一主成分灰度做乘法运算。
- None——以输入的灰度图像来替代第一主成分。

（2）色彩变换（IHS）

应用 IHS 色彩变换时，有以下两种选择。

- Intensity——将输入灰度图像重新定阶到 I（Intensity）的任意数值范围，然后替代 I。
- Saturation——将输入灰度图像重新定阶到 S（Saturation）的任意数值范围，然后替代 S。

（3）乘积变换（Multiplicative）

乘积变换技术（Multiplicative）是将灰度图像重新定义（Remap）到 0～1 的数值范围内，然后每一个波段都依次与重新定义的灰度图像相乘，实现其融合。

在对图像融合的基本方法有一定的认识以后，可以进行图像融合了，具体过程如下。

第 1 步：执行图像融合

在 ERDAS 图标面板菜单条中单击 Main | Radar | Radar Interpreter | Image Enhancement | Sensor Merge 命令，打开 Sensor Merge 对话框（图 9-10）；或者在 ERDAS 图标面板工具条中单击 Radar | Radar Interpreter | Image Enhancement | Sensor Merge 命令，打开 Sensor Merge 对话框（图 9-10）。

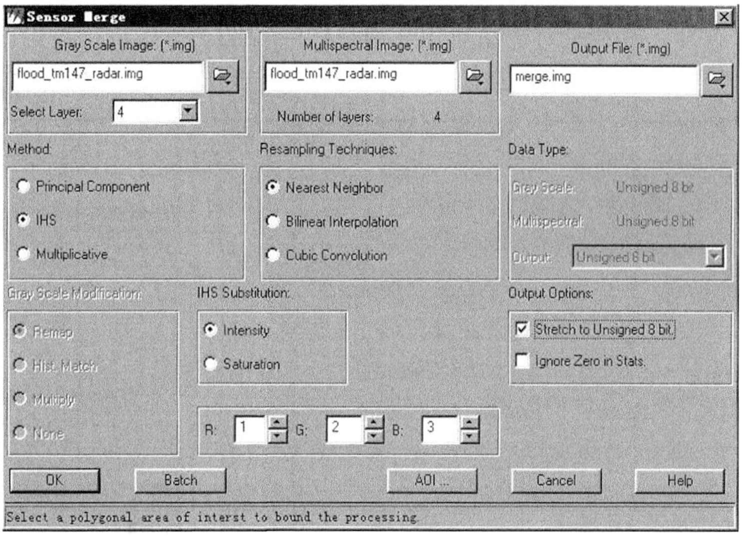

图 9-10 **Sensor Merge 对话框**

在 Sensor Merge 对话框中，需要设置下列参数。

① 确定灰度图像（Gray Scale Image）为 flood_tm147_ radar.img。

② 选择图像波段（Select Layer）为 4。

③ 确定多光谱图像（Multispectral Image）为 flood_tm147_radar.img。

④ 确定输出文件（Output File）为 merge.img。

⑤ 选择融合方法（Method）为 IHS。

⑥ 选择重采样方法（Resampling Techniques）为 Nearest Neighbor。

⑦ 确定 IHS 替换成分（IHS Substitution）为 Intensity。

⑧ 确定输出数据类型（Data Type）为 Stretch to Unsigned 8 bit。

⑨ 确定图像波段组合为 R : 1 / G : 2 / B : 3。

⑩ 单击 OK 按钮（关闭 Sensor Merge 对话框，执行图像融合处理）。

⑪ 处理结束后，单击进度条 OK 按钮，关闭进度条。

第 2 步：查看融合结果

在 Viewer#1 窗口中单击 File | Open | Raster Layer 命令，打开 Select Layer To Add 对话框。在 Select Layer To Add 对话框中进行如下操作。

① 选择 File name 为 Flood_tm147_radar.img。

② 选择 Rastor Options 为 Layercolor: R1/G2/B3。

③ 单击 OK 按钮（打开原始图像）。

在 Viewer#2 窗口中单击 File | Open | Raster Layer 命令，打开 Select Layer To Add 对话框。在 Select Layer To Add 对话框中进行如下操作。

① 选择 File name 为 merge.img。

② 选择 Rastor Options 为 Layer color：R1/G2/B3。

③ 单击 OK 按钮（打开融合图像）。

④ 对比融合前后图像特征的变化，然后关闭 Viewer#1 和 Viewer#2。

9.3.4 图像纹理分析

雷达图像对于地物纹理比较敏感，与那些没有以纹理作为定性特征的图像相比具有较大优越性，特别是对于地质体纹理结构的识别，当然也可以用于识别植被要素。图像纹理分析（Texture Analysis）就是基于雷达图像的纹理结构来识别和提取所需要的专题信息的。纹理分析的核心是按照定义的窗口进行卷积运算，进行纹理分析的关键是定义比较合理的移动窗口（Moving Window Size）、选择比较科学的卷积算子（Operators）。

第 1 步：执行纹理分析

在 ERDAS 图标面板菜单条中单击 Main | Radar | Radar Interpreter | Texture Analysis 命令，打开 Texture Analysis 对话框（图 9-11）；或者在 ERDAS 图标面板工具条中单击 Radar | Radar Interpreter | Texture Analysis 命令，打开 Texture Analysis 对话框（图 9-11）。

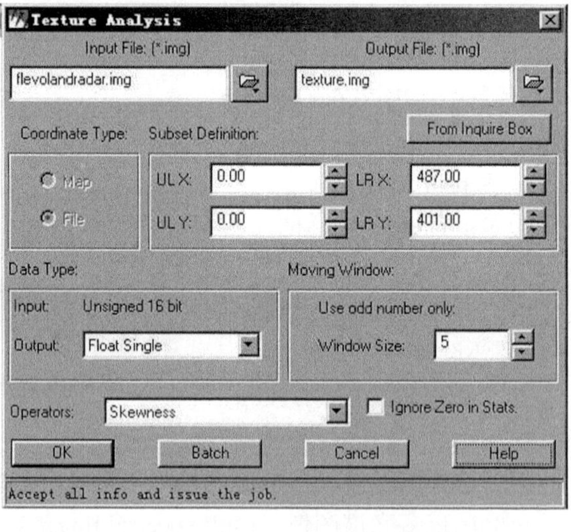

图 9-11 Texture Analysis 对话框

在 Texture Analysis 对话框中，需要设置下列参数。

① 选择输入文件（Input File）为 flevolandradar.img。

② 确定输出文件（Output File）为 texture.img。

③ 确定处理范围（Subset Definition），在 ULX / Y、LRX / Y 编辑框输入需要的数值（默认状态为整个图像范围，可以应用 Inquire Box 定义子区）。

④ 确定输出数据类型（Data Type）为 Float Single。

⑤ 确定移动窗口大小（Moving Window Size）为 5。

⑥ 选择分析算子（Operators）为 Skewness。

⑦ 单击 OK 按钮（关闭 Texture Analysis 对话框，执行纹理分析）。

第 2 步：查看分析结果

在窗口 Viewer#1 中单击 File | Open | Raster Layer 命令，打开 Select Layer To Add 对话框。

在 Select Layer To Add 对话框进行如下操作。

① 选择 File name 为 flevolandradar.img。

② 单击 OK 按钮（打开原始图像）。

在 Viewer#2 窗口中单击 File | Open | Raster Layer 命令，打开 Select Layer To Add 对话框。

在 Select Layer To Add 对话框进行如下操作。

① 选择 File name 为 texture.img。

② 单击 OK 按钮（打开融合图像）。

对比纹理分析前后图像特征的变化，然后关闭 Viewer#1 和 Viewer#2。

9.3.5 图像亮度调整

由于各种原因原始雷达图像都存在辐射误差，如雷达天线在接收和传送信号时有缺陷，或由于距离目标的远近产生强弱不同的信号。图像亮度调整（Adjust Brightness）功能是通过调整每个像元的 DN 值，使每条等斜距线（Lines of Constant Range）上的像元都取该线的平均值，这将把图像像元全部调整到平均亮度（Even Brightness）水平。在处理之前，用户需要说明等斜距线是以行（Rows）还是列（Columns）的方式记录，这依赖于传感器的飞行路径（Fight Path）及其输出的栅格数据产品。可以通过查看图像数据的头文件（Header Data）或查阅与数据提供相关的资料来确定等斜距线的记录方式。

（1）查看图像数据头文件

在 ERDAS 图标面板菜单条中单击 Main | Import /Export 命令，在打开的 Import /Export 对话框中确定数据格式和媒体类型、数据文件后，单击 Data View 命令，查看图像数据头文件；或者在 ERDAS 图标面板工具条中单击 Tools | View Binary Data 命令，查看图像数据头文件。

（2）执行亮度调整操作

在 ERDAS 图标面板菜单条中单击 Main | Radar | Radar Interpreter | Adjust Brightness 命令，打开 Brightness Adjustment 对话框（图 9-12）；或者在 ERDAS 图标面板工具条中单击 Radar | Radar Interpreter | Brightness Adjustment 命令，打开 Brightness Adjustment 对话框（图 9-12）。

在 Brightness Adjustment 对话框中，需要设置下列参数。

① 选择输入文件（Input File）为 flevolandradar.img。

② 确定输出文件（Output File）为 bright.img。

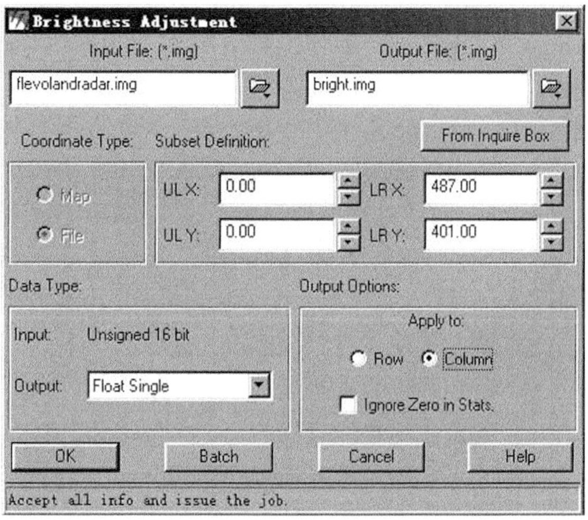

图 9-12 Brightness Adjustment 对话框

③ 确定处理范围（Subset Definition）：在 ULX / Y、LRX / Y 编辑框输入需要的数值（默认状态为整个图像范围，可以应用 Inquire Box 定义子区）。

④ 确定输出数据类型（Data Type）为 Float Single。

⑤ 确定等斜距线方向（Apply to）为 Column。

⑥ 单击 OK 按钮（关闭 Brightness Adjustment 对话框，执行亮度调整）。

9.3.6 图像斜距调整

不论侧视雷达还是合成孔径雷达都是侧视成像的，因此，要使用雷达图像，必须经过从斜距（Slant Range）到地距（Ground Range）的校正处理。雷达图像斜距调整（Adjust Slant Range）功能采用类似于可见光和红外图像（VIS/IR Image）正射校正的方法，实现从斜距到地距的转换。

由于图像斜距调整需要整景的雷达图像，而系统没有提供符合要求的数据，因此这里无法真正进行雷达图像斜距调整，只能通过下面的操作说明图像斜距调整的一般过程。

（1）查看图像数据头文件

在进行雷达图像斜距调整之前，需要获得有关图像记录的几个参数：收缩角度（Depression Angle）、扫描宽度（Beam Width）、成像高度（Height）、记录方式（Row/Column）等，这些参数可以从数据分发商那里获取，或者通过查看图像数据头文件获得。

在 ERDAS 图标面板菜单条中单击 Main | Import /Export 命令，在打开的 Import /Export 对话框中确定数据格式和媒体类型、数据文件后，单击 Data View 命令，查看图像数据头文件；或者在 ERDAS 图标面板工具条中单击 Tools | View Binary Data 命令，查看图像数据头文件。

（2）执行图像斜距调整

在 ERDAS 图标面板菜单条中单击 Main | Radar | Radar Interpreter|Slant Range Adjust 命令，打开 Slant Range Adjustment 对话框（图 9-13）；或者在 ERDAS 图标面板工具条中单击 Radar | Radar Interpreter | Slant Range Adjustment 命令，打开 Slant Range Adjustment 对话框（图 9-13）。

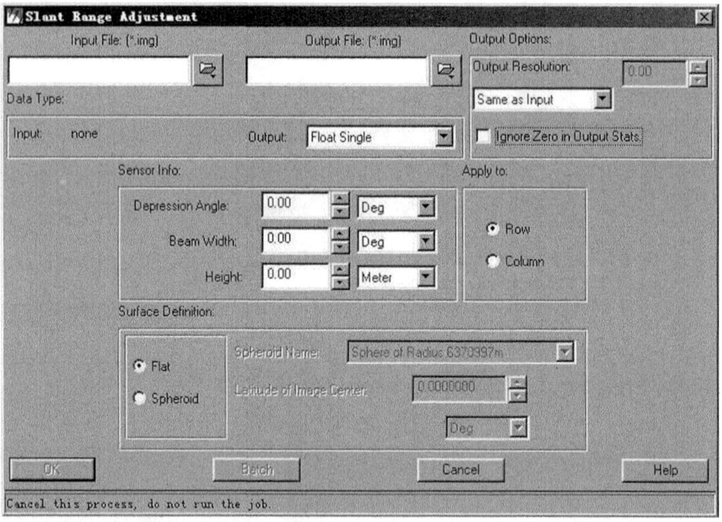

图 9-13 Slant Range Adjustment 对话框

在 Slant Range Adjustment 对话框中，需要设置下列参数。

① 选择输入文件（Input File）。

② 确定输出文件（Output File）。

③ 确定输出数据类型（Data Type）为 Float Single。

④ 确定收缩角度（Depression Angle）。

⑤ 确定扫描宽度（Beam Width）。

⑥ 确定成像高度（Height）。

⑦ 确定数据记录方式（Apply to）：Row / Column。

⑧ 选择地形表面形状（Surface Definition）：两种选择。

a. Flat：用于航天飞机或机载雷达图像，如 SIR-A / B、AIRSAR。

b. Spheroid：用于卫星雷达图像，如 ERS-1、JERS-1、Radarsat。

⑨ 单击 OK 按钮（关闭 Slant Range Adjustment 对话框，执行斜距调整）。

9.4 正射雷达图像校正

遥感应用的发展已经越来越依赖于合成孔径雷达图像（SAR-Synthetic Aperture Radar），诸如冰川的监测、雨林制图、湿地管理等都依据 SAR 图像进行。由于 SAR 卫星是全天候的，不受天气及昼夜的影响，而且具有独特的图像特征，无论单独使用还是与其他图像联合使用，SAR 图像都成为不可缺少的遥感信息源。显而易见，学习和掌握有关雷达图像的正射处理与校正（OrthoRadar Rectification）技术是非常必要的。

9.4.1 正射雷达图像校正概述

要有效地利用 SAR 图像，必须应用专门的数据处理和分析工具。为了满足这种需求，ERDAS IMAGINE 提供了正射雷达（OrthoRadar）模块。应用该模块，用户可以将 SAR 图像引入 IMAGINE 环境中并与其他数据源联合使用。

1．正射雷达图像数据格式

ERDAS IMAGINE 为雷达图像的几何校正提供了多种工具，总体上可分为两大类型：一类是通用工具，包括仿射变换、多项式校正及弹性拉伸等，可用于任何种类雷达图像的处理；另一类则是使用特定的头文件信息产生几何模型的专用工具，包括雷达图像斜距调整、正射校正等。由于头文件信息的引入，要求有专用的 IMAGINE 数据输入模块。目前，ERDAS IMAGINE 只对 Radarsat 和 ERS SAR 两种图像提供了输入模块，而且要求输入图像必须是倾斜平面（Slant Plane）或地平面（Ground Plane）格式。

Radarsat 与 ERS 都提供了 3 种不同级别的校正处理数据，依次是传感器级（Sensor）、地理校正级（Georeference）和地理编码级（Geocoded）。专用的 IMAGINE Radarsat 和 ERS 数据输入模块可以处理所有上述 3 种级别的数据，然而只有传感器级和地理参考级数据适合于正射雷达（OrthoRadar）模块。

可以应用 OrthoRadar 模块处理的 SAR 图像格式必须是原始传感器坐标系 Sensor（Slant Range）数据产品或者是经过地面校正的 Georeferenced（Ground Range）数据产品。Ortho Radar 模块所支持的图像产品格式将在下面详细说明：

（1）Radarsat 数据格式

Radarsat 可以提供不同分辨率和不同覆盖范围的多种产品格式。表 9-3 所列出的 Radarsat 数据格式是 ERDAS IMAGINE Radarsat 数据输入模块所支持的。

表 9-3 ERDAS IMAGINE Radarsat 处理格式

处理水平	数据产品
Sensor Data	SLC：单视复合数据
Georeferenced Data	SGF：地理参考的高分辨率 SAR 产品
	SGX：地理参考更高分辨率 SAR 产品
	SCN：扫描 SAR 窄带产品
	SCW：扫描 SAR 宽带产品
Geocoded Data	SSG：系统化地理编码的 SAR 产品
	SSP：精确地理编码的 SAR 产品

接收和处理 Radarsat 数据的机构有不少，不同机构处理后的数据格式有一些微小差异，IMAGINE Radarsat 数据输入模块所支持的是 Canada SAR 机构所处理的数据格式，而 Alaska SAR 机构所处理的数据格式目前还不支持。其他数据处理机构的数据格式可能适合或不适合于 IMAGINE Radarsat 数据输入模块。OrthoRadar 模块只支持 Sensor Data 和 GeoRefereuced Data，而不支持 Geocoded Data。

（2）ERS 数据格式

ERS-1 和 ERS-2 数据可以处理成多种不同水平的数据。表 9-4 中所列出的产品是专用 IMAGINE ERS 输入模块所支持的。

表 9-4 ERDAS IMAGINE ERS 数据处理格式

处理水平	产品
Sensor Data	SLC：单视复合数据
Georeferenced Data	PRI：地理参考的高分辨率 SAR 产品
Geocoded Data	GEC：系统化地理编码的 SAR 产品

接收与处理 ERS 数据的机构不少，不同机构的输出产品格式有一定的差异，IMAGINE ERS 数据输入模块支持的是德国（DLR）和意大利有关机构的产品格式，其他机构的数据格式 IMAGINE ERS 数据输入器也许可读，也许不可读。OrthoRadar 模块只支持 Sensor Data 和 GeoReferenced Data，而不支持 Geocoded Data。

2．正射雷达图像校正特点

一旦将遥感数据输入到 IMAGINE 环境中，下一步的工作就是对图像进行校正，以便具有地图坐标系统并与其他数据类型共同使用。校正过程就是要将 SAR 图像从其传感器坐标格网转换到特定的地图投影坐标系统。如果要把 SAR 图像与其他传感器数据（如 Landsat、Spot、DEM、GIS 数据）进行配准的话，进行图像校正是非常必要的。将 SAR 图像与其他数据源进行比较和融合可以提高其使用价值。

正射雷达工具的设计正是为了使校正处理过程进一步深化。除了将雷达图像像元从传感器坐标系统转换到地图投影坐标系统外，还可以将雷达图像中普遍存在的诸如遮挡作用引起的地形变形进行校正。正射雷达工具还可以将地面控制点（GCP）和数字高程模型（DEM）在客观条件许可的情况下引入校正过程。准确的 GCP 可用于调整传感器飞行参数，DEM 则可用于校正地形变形，GCP 及 DEM 信息可以极大地提高校正图像的精度。

正射雷达图像校正的主要特点如下。

- ❑ 校正多平台雷达图像，诸如 Radarsat、ERS-1、ERS-2。
- ❑ 基于传感器飞行轨道及接收参数的正射校正。
- ❑ 使用三维 GCP 点调整最佳的传感器飞行轨道。
- ❑ 使用 DEM 信息实现最佳的地形校正。
- ❑ 最佳的图像标定方式（只是将头文件信息改变）。
- ❑ 非常方便地处理 GCP、DEM 及地图投影信息。
- ❑ 所有功能完全集成在 ERDAS IMAGINE 环境中。

9.4.2 地理编码 SAR 图像

SAR 图像地理编码（Geocode SAR Image）是 OrthoRadar 模块中最简单的一个选择项和处

理方法，是基于平滑的地球椭球体及平均的地形高程的假设前提，将雷达图像从原始的传感器坐标转换到地图投影坐标系统。该方法不使用地面控制点 GCP，雷达传感器模型是依据雷达头文件信息获取的。完成雷达图像地理编码的基本步骤包括：显示图像、查阅图像信息、选择几何校正模型、应用模型参数、查看附加信息、图像重采样和检验地理编码图像。

第 1 步：显示雷达图像（Display Radar Image）

在 ERDAS 图标面板菜单条中单击 Main | Radar | OrthoRadar 命令，打开 Set Geo Correction Input File 对话框（图 9-14）；或者在 ERDAS 图标面板工具条中单击 Radar | OrthoRadar 命令，打开 Set Geo Correction Input File 对话框。

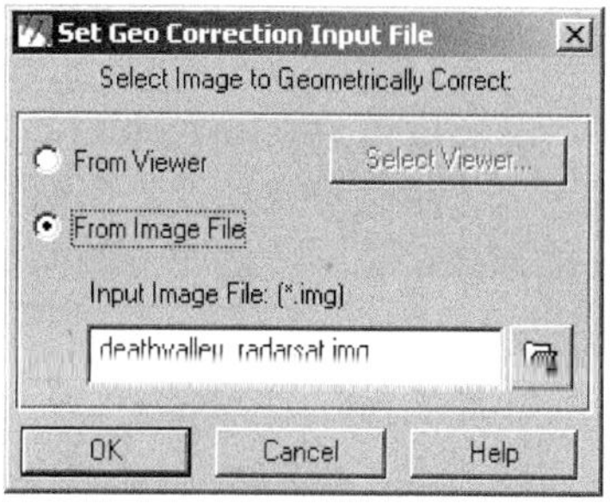

图 9-14 Set Geo Correction Input File 对话框

在 Set Geo Correction Input File 对话框中进行如下操作。

① 选中 From Image File 单选按钮。

② 单击打开文件图标，打开 Input Image File 对话框（图略）。

③ 选择文件名为 deathvalley_radarsat. img 的图像。

④ 单击 Input Image File 对话框中的 OK 按钮，关闭 Input Image File 对话框。

⑤ 单击 Set Geo Correction Input File 对话框中的 OK 按钮，打开显示 deathvalley_radarsat.img 图像的窗口（图 9-15），同时打开 Generic SAR Model Properties 对话框（图 9-16）和 Geo Correction Tools 对话框（图 9-17）。

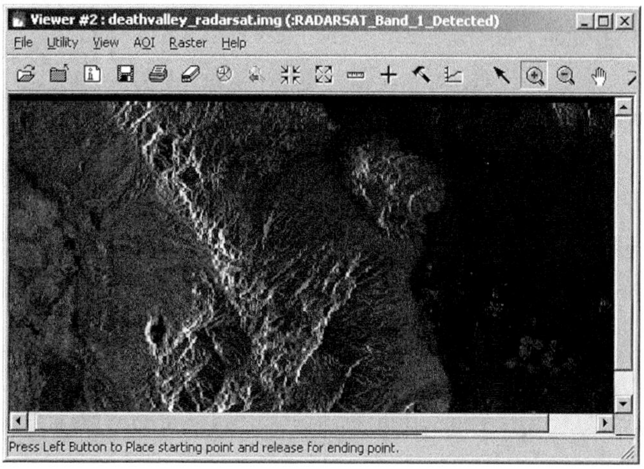

图 9-15 deathvalley_radarsat.img 图像窗口

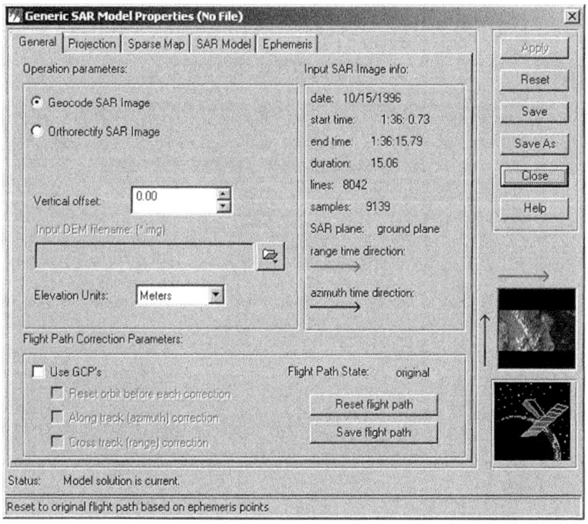

图 9-16 Generic SAR Model Properties 对话框

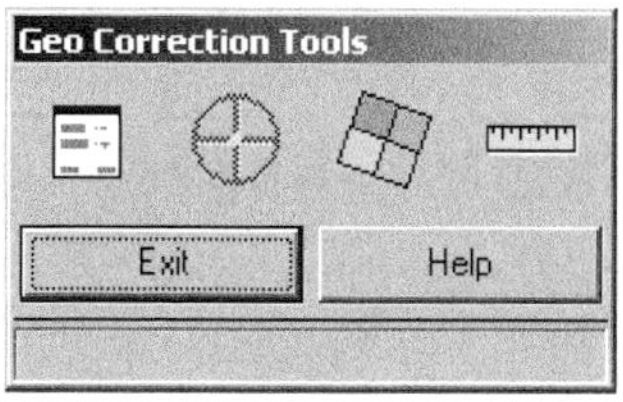

图 9-17 Geo Correction Tools 对话框

第 2 步：查阅图像信息（View Image Information）

在显示图像窗口菜单中单击 Utility | Layer Info 命令，打开 ImageInfo 对话框（图 9-18）。

从图像信息（ImageInfo）对话框中可以看出，该图像没有地图投影信息，而且图像坐标是像元数，这说明该图像还没有校正到地图投影坐标系统中。

完成图像信息查阅之后，关闭图像信息对话框。在 ImageInfo 对话框中单击菜单 File | Close 命令（关闭 ImageInfo 对话框）。

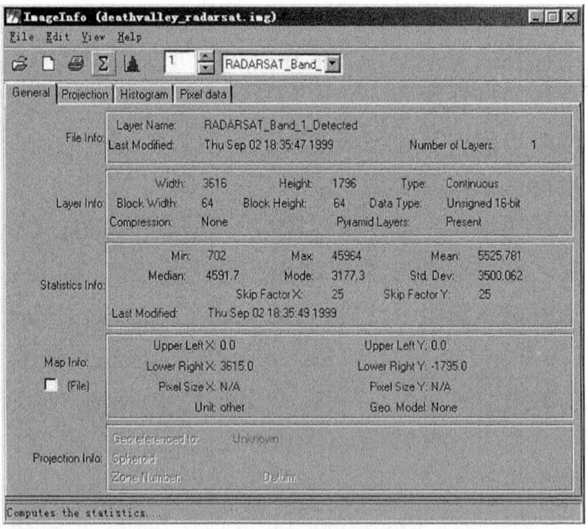

图 9-18 ImageInfo 对话框

第 3 步：选择方法（Choose Method）

在 Generic SAR Model Properties 对话框中进行如下操作。

① 单击 General 标签，进入 General 选项卡。

② 选择对 SAR 图像进行地理编码的处理方法，选中 Geocode SAR Image 单选按钮。

第 4 步：选择投影类型（Select Projection）

在 Generic SAR Model Properties 对话框中进行如下操作。

① 单击 Projection 标签，显示 Generic SAR Model Properties 对话框（Projection 选项卡）（图 9-19）。

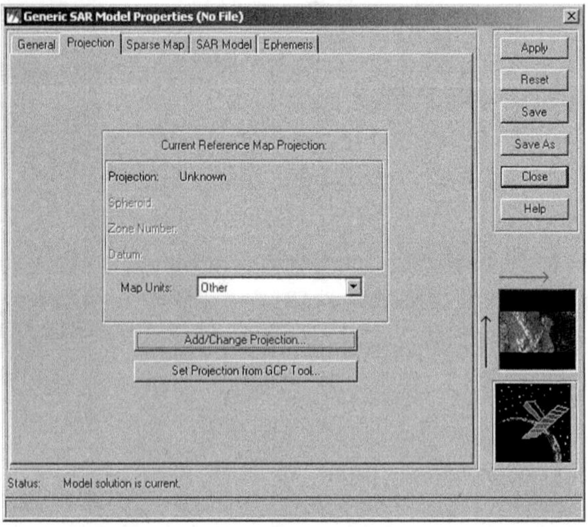

图 9-19 Generic SAR Model Properties 对话框（Projection 选项卡）

② 单击 Add/Change Projection 按钮，打开 Projection Chooser 对话框（图 9-20）。

③ 在 Projection Chooser 对话框中单击 Custom 标签。

④ 在投影类型（Projection Type）下拉列表中选择 UTM 选项。

⑤ 在参考椭球体（Spheroid Name）下拉列表中选择 Clarke 1866 选项。

⑥ 在高程基准面（Datum Name）下拉列表选中选择 NAD27（West CONUS）选项。

⑦ 在投影带号（UTM Zone）编辑区输入 11。

⑧ 在南北半球（NORTH or SOUTH）下拉列表中选择 NORTH 选项。

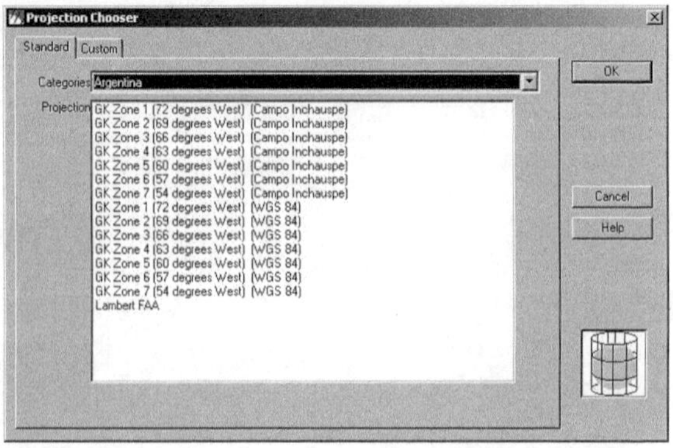

图 9-20 Projection Chooser 对话框

⑨ 单击 OK 按钮，关闭 Projection Chooser 对话框，打开 Warning 对话框（图 9-21）。

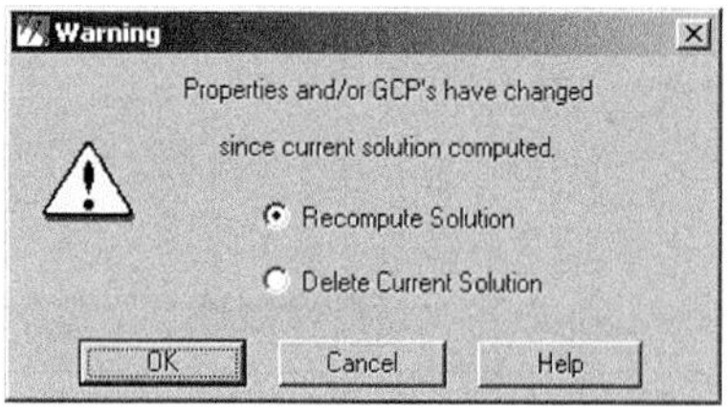

图 9-21 Warning 对话框

⑩ 确认 Recompute Solution 单选按钮被选中，单击 OK 按钮，关闭 Warning 对话框。此时，Generic SAR Model Properties 对话框显示如图 9-22 所示。

第 5 步：查看附加信息（View Additional Information）

在 Generic SAR Model Properties 对话框中进行如下操作。

① 单击 Sparse Map 标签，进入 Sparse Map 选项卡，查看计算所获得的像元密度参数（Densify of Pixels）。

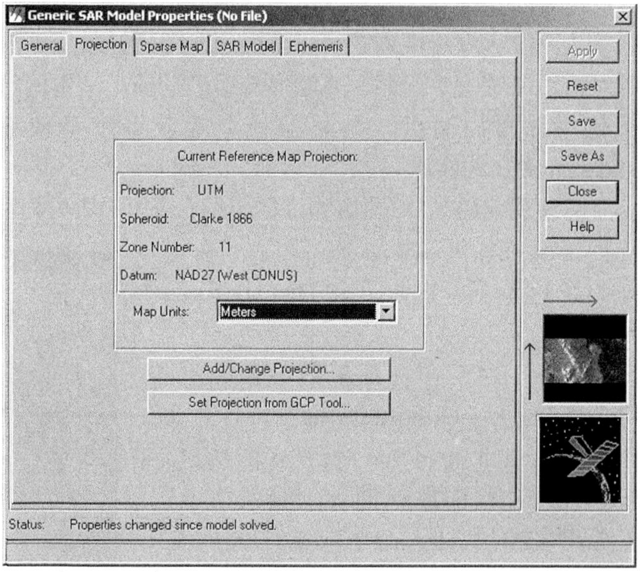

图 9-22 设置模型后的 Generic SAR Model Properties 对话框

② 单击 SAR Model 标签，进入 SAR Model 选项卡，查看对 SAR 图像的处理信息（这些信息来自于 Radarsat，头文件只能显示查看而已，不能修改）。

③ 单击 Ephemeris 标签，进入 Ephemeris 选项卡，查看雷达图像获取时卫星的轨道信息（这些信息不能修改）。

④ 单击 Close 按钮，关闭 Generic SAR Model Properties 对话框。

第 6 步：图像重采样（Resample the Image）

在 Geo Correction Tools 对话框（图 9-17）中单击重采样图标 ，打开 Resample 对话框（图 9-23）。

在 Resample 对话框中，需要确定下列参数。

① 确定输出文件（Output File）为 dv_geo.img。

② 选择重采样方法（Resample Method）为 Nearest Neighbor。

③ 确定输出像元大小（Output Cell Sizes）为 X：30、Y：30（原始像元尺寸是 12.5m，默认计算尺寸为 14m，选择 30 是为了节省时间和存储容量）。

④ 输出统计时忽略零值为 Ignore Zero in Stats。

⑤ 单击 OK 按钮（关闭 Resample 对话框，执行图像重采样）。

⑥ 处理进程完成后，单击处理进程对话框的 OK 按钮，关闭进程对话框。

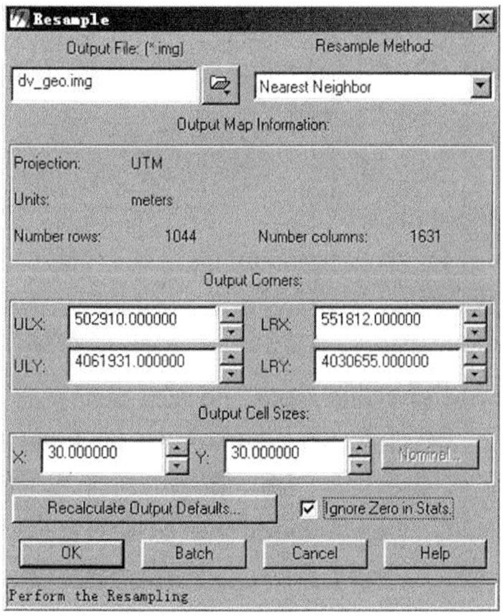

图 9-23 Resample 对话框

第 7 步：检验地理编码图像（Verify the Geocoding）

分别在两个 Viewer 中打开原始图像 deathvalley_radarsat.img 和处理后的图像 dv_geo.img，查看其处理前后的变化。结果表明：处理图像虽然被旋转到 UTM 坐标系统，但山体被遮挡（Lay-over）的现象依然存在。要减少或消除这种变形，必须应用 DEM 对图像进行正射校正。

关闭所有的显示窗口：在 ERDAS 图标面板菜单条中单击 Session | Close All Viewers 命令。

9.4.3 正射校正 SAR 图像

本节将应用正射校正 SAR 图像（Orthorectify SAR Image）选择项，对 Death Valley 区域的 Radarsat 图像进行校正处理。该方法是基于传感器模型和 DEM 数据，将雷达图像从原始传感器坐标投影到地图坐标系统，同时对雷达图像中普遍存在的地形变形进行校正。本例将不使用地面控制点，传感器模型的获得也是依靠 Radarsat 头文件信息。

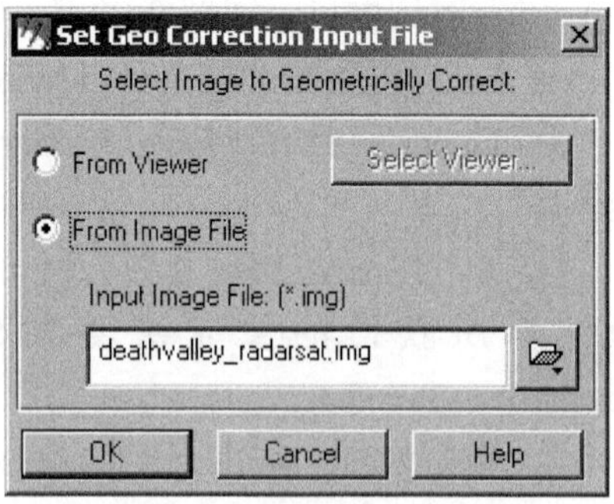

图 9-24 Set Geo Correction Input File 对话框

与地理编码 SAR 图像的过程类似，应用 DEM 正射校正 SAR 图像的步骤如下。

第 1 步：显示雷达图像（Display Radar Image）

在 ERDAS 图标面板菜单条中单击 Main | Radar | OrthoRadar 命令，打开 Set Geo Correction Input File 对话框（图 9-24）；或者在 ERDAS 图标面板工具条中单击 Radar | OrthoRadar 命令，打开 Set Geo Correction Input File 对话框。

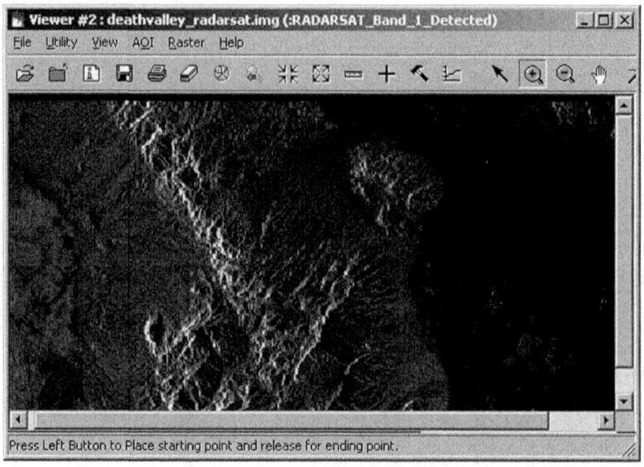

图 9-25 deathvalley_radarsat.img 图像窗口

在 Set Geo Correction Input File 对话框中进行如下操作。

① 选中 From Image File 单选按钮。

② 单击打开文件图标，打开 Input Image File 对话框（图略）。

③ 选择文件名为 deathvalley_radarsat.img 的图像。

④ 单击 Input Image File 对话框中的 OK 按钮，关闭 Input Image File 对话框。deathvalley_radarsat.img 文件显示在 Set Geo Correction Input File 对话框中。

⑤ 单击 Set Geo Correction Input File 对话框中的 OK 按钮，打开显示 deathvalley_ radarsat.img 图像的窗口（图 9-25），同时打开 Generic SAR Model Properties 对话框（图 9-26）和 Geo Correction Tool 对话框（图 9-27）。

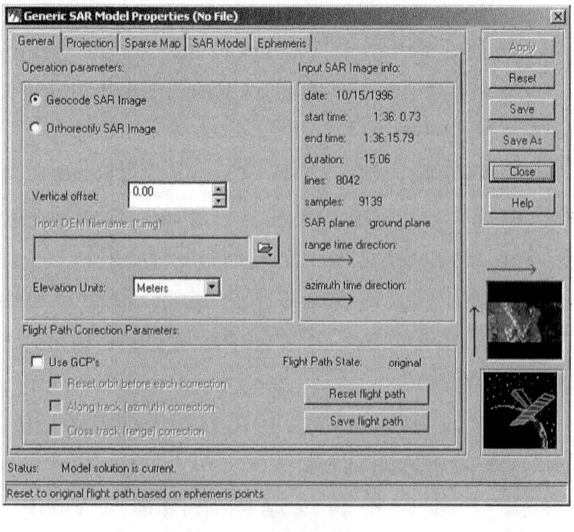

图 9-26 Generic SAR Model Properties 对话框

第 2 步：查阅图像信息（View Image Information）

在显示图像窗口菜单中单击 Utility | Layer Info 命令，打开 ImageInfo 对话框（图 9-28）。

从图像信息（ImageInfo）对话框中可以看出，该图像没有地图投影信息，而且图像坐标是像元数，这说明该图像还没有校正到地图投影坐标系统中。

完成图像信息查阅之后，关闭图像信息对话框。在 ImageInfo 对话框，单击 File | Close 命令（关闭 ImageInfo 对话框）。

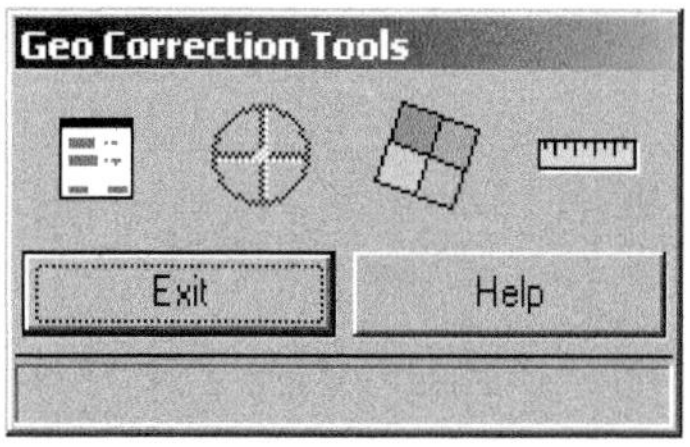

图 9-27 Geo Correction Tool 对话框

第 3 步：选择方法（Choose Method）

在 Generic SAR Model Properties 对话框中进行如下操作。

① 单击 General 标签，进入 General 选项卡。

② 选择对 SAR 图像进行正射校正的处理方法：选中 Orthorectify SAR Image 单选按钮。

③ 选择输入 DEM 文件（Input DEM filename:(*.img)）：DeathValley_30M_ DEM.img。

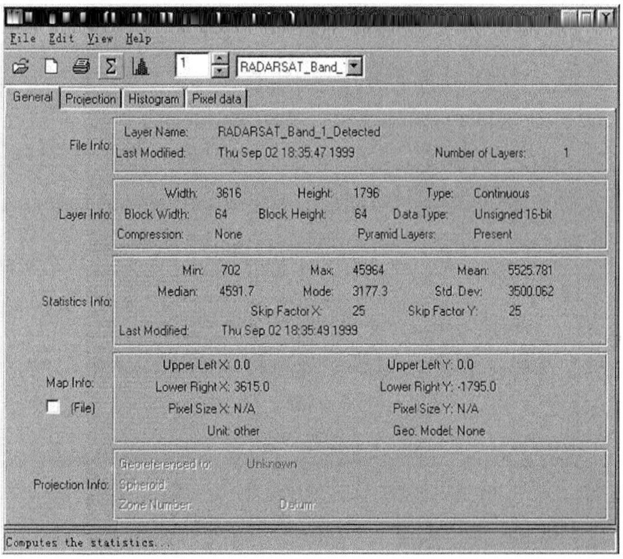

图 9-28 ImageInfo 窗口

第 4 步：选择投影类型（Select Projection）

在 Generic SAR Model Properties 对话框中进行如下操作。

① 单击 Projection 标签，显示 Generic SAR Model Properties 对话框（Projection 选项卡）（图 9-29）。

② 单击 Add/Change Projection 按钮，打开 Projection Chooser 对话框（图 9-30）。

③ 在 Projection Chooser 对话框中单击 Custom 标签。

④ 在投影类型（Projection Type）下拉列表中选择 UTM 选项。

⑤ 在参考椭球体（Spheroid Name）下拉列表中选择 Clarke 1866 选项。

⑥ 在高程基准面（Datum Name）下拉列表中选择 NAD27 (West

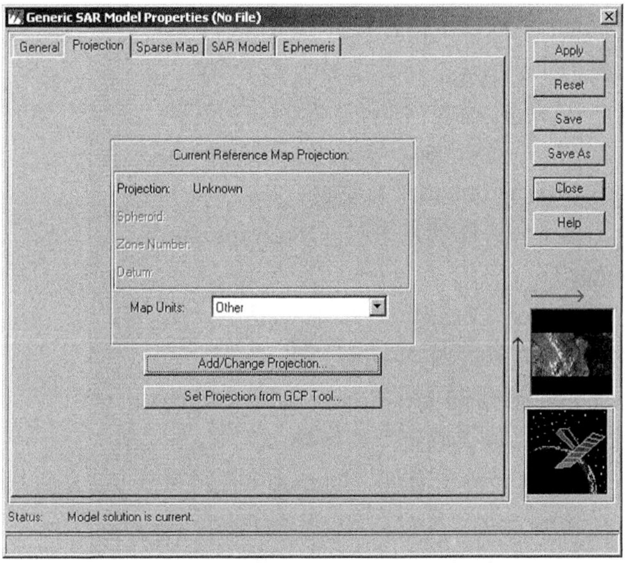

图 9-29 Generic SAR Model Properties 对话框（Projection 选项卡）

CONUS)选项。

⑦ 在投影带号（UTM Zone）编辑区输入 11。

⑧ 在南北半球（NORTH or SOUTH)下拉列表中选择 NORTH 选项。

⑨ 单击 OK 按钮，关闭 Projection Chooser 对话框，打开 Warning 对话框(图 9-31)。

⑩ 确认 Recompute Solution 单选按钮被选中，单击 OK 按钮，关闭 Warning 对话框。此时，Generic SAR Model Properties 对话框显示如图 9-32 所示。

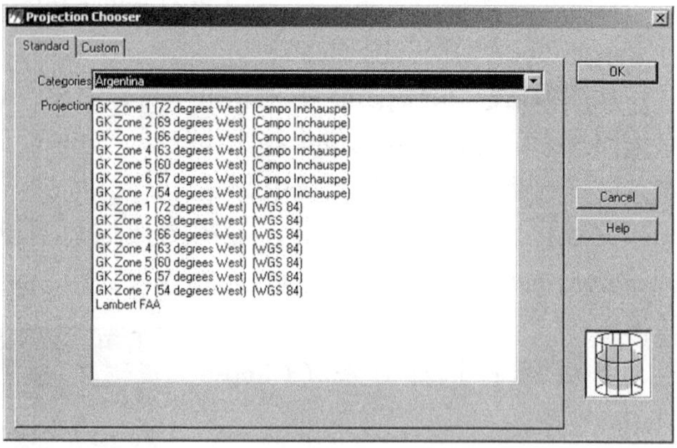

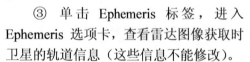

图 9-30 **Projection Chooser 对话框**

第 5 步：查看附加信息（View Additional Information）

在 Generic SAR Model Properties 对话框中进行如下操作。

① 单击 Sparse Map 标签，进入 Sparse Map 选项卡，查看计算所获得的像元密度参数（Densify of Pixels)。

② 单击 SAR Model 标签，进入 SAR Model 选项卡，查看对 SAR 图像的处理信息（这些信息来自于 Radarsat，头文件只能显示查看而已，不能修改)。

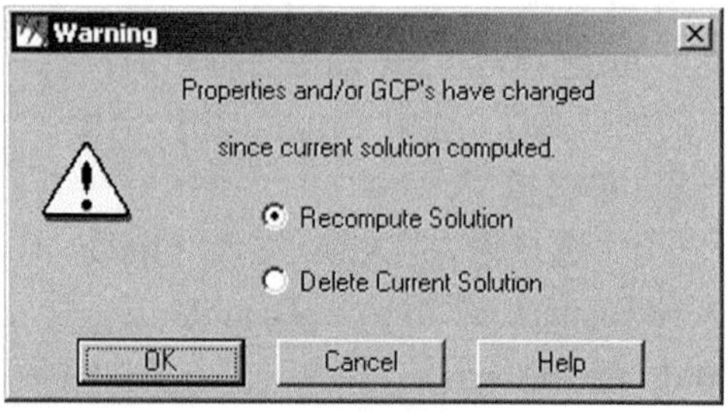

图 9-31 **Warning 对话框**

③ 单击 Ephemeris 标签，进入 Ephemeris 选项卡，查看雷达图像获取时卫星的轨道信息（这些信息不能修改)。

④ 单击 Apply 按钮，应用设置参数。

⑤ 单击 Close 按钮，关闭 Generic SAR Model Properties 对话框。

第 6 步：图像重采样（Resample the Image）

在 Geo Correction Tools 对话框（图 9-27）中单击重采样图标 ，打开 Resample 对话框（图 9-33)。在 Resample 对话框中，需要确定下列参数。

① 确定输出文件（Output File）为 DV_ortho.img。

② 选择重采样方法（Resample Method）为 Nearest Neighbor。

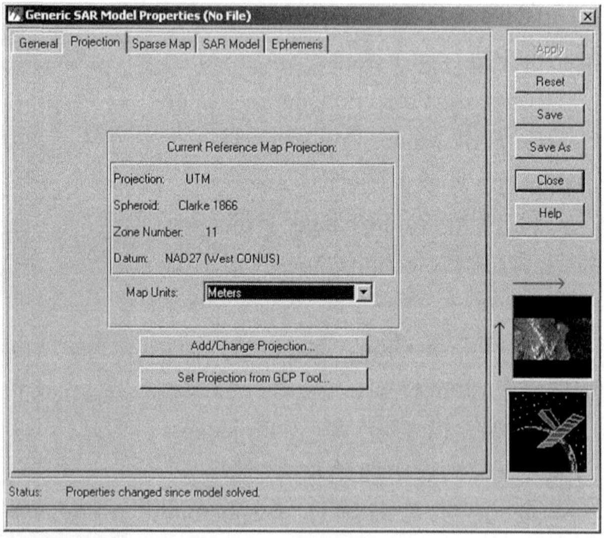

图 9-32 **设置模型后的 Generic SAR Model Properties 对话框**

③ 确定输出像元大小（Output Cell Size）为 X：30、Y：30（原始像元尺寸是 12.5m，默认计算尺寸为 14m，选择 30 是为了节省时间和存储容量)。

④ 输出统计时忽略零值为 Ignore Zero in Stats。

⑤ 单击 OK 按钮（关闭 Resample 对话框，执行图像重采样）。

⑥ 处理进程完成后，单击处理进程对话框中的 OK 按钮，关闭进程对话框。

第 7 步：检验正射校正图像（Verify Orthorectify Image）

分别在两个窗口中打开原始图像 deathvalley_radarsat.img 和正射校正图像 DV_ortho.img，查看其校正前后的变化。结果表明，校正图像 DV_ortho.img 不仅经过了地形校正，而且转换为 UTM 投影坐标。不过，更精确的处理结果可以通过应用 GCP 调整传感器飞行参数来获得，这一技术将在下一个实例中进行说明。

关闭所有的显示窗口：在 ERDAS 图标面板菜单条中单击 Session | Close All Viewers 命令。

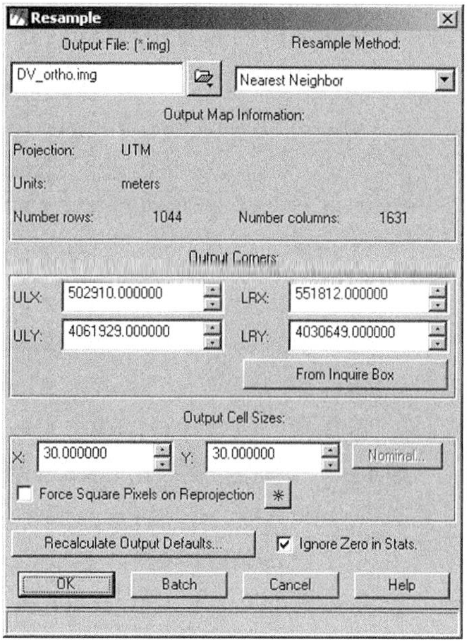

图 9-33 Resample 对话框

9.4.4 GCP 正射较正 SAR 图像

本节将应用 Orthorectify SAR Image 和 GCP 选项来对 Death Valley 地区的 Radarsat 图像进行正射校正，该方法是在传感器模型、调整后的轨道参数，以及 DEM 数据的基础上，将雷达图像从原始的传感器坐标系统投影到地图坐标系统。处理过程首先是利用 Radarsat 头文件信息获取传感器模型，然后应用地面控制点（GCP）调整传感器模型中的轨道参数，最后应用外部的 DEM 数据来使输出图像中的地形位移最小化。

需要说明的是：ERDAS IMAGINE 获得过未经 GCP 处理的效果非常好的 Radarsat 图像。如果要使用 GCP，必须确认 GCP 要尽可能精确。否则，调整以后的轨道参数可能比从 Radarsat 头文件中获得的参数误差更大。

使用 GCP 正射校正 SAR 图像的步骤如下。

第 1 步：显示雷达图像（Display Radar Image）

在 ERDAS 图标面板菜单条中单击 Main | Radar | OrthoRadar 命令，打开 Set Geo Correction Input File 对话框；或者在 ERDAS 图标面板工具条中单击 Radar | OrthoRadar 命令，打开 Set Geo Correction Input File 对话框。

在 Set Geo Correction Input File 对话框中进行下列操作。

① 选中 From Image File 单选按钮。

② 单击打开文件图标，打开 Input Image File 对话框。

③ 选择文件名为 deathvalley_radarsat.img 的图像。

④ 单击 Input Image File 对话框中的 OK 按钮，关闭 Input Image File 对话框。deathvalley_radarsat.img 文件显示在 Set Geo Correction Input File 对话框中。

⑤ 单击 Set Geo Correction Input File 对话框中的 OK 按钮，打开显示 deathvalley_radarsat.img 图像的窗口，同时打开 Generic SAR Model Properties 对话框和 Geo Correction Tool 对话框。

第 2 步：查阅图像信息（View Image Information）

在显示图像窗口菜单条中单击 Utility | Layer Info 命令，打开 ImageInfo 对话框。

从图像信息（ImageInfo）对话框中可以看出，该图像没有地图投影信息，而且图像坐标是像元数，这说明该图像还没有校正到地图投影坐标系统中。

完成图像信息查阅之后，关闭图像信息对话框。在 ImageInfo 对话框菜单条中单击 File | Close 命令（关闭 ImageInfo 对话框）。

第 3 步：选择方法（Choose Method）

在 Generic SAR Model Properties 对话框中进行如下操作。

① 单击 General 标签，进入 General 选项卡。

② 选择对 SAR 图像进行正射校正的处理方法，选中 Orthorectify SAR Image 单选按钮。

③ 选择输入 DEM 文件（Input DEM filename:(*.img)）为 DeathValley_30M_DEM.img。

④ 选择利用 GCP 进行校正（Use GCP’s），选中 Use GCP's 复选框。

⑤ 选择重置轨道参数，选中 Reset Orbit before Each Correction 复选框。

⑥ 选择修改轨道方位，选中 Along Track（azimith）Correction 复选框。

⑦ 选择修改轨道斜距，选中 Cross Track（range）Correction 复选框。

第 4 步：选择投影类型（Select Projection）

在 Generic SAR Model Properties 对话框中进行如下操作。

① 单击 Projection 标签，显示 Generic SAR Model Properties 对话框（Projection 选项卡）。

② 单击 Add/Change Projection 按钮，打开 Projection Chooser 对话框。

③ 单击 Custom 标签。

④ 在投影类型（Projection Type）下拉列表中选择 UTM 选项。

⑤ 在参考椭球体（Spheroid Name）下拉列表中选择 Clarke 1866 选项。

⑥ 在高程基准面（Datum Name）下拉列表中选择 NAD27（West CONUS）选项。

⑦ 在投影带号（UTM Zone）编辑区输入 11。

⑧ 在南北半球（NORTH or SOUTH）下拉列表中选择 NORTH 选项。

⑨ 单击 OK 按钮，关闭 Projection Chooser 对话框。

第 5 步：查看附加信息（View Additional Information）

在 Generic SAR Model Properties 对话框中进行如下操作。

① 单击 Sparse Map 标签，进入 Sparse Map 选项卡，查看计算所获得的像元密度参数（Densify of Pixels）。

② 单击 SAR Model 标签，进入 SAR Model 选项卡，查看对 SAR 图像的处理信息（这些信息来自于 Radarsat，头文件只能显示查看而已，不能修改）。

③ 单击 Ephemeris 标签，进入 Ephemeris 选项卡，查看雷达图像获取时卫星的轨道信息（这些信息不能修改）。

④ 单击 Close 按钮，关闭 Generic SAR Model Properties 对话框，打开 GCP Tool Reference Setup 对话框（图 9-34）。

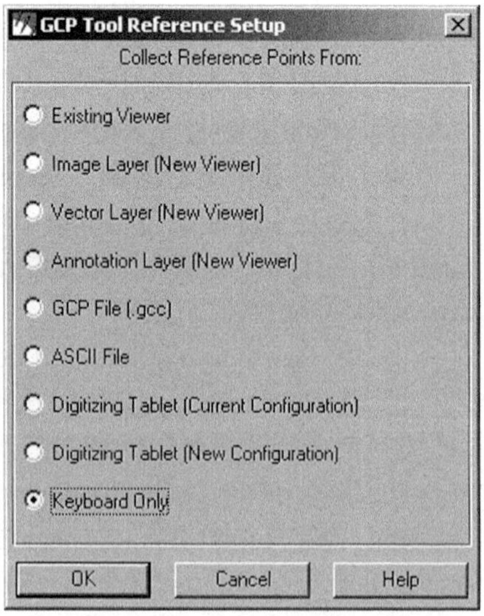

图 9-34 GCP Tool Reference Setup 对话框

第 6 步：选择键盘输入坐标（Select Keyboard Only）

在 GCP Tool Reference Setup 对话框中，选择键盘输入参考点坐标方式。

① 选择键盘输入参考点坐标，选中 Keyboard Only 单选按钮。

② 单击 OK 按钮（关闭 GCP Tool Deference Setup 对话框），打开 Reference Map Information 对话框（图 9-35）（该对话框中显示第 4 步所设定的地图投影信息）。

③ 单击 OK 按钮（关闭 Reference Map Information 对话框），打开 GCP 工具窗口（图 9-36）（其中 GCP 数据表中自动加载地面控制点的坐标）。

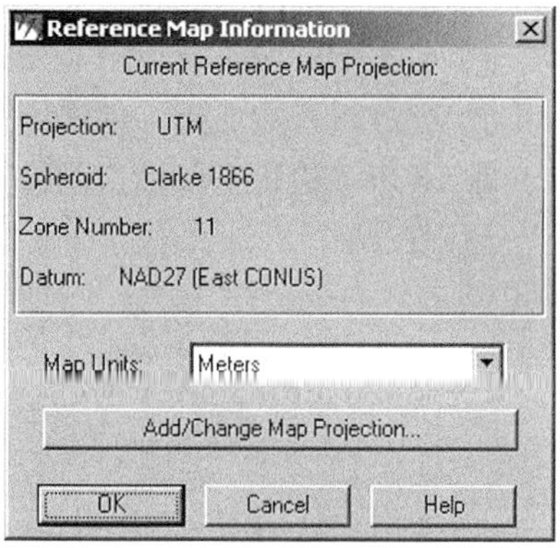

图 9–35 Reference Map Information 对话框

第 7 步：输入参考点坐标值（Input Reference Values）

通常用户需要自己在图像上选择和确定参考点。在本例中，deathvalley_rardasat.img 上已经预先定义好了地面控制点，并以红色显示在窗口中，因此用户只要在地面控制点数据表（GCP Tool Cellarray）中输入各控制点的参考坐标就可以了。

输入参考点坐标的具体过程如下。

① 在 GCP Tool 中单击 Set Automatic Z Value 图标，使其处于非选择状态。该选项是为了在给定 X、Y 坐标后，从 DEM 中获取高程值。而在本例中，因为要通过键盘输入更精确的来自于地形图上的高程值，所以将此选项置于非选择状态。

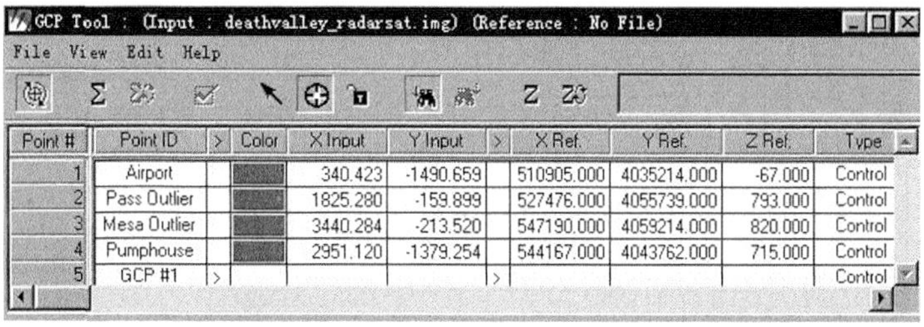

图 9–36 GCP 工具窗口

② 按照表 9-5 依次在 GCP Tools CellArray 中输入各个控制点的 X、Y 坐标及精确的 Z 值。

③ 在 GCP Tools Cellarray 中任何地方右击，设置所有的控制点都处于非选择状态。

表 9–5 GCP 参考点精确坐标

Point #	Point ID	X Reference	Y Reference	Z Reference
1	Nevares Outlier	512000	4044667	120
2	Airport	510905.000	4035214.000	–67.000
3	Pass Outline	527476.000	4055739.000	793.000
4	Mesa Outline	547190.000	4059214.000	820.000
5	Pumphouse	544167.000	4043762.000	715.000

第 8 步：解算校正模型（Solve the model）

① 在 GCP 工具对话框工具条中单击 Solve Geometric Model 图标，系统自动计算 RMS 误差，控制点的总体误差将分别以 X 误差、Y 误差和 Total 误差来报告，单位是像元；原始的传感器轨道参数将自动调整为与控制点最佳匹配的数据，而且修改以后的轨道参数将内置于 OrthoRadar 模块，用于正射校正。

② 若关闭 GCP 工具对话框，若可单击 File | Close 命令，单击 NO 按钮。

第 9 步：图像重采样（Resample the Image）

在 Geo Correction Tools 对话框（图 9-27）中单击重采样图标，打开 Resample 对话框。

在 Resample 对话框中，需要确定下列参数。

① 确定输出文件（Output File）为 DV_Ortho_GCP.img。

② 选择重采样方法（Resample Method）为 Nearest Neighbor。

③ 确定输出像元大小（Output Cell Size）为 X：30 / Y：30（原始像元尺寸是 12.5m，默认计算尺寸为 14m，选择 30 是为了节省时间和存储容量）。

④ 输出统计时忽略零值为 Ignore Zero in Stats。

⑤ 单击 OK 按钮（关闭 Resample 对话框，执行图像重采样）。

⑥ 处理进程完成后，单击处理进程对话框的 OK 按钮，关闭进程对话框。

第 10 步：检验正射校正图像（Verify the Orthorectification）

分别在两个 Viewer 中打开原始雷达图像 deathvalley_radarsat.img 和经过 GCP 校正的正射校正图像 DV_Ortho_GCP.img，对比观察其校正效果。从中可以看出：输出图像既完成了地形校正，又具有了 UTM 投影坐标。

关闭所有的显示窗口，在 ERDAS 图标面板菜单条中单击 Session | Close All Viewers 命令。

9.4.5 比较 OrthoRadar 校正效果

本节将应用 IMAGINE 的可视化功能来对上述 3 个实例中所获得的正射雷达校正图像进行比较和分析（Compare the Results of OrthoRadar），操作的基本步骤如下。

第 1 步：显示地理编码图像

在 Viewer 窗口菜单条中单击 File | Open | Raster Layer 命令，打开 Select Layer to Add 对话框。

① 选择 File Name（*.img）为 DV_geo.img。

② 选择 Raster Options 为 Fit fo Frame。

③ 单击 OK 按钮（打开地理编码的雷达图像）。

第 2 步：迭加地势参考图像

在 DV_geo.img 图像窗口菜单条中单击 File | Open | Raster Layer 命令，打开 Select Layer to Add 对话框。

① 选择 File Name（*.img）为 deathvalleyrelief.img。

② 选择 Raster Options 为 Fit to Frame。

③ 对于 Raster Options，取消选中 Clear Display 复选框。

④ 单击 OK 按钮（打开地势阴影图像），地理编码图像与地势阴影图像在窗口中叠加显示（图 9-37）。

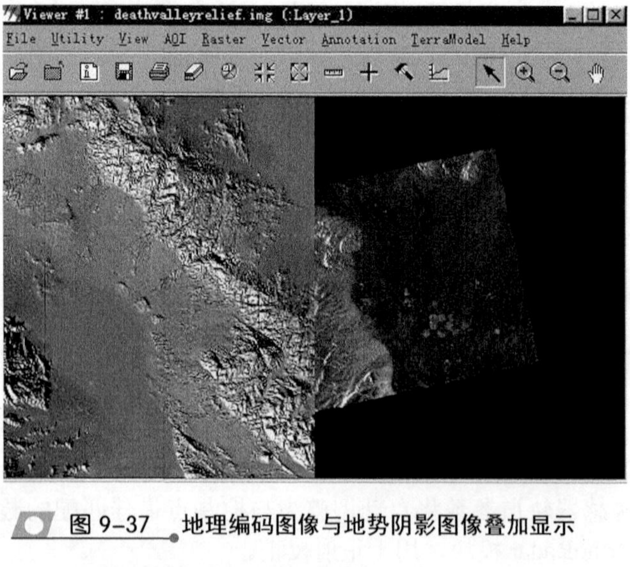

图 9-37 地理编码图像与地势阴影图像叠加显示

说 明

deathvalleyrelief.img 是由 Death Valley 的 DEM 图生成的，与校正雷达图像具有相同的 UTM 投影坐标系统，因而可以调用 IMAGINE 的 Swipe 工具来评价校正图像的匹配情况。

第 3 步：查看相关地形匹配

在图像窗口菜单条中单击 Utility | Swipe 命令，打开 Viewer Swipe 对话框。

① 在 Viewer Swipe 对话框中，按住鼠标左键移动滑动标尺。

② 查看窗口中同步移动的校正图像与地势阴影的匹配程度。

③ 单击 Cancel 按钮（关闭 Viewer Swipe 对话框）。

第 4 步：总结正射校正图像效果

将第 1 步显示的地理编码图像依次更换为 DEM 正射校正 SAR 图像、GCP 正射校正 SAR 图像，重复第 2 步和第 3 步操作，查看两幅正射校正图像与相关地形的匹配情况。

对比不同方法和不同程度正射校正图像与相关地形的匹配程度，可以总结如下。

（1）地理编码图像：只有图像的左侧与地势图匹配良好，因为该区域的地势高度在 0 米左右；而在山区变形非常大，因为山区有很大的高程变化。

（2）DEM 正射校正图像：图像与地势图的匹配程度有非常明显的改善，一方面说明在山区做雷达图像的正射校正是多么得重要，同时说明在有些情况下，即使没有地面控制点，使用 Radarsat 头文件数据也可以获得很好的校正校果。

（3）GCP 正射校正图像：该图像与地势图像的匹配程度比只用 DEM 的正射校正图像有较小的差异，进一步说明在有些情况下，即使没有 GCP，使用 Radarsat 头文件数据也可以获得很好的校正校果。

9.5 雷达像对 DEM 提取

9.5.1 雷达像对 DEM 提取概述

雷达立体像对 DEM 提取是利用同一地区不同卫星轨道高度、不同时间获得的两幅 SAR 图像，形成像对，利用 IMAGINE StereoSAR DEM 工具，进行两幅图像的配准、图像立体三角几何关系的计算、图像的自动相关匹配等运算，最后产生 DEM 数据的处理过程。

利用 IMAGINE StereoSAR DEM 模块提取 DEM 的操作在一个 IMAGINE StereoSAR DEM 对话框中进行，主要操作步骤包括图像输入、图像裁剪、斑点压缩、图像降级、比例尺调节、图像配准、图像匹配、图像二次降级及 DEM 生成 9 个步骤。下面的练习操作主要通过这 9 个步骤进行。在实际应用中，有些操作步骤可能不需要进行，本节只是通过每个操作步骤介绍 IMAGINE StereoSAR DEM 所应用的方法。

9.5.2 雷达立体像对数据准备

第 1 步：复制数据

本节应用的输入数据文件包括<ERDAS_Data_Home>/examples 文件夹下的 StereoSAR_Ref.img、StereoSAR_Match.img、StereoSAR_Match_Control.gcc、StereoSAR_Match_Tie.gcc、StereoSAR_Ref_Control.gcc、StereoSAR_Ref_Tie.gcc 和 StereoSAR_USGS_Ref.gcc。输出数据文件包括 StereoSAR_Tour.ssp 和 StereoSAR_DEM.img。

作为练习，需要将立体像对 StereoSAR_Ref.img 和 StereoSAR_Match.img 两个图像文件复制到一个练习文件夹。下面的操作在输入图像文件时就利用这两个文件。

第 2 步：显示图像

① 在 ERDAS 图标面板工具条中单击 Viewer 图标，打开一个窗口。

② 在 ERDAS 图标面板工具条中再次单击 Viewer 图标，打开另一个窗口。

③ 在 ERDAS 图标面板菜单条中单击 Session | Tile Viewers 命令，两个窗口并列显示。

④ 在第一个窗口中单击 File | Open | Raster Layer 命令，打开 Input Image File 对话框。

⑤ 在 Input Image File 对话框中找到练习文件夹，选择 StereoSAR_Ref.img 选项。不选中 Raster Options 选项下的 Fit to Frame 复选框，单击 OK 按钮，可能打开图像没有金字塔层的警告对话框（图 9-38）。

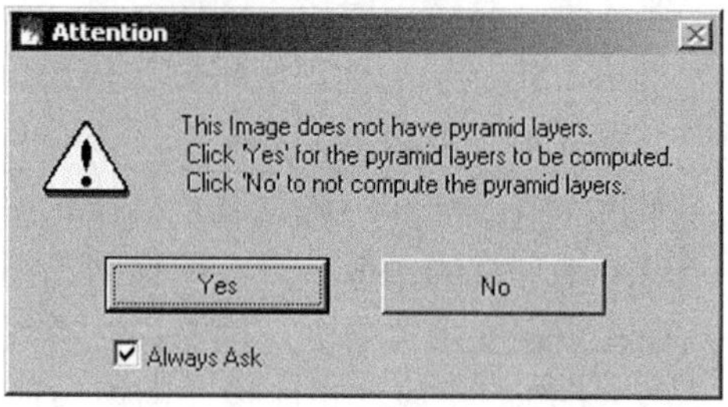

图 9-38　图像没有金字塔层的警告对话框

⑥ 单击 No 按钮，关闭图像没有金字塔层的警告对话框（后面介绍生成图像金字塔层的方法）。StereoSAR_Ref.img 图像在第一个窗口显示。

⑦ 重复上述操作，在第二个窗口打开 StereoSAR_Match.img 图像文件。

第 3 步：生成图像金字塔层

为了压缩存储空间，系统提供的图像没有图像金字塔层。为了提高显示速度，可以利用下面的操作生成图像金字塔层。

在 Viewer#1 窗口菜单条中单击 Utility | Layer Info 命令，打开 ImageInfo 窗口（图 9-39）。

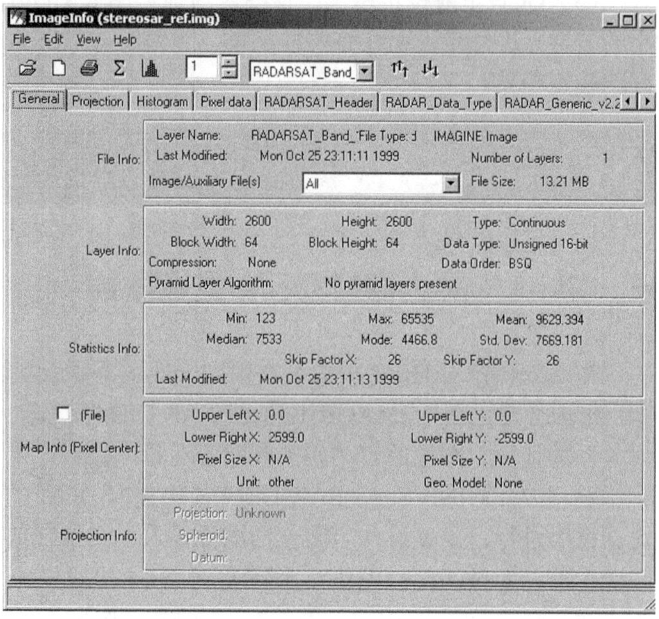

图 9-39　ImageInfo 窗口

① 在 ImageInfo 窗口菜单条中单击 Edit | Compute Pyramid Layers 命令，打开 Compute Pyramid Layers 对话框（图 9-40）。

② 单击 OK 按钮，关闭 Compute Pyramid Layers 对话框，开始图像金字塔层的计算。

③ 计算结束后，单击 File | Close 命令，关闭 ImageInfo 对话框。

④ 重复上述操作，计算 StereoSAR_Match.img 的金字塔层。

⑤ 在 ERDAS 图标面板菜单中单击 Session | Close All Viewers 命令，关闭所有窗口。

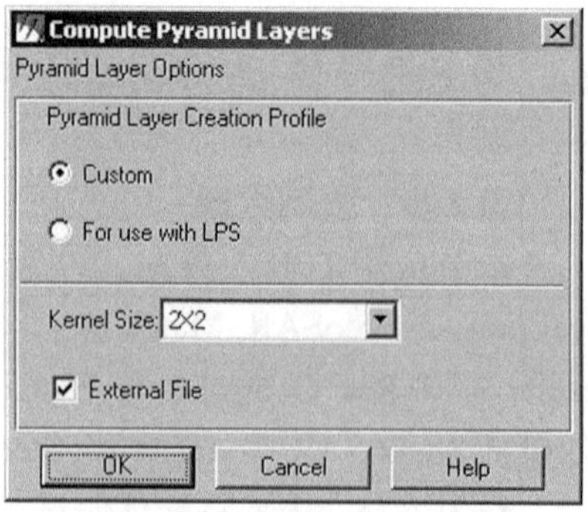

图 9-40　Compute Pyramid Layers 对话框

9.5.3　立体像对提取 DEM 工程

在 ERDAS 图标面板中单击 Radar | StereoSAR 命令，打开 StereoSAR Project Selector 对话框（图 9-41）。

① 新建立体像对 SAR 工程，选中 New StereoSAR Project 单选按钮。

② 单击 OK 按钮，打开 Create New StereoSAR Project 对话框。

③ 选择自己建立的工作目录，确定工程名字为 stereosar_tour .ssp。

④ 单击 OK 按钮，关闭 Create New StereoSAR Project 对话框，打开 StereoSAR-Input 对话框（图 9-42）。

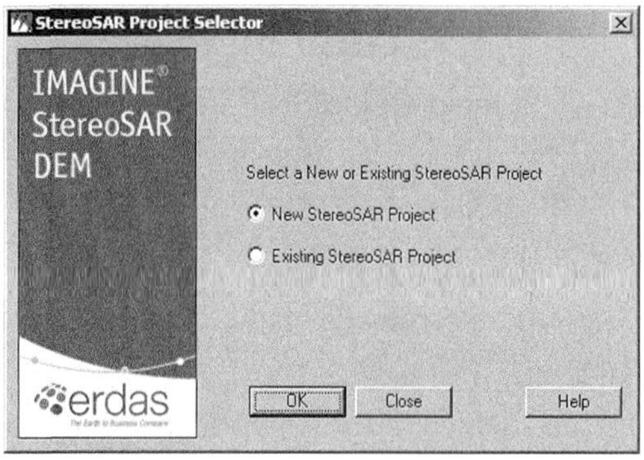

图 9-41　StereoSAR Project Selector 对话框

在 StereoSAR-Input 对话框中，处理过程（Process Step）包括 Input、Subset、Despeckle、Degrade、Coregister、Constrain、Match、Degrade 和 Height 步骤。红色箭头指示目前正在处理的步骤。

1. 图像输入

第 1 步：确认工作文件夹

在开始雷达立体像对 DEM 提取工作前，需要选择一个文件夹，作为提取 DEM 处理过程中生成的中间文件存储的地方。

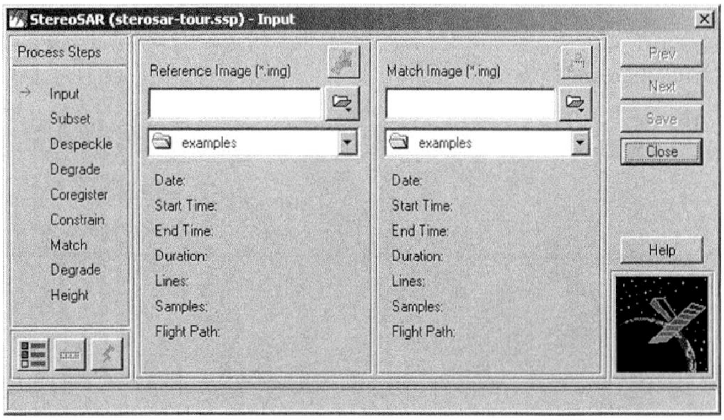

图 9-42　StereoSAR-Input 对话框

在 StereoSAR Input 对话框中进行如下操作。

① 单击 StereoSAR Global Options 图标，打开 StereoSAR Options 对话框（图 9-43）。

② 输入 Work Images Directory 文件夹。

③ 确认 correlators Directory 为输入文件夹。

④ 确认取消选中 Delete Working Images in Progress 复选框。

⑤ 单击 Apply 按钮，执行上述设置。

⑥ 单击 Close 按钮，关闭 StereoSAR Options 对话框。

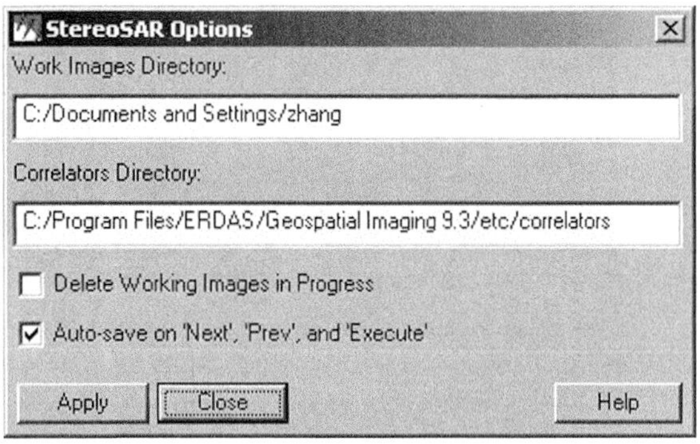

图 9-43　StereoSAR Options 对话框

第 2 步：选择参考图像和匹配图像

在 StereoSAR Input 对话框中选择参考图像（Reference Image(*.img)）为 StereoSAR_Ref.img，选择匹配图像（Match Image(*.img)）为 StereoSAR_Match.img。

第 3 步：查看雷达图像航迹信息

下面的操作是介绍如何利用 GCP 校正参考图像的航迹。

① 单击红色的校正参考图像航迹图标，打开 GCP Tool Reference Setup 对话框（图 9-44）。

② 选中 GCP File 单选按钮。

③ 单击 OK 按钮，关闭 GCP Tool Reference Setup 对话框，同时打开 Reference GCC File 对话框（图略）。

④ 选择 StereoSAR_USGS_Ref.gcc（<ERDAS_Data_Home>/examples 文件夹）文件。

⑤ 单击 OK 按钮，关闭 Reference GCC File 对话框，打开航迹工具（StereoSAR Flight Path Adjustment Tool）和 GCP 工具 3 个显示 StereoSAR_Ref.img 图像不同分辨率的窗口（图 9-45）。

⑥ 在 GCP 工具（GCP Tool）窗口，单击 File | Load Input 命令，打开 Input GCC File 对话框（图略）。

⑦ 选择 StereoSAR_Ref_Control.gcc 文件，单击 OK 按钮，关闭 Input GCC File 对话框，GCP 数据显示在 GCP 工具窗口中。同时，GCP 也显示在图像窗口中。

⑧ 在 StereoSAR Flight Path Adjustment Tool 对话框中单击几何模型解算图标 Σ，计算误差值。计算结束后，残差显示在 StereoSAR Flight Path Adjustment Tool 对话框（图 9-46）中，单位为米。

⑨ 在 StereoSAR Flight Path Adjustment Tool 对话框中单击 Close 按钮，关闭 StereoSAR Flight Path Adjustment Tool 对话框、GCP 工具窗口和图像显示窗口。

⑩ 在 StereoSAR Input 对话框中单击 Next 按钮，进入 StereoSAR Subset 对话框。

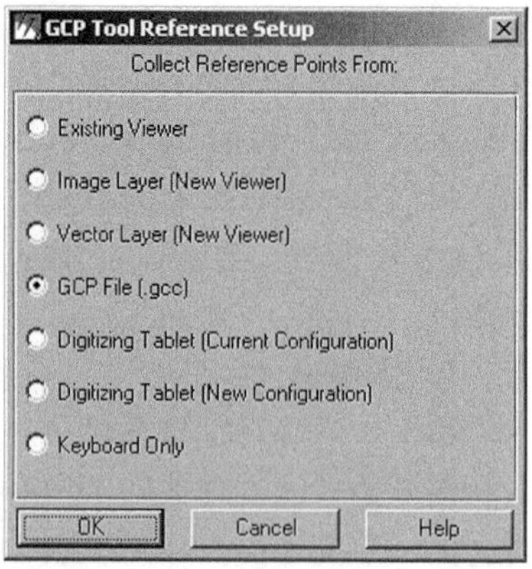

图 9-44 GCP Tool Reference Setup 对话框

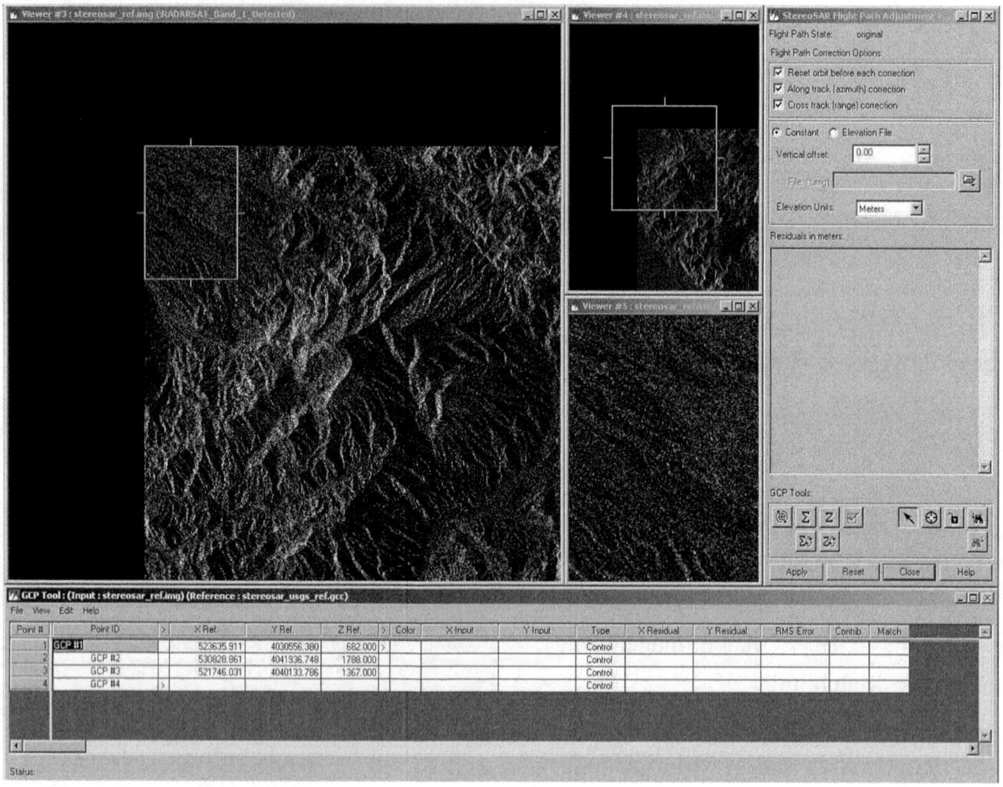

图 9-45 校正图像航迹窗口

2．图像裁剪

图像裁剪用于确定参考图像和匹配图像的重合区域。只有两幅图像有重合的区域，才能形成像对，即只有重合的区域才能生成 DEM。

在 StereoSAR Subset 对话框中进行如下操作。

① 选中 Subset 复选框，激活 Subset 选项。

② 单击图像裁剪（Subset）图标，打开 StereoSAR Subset Tool 对话框（图 9-47）及显示图像 StereoSAR_Ref.img 和 StereoSAR_Match.img 窗口。

③ 在 StereoSAR Subset Tool 对话框中单击红色的参考图像裁剪图标，光标在显示图像 StereoSAR_Ref.img 窗口移动时，变为（+）形状。

④ 在 StereoSAR_Ref.img 图像窗口中心单击，光标变为方框。

⑤ 在 StereoSAR Subset Tool 对话框中单击绿色的匹配图像裁剪图标，光标在显示图像 StereoSAR_Match.img 窗口移动时，变为（+）形状。

⑥ 在 StereoSAR_Match.img 图像窗口中心单击，光标变为方框。

⑦ 利用鼠标单击并拉动两个图像窗口中方框的边和角，改变方框大小和位置，使方框覆盖的区域在两幅图像上重合，且区域大小满足生成 DEM 的需要。

⑧ 在 StereoSAR Subset Tool 对话框中单击 Apply 按钮，应用选定的图像区域。

⑨ 单击 Close 按钮，关闭 StereoSAR Subset Tool 对话框。

⑩ 在 StereoSAR Subset 对话框中取消选择 Subset 选项。

⑪ 在 StereoSAR Subse 对话框中单击 Next 按钮，进入 StereoSAR-Despeckle 对话框（图 9-48）。

3. 图像斑点压缩

图像斑点压缩是为了去除图像 StereoSAR_Ref.img 和 StereoSAR_Match.img 中的斑点噪声。去除图像中的斑点噪声可以提高图像配准的精度。

在 StereoSAR-Despeckle 对话框中进行如下操作。

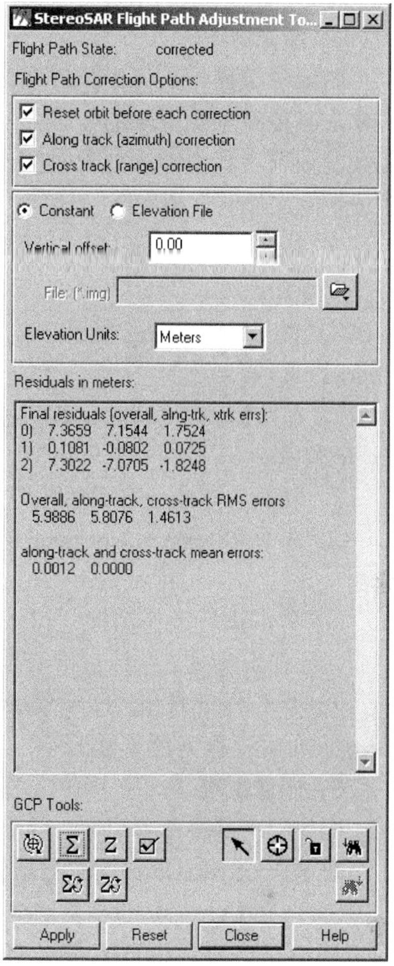

图 9-46 StereoSAR Flight Path Adjustment Tool 对话框

① 选中 Despeckle 复选框，激活 Despeckle 选项。

② 选择滤波器（Filter）、窗口大小等参数（具体参数设置可参考雷达增强处理部分）。

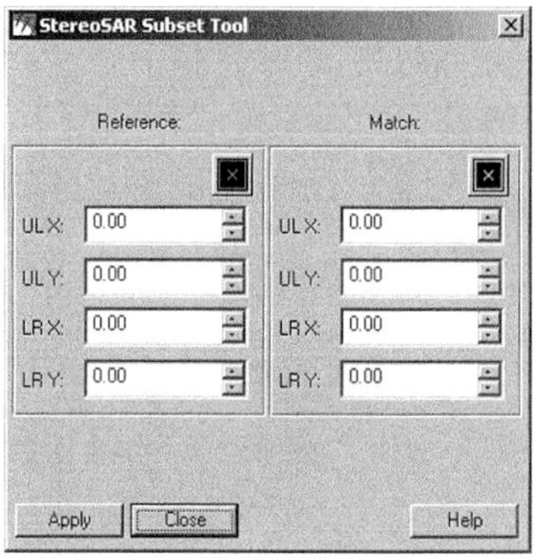

图 9-47 StereoSAR Subset Tool 对话框

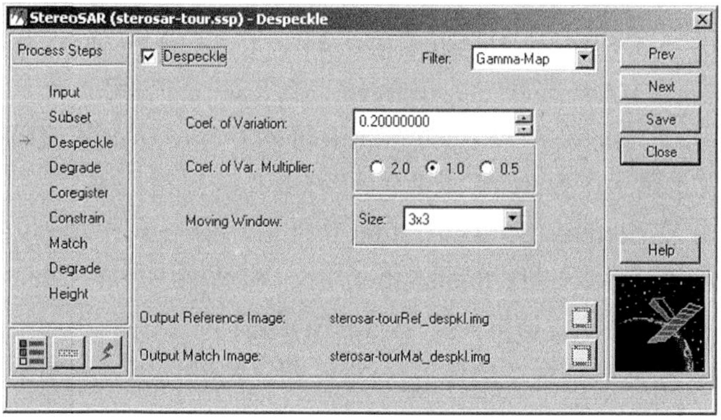

图 9-48 StereoSAR-Despeckle 对话框

③ 取消选择 Despeckle 选项。

④ 单击 Next 按钮，进入 StereoSAR-Degrade 对话框（图 9-49）。

4. 图像降级

图像降级操作是为了降低图像的分辨率，减少对系统资源的需求，从而在后续的处理步骤中缩短处理时间，降低生成中间文件的大小。

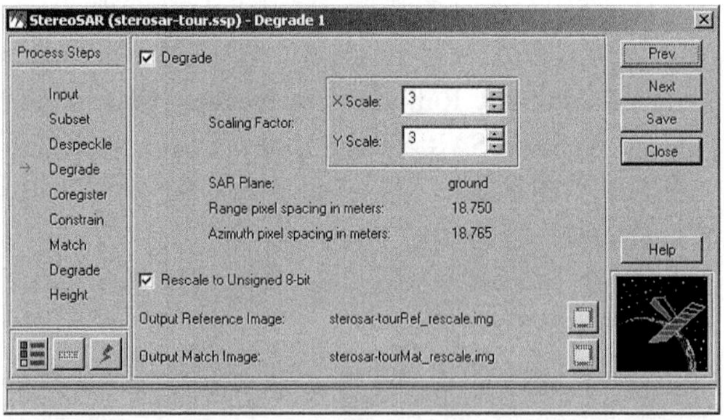

图 9-49 StereoSAR-Degrade 对话框

在 StereoSAR-Degrade 对话框中进行如下操作。

① 选中 Degrade 复选框，激活 Degrade 选项。

② 在比例因子编辑框，输入合适的 X、Y 数值。

③ 取消选择 Degrade 选项。

④ 选中 Rescale to Unsigned 8-bit 复选框。

⑤ 单击执行操作图标，处理结束后，处理步骤被蓝色标记指示。

⑥ 单击 Next 按钮，进入 StereoSAR-Coregister 对话框（图 9-50）。

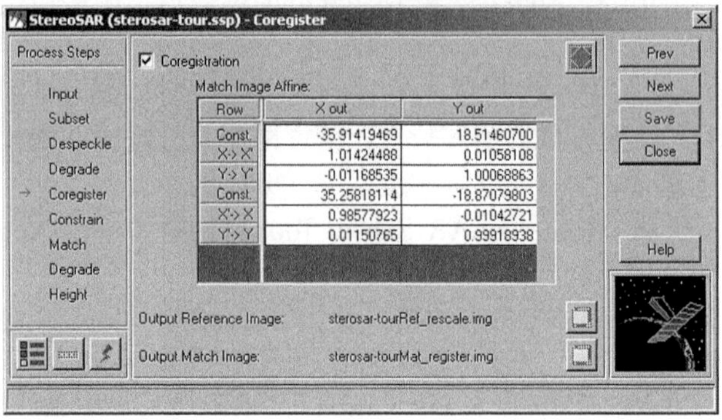

图 9-50 StereoSAR-Coregister 对话框

5. 图像配准

图像配准是将参考图像与匹配图像进行图像到图像的配准操作。

在 StereoSAR-Coregister 对话框中进行如下操作。

① 选中 Coregistration 复选框。

② 单击图像配准图标，打开 StereoSAR Registration Tool 和 GCP Tool 对话框，同时打开 6 个显示参考图像与匹配图像不同分辨率的窗口。

③ 在 GCP Tool 对话框中单击 File | Load Reference 命令，打开 Reference GCC File 对话框。

④ 在 Reference GCC File 对话框中选择 StereoSAR_Ref_Tie.gcc 文件。

⑤ 单击 OK 按钮，关闭 Reference GCC File 对话框。

⑥ 在 GCP Tool 对话框中单击 File | Load Input 命令，打开 Input GCC File 对话框。

⑦ 单击 OK 按钮，关闭 Input GCC File 对话框。

⑧ 在 StereoSAR Registration Tool 对话框中单击几何模型解算图标 Σ。计算完成后，可以看到视差显示在 StereoSAR Registration Tool 对话框中。

⑨ 在 StereoSAR Registration Tool 对话框中单击 Apply 按钮。

⑩ 在 StereoSAR Registration Tool 对话框中单击 Close 按钮，关闭 StereoSAR Registration Tool、GCP Tool 对话框和 6 个显示图像窗口。

⑪ 单击执行操作图标，进行图像配准计算。

第 1 步：检查配准效果

① 单击窗口图标，打开 stereosar_tourmat_register.img 图像。

② 在 stereosar_tourmat_register.img 图像窗口中单击打开图像图标，打开 Select Layer To Add 对话框。

③ 选择图像文件 stereosar_tourref_rescale.img。

④ 在 Raster Options 选项组中取消选中 Clear Display 单选按钮，单击 OK 按钮，关闭 Select Layer To Add 对话框。

⑤ 单击 Utility | Swipe 命令，利用数据叠加显示工具，查看图像配准效果。

⑥ 单击 Close 按钮，关闭 Swipe 对话框。

⑦ 单击 File | Close 命令，关闭图像显示窗口。

第 2 步：利用立体工具检查高度

在 DEM 生成处理过程中，可以利用立体检查工具在立体图像中检查已知特征点的高度。

在 StereoSAR Coregister 对话框中进行如下操作。

① 单击 StereoSAR Solutions Tool 图标，打开 StereoSAR Solutions Tool 对话框，同时打开显示图像 displaying stereosar_tourRef_rescale.img 和 stereosar_tourMat_register.img 窗口（图 9-51）。

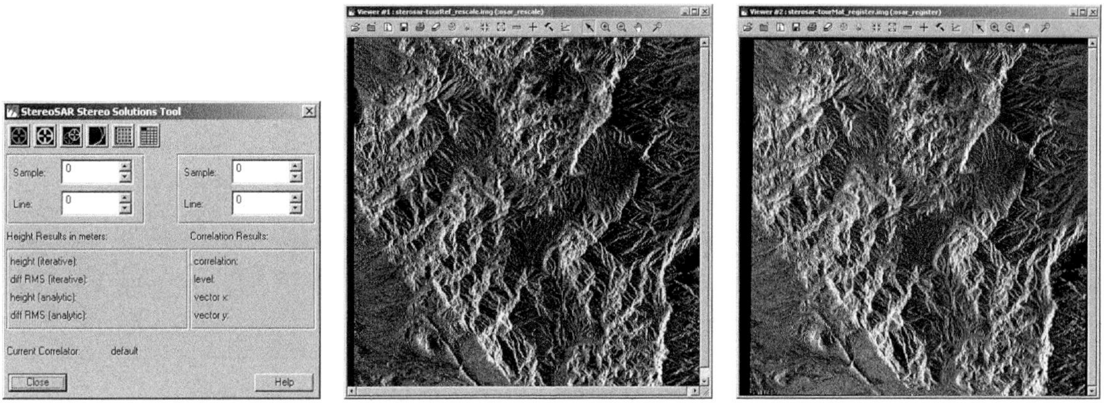

图 9-51 检查配准窗口

② 单击红色参考点图标。

③ 在 displaying stereosar_tourRef_rescale.img 图像窗口中移动鼠标，单击一个特征点。特征点的行列数值显示在 StereoSAR Solutions Tool 对话框左上边。

④ 单击绿色匹配点图标。

⑤ 在 stereosar_tourMat_register.img 图像窗口中移动鼠标，单击同一个特征点。特征点的行列数值显示在 StereoSAR Solutions Tool 对话框右上边。

⑥ 单击排列匹配点图标。参考点和匹配点同时显示在图像窗口，点的行列数值也变为相同值。

⑦ 单击计算高度图标，高度数据显示在 StereoSAR Solutions Tool 对话框左下边。

⑧ 单击绿色移位计算图标，计算两点的相关程度，数据显示在 StereoSAR Solutions Tool 对话框右下边。

第 3 步：检查相关器

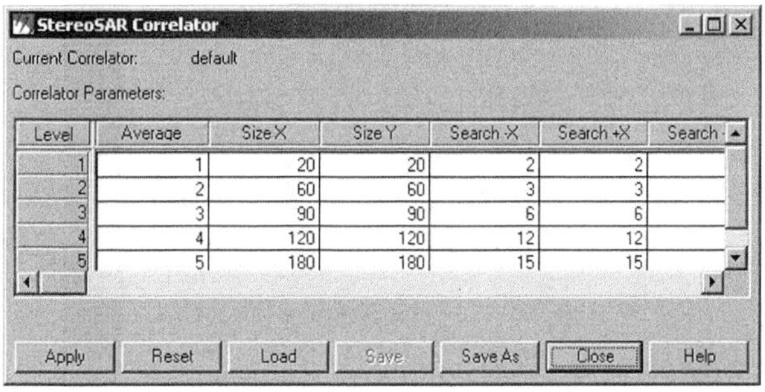

图 9-52 StereoSAR Correlator 对话框

① 单击蓝色相关器图标，打开 StereoSAR Correlator 对话框（图 9-52）。

② 利用滚动条查看所有的数值。

③ 单击 Close 按钮，关闭 StereoSAR-Correlator 对话框。

④ 在 StereoSAR Solutions Tool 对话框中单击 Close 按钮，关闭该对话框和两个图像窗口。

⑤ 单击 Next 按钮，进入 Stereo SAR-Constrain 对话框（图 9-53）。

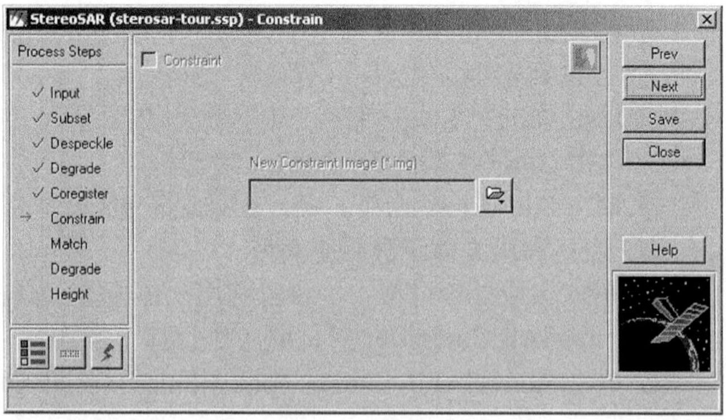

图 9-53 StereoSAR-Constrain 对话框

6. 图像约束

在 StereoSAR-Coregister 对话框中单击 Next 按钮，进入 StereoSAR-Constrain 对话框（图 9-54）。

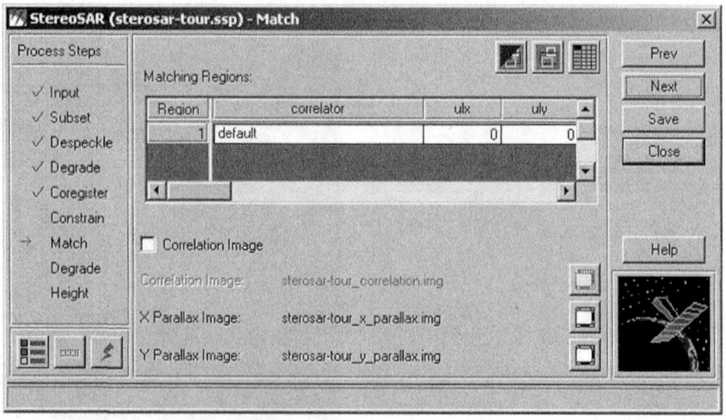

图 9-54 StereoSAR-Match 对话框

7. 图像匹配

在 StereoSAR-Constrain 对话框中单击 Next 按钮，进入 StereoSAR-Match 对话框（图 9-53）。

图像匹配操作是在匹配图像中移动相关器，寻找与参考图像相对应的每一个点。图像匹配操作产生视差图像。

第 1 步：利用立体 SAR 区域工具选择相关器

① 在 StereoSAR-Match 对话框中单击立体 SAR 区域定义工具图标，打开 StereoSAR Regions Tool 对话框（图 9-56）和图像 StereoSAR_TourRef_rescale.img 显示窗口（图 9-55）。

② 在 StereoSAR Regions Tool 对话框（图 9-56）中单击标注“1”的 Region 列，选中该行，使该对话框可编辑。

③ 打开 Correlator File(*.img)文件选择框，选择 STD_HP_LD_2.ssc 文件（<IMAGINE_ HOME>/etc/correlators 文件夹里）。

④ 选择处理（Process）下拉列表为 Yes。

⑤ 右击标注“1”的 Region 列，选择 Select None 选项。

⑥ 单击 Close 按钮，关闭 StereoSAR Regions Tool 对话框。

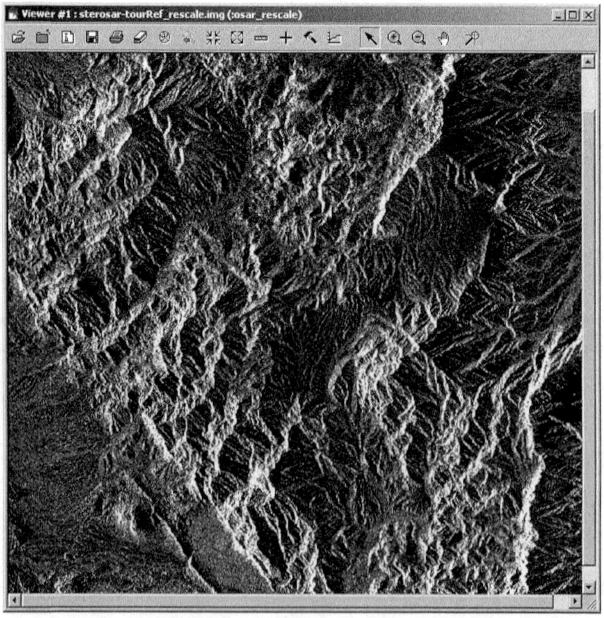

图 9-55 图像显示窗口

第 2 步：选择相关图像并执行操作

① 在 StereoSAR Match 对话框中选中 Correlation Image 复选框。

② 单击执行操作图标（该步操作根据系统配置，需要的时间不同，可以观察状态条掌握处理进度）。

第 3 步：查看相关图像

在 StereoSAR-Match 对话框中进行如下操作。

① 单击图像 stereosar_tour_correlation.img 窗口图标，打开该窗口，显示相关图像。

② 在图像窗口右击，单击 Fit Image to Window 命令。（图像中，白色区域有较好的相关性，暗色区域相关性较差。）

③ 在图像窗口单击菜单条 File | Close 命令，关闭该窗口，结束查看相关图像。

④ 单击 Next 按钮，进入 StereoSAR-Degrade 对话框（图 9-57）。

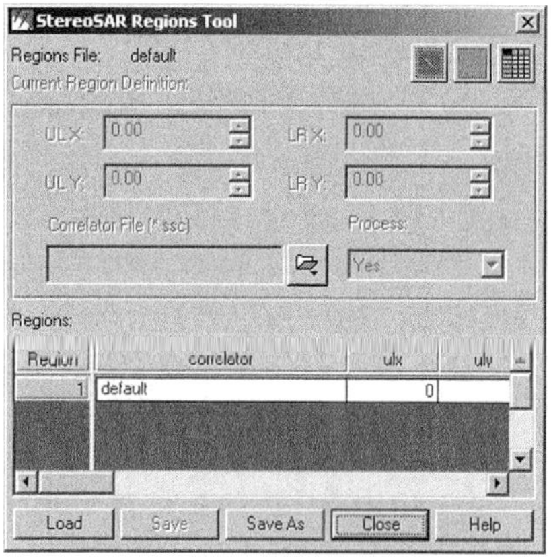

图 9-56 StereoSAR Regions Tool 对话框

8. 图像二次降级

在 StereoSAR-Degrade 对话框中进行如下操作。

① 选中 Degrade 复选框，激活 Degrade 选项。

② 在比例因子（Scaling Factor）编辑框，设置 X、Y 分别为 4。

③ 单击 Next 按钮，进入 StereoSAR-Height 对话框（图 9-58）。

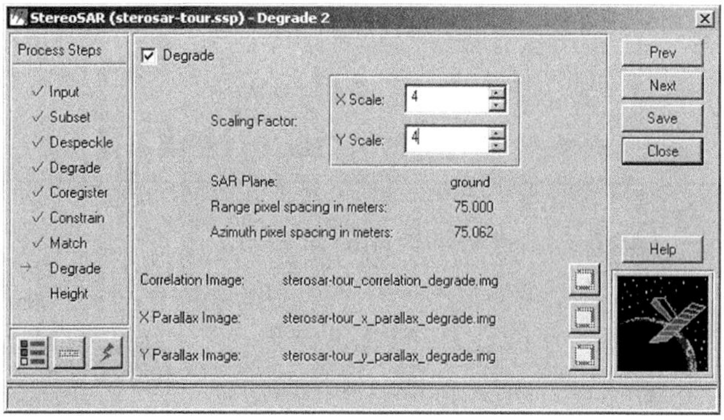

图 9-57 StereoSAR-Degrade 对话框

9. 生成 DEM

第 1 步：设置 DEM 参数

在 StereoSAR-Height 对话框中进行如下操作。

① 确定输出 DEM 文件（Output DEM Image）为 stereosar_dem。

② 双击输出间隔（Output Spacing）数字区，选中所有数字，输入 30。

③ 选择生成均方根误差图像（Generate RMS Image），选中 Generate RMS Image 单选按钮。

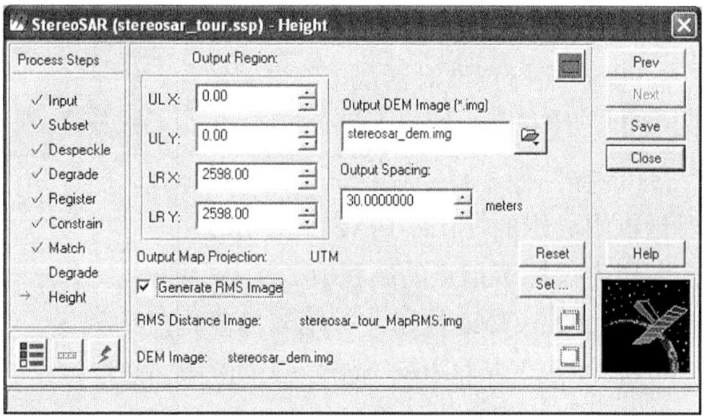

图 9-58 StereoSAR-Height 对话框

第 2 步：利用立体 SAR 区域输出工具

在 StereoSAR-Height 对话框中进行如下操作。

① 单击区域图标，打开 Stereo SAR Output Region Tool 对话框和图像 StereoSAR_TourRef_rescale.img 显示窗口。

② 单击红色区域输出图标，鼠标在图像窗口变为“+”形。

③ 在图像窗口中心单击，出现红色方框。

④ 单击方框的边和角，并进行拉动，改变方框的大小和位置，方框的坐标显示在 StereoSAR Output Region Tool 对话框中。

⑤ 单击计算输出区域图标，返回默认的整幅图像区域。

⑥ 单击 Apply 按钮，执行上述设置。

⑦ 单击 Close 按钮，关闭 StereoSAR Output Region Tool 对话框和图像窗口。

第 3 步：检查输出投影

在 StereoSAR-Height 对话框中进行如下操作。

① 单击 Set 按钮，打开 Output Map Information 对话框（图 9-59）。

② 确认投影为 UTM WGS84。

③ 单击 OK 按钮，关闭 Output Map Information 对话框，接受投影参数。

④ 单击执行操作图标。

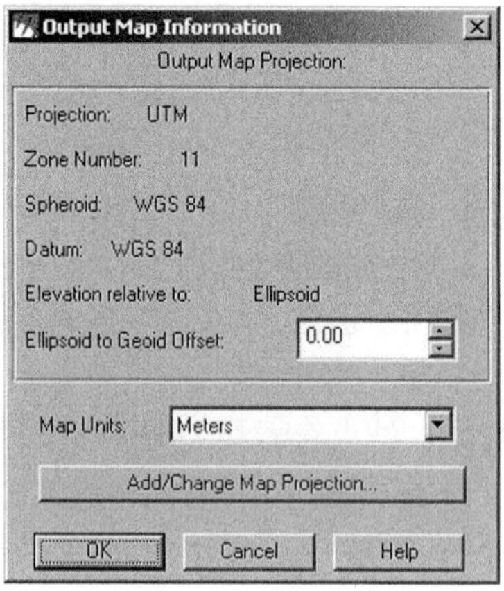

图 9-59 **Output Map Information 对话框**

第 4 步：查看误差图像和 DEM

在 StereoSAR-Height 对话框中进行如下操作。

① 单击显示 stereosar_tour_MapRMS.img 图像窗口图标，显示均方跟误差图像。

② 查看结束后，关闭图像窗口。

③ 单击显示 stereosar_dem.img 图像窗口图标，显示 DEM 图像。

第 5 步：检查 DEM 提取结果

在 stereosar_dem.img 图像窗口中进行如下操作。

① 单击 Utility | Inquire Cursor 命令，打开光标查询对话框（图 9-60）。

② 在光标查询对话框，单击锁图标，使其变为图标。

③ 在图像中移动鼠标，光标查询对话框中显示的 FILE PIXEL 数值就是图像中鼠标所指点的高程值。

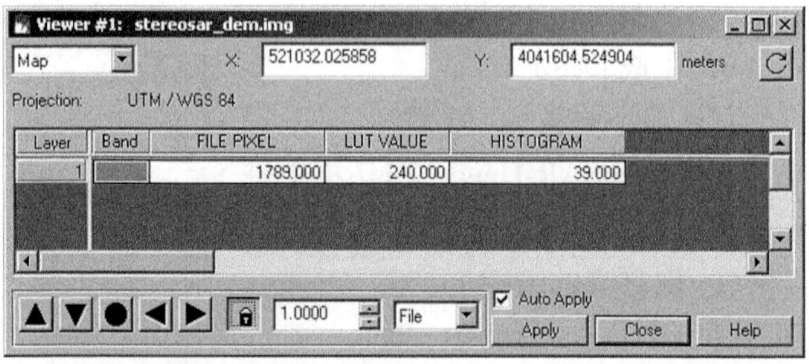

图 9-60 **光标查询对话框**

④ 单击 Close 按钮，关闭光标查询对话框。

⑤ 单击 File | Close 命令，关闭图像窗口。

第 6 步：保存立体像对提取 DEM 工程

在 StereoSAR-Height 对话框中进行如下操作。

① 单击 Save 按钮，保存立体像对提取 DEM 工程。

② 单击 Close 按钮，关闭 StereoSAR Height 对话框。

9.6 干涉雷达 DEM 提取

9.6.1 干涉雷达 DEM 提取概述

干涉雷达提取 DEM 是基于同一地区不同卫星轨道高度、不同时间获得的两幅 SAR 图像，应用 IMAGINE InSAR DEM 模块功能，在一个 IMAGINE InSAR DEM 对话框中进行。主要操作步骤包括图像输入、图像配准、参考 DEM 选择、相干处理、解缠相位及 DEM 生成 6 个步骤。下面的练习操作主要通过这 6 个步骤进行。在实际应用中，有些操作步骤可能不需要进行，本节只是通过每个操作步骤介绍 IMAGINE InSAR DEM 所提供的一些操作工具的使用方法。

9.6.2 干涉雷达图像数据准备

1．复制图像数据

本节练习主要利用的输入数据文件包括<ERDAS_Data_Home>/examples 文件夹下的 IfSAR_Ref.img 、 IfSAR_Match.img 、 IFSAR_Reference.gcc IFSAR_Input. gcc、IFSAR_Match_ Input.gcc 和 IFSAR_USGS_DEM.img。输出数据文件包括 InSAR_Tour.ifp（包括处理的中间结果）和 InSAR_DEM.img。

作为练习，需要将 IfSAR_Ref. img 和 IfSAR_Match.img 两个图像文件复制到一个练习文件夹。下面的操作在输入图像文件时就应用这两个文件。

2．恢复轨道模型

在 ERDAS 图标面板中单击 Radar | Generic SAR Node 命令，打开 Generic SAR node parameters 对话框（图 9-60）。

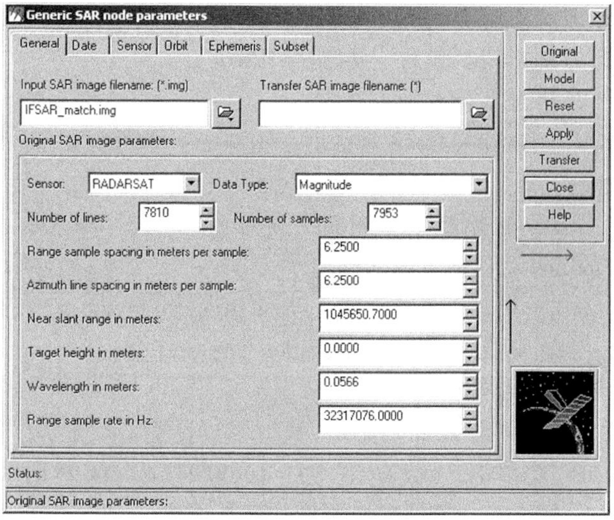

图 9-61　Generic SAR node parameters 对话框

在 Generic SAR node parameters 对话框中进行如下操作。

① 确定输入文件（Input SAR image filename）为 IFSAR_match.img。

② 单击 Original 按钮。

③ 单击 Model 按钮。

④ 单击 Apply 按钮，打开提示是否保存模型参数对话框。

⑤ 单击 Yes 按钮。

⑥ 重复上述过程，完成所有输入 SAR 图像的轨道模型恢复。

⑦ 单击 Close 按钮，关闭 Generic SAR node parameters 对话框。

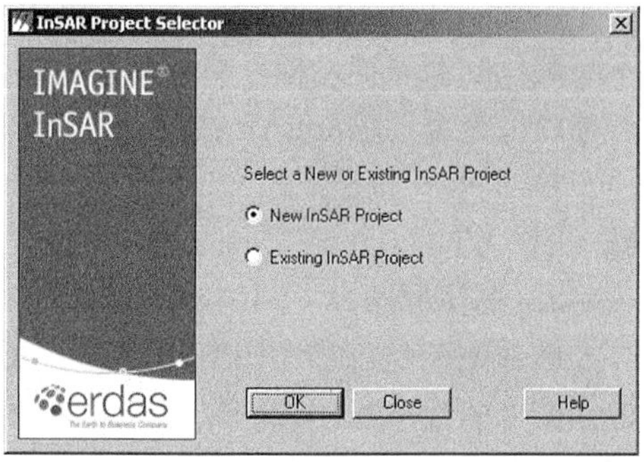

图 9-62　InSAR Project Selector 对话框

9.6.3 干涉雷达 DEM 提取工程

① 在 ERDAS 图标面板中单击 Radar | InSAR 命令，打开 InSAR Project Selector 对话框（图 9-62）。

② 新建 InSAR 工程，选中 New InSAR Project 单选按钮。

③ 单击 OK 按钮，打开 Create New StereoSAR Project 对话框。

④ 选择自己建立的工作文件夹，确定工程名字为 InSAR_tour.ifp。

⑤ 单击 OK 按钮，关闭 Create New InSAR Project 对话框，打开 InSAR Input 对话框（图 9-63）。

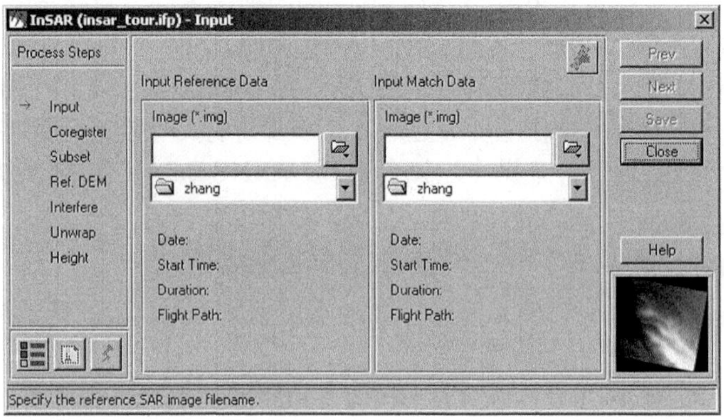

图 9-63 InSAR Input 对话框

1. 图像输入

第 1 步：确认工作文件夹

在开始干涉雷达 DEM 提取工作之前，需要选择一个文件夹，作为提取 DEM 过程中生成的中间文件存储的地方。

在 InSAR Input 对话框（图 9-63）中进行如下操作。

① 单击选项（Options）图标，打开 InSAR Options 对话框（图 9-64）。

② 指定工作文件夹（Work Images Directory）。

③ 确认取消选中 Delete Working Images in Progress 复选框。

④ 单击 Apply 按钮，执行参数设置。

⑤ 单击 Close 按钮，关闭 InSAR Options 对话框。

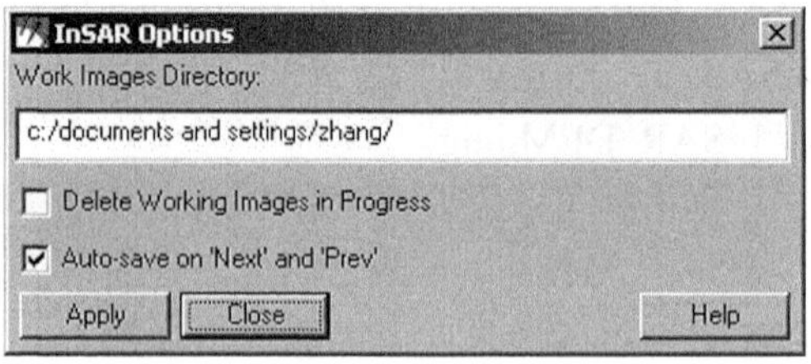

图 9-64 InSAR Options 对话框

第 2 步：选择参考图像和匹配图像

在 InSAR Input 对话框中选择参考图像（Reference Image(*.img)）为 InSAR_Ref.img，选择匹配图像（Match Image(*.img)）为 InSAR_Match.img。如果在选择图像过程中，出现参考图像不是最佳的消息提示框，单击 OK 按钮，指定两幅图像为合适的 InSAR 图像。

单击 Next 按钮，进入 InSAR Register 对话框（图 9-65）。

2. 图像配准

图像配准是将参考图像与匹配图像进行图像到图像的配准操作。图像配准分为像元配准和子像元配准两个部分。像元配准是人工在参考图像和匹配图像中定义一个点，由计算机根据该点进行图像相关计算的配准操作。子像元

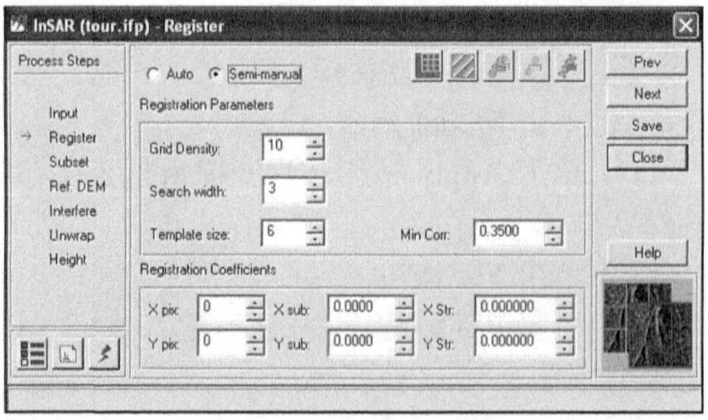

图 9-65 InSAR Register 对话框

配准是利用复图像的相位层进行配准的操作，是自动完成的，没有人机交互，因此，子像元配准又称为精配准。

第 1 步：利用像元配准工具进行图像配准

在 InSAR Register 对话框（图 9-65）中进行如下操作。

① 单击选中 Semi-Manual 单选按钮。

② 单击像元配准工具（Pixel Register）图标，打开 InSAR Pixel Register Tool 对话框和 4 个图像窗口（图 9-66）。

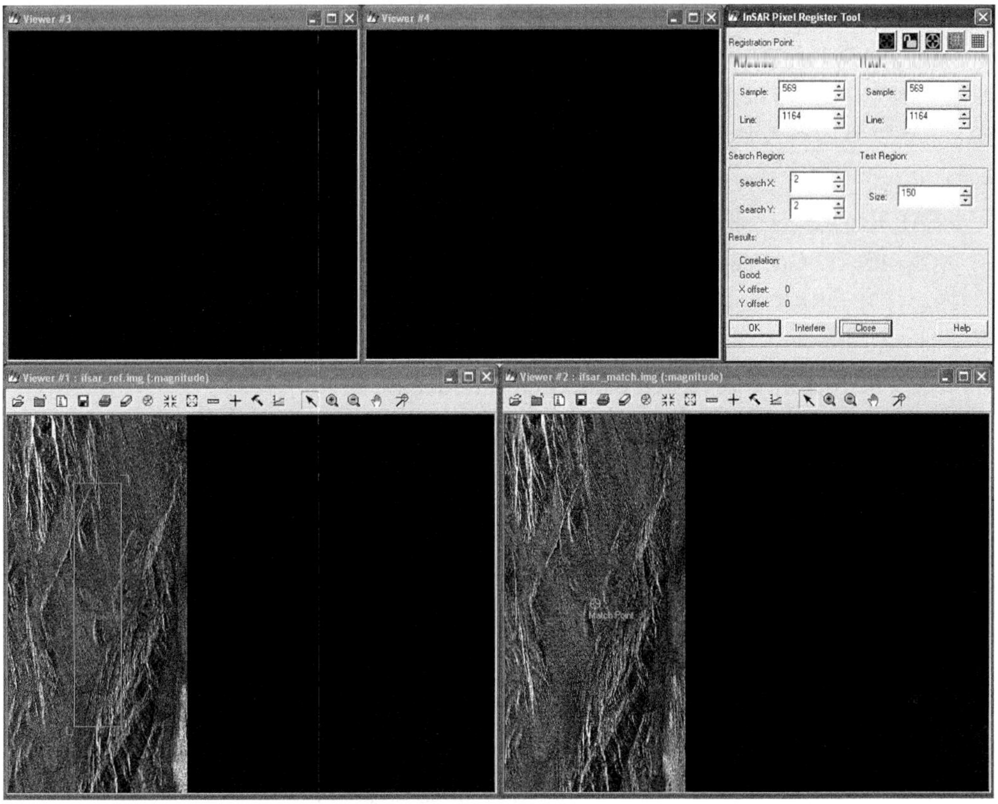

图 9-66　**InSAR Pixel Register Tool 对话框和 4 个图像窗口**

③ 在窗口 1（Viewer#1）中单击放大工具，放大参考图像上标志圆圈的部分，可以看到特别亮的像元点，该点是配准两幅图像比较好的点。

④ 在 InSAR Pixel Register Tool 对话框中单击红色的参考点图标。

⑤ 在参考图像 IFSAR_Ref.img 窗口中移动鼠标，单击亮的像元点，作为配准点。

⑥ 在窗口 2（Viewer#2）中单击放大工具，放大配准图像上相同的部分，找到匹配图像上的配准点。

⑦ 单击绿色的匹配点图标。

⑧ 在匹配图像 IFSAR_Match.img 窗口中选择相同的点。

⑨ 在 InSAR Pixel Register Tool 对话框中单击 Current Registration Point 图标。

⑩ 单击 Interfere 按钮，利用选择的测试点，计算相关数据和干涉图像（如果两幅图像相关比较好，InSAR Pixel Register Tool 对话框中的 Good 项显示为 yes）。

⑪ 单击锁工具（Lock tool）图标，使其变为，保持计算结果。

⑫ 在 InSAR Pixel Register Tool 对话框中单击 OK 按钮，将计算的 X、Y 偏移量传送到

StereoSAR Register 对话框。

⑬ 在 StereoSAR Register 对话框中单击执行图标，完成处理和初始精配准。

第 2 步：查看任务日志

由于子像元配准是自动完成的，因此统计信息保存在任务日志里，需要查看确认。

在 ERDAS IMAGINE 菜单中单击 Session | Session Log 命令，打开任务日志编辑窗口。

第 3 步：检查 InSAR DEM 收集的信息

图像配准完成后，可以在 InSAR Collection Information 对话框中查看从参考图像和匹配图像收集的传感器几何信息。

在 InSAR Register 对话框中进行如下操作。

① 单击 InSAR Geometric Information 工具图标，打开 InSAR Collection Information 对话框（图 9-67）。

② 单击 OK 按钮，关闭 InSAR Collection Information 对话框。

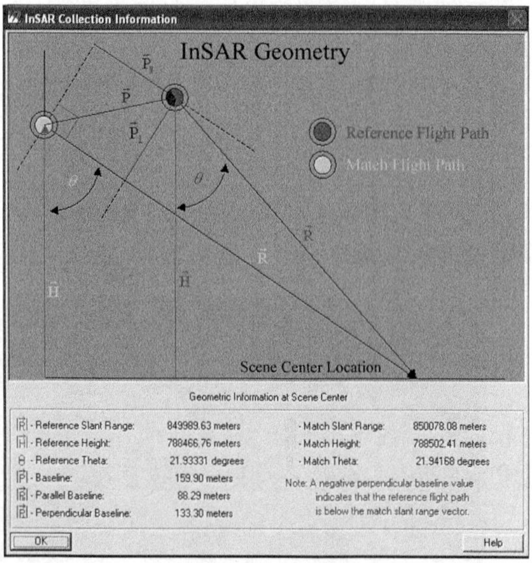

图 9-67 **InSAR Collection Information 对话框**

说 明

参考图像和匹配图像航迹的基线是相对分开的，在图 9-67 中，传感器飞行方向在图之外。基线测量分为平行和垂直两个方面，这些数值对于输出 DEM 时的高程值是重要的。当然，垂直基线是尤其重要的。在后面高程计算部分，将介绍在工程中如何计算提高这些参数的数值精度和如何修改这些参数。

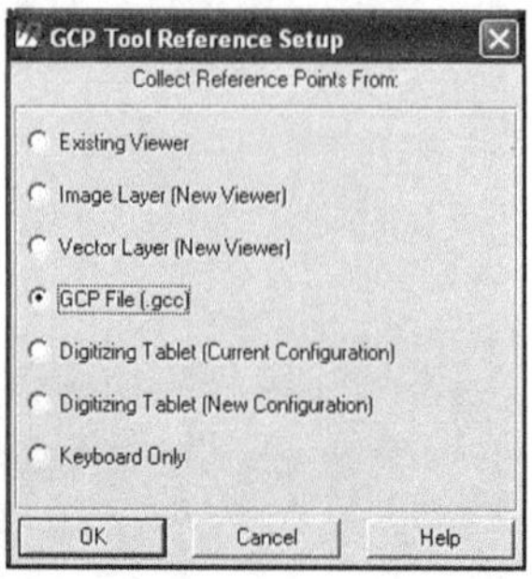

图 9-68 **GCP Tool Reference Setup 对话框**

第 4 步：航迹修正

根据现在的轨道预测和建模技术，经常不需要修正传感器的航迹，下面的介绍只是作为练习。

修正获取参考图像和匹配图像卫星的轨道需要有地面控制点（GCP）。GCP 需要在输入图像阶段输入，在图像配准过程使用。

在 InSAR Register 对话框中进行如下操作。

① 单击红色和绿色的平行修正航迹（Parallel Correct Flight Path）图标（同时修正参考图像和匹配图像的航迹），打开 GCP Tool Reference Setup 对话框（图 9-68）。

② 选中 GCP File 单选按钮。

③ 单击 OK 按钮，打开

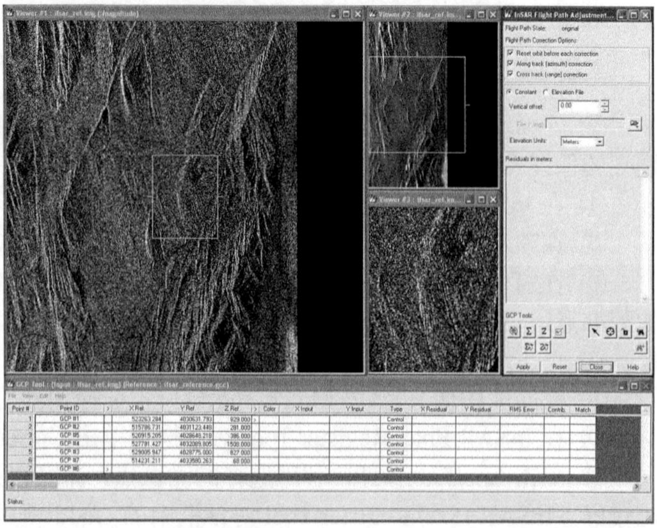

图 9-69 **InSAR Flight Path Adjustment 对话框、GCP Tool 对话框和 3 个图像窗口**

Reference GCC File 对话框。

④ 选择 IFSAR_Reference.gcc 文件，单击 OK 按钮，关闭 Reference GCC File 对话框。打开 InSAR Flight Path Adjustment 对话框、GCP Tool 窗口和 3 个图像窗口（图 9-69）。

⑤ 在 GCP Tool 窗口中单击 File | Load Input 命令，选择 IFSAR_Input.gcc 文件。GCP 显示在图像窗口中，坐标显示在 GCP Tool 窗口列表中。

第 5 步：调整图像显示

在干涉处理中用到的单视复图像，由于获取时的几何关系，图像产生镜像，像元不是正方的。因此在 SAR 图像处理中确定 GCP 比较困难。利用 Viewer 的功能可以解决这一问题。

下面的例子数据是 ERS 干涉像对的一部分。距离向间隔是方位向的 5 倍，而且图像显示与实际地面是镜向的。利用 Viewer 调整图像的显示。

① 在图像窗口中心，右击，打开 Quick View 菜单。

② 选择 Menu Bar 选项，菜单显示在窗口上边。

③ 单击 View menu | Rotate/Flip/Stretch 命令。

④ 将 Y1 设为 0.2。

⑤ 单击 Я 图标。

⑥ 单击 Apply 按钮，单击 Close 按钮，关闭图像调整对话框。

⑦ 在 InSAR Flight Path Adjustment 对话框中单击模型解算图标 Σ，进行 GCP 残差计算（结果显示在 InSAR Flight Path Adjustment 对话框和 GCP Tool 窗口类表中）。

⑧ 在 InSAR Flight Path Adjustment 对话框中单击 Apply 按钮，进行轨道修正。

⑨ 在消息提示对话框中单击 Yes 按钮，保存航迹。

⑩ 在 InSAR Flight Path Adjustment 对话框中单击 Close 按钮，关闭 InSAR Flight Path Adjustment 对话框、GCP Tool 窗口和图像窗口。

⑪ 在 InSAR Register 对话框中单击 Next 按钮，打开 InSAR Subset 对话框（图 9-70）。

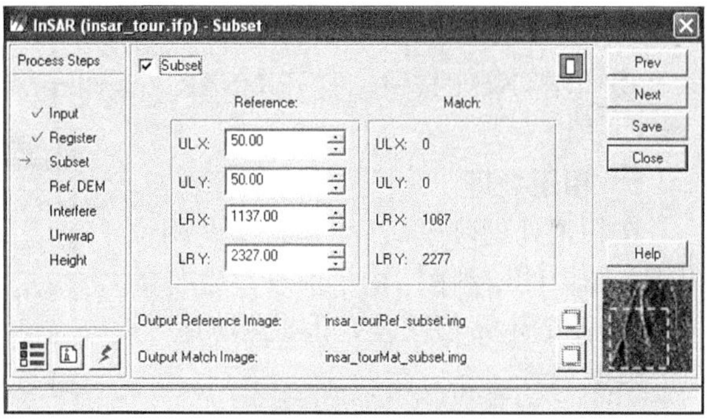

图 9-70 InSAR Subset 对话框

3. 图像裁剪

图像裁剪用于选定输入图像中适当的区域生成 DEM。

在 InSAR Subset 对话框中进行如下操作。

① 选中 Subset 复选框。

② 单击图像裁剪图标，打开 InSAR Subset Tool 对话框（图 9-71）和两个图像显示窗口。（可以看到：在航迹修正中的GCP显示在图像窗口 IFSAR_Ref.img。）

③ 单击参考图像裁剪工具图标。

④ 在图像 IFSAR_Ref.img 窗口单击，一个红色的框出现在窗口中。同时，在匹配图像窗口也出现一个包含相同区域的框。

⑤ 在图像 IFSAR_Ref.img 窗口中单击并拖动框的边和角，选择需要生成 DEM 的区域。匹配图像窗口的框对应变化，框的坐标值显示在对话框中。

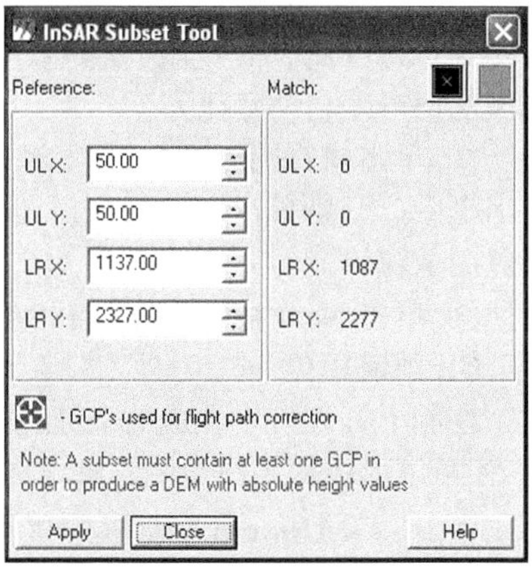

图 9-71 InSAR Subset Tool 对话框

⑥ 单击计算最大重叠区图标。

⑦ 单击 Apply 按钮。

⑧ 单击 Close 按钮，关闭 InSAR Subset Tool 对话框。

⑨ 单击取消选中 Subset 复选框。

⑩ 单击 Next 按钮，打开 InSAR Ref. DEM 对话框（图 9-72）。

4．输入参考 DEM

输入参考 DEM 主要用于辅助相位解缠算法。

在 InSAR Ref. DEM 对话框中进行如下操作。

① 选中 Reference DEM 复选框。

② 确定参考 DEM 文件为 IFSAR_USGS_EM.img。

③ 单击图标，打开 InSAR Multilook 对话框（图 9-73）（该工具用于人工控制单视输入图像的采样，也用于调节计算协方差时窗口的大小，本练习采用系统默认的数据）。

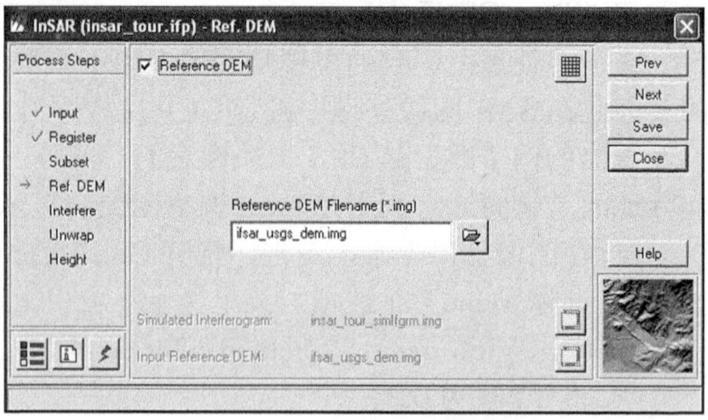

图 9-72 InSAR Ref. DEM 对话框

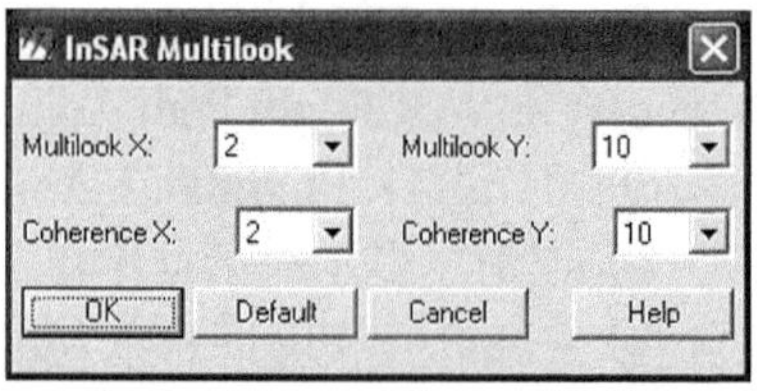

图 9-73 InSAR Multilook 对话

④ 单击 Cancel 按钮，关闭 InSAR Multilook 对话框。

⑤ 单击执行图标，执行参考 DEM 的处理（处理结束后，输入参考 DEM 和模拟干涉图文件名显示在对话框中，分别单击窗口图标，打开图像显示窗口）。

⑥ 单击 Next 按钮，打开 InSAR Interfere 对话框（图 9-74）。

5．相干处理

在相干处理阶段，产生包含重叠相位和相关图像的干涉图。由于前一步选择的 DEM，需要计算相位差，因此将相位差用于解缠处理。

在 InSAR Interfere 对话框中进行如下操作。

① 选中 Auto 单选按钮，系统自动执行一个自适应滤波器（滤波器的强度根据区域的协方差自动变化）。

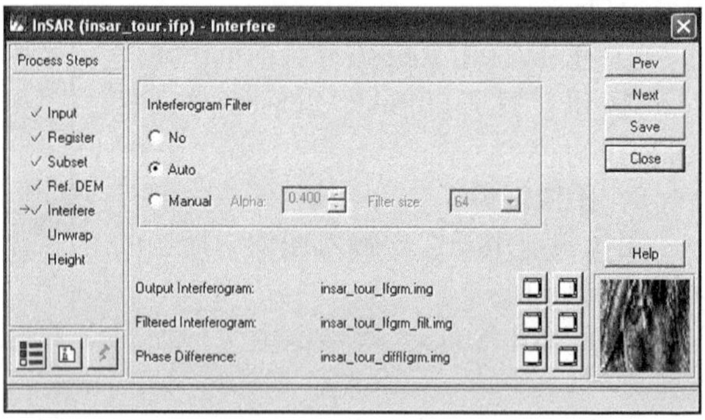

图 9-74 InSAR Interfere 对话框

② 单击执行图标，产生经过滤波的干涉图（处理完后，相位差和干涉图文件名显示在对话框中，分别单击左边的窗口图标，显示灰度图像窗口，单击右边的窗口图标，显示彩色图像窗口）。

③ 单击 Next 按钮，打开 InSAR Unwrap 对话框（图 9-75）。

6．解缠相位

在相干处理阶段生成的干涉图包括的相位信息与 DEM 高程相对应。然而，相位信息不像 DEM 可以形成等高线地图。解缠相位就是使相位差能够反映 DEM 高程数据。

在 InSAR Unwrap 对话框中进行如下操作。

① 选中 Low-Moderate 单选按钮。

② 单击执行图标，为高程生成阶段产生解缠干涉图（处理完成后，MFC Control File 和 Unwrapped File 显示在对话框，分别单击窗口图标，打开图像显示窗口）。

③ 单击 Next 按钮，打开 InSAR Height 对话框（图 9-76）。

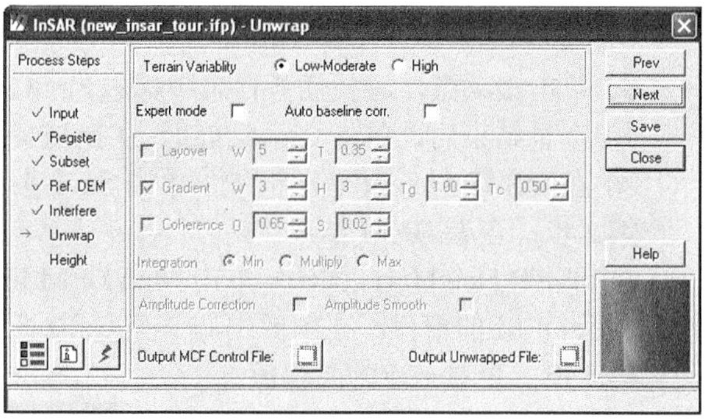

图 9-75 InSAR Unwrap 对话框

9.6.4 DEM 高程生成

在 DEM 高程生成阶段，可以选择输出 DEM 的参数。如果在前面没有进行航迹修正，在这里也可以进行航迹修正的操作。

在 InSAR Height 对话框中进行如下操作。

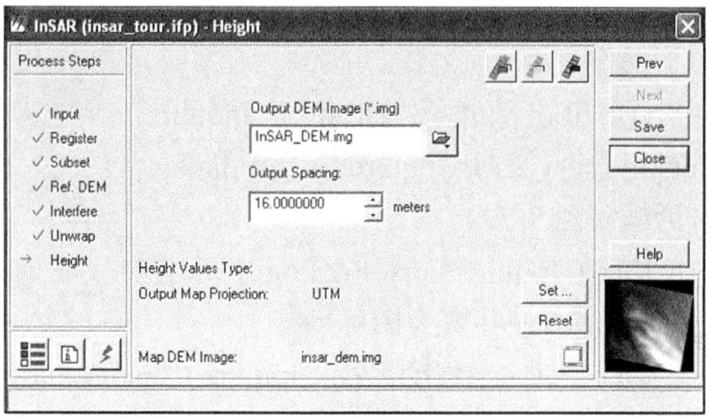

图 9-76 InSAR Height 对话框

① 确定输出 DEM 文件为 InSAR_DEM.img。

② 单击 Set 按钮，打开 InSAR Output Map Information 对话框（图 9-77）。

③ 根据需要，单击 Add/Change Map Projection 按钮，进行投影参数的变换。

④ 单击 Cancel 按钮，关闭 InSAR Output Map Information 对话框。

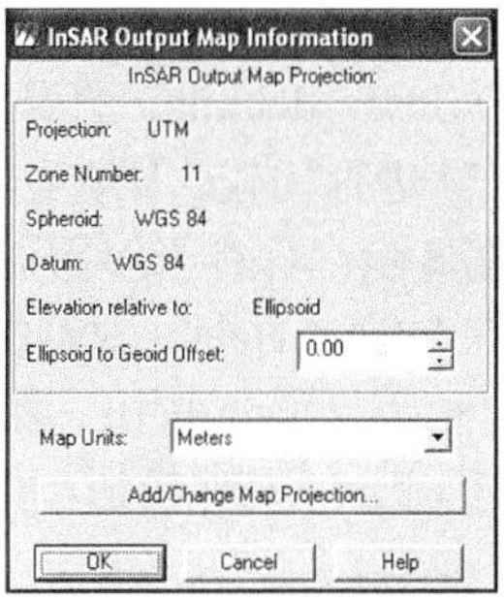

图 9-77 InSAR Output Map Information 对话框

⑤ 单击绿色的基线调整图标，打开 InSAR Baseline Adjustment 对话框（图 9-78）（在此可以输入水平基线和垂直基线的数值，如果有两个精确的 GCP，也可以利用 GCP 计算垂直基线）。

⑥ 在 Range GCP 1 ID 编辑框输入 5（表示 GCP5）。

⑦ 在 Range GCP 2 ID 编辑框输入 6（表示 GCP6）。

⑧ 单击 Compute Perpendicular Baseline 按钮。

⑨ 单击 Apply 按钮。

⑩ 单击 Close 按钮，关闭 InSAR Baseline Adjustment 对话框。

⑪ 单击执行图标，生成 DEM。

第 1 步：检查 GCP 报告

对于来自图像像对相位信息的高程，为了标定绝对的高程数值，IMAGINE InSAR 模块需要至少一个精确的 GCP。GCP 是将相对的相位信息标定出绝对的高程信息。在生成 DEM 前，IMAGINE InSAR 处理器分析 GCP 数据，确定一个最好的用于相位标定。如果没有合适的 GCP，在 InSAR Height 对话框中的 Height Values Type 项被标注为 relative。如果有最好的 Height Values Type 项被标注为 absolute。GCP 的分析结果记录在任务日志中。

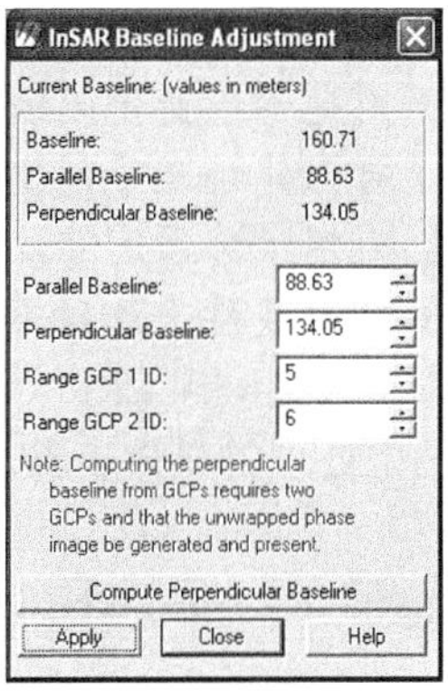

图 9-78 InSAR Baseline Adjustment 对话框

① 在 ERDAS 图标面板菜单条中单击 Session | Session Log 命令，打开任务日志窗口。

② 单击滚动条，寻找任务日志中标题为 GCP analysis for height calculation 的部分。

③ 查看结束后，单击 Close 按钮，关闭任务日志窗口。

④ 在 InSAR Height 对话框中，单击 Save 按钮，保存工程和输出的 DEM。

第 2 步：查看 DEM 结果

在 InSAR Height 对话框中，单击 Map DEM Image 后的 InSAR_DEM.img 图像窗口图标，打开显示 DEM 的窗口。在图像中调节亮度和对比度，并放大感兴趣的区域，查看细节。

第 3 步：查看一点的高程值

利用 Inquire Cursor 工具，检查 DEM 中某一点的高程值。

在 Insar_dem.img 图像窗口中进行如下操作。

① 单击菜单条 Utility | Inquire Cursor 命令，打开 Inquire Cursor dialog 对话框（图 9-79）。

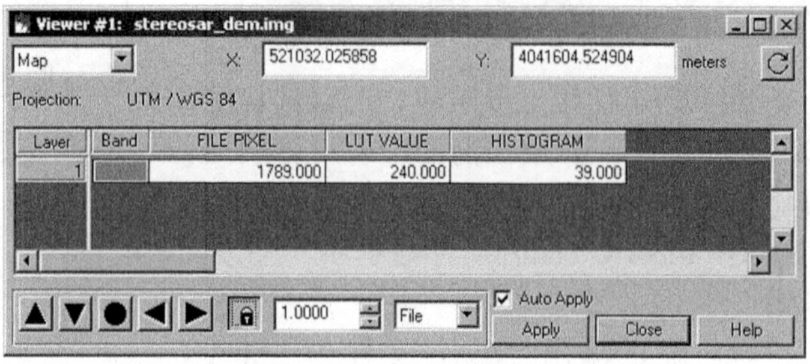

图 9-79 Inquire Cursor dialog 对话框

② 在 Inquire Cursor dialog 中单击锁图标，使其变为图标。

③ 在图像中移动鼠标，Inquire Cursor dialog 对话框中显示的 FILE PIXEL 数值就是图像中鼠标所指点的高程值。

④ 单击 Close 按钮，关闭 Inquire Cursor dialog 对话框。

第 4 步：比较 DEM 提取结果

在 Insar_dem.img 图像窗口中同时打开 IFSAR_USGS_DEM.img 文件，利用 Swipe 工具对两个 DEM 进行比较。比较结束后，关闭图像窗口。

第 5 步：保存干涉雷达提取 DEM 工程

在 InSAR Height 对话框中进行如下操作。

① 单击 Save 按钮，保存干涉雷达提取 DEM 工程。

② 单击 Close 按钮，关闭 InSAR Height 对话框，退出干涉雷达提取 DEM 模块。

9.7 干涉雷达变化检测

干涉雷达采用的干涉测量技术，可用于地表的变化检测。其特点主要表现在以下几方面。

- 对地形的变化比较敏感，在最佳的测量条件下，可以精确测量到毫米级，在一般情况下，可以精确测量到厘米级。
- 利用干涉雷达可以进行大范围的测量。
- 可以获得一系列长时间的可靠的 SAR 图像。

本节介绍应用 ERDAS IMAGINE 的干涉雷达变化检测（Coherence Change Detection）模块进行图像处理的操作步骤。

9.7.1 干涉雷达变化检测模块

在 ERDAS 图标面板中单击 Radar | Coherence Change Detection 命令，打开 Coherence Change

Detection Project Selector 对话框（图 9-80）。

在 Coherence Change Detection Project Selector 对话框中进行如下操作。

① 选中 New Coherence Change Detection Project 单选按钮，新建一个干涉雷达变化检测工程。

② 单击 OK 按钮，打开 Create New Coherence Change Detection Project 对话框（图 9-81），确定新建工程的文件夹和文件名。

③ 单击 OK 按钮，打开 Coherence Change Detection Input 对话框（图 9-82）。

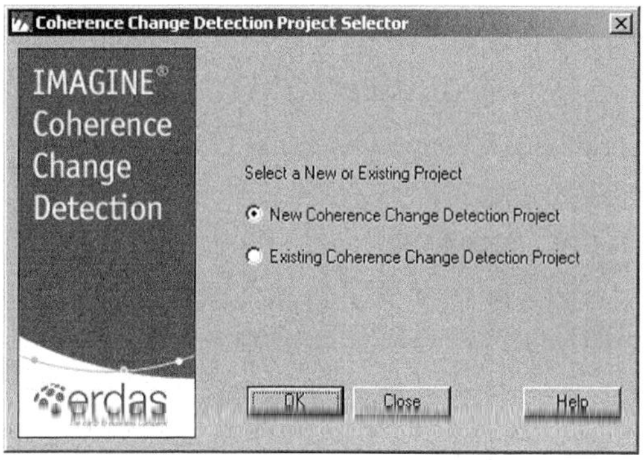

图 9-80　Coherence Change Detection Project Selector 对话框

9.7.2　干涉雷达变化检测操作

新建一个干涉雷达变化检测工程后，打开的工程向导指导整个操作的处理步骤，具体包括以下几点。

- 输入数据。
- 图像配准。
- 图像裁剪。
- 相关处理。
- 图像分析。
- 图像校正。
- 结果输出。

1．选项设置

干涉雷达变化检测的选项设置，用于设置图像的工作文件夹，并选择是否保留处理过程的中间文件。在 Coherence Change Detection Input 对话框中单击选项设置图标，打开 CCD Global Options 对话框（图 9-83）。

在 CCD Global Options 对话框中进行如下操作。

① 输入图像工作文件夹名称。

② 单击 Apply 按钮，执行参数设置。

③ 单击 Close 按钮，关闭 CCD Global Options 对话框。

2．图像输入

在 Coherence Change Detection Input 对话框中进行如下操作。

① 在 Input Reference Data 文本框中确定输入参考图像的文件。

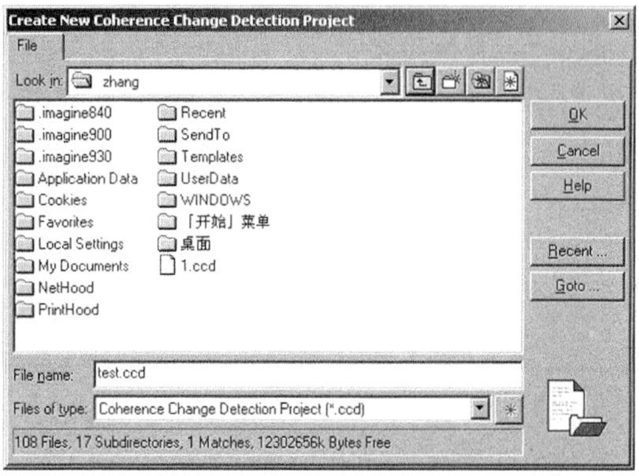

图 9-81　Create New Coherence Change Detection Project 对话框

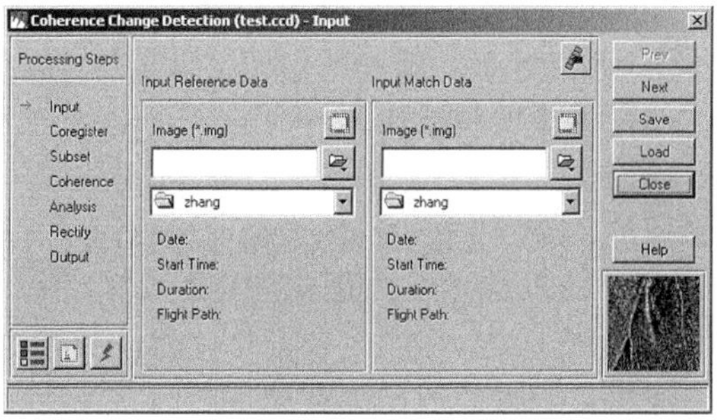

图 9-82　Coherence Change Detection Input 对话框

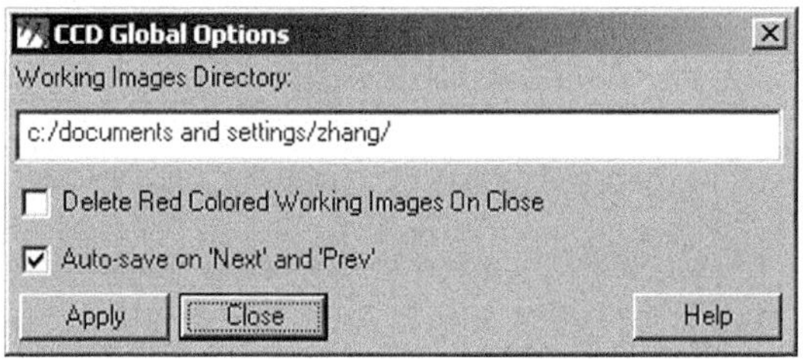

图 9-83　CCD Global Options 对话框

② 在 Input Match Data 文本框中确定输入匹配图像的文件。

③ 单击 Next 按钮，打开 Coherence Change Detection Coregister 对话框（图 9-84）。

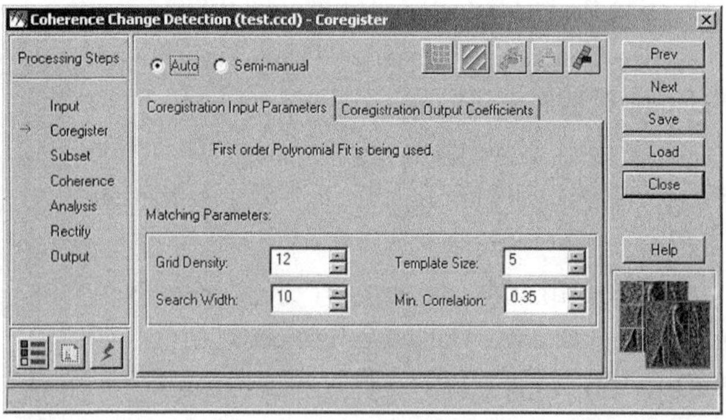

图 9-84　Coherence Change Detection Coregister 对话框

3. 图像配准

图像配准操作是将参考图像和匹配图像进行图像到图像的配准操作。图像配准操作包括自动处理和半自动处理。

在 Coherence Change Detection Coregister 对话框中进行如下操作。

① 输入配准输入参数（Coregistration Input Parameters），包括格网密度（Grid Density）、搜索宽度（Search Width）、模板大小（Template Size）和最小相关系数（Min. Correlation）。

② 选中半自动（Semi-manual）单选按钮时，需要输入 X 偏移量（Offset in X）和 Y 偏移量（Offset in Y）。

③ 单击 Next 按钮，打开 Coherence Change Detection Coregister 对话框（图 9-85）。

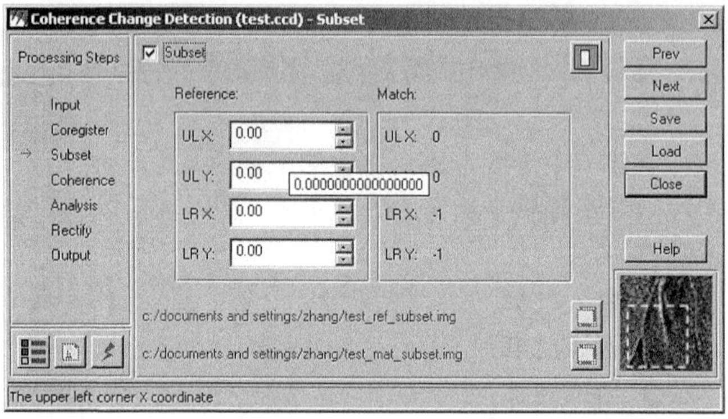

图 9-85　Coherence Change Detection Coregister 对话框

4. 图像裁剪

图像裁剪是确定输出图像的大小。在参考图像中选择一定的区域后，在匹配图像上自动选择对应的区域。具体操作参考 9.6.3 节。该步操作不是必须的，如果没有进行图像裁剪操作，即在 Coherence Change Detection Coregister 对话框中，不选中 Subset 复选框，则按照原始的图像重叠区域进行处理。单击 Next 按钮，打开 Coherence Change Detection Coherence 对话框（图 9-86）。

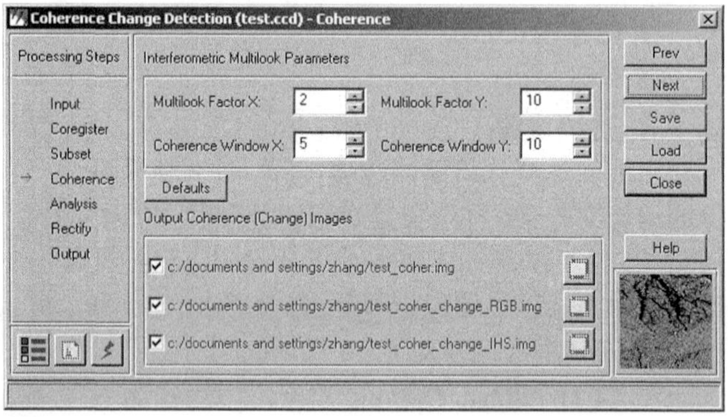

图 9-86　Coherence Change Detection Coherence 对话框

5. 相关处理

相关处理是进行参考图像与匹配图像的相关分析处理，经过相关处理，可以确定两幅图像的相关程度。

在 Coherence Change Detection Coherence 对话框（图 9-86）中进行如下操作。

① 设置多视图像的干涉参数（Interferometric Multilook Parameters），包括多视因子和相关窗口大小，具体为距离向因子（Multilook Factor X）、方位向因子（Multilook Factor Y）、相关窗口距离向宽度（Coherence Window X）、相关窗口方位向宽度（Coherence Window Y）。

② 选中输出图像复选框，确认需要输出的图像。

③ 单击 Next 按钮，打开 Coherence Change Detection Analysis 对话框（图 9-87）。

说　明

一般情况下，多视因子依据距离向和方位向的分辨率，即像元的间隔距离。将间隔距离大的方向的多视因子设为 2，另一方向的数值选择应该使干涉区域为一个正方形。如距离向地面像元间隔为 20 米，方位向像元间隔为 4 米，则距离向因子应为 2，方位向因子为 10。

一般情况下，相关窗口大小的设置取决于多视因子的比例，即相关窗口距离向和方位向的比例与多视因子的比例相同，保证相关窗口最小包括 100 个像元。

6. 图像分析

图像分析处理是对经过相关处理的图像进行滤波，以对图像的噪声进行抑制和目标检测。

在 Coherence Change Detection Analysis 对话框中进行如下操作。

① 选中 Local Region Filter 复选框，设置滤波窗口大小（Window Size）。

② 选择需要输出的图像。

③ 选中 Target Detection 复选框，设置目标检测算法参数，包括阈值和窗口大小。

④ 单击 Next 按钮，打开 Coherence Change Detection Rectify 对话框（图 9-88）

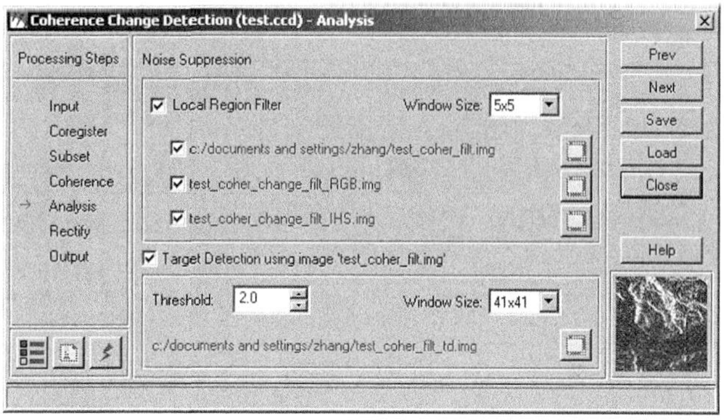

图 9-87　**Coherence Change Detection Analysis 对话框**

7. 图像校正

图像校正操作步骤是对图像进行校正处理，以生成最终的具有地理坐标的经过几何校正的图像产品。

在 Coherence Change Detection Rectify 对话框中进行如下操作。

① 在 Georeferenced Images 选项卡中选中需要输出的校正图像。

② 单击 Settings 按钮，打开 Settings 选项卡，选择几何校正方法。

③ 设置地图参数。在 Output Spacing 微调框输入输出图像的分辨率数值。

④ 单击 Set 按钮，打开投影参数对话框，设置地图投影参数。

⑤ 单击 Next 按钮，打开 Coherence Change Detection Output 对

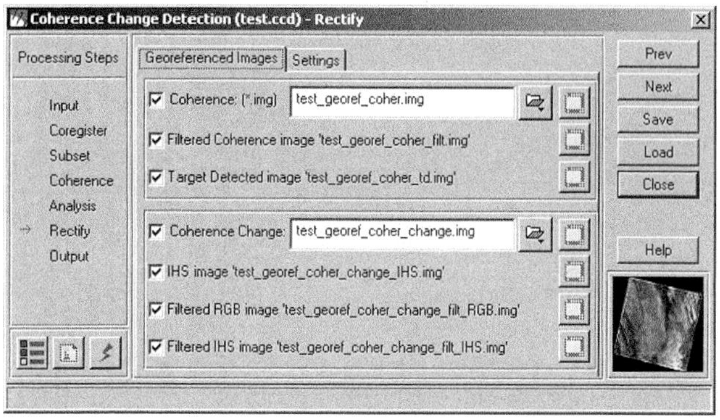

图 9-88　**Coherence Change Detection Rectify 对话框**

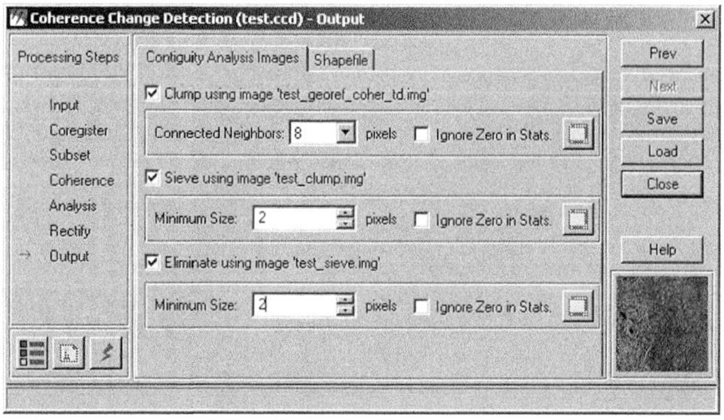

图 9-89　**Coherence Change Detection Output 对话框**

话框（图 9-89）。

8．结果输出

结果输出是对图像进行聚类统计、过滤分析和去除分析，并生成结果文件。

在 Coherence Change Detection Output 对话框中进行如下操作。

① 在 Contiguity Analysis Images 选项卡中，选中聚类统计（Clump using image）复选框，在邻域大小（Connected Neighbors）微调框中输入邻域大小的数值。

② 选中过滤分析（Sieve using image）复选框，在最小像元数（Minimum Size）微调框中输入最小像元数。

③ 选中去除分析（Eliminate using image）复选框，在最小像元数（Minimum Size）微调框中输入最小像元数。

④ 单击 Shapefile 标签，打开 Shapefile 选项卡，选中 Create Shapefile using image 复选框，在 Shapefile 编辑框输入输出的文件名。

⑤ 单击执行图标，执行干涉雷达变化检测处理。

⑥ 单击 Close 按钮，关闭 Coherence Change Detection Output 对话框。

第 10 章　虚拟地理信息系统

本章学习要点

- 虚拟地理信息系统视窗
- 虚拟地理信息系统工程
- 虚拟地理信息系统飞行
- 三维动画制作
- 空间视域分析
- 虚拟世界编辑器

10.1　VirtualGIS 概述

ERDAS IMAGINE 虚拟地理信息系统（VirtualGIS）是一个三维可视化工具，给用户提供了一种对大型数据库进行实时漫游操作的途径。在虚拟环境下，用户可以显示和查询多层栅格图像、矢量图形和注记数据。VirtualGIS 以 Open GL 作为底层图形语言，由于 Open GL 语言允许对几何或纹理的透视使用硬件加速设置，从而使 VirtualGIS 可以在 UNIX 工作站及 PC 上运行。

ERDAS IMAGINE VirtualGIS 采用透视的手法，减少了三维视窗中所需显示的数据，仅当图像的内容位于观测者视域范围内时（Field of View）才被调入内存，而且远离观测者的对象比接近观测者的对象以较低的分辨率显示。同时，为了增加三维显示效果，对于地形变化较大的图像采用较高的分辨率显示，而地形平缓的图像则以较低的分辨率显示。

ERDAS IMAGINE VirtualGIS 是一个 Professional 水平上的附加模块，选购了该模块的用户可以通过下列两种途径来启动。

在 ERDAS 图标面板菜单条中单击 Main|VirtualGIS 命令，打开 VirtualGIS 菜单（图 10-1）；或者在 ERDAS 图标面板工具条中单击 VirtualGIS 图标，打开 VirtualGIS 菜单（图 10-1）。

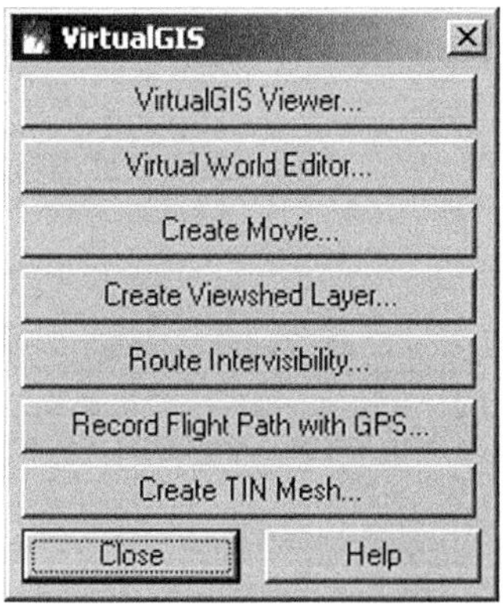

图 10-1　VirtualGIS 菜单

从图 10-1 可以看出，VirtualGIS 模块包含了 7 个方面的功能，依次是 VirtualGIS 视窗（VirtualGIS Viewer）、虚拟世界编辑器（Virtual World Editor）、三维动画制作（Create Movie）、空间视线分析（Create Viewshed Layer）、路径视域分析（Route Intervisibility）、通过 GPS 点定义飞行路线（Record Flight Path with GPS）、建立不规则三角网（Create TIN Mesh），其中路径视域分析已经在 5.8.9 节中讲述，在本章中不进行重复介绍。另外，通过 GPS 点定义飞行路线和建立不规则三角网的功能和操作较为简单，在本章中也不进行介绍。

VirtualGIS 视窗几乎集成了所有 VirtualGIS 的操作功能，包括三维虚拟环境的构建、编辑、漫游、动画、注释、输出等。虚拟世界编辑器则是对相关数据格式进行变换，使不同分辨率的显示速度加快。在虚拟世界编辑器中，不同分辨率和不同投影类型的多种数据集（Data Sets）可以被结合成同一个虚拟世界，并在 VirtualGIS 视窗中显示。三维动画制作与空间视线分析都是基于上述虚拟空间环境进行的。

10.2 VirtualGIS 视窗

10.2.1 启动 VirtualGIS 视窗

VirtualGIS 视窗（VirtualGIS Viewer）可以通过下述两种途径来启动（Starting）。

在 ERDAS 图标面板菜单条中单击 Main|VirtualGIS|VirtualGIS Viewer 命令，打开 VirtualGIS 视窗；

在 ERDAS 图标面板工具条中单击 VirtualGIS 图标，打开 VirtualGIS Viewer | VirtualGIS 视窗（图 10-2）。

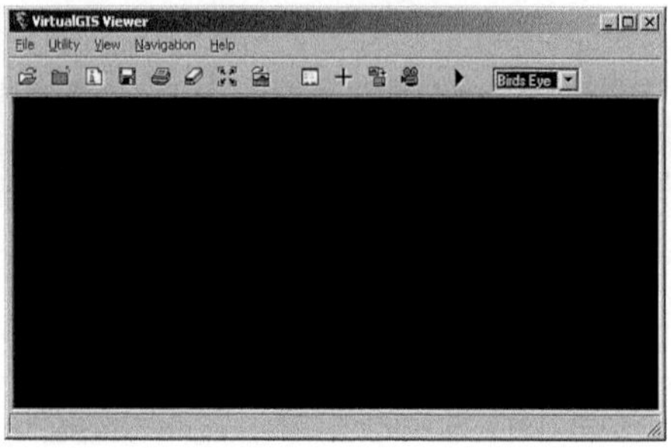

图 10-2 VirtualGIS 视窗

10.2.2 VirtualGIS 视窗功能

如图 10-2 所示，VirtualGIS 视窗与 IMAGINE 视窗类似，由菜单条、工具条、显示窗和状态条 4 个部分组成。其中，菜单条和工具条中的命令及其功能（Commands and Function of VirtualGIS Viewer）分别如表 10-1～表 10-9 所列。

表 10-1 VirtualGIS 视窗菜单与功能

菜单	功能	菜单	功能
File	VirtualGIS 文件操作	Navigation	VirtualGIS 漫游操作
Utility	VirtualGIS 实用操作	Help	VirtualGIS 联机帮助
View	VirtualGIS 显示操作		

表 10-2 VirtualGIS 文件操作命令与功能

命令	功能
New:	新文件操作:
VirtualGIS	打开一个 VirtualGIS 视窗
Cloud Layer	向视窗加载一个新的云层
Water Layer	向视窗加载一个新的洪水层
Intervisibility Layer	向视窗加载一个通视性数据层
Lens Flare Layer	向视窗加载一个镜头眩光层
Logo Layer	向视窗加载一个 LOGO 图标层
Mist Layer	向视窗加载一个模拟雾气层
Model Layer	向视窗加载一个 VML 数据层
2D Overview Layer	向视窗加载一个二维全景层
Open:	打开文件:
DEM	打开 DEM 数据层
Raster Layer	打开栅格图像文件
Vector Layer	打开矢量图形文件

续表

命令	功能
Annotation Layer	打开数字注记文件
Cloud Layer	打开云层数据
Water Layer	打开洪水数据层（FLD 文件）
Intervisibility Layer	打开通视性数据层
Lens Flare Layer	打开镜头眩光层（LEN 文件）
Logo Layer	打开 LOGO 图标层
Mist Layer	打开模拟雾气层
Model Layer	打开空间模型层（VML 文件）
2D Overview Layer	打开二维全景层
TIN Mesh	打开不规则三角网数据层（TIN 文件）
Feature Project	打开立体分析工程文件
Virtual World	打开虚拟世界文件
VirtualGIS Project	打开 VirtualGIS 工程文件
Save：	保存文件：
Top Layer	保存上层文件
All Layers	保存所有文件
Top Layer As	保存上层数据到新文件
Project	保存 VirtualGIS 工程
Project As	保存 VirtualGIS 工程到新文件
VRML	保存 VRML 文件
Export：	输出文件：
Multigen OpenFlight Database	输出 MultiGen 公司的三维模型库文件（FLT）
RAW Triangles	输出三维空间文件（TRI）
VRML	输出 VRML 文件
View to Image File	将 3D 虚拟视景转换为 IMG 文件
Movie：	动画操作：
Start Recording	开始动画制作
Stop Recording	结束动画制作
Print	打印 VirtualGIS 视窗中的内容
Close Top Layer	关闭 VirtualGIS 视窗中的上层数据
Clear Scene	清除 VirtualGIS 视窗中的所有数据
Close VirtualGIS	关闭 VirtualGIS 视窗

表 10-3　VirtualGIS 实用操作命令与功能

命令	功能
Inquire Cursor	启动光标查询功能
Inquire Color	设置查询光标颜色
Inquire Home	置查询光标于中心
Layer Info	显示视窗上层数据信息
HFA Info	显示上层图像数据的层次结构
Blend	三维融合显示
Swipe	三维卷帘显示
Enable Hyperlinks	超链接功能开关

表 10-4 VirtualGIS 显示操作命令与功能

命令	功能
Update Display	刷新显示
Set Window Size	设置显示窗口大小
DEM Extent	设置 DEM 显示范围
Arrange Layers	调整视窗数据层显示顺序
Layer Offsets	数据层位移
Scene Properties	三维视景特性
Sun Positioning	太阳光源位置
Headlight	应用高顶光源
Level of Detail Control	三维显示详细程度控制
Fallback Mode：	显示退却模式：
Off	关闭显示退却
On Motion	在移动中退却
On Demand	根据需要退却
Fallback Quality:	显示退却质量：
Wire Frame	以三维线性格网表达视景
Solid Shaded	以单一颜色显示 DEM 模型
Shaded Color	以多边形阴影内插显示图像
Fit Scene to Window	将三维视景充满整个视窗
Greate Overview Viewer	产生二维全景视窗：
Linked	与三维视窗连接
Unlinked	不与三维视窗连接
Link/Unlink Viewer	建立/取消视窗连接
Show Viewable Area	在视窗中显示三维可视区域

表 10-5 VirtualGIS 漫游操作命令与功能

命令	功能
Position Editor	观测位置编辑
Position Recorder	观测位置记录
Toggle Integrated Position Recorder	打开或关闭观测点编辑窗口
Flight Path Editor	飞行路线编辑器
Set Lo 单击 OK 按钮 Direction	设置视线方向
Enable Smooth Navigation	光滑漫游路线
Enable Constant Update	更新 VirtualGIS 场景的对比度
Animation Tool	开启动画工具
Heads-Up-Display	抬头飞行显示（HUD）
HUD Properties	设置抬头飞行显示特性

表 10-6　VirtualGIS 联机帮助命令与功能

命令	功能
Help for VirtualGIS	VirtualGIS 联机帮助
About VirtualGIS	关于 VirtualGIS 的说明

表 10-7　VirtualGIS 视窗工具图标与功能

命令	图标	功能	命令	图标	功能
Open		打开 DEM 或其他文件	Update		刷新显示 VirtualGIS 视景
Close		关闭视窗上层文件	Scene Property		显示视景特性对话框
Info		显示视窗文件信息表	Inquire Cursor		启动三维查询光标
Save		保存 VirtualGIS 工程	Overview		二维视窗显示三维数据层
Print		打印虚拟视窗内容	Movie		启动与停止三维动画制作
Erase		清除视窗中的所有数据	Start / Stop		启动/停止三维动画漫游
Fit to Window		按照视窗大小显示全景			

表 10-8　VirtualGIS 导航模式命令与功能

命令	功能	命令	功能
Birds Eye	鹰眼导航模式	Selection	选择导航模式
Dashboard	控制板导航模式	Target	目标导航模式
Joystick	操纵杆导航模式	Terrain	地形导航模式
Position	定位导航模式		

表 10-9　VirtualGIS 视窗快捷键命令与功能

命令	功能	命令	功能
Meta+F	显示 File 菜单	Ctrl+V	打开矢量图形文件
Meta+V	显示 View 菜单	Ctrl+A	打开数字注记文件
Ctrl+R	打开栅格图像文件		

10.3　VirtualGIS 工程

VirtualGIS 工程（VirtualGIS Project）文件将 VirtualGIS 视窗中所有的数据层及其显示参数、飞行路线和观测位置保存到一个配置文件中，当工程文件被打开时，其所有属性都将保持该文件创建时的状态。

10.3.1　创建 VirtualGIS 工程

1．生成 VirtualGIS 视景

生成 VirtualGIS 视景（Create VirtualGIS Scence）是创建 VirtualGIS 工程（Setup VirtualGIS Project）的基础，也是 VirtualGIS 编辑的前提。最简单的 VirtualGIS 视景是由具有相同地图投

影和坐标系统的数字高程模型 DEM 和遥感图像组成的。

第 1 步：打开 DEM 文件

DEM 文件是由 ERDAS 地形表面功能（Surface）生成的具有地图投影坐标体系的 IMG 文件。

在 VirtualGIS 视窗菜单条中单击 File|Open|DEM 命令，打开 Select Layer To Add 对话框（图 10-3）；或者在 VirtualGIS 视窗工具条中单击 Open 图标，打开 Select Layer To Add 对话框（图 10-3）。

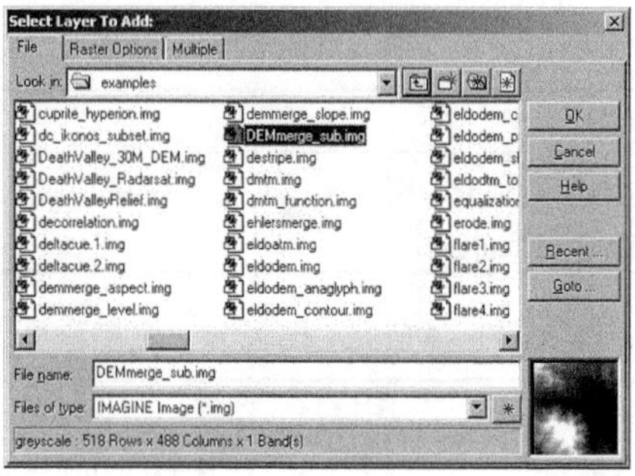

图 10-3 Select Layer To Add 对话框（File 选项卡）

在 Select Layer To Add 对话框中选择文件并设置参数。

（1）在 File 选项卡（图 10-3）中，选择 DEM 文件为 DEMmerge_sub.img。

（2）在 Raster Options 选项卡（图 10-4）中，选择确定文件类型为 DEM。确定数据波段（Band#）：1；DEM 显示详细程度（Level of Detail（%））：20.00；单击 OK 按钮（VirtualGIS 视窗中显示 DEM）。

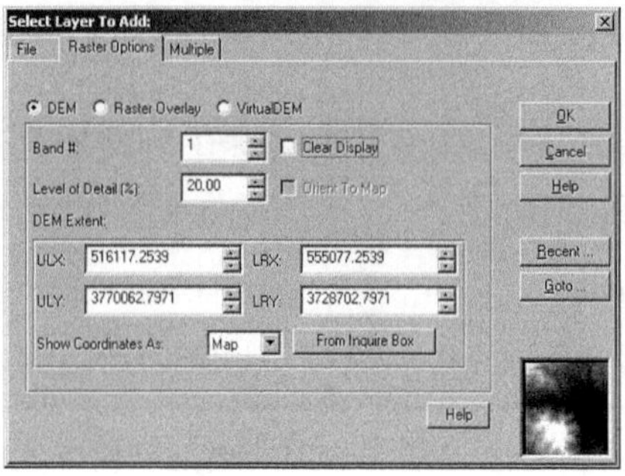

图 10-4 Select Layer To Add 对话框（Raster Options 选项卡）

第 2 步：打开图像文件

将要打开的图像文件与已经打开的 DEM 文件必须具有相同的地图投影坐标系统。

在 VirtualGIS 视窗菜单条中单击 File|Open|Raster Layer 命令，打开 Select Layer To Add 对话框（图 10-3）；或者在 VirtualGIS 视窗工具条中单击 Open 图标，打开 Select Layer To Add 对话框（图 10-3）。

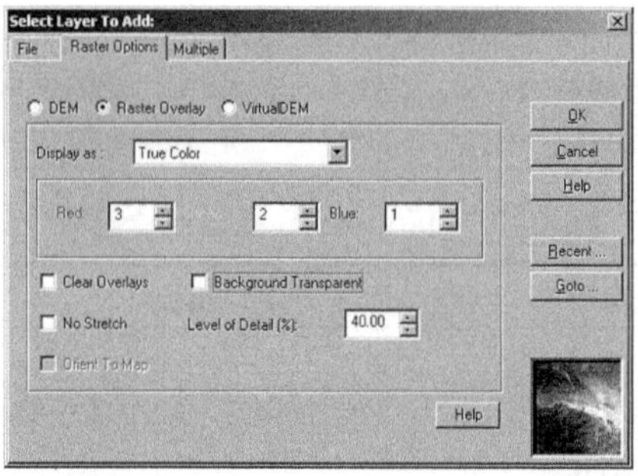

图 10-5 Select Layer To Add 对话框（Raster Options 选项卡）

在 Select Layer To Add 对话框中选择文件并设置参数。

（1）在 File 选项卡（图 10-3）中选择图像文件为 XS_truecolor_sub.img。

（2）在 Raster Options 选项卡（图 10-5）中，确定文件类型为 Raster Overlay。

① 图像以真彩色显示（Display As）：True Color。

② 确定彩色显示波段：Red:3 / Green:2 / Blue:1。

③ 图像显示详细程度（Level of Detail（%））：40.00。

④ 不需要清除下层图像：取消选中 Clear Overlays 复选框。

⑤ 不需要背景透明显示：取消选中 Background Transparent 复选框。

⑥ 单击 OK 按钮（图像叠加在 DEM 之上）。

⑦ 产生 VirtualGIS 视景（图 10-6）。

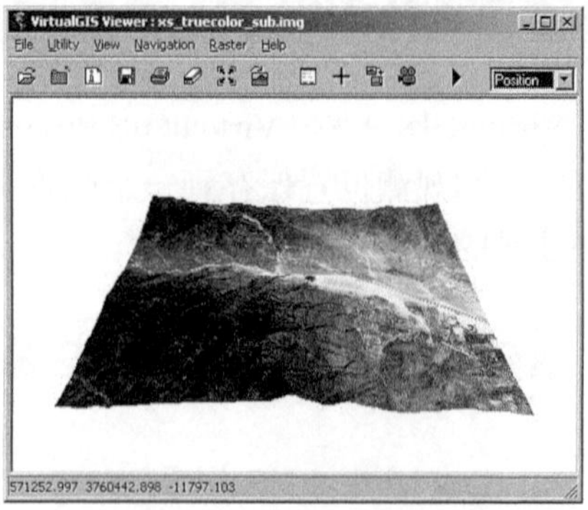

图 10-6 VirtualGIS 视景（进行背景设置）

说　明

DEM 及图像显示的详细程度（Level Of Detail）用于确定 VirtualGIS 视窗中显示 DEM 与图像的分辨率的高低，减小该参数有利于加快显示速度但降低了分辨率；相反，增大该参数有利于三维视景的效果表达，但影响交互编辑操作的速度。

2．保存 VirtualGIS 工程

生成的 VirtualGIS 视景可以保存为一个 VirtualGIS 工程文件（*.vwp）。VirtualGIS 工程文件是一个保存 VirtualGIS 视景的配置文件（Configuration File），VirtualGIS 视景一旦保存为 VirtualGIS 工程，加载到视窗中的所有数据层、显示参数、飞行路线等都将作为工程文件的参考值。如果工程文件被打开，其所有属性，包括视景图像空间分辨率和显示背景颜色，都将保持该文件产生时的 VirtualGIS 视景状态。VirtualGIS 工程的保存操作如下。

在 VirtualGIS 视窗菜单条中单击 File|Save| Project As 命令，打开 Save VirtualGIS Project 对话框（图 10-7）。

在 Save VirtualGIS Project 对话框中，需要设置的参数如下。

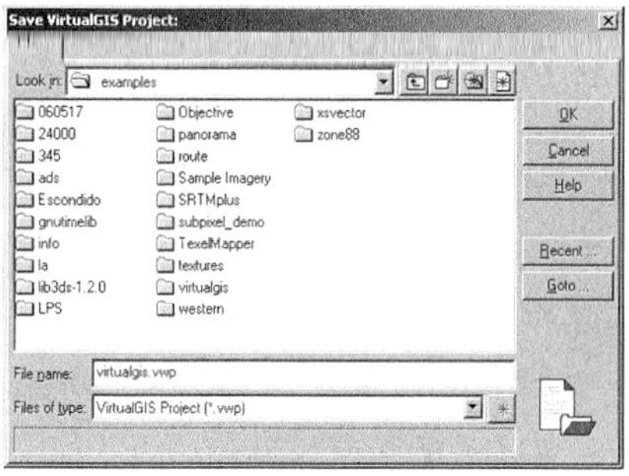

图 10-7　**Save VirtualGIS Project 对话框**

① 文件保存路径（Look in）：examples。

② 工程文件名称（File name）：virtualgis.vwp。

③ 单击 OK 按钮（关闭 Save VirtualGIS Project 对话框，保存 VirtualGIS 工程）。

10.3.2　编辑 VirtualGIS 视景

在 10.3.1 节中所创建的 VirtualGIS 工程是由一个 VirtualGIS 视景组成的，其中的视景是一个基本的 VirtualGIS 视景，用户可以根据自己的需要应用 VirtualGIS 视窗菜单条和工具条中所集成的大量编辑功能，对 VirtualGIS 视景进行编辑（Edit VirtualGIS Scene）。

编辑 VirtualGIS 视景的第 1 步是在 VirtualGIS 视窗中打开 VirtualGIS 工程文件。

在 VirtualGIS 视窗菜单条中单击 File|Open|VirtualGIS Project 命令，打开 Select Layer To Add 对话框（图 10-3）。

① 确定文件路径（Look in）：examples。

② 选择文件名称（File name）：virtualgis.vwp（在 10.3.1 节中创建）。

③ 单击 OK 按钮（关闭 Select Layer To Add 对话框，打开 VirtualGIS 工程文件）。

打开 VirtualGIS 工程文件以后，可以对其 VirtualGIS 视景分别进行下列编辑操作。

1．调整太阳光源位置

太阳光源位置（Sun Position）包括太阳方位角、太阳高度以及光线强度等参数，这些参数都可以直接由用户给定具体的数值，其中太阳方位角也可以通过确定时间（年、月、日、时）由系统自动计算获得，具体过程如下。

在 VirtualGIS 视窗菜单条中单击 View|Sun Positioning，命令，打开 Sun Positioning 对话框（图 10-8）。

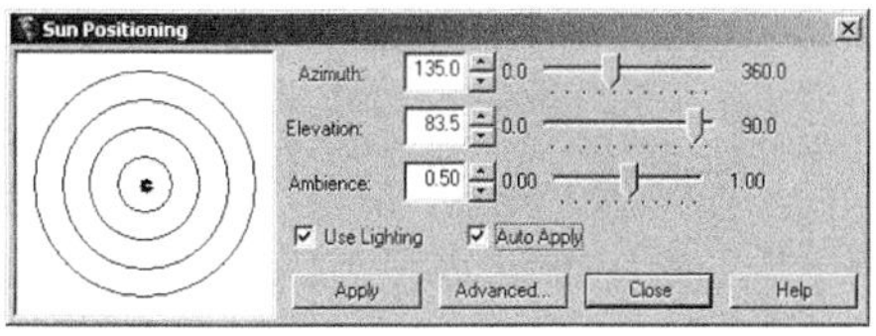

图 10-8　**Sun Positioning 对话框**

在 Sun Positioning 对话框中可以输入数字或移动标

尺来设置参数。

① 首先设置使用太阳光源：Use Lighting。

② 设置自动应用参数模式：Auto Apply。

③ 太阳方位角（Azimuth）：135.0（取值范围 0.0～360.0）。

④ 太阳高度（Elevation）：83.5（取值范围 0.0～90.0）。

⑤ 光线强度（Ambience）：0.50（取值范围 0.0～1.00）。

⑥ 单击 Advanced 按钮，打开 Sun Angle From Date 对话框（图 10-9），这里面的设置会使太阳方位角等自动产生变化。

⑦ 确定日期与时间（Date）：Year:1999 / Month:July / Day:15 / Time:15.00。

⑧ 确定位置(Location)：Latitude:33 41 54.95N / 116 24 20.51W。

⑨ 单击 Apply | Close 按钮（关闭 Sun Angle From Date 对话框）。

⑩ 单击 Close 按钮（关闭 Sun Positioning 对话框）。

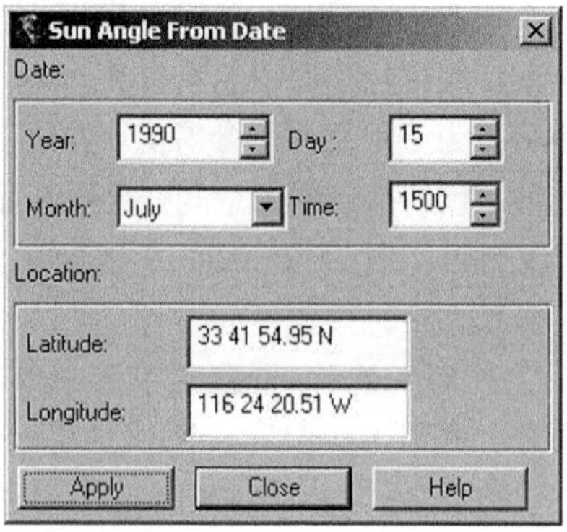

图 10-9 **Sun Angle From Date 对话框**

2．调整视景特性

VirtualGIS 视景特性（Scene Properties）包括多个方面，有 DEM 显示特性、背景显示特性、三维漫游特性、立体显示特性、注记符号特性等，特性参数比较多，具体的调整过程如下。

在 VirtualGIS 视窗菜单条中单击 View | Scene Properties 命令，打开 Scene Properties 对话框（图 10-10）。

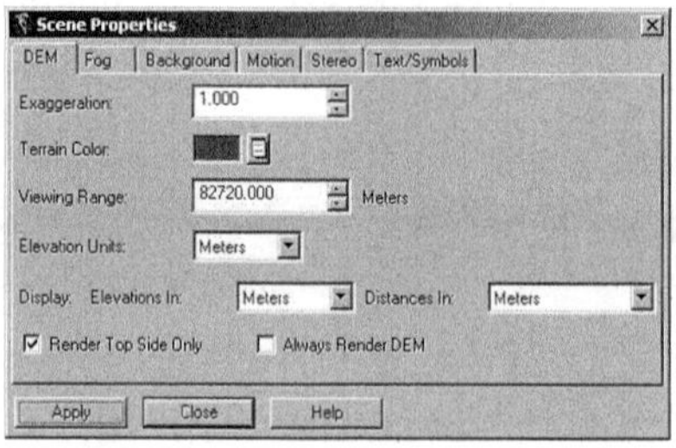

图 10-10 **Scene Properties 对话框（DEM 选项卡）**

在 Scene Properties 对话框（DEM 选项卡）中设置 DEM 显示参数。

① DEM 垂直比例（Exaggeration）：1.000（表示 1:1，没有夸大）。

② DEM 地面颜色（Terrain Color）：Dark Green（深绿色）。

③ 视域范围（Viewing Range）：82720.000 Meters。

④ 高程单位（Elevation Units）：Meters。

⑤ 高度显示单位（Display Elevations In）：Meters。

⑥ 距离显示单位（Display Distances In）：Meters。

⑦ 仅对上层图像进行三维显示：Render Top Side Only。

⑧ 单击 Apply 按钮（应用 DEM 参数设置）。

⑨ 单击 Fog 标签，进入 Fog 选项卡（图 10-11）。

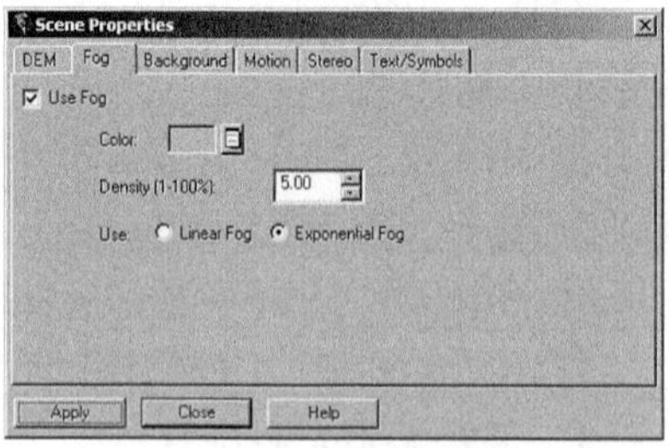

图 10-11 **Scene Properties 对话框（Fog 选项卡）**

在 Scene Properties 对话框（Fog 选项卡）中设置 Fog 显示参数。

① 首先确定使用 Fog：Use Fog。

② 确定 Fog 颜色（Color）：Light Gray（浅灰色）。

③ 确定 Fog 浓度（Density（1-100%））：5.00（取值 1～100%）。

④ 确定 Fog 应用方式（Use）：Exponential Fog（指数方式）。

⑤ 单击 Apply 按钮（应用 Fog 参数设置）。

⑥ 单击 Background 标签，进入 Background 选项卡（图 10-12）。

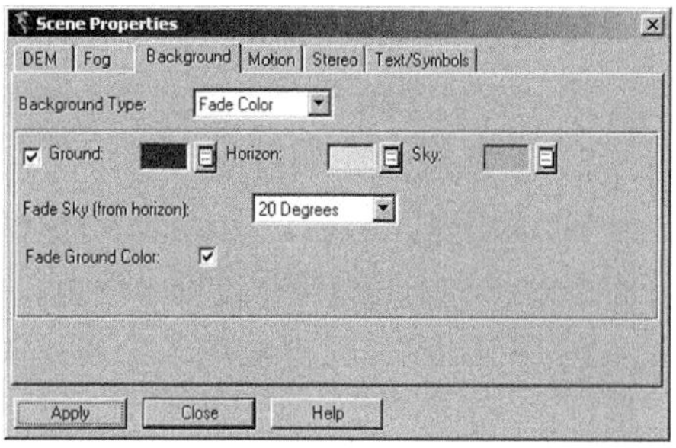

图 10-12 Scene Properties 对话框（Background 选项卡）

在 Scene Properties 对话框（Background 选项卡）中设置 Background 显示参数。

① 确定背景类型（Background Type）：Fade Color（渐变颜色）；另外两种背景类型是 Solid Color（固定颜色）和 Image（图像）。

② 选择地面颜色（Ground）：Dark Green（深绿色）。

③ 选择地平线颜色（Horizon）：Cyan（青色）。

④ 选择天空颜色（Sky）：Light Pink（浅红色）。

⑤ 颜色渐变范围（Fade Sky（from horizon））：20 Degrees。

⑥ 地面颜色发生渐变：Fade Ground Color。

⑦ 单击 Apply 按钮（应用 Background 参数设置）。

⑧ 单击 Motion 标签，进入 Motion 选项卡（图 10-13）。

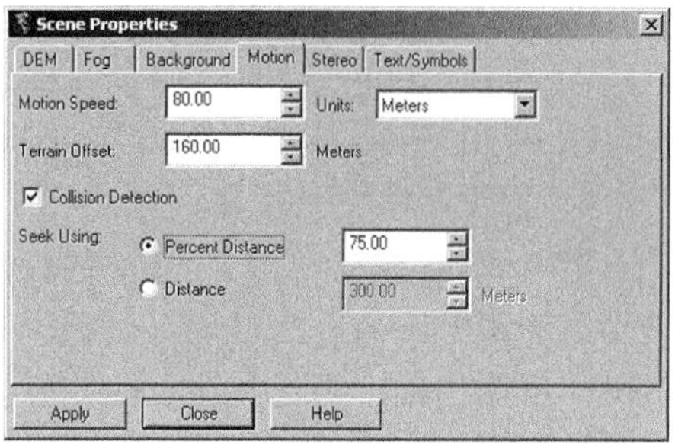

图 10-13 Scene Properties 对话框（Motion 选项卡）

在 Scene Properties 对话框（Motion 选项卡）中设置 Motion 特性参数。

① 设置漫游速度（Motion Speed）：80.00 Meters。

② 距离地面高度（Terrain Offset）：160.00 Meters。

③ 自动进行冲突检测：Collision Detection。

④ 选择漫游距离范围（Seek Using）：75.00 Percent Distance。

⑤ 单击 Apply 按钮（应用 Motion 参数设置）。

⑥ 单击 Stereo 标签，进入 Stereo 选项卡（图 10-14）。

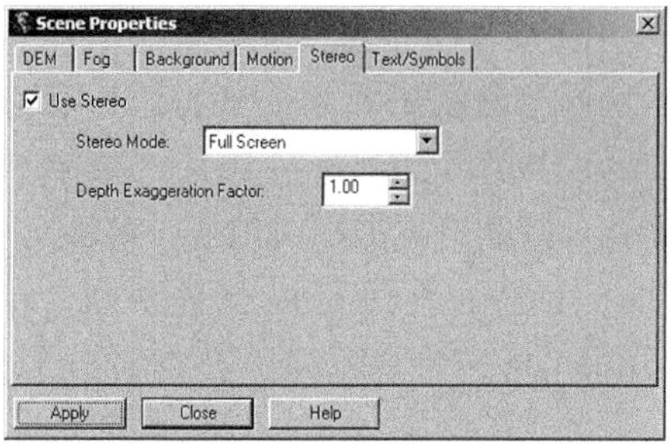

图 10-14 Scene Properties 对话框（Stereo 选项卡）

在 Scene Properties 对话框（Stereo 选项卡）中设置 Stereo 特性参数。

① 首先确定使用立体像对模式：Use Stereo

② 选择立体像对模式（Stereo Mode）：Full Screen（整屏模式）；另外两种模式是 Stereo-in-a-Window（窗口模式）、Anaglyph（浮雕模式）。

③ 显示深度放大因子（Depth Exaggeration Factor）：1.00（显示深度放大因子越大观测者距离立体像对越近）。

④ 单击 Apply 按钮（应用 Stereo 模式设置）。

⑤ 单击 Text / Symbols 标签，进入 Text / Symbols 选项卡（图 10-15）。

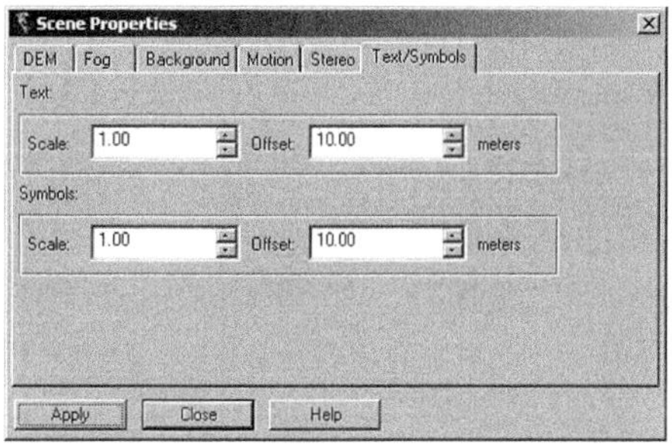

图 10-15 Scene Properties 对话框（Text / Symbols 选项卡）

在 Scene Properties 对话框（Text / Symbols 选项卡）中设置 Text / Symbols 特性参数。

① 设置数字注记显示比例（Text Scale）：1.00。

② 数字注记距离地面高度（Text Offset）：10.00 meters。

③ 设置图形符号显示比例（Symbols Scale）：1.00。

④ 图形符号距离地面高度（Symbols Offset）：10.00 meters。

⑤ 单击 Apply 按钮（应用 Text / Symbols 参数设置）。

⑥ 单击 Close 按钮（关闭 Scene Properties 对话框，完成视景参数调整）。

3．变换视景详细程度

VirtualGIS 三维视景显示的详细程度（Level Of Detail）在产生 VirtualGIS 视景过程中已经进行过初步设置，在编辑操作过程中还可以根据对视景质量和显示速度的需要随时进行变换调整。

在 VirtualGIS 视窗菜单条中单击 View|Level of Detail Control 命令，打开 Level Of Detail 对话框（图 10-16）。

在 Level Of Detail 对话框中通过输入数字或滑动标尺设置两个参数。

① DEM 显示的详细程度（DEM LOD（%））：80（1～100）。

② 图像显示的详细程度（Raster LOD（%））：100（1～100）。

③ 单击 Apply 按钮（应用参数设置）。

④ 单击 Close 按钮（关闭 Level Of Detail 对话框）。

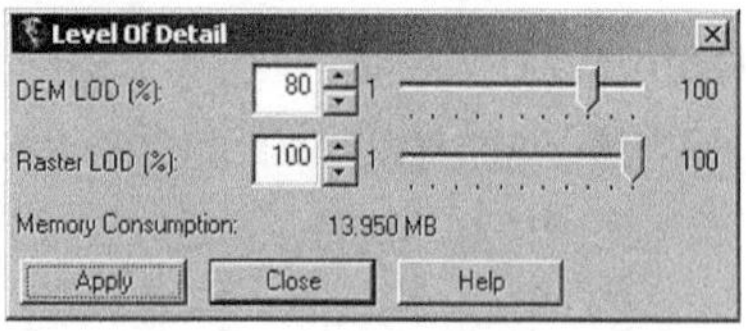

图 10-16 Level Of Detail 对话框

4．产生二维全景视窗

VirtualGIS 视窗是一个三维视窗，随着三维漫游等操作的进行，视窗中所显示的可能只是整个三维视景的一部分，致使操作者往往搞不清楚观测点的位置以及观测目标的状况，二维全景视窗（Overview Viewer）正好可以解决上述问题。

在 VirtualGIS 视窗菜单条中单击 View|Greate Overview Viewer（Linked）命令，打开二维全景视窗（图 10-17）。

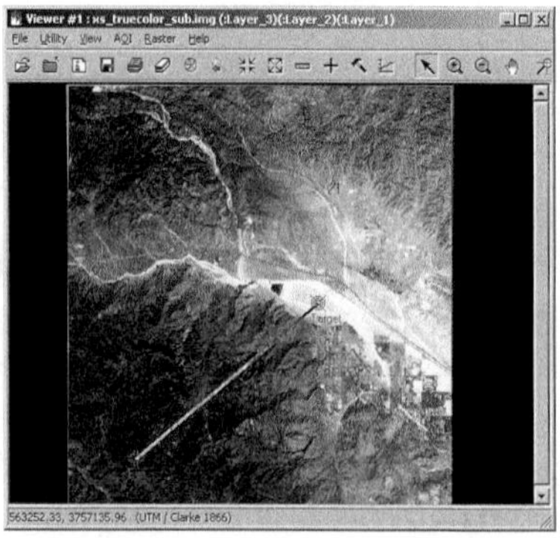

图 10-17 ERDAS IMAGINE 二维全景视窗

IMAGINE 二维全景视窗中不仅包含 VirtualGIS 三维视窗中的全部数据层，更重要的是其中的定位工具（Positioning Tool）由观测点位置（Eye）、观测目标（Target）以及连接观测点和观测目标的视线组成，观测点与观测目标可以任意移动，定位工具也可以整体移动。由于二维全景视窗与 VirtualGIS 三维视窗是互动连接的，只要定位工具中的任意一个部分发生位移，VirtualGIS 视窗中的三维视景就会相应地漫游，非常直观，便于操作。

同时，在二维视窗中还可以编辑定位工具属性。

在 IMAGINE 二维视窗菜单条中单击 Utility|Selector Properties 命令，打开 Eye / Target Edit 对话框（图 10-18）。

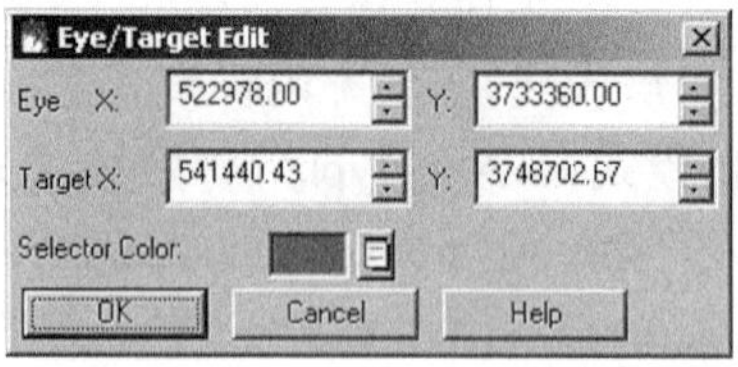

图 10-18 Eye / Target Edit 对话框

在 Eye / Target Edit 对话框中可以确定下列参数。

① 观测点的确切位置（Eye）：X 坐标值、Y 坐标值。

② 观测目标的确切位置（Target）：X 坐标值、Y 坐标值。

③ 观测点与观测目标的颜色（Selector Color）：Red（红色）。

④ 单击 OK 按钮（关闭 Eye / Target Edit 对话框，应用参数设置）。

5．编辑观测点位置

在上述的二维全景视窗中，用户只能在二维平面上移动观测点位置，而借助观测点位置编辑器（Position Editor）则可以在三维空间中编辑观测点位置（Edit Eye Position）。

在 VirtualGIS 视窗菜单条中单击 Navigation|Position Editor 命令，打开 Position Editor 对话框(图 10-19)。

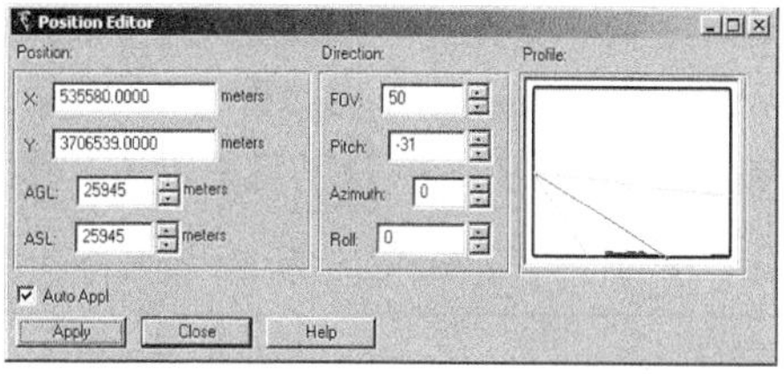

图 10-19 **Position Editor 对话框**

在 Position Editor 对话框中可以确定下列参数。

① 观测点的平面位置（Position）：X 坐标值、Y 坐标值。

② 观测点的高度位置（Position）：AGL 数值、ASL 数值。

a. AGL（Above Ground Level）：观测点距地平面的高度。

b. ASL（Above Sea level）：观测点距海平面的高度。

③ 观测点的方向参数（Direction）：用 4 个参数描述观测方向。

a. FOA（Field of View）：观测视场角度。

b. Pitch：观测俯视角度。

c. Azimuth：观测方位角度。

d. Roll：旋转角度。

④ 观测点位置剖面（Profile）：任意拖动鼠标调整位置参数与方向参数。

⑤ 设置自动应用设置参数：Auto Appl（或单击 Apply 按钮应用）。

⑥ 单击 Close 按钮（关闭 Position Editor 对话框）。

10.4 VirtualGIS 分析

在已经创建的 VirtualGIS 视窗中，可以通过叠加多种属性数据层（Overlay Feature Layers），诸如矢量层（Vector Layer）、注记层（Annotation Layer）、洪水层（Water Layer）、模拟雾气层（Mist Layer）、空间模型层（Model Layer）、通视分析层（Intervisibility Layer）等，进行多种专题分析，诸如洪水淹没分析、大雾天气分析、威胁性分析、通视性分析等。

10.4.1 洪水淹没分析

在 VirtualGIS 视窗中可以叠加洪水层（Overlay Water Layers）进行洪水淹没状况分析，系统提供了两种分析模式（Fill Entire Scene 和 Create Fill Area）进行操作。在 Fill Entire Scene 模式中，对整个可视范围增加一个洪水平面，水位的高度可以调整以模拟洪水的影响范围。在 Create Fill Area 模式中，可以选择点进行填充，VirtualGIS 将模拟比选择点低的地区所构成的“湖（Island）”的范围，并计算出“湖”的表面积和体积。

第 1 步：创建洪水层（Create Water Layer）

在 VirtualGIS 视窗菜单条中单击 File|New|Water Layer 命令，打开 Create Water Layer 对话框（图 10-20）。

图 10-20 **Create Water Layer 对话框**

在 Create Water Layer 对话框中可以确定下列参数。

① 确定文件路径：examples。

② 确定文件名称（Water Layer）：virtual_water.fld。

③ 单击 OK 按钮（关闭 Create Water Layer 对话框，创建洪水层文件）。

洪水层文件建立以后自动叠加在 VirtualGIS 视景之上，由于洪水层中还没有属性数据，所以现在的 VirtualGIS 视景还没有什么变化。不过，在 VirtualGIS 视窗菜单条中已经增加了一项 Water 菜单，其中包含了关于洪水层的各种操作命令和参数设置，具体功能如表 10-10 所列。

表 10-10 VirtualGIS Water 菜单命令与功能

命令	功能	命令	功能
Fill Entire Scene	洪水充满整个视景模式开关	Fill Attributes	洪水填充属性表格
Water Elevation Tool	洪水高度设置工具	View Selected Areas	浏览选择洪水区域
Display Styles	洪水显示特性设置	Move to Selected Areas	移到选择洪水区域
Create Fill Area	洪水区域填充模式开关		

第 2 步：编辑洪水层（Edit Water Layer）

应用表 10-10 所列的洪水层操作命令可以对第 1 步所创建的洪水层进行各种属性编辑，以便在 VirtualGIS 视窗中观测和显示洪水泛滥和淹没的情况。下面将按照 Fill Entire Scene 和 Create Fill Area 两种模式进行说明。

1）Fill Entire Scene 模式与参数

在 VirtualGIS 视窗菜单条中单击 Water|Fill Entire Scene 命令，在 VirtualGIS 视景之上叠加一个具有默认属性的洪水层（图 10-21）。

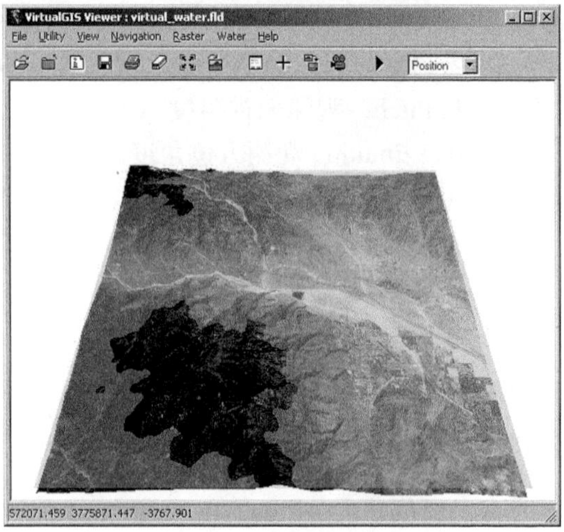

图 10-21 VirtualGIS 视景之上叠加洪水层（两层）

对于 VirtualGIS 之上叠加的充满整个视景的洪水层，可以进一步编辑其属性。

（1）调整洪水的高度

在 VirtualGIS 视窗菜单条中单击 Water|Water Elevation Tool 命令，打开 Water Elevation 对话框（图 10-22）。

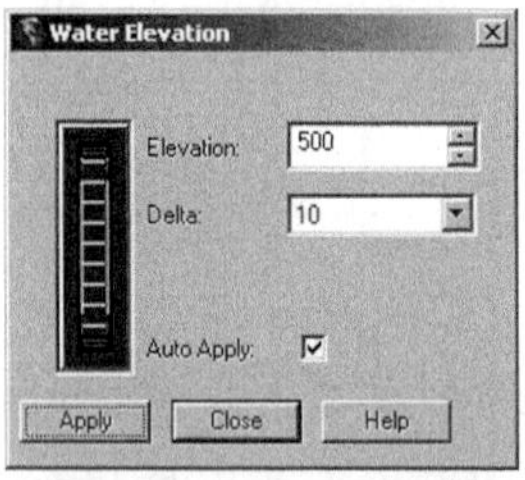

图 10-22 Water Elevation 对话框

在 Water Elevation 对话框中可以编辑下列参数。

① 调整洪水的高度（Elevation）：500。

② 调整洪水高度增量（Delta）：10。

③ 设置自动应用模式：Auto Apply（VirtualGIS 视窗中的洪水层水位将相应自动变化）。

④ 单击 Close 按钮（关闭 Water Elevation 对话框）。

（2）设置洪水显示特性

在 VirtualGIS 视窗菜单条中单击 Water|Display Styles 命令，打开 Water Display Styles 对话框（图 10-23）。

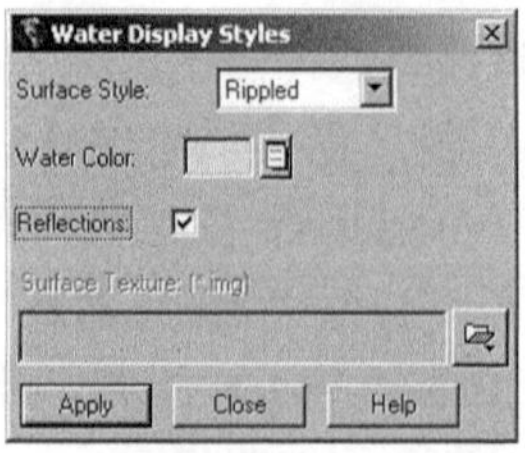

图 10-23 Water Display Styles 对话框

在 Water Display Styles 对话框中可以编辑下列参数。

① 设置洪水表面特征（Surface Style）：Rippled（水波纹）另外两种特征是 Solid（固定颜色）和 Textured（图像纹理）。

② 设置洪水基础颜色（Water Color）：Light Blue（淡兰色）。

③ 设置洪水映像：Reflections。

④ 单击 Apply 按钮（应用洪水层设置参数）。

⑤ 单击 Close 按钮(关闭 Water Display Styles 对话框)。

2）Create Fill Area 模式与参数

在 VirtualGIS 视窗菜单条中单击 Water|Create Fill Area 命令，打开 Water Properties 对话框（图 10-24）。

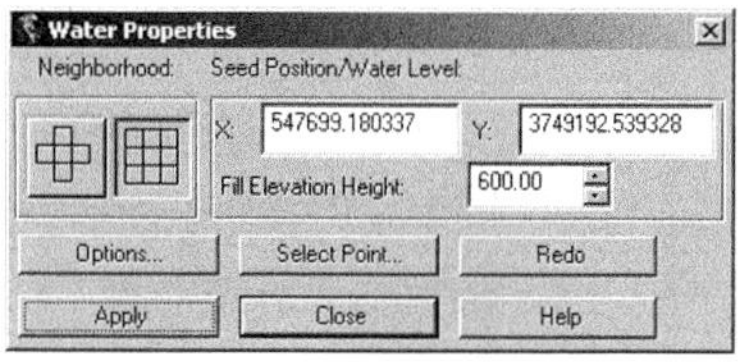

图 10-24 Water Properties 对话框（选择区域之后）

在 Water Properties 对话框中选择填充洪水层的区域。

① 单击 Options 按钮，打开 Fill Area Options 对话框（图 10-25）。

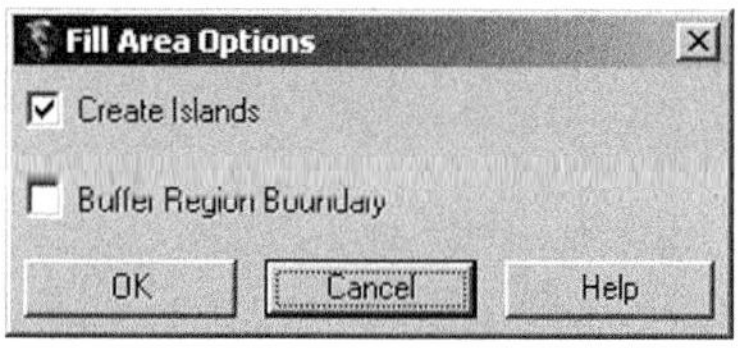

图 10-25 Fill Area Options 对话框

② 在 Fill Area Options 对话框中设置产生到选择项：Create Islands。

③ 单击 OK 按钮（关闭 Fill Area Options 对话框，应用选择项设置)。

④ 单击 Select Point 按钮，并在 VirtualGIS 视窗中单击确定一点（该点的 X、Y 坐标与高程将分别显示在 Fill Area Options 对话框中)。

⑤ 调整洪水层填充区域高度（Fill Elevation Height）：600.00。

⑥ 单击 Apply 按钮（应用洪水层参数设置，产生洪水淹没区域并计算面积与体积)。

⑦ 重复执行上述操作，可以产生多个洪水淹没区域。

⑧ 单击 Close 按钮（关闭 Water Properties 对话框，结束洪水淹没区域填充)。

对于上述过程中所产生的洪水淹没填充区域，可以通过洪水填充属性表进行编辑。

在 VirtualGIS 视窗菜单条中单击 Water|Fill Attributes 命令，打开 Area Fill Attributes 视窗（图 10-26)。

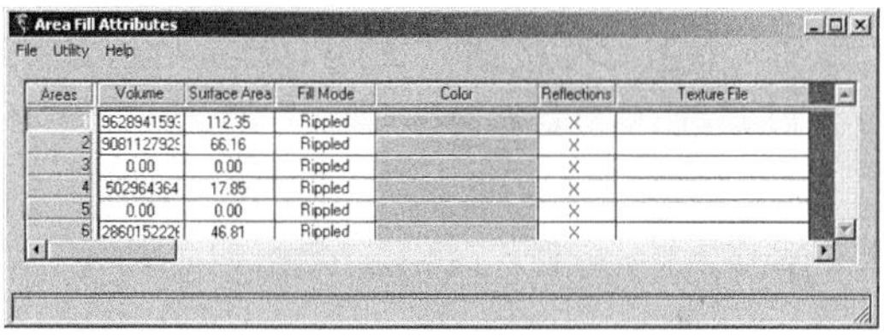

图 10-26 Area Fill Attributes 视窗

Area Fill Attributes 视窗由菜单条和洪水属性表（Attributes Cellarray）组成，每次用 Select Point 按钮选取淹没点并设置参数后就会生成一条记录。属性表中的每一条记录对应一个洪水淹没区域，每一条记录都包含洪水的体积、淹没区域面积、洪水区域填充模式、填充颜色等属性信息。其中，洪水的体积与面积单位可以改变，填充模式与填充颜色也可以调整。下面介绍具体的编辑过程。

（1）改变洪水体积与面积单位

在 Area Fill Attributes 视窗菜单条中单击 Utility|Set Units 命令，打开 Set Volume / Area Units 对话框（图 10-27）。

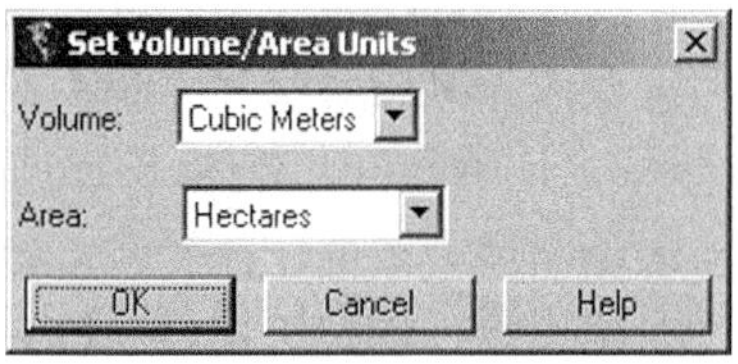

图 10-27 Set Volume / Area Units 对话框

① 设置洪水体积单位（Volume)：Cubic Meters。

② 设置洪水面积单位（Area)：Hectares。

③ 单击 OK 按钮（关闭 Set Volume / Area Units 对话框，应用新设置的单位）(属性表格中的体积与面积统计数据将按照新设置的单位显示)。

（2）调整洪水区域填充模式

在 Area Fill Attributes 视窗属性表中单击 Fill Mode|Rippled 命令，打开 Set Fill Mode 对话框（图 10-28）。

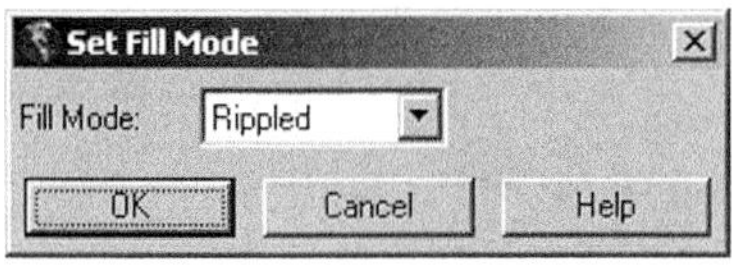

图 10-28 Set Fill Mode 对话框

① 调整洪水区域填充模式（Fill Mode)：Solid（3 种模式

之一）。

② 单击 OK 按钮（关闭 Set Fill Mode 对话框，应用新设置的填充模式）。（VirtualGIS 三维视窗中的洪水区域将按照新设置的模式显示）。

（3）调整洪水区域填充颜色

在 Area Fill Attributes 视窗属性表中单击 Color|单击色块弹出常用色标|Other 命令，打开 Color Chooser 对话框（图 10-29）。

① 在 RGB 模式中改变 RGB 数值（0.000～1.000）达到调整颜色之目的（拖动 RGB 数值后面的滑动标尺可以达到同样的效果）。

② 在 IHS 模式中改变 IHS 数值（0.000～1.000）达到调整颜色之目的（拖动 IHS 数值后面的滑动标尺可以达到同样的效果）。

③ 选择使用透明颜色：Use Opacity。

④ 定量设置颜色的透明程度（O : Opacity）：0.500（拖动 Opacity 数值后面的滑动标尺可以达到同样的效果）。

⑤ 单击 Apply 按钮（应用新设置的填充颜色，洪水填充区将按照新设置的颜色显示）。

⑥ 重复执行上述过程，可以调整多个洪水填充区的颜色。

⑦ 单击 OK 按钮（关闭 Color Chooser 对话框，结束颜色调整操作）。

经过洪水区域填充模式和填充颜色调整之后的洪水层，及其在 VirtualGIS 三维视窗中的显示状况如图 10-30 所示。

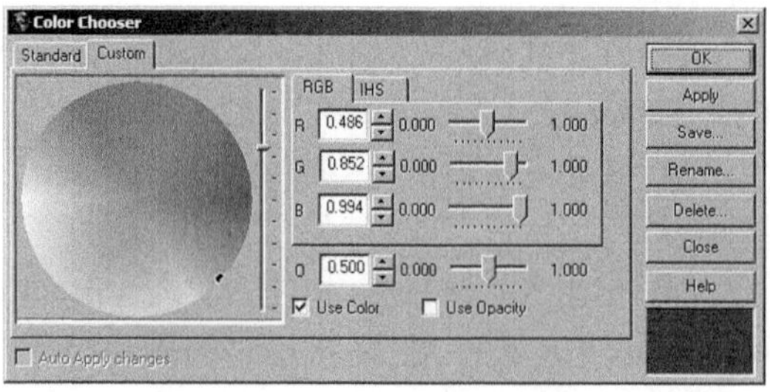

图 10-29 Color Chooser 对话框

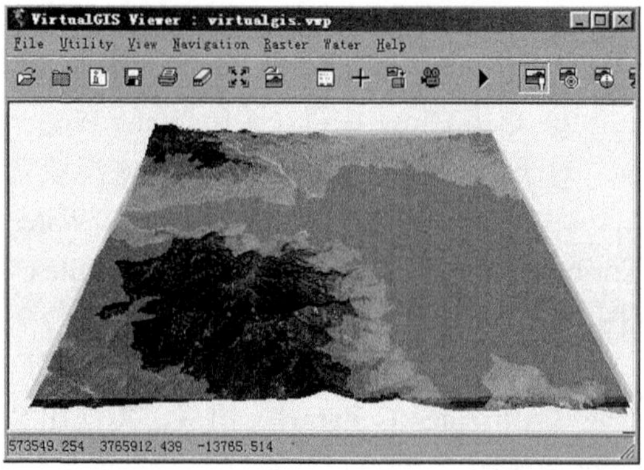

图 10-30 调整填充模式与填充颜色以后的洪水区域

10.4.2 矢量图形分析

在 VirtualGIS 视窗中可以叠加矢量图形层（Overlay Vector Layer），进行矢量图形分析。当然，要求矢量图形层与 DEM 数据层和栅格图像层具有相同的地理参考基础（地图投影及地理坐标）。IMAGINE VirtualGIS 并没有提供生成矢量数据层的功能，所以在 VirtualGIS 视窗中叠加矢量图形层之前，需要在二维视窗中产生一个新的矢量图形层。

第 1 步：创建矢量层（Create Vector Layer）

首先打开 IMAGINE 二维视窗（Viewer），并在其中加载与 virtualgis.vwpVirtualGIS 工程相同的图像文件（XS_truecolor_sub.img）；然后建立一个新的矢量图形文件，并在其中绘制若干图形要素，诸如道路、街区等，具体操作过程如下。

在 IMAGINE 视窗菜单条中单击 File|New|Vector Layer 命令，打开 Create a New Vector Layer 对话框（图 10-31）。

在 Create a New Vector Layer 对话框中需要确定下列参数。

① 确定文件路径（Look in）：examples。

② 确定文件类型（Files of type）：Arc Coverage。

③ 确定文件名称（File name）：virtualvector。

④ 单击 OK 按钮（关闭 Create a New Vector Layer 对话框）。

⑤ 打开 New Arc Coverage Layer Option 对话框（图 10-32）。

⑥ 选择矢量文件精度（New Coverage Precision）：Single Precision。

⑦ 单击 OK 按钮（关闭 New Arc Coverage Layer Option 对话框，生成矢量文件）（生成的矢量文件叠加在栅格图像文件之上，矢量工具面板自动弹出）。

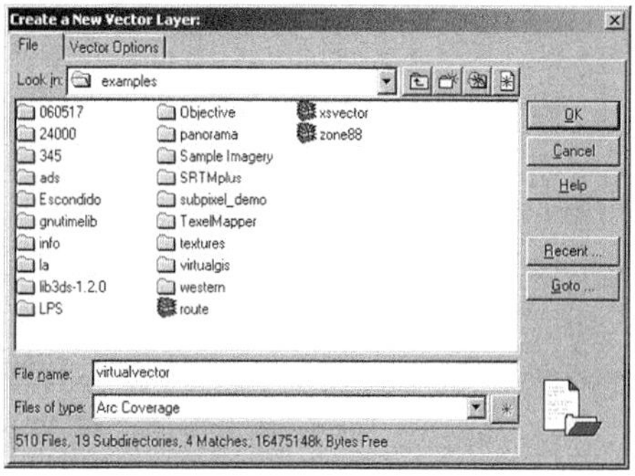

图 10-31 Create a New Vector Layer 对话框

第 2 步：编辑矢量层（Edit Vector Layer）

对于上一步所生成的矢量文件，可以设置线划符号类型，并通过目视解译的方法绘制线划要素，诸如道路、街区等，具体过程如下。

（1）设置线划符号类型

在 IMAGINE 视窗菜单条中单击 Vector|Viewing Properties 命令，打开 Properties for Vector Layer 对话框。

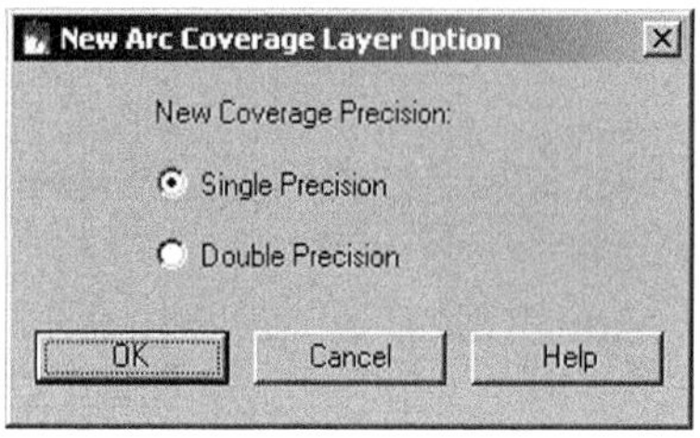

图 10-32 New Arc Coverage Layer Option 对话框

① 选择设置 Arcs 的颜色（Color）与粗细（Width）。

② 单击 Apply 按钮（应用线划符号类型设置）。

（2）启动矢量编辑状态

在 IMAGINE 视窗菜单条中单击 Vector|Enable Editing 命令（设置置矢量文件为可编辑状态）。

（3）绘制矢量图形要素

在 ERDAS IMAGINE 矢量工具面板中进行如下操作。

① 单击绘制线划图标 ，在视窗中依据栅格图像绘制道路

② 单击绘制多边形图标 ，在视窗中依据栅格图像绘制街区

③ 绘制图形要素以后的矢量文件及图形视窗如图 10-33 所示

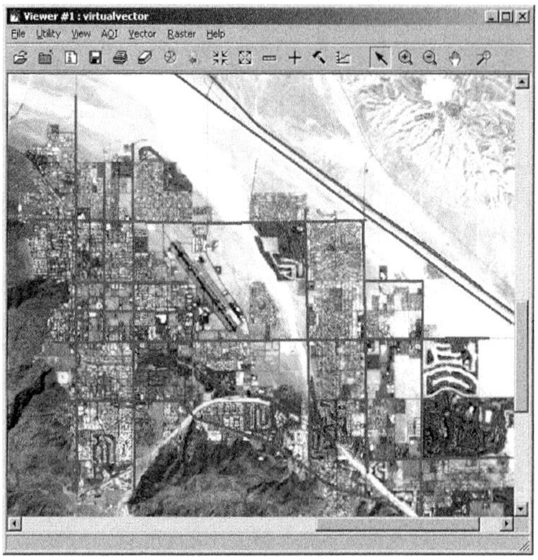

图 10-33 Virtualvector 矢量图形视窗

第 3 步：保存矢量层（Save Vector Layer）

在 IMAGINE 视窗菜单条中单击 File|Save Top Layer 命令（矢量文件当前为上层文件）；或者单击 File|Close 命令（关闭二维视窗及矢量文件）。

第 4 步：叠加矢量层（Overlay Vector Layer）

在 VirtualGIS 视窗菜单条中 File|Open|Vector Layer 命令，打开 Select Layer To Add 对话框。

① 确定文件路径（Look in）：examples。

② 确定文件类型（Files of type）：Arc Coverage。

③ 确定文件名称（File name）：virtualvector。

④ 单击 OK 按钮（关闭 Select Layer To Add 对话框，VirtualGIS 视窗中叠加矢量层）。

矢量图形层叠加在 VirtualGIS 视窗中以后，VirtualGIS 视窗菜单条中增加了 Vector 菜单。由于图形线划以默认的黑色显示，不够明显，需要利用 Vector 菜单功能调整线划显示符号，过程如下。

在 VirtualGIS 视窗菜单条中单击 Vector|Viewing Properties 命令，打开 Properties for Vector Layer 对话框。

① 从中选择 Arc 项，并设置其显示颜色（红色）。

② 单击 Apply 按钮（应用线划显示颜色选择设置）。

③ 单击 Close 按钮（关闭 Properties for Vector Layer 对话框）。

④ VirtualGIS 视景矢量叠加显示（图 10-34）。

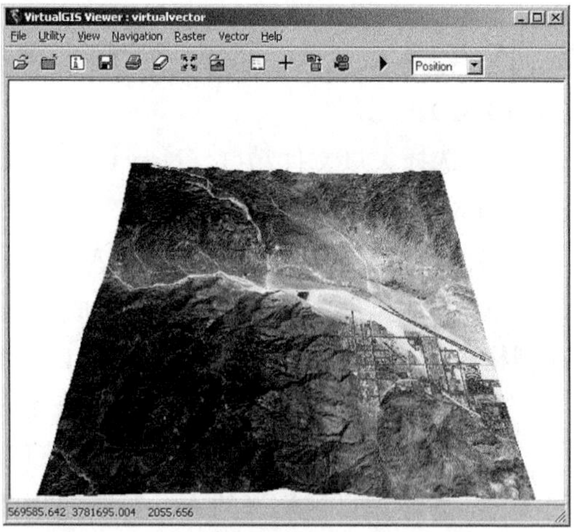

图 10-34 VirtualGIS 视景矢量叠加显示

10.4.3 叠加文字注记

类似于矢量图形层的叠加，在 VirtualGIS 视窗中也可以叠加文字或数字注记信息（Overlay Annotation Layer），这些信息必须以注记层的方式存储，而且注记层与栅格图像层应该具有相同的地理参考基础。IMAGINE VirtualGIS 并没有提供生成注记层的功能，所以在 VirtualGIS 视窗中叠加注记层之前，需要在二维视窗中产生一个新的注记层。

第 1 步：创建注记层（Create Annotation Layer）

首先打开 IMAGINE 二维视窗（Viewer），并在其中加载与 virtualgis.vwpVirtualGIS 工程相同的图像文件（XS_truecolor_sub.img）；然后建立一个新的注记文件，并在其中放置注记要素，诸如城市名称、区域名称等，具体操作过程如下。

在 IMAGINE 视窗菜单条中单击 File|New|Annotation Layer 命令，打开 Annotation Layer 对话框（图 10-35）。

① 确定文件路径（Look in）：examples。

② 确定文件类型（Files of type）：Annotation（*.ovr）。

③ 确定文件名称（File name）：virtualannotat.ovr。

④ 单击 OK 按钮（关闭 Annotation Layer 对话框，创建注记文件）。

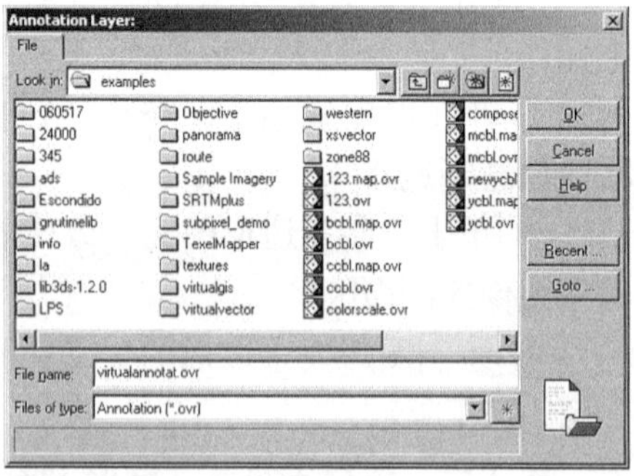

图 10-35 Annotation Layer 对话框

第 2 步：放置注记要素（Create Text Label）

在注记层中放置注记是应用注记工具面板（Annotation Tools）中有关功能完成的，因而首先需要打开注记工具面板，然后在其中选择工具完成注记放置操作。

在 IMAGINE 视窗菜单条中单击 Annotation|Tools|Annotation 工具面板，单击 Create Text Annotation 图标 **A**，在二维视窗中的城市区域单击，确定放置第一个注记的位置，打开 Annotation Text 对话框（图 10-36）。

① 在 Enter Text String 区域输入文字注记：Palm Spring, CA。

② 单击 OK 按钮(关闭 Annotation Text 对话框，放置第一个注记)。

③ 再次单击 Create Text Annotation 图标 A 。

④ 在二维视窗中的山地区域单击，确定放置第二个注记的位置。

⑤ 打开 Annotation Text 对话框（图 10-36）。

⑥ 在 Enter Text String 区域输入文字注记：San Bernardino National Forest。

⑦ 单击 OK 按钮(关闭 Annotation Text 对话框，放置第二个注记)。

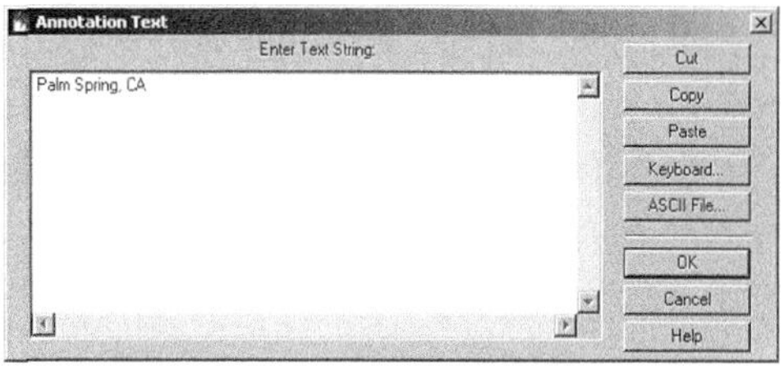

图 10-36 **Annotation Text** 对话框（输入第一个注记之后）

第 3 步：改变注记属性（Change Text Properties）

在二维视窗中单击选择刚才放置的第一个注记文字，然后进行如下操作。

在 IMAGINE 视窗菜单条中单击 Annotation|Styles 命令，打开 Styles for Annotation 对话框（图 10-37）。

① 单击 Text Style 后的属性设置图标，并选择 Other。

② 打开 Text Style Chooser 对话框（图 10-38）。

③ 单击 Custum 标签，进入用户设置注记属性栏目。

④ 确定注记字体（Style）：Galaxy。

⑤ 确定注记大小（Size）：1500.00。

⑥ 确定单位类型及注记单位：map / m。

⑦ 确定注记颜色（Fill Style）：紫色。

⑧ 单击 Apply 按钮（应用上述注记参数设置，视窗中的注记立即改变）。

⑨ 单击 OK 按钮（关闭 Text Style Chooser 对话框）。

⑩ 单击 Close 按钮（关闭 Styles for Annotation 对话框）。

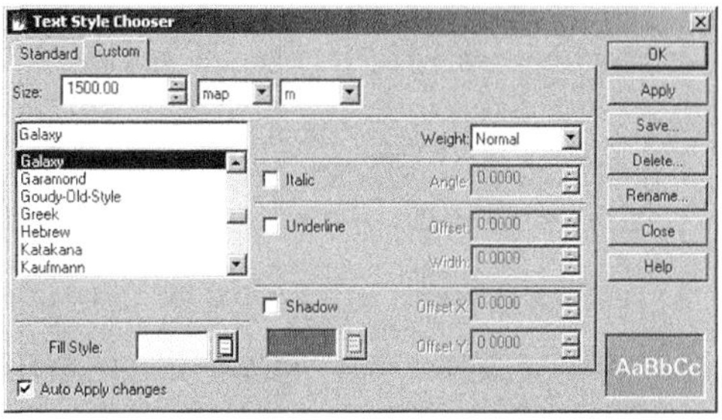

图 10-38 **Text Style Chooser** 对话框

采用同样的操作过程，可以改变第二个注记的字体（Galaxy）、大小（2000.00）、颜色（黄色）等属性，最终的结果如图 10-39 所示。

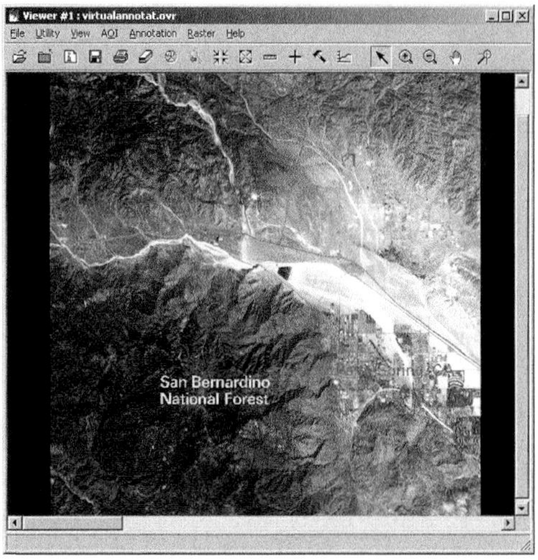

图 10-39 改变注记属性之后的注记层

说 明

通过第 2 步和第 3 步的操作，可以在注记文件中放置更多的注记要素。需要特别注意的是退出和保存注记文件之前必须将注记文件的单位（Units）改为地图单位（Map），否则将保持图纸单位（Paper），无法与 DEM 叠加。

第 4 步：保存注记层（Save Annotation Layer）

在 IMAGINE 视窗菜单条中单击|File|Save Top Layer（注记文件当前为上层文件）；或者单击 File|Close 命令（关闭二维视窗及注记文件）。

第 5 步：叠加注记层（Overlay Annotation Layer）

在 VirtualGIS 视窗菜单条中单击 File|Open|Annotation Layer 命令，打开 Select Layer To Add 对话框。

① 确定文件路径（Look in）：users。

② 确定文件类型（Files of type）：Annotation(*.ovr)。

③ 确定文件名称（File name）：virtualannotat.ovr。

④ 单击 Annotation Options 标签，进入 Annotation Options 选项卡，设置注记层叠加显示参数（图 10-40）。

⑤ 选择计算新的注记叠加文件：Compute a New Drape File。

⑥ 确定注记叠加文件的路径与名称：virtualannotat_ovr.drp。

⑦ 单击 OK 按钮（关闭 Select Layer To Add 对话框，VirtualGIS 视窗中叠加注记层）。

在 VirtualGIS 三维视窗中叠加了注记层之后，VirtualGIS 视窗菜单条中增加了 Annotation 菜单，而且文字注记以立体的方式显示在 VirtualGIS 三维视窗中（图 10-41）。

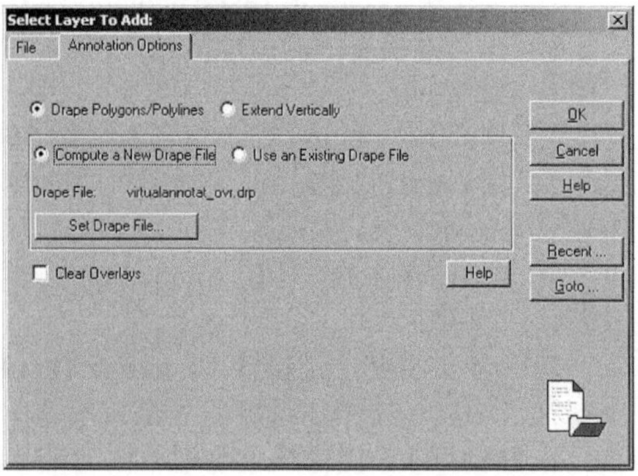

图 10-40 Select Layer To Add 对话框

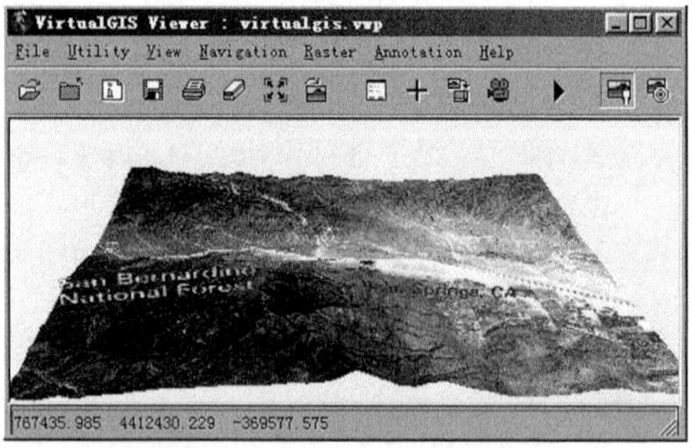

图 10-41 VirtualGIS 视景注记叠加显示

10.4.4 叠加三维模型

在 IMAGINE VirtualGIS 中可以进行三维模型层的叠加操作。具有地理坐标的 3D Shapefile、3D DXF 等三维模型文件都可以插入到 VirtualGIS 的三维视景当中。在一个 VirtualGIS 工程中可以插入若干 3D 模型，但关于 3D 模型的操作菜单只有一个，而且只有位于最上层（Top Most）的当前 3D 模型层（Current Layer）是可以操作的，诸如选择、移动、调整属性等。当然，当前 3D 模型层是可以改变的，借助 VirtualGIS 视窗菜单条或快捷菜单中的 Arrange Layers 命令。就可以实现 3D 模型层次的调整。

下面通过一个具体的例子来说明如何在 VirtualGIS 工程中建立与操作 3D 模型。由于需要应用的 VirtualGIS 工程不同于前几节，所以下面的操作将从创建 VirtualGIS 工程开始。

第 1 步：创建 VirtualGIS 工程

（1）打开 DEM 文件

在 VirtualGIS 视窗菜单条中单击 File|Open|DEM 命令，打开 Select Layer To Add 对话框（图 10-3）；或者在 VirtualGIS 视窗工具条中单击 Open 图标，打开 Select Layer To Add 对话框（图 10-3）。

在 Select Layer To Add 对话框中选择文件并设置参数。

① 在 File 选项卡（图 10-3）中选择 DEM 文件为 vgis_30_meter.img。

② 切换到 Raster Options 选项卡（图 10-4）。

③ 选择确定文件类型为 DEM。

④ 确定数据波段（Band#）：1。

⑤ DEM 显示详细程度（Level of Detail（%））：50.00

⑥ 单击 OK 按钮（VirtualGIS 视窗中显示 DEM）

（2）打开图像文件

在 VirtualGIS 视窗菜单条中单击 File|Open|Raster Layer 命令，打开 Select Layer To Add 对

话框（图 10-3）；或者在 VirtualGIS 视窗工具条中单击 Open 图标，打开 Select Layer To Add 对话框（图 10-3）。

在 Select Layer To Add 对话框中选择文件并设置参数。

① 在 File 选项卡（图 10-3）中选择图像文件为 ortho.img。

② 切换到 Raster Options 选项卡（图 10-5）。

③ 确定文件类型：Raster Overlay。

④ 图像以真彩色显示（Display As）：True Color。

⑤ 确定彩色显示波段：Red:1 / Green:2 / Blue:3。

⑥ 图像显示详细程度（Level of Detail（%））：90.00。

⑦ 不需要清除下层图像：取消选中 Clear Overlays 复选框。

⑧ 不需要背景透明显示：取消选中 Backgroand Transparent 复选框。

⑨ 单击 OK 按钮（图像叠加在 DEM 之上，形成 3D 视景）。

（3）打开三维图形

在 VirtualGIS 视窗菜单条中单击 File|Open | Vector Layer 命令，打开 Select Layer To Add 对话框（图 10-42）；或者在 VirtualGIS 视窗工具条中单击 Open 图标，打开 Select Layer To Add 对话框（图 10-42）。

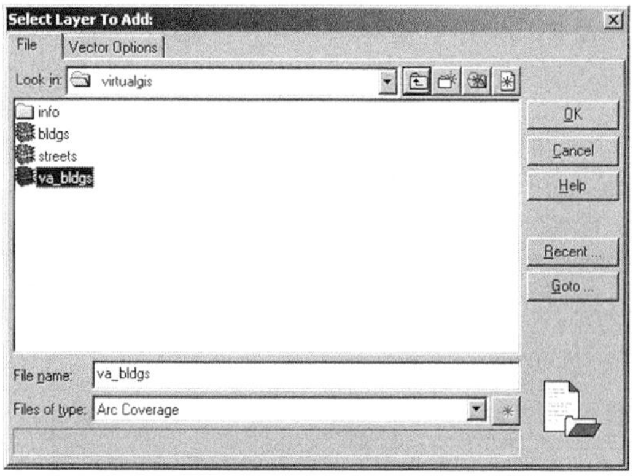

图 10-42 Select Layer To Add 对话框（File 选项卡）

在 Select Layer To Add 对话框中选择文件并设置参数。

① 确定图形目录：\examples\virtualgis\。

② 选择图形文件：va_bldgs。

③ 单击 Vector Options 标签，进入 Vector Options 选项卡（图 10-43）。

④ 确定图形文件显示类型：Extend Vertically（垂直拉伸方式）其他 4 种显示类型为 Drape Polygons/Polylines（矢量叠加显示）、Use 3D Coordinate（三维模型坐标显示）、Extend Vertically with 3D Coordinate（三维坐标垂直拉伸）、Extended Points（垂直拉伸点）、（选择的显示类型类型不同，需要设置的参数也有所区别）。

⑤ 确定多边形高度属性（Polygon Height Attribute）：HEIGHT。

⑥ 确定高度计算起点（Interpret Height As）：Above Ground Level。

⑦ 单击 OK 按钮（关闭 Select Layer To Add 对话框）。

⑧ 三维图形文件叠加显示在 VirtualGIS 视窗中（图 10-44）。

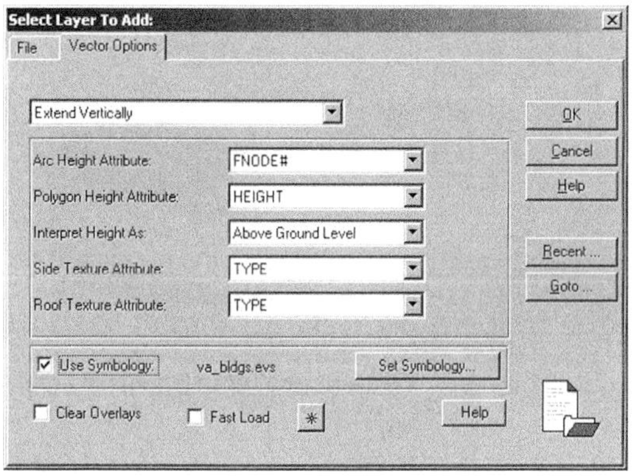

图 10-43 Select Layer To Add 对话框（Vector Options 选项卡）

（4）操作三维图形

对上一步加载的 3D 图形文件，可以进行 3D 对象选择（Select）与接近（Move to）操作。

在 VirtualGIS 视窗菜单条（图 10-44）中单击 Vector|Attributes 命令，打开 Vector Attributes 窗口（图 10-45），在窗口属性表 Record 字段下单击 53 号建筑物。

在 VirtualGIS 视窗菜单条（图 10-44）中单击 Vector|Move To Selected Objects|Fly|VirtualGIS 命令，视景自动飞行接近所选择的（黄色）建筑物（图 10-46）。

第 2 步：叠加 3D 模型层

（1）创建 3D 模型层

前面已经创建了 VirtualGIS 工程，并对已有的三维图形文件进行了加载与属性操作，下面进入 3D 模型层的操作阶段。首先创建 VirtualGIS 3D 模型层，然后导入（Import）3D 模型对象，并对 3D 模型层进行属性调整等操作。

在 VirtualGIS 视窗菜单条（图 10-44）中单击 File|New|Model Layer 命令，打开 Create Model Layer 对话框（图 10-47）。

① 确定文件路径：examples。

② 确定文件名称（Model Layer）：tour_models.vml。

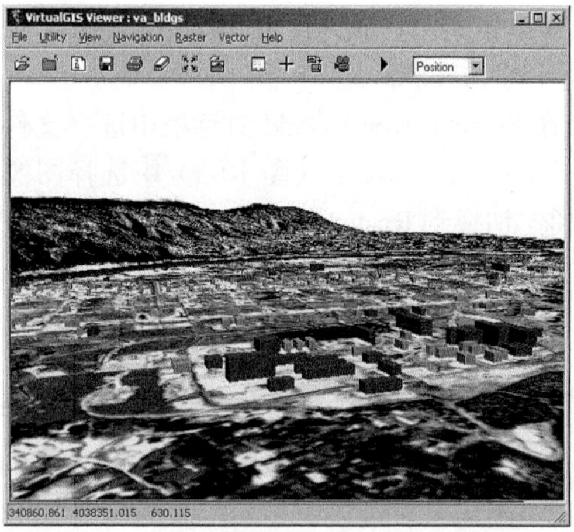

图 10-44 VirtualGIS 视窗（设置背景、调整视角之后）

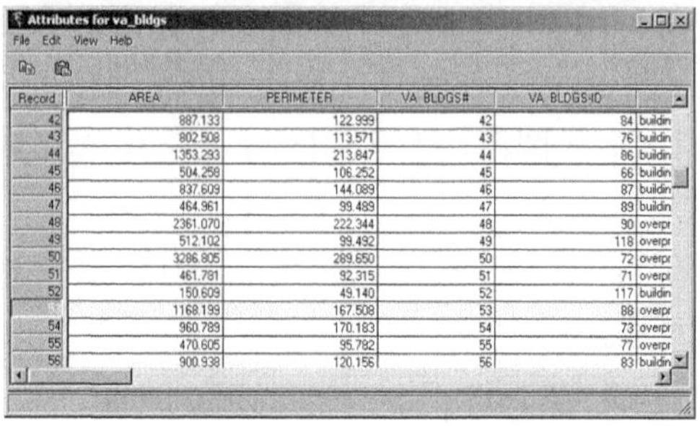

Record	AREA	PERIMETER	VA BLDGS#	VA BLDGS-ID	
42	887.133	122.999	42	84	buildin
43	802.508	113.571	43	76	buildin
44	1353.293	213.847	44	86	buildin
45	504.258	106.252	45	66	buildin
46	837.609	144.089	46	87	buildin
47	464.961	99.489	47	89	buildin
48	2361.070	222.344	48	90	overpr
49	512.102	99.492	49	118	overpr
50	3286.805	289.650	50	72	overpr
51	461.781	92.315	51	71	overpr
52	150.609	49.140	52	117	buildin
[illegible]	1168.199	167.508	53	88	overpr
54	960.789	170.183	54	73	overpr
55	470.605	95.782	55	77	overpr
56	900.938	120.156	56	83	buildin

图 10-45 Vector Attributes 窗口

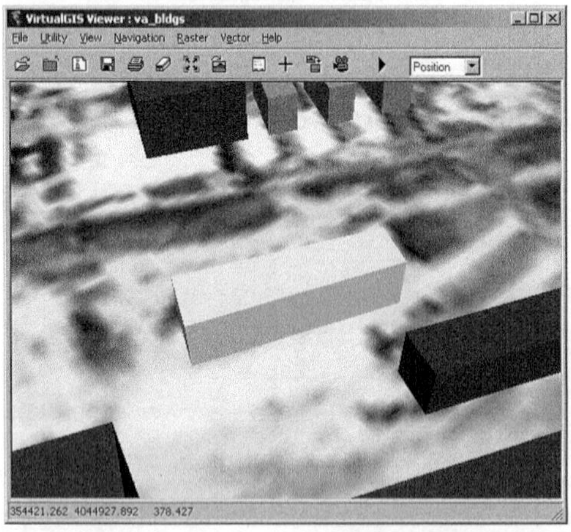

图 10-46 VirtualGIS 视窗中选择的建筑物

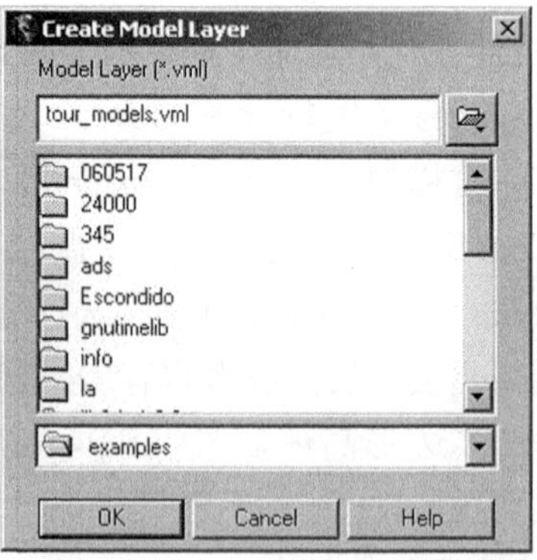

图 10-47 Create Model Layer 对话框

③ 单击 OK 按钮（关闭 Create Model Layer 对话框，创建 3D 模型层）。

④ 视窗菜单条中增加了 Model 菜单。

（2）导入 3D 模型对象

在 VirtualGIS 视窗菜单条（图 10-44）中单击 Model|Model Library 命令，打开 Model Library 窗口（图 10-48）。

① 选择 3D 模型类型（Category）：maturetrees。

② 窗口中部显示模型库（Model Library）中已有的 maturetrees。

③ 单击选择第 4 种树模型：4acegri0。

④ 窗口下部显示选择的树种模型(图 10-48)。

⑤ 可以用鼠标对树种模型进行缩放、旋转操作。

⑥ 在窗口菜单条中单击 Edit|Import Model 命令。

⑦ 所选择的树种模型插入到 VirtualGIS 视窗口中（图 10-49)。

⑧ 在窗口菜单条中单击 File|Close 命令(关闭 Model Library 窗口）。

⑨ 返回到 VirtualGIS 视窗（图 10-49）。

说　明

上述操作是将系统 3D 模型库中的模型导入到 3D 模型层中，事实上，用户完全可以制作自己的 3D 模型库。用户只需要在<IMAGINE_HOME>/etc/virtualmodels 目录下创建一个新的子目录，该子目录名就自动成为一个新的 3D 模型类别（Category)。用户所需要的模型与纹理图像一旦放在该子目录中，就成为新模型类别中的模型，就可以按照上述方法调用。

（3）调整 3D 模型位置

上一步导入的 3D 模型由系统自动按照默认位置放在 VirtualGIS 视窗中（图 10-49)，用户可以随时根据需要，按照下列操作步骤调整 3D 模型的大小与位置。

在 VirtualGIS 视窗工具条（图 10-49）中进行如下操作。

① 在导航模式设置框中选择 Selection 模式。

② 单击选择导入的 3D 模型，进入大小与位置调整状态（鼠标形状变为十字箭头，3D 模型外围出现立方体：图 10-50）。

③ 按住左键拖动 3D 模型，调整大小与空间位置。

④ 按住 Shift 键，同时按住左键，上下移动 3D 模型。

⑤ 鼠标放在立方体边线或节点，按住左键移动可以旋转 3D 模型。

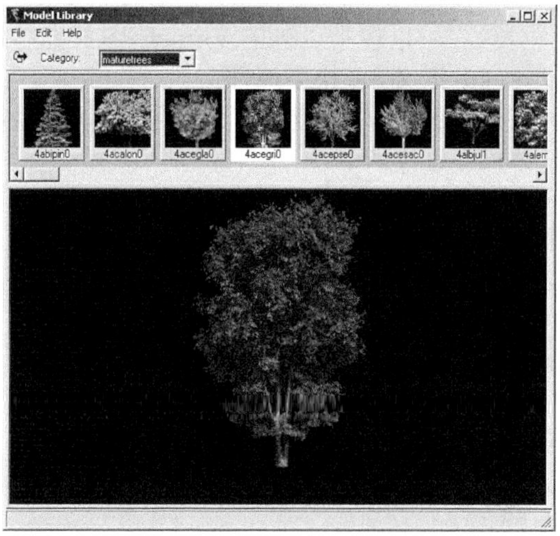

图 10-48　**Model Library 窗口**

图 10-49　**VirtualGIS 视窗（插入 3D 模型之后）**

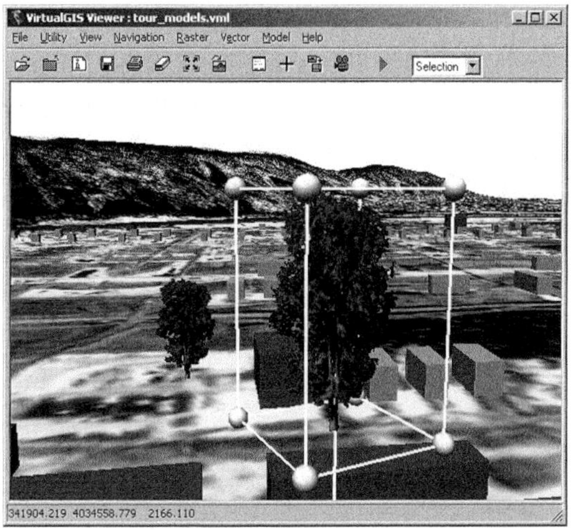

图 10-50　**VirtualGIS 视窗（调整 3D 模型位置）**

⑥ 在 3D 模型以外的 VirtualGIS 视景中单击，退出调整状态。

（4）定义 3D 模型属性

确定3D模型的位置与大小之后，就可以在三维虚拟视窗中定义3D模型的属性(Attributes)，具体操作过程如下。

在 VirtualGIS 视窗菜单条（图 10-50）中单击 Model|Model Attributes 命令，打开 Model Attributes 窗口（图 10-51）。

① 当前视窗中的 3D 模型属性记录处于选择状态，以黄色显示。3D 模型的。属性包括名称（Name）、位置坐标（X、Y）、位置高度（ASL）、模型宽度（Width）、模型高度（Height）、模型长度（Length）等 13 项。

② 单击属性表中的 Length 字段，调整其数值：15.0，并按下回车键。

③ 在属性表工具条中单击 Update View 图标，模型大小发生变化。

④ 在属性表菜单条中单击 Utility|Move to Selected Model|Fly 命令。

⑤ VirtualGIS 视景自动飞行，接近当前选择的 3D 模型（图 10-52）。

（5）设置 3D 模型特征

在 VirtualGIS 视窗菜单条（图 10-52）中单击 Model|Model Properties 命令，打开 Model Properties 对话框（图 10-53）。

Model Properties 对话框中包含了 3 个方面的 3D 模型特征，分别是空间位置（Position）、旋转方向（Orientation）、观测方向（Direction）。

① 选中空间位置（Position）复选框，可以调整 3D 模型的坐标与海拔高度。

② 选中旋转方向（Orientation）复选框，可以调整 3D 模型的旋转方向，有两种类型：前视类型（Choose Front of Model），6 种前视（绿面）；顶视类型（Choose Top of Model），6 种顶视（红面）。

③ 选中观测方向（Direction）复选框，可以调整 3D 模型大小与视角，模型大小参数：宽度（Width）、高度（Height）、长度（Length）。模型视角参数：俯角（Pitch）、方位（Azimuth）、旋转（Roll）。

④ 单击 Apply 按钮（应用 3D 模型特征参数调整）。

⑤ 单击 Close 按钮（关闭 Model Properties 对话框）。

⑥ 返回 VirtualGIS 视窗（图 10-52）。

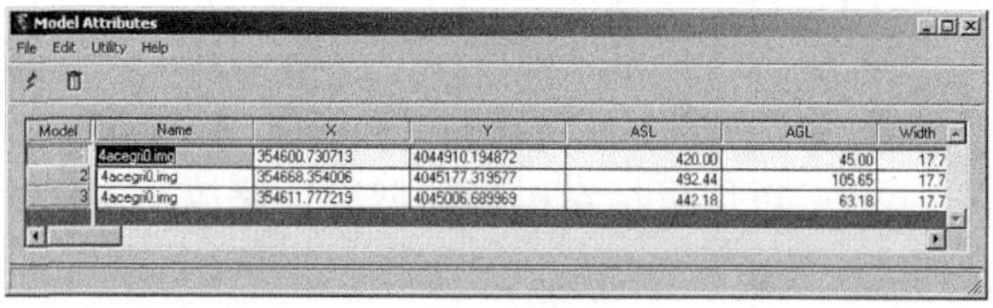

图 10-51 Model Attributes 窗口

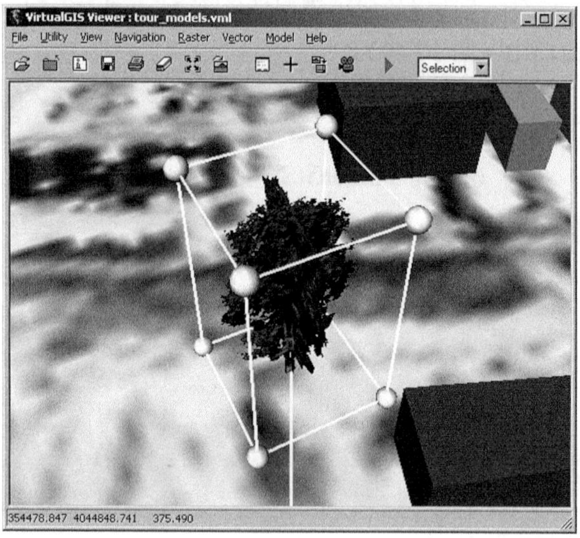

图 10-52 VirtualGIS 视窗（定义 3D 模型属性）

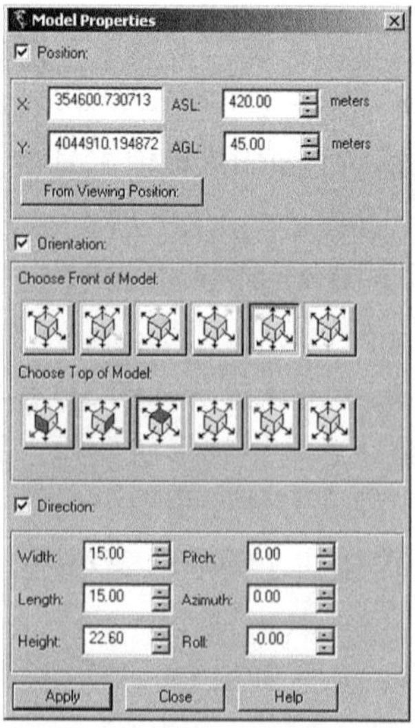

图 10-53 Model Properties 对话框

第 3 步：叠加建筑模型层

（1）导入建筑模型

利用第 2 步创建的 3D 模型层，导入更多的建筑模型。

在 VirtualGIS 视窗工具条（图 10-52）中进行如下操作。

① 在导航模式设置框中选择 Position 模式。

② 单击 Reset Size 图标，使 VirtualGIS 视窗充满整个屏幕（图 10-54）。

③ 在 VirtualGIS 视窗上的椭圆区域双击。

④ VirtualGIS 视窗自动飞行到单击指定的区域（图 10-55）。

⑤ 在 VirtualGIS 视窗菜单条中单击 Model|Model Library 命令。

⑥ 打开 Model Library 窗口（图 10-48）。

⑦ 选择 3D 模型类型(Category)：architures。

⑧ 窗口中部显示模型库（Model Library）中已有的 architures。

⑨ 单击选择 ERDAS 房屋：erdashouse。

⑩ 在窗口菜单条中单击 Edit|Import Model 命令。

⑪ 所选择的建筑模型插入到 VirtualGIS 视窗中（图 10-55）。

⑫ 在窗口菜单条中单击 File|Close 命令（关闭 Model Library 窗口）。

⑬ 返回 VirtualGIS 视窗（图 10-55）。

（2）定位建筑模型

在 VirtualGIS 视窗工具条（图 10-55）中进行如下操作。

① 在导航模式设置框中选择 Selection 模式。

② 单击选择导入的 3D 建筑模型，进入大小与位置调整状态（鼠标形状变为十字箭头，3D 模型外围出现立方体：图 10-56）。

③ 按住鼠标左键拖动 3D 建筑模型，调整大小与空间位置。

④ 按住 Shift 键，同时按住左键，上下移动建筑 3D 模型。

⑤ 鼠标放在模型立方体边线或节点，按住左键可以旋转 3D 建筑模型。

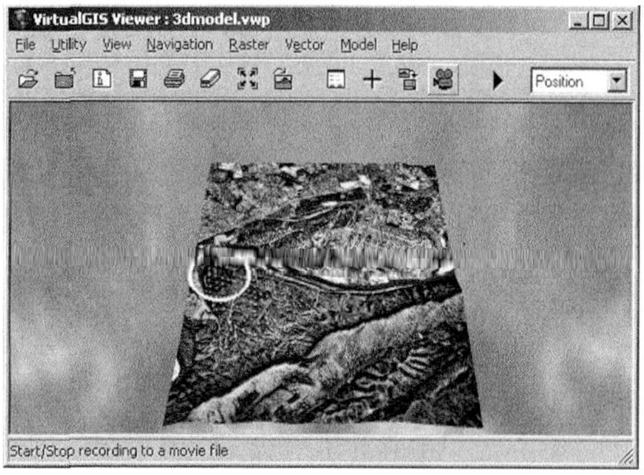

图 10-54 VirtualGIS 视窗（充满整个屏幕）

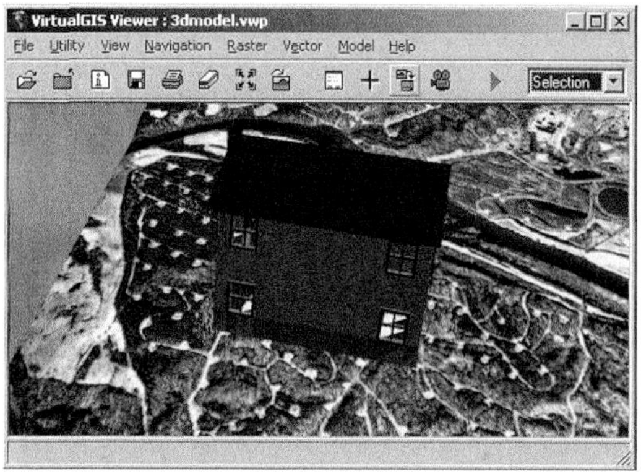

图 10-55 VirtualGIS 视窗（导入建筑模型）

图 10-56 VirtualGIS 视窗（定位建筑模型）

⑥ 在 Virtual GIS 视窗菜单条中单击 Model|Drop to Ground 命令。

⑦ 插入的 3D 建筑模型被定位在地面上（DEM 表面）。

⑧ 在 VirtualGIS 视窗菜单条中单击 Model|Move to Selected Model|Fly 命令。

⑨ VirtualGIS 视景自动飞行，接近当前选择的 3D 建筑模型（图 10-56）。

（3）复制建筑模型

在 VirtualGIS 视窗工具条（图 10-56）中进行如下操作。

① 在导航模式设置框中选择 Position 模式。

② 单击 Reset Size 图标，使 VirtualGIS 视窗充满整个屏幕。

③ 在 VirtualGIS 视窗菜单条中单击 Model|Copy Model 命令。

④ 3D 建筑模型 erdashouse.dxf 被复制到剪贴板。

⑤ 在 VirtualGIS 视窗菜单条中单击 Model|Paste Model At 命令。

⑥ 打开 Model Placement Instructions 指示器（图 10-57）。

⑦ 在 VirtualGIS 视窗需要的位置单击复制 3D 建筑模型。

⑧ 复制了足够数量的建筑模型之后，在图 10-57 中单击 OK 按钮，结束复制。

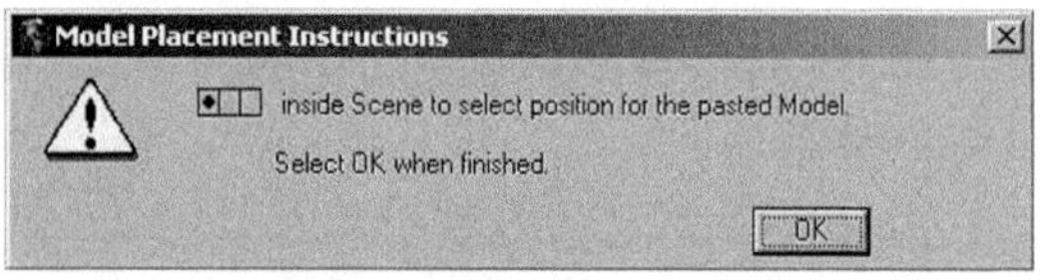

图 10-57 Model Placement Instructions 指示器

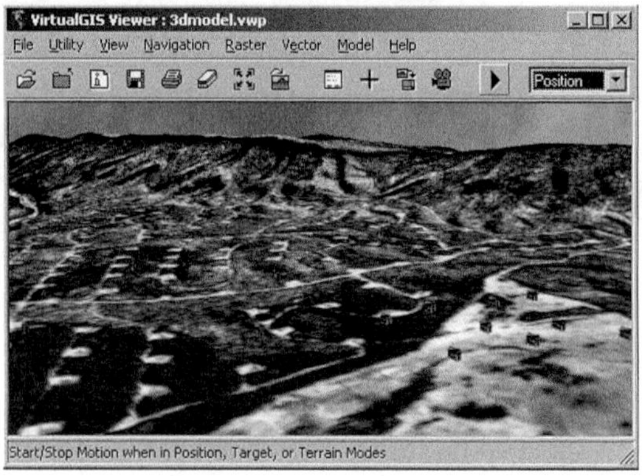

图 10-58 VirtualGIS 视窗（复制建筑模型）

⑨ 在 VirtualGIS 视窗菜单条中单击 Model|Model Attributes 命令。

⑩ 打开 Model Attributes 窗口（图 10-51）。

⑪ 在属性表中选择所有复制的 3D 建筑模型。

⑫ 在 VirtualGIS 视窗菜单条中单击 Model|Drop to Ground 命令。

⑬ 复制的 3D 建筑模型被定位在地面上（DEM 表面）。

⑭ 通过导航模式（Position、Target）调整三维虚拟视景。

⑮ 观测所复制的多个 3D 建筑模型（图 10-58）。

第 4 步：保存 3D 模型层与 VirtualGIS 工程

在 VirtualGIS 视窗（图 10-58）中进行如下操作。

① 在工具条中单击 Save Top Laver 图标，保存 3D 模型层。

② 在菜单条中 File|Save|Project As 命令。

③ 打开保存工程文件对话框（略）。

④ 定义工程文件路径与文件名：3dmodel.vwp。

⑤ 单击 OK 按钮（保存工程文件，关闭对话框）。

说　明

三维模型的创建与显示，与计算机的显示卡性能密切相关，部分显示卡可能不支持 3D 模型的纹理显示，需要借助 Prference Editor 对 Virtual GIS 预先进行 Force Texture Environment 选项设置，关于 VirtualGIS 默认环境的参数设置，详见 10.10.2 节。

10.4.5 模拟雾气分析

VirtualGIS 的雾气分析功能为用户提供了一种模拟近地面薄雾与地形上方浓雾的实现途径，实质上就是借助一系列不同透明程度的层的组合，形成类似于雾气密度的模拟雾层，层数越多，模拟的雾层越逼真。用户一旦建立了雾层（Mist Layer），VirtualGIS 视窗菜单条中就增加了一个 Mist 菜单。借助 Mist 菜单，用户可以继续调整雾层的诸多显示特性（Properties），诸如颜色（Color）、浓度（Density）、层数（Layers）、海拔高度（Elevtion）等。下面通过具体例子说明如何在 VirtualGIS 工程中建立与操作模拟雾气。

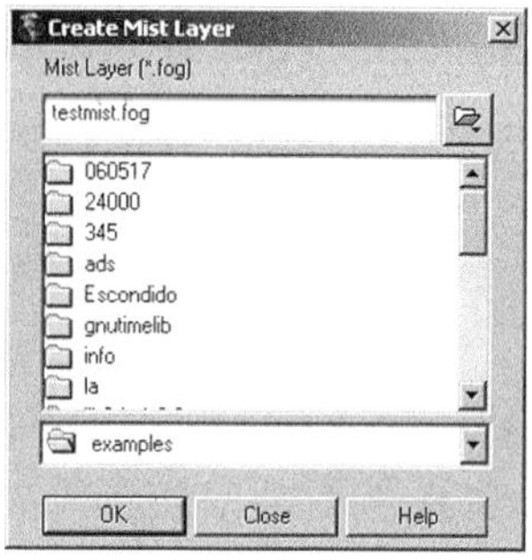

图 10-59 Create Mist Layer 对话框

第 1 步：创建 VirtualGIS 工程

（1）打开 DEM 文件

在 VirtualGIS 视窗菜单条中单击 File|Open|DEM 命令，打开 Select Layer To Add 对话框（图 10-3）；或者在 Select Layer To Add 对话框中选择 DEM 文件：DEMmerge_sub.img。

（2）打开图像文件

在 VirtualGIS 视窗工具条中单击 Open 图标，打开 Select Layer To Add 对话框（图 10-3）；或者在 Select Layer To Add 对话框中选择图像文件：XS_truecolor_sub.img。

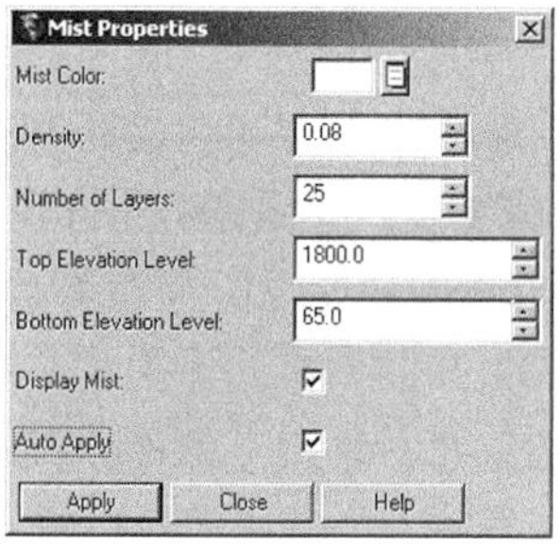

图 10-60 Mist Properties 对话框

第 2 步：叠加模拟雾气层

（1）创建模拟雾气层

在 VirtualGIS 视窗菜单条（图 10-6）中单击 File|New|Mist Layer 命令，打开 Create Mist Layer 对话框（图 10-59）。

① 确定文件路径：examples。

② 确定文件名称（Mist Layer）：testmist.fog。

③ 单击 OK 按钮（关闭 Create Mist Layer 对话框，创建模拟雾层）。

④ 视窗菜单条中增加了 Mist 菜单。

⑤ VirtualGIS 视窗中增加了雾气层（图 10-61）。

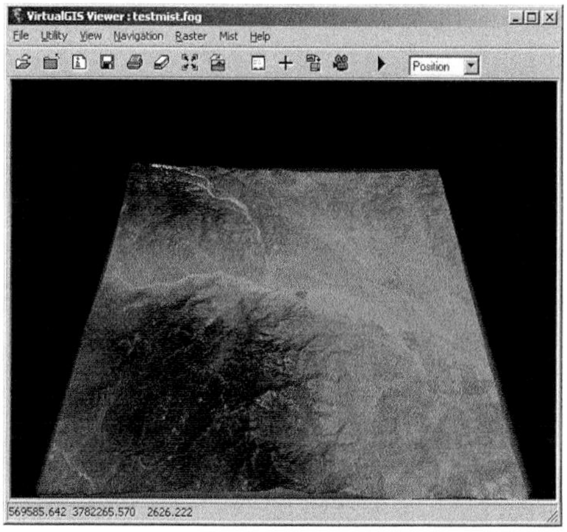

图 10-61 VirtualGIS 视窗（叠加雾气层）

（2）调整模拟雾气层

在 VirtualGIS 视窗菜单条（图 10-61）中单击 Mist|Mist Properties 命令，打开 Mist Properties 对话框（图 10-60）。

① 确定雾气层的颜色（Mist Color）：白色。

② 设置雾气层的浓度（Density）：0.08。

③ 设置雾气层数量（Number of Layers）：25。

④ 定义最高雾气层高度（Top Elevation Level）：1800.0。

⑤ 定义最低雾气层高度（Bottom Elevation Level）：65.0。

⑥ 选择显示雾气层：Display Mist（虚拟视窗中显示雾气层）。

⑦ 选择自动应用参数：Auto Apply（自动显示参数调整结果）。

⑧ 单击 Close 按钮（关闭 Mist Properties 对话框，调整模拟雾层特性）。

⑨ VirtualGIS 视窗中显示调整后的雾气层（图 10-62）。

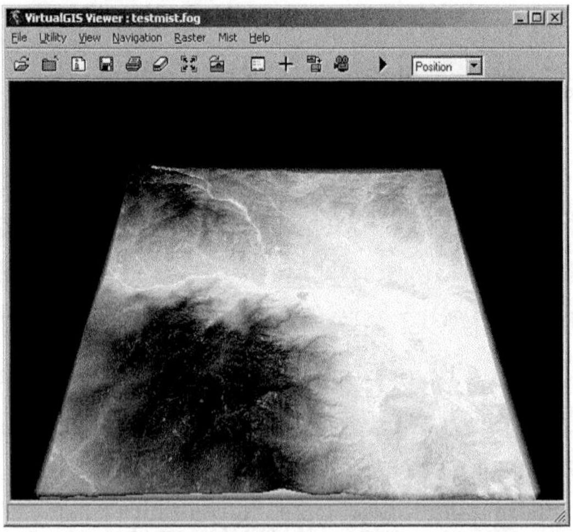

图 10-62 VirtualGIS 视窗（调整雾气层）

10.4.6 威胁性与通视性分析

威胁性与通视性分析功能是借助通视分析层（Intervisibility Layer）实现的，是对不同观测点与观测范围之间相互通视关系的分析。用户可以在三维虚拟视窗中任意设置观测者（Observer），并按照一定的条件创建观测者的可视领空范围（Dome），从而进行相互通视分析。它可应用于军事威胁性或防御性分析。在一个 VirtualGIS 工程中，一旦创建了通视分析层，就可以插入若干观测者，但关于通视分析层的操作菜单只有一个，而且只有位于最上层（Top Most）的当前通视分析层（Current Layer）的观测者才可以进行诸如选择、移动、调整属性等操作。当然，当前通视分析层是可以借助 VirtualGIS 视窗菜单条或快捷菜单中的 Arrange Layers 命令进行改变。

第 1 步：设置通视分析环境变量

在 ERDAS 视窗菜单条中单击 Session|Preference 命令，打开 Preference Editor 对话框。

① 在对话框左侧类型列（Category）选择 VirtualGIS。

② 在对话框右侧参数列（Preference）设置观测者大小：Intervisibility Observer Size：2.0（观测者的大小取决于操作图像的分辨率，高分辨率图像需要较小的观测者，反之则需要大一些）。

③ 单击 User Save 按钮，在用户层次保存上述参数设置。

④ 单击 Close 按钮，关闭 Preference Editor 对话框。

第 2 步：创建 VirtualGIS 工程

（1）打开 DEM 文件

在 VirtualGIS 视窗菜单条中单击 File|Open|DEM 命令，打开 Select Layer To Add 对话框（图 10-3）。

在 Select Layer To Add 对话框中选择 DEM 文件：vgis_30_meter.img。

（2）打开图像文件

在 VirtualGIS 视窗工具条中单击 Open 图标命令，打开 Select Layer To Add 对话框（图 10-3）；或者在 Select Layer To Add 对话框中选择图像文件：ortho.img。

第 3 步：叠加通视分析层

（1）创建通视分析层

在 VirtualGIS 视窗菜单条（图 10-54）中单击 File|New|Intervisibility Layer 命令，打开 Create Intervisibility Layer 对话框（图 10-63）。

图 10-63 Create Intervisibility Layer 对话框

① 确定文件路径：examples。

② 确定文件名称（Intervisibility Layer）：intervisibility.ivs。

③ 单击 OK 按钮（关闭 Create Intervisibility Layer 对话框，创建通视分析层）。

④ 视窗菜单条中增加了 Intervisibility 菜单（图 10-64）。

（2）导入观测者位置

在 Virtual GIS 视窗菜单条（图 10-64）中进行如下操作。

① 单击 Intervisibility | Import Observers 命令。

② 打开 Select File to Import 对话框（略）。

③ 确定打开文件类型（Files of type）：ASCII File（*.dat）。

④ 确定打开文件目录（Look in）：examples。

⑤ 选择打开文件名称（File name）：Domes.dat。

⑥ 单击 OK 按钮（关闭 Select File to Import 对话框）。

⑦ 打开 Import Options 对话框（图 10-65）。

⑧ 在 Field Definition 选项卡中确定下列参数。

⑨ 确定分隔符类型（Separator Character）：WhiteSpace。

⑩ 确定行结束符（Row Terminator Character）：Return Newline（DOS）。

⑪ 单击 Input Preview 标签，进入 Input Preview 选项卡（图 10-66）。

⑫ 在对话框下部的 Column Mapping 属性表中依次输入表 10-11 的内容。

表 10-11 Column Mapping 属性表设置

OutPut Column Name	Input Field Name
X	5
Y	6
ASL	7
AGL	8
FOV X	9
FOV Y	10
RANGE	11
PITCH	12
AZIMUTH	13
ROLL	14
NAME	3
DESCRIPTION	0

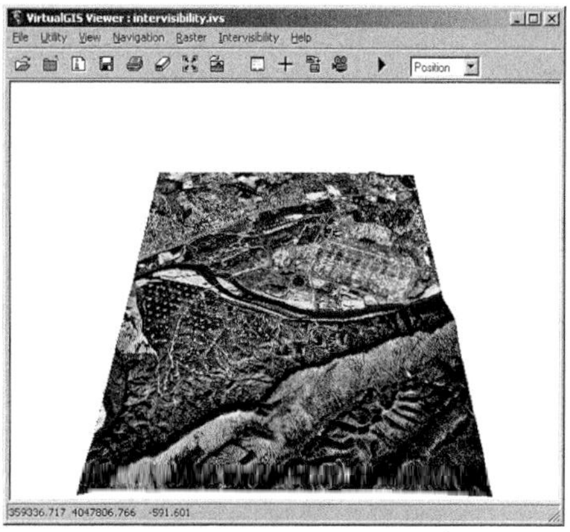

图 10-64 Virtual GIS 视窗（创建通视分析层）

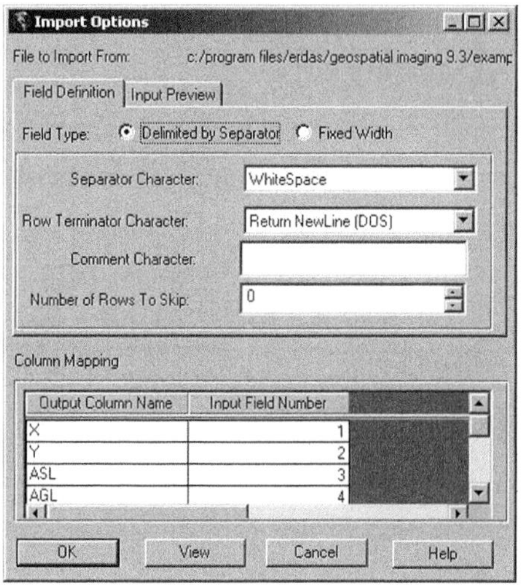

图 10-65 Import Options 对话框（Field Definition 选项卡）

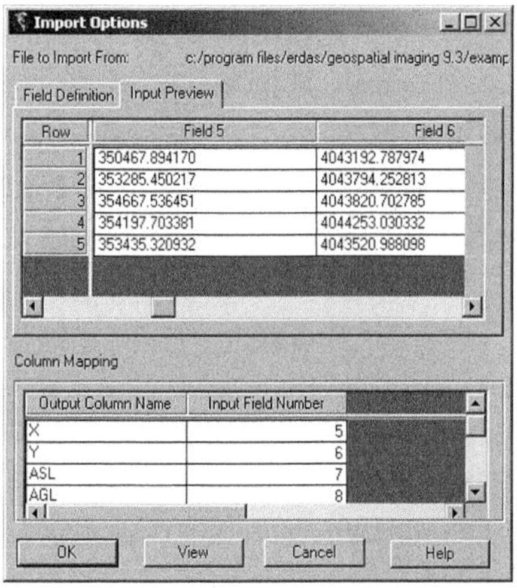

图 10-66 Import Options 窗口（Input Preview 选项卡）

⑬ 单击 OK 按钮（关闭 Import Options 对话框）。

⑭ 返回 VirtualGIS 视窗，观测者导入 VirtualGIS 视窗。

（3）设置观测者属性

在 Virtual GIS 视窗菜单条（图 10-64）中进行如下操作。

① 单击 Intervisibility|Observer Attributes 命令。

② 打开 Observer Attributes 对话框（图 10-67），已经导入的观测者参数全部列在 Observer Attributes 对话框中。

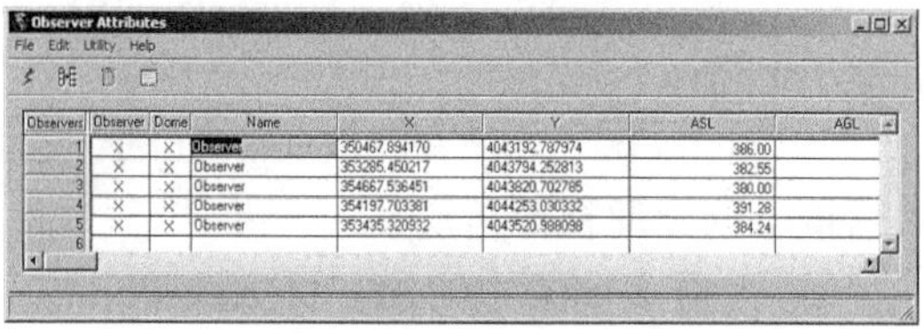

图 10-67 Observer Attributes 对话框

③ 单击 Intervisibility|Place Observer 命令。

④ 打开 Observer Placement Instructions 指示器（图 10-68）。

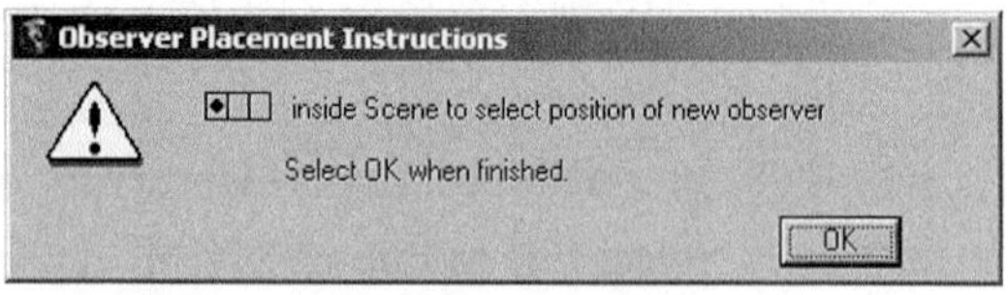

图 10-68 Observer Placement Instructions 指示器

⑤ 在 VirtualGIS 视窗中心绿色区域单击放置一个观测者（Observer Attributes 对话框中增加一条观测者记录）。

⑥ 在图 10-68 中单击 OK 按钮，关闭指示器，结束观测者放置。

⑦ 在 Observer Attributes 对话框中修改观测者属性。改变视程（Range）：1200/调整高程（AGL）：17。

⑧ 单击 Intervisibility|Create/Update View 命令。

⑨ VirtualGIS 视窗中显示通视分析层（图 10-69）。

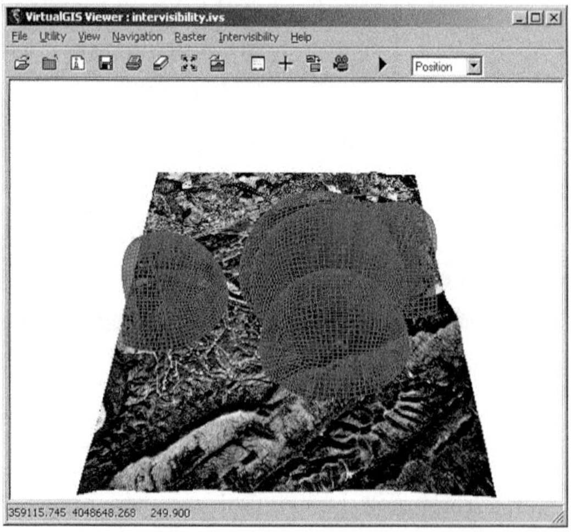

图 10-69 VirtualGIS 视窗（放置通视分析层）

第 4 步：选择不同观测者的共视点

在 VirtualGIS 视窗工具条（图 10-69）中进行如下操作。

① 在导航模式设置框中选择 Position 模式。

② 按住鼠标中键前后移动，放大通视分析层，并调整视角。

③ 在 VirtualGIS 视窗菜单条中单击 Intervisibility|Select Intervisibility Point 命令。

④ 屏幕鼠标形状变为十字交叉型，进入不同观测者共视点选择状态。

⑤ 在 VirtualGIS 视窗两个观测者可视区域的地面交叉线上单击。

⑥ 位于该视线与视点范围内的所有观测者都将以黄色显示（图 10-70）。

图 10-70 VirtualGIS 视窗（观测者共视点）

⑦ 对应的 Observer Attributes 对话框观测者属性记录也以黄色显示。

⑧ 在 VirtualGIS 视窗菜单条中单击 Intervisibility|Select Intervisibility Point 命令。

⑨ 退出不同观测者的共视点选择状态（Select Intervisibility Point）。

⑩ 在 VirtualGIS 视窗菜单条中单击 Save|Top Layer 命令（保存通视分析层）。

⑪ 在 VirtualGIS 视窗菜单条中单击 File|Close Top Layer 命令（关闭通视分析层）。

10.4.7 立体视景操作

VirtualGIS 立体视景（Stereo Scene）操作是应用人眼观测物体的原理与立体摄影测量原理，将三维视景的屏幕分色叠加与分色立体眼镜相配合，重建三维立体视觉效果的一种功能。在立体视景状况下进行三维飞行，效果更加逼真，感受更加现实。

第 1 步：创建 VirtualGIS 工程

（1）打开 DEM 文件

在 VirtualGIS 视窗菜单条中单击 File|Open|DEM 命令，打开 Select Layer To Add 对话框（图 10-3）。

在 Select Layer To Add 对话框中选择 DEM 文件为 vgis_30_meter.img。

（2）打开图像文件

在 VirtualGIS 视窗工具条中单击 Open 图标，打开 Select Layer To Add 对话框（图 10-3）。

在 Select Layer To Add 对话框中选择图像文件为 ortho.img。

（3）打开三维图形

在 VirtualGIS 视窗工具条中单击 Open 图标，打开 Select Layer To Add 对话框（图 10-42）。

在 Select Layer To Add 对话框中选择图形文件为\examples\virtualgis\va_bldgs。

① 单击 Vector Options 标签，进入 Vector Options 选项卡（图 10-43）。

② 确定图形文件显示类型：Extend Vertically（垂直拉伸方式）。

③ 确定多边形高度属性（Polygon Height Attribute）：HEIGHT。

④ 确定高度计算起点（Interpret Height As）：Above Ground Level。

⑤ 单击 OK 按钮（关闭 Select Layer To Add 对话框）。

⑥ 三维图形文件叠加显示在 VirtualGIS 视窗中（图 10-44）。

（4）选择对象并放大显示

在 VirtualGIS 视窗菜单条中单击 Vector|Attributes 命令，打开 Vector Attributes 窗口（图 10-45）。

① 在 Vector Attributes 窗口中单击 150 号记录。

② 第 150 号记录以黄色显示，对应的建筑物也以黄色显示。

③ 单击 Vector|Move To Selected Objects|Fly 命令。

④ VirtualGIS 视景飞行到所选择的建筑物位置。

第 2 步：设置立体视景参数

在 VirtualGIS 视窗（图 10-46）中进行如下操作。

① 在导航模式设置框中选择 Terrain 模式。

② 在 VirtualGIS 视窗菜单条中单击 View|Scene Properties 命令，打开 Scene Properties 对话框（图 10-71）。

③ 单击 Stereo 标签，进入 Stereo 选项卡（图 10-71）。

④ 选中 Use Stereo 复选框，启动立体视景设置操作。

⑤ 设置立体模式（Stereo Mode）：Anaglyph（立体像对模式）。立体像对模式 Anaglyph 比较简单，只需要一副立体眼镜就可以观测立体；系统提供的另外两种模式是窗口立体模式（Stereo in a Window）与全景模式（Full Screen），它们需要性能较好的显示卡、显示器与立体眼镜。

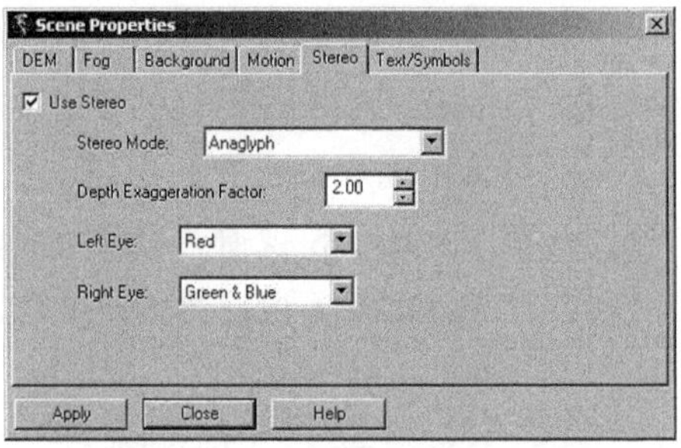

图 10-71 **Scene Properties 对话框（Stereo 选项卡）**

⑥ 设置深度夸大系数（Depth Exaggeration Factor）：2.00。

⑦ 设置左右眼颜色：左眼红色（Left Eye：Red）；右眼蓝绿色（Right Eye：Green & Blue）。

⑧ 单击 Apply 按钮（应用立体视景参数设置）。

⑨ VirtualGIS 视窗显示立体视景设置效果（图 10-72）。

⑩ 佩戴 ERDAS 公司的立体眼镜就可以观测立体视景效果。

⑪ 在 Scene Properties 对话框取消选中 Use Stereo 复选框。

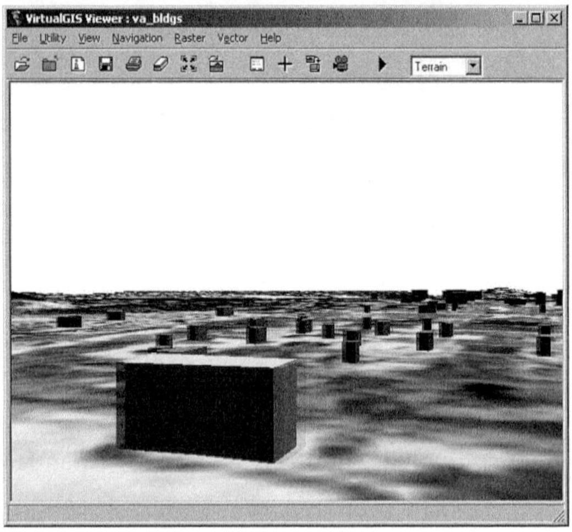

图 10-72 **VirtualGIS 视窗（观测者共视点）**

⑫ 单击 Apply 按钮（取消立体视景设置）。

⑬ VirtualGIS 视窗恢复正常的虚拟三维视景显示。

⑭ 单击 Close 按钮（关闭对话框）。

10.4.8 叠加标识图像

用户应用 VirtualGIS 制作三维视景、三维动画的过程中可能需要将用户本人或单位的标识符号（Logo）放置在适当的位置，VirtualGIS 的标识图像层（Logo Layer）就是为了让用户来实现这个功能的。叠加标识图像功能可以让用户将 2D 图像添加在 VirtualGIS 三维视窗中，粘贴在当前的三维图像之上。标识图像层一旦叠加成功，就会在 VirtualGIS 视窗中增加一个 Logo 菜单。借助菜单功能，用户可以对标识图标进行移动、编辑、调整等操作，并可以随时根据需要设置标识图像层的显示与否。

第 1 步：创建 VirtualGIS 工程

（1）打开 DEM 文件

在 VirtualGIS 视窗菜单条中单击 File|Open|DEM 命令，打开 Select Layer To Add 对话框（图 10-3）。

在 Select Layer To Add 对话框中选择 DEM 文件为 DEMmerge_sub.img。

（2）打开图像文件

在 VirtualGIS 视窗工具条中单击 Open 图标，打开 Select Layer To Add 对话框（图 10-3）。

在 Select Layer To Add 对话框中选择图像文件为 XS_truecolor_sub.img。

（3）设置视窗背景

在 VirtualGIS 视窗菜单条中单击 View|Scene Properties 命令，打开 Scene Properties 对话框（略）。

在 Scene Properties 对话框中单击 Background 标签，进入 Background 选项卡。

① 设置背景类型（Background Type）：Fade Color。

② 单击 Apply 按钮（应用背景设置参数，视窗背景随即变化）。

③ 单击 Close 按钮（关闭 Scene Properties 对话框）。

第 2 步：叠加标识图像

（1）创建标识图像层

在 VirtualGIS 视窗菜单条（图 10-6）中单击 File|New|Logo Layer 命令，打开 Create Image Logo Layer 对话框（图 10-73）。

① 确定文件路径：examples。

② 确定文件名称（Logo Layer）：testlogo.logo。

③ 单击 OK 按钮（关闭 Create Image Logo Layer 对话框，创建标识图像层）。

④ 视窗菜单条中增加了 Logo 菜单。

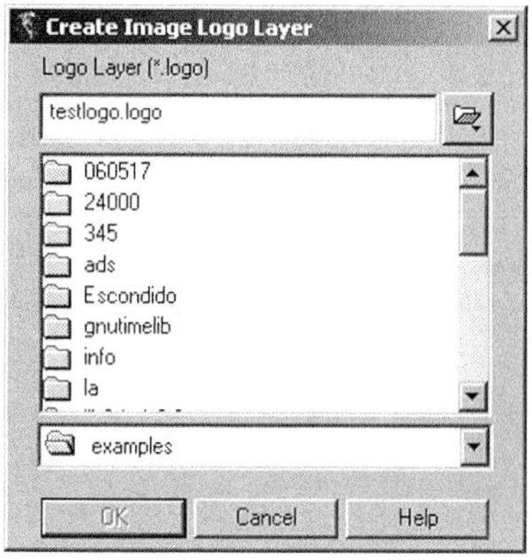

图 10-73 Create Image Logo Layer 对话框

（2）加载标识图像

在 VirtualGIS 视窗菜单条（图 10-6）中单击 Logo|Add Image Logo 命令，打开 Select Image 对话框（略）。

① 确定图像文件目录（Look in）：<IMAGE_HOME>/etc。

② 选择图像文件名（File name）：erdas_Logo.img。

③ 单击 Options 标签，进入 Options 选项卡。

④ 选择标识背景透明设置：Transparent Background。

⑤ 单击 OK 按钮（关闭 Select Image 对话框，加载标识图标）。

⑥ 2D 标识图像显示在 VirtualGIS 视窗中（图 10-74）。

图 10-74 Virtual GIS 视窗（加载标识图像）

（3）调整标识图像大小与位置

在 VirtualGIS 视窗工具条（图 10-74）中进行如下操作。

① 在导航模式设置框中选择 Selection 模式。

② 按住 Shift 键，同时按住左键，缓慢移动。

③ 2D 标识图标随之放大或缩小，获得适合的尺寸大小。

④ 释放 Shift 键，按住左键移动图标到视窗右上角。

⑤ 调整大小与位置后的标识图像显示在 VirtualGIS 视窗中（图 10-75）。

第 3 步：创建飞行场景

（1）加载标识图像并调整大小与位置

在 VirtualGIS 视窗（图 10-75）中进行如下操作。

① 在工具条导航模式设置框中选择 Position 模式。

② 在三维视窗中任意选择一点，双击进行放大。

③ 在菜单条中选择 Logo|Add Image Logo 命令。

④ Select Image 对话框（略）。

⑤ 确定图像文件目录（Look in）：<IMAGE_HOME>/examples/Texture。

⑥ 选择图像文件名(File name)：piper.img。

⑦ 单击 Options 标签，进入 Options 选项卡。

⑧ 选择标识背景透明设置：Transparent Background。

⑨ 单击 OK 按钮（关闭 Select Image 对话框，加载标识图标）。

⑩ 标识图像显示在 VirtualGIS 视窗中（图 10-76）。

⑪ 在导航模式设置框中选择 Selection 模式。

⑫ 按住 Shift 键，同时按住左键，缓慢移动。

⑬ 标识图标随之放大或缩小，获得适合的尺寸。

图 10-75 VirtualGIS 视窗（调整标识图像）

图 10-76 VirtualGIS 视窗（加载并调整标识图像）

⑭ 释放 Shift 键，按住左键移动新老两个图标。

（2）三维飞行体验与保存虚拟工程

在 VirtualGIS 视窗（图 10-76）中进行如下操作。

① 在工具条导航模式设置框中选择 Position 模式。

② 在工具条中单击 Play 图标▶，开始三维飞行（感受飞行体验）。

③ 在工具条中单击 Stop 图标■，停止三维飞行。

④ 在菜单条选择 File|Save|Project As 命令。

⑤ 打开工程文件保存对话框（略）。

⑥ 定义输出工程文件名：Logotour.vwp。

⑦ 单击 OK 按钮（关闭文件保存对话框，返回 VirtualGIS 视窗）。

10.4.9 模拟云层分析

VirtualGIS 的云层（Cloud Layer）分析功能可以使用户在随机的位置上产生云层，也可以在三维视窗内选定的地点产生云层。

一旦建立了云层（Cloud Layer），VirtualGIS 视窗菜单条中就增加了一个 Clouds 菜单。借助 Clouds 菜单，用户可以继续调整云层的诸多显示特性（Properties），设置放置云的位置。下面通过具体例子说明如何在 VirtualGIS 工程中建立与操作模拟云层。

第 1 步：创建 VirtualGIS 工程

（1）打开 DEM 文件

在 VirtualGIS 视窗菜单条中单击 File|Open|DEM 命令，打开 Select Layer To Add 对话框（图 10-3）。

在 Select Layer To Add 对话框中选择 DEM 文件为 Seattle_dem.img。

（2）打开图像文件

在 VirtualGIS 视窗工具条中单击 Open 图标，打开 Select Layer To Add 对话框（图 10-3）。

在 Select Layer To Add 对话框中选择图像文件为 Seattle.img。

（3）变换视景详细程度

VirtualGIS 三维视景显示的详细程度（Level Of Detail）在产生 VirtualGIS 视景过程中已经进行过初步设置，在编辑操作过程中还可以根据对视景质量和显示速度的需要随时进行变换调整。

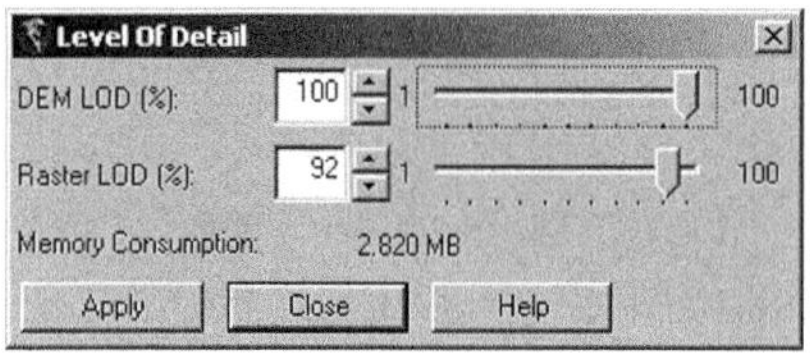

图 10-77 **Level Of Detail 对话框**

在 VirtualGIS 视窗菜单条中单击 View|Level Of Detail Control 命令，打开 Level Of Detail 对话框(图 10-77)。

在 Level Of Detail 对话框中通过输入数字或滑动标尺设置两个参数。

① DEM 显示的详细程度（DEM LOD（%））：100（1～100）。

② 图像显示的详细程度（Raster LOD（%））：92（1～100）。

③ 单击 Apply 按钮（应用参数设置）。

④ 单击 Close 按钮（关闭 Level Of Detail 对话框）。

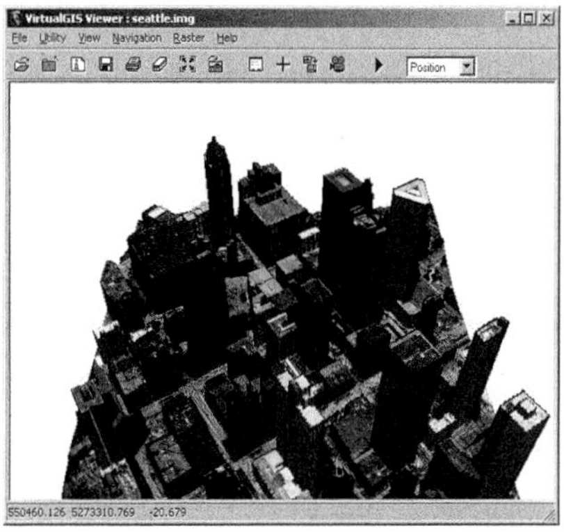

图 10-78 **VirtualGIS 视窗（加载数据后）**

第 2 步：设置三维视窗

在 VirtualGIS 视窗菜单条(图 10-6)中进行如下操作。

① 在 View 菜单单击 Scene Properties 命令，打开 Scene Properties 对话框。

② 选择 Background 选项卡，选择背景类型为 Fade Color。

③ 单击 Apply 按钮，然后单击 Close 按钮，关闭 Scene Properties 对话框。

④ 返回 VirtualGIS 视窗（图 10-78）。

第 3 步：创建云层

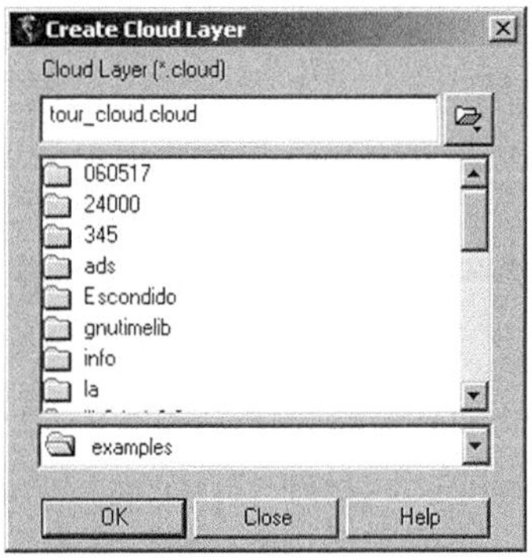

图 10-79 **Create Cloud Layer 对话框**

在 VirtualGIS 视窗菜单条（图 10-78）中单击 File|New|Cloud Layer 命令，打开 Create Cloud Layer 对话框（图 10-79）。

① 确定文件路径：examples。

② 确定文件名称（Cloud Layer）：tour_cloud.cloud。

④ 单击 OK 按钮，关闭 Create Cloud Layer 对话框。

第 4 步：模拟云层

在 VirtualGIS 视窗菜单条中单击 Clouds|Cloud Properties 命令，打开 Cloud Properties（云层属性设置）对话框（图 10-80）。

① 在Basic选项卡中选择云层的样式和云层的大小，本例选择 Turquoise Mist 和 Medium（图 10-80）。

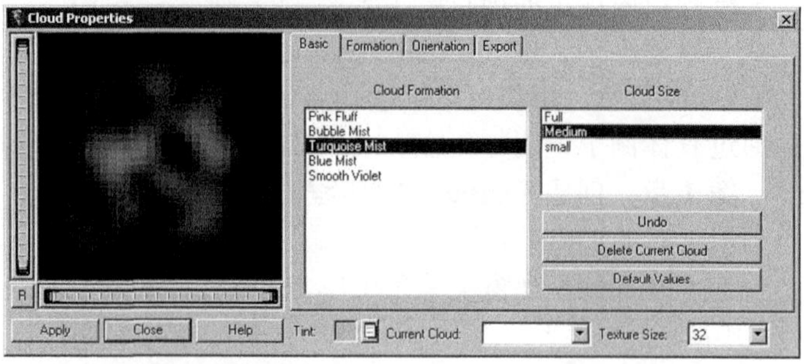

图 10-80 **Cloud Properties（云层属性设置）对话框**

② 在 Formation 选项卡中可以拖动滑动条直观地设置云的聚集形式、海拔等信息。

③ 在 Orientation 选项卡中设置观察者的位置和云的范围。

④ 在 Export 选项卡中可以把当前设置的云层保存为一幅图像。

⑤ 单击 Apply 按钮和 Close 按钮，关闭 Cloud Properties（云层属性设置）对话框。

⑥ 选择 Clouds 菜单下的 Place Cloud 命令，在三维视窗中单击即可显示云层（图 10-81）。

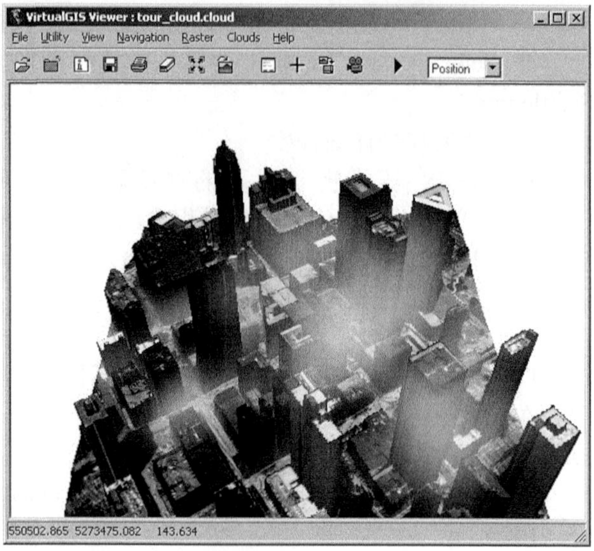

图 10-81 **显示模拟云层**

10.5 VirtualGIS 导航

在 VirtualGIS 环境中，用户可以选择系统提供的多种导航模式（Navigation Modes）在三维空间中进行虚拟导航，体验三维景观的空间变化。VirtualGIS 导航是以 VirtualGIS 工程文件为基础的，如果还没有现成的 VirtualGIS 工程文件，需要按照 10.3.1 节介绍的过程首先创建 VirtualGIS 工程文件；如果已经创建了 VirtualGIS 工程文件，则需要打开 VirtualGIS 工程文件。

用户如果按照本书前面的内容完成了相应的练习，那么已经建立了 VirtualGIS 工程文件以及相应的矢量图形层、文字注记层。在开始下面的 VirtualGIS 导航之前，打开 VirtualGIS 工程文件 virtualgis.vwp，并且叠加矢量图形层 virtualvector 和文字注记层 virtualannotat.ovr。

10.5.1 设置导航模式

VirtualGIS 有 7 种不同的导航模式，分别是鹰眼导航模式（Birds Eye）、控制板导航模式（Dashboard）、操纵杆导航模式（Joystick）、定位导航模式（Position）、选择导航模式（Selection）、目标导航模式（Target）和地形导航模式（Terrain）。用户在 VirtualGIS 视窗菜单条中、工具条中、快捷菜单中，都可以进行不同导航模式间的转换。

（1）鹰眼导航模式（Birds Eye）

这种导航模式能够使用户按住 Shift 键进行水平飞行，飞行高度保持不变。

在 VirtualGIS 视窗工具条中单击 Set Navigation to Birds Eye Mode 图标。

（2）控制板导航模式（Dashboard）

该模式提供了一个在视窗中航行的简单界面——控制板，利用操纵杆（Joystick）控制飞行角度和观测角度来控制观测者的倾角、位置及方位角。

在 VirtualGIS 视窗工具条中单击 Set Navigation to Dashboard Mode 图标。

（3）操纵杆导航模式（Joystick）

该模式能够使用计算机外接设备——操纵杆进行导航，最少需要两个按钮的操纵杆。

在 VirtualGIS 视窗工具条中单击 Set Navigation to Dashboard Mode 图标。

（4）定位导航模式（Position）

定位导航模式是从一个固定的位置出发漫游虚拟三维视景，在这个模式中倾角和方位角是可以调整的，使用中键可以向前移动或向后移动，达到放大或缩小的目的。

在 VirtualGIS 视窗工具条中单击 Set Navigation to Position Mode 图标。

（5）选择导航模式（Selection）

该模式用于查询视景信息，如果要在矢量层、注记层、3D 模型层等中进行空间查询，必须使用该模式；如果启动了查询光标（Inquire Cursor），就自动打开了选择模式（Select Mode）。

在 VirtualGIS 视窗菜单条中单击 Navigation|Navigation Mode 命令，打开 Selection 对话框；或者在 VirtualGIS 视窗工具条中单击 Set Navigation to Selection Mode 图标。

（6）目标导航模式（Target）

目标导航模式通过选择一定的目标（Target），使三维视景朝着目标方向漫游。第一次选择该模式时，VirtualGIS 视窗的中心点就是目标，只要在三维视景的地形表面双击便可以重新确定目标；使用左键可使三维视景绕目标点旋转，使用中键可以远离或接近所选择的目标，释放鼠标键运动随即停止。

在 VirtualGIS 视窗工具条中单击 Set Navigation to Target Mode 图标。

（7）地形导航模式（Terrain）

该模式可以让操作者在 VirtualGIS 三维视景的地形表面运动，犹如驾驶汽车在地面上行驶；使用左键改变观测方向或在视窗中漫游，使用中键向前或向后运动。

在 VirtualGIS 视窗菜单条中单击 Navigation|Navigation Mode 命令，打开 Terrain 对话框；或者在 VirtualGIS 视窗工具条单击 Set Navigation to Terrain Mode 图标。

10.5.2 VirtualGIS 漫游

在上述 7 种航行模式中，除选择导航模式外，都支持 VirtualGIS 漫游（Motion）。其中定位导航模式、目标导航模式和地形导航模式都可以借助 VirtualGIS 视窗工具条中的三维漫游控制键启动和停止漫游，而控制板导航模式则完全可以通过控制板上的操纵杆进行三维漫游操作。

（1）鹰眼导航模式（Birds Eye）

在 VirtualGIS 视窗工具条中单击 Set Navigation to Birds Eye Mode 图标。

① 按住 Shift 键和左键移动鼠标可以在三维视窗中任意漫游。

② 单击 VirtualGIS 视窗工具条中的 Start Motion 图标启动漫游。

③ 单击 VirtualGIS 视窗工具条中的 Stop Motion 图标停止漫游。

（2）定位导航模式（Position）

在 VirtualGIS 视窗工具条中单击 Set Navigation to Position Mode 图标。

① 按住左键移动鼠标可以在三维视窗中任意漫游。

② 按住中键前后移动鼠标可以逐步放大或缩小三维视景。

③ 单击 VirtualGIS 视窗工具条中的 Start Motion 图标启动漫游。

④ 单击 VirtualGIS 视窗工具条中的 Stop Motion 图标停止漫游。

（3）目标导航模式（Target）

在 VirtualGIS 视窗工具条中单击 Set Navigation to Target Mode 图标。

① 在三维视窗中任意点双击确定导航目标点。

② 按住左键移动鼠标可以在三维视窗中围绕目标点任意漫游。

③ 按住中键前后移动鼠标可以目标点为中心逐步放大或缩小三维视景。

④ 单击 VirtualGIS 视窗工具条中的 Start Motion 图标启动漫游。

⑤ 单击 VirtualGIS 视窗工具条中的 Stop Motion 图标停止漫游。

（4）控制板导航模式（Dashboard）

该模式提供了一个在视窗中航行的简单界面——控制板，利用操纵杆（Joystick）控制飞行角度和观测角度来控制观测者的倾角、位置及方位角。

在 VirtualGIS 视窗工具条中单击 Set Navigation to Dashboard Mode 图标，打开 VirtualGIS 导航控制板（图 10-82）。

图 10-82　VirtualGIS 导航控制板

① 任意拖动 Flight 操纵杆，三维视景同向运动实现空间漫游（控制板上同时显示俯视角 Pitch 和方位角 Azimuth）。

② 任意拖动 View 操纵杆，三维视景反向运动实现空间漫游（控制板上同时显示俯视角 Pitch 和方位角 Azimuth）。

③ 单击 Close 按钮（关闭控制板，退出控制板导航模式）。

（5）地形导航模式（Terrain）

在 VirtualGIS 视窗工具条中单击 Set Navigation to Terrain Mode 图标。

① 三维视景自动漫游到地形导航模式状态（图 10-83）。

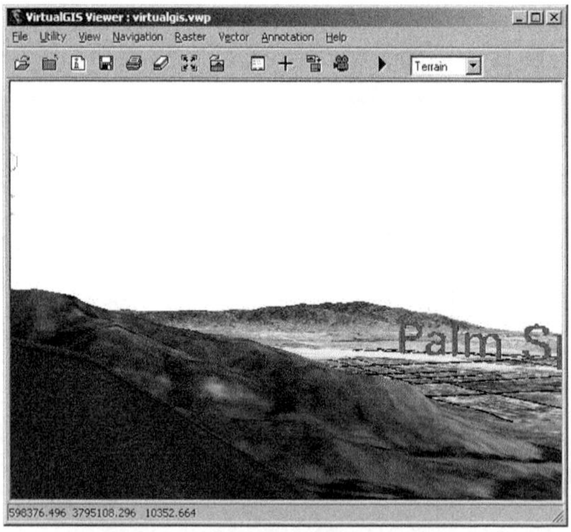

图 10-83　地形导航模式三维视景

② 按住左键移动鼠标可以在三维视窗中任意漫游。

③ 按住中键前后移动鼠标可以逐步放大或缩小三维视景。

④ 单击 VirtualGIS 视窗工具条中的 Start Motion 图标启动漫游。

⑤ 单击 VirtualGIS 视窗工具条中的 Stop Motion 图标停止漫游。

10.6 VirtualGIS 飞行

在 VirtualGIS 环境中，用户可以根据需要定义飞行路线，然后沿着确定的路线在虚拟三维环境中飞行。类似于 VirtualGIS 导航，VirtualGIS 飞行（Flight）也是以 VirtualGIS 工程为基础的，所以首先需要打开 VirtualGIS 工程文件 virtualgis.vwp，并且叠加注记属性层 virtualannotat.ovr。

10.6.1 定义飞行路线

可以通过多种方式定义飞行路线（Create a Flight Path）：可以在 VirtualGIS 视窗中记录观测点位置(Record Position)形成飞行路线，可以在 IMAGINE 二维视窗中数字化一条曲线(Polyline)作为飞行路线，也可以直接设置沿飞行路线上每个点的三维坐标来确定飞行路线。下面将介绍在 IMAGINE 二维视窗中定义飞行路线的方法和过程。

第 1 步：打开二维全景视窗（Create Overview Viewer）

在 VirtualGIS 视窗菜单条中单击 View|Create Overview Viewer|Unlinked 命令，打开二维全景视窗（包含 VirtualGIS 视窗中的全部内容）。

在 VirtualGIS 视窗工具条中单击 Show Data Layer in IMAGINE Viewer 图标，打开二维全景视窗（包含 VirtualGIS 视窗中的全部内容），对二维全景视窗进行缩放操作，把视窗内容放大到适当的比例。

第 2 步：打开飞行路线编辑器（Open Flight Path Editor）

在 VirtualGIS 视窗菜单条中单击 Navigation|Flight Path Editor，命令，打开 Flight Path Editor 窗口（图 10-84）。

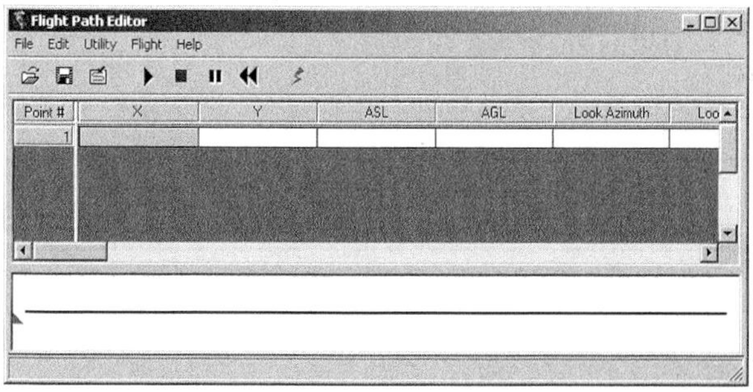

图 10-84 Flight Path Editor 窗口

借助飞行路线编辑器对话框，用户可以在一个 VirtualGIS 视窗中创建、编辑、保存和显示飞行路线，设置飞行参数，并执行飞行操作。飞行路线编辑器由菜单条、工具条、飞行路线数据表格、飞行路线图形窗口和状态条 5 个部分组成。飞行路线编辑器集成了有关 VirtualGIS 飞行的多种命令菜单和操作工具，具体的命令和工具及其功能如表 10-12 和表 10-13 所列。

表 10-12 VirtualGIS 飞行路线编辑器菜单命令与功能

命令	功能
File:	文件操作：
Save As	保存新编辑的飞行路线文件
Load Flight Path	向 VirtualGIS 加载飞行路线文件
Load Positions File	向 VirtualGIS 加载位置记录文件
Close	关闭 VirtualGIS 飞行路线编辑器
Edit:	编辑操作：
Apply	应用飞行路线编辑操作
Undo Edits	取消对飞行路线的编辑
Use Spline	平滑飞行路线
Reset Lo 单击 OK 按钮 Direction	将所有点的俯视角和方位角设为 0
Set Elevation	设置飞行路线的高程
Calculate Roll Angles	计算飞行旋转角度
Set Focal Point	设置飞行路线的聚焦点
Add Current Position	将当前的位置加载到飞行路线中
Delete Selected Points	删除飞行路线上被选择的位置点
Clear All Points	删除飞行路线中所有的位置点

续表

命令	功能
Utility：	实用操作：
Digitize Flight Path	在二维视窗中数字化飞行路线
Digitize Flight Path With Tablet	使用数字化仪定义飞行路线
Flight Path From Selected Vectors	从视窗中选择的矢量线提取飞行路线
Flight Path From Free Flight	自由飞行路线
Reverse Flight Path Points	倒转飞行路线
Flight Line Properties	编辑二维及三维视窗中飞行路线的特性
Flight：	飞行操作：
Start Flight	开始飞行
Stop Flight	停止飞行
Pause Flight	暂停飞行
Reset Flight	使观测者回到初始位置
Set Flight Mode	设置飞行模式
Loop	循环飞行模式
Swing	来回飞行模式
Stop at End	一次飞行模式
Use Flight Path Speed	使用飞行路线编辑器中设置的飞行速度
Update Flight Path Graphic	以图形方式实时显示飞行路线位置
Help：	联机帮助：
Help for Flight Path Editor	关于飞行路线编辑器的联机帮助

表 10-13 VirtualGIS 飞行路线编辑器工具图标与功能

图标	命令	功能
	Open Flight Path	向 VirtualGIS 加载飞行路线文件
	Save Flight Path	保存新编辑的飞行路线文件
	Digitize Flight Path	在二维视窗中数字化飞行路线
	Start Flight	开始飞行
	Stop Flight	停止飞行
	Pause Flight	暂停飞行
	Reset to Beginning of Flight Path	使观测者回到初始位置
	Apply Changes to Flight Path	应用飞行路线编辑操作

第 3 步：数字化飞行路线（Digitizer Flight Path）

飞行路线的数字化操作可以通过菜单命令和工具图标两种方式启动，具体操作如下。

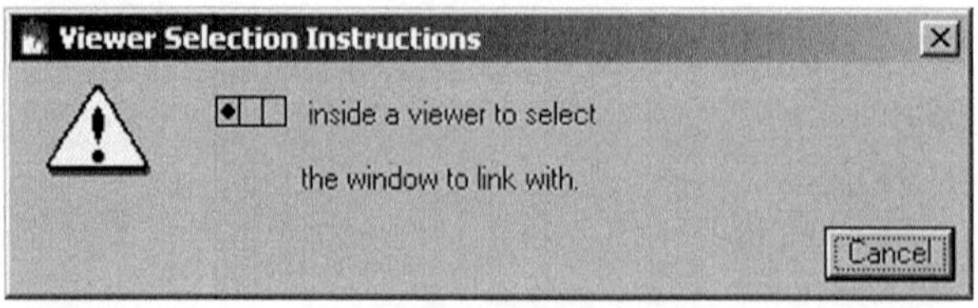

图 10-85 **Viewer Selection Instructions 指示器**

在 Flight Path Editor 菜单条中单击 Utility|Digitize Flight Path 命令，打开 Viewer Selection Instructions 指示器（图 10-85）；或者在 Flight Path Editor 工具条中单击 Digitize Flight Path 图标，打开 Viewer Selection Instructions 指示器（图 10-85）。

① 在第 1 步打开的二维视窗中单击，指示数字化飞行路线的视窗。

② 在二维视窗中合适的位置依次单击定义飞行路线上的若干点。

③ 定义了足够的点之后，双击结束飞行路线定义（图 10-86）。

④ 飞行路线上各点的三维坐标显示在“飞行路线数据表格”中（图 10-87）。

⑤ 单击 Flight Path Editor 工具条中的 Apply 图标，。

⑥ 飞行路线上各点的序列号将标注在“飞行路线图形窗口”中（图 10-87）。

第 4 步：保存飞行路线文件

可以将所定义的飞行路线保存在文件中，以便下次三维飞行操作时直接加载。

在 Flight Path Editor 菜单条中单击 File|Save As 命令，打开 Save Flight Path 对话框；或者在 Flight Path Editor 工具条中单击 Save Flight Path 图标，打开 Save Flight Path 对话框。

① 确定保存飞行路线文件的目录：examples。

② 确定保存飞行路线文件的名称：virtual_flight.flt。

③ 单击 OK 按钮（关闭 Save Flight Path 对话框，保存飞行路线文件）。

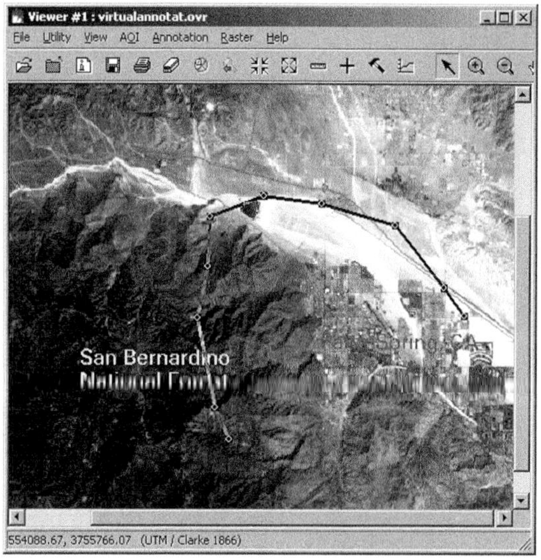

图 10-86 二维视窗中定义飞行路线

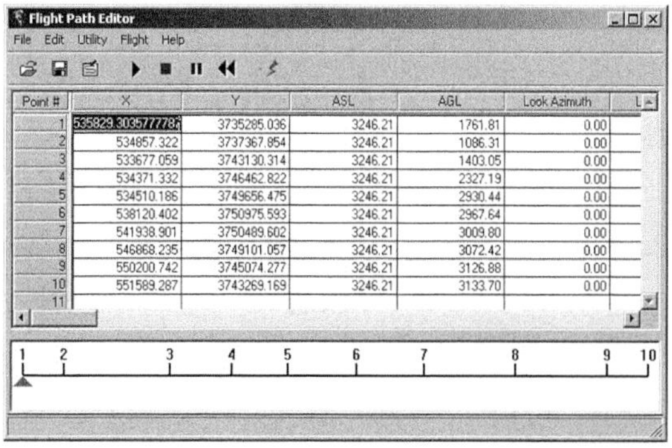

图 10-87 定义飞行路线之后的 **Flight Path Editor**

10.6.2 编辑飞行路线

前面所定义的飞行路线已经包含了一些默认的或者是在 Position Editor 中所定义的一些观测者的空间特性，在此基础上直接进行飞行操作是可以的。然而，为了使 VirtualGIS 的三维空间飞行更符合用户的需要，还需要对飞行路线进行一定的编辑（Edit Flight Path）。

第 1 步：设置飞行路线高度（Set Flight Elevation）

在定义飞行路线过程中，各点的三维坐标中已经包含有飞行路线的高程（ASL）。不过在飞行路线定义之后，用户还可以根据需要重新设置飞行路线高度，可以是一个统一的高度，也可以是一组变化的高度。

在 Flight Path Editor 菜单条中单击 Edit|Set/Add Elevation 命令，打开 Flight Path Elevation 对话框（图 10-88）

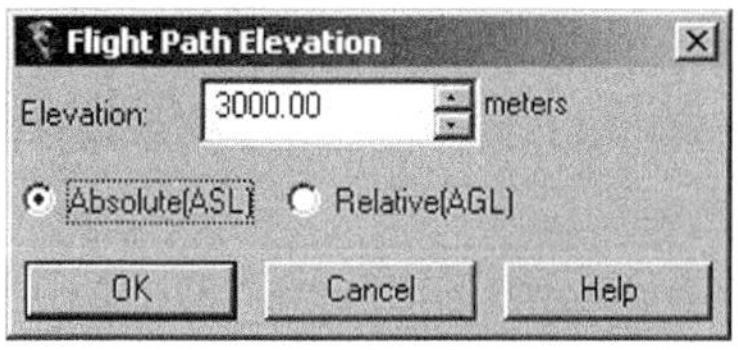

图 10-88 **Flight Path Elevation** 对话框

① 输入飞行路线高程值（Elevation）：3000.00 meters。

② 选择绝对高程类型：Absolute（ASL）。

③ 单击 OK 按钮（关闭 Flight Path Elevation 对话框，执行飞行路线高度设置）。

说明 1

可以通过上述步骤给飞行路线设置一个固定的高度，也可以直接更改 Flight Path Editor 中的 ASL 数据项值，使飞行路线上的各点具有不同的绝对高程。

说明 2

在应用 Flight Path Elevation 对话框中改变飞行路线高度值时，如果选中 Relative（AGL）单选按钮，则飞行路线上点的高度值是原有值与输入的 Elevation 值之和。

第 2 步：设置飞行路线特性（Flight Line Properties）

上述过程中所定义的飞行路线目前还只是显示在二维视窗和飞行路线编辑器中，下面的飞行路线编辑操作将使飞行路线按照用户所设置的特性显示在 VirtualGIS 三维视窗中。

在 Flight Path Editor 菜单条中单击 Utility|Flight Line Properties 命令，打开 Flight Line Properties 对话框（图 10-89）。

① 设置三维视窗中飞行路线的特性（3D Viewer）。

a. 选择显示飞行路线：Flight Line。

b. 设置显示飞行路线的颜色：Green（绿色）。

c. 选择显示飞行路线上的点：Flight Line Points。

d. 设置显示飞行路线上点的大小（Scale）：2.0。

e. 设置二维视窗中飞行路线的特性（2D Viewer）。

f. 选择显示飞行路线：Show Flight Line。

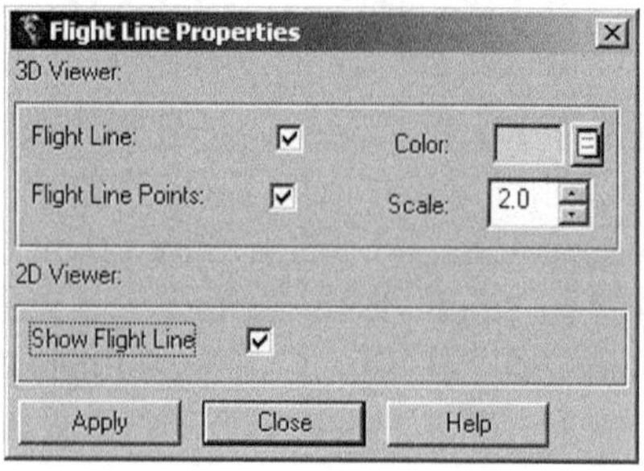

图 10-89 Flight Line Properties 对话框

② 单击 Apply 按钮（执行飞行路线特性设置，三维视窗中显示飞行路线（图 10-90））。

③ 单击 Close 按钮（关闭 Flight Line Properties 对话框，结束飞行路线特性设置）。

第 3 步：设定飞行模式（Set Flight Mode）

在开始 VirtualGIS 三维飞行之前，可以根据需要设定飞行模式，操作过程如下。

在 Flight Path Editor 菜单条中单击 Flight|Set Flight Mode|Swing（Loop / Stop at End）命令（3 种飞行模式的功能如表 10-12 所列）

单击 Flight Path Editor 工具条中的 Apply 图标（应用模式设定）。

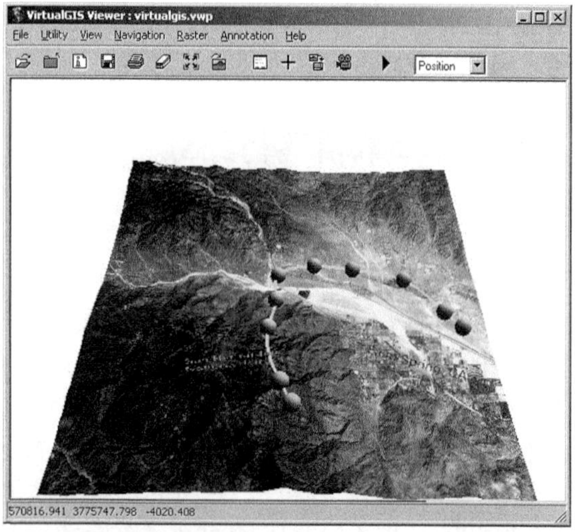

图 10-90 VirtualGIS 三维视窗中显示飞行路线

10.6.3 执行飞行操作

在 Flight Path Editor 菜单条中单击 Flight|Start Flight（开始飞行）命令；或者在 Flight Path Editor 工具条中单击 Start Flight 图标（开始飞行）。

三维飞行过程中，飞行路线编辑器中的飞行路线图形窗口将同步显示当前的空间位置。

在 Flight Path Editor 菜单条中单击 Flight|Stop Flight（停止飞行）命令；或者在 Flight Path Editor 工具条中单击 Stop Flight 图标（停止飞行）。

10.7 三维动画制作

三维动画的制作（Create a Movie File）有两种途径：一种是应用三维动画工具（Create Movie）

将包含飞行路线的 VirtualGIS 工程自动转换为沿着飞行路线运动的一段三维动画；另一种是在 VirtualGIS 视窗中，借助菜单命令（Movie）和工具图标（Recording），在实时的三维飞行或漫游操作过程中直接记录画面形成三维动画。三维动画文件是在后台产生的，并不在视窗中显示。当然，要在 IMAGINE VirtualGIS 中产生一段三维动画，视窗中的显示窗口（windows）必须没有任何障碍，所有正在运行的进程应该暂时中断，直到三维动画制作过程结束。

下面的练习将在前面所建立的 VirtualGIS 工程文件 virtualgis.vwp 及其飞行路线 virtual_flight.flt 的基础上进行，如果用户没有完成前面的练习，则需要重新生成含有飞行路线的 VirtualGIS 工程文件。

10.7.1 三维飞行记录

首先进入 VirtualGIS 视窗，并打开 VirtualGIS 工程文件（virtualgis.vwp），然后执行下列操作。

第 1 步：启动飞行记录进程（Start Recording）

在 VirtualGIS 视窗菜单条中单击 File|Movie|Start Recording 命令，打开 Select Output Movie File 对话框（图 10-91）；或者在 VirtualGIS 视窗工具条中单击 Start Recording to a Movie File 图标，打开 Select Output Movie File 对话框（图 10-91）。

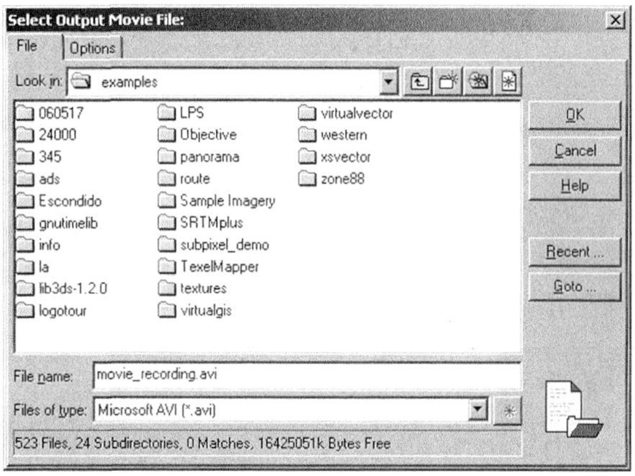

图 10-91 **Select Output Movie File 对话框**

在 Select Output Movie File 对话框中需要设置下列参数。

① 确定动画文件目录（Look in）：examples。

② 选择动画文件类型（Files of type）：Microsoft AVI（*.avi）。

③ 确定动画文件名称（File name）：movie_recording.avi。

④ 设置动画文件选择项（Options）。

⑤ 选择在整个飞行路线上记录动画：Entire Flight Path。

⑥ 单击 OK 按钮（应用飞行记录参数设置）。

⑦ 打开【视频压缩】对话框（图 10-92）。

⑧ 选择视频压缩程序：Microsoft Video 1。

⑨ 确定视频压缩质量：100 %。

⑩【确定】（应用视频压缩参数设置，启动飞行记录进程）。

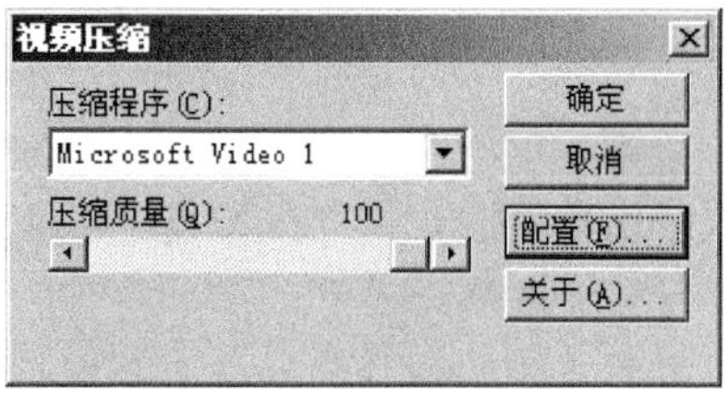

图 10-92 **【视频压缩】对话框**

第 2 步：执行三维飞行操作（Start / Stop Flight）

飞行记录进程一旦启动，随后的所有三维飞行或漫游操作都将记录在三维动画文件中，直到结束飞行记录进程为止。下面通过执行飞行操作来记录三维动画。

在 Flight Path Editor 菜单条中单击 Flight|Start Flight（开始飞行）命令；或者在 Flight Path Editor 工具条中单击 Start Flight 图标（开始飞行）。

三维飞行过程中，飞行记录进程同时记录画面生成三维动画文件。

在 Flight Path Editor 菜单条中单击 Flight|Stop Flight 命令（停止飞行）；或者在 Flight Path Editor 工具条中单击 Stop Flight 图标（停止飞行）。

飞行操作虽然结束，但飞行记录进程依然处于动画生成状态。

第 3 步：结束飞行记录进程（Stop Recording）

在 VirtualGIS 视窗菜单条中单击 File|Movie 命令，打开 Stop Recording；或者在 VirtualGIS 视窗工具条中单击 Stop Recording to a Movie File 图标。

飞行记录进程结束，三维动画文件生成。该文件可以脱离 ERDAS IMAGINE 软件环境，借助多种通用的 Microsoft 媒体播放器播放。

10.7.2 三维动画工具

如果 VirtualGIS 工程中包含了飞行路线，应用三维动画工具（Movie Tools）可以直接制作三维动画。动画中的三维视景完全按照飞行路线拍摄，而动画的幅面则在动画工具中定义。

在 ERDAS 图标面板菜单条中单击 Main|VirtualGIS 命令，打开 VirtualGIS 菜单（图 10-1）；或者在 ERDAS 图标面板工具条中单击 VirtualGIS 图标命令，打开 VirtualGIS 菜单（图 10-1）。

① 单击Create Movie按钮，打开Create Movie对话框(图10-93)。

② 确定输入工程文件（Input Project Name）：virtualgis.vwp

③ 确定输出动画文件（Output Movie Name）：virtualmovie.avi。

④ 定义动画幅面大小(Frame Size)：Width: 800，Height: 600。

⑤ 单击 OK 按钮（关闭 Create Movie 对话框，执行三维动画制作）。

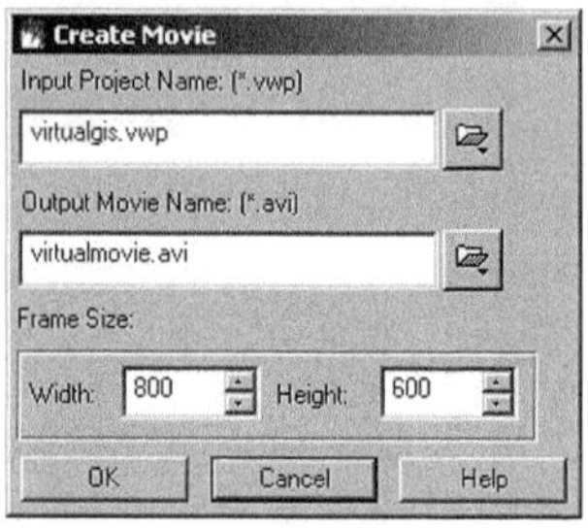

图 10-93 Create Movie 对话框

说 明

在 Create Movie 对话框中，输入的 VirtualGIS 工程文件中必须包含有飞行路线，否则三维动画工具无法自动执行动画制作；系统提供的三维动画输出格式有 3 种，分别是*.mov、*.avi、*.yuv，用户可以根据需要自行选择，通常选择的是*.avi。

10.8 虚拟世界编辑器

虚拟世界编辑器（Virtual World Editor）是用于管理 IMAGINE VirtualGIS 所使用数据集的一个用户界面。借助虚拟世界编辑器，多分辨率的多源数据集可以无缝集成于同一个“虚拟世界（Virtual Worlds）”。本节将首先介绍虚拟世界编辑器的基本组成及其功能，然后通过一个虚拟世界实例的建立与操作说明虚拟世界的特点与功能。

10.8.1 虚拟世界编辑器简介

如图 10-94 所示，虚拟世界编辑器（Virtual World Editor）由菜单条、工具条、7 个专题栏目、状态条 4 个部分组成，各部分的主要功能如表 10-14、表 10-15 和表 10-16 所列。关于虚拟世界编辑器（Virtual World Editor）的打开途径与方式，将在 10.8.2 节中详细介绍。

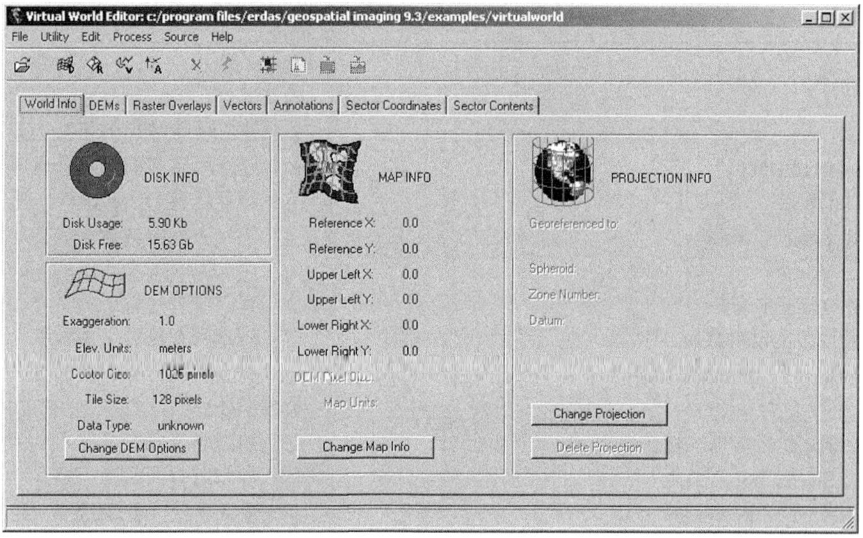

图 10-94 虚拟世界编辑器（**World Info** 选项卡）

表 10-14 虚拟世界编辑器菜单命令与功能

命令	功能
File:	文件操作：
New	创建新文件
New Virtual World	创建虚拟世界文件
New Virtual World Editor	打开虚拟世界编辑器
Open	打开文件
Copy	复制文件
Clear	清除文件
Delete	删除文件
Close	关闭虚拟世界编辑器
Utility:	实用功能：
Display Sector View Tool	显示分区视窗工具
Display Layer Info For Selected Layer	显示所选层的信息
Display Selected Layers in 2D Viewer	在二维视窗中显示所选层
Display Selected Layers in VirtualGIS	在 VirtualGIS 视窗中显示所选层
Edit:	编辑操作：
Enable Editing	进入编辑状态
Add DEM Layer	加载 DEM 数据层
Add Raster Overlay Layer	加载栅格数据层
Add Vector Layer	加载矢量数据层
Add Annotation Layer	加载注记数据层
Arrange Layers	数据层管理
Delete Selected Layers	删除所选数据层
Change DEM Options	改变 DEM 选择项
Set DEM Pixel Size From Selection	设置选择集的 DEM 分辨率
Change Map Info	改变数据层地图信息
Set Reterence Coords From Selection	设置选择集的参考坐标
Change Projection Info	改变投影信息
Set Projection Info From Selection	设置选择集的投影信息
Delete Projection Info	删除投影信息

续表

命令	功能
Process:	处理操作:
Build All	建立所有数据的拓扑关系
Build Selected Data	建立所选数据的拓扑关系
Build All DEMS	建立所有 DEM 的拓扑关系
Build All Raster Overlays	建立所有栅格数据的拓扑关系
Build All Vectors	建立所有矢量数据的拓扑关系
Build All Annotations	建立所有注记层的拓扑关系
Delete All Computed Data	删除所有计算所获数据
Delete Selected Computed Date	删除所选计算所获数据
Source:	源数据处理:
Copy Source Data When Adding	加载时复制源数据
Copy All Source Image Data	复制所有图像源数据
Copy Selected Source Image Data	复制所选图像源数据
Delete All Source Image Data	删除所有图像源文件
Delete Selected Source Image Data	删除所选图像源数据
Help:	联机帮助:
Help	调用联机帮助

表 10-15 虚拟世界编辑器工具图标与功能

图标	命令	功能
	Open	打开已存在的虚拟世界（Virtual World）
	Add DEM Layer	向虚拟世界编辑器加载 DEM 数据
	Add Raster Overlay Layer	向虚拟世界编辑器加载栅格数据层
	Add Vector Layer	向虚拟世界编辑器加载矢量数据层
	Add Annotation Layer	向虚拟世界编辑器加载注记属性层
	Delete Selected Layers	删除所选择的数据层
	Build Selected Layers	建立所选数据层的拓扑关系
	Sector View Tool	打开分区视窗工具
	Image Info	显示栅格、矢量、注记信息
	Open Layers in 2D Viewer	在二维视窗中打开所选数据层
	Open Layers in VirtualGIS	在 VirtualGIS 视窗中打开所选数据层

表 10-16 虚拟世界编辑器专题栏目与内容

栏目	内容
World Infoa:	加载到虚拟世界编辑器中的虚拟世界信息:
DISK INFO	虚拟世界的磁盘空间信息
DEM OPTIONS	虚拟世界中的 DEM 信息
MAP INFO	虚拟世界的投影位置与范围
PROJECTION INFO	虚拟世界的地图投影参数信息
DEMs	虚拟世界中所有 DEM 数据层信息表
Raster Overlays	虚拟世界中叠加的所有栅格图像层信息表
Vectors	虚拟世界中叠加的所有矢量图形层信息表
Annotations	虚拟世界中叠加的所有文字注记层信息表
Sector Coordinates	虚拟世界中每个分区的空间位置信息表
Sector Contents	虚拟世界中每个分区的数据内容信息表

10.8.2 创建一个虚拟世界

下面将应用虚拟世界编辑器，具体创建一个多层数据的、多分辨率的虚拟世界。

第 1 步：启动虚拟世界编辑器（Start Virtual World Editor）

在 ERDAS 图标面板菜单条中单击 Main|VirtualGIS 命令，打开 VirtualGIS 菜单（图 10-1）；或者在 ERDAS 图标面板工具条中单击 VirtualGIS 图标，打开 VirtualGIS 菜单（图 10-1）。

① 单击 Virtual World Editor 按钮。

② 打开 Open or Create a Virtual World 对话框（图 10-95）；单击 New 按钮。

③ 打开 Select Name For New World 对话框（图 10-96）。

④ 确定虚拟世界文件目录（Look in）：examples。

⑤ 选择虚拟世界文件类型（Files of type）：Virtual World（*.vwf）。

⑥ 确定虚拟世界文件名称（File name）：virtualworld.vwf。

⑦ 单击 OK 按钮（创建一个虚拟世界文件，并打开虚拟世界编辑器）

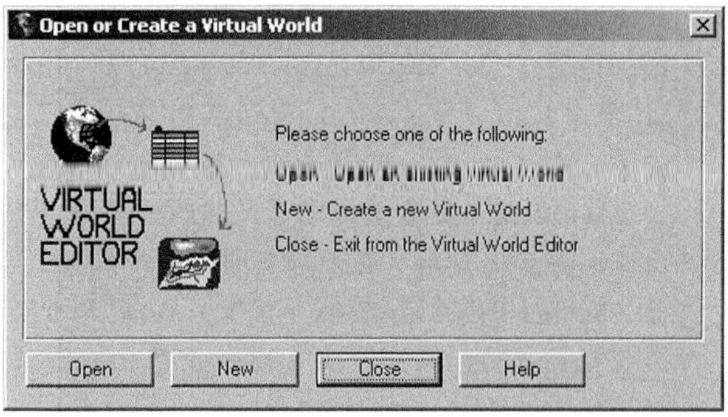

图 10-95 **Open or Create a Virtual World 对话框**

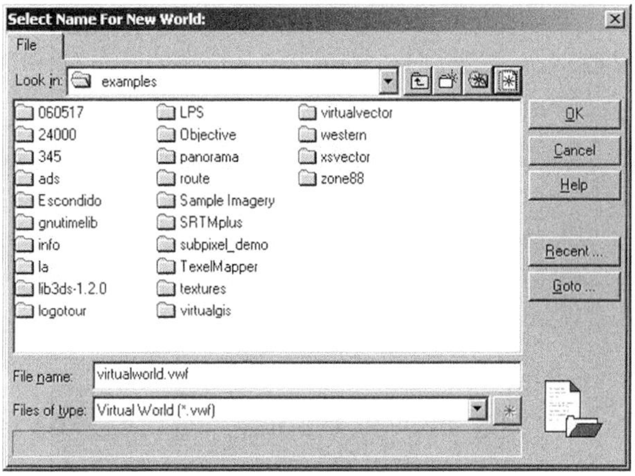

图 10-96 **Select Name For New World 对话框**

第 2 步：向虚拟世界加载 DEM 数据（Add DEM Layer）

在 Virtual World Editor 菜单条中单击 Edit|Enable Editing 命令，使虚拟世界进入可编辑状态。

在 Virtual World Editor 菜单条中单击 Edit|Add DEM Layer 命令，打开 Select Layer To Add 对话框。

在 Virtual World Editor 工具条中单击 Add DEM Layer 图标，打开 Select Layer To Add 对话框。

① 确定文件目录（Look in）：examples。

② 选择文件类型（Files of type）：IMAGINE Image（*.img）。

③ 确定文件名称（File name）：DEMmerge_sub.img。

④ 单击 Raster Options 标签，进入 Raster Options 选项卡，设置选择项。

a. 确定数据类型：DEM。

b. 确定高程单位（Elevation Units）：Meters。

c. 选择向虚拟世界 Copy 数据：Copy Source Data To World。

⑤ 单击 OK 按钮（关闭 Select Layer To Add 对话框，DEM 被加载到虚拟世界编辑器）。

说 明

DEM 数据被加载到虚拟世界编辑器后，随即自动显示 DEMs 栏目数据表，表中包括 DEM 数据层的名称、波段数、高程单位，等于 1m 或 1inch 的高程栅格数、Copy 状态及文件详细目录情况；其中 DEM 波段数、高程单位及相当于 1m 或 1inch 高程栅格数是可编辑的。

第 3 步：显示和改变虚拟世界信息（Change World Info）

在 Virtual World Editor 栏目中单击 World Info 标签，进入虚拟世界信息栏目数据表。

虚拟世界信息（World Info）栏目数据表中显示下列信息。

- ❑ **Disk Info**　显示 Virtual World 所在磁盘信息。
- ❑ **DEM Options**　显示虚拟世界中的 DEM 信息。
- ❑ **Map Info**　显示虚拟世界的投影位置和范围。
- ❑ **Projection Info**　显示虚拟世界的投影信息。
- ❑ **Change DEM Options**　改变虚拟世界的基础信息。
- ❑ **Change Map Info**　改变虚拟世界的地图信息。
- ❑ **Change Projection**　改变虚拟世界的投影信息。
- ❑ **Delete Projection**　删除虚拟世界的投影信息。

（1）改变虚拟世界的基础信息（Change DEM Options）

在虚拟世界编辑器 World Info 栏目中单击 DEM Options|Change DEM Options 命令，打开 DEM Options 对话框（图 10-97）。

① 设置 DEM 垂直比例（Vertical Exaggeration）：2.000。

② 设置 DEM 高程单位（Elevation Units）：Meters。

③ 选择 DEM 数据类型（DEM Data Type）：Float。

④ 选择 DEM 分区大小（Sector Size）：513 pixels。

⑤ 选择 DEM 瓦片大小（Tile Size）：64 pixels。

⑥ 单击 Apply 命令（将修改信息保存到虚拟世界文件 virtualworld.vwf）。

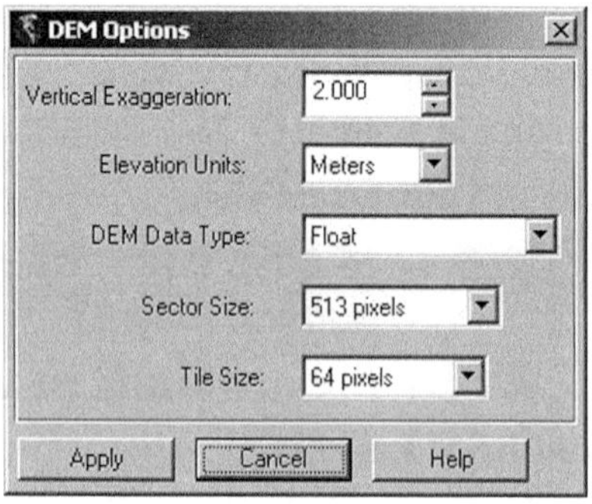

图 10-97　**DEM Options 对话框**

（2）修改虚拟世界的地图信息（Change Map Info）

在虚拟世界编辑器 World Info 栏目中单击 Map Info|Change Map Info 命令，打开 Change Map Info 对话框（图 10-98）。

① 设置 DEM 像元分辨率（DEM Pixel Size）：40.00000。

② 设置地图坐标单位（Units）：Meters。

③ 单击 Apply 按钮（将修改信息保存到虚拟世界文件 virtualworld.vwf）。

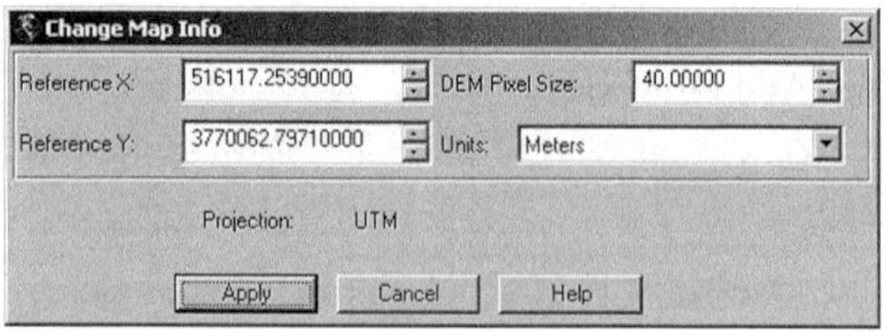

图 10-98　**Change Map Info 对话框**

（3）修改虚拟世界的投影信息（Change Projection）

在虚拟世界编辑器 World Info 栏目中单击 Projection Info|Change Projection 命令，打开 Projection Chooser 对话框。

① 选择地图投影类型（Projection Type）：UTM。

② 选择椭球体名称（Spheroid Name）：Clarke 1866。

③ 选择基准面名称（Datum Name）：NAD27。

④ 选择投影带编号（Zone Number）：11。

⑤ 确定南北半球（North or South）：North。

⑥ 单击 OK 按钮（将修改信息保存到虚拟世界文件 virtualworld.vwf）。

第 4 步：向虚拟世界加载栅格数据（Add Raster Overlay Layer）

在 Virtual World Editor 菜单条中单击 Edit|Add Raster Overlay Layer 命令，打开 Select Layer To Add 对话框；或者在 Virtual World Editor 工具条中单击 Add Raster Overlay Layer 图标，打开 Select Layer To Add 对话框

在 Select Layer To Add 对话框中设置下列参数。

① 确定文件目录（Look in）：examples

② 选择文件类型（Files of type）：IMAGINE Image（*.img）

③ 确定文件名称（File name）：XS_truecolor_sub.img。

④ 单击 Raster Options 标签，进入 Raster Options 选项卡，设置选择项参数（图 10-99）。

⑤ 确定图像显示类型：Raster Overlay。

⑥ 确定图像显示方式(Display as)：True Color。

⑦ 确定图像波段组合：Red: 3 / Green: 2 / Blue: 1。

⑧ 选择向虚拟世界 Copy 数据：Copy Source Data To World。

⑨ 单击 OK 按钮(栅格数据被加载到虚拟世界编辑器)。

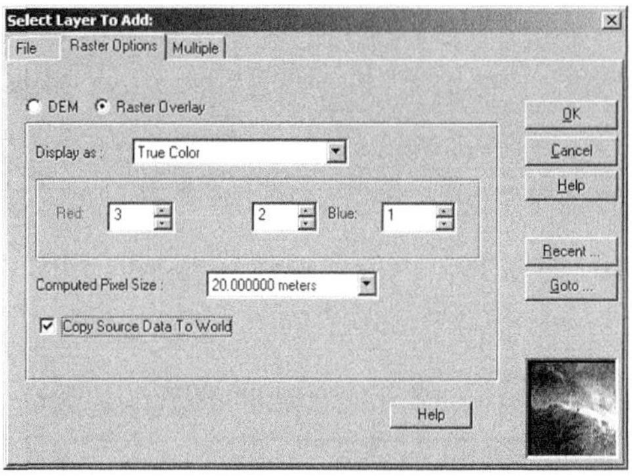

图 10-99 Select Layer To Add 对话框（Raster Options 选项卡）

说 明

图像文件加载到虚拟世界编辑器后，系统随即自动显示栅格项目数据表，其中包括栅格叠加层的名称、图像波段组合、波段数、像元大小、图像所跨的分区数目、数据是否复制到虚拟世界中等信息，其中图像波段组合、像元大小等可以编辑。

第 5 步：向虚拟世界加载矢量数据（Add Vector Layer）

在 Virtual World Editor 菜单条中单击 Edit|Add Vector Layer 命令，打开 Select Layer To Add 对话框；或者在 Virtual World Editor 工具条中单击 Add VectorLayer 图标，打开 Select Layer To Add 对话框。

在 Select Layer To Add 对话框中设置下列参数。

① 确定文件目录（Look in）：examples \ virtualgis。

② 选择文件类型（Files of type）：Arc Coverage。

③ 确定文件名称（File name）：bldgs。

④ 单击 Vector Options 标签，进入 Vector Options 选项卡，设置选择项参数（图 10-100）。

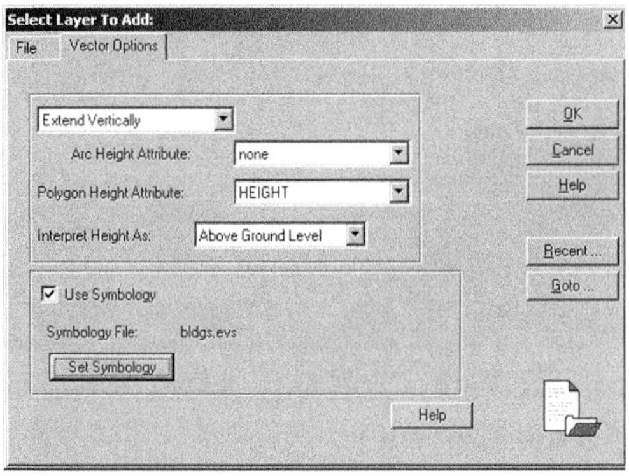

图 10-100 Select Layer To Add 对话框（Vector Options 选项卡）

a. 确定矢量显示类型：Extend Vertically。

b. 确定线划高度属性（Arc Height Attribute）：none。

c. 确定多边形高度属性（Polygon Height Attribute）：HEIGHT。

d. 选择使用符号显示矢量图形：Use Symbology。

e. 选择矢量图形符号文件（Symbology File）：bldgs.evs。

⑤ 单击 OK 按钮（矢量数据被加载到虚拟世界编辑器）。

说明 1

矢量 Coverage 被加载到虚拟世界编辑器后，系统随即自动显示矢量栏目数据表，其中包括矢量数据层名称、符号文件（*.evs）、矢量数据在 VirtualGIS 中的显示状态等信息，其中符号文件、显示状态等属性是可以编辑的。

说明 2

上述操作所加载的矢量数据属于有高度属性的多边形，将来在 VirtualGIS 中显示为建筑体（楼房），因而在 Vector Options 选项卡中选择 Extend Vertically 显示类型；如果要将 Arc 或 Polygon 叠加在栅格图像上，则应该选择 Drape Polygons / Arcs 显示类型。用户可以采用类似的过程，将矢量数据 Streets 加载到虚拟世界中，该文件所包含的是街道数据，应该以 Drape Polygons / Arcs 显示类型进行叠加。

第 6 步：向虚拟世界加载注记文件（Add Annotation Layer）

在 Virtual World Editor 菜单条中单击 Edit|Add Annotation Layer 命令，打开 Select Layer To Add 对话框；或者在 Virtual World Editor 工具条中单击 Add Annotation Layer 图标，打开 Select Layer To Add 对话框。

在 Select Layer To Add 对话框中设置下列参数（应用 VirtualGIS 练习中生成的注记文件）。

① 确定文件目录（Look in）：examples。

② 选择文件类型（Files of type）：Annotation（*.ovr）。

③ 确定文件名称（File name）：virtualannotat.ovr。

④ 单击 Annotation Options 标签，进入 Annotation Options 选项卡，设置选择项：

⑤ 确定数据显示类型：Drape Polygons / Polylines。

⑥ 单击 OK 按钮（注记数据被加载到虚拟世界编辑器）。

说　明

注记文件加载到虚拟世界编辑器后，系统随即自动打开注记栏目数据表，其中包括注记文件名、叠加显示状态、所占分区数及详细路径信息等。

第 7 步：查看分区信息及分区显示工具（Sector Contents）

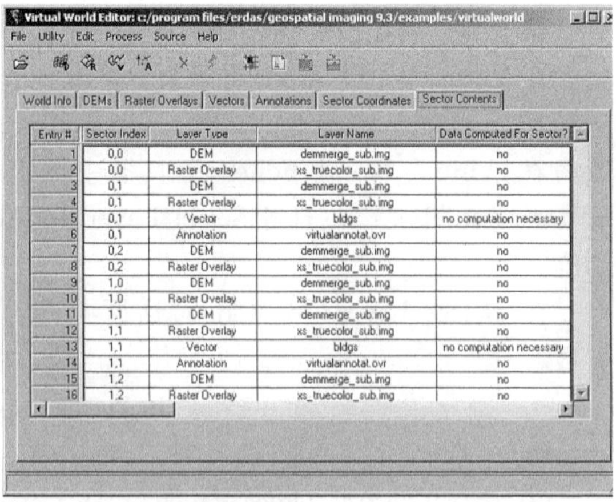

图 10-101 虚拟世界编辑器（Sector Contents 选项卡）

在 Virtual World Editor 栏目区中单击 Sector Contents 标签，显示分区信息（图 10-101）；或者在 Virtual World Editor 菜单条中单击 Utility|Display Sector View Tool 命令，打开 Sector View for virtualword 视窗（图 10-102）。

① Sector View 视窗显示虚拟世界中所有数据分区及其编号。

② 在虚拟世界编辑器中单击 DEMs 标签，Sector View 显示 DEM 数据。

③ 在 DEMs 栏目数据表中选择 DEM 文件，Sector View 视窗中相应的 DEM 分区也被选定，以高亮度显示。

④ 单击 Close 按钮（关闭 Sector View for virtualword 视窗）。

第 8 步：建立虚拟世界的拓扑关系（Build All）

在 Virtual World Editor 菜单条中单击 Process|Build All 命令。

系统将对 virtualworld.vwf 文件中所有的数据层建立拓扑关系，这一过程需要一定的运行时间。

至此，一个包含多层数据、具有多分辨率特性的虚拟世界就建立起来了。对于虚拟世界的三维显示等空间操作，将在下一节中详细介绍。

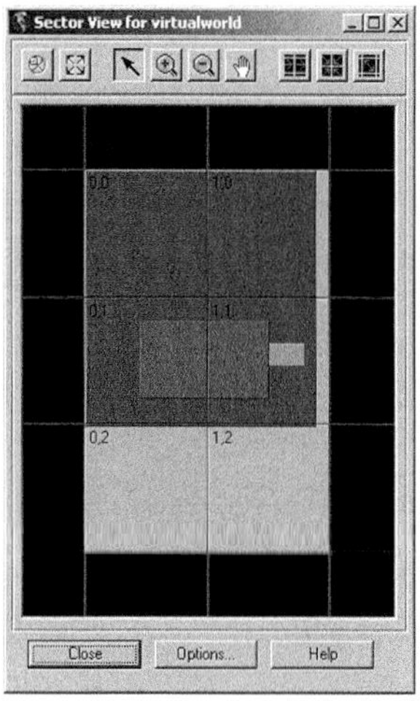

图 10-102 **Sector View for virtualword 视窗**

10.8.3 虚拟世界的空间操作

1. 虚拟世界的多分辨率显示（Display in Multi-resolution）

本小节将在 VirtualGIS 三维视窗中显示上一小节所创建的虚拟世界 virtualworld.vwf。

第 1 步：打开虚拟世界（Open Virtual World）

在 ERDAS IMAGINE 图标面板中单击 VirtualGIS 图标|VirtualGIS Viewer 命令，打开 VirtualGIS 视窗；或者在 VirtualGIS 视窗菜单条中单击 File|Open|Virtual World 命令，打开 Select Layer To Add 对话框。

在 Select Layer To Add 对话框中设置下列参数。

① 确定文件目录（Look in）：examples。

② 选择文件类型（Files of type）：Virtual World（*.vwf）。

③ 确定文件名称（File name）：virtualworld.vwf。

④ 单击 Options 标签，进入 Options 选项卡，设置选择项。

a. 选择显示栅格数据层：Display Raster Layer。

b. 选择显示矢量数据层：Display Vector Layer。

c. 选择显示注记数据层：Display Annotation Layer。

⑤ 单击 OK 按钮（VirtualGIS 视窗中显示虚拟世界文件）。

第 2 步：调整三维视景特性（Adjust Scene Properties）

在 VirtualGIS 视窗菜单条中单击 View|Scene Properties 命令，打开 Scene Properties 对话框。

① 单击 Background 标签，进入 Background 选项卡。

② 选择背景类型（Background Type）：Image。

③ 确定背景图像（Image File Name）：Sky.img。

图 10-103 **VirtualGIS 视窗中的虚拟世界（调整之后）**

④ 单击 Apply 按钮（应用背景图像设置，VirtualGIS 视窗如图 10-103 所示）。

⑤ 单击 Close 按钮（关闭 Scene Properties 对话框，完成视景特性调整）。

2. 虚拟世界的数据查询（Query Data in a Virtual World）

下面要查询的是包含在虚拟世界中的矢量数据。

第 1 步：确定查询对象（Determine Query Object）

在 VirtualGIS 视窗菜单条中单击 View|Arrange Layers 命令，打开 Arrange Layers for dem.img 工具（图 10-104）。

① 选择“显示分区边框”：Show Bounding Boxes，（虚拟世界中的分区边框立即显示在 VirtualGIS 视窗中（图 10-105））。

② 单击 Next DEM 按钮：选择另一个 DEM 分区，直到所有的 Vector 数据层（bldg, streets）都显示在 Feature Layers 中为止（图 10-104）。

③ 取消选中 Show Bounding Boxes 复选框，取消分区边框显示。

④ 单击 Close 按钮（关闭 Arrange Layers for dem.img 工具）。

第 2 步：矢量数据查询（Query Vector Attributes）

在 VirtualGIS 视窗菜单条中单击 Vector|Attributes 命令，打开 Attributes for Vector Layer 编辑器（图 10-106）。

在 Attributes for Vector Layer 编辑器中进行条件查询。

① 在 Record 列右击，弹出快捷菜单，单击 Criteria 命令。

② 打开 Selection Criteria 对话框，在对话框中确定选择条件。

a. 在 Columns 栏：单击选择 HEIGHT 属性项。

b. 在 Compares 栏：单击选择大于号“>”。

c. 键盘输入属性数值：150。

d. 在 Criteria 栏：形成“$” HEIGHT “> 150” 选择条件。

e. Select（按条件进行选择）。

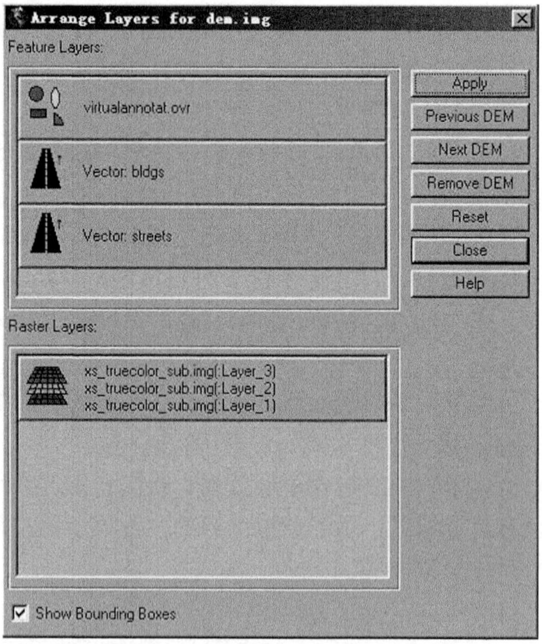

图 10-104 **Arrange Layers for dem.img 工具**

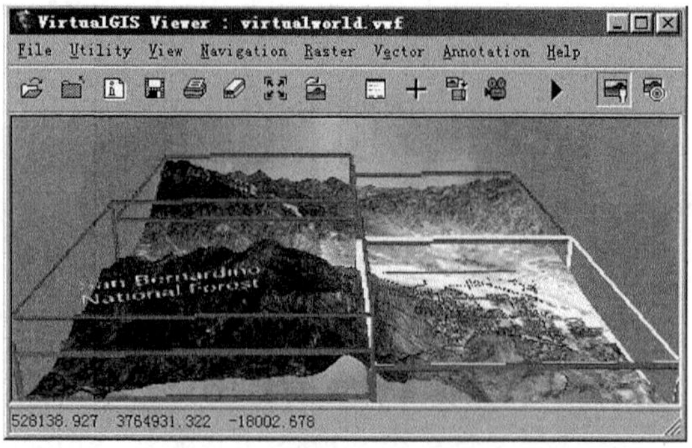

图 10-105 **VirtualGIS 视窗中的虚拟世界（显示分区边框）**

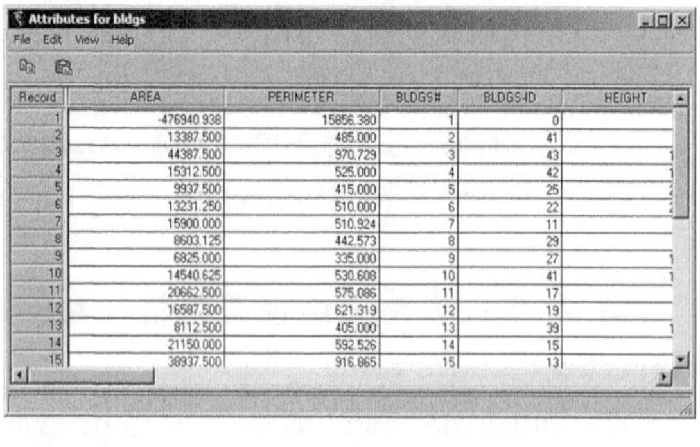

图 10-106 **Attributes for Vector Layer 编辑器**

③ HEIGHT 大于 150 的多边形记录被选择，在属性编辑器中发亮（黄色）。

④ 被选择的多边形（建筑物）在 VirtualGIS 视窗中同样发亮显示（黄色）。

⑤ 单击 Close 按钮（关闭 Selection Criteria 对话框）。

⑥ 单击 File|Close 按钮（关闭 Attributes for Vector Layer 编辑器）。

10.9 空间视域分析

空间视域分析（Spatial Viewshed Analysis）可以让用户通过在二维视窗中定义观测者的位置来确定观测者在 DEM 上的可视范围，观测者的高度（height）和视程（visible range）是可以调整的。该功能对于城市小区规划中建筑物高度及其通视性规划、通讯大厦及广播电视发射塔的设计、新型商业网点服务范围的分析等，都是非常有意义的。下面将以新建的虚拟世界为基础进行空间视域分析。

10.9.1 视域分析数据准备

第 1 步：新建一个虚拟世界（Create a Virtual World）

在 ERDAS 图标面板菜单条中单击 Main|VirtualGIS 命令，打开 VirtualGIS 菜单（图 10-1）；或者在 ERDAS 图标面板工具条中单击 VirtualGIS 图标命令，打开 VirtualGIS 菜单（图 10-1）。

① 单击 Virtual World Editor 按钮。

② 打开 Open or Create a Virtual World 对话框，单击 New 按钮。

③ 打开 Select Name For New World 对话框。

在 Select Name For New World 对话框中设置下列虚拟世界文件参数。

① 确定文件目录（Look in）：examples。

② 选择文件类型（Files of type）：Virtual World（*.vwf）。

③ 确定文件名称（File name）：vs_world.vwf。

④ 单击 OK 按钮（产生一个虚拟世界文件，并打开虚拟世界编辑器）。

第 2 步：向虚拟世界加载 DEM 数据（Add DEM Layer）

在 Virtual World Editor 菜单条中单击 Edit|Enable Editing 命令，使虚拟世界进入可编辑状态，在 Virtual World Editor 菜单条中单击 Edit|Add DEM Layer 命令，打开 Select Layer To Add 对话框；或者在 Virtual World Editor 工具条中单击 Add DEM Layer 图标命令，打开 Select Layer To Add 对话框。

在 Select Layer To Add 对话框中设置下列参数。

① 确定文件目录（Look in）：examples。

② 选择文件类型（Files of type）：IMAGINE Image（*.img）。

③ 确定文件名称（File name）：Seattle_dem.img。

④ 单击 Raster Options 标签，进入 Raster Options 选项卡，设置选择项。

a. 确定数据类型：DEM。

b. 确定高程单位（Elevation Units）：Meters。

c. 选择向虚拟世界 Copy 数据：Copy Source Data To World。

⑤ 单击 OK 按钮（DEM 被加载到虚拟世界编辑器）。

第 3 步：建立虚拟世界的拓扑关系（Build All）

在 Virtual World Editor 菜单条中单击 Process|Build All 命令。

系统自动建立拓扑关系，使 DEM 可以按多分辨率叠加显示。

第 4 步：VirtualGIS 中显示虚拟世界（Open Virtualworld in VirtualGIS）

在 Virtual World Editor 栏目区中单击 Sector Contents 标签。

① 系统自动显示分区信息数据表。

② 在表中 Entry# 列：选择 Seattle_dem.img 数据层（DEM）。

③ 在 Virtual World Editor 工具条中单击 Open Layers in VirtualGIS 图标。

④ 系统打开 VirtualGIS 视窗，并显示多分辨率 DEM 数据层（图 10-107）。

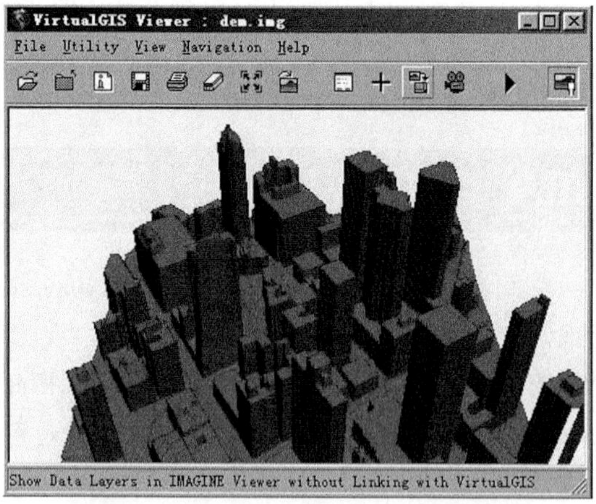

图 10-107 VirtualGIS 视窗中的虚拟世界（调整背景之后）

第 5 步：调整三维显示详细程度（Level of Detail Control）

在 VirtualGIS 视窗菜单条中单击 View|Level of Detail Control 命令，打开 Level Of Detail 对话框。

① 调整 DEM 显示的详细程度(DEM LOD（%）)：100。

② 调整栅格数据显示的详细程度（Raster LOD（%））：100。

③ 单击 Apply 按钮（应用显示详细程度参数调整）。

④ 单击 Close 按钮（关闭 Level Of Detail 对话框）。

第 6 步：二维视窗中显示虚拟世界（Display Virtualworld in 2D Viewer）

在 VirtualGIS 视窗工具条中单击 Load Displayed Data to 2D Viewer 图标，打开 IMAGINE 二维视窗，并显示 Seattle_dem.img（图 10-108）。

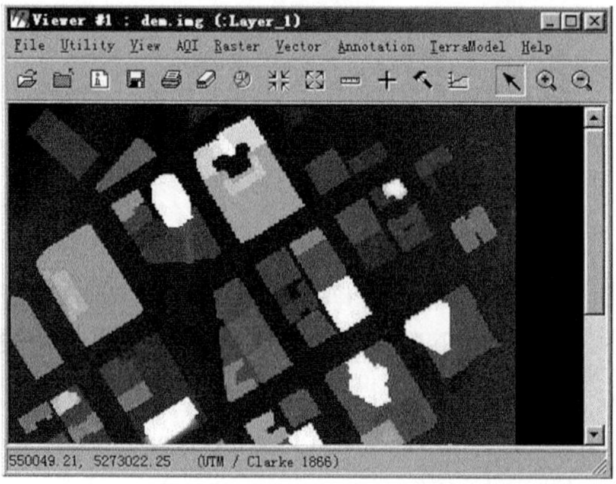

图 10-108 IMAGINE 二维视窗中的虚拟世界

10.9.2 生成多层视域数据

第 1 步：生成第一层视域数据（Create First Viewshed Layer）

在 ERDAS IMAGINE 图标面板中单击 VirtualGIS 图标|Create Viewshed Layer 命令，打开 Viewer Selection Instructions 指示器（图 10-109）。

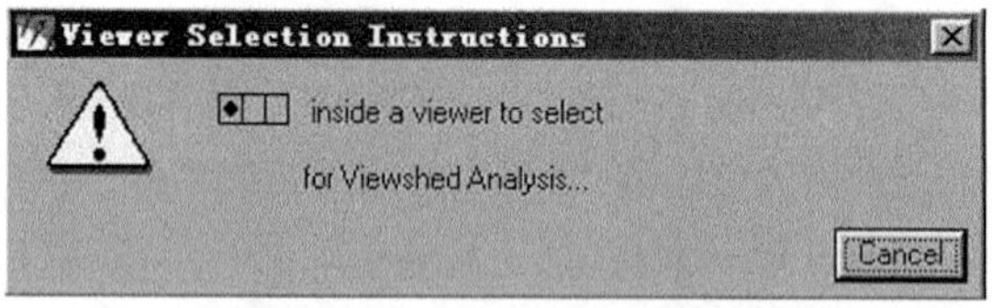

图 10-109 Viewer Selection Instructions 指示器

① 在显示虚拟世界的二维视窗中单击，指示生成视域的视窗。

② 打开 Viewshed 窗口（图 10-110），并在二维视窗中显示观测者位置。

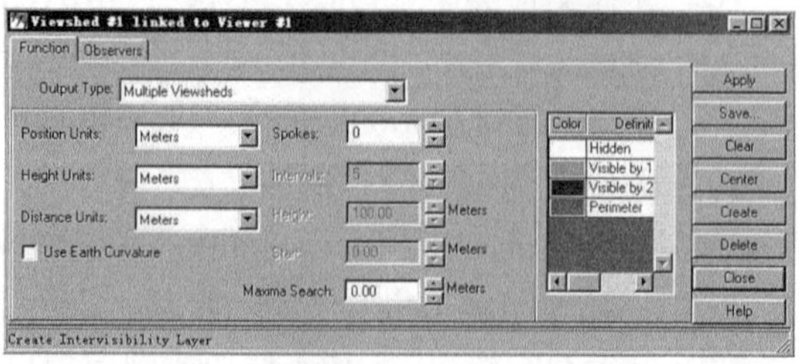

图 10-110 Viewshed 窗口（Function 选项卡）

③ 在 Viewshed 窗口中设置下列参数。

a. 在 Function 选项卡中选择输出类型(Output Type): Multiple Viewsheds; 位置单位(Position Units): Meters; 高度单位 (Height Units): Meters; 距离单位 (Distance Units): Meters。

b. 在 Observers 选项卡中选择平面位置: X : 549901.00 / Y : 5273207.00; 高度位置: ASL : 300.00 / AGL : 70.00; 视程范围 (Range): 200.00; 视域范围 (FOV): 360.00。

④ 单击 Apply 按钮 (应用视域参数设置, 生成第一个视域层, 并显示在二维视窗)。

第 2 步: 生成第二层视域数据 (Create Second Viewshed Layer)

Viewshed 窗口中单击 Create 按钮。

① 一个新的观测者添加在 Observers 表格和二维视窗中。

② 在 Viewshed 窗口中设置下列参数 (图 10-111)。

③ 在 Observers 选项卡: 平面位置: X : 550027.00 / Y : 5272981.00; 高度位置: ASL : 325.00 / AGL : 119.00; 视程范围 (Range): 225.00; 视域范围 (FOV): 360.00。

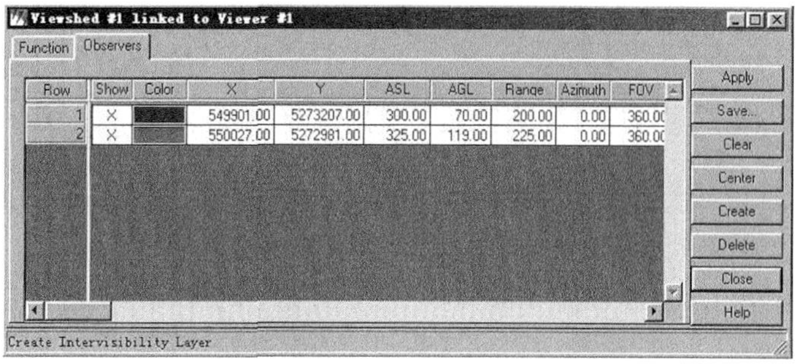

图 10-111 **Viewshed 窗口 (Observers 选项卡)**

④ 单击 Apply 按钮 (应用视域参数设置, 生成第二个视域层, 并显示在二维视窗)。

⑤ 先后两个视域层的通视性及其关系在二维视窗中的显示如图 10-112 所示。

在图 10-112 中, 红色圆形范围线表示观测者的视域范围, 视域范围内的深蓝色表示位于两个观测者视域范围内的建筑物, 而浅蓝色表示只能被其中一个观测者看到的建筑物; 而本底色 (DEM 本身的颜色) 区域表示观测者看不到的盲区。

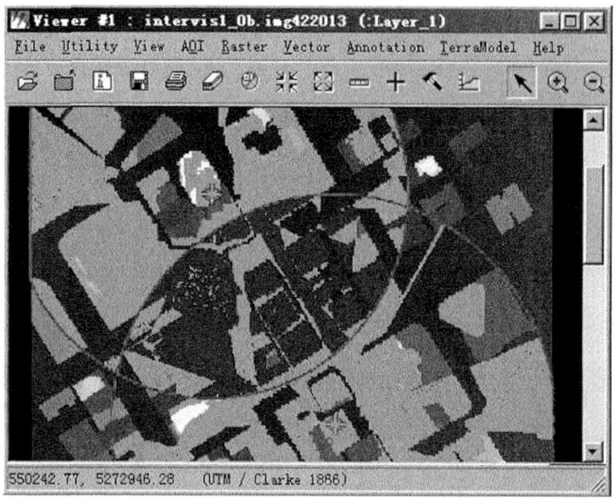

图 10-112 **两个视域层在二维视窗中的关系 (局部)**

第 3 步: 在 VirtualGIS 视窗观测视域 (Viewer Viewshed in VirtualGIS)

要在 VirtualGIS 三维视窗中显示视域, 首先必须将三维视窗与二维视窗连接起来, 然后按照两个观测点的关系相互显示其视域状况。

在 VirtualGIS 菜单条中单击 View | Link / Unlink Viewer 命令, 打开 Viewer Selection Instructions 指示器。

① 在包含视域的二维视窗中单击, 连接二维视窗与三维视窗。

② 二维视窗中出现定位工具 (Positioning Tool), 包括 Eye 和 Target。

③ 将 Eye 移到第一个视域中心点、Target 移到第二个视域中心点。

④ VirtualGIS 视窗将在一段漫游后显示第一个视域范围的三维视景。

⑤ 将 Eye 移到第二个视域中心点、Target 移到第一个视域中心点。

⑥ VirtualGIS 视窗将在一段漫游后显示第二个视域范围的三维视景。

⑦ 单击 File|Close 命令（关闭 IMAGINE 二维视窗）。

⑧ 单击 File|Close 命令（关闭 VirtualGIS 三维视窗）。

第 4 步：保存视域分析数据（Save Viewshed Image）

在 Viewshed 对话框中单击 Save 按钮，打开 Save Viewshed Image 对话框。

① 确定文件目录：examples。

② 确定文件名称（Viewshed Files）：vs_tour.img。

③ 单击 OK 按钮（关闭 Save Viewshed Image 对话框，保存视域图像文件）。

④ 单击 Close 按钮（关闭 Viewshed 窗口）。

10.9.3 虚拟世界视域分析

1. 虚拟世界三维视域显示（Display Viewshed in Virtual World）

本节将首先把二维视域分析图像加载到虚拟世界中，然后在 VirtualGIS 视窗中显示三维视域分析结果。在 VirtualGIS 三维视窗中，视域范围的颜色与二维视窗（图 10-112）中的意义相同。

第 1 步：进入虚拟世界（Open a Virtual World）

在 ERDAS 图标面板菜单条中单击 Main|VirtualGIS 命令，打开 VirtualGIS 菜单（图 10-1）；或者在 ERDAS 图标面板工具条中单击 VirtualGIS 图标，打开 VirtualGIS 菜单（图 10-1）。

① 单击 Virtual World Editor 按钮。

② 打开 Open or Create a Virtual World 对话框（图 10-95），单击 Open 按钮。

③ 打开 Select World To Open 对话框。

④ 确定文件目录（Look in）：examples。

⑤ 选择文件类型（Files of type）：Virtual World（*.vwf）。

⑥ 确定文件名称（File name）：vs_world.vwf。

⑦ 单击 OK 按钮（进入虚拟世界 vs_world.vwf，并打开虚拟世界编辑器）。

第 2 步：加载视域文件（Add Viewshed Layer）

在 Virtual World Editor 菜单条中单击 Edit|Add Raster Layer 命令，打开 Select Layer To Add 对话框，单击 Recent 按钮。

① 确定视域文件（File name）：vs_tour.img。

② 设置栅格选择项（Raster Options）。

③ 确定数据显示类型：Raster Overlay。

④ 确定数据显示方式（Display as）：Pseudo Color。

⑤ 选择向虚拟世界 Copy 数据：Copy Source Data To World。

⑥ 单击 OK 按钮（视域文件被加载到虚拟世界编辑器）。

第 3 步：建立拓扑关系（Build All Raster Overlays）

在 irtual World Editor 菜单条中单击 Process 命令，打开 Build All Raster Overlays。

系统自动建立拓扑关系，将视域文件 vs_tour.img 集成到虚拟世界 vs_world.vwf 中。

第 4 步：三维视域显示（Open Viewshed in VirtualGIS）

在 Virtual World Editor 栏目区中单击 Sector Coordinates 标签。

① 系统自动显示分区坐标数据表。

② 在表中 Sector# 列：选择第 4 分区（DEM Computed）。

③ 在 Virtual world Editor 工具条中单击 Open Layers in VirtualGIS 图标。

④ 系统打开 VirtualGIS 视窗，并显示 vs_world.vwf 三维视域（图 10-113）。

在 Virtual World Editor 菜单条中单击 File | Close 命令（关闭虚拟世界编辑器）。

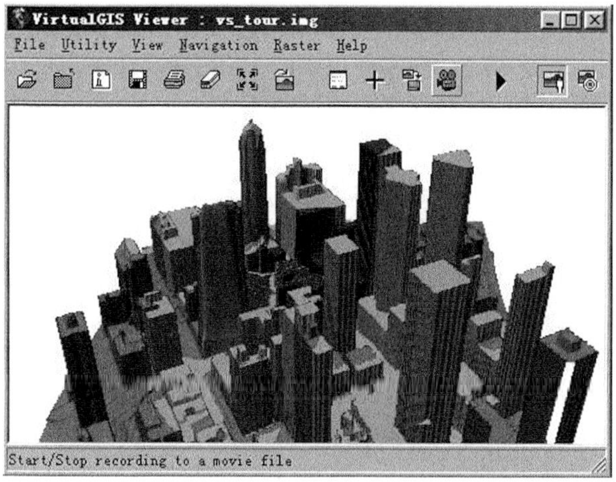

图 10-113 VirtualGIS 三维视域显示（调整特性后）

第 5 步：调整视景特性（Adjust Scene Properties）

在 VirtualGIS 菜单条中单击 View | Scene Properties 命令，打开 Scene Properties 对话框。

① 在 DEM 选项卡中选择 Always Render DEM。

② 在 Background 选项卡中设置 Background Color 为白色。

③ 单击 Apply 按钮（应用设置参数，VirtualGIS 视窗中三维视景随即变化）。

④ 单击 Close 按钮（关闭 Scene Properties 对话框，结束视景特性调整）。

⑤ 最后的三维视域显示如图 10-113 所示。

2. 虚拟世界三维视域查询（Query Viewshed in Virtual World）

本节将通过 Raster Attributes Editor（栅格属性编辑器）在虚拟世界中查询视域数据。

第 1 步：数据查询准备（Prepare Query Data）

在 VirtualGIS 菜单条中单击 Raster | Attributes 命令，打开 Raster Attributes Editor 对话框。

① 单击 Edit | Add Class Names 命令。

② Raster Attributes 中增加一个名为 Class Names 的数据项。

③ 输入 Class Names 数据项的取值。

a. Row 1：Perimeter / Row 2：Hidden Region。

b. Row 3：Visible by 1 / Row 4：Visible by 2。

④ 单击 Edit | Add Area Column 命令，打开 Add Area Column 对话框。

a. 确定字段名（Name）：Area。

b. 确定面积单位(Units)：Hectares。

⑤ 单击 OK 按钮（Raster Attributes 中增加一个名为 Area 的数据项）。

⑥ 单击 Edit | Column Properties 命令，打开 Column Properties 对话框。

⑦ 通过 Up / Down 按钮调整 Column 栏目下属性字段的排列顺序。

⑧ 形成图 10-114 所示的栅格数据属性表（视域分析数据表）。

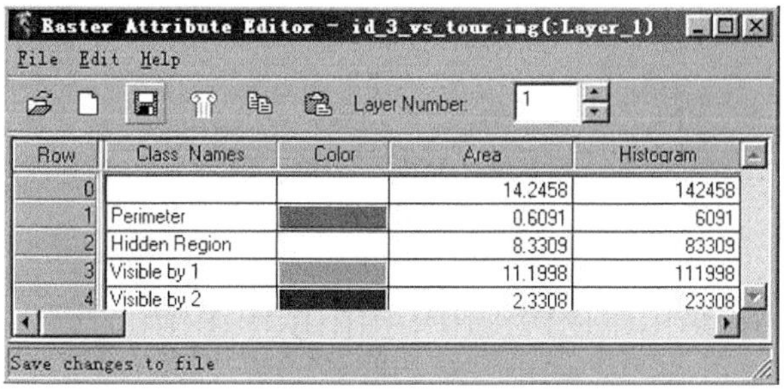

图 10-114 视域分析图像栅格数据属性表

⑨ 单击 OK 按钮（关闭 Column Properties 对话框）。

⑩ 单击 File | Save 命令（保存对栅格属性表的编辑）。

视域分析图像栅格数据属性表所列出的数据，就是 VirtualGIS 视窗中所显示的视域的可视区域、遮挡区域、共同视域范围的面积大小和像元数及其三维显示颜色。

第 2 步：三维视域查询（Query Viewshed Attributes）

在 VirtualGIS 菜单条中单击 Navigation|Navigation Mode 命令，打开 Selection（选择导航模式）；或者在 VirtualGIS 菜单条中单击 Utility|Inquire Cursor 命令，打开 VirtualGIS Viewer 查询框（图 10-115）。

① VirtualGIS 视窗中同时出现十字查询光标（图 10-116）。

② 在 VirtualGIS 视窗中移动十字光标，视域信息就显示在查询框中；（包括查询点的三维坐标、属性值、通视状况、显示颜色等信息）。

③ 单击 Close 按钮（关闭查询框，结束三维视域查询）。

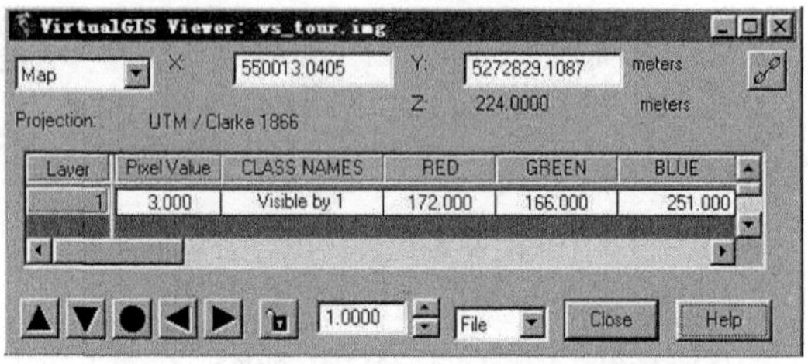

图 10-115 VirtualGIS Viewer 查询框

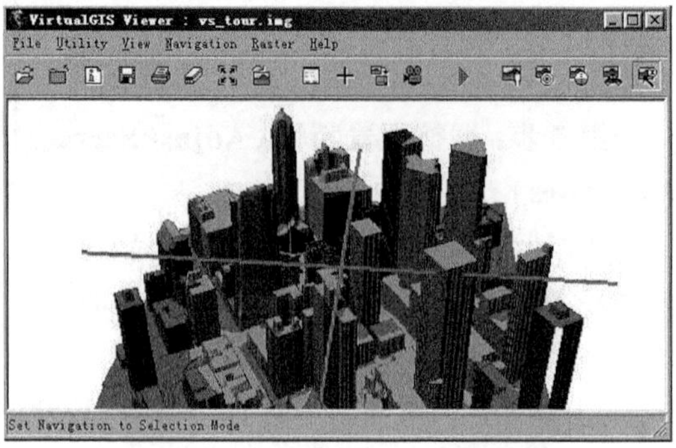

图 10-116 VirtualGIS 三维视域查询

10.10 设置 VirtualGIS 默认值

VirtualGIS 默认值的设置，对于 VirtualGIS 功能的执行和数据的三维显示都有影响。

10.10.1 默认值设置环境

在 ERDAS 图标面板菜单条中单击 Session|Preferences 命令，打开 Preference Editor 窗口（图 10-117）。

① 选择默认值设置类型（Category）：VirtualGIS。

② 进入 VirtualGIS 默认值设置环境（Preference Editor）。

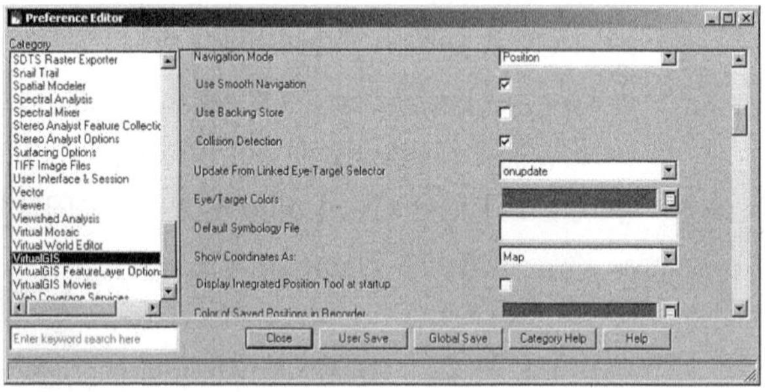

图 10-117 Preference Editor 窗口

10.10.2 默认值设置选项

在 Preference Editor 窗口中选择 VirtualGIS 类型（Category）之后，其右侧就列出了所有 VirtualGIS 的默认值设置选项（Preference Items），共有 51 项，具体内容介绍如下。

（1）New Windows Appear On——定义 VirtualGIS 工程的显示窗口，默认值为 default，即在已打开的视窗中显示。

（2）Navigation Mode——设置 VirtualGIS 导航的默认模式，系统默认模式为 Position。

（3）Use Backing Store——只允许部分被遮挡的视景刷新显示，例如操作菜单遮挡消失后刷新显示：如果操作菜单遮挡了视景，当菜单关闭时，仅被遮挡的那部分视景重新显示。对于速度较快的系统，该项参数应该设置为 Off，系统默认值为 Off。

（4）Collision Detection——冲突探测，为了避免在 VirtualGIS 航行中与地形表面发生碰撞，如果该项参数设为 Off，VirtualGIS 的操作速度会加快，这项参数可以通过视景特性对话框（Scene Properties Dialog）进行改变，系统默认值为 On。

（5）Update From Eye-Target Selector——设置当 VirtualGIS 视窗中视点/目标（Eye/Target）选择器释放后，VirtualGIS 视景随即更新显示，或者通过选择更新显示 View|Update Display 来更新显示，系统默认值为 onupdate（随即更新显示）。

（6）Eye/Target Colors——确定与 VirtualGIS 相关联的 IMAGINE 二维视窗中视点/目标选择工具的显示颜色，系统默认值为 Red（红色）。

（7）Default Symbology File——设置符号文件的路径与文件名，用于显示矢量图形。没有该项系统设置默认，用户可以根据自己的工作需要预先设置。

（8）Show Coordinates As——确定位置编辑器、位置记录器及飞行路线编辑器中显示观测者位置的坐标类型，系统默认值为 Map（地图坐标）。

（9）Color of Saved Positions in Recorder——确定位置记录器中保存的位置在 VirturalGIS 中的显示颜色，系统默认值为 Red（红色）。

（10）Color of Flight Path——定义在飞行路线编辑器中所建立的飞行路线在 VirtualGIS 中的显示颜色，系统默认值为 Red（红色）。

（11）Always Render Elevation Modes——选择 VirtualGIS 中 DEM 是否总以三维方式显示，该项选择也可以在视景特性对话框中改变，系统默认值为 Off。

（12）Heads-Up-Display Color——确定 VirtualGIS 中抬头飞行显示（HUD）的颜色，系统默认值为 Red（红色）。

（13）Background Display Type——定义 VirtualGIS 三维视景的默认背景显示效果。系统默认状态为 Solid（单一色），另外两种背景显示效果是 Faded（渐变色）和 Image（图像）。

（14）Solid Background Color——当 VirtualGIS 背景值设置为 Solid 时，通过此项定义背景颜色，系统默认值为 Black（黑色）。

（15）Faded Background Start Color——当 VirtualGIS 背景值设置为 Faded 时，通过此项定义地平线上天空的背景颜色，系统默认值为 White（白色）。

（16）Faded Background End Color——当 VirtualGIS 背景值设置为 Faded 时，通过此项定义天际线上天空的背景颜色，系统默认值为 Light Blue（淡蓝色）。

（17）Faded Background Ground Color——当 VirtualGIS 背景值设置为 Faded 时，通过此项定义地面的本底颜色，系统默认值为 Dark Green（深绿色）。

（18）Use Ground Color in Faded Background——当 VirtualGIS 背景值设置为 Faded 时，通过此项定义使用地面颜色作为背景颜色，系统默认值为 Off。

（19）Fade Ground Color Into Horizon——当 VirtualGIS 背景值设置为 Faded 时，通过此项定义背景颜色水平变化，系统默认值为 On。

（20）Faded Background Range in Degrees——当 VirtualGIS 背景值设置为 Faded 时，通过此项定义背景颜色水平变化范围，系统默认值为 20 Degrees。

（21）Image Background Filename——当 VirtualGIS 背景值设置为 Image 图像时，通过此项输入背景栅格图像的路径及文件名称，系统没有此项默认值。

（22）Allow Stretched Scene——允许在不改变三维视景的前提下对 VirtualGIS 视窗尺寸进行调整，系统默认值为 Off。

（23）Distance From Point to Seek——在使用选择导航模式时，设置从距选择点多远的位置出发开始漫游，系统默认值为 300。

（24）Percentage of Distance to Seek——在使用选择导航模式时，设置从距离选择点百分之多少的位置出发开始漫游，系统默认值为 75%。

（25）Seek Using Distance——在使用选择导航模式时，使用距离而不是距离百分比来设置漫游距离，系统默认值为 Off。

（26）Intervisibility Observer Range in File Coordinates——设置通视性操作中观测者的视程范围（以像元单位表达），系统默认值为 200。

（27）Intervisibility Obsereer Size——设置通视性操作中观测者在视窗中的大小（以像元单位表达），系统默认值为 20。

（28）Intervisibility Dome Density——设置通视性操作中视域圆包（Dome）的密度（以像元单位表达），系统默认值为 100。

（29）Report Motion Performance Information——设置在 VirturalGIS 结束飞行时，是否在 IMAGINE Session Log 中显示所产生的视景帧量和所用的飞行时间等信息，根据上述数据可以计算出系统每秒中产生的视景帧数，系统默认值为 Off。

（30）Raster Tiling Quality——定义 VirtualGIS 视窗中多幅栅格图像之间接缝的显示质量，显示质量越高，显示速度就越慢，系统默认值为 good。

（31）Allow Color Fallback Mode——设置是否使用 Color Shaded 模式，这项选择会增加 VirtualGIS 运行的内存空间。如果内存的消耗是比较关注的问题，或者说用户不想使用退却模式（Fallback Mode），该参数应该为 Off，系统默认值为 On。

（32）Use Multi–Threading——设置 VirtualGIS 是否使用多进程（Multi-Threading）来分别处理文件的输入/输出和图形的输入/输出。如果 VirtualGIS 启动时有被停滞（Hang）的迹象，就应该将该参数置为 Off，系统默认值为 On。

（33）Use Display List Rendering——设置以单一分辨率显示三维视景，以提高三维显示速度，这样实质上失去了 VirtualGIS 的特征，系统默认值为 Off。

（34）Resampling Texture Using——设置对加载到 VirtualGIS 视窗中的栅格图像进行重采样处理的方法，系统默认值为 Linear Interpolation（线性插值方法）。

（35）Vector Line Width——设置矢量线划的显示宽度，线划越细，三维显示效果越差，系统默认值为 2。

（36）Use Texture MipMapping——设置使用纹理制图技术，即使用不同详细程度的多层次图像，以改善视景显示效果，但需要大量内存资源，系统默认值为 Off。

（37）Use Stencil Buffer For Draping——允许叠加在上层的线划和多边形以图案缓冲区方式显示；对于支持图案缓冲区的系统来说，叠加显示的线划和多边形的可视化质量有所提高，当使用 Polygon Offset for Draping 设置时，该默认值是非常有用的，系统默认值为 On。

（38）Use Polygon Offset for Draping——允许叠加显示的线划和多边形具有 OpenGL 的偏置（Offset）特征，对于支持多边形偏置特征的系统，叠加显示的线划及多边形具有改善的可视化效果。然而在某些系统上，该项设置会减慢 VirtualGIS 的运行。该项设置对于 Stencil Buffer 及其他 Polygon Offset 参数非常有意义，系统默认值为 Off。

（39）Polygon Offset Factor——根据每个目标对象的方向和距离对叠加显示的矢量数据应用偏置因子，这个因子必须是负数以便减小目标对象的深度，这对于 Polygon Offset Bias Units 设置非常有用，系统默认值为–10。

（40）Polygon Offset Bias Units——将深度缓冲区的初始值加到偏置因子中，以便处理图形硬件设备内在的取整误差（Round-off Error），从而使用较低的分辨率来表达深度值，这个值应该取负值以便减小目标对象的深度值。该设置与 Polygon Offset Factor 设置共同作用，系统默认值为–5。

（41）Use Elevation Angle LOD——当从正射的角度观测和显示 VirtualGIS 视景时，系统以较低的分辨率显示 DEM，默认值为 Off。

（42）Maximum Allowed Elevation Error——设置最大高程显示误差允许值，误差越大 VirtualGIS 运行越快，但三维显示效果越差，默认最大误差为 3。

（43）Force Texture Environment——强制使用图形卡的纹理分析内存，系统默认值为 Off。

（44）Disable Extensions——设置是否在 VirtualGIS 中调用一些 OpenGL 扩展功能，并非所有的系统均支持所有的外部文件，系统默认值为 Off。

（45）Use Texture Object Extension——是一个 OpenGL 扩展项，允许 VirtualGIS 调用图形卡的纹理分析内存。如果系统本身支持的话，这项设置会加快 VirtualGIS 的执行速度。这项设置可以单独开关，也可以通过 Disable Extension 选项设置开关，系统默认值为 On。

（46）Use Four Bit Texture Extension——是一个 OpenGL 扩展项，允许 VirtualGIS 使用 4b 的 RGB 显示图像，4b 的 RGB 图像显示较正常 8b 的 RGB 图像显示需要较少的颜色，同时也占用较少的纹理内存，从而加快 VirtualGIS 的运行速度。这项设置可以单独开关，也可以通过 Disable Extension 选项设置开关，系统默认值为 Off。

（47）Use Multi-Sampling Extension——是一个 OpenGL 扩展项，允许 VirtualGIS 在移动过程中，相关的人造景观图像同时移动。该设置可单独开关，也可通过 Disable Extension 选项设置开关，系统默认值为 Off。

（48）Use Color Table Extension——是一个 OpenGL 扩展项，允许 VirtualGIS 中的对比度工具（Contrast Tools）在处于 AutoApply 选项状态时自动影响图像显示。该设置可以单独开关，也可以通过 Disable Extension 选项设置开关，系统默认值为 Off。

（49）Use Filtering Extension——是一个 OpenGL 扩展项，允许 VirtualGIS 在对图像进行卷积滤波时进行优化处理。该设置可以单独开关，也可以通过 Disable Extension 选项设置开关，系统默认值为 Off。

（50）Show Colored Tiles——以彩色方式显示多幅栅格图像，系统默认值为 Off。

（51）Title of Hyper Link Attributes——超链接属性标题（字段名）。

10.10.3 保存默认值设置

默认值设置完成后，可以分别在两种水平上（用户范围和全局范围）保存设置。

在 Preference Editor 对话框中单击 User Save 按钮，默认值设置保存在当前用户环境中。

在 Preference Editor 对话框中单击 Global Save 按钮，默认值设置保存在整个系统环境中。

在 Preference Editor 对话框中单击 Close 按钮，关闭 Preference Editor 窗口，退出默认值设置环境。

第 11 章　空间建模工具

本章学习要点

- 空间建模工具的组成
- 图形模型的基本类型
- 图形模型的创建过程
- 模型生成器功能组成
- 空间建模操作过程
- 条件操作函数应用

11.1　空间建模工具概述

ERDAS IMAGINE 空间建模工具（Spatial Modeler）是一个面向目标的模型语言环境。在这个环境中，用户可以应用直观的图形语言在一个页面上绘制流程图，并定义图形分别代表输入数据、操作函数、运算规则和输出数据，一个空间模型就生成了。一个空间模型是由 ERDAS IMAGINE 空间模型组件构成的一组指令集，这些指令可以完成地理信息和图像处理的操作功能。

11.1.1　空间建模工具的组成

ERDAS IMAGINE 空间建模工具由空间建模语言（SML）、模型生成器（Model Maker）和空间模型库（Model Library）组成，3 个部分既相互关联，又相对独立。

（1）空间建模语言（Spatial Modeler Language）

空间建模语言是一种模型语言，是 ERDAS IMAGINE 中所有 GIS 分析和图像处理功能的基础，功能非常强大，可以为各种各样的应用编写空间程序模型（Script Model），使用程序模型，用户可以产生最适合自己数据特征和应用目标的算法。空间建模语言是模型生成器（Model Maker）使用的底层语言，执行形成的图形模型所设计的各种功能。

（2）模型生成器（Model Maker）

模型生成器是空间建模语言核心的图形界面，允许用户通过便于使用的面板工具来产生空间图形模型（Graphic Model）。图形模型可以运行、编辑、保存在模型库中，或者转换成 SML 程序模型，以便应用 SML 做进一步的编辑；图形模型还可以作为流程图打印输出，或直接插在用户的研究报告文档中。Model Maker 提供了 23 类共 200 多个函数和操作算子，可以操作栅格数据、矢量数据、矩阵、表格及分级数据。

（3）空间模型库（Model Library）

空间模型库由用于处理地理信息和遥感图像的空间模型组成，包括程序模型（*.mdl）和图形模型（*.gmd），前者是应用空间建模语言编写的，后者是应用模型生成器建立的，ERDAS 图像解译模块中的多数图像处理功能都对应着空间模型库中的一个图形模型。然而，集成在空间模型菜单中的 Model Librarian 菜单命令，只能对空间程序模型进行浏览、编辑、删除等操作，而不能操作空间图形模型，图形模型只能在模型生成器中编辑。

根据大多数用户的工作性质和需要，本章内容将集中在图形模型的建立与应用方面。

11.1.2 图形模型的基本类型

应用 Model Maker 所生成的图形模型都有一个共同的基本结构：输入→函数→输出，不同模型所包含的输入、函数、输出的数量可以发生变化，但整体的结构保持不变。当然，在模型可以运行之前，所有的组成部分必须彼此相连接（Connected to one Another）。

对上述空间模型的概念进行概括，可以把图形模型分为两个基本类型（Basic Types）：基本模型和复杂模型（图 11-1），左边的基本模型只由一个输入、一个函数、一个输出组成，而右边的复杂模型则由若干输入、若干函数、若干输出组成，特别是输入与输出是互相转化的。

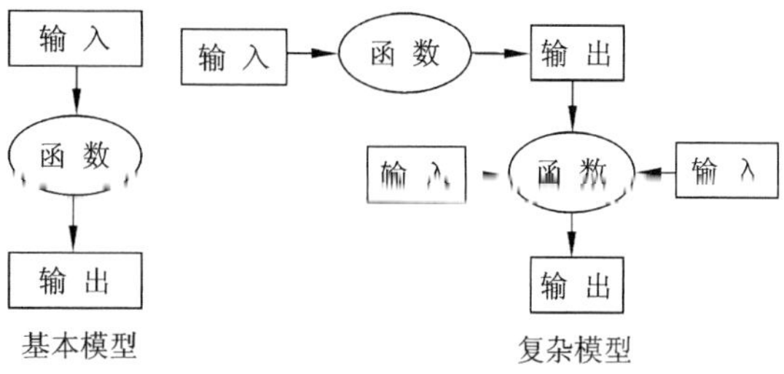

图 11-1 空间图形模型的基本类型

11.1.3 图形模型的创建过程

图形模型的创建过程（Setup Process）实质上也就是用户解决问题（Solving Problems）的过程。在借助模型生成器（Model Maker）创建图形模型时，通常需要经过 6 个基本的步骤（图 11-2）。

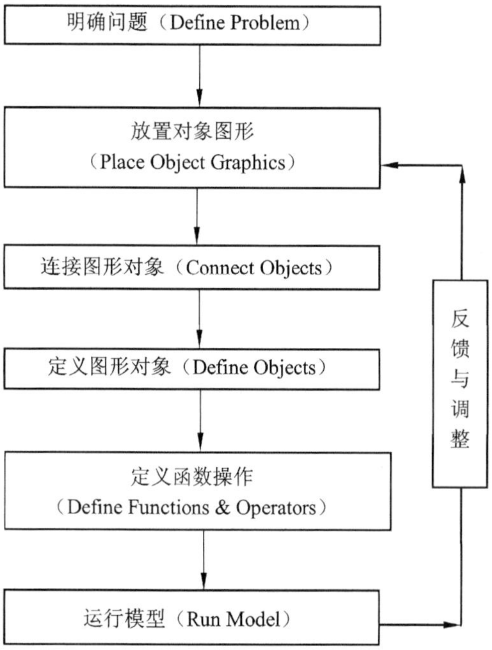

图 11-2 图形模型的创建过程

（1）明确问题（Define Problem）

当用户要使用 Model Maker 解决实际问题时，诸如场地选择、土地利用规划、资源管理等，用户首先必须明确问题的实质所在，不仅要明确需要解决的问题是什么，要达到的目标是什么，而且要明确解决问题的具体途径和所需要的数据支持。

（2）放置对象图形（Place Object Graphics）

在模型生成器中把各种输入、函数（操作）和输出都定义成图形语言（详见 11.2.2 节），不同的图形代表不同的操作对象和函数操作。用户需要根据上一步所确定的解决问题的目标和途径以及数据支持的情况，在模型生成器页面中放置意义不同的对象图形。

（3）连接图形对象（Connect Objects）

上一步所放置的对象图形目前还是相互独立的，是一个一个的空间模型要素，只有将所有对象图形有机地连接起来，才能组成一个完成的图形模型。当然，对象图形之间的连接是有前提的，如果两个图形无法连接，说明不符合连接的条件。

（4）定义图形对象（Define Objects）

每个对象图形都必须有确切的含义，应该从满足解决问题的需要出发确定对象图形的含义。只要双击对象图形就可以打开一个对话框，从中输入文件名或数据表及对应的参数设置。在模型可以运行之前，每一个对象图形都必须被定义。

（5）定义函数操作（Define Functions & Operators）

代表函数操作的对象图形是空间图形模型的关键，模型中各种输入和输出对象都必须以函数及操作图形为纽带有机地组织在一起。所以，定义函数操作的过程实质上是确定图形模型如何处理数据、组合功能、完成目标的过程。

（6）运行模型（Run Model）

如果前面的定义符合空间建模语言的规则，所建立的图形模型就可以运行了。当然，运行结果的正确与否则取决于输入对象的确定和函数操作的定义，如果结果不理想的话，可以进一步调整对象图形及其定义，修改模型结构，直到满意为止。

11.2 模型生成器功能组成

ERDAS IMAGINE 模型生成器（Model Maker）可以通过下列途径启动。

在 ERDAS 图标面板菜单条中单击 Main|Spatial Modeler 命令，打开 Spatial Modeler 菜单（图 11-3），单击 Model Maker 按钮，打开 Model Maker 视窗与工具面板（图 11-4）；或者在 ERDAS 图标面板工具条中单击 Modeler 图标，打开 Spatial Modeler 菜单（图 11-3），单击 Model Maker 按钮，打开 Model Maker 视窗与工具面板（图 11-4）。

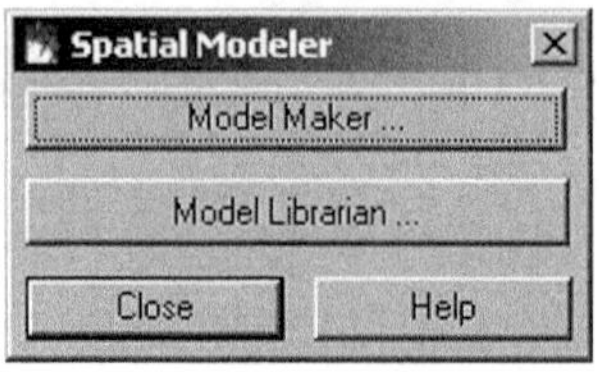

图 11-3 Spatial Modeler 菜单

如图 11-4 所示，模型生成器视窗由菜单条（Menu Bar）、工具条（Tool Bar）、图形窗口（Graphic Window）和状态条（Status Bar）4 部分组成。至于工具面板（Tool Palette），不过是编辑菜单中的一个组成部分。但由于工具面板集成了创建图形模型的所有工具，在整个图形模型建立过程中具有重要的作用，所以下面将对模型生成器的菜单条、工具条和工具面板分别进行介绍。

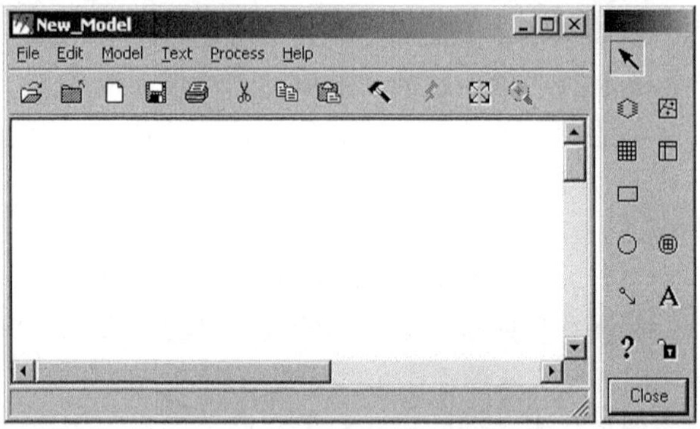

图 11-4 Model Maker 视窗与工具面板

11.2.1 模型生成器菜单命令

模型生成器的菜单（Model Maker Menu）包含了文件操作、编辑操作、模型操作、文字操作、运行操作和联机帮助 6 个下拉菜单，每一个下拉菜单又由一系列相关命令组成，所有命令及其功能如表 11-1 所列。

表 11-1 模型生成器菜单命令及其功能

命令	功能
File:	文件操作:
New	打开新的模型生成器视窗
Open	打开图形模型文件
Close	关闭当前模型生成器视窗
Save	保存图形模型
Save As	将图形模型存为新文件
Revert to Saved	返回到上一次保存状态
Page Setup	图形模型页面设置
Show Page Breaks	显示模型页面分割线
Print	打印图形模型
Close All	关闭所有模型生成器视窗
Edit:	编辑操作:
Cut	剪切所选对象图形
Copy	复制所选对象图形
Paster	粘贴所选对象图形
Clear	删除所选对象图形
Select All	选择所有对象图形
Invert Selection	反向选择对象图形
Properties	定义对象图形属性
Tools	打开工具面板
Model:	模型操作:
Set Cell Size	设置输出像元大小
Set Window	设置操作窗口功能
Set Projection	设置输出投影参数
Area of Interest	选择 AOI 区域
Snap to Grid	设置抓取视屏网格
Overview	让模型充满图形窗口
Optimize	优化组合图形模型块
Text:	文字操作:
Font	设置文字字体（6 种）
Size	设置文字大小（6 种）
Style	设置文字类型（4 种）
Process:	运行操作:
Run	运行图形模型
Generate Script	转换为 SML 程序
Help:	联机帮助:
Help for Model Maker	模型生成器联机帮助
Help for this Model	当前模型的联机帮助
Imagine Version	查看 IMAGINE 版本

11.2.2 模型生成器工具图标

模型生成器工具条（Model Maker Tool）中包含了 12 个常用的图形模型编辑工具图标（Tool

ICON)，其功能如表 11-2 所列。

表 11-2 模型生成器工具图标及其功能

图标	命令	功能	图标	命令	功能
	Open	打开图形模型		Copy	复制选择对象
	Close	关闭图形模型		Paster	粘贴对象图形
	New Window	打开模型生成器视窗		Tools	打开工具面板
	Save	保存图形模型		Run	运行图形模型
	Print	打印图形模型		Overview	模型充满图形窗口
	Cut	剪切选择对象		Zoom In	以点为中心放大两倍显示

11.2.3 模型生成器工具面板

模型生成器工具面板（Model Maker Tool Palette）给用户提供了放置输入/输出对象、定义函数操作、连接对象图形。注释图形模型等的全部工具，具体功能如表 11-3 所列。

表 11-3 模型生成器工具图标及其功能

图标	命令	功能	图标	命令	功能
	Select	选择和定义对象图形		Criteria	放置条件函数对象图形
	Raster	放置栅格对象图形		Connect	连接对象图形与函数操作
	Vector	放置矢量对象图形		Text	放置模型文字描述
	Matrix	放置矩阵对象图形		Help	模型操作联机帮助
	Table	放置表格对象图形		Lock	锁住选择工具
	Scalar	放置等级参数对象图形		Unlock	释放选择工具
	Function	放置函数操作对象图形			

11.3 空间建模操作过程

本节将以一幅 SPOT 图像增强为例，全面介绍空间建模操作过程（Process of Creating Spatial Model），包括创建图形模型、注释图形模型、生成文本程序、打印图形模型等几个方面。

11.3.1 创建图形模型

为了增强 SPOT 图像的细部，需要调用卷积增强处理功能。下面所要建立的 SPOT 图像增强模型将包含一个栅格输入、一个矩阵输入、一个函数和一个栅格输出，具体过程如下。

第 1 步：放置对象图形

在 ERDAS 图标面板菜单条中单击 Main|Spatial Modeler 命令，打开 Spatial Modeler 菜单（图 11-3），单击 Model Maker 按钮，打开 Model Maker 视窗与工具面板（图 11-4）。

在 ERDAS 图标面板工具条中单击 Modeler 图标，打开 Spatial Modeler 菜单（图 11-3），单击 Model Maker 按钮，打开 Model Maker 视窗与工具面板（图 11-4）。

在 Model Maker 视窗图形窗口中利用 Model Maker 工具面板放置对象图形。

① 在工具面板中单击 Raster 图标。

② 在图形窗口中单击放置一个栅格图形。

③ 在工具面板中单击 Matrix 图标。

④ 在图形窗口中单击放置一个矩阵图形。

⑤ 在工具面板中单击 Function 图标。

⑥ 在图形窗口中单击放置一个函数图形。

⑦ 在工具面板中单击 Raster 图标。

⑧ 在图形窗口中单击放置一个栅格图形。

⑨ 在工具面板中单击 Select 图标。

⑩ 在图形窗口中选择并移动对象图形，按操作顺序排列。

⑪ 在工具面板中单击 Connect 图标，并单击 Lock 图标。

⑫ 在图形窗口中绘制连接线，将栅格图形、矩阵图形与函数图形相连。

⑬ 形成图形模型的基本框架（图 11-5）。

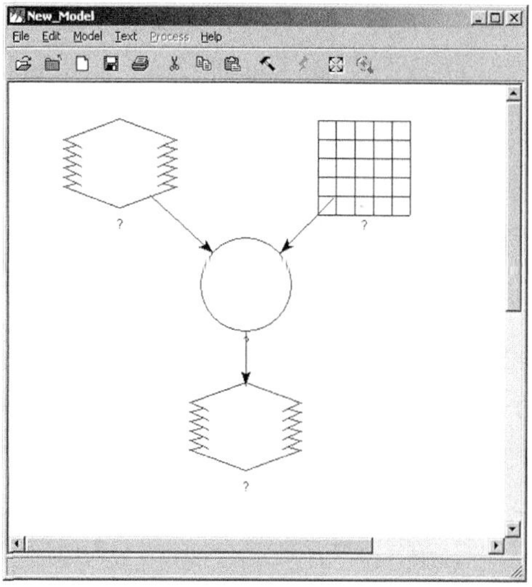

图 11-5 图形模型的基本框架

第 2 步：定义参数与操作

在 Model Maker 视窗图形窗口中依次双击每一个图形对象，定义参数与操作。

（1）定义输入图像

① 双击左上方的栅格图形，打开输入图像对话框（图 11-6）。

② 确定输入图像（File Name）：spots.img。

③ 单击 OK 按钮（关闭输入图像对话框，返回 Model Maker 视窗）。

④ n1_spots 标注在输入栅格图形下边。

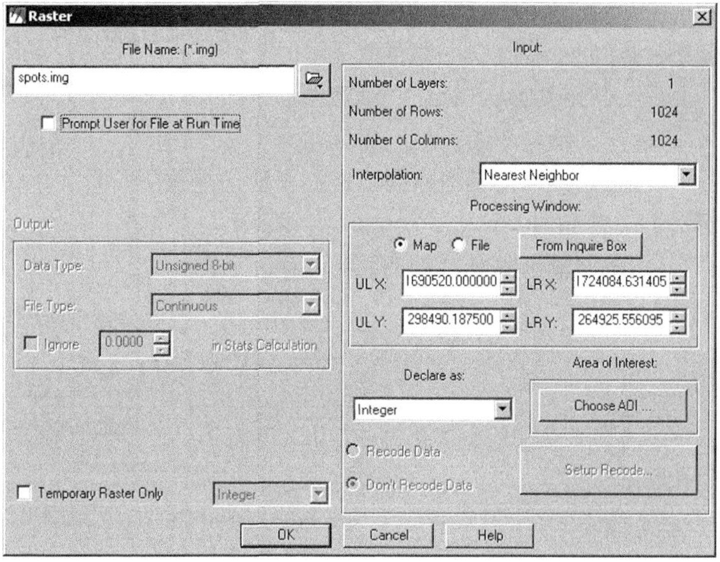

图 11-6 输入图像对话框

⑤ 定义输入卷积矩阵。

⑥ 双击右上的方矩阵图形，打开矩阵定义对话框（图 11-7）。

⑦ 打开卷积核矩阵表格（图 11-8）。

⑧ 在矩阵定义对话框中设置下列参数。

⑨ 选择内置型矩阵（Select）：Built_In。

⑩ 选择内置卷积核（Kernel）：Summary。

⑪ 选择卷积核大小（Size）：5×5。

⑫ 卷积核矩阵表格同时发生变化。

⑬ 单击 OK 按钮（关闭矩阵定义对话框与卷积核矩阵，返回 Model Maker 视窗）。

⑭ n2_Summary 标注在输入矩阵图形下边。

（2）定义卷积处理函数操作

① 双击中部的函数图形，打开 Function Definition 窗口（图 11-9）。

② 确定函数类型（Fuctions）：Analysis。

③ 选择卷积函数：双击 CONVOLVE（<raster>，<kernel>）。

④ CONVOLVE（<raster>，<kernel>）语句出现在函数定义框中。

⑤ 在 CONVOLVE（<raster>，<kernel>）语句中单击<raster>。

⑥ 在 Available Inputs 框中单击$n1_spots。

⑦ CONVOLVE 语句中<raster>参数定义为$n1-spots。

⑧ 在 CONVOLVE(<raster>,<kernel>)语句中单击<kernel>。

⑨ 在 Available Inputs 框中单击$n2_Summary。

⑩ CONVOLVE 语句中<kernel>参数定义为$n2_Summary。

⑪ 函数定义框显示 CONVOLVE ($n1_spots , $n2_Summary)。

⑫ 单击 OK 按钮（关闭 Function Definition 窗口，返回 Model Maker 视窗）。

（3）CONVOLVE 标注在函数图形下边

① 定义输出图像。

② 双击最下面的栅格图形，打开输出图像对话框（图 11-10）。

③ 确定输出图像（File Name）：spot_summary.img。

④ 确定输出数据类型（Data Type）：Unsigned 8-bit。

⑤ 确定输出文件类型（File Type）：Continuous。

⑥ 输出统计忽略零值：Ignore 0.0000 in Stats. Calculation。

⑦ 单击 OK 按钮（关闭输出图像对话框，返回 Model Maker 视窗）。

⑧ n4_spot_summary 标注在输出栅格图形下边。

第 3 步：保存图形模型

在 Model Maker 视窗菜单条中单击 File|Save As 命令，打开 Save Model 对话框（图 11-11）。

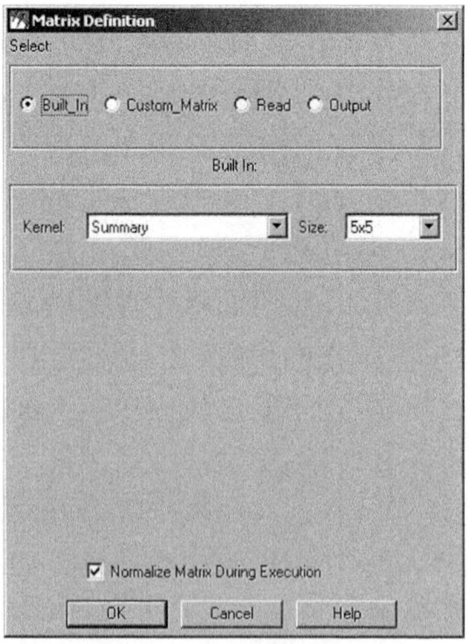

图 11-7 矩阵定义对话框

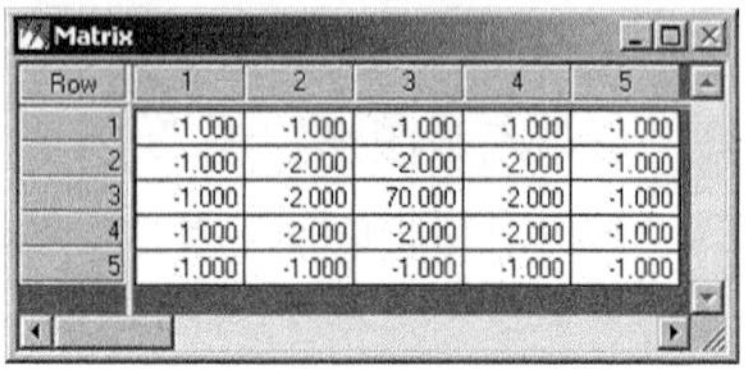

图 11-8 卷积核矩阵

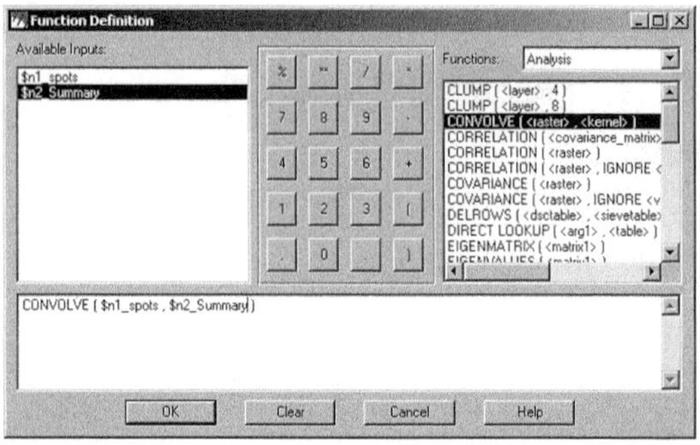

图 11-9 Function Definition 窗口

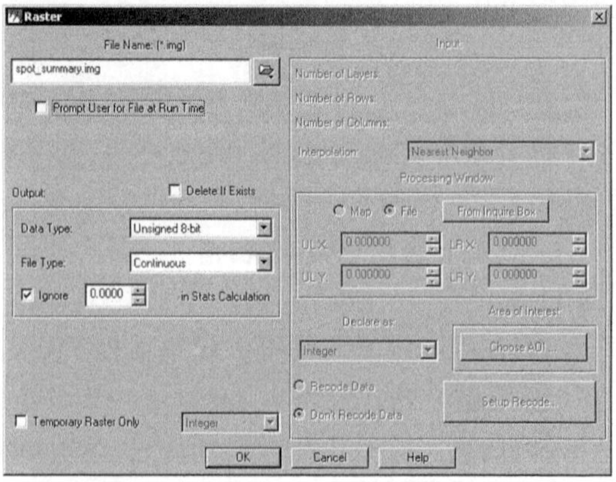

图 11-10 输出图像对话框

（1）确定保存为图形模型（As）：Graphical Model。

（2）确定保存模型目录：models。

（3）确定图形模型文件：spots_summary.gmd。

（4）单击 OK 按钮（关闭 Save Model 对话框，模型被保存）。

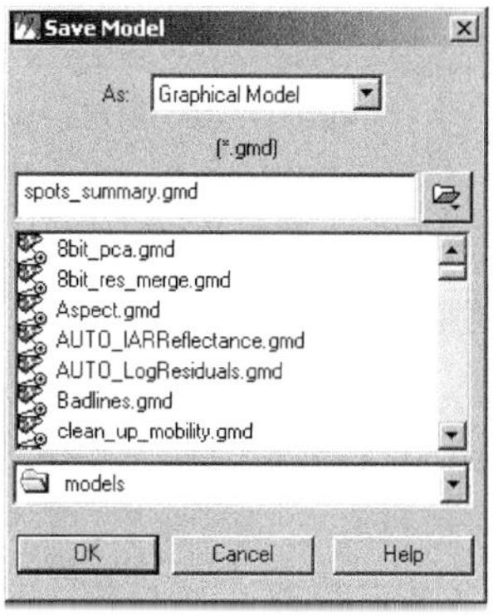

图 11-11 Save Model 对话框

第 4 步：运行图形模型

在 Model Maker 视窗菜单条中单击 Process|Run 命令，或者在 Model Maker 视窗工具条中单击 Run 图标，模型被启动运行，屏幕上出现模型运行状态条（图 11-12），单击 OK 按钮。

第 5 步：查看运行结果

打开一个视窗（Viewer），并在视窗中首先显示刚刚处理输出的图像 spot_summary.img，并叠加显示原始图像 spots.img，通过视窗卷帘（Swipe）操作对比处理效果。如果处理结果不满意，或者用户有新的处理方法，可以对图形模型进行修改。

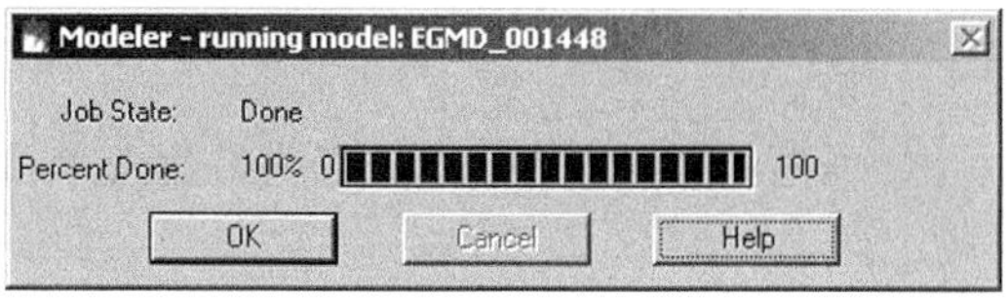

图 11-12 模型运行状态条

11.3.2 注释图形模型

在图形模型中加入注释（Add Annotation），不仅有助于了解模型的结构和功能，理解模型及其对应的处理过程，也有助于对项目的组织，建立多个模型相互之间的关系。可以对每个模型加上标题，对其中的函数进行解释，具体过程如下。

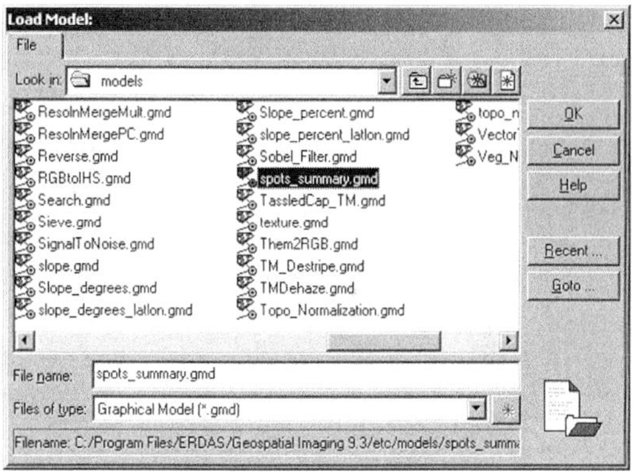

图 11-13 Load Model 对话框

第 1 步：打开模型文件

如果已经退出了模型生成器环境，需要首先进入模型生成器，并打开模型文件。

在 Model Maker 视窗菜单条中单击 File|Open 命令，打开 Load Model 对话框（图 11-13）。

① 在 Load Model 对话框中确定模型文件：spots_summary.gmd。

② 单击 Recent 按钮，显示最近操作过的模型文件。

③ 双击模型文件 spots_summary.gmd。

④ 单击 OK 按钮（关闭 Load Model 对话框，打开模型文件）。

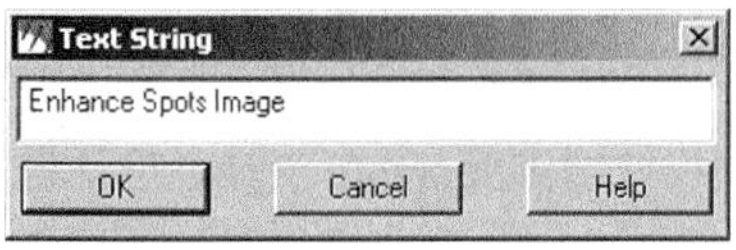

图 11-14 Text String 对话框

第 2 步：注释模型

在 Model Maker 工具面板中单击 Text 图标 **A**。

① 在图形模型窗口中单击放置模型标题的位置。

② 打开 Text String 对话框（图 11-14）。

③ 在 Text String 对话框中输入标题字符：Enhance Spots Image。

④ 单击 OK 按钮（关闭 Text String 对话框，标题字符放在图形模型窗口）。

在 Model Maker 视窗图形窗口中进一步调整注释的字体、大小、类型。

① 在图形模型窗口中单击选择注释标题字符。

② 在 Model Maker 视窗菜单条中单击 Text | Font 命令，调整字体（6 种）；单击 Text | Size 命令，调整大小（6 种）；单击 Text | Style 命令，调整类型（4 种）。

③ 在图形模型窗口双击标题字符，打开 Text String 对话框，进入编辑状态，可以对标题字符串的内容进行编辑修改。

④ 重复上述过程，依次标注输入图像“Input Image”卷积核“Convolve Kernel”输出图像“Output Image”。

⑤ 在图形模型窗口双击函数图形，打开函数定义对话框。

⑥ 在函数定义框中选择剪切函数表达式（Ctrl + X）。

⑦ 在 Text String 对话框中粘贴函数表达式（Ctrl + V）。

⑧ 得到注释以后的图形模型（图 11-15）。

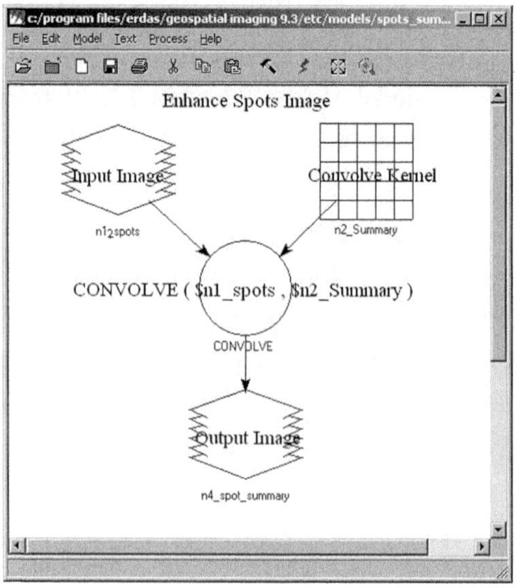

图 11-15 注释以后的图形模型

11.3.3 生成文本程序

在 Model Maker 中生成的图形模型可以保存为文本程序（Text Script）——空间建模语言程序，也可以叫做程序模型（*.gml）。程序模型可以在 IMAGINE 文本编辑器（ERDAS 图标面板中单击 Tools|Edit Text Files 命令，打开文本编辑器）中进行编辑，可以再次运行或保存在空间模型库中。

由图形模型生成 SML 文本程序的具体操作过程如下。

第 1 步：打开模型文件

如果已经退出了模型生成器环境，需要首先进入模型生成器，并打开模型文件。

在 Model Maker 视窗菜单条中单击 File|Open 命令，打开 Load Model 对话框（图 11-13）。

① 在Load Model对话框中确定模型文件为spots_summary.gmd。

② 单击 Recent 按钮，显示最近操作过的模型文件。

③ 双击模型文件 spots_summary.gmd。

④ 单击 OK 按钮（关闭 Load Model 对话框，打开模型文件）。

第 2 步：生成文本程序

在 Model Maker 视窗菜单条中单击 Process|Generate Script 命令，打开 Generate Script 对话框（图 11-16）。

图 11-16 Generate Script 对话框

① 在 Generate Script 对话框中确定文本程序参数。

② 保存文本程序文件目录：models。

③ 文件名称（Script Name）：spots_summary.mdl。

④ 单击 OK 按钮（关闭 Generate Script 对话框，生成文本程序）。

第 3 步：编辑文本程序

在 ERDAS 图标面板菜单条中单击 Main|Spatial Modeler 命令，打开 Spatial Modeler 菜单（图

11-3），单击 Model Librarian 按钮，打开 Model Librarian 对话框（图 11-17）。

在 ERDAS 图标面板工具条中单击 Modeler 图标，打开 Spatial Modeler 菜单（图 11-3），单击 Model Librarian 按钮，打开 Model Librarian 对话框（图 11-17）。

在图 11-17 所示的 Model Librarian 对话框中，可以直接运行程序模型（Run Model），可以将程序模型的运行交给批处理进程（Batch），可以删除程序模型（Delete），也可以编辑程序模型（Edit），编辑过程如下。

① 在 Model Librarian 对话框中单击 Edit 按钮，打开文本编辑器（图 11-18）。

② 应用文本编辑器中的编辑命令和工具修改程序。

③ 单击 File|Save 命令（保存修改程序）。

④ 单击 File|Close 命令（退出编辑状态）。

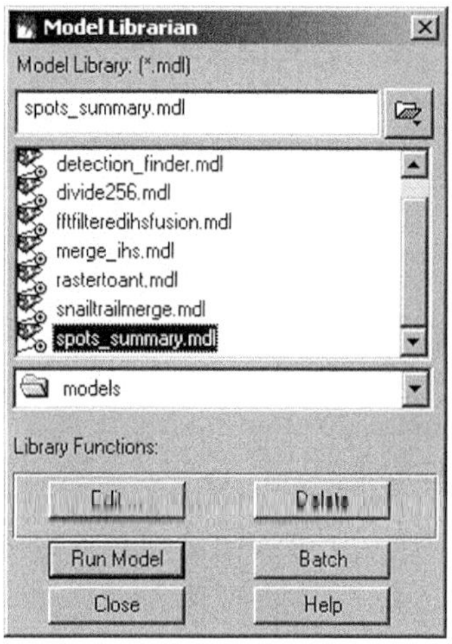

图 11-17 Model Librarian 对话框

11.3.4 打印图形模型

图形模型的输出可以有多种选择：其一是保存为 IMAGINE 的注记文件（Annotation File），其二是保存为 Postscript 压缩文件（EPS），其三是直接打印输出（Print Graphic Model）。前两种输出方式可以通过保存文件操作完成（单击 File|Save As 命令），具体过程详见 11.3.1 节第 3 步，下面介绍打印输出过程。

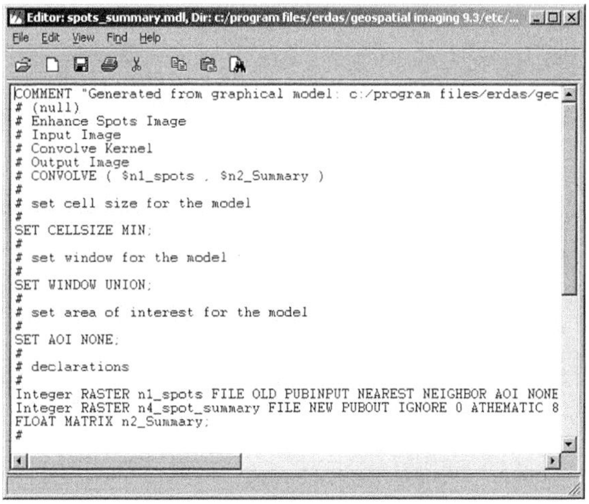

图 11-18 文本编辑器

第 1 步：打开模型文件

如果已经退出了模型生成器环境，需要首先进入模型生成器，并打开模型文件。

在 Model Maker 视窗菜单条中单击 File|Open 命令，打开 Load Model 对话框（图 11-13）。

① 在 Load Model 对话框中确定模型文件为 spots_summary.gmd。

② 单击 Recent 按钮，显示最近操作过的模型文件。

③ 双击模型文件 spots_summary.gmd。

④ 单击 OK 按钮（关闭 Load Model 对话框，打开模型文件）。

第 2 步：设置纸张大小

在 Model Maker 视窗菜单条中单击 File|Page Setup 命令，打开 Page Setup 对话框（图 11-19）。

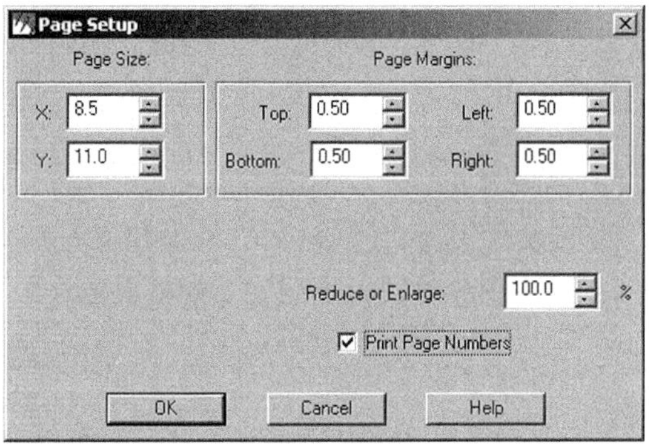

图 11-19 Page Setup 对话框

在 Page Setup 对话框中需要设置下列参数。

① 纸张尺寸（Page Size）：X : 8.5 / Y : 11.0。

② 设置边距尺寸（Page Margins）：

a. Top　0.50 / Left : 0.50。

b. Bottom　0.50 / Right : 0.50。

③ 设置缩放比例（Reduce or Enlarge）：100.0%。

④ 选择打印页码：Print Page Numbers。

⑤ 单击 OK 按钮（关闭 Page Setup 对话框，应用页面设置）。

第 3 步：预览分页线

可以在 Model Maker 视窗中设置显示分页线，以便确定打印比例。

在 Model Maker 视窗菜单条中单击 File | Show Page Breaks 命令。

① 如果图形模型范围超出一页纸，窗口中显示分页线。

② 如果图形模型范围在一页之内，窗口中没有分页线。

第 4 步：打印输出

在 Model Maker 视窗菜单条中单击 File | Print 命令，打开打印机属性对话框，单击 OK 按钮（打印）。

在 Model Maker 视窗工具条中单击 Print 图标，打开打印机属性对话框，单击 OK 按钮（打印）。

11.4　条件操作函数应用

在前面的例子中，仅仅应用了 Model Maker 最基本的输入/输出类型和简单的函数操作，事实上 Model Maker 提供了多种输入/输出类型和复杂的函数操作（如表 11-3 所列）。条件函数（Criteria Function）就是其中的一个复杂函数，应用条件函数（Apply Criteria Function）可以简化生成条件语句的过程。下面将通过一个具体的例子说明条件函数的应用方法。在正式介绍条件函数应用之前，首先对应用实例和准备工作进行简要地说明，然后分 5 步介绍条件函数的应用。

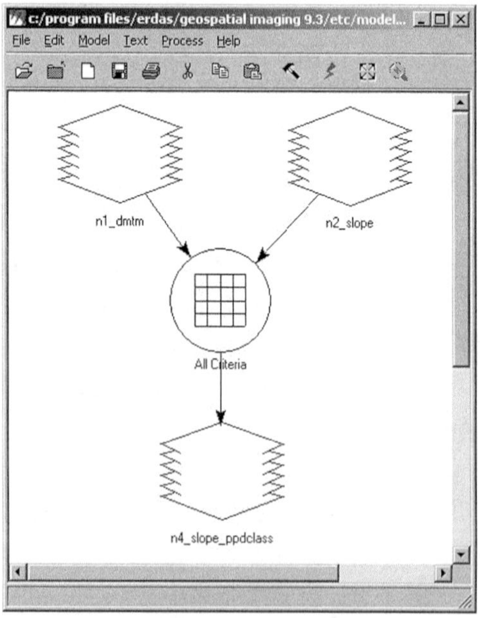

图 11-20　需要建立的图形模型

（1）应用实例

在下面的例子中，两个输入的栅格数据分别是 Landsat TM 图像（dmtm.img）和栅格坡度图像（slope.img），经过条件函数进行多条件判断和图像统计处理后，输出一个专题分类图像，输出图像将包含 4 个类型。

- ❑ 陡坡河岸（Riparian in Steep Slopes）。
- ❑ 缓坡河岸（Riparian in gentle Slopes）。
- ❑ 陡坡灌丛（Chaparral in Steep Slopes）。
- ❑ 缓坡灌丛（Chaparral in gentle Slopes）。

所要创建的图形模型应该如图 11-20 所示。

（2）准备工作

在建立图形模型之前，需要调用 ERDAS IMAGINE 的分类工具，通过 AOI 获取 TM 图像中河岸（Riparian）和丛林（Chaparral）土地覆盖的训练样区，以便确定两种土地覆盖类型在 TM 图像 4、5、3 这 3 个波段中像元的最小值和最大值。

表 11-4 列出了通过上述途径确定的数值。

表 11-4　TM 图像河岸与丛林土地覆盖像元值

波　段	丛　　林		河　　岸	
	Min	Max	Min	Max
4	31	67	55	92
5	30	61	57	87
3	23	37	27	40

第 1 步：放置对象图形

启动模型生成器，在 Model Maker 视窗中根据图 11-20 所示的图形模型框架，按照 11.3.1 节介绍的放置对象图形的方法，在 Model Maker 工具面板中选择相应的工具绘制图形模型。

第 2 步：定义图形对象

根据图形模型的组成，依次定义输入栅格图形、条件函数图形和输出栅格图形。

在 Model Maker 视窗图形窗口中依次双击每一个图形对象，定义参数与功能。

（1）定义输入 TM 图像

① 双击左上方的栅格图形，打开输入图像对话框（图 11-6）。

② 确定输入图像（File Name）：dmtm.img。

③ 单击 OK 按钮（关闭输入图像对话框，n1_dmtm 标注在输入栅格图形下边）。

（2）定义输入坡度图像

① 双击右上方的栅格图形，打开输入图像对话框（图 11-6）。

② 确定输入图像（File Name）：slope.img。

③ 单击 OK 按钮（关闭输入图像对话框，n2_slope 标注在输入栅格图形下边）。

（3）定义条件函数图形

双击中部的条件函数图形，打开 Criteria 窗口（图 11-21）。

（4）在 Criteria 窗口中设置下列参数。

① 在 Available Layers 框中选择$n2_slope。

② 在 Descriptor 参数的下拉列表框中选择 Value。

③ 单击 Add Column 按钮将坡度属性加入 Criteria Table。

④ 在 Available Layers 框中选择$n1_dmtm(4)。

⑤ 在 Descriptor 参数的下拉列表框中选择 Cell Value。

⑥ 单击 Add Column 按钮两次将 TM4 加入 Criteria Table 两次。

⑦ 同样的过程将$n1_dmtm(5)和$n1_dmtm(3)加入 Criteria Table 两次。

⑧ 改变 Rows 参数的取值为 4，即输出 4 个专题类。

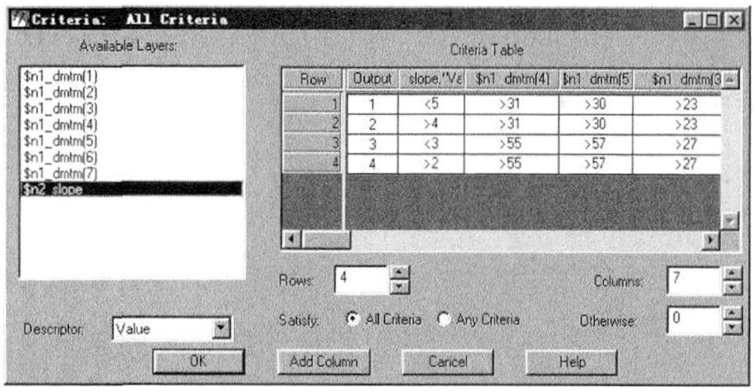

图 11-21　Criteria 窗口（加载条件之后）

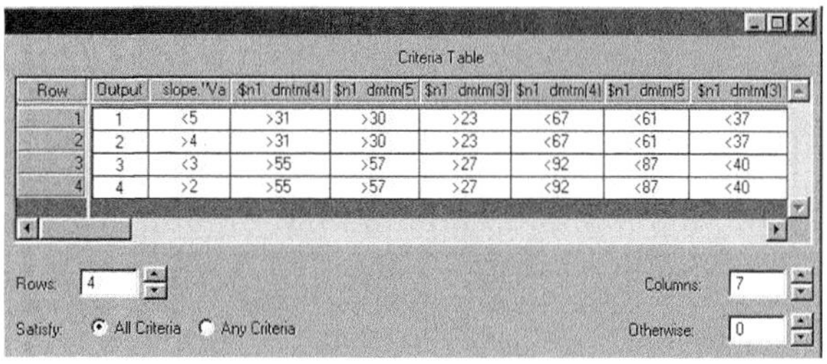

图 11-22　编辑条件数据表

⑨ 向 Criteria Table 依次输入 4 个分类判断条件（图 11-22）。

⑩ 在 Satisfy 参数项后选中 All Criteria 单选按钮。

⑪ 单击 OK 按钮（关闭 Criteria 窗口，完成条件函数定义）。

（5）定义输出专题分类图像

① 双击最下面的栅格图形，打开输出图像对话框（图 11-10）。

② 确定输出图像（File Name）：slope_ppdclass.img。

③ 确定输出数据类型（Data Type）：Unsigned 4-bit。

④ 确定输出文件类型（File Type）：Thematic。

⑤ 单击 OK 按钮（关闭输出图像对话框，n4_slope_ppdclass 标注在输出栅格图形下边）。

第 3 步：保存图形模型

在 Model Maker 视窗菜单条中单击 File|Save As 命令，打开 Save Model 对话框（图 11-11）。

① 确定保存为图形模型（As）：Graphical Model。

② 确定保存模型目录：models。

③ 确定图形模型文件：slope_ppdclass.gmd。

④ 单击 OK 按钮（关闭 Save Model 对话框，模型被保存）。

第 4 步：运行图形模型

在 Model Maker 视窗菜单条中单击 Process|Run 命令，或者在 Model Maker 视窗工具条中单击 Run 图标，模型被启动运行，屏幕上出现模型运行状态条（图 11-12），单击 OK 按钮。

第 5 步：查看运行结果

打开一个视窗（Viewer），并在视窗中首先显示原始图像 dmtm.img，然后叠加显示刚刚输出的专题分类图像 slope_ppdclass.img，通过视窗卷帘（Swipe）操作查看分类结果。

第 12 章　图像命令工具

本章学习要点

- 改变栅格图像类型
- 计算图像统计值
- 图像金字塔操作
- 图像地图模式操作
- 图像地图投影操作
- 图像高程计算

12.1 图像信息管理技术

12.1.1 图像金字塔

遥感图像数据量变得越来越大，为了加快图像实时缩放、显示的速度，快速地获取不同分辨率的图像信息，提出了图像显示的金字塔层（Pyramid Layer）技术，对原始的遥感图像建立金字塔结构，根据不同的显示要求调用不同金字塔等级中的数据，来达到快速显示、漫游的目的。图像金字塔的最底层是原始图像，通过对原始图像采用某种重采样方法，建立起一系列反映不同详尽程度的图像，其中原始图像分辨率最高，经重采样得到的图像分辨率随着金字塔层数的增加而逐渐降低，但表示的范围不变（图 12-1）。在不考虑数据压缩的情况下，建立金字塔后的图像比原图像增加大约 1/3 的数据量。

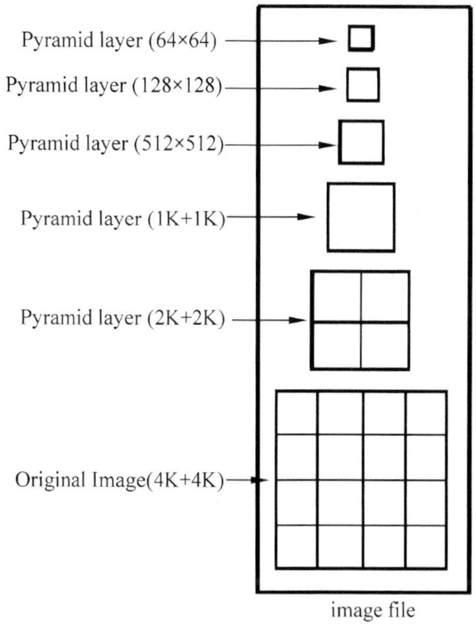

图 12-1　金字塔层结构示意图

如上所述，图像金字塔是将栅格图像逐级概括，形成多级分辨率的重采样数据。图 12-1 所示的原始图像（Original Image）是 4K×4K 像元大小的图像文件，要想将此文件完全显示在一个窗口中，需要很长的时间。计算金字塔层以后，就成功地将 4K×4K 减少到 2K×2K，1K×1K，512×512，128×128，直到 64×64。计算生成的图像金字塔文件或存储在 .img HGA 文件中，或单独存储在以 .rrd（表示 reduced resolution data）为扩展名的文件中。然后，ERDAS IMAGINE 从金字塔文件中寻找一个与所要求显示的比例相近或匹配的层，在窗口中显示图像。

12.1.2 图像世界文件

世界文件（World File）是与图像关联的 ASCII 文本文件。作为栅格数据存储的图像，每一个像元都有一个行列号。矢量数据如 shapefiles、coverages 等是以真实世界坐标存储的。为了将矢量数据与图像同时显示，有必要建立一个图像坐标-世界坐标的变换，将图像坐标转换为真实世界坐标。一些图像格式如 ERDAS（.lan、.gis）、IMAGINE（.img）、BSQ、BIL、BIP、GeoTIFF（.tif、.tiff、.tff）和 Grids 等在图像的头文件中存储地理参考信息，一些软件（如 ArcView）可以用这个信息来显示图像。而其他一些图像格式是在另外一个单独的 ASCII 文件中存储地理参考信息，这个文件称做世界文件（World File）。

世界文件可以用任何编辑器生成，但是世界文件的命名必须遵循以下命名规范：如果图像文件名字带有一个 3 个字符的扩展名（如 image1.tif），则世界文件名与原图像文件名相同，扩展名由原图像扩展名的第一和第 3 个字母加上一个字符“w”组成（即 image1.tfw）；如果扩展名多于 3 个字符或少于 3 个字符，或没有扩展名，那么世界文件名是在原图像文件名后直接加一个字符“w”；如 mytown.tiff 的世界文件名为 mytown.tiffw，floorpln.rs 的世界文件名为 floorpln.rsw，terrain 的世界文件名为 terrainw。

每一次图像被显示（如放大、缩小或者漫游），都将进行由图像坐标到世界坐标的转换。转换过程将按照优先顺序：世界文件、头文件中的转换信息和图像的信息。所以世界文件具有最高的优先权，可以通过产生一个世界文件而越过头文件中的转换信息。图像坐标-世界坐标的变换过程是一个 6 参数的仿射变换，公式如下

$$\begin{cases} x1 = Ax + By + C \\ y1 = Dx + Ey + F \end{cases}$$

式中　$x1$、$y1$——待求的图像上某一像元的 x、y 坐标；

x、y——图像上一个像元的列号、行号；

A、E——图像的每一像元点代表的 x、y 方向上的分辨率；

B、D——旋转参数；

C、F——图像左上角像元中心点的 x、y 坐标值。

通过上述 6 个参数就可以计算图像上任一像元点的真实地理坐标。这里需要特别注意的一点是 E 参数为负值，这是由于图像坐标系和真实世界坐标系的 y 轴方向相反：图像坐标系的原点位于左上角，且 y 轴正方向向下；而真实世界坐标系的原点位于左下角，且 y 轴正方向向上。

12.2　图像命令工具概述

在 ERDAS IMAGINE 中有一个工具叫图像命令（Image Commands），也可称之为图像命令工具。通过该工具可以查看或者编辑 ERDAS 支持的图像文件的许多基本信息（如统计信息、地图信息、投影信息等），可以改变栅格图像的类型、对图像进行统计计算、生成和删除图像的金字塔层、改变和删除图像的地图模式、改变和删除图像的地图投影、添加/改变图像的高程信息等。比如用图像命令工具为图像生成世界文件，然后就可以在其他软件（如 ESRI 的 ArcView）中使用该世界文件。使用图像命令工具也可以方便地生成图像金字塔层，以加快大容量文件的显示速度。

说　明

由于通过该工具可以改变图像的许多重要信息，并且改变前不向用户做警告提示，因此一定要慎重使用该工具。

图像命令工具可以通过以下方法启动。

在 ERDAS 图标面板菜单条中单击 Tools | Image Command Tool 命令，打开 Image Commands 对话框（图 12-2）。

从图 12-2 可以看出，Image Commands 模块包含了表 12-1 所列的 16 个方面的功能。

图 12-2 中的 Image File 文本框是确定要处理的图像，其下是针对该图像可执行的操作。在 16 类操作中，针对某种特定的图像可能只能执行其中部分操作，所以图像确定后，并不是所有执行复选框都变为可选（即由灰变黑）。

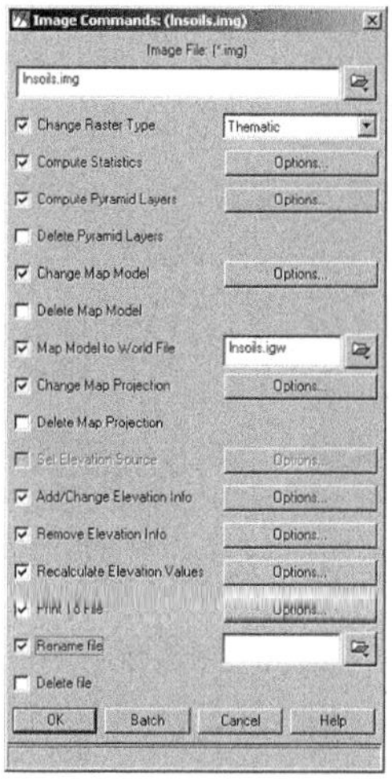

图 12-2　**Image Commands 对话框**

表 12-1　图像命令工具及其功能

命令工具	功能	命令工具	功能
Change Raster Type	改变栅格图像类型	Delete Map Projection	删除图像地图投影
Compute Statistics	计算图像统计值	Set Elevation Source	设置高程数据源
Compute Pyramid Layers	计算图像金字塔层	Add/Change Elevation Info	增加/改变高程信息
Delete Pyramid Layers	删除图像金字塔层	Remove Elevation Info	取消高程信息
Change Map Model	改变图像地图模式	Recalculate Elevation Values	重新计算高程
Delete Map Model	删除图像地图模式	Print To File	输出到文本文件
Map Model to World File	生成世界文件	Rename file	重命名文件
Change Map Projection	改变图像地图投影	Delete file	删除文件

12.3　图像命令功能操作

如图 12-2 和表 12-1 所示，Image Commands 模块包含了 16 个方面的图像操作功能，下面就这 16 种功能进行应用说明或操作介绍。

12.3.1　改变栅格图像类型

依据栅格数据属性值的特点，在 ERDAS IMAGINE 中栅格图像可分为 4 类。

- **Nominal**（名词型）　如定义 1 为水、5 为林地的编码方式产生的图像。
- **Ordinal**（次序型）　如定义 1 为优、2 为良、3 为劣的编码方式产生的林地质量图像。
- **Interval**（间隔型）　如数字高程图层，这类图像的数据中没有一个绝对 0 值。
- **Ratio**（比率型）　如坡度图层，这个类别的图像数据是有自然 0 值存在的。

Nominal 和 Ordinal 图像又被称做类别（Categorical）或者专题（Thematic）图像，Interval 和 Ratio 图像又被称做连续（Continuous）图像。在 ERDAS IMAGINE 中对这两类图像的显示和处理方法是不同的。因为有时候需要对某图像层做特定处理，而该处理功能只能对 Thematic 或者 Continuous 图像进行。比如 Recoding（重编码）功能只能对 Thematic 图像进行，这时就需要进行图像类型之间的转换。本工具提供了两类图像之间进行转换。

需要说明的是并非所有 Continuous 和 Thematic 图像都可以任意地向另一类型进行转换，而是必须满足一定的要求才可以。比如要将 Continuous 图像转变成 Thematic 图像类型，必须保证“图层的数据类型必须是 unsigned integer（正整数）类型”、“现有统计值是用（1，1）的 skip factor 和 direct bin 函数计算出来的”、“栅格图像 DLL（动态链接库）支持 Thematic 文件”等条件。这方面的具体内容，用户可参见 ERDAS IMAGINE 的联机帮助。

12.3.2 计算图像统计值

一个图像文件不仅包括数据文件原值，而且还包括很多附加信息，如统计信息、查找表、地图投影、地理坐标等。其中统计信息是根据图像属性值产生而且保存在图像文件中的。Continuous 和 Thematic 图像都包括有统计信息。Thematic 图像的统计信息包括图像的直方图、类别名字和类别值的列表、颜色表等。Continuous 图像的统计信息包括最小（大）值、平均值、中值、最频值和标准差等。

图像的统计信息在图像处理的很多方面都有应用，如在窗口中显示一个 8-b 图像时，ERDAS IMAGINE 将默认使用一个两倍标准差拉伸来进行显示，而且显示的内容也是源于统计信息而非源信息。可以说图像统计信息是很多图像处理操作的基础。

计算图像统计值功能可以由以下方法启动。

在 ERDAS 图标面板菜单条中进行如下操作。

① 单击 Tools | Image Command Tool 命令。

② 打开 Image Commands 对话框（图 12-2）。

③ 确定打开文件（Image File）。

④ 选中 Compute Statistics 复选框。

⑤ 单击 Compute Statistics 复选框右侧的 Options 按钮。

⑥ 打开 Statistics Generation Options 对话框（图 12-3）。

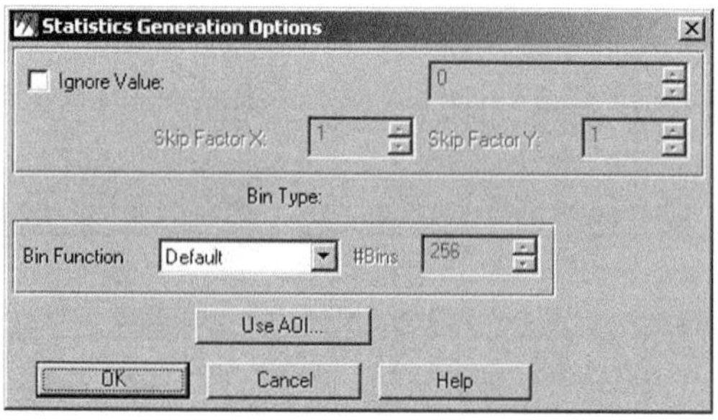

图 12-3 Statistics Generation Options 对话框

在 ERDAS 图标面板菜单条中进行如下操作。

① 单击 Tools | Image Information 命令。

② 打开 Image Information 对话框。

③ 确定打开文件（File Name）。

④ 单击 Σ 图标（或单击 Edit | Compute Statistics 命令）。

⑤ 打开 Statistics Generation Options 对话框（图 12-3）。

第一种方法调出的对话框将对图像中所有的层进行统计计算。第二种方法调出的对话框则可以选择是对所有层进行处理（选中 Calculate On All Layers 复选框），还是只对当前层进行统计计算（取消选中 Calculate On All Layers 复选框）。

对图 12-3 所示的对话框设置如表 12-2 所列。

表 12-2 Statistics Generation Options 对话框设置项简介

设置项	功能简介
Ignore Value	统计过程中默认忽略 0 值，选中该复选框可以确定新的统计忽略值
Skip Factor X	计算统计值时在 X 方向上的跨越值，即统计不一定逐个对像元来进行，而是可以按固定间隔进行抽样统计

续表

设置项	功能简介
Skip Factor Y	计算统计值时在 Y 方向上的跨越值
Bin Function	Bin Function 可以称做分组函数，用来将数据值的范围进行分组以便于更好地管理，可以说是在数据值范围和描述表中的行之间建立了一种对应关系。ERDAS IMAGINE 中有 4 种类型的 BIN 函数。 ❑ Direct：一个整数值对应一个 BIN。 ❑ Linear：在数据值和 BIN 号之间建立一种线性对应关系，使用该函数时要指定 BIN 的总数。 ❑ Log：在数据值和 BIN 号之间建立一种指数对应关系，使用该函数时要指定 BIN 的总数。 ❑ Explicit：显示函数关系 实际操作时的 Default 是指上次计算统计值时使用的 BIN 函数类型

12.3.3 图像金字塔操作

1. 计算图像金字塔层

显示大容量图像时要耗用较多的时间，为了加快显示速度，ERDAS IMAGINE 引入了 Pyramid Layer（金字塔层）的机制。金字塔层是原图像以 2 次幂进行重采样的结果。对专题（Thematic）图像的重采样方法为最小邻近法，对连续（Continuous）图像使用类似立方卷积的方法进行重采样。金字塔层的数目与原图像的大小有关，图像越大则金字塔层的数目越多，直到最后一个金字塔层可以存储于一个块（默认为 512×512 像元）中。金字塔层可以放在图像文件之中，这使图像文件尺寸大约增加 1/3。金字塔层可以被删除，但文件大小不会变化。存在于图像文件内部的金字塔层也称做内金字塔层。与内金字塔层相对应的是外金字塔层。外金字塔层与图像文件存在于同一个目录，文件名相同，扩展名为.rrd（表示 reduced resolution data）。外金字塔层的产生不会影响原图像文件的大小。

计算图像金字塔层的功能可以由以下方法启动。

在 ERDAS 图标面板菜单条中进行如下操作。

① 单击 Tools | Image Command Tool 命令。

② 打开 Image Commands 对话框（图 12-2）。

③ 确定打开文件（Image File）。

④ 选中 Compute Pyramid Layers 复选框。

⑤ 单击 Compute Pyramid Layers 复选框右侧的 Options 按钮。

⑥ 打开 Pyramid Layers Options 对话框（图 12-4）。

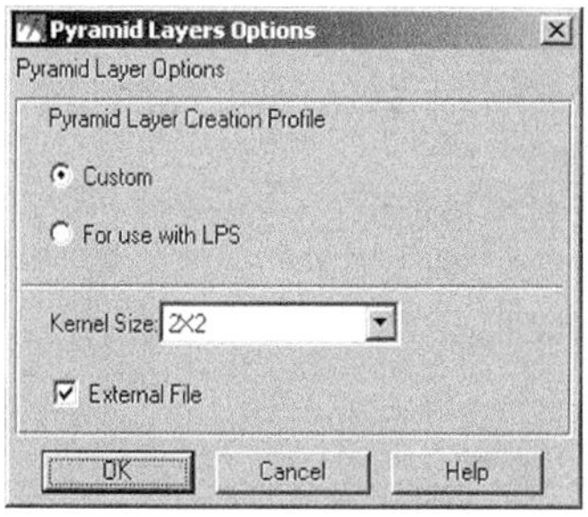

图 12-4 Pyramid Layers Options 对话框

Pyramid Layers Options 对话框中的选项含义如下。

- ❑ **For use with LPS** 选中此单选按钮，即利用 LPS Project Manager and Stereo Analyst 生成一个 3×3 的金字塔层。LPS（Leica Photogrammetry Suite）是 Leica 公司开发的数字摄影测量和遥感图像处理软件系列。
- ❑ **Custom** 选中此单选按钮，即可以自定义生成金字塔层的方法，Kernel Size 选项变为可用。Kernel Size 选项确定了金字塔层的产生方式，比如选用 2×2 则 4 个像元合成一个像元，同样选用 3×3 则是 9 个像元合成一个像元，选用 4×4 就是 16 个像元合成一个像元，用 Kernel Size（3×3）方式生成的金字塔层必须存储在外部的.rrd 文件中。
- ❑ **External File** 此复选框决定是否产生外金字塔层，选中该复选框表示生成外金字塔层，取消选中该复选框表示生成内金字塔层。

2．删除图像金字塔层

删除图像金字塔（Delete Pyramid Layers）功能就是删除一个图像的金字塔层。如果是内金字塔层，则图像文件的大小并不发生变化。如果是外金字塔层，则是删除与图像文件存在于同一目录下的、同名的.rrd 文件。

12.3.4 图像地图模式操作

1．改变图像地图模式

用户对一幅图像进行几何校正后，可以通过改变图像地图模式（Change Map Model）功能将有关的地图信息加入到图像文件中去。要使用该功能，必须已经有地图投影与该图像相关联，即已经将数据校正到一个地图坐标系统中。本功能可以由以下方法启动。

在 ERDAS 图标面板菜单条中进行如下操作。

① 单击 Tools | Image Command Tool 命令。

② 打开 Image Commands 对话框（图 12-2）。

③ 确定打开文件（Image File）。

④ 选中 Change Map Model 复选框。

⑤ 单击 Change Map Model 复选框右侧的 Options 按钮。

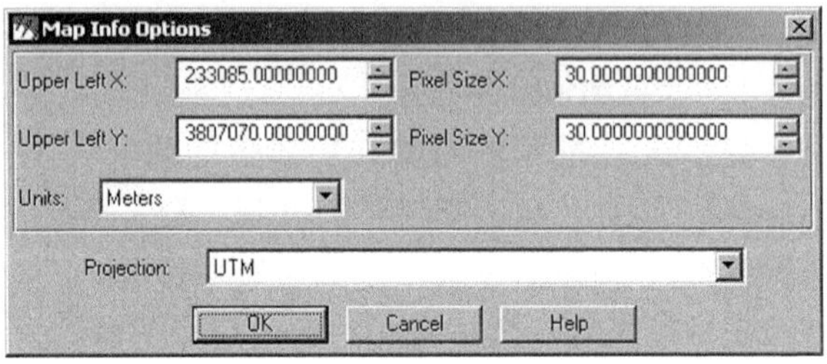

图 12-5 Map Info Options 对话框

⑥ 打开 Map Info Options 对话框（图 12-5）。

Map Info Options 对话框的设置方法如表 12-3 所列。

表 12-3 Map Info Options 对话框设置项简介

设置项	功能简介
Upper Left X	左上角像元中心点（请注意是中心点）的 X 坐标
Upper Left Y	左上角像元中心点（请注意是中心点）的 Y 坐标
Pixel Size X	像元在 X 方向上的尺寸
Pixel Size Y	像元在 Y 方向上的尺寸
Units	Pixel Size X 和 Pixel Size Y 的单位
Projection	选择校正后图像的投影方式

2．删除图像地图模式

删除图像地图模式（Delete Map Model）功能就是把已输入的图像基本地图信息删除。此时的图像将没有空间单位、没有地理参考，X 与 Y 方向上的像元尺寸为 1，左上角像元中心值为（0、0），右下角像元中心值由图像大小确定。

3．地图模式到世界文件

地图模式到世界文件（Map Model to World File）功能可以由以下方法启动。

在 ERDAS 图标面板菜单条中进行如下操作。

① 单击 Tools | Image Command Tool 命令。

② 打开 Image Commands 对话框（图 12-2）。

③ 确定打开文件（Image File）为 germtm.img。

④ 选中 Map Model to World File 复选框，右侧自动生成 germtm.igw。

⑤ 单击 Map Model to World File 复选框右侧的 Options 按钮。

⑥ 打开 File Chooser 对话框，选择文件存储路径。

⑦ 单击 OK 按钮（返回 Image Commands 对话框）。

⑧ 单击 OK 按钮（执行操作）。

⑨ 打开生成的 germtm.igw 世界文件，可以看到的内容如下（图 12-6）。

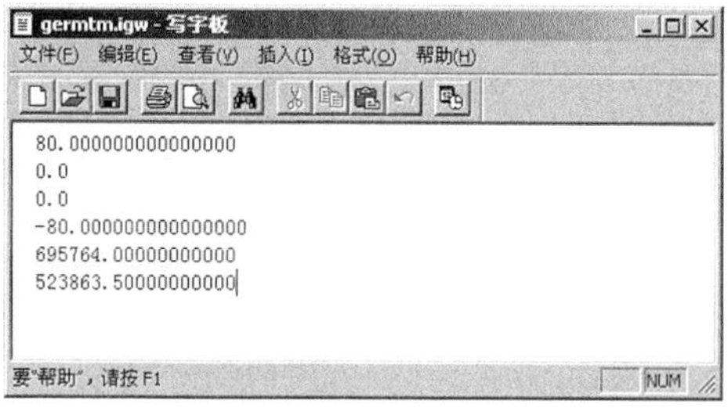

图 12-6 germtm.igw 世界文件的内容

germtm.igw 的世界文件中存储的数据对应的变换参数顺序如下。

80.000000000000000	—A
0.0	—D
0.0	—B
–80.000000000000000	—E
695764.00000000000	—C
523863.50000000000	—F

具体的参数介绍见 12.1.2 节。

12.3.5 图像地图投影操作

1．改变图像地图投影

改变图像地图投影（Change Map Projection）功能是对校正过的图像的投影加入一个详细的说明，而不是对文件数据进行重新投影。在窗口中显示图像时会在下部状态栏看到该信息。

改变图像地图投影的功能可以由以下方法启动。

在 ERDAS 图标面板菜单条中进行如下操作。

① 单击 Tools | Image Command Tool 命令。

② 打开 Image Commands 对话框（图 12-2）。

③ 确定打开文件（Image File）。

④ 选中 Change Map Projection 复选框。

⑤ 单击 Change Map Projection 复选框右侧的 Options 按钮。

⑥ 打开 Map Projection Options 对话框（图 12-7）。

⑦ 通过 Map Projection Options 对话框的 Categories 和 Projection 两个下拉列表框将分别选择投影种类和投影的名字。单击按钮，打开 Projection Chooser 对话框，具体参见图 8-70、图 8-71、表 8-26。

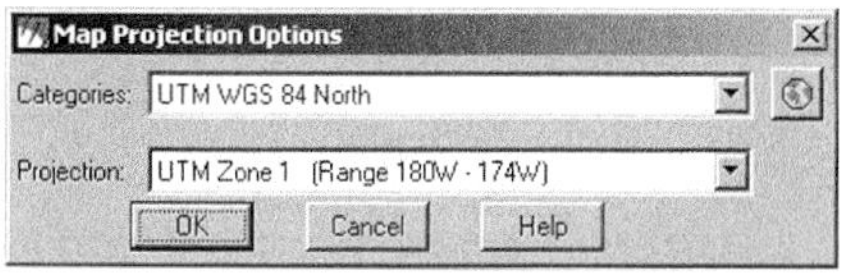

图 12-7 Map Projection Options 对话框

2．删除图像地图投影

删除图像地图投影（Delete Map Projection）工具可将已输入的图像投影信息删除。

12.3.6 图像高程信息操作

1．设置高程数据源

设置高程数据源（Set Elevation Source）功能仅可用于对带有高程值（Z）的几何模型图像进行操作。当存在几个邻近的图像时，可利用此功能将所有的图像排列在同样的高程数据源上。

利用此功能可以设定高程数据源为一个 Z 常数值或一个 DEM 文件。如果选择一个 Z 常数值，这个值可以改变；如果设定为一个 DEM 文件，可以改变 DEM 文件名。Landsat、SPOT、Camera、Frame Camera、Pushbroom、Generic Orbital Pushbroom (GOP) 和 Rational Function/RPC 的几何模型都有一个高程值。

2．添加/改变高程信息

添加/改变高程信息（Add/Change Elevation Info）功能将添加/修改图像文件中的高程信息。

添加/改变高程信息功能可以由以下方法启动。

在 ERDAS 图标面板菜单条中进行如下操作。

① 单击 Tools | Image Command Tool 命令。

② 打开 Image Commands 对话框（图 12-2）。

③ 确定打开文件（Image File）。

④ 选中 Add/Change Elevation Info 复选框。

⑤ 单击 Add/Change Elevation Info 复选框右侧的 Options 按钮。

⑥ 打开 Elevation Options 对话框（图 12-8）。

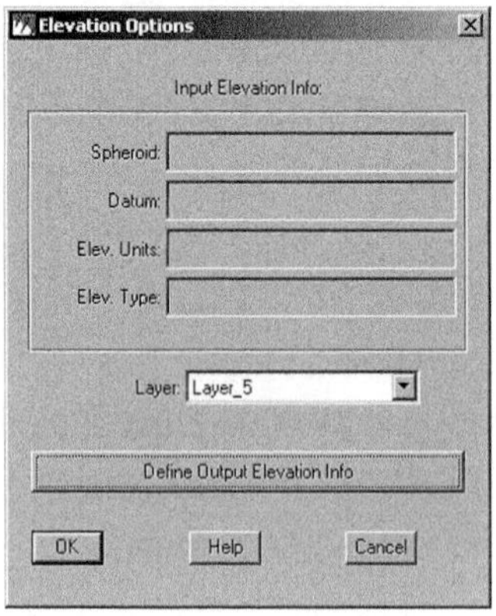

图 12-8 **Elevation Options 对话框**

⑦ Input Elevation Info 显示输入图像的高程信息：Spheriod（椭球体）、Datum（基准面）、Elev. Units（高程单位）、Elev. Type（高程类型）。

⑧ 在 Layer 下拉列表框中选择需要修改高程信息的图层。

⑨ 单击 Define Output Elevation Info 按钮，打开 Elevation Info Chooser 对话框（图 8.68），确定要修改的信息。

⑩ 单击 OK 按钮，返回 Elevation Options 对话框，此时 Input Elevation Info 显示的是修改后的高程信息。

⑪ 单击 OK 按钮（关闭 Elevation Options 对话框）。

3．取消高程信息

取消高程信息（Remove Elevation Info）功能将取消图像文件中的高程信息。

取消高程信息功能可以由以下方法启动。

在 ERDAS 图标面板菜单条中进行如下操作。

① 单击 Tools | Image Command Tool 命令。

② 打开 Image Commands 对话框（图 12-2）。

③ 确定打开文件（Image File）。

④ 选中 Remove Elevation Info 复选框。

⑤ 单击 Remove Elevation Info 复选框右侧的 Options 按钮。

⑥ 打开 Elevation Options 对话框（图 12-8）。

在 Elevation Options 对话框中进行如下操作。

① 在 Layer 下拉列表框中选择需要取消高程信息的图层。

② 单击 OK 按钮，返回 Image Commands 对话框。

③ 单击 OK 按钮（执行取消高程信息，关闭 Image Commands 对话框）。

4．重新计算高程

打开重新计算图像高程工具（Recalculate Elevation for Images）有 2 种方法。

（1）在 ERDAS 图标面板菜单条中单击 Main | Data Preparation | Recalculate Elevation

Values 命令，打开 Recalculate Elevation for Images 对话框（或在 ERDAS 图标面板工具条中单击 DataPrep 图标 | Recalculate Elevation Values 命令，打开 Recalculate Elevation for Images 对话框（图 12-9））。

（2）在 ERDAS 图标面板菜单条中单击 Tools | Image Information 命令，打开 ImageInfo 窗口（或在 Viewer 窗口中打开一幅图像，单击 Utility | Layer Info 命令，打开 ImageInfo 窗口（图 12-10）），单击 Edit | Recalculate Elevation Values 命令，打开 Recalculate Elevation for Images 对话框（图 12-9）。

在 ERDAS 图标面板菜单条中进行如下操作。

① 单击 Tools | Image Command Tool 命令。

② 打开 Image Commands 对话框（图 12-2）。

③ 确定打开文件（Image File）。

④ 选中 Recalculate Elevation Values 复选框。

⑤ 单击 Recalculate Elevation Values 复选框右侧的 Options 按钮。

⑥ 打开 Recalculate Elevation for Images 对话框（图 12-9）。

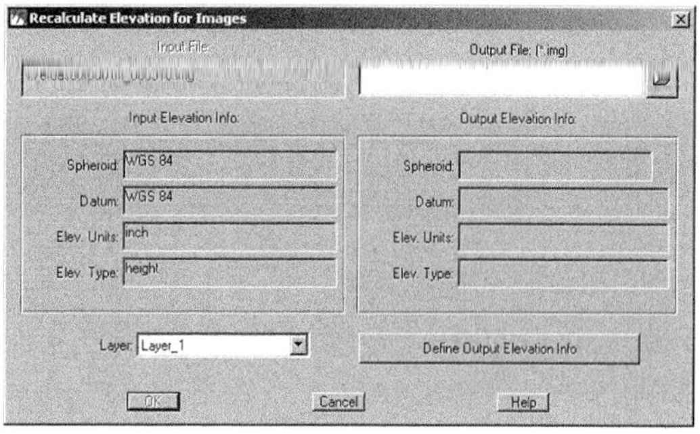

图 12-9 **Recalculate Elevation for Images 对话框**

在 Recalculate Elevation for Images 对话框中进行如下操作。

① 在 Layer 下拉列表框中选择需要重计算高程的图层。

② 确定输出结果的路径（Output File）。

③ 单击 Define Output Elevation Info 按钮，打开 Elevation Info Chooser 对话框（图 8-68）。

④ 单击 OK 按钮，返回 Recalculate Elevation for Images 对话框。

⑤ 单击 OK 按钮，返回 Image Commands 对话框。

⑥ 单击 OK 按钮，执行重计算高程值，关闭 Image Commands 对话框。

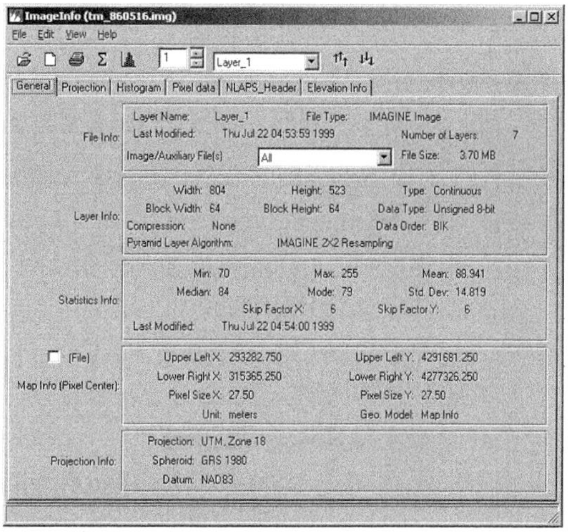

图 12-10 **ImageInfo 窗口**

12.3.7 图像文件常规操作

图像文件操作常规包括输出、重命名、删除等，输出到文件（Print To File）功能将输出图像信息到文本文件，重命名文件（Rename file）功能将重命名与图像相关的所有文件，删除文件（Delete file）功能将删除与图像相关的所有文件。

第 13 章　批处理操作

本章学习要点

- ➢ 批处理系统参数设置
- ➢ 单文件单命令批处理
- ➢ 多文件单命令批处理
- ➢ 多文件多命令批处理

13.1　批处理功能概述

ERDAS IMAGINE 的众多功能除了可以逐个调用执行外，还可以采用批处理（Batch Processing）的方式进行。通过批处理方式，用户可以在“任何时刻（当前或者将来的某一时刻，但对 NT 系统最晚可到当月的月末）”用“一个或者多个命令（功能）”来处理“一个或者多个”文件。这个功能在安排系统处于不繁忙状态（如夜间）时处理某些数据，或者对大量数据进行相同处理过程时是非常有用，比如对数百个图像进行二次投影变换处理等。

在不支持离线处理（Off-Line Processing）的系统上（如 Win98、Win95），随后处理的功能是不能实现的，即只可以进行当前处理。在 Windows NT 平台上，用户登录的账号必须具有管理员的权限（Administrator），这样才可以将一个批处理工作安排在随后的时间进行处理。

ERDAS IMAGINE 中的批处理功能是通过向导（Wizard）的方式来实现的。可以包括在一个批处理工作中的 ERDAS IMAGINE 功能如下。

- ❑ 输入/输出（Import/Export）。
- ❑ 图像解译（Image Interpreter）。
- ❑ 图像校正（Rectification）。
- ❑ 图像分类（Classification）。
- ❑ 雷达图像处理（Radar Processing）。
- ❑ 投影变换（Reprojection）。

可以说，本章不是讲 ERDAS IMAGINE 一种或者几种新的功能，而是讲一种功能的新用法，所以本章内容偏重于讲述系统的设置和实际操作。一个批处理工程是以存放在确定目录下的几个文件的形式存在的。可以在 ERDAS IMAGINE 菜单条 Session 的 Preferences | Batch Processing 命令中设置该目录（Batch Job Directory）。如设 C:\Project\为默认目录，在名字为 User 的计算机上以 Administrator 登录，产生一个名字叫做 BatchProcess 的批处理工程，这时将在 C:/Project//User/Administrator 下产生几个扩展名不同的 BatchProcess 的文件。这些文件基本都是文本文件，如 BatchProcess.bat、BatchProcess.bcf、BatchProcess.bls、BatchProcess.id、BatchProcess.lck、BatchProcess.log 等。每个文件的具体含义可参见 ERDAS IMAGINE 的联机帮助。另外，在 Scheduled Batch Job List 中也有各个批处理文件的位置信息。

13.2　批处理系统设置

在 Windows 系统上如果想使用批处理功能安排一个工作在晚些时候进行，就必须启动和设置日程服务（Scheduler），这意味着用户必须以管理员（Administrator）或者具有管理员权限的账号登录，并且在批处理执行完以前不可注销该登录过程。

以下是设置和启动日程服务的步骤。

① 在 Windows 操作系统中单击【开始】| 控制面板命令 | 打开控制面板。

② 单击管理工具 | 服务命令。

③ 打开服务设置对话框（图 13-1）。

④ 在服务列表框中选择 Task Scheduler。

⑤ 双击此选项打开【Task Scheduler 的属性】对话框（图 13-2）。

⑥ 选择【常规】选项卡，启动类型选择为自动。

⑦ 选择【登录】选项卡，【登录身份】选中【此账户】单选按钮，输入（或者选择）用户账号名字、密码及确认密码，最后单击【确定】按钮。

⑧ 返回服务设置对话框（图 13-1）。

⑨ 单击图 13-1 所示的【服务】对话框的启动按钮。

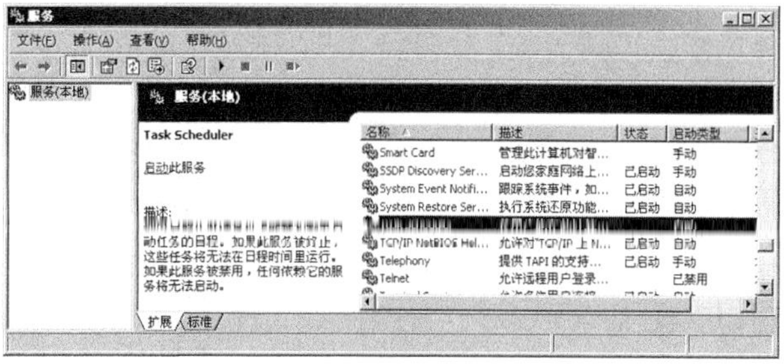

图 13-1 服务设置对话框

注 意

如果系统平台是 Windows，启动任务日程服务需要具有管理员权限的账号，但提交工作时不再需要用具有管理员权限的账号登录。

在 UNIX 系统上设置批处理功能不需要用户登录账号具有管理员权限，具体安排随后执行一个批处理的方法可参见有关 cron 系统和 at 命令的内容。

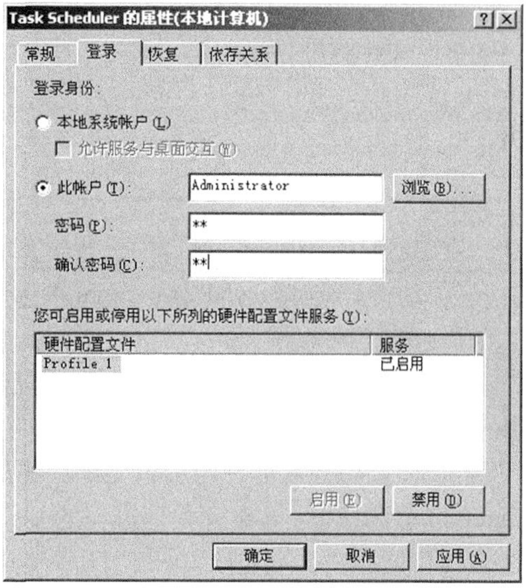

图 13-2 【Task Scheduler 的属性】对话框

13.3 批处理操作过程

13.3.1 单文件单命令批处理

通过单文件单命令批处理（Single File / Single Command）的建立，可以将处理过程安排在系统不繁忙时进行，这在对大容量文件进行耗时处理时非常有用。下面通过 GIS 分析功能中的 Clump 命令说明如何对一个文件进行单命令批处理操作。

第 1 步：启动 Clump 功能

在 ERDAS IMAGINE 图标面板中单击 Interpreter 图标|GIS Analysis | Clump 按钮，打开 Clump 对话框（图 13-3）。

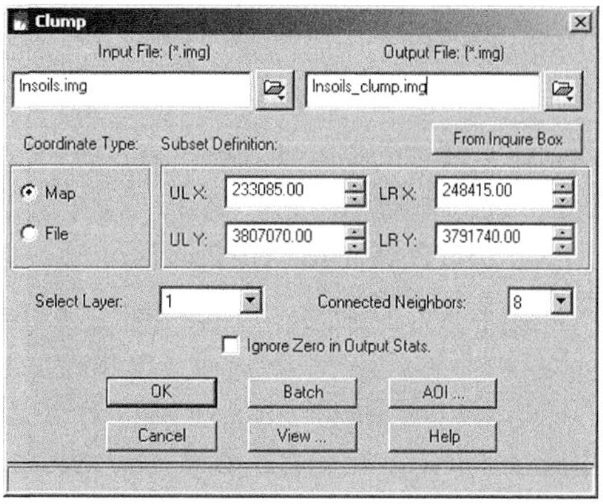

图 13-3 Clump 对话框

在 Clump 对话框中将<IMAGINE_HOME>\examples\lnsoils.img 作为 Input File，将<your_workspace> \ lnsoils_clump.img 作为 Output File。至于 Coordinate Type、Subset Definition 等项的含义参见本书相关内容，这里使用默认设置。

第 2 步：启动批处理功能

① 在 Clump 对话框（图 13-3）中单击 Batch 按钮。

② 打开批处理命令（Batch Commands）窗口（图 13-4）。

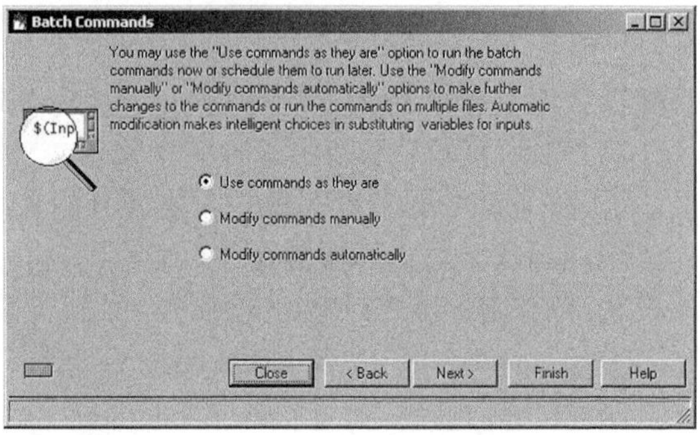

图 13-4 **Batch Commands 窗口**

关于图 13-4 所示的 Batch Commands 窗口中的设置项功能如表 13-1 所列。

表 13-1 **Batch Commands 窗口选择项功能简介**

选择项	功能简介
Use commands as they are	将命令传给日程服务，可以让该命令立即执行，如果系统允许的话也可以设置为随后执行
Modify commands manually	将激活 Edit Commands / Create Variables 面板以手工修改命令
Modify commands automatically	将激活 Edit Commands / Create Variables 面板，并自动用变量名代替文件名，而且也允许再进行手工编辑

在 Batch Commands 窗口中进行下列设置。

① 选中 Use commands as they are 单选按钮。

② 单击 Next 按钮。

③ 如果想立即进行处理，则使用默认选项并单击 Finish 按钮（图 13-5）。

④ 如果想随后处理则选中 Start Processing Later At 单选按钮，并设置处理过程的开始时间、命名该批处理。

⑤ 单击 Next 按钮。

⑥ 输入用户信息（图 13-6）。

⑦ 单击 Finish 按钮，则到预定时间系统将开始处理过程。

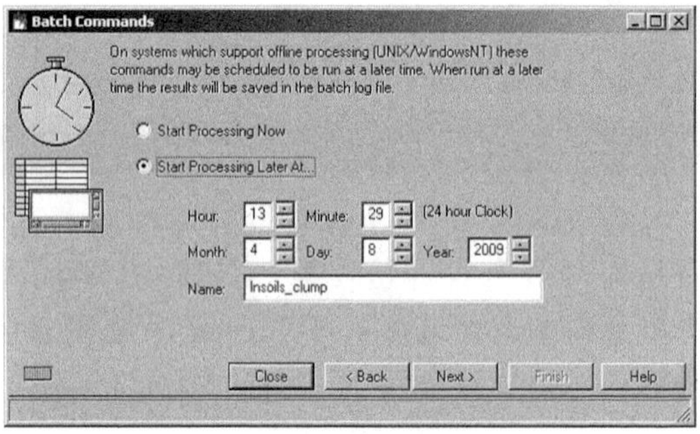

图 13-5 **Batch Commands 窗口**

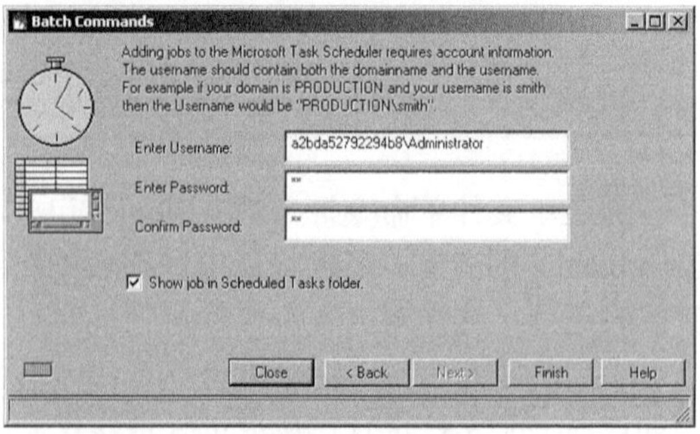

图 13-6 **Batch Commands 窗口**

如果想删除、查看或者编辑系统中已经完成或者还未进行的批处理过程，可以在 Scheduled Batch Job List 窗口中进行（图 13-7），其方法如下。

在 ERDAS IMAGINE 菜单条中单击 Session | View Offline Batch Query 命令，打开 Scheduled Batch Job List 窗口（图 13-7）。

Scheduled Batch Job List 窗口中列出了所有完成（DONE）、正在进行（ACTIVE）、还未进行（WAITING）的批处理。对已经完成的批处理，用户选中后可以通过 Log 按钮查看有关该批处理的记录，这对于检验批处理是否达到预期目的是很有用的。

13.3.2 多文件单命令立即批处理

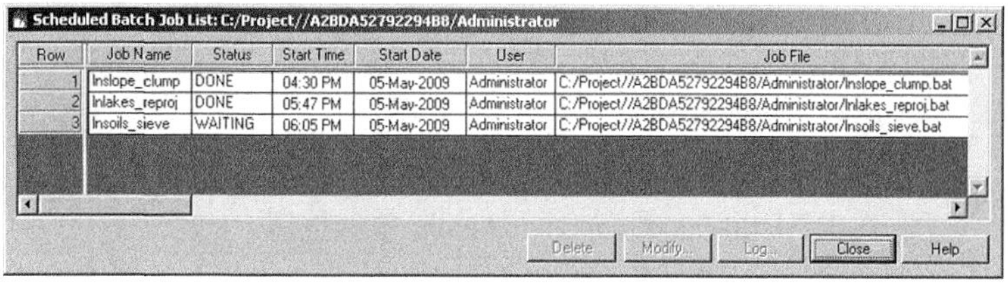

图 13-7 **Scheduled Batch Job List 窗口**

在实际工作中，经常要对多个文件执行同一类型的操作。本小节将通过对多个 TIFF 图像进行统计值计算来说明如何利用 ERDAS IMAGINE 的批处理功能对多个文件执行单一命令的立即批处理操作（Multiple Files/Single Command — Run Now）。

在本例中需要用到几个 TIFF 文件，而在<IMAGINE_HOME> \ examples 下没有 TIFF 文件，因此需要用户首先基于若干.img 文件生成几个 TIFF（.tif）文件。

第 1 步：生成 TIFF 文件

在 ERDAS IMAGINE 图标面板中单击 Interpreter 图标 | Utilities | Subset 按钮，打开 Subset 对话框。

从<IMAGINE_HOME> \ examples 下选择.img 文件作为 Subset 对话框 Input File 的内容，并为输出文件确定合适的存放目录及文件名。需要注意的是输出文件的类型一定要是 TIFF（.tif）。在这个对话框中也可以确定输出图像的范围、输出图像所包含的数据层（如果.img 文件有多个数据层的话）及其他参数，具体方法可参照本书数据输入/输出与数据预处理的有关内容。单击 OK 按钮完成设置并转换生成 TIFF 文件。

第 2 步：编辑环境的设置

在 ERDAS IMAGINE 图标面板菜单条中进行如下操作。

① 单击 Session | Preferences 命令。

② 打开 Preference Editor 对话框。

③ 从 Category 中选择 TIFF Image Files。

④ 选中 Edits Allowed 复选框。

⑤ 单击 User Save 按钮。

⑥ 单击 Close 按钮。

TIFF 文件格式是由 Aldus 公司于 1986 年开发的。而 GeoTIFF 的扩展使得 TIFF 文件可以被进行地理编码。也可以说 GeoTIFF 是 TIFF 的一个特殊形式，GeoTIFF 定义了一套 TIFF Tags 来描述所有的地图信息，这些信息可分为两部分：地理参考信息和地理编码信息。以上“编辑环境设置”中修改第（2）步的意思是使 TIFF 文件可以被编辑，这时一定要注意 TIFF Tags 不是 TIFF 规范的基本组成部分，在 TIFF 规范起主导作用的过程中可能被删除，ERDAS IMAGINE 对 Edits Allowed 复选框的默认值是 false。

第 3 步：启动命令的批处理功能

在 ERDAS 图标面板菜单条中进行如下操作。

① 单击 Tools | Image Command Tool 命令。

② 打开 Image Commands 对话框。

③ 确定要处理的 TIFF 文件（Image File）。

④ 选中 Compute Statistics 复选框。

⑤ 单击 Batch 按钮（启动批处理向导 Batch Commands）。

⑥ 打开 Batch Commands 窗口（图 13-4）。

如果想立即进行统计计算，则单击 Batch Commands 窗口的 Finish 按钮，此时系统就会进行处理，处理完成后这个过程就算结束。如果想使这个处理过程自动作用于多个文件，则继续下面的步骤。

第 4 步：批处理对象名称的变量化

在 Batch Commands 窗口中进行如下操作。

① 选中 Modify commands manually 单选按钮。

② 单击 Next 按钮，打开 Batch Commands 窗口（图 13-8）。

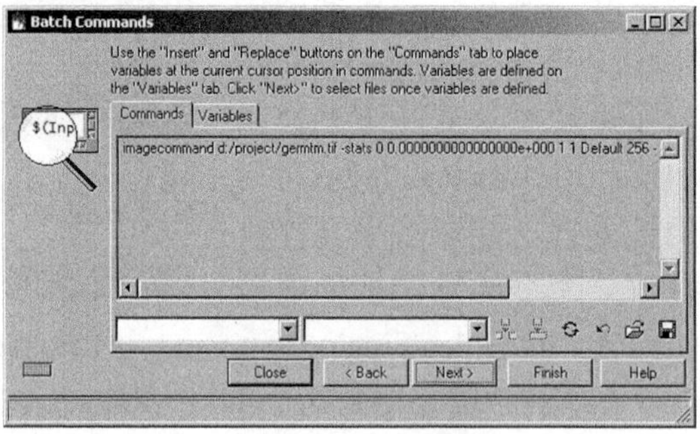

图 13-8 Batch Commands 窗口（Commands 选项卡）

Batch Commands 窗口有两个选项卡：Commands 和 Variables。从 Commands 选项卡可以看到有一个命令行（图 13-8），其含义是“对哪个文件基于何种设置（Options）进行何种处理”。处理对象（本例是 germtm.tif）是用文件的全路径名来确定的。为了使该命令作用于多个图像文件，需要将 germtm.tif 文件的全路径名用一个变量代替，并使该变量对应于多个图像文件的全路径名。Variables 选项卡的具体设置和使用将在后面的章节中再涉及，这里仅对 Commands 选项卡的几个图标的含义进行说明（表 13-2）。

表 13-2 Batch Commands 窗口 Commands 选项卡图标功能简介

图标	功能简介
	自动生成变量以代替输入文件名和输出文件名（如果有的话）
	在命令行的光标位置处将选定的变量插进去
	用选定的变量代替命令行中光标所在位置的参数（如一个文件的全路径名）。命令行中的光标尽管只占了一个位置，但却代表了一个参数，可以双击光标，则其所代表的参数将显示出来
	撤销上一次编辑操作
	Commands 选项卡中的命令可以存储成一个批处理命令文件（Batch Command File）.bcf，以后在其他批处理设置时可以直接调用该命令
	直接调用批处理命令文件（Batch Command File）的内容。比如正在设置一个有关统计的批处理时，可以调用一个过去存储的产生金字塔层的批处理，此时有关统计的批处理工作将被取消而代之以金字塔层的批处理

现在需要将一个具体的文件名变成一个抽象的变量名。

在 Batch Commands 窗口中进行如下操作。

① 单击 Commands 标签，进入 Commands 选项卡。

② 单击图标。

此时，命令行处理对象（germtm.tif）的全路径名被一个变量（默认为 Input）所代替。这个变量名目前只与一个文件（germtm.tif）的全路径名关联，下面将使该变量与多个文件名关联起来，以通过该变量使多个图像得到处理。

第 5 步：变量与多个图像文件建立关联

在 Batch Commands 窗口中进行如下操作。

① 单击 Next 按钮，打开 Batch Commands 窗口（图 13-9）。

② 通过功能图标在 Batch Commands 窗口中加入多个需要处理的文件。

从 Batch Commands 窗口（图 13-9）中可以看到，变量 Input 与 germtm.tif 是相关联的，现在要通过本窗口的几个工具将另外几个需要处理的文件的全路径名与变量 Input 关联起来。关于 Batch Commands 窗口的几个工具图标的功能如表 13-3 所示。

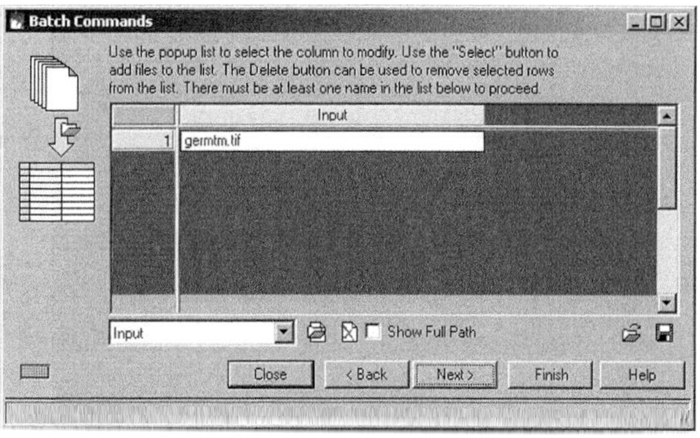

图 13-9 **Batch Commands 窗口**

表 13-3 Batch Commands 对话框工具图标简介

图标	功能简介
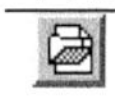	本图标将启动 Select Batch Files 对话框以选择其他需要处理的图像文件；Select Batch Files 对话框有两个选项卡：File 与 Multiple File Selection（图 13-11）。通过 File 选项卡可以一次加入一个图像文件，通过 Multiple File Selection 选项卡可以一次加入某个目录下多个遵循同一模式的文件（如某目录下所有以 soil 开头的 TIFF 文件可以用模式“soil*.tif”表达）。对 Windows 平台可以把要处理的文件直接从资源管理器中拖放到 Batch Commands 窗口中，从而实现文件的加入
	从与变量关联的文件列表中将选定的文件删除
	将与目前变量相关联的文件存储成一个批处理列表文件（Batch List File）.bls
	直接从一个批处理列表文件（Batch List File）.bls 中调出所有的文件与变量相关联
Show Full Path	如果选中该复选框，则与变量相关联的图像文件的列表中就不仅仅是文件名，而且还列出全路径名

第 6 步：批处理的立即执行

在 Batch Commands 窗口中单击 Finish 按钮。

13.3.3 多文件单命令随后批处理

在上一小节的最后一步，如果不是单击 Finish 按钮而是单击 Next 按钮，就将对“作用于多个文件的”批处理命令进行时间设置，从而可以设置为随后处理（Run Later）。不过，随后处理与立即处理的区别不仅仅如此，本小节将说明这一点。

本小节实例操作的目的是对所有有关 Lanier 湖的图像进行二次投影，这些数据都是 ERDAS IMAGINE 自带的实例数据。

第 1 步：启动命令的批处理功能

在 ERDAS 图标面板菜单条中进行如下操作。

① 单击 DataPrep 图标 | Reproject Images 命令，打开 Reproject Images 对话框。

② 按照表 13-4 设置 Reproject Images 对话框中的有关投影参数。

③ 单击 Batch 按钮（启动批处理向导），调出 Batch Commands 窗口（图 13-4）。

Reproject Images 对话框的内容设置如表 13-4 所列，关于投影变换的具体内容参见本书其他章节。

表 13-4 Reproject Images 对话框的内容设置

Input File	lanier.img	Categories	UTM WGS 84 South
Output File	lanier_reproj.img	Projection	UTM Zone 25

第 2 步：批处理对象名字的变量化

在 Batch Commands 窗口中进行如下操作。

① 选中 Modify commands automatically 单选按钮。

② 单击 Next 按钮，打开 Batch Commands 窗口（图 13-8）。

从 Commands 选项卡中可以看出系统自动产生了 Input 和 Output 两个变量，在命令行中分别代替了 lanier.img 与 lanier_reproj.img。考虑到下面将要把 Input 变量与多个输入文件相关联，而输出是自动产生的，那么输出文件的名字系统是如何确定的呢？

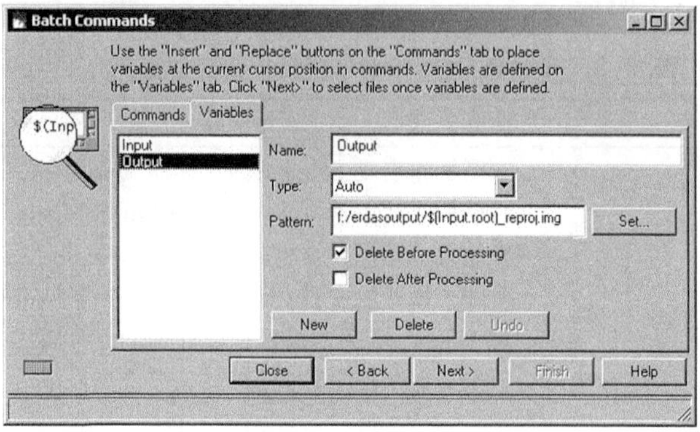

图 13-10 **Batch Commands 窗口（Variables 选项卡）**

单击 Variables 标签（图 13-10），可以看到所有的变量及其特征都列在 Variables 选项卡中。Input 变量对应的是用户输入的图像文件，其类型是 User，即其内容由用户决定。而 Output 文件名是由系统确定的（lanier_reproj.img 文件除外），所以其类型是 Auto，这个 Auto 的意思是"系统根据用户输入的第一对输入/输出文件名"来自动产生。第一对输入/输出文件名分别是 lanier.img 与 lanier_reproj.img，系统以此得出 Output=$（Input.root）_reproj.img。这样，如果输入文件为 a.img，其对应的输出文件为 a_reproj.img。当然这个对应关系只是系统自动产生的，用户可以通过单击 Variables 选项卡的 Set 按钮调出 Edit Replacement Pattern 对话框进行调整。

第 3 步：变量与多个图像文件建立关联

在 Batch Commands 窗口中进行如下操作。

① 单击 Next 按钮，打开 Batch Commands 窗口（图 13-9）。

② 单击图标，打开 Select Batch Files 对话框。

③ 单击 Multiple File Selection 标签，进入 Multiple File Selection 选项卡。

④ 选中 Use the following Selection Pattern 复选框（图 13-11）。

⑤ 在 Selection Pattern 文本框中输入"/examples / la*.img"（图 13-11）。

⑥ 单击 OK 按钮，返回 Batch Commands 窗口。

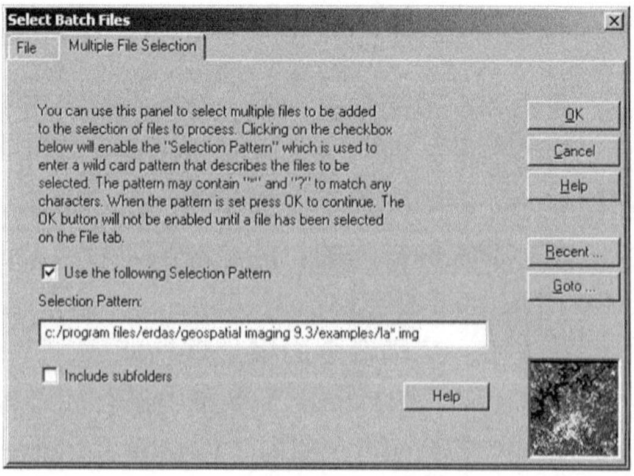

图 13-11 **Select Batch Files 对话框（Multiple File Selection 选项卡）**

这样，ERDAS IMAGINE 例子目录下所有与 Lanier 湖有关的图像（选择模式为 la*.img）都被加入到批处理中。

第 4 步：批处理执行时间及名字

在 Batch Commands 窗口中进行如下操作。

① 单击 Next 按钮，选中 Start Processing Later At 单选按钮。

② 确定批处理的执行时间。

③ 在 Name 文本框为该批处理命一个名字。

④ 单击 Next 按钮，输入用户信息（图 13-6）。

批处理的名字中不能用某些特殊的字符，如使用 \、/、*、?、|、<、>这些符号，系统会自动将其转换为破折号（——），空格键和 Tab 键转换为下划线（_）。

第 5 步：向服务日程提交批处理任务

在 Batch Commands 窗口中单击 Finish 按钮，提交批处理任务。

13.3.4 多文件多命令批处理

在实际工作中经常要涉及到比前几个例子更复杂的情况：对大量数据要进行多步操作，前一步的输出将是后一步的输入。毫无疑问，对这种情况进行批处理设置对工作很有帮助，这就是多文件多命令批处理（Multiple Files / Multiple Commands）需要解决的问题。

本例将对多个图像文件进行 3 步处理：首先是进行直方图均衡，然后对直方图均衡的结果进行亮度反转，最后对反转结果计算金字塔。

第 1 步：处理环境设置

在 ERDAS 图标面板菜单条中进行如下操作。

①）单击 Session | Preferences 命令，打开 Preferences Editor 对话框。

② 在 Category 中选择 Batch Processing。

③ 选中 Run Batch Commands in Record Mode 复选框（只有这样，批处理才可以连续执行几个步骤，而且前一步的输出才可以作为后一步的输入使用）。

④ 在 Category 中选择 Image Files（General）。

⑤ 取消选中 Compute Pyramid Layers 复选框（本例将涉及一些中间文件，批处理执行完成后没有保存的必要，所以对它们没有必要产生金字塔层）。

⑥ 单击 User Save 按钮。

⑦ 单击 Close 按钮。

第 2 步：启动批处理记录功能

在 ERDAS 图标面板菜单条中进行如下操作。

① 单击 Session | Start Recording Batch Commands 命令，打开 Batch Commands 窗口（图 13-12）。

② 对话框左下角有一个方形的记录指示灯在闪烁，表明现在处于记录状态。

需要说明，前几小节都是从具体的图像处理功能开始批处理设置的，本例则采用了一种不同的切入方法，在完成处理的过程中记录处理过程形成批处理文档。

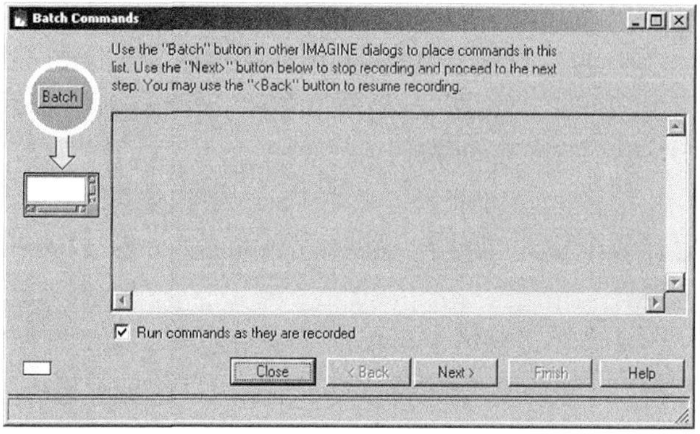

图 13-12　**Batch Commands 窗口**

第 3 步：直方图均衡处理

在 ERDAS 图标面板工具条中单击 Interpreter 图标 | Radiometric Enhancement | Histogram Equalization 命令，打开 Histogram Equalization 对话框（图 13-13）。

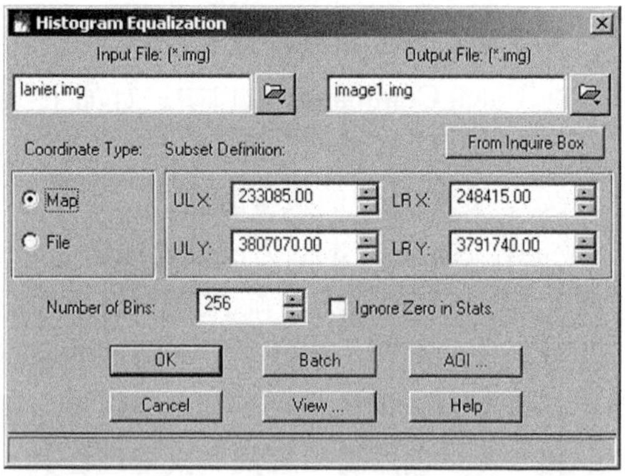

图 13-13　**Histogram Equalization 对话框**

① 设置直方图均衡处理参数。

② 单击 Batch 按钮。

由于第 2 步使得 Batch Commands 窗口处于记录状态，此时单击 Histogram Equalization 对话框的 Batch 按钮，不会像前两个例子一样打开 Batch Commands 窗口，而是导致此功能的立即执行，并且在 Batch Commands 窗口中记录下来。

第 4 步：亮度反转处理

在 ERDAS 图标面板工具条中单击 Interpreter 图标 | Radiometric Enhancement | Brightness Inversion 命令，打开 Brightness Inversion 对话框（图 13-14）。

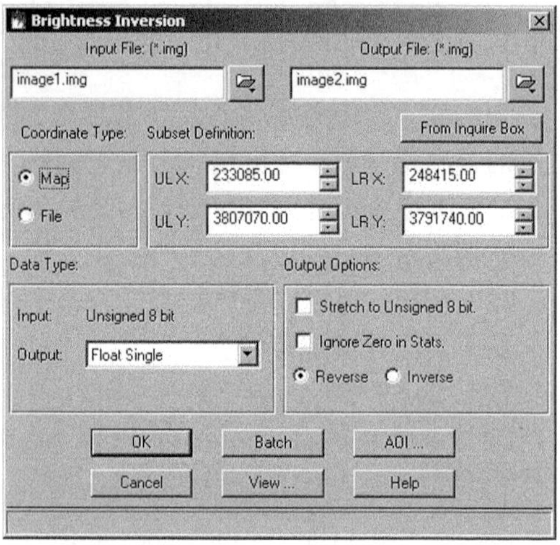

图 13-14　**Brightness Inversion 对话框**

① 设置亮度反转处理参数（注意：这里的输入文件是第 3 步操作的输出文件）。

② 单击 Batch 按钮。

与第 3 步相同，单击 Batch 按钮将立即执行 Brightness Inversion 处理功能的实现，并在 Batch Commands 窗口中自动记录。

第 5 步：产生金字塔层

在 ERDAS 图标面板菜单条中进行如下操作。

① 单击 Tools | Image Command Tool 命令，打开 Image Commands 对话框。

② 打开文件 image2.img（注意：这里的输入文件是第 4 步操作的输出文件）。

③ 选中 Compute Pyramid Layers 复选框。

④ 单击 Compute Pyramid Layers 复选框右侧的 Option 按钮，打开 Pyramid Layers Options 对话框。

⑤ 在 Kernel Size 下拉列表框中选择 2×2 选项。

⑥ 取消选中 External File 复选框。

⑦ 单击 OK 按钮，返回 Image Commands 对话框。

⑧ 单击 Batch 按钮。

与第 3、4 步相同，单击 Batch 按钮将导致金字塔层计算的实现以及在 Batch Commands 窗口中得以记录。

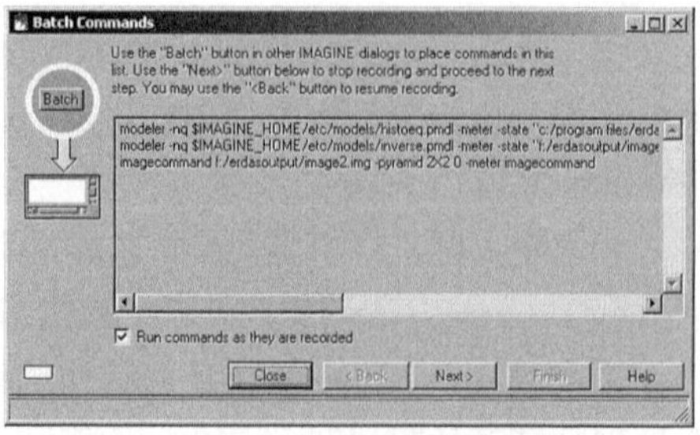

图 13-15　**记录了多步操作的 Batch Commands 窗口**

从第 3 步到第 5 步执行了 3 个功能，这些操作同时得以记录在 Batch Commands 窗口中。需要注意 Batch Commands 窗口中的内容（图 13-15），可知记录的 3 个命令行中所有文件名都是具体的文件名，下面几步将把具体文件名转为变量名以便该 Batch 可用于其他文件处理过程。

第 6 步：批处理对象（图像文件）名字的变量化

在 Batch Commands 窗口（图 13-15）中进行如下操作。

① 单击 Next 按钮。

② 选中 Modify commands automatically 单选按钮。

③ 单击 Next 按钮，打开 Batch Commands 窗口（图 13-16）。

从 Commands 选项卡可知，此时所有命令的输入、输出文件名都用变量名进行了代替。这 3 个变量名默认为“Input”、“Output”、“Temp1”。

打开 Variables 选项卡，可以看到对这几个变量的设置（图 13-16）。Input 变量是用户输入的，因此为 User 型。对 Temp1 变量，系统将其名字改为 $（Input.root）_image1.img，如 Input 为 abc.img，则 Temp1 将为 abc_image1.img。比较特殊的是对 Temp1 系统选中了两个复选框，即 Delete Before Processing 和 Delete After Processing。选中 Delete Before Processing 复选框是指生成 Temp1 以前先将同一目录下的同名文件删除，这是为了避免由于同名文件存在而导致中间文件不能生成；选中 Delete After Processing 复选框是指 Temp1 作为输入文件的使命完成后将其删除，因为 Temp1 是一个中间文件，没有必要保留。再看 Output 变量，系统将其名字改为$（Input.root）_image2.img，如 Input 为 abc.img，则 Output 将为 abc_image2.img，这说明输出文件（如 Output）的名字设置不一定只能基于其直接的输入文件（如 Temp1）。对 Output 变量，Delete Before Processing 复选框被选中，而 Delete After Processing 未被选中，其原因很明确。

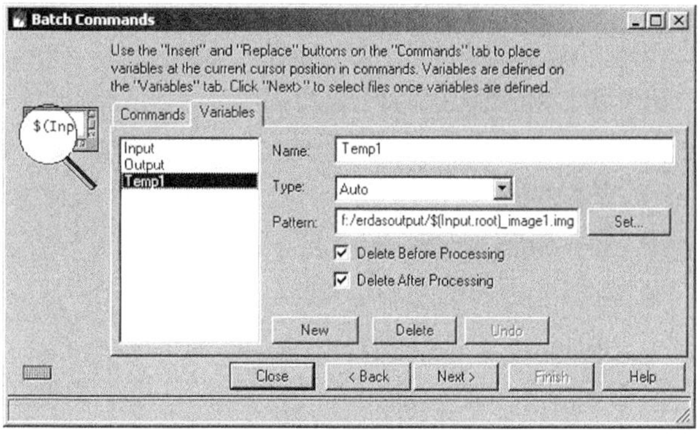

图 13-16 **Batch Commands 窗口（Variables 选项卡）**

第 7 步：输出文件名字模式的自定义

对 Auto 型变量的名字模式可以进行调整，单击 Batch Commands 窗口的 Variables 标签进入 Variables 选项卡。选择一个 Auto 型的变量后，单击其 Pattern 文本框右部的 Set 按钮可以打开 Edit Replacement Pattern 对话框（图 13-17）。

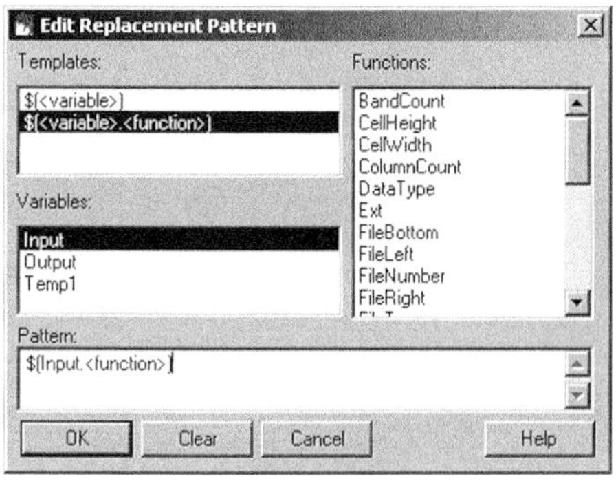

图 13-17 **Edit Replacement Pattern 对话框**

如图 13-17 所示，Edit Replacement Pattern 对话框有 4 个窗口：Templates、Variables、Functions、Pattern。前 3 个窗口是参数设置，第 4 个窗口是设置结果。使用时一般都是先选择 Templates 中的合适元素，从而在 Pattern 中的光标处放置一个“空模式”，然后将光标放在“空模式”中的合适位置，单击 Variables、Functions 列表框中的恰当元素将空模式充填上内容。比如想将一个变量 bbb 的 Pattern 设为“变量 aaa 的扩展名”，可以先在 Templates 列表框中单击$(<variable>.<function>)，则 Pattern 中将出现$(<variable>.<function>)，将光标置于 Pattern 列表框中的 variable 上，在 Variables 列表框单击变量 aaa，再将光标置于 Pattern 列表框中的 function 上，在 Functions 列表框中单击函数 Ext，此时 Pattern 列表框的内容变为$（aaa.Ext）。

有一点值得注意，Windows NT平台上的ERDAS在文件路径的使用上依然保留有UNIX的习惯。

第8步：加载批处理输入文件

在Batch Commands窗口中进行如下操作。

① 单击Next按钮。

② 单击Add Files图标 ，打开Select Batch Files对话框。

③ 单击Multiple File Selection标签，进入Multiple File Selection选项卡。

④ 选中Use the following Selection Pattern复选框。

⑤ 在Selection Pattern文本框中输入“/ examples / la*.img”。

⑥ 单击OK按钮，返回Batch Commands窗口。

这样，ERDAS IMAGINE例子目录下所有与Lanier湖有关的图像文件（选择模式为la*.img）都被加载到批处理中。

第9步：批处理执行时间及名字

在Batch Commands窗口中进行如下操作。

① 单击Next按钮。

② 选中Start Processing Later At单选按钮。

③ 确定批处理的执行时间。

④ 在Name文本框中为该批处理命一个名字。

批处理的名字中不能用某些特殊的字符，如使用 \、/、*、?、|、<、>这些符号，系统会自动将其转换为破折号（–），空格键和Tab键转换为下划线（_）。

第10步：向服务日程提交批处理任务

在Batch Commands窗口中单击Finish按钮，提交批处理任务。

第 14 章 图像库管理

本章学习要点

- ➢ 图像库环境设置
- ➢ 图像库管理功能
- ➢ 图像库图形查询

14.1 图像库管理概述

所谓图像库管理（Image Catalog）是指将一个区域的所有图像进行统一管理。这个统一表现在两个方面：一是可以在一个表格界面上直观地看到各个图像的各种参数，对选定的图像可立即在窗口中打开或者用 ImageInfo 工具、Table 工具调出其更详尽的参数；二是可用覆盖所有图像的矢量图层为背景，通过图形界面方便地查找、操作图像。另外，通过图像库管理可以方便地进行图像的存档与恢复。

作为图像库的背景，系统默认使用的是一幅有准确投影的世界地图（一个没有地图投影的矢量图是不可以做背景的）。如果放入图像库的图像文件也有准确投影，系统便会自动将后者匹配到前者形成的背景上。一个没有地图投影的图像是可以放到图像库里的，只不过在图形查询时背景图上可能找不到该图像而已。

如果用户有某局部区域的更详细的矢量图，并希望以此作为局部的背景，可以将该文件名加入到<IMAGINE_HOME>/etc 目录下的 catalog.cov 文件中去。

14.2 图像库环境设置

在 ERDAS 图标面板菜单条中进行如下操作。

① 单击 Session | Preferences 命令，打开 Preference Editor 对话框（略）。

② 从 Category 中选择 Image Catalog。

③ 进入库管理环境设置界面。

④ 修改库管理的默认设置（表 14-1）。

⑤ 单击 User Save 按钮（用户级保存设置）。

⑥ 单击 Close 按钮（关闭 Preference Editor 对话框）。

表 14-1 图像库管理默认环境设置项简介

设置项	功能简介
Catalog Directory	保存和打开库管理文件（*.ict）的默认目录
Default Catalog	库管理功能启动时默认打开的库管理文件名
Canvas Backdrop	一个 ArcGIS 格式的矢量图层。当库管理功能的 Graphical Query Viewer 启动时，将作为背景显示出来。该文件必须是在 imagine9.3/etc/ catalog.cov 中注册过的文件
Archive Media	文档保存时使用的默认介质名字

续表

设置项	功能简介
Water Color	背景图层中外多边形的颜色（背景图层是默认的世界地图，外多边形是海洋，其他多边形是陆地）
Land Color	背景图层中除了外多边形外的其他多边形的颜色
Border Color	多边形图层中多边形边界的默认颜色
Line Style	显示线图层弧段时的默认线型
Point Symbol	显示点图层以及 Label 点时的默认符号，有 crosshair 和 points 两种可以选择
Symbol Color	显示点图层以及 Label 点时的默认颜色
Symbol Size	显示点图层以及 Label 点时的默认尺寸（以点为单位）
Footprint Color	显示图像库中管理的各图像的范围时使用的默认颜色
Footprint Selected Color	显示图像库中被选中的图像的范围时使用的默认颜色
Footprint Fill Style	显示图像库中管理的各图像的范围时使用的默认充填模式，有 unfilled、filled_50 和 hatch 这 3 种选择
Show Map Grid	是否显示 Map Grid（地图格网）
Grid Color	Map Grid（地图格网）显示时的默认颜色
Show Grid Labels	Grid Label（地图格网标注）是否默认显示
Grid Label Color	Grid Label（地图格网标注）显示时的默认颜色
Level of Detail	显示地图时的最大详细程度，有 global、regional、subregional 和 local 这 4 个选项
Show Map Outlines	启动时是否显示地图的外轮廓（Outlines）
Map Outline Color	显示地图 Outline 时的默认颜色
Map Outline Style	显示地图 Outline 时的默认线型，有实线和虚线两种选择
Restore Directory	恢复文件到磁盘时的默认目录

14.3 图像库功能介绍

图像库功能（Image Catalog Functions）比较简单，可以从 3 个方面进行简要介绍：打开默认图像库、图像库管理功能和图像库图形查询（Graphical Query）。

14.3.1 打开默认图像库

在 ERDAS 图标面板菜单条中单击 Main | Image Catalog 命令；或在 ERDAS 图标面板工具条中单击 Catalog 图标。

① 打开 Image Catalog 窗口（图 14-1）。

② 同时打开默认的图像库管理文件 default.ict（图 14-1）。

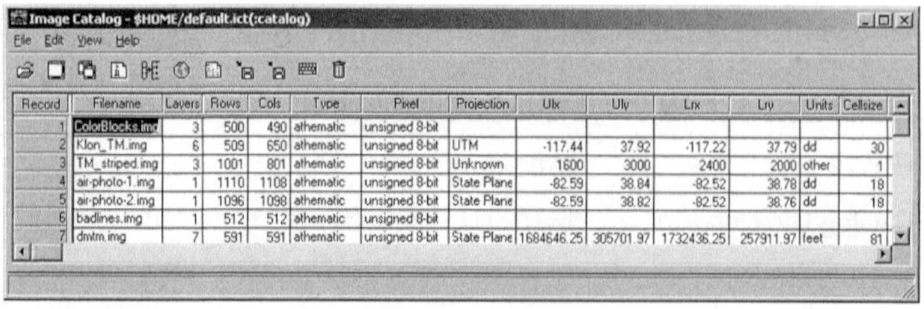

图 14-1 Image Catalog 窗口

14.3.2 图像库管理功能

如图 14-1 所示，Image Catalog 窗口由菜单条（Menu Bar）、工具条（Tool Bar）、图像文件信息列表（Cell Array）和状态提示条（Status Bar） 4 个部分组成。图像库管理的主要操作是通过图 14-1 所示的菜单命令、工具图标来完成的。菜单命令及其功能如表 14-2 所列，工具图标及其功能如表 14-3 所列。

表 14-2 Image Catalog 窗口菜单命令与功能

菜单命令	功能简介
File:	图像库文件操作:
Open Catalog	打开已有图像库文件
New Catalog	创建新的图像库文件
Archive	图像库中的图像存档
Restore	图像库中存档图像恢复
Close	关闭当前图像库窗口
Edit:	图像库编辑操作:
Catalog Layout	图像库内容列表客户化
Catalog Image	向图像库添加图像
Manual Entry	手工添加图像文件
Delete Image	删除图像库图像文件
View:	图像显示参数设置:
Graphical Query Viewer	打开图像库图形查询对话框
Form View	显示图像库图像描述信息
View Image (same Viewer)	在同一窗口显示图像库图像
View Image (new Viewer)	在新的窗口显示图像库图像
ImageInfo	打开 ImageInfo 对话框
Use Custom Layout	用已有格式客户化图像列表
Help:	联机帮助:
Help for Image Catalog	关于 Image Catalog 的联机帮助

注：图像管理库只能管理文件名不超过 30 个字符的、全路径不超过 60 个字符的图像文件。

表 14-3 图像库管理窗口工具图标功能简介

图标	命令	功能简介
	Open Existing Catalog	打开一个已有的图像库管理文件
	Display in a Viewer	第一次使用该功能将打开一个新的 ERDAS 窗口，并在该窗口中打开当前图像库中选定的图像。以后再使用该功能将在该窗口中打开选定的图像。本功能不使用非本功能产生的视窗来显示图像
	Display in a New Viewer	对每一个当前图像库中选定的图像都产生一个新的窗口并显示该图像
	Invoke ImageInfo	打开 ImageInfo 对话框并显示当前图像库中选定的图像信息。如果同时有多个图像被选中，则只显示记录号最小的图像信息
	Add an Image	向图像库中加载一个新的图像
	Graphical Query	打开图像库的图形化查询界面（图 14-2）
	Show Catalog Fields	以表单的形式显示当前图像库中选定图像（只能有一个被选定）的基本信息（图 14-3）

续表

图标	命令	功能简介
	Archive Selected Image	本功能是对选择图像进行编档保存，要求当前图像库中必须且只能有一个选定图像
	Retrieve Selected Image	本功能是从存档中恢复该图像，要求当前图像库中必须且只能有一个选定图像，且该图像必须已经被存档（status = ARCHIVED）
	Manually add an Image	以手动方式在当前图像库中加入一个图像
	Delete Selected Image	从当前图像库中将选定的图像删除出去

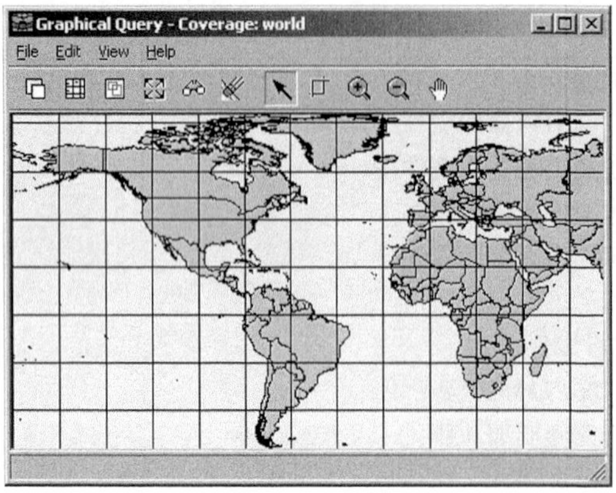

图 14-2 **Graphical Query 视窗**

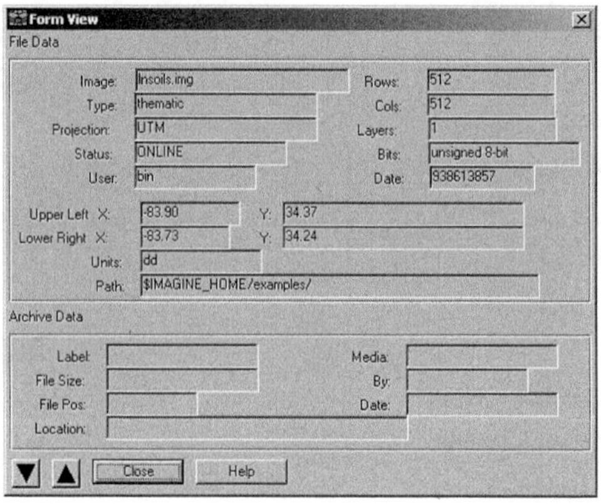

图 14-3 **表单形式显示的图像库中的图像信息**

另外，图像库管理对话框有一个很重要但没有图标化的功能，即 Catalog Layout 功能。下面以 default.ict 为例说明本功能的使用。

在 ERDAS 图标面板菜单条中单击 Main | Image Catalog 命令；或在 ERDAS 图标面板工具条中单击 Catalog 图标，打开 Image Catalog 窗口（图 14-1），同时打开默认的图像库管理文件 default.ict（图 14-1）。

在 Image Catalog 窗口菜单条中单击 Edit | Catalog Layout 命令，打开 Catalog Layout 对话框（图 14-4）。

通过 Catalog Layout 对话框可以确定当前图像库将显示其管理图像的哪些属性，以及这些属性的显示顺序。

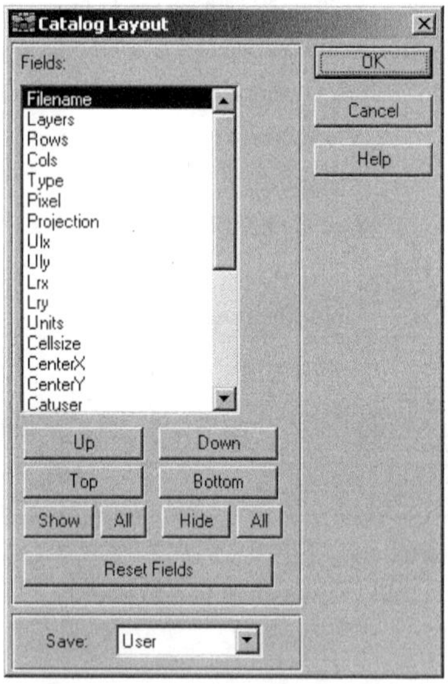

图 14-4 **Catalog Layout 对话框**

14.3.3 图像库图形查询

图像库图形查询（Graphical Query of Image Catalog）功能可以非常方便地按照图像坐标的地理位置，从图像库中查询图像。首先需要打开图像库图形查询对话框，

在 ERDAS 图标面板菜单条中单击 Main | Image Catalog 命令；或在 ERDAS 图标面板工具条中单击 Catalog 图标，打开 Image Catalog 窗口（图 14-1），同时打开默认的图像库管理文件 default.ict（图 14-1）。

在 Image Catalog 窗口中单击工具条 Graphical Query 图标（或者单击菜单条 View | Graphical Query Viewer 命令），打开 Graphical Query 视窗（图 14-2）。

如图 14-2 所示，Graphical Query 视窗由菜单条（Menu Bar）、工具条（Tool Bar）、图像文件背景底图（backdrop）和状态提示条（Status Bar）4 个部分组成。图像库管理的主要操作是通过图 14-2 所示的菜单命令、工具图标来完成的。菜单命令及其功能如表 14-4 所列，工具图标及其功能如表 14-5 所列。

表 14-4 Graphical Query 视窗菜单命令与功能

菜单命令	功能简介
File:	图形文件操作：
Area Definition	定义背景图形查询浏览区域
Close	关闭 Graphical Query 视窗
Edit:	格网编辑操作：
Toggle Grids	背景地图格网显示控制开关
Grid Spacing	设置背景地图格网大小尺寸
Toggle Map Outlines	背景地图外多边形显示控制
Clear Query	清除当前图像选择与轮廓显示
View:	查询范围显示：
Query within current extents	在当前空间范围内进行查询
Reset Display	显示默认查询范围背景地图
Coverage Information	显示当前应用背景地图信息
Help:	联机帮助：
About the Graphical Query	关于 Graphical Query 的联机帮助

表 14-5 Graphical Query 视窗工具图标功能简介

图标	命令	功能简介
	Area Definition	单击本图标将打开 Area Definition 对话框（图 14-5）。可以在 Area Definition 对话框中输入数据（用键盘输入或者用鼠标在显示区域拖拉出一个矩形以实现自动输入）以确定一个矩形区域，使 Graphical Query 视窗显示该区域的内容。需要注意的是在 Area Definition 对话框中可以将范围数据存在成一个文件以便重复使用
	Grid Lines	背景图层格网线显示与否的开关
	Map Outlines	Map Outlines 显示与否的开关
	Restore	恢复显示区域为整个背景图层
	Display Image Boundaries	所有落在目前显示区域的图像将被选中，并且其边界将被显示出来。由于 Graphical Query 视窗与图像库对话框是关联的（类似于窗口与显示于其中的矢量图层的属性表间的关系），被选中的图像也将在图像库管理对话框列表中被显示标记出来
	Clear	使图像选择集为空
	Select Tool	图像选择工具。单击的方式只可以选中一个，而用该工具拖拉矩形框的方式可以选中所有落在框内的图像
	Crop Tool	确定放大显示的区域

续表

图标	命令	功能简介
	Zoom In	使显示倍数扩大一倍，且将以单击处为中心
	Zoom Out	使显示倍数缩小一倍，且将以单击处为中心
	Roam the Map	移动显示范围的工具

如图 14-2 所示，借助 Graphical Query 视窗，可以在一个矢量地图的背景下浏览当前图像库中的图像轮廓范围，如同在其他窗口中的操作一样，可以根据需要进行放大、漫游等操作，也可以在图像背景上进行感兴趣的区域选择，图像库中位于该区域内的图像将同时被选择，并同时显示在 Graphical Query 视窗和图像文件列表中。Graphical Query 视窗中的背景底图（backdrop）是 ArcGIS 的 Coverage。在图像库中将 Coverage 分成 4 种类型进行组织，这 4 种类型依次是全球（global）、区域（regional）、子区域（sub-regional）和地方（local），应用于不同的空间尺度中，从小比例尺（global）到大比例尺（local）。这种 Coverage 的组织是通过编辑文件 Catalog.cor 进行的，该文件位于$IMAGINE-HOME/etc/目录下，它的书写有自己的语法。

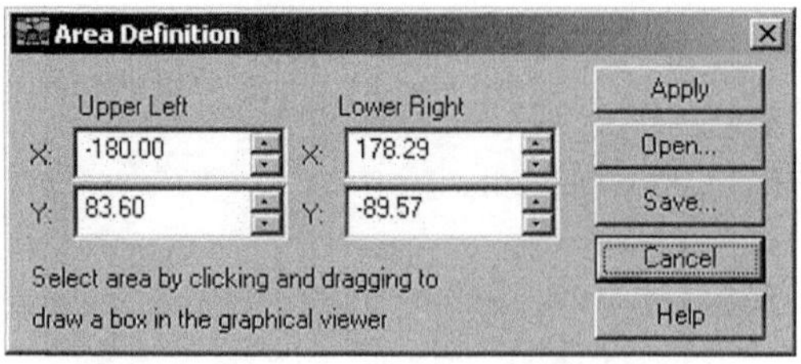

图 14-5　Area Definition 对话框

第 15 章 地 图 编 制

本章学习要点

- 地图编制模块功能
- 地图编制工作流程
- 地图编制操作过程
- 制图文件路径编辑
- 系列地图编制工具
- 地图数据库工具

15.1 地图编制概述

ERADS IMAGINE 的地图编制模块（Map Composer）具有所见即所得（WYSIWYG——What You See Is What You Get）的功能，用于制作地图质量的影像图、专题地图或演示图，这种地图可以包含单个或多个栅格图像层、GIS 专题图层、矢量图形层和注记层。同时，地图编辑器允许用户自动生成图名、图例、比例尺、格网线、标尺点、图廓线、符号及其他制图要素，用户可以选择 1600 万种以上的颜色、多种线划类型和 60 种以上的字体。

15.1.1 地图编制工作流程

ERADS IMAGINE 的地图编制过程（Workflow of Map Composition）一般包括 6 个步骤（图 15-1）：首先是根据工作需要和制图区域的地理特点进行地图图面的整体设计，设计内容包括图幅大小尺寸、图面布置方式、地图比例尺、图名及图例说明等；然后需要准备地图编制输出的数据层，也就是要在视窗中打开有关的图像或图形文件；再就是启动地图编制模块，正式开始制作专题地图；在此基础上确定地图的内图框，同时确定输出地图所包含的实际区域范围，生成基本的输出图面内容；在主要图面内容周围放置图廓线、格网线、坐标注记，以及图名、图例、比例尺、指北针等图廓外要素；最后是设置打印机，打印输出地图。

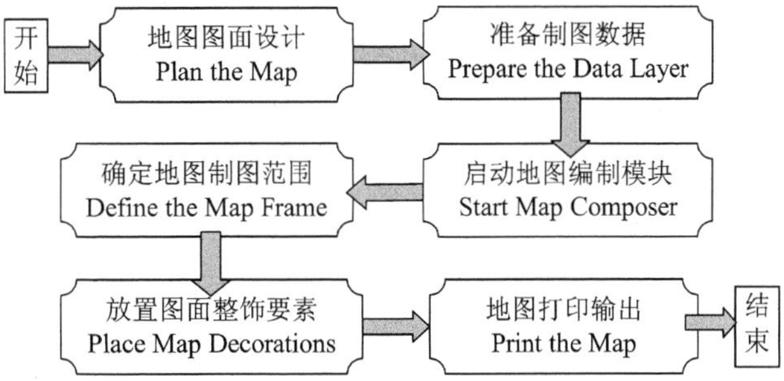

图 15-1 地图编制的工作流程

15.1.2 地图编制模块概述

地图编制模块又称 Map Composer 或 Composer，可以通过两种途径启动。

在 ERDAS 图标面板菜单条中单击 Main|Map Composer 命令，打开 Map Composer 菜单（表 15-1 左列）；或在 ERDAS 图标面板工具条中单击 Composer 图标，打开 Map Composer 菜单（表 15-1 左列）。

从 Map Composer 菜单可以看出，ERDAS 地图编制模块包含了 6 项主要功能，各功能模块的名称如表 15-1 右列所列。

表 15-1　地图编制模块菜单、命令与功能

Map Composer 菜单	命令	功能
	New Map Composition	创建地图编制文件
	Open Map Composition	打开地图编制文件
	Print Map Composition	打印地图编制文件
	Edit Composition Paths	编辑地图编制文件路径
	Map Series Tool	系列地图编制工具
	Map Database Tool	地图数据库工具

15.2　地图编制操作过程

地图编制的工作流程如图 15-1 所示，下面从准备制图数据（Prepare the Data Layer）、创建制图文件（Create Map Composition）、确定地图制图范围（Define the Map Frame）、放置整饰要素（Place Map Decorations）、地图打印输出（Print the Map Composition）这 5 个方面，介绍地图编制的操作过程（Process of Map Composition）。

15.2.1　准备制图数据

准备制图数据就是在视窗中打开所有要输出的数据层，包括栅格图像数据、矢量图形数据、文字注记数据等，具体示例如下。

在视窗菜单条中单击 File|Open|Raster Layer 命令，打开加载图像对话框。

① 确定图像文件名（File Name）：modeler_output.img。

② 定义图像显示参数（Raster Options）：Fit to Frame。

③ 单击 OK 按钮（图像文件 modeler_output.img 在视窗中打开）。

下面的地图编制过程将针对 modeler_output.img 图像进行。

15.2.2　创建制图文件

在 ERDAS 图标面板菜单条中单击 Main|Map Composer|New Map Composition 命令，打开 New Map Composition 对话框（图 15-2）；或者在 ERDAS 图标面板工具条中单击 Composer 图标，打开 New Map Composition 对话框（图 15-2）。

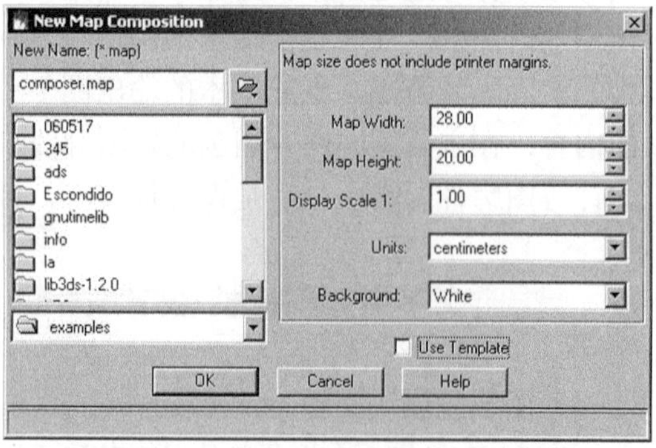

图 15-2　New Map Composition 对话框

在 New Map Composition 对话框中需要定义下列参数。

① 制图文件名（New Name）：composer.map。

② 输出图幅宽度（Map Width）：28.00。

③ 输出图幅高度（Map Height）：20.00。

④ 地图显示比例（Display Scale 1）：1.00。

⑤ 图幅尺寸单位（Units）：centimeters。

⑥ 地图背景颜色（Background）：White（以上是自定义状态，也可以使用模板文件：Use Template）。

⑦ 单击OK按钮（关闭New Map Composition对话框）。

⑧ 打开Map Composer视窗和Annotation工具面板（图15-3）。

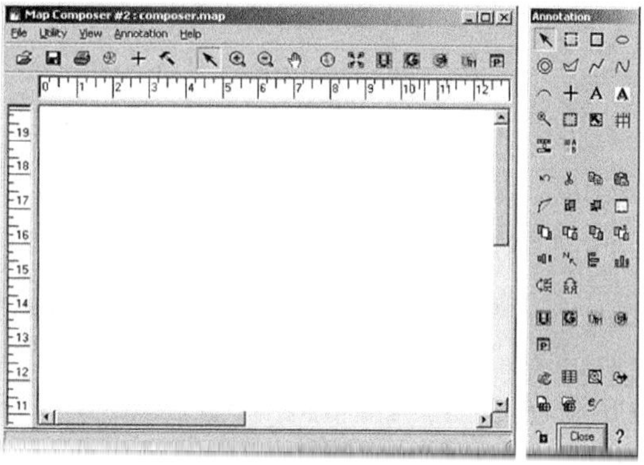

图 15-3 Map Composer视窗和Annotation工具面板

15.2.3 确定地图制图范围

1. 地图编辑视窗功能

如图15-3所示，地图编制视窗由菜单条（Menu Bar）、工具条（Tool Bar）、地图窗口（Map View）和状态条（Status Bar）组成，至于注记工具面板（Annotation Tool Palette），只不过是从菜单条中调出来的一部分编辑功能。但是由于下面的许多地图编制操作都需要借助注记工具面板来完成，所以在此有必要对注记工具面板进行介绍。

每当创建一个新的制图文件时，注记工具面板就会自动打开。注记工具面板还可以分别从ERDAS视窗菜单条（Viewer Menu Bar|Annotation|Tools）或地图编辑视窗菜单条（Map Composer Menu Bar|Annotation|Tools）中打开，该工具面板可以使用户在注记层或地图上放置矩形、多边形、线划等图形要素，还可以放置比例尺、图例、图框、格网线、标尺点、文字及其他要素。注记工具面板的尺寸以及其中集成的工具取决于相应默认值的设定。

注记工具面板上的功能很多，工具图标及其功能介绍在本书2.8.3节的表2.28中有详细描述，在此就不重复介绍了。

2. 绘制地图图框

地图图框（Map Frame）用于确定地图编制的范围及内容，图框中可以包含栅格图层、矢量图层、注记图层等。绘制图框以后，虽然其中显示了所确定的数据层，但是数据本身并没有被复制，只是与视窗建立了一种参考关系，将视窗中的图层显示出来而已。

地图图框的大小取决于3个要素：制图范围（Map Area）、图纸范围（Frame Area）、地图比例（Scale）。制图范围是指图框所包含的图像面积（实地面积），使用地面实际距离单位；图纸范围是指图框所占地图的面积（图面面积），使用图纸尺寸单位；地图比例是指图框距离与所代表的实际距离的比值，实质上就是制图比例尺。

地图图框的绘制过程如下。

① 在Annotation工具面板中单击Create Map Frame图标。

② 在地图编辑视窗的图形窗口中，按住左键拖动绘制一个矩形框（Map Frame）（图框大小随后还可以调整，如果想绘制正方形，可以在拖动鼠标时按住Shift键）。

③ 完成图框绘制，释放左键后打开Map Frame Data Source对话框（图15-4）。

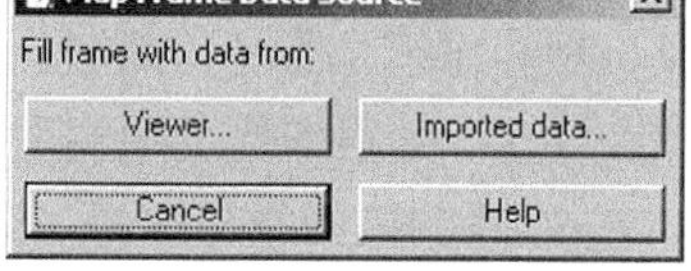

图 15-4 Map Frame Data Source对话框

④ 单击Viewer按钮（从视窗中获取数据填充Map Frame）。

⑤ 打开 Create Frame Instructions 指示器（图 15-5）。

⑥ 在显示图像的视窗中的任意位置单击，表示对该图像进行制图输出。

⑦ 打开 Map Frame 对话框（图 15-6）。

在 Map Frame 对话框中需要定义下列参数。

① Change Map and Frame Area（Maintain Scale）（改变制图范围与图框范围，保持比例尺不变）：Frame Width: 24.00　Frame Height: 16.00（Map Area Width & Height 相应变化）。

② Change Scale and Frame Area（Maintain Map Area）（改变比例尺与图框范围，保持制图范围不变）：Scale 1 : 25000.00（Frame Width & Height 相应变化）。

③ Change Scale and Map Area（Maintain Frame Area）（改变比例尺与制图范围，保持图框范围不变）：Map Area Width: 19685.00　Height: 13123.33（所添尺寸由图框与比例决定）。

④ 地图旋转角度（Map Angle）：0.00。

⑤ 地图左上角坐标（Upper Left Map Coordinates）：X: 1700000.00 / Y: 290000.00。

⑥ 图框左上角坐标（Upper Left Frame Coordinates）：X: 2.00 / Y: 18.00。

⑦ 单击 OK 按钮（关闭 Map Frame 对话框，完成地图图框绘制）。

⑧ 制图编辑视窗的图形窗口中显示出图像 modeler_output.img 的输出图面。

⑨ 将输出图面充满整个视窗（View | Scale | Map to Window）（图 15-7）。

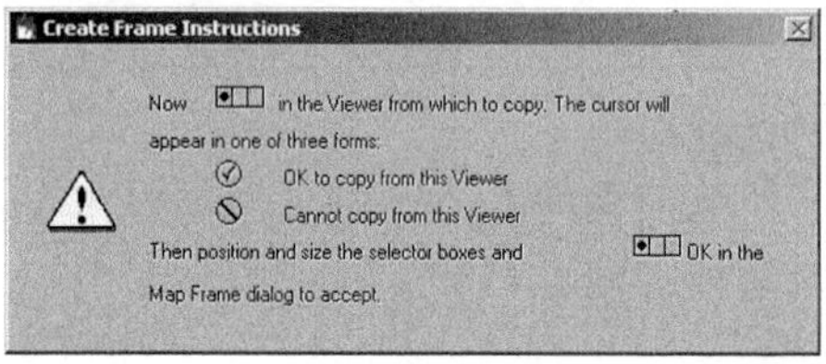

图 15-5　Create Frame Instructions 指示器

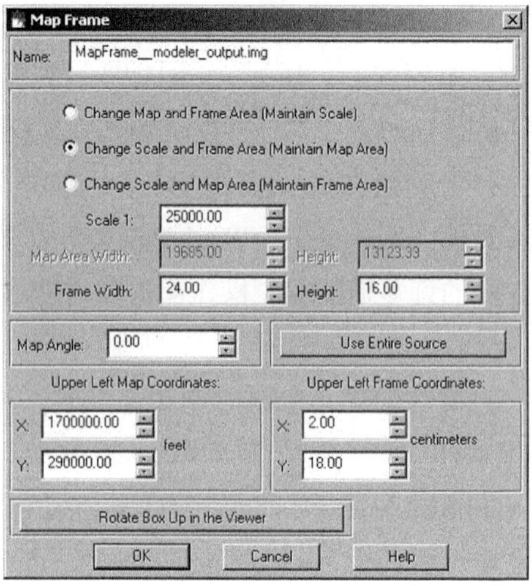

图 15-6　Map Frame 对话框

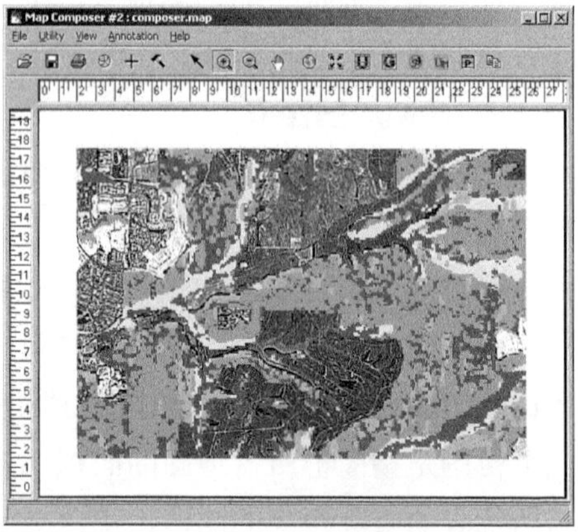

图 15-7　制图输出图面（充满窗口）

15.2.4 放置整饰要素

地图图框确定了制图输出图面的主要内容与区域，下面就是在此基础上放置图廓线、格网线、坐标注记、图名、图例、指北针、比例尺等各种辅助要素（Map Decorations），总称图面整饰要素，使得图面美观实用。

1. 绘制格网线与坐标注记

在 Annotation 工具面板中单击 Create Grid / Ticks 图标。

① 在位于地图编辑视窗图形窗口中的图框内单击。

② 打开 Set Grid / Tick Info 对话框（图 15-8）。

在 Set Grid / Tick Info 对话框中需要设置下列参数。

① 格网线与坐标注记要素层名称（Name）：composer_grid。

② 格网线与坐标注记要素层描述（Description）：grid, tick and neatline of composer。

③ 选择放置地理坐标注记要素：Geographic Ticks。

④ 选择放置地图图廓线要素：Neat Line。

⑤ 设置图廓线与图框的距离及单位（Margin）：0.200 Centimeters。

⑥ 选择制图单位（Map Units）：Feet（图像或线划的实际单位）。

⑦ 定义水平格网线参数（Horizontal Axis）。

⑧ 图廓线之外格网线长度（Length Outside）：0.000cm。

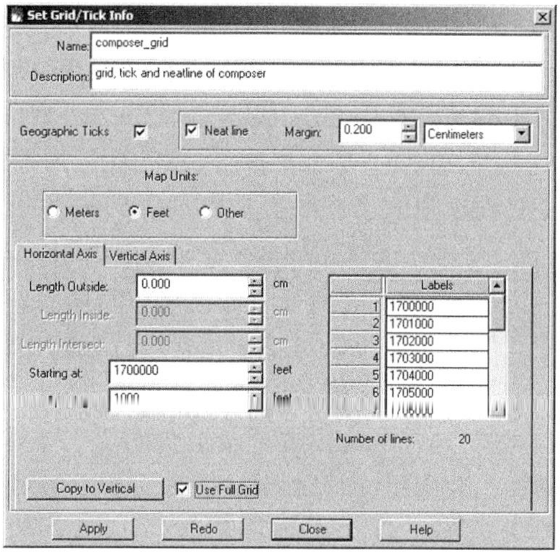

图 15-8 Set Grid/Tick Info 对话框

⑨ 图廓线之内格网线长度（Length Inside）：0.000cm（使用 Full Grid 时不需要定义）。

⑩ 与图廓线相交格网线长度（Length Intersect）：0.000cm（使用 Full Grid 时不需要定义）。

⑪ 格网线起始地理坐标值（Starting at）：1700000 feet（实地坐标及单位）。

⑫ 格网线之间的间隔距离（Spacing）：1000 feet（实地距离及单位）。

⑬ 选择使用完整格网线：Use Full Grid（设置完成后，对话框中会显示格网线的数量和坐标注记的数值）。

⑭ 定义垂直格网线参数（Vertical Axis）。

⑮ 可以按照类似水平格网线参数设置过程来设置垂直格网线参数。

⑯ 如果垂直格网线参数与水平格网线相同，单击 Copy to Vertical 按钮，将水平参数 Copy 到垂直方向。

⑰ 单击 Apply 按钮（应用设置参数，格网线、图廓线与坐标注记全部显示在图形窗口）。

⑱ 如果制图效果满意，单击 Close 按钮（关闭 Set Grid/Tick Info 对话框）。

对于格网线与坐标注记，还需要说明以下两点。

说明 1：格网线（Grid）、坐标注记（Tick Marks）及图廓线（Neat Line）的样式取决于 Style 对话框中的默认参数设置，可预先设置，亦可随时修改，修改的过程如下。

① 单击任一格网线、图廓线或坐标注记，选择要修改的图形组。

② 在 Map Composer 菜单条中单击 Annotation|Styles 命令，打开 Styles for composer 对话框（图 15-9）。

③ 在 Styles for composer 对话框中可以改变线划类型（Line Style）、填充类型（Fill Style）、字符类型（Text Style）、符号类型（Symbol Style）。

图 15-9 Styles for composer 对话框

④ 单击 Apply 按钮（应用修改参数）。

⑤ 单击 Close 按钮（关闭 Styles for composer 对话框）。

说明 2：通过 Create Grid / Tick 功能放置的格网线、坐标注记和图廓线是一个自然的图形组（Group）或组合对象（Complex Object），因而可以整体调整其类型（Style）。如果需要对其中的某一种要素进行编辑，这时就必须将组合元素解散（Ungroup），具体过程如下。

① 在 Map Composer 视窗的图形窗口内单击选择需要解散的组合要素，或应用 Annotation 工具面板中的选择框工具选择需要解散的组合要素。

② 在 Map Composer 菜单条中单击 Annotation|Ungroup 命令。

③ 重复上述两个步骤就可以将所有组合要素解散。

解散后就可以对单个元素进行编辑操作，如 Edit、Cut、Past、Copy、Change Style 等。

有时，对被解散的要素又需要重新组合，操作过程如下。

① 选择所有需要重新组合的要素（首先单击选择第一个要素，然后按 Shift 键选择其他要素），或应用 Annotation 工具面板中的多要素选择工具一次选择所有需要组合的要素。

② 在 Map Composer 菜单条中单击 Annotation|Group 命令。

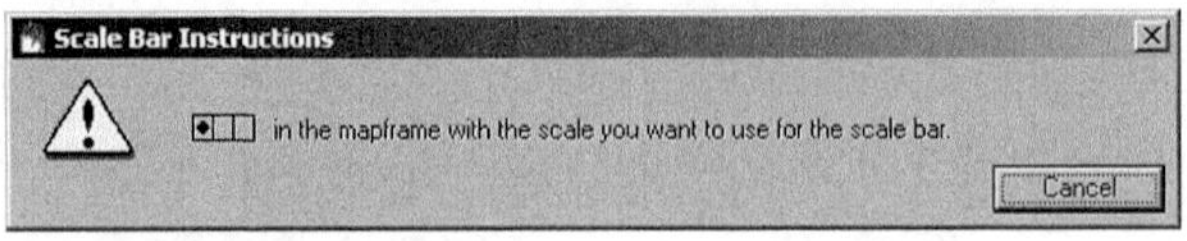

图 15-10 Scale Bar Instructions 指示器

2．绘制地图比例尺

在 Annotation 工具面板中单击 Create Scale Bar 图标。

① 在 Map Composer 图形窗口中合适的位置按住左键拖动鼠标，绘制比例尺放置框。

② 打开 Scale Bar Instructions 指示器（图 15-10）。

③ 在 Map Composer 图形窗口的地图图框中单击，指定绘制比例尺的依据。

④ 打开 Scale Bar Properties 对话框（图 15-11）。

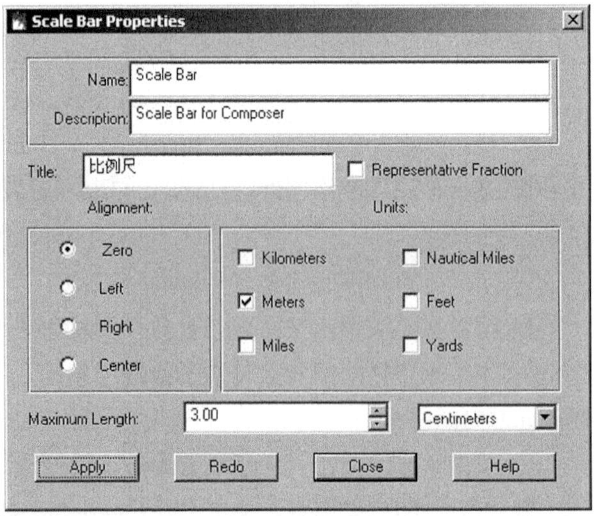

图 15-11 Scale Bar Properties 对话框

在 Scale Bar Properties 对话框中需要设置下列参数。

① 确定比例尺要素名称（Name）：Scale Bar。

② 定义比例尺要素描述（Description）：Scale Bar for Composer。

③ 定义比例尺标题（Title）：比例尺。

④ 确定比例尺排列方式（Alignment）：Zero。

⑤ 确定比例单位（Units）：Meters。

⑥ 定义比例尺长度（Maximum Length）：3.00 Centimeters。

⑦ 单击 Apply 按钮（应用上述参数绘制比例尺，保留对话框状态）。

⑧ 如果不满意，可以重新设置上述参数，然后单击 Redo 按钮，更新比例尺。

⑨ 单击 Close 按钮（关闭 Scale Bar Properties 对话框，完成比例尺绘制）。

说　明

比例尺也是一个组合要素（Group of Elements），如果要进行局部修改，需要首先解散（Ungroup）要素组合（操作过程同 1.说明 2），然后编辑单个要素。

3．绘制地图图例

在 Annotation 工具面板中单击 Create Legend 图标。

① 在 Map Composer 视窗的图形窗口中合适的位置单击，定义放置图例的左上角位置。

② 打开 Legend Instructions 指示器（图 15-12）。

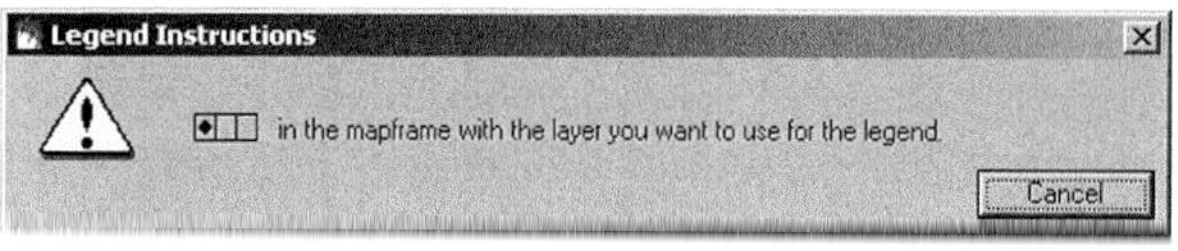

图 15-12　Legend Instructions 指示器

③ 在 Map Composer 视窗的图形窗口制图框中单击，指定绘制图例的依据。

④ 打开 Legend Properties 对话框（图 15-13）。

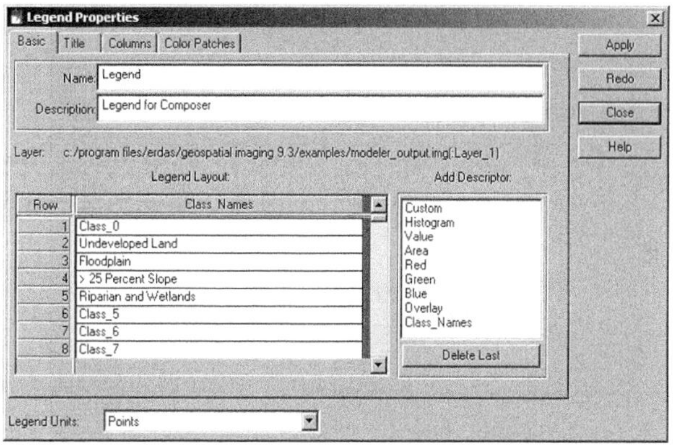

图 15-13　Legend Properties 对话框

在 Legend Properties 对话框中需要设置下列参数。

（1）基本参数（Basic Properties）。

① 图例要素名称（Name）：Legend。

② 图例要素描述（Description）：Legend for Composer。

③ 图例表达内容（Legend Layout）：改变图例中的 Class Names 等内容。

（2）标题参数（Title Properties）。

① 标题的内容（Title Content）：图例。

② 选择标题有下划线：Underline Title。

③ 标题与下划线的距离（Title / Underline Gap）：2 points。

④ 标题与图例框的距离（Title / Legend Gap）：12 points。

⑤ 标题排列方式（Title Alignment）：Centered。

⑥ 图例尺寸单位（Legend Unit）：Point。

（3）竖列参数（Columns Properties）。

① 选择多列方式：Use Multiple Column。

② 每列多少行（Entries per Column）：15。

③ 两列之间的距离（Gap Between Columns）：20 points。

④ 两行之间的距离（Gap Between Entries）：7.5 points。

⑤ 首行与标题之间的距离（Heading / First Entries Gap）：12 points。

⑥ 文字之间的距离（Text Gap）：5 points。

⑦ 选择说明字符的垂直排列方式：Vertically Stack Descriptor Text。

（4）色标参数（Color Patches Properties）。

① 将色标放在文字左边：Place Patch Left of Text。

② 使用当前线型绘制色标外框：Outline Color/Fill Patch。

③ 使用当前线型绘制符号、线划及文字外框：Outline Symbol/Line/Text Patch。
④ 色标宽度（Patch Width）：30 points。
⑤ 色标高度（Patch Height）：10 points。
⑥ 色标与文字之间的距离（Patch / Text Gap）：10 points。
⑦ 色标与文字的排列方式（Patch / Text Alignment）：Centered。
（5）图例单位（Legend Units）：Points（该单位适用于上述所有参数）。
完成上述参数设置后，进行下列操作。
① 单击 Apply 按钮（应用上述参数放置图例，保留对话框状态）。
① 如果不满意，可以重新设置上述参数，然后单击 Redo 按钮，更新图例。
③ 单击 Close 按钮（关闭 Legend Properties 对话框，完成图例要素放置）。

说 明

图例也是一个组合要素（Group of Elements），如果要进行局部修改，需要首先解散（Ungroup）要素组合（操作过程同 1.说明 2），然后编辑单个要素。

4．绘制指北针

第 1 步：确定指北针符号类型（Symbol Styles）

在 Map Composer 视窗菜单条中单击 Annotation|Styles 命令，打开 Styles for composer 对话框（图 15-9）。

① 选择 Symbol Style（符号类型）。
② 选择 Other（其他类型）。
③ 打开 Symbol Chooser 对话框（图 15-14）。
在 Symbol Chooser 对话框中确定指北针类型。
① 单击 Standard|North Arrows|north arrow 2 命令。
② 确定使用颜色（Use Color），并选择指北针颜色。
③ 指北针符号大小（Size）：30.00。
④ 指北针符号单位（Units）：paper pts。
⑤ 单击 Apply 按钮（应用指北针符号类型定义参数）。
⑥ 单击 OK 按钮（关闭 Symbol chooser 对话框）。
⑦ 单击 Close 按钮（关闭 Styles for composer 对话框）。

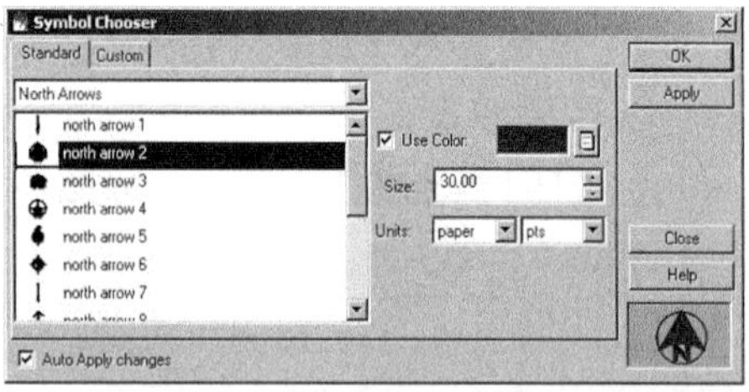

图 15-14 Symbol Chooser 对话框

第 2 步：放置指北针符号（Create Symbol）

① 在 Annotation 工具面板中单击 Create Symbol 图标⊞。
② 在 Map Composer 视窗的图形窗口中单击，放置指北针。
③ 双击刚才放置的指北针符号。
④ 打开 Symbol Properties 对话框（图 15-15）。

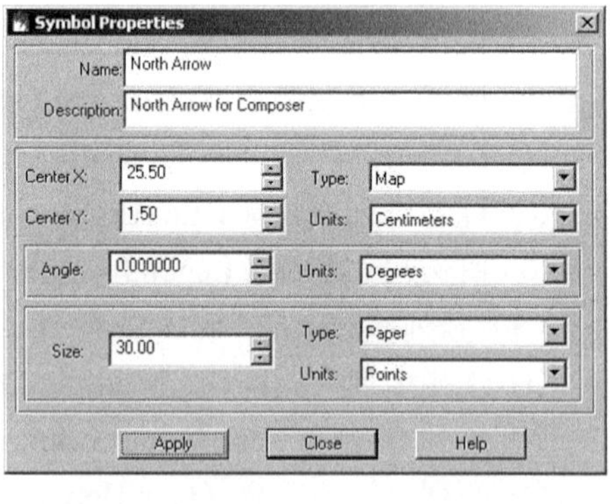

图 15-15 Symbol Properties 对话框

在 Symbol Properties 对话框中确定指北针要素特性。
① 指北针要素名称（Name）：North Arrow。
② 指北针要素描述（Description）：North Arrow for Composer。
③ 指北针符号中心位置坐标：Center X: 25.50　Center Y: 1.50。
④ 选择中心位置坐标类型与单位：Type : Map　Units : Centimeters。

⑤ 指北针符号旋转角度及单位：Angle : 0.000000　Units : Degrees。

⑥ 指北针符号大小尺寸（Size）：30.00。

⑦ 选择符号尺寸类型与单位：Type : Paper　Units : Points。

⑧ 单击 Apply 按钮（应用指北针符号特性定义参数）。

⑨ 单击 Close 按钮（关闭 Symbol Properties 对话框）。

5. 放置地图图名

第 1 步：确定图名字体（Text Styles）

在 Map Composer 视窗菜单条中单击 Annotation|Styles 命令，打开 Styles for composer 对话框（图 15-9）。

① 选择 Text Style（字体类型）。

② 选择 Other（其他类型）。

③ 打开 Text Style Chooser 对话框（图 15-16）。

如图 15-16 所示，Text Style Chooser 对话框包括 Standard 和 Custom 两个选项卡，对应不同的设置项目，需要分别进行设置。

首先单击 Standard 标签，进入 Standard 选项卡（图 15-16），设置下列参数。

① 选择图名字体：Black Galaxy Bold。

② 确定图名字符大小（Size）：10.00。

③ 确定图名字符单位（Units）：paper pts。

④ 单击 Apply 按钮（应用字体参数定义）。

⑤ 单击 OK 按钮（关闭 Text Style Chooser 对话框）。

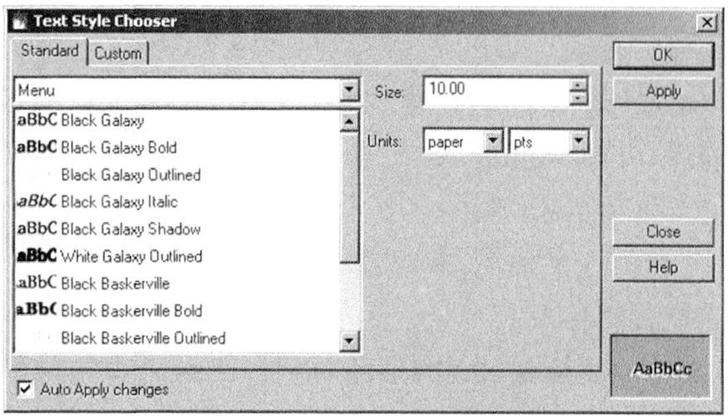

图 15-16　**Text Style Chooser 对话框（Standard 选项卡）**

然后单击 Custom 标签，进入 Custom 选项卡（图 15-17），设置下列参数。

① 图名字符大小及单位（Size）：10.00 paper pts。

② 选择图名字体：Goudy-Old-Style。

③ 图名字符倾斜角度（Italic Angle）：15.0000。

④ 图名字符下划线参数（Underline Offset / Width）：10.0000 / 5.0000。

⑤ 图名字符阴影参数（Shadow Offset X / Y）：20.0000 / 2.0000。

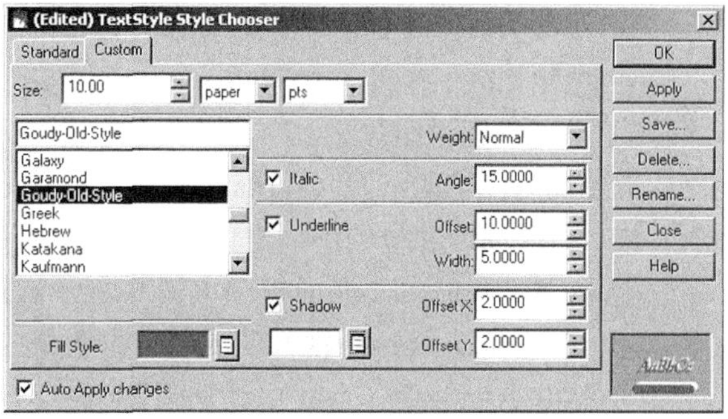

图 15-17　**Text Style Chooser 对话框（Custom 选项卡）**

⑥ 图名字符及阴影颜色（Fill Style）。

⑦ 单击 Apply 按钮（应用字体参数定义）。

⑧ 单击 OK 按钮（关闭 Text Style Chooser 对话框）。

第 2 步：放置地图图名（Create Text）

① 在 Annotation 工具面板中单击 Create Text 图标 **A**。

② 在 Map Composer 视窗的图形窗口中单击，确定放置图名位置。

③ 打开 Annotation Text 对话框（图 15-18）。

④ 在 Annotation Text 对话框中输入图名字符串“Land Use and Land Cover Image Map of CHINA”（可从 ASCII 或其他文件、剪贴板中获取字符串）。

⑤ 单击 OK 按钮（图名就放置在了刚才指定的位置）。

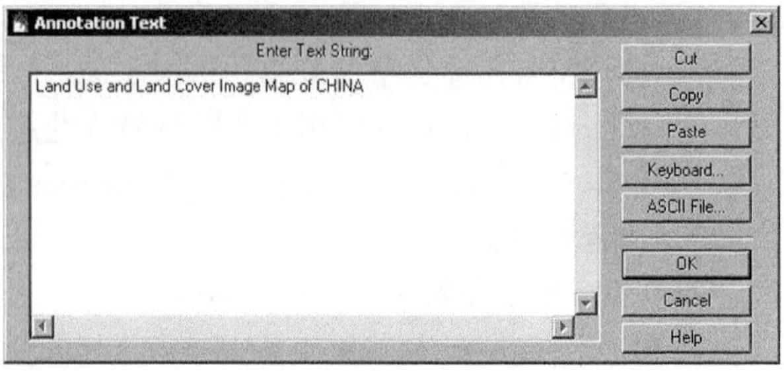

图 15-18 Annotation Text 对话框

第 3 步：编辑地图图名（Text Properties）

地图图名放置以后，还可以通过下列途径进行编辑修改。

在 Map Composer 视窗的图形窗口中双击地图图名，打开 Text Properties 对话框（图 15-19）。

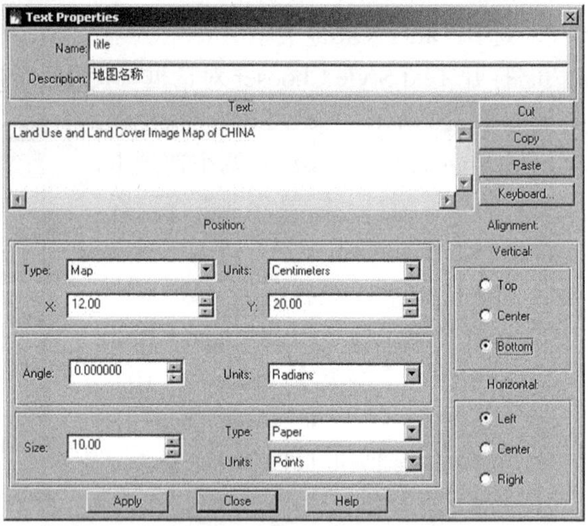

图 15-19 Text Properties 对话框

在 Text Properties 对话框中可以做下列编辑修改。

① 定义图名要素的名称（Name）与描述（Description）。

② 修改地图图名字符（Text）。

③ 定义地图图名位置（Position）：包括位置坐标及其单位。

④ 重新定义地图图名大小（Size）与倾角（Angle）。

⑤ 定义地图图名定位基准点（Alignment：Vertical / Horizontal）。

⑥ 单击 Apply 按钮（应用编辑参数）。

⑦ 单击 Close 按钮（关闭 Text Properties 对话框）。

6．书写地图说明注记

地图说明注记的书写（Write Descriptive Text）与地图图名的放置（Add Map Title）过程完全一致，只是内容和位置不同而已。

① 在 Annotation 工具面板中单击 Create Text 图标 A。

② 在 Map Composer 视窗的图形窗口中单击，确定注记位置。

③ 打开 Annotation Text 对话框（图 15-18）。

④ 在 Annotation Text 对话框中输入说明注记字符串（可从 ASCII 或其他文件、剪贴板中获取字符串）。

⑤ 单击 OK 按钮（说明注记就放置在了刚才指定的位置）。

同样，地图说明注记放置以后，还可以通过双击注记打开 Text Properties 对话框进行编辑修改。

7．保存制图文件

通过上述过程所生成的制图文件可以保存起来（Save the Map Composition），以便修改和应用，具体过程如下。

在 Map Composer 工具条中单击 Save Composition 图标，保存制图文件（*.Map）；或者在 Map Composer 菜单条中单击 File|Save|Map Composition 命令，保存制图文件（*.Map）。

15.2.5 地图打印输出

地图打印输出（Print the Map Composition）的过程可以在 ERDAS 图标面板环境或 Map Composer 制图环境下完成。

1. 在 ERDAS 图标面板环境输出

在 ERDAS 图标面板菜单条中单击 Main|Map Composer|Print Map Composition 命令，打开 Compositions 对话框，选择制图文件*.map，打开 Print Map Composition 对话框（图 15-20）。

在 ERDAS 图标面板工具条中单击 Composer 图标|Print Map Composition 命令，打开 Compositions 对话框，选择制图文件*.map，打开 Print Map Composition 对话框（图 15-20）。

2. 在 Map Composer 制图环境输出

在 Map Composer 视窗菜单条中单击 File|Print 命令，打开 Print Map Composition 对话框（图 15-20）；或者在 Map Composer 视窗工具条中单击 Print Composition 图标，打开 Print Map Composition 对话框（图 15-20）。

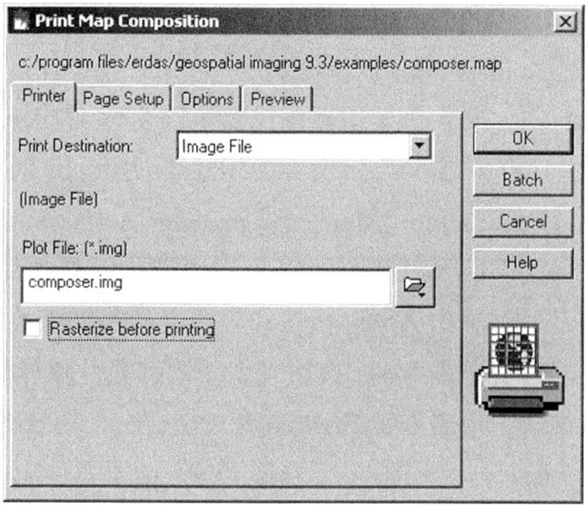

图 15-20 Print Map Composition 对话框

在 Print Map Composition 对话框中需要设置下列地图打印参数。

（1）打印机参数（Printer）。

① 确定打印目标（Print Destination）可以是 IMG 文件、EPS 文件、PDF 文件，或系统已经安装的任何一种打印机文件。

② 改变打印机设置（Change printer configuration）或确定打印文件名。

（2）纸张大小设置（Page Setup）。

① 打印比例（Scaling）：可以定义制图文件与纸张比例（Composition to Page Scale1），或者将图面压缩到一张打印纸大小（Fill exactly one panel）。

② 确定打印张数（Number of Panels）及开始（Start at）与结束（End at）页码。

（3）打印选择设置（Options）。

① 旋转设置（Image Orientation）：自动（Automatic）或强制（Force）。

② 绘制图幅边框设置（Draw Bounding Box）。

③ 打印份数设置（Copies）：1。

（4）打印预览（Preview）：包括地图大小、纸张尺寸、图像分辨率等参数以及打印图面。

完成上述参数设置后，单击 OK 按钮（完成打印设置，执行地图打印）。

15.3 制图文件路径编辑

应用 Map Composer 进行地图编制时，所生成的是扩展名为.map 的制图文件，文件中包含用户在制图编辑过程中设置的各种参数，诸如图幅尺寸、图像文件目录、图像文件名称、地图注记等，在显示或打印地图时，ERDAS IMAGINE 读取 map 文件并生成用户所需要的地图。如果由于某种原因把制图文件中所涉及的图像文件更换了目录，或者需要用另一幅新的图像文件做替换，就需要对制图文件中的路径进行编辑（Edit Composition Paths），具体过程如下。

在 ERDAS 图标面板菜单条中单击 Main|Map Composer|Edit Map Composition Paths 命令，打开 Map Path Editor 窗口（图 15-21）。

在 ERDAS 图标面板工具条中单击 Composer 图标|Edit Map Composition Paths 命令，打开 Map Path Editor 窗口（图 15-21）。

在 Map Path Editor 窗口中首先要打开需要编辑路径的制图文件，然后编辑路径。

在 Map Path Editor 菜单条中单击 File|Open 命令，打开 Compositions 对话框。

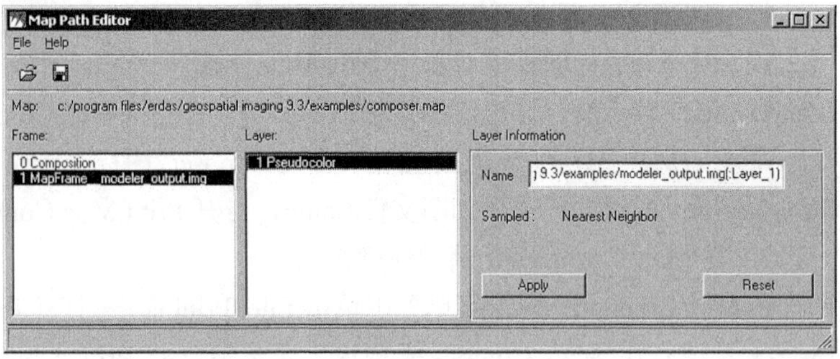

图 15-21　**Map Path Editor 窗口**

① 确定需要编辑路径的制图文件（Filename）：*.map。

② 单击 OK 按钮（关闭 Compositions 对话框，打开制图文件）。

③ Frame：MapFram_modeler_output.img（选择编辑文件）。

④ Layer Information（输入新的图像文件路径）。

⑤ 单击 Apply 按钮（应用文件路径修改）。

⑥ 单击 Reset 按钮（恢复原有文件路径）。

⑦ 单击 File|Save 命令（保存文件路径编辑）。

15.4　系列地图编制工具

系列地图编制工具（Map Series Tool）用于编制系列地图。当一幅图像覆盖范围较大，按照某一比例尺（如国家基本比例尺地形图系列分幅中的 1:50000）进行制图时，可能需要用若干幅在空间上彼此相连的地图来表达，这时应用系列地图编辑工具来完成就非常方便。下面将通过系统中的一个实例来说明系列地图编辑工具的具体应用过程。

15.4.1　准备系列地图编辑文件

在 ERDAS 视窗中打开系统中的实例图像文件：\examples\germtm.img，下面的系列地图编辑操作将以该图像的制图输出为例进行。

15.4.2　启动系列地图编辑工具

在 ERDAS 图标面板菜单条中单击 Main|Map Composer|Map Series Tool 命令；或者在 ERDAS 图标面板工具条中单击 Composer 图标|Map Series Tool 命令，打开 Viewer Selection

Instructions 指示器（图 15-22）。

① 在打开图像文件的视窗中单击，确定输出图像。

② 打开 Map Series Tool 窗口（图 15-23）。

在 Map Series Tool 窗口中，首先需要定义系列地图的标准分幅和比例尺。

在 Map Series Tool 窗口菜单条中单击 Edit→United States Geological Survey|1:24000 命令。系统将自动加载 germtm.img 图像所覆盖的 1:24000 标准分幅地图，并将分幅地图信息显示在系列地图编辑工具窗口的表格（CellArray）中（图 15-23）。

用户可以在 Edit 菜单中选择 Create Custom Maps 命令来建立自己的地图分幅，一共有 3 种方式：From Rectangular Grid——通过设置矩形网格的方式；From AOI——通过感兴趣区的方式；From Vector——通过矢量文件的方式。

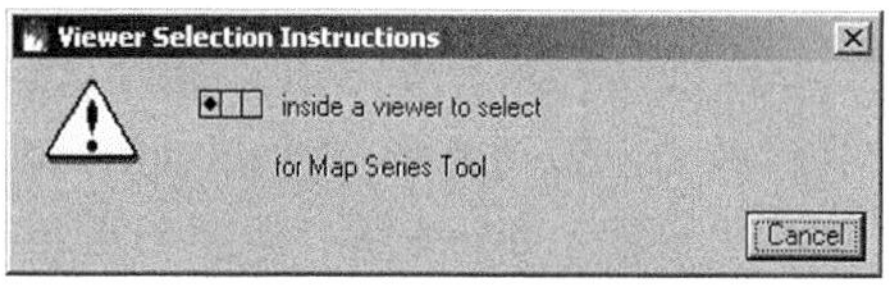

图 15-22 **Viewer Selection Instructions 指示器**

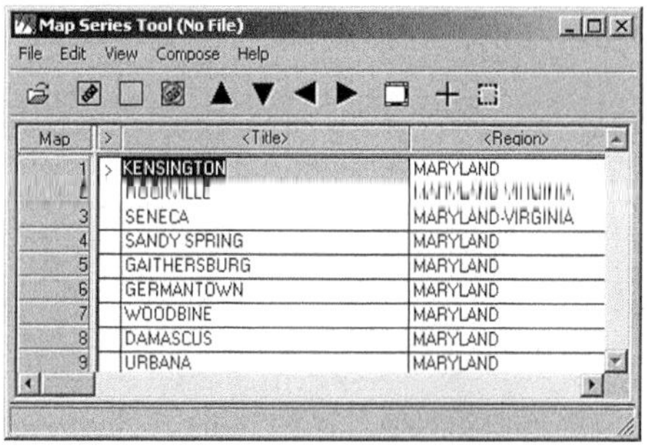

图 15-23 **Map Series Tool 窗口（定义地图之后）**

15.4.3 显示系列地图分幅信息

在 Map Series Tool 窗口菜单条中单击 View|Show Map Sheets in Viewer|Titled 命令，地图分幅边界及图名显示在视窗中（图 15-24）。

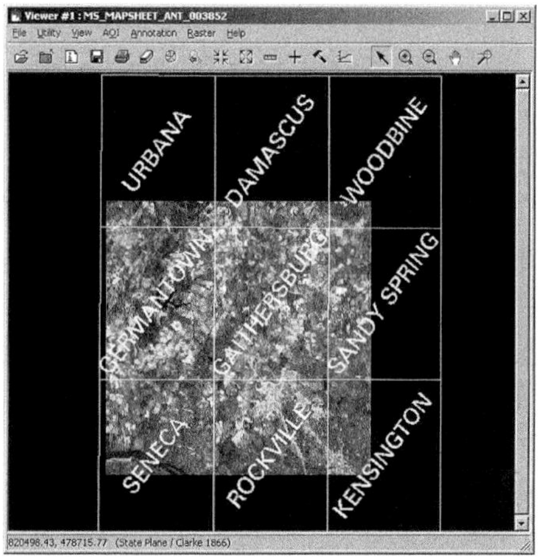

图 15-24 **系列地图分幅信息显示视窗**

15.4.4 系列地图输出编辑

利用系列地图编制工具可以一次输出一幅地图，也可以同时输出部分或所有系列地图。

在 Map Series Tool 窗口菜单条中单击 Compose|Create Map Series Compositions 命令，打开 Create Map Series Compositions 对话框（图 15-25）。

在 Create Map Series Compositions 对话框中需要设置下列参数。

① 选择制图模板文件（Map Template）：24000.map。

② 确定输出文件根名称（Output Root Name）：24000。

③ 选择同时输出所有图幅（Which Map Sheets）：All。

④ 确定输出地图的指北方向：Rotate to True North。

⑤ 确保网格标注没有压盖：Deconflict Grid Tics。

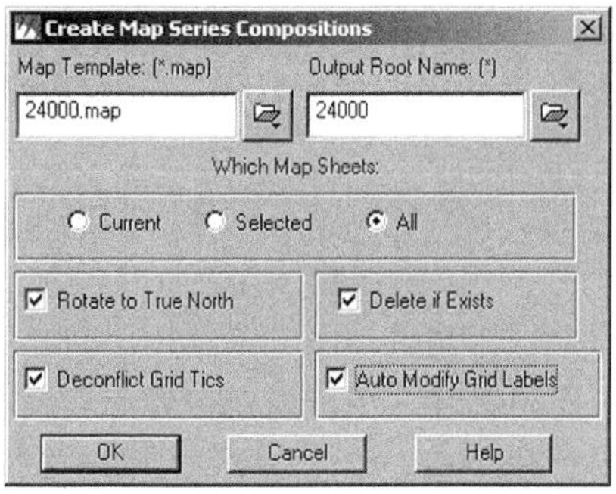

图 15-25 **Create Map Series Compositions 对话框**

⑥ 如果地图已经存在则删除：Delete if Exists。

⑦ 自动修改网格标注：Auto Modify Grid Labels。

⑧ 单击 OK 按钮（按照模板自动生成专题制图文件）。

⑨ 所有地图制图文件都显示在 CellArray 中（图 15-26）。

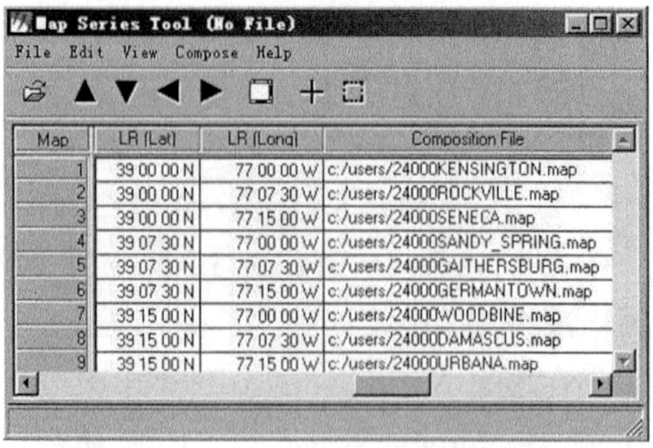

图 15-26　**Map Series Tool CellArray（显示所有制图文件）**

15.4.5　保存系列地图文件

在上述过程中生成的系列地图可以保存为一个文件（*.msh），以便下次调用。

在 Map Series Tool 窗口菜单条中单击 File|Save As 命令，打开 Save Map Series File 对话框（图 15-27）。

① 定义系列地图文件名（Map Series Filename）：24000.msh。

② 单击 OK 按钮（关闭 Save Map Series File 对话框，保存系列地图文件）。

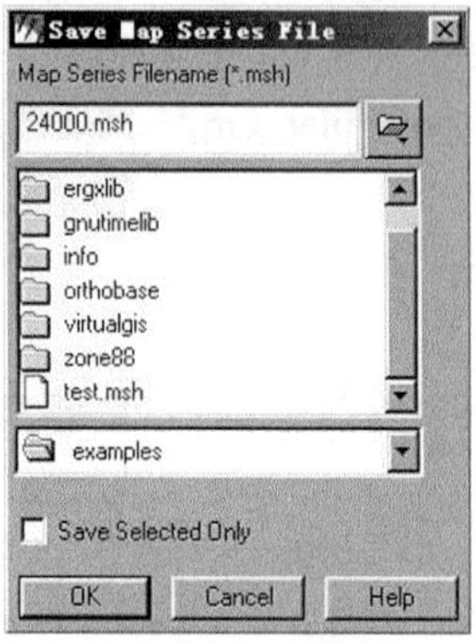

图 15-27　**Save Map Series File 对话框**

15.4.6　系列地图输出预览

利用系列地图编辑工具生成的系列地图与模板文件保持相同的图面布局，包括图名、图例、比例尺、接图表、公里网、坐标注记等诸多要素，在正式打印之前可以预览其图面效果，具体操作过程如下。

在 ERDAS 图标面板工具条中单击 Composer 图标|Open Map Composition 命令。

① 在 Open Map Composition 对话框中选择制图文件（Filename）为 24000gaithersburg.map。

② 单击 OK 按钮。

③ 打开 Map Composer 图形视窗（图 15-28）显示制图文件。

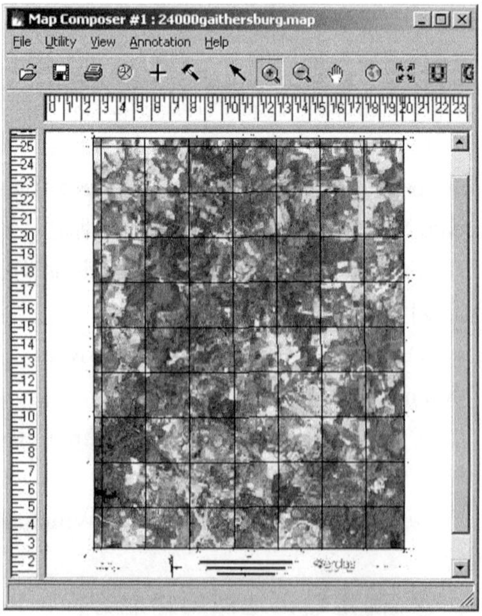

图 15-28　**Map Composer 图形视窗**

15.5　地图数据库工具

上一节所介绍的系列地图编制工具(Map Series Tool）不仅可以按照预先定义的模式自动生成系列地图并打印输出，而且可以用于建立区域地图数据库，这里所述区域可以是世界上任何一个自然区域或者行政区域。要建立系列地图数据库，首先必须生成一个包含用户期望在地图数据库中存放的所有系列地图文件记录的 ASCII 文件，而地图数据库工具（Map Database Tool）就是来完成这项任务的，地图数据库工具可以生成一个 HFA 格式的二进制地图数据库文件。

地图数据库工具的具体操作过程如下。

在 ERDAS 图标面板工具条中单击 Composer 图标|Map Database Tool 命令，打开 Map Database Tool 对话框（略）。

在 Map Database Tool 对话框中需要设置下列参数。

① 确定 ASCII 地图数据库输入文件（Input ASCII File）。

② 确定地图数据库输出文件类型（Output Map Database File）。

a. 可以是新文件（New File） 生成新的地图数据库文件（.smd）；

b. 可以是已有文件（Existing File） 向地图数据库添加新内容。

③ 确定地图数据库输出文件名称（Output Filename）。

④ 确定系列地图文件名称（Map Series Name）。

⑤ 定义地图数据库参数（Map Database Parameters）；包括地图投影（Set Map Projection），参考点坐标（Set Reference Corner coordinate），索引格网大小（Index Grid Size）X / Y。

⑥ 单击 OK 按钮（关闭 Map Database Tool 对话框，建立地图数据库）。

说 明

关于 HFA 格式的二进制地图数据库文件，系统还有一些具体的规定（表 15-2）。

表 15-2 二进制地图数据库文件内容与格式

参数	起始字节	字节数	类型	说明
地图名	0	64	字符型	地图名称
区域 1	64	32	字符型	第一个区域名称
区域 2	96	16	字符型	第二个区域名称
Y 坐标	112	16	数字型	Y 坐标（大地或投影坐标）
Y 方向	128	1	字符型	Y 方向（向南或向北）
X 坐标	129	16	数字型	X 坐标（大地或投影坐标）
X 方向	145	1	字符型	X 方向（向东或向西）
Y 范围	146	16	数字型	地图高度（Y 方向单位）
X 范围	162	16	数字型	地图宽度（X 方向单位）

* 详细内容参见 ERDAS IMAGINE 联机帮助的有关内容。

拓 展 篇

第 16 章　图像大气校正

本章学习要点

- 大气校正模块特征
- 大气校正模块功能
- 太阳位置的计算
- ATCOR2 工作站
- ATCOR3 工作站
- ATCOR3 生成地形

16.1　大气校正模块概述

由于气象和太阳高度角的变化会造成大气条件的变化，这就必然影响了地面物质的光谱反射量。由于大气的影响，使得卫星图像中用户感兴趣的地表和各种要素的光谱特性失真，从而使用户无法直接比较不同时相或者不同传感器的图像。应用 ERDAS IMAGINE 扩展模块 ATCOR 所提供的大气校正功能就可以去除这些干扰。

ERDAS IMAGINE 扩展模块 ATCOR 代表 ATmospheric CORrection，是图像大气校正模块。ATCOR 最初是由德国宇航研究院（German Aerospace Centre）DLR 开发的，ERDAS 公司德国销售商 Geosystems GMBH（股份有限公司）将其集成到 ERDAS IMAGINE 中。

扩展模块 ATCOR 可用于消除大气对地物反射的影响，进而校正地表地物反射光谱和去除图像中的薄云及雾霾。ATCOR 模块既可对成像地区相对平坦的图像进行大气校正，也可对成像地区高差变化较大的图像进行大气校正，不过此时需要有成像地区的 DEM。

扩展模块 ATCOR 包括 ATCOR2（“2”代表二维）和 ATCOR3（“3”代表三维）两个子模块。ATCOR2 是针对平坦地区的图像进行大气校正，可以处理大量的卫星图像。ATCOR3 是 ATCOR2 的升级，是结合 DEM 用于山区图像的大气校正。

16.1.1　ATCOR 模块主要特征

扩展模块 ACTOR 的主要特征可以总结为下列 10 个方面。

（1）可支持多种格式遥感图像的大气校正处理，包括 ASTER、Cartosat PAN、IRS-1A/1B LISS-2、IRS-1C/D PAN/LISS-3、IKNOS/PAN、Landsat TM（4、5、7）Landsat 7 PAN 和 MSS、MOMSOIHE/Priroda、MOS-B、MSU-E、Orbview/PAN、QuickBird/PAN、SPOT（1～5）多光谱和全色、WIFS-2/-3/-4 等卫星图像。

（2）采用了改进的热红外波段校准计算热辐射传感器的表面能量辐射情况。

（3）通过 SPECTRA 模块确定的大气参数包括悬浮颗粒类型、通透度、水蒸气等，大气数据库包含的大量不同太阳高度角和气候条件下的辐射传输值，是预先由大气辐射传输模型 MODTRAN-4 程序计算而获取的，ATCOR 提供上百万种不同条件下已经预先计算好的辐射传输值。

（4）采用恒定的大气参数对图像进行计算，通过 MODTRAN-4 程序确定大气参数。

（5）提供的薄云、薄雾去除模块从缨帽变换系统中自动生成雾霾掩膜层。雾气可以借助用户指定的阈值去除。

（6）采用光线跟踪程序（Ray Tracing Program）计算 Skyview 参数，由此来确定每一个地面像元是否可见。

（7）ATCOR3 采用光线跟踪程序，在确定了图像成像时的太阳天顶角和方位角后，进行阴影计算。

（8）可获取以单独文件形式产生的增值产品（16-b）——植被指数 SAVI、LAI、FPAR、与波长有关的反照率、吸收的太阳辐射通量、热红外波段的热通量（包括：地面热通量、潜热通量和显热通量）。

（9）大气数据库（辐射传输查找表由 MODTRAN-4 程序计算）。

（10）常数大气模块（Constant Atmosphere Module）的图像处理模块、空间变化大气状况的图像处理模块。

16.1.2 ATCOR 模块功能组成

大气因子校正和雾霾去除模块 ATCOR 可以通过以下步骤启动。

在 ERDAS 图标面板菜单条中单击 Main | IMAGINE Atcor 命令，打开 ATCORrection 菜单（表 16-1 左列）；或在 ERDAS 图标面板工具条中单击 AutoSync 图标，打开 ATCORrection 菜单（表 16-1 左列）。

从 ATCORrection 菜单可以看出，ERDAS IMAGINE 包括了 4 个实用工具，各项工具对应的功能如表 16-1 右列所列。

表 16-1 大气因子校正实用工具及其功能

ATCORrection 菜单	实用工具	功能
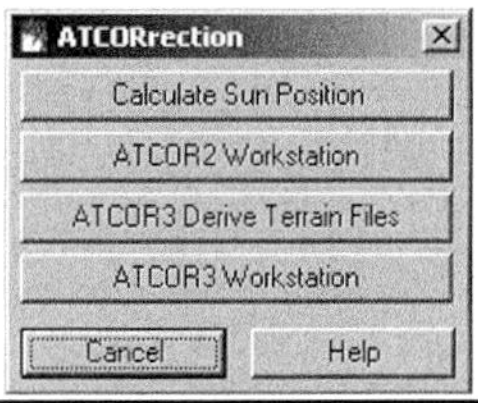	Calculate Sun Position	计算太阳位置
	ATCOR2 Workstation	ATCOR2 工作站
	ATCOR3 Derive Terrain Files	ATCOR3 生成地形
	ATCOR3 Workstation	ATCOR3 工作站

16.2 太阳位置的计算

应用计算太阳位置工具（Calculate Sun Position）可以从图像的获取时间和图像的位置来计算太阳位置，确定太阳天顶角和方位角，具体操作过程如下。

① 在 ATCORrection 菜单（表 16-1 左列）中单击 Calculate Sun Position 按钮，打开 Sun Position Calculator 对话框（图 16-1）。

② 输入 UTC（Universal Time Coordinated）时间（Time of day，UTC），可以按照 hh:mm:ss 格式输入，系统会自动转为小数点格式，也可以直接输入小数点格式。世界协调时间 UTC（Universal Time Coordinated）是国际标准时间；UTC ＋ 8 ＝ 北京时间，如北京时间 15:26，换算为 UTC 时间为 7:26。

③ 输入天数（Day of month）。

④ 输入月份（Month of year）。

⑤ 输入年份（Year（optional））：这个是可选的，可以不用输入。

⑥ 输入经度（以度为单位）（Longitude（degrees）），可以按照 dd:mm:ss 格式输入，系统会自动转为小数点格式，也可以直接输入小数点格式。

⑦ 输入纬度（以度为单位）（Latitude（degrees）），可以按照 dd:mm:ss 格式输入，系统会自动转为小数点格式，也可以直接输入小数点格式。

⑧ 单击 Calculate 按钮，得出太阳天顶角（Solar zenith（degrees））和方位角（Solar azimuth（degrees））的计算结果（图 16-1）。

⑨ 单击 Close 按钮（关闭 Sun Position Calculator 对话框）。

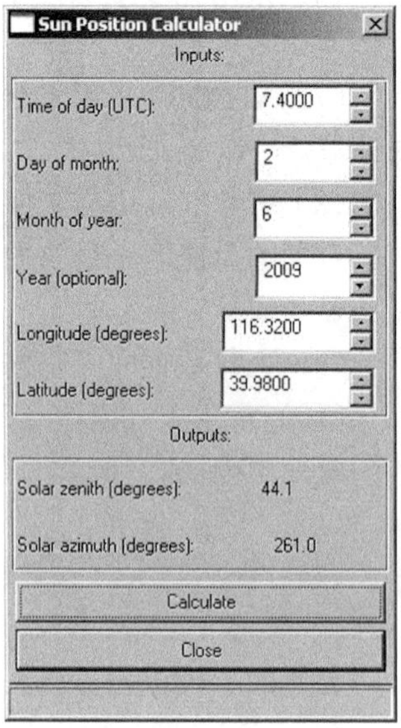

图 16-1 **Sun Position Calculator 对话框**

16.3 ATCOR2 工作站

ATCOR2 是一个可应用于高空间分辨率光学卫星图像的快速大气校正模块，ATCOR2 假定研究区域是相对平坦的地区，并且大气状况通过一个查找表来描述。

ATCOR2 包括以下 4 项功能。

（1）雾霾去除（Haze Removal）：该功能在进行大气校正前可以独立运用，用于去除图像上的薄雾、薄云。

（2）光谱分析（Spectra）：该功能可用于查看地物的反射率光谱；研究不同的大气、气溶胶类型和能见度对于获取的地物光谱的影响；可以利用光谱库中包含的参考光谱做对比分析。

（3）大气校正（Atmospheric Correction）：该功能应用恒定的大气参数条件获取真实表面光谱特征。

（4）增值产品（Value Adding Products）：可获取增值产品包括叶面积指数（LAI）、吸收的光合有效辐射分量（FPAR）和表面能量平衡组分等。

16.3.1 ATCOR2 工程文件

在大气因子校正之前，需要首先创建 ATCOR2 工程，确定输入图像并设置基础参数。

第 1 步：创建 ATCOR2 工程（Specifications 选项卡）

① 在 ATCORrection 菜单（表 16-1 左列）中单击 ATCOR2 Workstation 按钮，打开 ATCOR Startup 对话框（图 16-2）。

② 选中 Create a new ATCOR2 project 单选按钮。

③ 单击 OK 按钮，打开确定 ATCOR2 工程文件名对话框（图 16-3）。

④ 输入 ATCOR2 工程文件名（File name）：Atcor_test.rep。

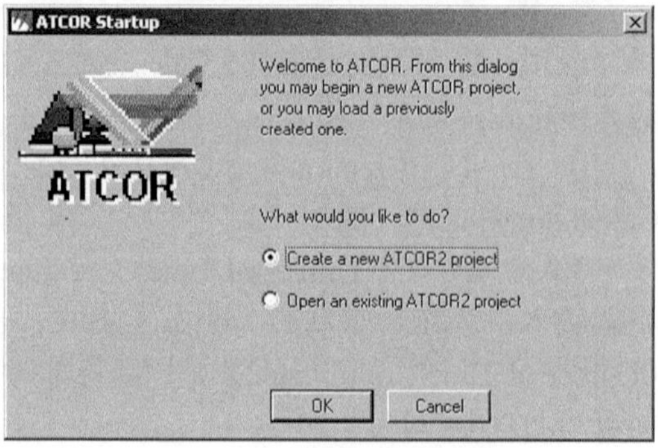

图 16-2 **ATCOR Startup 对话框**

⑤ 单击 OK 按钮，打开设置 ATCOR2 工程文件参数窗口（图 16-4）。

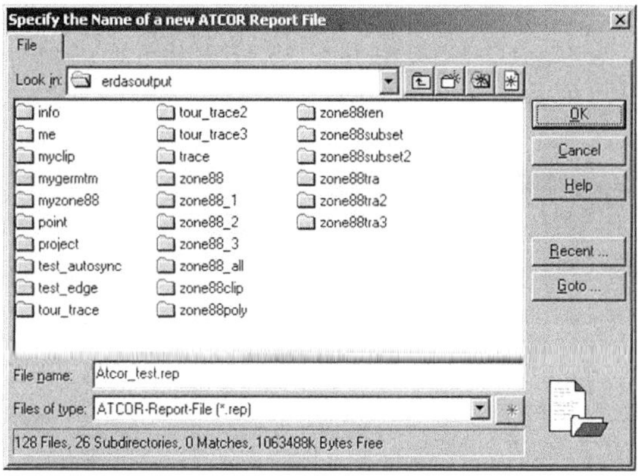

图 16-3 确定 ATCOR2 工程文件名对话框

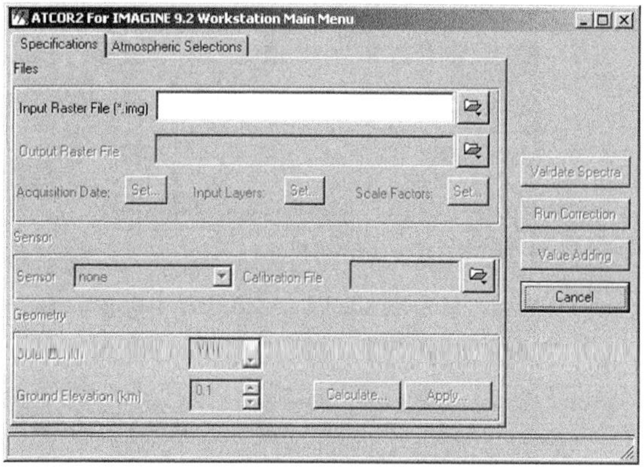

图 16-4 设置 ATCOR2 工程文件参数窗口（Specifications 选项卡）

⑥ 单击输入栅格文件（Input Raster File（*.img））右侧的打开文件按钮。

⑦ 打开 Input Raster File 对话框（图 16-5），选择图像为 tm_essen.img。

⑧ 单击 OK 按钮，打开 Acquisition Date 对话框（图 16-6）。

⑨ 设置图像的获取日期：日（Acquisition Day）、月（Acquisition Month）、年（Acquisition Year）。

⑩ 单击 OK 按钮，打开 Layer Number-Sensor Band 对话框（图 16-7）。

⑪ 定义与输入文件层数相对应的传感器波段。波段的顺序是任意的，如 TM 波段 3 可以是输入文件的波段 1，然而增值产品（VAP）模块需要标准顺序。

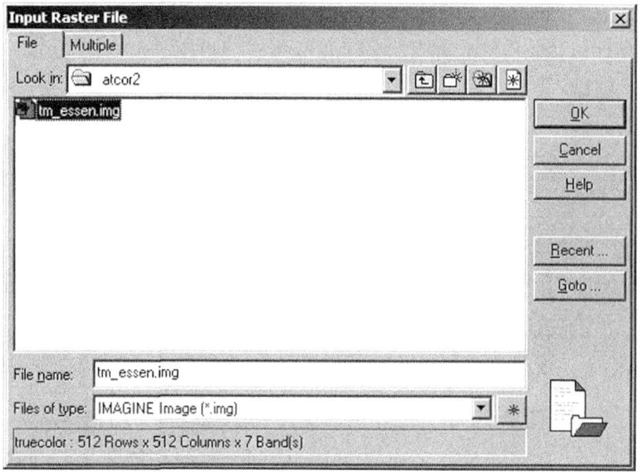

图 16-5 Input Raster File 对话框

⑫ 如果波段大于 7，单击图标 ▶ 将打开 8～14 波段；对于波段数大于 14 的图像（Hyperspectral Data，高光谱数据），设置波段可以选择从波段#到波段#（From Band # to Band #）。需要说明的如下。

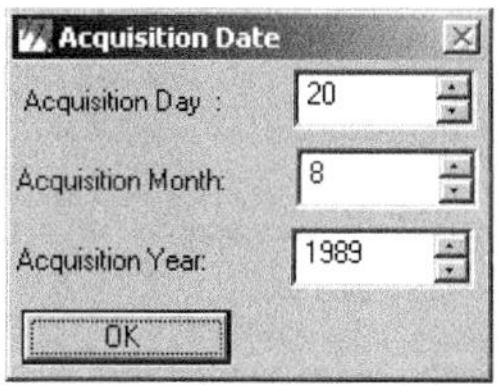

图 16-6 Acquisition Date 对话框

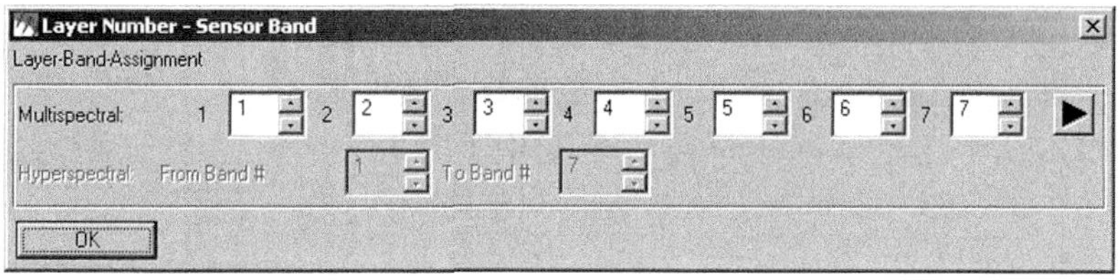

图 16-7 Layer Number - Sensor Band 对话框

❑ 一般来说，不推荐改变波段的原始顺序。

❑ 如果图像波段设置为 0，说明不使用这个层。

- ❑ 很多传感器需要特殊的设置，如对于有 14 个波段的 ASTER 图像，默认的 Layer-Band-Assignment 是将 ASTER 图像的热红外波段 13 设置为输入文件的图层 10，输出图像将强制输出为 10 个波段。这是因为在 ATCOR 处理中，ASTER 的 5 个热红外波段仅用到波段 13。对于其他传感器的详细介绍可参见系统文档 ATCOR_MANUAL_V93.pdf。

⑬ 单击 OK 按钮，返回设置 ATCOR2 工程文件参数窗口（图 16-4）。

⑭ 单击输出栅格文件（Output Raster File）右侧的打开文件按钮，打开 Output Raster File 对话框（图 16-8）。

⑮ 设置输出文件的路径和文件名。

⑯ 单击 OK 按钮，返回设置 ATCOR2 工程文件参数窗口（图 16-4）。

⑰ 如果想改变上述设置的图像获取时间和波段，可单击获取日期（Acquisition Date）和输入数据层（Input Layer）右侧的 Set 按钮，重新设置时间和输入图像的新参数。

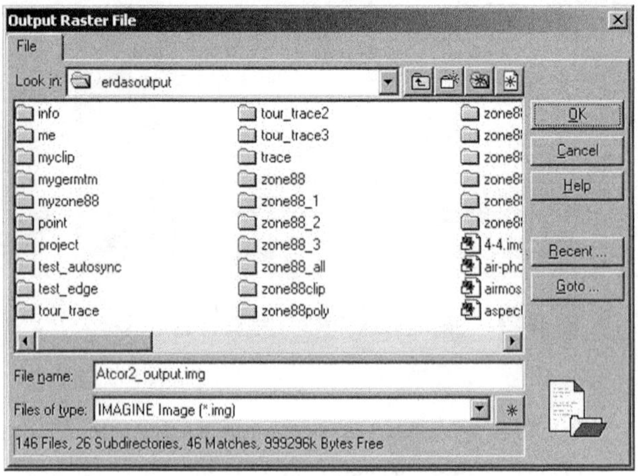

图 16-8 **Output Raster File 对话框**

⑱ 单击比例因子（Scale Factor）右侧的 Set 按钮，打开 Output Scale Factors 对话框（图 16-9）。

⑲ 设置反射率因子（Factor for Reflectance）、温度因子（Factor for Temperature）和温度偏移量（Offset for Temperature）。

- ❑ **反射率因子（fcref）** 输出反射率图像的比例因子，默认值是 4.00。
- ❑ 温度因子（fctem）和温度偏移量（offtem）用于地面亮温的赋值（摄氏度，仅对 TM 波段 6 和 ASTER 波段 13 有效），T（摄氏度）= DN / fctem – offtem。
- ❑ 例如 DN=100（输出图像）、fctem=4、offtem=0，意味着地面亮温为 25℃。

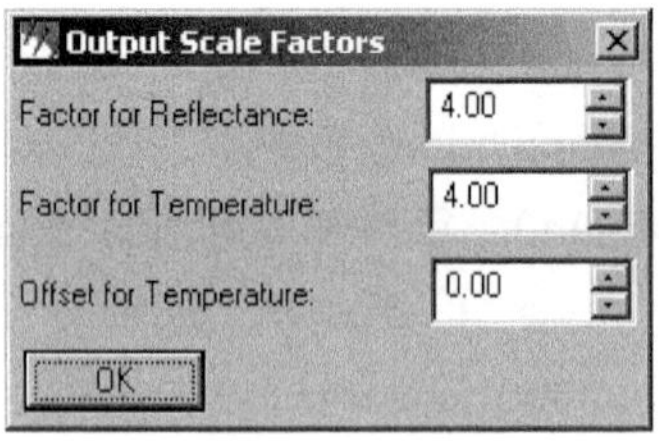

图 16-9 **Output Scale Factors 对话框**

⑳ 在设置 ATCOR2 工程文件参数窗口（图 16-4）的传感器（Sensor）参数中，选择传感器类型（Sensor），此例中为 Landsat-4/5 TM；单击校准文件（Calibration File）右侧的打开文件按钮，打开 Calibration File 对话框（图 16-10）。

㉑ 在 Calibration File 对话框（图 16-10）中选择文件为 tm_essen.cal。

- ❑ 校准文件用来将 DN 值转换为辐射值。
- ❑ 校准文件中包含每一个波段的校准系数：Bias（偏置，c0）和 Gain（增益，c1），ATCOR 利用这两个因子计算传感器的辐射值。增益和偏置一般可以从图像头文件中获取。

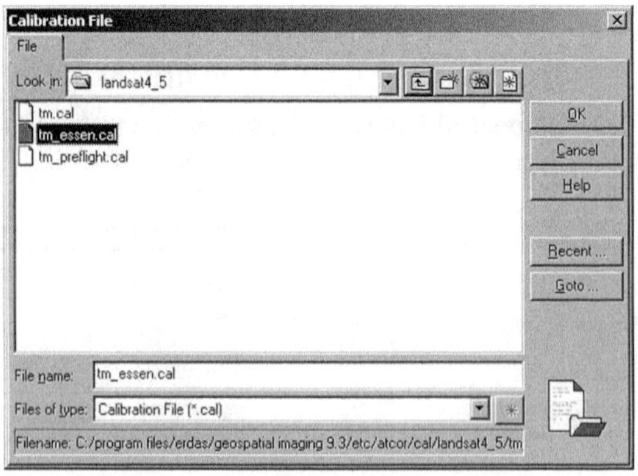

图 16-10 **Calibration File 对话框**

㉒ 单击 OK 按钮，返回设置 ATCOR2 工程文件参数窗口（图 16-4）。

㉓ 在几何（Geometry）参数中，设置太阳天顶角（Solar Zenith）和地面高程（Ground Elevation）（以 km 为单位）。

㉔ 如果不知道太阳天顶角，可单击 Calculate 按钮，打开 Sun Position Calculator 对话框（图 16-1），计算太阳天顶角，具体过程详见 16.2 节。

㉕ 单击 Apply 按钮，会将计算器中计算出的太阳角度粘贴到太阳天顶角。如果角度大于 70 度，则会弹出 Warning 对话框（图 16-11），说明太阳天顶角不能大于 70 度。太阳天顶角的范围是 0 度～70 度之间。

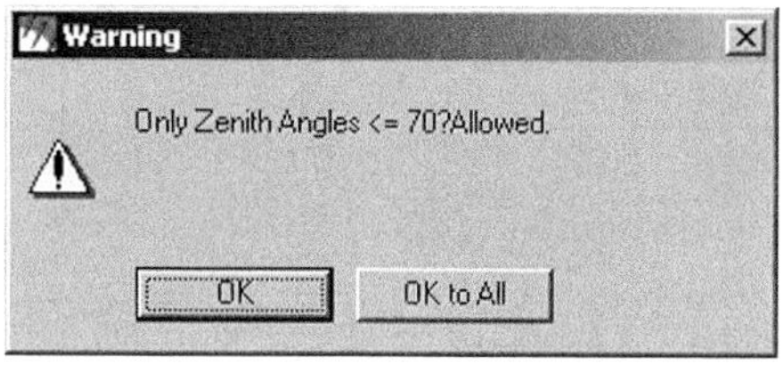

图 16-11 Warning 对话框

㉖ 经过上述参数设置的过程，设置 ATCOR2 工程文件参数窗口（Specifications 选项卡）最终的界面如图 16-12 所示。

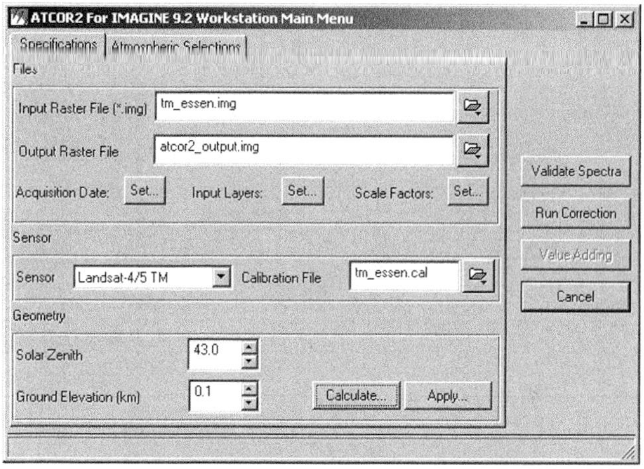

图 16-12 设置 ATCOR2 工程文件参数窗口（Specifications 选项卡）

第 2 步：设置大气参数（Atmospheric Selections 选项卡）

在设置 ATCOR2 工程文件参数窗口中打开 Atmospheric Selections 选项卡（图 16-13）。

① 在能见度（Visibility）参数中输入场景能见度（Scene Visibility）估计值（以 km 为单位），取值范围是 5km～120km。

② 在气溶胶类型（Aerosoltype）参数中选择太阳区域的模式（Model for Solar Region）为 rural，具体的参数类型如表 16-2 所列。

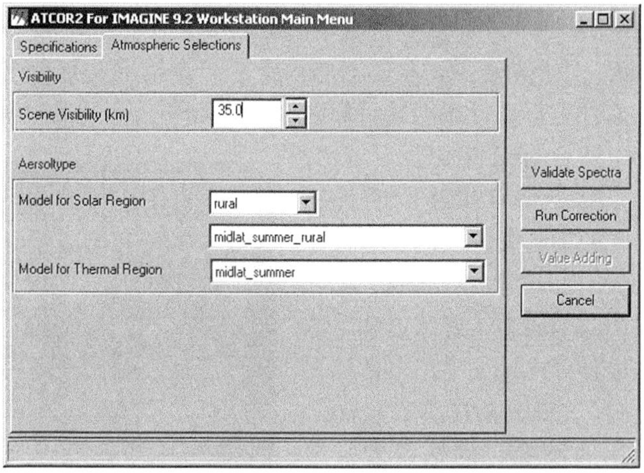

图 16-13 设置 ATCOR2 工程文件参数窗口（Atmospheric Selections 选项卡）

③ 选择热区域模式（Model for Thermal Region）：midlat_summer。

可选的模式如下。

- ❑ **dry_desert** 沙漠（干旱区）大气。
- ❑ **fall** 秋季大气。
- ❑ **midlat_summer** 中纬度夏季大气。
- ❑ **midlat_winter** 中纬度冬季大气。
- ❑ **tropical** 热带大气。
- ❑ **US_standard** 美国标准大气。

表 16-2 ATCOR 应用于 Landsat TM 数据的大气参数类型

气溶胶类型	大气类型
rural：乡村气溶胶	dry_rural：干旱大气
	fall（spring）_rural：秋季（春季）大气
	midlat_summer_rural：中纬度夏季大气
rural：乡村气溶胶	midlat_winter_rural：中纬度冬季大气
	tropical_rural：热带大气
	US_standard_rural：美国标准大气
urban：城市气溶胶	fall（spring）_urban：秋季（春季）大气
	midlat_summer_urban：中纬度夏季大气
	midlat_winter_urban：中纬度冬季大气
	tropical_urban：热带大气
	US_standard_urban：美国标准大气
others：其他气溶胶（海域和沙漠）	dry_desert：沙漠干旱区大气
	fall（spring）_desert：沙漠秋季（春季）大气
	midlat_summer_marit：海域中纬度夏季大气
	tropical_marit：海域热带大气
	US_standard_desert：沙漠美国标准大气
	US_standard_marit：海域美国标准大气

16.3.2 光谱分析模块

光谱分析（Spectra）的目的是为了确定合适的大气参数（气溶胶和湿度）和选择合理的能见度（Visibility），然后将这些值应用于大气校正模块。另外，也可以研究不同校准文件（Calibrate File）对于光谱反射率的影响：针对一个校准文件单击选择目标区域，然后再选择另外一个校准文件重新选择相同的目标区域，这两个光谱的结果显示了这两个校准文件的影响，可以帮助确定适合的校准信息。

对于带有热波段的传感器（如果这个波段已经包含在 Layer-Band Assignment 选项中，图 16-7），就可以利用该波段计算出地面亮温。计算亮温时，光谱分析模块（Spectra）应用一个确定的地表发射率 ε=0.98。

需要注意的是如果仅仅是进行雾霾去除（Haze Removal），可以不进行光谱分析。

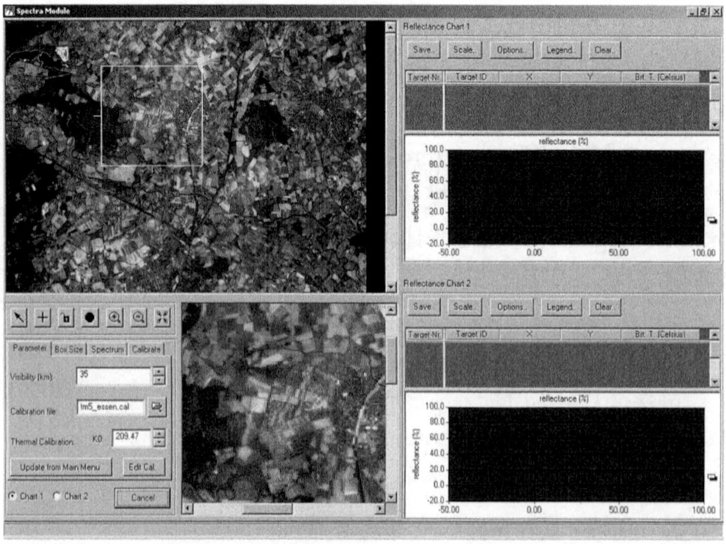

图 16-14 Spectra Module 窗口

在设置 ATCOR2 工程文件参数窗口中（图 16-13）单击 Validate Spectra 按钮，打开 Spectra Module 窗口（图 16-14）。

① 在 Spectra Module 窗口的左上角窗口显示的是原始输入图像。

② 单击图标+，在图像上单击一个点，在选择的反射率图表（Chart1 或者 Chart2）中将显示其光谱信息（图 16-15）。

③ Spectra Module 窗口中各个图标的含义如表 16-3 所示。

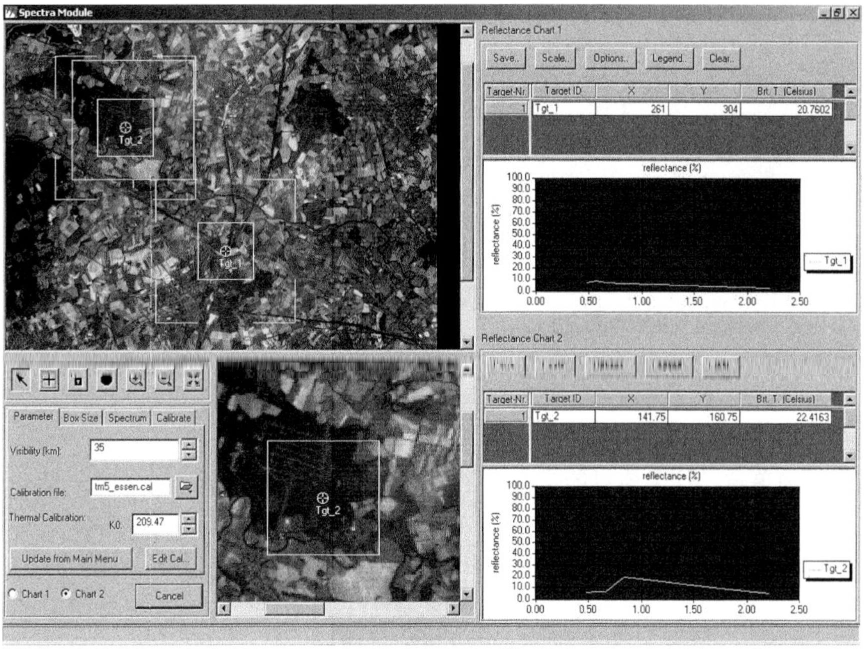

图 16-15 **Spectra Module 窗口（显示光谱信息）**

表 16-3 Spectra Module 对话框图标及其功能

图标	功能	含义
	Normal cursor	常规光标
	Create point	拾取新的目标点
	Keep current tool	保持当前工具
	Reselect the last picked point	重新选择最后拾取点
	Interactive Zoom In	交互放大
	Interactive Zoom Out	交互缩小
	Fit Image to window	图像适合窗口显示

④ 在窗口左下角部分的参数（Parameter）选项卡中确定能见度（Visibility）。

⑤ 选择校准文件（Calibration file）。

⑥ 设置热波段校准的偏移量（Thermal Calibration KO），参数 KO 对于以下的传感器有默认值，一般不需要改变。

- ❑ TM 4/5 = 209.47。
- ❑ ETM+ = 210.6。
- ❑ ASTER = 214.14。

⑦ 单击 Update from Main Menu 按钮，则利用 ACTOR 对话框主菜单中设置的参数来更新这里的参数。

⑧ 单击 Edit Cal 按钮，打开 Editor 编辑窗口（图 16-16），编辑传感器校准文件。传感器校准文件中的参数含义如下。

- ❑ 7 代表传感器的波段数。
- ❑ c0 代表传感器的偏置（Bias），从头文件中获取。

❑ c1 代表传感器的增益（Gain），从头文件中获取。

⑨ 传感器校准文件编辑完成后，保存并关闭 Editor 编辑窗口，返回 Spectra Module 窗口（图 16-15）。

⑩ 单击 Box Size 标签，进入 Box Size 选项卡（图 16-17）。

⑪ 输入目标方框大小（Target Box（Pixels）），以像元为单位，这个值只能是奇数，如果输入数值为 5，则表示 5×5 像元大小。目标方框内的反射率为 DN 值的平均值。

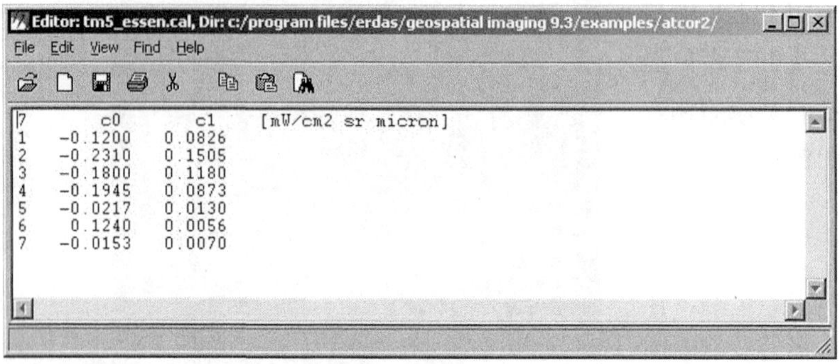

图 16-16 **Editor 编辑窗口**

⑫ 输入邻近影响（Adjacency Effect（m））的范围，以 m 为单位。图 16-18 中，中心方框是 Adjacency Box，另外，外边的方框只是一个指示器，为了更容易识别拾取目标，不是邻近区域。Adjacency Effect 在计算反射率时需要使用到。

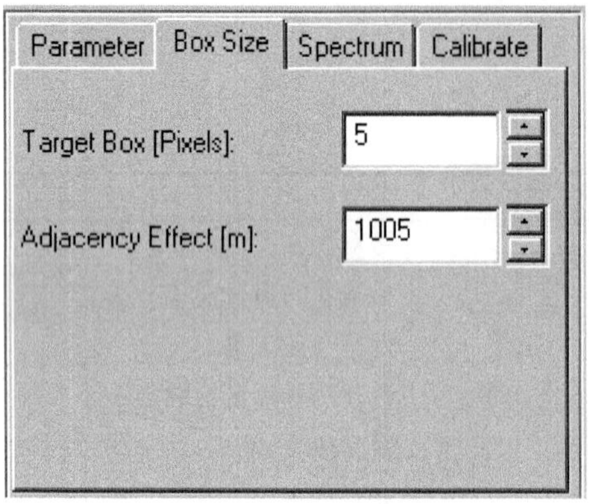

图 16-17 **Spectra Module 窗口**
（局部：**Box Size 选项卡**）

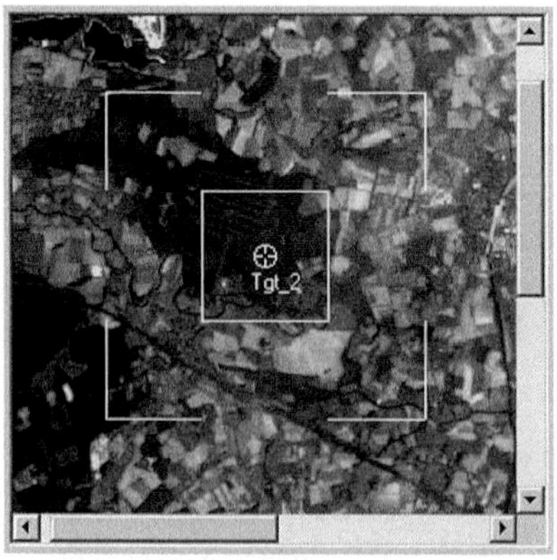

图 16-18 **Spectra Module 窗口**
（局部：目标方框）

⑬ 单击 Spectrum 标签，进入 Spectrum 选项卡（图 16-19）。

⑭ 在 Spectrum 选项卡中单击 Save Last Spectrum 按钮，打开 Save last spectrum 对话框（图 16-20），保存上次拾取的反射率光谱为文件。

⑮ 有两种不同的保存方式：ERDAS（*.sif）和 ASCII（*.spc）。*.sif 格式文件是 IMAGINE specview 工具用的格式，用户可指定文件名（filename）、在图表上部显示的标题（title）以及图例名称（legend），图例名称不允许有空格，单击 Save（ERDAS）按钮保存此文件。为了在 specview 工具中查看保存的文件，需要将此文件保存在路径$IMAGINE_HOME/etc/spectra/ erdas 下。ASCII 文件保存了在主菜单中设置的输入文件和参数的大量信息，以及

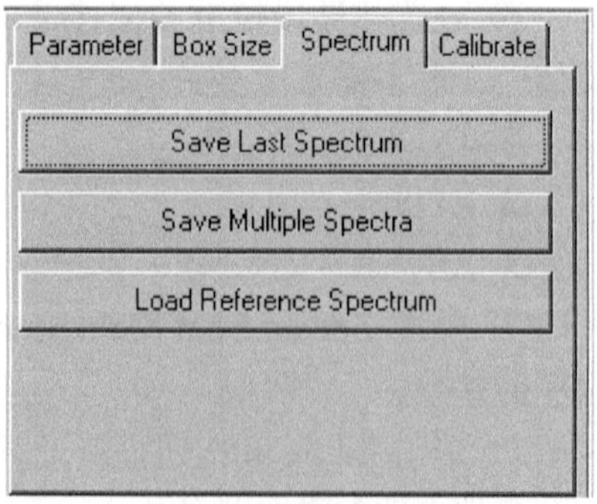

图 16-19 **Spectra Module 窗口**
（局部：**Spectrum 选项卡**）

用到的校准因子的详细信息，当所有的参数在大气校正时都被用到时，推荐生成 ASCII 文件保存。在定义了文件名（filename）之后，以扩展名*.spc 可以存储在任何地方，单击 Save（ASCII）按钮保存此文件。

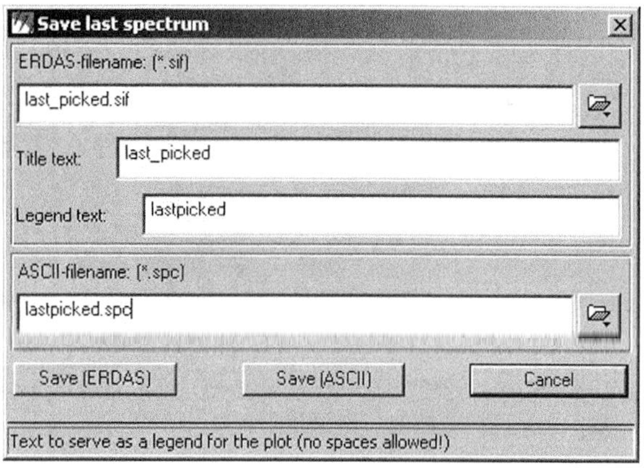

图 16-20　**Save last spectrum 对话框**

⑯ 在 Spectrum 选项卡（图 16-19）中单击 Save Multiple Spectra 按钮，打开 Save multiple spectra（up to 3）对话框（图 16-21），保存最后选择的 3 个光谱为 ASCII 文件。输入文件名（Filename）、标题（Title）和图例（Legend），图例名称不允许有空格。

⑰ 单击 Save 按钮，保存最后选择的 3 个光谱为 ASCII 文件。

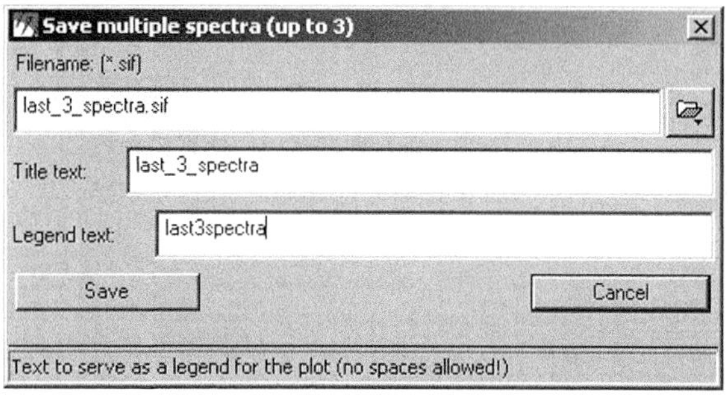

图 16-21　**Save multiple spectra（up to 3）对话框**

⑱ 在 Spectrum 选项卡（图 16-19）中单击 Load Reference Spectrum 按钮，打开 Select Reference Spectrum 对话框（图 16-22），加载一个参考光谱。

⑲ 选中 Resampled 单选按钮，选择重采样的指定传感器的光谱。在图表（Reflectance Chart）窗口中最多有两个参考光谱，并且在加载参考光谱前必须至少有一个目标光谱存在；在每一个图表（chart）的表格中都不会显示参考光谱，因此只能通过单击 Clear 按钮来删除。

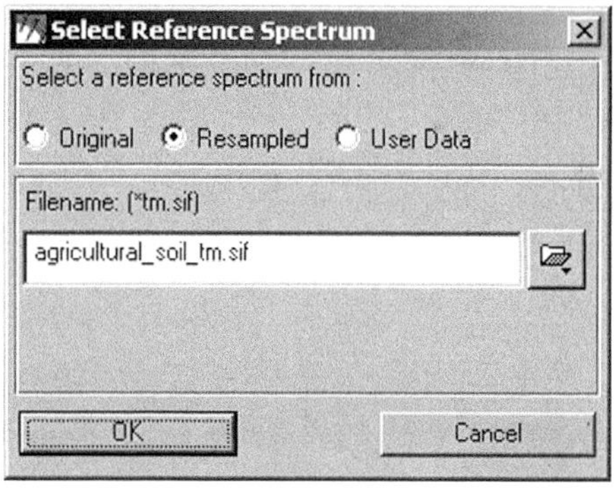

图 16-22　**Select Reference Spectrum 对话框**

⑳ 在图 16-22 中还有两种选择参考光谱的方法：原始光谱（Original）和用户光谱（User Data）。原始光谱（Original）是一组标准的参考光谱，保存在路径 $IMAGINE_HOME/ etc/actor/refspect/original 下。用户光谱（User Data）是用户自己提供的参考光谱，以*.sif 格式存储，建议用户建立自己的光谱库。

㉑ 在 Spectrum 选项卡（图 16-19）中单击 Calibrate 标签，进入 Calibrate 选项卡（图 16-23），有 4 个步骤生成校准文件（Calibrate File），可以用在下面的处理中。

㉒ 识别目标（Identify Target）：单击 Pick 按钮，选择一个目标，这个目标点不能有薄雾/薄云的影响（图 16-23）。

㉓ 定义信号（Define Signature）：单击 Select 按钮，打开 Select Reference Spectrum 对话框（图 16-24），选择参考光谱。

㉔ 求解校准（Solve Calibration）：单击 Solve 按钮，打开确定 ATCOR2 工程校准文件对话框（图 16-25），输入校准文件名：tm_calibrate.cal，单击 OK 按钮。

㉕ 确认校准（Confirm Calibration）：单击 Accept 按钮，打开 Attention 对话框（图 16-26），如果单击【是】按钮，表明接下来的处理将用这个新的校准文件：tm_calibrate.cal（图 16-27）。

㉖ 在 Spectra Module 窗口（图 16-14）中单击 Cancel 按钮，返回设置 ATCOR2 工程文件参数窗口（图 16-13）。

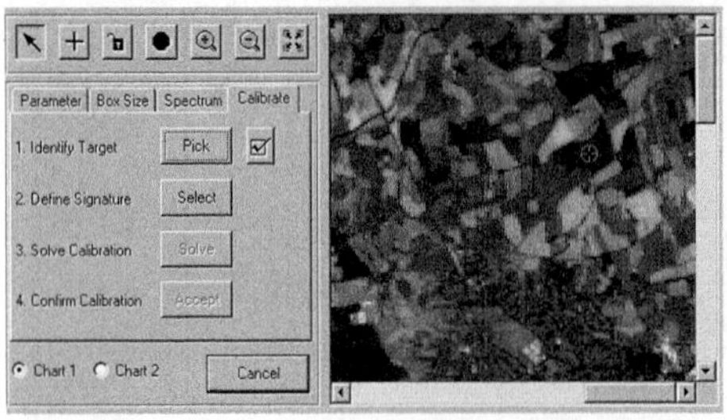

图 16-23 Spectra Module 窗口（局部：选择目标点）

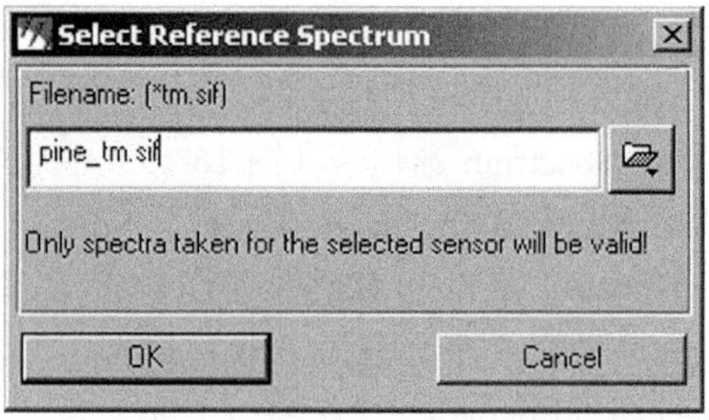

图 16-24 Select Reference Spectrum 对话框

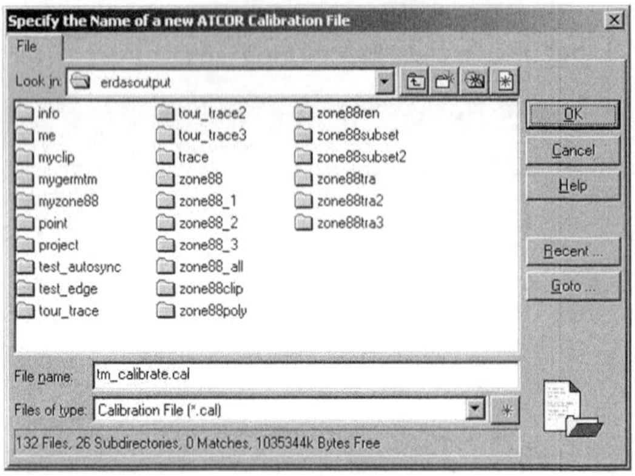

图 16-25 确定 ATCOR2 工程校准文件对话框

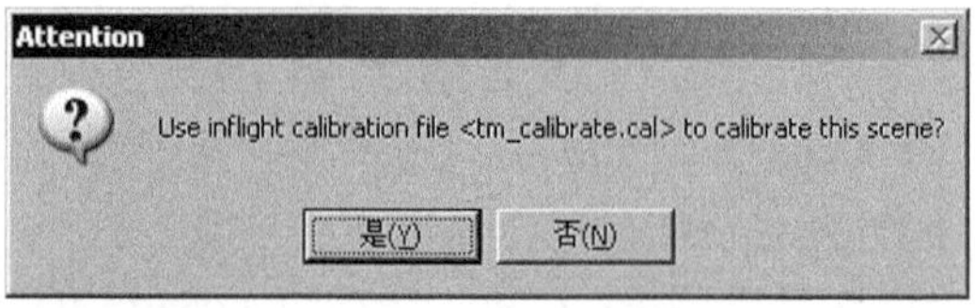

图 16-26 Attention 对话框

图 16-28 是 Spectra 模块的功能流程图。

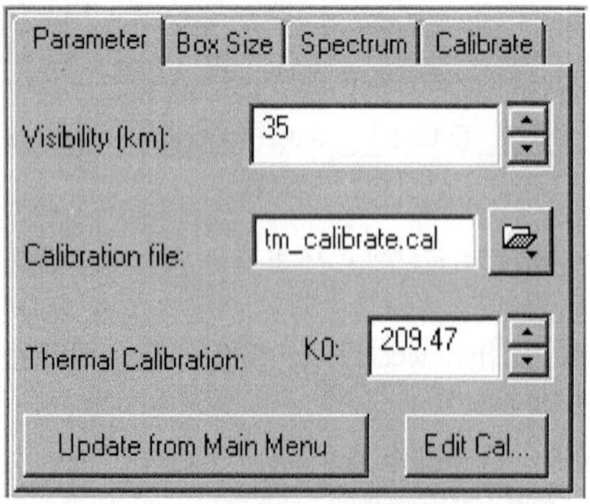

图 16-27 Spectra Module 窗口（局部：新的校准文件）

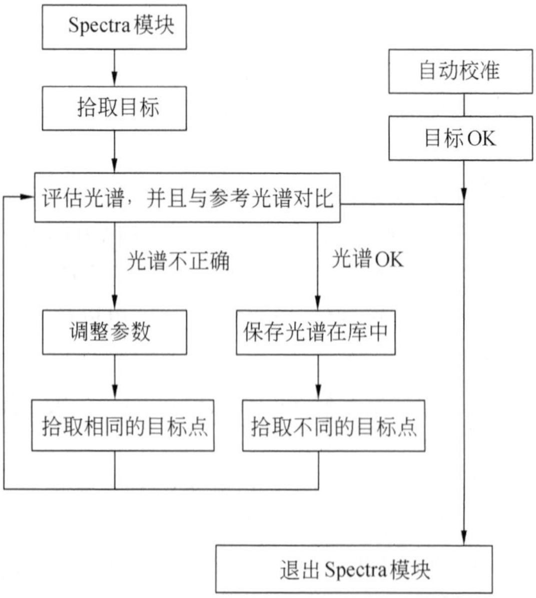

图 16-28 Spectra 模块的功能流程图

以下是用 Spectra 模块检验校准文件的编辑过程。

① 选择低反射率光谱：在 Spectra Module 窗口（图 16-14）中选择一个低反射率光谱，如水体或暗植被（图 16-29）。

② 选择一个参考光谱：在 Spectrum 选项卡（图 16-19）中单击 Load Reference Spectrum 按钮，打开 Select Reference Spectrum 对话框，加载一个参考光谱（图 16-30）。

③ 编辑校准文件：在 Parameter 选项卡（图 16-29）中单击 Edit Cal 按钮，打开 Editor 编辑窗口（图 16-16），编辑 c0 值使测量的光谱适应参考光谱。

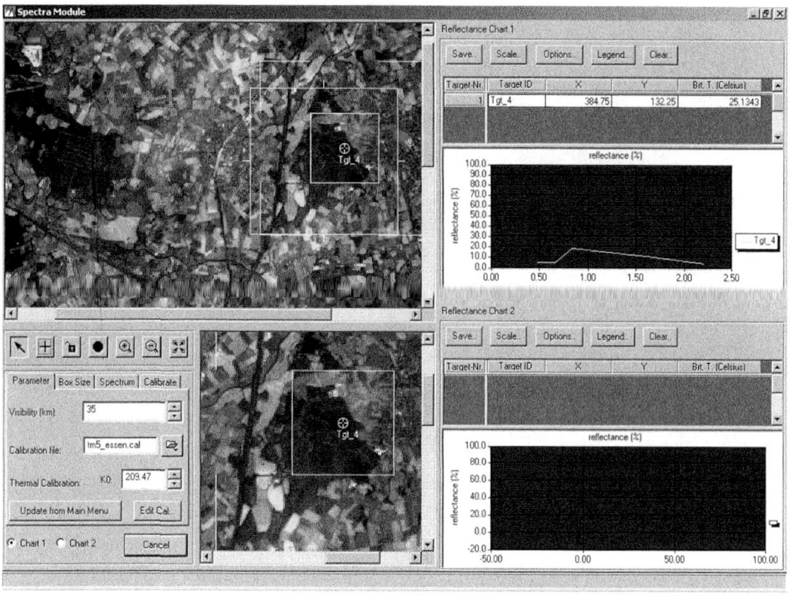

图 16-29　在 Spectra Module 窗口中选择一个低反射率光谱

- ❑ 降低 c0 值，反射率值也随之降低，反之亦然。
- ❑ 编辑结束后，一定要保存编辑的结果。在 Parameter 选项卡中单击 Update from Main Menu 按钮，接受编辑后的校准文件。

④ 返回低反射率光谱，重新进行第一次的测量。在窗口中单击图标●，重新选择低反射率光谱，查看光谱结果。

⑤ 重复①～④步骤，选择一个高反射率光谱，如沙地。编辑 c1 值使光谱适应参考光谱。

⑥ 第③步的编辑可能对低反射率目标有轻微地影响，通过再次编辑 c0 值可减少这个影响。现在就有了相对较好的 c0 和 c1 近似值。

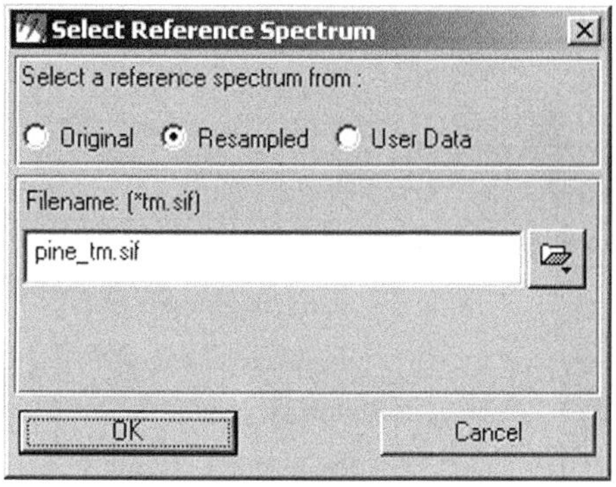

图 16-30　Select Reference Spectrum 对话框

16.3.3　常数大气模块

在设置 ATCOR2 工程文件参数窗口（Atmospheric Selections 选项卡）（图 16-13）中单击 Run Correction 按钮，打开 Constant Atmosphere Module 窗口（图 16-31）。

Constant Atmosphere Module（常数大气模块）窗口中的各个图标的含义如表 16-4 所列。

在 Constant Atmosphere Module 窗口（图 16-31）中进行如下操作。

① 确定是否在校正前执行雾霾去除（Perform Haze Removal before Correction），如果选中 Yes 单选按钮，右侧的 Haze Correction 按钮变为可用；如果选中 No 单选按钮，右侧的 Atmospheric Correction 按钮将变为可用。

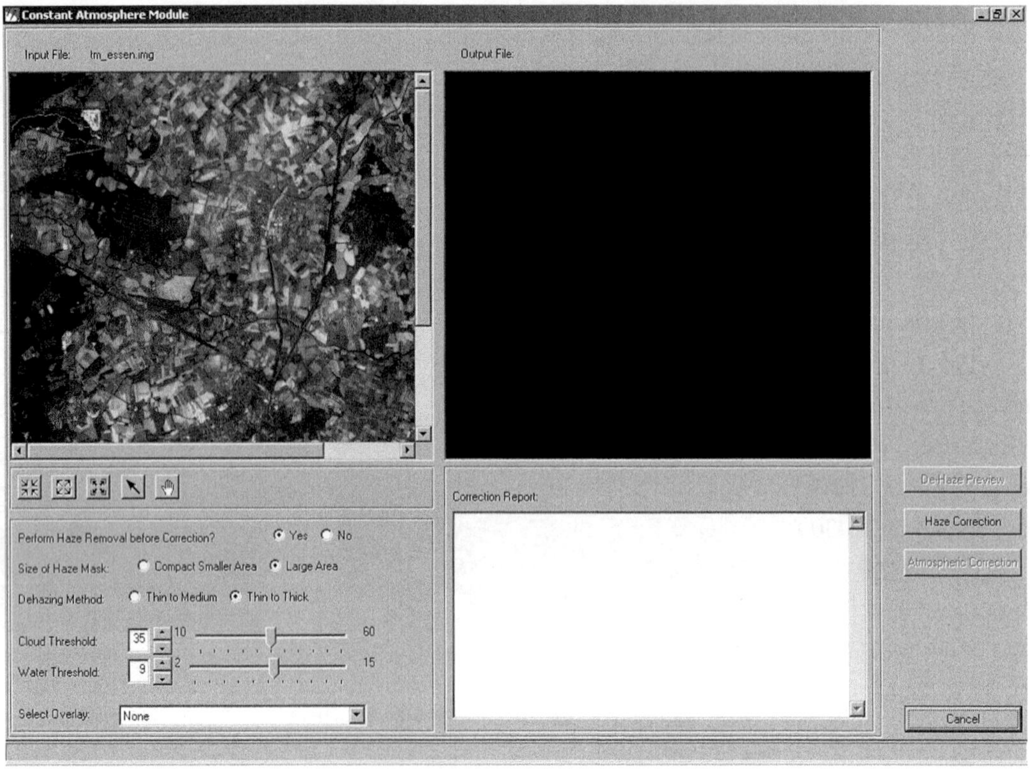

图 16-31 **Constant Atmosphere Module 窗口**

表 16-4 Constant Atmosphere Module 窗口图标及其功能

图标	功能	含义
	Interactive Zoom In	两倍放大
	Interactive Zoom Out	两倍缩小
	Fit Image to window	图像适合窗口显示
	Normal cursor	常规光标
	Roam/Rotate Image	漫游/旋转图像

② 确定雾霾掩膜的大小（Size of Haze Mask）为 Large Area。

③ 确定消除薄霾的方法（Dehazing Method）为 Thin to Thick。

④ 设置云阈值（Cloud Threshold），接受默认值 35（默认值可以在 IMAGINE 主菜单 Session | Preferences | ATCOR 中设置），表明将在蓝（BLUE）波段探测反射率高于 35%的所有像元为云；仅当云掩膜的结果不正确时，需要找到一个新的值，值的范围是 10～60；正确的报告例如为“0 cloud pixels（reflectance > 35 percent in BLUE band）detected”。

⑤ 设置水体阈值（Water Threshold），接受默认值 9（默认值可以在 IMAGINE 主菜单 Session | Preferences | ATCOR 中设置），表明将在近红外（NIR）波段探测反射率低于 9%的所有像元为水；仅当水掩膜的结果不正确时，需要找到一个新的值，值的范围是 2～15；正确的报告例如为“903 water/snow pixels（reflectance < 9 percent in NIR band）detected”。

需要注意的是在 IMAGINE 主菜单 Session | Preferences | ATCOR 中，还有一个雪阈值（Snow Threshold Value），默认值是 3，值的范围是 1～30。应该记住的是水和雪的像元是排除在雾霾去除之外的。

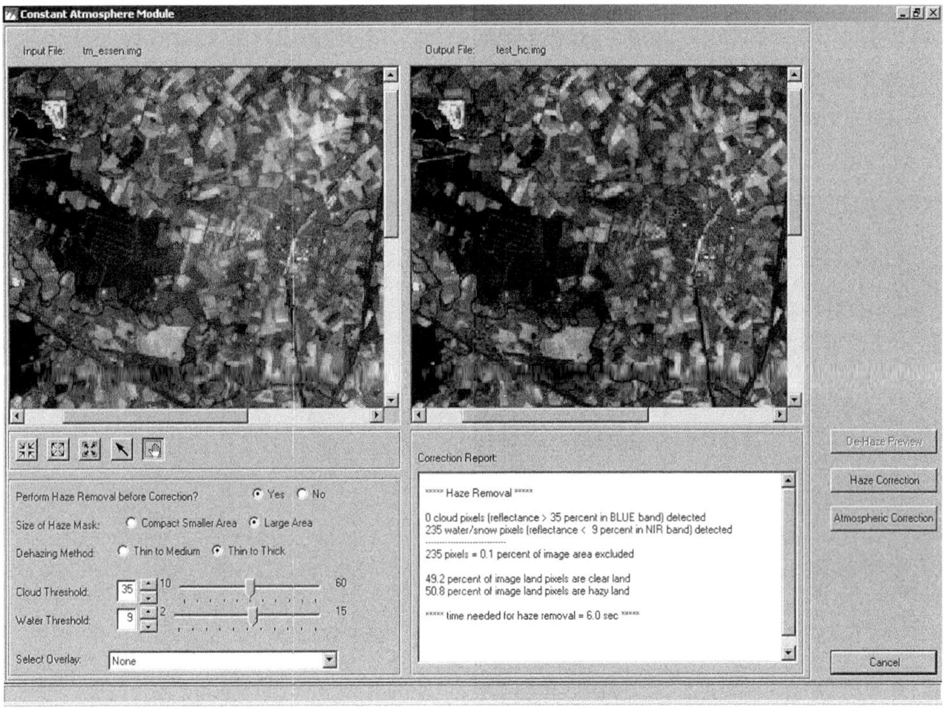

图 16-32 Constant Atmosphere Module 窗口（Haze Correction 结果）

⑥ 选择叠加区域（Select Overlay）为 None。

⑦ 在 Constant Atmosphere Module 窗口中有一个“消除薄霾预览”按钮

，这个按钮是否可用取决于输入图像的大小。如果输入图像的大小为 $\sqrt{Rows^2+Columns^2}<1000$ 像元，这个按钮是不可用的。

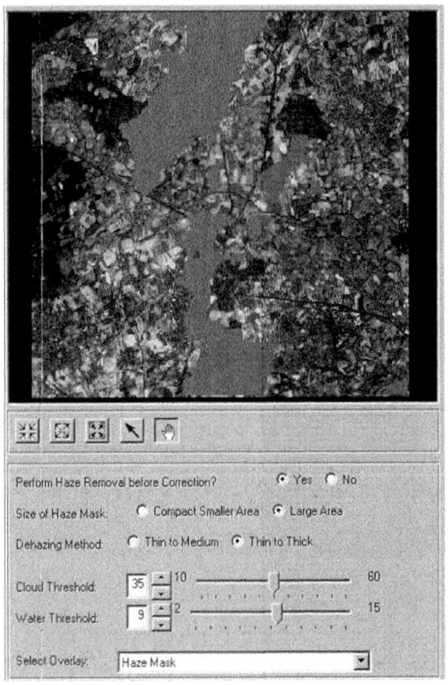

图 16-33 Haze Mask 图像

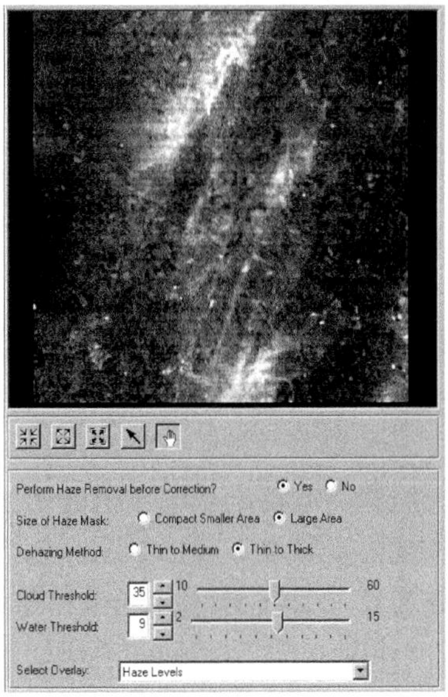

图 16-34 Haze Levels 图像

⑧ 单击 Haze Correction 按钮，在 Constant Atmosphere Module 窗口的右下部可查看校正报告信息（Correction Report）（图 16-32）。

⑨ 在叠加区域（Select Overlay）中出现以下选项。

- ❑ **Haze Mask**（雾霾掩膜） 用来探测雾霾区域与非雾霾区域（图 16-33），图中红色区域是探测到的雾霾，蓝色表示探测到的云或雪。这个文件保存在输出路径中，名称为<name>_ hazemask.img，本例中为 tm_essen_hazemask.img。
- ❑ **Haze Levels**（雾霾级别） 是以灰度级别表示探测到的雾霾（图 16-34），同样保存在输出路径中，名称为<name>_haze_levels.img，本例中为 tm_essen_haze_levels.img，用在减少雾霾的处理过程中。

⑩ 单击 Atmospheric Correction 按钮，在 Constant Atmosphere Module 窗口的右下部可查看大气校正报告信息（图 16-35）。

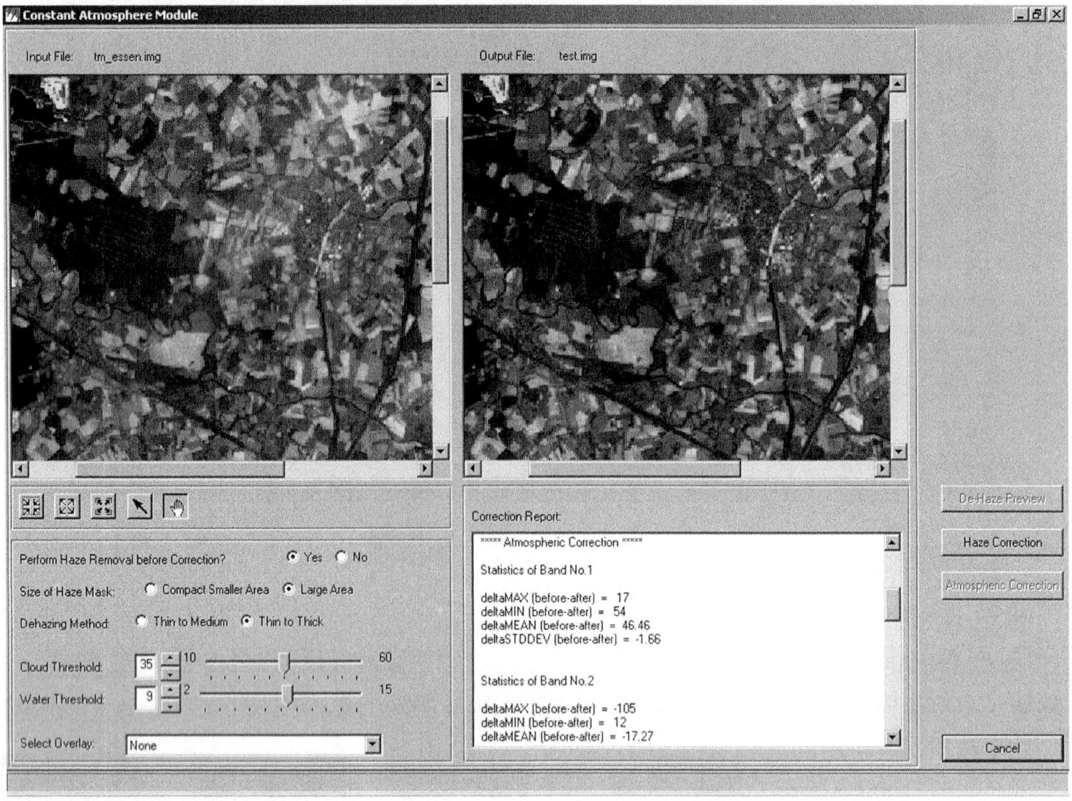

图 16-35　Constant Atmosphere Module 窗口（Atmospheric Correction 结果）

⑪ 单击 Cancel 按钮，返回设置 ATCOR2 工程文件参数窗口（Atmospheric Selections 选项卡）（图 16-13）。

16.3.4　增值产品模块

ATCOR 模块可以获取以单独文件形式产生的增值产品（Value Adding Products，VAP）。第一组产品包括土壤调节植被指数（SAVI）、叶面积指数（LAI）、吸收的光合有效辐射分量（FPAR）和地面反照率。第二组产品包括大量相关的表面能量平衡，如吸收的太阳辐射通量、地表发射热通量、大气-地面热通量和净辐射。

叶面积指数和地面热通量是用一个基于 SAVI 植被指数的简单模型来计算的，蒸发的潜热是用尺度归一化植被指数（Scaled NDVI）来计算的。这些简单模型能够提供卫星传感器覆盖的大范围区域的合理通量值，是对当地详细区域测量的有益补充。

增值产品模块（VAP）需要 IMAGINE 高级许可（Advantage License）才能运行。ATCOR VAP 模块生成一个带有.flx 扩展名的文件<filename>_flx.img，文件路径和文件名可以自己修改。flx 文件包含以下介绍的波段，编码是每个像元 2 个字节（16b）。

- ❑ 土壤调节植被指数（Soil Adjusted Vegetation Index，SAVI）。
- ❑ 叶面积指数（Leaf Area Index，LAI）。
- ❑ 吸收的光合有效辐射分量（Fraction of absorbed Photosynthetically Active Radiation，FPAR）。
- ❑ 地表反照率（波长 0.3 ~ 2.5μm）（Surface Albedo（integrated from 0.3 ~ 2.5μm））。
- ❑ 吸收的太阳辐射通量 R_{solar}（W M^{-2}）（Absorbed Solar Radiation Flux）。
- ❑ 热通量差（$R_{therm} = R_{atm} - R_{surface}$ W M^{-2}）（Thermal Flux Difference）。
- ❑ 地面热通量 G（W M^{-2}）（Ground Heat Flux）。
- ❑ 潜热 LE（W M^{-2}）（Latent Heat，LE）。
- ❑ 显热 H（W M^{-2}）（Sensible Heat，SH）。
- ❑ 净辐射 R_n（W M^{-2}）（Net Radiation）。

需要注意的是波段 6～10 仅当热波段的地表温度值存在时才会产生。

以下是 ATCOR2 中生成增值产品的界面。

① 在设置 ATCOR2 工程文件参数窗口（Atmospheric Selections 选项卡）中单击 Value Adding 按钮，打开 Value Adding Module Selection 对话框（图 16-36）。

② 设置输出的增值文件（Value Adding File）的路径和文件名。

③ 在叶面积指数计算选项（Option for LAI Calculation）中，选择叶面积指数（Leaf Area Index）模型类型为 1，a0、a1、a2 是模型校正系数；是输出文件的波段 2（band2 of Output File）。

④ 在光合有效辐射分量计算选项（Option for FPAR Calculation）中，a0、a1、a2 是模型校正系数；是输出文件的波段 3（band3 of Output File）。

⑤ 在能量通量计算选项（Option for Calculation of Energy Fluxes）中设置空气温度（Air Temperature T[℃]）；是输出文件的波段 6～9（band6，9 of Output File）。

⑥ 单击 OK 按钮，开始生成增值产品输出文件。

⑦ 单击 Cancel 按钮，退出 Value Adding Module Selection 对话框。

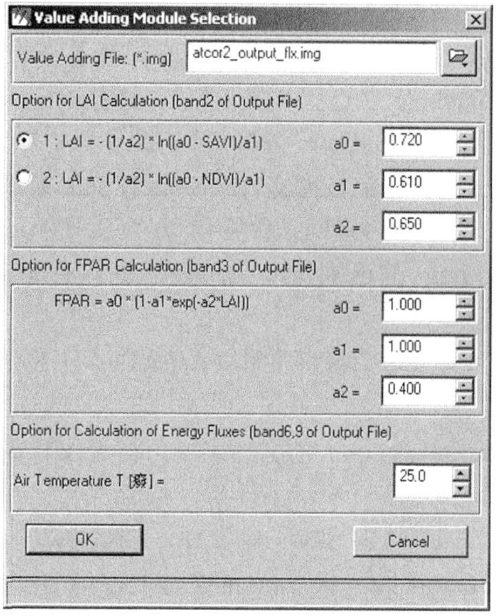

图 16-36　Value Adding Module Selection 对话框

⑧ 单击 Cancel 按钮，退出设置 ATCOR2 工程文件参数窗口（Atmospheric Selections 选项卡）。

16.4　ATCOR3 工作站

ATCOR3 是针对山区图像进行大气校正、雾霾去除、消除地形影响的附加模块。ATCOR3 同样由 4 项功能组成：雾霾去除（Haze Removal）、光谱分析（Spectra）、大气校正（Atmospheric Correction）和增值产品（Value Adding Products）。

ATCOR3 工作站的操作流程与 ATCOR2 的操作流程是一样的，只不过需要预先应用 ATCOR3 生成地形文件的功能，基于 DEM 文件生成地形文件。

16.4.1 ATCOR3 生成地形

使用 ATCOR3 功能的一项准备工作就是要以 DEM 为基础，生成一些必要的输入参数，如坡度、坡向、Skyview 和阴影。所以，首先必须应用 ATCOR3 工作站基于 DEM 生成地形相关文件（ATCOR3 Derive Terrain Files）。

① 在 ATCORrection 菜单（表 16-1 左列）中单击 ATCOR3 Derive Terrain Files 按钮，打开 Generate Terrain Files from DEM 对话框（图 16-37）。

② 确定高程文件（Elevation File）为 dem_chamonix.img（系统实例数据）。

③ 确定高程单位（Elevation Unit（z））为 m。

④ 确定像元大小（Pixel Size（m））为 45.0。

⑤ 确定太阳天顶角（Zenith）为 36.5 度，方位角（Azim.）为 141.5 度。如果用户不确定这两个值是否正确，则单击 Calculate 按钮打开 Sun Position Calculator 对话框（图 16-1），计算太阳天顶角和方位角。单击 Apply 按钮，可从计算器中粘贴角度值。

⑥ 选中坡度文件（Slope File）复选框，确定生成坡度文件，系统自动生成了<dem-name>_slo.img 的文件名，可改变文件存储的路径和名称。

⑦ 选中坡向文件（Aspect File）复选框，确定生成坡向文件，系统自动生成了<dem-name>_asp.img 的文件名，可改变文件存储的路径和名称。

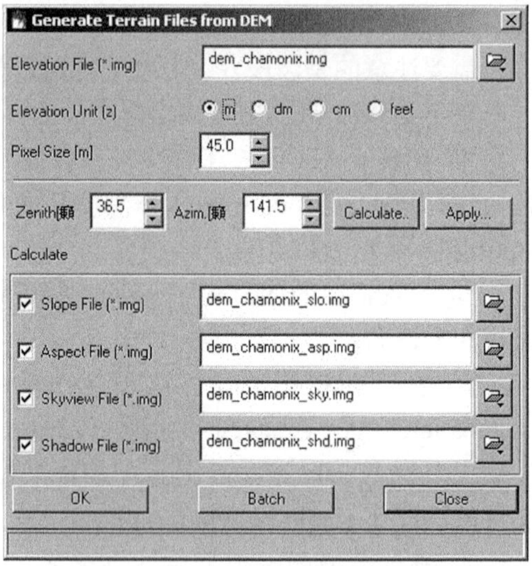

图 16-37 **Generate Terrain Files from DEM 对话框**

⑧ 选中 Skyview 文件（Skyview File）复选框，确定生成 Skyview 文件，系统自动生成了<dem-name>_sky.img 的文件名，可改变文件存储的路径和名称。

⑨ 选中阴影文件（Shadow File）复选框，确定生成阴影文件，系统自动生成了<dem-name>_shd.img 的文件名，可改变文件存储的路径和名称。

⑩ 单击 OK 按钮，生成 4 个地形相关文件。

16.4.2 ATCOR3 工程文件

第 1 步：创建 ATCOR3 工程文件（Specifications 选项卡）

① 在 ATCORrection 菜单（表 16-1 左列）中单击 ATCOR3 Workstation 按钮，打开 ATCOR Startup 对话框（图 16-38）。

② 选中 Create a new ATCOR3 project 单选按钮。

③ 单击 OK 按钮，打开确定 ATCOR3 工程文件名对话框（图 16-39）。

④ 输入文件名称（File name）：Atcor3_test.rep。

⑤ 单击 OK 按钮，打开设置 ATCOR3 工程文件参数窗口（图 16-40）。

⑥ 单击输入栅格文件（Input Raster File）右侧的打开文件按钮，打开 Input Raster File 对话框（图 16-41）。

⑦ 选择输入栅格文件（Input Raster File）为 tm7_chamonix.img。

⑧ 单击 OK 按钮，打开 Acquisition Date 对话框（图 16-6）。

⑨ 设置图像的获取日期：日（Acquisition Day）、月（Acquisition Month）、年（Acquisition Year）。

⑩ 单击 OK 按钮，打开 Terrain File Specifications 对话框（图 16-42），输入预先生成的地形相关文件，具体文件信息详见 16.4.1 节。

⑪ 确定高程文件的单位（Units of Elevation File）为 m。

⑫ 选择高程文件（Elevation File）为 dem_chamonix.img。如果坡度、坡向、Skyview 和阴影文件是使用的默认的名称（图 16-37），那么只需要加载高程文件，其他的文件会自动加载进来（图 16-42）；如果没有使用默认文件名，也可单独加载这 4 个文件。

⑬ 单击 OK 按钮，打开 Layer Number-Sensor Band 对话框（图 16-7）。

⑭ 定义输入文件层数相对应的传感器波段。

⑮ 如果波段大于 7，单击图标▶设置更多的波段，单击 OK 按钮。

⑯ 单击输出栅格文件（Output Raster File）右侧的打开文件按钮，打开 Output Raster File 对话框（图 16-8）。

⑰ 设置输出文件的路径和名称，单击 OK 按钮。

⑱ 可单击获取日期（Acquisition Date）和输入层（Input Layer）右侧的 Set 按钮，重新设置新的参数。

⑲ 单击比例因子（Scale Factor）右侧的 Set 按钮，打开 Output Scale Factors 对话框（图 16-9）。

⑳ 设置反射率因子（Factor for Reflectance）、温度因子（Factor for Temperature）和温度偏移量（Offset for Temperature）。

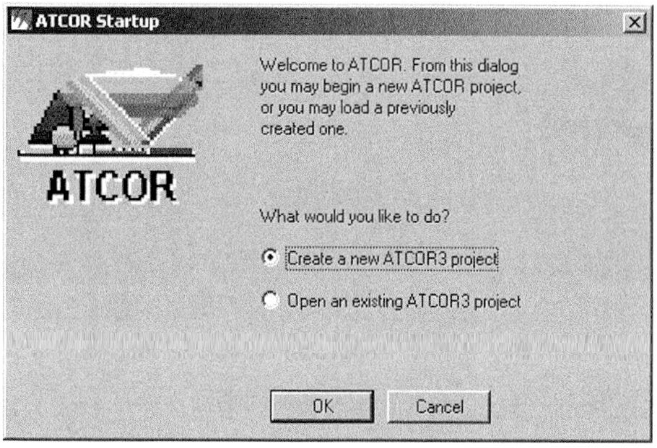

图 16-38 ATCOR Startup 对话框

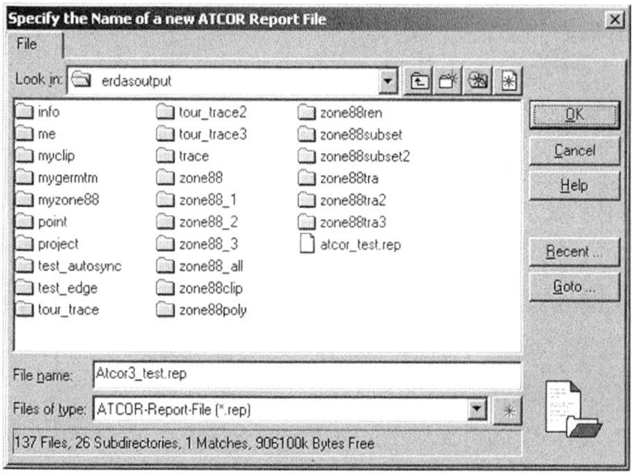

图 16-39 确定 ATCOR3 工程文件名对话框

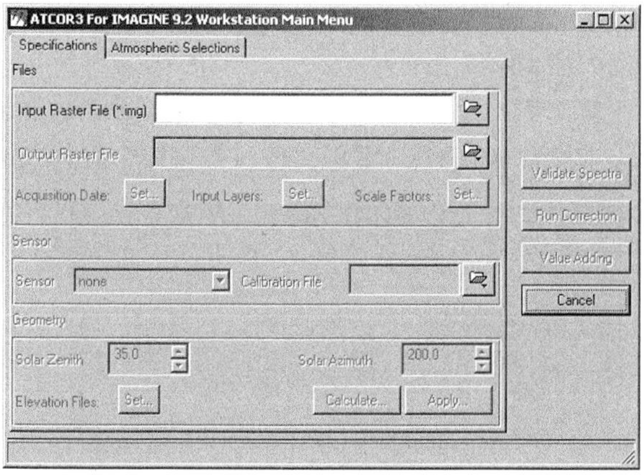

图 16-40 设置 ATCOR3 工程文件参数窗口（Specifications 选项卡）

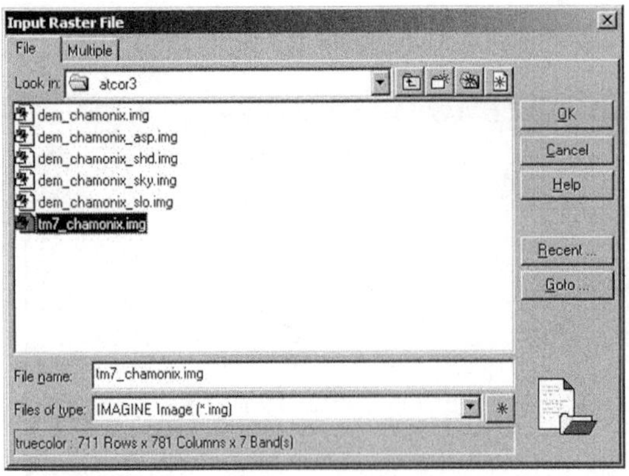

图 16-41 **Input Raster File 对话框**

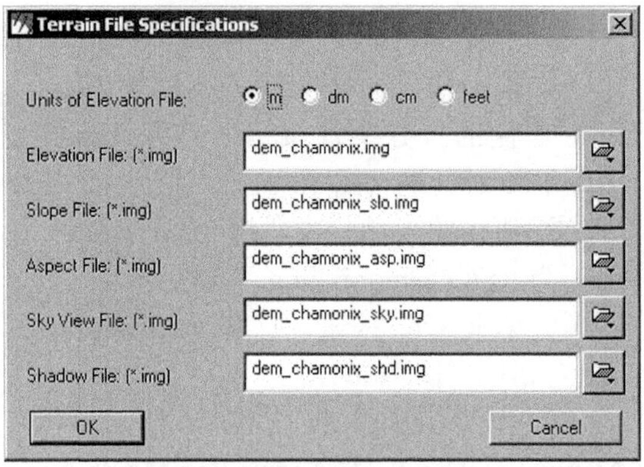

图 16-42 **Terrain File Specifications 对话框**

㉑ 选择传感器类型（Sensor）为 Landsat-7 ETM+。

㉒ 单击校准文件（Calibration File）右侧的打开文件按钮，打开 Calibration File 对话框（图 16-43）。

㉓ 选择校准文件（Calibrate File）为 17_etm_chamonix.cal。

㉔ 设置太阳天顶角为 36.5 度，方位角为 141.5 度。

㉕ 单击 Calculate 按钮，可打开 Sun Position Calculator 对话框（图 16-1）。

㉖ 单击 Apply 按钮，可将计算器计算出的结果粘贴到角度值中。

㉗ 单击高程文件（Elevation File）右侧的 Set 按钮，可打开 Terrain File Specifications 窗口（图 16-40），重新选择高程文件。

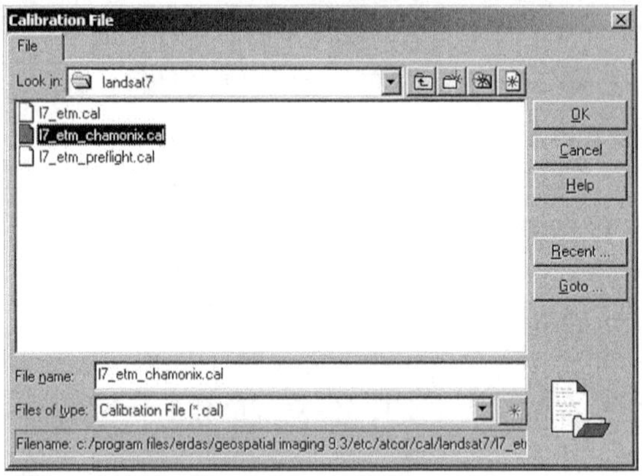

图 16-43 **Calibration File 对话框**

㉘ 经过上述参数设置，设置 ATCOR3 工程文件参数窗口（Specifications 选项卡）最终的界面如图 16-44 所示。

第 2 步：设置 ATCOR3 工程参数（Atmospheric Selections 选项卡）

在设置 ATCOR3 工程文件参数窗口中打开 Atmospheric Selections 选项卡（图 16-45）。

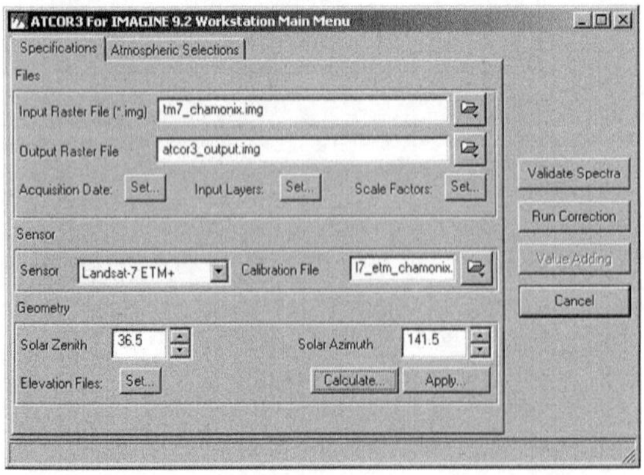

图 16-44 **设置 ATCOR3 工程文件参数窗口（Specifications 选项卡）**

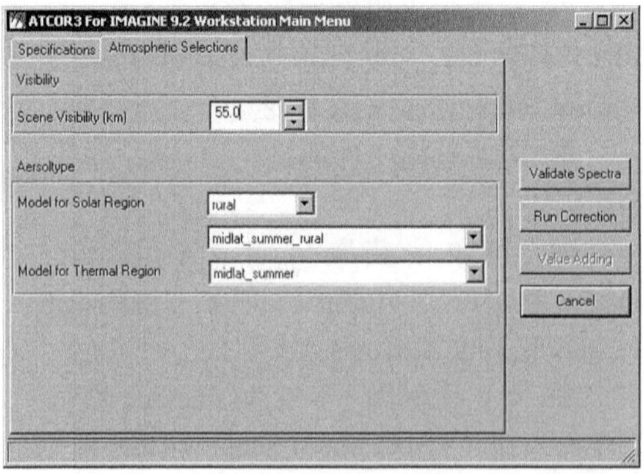

图 16-45 **设置 ATCOR3 工程文件参数窗口（Atmospheric Selections 选项卡）**

① 设置场景能见度（Scene Visibility（km））为 55.0，取值范围是 5km～120km。

② 在气溶胶类型（Aerosoltype）参数中选择太阳区域模式（Model for Solar Region）为 rural，选择大气类型为 midlat_summer_rural。

③ 选择热区域模式（Model for Thermal Region）为 midlat_summer。

16.4.3 光谱分析模块

光谱分析模块（Spectra）的功能与应用操作具体参见 16.3.2 节。如果仅仅是进行雾霾去除（Haze Removal），光谱分析模块可以不使用。

16.4.4 常数大气模块

在设置 ATCOR3 工程文件参数窗口中单击 Run Correction 按钮，打开 Constant Atmosphere Module 窗口（图 16-46）。

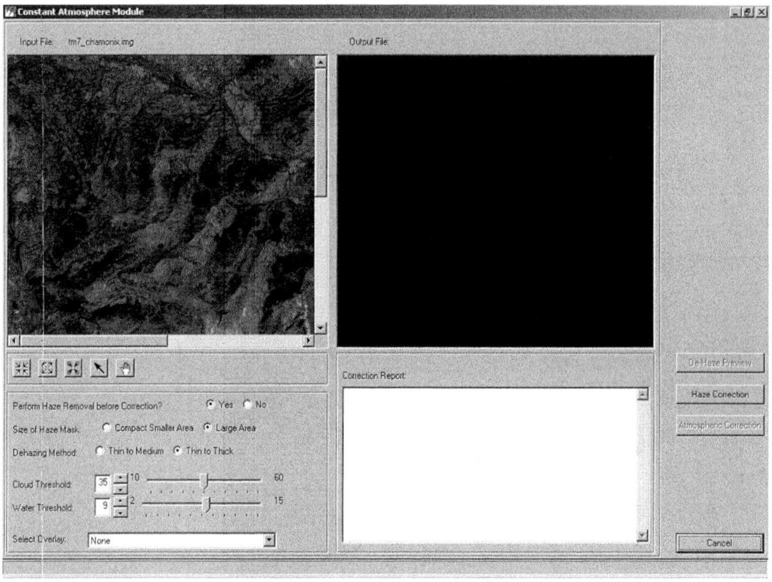

图 16–46 Constant Atmosphere Module 窗口

① 确定校正前执行雾霾去除（Perform Haze Removal before Correction）参数，即选中 Yes 单选按钮，右侧的 Haze Correction 按钮变为可用。

② 确定雾霾掩膜的大小（Size of Haze Mask）为 Large Area。

③ 确定消除雾霾的方法（Dehazing Method）为 Thin to Thick。

④ 确定云阈值（Cloud Threshold）为 35。

⑤ 确定水体阈值（Water Threshold）为 9。

⑥ 选择叠加区域（Select Overlay）为 None。

⑦ 单击 Haze Correction 按钮。

⑧ 在叠加区域（Select Overlay）出现以下选项。

- **Haze Mask**（雾霾掩膜） 用来探测雾霾区域与非雾霾区域（图 16-47），图中红色区域是探测到的雾霾，蓝色表示探测到的云或雪。这个文件保存在输出路径中，名称为 <name>_ hazemask.img，本例中为 tm7_essen_hazemask.img。
- **Haze Levels**（雾霾级别） 是以灰度级别表示探测到的雾霾（图 16-48），同样保存在输出路径中，名称为<name>_haze_levels.img，本例中为 tm7_essen_haze_levels.img，用在雾霾减少的处理过程中。

⑨ 单击 Atmospheric Correction 按钮，打开 BRDF Correction 对话框（图 16-49）。

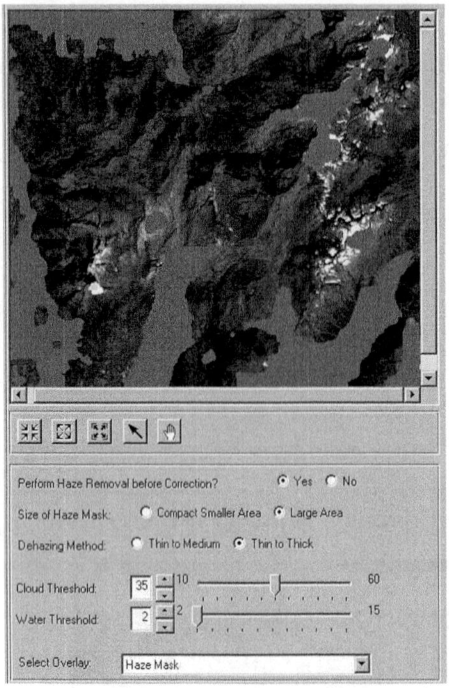

图 16-47 Haze Mask 图像(tm7_chamonix_hazemask.img)

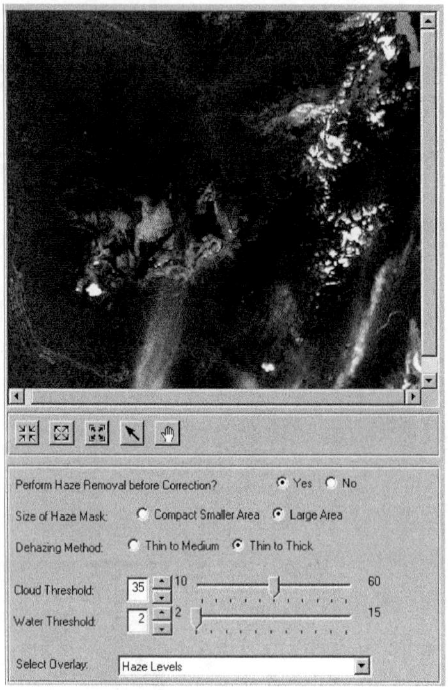

图 16-48 Haze Levels 图像(tm7_chamonix_haze_levels.img)

⑩ 选中 Empirical BRDF correction 单选按钮。

⑪ 选择经验校正函数（empirical correction function）为（1）。

⑫ 设置阈值角度（Threshold angle）为 65.0。

⑬ 低边界（Lower boundary）为 0.25，其取值范围是 0.1～1。

⑭ 单击 OK 按钮，执行大气校正（图 16-50）。

⑮ 在叠加区域（Select Overlay）出现以下选项，可选择某一项查看图像。

- **Haze Mask** 雾霾掩膜。
- **Haze Levels** 雾霾级别。
- **Illumination Angle** 照明角度。
- **Elevation Classes** 高程分类。
- **Sky View Factor** skyview 因子。
- **Cast Shadow Image** 计算阴影图像。
- **BRDF Correction Factor** BRDF 校正因子。

⑯ 单击 Cancel 按钮，返回设置 ATCOR3 工程文件参数窗口。

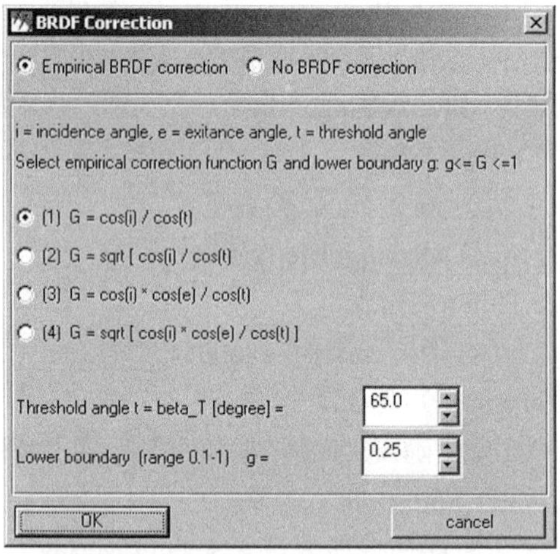

图 16-49 BRDF Correction 对话框

16.4.5 增值产品模块

增值产品模块的详细内容，可参见 16.3.4 节。

以下是 ATCOR3 中生成增值产品的界面及具体操作。

① 在设置 ATCOR3 工程文件参数窗口中单击 Value Adding 按钮，打开 Value Adding Module Selection 对话框（图 16-51）。

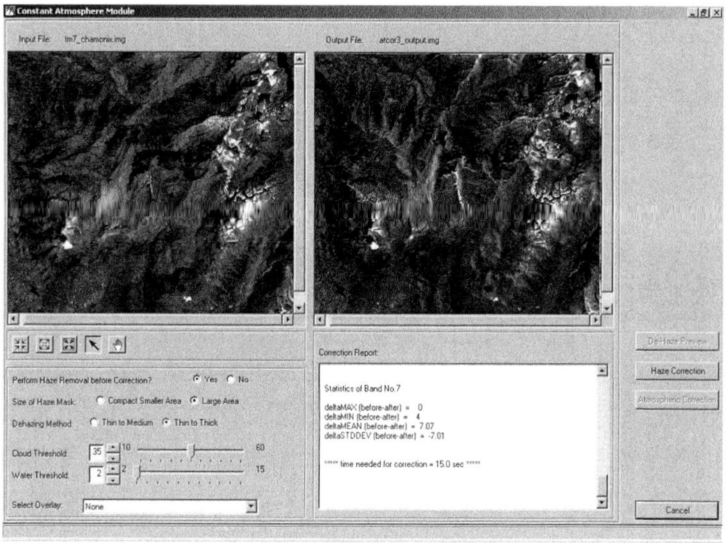

图 16-50 Constant Atmosphere Module 窗口（大气校正结果）

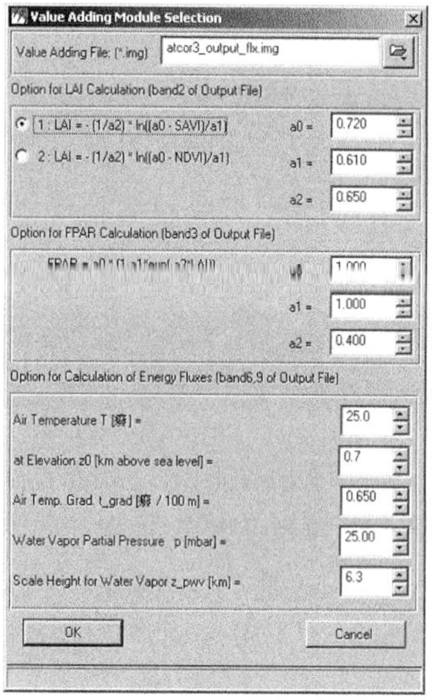

图 16-51 Value Adding Module Selection 对话框

② 设置输出增值文件（Value Adding File）的路径和文件名。

③ 在叶面积指数计算选项(Option for LAI Calculation)中选择叶面积指数(Leaf Area Index)模型类型为 1，a0、a1、a2 是模型校正系数；是输出文件的波段 2（band2 of Output File)。

④ 在光合有效辐射分量计算选项（Option for FPAR Calculation）中，a0、a1、a2 是模型校正系数；是输出文件的波段 3（band3 of Output File)。

⑤ 在能量通量计算选项（Option for Calculation of Energy Fluxes）中设置空气温度（Air Temperature T[℃]）；海平面以上的高程值 z0（at Elevation z0[km above sea level]）；空气温度分级（Air Temp. Grad. t_grad[℃/100m]）；水蒸气分压力（Water Vapor Partial Pressure p[mbar]）；水蒸气比例高度（Scale Height for Water Vapor z_pwv[km]）；是输出文件的波段 6～9（band6，9 of Output File)。

⑥ 单击 OK 按钮，开始生成增值产品输出文件。

⑦ 单击 Cancel 按钮，退出 Value Adding Module Selection 对话框。

⑧ 单击 Cancel 按钮，退出设置 ATCOR3 工程文件参数窗口。

第 17 章　图像自动配准

本章学习要点

- 地理参考配准
- 图像边缘匹配
- 自动配准工程
- 自动配准工作站

17.1　图像自动配准模块概述

在实际工作中，经常需要将两幅相关联的图像能够完全重合或者配准得严丝合缝，例如不同分辨率的遥感图像融合、土地利用/土地覆被动态变化检测、遥感图像镶嵌等情况。IMAGINE AutoSync 是 ERDAS IMAGINE 9.0 中增加的扩展模块，所提供的自动图像配准工具保证了各种不同技术水平的用户，都能够方便地完成专业的遥感图像配准工作，包括图像边缘匹配和地理参考图像配准等功能。借助 IMAGINE AutoSync 图像自动配准模块，在几乎不需要选择控制点的情况下，能够非常方便、快速、准确地进行配准，可以广泛应用于多时相动态监测分析、不同分辨率遥感图像融合的校正配准等。

IMAGINE AutoSync 模块的主要特征如下。

- 向导模式（地理参考配准与边缘匹配）可以处理大量需要配准的图像。
- 工作站模式既可以浏览产生的结果、也可以预览输出的结果，提供有效的环境和工具用于配准点质量评估、点量测。
- 对于地理参考配准，支持仿射变换、多项式变换、橡皮拉伸、RPC 模型校正、严格轨道推扫模型和直接线性转换。
- 对于边缘匹配，则支持仿射变换、橡皮拉伸和多项式变换。
- 自动点匹配算法可以产生大量的配准点。
- 自动传感器检测（如果传感器信息是可用的）。

说　明

轨道推扫模型（Orbital Pushbroom）、有理多项式系数（RPC）、特定传感器模型（Specific Sensor Model）、DLT（直接线性变换）和 Projective（投影变换），都需要 IMAGINE 高级许可（Advantage License）才能运行。

图像自动配准模块可以通过以下步骤启动。

在 ERDAS 图标面板菜单条中单击 Main | IMAGINE AutoSync 命令，打开 AutoSync 菜单（表 17-1 左列）；或者在 ERDAS 图标面板工具条中单击 AutoSync 图标，打开 AutoSync 菜单（表 17-1 左列）。

从 AutoSync 菜单中可以看出，ERDAS IMAGINE 包括了 4 个实用工具，每一个实用工具对应的功能如表 17-1 右列所列。

表 17-1　Autosync 菜单实用工具及其功能

Autosync 菜单	实用工具	功能
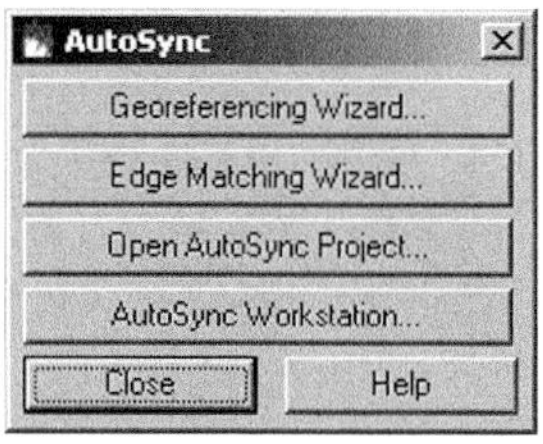	Georeferencing Wizard	地理参考配准向导
	Edge Matching Wizard	边缘匹配向导
	Open AutoSync Project	打开自动配准工程
	AutoSync Workstation	自动配准工作站

17.2　地理参考配准

地理参考配准的工作流程是导入不同时相或不同传感器类型的两幅或更多的图像，如 IKONOS 或 SPOT5，并在重叠的图像上自动地产生数千个配准点，所匹配的几何精度非常高。这种方法既可以改进已有地理参考的图像之间的配准精度，也可以实现原始图像到基于地理参考图像之间的快速配准。

17.2.1　准备图像数据

地理参考配准向导可通过以下方式启动。

在 ERDAS 图标面板菜单条中单击 Main | IMAGINE AutoSync 命令，打开 AutoSync 菜单（表 17-1 左列）；或者在 ERDAS 图标面板工具条中单击 AutoSync 图标，打开 AutoSync 菜单（表 17-1 左列）。

在 AutoSync 菜单中单击 Georeferencing Wizard 按钮，打开 IMAGINE AutoSync Georeferencing Wizard 窗口（图 17-1）。

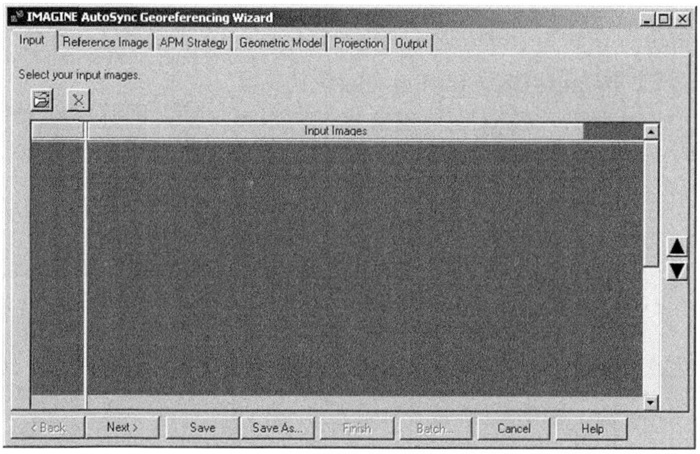

图 17-1　IMAGINE AutoSync Georeferencing Wizard 窗口

① 打开 Input 选项卡（图 17-1）。

② 单击打开文件图标，打开 Input Images 对话框（图略）。

③ 选择需要配准的图像，可一次打开一个，也可同时打开多个（图 17-2）。

④ 单击删除图标，可删除选中的图像。

⑤ 单击按钮 Next > （或单击 Reference Image 标签），打开 Reference Image 选项卡（图 17-3）。

⑥ 单击打开文件图标，打开 Reference Image 对话框（图略）。

⑦ 选择参考图像，参考图像只能有一个，所以只能选择一幅图像打开。

⑧ 打开参考图像后，打开文件图标变为不可用，此时只有删除图标可用。如果需要更改参考图像，需要首先将打开的图像删除，然后重新选择新的参考图像。

17.2.2 产生自动配准点

自动点测量（Automatic Point Measurement，APM）功能用于识别输入图像和参考图像之间的相似特征，针对不同质量、不同类型的图像，需要应用不同的策略（Strategy）来寻找大量的、高质量的配准点。自动点测量策略（APM Strategy）就是通过调整算法参数设置，来控制图像上自动产生的点的位置。

在 IMAGINE AutoSync Georeferencing Wizard 窗口中进行如下操作。

① 打开 APM Strategy 选项卡（图 17-4）。

② 选择输入图层（Input Layer to Use）。

③ 选择参考图层（Reference Layer to Use）。

④ 选择寻找配准点的方式（Find Points With）为 Default Distribution。

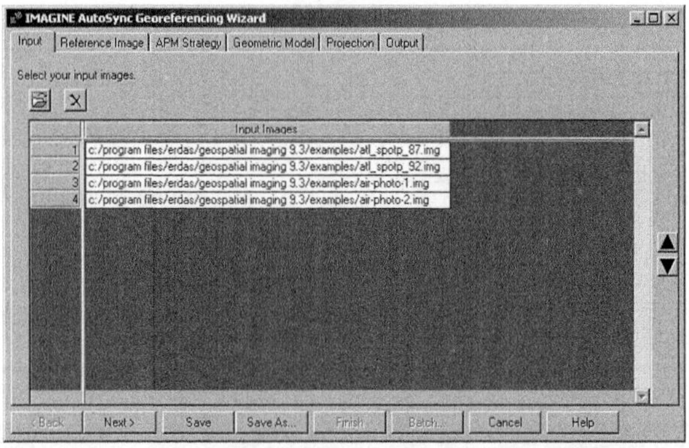

图 17-2 IMAGINE AutoSync Georeferencing Wizard 窗口（Input 选项卡）

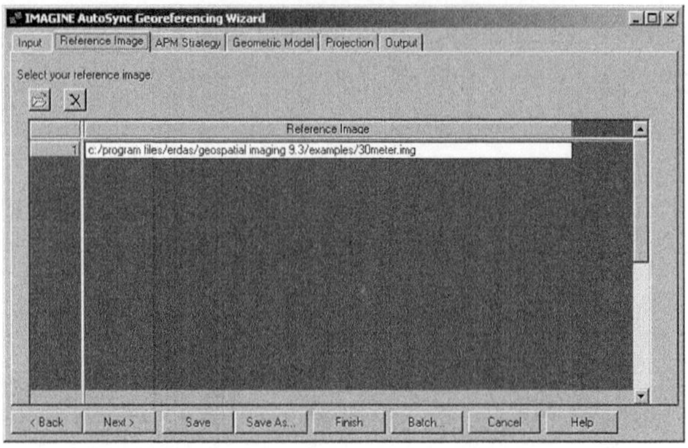

图 17-3 IMAGINE AutoSync Georeferencing Wizard 窗口（Reference Image 选项卡）

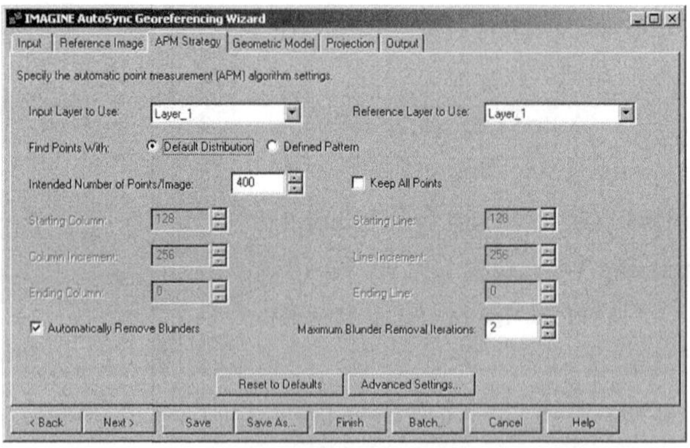

图 17-4 IMAGINE AutoSync Georeferencing Wizard 窗口（APM Strategy 选项卡）

- **Default Distribution**（**默认的布局方式**）APM 会给图像添加一个规则的格网寻找配准点。如果需要寻找的配准点个数小于 100，用 5×5 的格网；如果大于等于 100，则用 10×10 的格网。图 17-5 显示了用 5×5 的格网划分一幅图像。如果是 10×10 的格网，从图像 5%处开始，增量是 10%。无论是 5×5 的格网，还是 10×10 的格网，APM 都试图在每一幅图像相应的格网交叉点中心，用一个 512×512 像元的区域寻找配准点。如果在这个区域没有找到一个配准点，APM 会自动转移到下一个格网交叉点寻找。对于较大的图像，在最小化搜索时间的同时，优化了找到适当布局点的可能性。
- **Defined Pattern**（**自定义类型**）选中此单选按钮，下面的 Starting Column、Starting Line、Column Increment、Line Increment、Ending Column 和 Ending Line 变为可用，具体的参数设置如表 17-2 所列。

⑤ 输入每个图像上配准点的设计数目（Intended Number of Points/Image）。

- 如果上一步选择 Default Distribution，是为每一幅图像输入生成配准点的设计数目，设计数目的最小值是 9，最大值是 500，默认值是 400。
- 如果上一步选择 Defined Pattern，是为每一个类型输入生成配准点的设计数目，设计数目的最小值是 1，最大值是 8，默认值是 1。

⑥ 取消选中 Keep All Points 复选框。此复选框如果被选中，说明将应用所有的配准点参与配准，不管这些点的精度和分布如何，采集到的点的数量将大于每幅图像的设计数目（Intended Number）。一般情况下不需要选中此复选框，除非想要做特殊的测试或者现有的图像对比度差，很难找到足够的配准点。

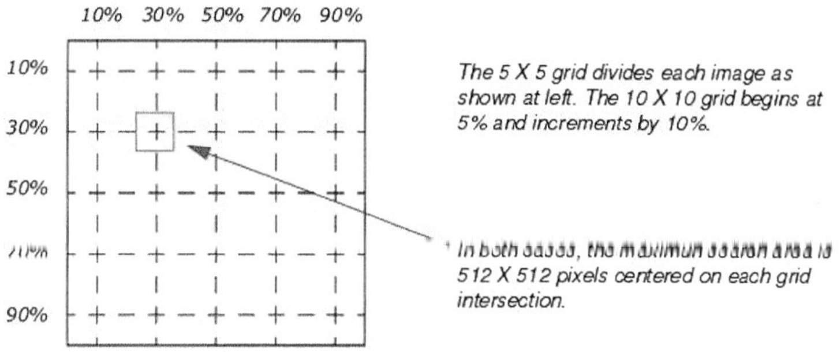

图 17-5 Default Distribution 示意图

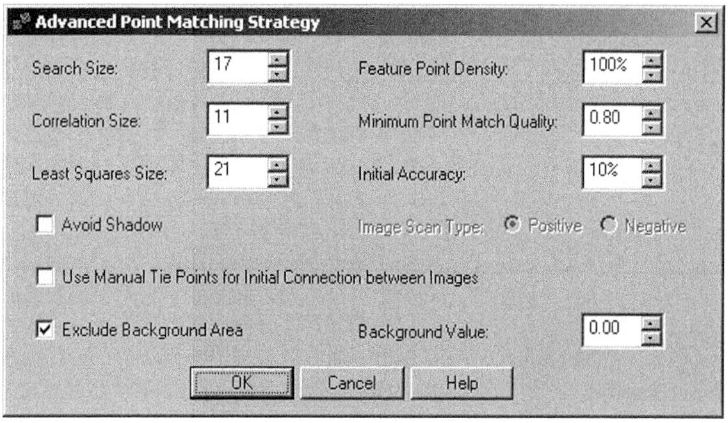

图 17-6 Advanced Point Matching Strategy 对话框

⑦ 选中 Automatically Remove Blunders 复选框，表明将自动剔除 APM 产生的误差较大的配准点。

⑧ 在 Maximum Blunder Removal Iterations 中确定较大误差点剔除的最大迭代值，默认值是 2。多数情况下，增大这个值意味着更多的配准点将被剔除。

⑨ 单击 Reset to Defaults 按钮，参数恢复到默认设置。查看默认设置的参数，可以单击 Session | Preferences 命令，在 Category 列表中选择 IMAGINE AutoSync 查看。

⑩ 单击 Advanced Settings 按钮，打开 Advanced Point Matching Strategy 对话框（图 17-6），可以更进一步地设置生成自动控制点的参数，具体的参数说明如表 17-3 所列。

表 17-2 APM Strategy 选项卡中的 Defined Pattern 设置参数及其含义

参数	含义
Starting Column，Starting Line	开始列，开始行：定义在图像上寻找配准点的开始位置（以像元为单位）。如果开始的位置接近重叠区域的左上角，将会得到较好的结果；但是如果接近右下角，可能得到的结果不理想
Column Increment，Line Increment	列增量，行增量：定义沿着列和行方向上寻找配准点的增量（以像元为单位）。APM 将在前一个位置和加上这些增量的位置寻找配准点
Ending Column，Ending Line	结束列，结束行：定义采集配准点的最后列和行。其取值不能超过重叠区域的右下角，如果选择默认值（0，0），APM 会自动使用重叠区域的最大列和行

如果 APM 在重叠区域没有找到足够的配准点，可以减小开始列和行；如果图像间的重叠

区域不够大或 APM 没有找到足够的配准点，则减小行列增量的大小。

表 17-3 Advanced Point Matching Strategy 对话框参数及其含义

参数	含义
Search Size	搜索大小：输入搜索配准点的窗口大小（以像元为单位）。该参数定义了一个正方形的窗口，默认值是 17，表示用一个 17×17 像元的窗口进行搜索。对于平坦的地区，选择较小的值；对于崎岖的地区，选择较大的值
Feature Point Density	特征点密度百分比：该参数是基于一个内在的默认值来显示的。如果该参数设定为大于 100%，会得到更多的特征点，也就会有更多的配准点；如果设定为小于 100%，会得到较少的特征点。通常情况下，如果是航空图像，不需要调整这个参数，但是如果选中 Avoid Shadow 复选框，需要将这个参数设为一个较大的值，如 200%
Correlation Size	互相关大小：输入窗口大小以进行互相关（以像元为单位），默认窗口大小是 11（11×11 像元窗口）。由于两个相关窗口的几何差异，一个大的窗口可能导致小的相关系数，因此产生较少的配准点；一个小的窗口可能导致大的相关系数，但由于两个相关窗口没有充足的信息，因此会产生较多的坏点
Minimum Point Match Quality	最小点匹配质量：输入互相关系数的界值，取值许可范围是 0.6～0.99，默认值是 0.80。取值越大，会产生较少的可接受的点，误差也较少；取值越小，会产生更多的相关点，但是可能导致更多的误差
Least Square Size	最小二乘大小：输入进行最小二乘匹配的窗口大小（以像元为单位），默认值是 21。取值越大，可同时减少坏点和配准点的个数；取值越小，可同时增加坏点和配准点的个数。对于平坦地区，增大这个数值；对于崎岖地区，减少这个数值。如果窗口大小设置的太小，可能导致窗口中无法进行最小二乘计算
Initial Accuracy	初始值的相对精度：输入自动生成配准点的过程中用到的初始值的相对精度。一般来说，在初始预估阶段，一个大的取值会增加搜索可能的配准点的范围。这个值可以认为是选择作为初始值的要素的相对精度，例如这个初始值的要素可以是初始地图坐标或相对地形变化。初始值相对精度的默认值是 10%，为自动配准点采集应该用 10%或更好的初始值精度
Avoid Shadow	避免阴影：选中此复选框，APM 会避免在有阴影的区域产生配准点，从而提高点的精度 Image Scan Type（图像扫描类型）：Positive 为正像，Negative 为负像
Use Manual Tie Points for Initial Connection between Images	手动选点：选中此复选框表示忽略 APM 计算出的点，而用手动选择的点进行计算。如果对 APM 运行的结果不满意，可选中此复选框，然后手动选择点
Exclude Background Area	忽略背景：选中此复选框表示计算 APM 时忽略背景区域。当图像的边缘特征可能导致不精确的 APM 匹配时，选中此复选框 Background Value：要排除的背景值

如果 APM 产生了一个大的均方根误差（RMSE），【修改】表明可能是结果不好或者模型不合适。在进行接下来的步骤之前，仔细检查配准点，确定问题不是来自配准点，而是来自 APM 执行的结果（许多坏点、没有足够点等），然后调整 APM 参数以改进结果。如果 APM 获取的点是正确的，但是输出结果不理想，多数情况是因为选择了不适当的模型。表 17-4 是几种情况下的参数调整措施。

表 17-4 APM 参数调整措施

状态	补救措施
点很多，但是其中有很多质量不好的点	可调整下列一个或多个参数。 ❑ 增大 Minimum Point Match Quality（>0.90）。 ❑ 增大 Correction Size 和 Least Squares Size。 ❑ 减少 Intended Number of Points

续表

状态	补救措施
点太少，但是质量很好	可调整下列一个或多个参数。 ❑ 增大 Intended Number of Points。 ❑ 减少 Column Increment 和 Line Increment
点太少，并且质量不好	可调整下列一个或多个参数。 ❑ 增大 Search Size。 ❑ 减少 Correction Size。 ❑ 减少 Least Squares Size。 ❑ 增大 Intended Number of Points。 需要注意的是大多数情况下，会有一个或多个不满意的情况。例如，如果有一个特别明显的未对准（Misalignment）的情况，可以选中 Use Manual Tie Points for Initial Connection between Images 复选框，手动采集配准点，并且此复选框位于 APM Strategy | Advanced Point Matching Strategy 对话框中
点太多	可调整下列一个或多个参数。 ❑ 减少 Intended Number of Points。 ❑ 增大 Column Increment 和 Line Increment。 ❑ 增大 Minimum Point Match Quality(>0.90), 增大 Correction Size 和 Least Squares Size。 需要注意的是大数量的点是不必要的，会减慢 APM 处理过程，并且大数量的点不会提高精度。试着减少点的数量，保留最好的点

17.2.3 选择几何模型

在 IMAGINE AutoSync Georeferencing Wizard 窗口中进行如下操作。

① 打开 Geometric Model 选项卡（图 17-7）。

② 选择输出图像的几何模型类型（Output Geometric Model Type）为 Affine。

③ 设置均方差阈值（RMS Threshold）为 0.5000。

ERDAS IMAGINE 提供的地理参考配准几何模型类型及其参数如表 17-5 所列。

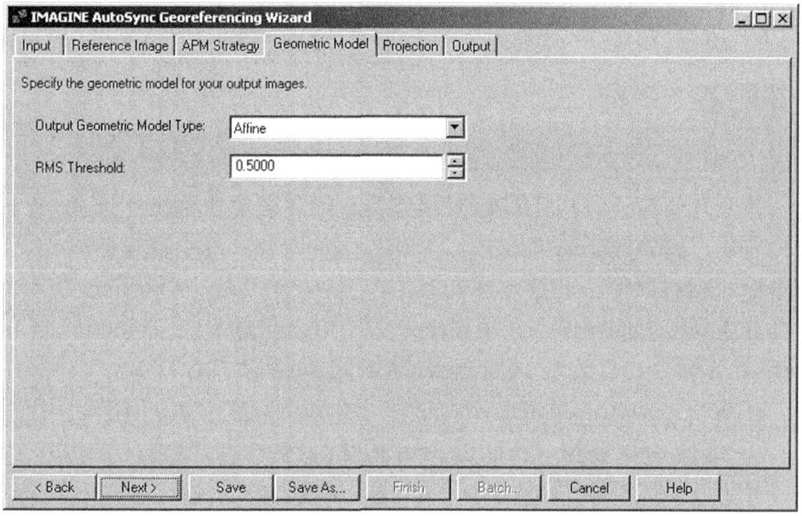

图 17-7 IMAGINE AutoSync Georeferencing Wizard 窗口（Geometric Model 选项卡）

表 17-5 地理参考配准几何模型功能及其参数

模型	功能与参数
Affine	仿射变换：对图像进行翻转、旋转和缩放
Polynomial	多项式变换：使用二次、3 次或者高次多项式进行变换 Maximum Polynomial Order：多项式最大次方，取值范围为 1～99
Linear Rubber Sheeting	线性任意拉伸：使用一个线性插值函数，用一次多项式进行校正，任意拉伸是用分段多项式进行图像校正。 遇到下列情况时使用此方法。 ❑ 几何变形非常严重。 ❑ 有大量地面控制点（GCPs）。 ❑ 没有其他的几何模型可用
Nonlinear Rubber Sheeting	非线性任意拉伸：使用一个非线性插值函数，用 5 次多项式进行校正，任意拉伸是用分段多项式进行图像校正。 遇到下列情况时使用此方法。 ❑ 几何变形非常严重。 ❑ 有大量地面控制点（GCPs）。 ❑ 没有其他的几何模型可用
Direct Linear Transform (DLT)	直接线性变换：此模型可用于单一透视传感器（如 aerial frame camera）获得的未经校正的图像。 DTM File (*.img)：输入高程文件；Units：单位
Projective Transform	投影变换：借助定量投影模型实现图像投影变换 ❑ **Min Elevation Value** 最小高程值 ❑ **Max Elevation Value** 最大高程值 模型设置参数如下。 ❑ **Use same denominator for x and y** 选中此复选框表明 x、y 用同样的命名，默认是选中。 ❑ **2-Dimension Projective Model** 选中此复选框表明结果是一个二维投影模型，高程选项将不可用。 ❑ **RPC Order for projective model** 投影模型的 RPC 次方，值越高，结果越好
Same as Input Image (ROP or RPC)	选择与输入图像相同的模型，严格轨道模型（ROP）或有理多项式系数（RPC）
Specific Sensor Model	特定的传感器模型，选择此模型，打开 Set Geometric Model 对话框（图 17-8）

说 明

选择特定传感器模型这种类型，必须预先打开了一幅图像。

打开几何校正模块还有数据预处理途径和视窗栅格操作途径两种方式，具体的介绍见本书第 4 章的相关内容。其中视窗栅格操作途径相对简便，其打开方式为：首先在一个视窗（Viewer）中打开需要校正的图像，在视窗菜单条中单击 Raster | Geometric Correction 命令，打开 Set Geometric Model 对话框（图 17-8）。

在 Set Geometric Model 对话框中（图 17-8）进行如下操作。

① 选择 Spot 模型（在此以 Spot 模型为例介绍，其他模型的具体介绍详见 ERDAS IMAGINE 9.3 的联机帮助文档）。

② 单击 OK 按钮，打开 Spot Model Properties 对话框（图 17-9），具体参数的含义如表 17-6 所列。

③ 单击 Apply 按钮。

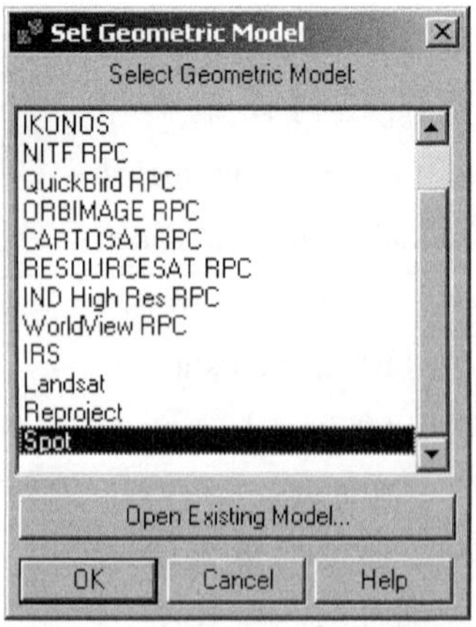

图 17-8 Set Geometric Model 对话框

④ 单击 Close 按钮，返回 Geometric Model 选项卡（图 17-10）。

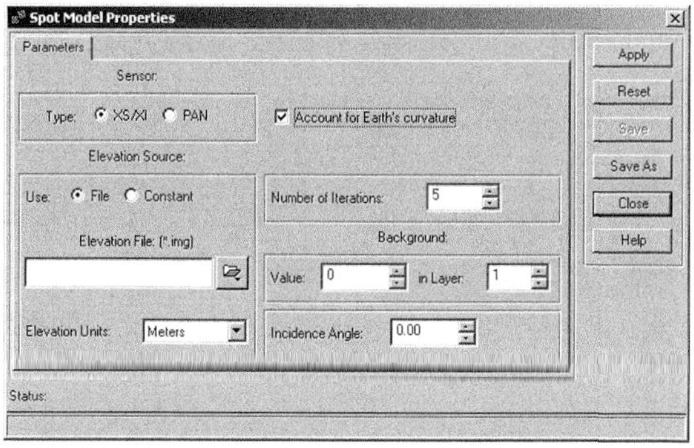

图 17-9 Spot Model Properties 对话框

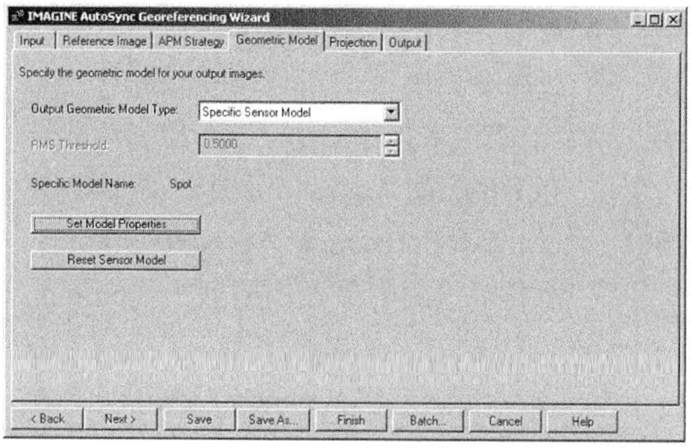

图 17-10 IMAGINE AutoSync Georeferencing Wizard 窗口（Geometric Model 选项卡）

⑤ 单击 Reset Sensor Model 按钮，可重新打开 Set Geometric Model 对话框（图 17-8），选择几何模型。

⑥ 单击 Set Model Properties 按钮，可重新设置所选择的几何模型的参数。

表 17-6 Spot Model Properties 对话框中参数设置及其含义

参数	含义
Sensor	选择图像的传感器类型：XS/X1 为多波段，PAN 为全色
Elevation Source	选择图像的高程信息源：可以是一个文件(File)，也可以是常数(Constant)
Account for Earth's curvature	计算地球曲率：选中此复选框说明考虑地球曲率的影响，对 SPOT 数据推荐选中此复选框
Number of Iterations	输入计算的迭代次数
Background	Value：输入图像像元的背景值
	in Layer：输入应用背景值的波段数
Incidence Angle	输入传感器的入射角

17.2.4 定义投影类型

在 IMAGINE AutoSync Georeferencing Wizard 窗口中进行如下操作。

① 打开 Projection 选项卡（图 17-11）。

说 明

只有当 Output 选项卡中选择重采样（Resample）几何校正方法时，此选项卡中的设置才生效。

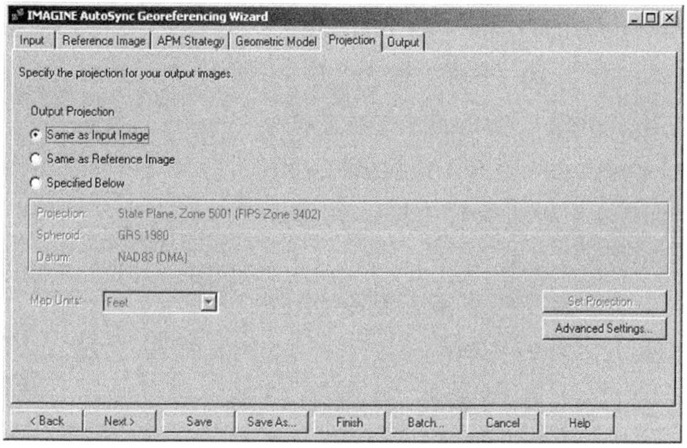

图 17-11 IMAGINE AutoSync Georeferencing Wizard 窗口（Projection 选项卡）

② 选择输出图像的投影类型：与输入图像相同（Same as Input Image）。需要说明的是即使输入图像没有投影信息，此选项也是可

用的。此外，还可以选择另外两种投影类型：与参考图像相同（Same as Reference Image）和指定投影类型（Specified Below）。

③ 单击 Advanced Settings 按钮，打开 Advanced Projection settings 对话框（图 17-12）。

④ 选择变换类型（Transformation Type），系统提供了严格变换（Rigorous）和多项式近似变换（Polynomial Approximation）两种变换类型。在此选择 Polynomial Approximation。

⑤ 设置多项式的最大次方数（Maximum Polynomial Order），在此设置为 3。

⑥ 输入容限值（Tolerance（pixels）），在此设为 0.100。

⑦ 如果从一次方搜索到最大次方，对容限值不满意，有两种选择：第一种选择是继续用多项式近似变换（Continue Approximation），第二种选择是用严格变换类型（Use Rigorous Transformation）。

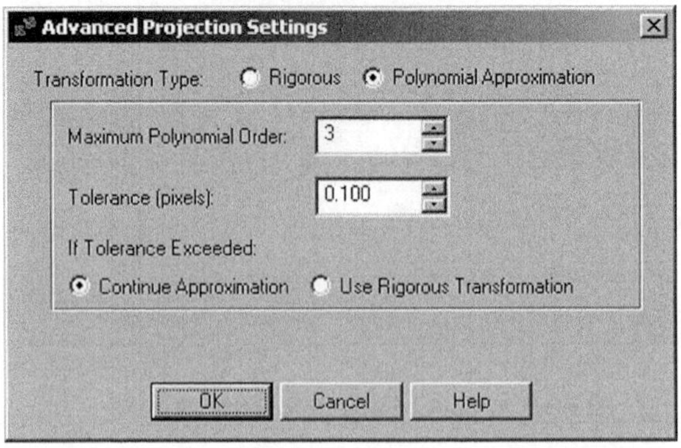

图 17-12 Advanced Projection Settings 对话框

⑧ 单击 OK 按钮，返回 IMAGINE AutoSync Georeferencing Wizard 窗口（Projection 选项卡）（图 17-11）。

17.2.5 确定输出图像

在 IMAGINE AutoSync Georeferencing Wizard 窗口中进行如下操作。

① 打开 Output 选项卡（图 17-13）。

② 选择地理参考配准方式（Geocorrection）为 Resample（重采样）。

③ 单击 Resample Settings 按钮，打开重采样设置（Resample Settings）对话框（图 17-14）。

④ 选择重采样方法（Resample Method）为 Cubic Convolution。ERDAS IMAGINE 提供了 4 种重采样方法，具体介绍如表 17-7 所列。

⑤ 定义输出像元大小（Cell Size），有两种选择。

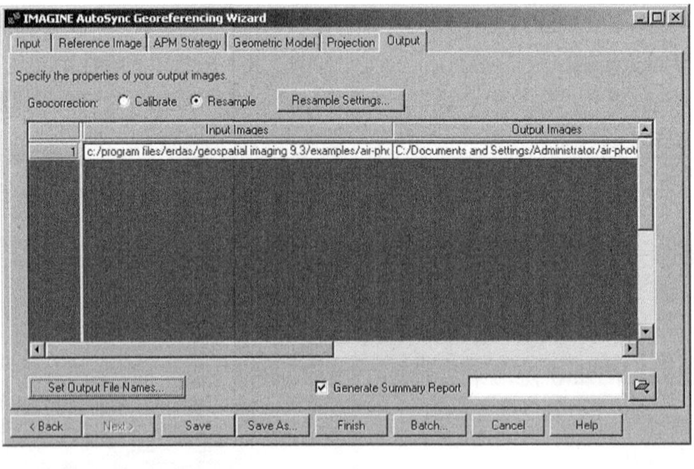

图 17-13 IMAGINE AutoSync Georeferencing Wizard 窗口（Output 选项卡）

- ❑ 选择与输入图像相同（Same as Input Image）。
- ❑ 自定义像元大小（Specified Below），在此 X 像元大小设置为 18.00，Y 像元大小设置为 18.00。值得注意的是此时复选框 Force Square Pixels on Reprojection 变为可选，如果选中此复选框，表明强制用正方形（即 X、Y 像元大小相等）像元进行重投影。

⑥ 设置输出统计中忽略零值，即选中 Ignore Zero in Statistics 复选框。

⑦ 取消选中 Clip to Reference Image Boundary 复选框，表明不按照参考图像边界进行剪切。

⑧ 单击 OK 按钮，返回 IMAGINE AutoSync Georeferencing Wizard 窗口（Output 选项卡）（图 17-13）。

⑨ 单击 Set Output File Names 按钮，打开 Output File Names 对话框（图 17-15）。

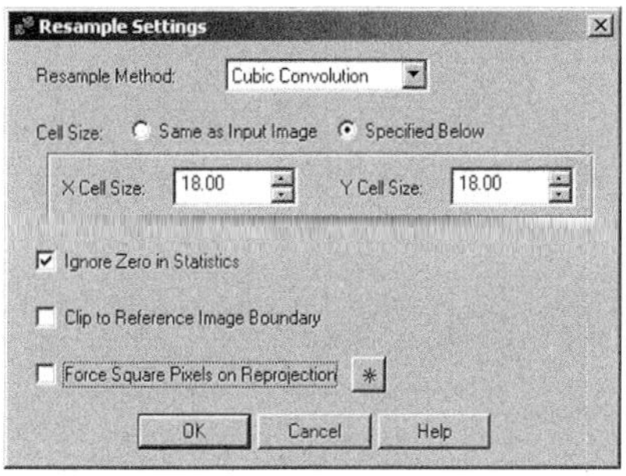

图 17–14 Resample Settings 对话框

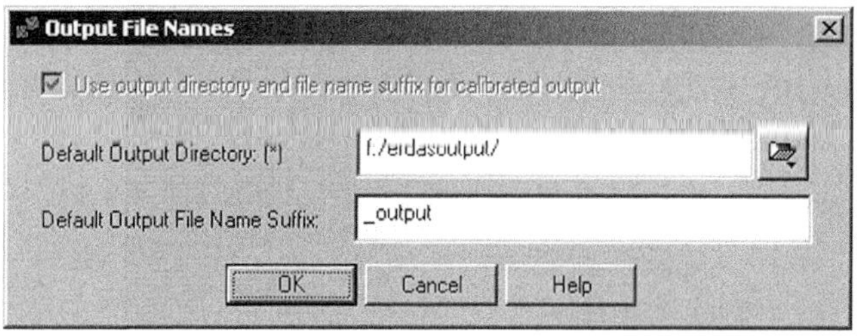

图 17–15 Output File Names 对话框

⑩ 设置输出图像路径（Default Output Directory）。

⑪ 设置输出文件名添加的扩展名（Default Output File Name Suffix），例如输入文件名为 a，添加的扩展名为_output，则输出文件名为 a._output。

⑫ 选中 Generate Summary Report 复选框，单击右侧的打开文件图标，设置保存报告文件名与路径，说明将生成一个 HTML 摘要报告文件。

⑬ 单击 Finish 按钮，执行地理参考配准操作。

表 17–7 图像重采样方法

方法	简介
Nearest Neighbor	邻近点插值法，将最邻近像元值直接赋予输出像元
Bilinear Interpolation	双线性插值法，用双线性方程和 2×2 窗口计算输出像元值
Cubic Convolution	立方卷积插值法，用 3 次方程和 4×4 窗口计算输出像元值
Bicubic Spline	双 3 次样条插值法，用 3 次样条表面和 5×5 窗口或更大的窗口计算输出像元值。此方法结果精度很高，但是运行速度非常慢

17.3 图像边缘匹配

边缘匹配是将图像对中的重叠区域进行匹配。当重叠区域很小的时候，边缘匹配可能是个不错的选择。与地理参考配准工作流程类似，配准点也是在重叠区域产生并把未对准的特征点对准。

17.3.1 准备输入图像

边缘匹配向导可通过以下方式启动。

在 ERDAS 图标面板菜单条中单击 Main | IMAGINE AutoSync 命令，打开 AutoSync 菜单（表 17-1 左列）；或在 ERDAS 图标面板工具条中单击 AutoSync 图标，打开 AutoSync 菜单（表 17-1 左列）。

在 AutoSync 菜单中单击 Edge Matching Wizard 按钮，打开 IMAGINE AutoSync Edge

Matching Wizard 窗口（图 17-16）。

① 打开 Input 选项卡（图 17-16）。

② 单击打开文件图标，打开 Input Images 对话框。

③ 选择需要匹配的图像，边缘匹配是对成对的图像进行处理，所以至少打开两幅图像（图 17-17）。

④ 单击删除图标，可删除选中的图像。

有两点需要注意。

- 边缘匹配是对成对的图像进行处理的，如果有 4 幅输入图像，输入顺序为 Image 1、Image 2、Image 3 和 Image 4，那么边缘匹配会对 Image 1/Image 2、Image 3/ Image 4 进行处理。
- 在 IMAGINE AutoSync Edge Matching Wizard 窗口中，IMAGINE AutoSync 将对邻近的图像进行边缘匹配，因此输入图像的顺序是非常重要的。

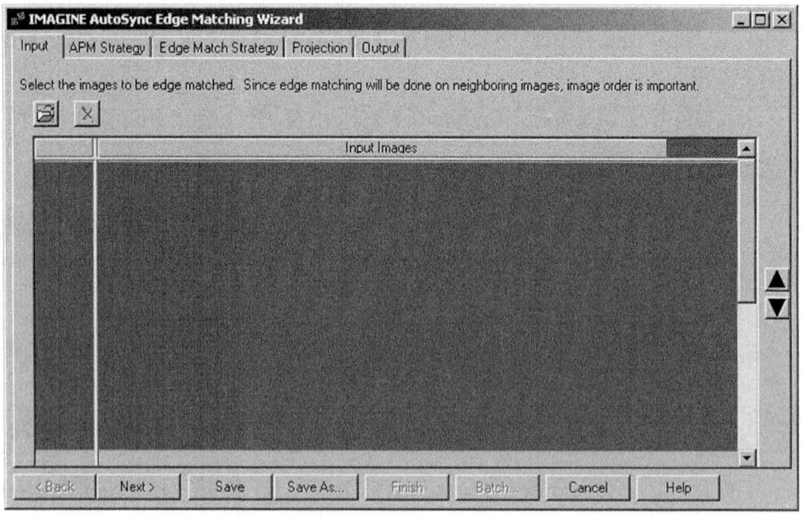

图 17-16　IMAGINE AutoSync Edge Matching Wizard 窗口（Input 选项卡）

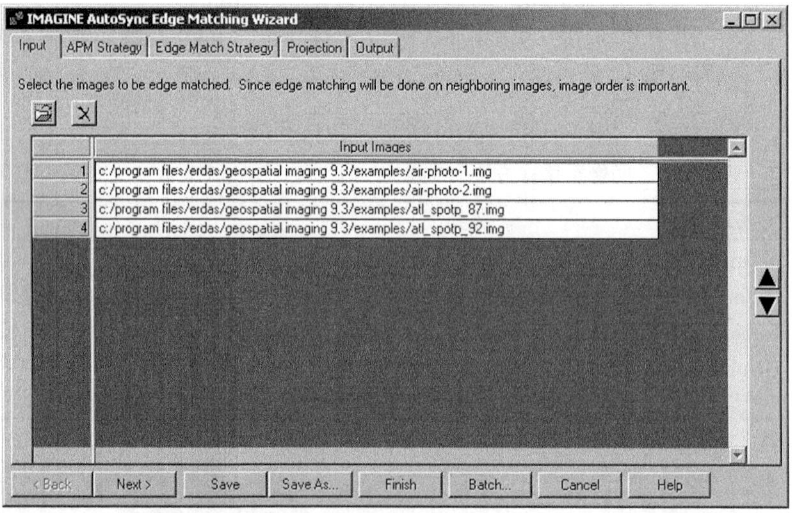

图 17-17　IMAGINE AutoSync Edge Matching Wizard 窗口（Input 选项卡）

17.3.2　产生自动匹配点

具体设置参见 17.2.2 节。

17.3.3　定义匹配策略

在 IMAGINE AutoSync Edge Matching Wizard 窗口中进行如下操作。

① 打开 Edge Match Strategy 选项卡（图 17-18）。

② 选择方法（Refinement Method）为 Affine。

③ 设置均方根阈值（RMS Threshold）为 0.5000。

④ 选择将方法仅应用到（Apply Refinement to）重叠区域。系统提供将方法应用到重叠区域（Overlapping Area Only）和整个图像（Whole Image）。

⑤ 设置重叠区域周围缓冲区大小（Buffer Around the Overlapping Area（pixels））为 180。在重叠区域与其他区域之间设置一个平滑的过渡区域，值越大，过渡区越平滑。

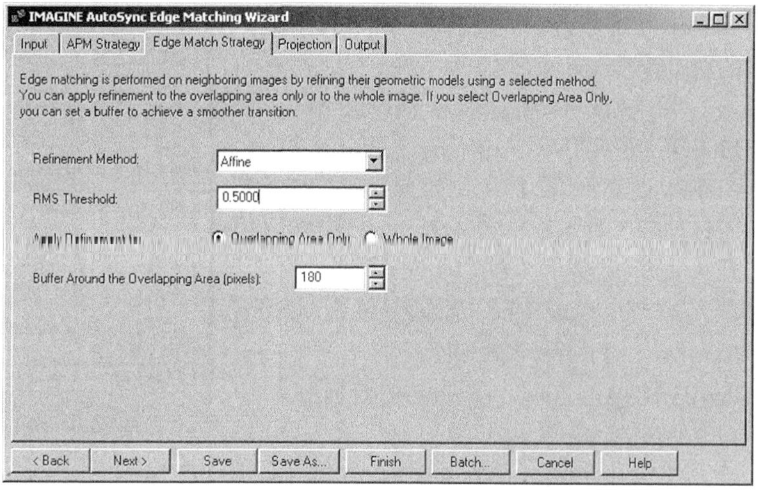

图 17-18　IMAGINE AutoSync Edge Matching Wizard 窗口（Edge Match Strategy 选项卡）

17.3.4　选择投影类型

具体设置参见 17.2.4 节。

17.3.5　确定输出图像

具体设置参见 17.2.5 节。

17.4　自动配准工程

在应用地理参考配准向导和边缘匹配向导设置参数进行图像自动配准的过程中，也可以将所设置的参数保存在一个工程文件（*.lap）中，以便以后修改和应用。

17.4.1　保存自动配准工程文件

① 在图 17-1 和图 17-16 中，当各选项卡的参数设置好后，单击 Save 按钮，打开 AutoSync Project File 对话框（图 17-19），选择工程文件的保存路径和文件名。

② 单击 Save As 按钮，也打开 AutoSync Project File 对话框（图 17-19），可重新设置工程文件的保存路径和文件名。

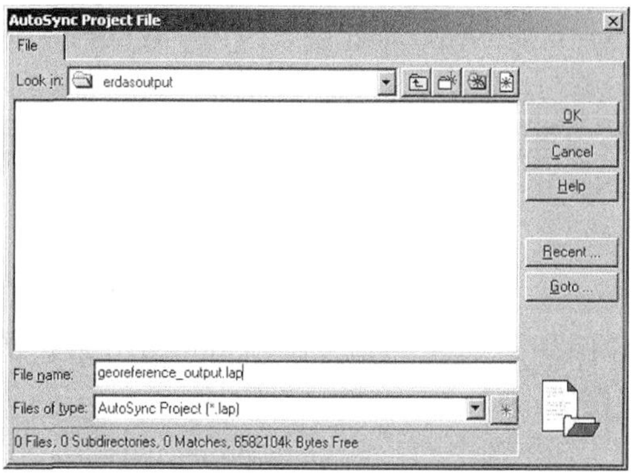

图 17-19　AutoSync Project File 对话框

17.4.2 打开自动配准工程文件

可以通过以下方法打开一个已经保存的自动配准工程文件。

在 ERDAS 图标面板菜单条中单击 Main | IMAGINE AutoSync 命令，打开 AutoSync 菜单(表 17-1 左列)；或在 ERDAS 图标面板工具条中单击 AutoSync 图标，打开 AutoSync 菜单（表 17-1 左列）。

① 在 AutoSync 菜单中单击 Open AutoSync Project 按钮，打开 Open IMAGINE AutoSync Project File 对话框（图 17-20）。

② 选择已保存的自动配准工程文件。

③ 单击 OK 按钮，打开自动配准工程文件。

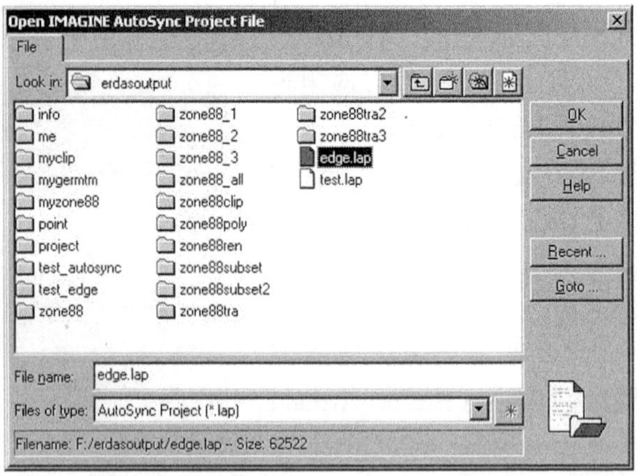

图 17-20 Open IMAGINE AutoSync Project File 对话框

④ 打开一个自动配准工程文件后，可以根据实际需要对工程文件参数进行修改。

17.5 自动配准工作站

17.5.1 自动配准工作站功能概述

应用 IMAGINE AutoSync 自动配准工作站，内置的窗口和工具就可以对处理结果进行快速地预览。如果输入图像没有地图投影信息，为了建立参考图像和原始图像之间基本的地理参考框架，首先需要手动采集几个原始的点，采集完这几个点后，就可以通过图像开始生成更多的配准点；如果输入图像含有地图投影信息，那么不需要手动采集点，可以直接生成自动配准点。

IMAGINE AutoSync 自动配准工作站可通过以下方式启动。

在 ERDAS 图标面板菜单条中单击 Main | IMAGINE AutoSync 命令，打开 AutoSync 菜单（表 17-1 左列）；或在 ERDAS 图标面板工具条中单击 AutoSync 图标，打开 AutoSync 菜单（表 17-1 左列）。在 AutoSync 菜单中进行如下操作。

① 单击 AutoSync Workstation 按钮，打开 IMAGINE AutoSync Workstation Startup 对话框（图 17-21）。

② 选中 Create a new project 单选按钮。

③ 单击 OK 按钮，打开 Create New Project 对话框（图 17-22）。

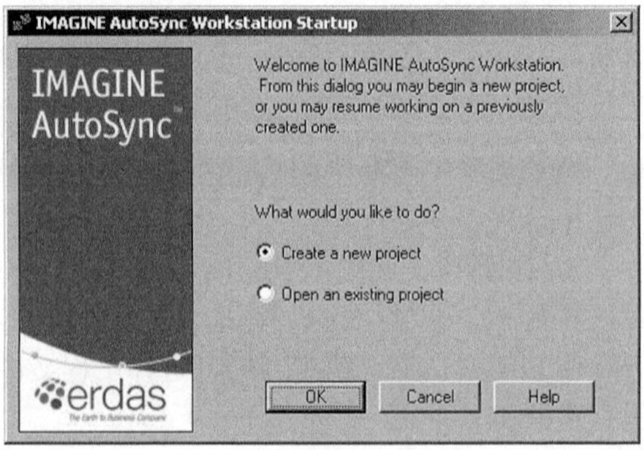

图 17-21 IMAGINE AutoSync Workstation Startup 对话框

④ 选择工作流（Workflow）模式，在此以选择 Georeference 为例进行说明。

⑤ 单击工程文件（Project File）右侧的打开文件按钮，确定工程存储路径和文件名。

⑥ 选择几何校正方法（Geocorrection）为 Resample。

⑦ 单击 Resample Settings 按钮，打开 Resample Settings 对话框（图 17-14）。

⑧ 设置输出文件的路径（Default Output Directory）和输出文件名的扩展名（Default Output File Name Suffix）。

⑨ 选中 Generate Summary Report 复选框，生成一个 HTML 摘要报告。

⑩ 单击 OK 按钮，生成新的自动配准工程（图 17-23）。

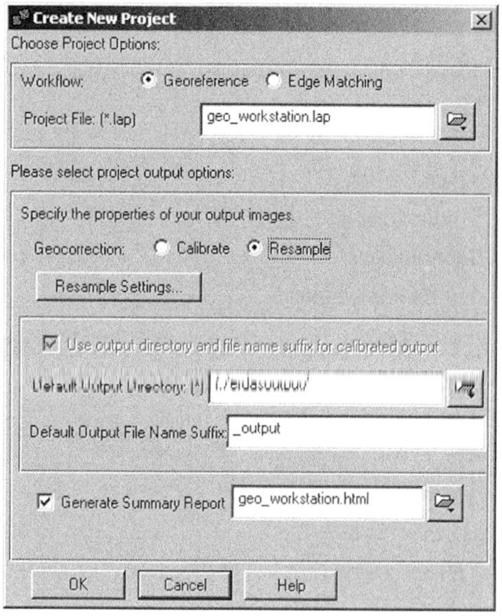

图 17-22 **Create New Project 对话框**

IMAGINE AutoSync Workstation 工程界面由菜单条、工具条、工程资源管理器、窗口面板、控制点（GCP）工具条、控制点数据表（GCP CellArray）及状态条（Status Bar）几个部分组成，菜单条中的菜单命令及其功能如表 17-8 所列，工具条中的图标及其功能如表 17-9 所列，控制点工具条中的图标及其功能如表 17-10 所列，控制点数据表中的字段及其含义如表 17-11 所列。

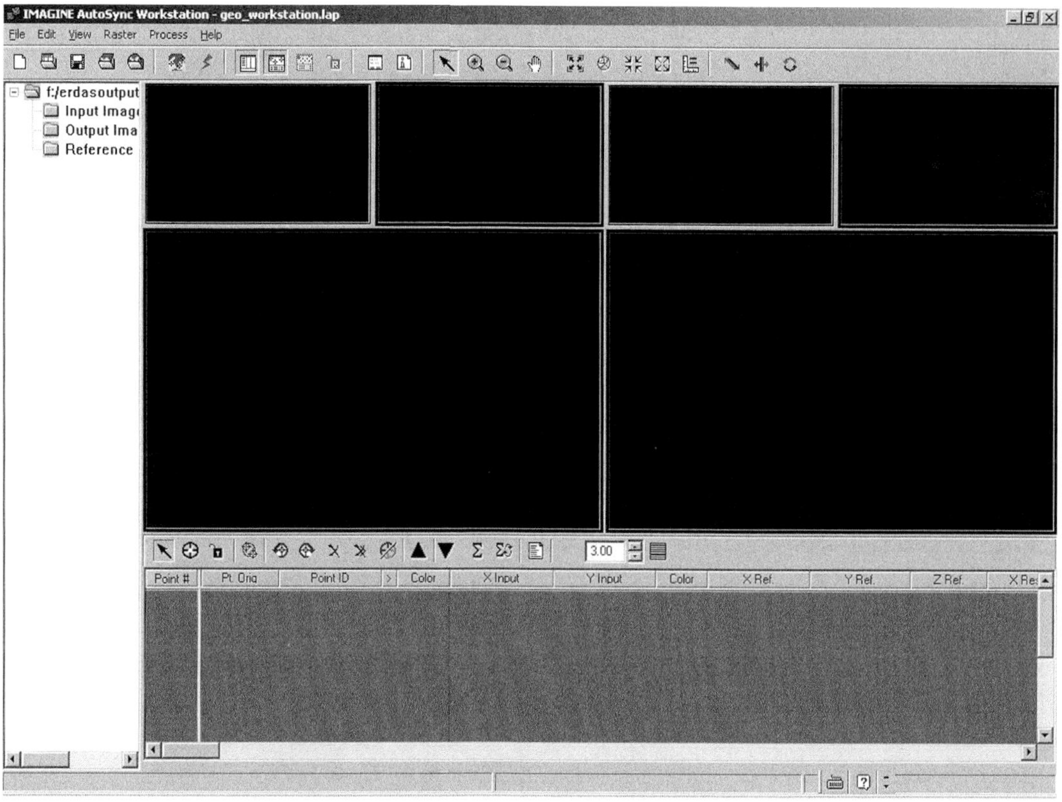

图 17-23 **IMAGINE AutoSync Workstation 工程界面**

表 17-8 IMAGINE AutoSync Workstation 菜单命令及其功能

命令	功能
File：	文件操作：
New Project	新建工程文件
Open Project	打开工程文件
Add Images	加载图像
Input Images	加载输入图像
Set Reference Image	设置参考图像
Save Project	保存工程文件
Save Project As	另存工程文件
Close	关闭工作站窗口
Edit：	编辑操作：
Undo	撤销编辑操作（可多次撤销）
Redo	重做编辑操作
Delete	删除选中的控制点
View：	显示操作：
Use Hex View for editing	用两个三窗口显示编辑
Use Bi-View for editing	用两个主窗口显示编辑
Project Explorer	显示/隐藏工程资源管理器窗口
GCP Tool	显示/隐藏控制点工具栏和数据表
Set Border Color	设置边界颜色
Zoom	缩放显示图像
Scale	按比例显示图像
Blend	混合显示上下两层图像
Swipe	卷帘显示上下两层图像
Flicker	闪烁显示上下两层图像
Drive to Previous	移到前面的控制点
Drive to Next	移到下面的控制点
Solve Geometric Model	求解几何模型
AutoSolve	每编辑一步，模型自动解析一次
Layer Info	显示窗口上层文件信息
Raster：	栅格操作：
Undo	撤销编辑操作（可多次撤销）
Band Combinations	图像波段组合调整
Toggle Pixel Transparency	像元透明显示设置
Contrast Tools	对比度调整
Filters	滤波处理
Process：	处理操作：
Run APM	运行 APM*
Solve Models	求解模型
Calibrate/Resample	校准/重采样图像
Set All Images Inactive	设置所有图像不可操作
Set All Images Active	设置所有图像可以操作
Project Properties	设置工程属性

注：*对没有坐标信息的图像执行 APM，IMAGINE AutoSync 至少需要 3 个点。

续表

命令	功能
Help:	联机帮助:
Help for IMAGINE AutoSync Workstation	关于 IMAGINE AutoSync 工作站的联机帮助
About IMAGINE AutoSync	关于 IMAGINE AutoSync 的信息

表 17–9 IMAGINE AutoSync Workstation 工具条中的图标及其功能

图标	命令	功能
	Create New AutoSync Project	新建工程文件
	Open Existing AutoSync Project	打开工程文件
	Save Project	保存工程文件
	Open Input Images	打开输入图像
	Open Reference Images	打开参考图像
	Run APM	运行 APM
	Creates calibrated/resampled output for all active images	生成输出图像
	Toggle Project Explorer On/Off	显示/隐藏工程资源管理器
	Toggle GCP Tool On/Off	显示/隐藏控制点工具
	Switch between review points and preview output	切换配准点窗口和输出图像预览窗口
	Preserve Reference Image Position on Input Change	锁定/开启参考图像。输入图像改变后，保持参考图像的位置不变
	Edit Project Properties	编辑工程属性
	Show Information for Top Raster, Vector or Annotation Layer	显示上层栅格、矢量或注释层信息
	Reset Window Tools	窗口工具复位
	Interactive Zoom In	交互式放大显示（以点为中心）
	Interactive Zoom Out	交互式缩小显示（以点为中心）
	Roam/Rotate Image	拖动图像漫游
	Resize Image to Viewer Size	窗口大小显示图像
	Reset Zoom	重置默认缩放大小
	Zoom In By Two	放大两倍显示（以窗口为中心）
	Zoom Out By Two	缩小两倍显示（以窗口为中心）
	Set Same Scale	设置同样的显示比例尺
	Start Blend Tool	视窗混合显示
	Start Swipe Tool	视窗卷帘显示
	Start Flicker Tool	视窗闪烁显示

表 17–10 IMAGINE AutoSync Workstation 地面控制点（GCP）工具条中的图标及其功能

图标	命令	功能
	Select GCPs	选择地面控制点

续表

图标	命令	功能
	Create GCP	生成地面控制点
	Lock GCP Creation Tool	锁定控制点生成工具
	Toggle Automatic GCP Auto Correlator	切换自动控制点自动相关器。利用校正模型建立输入图像和参考图像间的关系，在输入图像上选中的点，会自动计算出其在参考图像上的位置，反之亦然
	Undo the Previous Action	撤销上一步操作
	Redo the Previous Action	重做上一步操作
	Delete the GCP	删除地面控制点
	Delete current GCP	删除当前控制点
	Show only selected points	只显示选中点
	Drive to previous GCP	上移控制点
	Drive to next GCP	下移控制点
	Solve Geometric Model using current set of points	用当前的一组点求解几何模型
	Set Automatic Transformation Calculation	设置自动变换计算
	View the Summary Report	查看 HTML 摘要报告
3.00	Error threshold to use when selecting points	设置选择点时的误差阈值
	Select GCPs with the specified error threshold	用指定的误差阈值选择地面控制点

表 17-11　IMAGINE AutoSync Workstation 控制点数据表（GCP CellArray）中的字段及其含义

字段	含义
Point #	GCP 顺序号，系统自动产生
Pt. Orig	GCP 的来源（点是由 APM 自动生成或者手工输入和修改）
Point ID	GCP 数字标识符
> (Region indicator)	区域指示器
Color	输入 GCP 的显示颜色
X Input/Image-1 X	输入 GCP 的 X 坐标
Y Input/Image-1 Y	输入 GCP 的 Y 坐标
Color	参考 GCP 的显示颜色
X Ref./Image-2 X	参考 GCP 的 X 坐标
Y Ref./Image-2 Y	参考 GCP 的 Y 坐标
Z Ref./Image-2 Z	参考 GCP 的 Z 坐标
X Residual	单个 GCP 的 X 残差
Y Residual	单个 GCP 的 Y 残差
Error	单个 GCP 的 RMS 误差
Contribution	单个 GCP 的贡献率
Match	两幅图像 GCP 像元灰度值的匹配程度

17.5.2 自动配准工作站应用流程

应用 IMAGINE AutoSync 工作站进行配准的具体流程如下。

第 1 步：生成自动配准工程

具体过程参见 17.5.1 节的操作步骤。

第 2 步：加载输入图像和参考图像

在新建的 IMAGINE AutoSync Workstation 工程界面中（图 17-23）进行如下操作。

① 单击 File | Add Images | Input Images 命令，打开 Select Images To Open 对话框（图 17-24）。

② 选择 tmAtlanta.img 图像，这是一幅未校正过的 Landsat TM 图像。

③ 单击 OK 按钮，返回 IMAGINE AutoSync Workstation 工程界面（图 17-25）。

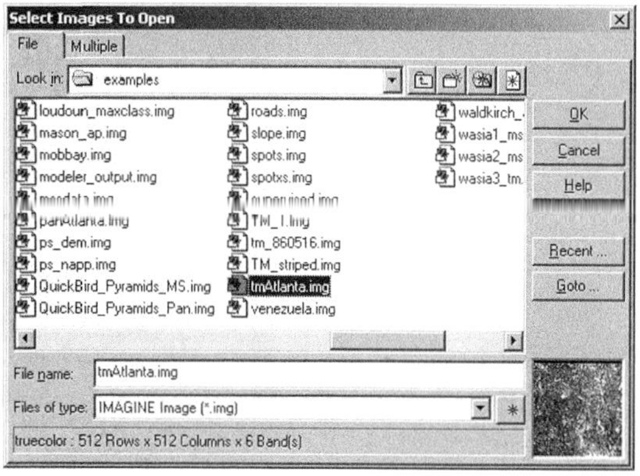

图 17-24 Select Images To Open 对话框

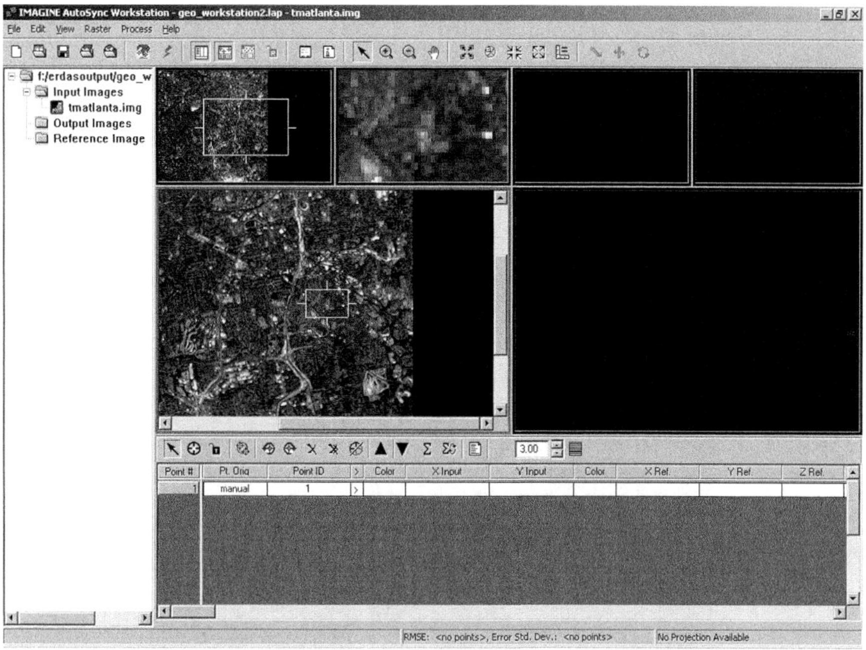

图 17-25 IMAGINE AutoSync Workstation 工程界面（加载输入图像）

④ 单击 File | Add Images | Set Reference Image 命令，打开 Select Images To Open 对话框（图 17-24）。

⑤ 选择 panAtlanta.img 图像，这是一幅 SPOT 全色图像，已经有地图投影信息。

⑥ 单击 OK 按钮，返回 IMAGINE AutoSync Workstation 工程界面（图 17-26）。

第 3 步：手动采集配准点

在此手动采集配准点是必要的，因为添加的输入图像是一幅原始图像（没有任何地图信息）。如果添加的输入图像本身有地图信息，那么在运行 APM（自动点测量）之前就不需要手动采集配准点，可以忽略这一步。

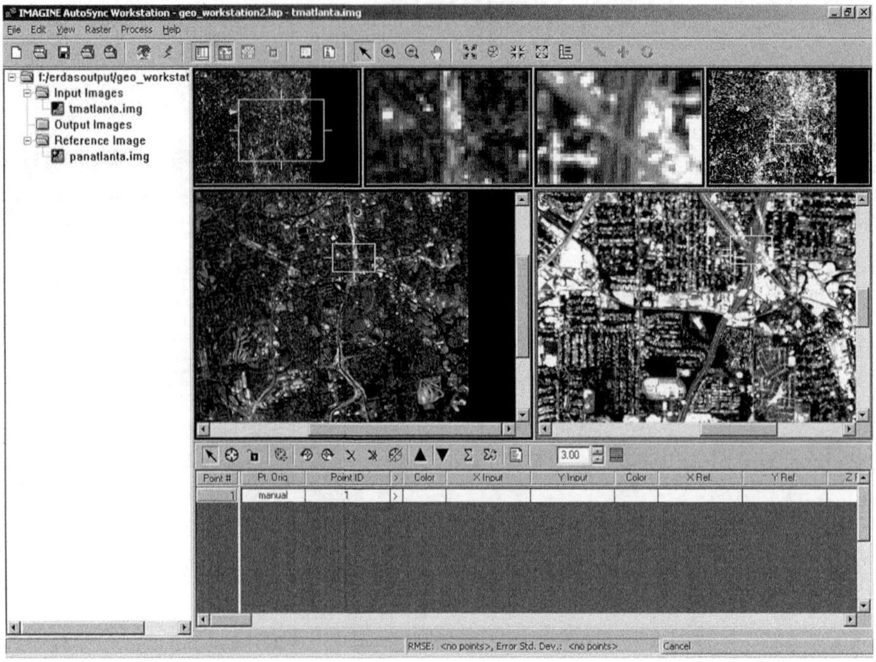

图 17-26 **IMAGINE AutoSync Workstation 工程界面（添加参考图像）**

① 为了在窗口中能够清晰地看到所选择的配准点，单击 Color 字段选择颜色为 Yellow。

② 在 GCP 工具条中单击图标，在输入图像和参考图像的面板中选择配准点。

③ 手动采集至少 3 对配准点（图 17-27）。

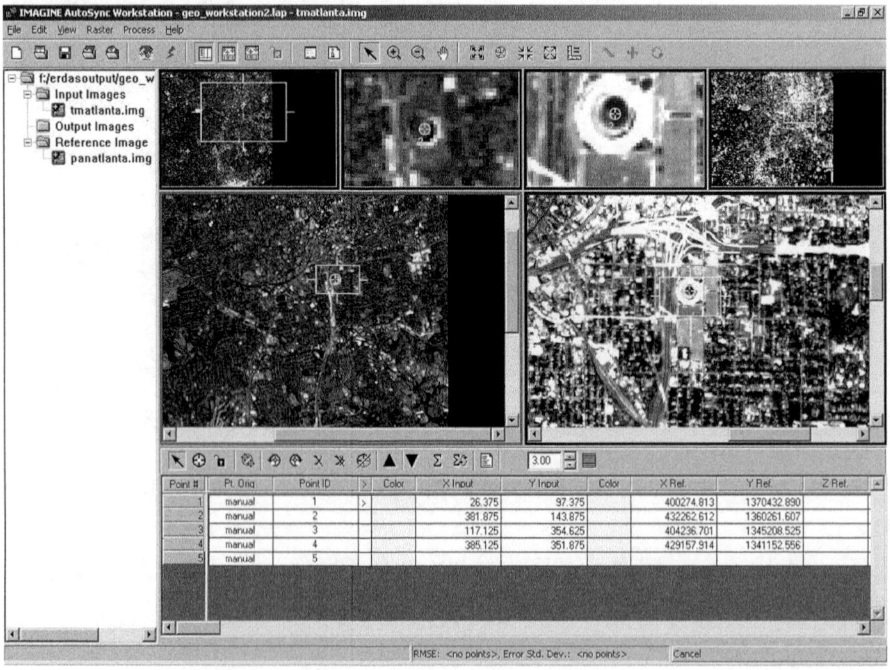

图 17-27 手动采集配准点

第 4 步：运行 APM

运行 APM（自动点测量）有 3 种方法。

① 在 IMAGINE AutoSync Workstation 工程界面中单击 Process | Run APM 命令。

② 在 IMAGINE AutoSync Workstation 工程界面中单击工具条中的图标[图标]。

③ 在工程资源管理器中右击输入图像，在弹出菜单中单击 Run APM 命令（图 17-28）。

APM 运行结果如图 17-29 所示，APM 找到了 8 个配准点。在状态条中显示误差 RMSE：1.733717，误差的标准差 Error Std.Dev.：1.258813。如果 Error Std.Dev. 大于 2，需要修改配准点。

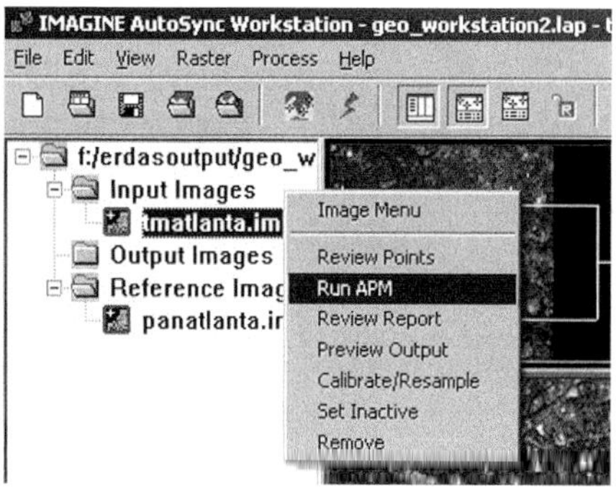

图 17-28 在工程资源管理器中启动 APM 功能

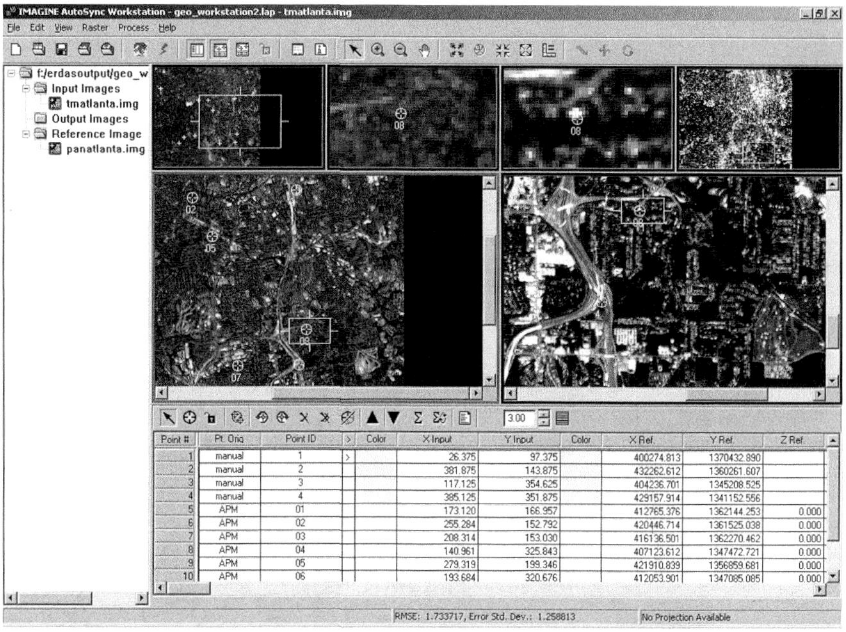

图 17-29 APM 运行结果

第 5 步：预览输出图像

在工程资源管理器中右击输入图像，在弹出菜单中单击 Preview Output 命令，运行结果如图 17-30 所示。

第 6 步，改进输出结果

如果在预览输出图像时显示有不能接受的输出结果，这主要可能是由不正确的 APM 配准点或不适当的传感器类型引起的。如果对结果不满意，应该删除不正确的配准点，若删除后结果仍然不理想，就要考虑改变传感器类型。

① 在工程资源管理器中右击输入图像，在弹出菜单中单击 Review Points 命令，返回选择配准点窗口界面。

② 在 GCP 工具条中的误差阈值文本框中输入 2。

③ 单击 GCP 工具条中的图标[图标]，则误差大于 2 的配准点在数据表中将以高亮显示（图

17-31）。

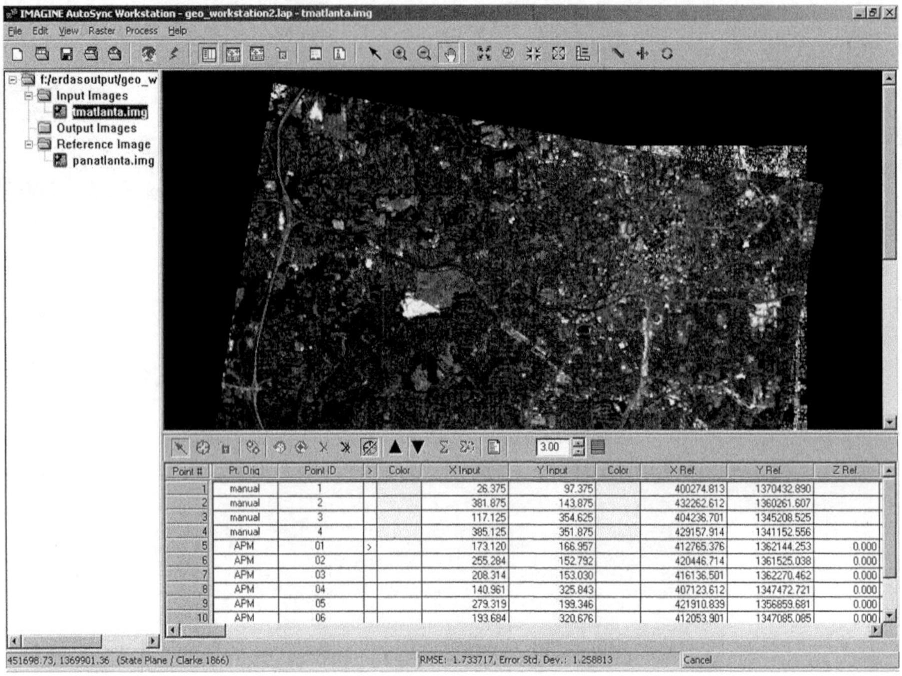

图 17-30 预览输出图像

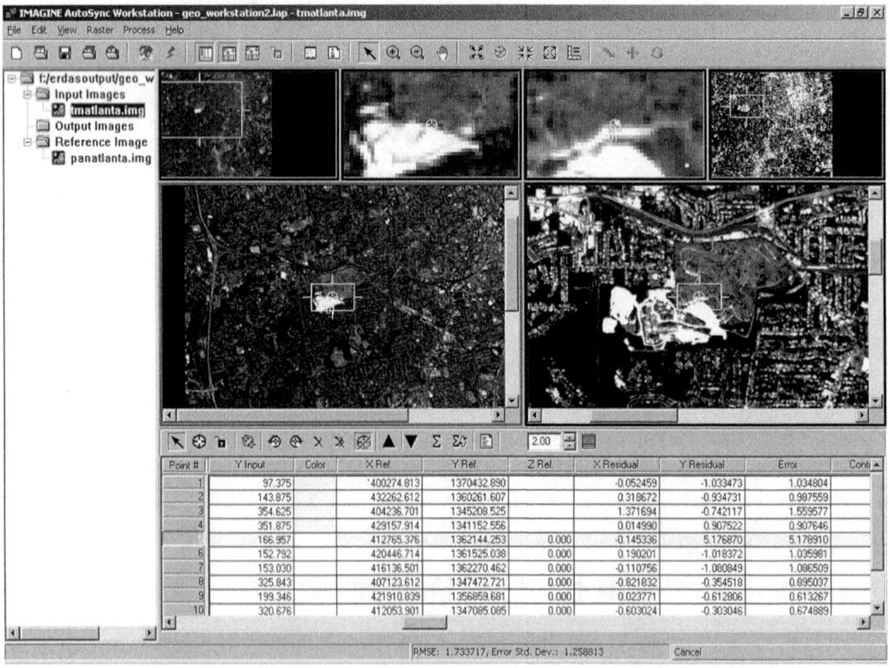

图 17-31 高亮显示误差大于 2 的配准点

④ 单击 GCP 工具条中的图标▼查看选择的点，窗口中的点位于一个框中以高亮显示。

⑤ 如果找到的点误差很大，可单击 GCP 工具条中的图标✕删除配准点。

在本例中，删除了一个配准点后，RMSE 为 1.123656，Error Std.Dev 为 0.694124。

第 7 步：查看输入图像和参考图像的投影信息

查看输入图像和参考图像的地图数据是为了决定输出图像是否要和参考图像的投影一致。

① 在 IMAGINE AutoSync Workstation 工程界面主窗口面板中单击参考图像。

② 在 IMAGINE AutoSync 工具栏中单击图标，打开 ImageInfo 窗口（图 17-32）。可以查看地图信息（Map Info）和投影信息（Projection Info）。

③ 单击 File | Close 命令，关闭 ImageInfo 窗口。

④ 在 IMAGINE AutoSync Workstation 工程界面主窗口面板中单击输入图像。

⑤ 在 IMAGINE AutoSync 工具条中单击图标，打开 ImageInfo 窗口（图 17-33）。可以看出输入图像是一幅原始图像，可见该原始图像没有投影信息。

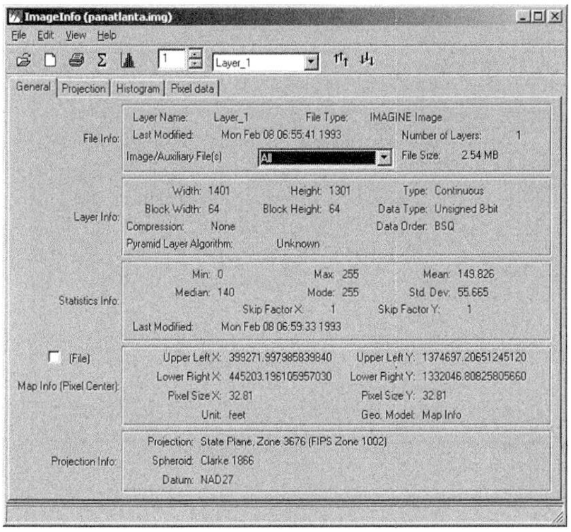

图 17-32 **ImageInfo 窗口（参考图像）**

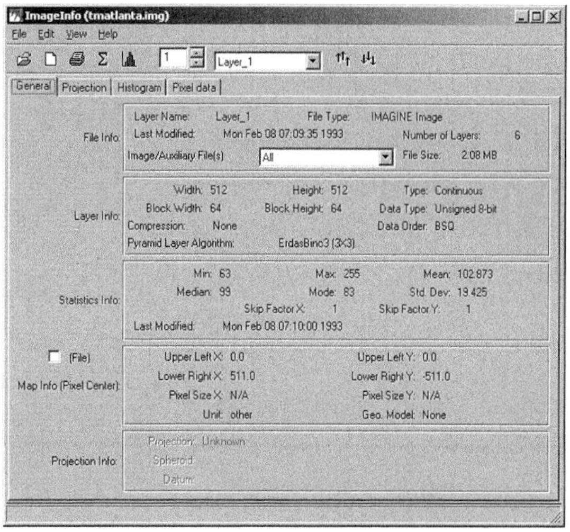

图 17-33 **ImageInfo 窗口（输入图像）**

⑥ 单击 File | Close 命令，关闭 ImageInfo 窗口。

第 8 步，设置输出图像投影信息

因为输入图像没有投影信息，因此在重采样/配准前需要设置输出图像的投影信息。

① 在 IMAGINE AutoSync 菜单条中单击 Process | Project Properties 命令，打开 IMAGINE AutoSync Project Properties 窗口；或在 IMAGINE AutoSync 工具条中单击图标，打开 IMAGINE AutoSync Project Properties 窗口（图 17-34）。

② 打开 Projection 选项卡（图 17-34）。

③ 选择输出图像的投影参数为 Same as Reference Image。

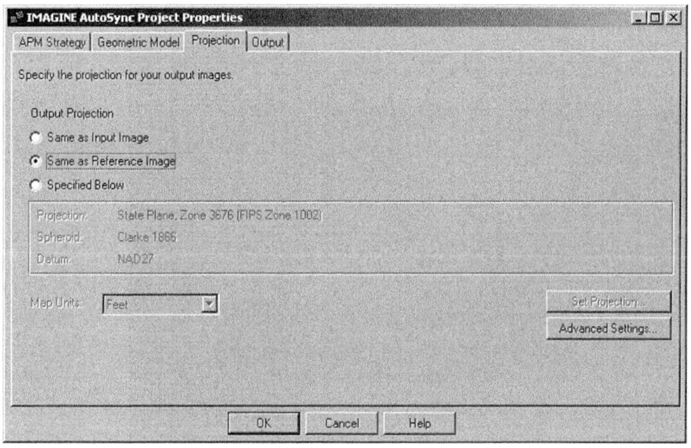

图 17-34 **IMAGINE AutoSync Project Properties 窗口（Projection 选项卡）**

④ 单击 OK 按钮，关闭 IMAGINE AutoSync Project Properties 窗口。

第 9 步，重采样/配准输出图像

打开重采样/配准命令有两种方法。

① 在 IMAGINE AutoSync 菜单条中单击 Process | Calibrate/Resample 命令。

② 在工程资源管理器中右击输入图像，在弹出菜单中单击 Calibrate/Resample 命令。

③ 结果如图 17-35 所示。

第 10 步，检验输出图像

在 IMAGINE AutoSync 工作站中可以用数据叠加显示检验配准的结果，有 3 种数据叠加显示的方式：Blend、Swipe、Flicker。

（1）Blend（混合显示）

① 在 IMAGINE AutoSync 菜单条中单击 View | Blend 命令，打开 Viewer Blend/Fade 窗口；或在 IMAGINE AutoSync 工具条中单击图标，打开 Viewer Blend/Fade 窗口（图 17-36）。

② 选中 Auto Mode 复选框。

③ 可改变混合显示的速度（Speed）或直接用滑动条来显示。

（2）Swipe（卷帘显示）

① 在 IMAGINE AutoSync 菜单条中单击 View | Swipe 命令，打开 Viewer Swipe 窗口；或在 IMAGINE AutoSync 工具条中单击图标，打开 Viewer Swipe 窗口（图 17-37）。

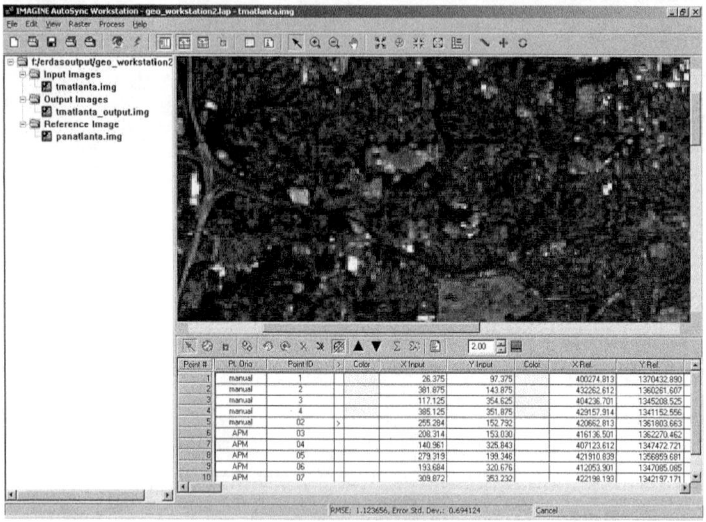

图 17-35 执行重采样/配准后的结果

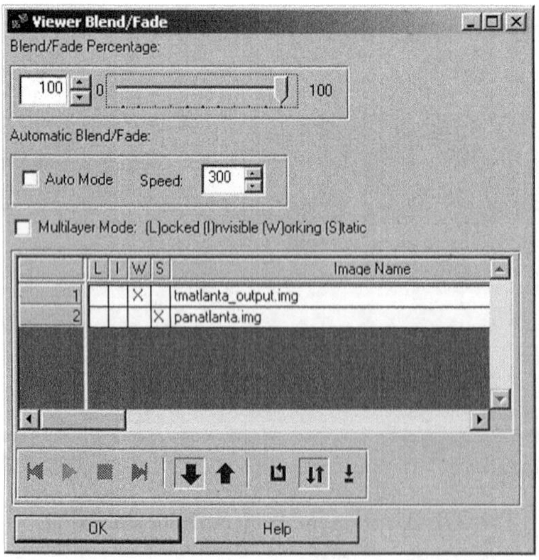

图 17-36 Viewer Blend/Fade 窗口

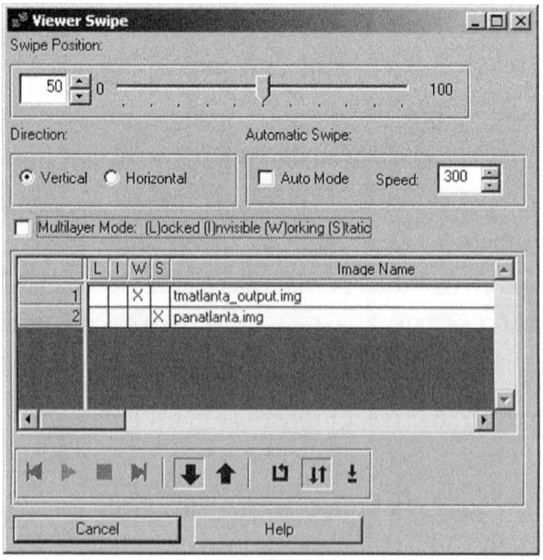

图 17-37 Viewer Swipe 窗口

② 选择卷帘方向（Direction）为 Vertical。

③ 选中 Auto Mode 复选框。

④ 可改变卷帘方向、改变自动显示的速度（Speed）或直接用滑动条来显示。

（3）Flicker（闪烁显示）

① 在 IMAGINE AutoSync 菜单条中单击 View | Flicker 命令，打开 Viewer Flicker 窗口；或在 IMAGINE AutoSync 工具条中单击图标，打开 Viewer Flicker 窗口（图 17-38）。

② 选中 Auto Mode 复选框。

③ 单击 Manual Flicker 按钮，可手动交替显示图像。

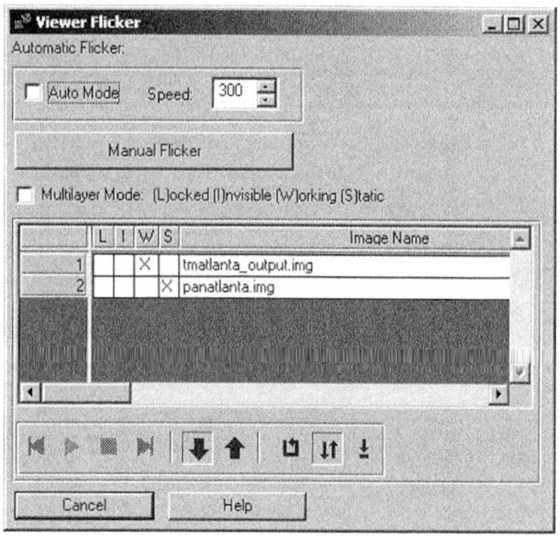

图 17-38 **Viewer Flicker 窗口**

以上 3 种显示方式中都有一个复选框 Multilayer Mode（多层显示模式），它是以 Movie 的形式在窗口中交互显示 4 种不同状态的图像。图像的 4 种状态及其含义如表 17-12 所列，Movie 图标及其功能如表 17-13 所列。

表 17-12 **图像的 4 种状态及其含义**

状态	含义
Locked	锁定状态：在 movie 的过程中，图像的状态仍然是不可变的
Invisible	不可见状态：选择的图像总是不可见的
Working	工作中状态：图像是可见的，功能也可用，至少要有一个层处于 working 状态，列表中的最后一层不能是 working 层
Static	静态状态：图像是可见的，但是功能不可用

表 17-13 **Movie 图标及其功能**

图标	命令	功能
	Go to previous Layer	转到 movie 的开始
	Start movie blend	开始 movie
	Pause movie blend	暂停 movie
	Stop movie blend	停止 movie
	Go to previous Layer	转到 movie 的结尾
	Blend/Swipe/Flicker layers from TopToBottom	顶部开始，底部结束
	Blend/Swipe/Flicker layers from BottomToTop	底部开始，顶部结束
	Movie Mode（Loop Mode）	或者从底部到顶部循环，或者从顶部到底部循环
	Movie Mode（Swing Mode）	从顶部到底部，再从底部到顶部，不断循环（默认设置）
	Movie Mode（Stop At End Mode）	从顶部到底部，仅一次

第 11 步，查看 HTML 摘要报告

IMAGINE AutoSync 有 3 种方法查看摘要报告。

① 在 GCP 工具条中单击图标。

② 在工程资源管理器中右击输入图像，在弹出菜单中单击 Review Report 命令。

③ 在 Windows 中找到报告的存储路径，直接打开报告文件（图 17-39）。

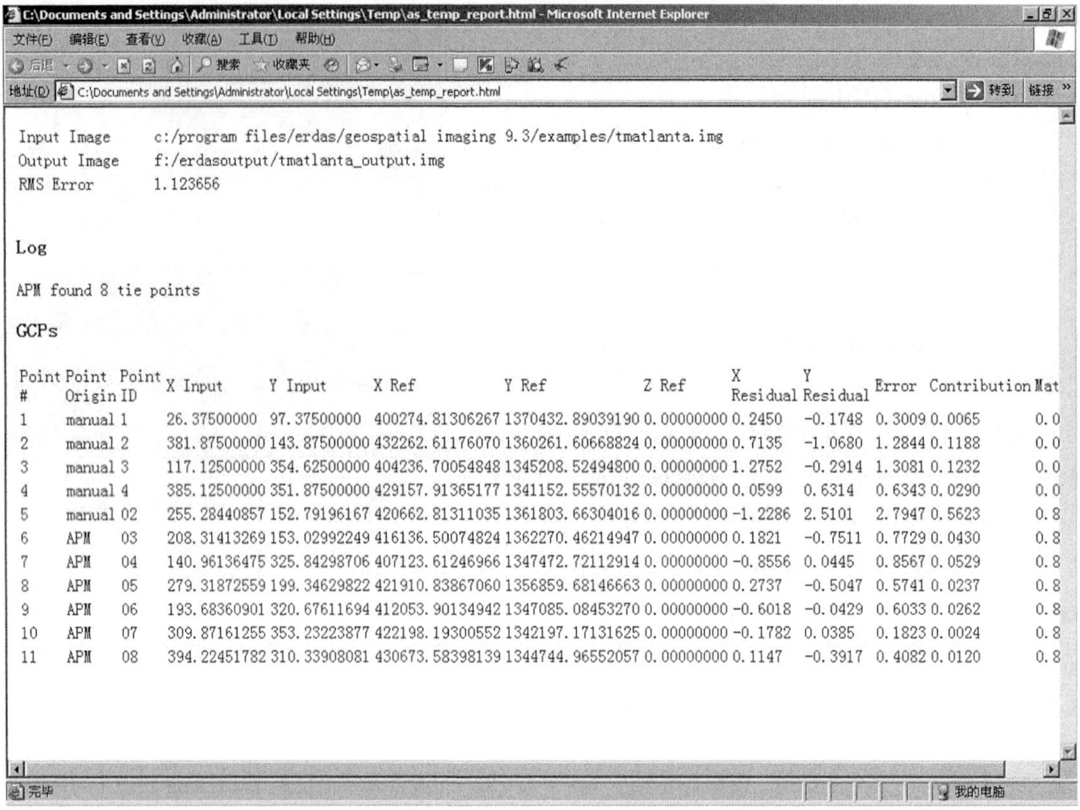

Input Image c:/program files/erdas/geospatial imaging 9.3/examples/tmatlanta.img
Output Image f:/erdasoutput/tmatlanta_output.img
RMS Error 1.123656

Log

APM found 8 tie points

GCPs

Point #	Point Origin	Point ID	X Input	Y Input	X Ref	Y Ref	Z Ref	X Residual	Y Residual	Error	Contribution	Mat
1	manual	1	26.37500000	97.37500000	400274.81306267	1370432.89039190	0.00000000	0.2450	-0.1748	0.3009	0.0065	0.0
2	manual	2	381.87500000	143.87500000	432262.61176070	1360261.60668824	0.00000000	0.7135	-1.0680	1.2844	0.1188	0.0
3	manual	3	117.12500000	354.62500000	404236.70054848	1345208.52494800	0.00000000	1.2752	-0.2914	1.3081	0.1232	0.0
4	manual	4	385.12500000	351.87500000	429157.91365177	1341152.55570132	0.00000000	0.0599	0.6314	0.6343	0.0290	0.0
5	manual	02	255.28440857	152.79196167	420662.81311035	1361803.66304016	0.00000000	-1.2286	2.5101	2.7947	0.5623	0.8
6	APM	03	208.31413269	153.02992249	416136.50074824	1362270.46214947	0.00000000	0.1821	-0.7511	0.7729	0.0430	0.8
7	APM	04	140.96136475	325.84298706	407123.61246966	1347472.72112914	0.00000000	-0.8556	0.0445	0.8567	0.0529	0.8
8	APM	05	279.31872559	199.34629822	421910.83867060	1356859.68146663	0.00000000	0.2737	-0.5047	0.5741	0.0237	0.8
9	APM	06	193.68360901	320.67611694	412053.90134942	1347085.08453270	0.00000000	-0.6018	-0.0429	0.6033	0.0262	0.8
10	APM	07	309.87161255	353.23223877	422198.19300552	1342197.17131625	0.00000000	-0.1782	0.0385	0.1823	0.0024	0.8
11	APM	08	394.22451782	310.33908081	430673.58398139	1344744.96552057	0.00000000	0.1147	-0.3917	0.4082	0.0120	0.8

图 17-39 HTML 摘要报告界面

第 18 章　高级图像镶嵌

本章学习要点

- MosaicPro 模块特点
- MosaicPro 视窗功能
- MosaicPro 启动过程
- MosaicPro 工作流程

18.1　高级图像镶嵌功能概述

18.1.1　MosaicPro 模块特点

ERDAS MosaicPro 是 Leica Photogrammetry Suite（LPS）和 ERDAS IMAGINE 9.0 以上版本新增的镶嵌模块。MosaicPro 改进了图像镶嵌线的产生及编辑功能，增加了嵌入窗口以显示输入图像及预览图像，增加了新的颜色匹配功能，提供了单一流程化的工作界面，特别适合海量数据生产单位使用。

模块的主要特征如下。

- 利用多边形替换了传统镶嵌工具中的切割线，并用多边形显示输出的镶嵌图。
- 利用新的窗口替换了原来的静态窗口，图像镶嵌线的编辑可在新的窗口中进行，而不必另外打开其他的窗口。
- 用于镶嵌的输入图像可全部在窗口中显示，使用户方便地检查图像的哪一部分将用于镶嵌，窗口中的图像可以显示和隐藏。
- 提供了预览功能，可使用户检查感兴趣区域中镶嵌线的羽化、平滑、颜色匹配以及分辨率的变化。
- 将镶嵌过程流程化。单一流程化的工作界面可以节省用户在镶嵌全过程中所花销的时间，所有的工具都显示在一个工具条中，不用再选择“输入”、“相交”、“输出”等模式。
- 提供了新的全图平衡功能，使得图像色彩调整功能更加强大。
- 在显示窗口中，图像按镶嵌线实时裁切。可以立即显示镶嵌线编辑后的裁切效果，实现了“所见即所得”。
- 增加了用于图像选择和管理的新工具。图像列表中增加了“可见（Vis.）”列，方便用户决定哪些图像在窗口中显示。对于要镶嵌很多图像的项目，由于可以只调用使用的图像，因此可以极大地节省时间。
- 完善了用户个性化设置，优化了默认设置。

18.1.2　MosaicPro 启动过程

高级图像镶嵌模块可以通过以下步骤启动。

在 ERDAS 图标面板菜单条中单击 Main | Data Preparation 命令，打开 Data Preparation 菜单

（图 18-1）（或在 ERDAS 图标面板工具条中单击 DataPrep 图标，打开 Data Preparation 菜单（图 18-1））。然后单击 Mosaic Images 命令，打开 Mosaic Images 菜单（图 18-2），单击 MosaicPro 按钮，打开 MosaicPro 视窗（图 18-3）。

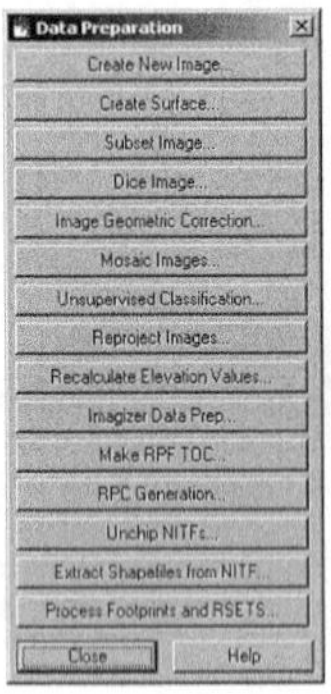

图 18-1 Data Preparation 菜单

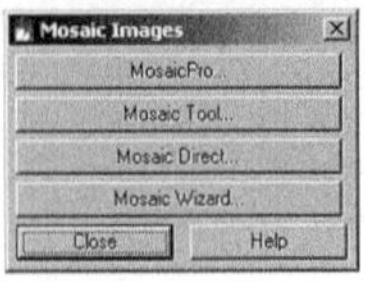

图 18-2 Mosaic Images 菜单

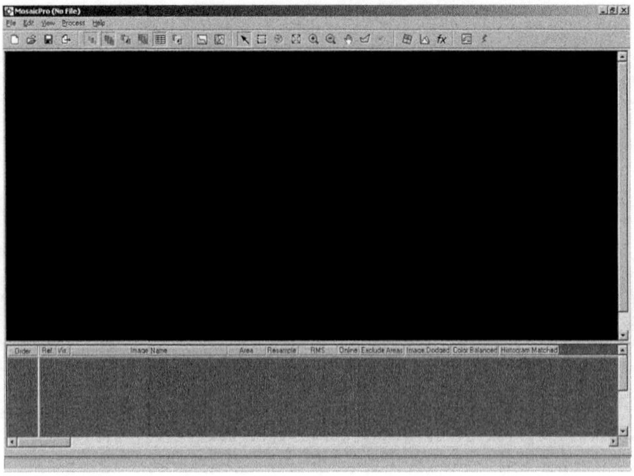

图 18-3 MosaicPro 视窗

18.1.3 MosaicPro 视窗功能

MosaicPro 视窗（图 18-3）由菜单条、工具条、图形窗口、图像列表和状态条 5 部分组成，其中菜单条中的菜单命令及其功能如表 18-1 所列，工具条中的图标及其功能如表 18-2 所列。

表 18-1 MosaicPro 视窗菜单命令及其功能

命令	功能
File:	文件操作:
New	打开新的图像镶嵌工程视窗
Open	打开图像镶嵌工程文件（.mop）
Save	保存图像镶嵌工程文件（.mop）
Save As	另存图像镶嵌工程文件（.mop）
Load Seam Polygons	加载镶嵌多边形
Save Seam Polygons	保存镶嵌多边形
Load Reference Seam Polygons	加载参考镶嵌多边形
Annotation	将镶嵌图像轮廓保存为注记
Save to Script	保存为脚本文件
Close	关闭 MosaicPro 视窗
Edit:	编辑操作:
Add Images	加载图像
Delete Image(s)	删除图像
Sort Images	切换图像排序/不排序。选中表明数据列表中的图像将根据其地理接近或重叠进行排序
Color Corrections	颜色改正

命令	功能
Edit:	编辑操作:
Reset Active Areas	重新设置活动区域
Set Overlap Function	设置叠加功能
Output Options	设置输出图像参数
Delete Outputs	删除输出图像
Show Image Lists	显示图像列表
View:	显示操作:
Show Active Areas	显示活动区域
Show Seam Polygons	显示镶嵌多边形
Show Rasters	显示栅格图像
Show Outputs	显示输出图像
Show Reference Seam Polygons	显示参考镶嵌多边形
Set Selected to Visible	显示选择的图像
Set Reference Seam Polygon Color	设置参考镶嵌多边形颜色
Set Maximum Number of Rasters to Display	设置可显示栅格图像的最大个数
Process:	处理操作:
Run Mosaic	执行图像镶嵌处理
Preview Mosaic for Window	图像镶嵌效果预览
Delete the Preview Mosaic Window	删除图像镶嵌预览窗口
Help:	联机帮助:
Help for MosaicPro	关于图像镶嵌的联机帮助

表 18-2　MosaicPro 视窗工具图标及其功能

图标	命令	功能
	Launch a new mosaic window	打开新的图像镶嵌工程视窗
	Open and Read a Mosaic File	打开图像镶嵌工程文件
	Save Current Mosaic Set	保存图像镶嵌组
	Display Add Images Dialog	显示加载图像对话框
	Display active area boundaries	显示活动区域边界
	Display seam polygons	显示镶嵌多边形
	Display raster images	显示栅格图像
	Display output area boundaries	显示输出区域边界
	Show/Hide Image Lists	显示/隐藏图像列表
	Make only selected images visible	设置仅选中的图像可见
	Automatically Generate Seamlines for Intersections	在相交模式自动生成镶嵌线
	Delete Seamlines for Intersections	删除相交区域镶嵌线
	Used to select input images	选择输入图像
	Used to select a box for mosaic preview	框选区域预览
	Reset canvas to fit display	改变图面尺寸以适应镶嵌图像
	Scale viewer to fit selected objects	改变图面比例以适应选择对象

续表

图标	命令	功能
	Zoom image IN by 2	两倍放大图形窗口
	Zoom image OUT by 2	两倍缩小图形窗口
	Roam the canvas	图形窗口漫游
	Edit seams polygon	编辑镶嵌多边形
	Undo	撤销镶嵌多边形编辑
	Display Image Resample Options Dialog	显示图像重采样选项对话框
	Display Color Correction Options Dialog	显示颜色调整选项对话框
	Set Overlap Function	设置叠加功能
	Set Output Options Dialog	设置输出选项对话框
	Run the Mosaic Process to Disk	执行图像镶嵌处理

18.2 高级图像镶嵌工作流程

高级图像镶嵌工具是将若干具有地理参考的图像合并成一幅图像或一组图像（.mop 文件）。输入图像必须含有地图投影信息，或者说输入图像必须经过几何校正（Rectified）或进行过配准（Calibrated），并且有相同的波段数。不过输入图像可以有不同的投影类型和不同的像元大小。

需要注意的是高级图像镶嵌工具应用时会产生临时文件，这个文件在应用结束后会被删除。由于在镶嵌过程中要使用这些临时文件，因此强烈推荐不要用批处理功能进行自动图像镶嵌处理。可以在 DOS 系统下独立于 IMAGINE 之外运行高级图像镶嵌批处理命令。

18.2.1 航空图像镶嵌

本节将介绍航空图像的镶嵌过程（Mosaic Air Photo Images），进行镶嵌的两幅图像是 ERDAS 系统自带的例子数据，分别是\examples\air-photo-1.img 和\examples\air-photo-2.img。

第 1 步：图像镶嵌的准备工作

① 单击 Viewer 图标，打开第一个视窗 Viewer＃1。

② 单击 File | Open | Raster Layer 命令，或单击打开文件图标，打开 Select Layer To Add 对话框（图 18-4）。

③ 确定文件名（File name）为 air-photo-1.img。

④ 打开 Raster Options 选项卡，选中 Fit to Frame 复选框。

⑤ 单击 OK 按钮，图像在窗口中显示（图 18-5）。

⑥ 单击 Viewer 图标，打开第二个视窗 Viewer＃2。

⑦ 重复步骤②～⑤，打开图像 air-photo-2.img。

⑧ 在 ERDAS IMAGINE 主菜单条中单击 Session | Tile Viewers 命令，使窗口平铺排列。

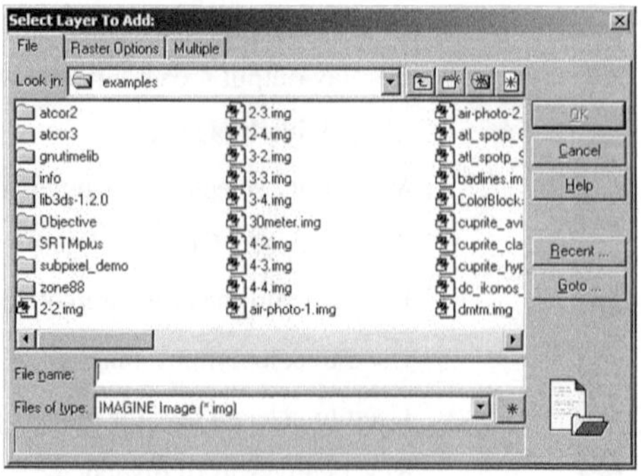

图 18-4 Select Layer To Add 对话框

第 2 步：设置输入图像范围

① 在第一个视窗 Viewer#1 中单击 AOI | Tools 命令。

② 打开 AOI 工具面板（图 18-6）。

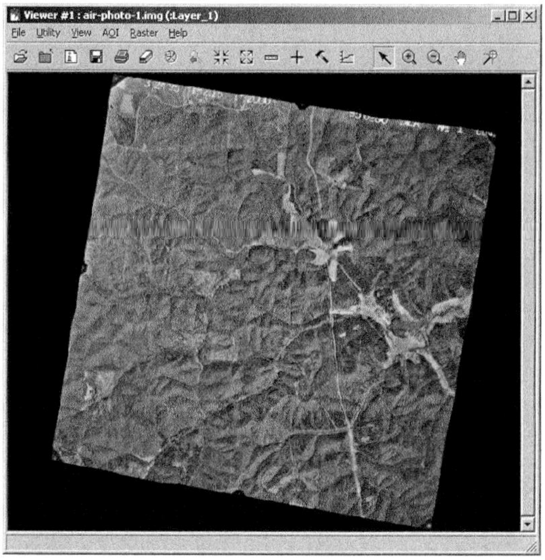

图 18-5 air-photo-1 图像

图 18-6 AOI 工具面板

③ 单击图标，选择绘制多边形 AOI 工具。

④ 在窗口中沿着图像内部边缘画一个 AOI 多边形，将图像边缘上的标注剪掉，AOI 多边形层在图像上以虚线的形式高亮显示（图 18-7）。

⑤ 在第一个视窗 Viewer#1 中单击 File | Save | AOI Layer As 命令。

⑥ 打开 Save AOI as 对话框（图 18-8）。

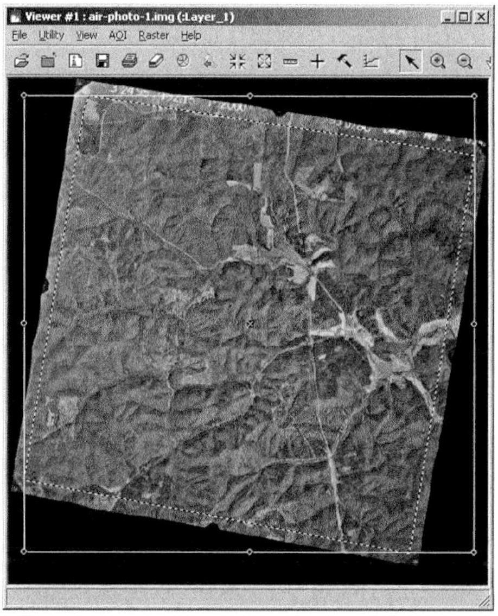

图 18-7 AOI 多边形层

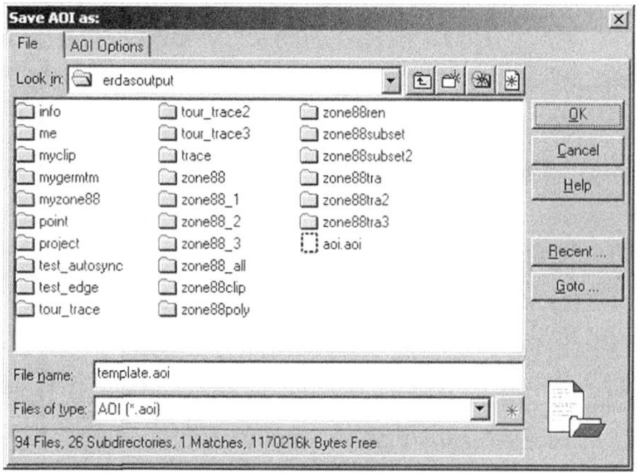

图 18-8 Save AOI as 对话框

⑦ 确定 AOI 文件名为 template.aoi。

⑧ 单击 OK 按钮，保存 AOI 多边形层。

第 3 步：启动高级图像镶嵌工具

高级图像镶嵌工具可以通过以下途径启动。

在 ERDAS 图标面板菜单条中单击 Main | Data Preparation 命令，打开 Data Preparation 菜单（图 18-1）（或在 ERDAS 图标面板工具条中单击 DataPrep 图标，打开 Data Preparation 菜单（图 18-1））。然后单击 Mosaic Images 命令，打开 Mosaic Images 菜单（图 18-2），单击 MosaicPro 按钮，打开 MosaicPro 视窗（图 18-3）。

第 4 步：加载 Mosaic 图像

① 在 MosaicPro 菜单条中单击 Edit | Add Images 命令，打开 Add Images 对话框（图 18-9）；或在工具条中单击 Add Images 图标，打开 Add Images 对话框（图 18-9）。

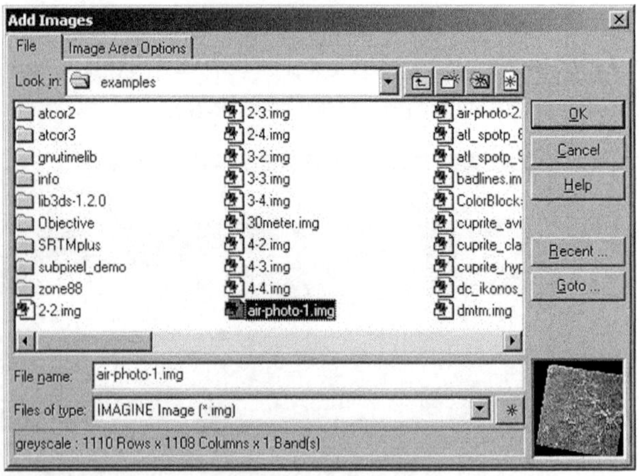

图 18–9 **Add Images 对话框**

② 确定图像文件为 air-photo-1.img。

③ 打开 Image Area Options 选项卡（图 18-10）。

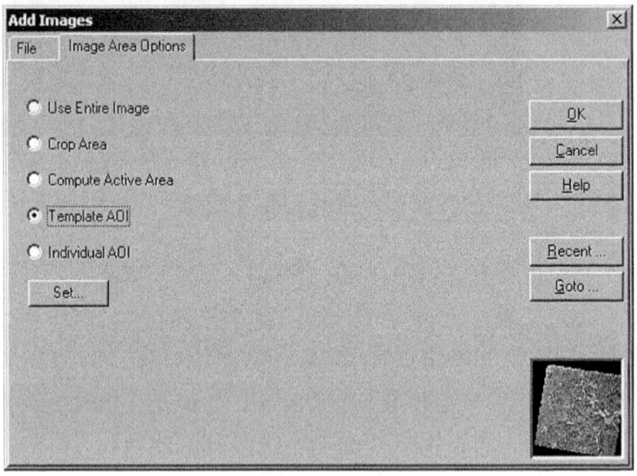

图 18–10 **Add Images 对话框（Image Area Options 选项卡）**

④ 选择方法为 Template AOI（AOI 模板）。

⑤ 单击 Set 按钮，打开 Choose AOI 对话框（图 18-11）。

⑥ 选择 AOI 来源为 AOI File。

⑦ 选择第 2 步操作中保存的 AOI 文件 template.aoi。

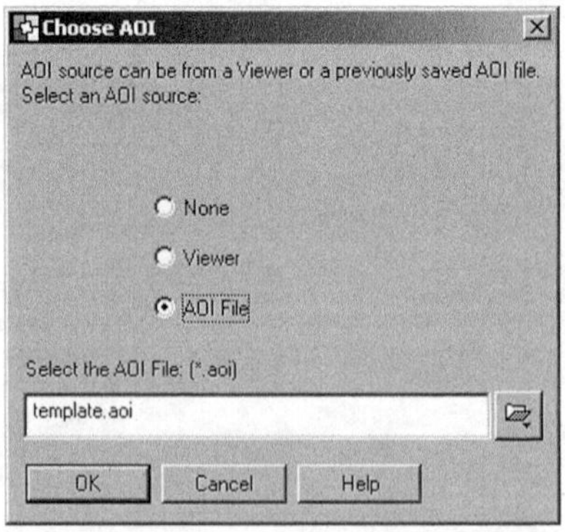

图 18–11 **Choose AOI 对话框**

⑧ 单击 OK 按钮，关闭 Choose AOI 对话框，返回 Add Images 对话框。

⑨ 单击 OK 按钮，图像 air-photo-1.img 被加载到 MosaicPro 视窗中。

⑩ 重复步骤①～⑨，加载图像 air-photo-2.img。加载后界面如图 18-12 所示。

⑪ 在图像列表（Image List）中显示了加载的图像信息（图 18-13）。

⑫ 如果图像列表没有在 MosaicPro 视窗底部自动显示，则单击 Edit | Show Image Lists 命令，打开图像列表（Image List）（图 18-13）。

⑬ 在图像列表中单击每一幅图像的可视属性列 Vis（图 18-13）。

⑭ 单击 View | Show Rasters 命令，或单击工具条中的图标，图像显示在窗口中（图 18-14）。

第 5 步：绘制和编辑镶嵌多边形

① 在 MosaicPro 工具条中单击图标，打开 Seamline Generation Options 对话框（图 18-15），具体选项的介绍如表 18-3 所列。

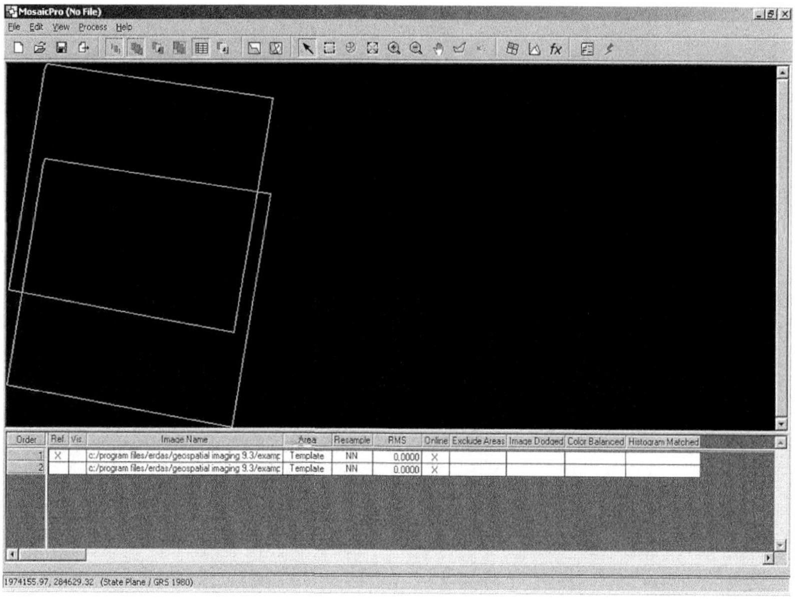

图 18-12 加载图像后的界面

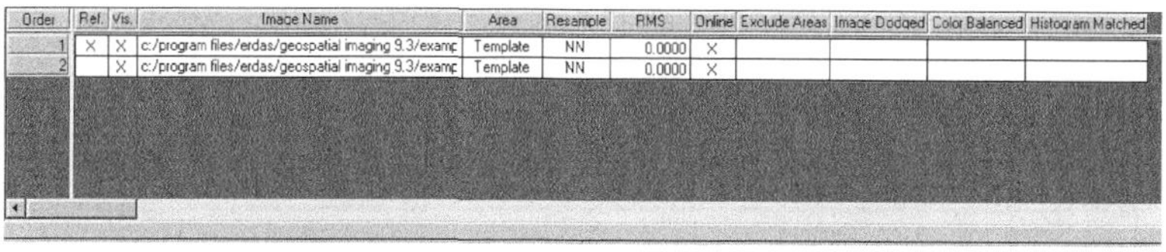

图 18-13 图像列表（**Image List**）

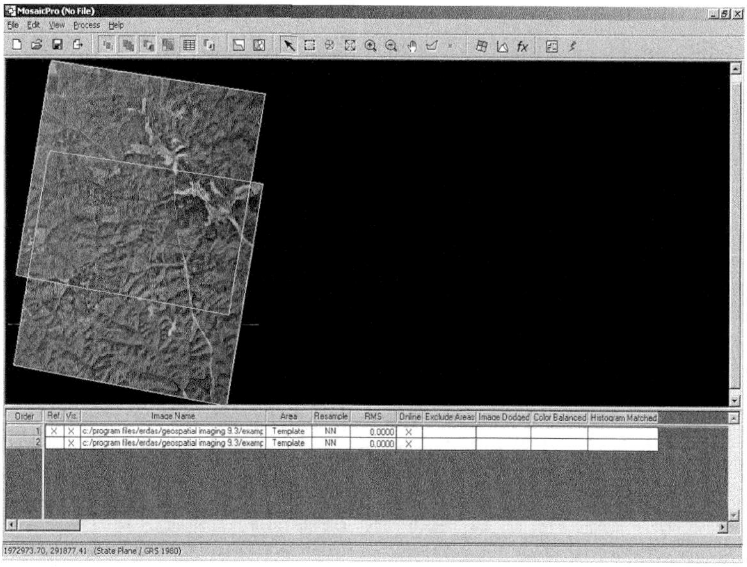

图 18-14 图像显示界面

② 选中 Most Nadir Seamline 单选按钮。

③ 单击 OK 按钮，生成镶嵌多边形（图 18-16）。

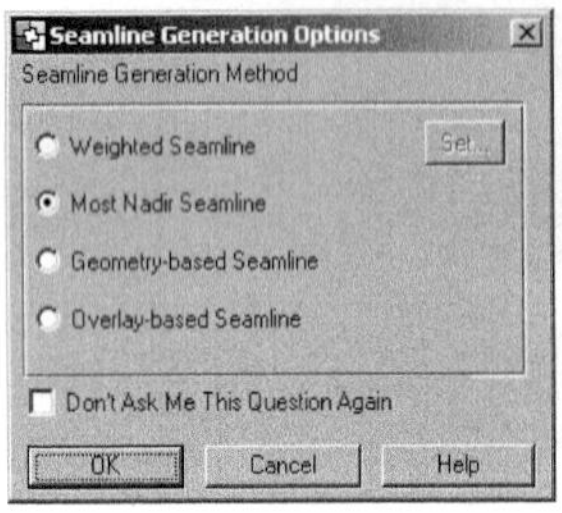

图 18-15 Seamline Generation Options 对话框

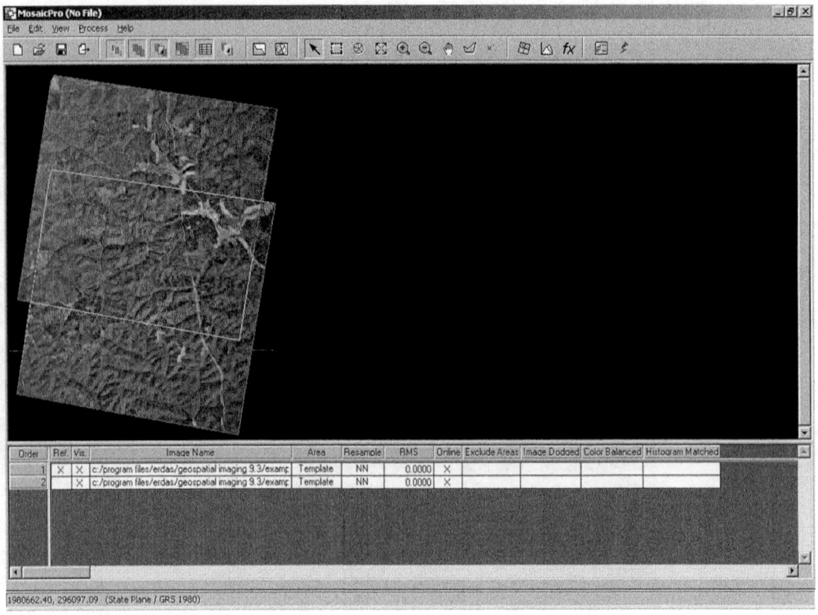

图 18-16 生成镶嵌多边形

④ 单击图标，可放大到镶嵌线区域。

⑤ 单击图标，可绘制和编辑镶嵌多边形。

表 18-3 Seamline Generation Options 对话框简介

选项	简介
Seamline Generation Method	镶嵌线生成方法
Weighted Seamline	基于权重生成镶嵌线。单击右侧的 Set 按钮，打开 Weighted Seamline Generation Options 对话框（图 18-17），其中的参数含义与设置如下。 ① Seamline Refining Parameters：镶嵌线优化参数 ❑ **Segment Length (in Pixels)** 镶嵌线中线段（Segment）的长度（以像元为单位）。 ❑ **Bounding Width (in Pixels)** 限制宽度（以像元为单位）。 ② Cost Function Weighting Factors：Cost 函数权重因子，由以下 3 个因子共同决定。 ❑ **Pixel Value Similarity** 像元值相似性。这是通过两幅重叠图像的像元值的差异来度量的，差异越小，cost 越小；像元值差异小通常表明区域是平坦的或者是同质的特征。如果希望镶嵌线通过这样的区域，可以增大此因子的值。 ❑ **Direction** 方向。如果希望镶嵌线靠近最低点镶嵌线，增加此因子；该值越小，cost 越小。 ❑ **Standard Deviation** 标准差。高的标准差通常发生在边界区域，如河流、道路或桥梁。如果希望镶嵌线沿着这些线性特征，并且不交叉，应该增大此因子；标准差越大，cost 越小

续表

选项	简介
Most Nadir Seamline	最低点镶嵌线。Nadir 是指传感器向下直接对应的地面点，即星下点
Geometry-based Seamline	基于重叠区域几何特征生成镶嵌线。对于只有两幅图像的重叠区域，镶嵌线会将重叠区域分为相等的两部分
Overlay-based Seamline	基于重叠区域生成镶嵌线。直接基于每一幅图像的活动区域生成镶嵌线，以最上层显示图像的整个活动区域作为镶嵌线
Don't Ask Me This Question Again	“不要再问我这个问题”复选框。如果选中此复选框，下次生成镶嵌线，Seamline Generation Options 对话框不会默认打开。如果希望再打开 Seamline Generation Options 对话框，在 ERDAS 主菜单中单击 Session | Preferences | MosaicPro 命令，选中 Display Seamline Generation Options Dialog Box 复选框

需要说明的是 Most Nadir Seamline 和 Geometry-based Seamline 这两种方法适用于同质的区域，如林地或湖泊。但是对于地物类型密集的地区，如高层建筑物、桥梁、道路和河流等，或者不希望被镶嵌线打断的其他区域，推荐使用 Weighted Seamline 方法（图 18-17）。

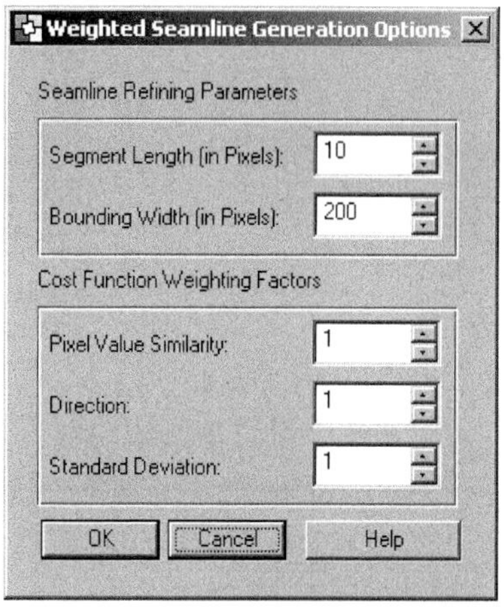

图 18-17　**Weighted Seamline Generation Options 对话框**

第 6 步：图像色彩调整

① 在 MosaicPro 菜单条中单击 Edit | Color Corrections 命令，打开 Color Corrections 对话框；或在 MosaicPro 工具条中单击图标，打开 Color Corrections 对话框（图 18-18）。

② 选中 Use Histogram Matching 复选框；

③ 单击右侧的 Set 按钮，打开 Histogram Matching 对话框（18-19）；

④ 选择匹配的方法（Matching Method）为 Overlap Areas。

⑤ 选择直方图类型（Histogram Type）为 Band by Band。

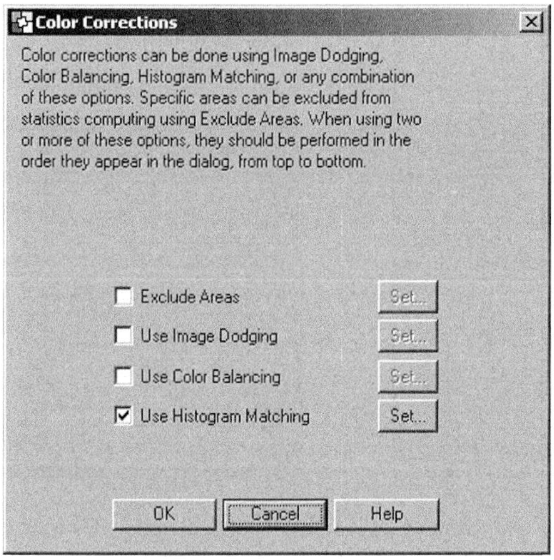

图 18-18　**Color Corrections 对话框**

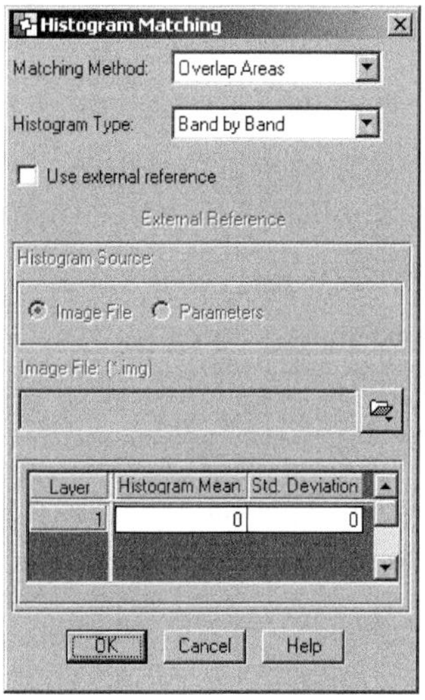

图 18-19　**Histogram Matching 对话框**

⑥ 单击 OK 按钮（关闭 Histogram Matching 对话框）。

⑦ 单击 OK 按钮（关闭 Color Corrections 对话框）。

第 7 步：预览镶嵌图像

① 在 MosaicPro 工具条中单击图标，选择要预览的区域。

② 单击 Process | Preview Mosaic for Window 命令。

③ 当任务条达到 100%，单击 OK 按钮，预览镶嵌图像（图 18-20）。

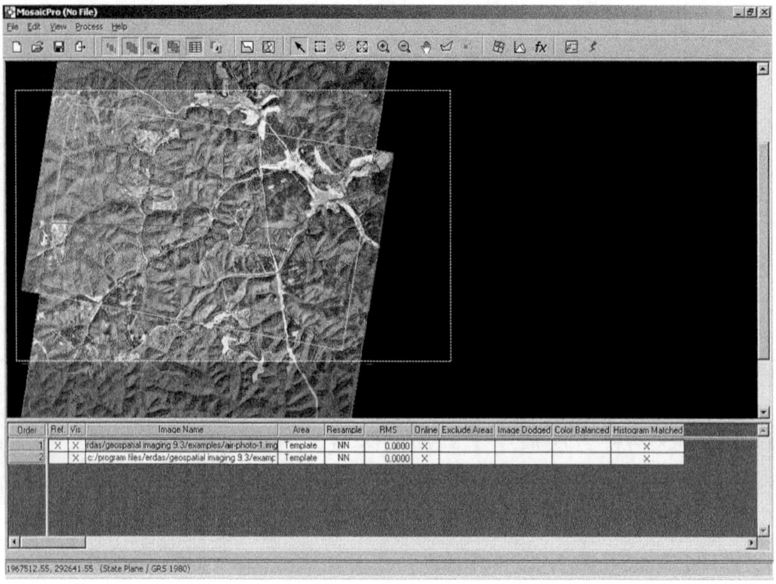

图 18-20　预览框选结果

④ 预览结束后，单击 Process | Delete the Preview Mosaic Window 命令。

第 8 步：设置镶嵌线功能

① 在 MosaicPro 工具条中单击图标 fx，打开 Set Seamline Function 对话框（图 18-21）。

② 选中 No Smoothing 单选按钮，表示不进行平滑处理；如果选中 Smoothing 单选按钮，距离（Distance）是以 m（meters）为单位来测量的。

③ 选中 Feathering 单选按钮，表示进行羽化处理。

④ 设置距离（Distance）为 5.000000，这个距离的单位是地图单位（map units）。

⑤ 单击 OK 按钮（关闭 Set Seamline Function 对话框）。

第 9 步：定义输出图像

① 在 MosaicPro 工具条中单击图标，打开 Output Image Options 对话框（图 18-22）。

② 选择定义地图区域输出（Define Output Map Area（s））的方法为 Union of All Inputs。

③ 其他参数选择默认设置。

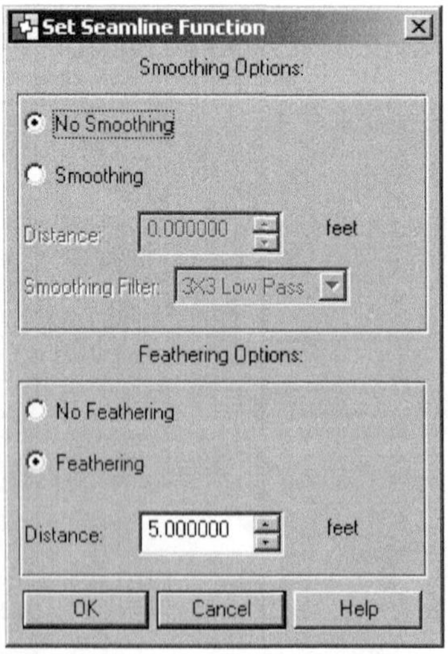

图 18-21　**Set Seamline Function 对话框**

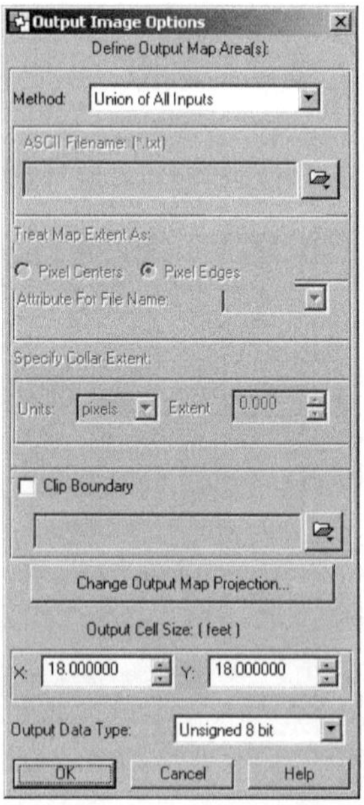

图 18-22　**Output Image Options 对话框**

④ 单击 OK 按钮（关闭 Output Image Options 对话框）。

第 10 步：运行镶嵌功能

① 在 MosaicPro 菜单条中单击 Process | Run Mosaic 命令，或在工具条中单击图标，打开 Output File Name 对话框（图 18-23）。

② 确定输出文件名（File name）。

③ 单击 Output Options 标签，进入 Output Options 选项卡（图 18-24）。

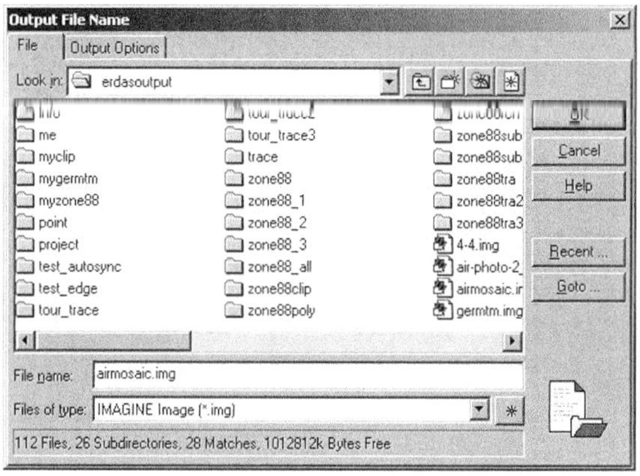

图 18-23 Output File Name 对话框

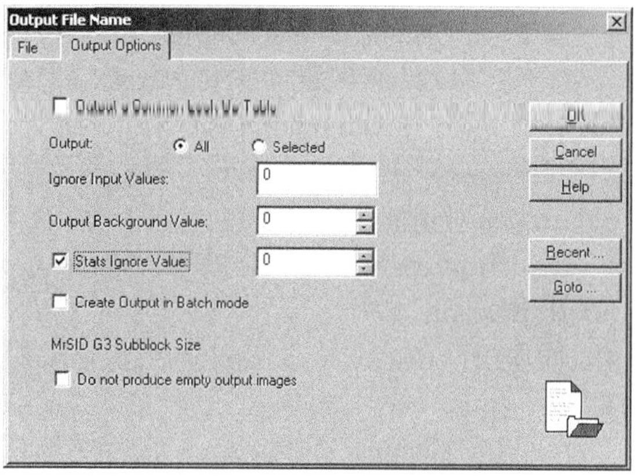

图 18-24 Output File Name 对话框（Output Options 选项卡）

④ 确定输出（Output）图像区域为 All。

⑤ 在 Ignore Input Values 文本框中输入 0，忽略输入图像中 DN 值为 0 的区域。

⑥ 输出图像背景值（Output Background Value）为 0。

⑦ 选中 Stats Ignore Value 复选框，设置统计时忽略值为 0。

⑧ 单击 OK 按钮（关闭 Output File Name 对话框，运行图像镶嵌）。

第 11 步：显示镶嵌结果

在 ERDAS IMAGINE 重新打开一个窗口，加载镶嵌后的图像，结果如图 18-25 所示。

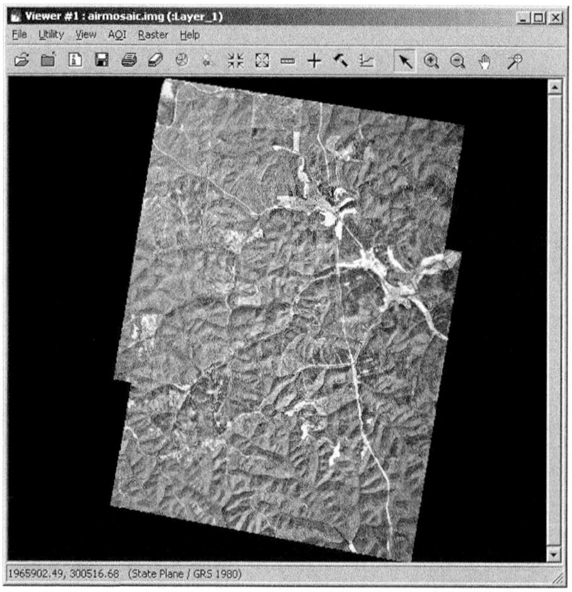

图 18-25 图像镶嵌的结果

18.2.2 卫星图像镶嵌

本节将介绍卫星图像的镶嵌过程（Mosaic Satellite Images），进行镶嵌的 3 幅卫星图像为 ERDAS 系统自带的例子数据，分别是\examples\wasia1_mss.img、\examples\wasia2_mss.img 和\examples\wasia3_tm.img。

第 1 步：启动高级图像镶嵌工具

高级图像镶嵌工具可以通过以下途径启动。

在 ERDAS 图标面板菜单条中单击 Main | Data Preparation 命令，打开 Data Preparation 菜单（图 18-1）；或在 ERDAS 图标面板工具条中单击 DataPrep 图标，打开 Data Preparation 菜单（图 18-1）。然后单击Mosaic Images 命令，打开 Mosaic Images 菜单（图 18-2），单击 MosaicPro 按钮，打开 MosaicPro 视窗（图 18-3）。

第 2 步：加载需要镶嵌的图像

① 在 MosaicPro 菜单条中单击 Edit | Add Images 命令，打开 Add Images 对话框（图 18-26）；或在工具条中单击 Add Images 图标，打开 Add Images 对话框（图 18-26）。

② 确定图像文件名（File name）为 wasia1_mss.img。

③ 打开 Image Area Options 选项卡（图 18-27）。

④ 选中 Compute Active Area 单选按钮（计算有效图像范围）。

⑤ 单击 Set 按钮，打开 Active Area Options 对话框（图 18-28）。

⑥ 单击 OK 按钮，计算有效图像范围。

⑦ 重复步骤①～⑥，加载图像 wasia2_mss.img 和 wasia3_tm.img。加载图像后界面如图 18-29 所示。

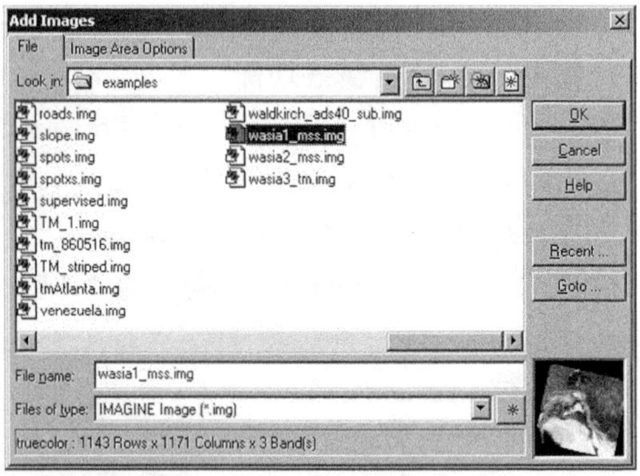

图 18-26 Add Images 对话框

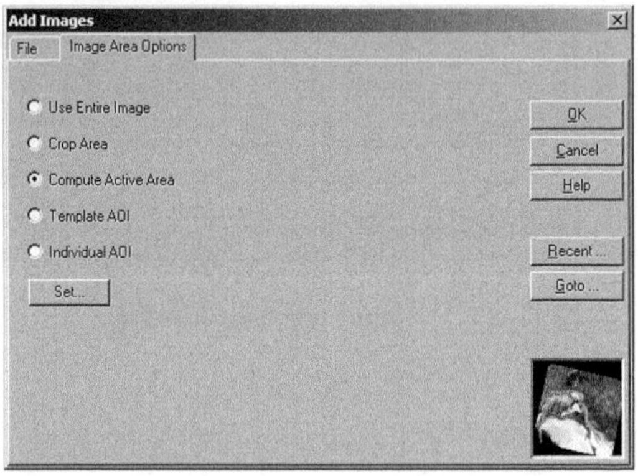

图 18-27 Add Images 对话框（Image Area Options 选项卡）

⑧ 在图像列表（Image List）中显示了加载的图像信息（图 18-29）。

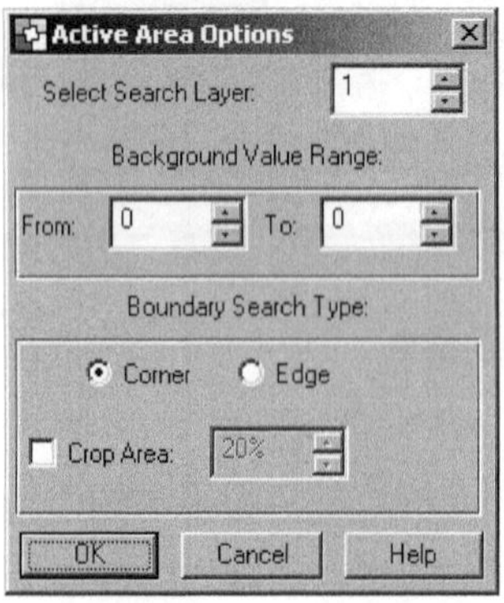

图 18-28 Active Area Options 对话框

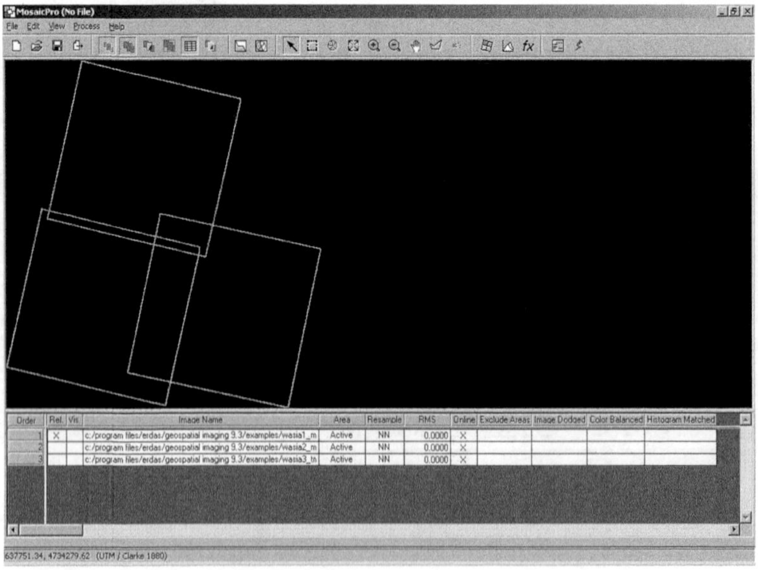

图 18-29 加载图像后的界面

⑨ 如果图像列表没有在 MosaicPro 视窗底部自动显示，则单击 Edit | Show Image Lists 命令。

⑩ 在图像列表中单击每一幅图像的可视属性列 Vis。

⑪ 单击 View | Show Rasters 命令，或单击工具条中的图标，图像显示在窗口中（图 18-30）。

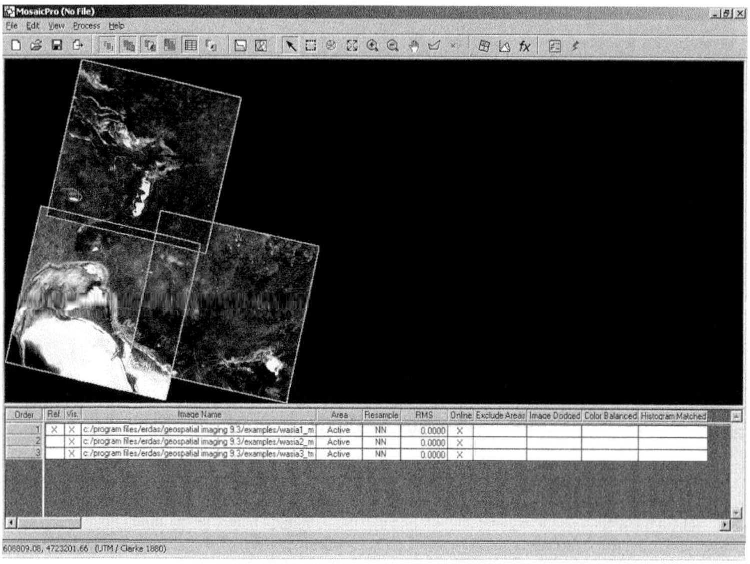

图 18-30 图像显示界面

第 3 步：绘制和编辑镶嵌多边形

① 在 MosaicPro 工具条中单击图标，打开 Seamline Generation Options 对话框（图 18-31）。

② 选中 Most Nadir Seamline 单选按钮。

③ 单击 OK 按钮（图 18-32）。

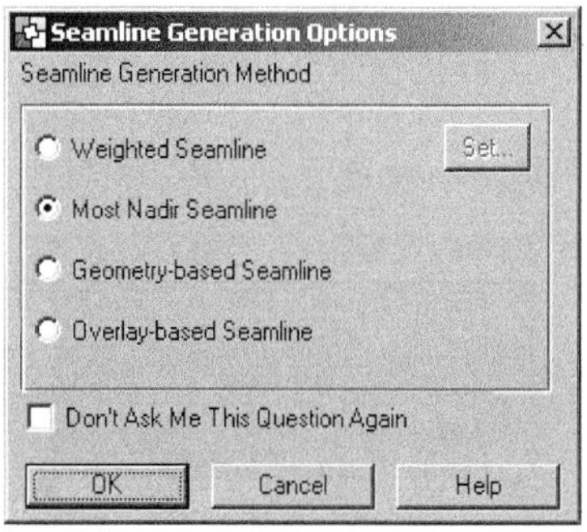

图 18-31 **Seamline Generation Options 对话框**

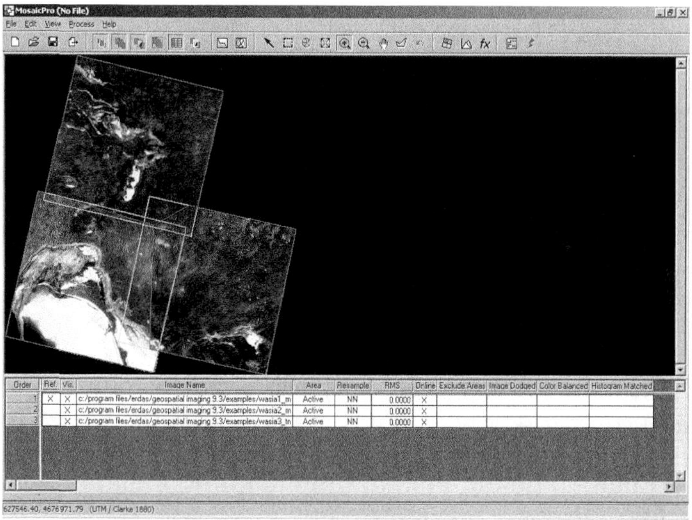

图 18-32 要绘制的镶嵌多边形

④ 单击图标，可放大到镶嵌线区域。

⑤ 单击图标，可绘制和编辑镶嵌多边形。

第 4 步：图像色彩调整

① 在 MosaicPro 菜单条中单击 Edit | Color Corrections 命令，或在 MosaicPro 工具条中单击图标，打开 Color Corrections 对话框（图 18-33）。

② 选中 Use Color Balancing 复选框。

③ 单击右侧的 Set 按钮，打开 Set Color Balancing Method 对话框（图 18-34）。

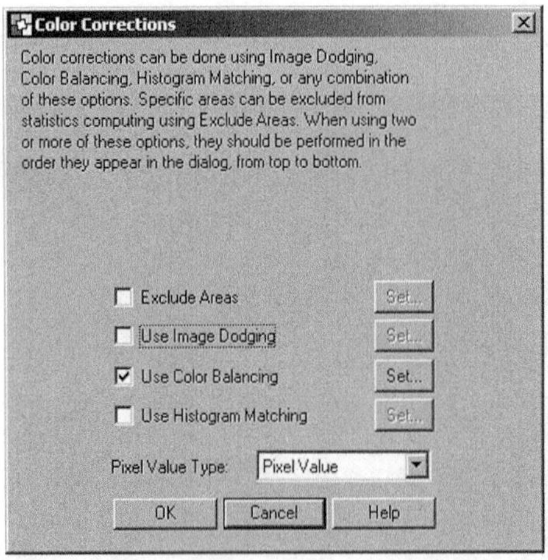

图 18-33　Color Corrections 对话框

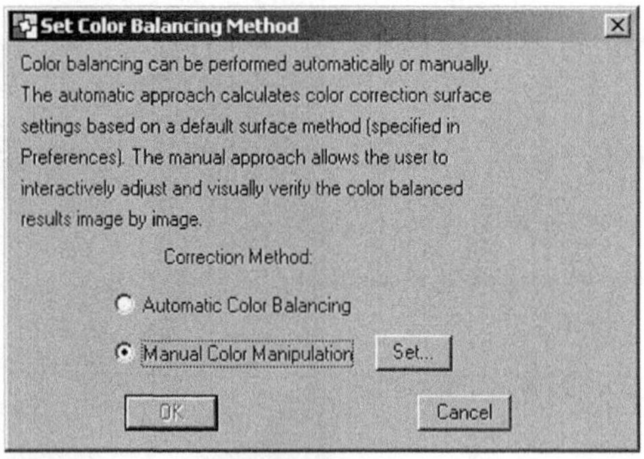

图 18-34　Set Color Balancing Method 对话框

④ 选中 Manual Color Manipulation 单选按钮。

⑤ 单击右侧的 Set 按钮，打开 Mosaic Color Balancing 窗口（图 18-35）。

⑥ 单击 Reset Center Point 按钮。

⑦ 选中 Per Image 单选按钮。

⑧ 选择表面方法（Surface Method）为 Linear。

⑨ 单击 Compute Current 按钮。

⑩ 单击 Preview 按钮（图 18-36）。

⑪ 单击 Accept 按钮，接受设置的参数。

⑫ 通过最上面的图标◀◀、▶▶选择图像，重复步骤⑦～⑪，对另外两幅图像进行色彩调整。

⑬ 单击 Close 按钮，接受上述调整。

⑭ 单击 OK 按钮(关闭 Set Color Balancing Method 对话框)。

第 5 步：直方图匹配

① 在 Color Corrections 对话框（图 18-33）中选中 Use Histogram Matching 复选框。

② 单击右侧的 Set 按钮，打开 Histogram Matching 对话框（图 18-37）。

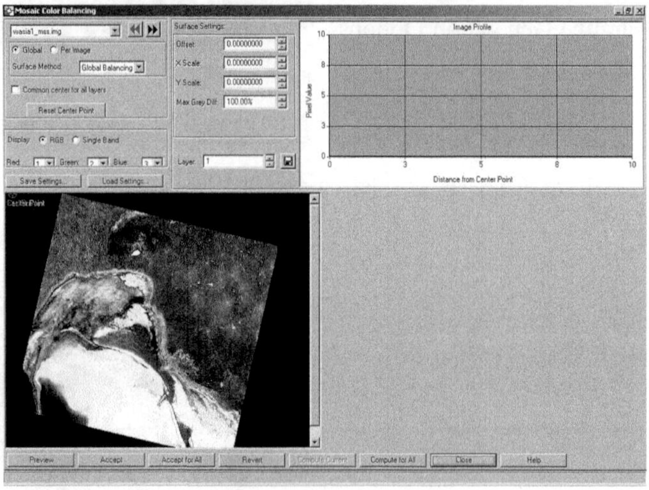

图 18-35　Mosaic Color Balancing 窗口

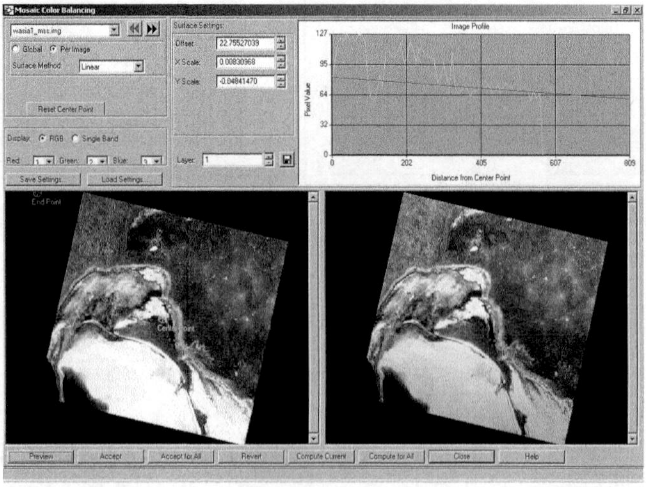

图 18-36　Mosaic Color Balancing 窗口（色彩调整后）

③ 选择匹配的方法（Matching Method）为 Overlap Areas。

④ 选择直方图类型（Histogram Type）为 Band by Band。

⑤ 单击 OK 按钮（关闭 Histogram Matching 对话框）。

⑥ 单击 OK 按钮（关闭 Color Corrections 对话框）。

第 6 步：预览镶嵌图像

① 在 MosaicPro 工具条中单击图标，选择要预览的区域。

② 单击 Process | Preview Mosaic for Window 命令。

③ 当任务条达到 100%时，单击 OK 按钮，预览镶嵌图像（图 18-38）。

④ 预览结束后，单击 Process | Delete the Preview Mosaic Window 命令。

第 7 步：设置镶嵌线功能

① 在 MosaicPro 工具条中单击图标 fx，打开 Set Seamline Function 对话框（图 18-39）。

② 选中 No Smoothing 单选按钮，表示不进行平滑处理；如果选中 Smoothing 单选按钮，距离（Distance）是以 m（meters）为单位来测量的。

③ 选中 Feathering 单选按钮。

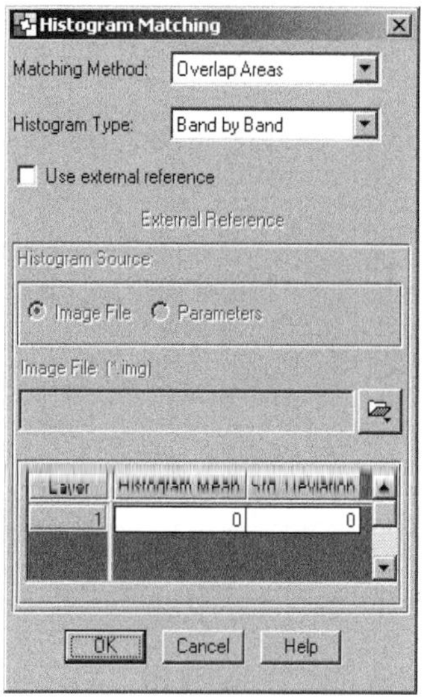

图 18-37 **Histogram Matching 对话框**

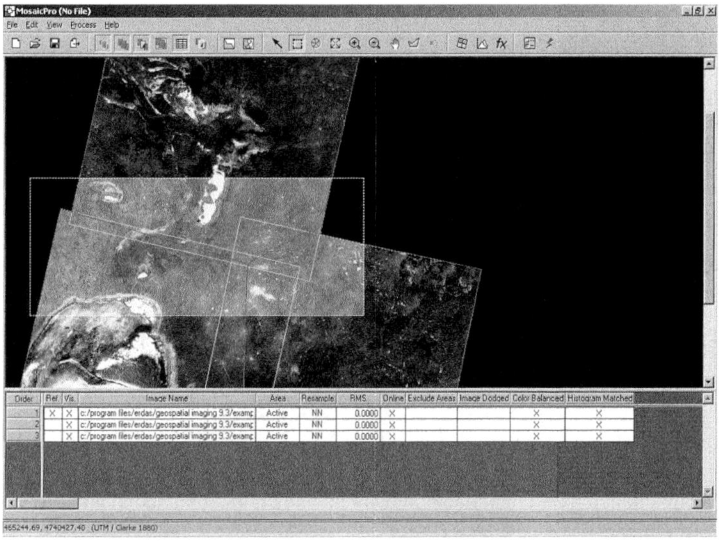

图 18-38 预览框选图像

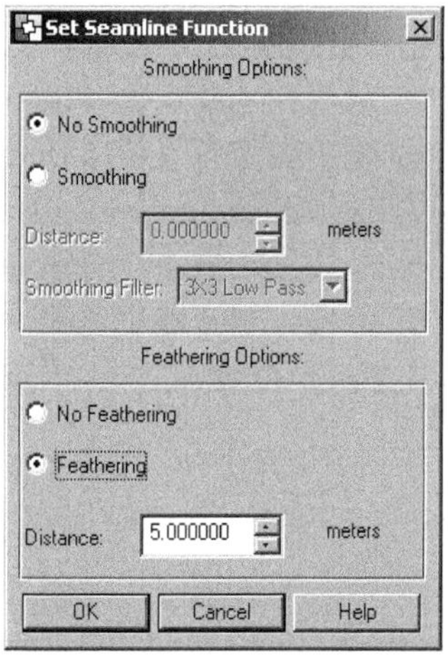

图 18-39 **Set Seamline Function 对话框**

④ 设置距离（Distance）为 5.000000，这个距离的单位是地图单位（map units）。

⑤ 单击 OK 按钮（关闭 Set Seamline Function 对话框）。

第 8 步：定义输出图像

① 在 MosaicPro 工具条中单击图标，打开 Output Image Options 对话框（图 18-40）。

② 选择定义地图区域输出（Define Output Map Area（s））的方法为 Union of All Inputs。

③ 单击 OK 按钮（关闭 Output Image Options 对话框）。

第 9 步：运行镶嵌功能

① 在 MosaicPro 菜单条中单击 Process | Run Mosaic 命令，打开 Output File Name 对话框（图 18-41）。

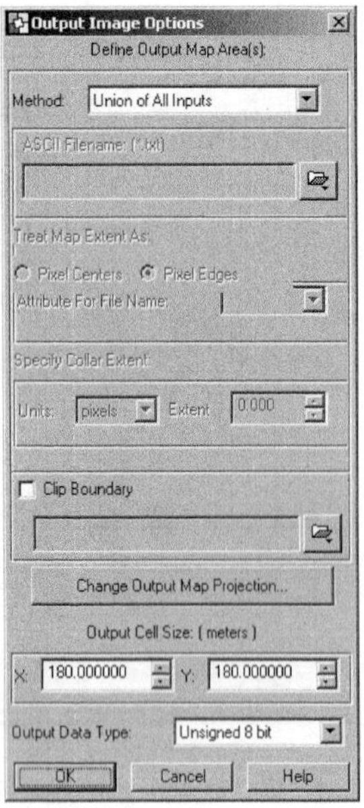

图 18-40 **Output Image Options 对话框**

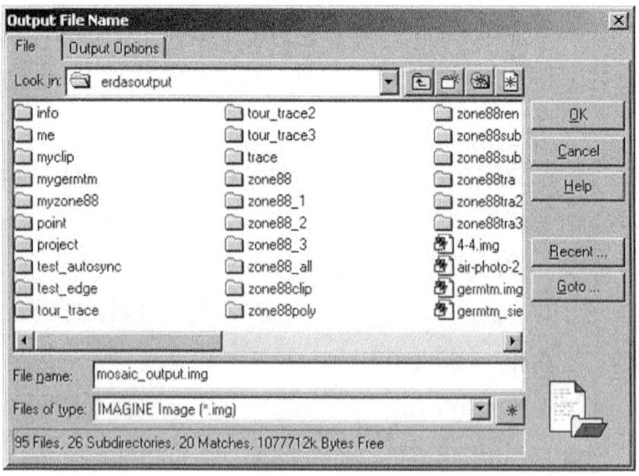

图 18-41 **Output File Name 对话框**

② 确定输出图像文件名（File name）。

③ 单击 Output Options 标签，进入 Output Options 选项卡（图 18-42）。

④ 确定输出（Output）图像区域为 All。

⑤ 忽略输入图像值（Ignore Input Values）为 0。

⑥ 输出图像背景值（Output Background Value）为 0。

⑦ 选中 Stats Ignore Value 复选框，设置统计时忽略值为 0 的区域。

⑧ 单击 OK 按钮（关闭 Output File Name 对话框，运行图像镶嵌）。

第 10 步：显示镶嵌结果

在 ERDAS IMAGINE 重新打开一个窗口，加载镶嵌后的图像，结果如图 18-43 所示。

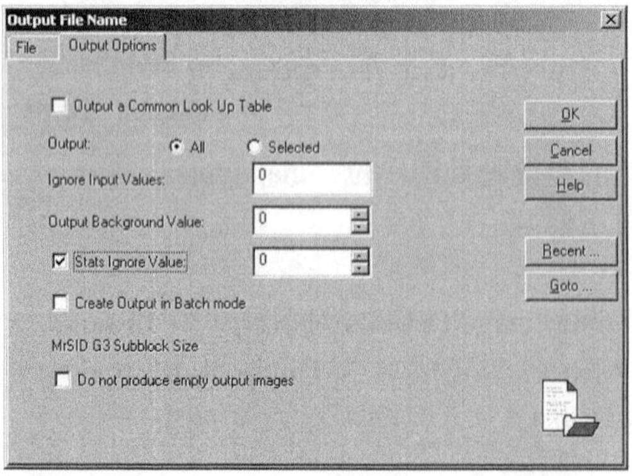

图 18-42 **Output File Name 对话框（Output Options 选项卡）**

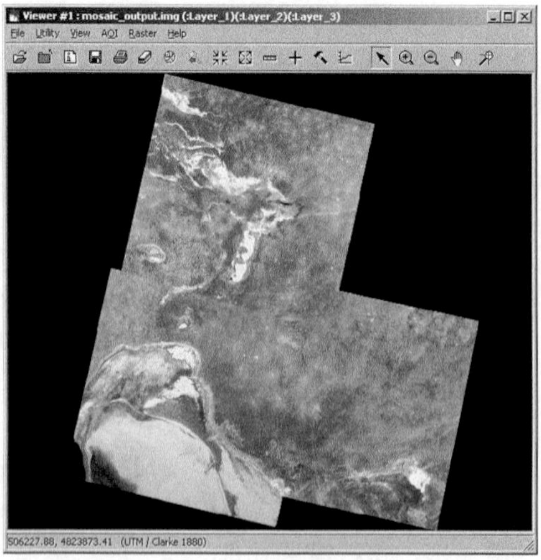

图 18-43 **图像镶嵌后的结果**

18.2.3 图像匀光处理

本节采用例子数据\examples\image-dodge-bright-spot.img 来单独介绍图像匀光处理功能。

第 1 步：启动高级图像镶嵌工具

具体的启动方法参见 18.2.1 节第 3 步。

第 2 步：加载 Mosaic 图像

加载的具体过程参见 18.2.1 节第 4 步。

第 3 步：生成镶嵌多边形

① 在 MosaicPro 工具条中单击图标，打开 Seamline Generation Options 对话框（图 18-31）。

② 选中 Most Nadir Seamline 单选按钮。

③ 单击 OK 按钮，生成镶嵌多边形。

第 4 步：执行图像匀光处理

① 在 MosaicPro 菜单条中单击 Edit | Color Corrections 命令，打开 Color Corrections 对话框；或在 MosaicPro 工具条中单击图标，打开 Color Corrections 对话框（图 18-33），选中 Use Image Dodging 复选框；

② 单击右侧的 Set 按钮，打开 Mosaic Image Dodging 窗口（图 18-44）。

③ 在显示设置（Display Setting）中确定波段选择 Red:1、Green:2、Blue:3。

④ 在统计（Statistics Collection）参数中可以根据需要设置像元大小（Grid Size）、采样因子 X（Skip Factor X）和 Y（Skip Factor Y）。本次选择默认值 10、3、3。

⑤ 在金字塔层（Pyramid Level）设置中，如果选择了大于 1 的金字塔水平，采样因子（Skip Factor）将是不起作用的。本次选择 1：1。

⑥ 单击 Preview 按钮，预览图像（图 18-45）。

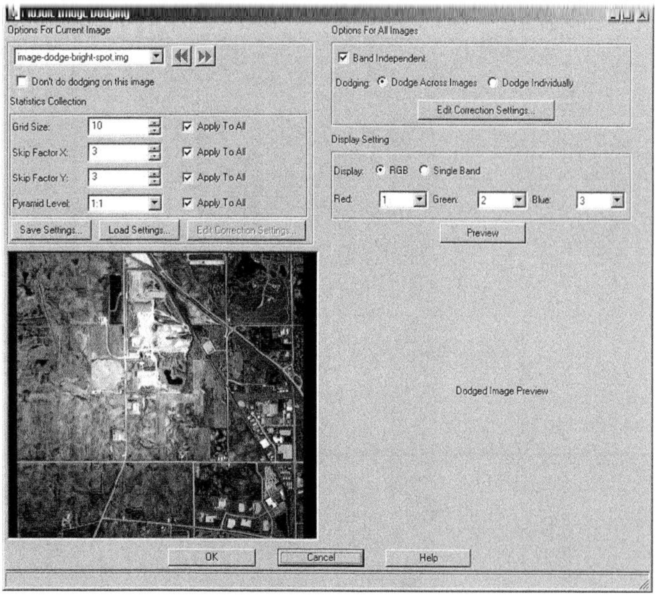

图 18-44 **Mosaic Image Dodging 窗口**

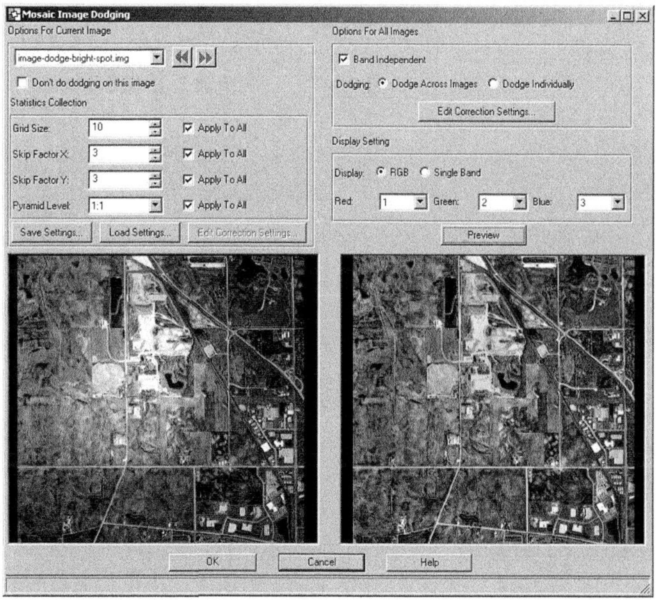

图 18-45 **Mosaic Image Dodging 窗口（预览）**

⑦ 单击 OK 按钮，打开 Attention 对话框（图 18-46）。

⑧ 单击 Yes 按钮，等待统计。

⑨ 单击 OK 按钮（关闭 Color Corrections 对话框）。

第 5 步：定义输出图像

定义输出参数、运行镶嵌功能以及图像输出，具体的过程参见 18.3.1 节第 9 步。此次处理后的结果如图 18-47 所示。

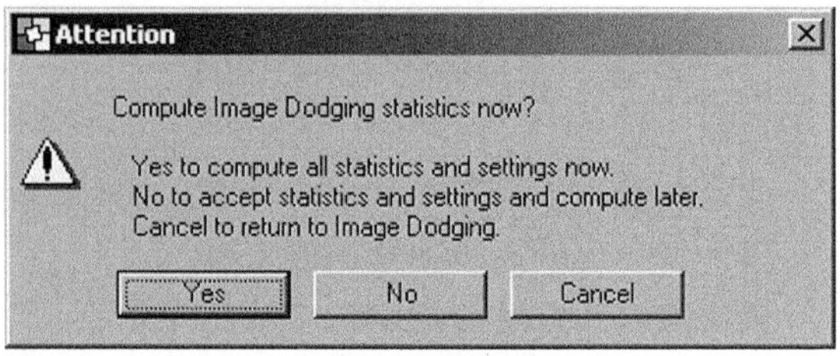

图 18-46 **Attention 对话框**

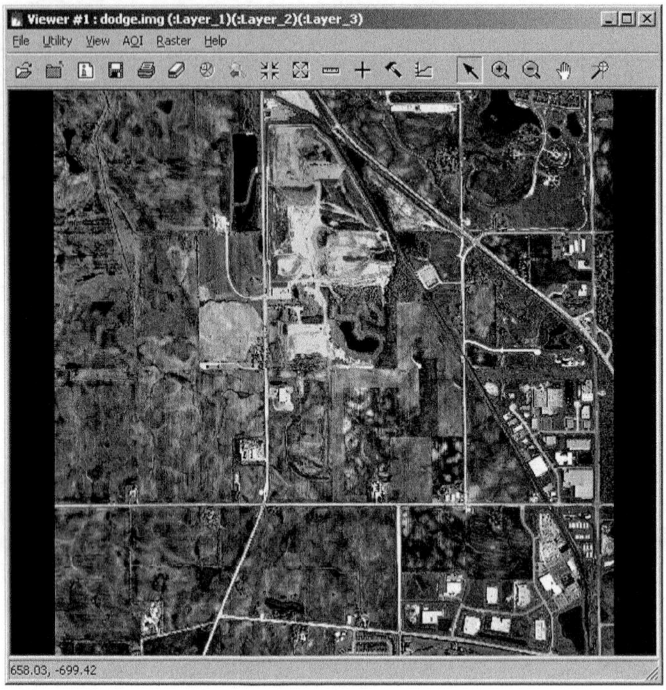

图 18-47 匀光处理后的结果

第 19 章　数字摄影测量

本章学习要点

- 数字摄影测量基本原理
- 数字摄影测量一般过程
- LPS 工程管理器概述
- 摄影图像摄影测量处理
- 数码图像摄影测量处理
- 扫描图像摄影测量处理

19.1　数字摄影测量基本原理

由于航空图像和卫星图像的原始数据存在着一定的几何变形，这种几何变形是由各种各样的系统误差和非系统误差引起的，诸如相机和传感器的旋转、地形的起伏、地球的曲率、扫描误差和量测误差等。如果在没有经过校正处理的图像上直接进行量测，所获取的空间信息是不可靠的，其用途是非常有限的。数字摄影测量处理是对遥感图像进行校正处理的基本方法。

19.1.1　数字摄影测量处理过程

数字摄影测量处理的过程一般包括如下 6 个步骤。

第 1 步：图像数字化转换

图像数字化转换的目的是将航空或航天的摄影类图像数字化为数字图像，并以二维像元灰度矩阵表示。像元大小在图像上一般为 50×50μ、25×25μ，像元灰度为 0～255 中的某一个值。数字化之后的数字图像存储在硬盘。如果直接使用遥感所获取的数字图像，这一步省略。

第 2 步：数字图像的定向

数字图像的定向包括整幅数字图像的内定向、相对定向和绝对定向，以确定相关参数。

内定向：确定扫描坐标系和像平面坐标系的关系。为此要利用图像匹配（相关）技术或其他方法自动确定数字图像中框标的坐标 u、v，根据框标在像平面坐标系中的坐标 x、y，用平差方法确定内定向参数，即两坐标系的仿射变换参数。

相对定向：用图像匹配算法自动确定立体数字图像中的相对定向点的像坐标，用解析摄影测量相对定向解算相对方向参数τ_1、τ_2、k_1、k_2、ε。

绝对定向：用已知控制点的像坐标和内定向参数计算控制点在一幅数字图像中的坐标，用图像匹配算法自动确定它们在另一幅数字图像中的坐标，利用空间前方交会公式计算控制点的模型坐标 X_M、Y_M、Z_M。然后根据控制点的已知地面坐标 X_G、Y_G、Z_G和 X_M、Y_M、Z_M求解绝对定向参数Φ、Ω、K、λ、X_0、Y_0、Z_0。

第 3 步：数字图像处理

数字图像处理包括数字图像像元按扫描坐标系排列变换为按核线方向排列，且对图像进行增强和特征提取。

按核线重排数字图像：原始数字化图像像元按扫描坐标系 u、v 轴方向规则排列，为了利用相应像点比在相应核线上这一几何约束特点，应重新为原数字图像按核线方向逐条核线排列，使图像匹配只需在核线方向做一维搜索相应像点。

图像增强处理：为了改善图像质量和图像匹配的可靠性，对按核线排列的数字图像进行图像增强提高反差、特征提取等处理。

第 4 步：建立数字地面模型

建立数字地面模型包括沿核线的一维图像匹配、计算点的模型坐标、建立带图像灰度值的数字地面模型。

图像匹配：目的是用图像匹配算法自动确定密集的相应像点对及其坐标。通常为方便起见，假定先在左图像上按核线方向构成一个按规则格网排列的二维点阵，点阵之间根据需要选定这些点作为已知点，用图像匹配确定其在右图像上的相应像点。显然，由于地形起伏和图像倾斜角的影响，在右图像上相应像点构成半规则格网，即 y 方向是等间隔的，x 方向是任意的。

确定点的模型坐标：根据相应像点左右图像的像坐标和相对方向参数计算各点的模型坐标，显然这些点在模型上是随机分布的。

确定点的地面坐标：根据各点模型坐标和绝对定向参数计算各点的地面坐标。

建立规则格网 DEM：用随机分布的离散点，内插成为地面坐标系中规则排列的各点之高程，构成数字地面模型 DEM。

第 5 步：生成数字等高线

根据规则格网 DEM，采用一定的插值算法生成数字等高线。具体过程是首先在 DEM 中按规定的等高线间隔跟踪等高线离散点，然后光滑加密形成数字等高线数据。

第 6 步：生成正射数字图像

正射数字图像：用数字正射投影（数字微分校正）技术将原数字图像校正为正射图像。如果将数字等高线与数字正射图像套合，即产生带等高线的正射数字图像。

19.1.2 数字图像的内定向

第 1 步：框标的自动搜索

根据框标的几何图形，采用专用的框标识别程序自动搜索框标中心。只要在框标扫描图像区中找到任何一条直线，沿这条扫描线搜索就可找到小黑点——框标。

由于小黑点被若干像元覆盖，为了提高识别框标的精度，可以用最黑点像元及其左右两个相邻像元的灰度 D_0、D_1、D_3（D_0 为最黑点像元的灰度，J_0 为其扫描坐标），再用二次曲线拟合，并内插出最黑点的扫描坐标改正数ΔJ

$$\Delta I = -\frac{D_3 - D_1}{2(D_1 + D_3 - 2D_0)} \tag{19-1}$$

若 D_1、D_3 为扫描方向的像元灰度，则计算得ΔJ。框标的坐标为

$$\begin{cases} I = I_0 + \Delta I \\ J = J_0 + \Delta J \end{cases} \tag{19-2}$$

这样就使得框标的扫描坐标 I、J 达到子像元的精度。

第 2 步：内定向参数的计算

像坐标 x、y 与扫描坐标系坐标 I、J 的关系可用下式计算

$$
\begin{cases} x = m_0 + m_1 I + m_2 J \\ y = n_0 + n_1 I + n_2 J \end{cases} \tag{19-3}
$$

4 个框标的 x、y 由框标坐标检定值得到，I、J 是框标在扫描坐标系中坐标。4 个框标可列 8 个方程，用平差方法可求解 6 个内定向参数 m_0、m_1、m_2、n_0、n_1、n_2。利用上述公式，在已知像元的扫描坐标 I、J 时，即可求得其像坐标 x、y。

相对定向和绝对定向用常规方法确定。

第 3 步：变形改正设置与计算

变形改正：摄影图像数字化时，数字图像在 x 方向产生变形，除内定向经过仿射变换改正之外，仍残留部分高次项的影响。改正方法是对控制点用二维数字相关求出视差（像坐标），用空间前方交会计算控制点的大地坐标，根据高程不符值计算二次多项式改正系数，在建立 DEM 时用这些系数对高程进行改正。

19.1.3 图像核线数字相关

数字相关：对于图像核线数字相关，开始几条核线采用分频道的多层相关算法。开始相关时，由于缺乏预测相关点位的视差信息，在连续的几条核线上使用分频道相关。选择其中相关结果最好的一条核线，并用与其相邻的几条核线的相关结果剔除相关粗差和进行视差平滑处理。以后核线的相关以此作为预测的基础，在已相关核线上的视差预测待相关点位，并根据这个预测点位对搜索区进行成形处理，即对搜索区进行比例尺改正和重采样。预测点位一般可达到±3 像元，所以应在搜索区内预测点和其左右各 3 个像元位置上计算 7 个相关系数。用几条相邻核线组成二维目标窗口和搜索区，搜索仍沿核线做一维搜索。其作用是在目标区长度有限的条件下，增加目标区和搜索区信息容量，提高相关结果的可靠性。

采用多重判据提高相关结果的可靠性：根据分析，单一判据可能会产生相关结果出现粗差，可以采用相关系数、相关系数的一阶差分、目标区与搜索区像元灰度的方差、相邻相关点的视差之差以及相关点位与预测点位之差等判据，综合确定相关点位。

粗差剔除：相关结果中粗差是难以避免的，对于相关结果必须进行粗差检测和改正。对于低反差区域，难以得到正确的视差；对于一般地区，每一个点都可以用附近若干个点的视差，按二次曲线拟合，检测该点的视差，若拟合值与相关结果之差大于 3 倍标准差，则视为粗差，并相应地进行改正，这种方法属于后处理，可有效剔除粗差。

19.1.4 建立规则格网 DEM

首先利用核线数字相关获得的相应像点坐标及已知的定向参数（内定向参数和像片的外方位元素），由前方交会计算像片矩形格网的 DEM。然后将这些在地面上为随机分布的点（X、Y、Z 已知）进行内插，成为地面上规则格网的 DEM，并按先前的变形改正参数对各点高程进行改正，以进一步消除数字图像的变形。

对各模型的 DEM 进行接边，剔除粗差并内插正确高程，接边处取相邻模型的平均值。DEM 的检查是利用检查点进行的。剔除粗差是人工量测的，根据检查点的像坐标和像片的定向参数，用前方交会公式计算检查点的大地坐标（X、Y、Z）$_{计}$；利用检查点所在像片格网 DEM 中某一格网四角的大地坐标（由相关结果所计算），用双线性内插确定检查点的内插值 Z $_{内插}$，计算

$Z_{计}-Z_{内插}$之差，计算所有检查点上高程余差之中误差，用以评定相关的高程精度。

形成数字等高线：根据地面规则格网 DEM，在 DEM 中跟踪每一条等高线与格网的交点，形成离散等高线点列，并通过对这些离散点进行光滑处理得到密集的光滑的等高线点列，形成数字等高线。将等高线点所经过的像元灰度赋以最大灰度值（加黑），计曲线不仅加黑，还要加粗，则形成等高线图像或带等高线的数字图像。

19.1.5 图像正射校正处理

当已知数字图像的外方位元素和相应摄影地区的数字高程模型（DEM）时，可以根据相应的数学模型将数字图像校正为正射投影的数字图像，并可在图像输出装置上晒印正射像片。这个过程叫做数字图像校正或数字校正。

航摄像片数字化后的数字图像以及其他类型和传感器获取的数字图像与地面点的几何关系均有正解和反解公式，它们一般可表示成

$$\begin{cases} X = F_x(x,y) \\ Y = F_y(x,y) \end{cases} \tag{19-4}$$

和

$$\begin{cases} x = F_x(X,Y) \\ y = F_y(X,Y) \end{cases} \tag{19-4a}$$

式（19-4）和式（19-4a）分别为直接数字校正变换公式和间接数字校正变换公式。对不同传感器和摄影机取得的数字图像进行数字校正时，可根据图像的几何性质分别考虑：在航天摄影条件下，由于地形起伏的影响很小且姿态的稳定性好，在大多数应用中，可以把变换函数 F_x、F_y、f_x、f_y，近似当做物方和像方两平面间的变换，最简单的是用多项式进行变换。如图 19-1 所示。图中带“×”的点为分块的角点，采用共线条件方程计算其校正坐标；带“.”的点为小块内的像元，采用双线性内插进行变换。这样就大大地减少了计算时间，加快了速度。数字校正分块的原则一般是在正射像片上分块的角点就是数字地面模型的格网节点。某节点高程已知，在用共线条件方程计算时 Zi 就是已知的。由于采用了分块数字校正，通常又将数字校正称为数字微分校正。数字微分校正按照使用共线条件方程式时是输入 x、y 求解 X、Y，还是输入 X、Y 计算 x、y 而分成直接法和间接法两类。

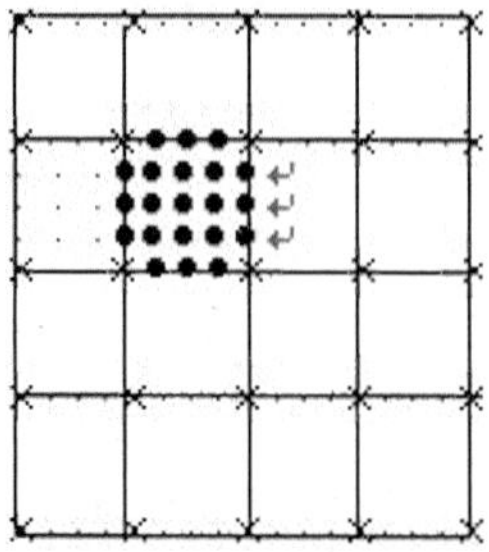

图 19-1 像元内插变换

1. 直接法数字微分校正

直接法数字微分校正是根据像元的 x、y 及其 Z 值，计算校正像元的坐标 X、Y，公式为

$$\begin{cases} (X-X_s) = (Z-Z_s)\dfrac{a_1x+a_2y-a_3f}{c_1x+c_2y-c_3f} \\ (Y-Y_s) = (Z-Z_s)\dfrac{b_1x+b_2y-b_3f}{c_1x+c_2y-c_3f} \end{cases} \tag{19-5}$$

直接法数字微分校正可以直接利用存储在计算机的数字图像基于各像元的像坐标$(x, y)_i$和外方位元素及 Z_i 值，可以用式（19-5）计算各像元的校正坐标$(X, Y)_i$，理论上，只要将像坐标

(x，y)$_i$ 的像元灰度 g_i 赋予校正坐标(X，Y)$_i$ 上的像元即可。但是经过校正之后各校正像元的(X，Y)$_i$ 就不再是按规则格网排列的，而是按离散不规则排列的，必须经过重采样将离散不规则排列的灰度阵列转变为规则排列的像元灰度阵列。如图 19-2 所示，（a）图为待校正的数字图像，是按规则格网排列的像元灰度阵列；（b）图为校正后不规则分布的正射图像；（c）图为经过重采样的规则排列的正射图像。

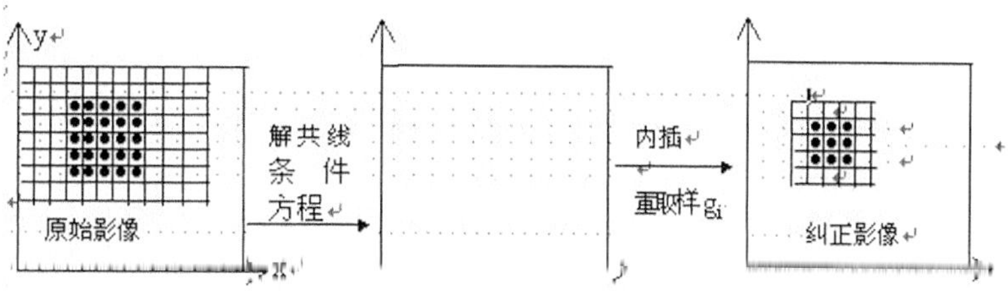

（a）　　（b）　　（c）

图 19-2　直接法数字微分校正

在计算式（19-5）中，为了求得 *X*、*Y* 还必须已知每一个像元的物方点的相对航高($Z-Z_s$)，在利用 DEM 作数字微分校正时，可用逐次趋近法求出（$Z-Z_s$）。设像元坐标为（x_i，y_i），计算过程如下。

（1）计算像元的近似地面坐标（X'_i，Y'_i），将外方位元素、像点坐标和 Z_i=Z 平均（或利用已校正像元的 Z 值）代入式（19-12）计算。

（2）求（X'_i，Y'_i）的高程。在 DEM 中求出与（X'_i，Y'_i）邻近的 4 个格网节点，用 4 个节点的高程按双线性内插算法求得（X'_i，Y'_i）点的高程。

（3）对 Z_i 改正，求得 Z'_i。

（4）用 Z'_i 代入（19-5）式计算（X_i，Y_i）。

（5）重复（2）、（3）操作步骤，直到（X_i，Y_i）与（X'_i，Y'_i）之差小于规定的限差为止，则（X_i，Y_i）为（x_i，y_i）的正射投影位置。将（x_i，y_i）像元灰度赋予（X_i，Y_I）校正像元。

完成全部图像微分校正后，再将不规则排列的像元内插为规则排列的像元，即得到正射投影的数字图像。

2．间接法数字微分校正

间接法数字微分校正利用已知校正点的坐标 *X*、*Y* 和 *Z*，计算其在待校正数字图像中的坐标（x，y），计算式（19-6）。

$$\begin{cases} x=-f\dfrac{a_1(X-X_s)+b_1(Y-Y_s)+c_1(Z-Z_s)}{a_3(X-X_s)+b_3(Y-Y_s)+c_3(Z-Z_s)} \\ y=-f\dfrac{a_1(X-X_s)+b_1(Y-Y_s)+c_1(Z-Z_s)}{a_3(X-X_s)+b_3(Y-Y_s)+c_3(Z-Z_s)} \end{cases} \tag{19-6}$$

由于计算坐标（x，y）不是正好位于扫描数字图像的像元中心上，要求得到（x，y）的灰度值，一般可用重采样的方法（如用邻近点法）确定（x，y）的灰度值 g_i，并将 g_i 赋予校正像元（X，Y），这就得到校正后的像元灰度。间接法数字校正的原理如图 19-1 所示。

对于航空摄影图像，间接法数字微分校正一般采用分块校正的方案，分块的大小原则上应与数字地面模型的格网一样，每个格网点实现严格的校正，即利用共线条件方程式（一般为邻近点法）求得（x，y）处的灰度 g_i，将 g_i 赋予正射图像上位于（X_K，Y_K）（X_K=X/M_K，Y_K=Y/M_K，M_K 为正射图像比例尺分母）处的正射像元，作为校正像元的灰度。4 个格网节点内的校正像元，则用双线性内插方法确定。假设 a_0、b_0、c_0、d_0 为数字地面模型某一个格网 4 角节点在正射像片上的正射投影位置，a'、b'、c'、d'为倾斜像片上格网节点的中心投影位置，而 a_0、b_0、c_0、d_0 之中的各像元的灰度值可根据倾斜像片上 a'、b'、c'、d'的坐标内插求出。即用 a'、b'、c'、d'与 a_0、b_0、c_0、d_0 各点的坐标差，按双线性内插求出 a_0、b_0、c_0、d_0 中任一像元（x_K，y_K）在 a'、 b'、c'、d'中的像坐标（x，y）$_i$；并用邻近点法求得（x，y）$_i$的灰度 g_i，将它赋予正射校正图像（X_K，Y_K）。

对于 SPOT 卫星图像，几何校正需要解算 12 个参数，其过程一般分为以下几个步骤。

（1）选取控制点。控制点尽可能精确（图像位置和大地坐标），且需要均匀分布于图像上，数量适宜（控制点为 20～25 个，参考检查点为 30 个左右）。

（2）坐标转换。将所有控制点、检查点的地面坐标转换为切平面坐标，其中切平面坐标系原点为图像中心所对应的地面点。

（3）数字高程模型 DTM 格网准备。

（4）确定外方位元素初值。一般地，可取$\Delta Z's=0$, Zs 取轨道高度为 832KM，$\Delta\phi$、$\Delta\omega$、ΔK 可参照公布的 SPOT 卫星姿态变换参数作为初值，其余 7 个参数按一定方法估算。

（5）外方位元素解算及精度评定。迭代解外方位元素，给定两次求解误差阈值，两次求解结果之差小于阈值则解算运算结束，并检查求解精度。

（6）同名点计算。这一步骤主要在前面的 DTM 格网点上进行，其结果形成两组数据：一组是地面格网点的地面坐标，另一组是对应的图像坐标。

（7）格网坐标内插、灰度内插完成微分校正。针对两组格网数据，逐格网内插，一般采取双线性内插法进行计算。

19.2 LPS 工程管理器

LPS 工程管理器是一个基于 Windows 的综合数字摄影测量软件包，可以对来自不同类型的航空遥感相机及卫星传感器的图像进行快速和精确地三角测量和正射校正，与传统的三角测量和正射校正相比，可以极大地减少费用和时间。LPS 工程管理器可以处理的图像包括航空图像、卫星图像、数字相机及视频的图像等，用于获取空间信息。

19.2.1 LPS 工程管理器功能概述

要对数字图像进行校正，有多种可供选择的几何模型方法，诸如多项式变换（Polynomial Transformation）模型、基于射线的多面体函数（Multi-Surface Function-Radial Basis）、有限元素分析法（Finite Element Analysis-Rubber Sheeting）、共线方程法（Collinearity Equations）等，实践中应该根据数据源及数据的可靠性选择最适合的模型方法。而其中基于共线方程的正射校正方法是 LPS 工程管理器中使用频率最高、获得结果最可靠的一种方法，该方法将获取图像的传感器或相机旋转、地形位移及地球曲率等因素，综合在同一模型中进行处理。

LPS 工程管理器是 LPS 的主要组成部分，提供了一个易于使用的数字摄影测量环境，能够快速和精确地对各种类型的航空图像和卫星图像进行三角测量和正射校正。LPS 工程管理器的正射校正可以将由于传感器或相机旋转、地形起伏以及在图像获取和处理过程中产生的位置误差全部剔除，生成具有平面无变形的正射图像。正射图像既具有地图的几何特性，又具有像片的图像质量，正射图像上的地物位于其正确的位置上，所以正射图像在几何精度方面等同于传统的线划测量地图。因此 LPS 工程管理器可以作为 GIS 获取空间信息的理想模块，正射图像可以作为 GIS 信息维护与更新的参考图像，以此为基础再应用 IMAGINE Vector 模块，可以很容易地获取地物类型信息，并建立与地物类型相关的空间及非空间特征属性。

当然，借助 LPS 工程管理器进行正射校正处理，需要解决下列一些相关问题。

- ❑ 在野外或室内，通过多种量测手段获取地面控制点（GCP）。

- ❑ 将地面控制点转移到多幅图像上，并进行质量控制，以便检测最终产品的综合精度。
- ❑ 处理各种摄影图像和卫星图像，包括标准航空摄影、数字摄影、成像产品、非专业的35mm 相机产品（地面摄影或倾斜摄影）、SPOT 扫描式图像、桌面扫描图像等。
- ❑ 集成来自于航空摄影、全球定位系统（GPS）和其他摄影测量中的各种定位数据。
- ❑ 完成多幅图像的自动三角测量，实现多幅图像的正射校正处理。

正射图像校正离不开三角测量（Triangulation）或工程三角测量（Block Triangulation）。三角测量就是在一个工程中建立多幅图像与相机、传感器模型及地面之间的数学关系，三角测量的结果将作为正射校正处理所需要的输入条件。传统的航空三角测量使用光学机械模拟技术和立体解析绘图仪，利用控制点扩展技术获取地面控制点，这就涉及到手工量测图像同名点来确定相应的地面坐标，这些点随即被标识为地面控制点用做其他应用。利用数字摄影测量的优点，使传统航空三角测量的功能具有更大的扩展。

LPS 工程管理器对于航空三角测量使用了一种被称为组合分块调整（Boundle Block Adjustment）的技术，使得每幅图像的内方位元素（Internal Geometry）以及重叠图像之间的关系易于确定，使图像同名点的确定与量测自动化。当某个数据块中（Data Block）涉及多幅图像时，该技术可以极大地简化对获取许多 GCP 点的需要。该技术具有 5 项独特的功能。

- ❑ 可以很方便地建立多种相机和传感器的模型，针对特定的相机和传感器建立内方位几何特征，校正系统误差。
- ❑ 确定工程项目中每幅图像获取时的位置与方向，导出图像的外方位元素参数，并极大地改进正射图像成果图的精度。
- ❑ 确定多幅图像重叠区域的高精度同名点地面坐标，便于从图像中产生地面控制点。
- ❑ 组合分块处理来自整个测区的信息，使用统计技术自动标识、分散或消除误差。
- ❑ 三角测量的结果就在于确定图像的位置和旋转角度，从而获取 DEM 和立体特征。

19.2.2 LPS 工程管理器视窗组成

在 ERDAS 图标面板中单击 LPS 图标，打开 LPS 工程管理器（LPS Project Manager）视窗（图 19-3）。

在正式开始使用LPS工程管理器之前，对 LPS 工程管理器（LPS-Project Manager）视窗的组成进行熟悉是非常必要的，包括其菜单组成、工具图标、快捷键等，在随后的具体操作中要使用这些菜单命令和工具图标。

1. LPS 工程管理器菜单命令

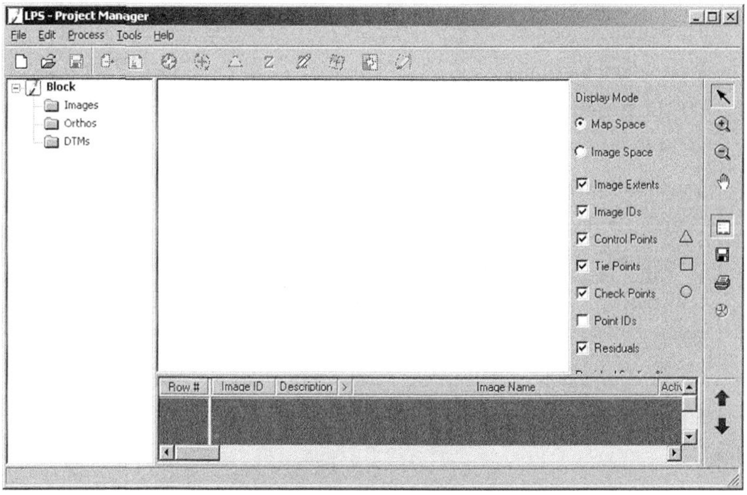

图 19-3 LPS 工程管理器（LPS-Project Manager）视窗

如图 19-3 所示，LPS 工程管理器视窗菜单条中共有 5 项菜单命令，每一项菜单命令有对应的一个包含若干命令的下拉菜单，各菜单命令对应的功能如表 19-1 所列。

表 19-1 LPS 工程管理器视窗菜单命令与功能

命令	功能
File：	文件操作：
New	新建工程文件
Open	打开工程文件
Save	保存工程文件
Save As	另存工程文件
Import SOCET SET Project	导入工程
Export To SOCET SET Project	导出工程
Register SOCET SET Project(s)	注册工程
Close	关闭工程视窗
Exit	退出工程管理器
Edit：	编辑操作：
Add Frame	加载图像
Frame Editor	图像信息浏览与编辑
Compute Pyramid Layers	计算图像金字塔层
Update Pyramid Layer Status	更新图像金字塔层状态
Delete Selected Image(s)	删除选择图像
Point Measurement	量测控制点与检查点
Block Properties	工程属性浏览与编辑
Auto. Tie Point Generation Properties	自动同名点生成属性
Triangulation Properties	三角测量属性设置
DTM Extraction Properties	DTM 提取属性
Process：	处理操作：
Automatic Tie Point Generation	自动同名点生成
Triangulate	三角测量
Block Triangulation	工程三角测量
Triangulation Report	三角测量报告
Project Graphic Status	工程图形表达
DTM Extraction	DTM 提取
DTM Extraction Report	DTM 提取报告
Interactive Terrain Editing	交互地形编辑
Ortho Rectification	正射校正
Resampling	正射校正采样
Calibration	正射校正标定
Mosaic	图像镶嵌
Feature Collection	特征提取
Stereo Analyst for IMAGINE	立体分析
Tools：	适用工具：
Configure SOCET Set Access	构建工程
Create New DTM	产生新的 DTM
Terrain Prep Tool	地形分析工具

续表

命令	功能
Help:	联机帮助:
Help for LPS	LPS 的联机帮助
Help for LPS Project Manager	LPS 工程管理器的联机帮助
About LPS	LPS 简介

2．LPS 工程管理器视窗工具图标

如图 19-3 所示，LPS 工程管理器视窗工具条中共有 13 个图标，其对应的命令及功能如表 19-2 所示。

表 19-2　LPS 工程管理器视窗工具图标与功能

图标	命令	功能
	New Block File	创建新的工程文件
	Open Existing Block File	打开工程文件
	Save Block Information	保存工程文件
	Add Frame	向工程中加载图像
	Frame Editor	图像信息浏览与编辑：在图像编辑对话框中确定每幅图像的内定向、外定向和框标坐标
	Point Measurement	量测控制点与检查点
	Auto Tie	自动同名点生成：进行块的组织、点的生成、点的转换、粗差检查和同名点的选择
	Triangulation	三角测量：对工程文件进行三角测量，估计工程中每幅图像获取的时间和位置、同名点坐标、内定向参数和其他参数
	DTM Extraction	DTM 提取：自动执行 LPS 地形提取操作
	DTM Editing	DTM 编辑：对各种 DTM 高程进行编辑，包括 DEM 和 TIN
	Ortho Resampling	正射校正采样：对三角测量的图像进行重采样，并获取正射图像
	Ortho Mosaicking	图像镶嵌
	Feature Collection	特征提取

3．LPS 工程管理器视窗图像列表

如图 19-3 所示，LPS 工程管理器视窗图像列表中罗列了工程文件中包含的所有图像以及每幅图像的相关参数，如表 19-3 所列。

表 19-3　LPS 工程管理器视窗图像列表数据项及其含义

列表数据项	数据项含义
Row #	用于选择图像文件供 LPS 工程管理器应用
Description	有关图像文件的描述信息，可以修改
Image ID	图像文件的数字型标识码，可以改变
>	表示当前处于选择状态的图像文件
Image Name	列出每幅图像的文件名及目标路径
Active	如果 Active 字段呈现“X”符号，表示该图像将参与 LPS 工程管理器的处理过程，诸如自动生成图像同名点、三角测量或正射校正

续表

列表数据项	数据项含义
	Active 后面的 5 个字段，分别以色彩表示 LPS 工程管理器中图像处理状态：绿色表示处理过程完成而且正确，红色表示处理过程还没有完成，具体如下 ❑ **Pyr** 说明图像金字塔层的存在与否 ❑ **Int** 说明图像的内方位元素是否已经量测 ❑ **Ext** 说明图像的外方位元素计算是否完成 ❑ **Ortho** 说明图像是否做过正射校正处理 ❑ **Online** 说明图像文件是否具有完整的路径

4．LPS 工程管理器键盘快捷键

LPS 工程管理器和 LPS 自动地形提取操作需要一些快捷键，便于利用键盘操作 LPS 工程管理器选项。

- ❑ **Alt+f** 显示文件（File）菜单。
- ❑ **Alt+e** 显示编辑（Edit）菜单。
- ❑ **Ctrl+p** 显示处理（Process）菜单。
- ❑ **Ctrl+f** 关闭（Close）工程文件。

19.3 摄影图像摄影测量处理

LPS 工程管理器可以处理各种各样的图像数据，诸如来自不同的摄影相机、不同的卫星传感器、不同的航空 GPS 数据等，处理过程涉及很多不同类型的几何模型。下面首先通过一个实例讲述大家比较熟悉的摄影相机模型，借助航空摄影相机所获取的摄影图像，介绍对航空摄影相机图像进行摄影测量处理的过程。

本实例所涉及的数据包括 3 幅有重叠的航空摄影图像（比例尺为 1:40000）、摄影相机获取图像时的内方位元素、图像重叠区域的地面控制点（GCP）、一个 USGS 的 30m 分辨率的 DEM 文件。需要完成的任务是对 3 幅有重叠的航空图像进行航空三角测量和正射校正处理。

19.3.1 摄影图像处理流程

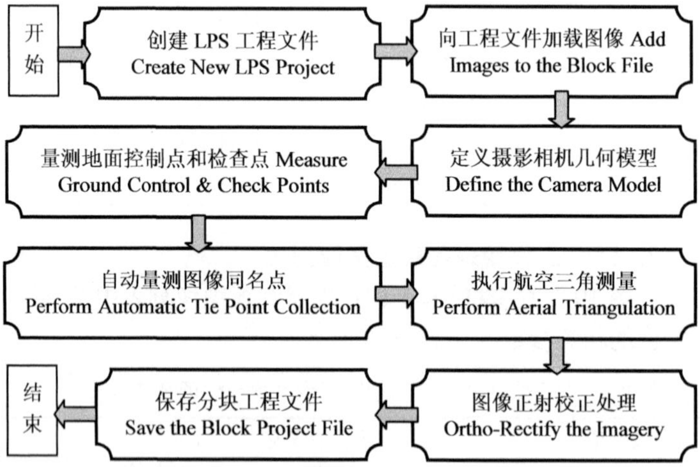

图 19-4 摄影图像摄影测量处理的一般流程

应用 LPS 工程管理器进行摄影图像摄影测量处理的一般流程如图 19-4 所示。

19.3.2 创建 LPS 工程文件

在应用 LPS 工程管理器完成摄影测量处理任务时，首先需要创建一个新的 LPS 工程文件

（分块文件——Block File），分块文件的扩展名是.blk。一个分块文件可能只由一幅图像组成，也可能由一条航摄带上相邻的若干图像组成，还可以由多条航摄带上的若干图像组成。分块文件*.blk是一个二进制文件，其中记录了 LPS 工程文件中所有图像的位置、相机参数、框标标记、GCP 量测坐标及相关信息。本节以处理由摄影相机获取的美国 Colorado Springs 地区的航空图像为例，介绍创建一个新的 LPS 工程文件的具体步骤。

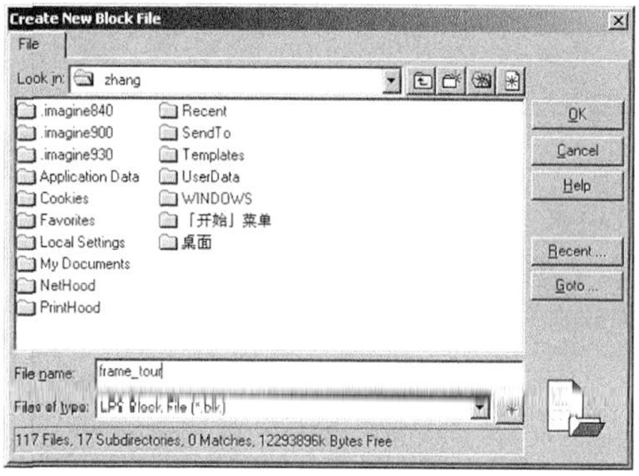

图 19-5 Create New Block File 对话框

在 ERDAS 图标面板工具条中单击 LPS 图标，打开 LPS 工程管理器（LPS-Project Manager）视窗（图 19-3）。

在 LPS 工程管理器视窗中进行如下操作。

① 单击 File | New 命令，打开 Create New Block File 对话框（图 19-5）。

② 在 Look in 下拉列表框中浏览并确定工程文件目录为 C:\Documents and Settings\zhang（用户根据处理的图像大小、硬盘容量等确定文件目录）。

③ 在 File name 文本框中确定工程文件名为 frame_tour.blk。

④ 单击 OK 按钮，关闭 Create New Block File 对话框，打开 Model Setup 对话框（图 19-6）。

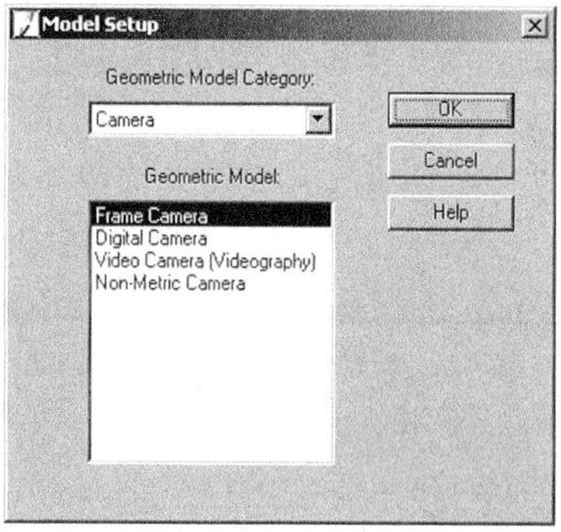

图 19-6 Model Setup 对话框（选择几何模型）

在 Model Setup 对话框中选择摄影相机模型。

① 在 Geometric Model Category 下拉列表框中选择 Camera。

② 在 Geometric Model 列表框中选择 Frame Camera 几何模型（摄影相机模型）。

③ 单击 OK 按钮，关闭 Model Setup 对话框，返回 Block Property Setup 对话框（图 19-7）。

在 Block Property Setup 对话框中定义工程属性参数。

① 在 Horizontal 选项区域（平面坐标系）中单击 Set 按钮，打开 Projection Chooser 对话框（图 19-8）。

② 打开 Standard 选项卡，开始地图投影信息定义过程。

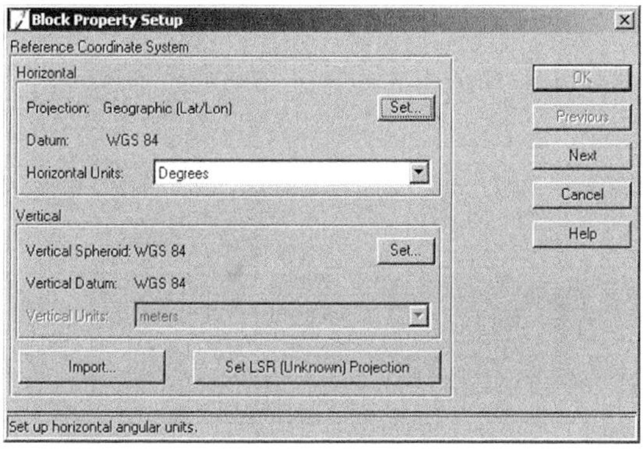

图 19-7 Block Property Setup 对话框

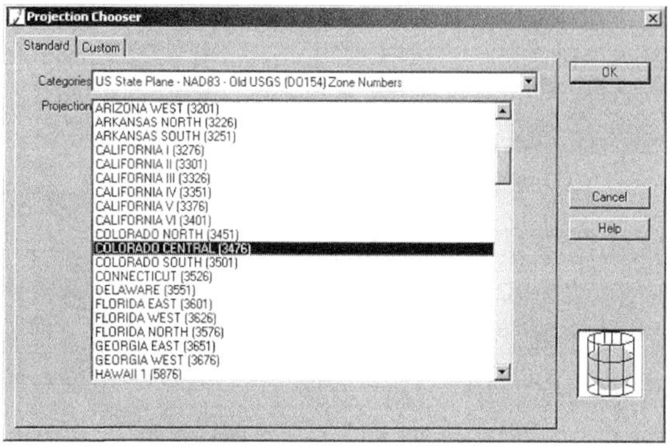

图 19-8 Projection Chooser 对话框

③ 在 Categories 下拉列表框中选择 US State Plane-NAD83-Old USGS (DO154) Zone Numbers。

④ 单击 Projection 滚动条，选择 COLORADO CENTRAL(3476)。

⑤ 单击 OK 按钮，关闭 Projection Chooser 对话框，返回 Block Property Setup 对话框。

⑥ 在 Horizontal Units 下拉列表框中选择 Meters。

⑦ 单击Next按钮，打开Block Property Setup 对话框 Set Frame-Specific Information 页面（图 19-9）。

⑧ 在 Average Flying Height（meters）微调框中输入平均飞行高度为 7000.000。

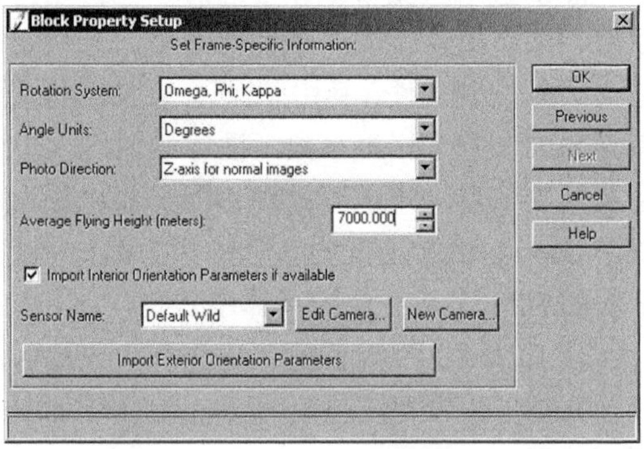

图 19-9 **Block Property Setup 对话框 Set Frame-Specific Information 页面**

⑨ 单击 OK 按钮，关闭 Block Property Setup 对话框。

19.3.3 向 LPS 工程加载图像

在 LPS 工程管理器视窗中进行如下操作。

① 右击LPS 工程管理器视窗左边的 Images 图标，在打开的 Images 菜单中单击 Add 命令，打开 Image File Name 对话框（图 19-10）。

② 在 Look in 下拉列表框中浏览确定图像文件目录为 \ERDAS\Geospatial Imaging 9.3\examples\LPS\ frame。

③ 在File name窗口中单击确定图像文件名为 col90p1.img。

④ 按下 Shift 键，单击 col92p1.img 图像，选中 3 幅图像。

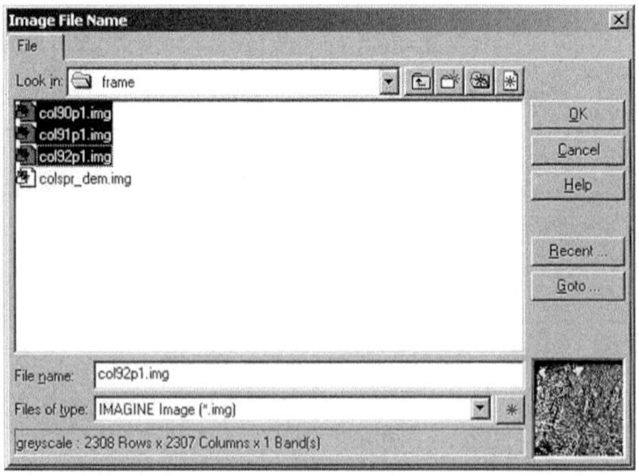

图 19-10 **Image File Name 对话框**

⑤ 单击 OK 按钮，关闭 Image File Name 对话框。col90p1.img、col91- p1.img、col92p1.img 3 幅图像同时加载到 LPS 工程管理器中（图 19-11）。

⑥ 单击 Images 前的符号“+”，打开 LPS 工程的图像列表。

加载图像之后，为了优化图像显示效果和有利于自动同名点获取，需要计算工程文件中所有图像的金字塔层，具体步骤如下。

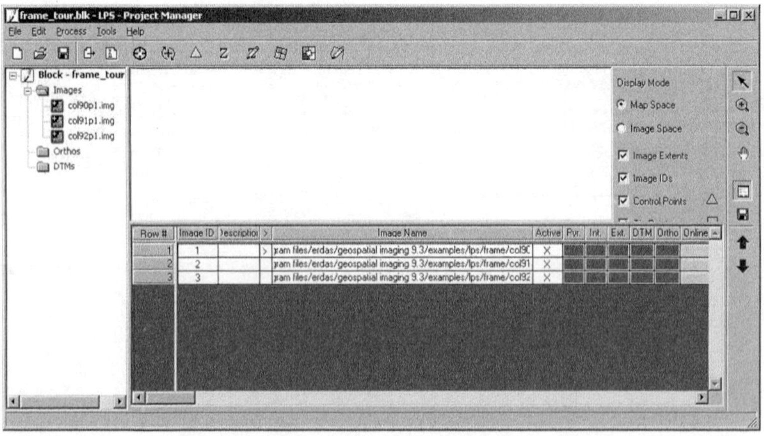

在 frame_tour.blk LPS

图 19-11 **LPS 工程管理器视窗（加载图像之后）**

工程管理器视窗中进行如下操作。

① 单击 Edit | Compute Pyramid Layers 命令，打开 Compute Pyramid Layers 对话框（图 19-12）。

② 选中 All Images Without Pyramids 单选按钮。

③ 单击 OK 按钮，计算已经加载的所有图像的金字塔层（计算完成后，对应图像的 Pyr 列显示为绿色）。

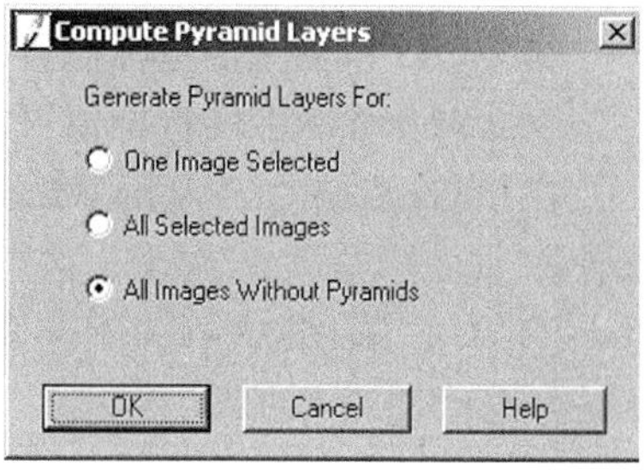

图 19-12 Compute Pyramid Layers 对话框

19.3.4 定义摄影相机几何模型

在定义摄影相机几何模型过程中，需要提供图像框标位置信息，以便得到获取图像时相机的内方位元素和外方位元素信息。

在 LPS 工程管理器视窗中单击 Edit | Frame Editor 命令，打开 Frame Camera Frame Editor 窗口（图 19-13）。

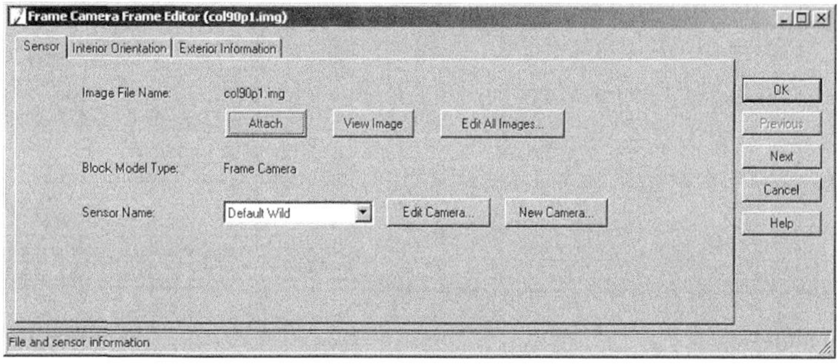

图 19-13 Frame Camera Frame Editor 窗口（Sensor 选项卡）

第 1 步：确定相机参数

在 Frame Camera Frame Editor 窗口中进行如下操作。

① 单击 New Camera 按钮，打开 Camera Information 对话框（图 19-14）。

② 单击 General 标签，进入 General 选项卡。

③ 在 Camera Name 文本框中输入相机名称为 Zeiss RMK A 15/23。

④ 可以在 Description 文本框中输入需要的有关描述（本例没有）。

⑤ 在 Focal Length（mm）微调框中输入相机的焦距为 153.1240。

⑥ 在 Principal Point xo（mm）微调框中输入像主点 xo 为–0.0020。

⑦ 在 Principal Point yo（mm）微调框中输入像主点 yo 为 0.0020。

第 2 步：确定图像框标信息

在 Camera Information 对话框中进行如下操作。

① 单击 Fiducials 标签，进入 Fiducials 选项卡（图 19-15）。

② 在 Number of Fiducials 微调框中输入框标数量为 8。

③ 按图 19-15 所示的数据分别在列表中输入框标的 X、Y 像片坐标。

④ 单击 OK 按钮，关闭 Camera Information 对话框。

⑤ 在 Frame Camera Frame Editor 对话

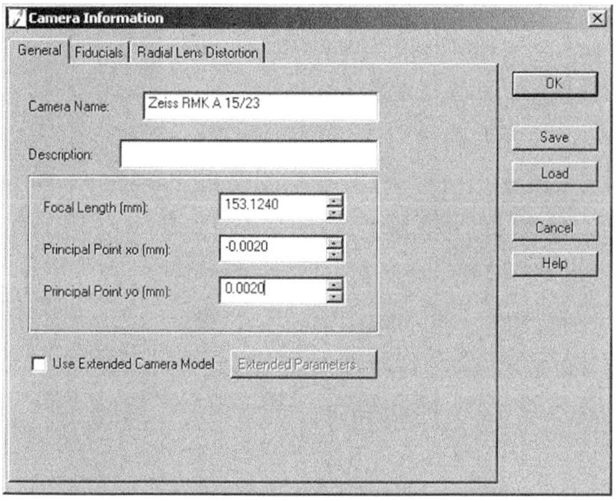

图 19-14 Camera Information 对话框（General 选项卡）

框中，相机名称 Zeiss RMK A 15/23 显示在 Sensor Name 文本框中。

第 3 步：量测图像框标位置

下面对 3 幅图像的框标位置进行量测。

在 Frame Camera Frame Editor 窗口中进行如下操作。

① 单击 Interior Orientation 标签，进入 Interior Orientation 选项卡（图 19-16）。（窗口中显示量测图像框标位置的工具、框标点的像片坐标 Film X / Film Y，图像名字显示在对话框的标题部分。）

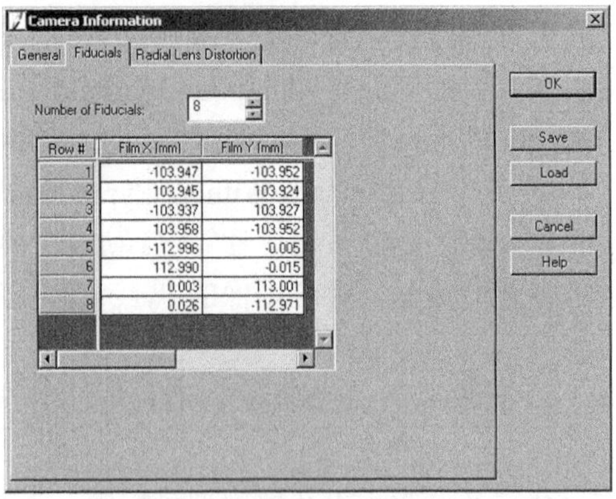

图 19-15 **Camera Information 对话框（Fiducials 选项卡）**

② 选择第一个 Fuducial Orientation 类型。

③ 单击 Viewer 图标，打开显示图像的 Frame Camera Frame Editor 窗口（图 19-17）。（图像显示在 3 个窗口：一个主窗口 Main View 位于左边，一个总览窗口 Over View 位于右上角，一个放大窗口 Detail View 位于右下角，3 个窗口是通过光标关联的。3 个窗口均可用于量测框标，实际操作中常常是在放大窗口进行量测。）

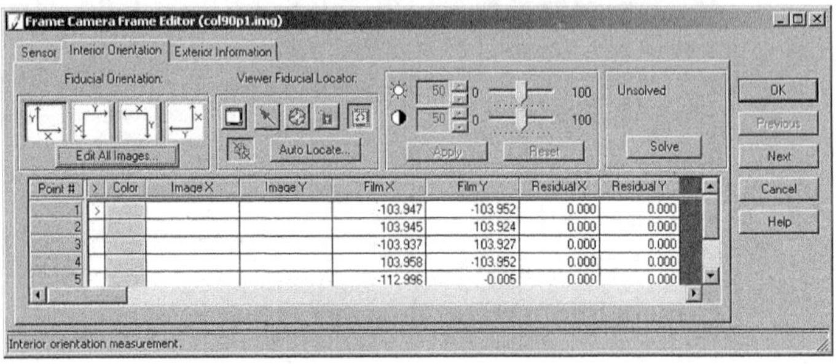

图 19-16 **Frame Camera Frame Editor 窗口（Interior Orientation 选项卡）**

④ 首先在总览窗口中拖动光标方框，使得主窗口中显示图像包含框标；然后在主窗口中拖动光标方框，使相机框标位于放大窗口中央（图 19-17）。可以通过调整方框的大小来调整放大窗口的显示比例。

⑤ 单击 Place Image Fiducial 图标，准备量测框标。

⑥ 将光标十字丝对准放大窗口中的框标中心，单击量测图像的第一个框标，框标点的图像坐标 Image X 和 Image Y 随即显示在框标坐标列表 CellArray 中，3 个窗口显示的图像内容随即发生变化，光标十字自动移动到下一个框标附近。

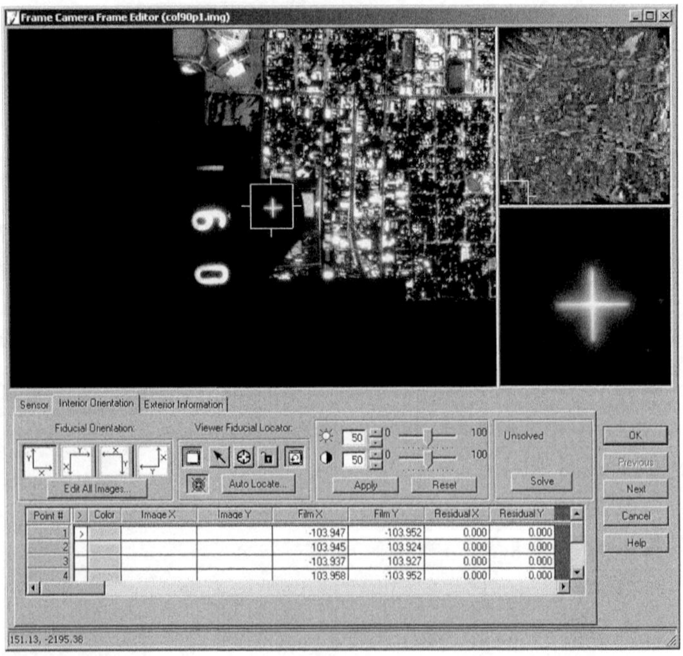

图 19-17 **Frame Camera Frame Editor 窗口（量测框标）**

⑦ 重复上述④～⑥操作步骤，量测其余 7 个框标的图像坐标（一旦 8 个框标都被量测，则 3 个窗口与坐标列表显示状态将回到第一个框标位置，框标点的坐

标残差 Residual X 和 Residual Y 同时显示在坐标列表中；最终的 Solve RMS 应该小于 0.33 个像元，否则应该对部分框标重新量测）。

⑧ 再次单击 Viewer 图标，关闭 3 个图像显示窗口（图 19-18）。

第 4 步：确定图像外方位元素

在 Frame Camera Frame Editor 窗口中进行如下操作。

① 单击 Exterior Information 标签，进入 Exterior Information 选项卡（图 19-19）。图像的 6 个外方为元素及其默认状态，显示在 Frame Camera Frame Editor 窗口中。

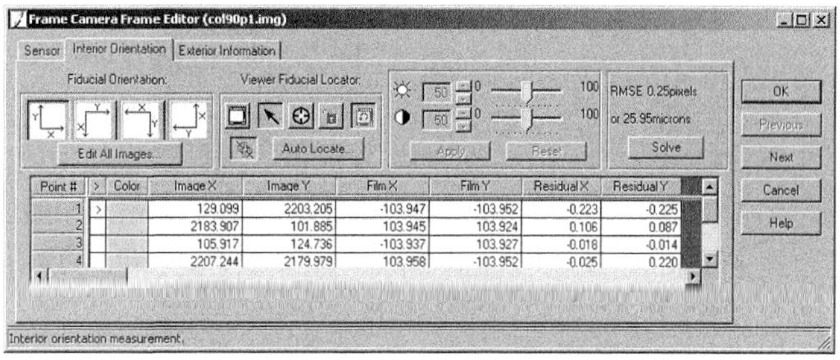

图 19-18 **Frame Camera Frame Editor 窗口（Interior Orientation 选项卡）**

② 在 Value 微调框中依次按照图 19-19 所示的数据输入各外方位元素的数值。

③ 选中 Set Status（设置状态）复选框，并确定初始状态为 Initial。

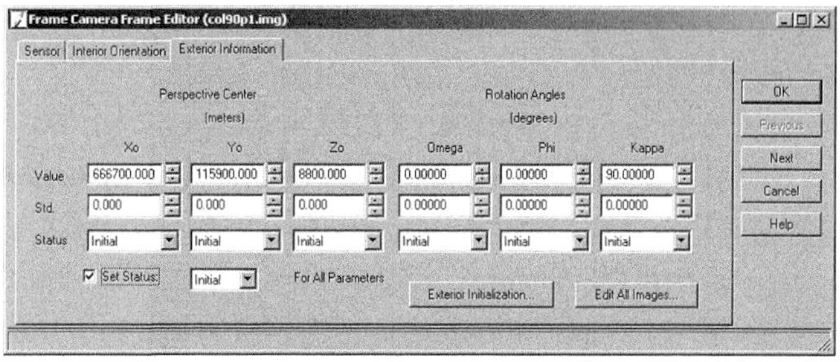

图 19-19 **Frame Camera Frame Editor 窗口（Exterior Information 选项卡）**

第 5 步：编辑其他图像的方位元素

通过上面的操作，已经将图像 col90p1.img 的框标及外方位元素已经量测和定义好了。下面需要对工程文件中其余的两幅图像文件 col91p1.img 和 col92p1.img 进行同样的编辑工作，此两幅图像文件的有关参数如表 19-4 所列。

表 19-4 图像文件 col91p1.img 和 col92p1.img 的相关参数

参数项	参数值 1	参数值 2
图像文件名（File Name）	col91p1.img	col92p1.img
传感器名称（Sensor Nam）	Zeiss RMK A 15/23	Zeiss RMK A 15/23
中心 X 坐标（Xo Value）	666700.000	666800.000
中心 Y 坐标（Yo Value）	119400.000	122900.000
中心 Z 坐标（Zo Value）	8800.000	8800.000
角元素 Ω（Omega Value）	0.000	0.000
角元素 Φ（Phi Value）	0.000	0.000
角元素 κ（Kappa Value）	90.000	90.000

图像文件 col91p1.img 的框标及外方位元素量测和定义的具体操作步骤如下。

在 Frame Camera Frame Editor 窗口（Exterior Information 选项卡，图 19-19）中进行如下操作。

① 单击 Sensor 标签，进入 Sensor 选项卡。

② 单击 Next 按钮，显示 col91p1.img 图像文件参数。

③ 在 Sensor Name 下拉列表框中确定相机名称为 Zeiss RMK A 15/23。

④ 单击 Interior Orientation 标签，进入 Interior Orientation 选项卡。

⑤ 选择第一个 Fuducial Orientation 类型。

⑥ 单击 Viewer 图标，打开显示图像 col91p1.img 的 Frame Camera Frame Editor 窗口。

⑦ 按照量测 col90p1.img 图像框标的方法，依次量测 col91p1.img 图像框标位置。直到全部量测完毕，系统自动回到第一个框标位置的显示状态。

⑧ 再次单击 Viewer 图标，关闭 3 个图像显示窗口。

⑨ 单击 Exterior Information 标签，进入 Exterior Information 选项卡。

⑩ 在 Value 窗口中依次按照表 19-4 所列的数据输入各外方位元素的数值。

⑪ 选中 Set Status（设置状态）复选框，并确定初始状态为 Initial。

图像文件 col92p1.img 的框标及外方位元素量测和定义的具体操作步骤如下。

在 Frame Camera Frame Editor 窗口（图像 col91p1.img 的 Exterior Information 选项卡）中进行如下操作。

① 单击 Sensor 标签，进入 Sensor 选项卡。

② 单击 Next 按钮，显示 col92p1.img 图像文件参数。

③ 在 Sensor Name 下拉列表框中确定相机名称为 Zeiss RMK A 15/23。

④ 单击 Interior Orientation 标签，进入 Interior Orientation 选项卡。

⑤ 选择第一个 Fuducial Orientation 类型。

⑥ 单击 Viewer 图标，打开显示图像 col92p1.img 的 Frame Camera Frame Editor 窗口。

⑦ 按照量测 col90p1.img 图像框标的方法，依次量测 col92p1.img 图像框标位置。直到全部量测完毕，系统自动回到第一个框标位置的显示状态。

⑧ 再次单击 Viewer 图标，关闭 3 个图像显示窗口。

⑨ 单击 Exterior Information 标签，进入 Exterior Information 选项卡。

⑩ 在 Value 窗口中依次按照表 19-4 所列的数据输入各外方位元素的数值。

⑪ 选中 Set Status（设置状态）复选框，并确定为初始状态为 Initial。

至此，LPS 工程文件中的 3 幅图像 col90p1.img、col91p1.img、col92p1.img 的内外方位元素全部定义完毕，需要按照下列操作结束图像方位元素定义工作。

在 Frame Camera Frame Editor 窗口中进行如下操作。

① 单击 OK 按钮，关闭 Frame Camera Frame Editor 窗口，返回 LPS 工程管理器视窗。LPS 工程管理器的图像列表中 Int 列全部呈绿色（图 19-20），说明所有图像内定向设置完毕。

② 单击 File | Save 命令，保存工程的方位元素信息。

说　明

本例中是对每幅图像依次确定其内方位元素和外方位元素，也可以采用先定义各图像内方位元素后，再依次输入外方位元素。

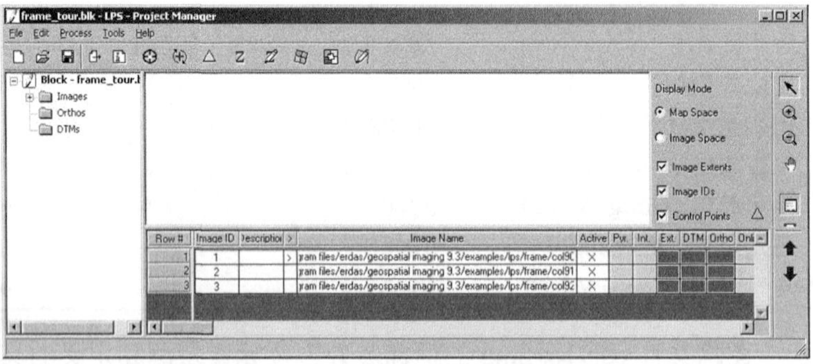

图 19-20　完成内定向的 LPS 工程管理器视窗

19.3.5　定义地面控制点与检查点

到目前为止，已经对 LPS 工程文件中的每幅图像量测了框标，输入了外方位元素，因此已经可以应用点量测工具去定义地面控制点的位置和图像同名点的坐标。

在 LPS 工程管理器视窗（图 19-20）中进行如下操作。

① 单击 Edit | Point Measurement 命令（或者在工具条中单击 Start point measurement tool 图标），打开 Select Point Measurement Tool 对话框（图 19-21）。

② 选中 Classic Point Measurement Tool 单选按钮。

③ 单击 OK 按钮，关闭 Select Point Measurement Tool 对话框，打开 Point Measurement 窗口（图 19-22）。

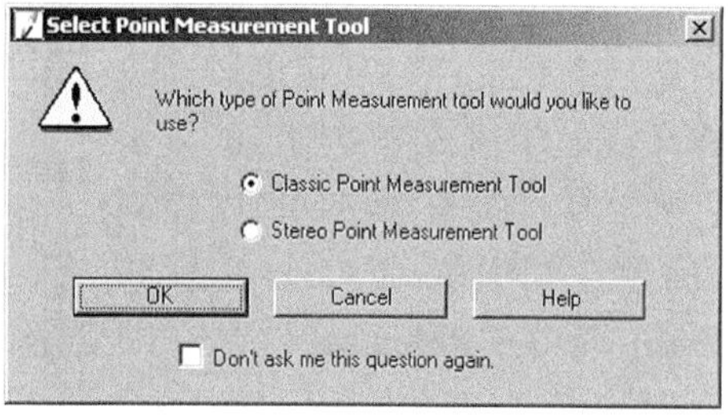

图 19-21 Select Point Measurement Tool 对话框

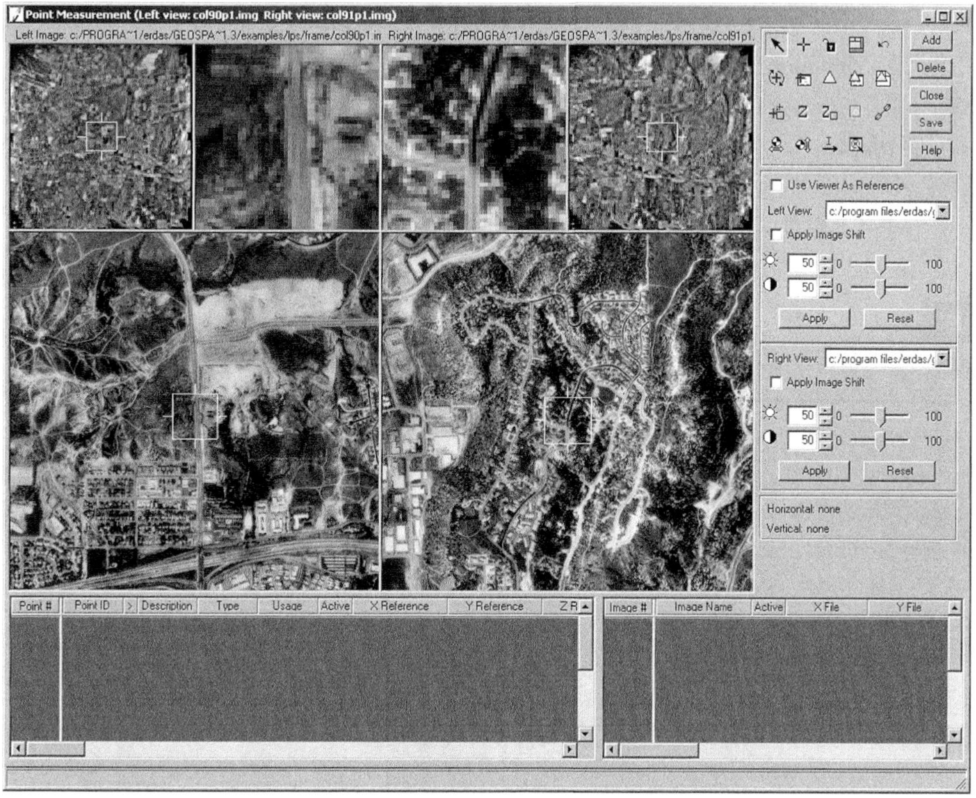

图 19-22 Point Measurement 窗口（量测地面控制点之前）

说 明

如图 19-22 所示，量测控制点（Point Measurement）窗口的组成比较复杂，其中包含了大量的内容，可以用图 19-23 所示的组成结构来概括。即 Point Measurement 窗口由图像左窗口组（Left View Group）、图像右窗口组（Right View Group）、操作工具组（Tools Group）、测量点坐标组（Point Measurement Group）4 个部分组成。其中图像左窗口组和图像右窗口组又分别由主窗口（Main View）、总览窗口（Over View）、放大窗口（Detail View）3 个部分组成，操作工具组由公用工具（Common Tools）、左窗口工具（Left View Tools）、右窗口工具（Right View Tools）、参考图像选择（Reference Sources）4 个部分组成，测量点坐标组由地面参考坐标列表（Reference（Ground）Coordinates CellArray）和图像文件坐标列表（File（Image）Coordinates CellArray）组成。

为了便于查看，对框中的控制点 GCP（地面控制点）是以不同的颜色显示的，因而在参考坐标列表（Reference CellArray）中有一个 Color 字段，可以通过选择 Color 字段改变控制点的显示色彩。默认状态下，窗口中控制点的色彩呈绿色，而 Color 字段并不出现在 Reference 及 File CellArray 之中，要使 Color 字段出现，操作过程如下。

在 Point Measurement 窗口（图 19-22）公共工具区中进行如下操作。

① 单击 Viewing Properties 图标 ，打开 Viewing Properties 对话框（图 19-24）。

② 选中 Advanced 单选按钮，并选中 Color 复选框。

③ 单击 OK 按钮，Color 字段同时出现在 Reference CellArray 和 File CellArray 中。

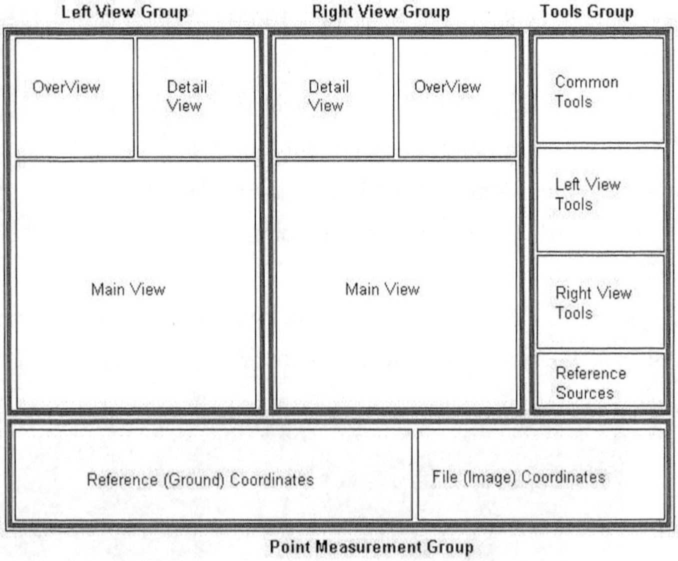

图 19-23 Point Measurement 窗口组成结构（引自 ERDAS）

说 明

采集地面控制点的过程是非常耗时的工作，然而要实现对工程文件中的图像进行正确地三角测量和正射校正，采集地面控制点是绝对必要的。只有当定义了分布非常好的 GCP，而且对两幅以上的图像是共用的，才能执行三角测量操作。每幅图像应该至少有 3 个垂直 GCP 和两个水平 GCP；如果采用自动同名点功能，则需要的 GCP 会少一些。作为练习操作，将地面控制点的位置预先进行了确定，便于练习使用。具体的控制点在图像上的坐标位置如表 19-5 所列。

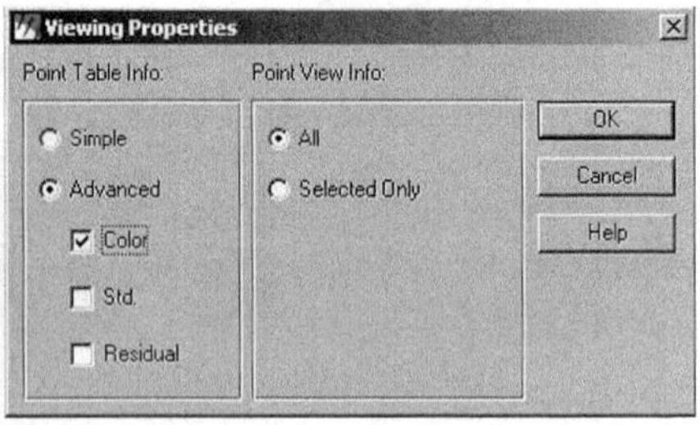

图 19-24 Viewing Properties 对话框（设置之后）

表 19-5 控制点在图像上的文件坐标

地面控制点	图像	X 坐标	Y 坐标
ID1002	col90p1.img	952.625	819.625
	col91p1.img	165.875	846.625
ID1003	col90p1.img	1857.875	639.125
	col91p1.img	1064.875	646.375
	col91p2.img	286.875	639.125
ID1004	col91p1.img	1839.52	1457.43
	col91p2.img	1050.60	1465.23
ID1005	col90p1.img	1769.450	1508.430
	col91p1.img	1007.250	1518.170
	col91p2.img	224.670	1510.670
ID1006	col90p1.img	1787.875	2079.625
	col91p1.img	1023.625	2091.390
	col91p2.img	215.125	2083.790

1. 定义控制点 ID 1002

第 1 步：增加控制点记录及其 ID 码 1002

在 Point Measurement 窗口（图 19-22）中进行如下操作。

① 在右上角的公共工具区中单击 Add 按钮，在 Reference CellArray 中增加一条新记录（图 19-25）。

② 单击 Point ID 列，输入控制点 ID 码：1002。

③ 单击 Type 列，出现下拉列表。

④ 单击下拉列表中的 Full（表示 GCP 具有 x，y，z 三维坐标）命令。

⑤ 单击 Usage 列，出现下拉列表。

⑥ 单击下拉列表中的 Control（表示该点为控制点）命令。

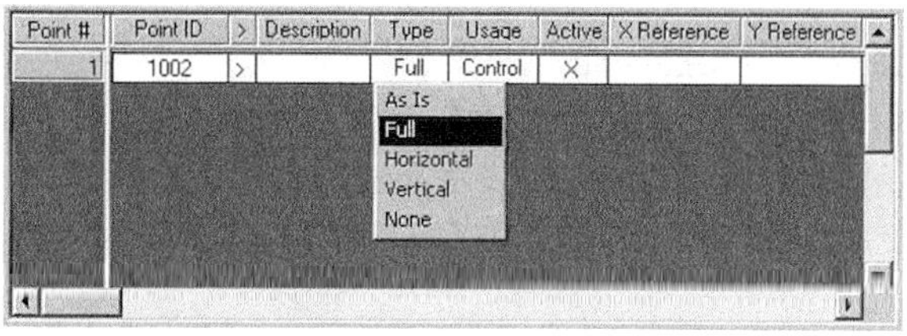

图 19-25　控制点参考坐标列表（Reference CellArray）

第 2 步：在 col90p1.img 图像窗口定义 1002 控制点

在 Point Measurement 窗口（图 19-22）中进行如下操作。

① 在右上角的公共工具区中单击 Select Point 图标 ↖，进入控制点选择状态。

② 在左窗口 col90p1.img 的主窗口移动光标，根据表 19-5 的坐标位置，寻找 1002 控制点位置。

③ 单击 Create Point 图标 ✛，进入控制点量测状态。

④ 在左窗口 col90p1.img 的放大窗口中，单击精确定义控制点位置。左窗口中主窗口和放大窗口同时显示标号为 1002 的地面点（GCP）。文件坐标列表（File CellArray）中出现 GCP1002 点的图像文件坐标。

第 3 步：在 col91p1.img 图像窗口定义相应的 1002 控制点

在 Point Measurement 窗口中（图 19-22）进行如下操作。

① 在右上角的公共工具区中单击 Select Point 图标 ↖，进入控制点选择状态。

② 在右窗口 col91p1.img 的主窗口移动光标，寻找 1002 控制点位置。

③ 单击 Create Point 图标 ✛，进入控制点量测状态。

④ 在右窗口 col91p1.img 的放大窗口中，单击精确定义控制点位置。右窗口中主窗口和放大窗口同时显示标号为 1002 的地面点（GCP）。文件坐标列表（File CellArray）中出现 GCP1002 点的图像文件坐标。

第 4 步：在参考坐标列表中输入 1002 控制点的参考坐标

通过第 2 步和第 3 步的操作，成功地在两幅相邻图像 col90p1.img 和 col91p1.img 中确定了一个同名 GCP 点。下面需要在 Reference CellArray 中输入相应的地面坐标（图 19-26）中进行如下操作。

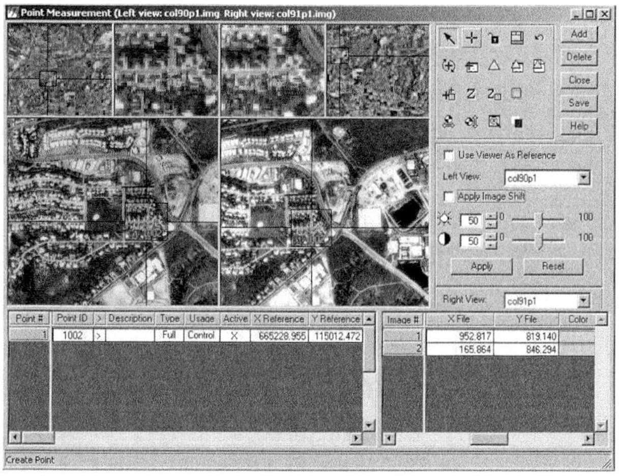

图 19-26　Point Measurement 窗口（量测 1002 控制点之后）

在 Reference CellArray 坐标列表（图 19-26）中进行如下操作。

① 单击与 1002 对应的 X Reference 列：输入数据“665228.955”。

② 单击与 1002 对应的 Y Reference 列：输入数据“115012.472”。

③ 单击与 1002 对应的 Z Reference 列：输入数据“1947.672”。

④ 在公用工具区中单击 Save 按钮，保存控制点 GCP 1002。

2. 定义控制点 ID 1003

第 1 步：增加控制点记录及其 ID 码 1003

在 Point Measurement 窗口（图 19-26）中进行如下操作。

① 在右上角的公共工具区中单击 Add 按钮，在 Reference CellArray 中增加一条新记录（图 19-27）。

② 单击 Point ID 列，输入控制点 ID 码：1003。

③ 单击 Type 列，出现下拉列表。

④ 单击下拉列表中的 Full（表示 GCP 具有 x，y，z 三维坐标）命令。

⑤ 单击 Usage 列，出现下拉列表。

⑥ 单击下拉列表中的 Control（表示该点为控制点）命令。

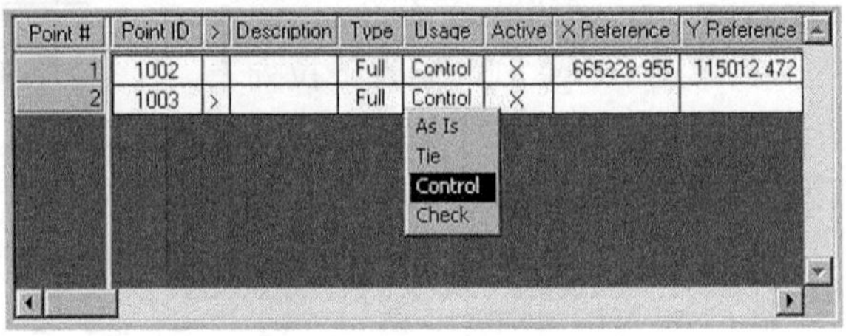

图 19-27 控制点参考坐标列表（Reference CellArray）

第 2 步：在 col90p1.img 图像窗口定义 1003 控制点

在 Point Measurement 窗口（图 19-26）中进行如下操作。

① 在右上角的公共工具区中单击 Select Point 图标，进入控制点选择状态。

② 在左窗口 col90p1.img 的主窗口移动光标，根据表 19-5 的坐标位置，寻找 1003 控制点位置。

③ 单击 Create Point 图标，进入控制点量测状态。

④ 在左窗口 col90p1.img 的放大窗口中，单击精确定义控制点位置。左窗口中主窗口和放大窗口同时显示标号为 1003 的地面点（GCP）。文件坐标列表（File CellArray）中出现 GCP1003 点的图像文件坐标。

第 3 步：在 col91p1.img 图像窗口定义相应的 1003 控制点

在 Point Measurement 窗口中（图 19-26）进行如下操作。

① 在右上角的公共工具区中单击 Select Point 图标，进入控制点选择状态。

② 在右窗口 col91p1.img 的主窗口移动光标，寻找 1003 控制点位置。

③ 单击 Create Point 图标，进入控制点量测状态。

④ 在右窗口 col91p1.img 的放大窗口中，单击精确定义控制点位置。右窗口中主窗口和放大窗口同时显示标号为 1003 的地面点（GCP）。文件坐标列表（File CellArray）中出现 GCP1003 点的图像文件坐标。

第 4 步：在 col92p1.img 图像窗口定义相应的 1003 控制点

由于控制点 1003 在工程文件中的 3 幅图像上都是可见的，所以除了在 col90p1.img、col91p1.img 图像上采集同名点之外，还需要在 col92p1.img 图像上采集对应的点。然而，目前左右窗口只显示了 col90p1.img 和 col91p1.img 图像，需要在右窗口工具区中单击 Right View 下拉列表（其中包含工程文件中的所有图像），从中可以选择 col92p1.img 图像显示在右窗口。利用上述第 3 步采集控制点的方法，可以在显示 col92p1.img 图像的右窗口采集控制点 1003。

需要说明的是在实际工作中，如果 LPS 工程文件中包含了很多图像文件，而且图像比较大的话，有的 GCP 可能涉及较多的图像，这时可以分别定义右窗口（Right View）和左窗口（Left View）来依次显示不同的图像，并采集相同的控制点。

在 3 幅图像中确定了对应 GCP 点后，在 Reference CellArray 中输入相应的地面坐标。

第 5 步：在参考坐标列表中输入 1003 控制点的参考坐标

通过第 2 步、第 3 步和第 4 步的操作，成功地在 3 幅相邻图像 col90p1.img、col91p1.img 和 col92p1.img 中确定了一个同名控制点 GCP1003。下面需要在 Reference CellArray 中输入相应的地面参考坐标（图 19-28）。

在 Reference CellArray 坐标列表（图 19-28）中进行如下操作。

① 单击与 1003 对应的 X Reference 列：输入数据“664456.220”。

② 单击与 1002 对应的 Y Reference 列：输入数据“119052.150”。

③ 单击与 1002 对应的 Z Reference 列：输入数据“1988.820”。

④ 在公用工具区中单击 Save 按钮，保存控制点 GCP 1003。

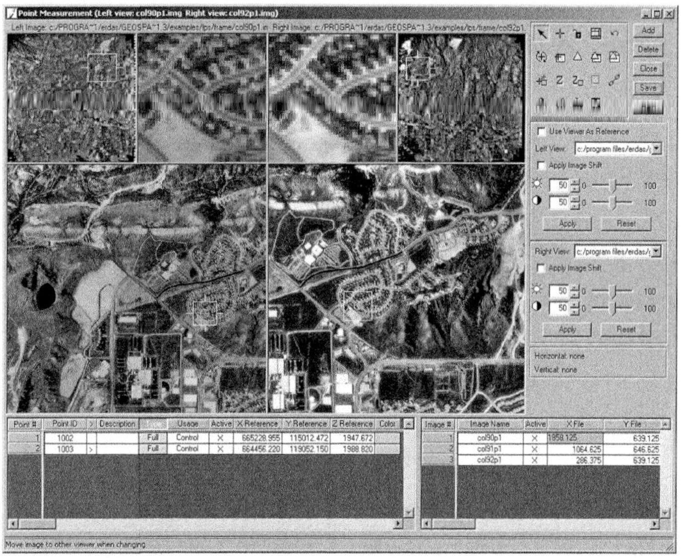

图 19-28 **Point Measurement 窗口（量测 1003 控制点之后）**

3. 定义控制点 ID 1004、ID 1005、ID 1006

控制点 ID 1004 位于 col91p1.img 和 co92p1.img 两幅相邻图像中，需要在左窗口 Left View 下拉列表框中选择 col91p1.img 图像，在右窗口 Right View 下拉列表框中选择 col92p1.img 图像，以便在左右窗口中分别显示 col91p1.img 和 co92p1.img 两幅图像。然后按照之前采集控制点的步骤，采集控制点 ID 1004。控制点 ID 1004 的图像特征如图 19-29 所示，其地面参考坐标如表 19-6 所列。

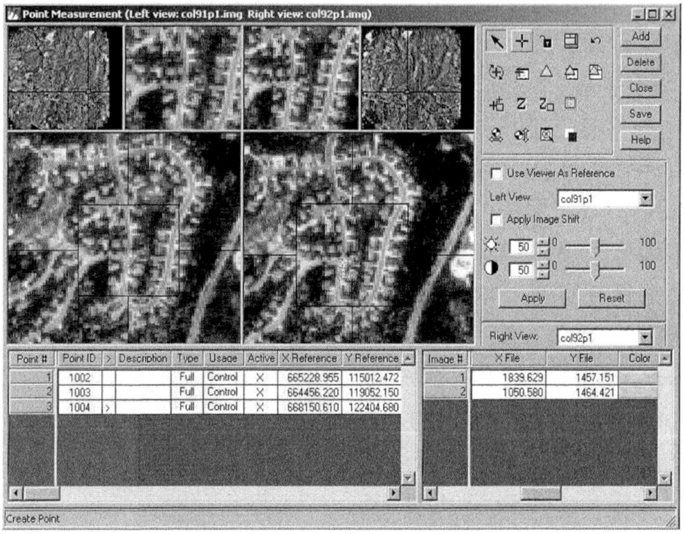

图 19-29 **Point Measurement 窗口（量测 1004 控制点之后）**

表 19-6 控制点 ID 1004、ID 1005、ID 1006 的地面参考坐标

控制点编号	X 坐标	Y 坐标	Z 坐标
ID 1004	668150.610	122404.680	1972.056
ID 1005	668338.220	118685.900	1886.712
ID 1006	670841.480	118696.890	2014.000

与控制点 ID 1004 不同，控制点 ID 1005 在 co90p1.img、col91p1.img 和 co92p1.img 这 3 幅图像中都有，需要首先在左窗口 Left View 下拉列表框中选择 col90p1.img 图像，在右窗口 Right View 下拉列表框中选择 col91p1.img 图像，在 col91p1.img 和 co92p1.img 两幅图像采集控制点 ID 1005。然后再在右窗口 Right View 下拉列表框中选择 col92p1.img 图像，采集 col92p1.img 图像中的 ID 1005 控制点，基本步骤与之前的相同。控制点 ID 1005 的图像特征如图 19-30 所示，其地面参考坐标如表 19-6 所列。

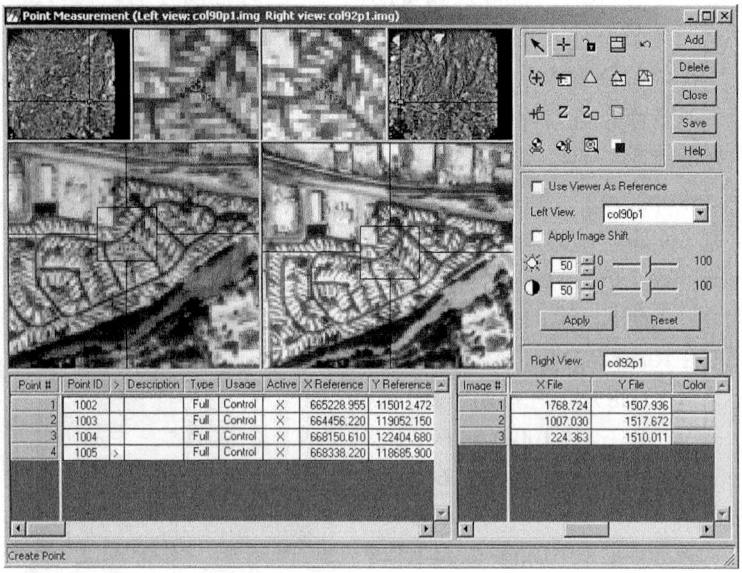

图 19-30　**Point Measurement** 窗口（量测 **1005** 控制点之后）

与控制点 ID 1005 类似，控制点 ID 1006 同时位于 co90p1.img、col91p1.img 和 co92p1. img 这 3 幅图像中，需要首先在左窗口 Left View 下拉列表框中选择 col90p1.img 图像，在右窗口 Right View 下拉列表框中选择 col91p1.img 图像，在 col91p1.img 和 co92p1.img 两幅图像采集控制点 ID 1006。然后再在右窗口 Right View 下拉列表框中选择 col92p1.img 图像，采集 col92p1.img 图像中的 ID 1006 控制点，基本步骤与之前的相同。控制点 ID 1006 的图像特征如图 19-31 所示，其地面参考坐标如表 19-6 所列。

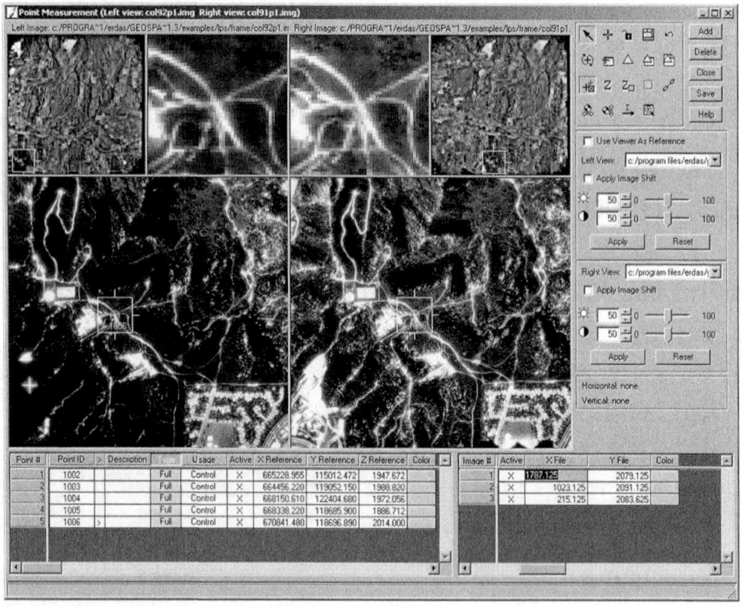

图 19-31　**Point Measurement** 窗口（量测 **1006** 控制点之后）

说　明

LPS 工程管理器提供了一些可以加速 GCP 定义的自动化功能，如 Set Automatic X、Y Drive 功能。使用 Automatic X、Y Drive 功能，LPS 工程管理器将根据第一幅图像上的 GCP 点，近似确定第二幅图像上同名 GCP 点的位置，加快图像控制点的定义进程。该功能的设置过程非常简单，只要在 Point Measurement 窗口的公共工具区中单击 Automatic X、Y 图标 就可以了。

4．定义检查点 ID 2001、ID 2002

定义检查点的方法及过程与控制点(GCP)是相同的,只是把 Reference CellArray 中的 Usage 列设为 Check 类型即可。实质上，检查点就是附加的控制点，其作用是提高三角测量的精度，当然检查点本身并不需要参与三角测量运算。

在本例中，为了进行练习可以定义两个检查点 ID 2001 和 ID 2002，其中 ID 2001 位于 col90p1.img 和 col91p1.img 图像中，ID 2002 位于 col91p1.img 和 col92p1.img 图像中。检查点在图像上的文件坐标如表 19-7 所列，两个检查点的参考坐标如图 19-32 所示，定义检查点之后的 Reference CellArray 如图 19-32 所示。

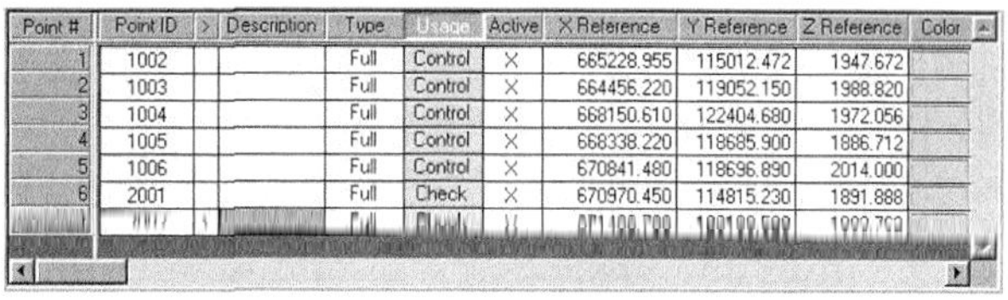

Point #	Point ID	>	Description	Type	Usage	Active	X Reference	Y Reference	Z Reference	Color
1	1002			Full	Control	X	665228.955	115012.472	1947.672	
2	1003			Full	Control	X	664456.220	119052.150	1988.820	
3	1004			Full	Control	X	668150.610	122404.680	1972.056	
4	1005			Full	Control	X	668338.220	118685.900	1886.712	
5	1006			Full	Control	X	670841.480	118696.890	2014.000	
6	2001			Full	Check	X	670970.450	114815.230	1891.888	
[illegible]	[illegible]			Full	[illegible]	X	[illegible]	[illegible]	[illegible]	

图 19-32 定义检查点之后的 **Reference CellArray**

表 19-7 检查点在图像上的文件坐标

检查点	图像	X 坐标	Y 坐标
ID2001	col90p1.img	915.02	2095.71
	col91p1.img	160.90	2127.84
ID2002	col91p1.img	2032.030	2186.530
	col92p1.img	1227.375	2199.125

19.3.6 图像同名点自动量测

自动量测图像同名点的过程是对出现在两幅或多幅图像重叠区域（Overlapping Images）上的控制点（GCP），量测其在图像上的坐标位置。

1．自动量测图像同名点

在 Point Measurement 窗口中进行如下操作。

① 单击 Automatic Tie Properties 图标 。

② 打开 Automatic Tie Point Generation Properties 对话框（图 19-33）。

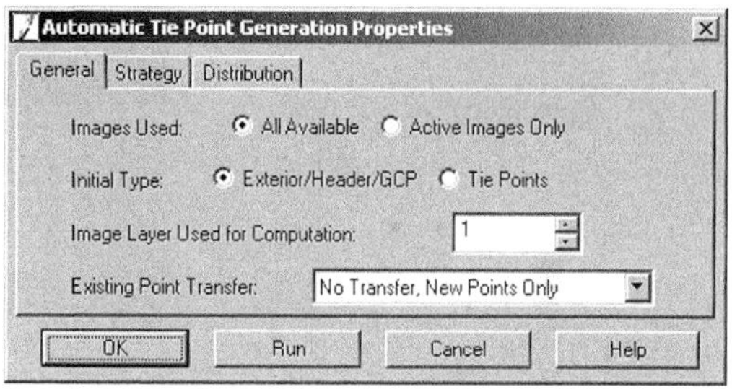

图 19-33 **Automatic Tie Point Generation Properties** 对话框

③ 选中 All Available 单选按钮。

④ 选中 Exterior / Header / GCP 单选按钮。

⑤ 在 Image Layer Used for Computation 微调框中输入 1（图像层数）。

⑥ 单击 Distribution 标签，进入 Distribution 选项卡（图 19-34）。

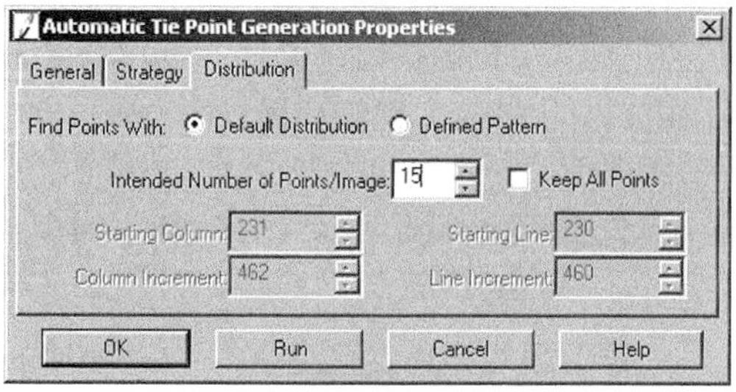

图 19-34 **Automatic Tie Point Generation Properties** 对话框（**Distribution** 选项卡）

⑦ 在 Intended Number of Points/ Image 微调框中输入 15（同名点数）。

⑧ 取消选中 Keep All Points 复选框。

⑨ 单击 Run 按钮，LPS 开始自动同名点产生过程。

⑩ 进程结束后，打开 Auto Tie Summary 窗口（图 19-35）。

⑪ 浏览 Auto Tie Summary 窗口后单击 Close 按钮，关闭 Auto Tie Summary 窗口。

⑫ 同名点显示在 Point Measurement 窗口的图像窗口中，同名点坐标显示在 Reference CellaArray 和 File CellArray 中，每个点的 Type 列为 None, Usage 列为 Tie；每个点只有对应的 File X/Y 值，而没有 Reference X / Y 值（图 19-36）。

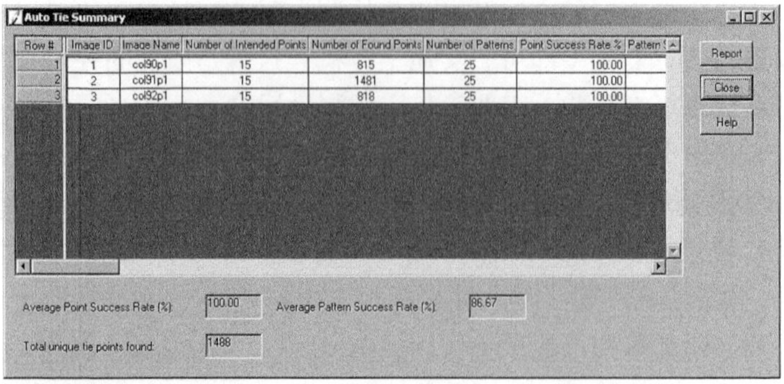

图 19-35 Auto Tie Summary 窗口

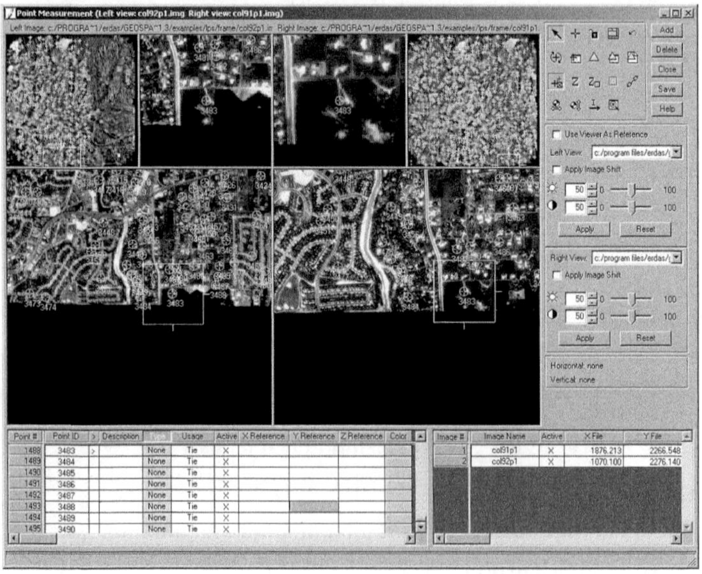

图 19-36 自动量测图像同名点后的 Point Measurement 窗口

2. 图像同名点精度检查

对少量同名点进行检查确定自动同名点的精度是非常必要的，如果同名点的精度没有达到要求，可以使用 Select Point Tool 进行调整，或删除部分同名点。

在 Reference CellArray 中检查、调整同名点的具体过程如下。

① 在“＞”列单击需要检查的同名点所在的行，如 ID 2022。

② 如果窗口显示图像正确的话，同名点 ID 2022 将显示在窗口图像中。否则，通过 Left / Right View 调整窗口中的图像，正确显示 ID 2022。

③ 如果 ID 2022 需要调整位置，应该首先单击 Select Point 图标，然后在图像放大窗口中选择和移动同名点 ID 2022。

④ 单击 Save 按钮，保存同名点调整结果。

⑤ 单击 Close 按钮，关闭 Point Measurement 窗口。

⑥ 返回 LPS 工程管理器视窗。

19.3.7 执行航空三角测量

经过上面的操作，已经获得了相邻图像的地面控制点、检查点及同名像点，具备了 LPS 进行航空三角测量所需要的完整信息。本节将首先建立工程文件中所有图像之间的数学关系，以便进行航空三角测量；然后在 Triangulation Summary 对话框中执行航空三角测量；最后保存航空三角测量结果。

1. 进行航空三角测量

在 LPS 工程管理器视窗中进行如下操作。

① 单击 Edit | Triangulation Properties 命令，打开 Aerial Triangulation 对话框（图 19-37）。

② 单击 Point 标签，进入 Point 选项卡，显示 GCP 参数（图 19-38）。

③ 在 Image Point Standard Deviations（pixels）微调框中定义标准离差为 x: 0.33 / y: 0.33。

④ 单击 Type 下拉列表框，选择 Same weighted values。

⑤ 单击 Run 按钮，进行航空三角测量。打开 Triangulation Summary 对话框（图 19-39）。

2．获取三角测量信息

进行了航空三角测量之后，会自动产生三角测量报告单，可以从中获取所需要的信息，也可以将该结果保存为 TXT 文件，以备后用。

在 Triangulation Summary 对话框中进行如下操作。

① 单击 Report 按钮，打开 Triangulation Report 窗口（图 19-40），其中显示航空三角测量结果的统计报告。

② 拖拉滚动条到航空三角测量结果统计报告中部“The OUTPUT OF SELF-CALIBRATING BUNDLE BLOCK ADJUSTMENT”段（图 19-41）。注意查看以下指标内容（具体数据由于选取 GCP 点的不同而变化）。

- ❑ **the no. of iteration = 3 the standard error = 0.1308** 该值是单位权重的标准差，用于衡量迭代的整体质量的好坏。
- ❑ **The exterior orientation parameters** 报告块文件中每一幅航空图像的外方位元素。
- ❑ **The residuals of control points** 控制点的平均误差和中误差。
- ❑ **The residuals of check points** 检查点测量结果的平均精度。
- ❑ **The residuals of image points** 像点误差，查看每个点的精度。

3．保存三角测量结果

航空三角测量结果可以保存为文本文件，以便随后查阅，具体操作如下。

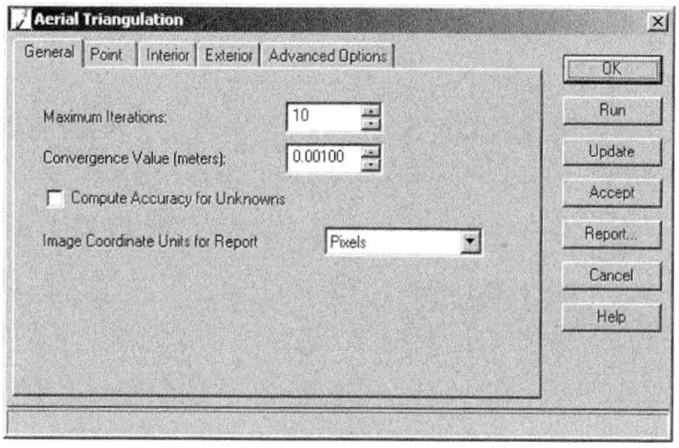

图 19-37 **Aerial Triangulation 对话框**

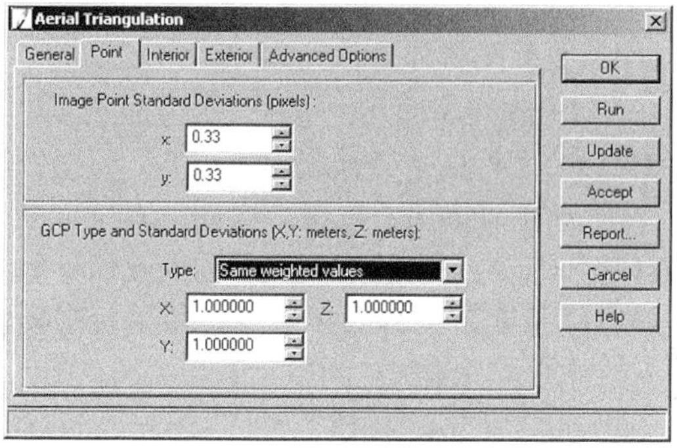

图 19-38 **Aerial Triangulation 对话框（Point 选项卡）**

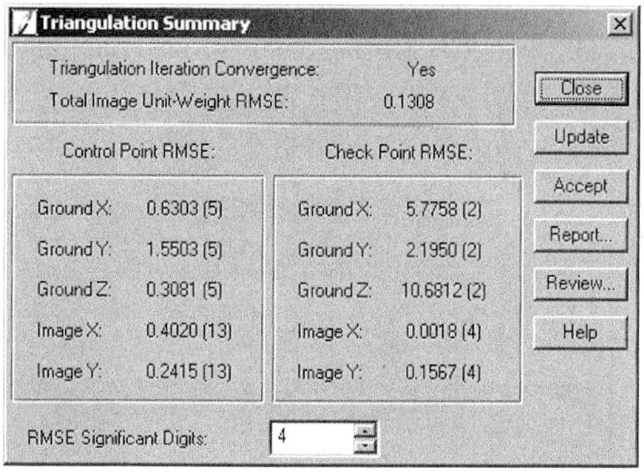

图 19-39 **Triangulation Summary 对话框**

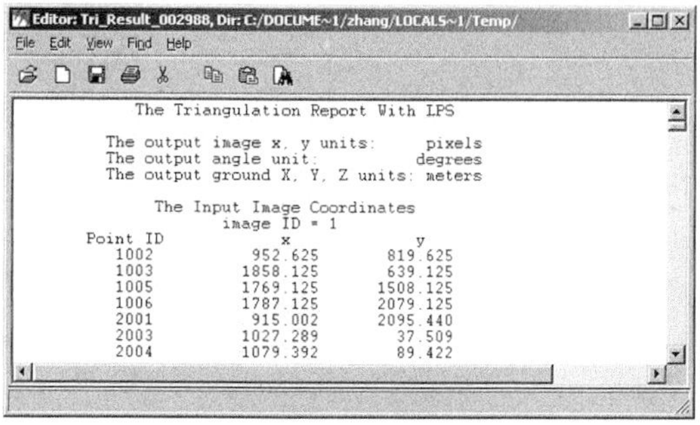

图 19-40 **Triangulation Report 窗口（局部 1）**

在 Triangulation Report 窗口（图 19-41）中进行如下操作。

① 单击 File | Save As 命令，打开 Save As 对话框。

② 在 File name 文本框中定义文件名为 frame–report .txt。

③ 单击 OK 按钮，保存文件。

④ 单击 File | Close 命令，关闭 Triangulation Report 窗口。

⑤ 返回 Triangulation Summary 对话框（图 19-39）。

4．更新图像外方位元素

在 Triangulation Summary 对话框中（见图 19-39）进行如下操作。

① 单击 Update 按钮，更新外方位元素（由 LPS 根据图像中的控制点和同名点所计算的外方位元素，来替代在量测像片框标时所输入的外方位元素）。

② 单击 Close 按钮，关闭 Triangulation Summary 对话框，返回 Aerial Triangulation 对话框。

③ 单击 Accept 按钮，接受航空三角测量参数。

④ 单击 OK 按钮，关闭 Aerial Triangulation 对话框。

⑤ 返回 LPS 工程管理器视窗，工程文件图像列表自动更新，反映三角测量结束的状态，此时外方位元素列 Ext 将整个呈绿色（图 19-42）。

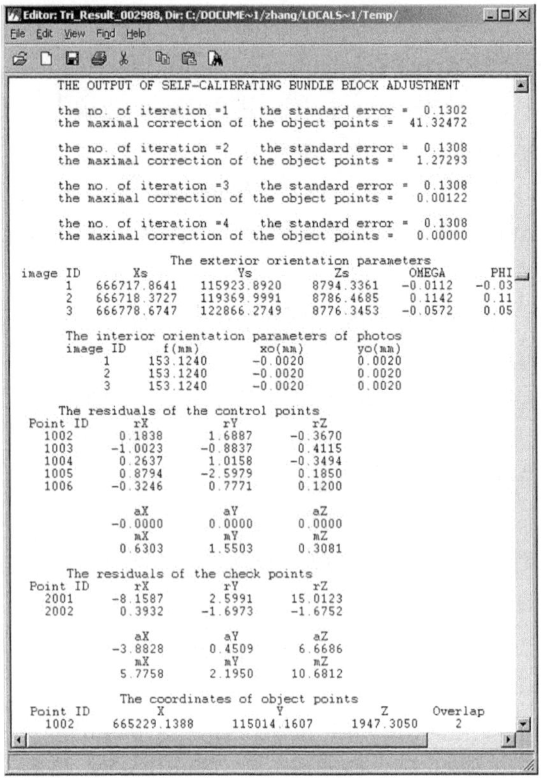

图 19-41 Triangulation Report 窗口（局部 2）

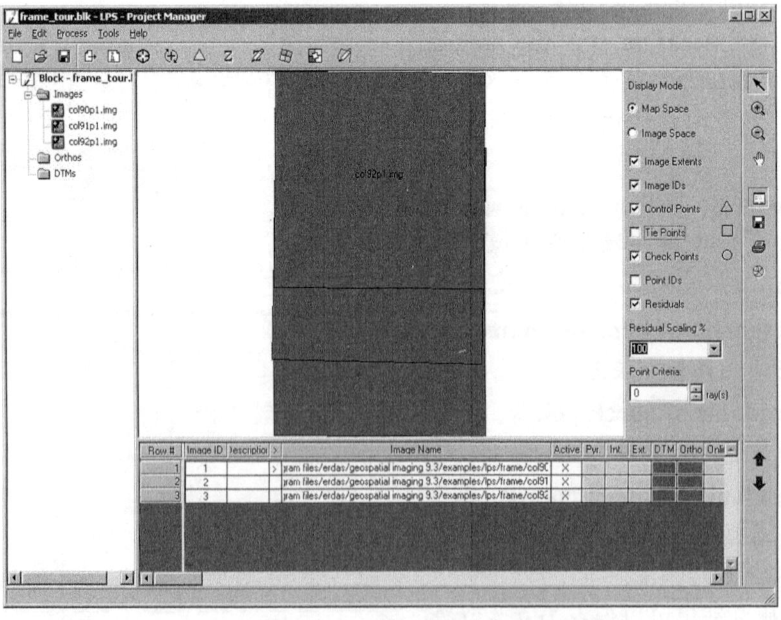

图 19-42 LPS 工程管理器视窗（航空三角测量之后）

19.3.8 图像正射校正处理

下面将要进行的是工程文件中所有图像的正射校正处理，正射图像校正与非正射图像校正比较，地形变形及几何误差都很小，因而被认为更加精确。

1．正射校正图像重采样

在 LPS 工程管理器视窗（图 19-42）中进行如下操作。

单击 Process | Ortho Rectification | Resampling 命令，打开 Ortho Resampling 窗口（General 选项卡）（图 19-43）。或者在 LPS 工程管理器视窗工具条中单击 Ortho Resampling 图标，打开 Ortho Resampling 窗口（General 选项卡）。

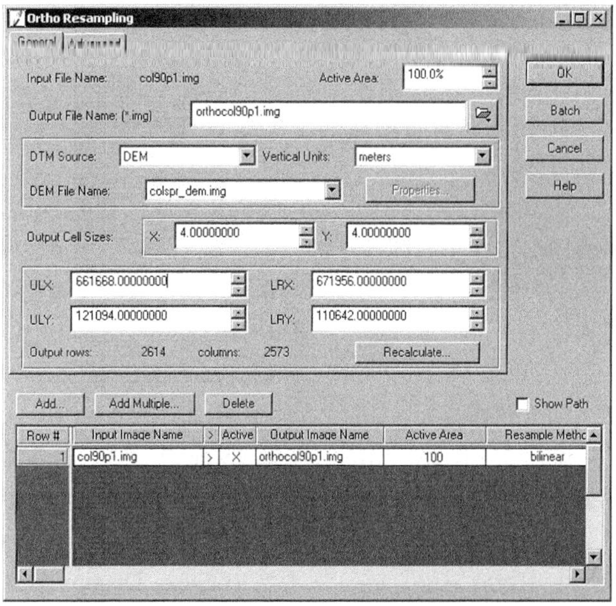

图 19-43 Ortho Resampling 窗口（General 选项卡）

在 Ortho Resampling 窗口（General 选项卡）中设置下列参数。

① 单击 DTM Source 下拉列表框，选择 DEM。

② 确认高度单位（Vertical Units）为 meters。

③ 单击 DEM File Name 下拉列表框，选择 Find DEM。打开 Add DEM File Name 对话框。

④ 选择 DEM 文件为 colspr_dem.img，位于文件夹\ERDAS\Geospatial Imaging 9.3\examples\LPS\frame 下。

⑤ 确认 OK 按钮，关闭 Add DEM File Name 对话框。

⑥ 单击输出像元大小（Output Cell Sizes）微调框，X、Y 为 4.00000000。

⑦ 单击 Advanced 标签，进入 Advanced 选项卡（图 19-44）。

⑧ 单击重采样方法（Resample Method）下拉列表框，选择 Nearest Neighbor。

⑨ 选中 Ignore Value 复选框。

⑩ 单击 Add Multiple 按钮，打开 Add Multiple Outputs 对话框（图 19-45）。

⑪ 选中 Use Current Cell Sizes 复选框。

⑫ 单击 OK 按钮，打开 Confirm Existing Ortho 对话框（图略）。

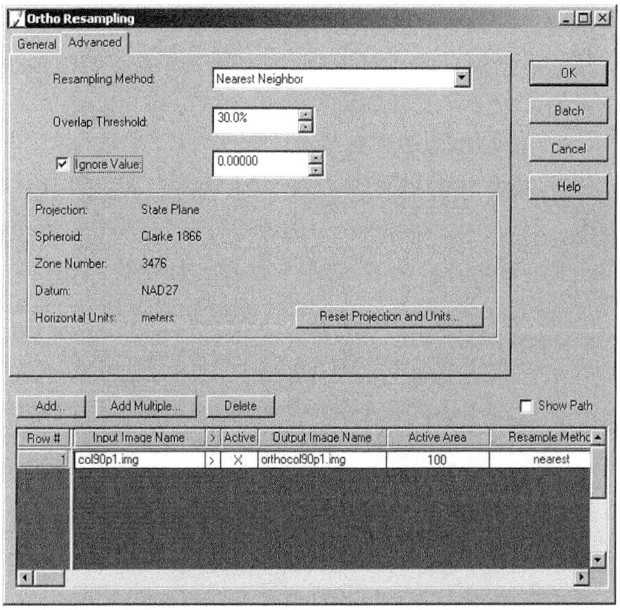

图 19-44 Ortho Resampling 窗口（Advanced 选项卡）

⑬ 单击 OK 按钮，关闭 Confirm Existing Ortho 对话框，工程中的图像文件都被增加到 Ortho Resampling 窗口中。

⑭ 在 Ortho Resampling 窗口中，单击 OK 按钮，开始图像正射校正重采样处理。处理结束后，单击 OK 按钮，完成图像正射校正，同时生成 3 幅正射校正图像，名字为 ortho-testcol90p1.img、ortho-testcol91p1.img、ortho-testcol92p1.img。

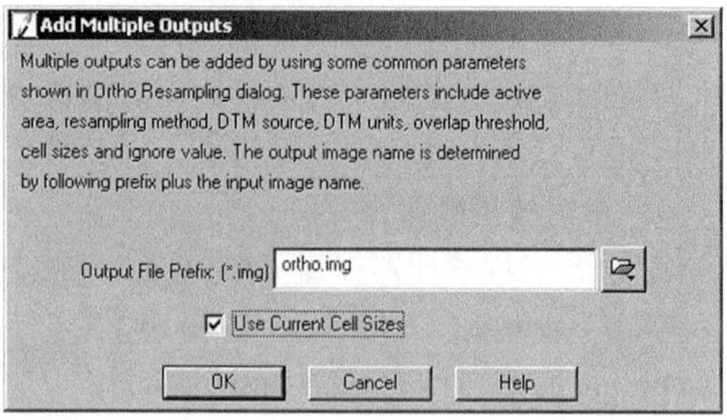

图 19-45 Add Multiple Outputs 对话框

2. 检查正射校正图像

（1）图形显示

在 LPS 工程管理器视窗（图 19-42）中进行如下操作。

① 单击工程树形结构的 Orthos 图标，在 LPS 工程管理器视窗的图形区显示控制点、检查点及同名点在正射图像上的分布。

② 单击一个点（方形为同名点、三角形为地面控制点、圆形为检查点），打开该点的残差数据报告 Point Data 窗口（图 19-46）。

③ 单击 Dismiss 按钮，关闭 Point Data 窗口。

（2）图像显示

在一个 ERDAS IMAGINE Viewer 中同时打开 3 幅正射校正图像：ortho-testcol90p1.img、ortho-testcol91-p1.img、ortho-testcol92p1.img，注意在 Raster Options 选项卡中设置这些选项：取消选中 Clear Display 复选框、选中 Fit to Frame 复选框、选中 Background Transparent 复选框。3 幅正射图像同时显示在 Viewer 中，通过窗口卷帘操作（Swipe）、放大重叠区域等观察其重叠情况，特别注意诸如道路、河流等明显地物要素的匹配关系，从而确定图像的正射校正精度。

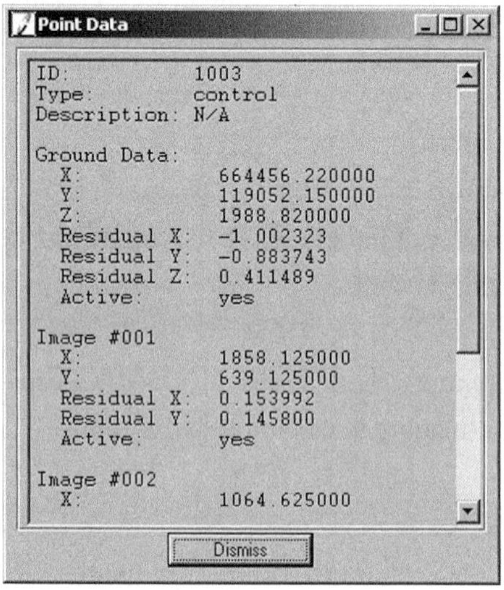

图 19-46 Point Data 窗口

3. 保存与关闭工程文件

在 LPS 工程管理器视窗（图 19-42）中进行如下操作。

① 单击 File | Save 命令，保存工程文件。以后任何时间都可以打开一个完整的 LPS 工程。

② 单击 File | Close 命令，关闭工程文件。

③ 单击 File | Exit 命令，退出 LPS 工程管理器。

19.4 数码图像摄影测量处理

借助 LPS 工程管理器软件，可以运用数码相机模型及相关方法步骤进行数码图像正射校正处理。下面将通过对 3 幅具有重叠区域的航空数码图像进行航空三角测量和正射校正，说明在没有地面控制点或 DEM 的情况下，对数码图像正射校正处理的一般过程。

3 幅航空数码图像是用 Kodak DCS 420 数字相机获得的西班牙东南部图像，其比例尺是 1:45000，图像的地面分辨率大约是 0.4 m，所提供的相机标定信息是相机焦距及 CCD 相机像元大小，每幅图像的航空 GPS 数据及惯性导航 INS 系统数据也是可以获得的，这些数据可以确定每幅图像获取时的位置及方向，即所谓的外方位元素。需要说明的是对于可获得外方位元素的情况下，地面控制点（GCP）是不必要的，所以对于上述 3 张航空数码图像进行正射校正时不需要地面控制点（GCP）。此外，由于数码相机图像没有像片框标的存在，内定向将自动进行。

19.4.1 数码图像处理流程

应用 LPS 工程管理器进行数码图像摄影测量处理的一般流程如图 19-47 所示。

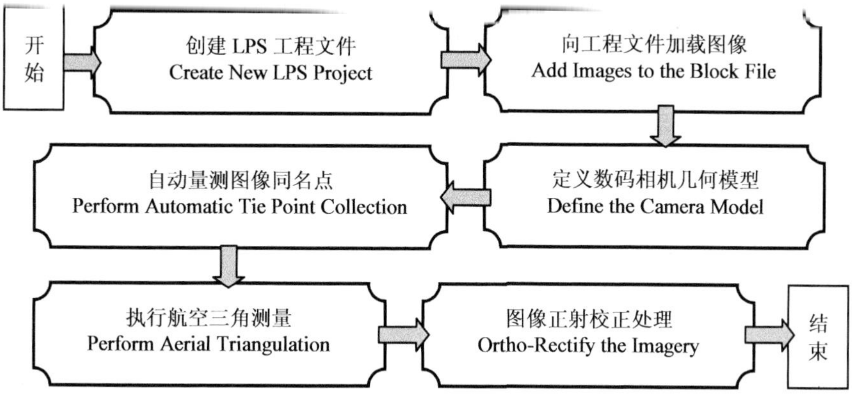

图 19-47 数码图像摄影测量处理的一般流程

19.4.2 创建 LPS 工程文件

类似于应用 LPS 工程管理器完成摄影图像的摄影测量处理，数码图像摄影测量处理也需要首先创建一个扩展名为.blk 的 LPS 工程文件（分块文件——Block File），具体步骤如下。

在 ERDAS 图标面板工具条中单击 LPS 图标，打开 LPS 工程管理器（LPS-Project Manager）视窗（图 19-3）。在 LPS 工程管理器视窗中进行如下操作。

① 单击 File | New 命令，打开 Create New Block File 对话框（图 19-48）。

② 在 Look in 下拉列表框中浏览并确定工程文件目录为 C:\Documents and Settings\zhang（用户根据处理的图像大小、硬盘容量等确定文件目录）。

③ 在 File name 文本框中确定工程文件名为 digital_tour.blk。

④ 单击 OK 按钮，关闭 Create New Block File 对话框，返回 Model Setup 对话框（图 19-49）。

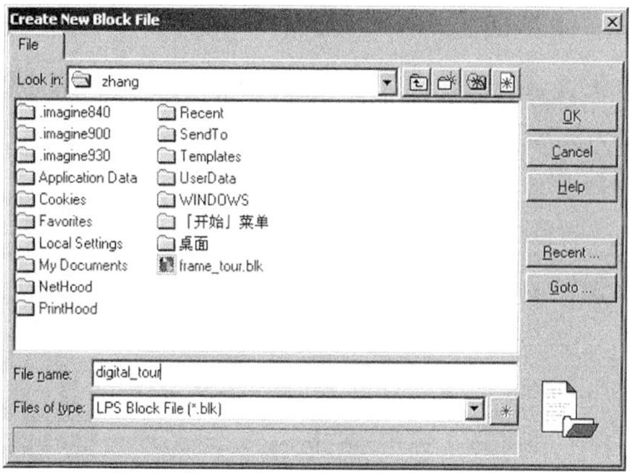

图 19-48 Create New Block File 对话框

在 Model Setup 对话框中选择数码相机模型。

① 在 Geometric Model Category 下拉列表框中选择 Camera。

② 在 Geometric Model 列表框中选择 Digital Camera 几何模型（数码相机模型）。

③ 单击 OK 按钮，关闭 Model Setup 对话框，打开 Block Property Setup 对话框（图 19-50）。

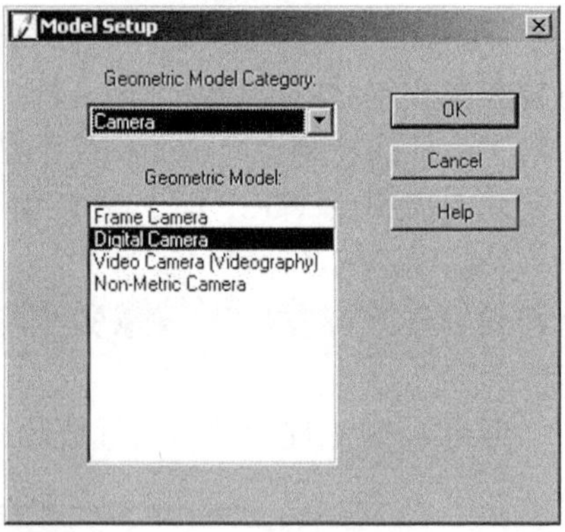

图 19-49 **Model Setup 对话框**

在 Block Property Setup 对话框中定义工程地图投影。

① 在 Horizontal 选项区域（平面坐标系）中单击 Set 按钮，打开 Projection Chooser 对话框（图 19-51）。

② 在 Custom 选项卡中单击 Projection Type 下拉列表框，选择投影类型为 UTM。

③ 单击 Spheroid Name 下拉列表框，选择参考椭球体为 WGS 84。

④ 单击 Datum Name 下拉列表框，选择大地水准面为 WGS 84。

⑤ 在 UTM Zone 微调框中设置投影分带为 30。

⑥ 在 NORTH or SOUTH 下拉列表框中选择为北半球 North。

⑦ 单击 OK 按钮，关闭 Projection Chooser 对话框。

⑧ 单击 Next 按钮，打开 Block Property Setup 对话框 Set Frame-Specific Information 页面（图 19-52）。

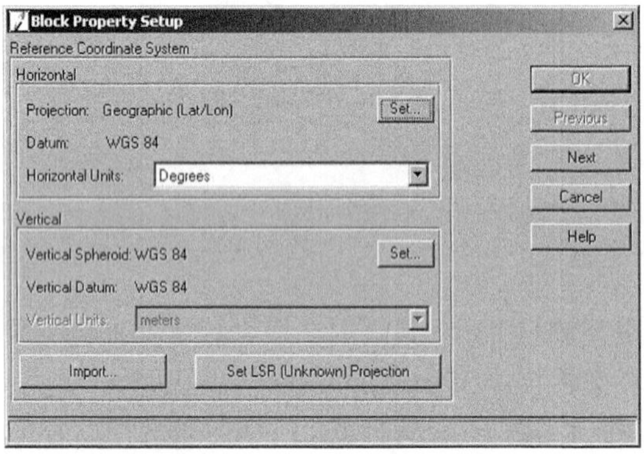

图 19-50 **Block Property Setup 对话框**

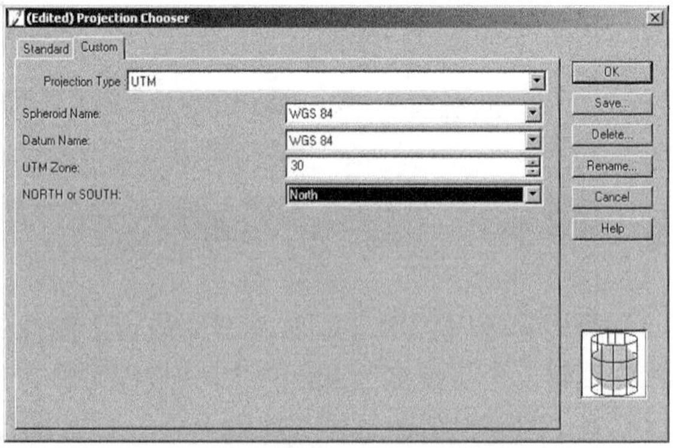

图 19-51 **Projection Chooser 对话框**

在 Block Property Setup 对话框 Set Frame-Specific Information 页面中设置外方位参数。

① 在 Average Flying Height（meters）微调框中输入平均飞行高度为 1248.168。

② 单击 Import Exterior Orientation Parameters 按钮，打开 Import ASCII File Name 对话框（图 19-53）。

③ 在 Import ASCII File Name 对话框中浏览选择 ASCII 文件为 airborne_GPS.dat（该文件位于\ERDAS\Geospatial Imaging 9.3\examples\LPS\

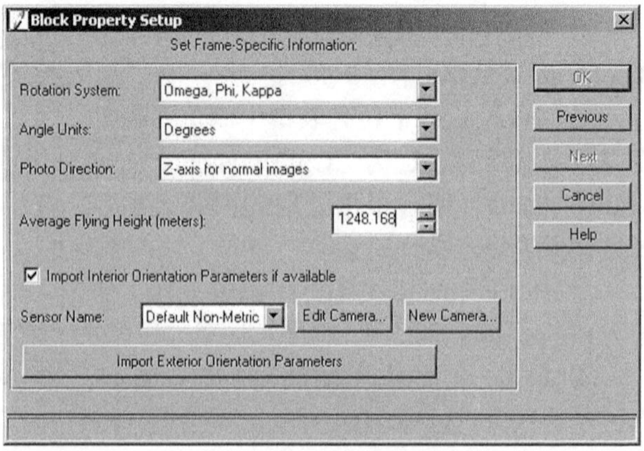

图 19-52 **Block Property Setup 对话框 Set Frame-Specific Information 页面**

digital/目录下）。

④ 单击 OK 按钮，关闭 Import ASCII File Name 对话框，返回 Import Parameters 对话框（图 19-54）。

⑤ 在 Import Parameters 对话框中检查显示所设置的有关图像投影与坐标单位的信息，查看有关信息是否与前面的设置相符，如果不相符，可以单击 Set 按钮重新设置。

⑥ 单击 OK 按钮，关闭 Import Parameters 对话框，返回 Import Options 对话框（Field Definition 选项卡）（图 19-55）。

⑦ 在 Field Definition 选项卡中的 Field Type 选项组中选中 Delimited by Separator 单选按钮。

⑧ 在 Row Terminator Character 下拉列表框中选择 Return NewLine（DOS）。

⑨ 单击 Input Preview 标签，进入 Input Preview 选项卡（图 19-56），查看工程文件中的图像信息。

⑩ 单击 OK 按钮，关闭 Import Options 对话框，返回 Block Property Setup 对话框。

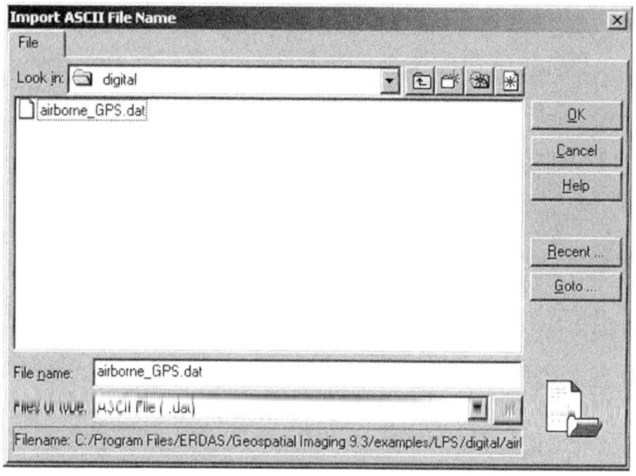

图 19-53 Import ASCII File Name 对话框

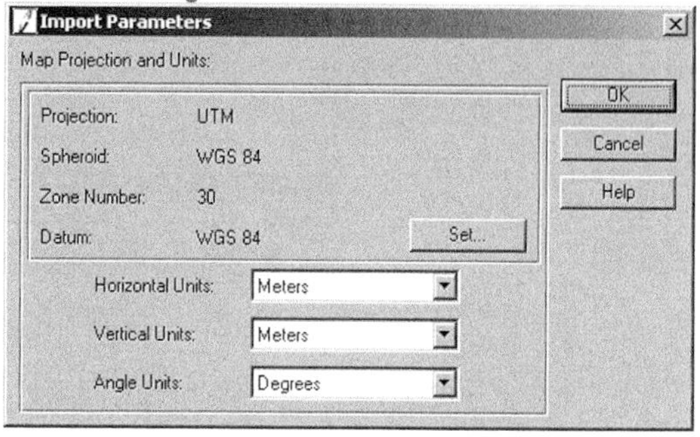

图 19-54 Import Parameters 对话框

⑪ 单击 OK 按钮，关闭 Block Property Setup 对话框。完成工程方位参数的设置，自动记录并保存工程文件中各图像的 X、Y、Z 位置值及 Omega、Phi、Kappa 方位信息。

⑫ 返回 LPS 工程管理器（创建 LPS 工程后）（图 19-57）。

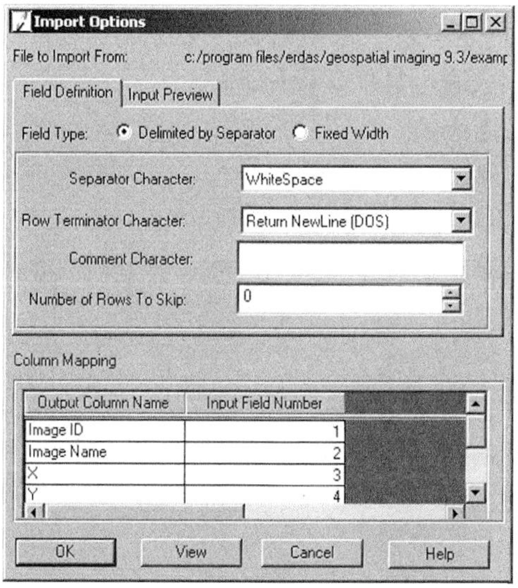

图 19-55 Import Options 对话框（Field Definition 选项卡）

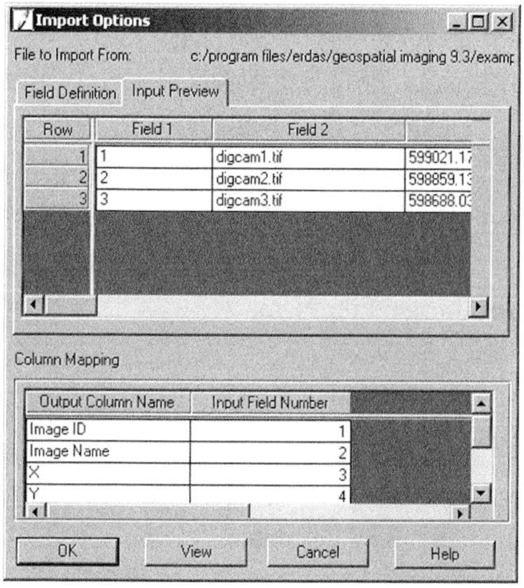

图 19-56 Import Options 对话框（Input Preview 选项卡）

说 明

在获取航空数码图像的同时，航空飞机的位置便由航空 GPS 和惯性导航（INS）所记录。航空 GPS 记录的是图像获取时数码相机或传感器所在的空间位置，惯性导航系统记录的是航摄方位信息（包括 Omega、Phi、Kappa）。空间位置信息的量测精度在（X、Y、Z）方向小于 2 m，而航摄方位信息（Omega、Phi、Kappa）的精度在 0.1 度以内。有了这些信息，就不必再对工程文件中的数码图像获取地面控制点（GCP），而是可以直接输入外方位元素值（Exterior Orientation Value）。

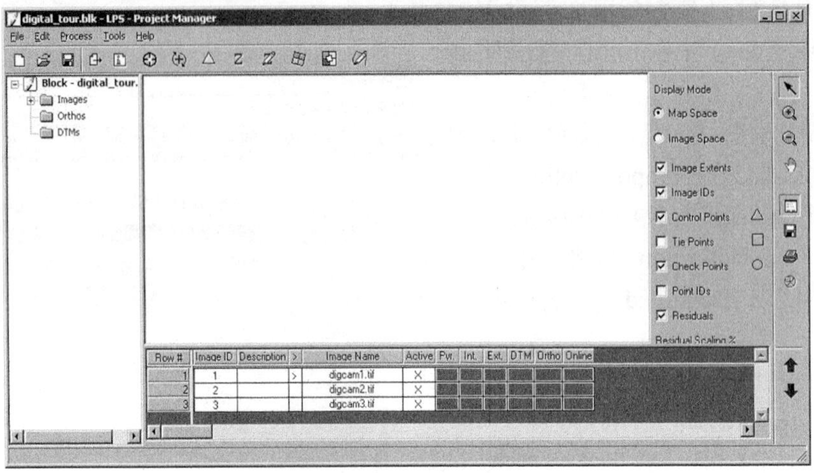

图 19-57　创建 LPS 工程后的 LPS 工程管理器

19.4.3　向 LPS 工程加载图像

1．图像文件在线定义

如图 19-57 所示，在 LPS 工程管理器视窗中，图像列表中的 Image Name 列已经显示了 3 幅图像文件，文件名依次是 digcam1.tif、digcam2.tif、digcam3.tif，这是由在导入外方位元素时选择的 airborne_GPS.dat 文件决定的。不过 3 幅图像目前还不是在线（Online）状态，需要进行在线定义，使得每个图像文件名与其相应的图像文件相关联，具体过程如下。

在 LPS 工程管理器视窗（图 19-57）中进行如下操作。

① 单击图像列表中 digcam1.tif 文件名后的 Online 列。

② 打开 Digital Camera Frame Editor 窗口（图 19-58）。

③ 单击 Attach 按钮，打开 Image File Name 对话框（图 19-59）。

④ 在 Look in 下拉列表框中确定图像文件目录为 \ERDAS\ Geospatial Imaging 9.3\ examples\ LPS\digital。

⑤ 在 Files of type 文本框中选择文件类型为

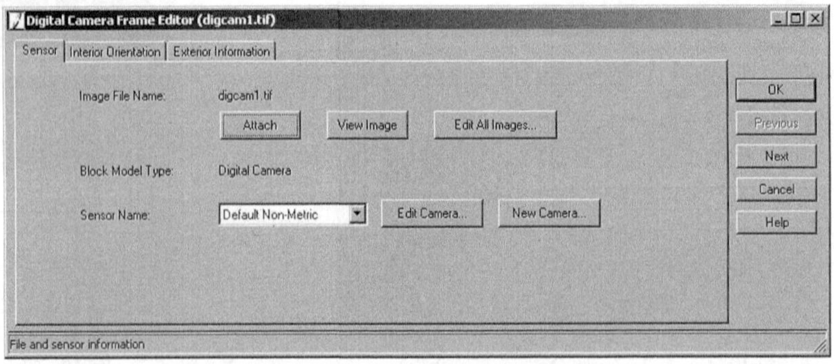

图 19-58　Digital Camera Frame Editor 窗口

TIFF（*.tif）。

⑥ 选择图像文件名为 digcam1.tif。

⑦ 按下 Shift 键，单击图像文件名 digcam3.tif，则 3 幅图像都被选中。

⑧ 单击 OK 按钮，关闭 Image File Name 对话框，返回 Digital Camera Frame Editor 窗口。

⑨ 单击 OK 按钮，关闭 Digital Camera Frame Editor 窗口。在 LPS 工程管理器视窗的文件列表中 Online 列的颜色由红色变为绿色，Image Name 列中各图像文件名前增加了文件路径，说明在*.dat 文件中确定的 3 幅图像都被在线定义。

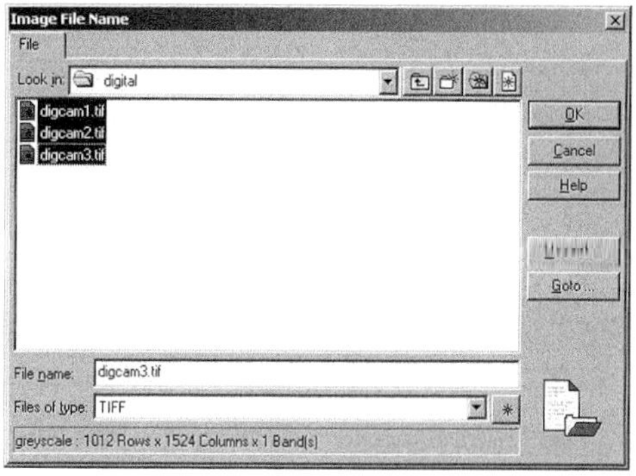

图 19-59 Image File Name 对话框

2．计算图像金字塔层

图像的金字塔层（Pyramid Layers）对于图像的显示效果和自动同名点定义非常有意义，可以按照下列过程计算工程文件中 3 幅图像的金字塔层。

在 LPS 工程管理器视窗中进行如下操作。

① 单击 Edit | Compute Pyramid Layers 命令，打开 Compute Pyramid Layers 对话框（图 19-60）。

② 选中 All Images Without Pyramids 单选按钮。

③ 单击 OK 按钮，关闭 Compute Pyramid Layers 对话框。启动图像金字塔计算程序，显示计算进度状态，金字塔层计算完成后，图像文件列表中 Pyr 列全部由原来的红色变为绿色。

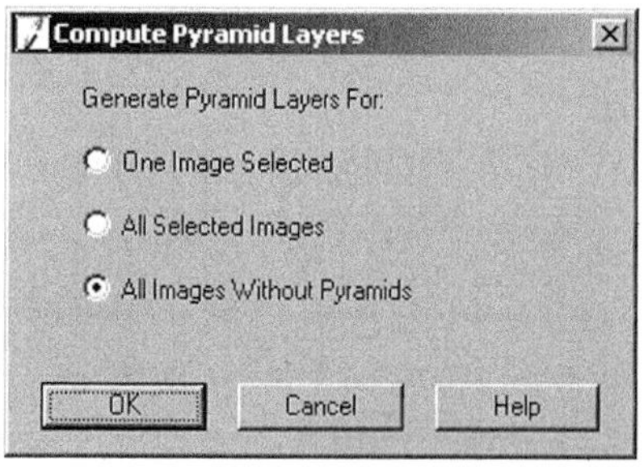

图 19-60 Compute Pyramid Layers 对话框

19.4.4 定义数码相机几何模型

1．输入数码相机信息

在 LPS 工程管理器视窗（图 19-57）中进行如下操作。

① 单击 Edit | Frame Editor 命令，打开 Digital Camera Frame Editor 窗口（图 19-61）。

② 单击 New Camera 按钮，打开 Camera Information 对话框（General 选项卡）（图 19-62）。

③ 在 Camera Name 文本框中输入数码相机名称为 Kodak DCS 420 Digital Camera。

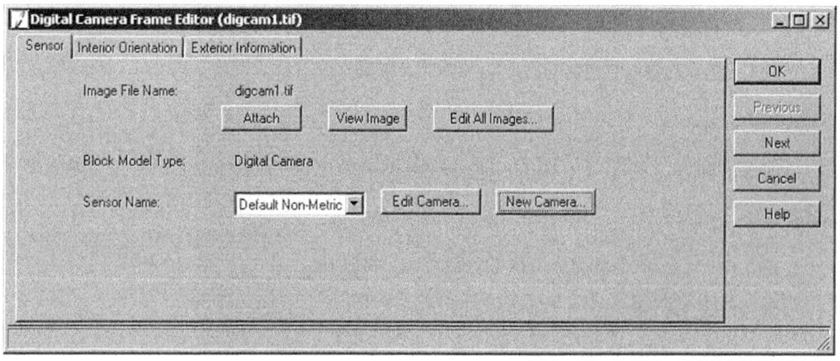

图 19-61 Digital Camera Frame Editor 窗口（Sensor 选项卡）

④ 在 Description 文本框中输入数码相机描述为 Project for Floodplain Mapping。

⑤ 在 Focal Lenth（mm）微调框中输入数码相机焦距为 28.0000。

⑥ 在 Principal Point x0（mm）微调框中输入像主点 X 坐标为 0.0000。

⑦ 在 Principal Point y0（mm）微调框中输入像主点 Y 坐标为 0.0000。

2．保存数码相机信息

在 Camera Information 对话框（图 19-62）中进行如下操作。

① 单击 Save 按钮，打开 Camera Parameter File Name 对话框（图 19-63）。

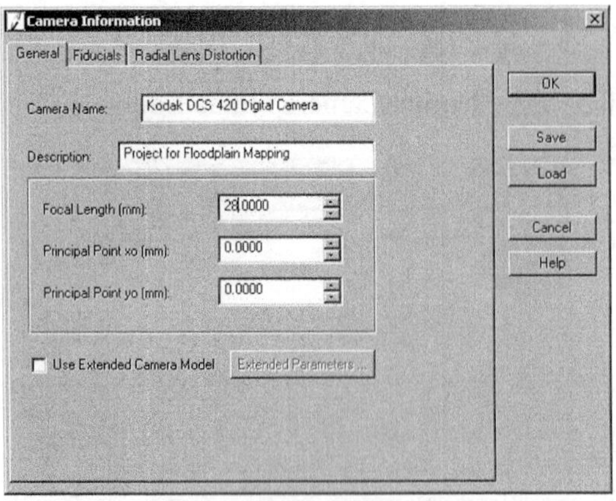

图 19-62 **Camera Information 对话框（General 选项卡）**

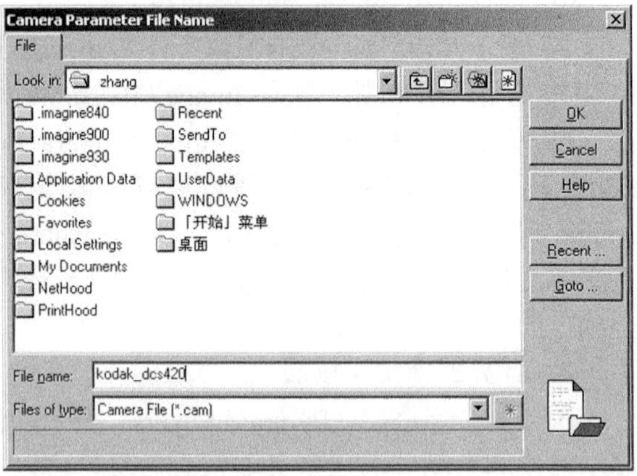

图 19-63 **Camera Parameter File Name 对话框**

② 在 Look in 下拉列表框中浏览选择合适的文件保存路径。

③ 在 File name 文本框中输入文件名为 kodak_dcs420.cam。

④ 单击 OK 按钮，关闭 Camera Parameter File Name 对话框，保存数码相机信息。

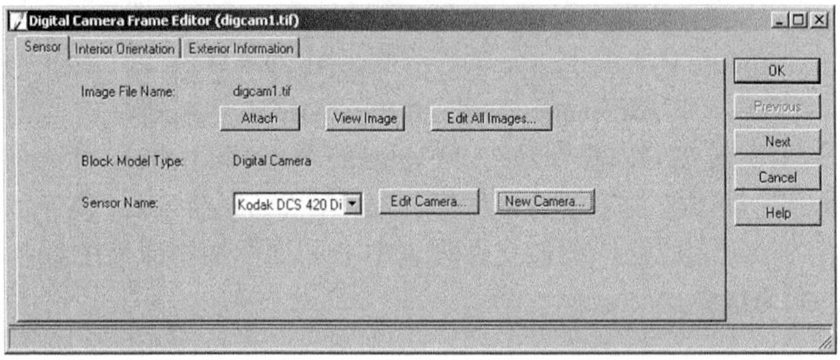

图 19-64 **Digital Camera Frame Editor 窗口（Sensor 选项卡）**

⑤ 单击 OK 按钮，关闭 Camera Information 对话框，返回 Digital Camera Frame Editor 窗口。所定义的数码相机模型信息显示在 Sensor Name 选项中（图 19-64）。

3．检查其他图像的相机信息

在 Digital Camera Frame Editor 窗口（图 19-64）中进行如下操作。

① 单击 Next 按钮，显示 digcam2.tif 图像信息，Sensor Name 变为 Kodak DCS 420 Digital Camera。

② 单击 Next 按钮，显示 digcam3.tif 图像信息，Sensor Name 变为 Kodak DCS 420 Digital Camera。

③ 单击 Previous 按钮两次，返回 digcam1.tif 状态（图 19-64）。

4．输入图像内方位元素

在 Digital Camera Frame Editor 窗口（图 19-64）中进行如下操作。

① 单击 Interior Orientation 标签，进入 Interior Orientation 选项卡（图 19-65）。

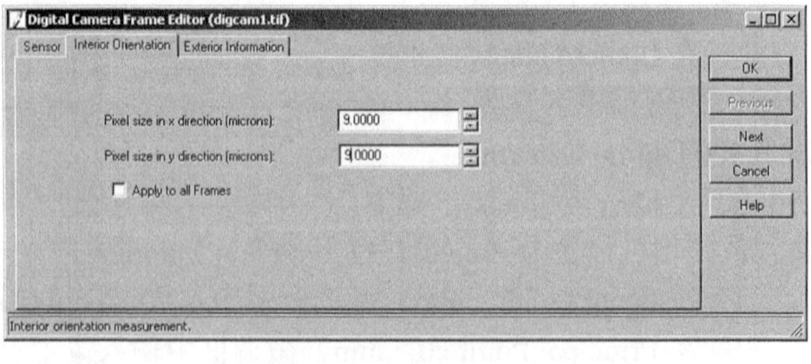

图 19-65 **Digital Camera Frame Editor 窗口（Interior Orientation 选项卡）**

② 在 Pixel size in x direction (microns）微调框中确定 X 方向的像元大小为 9.000。

③ 在 Pixel size in y direction（microns）微调框中确定 Y 方向的像元大小为 9.000。

④ 单击 Next 按钮两次，将相同的内方位元素传递给 digcam2.tif 和 digcam3.tif。

⑤ 单击 Previous 按钮两次，返回 digcam1.tif 状态（图 19-65）。

5．查阅图像外方位元素

在 Digital Camera Frame Editor 窗口（图 19-65）中进行如下操作。

① 单击 Exterior Information 标签，进入 Exterior Information 选项卡（图 19-66）。从 Exterior Information 列表中可以看出，图像 digcam1.tif 的外方位元素已经存在，是来自于方位元素导入过程的 airborne_GPS.dat 文件。

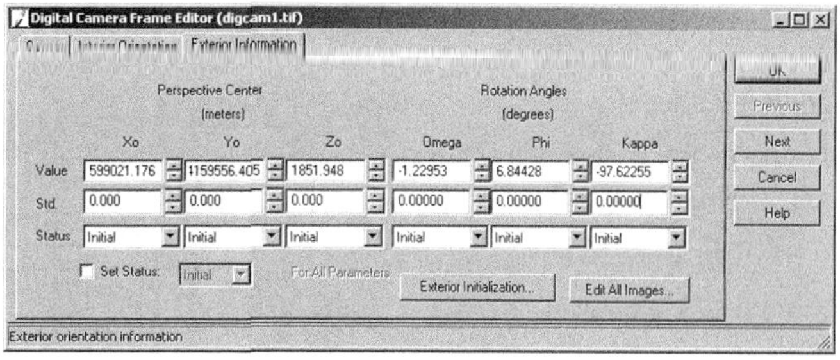

图 19-66　**Digital Camera Frame Editor 窗口（Exterior Information 选项卡）**

② 单击 Next 按钮，查看工程文件中第二幅图像 digcam2.tif 的外方位元素。

③ 单击 Next 按钮，查看工程文件中第 3 幅图像 digcam3.tif 的外方位元素。

④ 单击 OK 按钮，关闭 Digital Camera Frame Editor 窗口，返回 IMAGINE OrthoBASE 窗口。注意图像文件列表中的 Int 列完全变绿，说明内方位元素已全都定义。

19.4.5　自动量测图像同名点

通常应该是在工程文件中图像的重叠区域定义 GCP，以便大概确定外方位元素参数。由于本例应用了 GPS 和 INS 数据文件信息，就没有必要手工采集 GCP 了，而是可以直接执行自动同名点采集功能，以便建立相邻图像之间的几何关系。

在 LPS 工程管理器视窗（图 19-57）中进行如下操作。

① 单击 Edit | Point Measurement 命令（或者在工具条中单击 Start point measurement tool 图标），打开 Select Point Measurement Tool 对话框（图 19-67）。

② 选中 Classic Point Measurement Tool 单选按钮。

③ 单击 OK 按钮，关闭 Select Point Measurement Tool 对话框，返回 Point Measurement 窗口（图 19-68）。

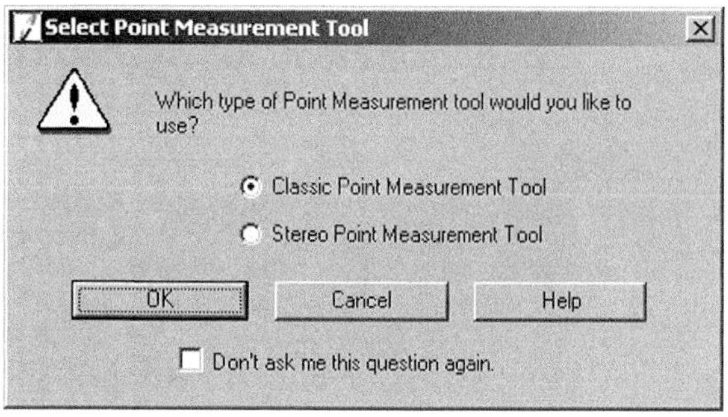

图 19-67　**Select Point Measurement Tool 对话框**

左窗口显示工程文件中的第一幅图像 digcam1.tif，右窗口显示工程文件中的第二幅图像 digcam2.tif，利用 Right View 按钮还可以显示 digcam3.tif。

1．自动获取图像同名点

在 Point Measurement 窗口（图 19-68）中进行如下操作。

① 单击右上角的公用工具组的 Auto tie properties 图标，打开 Automatic Tie Point Generation Properties 对话框（图 19-69）。

② 单击 Distribution 标签，进入 Distribution 选项卡（图 19-70）。

③ 在 Intended Number of Points/ Image 微调框中输入 50（同名点数）。

④ 单击 Run 按钮，开始自动同名点产生过程。

⑤ 进程结束后，打开 Auto Tie Summary 窗口（图 19-71）。

⑥ 浏览 Auto Tie Summary 窗口后单击 Close 按钮，关闭 Auto Tie Summary 窗口。

⑦ 同名点显示在 Point Measurement 窗口的图像窗口中，同名点坐标显示在 Reference CellaArray 和 File CellArray 中，每个点的 Type 列为 None, Usage 列为 Tie；每个点只有对应的 File X/Y 值，而没有 Reference X / Y 值（图 19-72）。

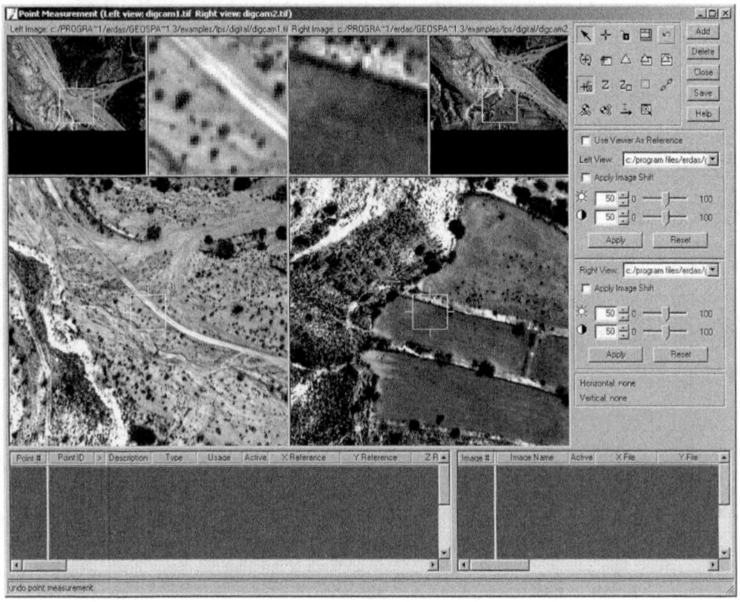

图 19-68 **Point Measurement 窗口（未定义同名点）**

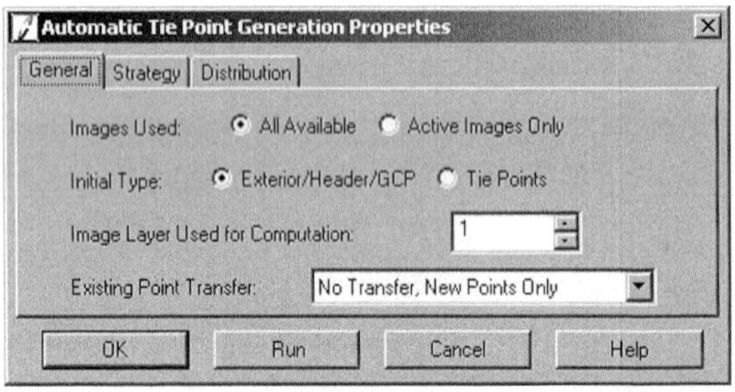

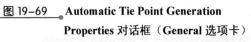

图 19-69 **Automatic Tie Point Generation Properties 对话框（General 选项卡）**

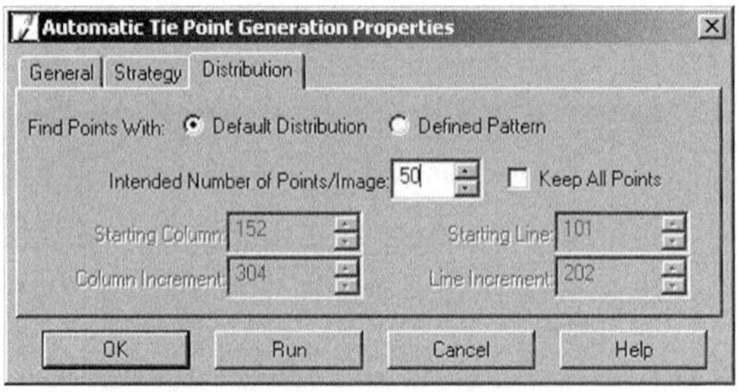

图 19-70 **Automatic Tie Point Generation Properties 对话框（Distribution 选项卡）**

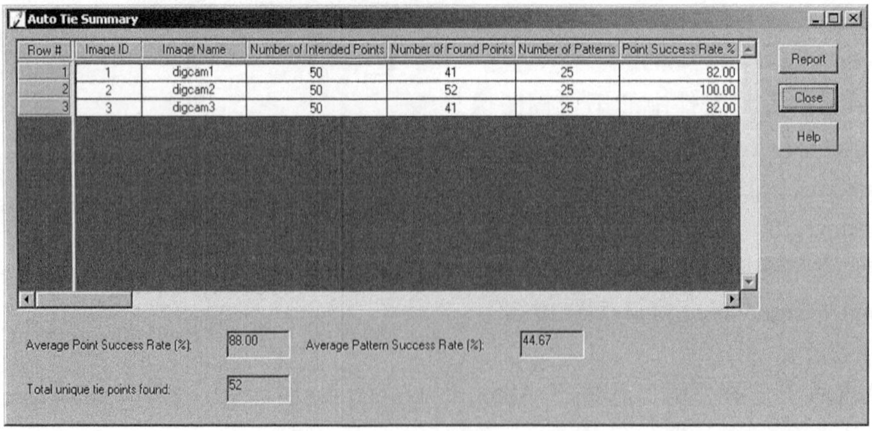

图 19-71 **Auto Tie Summary 窗口**

2．检查图像同名点精度

在 Point Measurement 窗口（图 19-72）中进行如下操作。

① 在 File CellArray 中单击 point # 列选择同名点记录，左右图像窗口将同时显示同名点位置，查看其位置的精度。

② 通过 Left View 和 Right View 按钮来改变左右窗口中的图像，以便查看较多的同名点。

③ 单击 Save 按钮，保存自动获取的同名点。

④ 单击 Close 按钮，关闭 Point Measurement 窗口，返回 LPS 工程管理器视窗。

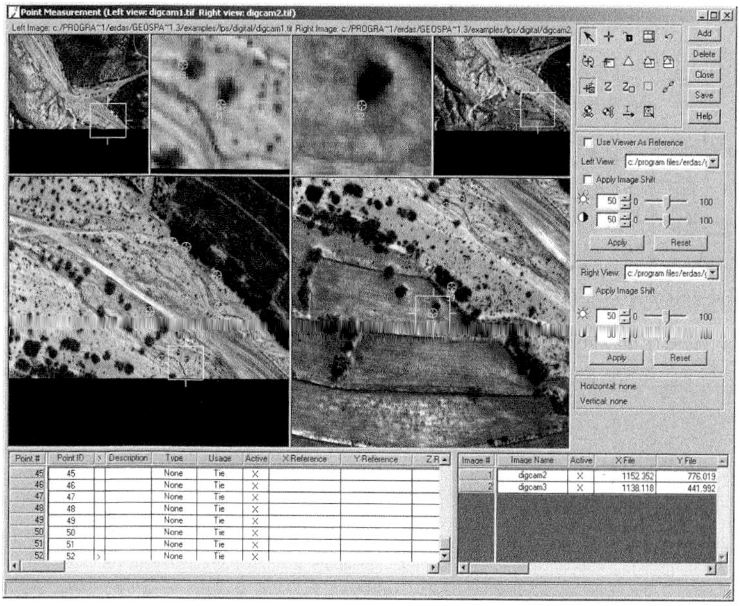

图 19-72　**Point Measurement** 窗口（定义同名点之后）

19.4.6　执行航空三角测量

1．通过航空三角测量获取外方位元素

在 LPS 工程管理器视窗中（图 19-57）进行如下操作。

① 单击 Edit | Triangulation Properties 命令，打开 Aerial Triangulation 对话框（图 19-73）。

② 在 Maximum Iterations 微调框中设置最大迭代次数为 10。

③ 在 Convergence Value（meters）微调框中设置迭代收敛值为 0.00100。

④ 选中 Compute Accuracy for Unknowns 复选框，计算未知点精度。

⑤ 单击 Image Coordinate Units for Report 下拉列表框，选择图像坐标单位为 Microns。

⑥ 单击 Exterior 标签，进入 Exterior 选项卡（图 19-74）。

在 Aerial Triangulation 对话框（Exterior 选项卡）中进行如下操作。

① 单击 Type 下拉列表框，确定权重类型为 Same weighted values。

② 在外方位元素 Xo、Yo、Zo 微调框中输入 2.000000。

③ 确认外方位元素 Omega、Phi、Kappa 微调框的数为 0.10000。

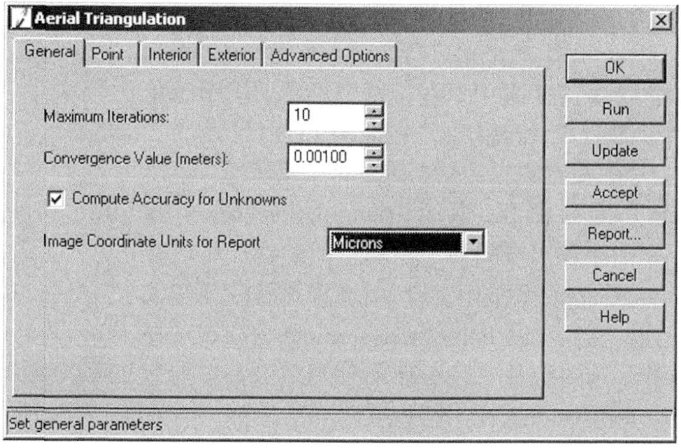

图 19-73　**Aerial Triangulation** 对话框（**General** 选项卡）

④ 单击 Advanced Options 标签，进入 Advanced Options 选项卡（图 19-75）。

在 Aerial Triangulation 对话框（Advanced Options 选项卡）中进行如下操作。

① 单击 Blunder Checking Model 下拉列表框，选择错误检查模型为 Advanced robust checking（自动识别和删除量测错误的同名点）。

② 取消选中 Use Image Observations of Check Points in Triangulation 复选框。

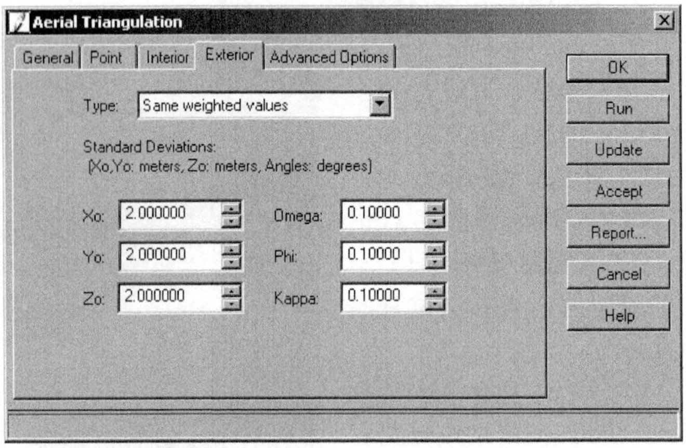

图 19-74　Aerial Triangulation 对话框（Exterior 选项卡）

③ 单击 Run 按钮，执行航空三角测量结束后，打开 Triangulation Summary 对话框（图 19-76）（其中显示 Total Image Unit-Weight RMSE：0.7160，表明误差在 1μm 左右，相当于 1 / 4 个像素）。

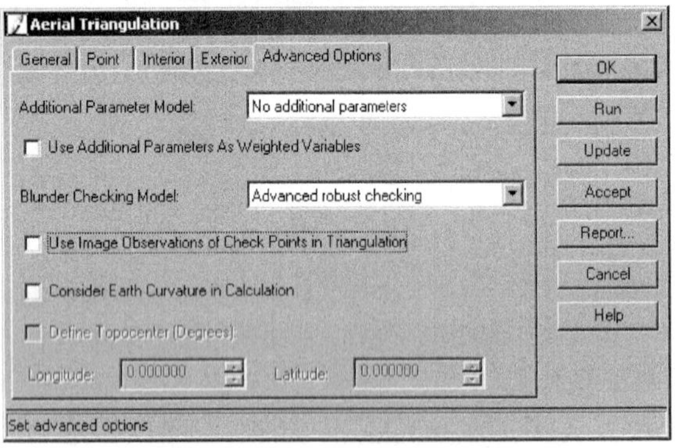

图 19-75　Aerial Triangulation 对话框（Advanced Options 选项卡）

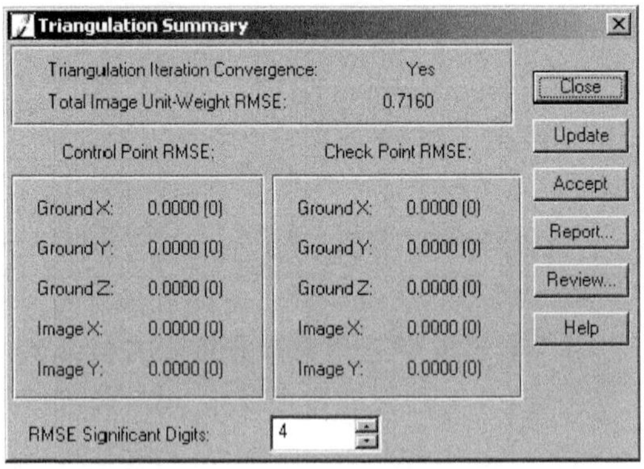

图 19-76　Triangulation Summary 对话框

在 Triangulation Summary 对话框（图 19-76）中进行如下操作。

① 单击 Report 按钮，打开 Triangulation Report 窗口（图 19-77），其中包含了用于三角测量的同名点的编码、坐标等所有信息。

② 检查完报告后，如果对结果满意，单击 File | Close 命令，关闭 Triangulation Report 窗口。如果还需要提高三角测量的精度，可以在 Triangulation Report 窗口中选择那些残差较大的点，然后返回 Point Measurement 窗口，选择 Active 列的状态（无 X 符），使那些点不参与运算，然后再次执行三角测量。

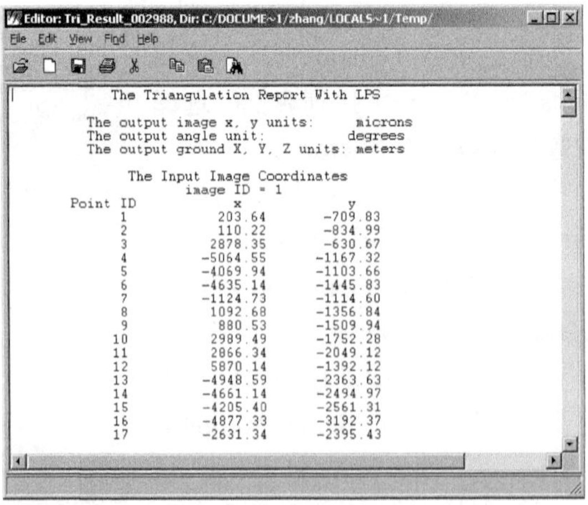

图 19-77　Triangulation Report 窗口

③ 单击 Accept 按钮，确认航空三角测量结果。

④ 单击 Close 按钮，关闭 Triangulation Summary 对话框，返回 Aerial Triangulation 对话框。

⑤ 单击 OK 按钮，关闭 Aerial Triangulation 对话框，接受三角测量结果。返回 LPS 工程管理器窗口（图 19-78），注意图像文件列表 CellArray 中的 Ext 列，目前处于绿色状态，表明外方位元素获取结束。

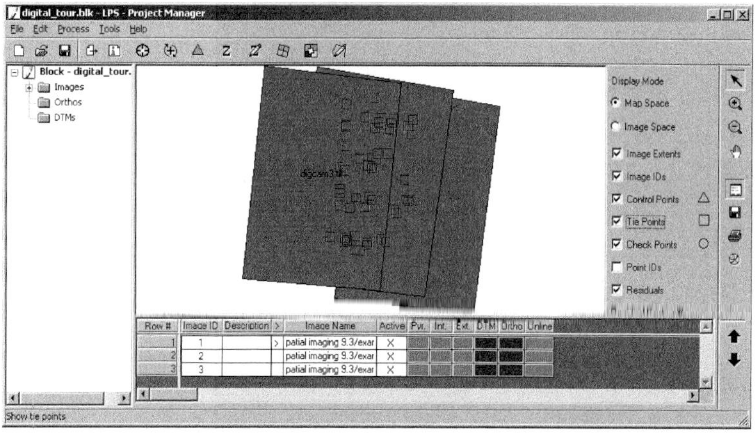

图 19-78　LPS 工程管理器视窗（航空三角测量后）

2．检查图像同名点的图形状态

在 LPS 工程管理器视窗（图 19-78）中进行如下操作。

① 单击左边工程树形结构 Image 前的图标“+”。

② 在右边 Display Mode 下选中 Point IDs 复选框。同名点编号显示在每个同名点下。

③ 单击放大图标。

④ 在包含同名点的地方画一方框，使包含同名点的部分得到放大。

⑤ 单击选择图标。

⑥ 单击一个同名点框，打开 Point Data 窗口（图 19-79），窗口中的数据来自 Point Measurement 窗口中的 Reference CellArray 和 File CellArrary，在 Point Data 窗口中可以查看图像同名点的坐标、残差及其当前状态。

⑦ 单击 Dismiss 按钮，关闭 Point Data 窗口。

⑧ 选中 Image Space 单选按钮，并在列表中选择相关图像，该图像中的所有同名点都将显示出来。改变图像选择，相关的同名点的显示相应改变（图 19-80）。

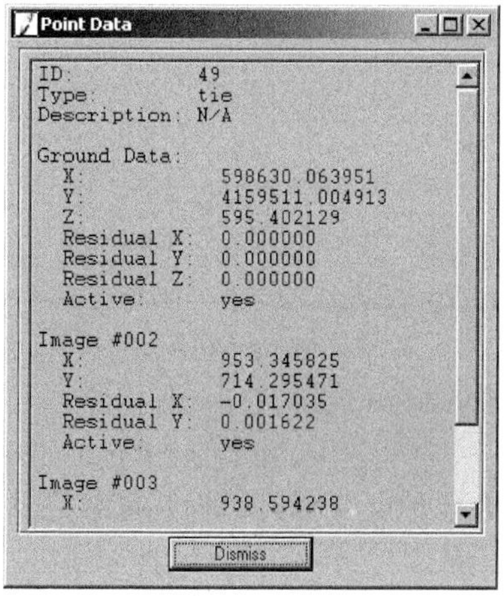

图 19-79　Point Data 窗口

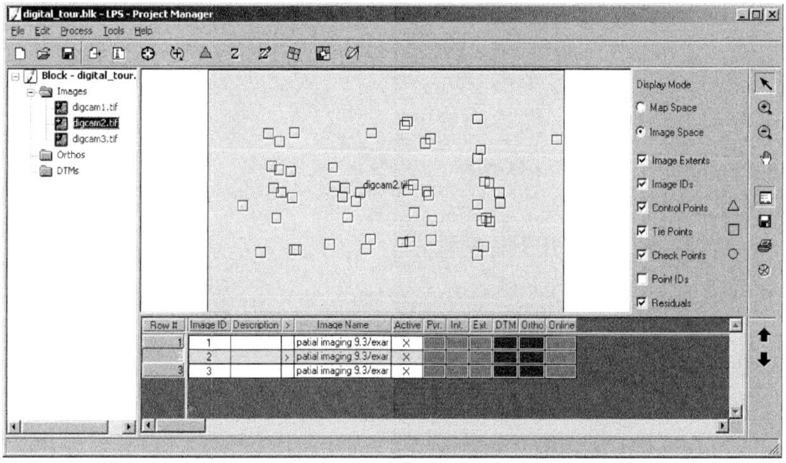

图 19-80　LPS 工程管理器视窗

19.4.7 图像正射校正处理

1. 执行图像正射校正

在LPS工程管理器视窗（图19-80）中进行如下操作。

① 单击CellArray中的Ortho列，打开Ortho Resampling窗口（General）选项卡（图19-81）。

② 在Active Area微调框中输入95.0%。

③ 确认DTM Source下拉列表框中为常数Constant。

④ 在Constant Value微调框中输入高度为605.0000。

⑤ 在Output Cell Sizes微调框中输入像元大小X、Y为0.50000000。

⑥ 打开Advanced选项卡，确认重采样方法Resampling Method为Bilinear Interpolation。

⑦ 单击Add Multiple按钮，打开添加图像Add Multiple Outputs对话框（图19-82）。

⑧ 选中Use Current Cell Sizes复选框，使其他正射图像输出的像元大小与设置相同。

⑨ 单击OK按钮，出现文件已经存在的提示对话框，单击OK按钮，工程中的其他图像显示在重采样列表中（图19-83）。

⑩ 单击OK按钮，开始进行图像重采样处理。

⑪ 图像重采样处理完成后，单击OK按钮。在LPS工程管理器视窗中，图像列表中的Ortho列变绿，说明所有处理过程完成。

2. 检查正射校正图像

在一个Viewer视窗中同时打开3幅正射图像：orthodigcam1.img、orthodigcam2.img、orthodigcam3.img，注意在Raster Options选项卡中设置这些选项：取消选中Clear Display复选框、选中Fit to Frame复选框、选中Background Transparent复选框。3幅正射图像同时显示在Viewer中，使用放大工

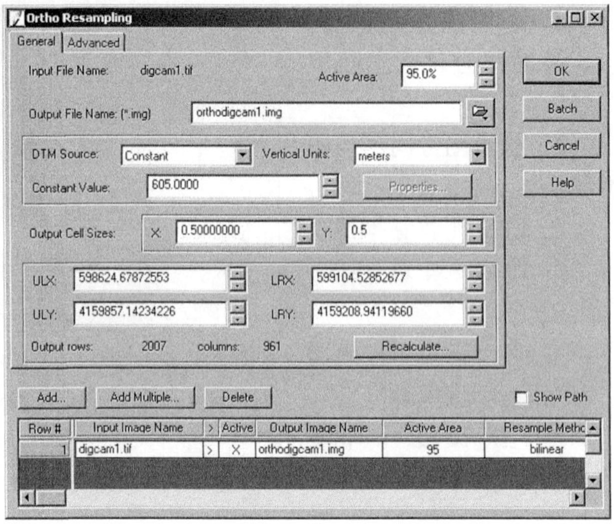

图19-81 Ortho Resampling窗口（General选项卡）

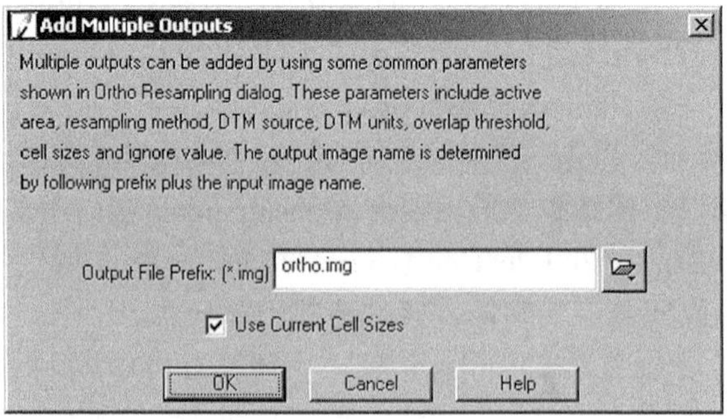

图19-82 Add Multiple Outputs对话框

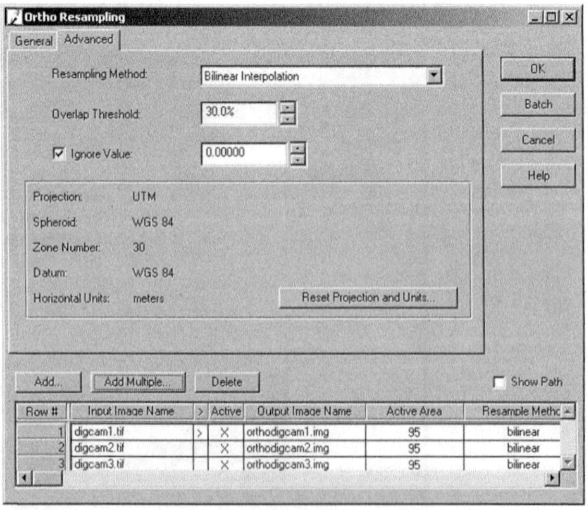

图19-83 添加图像后的Ortho Resampling窗口

具、屏幕卷帘工具（Swipe Tool）等查看图像重叠部分上下层之间的匹配关系。检查结束后，关闭正射图像图退出窗口。

3．保存和关闭工程文件

在 LPS 工程管理器视窗（图 19-80）中进行如下操作。

① 单击 File | Save 命令，保存工程文件。以后任何时间都可以打开一个完整的 LPS 工程。

② 单击 File | Close 命令，关闭工程文件。

③ 单击 File | Exit 命令，退出 LPS 工程管理器。

19.5 扫描图像摄影测量处理

借助 LPS 软件，可以对两幅具有重叠区域的 SPOT 扫描图像进行摄影测量处理。下面将通过对两幅美国加州 Polm Springs 地区、SPOT10 m 分辨率的全色图像进行三角测量和正射校正，说明扫描图像摄影测量处理的一般过程。

本实例数据集所涉及的是两幅具有重叠区域的 SPOT 全色图像，图像是用扫描式的传感器获取的，图像的地面分辨率是 10 m。IMAGINE LPS 将自动使用与图像相对应的星历表信息来确定传感器获取图像时的几何参数，并使用已有的 SPOT XS 正射图像（20 m 分辨率）、2 m 的正射航空像片及 DEM 文件及量测的地面控制点（GCP）。SPOT XS 正射图像和正射航空像片用于获取 GCP 的平面坐标，而 DEM 用于获取 GCP 的垂直坐标，一旦 GCP 的平面坐标（X、Y）被量测，垂直坐标的量测是自动进行的。在处理过程中，自动同名点获取工具用于量测图像重叠区域的相应位置，三角测量用于定义获取图像时传感器的位置与方向，以及同名点的 X、Y、Z 值坐标。使用 DEM 数据，两幅 SPOT 图像将依次被正射校正处理。

19.5.1 扫描图像处理流程

应用 LPS 工程管理器进行扫描图像摄影测量处理的一般流程如图 19-84 所示。

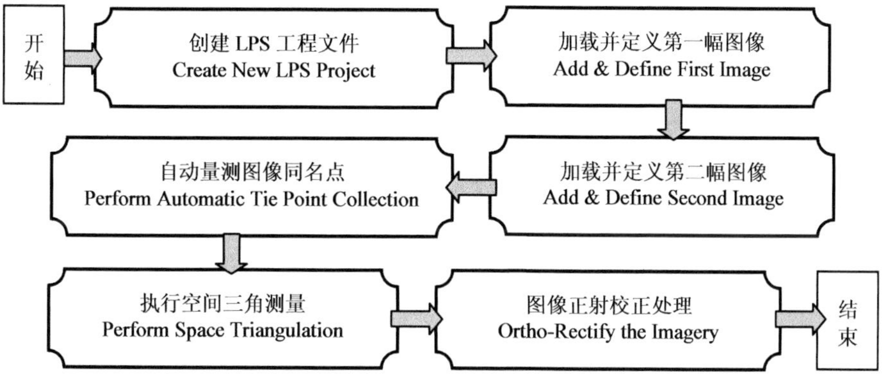

图 19-84 扫描图像摄影测量处理的一般流程

19.5.2 创建 LPS 工程文件

类似于应用 LPS 工程管理器完成摄影图像的摄影测量处理，扫描图像摄影测量处理也需要首先创建一个扩展名为.blk 的 LPS 工程文件（分块文件——Block File），具体步骤如下。

在 ERDAS 图标面板工具条中单击 LPS 图标，打开 LPS 工程管理器（LPS Project Manager）视窗。在 LPS 工程管理器视窗中进行如下操作。

① 单击 File | New 命令，打开 Create New Block File 对话框（图 19-85）。

② 在 Look in 下拉列表框中浏览并确定工程文件目录为 C:\Documents and Settings\zhang（用户根据处理的图像大小、硬盘容量等确定文件目录）。

③ 在 File name 文本框中确定工程文件名为 spot _tour.blk。

④ 单击 OK 按钮，关闭 Create New Block File 对话框，返回 Model Setup 对话框（图 19-86）。

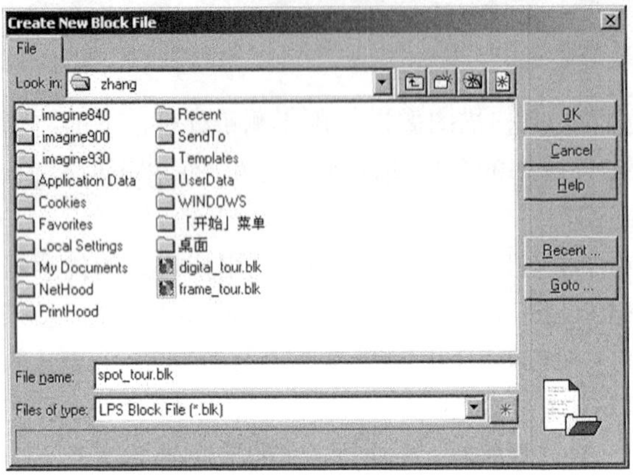

图 19-85 **Create New Block File 对话框**

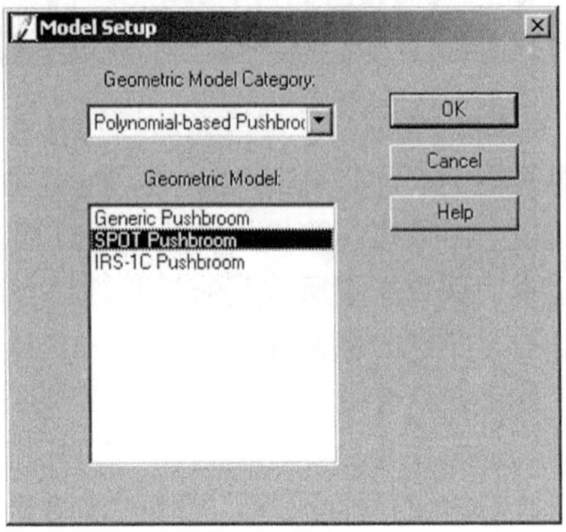

图 19-86 **Model Setup 对话框（选择几何模型）**

在 Model Setup 对话框中选择扫描传感器模型。

① 在 Geometric Model Category 下拉列表框中选择 Polynomial-based Pushbroom。

② 在 Geometric Model 下拉列表框中选择 SPOT Pushbroom 几何模型（扫描传感器模型）。

③ 单击 OK 按钮，关闭 Model Setup 对话框，返回 Block Property Setup 对话框（图 19-87）。

在 Block Property Setup 对话框中定义工程属性参数。

① 在 Horizontal 选项区域（平面坐标系）中单击 Set 按钮，打开 Projection Chooser 对话框（Custom 选项卡）（图 19-88）。

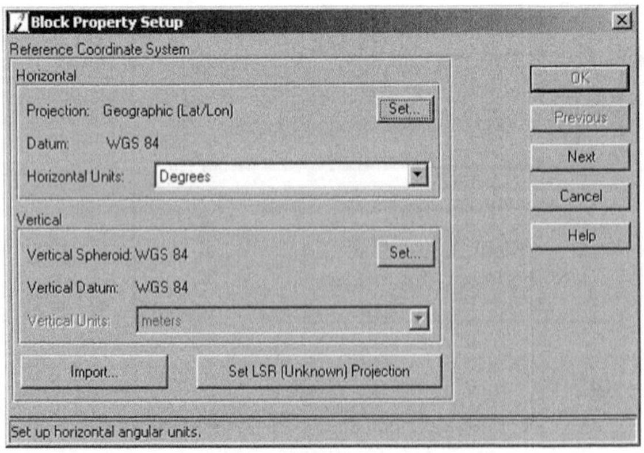

图 19-87 **Block Property Setup 对话框**

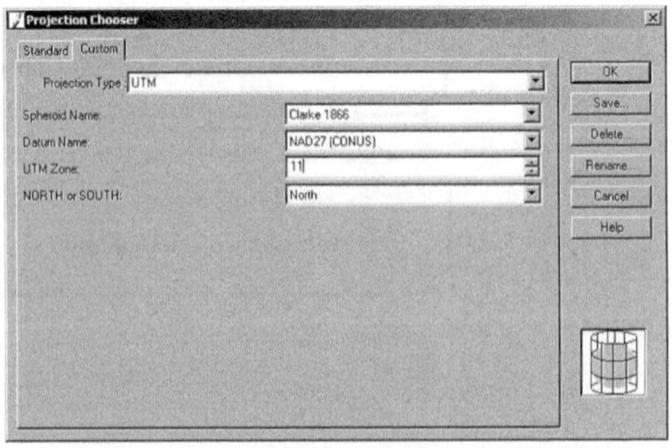

图 19-88 **Projection Chooser 对话框（Custom 选项卡）**

② 在 Projection Type 下拉列表框中选择投影类型为 UTM。

③ 在 Spheroid Name 下拉列表框中选择参考椭球体为 Clark 1866。

④ 在 Datum Name 下拉列表框中选择大地水准面为 NAD27（CONUS）。

⑤ 在 UTM Zone 微调框中设置投影分带为 11。

⑥ 在 NORTH or SOUTH 下拉列表框中选择为北半球 North。

⑦ 单击 OK 按钮，关闭 Projection Chooser 对话框。

⑧ 在 Horizontal Units 下拉列表框中选择 Meters。

⑨ 单击 OK 按钮，关闭 Block Property Setup 对话框。

19.5.3 加载并定义第一幅图像

下面首先向前一步创建的 LPS 工程文件中加载第一幅图像，然后计算图像的金字塔层、定义图像的传感器模型、采集控制点平面坐标、计算控制点高程坐标、设置控制点类型与用途，最后保存控制点并保存工程文件。

1. 加载第一幅扫描图像

在 LPS 工程管理器视窗中进行如下操作。

① 右击 LPS 工程管理器视窗左边的 Images 图标，在打开的 Images 菜单中单击 Add 命令，打开 Image File Name 对话框（图 19-89）。

② 在 Look in 下拉列表框中浏览确定图像文件目录为\ERDAS\Geospatial Imaging 9.3\examples\LPS\spot\。

③ 在 File name 窗口中单击确定图像文件名为 spot_pan.img。

④ 单击 OK 按钮，关闭 Image File Name 对话框。spot_pan.img 图像加载到 LPS 工程管理器中（图 19-90）。

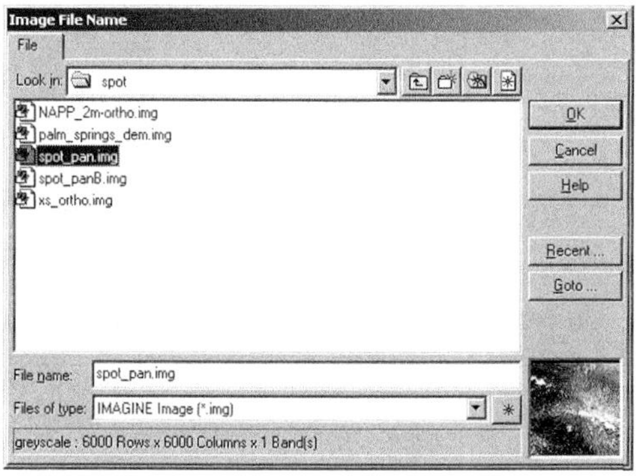

图 19-89 Image File Name 对话框

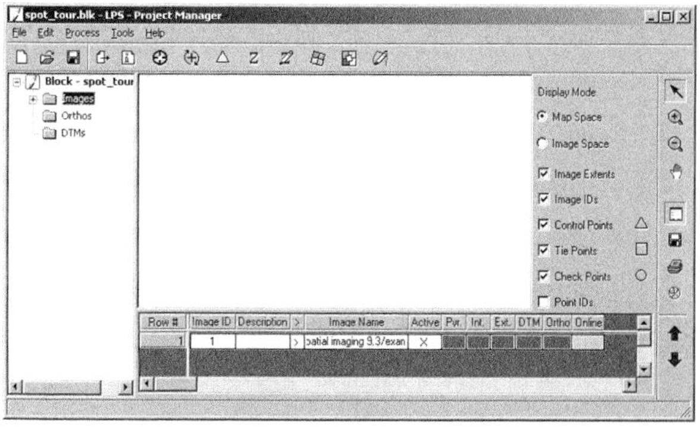

图 19-90 LPS 工程管理器

加载图像之后，为了优化图像显示效果和有利于自动获取图像同名点，需要计算工程文件中图像的金字塔层，具体步骤如下。

在 LPS 工程管理器视窗（图 19-90）中进行如下操作。

① 单击 Edit | Compute Pyramid Layers 命令，打开 Compute Pyramid Layers 对话框（图 19-91）。

② 选中 All Images Without Pyramids 单选按钮。

③ 单击 OK 按钮，计算所有图像的金字塔层（计算完成后，对应图像的 Pyr 列显示为绿色）。

2．定义扫描图像传感器模型

本小节所要定义的 SPOT 扫描式传感器的有关参数，是由 SPOT 图像发行商提供，包含在图像头文件中，具体定义过程如下。

在 LPS 工程管理器视窗（图 19-90）中进行如下操作。

① 单击 Edit | Frame Editor 命令，打开 SPOT Pushbroom Frame Editor 窗口（图 19-92），显示 spot_pan.img 图像信息。

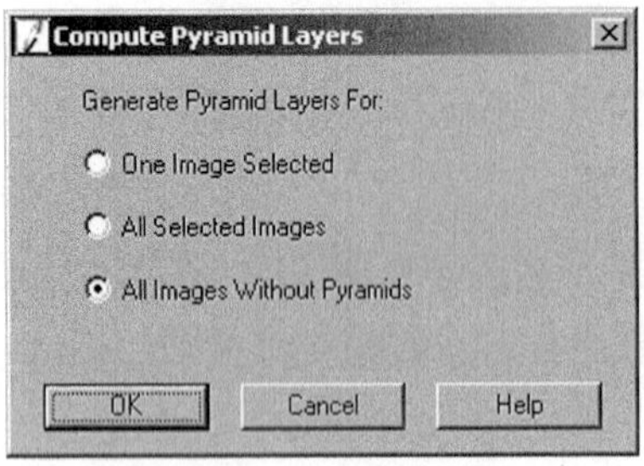

图 19-91 **Compute Pyramid Layers 对话框**

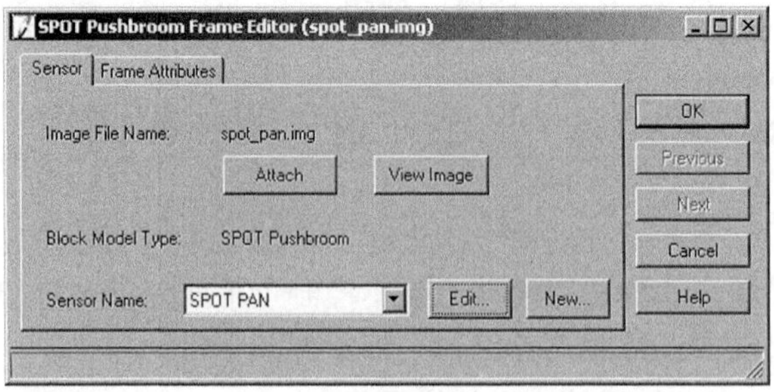

图 19-92 **SPOT Pushbroom Frame Editor 窗口（Sensor 选项卡）**

② 在 Sensor Name 传感器名称下拉列表框中选择 SPOT PAN。

③ 单击 Edit 按钮，打开 Sensor Information 对话框（图 19-93）。

在 Sensor Information 对话框（General 选项卡）中，显示与 spot_pan.img 对应的 SPOT Sensor 所有信息，包括以下具体内容。

① 传感器名称（Sensor Name）为 SPOT PAN。

② 描述信息（Description）为 SPOT Pancromatic Data。

③ 传感器焦距（Focal Length（mm））为 1082.0000。

④ 像主点 X（Principal point xo（mm））为 0.00000。

⑤ 像主点 Y（Primcipal point yo（mm））为 0.00000。

⑥ 像元大小（Pixel Size（mm））为 0.01300。

⑦ 传感器列数（Sensor Columns）为 6000。

⑧ 单击 OK 按钮，关闭 Sensor Information 对话框。

⑨ 单击 OK 按钮，关闭 SPOT Pushbroom Frame Editor 窗口。LPS 工程管理器图像列表 CellArray 中 Int 列变绿，说明扫描传感器模型已定义。

3．采集控制点平面坐标

（1）启动点量测工具

在 LPS 工程管理器视窗（图 19-90）中进行如下操作。

① 单击 Edit | Point Measurement 命令（或者在工具条中单击 Start point measurement tool 图标），打开 Select Point Measurement Tool 对话框（图 19-94）。

② 选中 Classic Point Measurement Tool 单选按钮，关闭 Select Point Measurement Tool 对话框，打开 Point Measurement 窗口（图 19-95）。

（2）定义平面参考图像

在 Point Measurement 窗口（图 19-95）中进行如下操作。

① 单击右上角的公共工具组 Reset horizontal reference source 图标，打开 GCP 参考坐标来源 GCP Reference Source 对话框（图 19-96）。

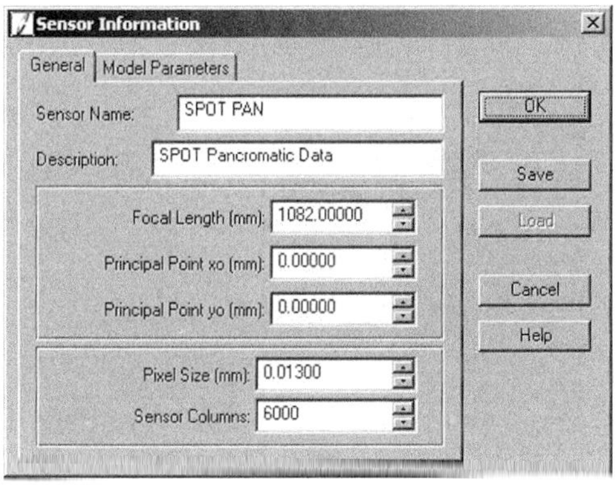

图 19-93 **Sensor Information 对话框（General 选项卡）**

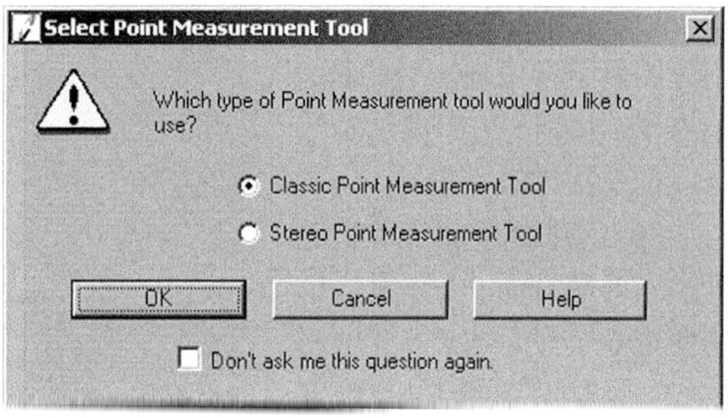

图 19-94 **Select Point Measurement Tool 对话框**

② 选中 Image Layer 单选按钮，在正射航空图像上选择 GCP 点。

③ 单击 OK 按钮，关闭 GCP Reference Source 对话框，打开 Reference Image Layer 对话框（图 19-97）。

④ 在 Look in 下拉列表框中确定参考图像文件夹为 \ERDAS\Geospatial Imaging 9.3\examples\LPS\spot。

⑤ 选择参考正射航空图像文件为 xs_ortho.img。

图 19-95 **Point Measurement 窗口（定义参考点之前）**

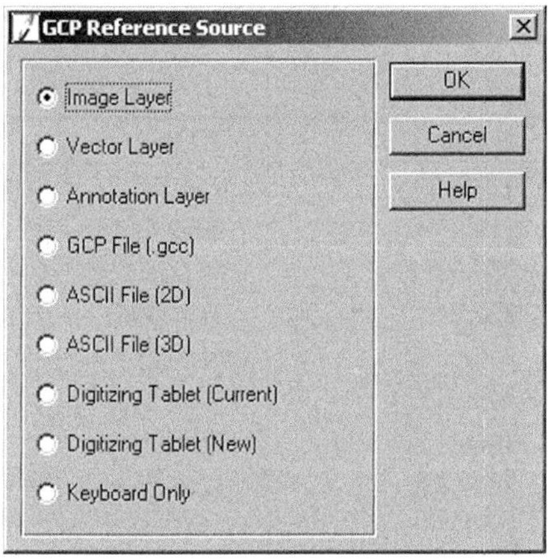

图 19-96 **GCP Reference Source 对话框**

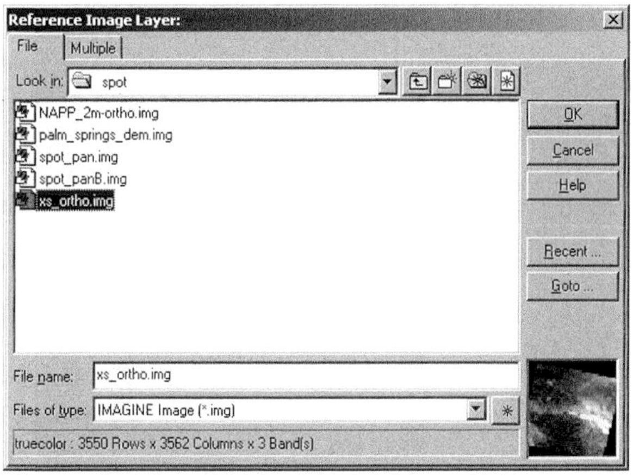

图 19-97 **Reference Image Layer 对话框**

⑥ 单击 OK 按钮，关闭 Reference Image Layer 对话框，返回 Point Measurement 窗口。

⑦ 选中 Use Viewer As Reference 复选框。如果打开创建图像金字塔提示对话框，单击 Yes 按钮，关闭提示对话框，创建图像金字塔。

⑧ 创建图像金字塔完成后，Point Measurement 窗口自动变成 6 个显示窗口，其中左边 3 个窗口显示参考图像——正射校正航空图像 xs_ortho.img，右边 3 个窗口显示原始图像——SPOT 全色图像 spot_pan.img（图 19-98）。下一步将以 xs_ortho.img 为参考选取控制点，校正 spot_pan.img 图像。

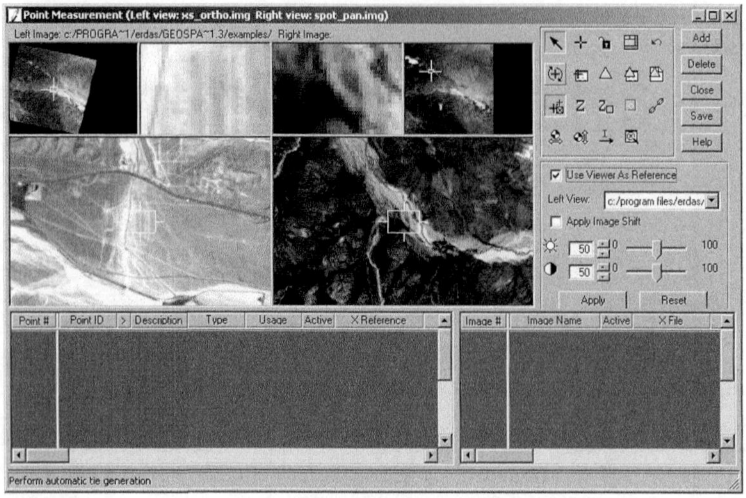

图 19-98 Point Measurement 窗口（加载参考图像之后）

（3）采集控制点 GCP

下面将直接在屏幕上采集 GCP 点，包括同时在参考图像 xs-ortho.img 和原始图像 spot_pan.img 上采集对应的控制点 GCP。作为练习，两幅图像对应控制点的坐标位置事先已经确定，具体坐标如表 19-8 所列，在练习中根据控制点坐标位置选取对应的点即可。

在 Point Measurement 窗口（图 19-98）中进行如下操作。

① 单击右上角的公共工具组 Add 按钮，在 Reference CellArray 中增加一条新记录。

② 在参考图像 xs-ortho.img 中浏览选择 GCP 参考点位置。

③ 单击 Select Point 图标，进入控制点选择状态。

④ 在左窗口 xs-ortho.img 的主窗口中移动联动光标，寻找控制点位置。

⑤ 单击 Create Point 图标，进入控制点量测状态。

⑥ 在左窗口 xs-ortho.img 的放大窗口中，单击精确定义 GCP 参考点。参考坐标列表（Reference CellArray）中出现 GCP1 的参考图像坐标（将 Reference CellArray 中的参考图像坐标（X、Y）与表 19-8 所给定的坐标值（566189.190，3773586.979）相比，如果误差不在 10 之内，直接输入正确值，并回车）。

表 19-8 控制点在图像上的坐标

Point ID	X Reference	Y Reference	X File	Y File
1	566189.190	3773586.979	5239.468	337.384
2	555690.659	3728387.770	5191.590	4969.546
3	501918.953	3732595.411	230.925	5378.823
4	515114.084	3759740.576	869.542	2487.996
5	543537.307	3779981.255	3027.570	51.432
6	558640.300	3751516.718	4999.412	2636.848
7	532062.982	3724946.633	3064.254	5673.794
8	539381.670	3768419.388	2890.880	1258.852
9	526013.661	3753709.856	1978.138	2919.004

⑦ 单击 Select Point 图标，在 spot_pan.img 图像主窗口上浏览寻找对应的点。

⑧ 单击 Create Point 图标，在 spot_pan.img 放大窗口中单击定义对应的 GCP。图像坐标列表（File CellArray）中出现 GCP1 的图像文件坐标（将 File CellArray 中的图像文件坐标与

表 19-8 中的 File 坐标（5239.468，337.384）对比，如果误差不在两个像元之内，直接输入给定的坐标值，将图像中的点移到正确位置）。

⑨ 重复上述过程，在参考图像及原始图像中定义 9 个控制点，控制点的参考坐标和文件坐标具体数据如表 19-8 所列，控制点定义结果如图 19-99 所示。

⑩ 单击 Save 按钮，保存当前控制点定义结果。

说 明

在定义控制点的过程中，可以根据需要设定自动坐标驱动功能。

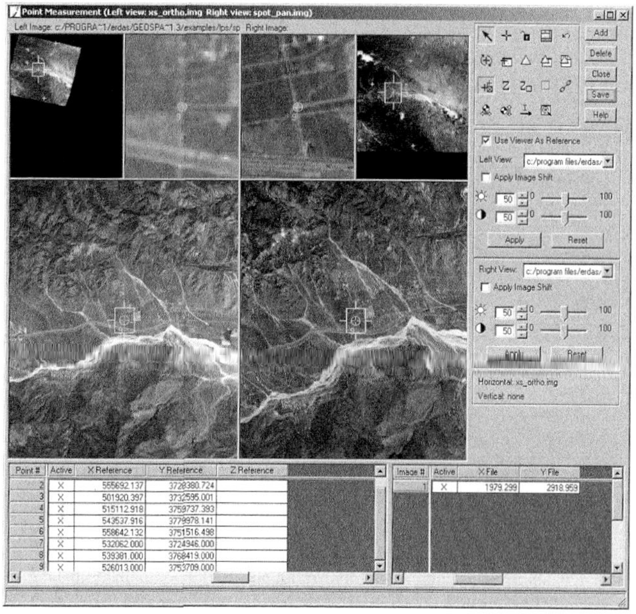

图 19-99 **Point Measurement 窗口（定义控制点之后）**

LPS 工程管理器提供了一些自动功能用于快速获取地面控制点（GCP），这里所要启动和应用的是自动坐标驱动功能。在 Point Measurement 窗口的工具面板中单击 Set Automatic (x,y) Drive 图标，该功能就被启动，LPS 工程管理器将根据给定的参考 GCP 点，自动在原始图像中确定大约的对应点（approximate Position of GCP）。

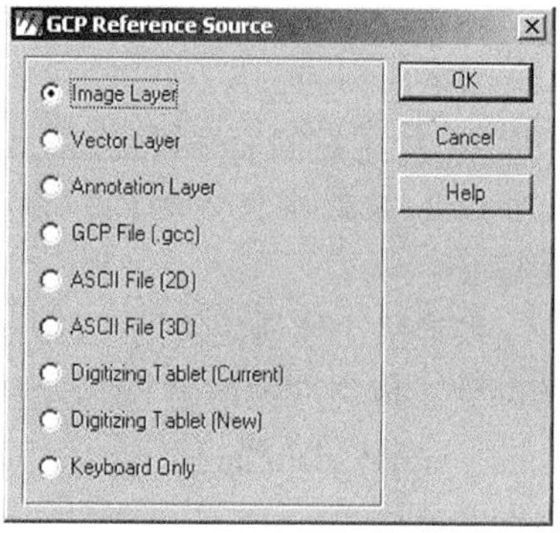

图 19-100 **GCP Reference Source 对话框**

（4）最后两个控制点的采集

最后两个控制点 Point ID 10 和 Point ID11，将应用与前面的 GCP 不同的平面参考坐标来定义，所使用的参考图像 napp_2m-ortho.ing 是一幅 1:40000 的正射校正像片，空间分辨率为 2m，具体步骤如下。

第 1 步：设置平面参考坐标

在 Point Measurement 窗口（图 19-99）中进行如下操作。

① 单击右上角的公共工具组 Reset horizontal reference source 图标，打开 GCP 参考坐标 GCP Reference Source 对话框（图 19-100）。

② 选中 Image Layer 单选按钮，在正射航空图像上选择 GCP 点。

③ 单击 OK 按钮，关闭 GCP Reference Source 对话框。

④ 打开 Reference Image Layer 对话框（图 19-101）。

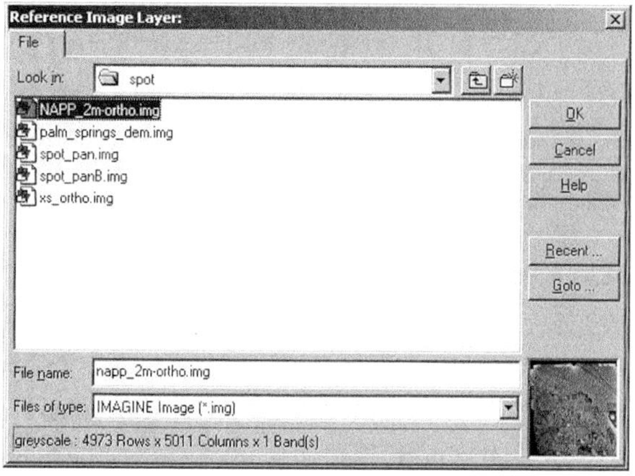

图 19-101 **Reference Image Layer 对话框**

⑤ 在 Look in 下拉列表框中确定参考图

像文件夹为\ERDAS\Geospatial Imaging 9.3\examples\LPS\spot。

⑥ 选择参考正射图像文件为 napp_2mortho.img。

⑦ 单击 OK 按钮，关闭 Reference Image Layer 对话框，图像 napp_2mortho.img 显示在左边窗口的总览窗口中。

第 2 步：定义控制点 Point ID10 和 Point ID11

使用自动坐标驱动功能，采用类似前面的过程，分别定义 Point ID10 和 Point ID11，两个点的坐标值如表 19-9 所列，控制点定义结果如图 19-102 所示，单击 Save 按钮，保存控制点。

表 19-9 控制点的参考坐标和文件坐标

Point ID	X Reference	Y Reference	X File	Y File
10	545372.750	3741643.250	3982.969	3817.813
11	540901.659	3746876.633	3469.092	3367.939

（5）保存控制点

在 Point Measurement 窗口（图 19-102）中进行如下操作。

① 单击右上角的公共工具组 Save 按钮，保存所有 GCP 点。

② 取消选中 Use Viewer As Reference 复选框，关闭文件 napp_2m-ortho.img。

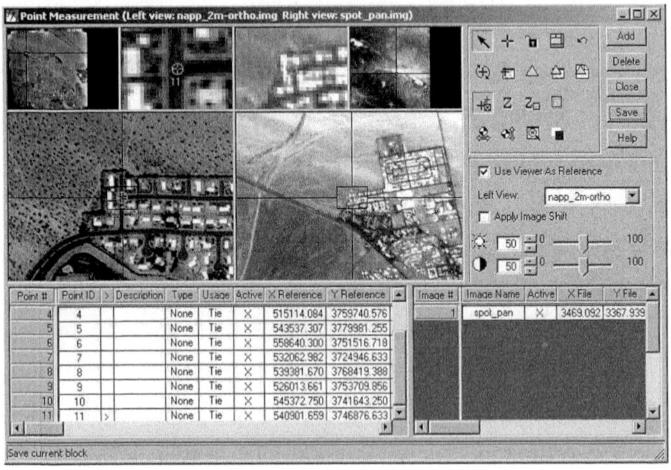

图 19-102 Point Measurement 窗口（定义控制点之后）

4．计算控制点高程坐标

（1）设置垂直（高程）参考坐标

要提供上述所定义的 GCP 点的高程 Z 值，应该使用 DEM 图像 plam_springs_dem.img，该文件中包含高度信息。

在 Point Measurement 窗口（图 19-102）中进行如下操作。

① 单击右上角的公共工具组 Vertical Reference Source 图标 ，打开 Vertical Reference Source 对话框（图 19-103）。

② 选中 DEM 单选按钮，在 DEM 图像上选择 GCP 高程。

③ DEM 下拉列表框，单击 Find DEM 按钮，打开 Add DEM File Name 对话框（图 19-104）。

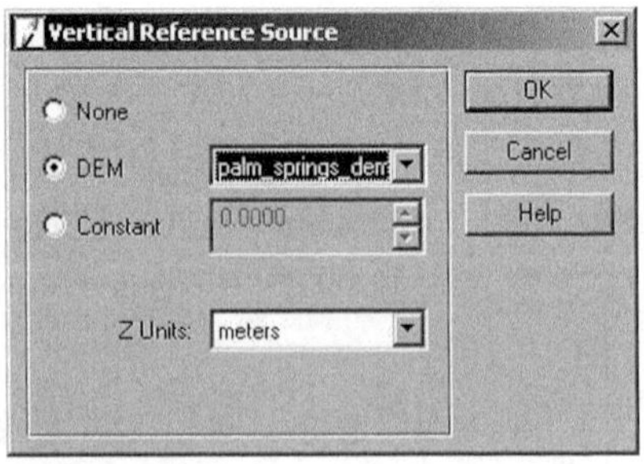

图 19-103 Vertical Reference Source 对话框（确定文件之后）

④ 在 Look in 下拉列表框中确定参考图像文件夹为\ERDAS\ Geospatial Imaging 9.3\examples\LPS\spot。

⑤ 选择参考正射图像文件为 palm_spings_dem.img）。

⑥ 单击 OK 按钮，关闭 Add DEM File Name 对话框。

⑦ 在 Z Units 下拉列表框中确定 DEM 高程单位为 meters。

⑧ 单击 OK 按钮，确定 DEM 文件，关闭 Vertical Reference Source 对话框。

（2）设置控制点垂直坐标

在 Point Measurement 窗口中（图 19-102）进行如下操作。

① 右击 Reference CellArray 中的 Point＃列，弹出下拉菜单。

② 单击 Select All 命令，使所有的控制点处于选择状态。

③ 单击 Update Z Values on Selected Points 图标，所有 GCP 点的 Z 值全部显示在 Reference CellArray 中，这些 Z 值是基于 DEM 文件计算获得的。

④ 右击 Reference CellArray 中的 Point＃列，在下拉菜单中单击 Select None 命令，则取消对所有控制点的选择。

⑤ 控制点高程计算结果如图 19-105 所示。

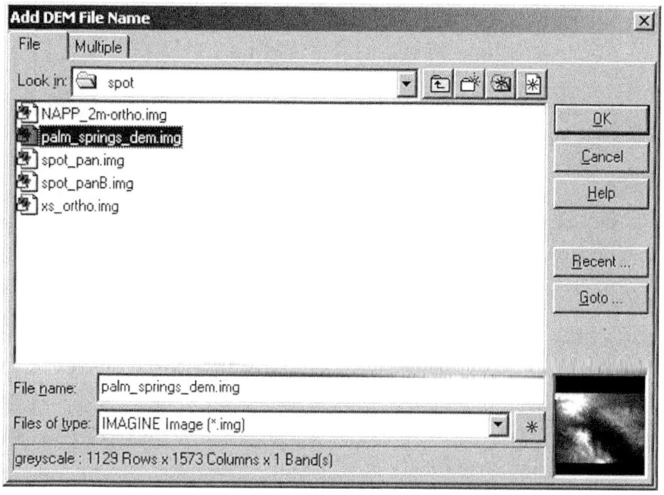

图 19-104 **Add DEM File Name** 对话框（选择文件之后）

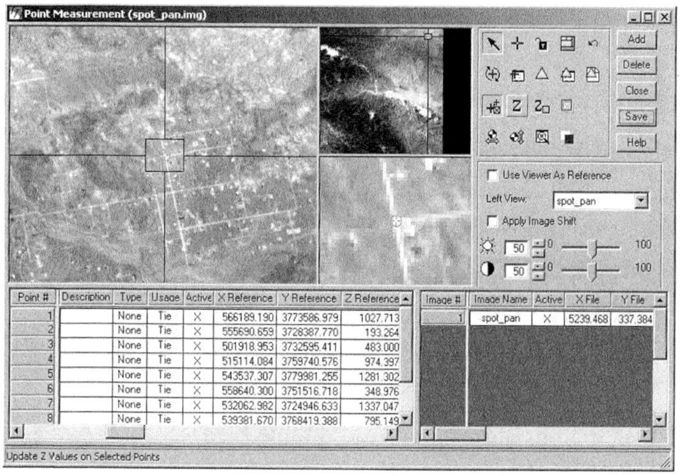

图 19-105 **Point Measurement** 窗口（设置垂直坐标之后）

说 明

LPS 工程管理器还具有自动 Z 值更新功能，如果在开始获取 GCP 之前就设置垂直参考坐标系，然后单击 Set Automatic Z Value Updating 图标，则 GCP 的 Z 值将在平面上选择 GCP 点时自动更新。

5．设置控制点的类型与用途

截止到目前，Reference CellArray 中所有点的 Type 列均为 None，而其 Usage 列均为 Tie（图 19-105），需要重新进行设置，具体过程如下。

在 Point Measurement 窗口中（图 19-105）进行如下操作。

① 单击 Reference CellArray 中的 Type 列名，则整列被选中。

② 右击 Reference CellArray 中的 Type 列名，弹出下拉菜单。

③ 单击 Formula 命令，打开 Formula 对话框（图 19-106）。

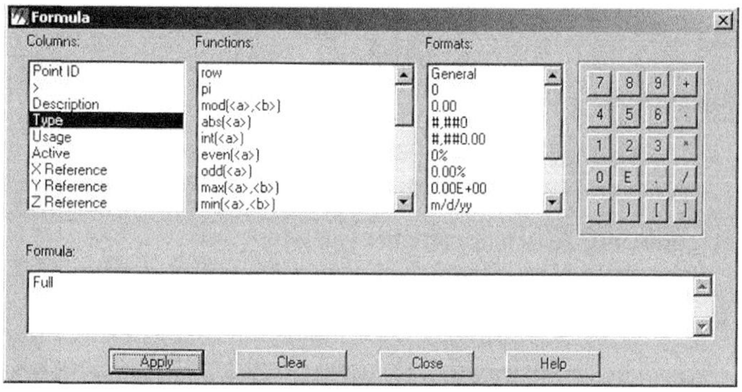

图 19-106 **Formula** 对话框（设置取值之后）

④ 在 Formula 文本框中输入 Full，单击 Apply 按钮。

⑤ CellArray 中所有点的 Type 列都变为 Full，控制点都具有三维坐标。

⑥ 单击 Close 按钮，关闭 Formula 对话框，返回 Point Measurement 窗口。

⑦ 按照以上方法设置 Usage 列都为 Control，表示所有点都为控制点。

6. 保存当前工程文件

在 Point Measurement 窗口右上角的公共工具组（图 19-105）中进行如下操作。

① 单击 Save 按钮，保存工程文件当前的状态。

② 单击 Close 按钮，关闭 Point Measurement 窗口，返回 LPS 工程管理器视窗（图 19-107）。

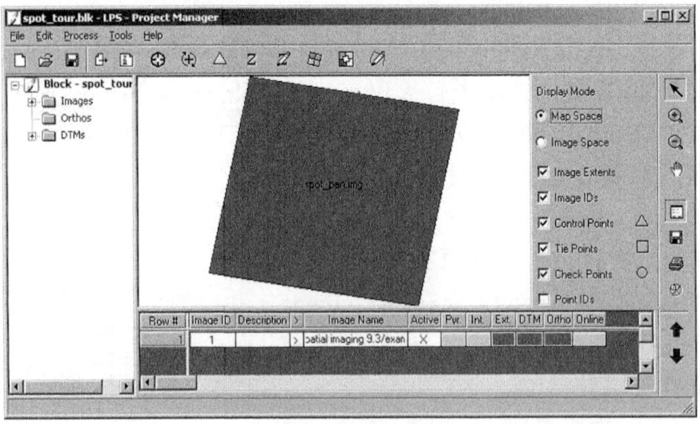

图 19-107 LPS 工程管理器视窗（定义控制点之后）

19.5.4 加载并定义第二幅图像

在 19.5.3 节中已经成功地在参考图像上获得了控制点的参考坐标，并在工程文件的第一幅图像（spot_pan.img）上获得了控制点的文件坐标，下面将对工程文件中的第二幅图像（spot_panB.img）进行同样的操作。

1. 加载第二幅扫描图像

在 LPS 工程管理器视窗（图 19-107）中进行如下操作：

① 单击 Edit | Add Frame 命令（或者在工具条中单击加载图像（Add Frame）图标），打开 Image File Name 对话框（图 19-108）。

② 在 Look in 下拉列表框中确定参考图像文件夹为 \ERDAS\Geospatial Imaging 9.3\exampzles\ LPS\spot。

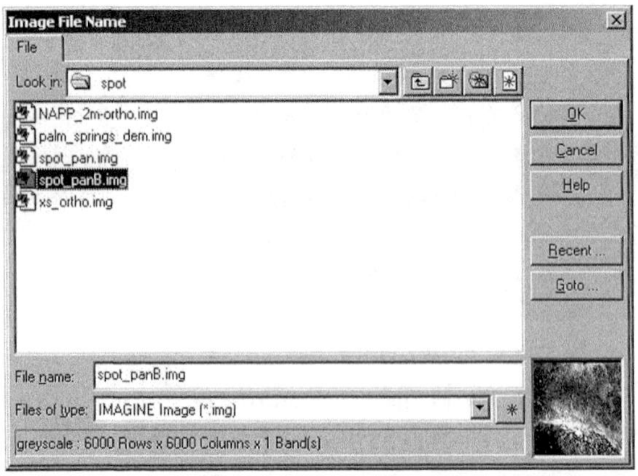

图 19-108 Image File Name 对话框

③ 选择图像文件名为 spot_panB.img。

④ 单击 OK 按钮，关闭 Image File Name 对话框。spot_panB.img 图像加载到 LPS 窗口中。

⑤ 在图像列表 CellArray 中单击图像 spot_panB.img 的“>”列，使其成为当前层。

⑥ 在图像列表 CellArray 中单击 spot-panB.img 图像后 Pyr 列的红色方框。

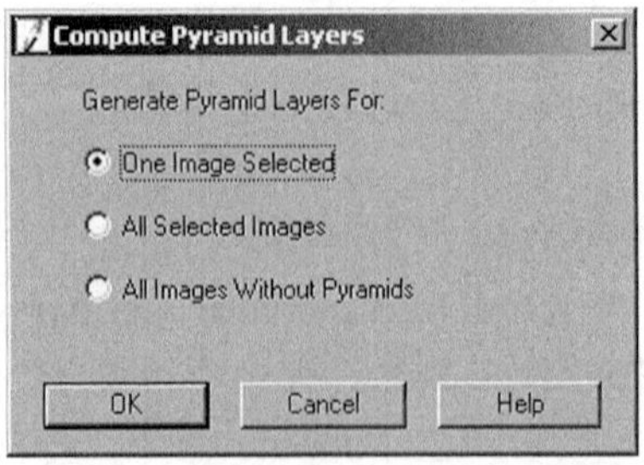

图 19-109 Compute Pyramid Layers 对话框

⑦ 打开 Compute Pyramid Layers 对话框（图 19-109）。

⑧ 选中 One Image Selected 单选按钮。

⑨ 单击 OK 按钮，启动 Pyramid Layer Computing 功能，计算图像金字塔层。计算结束后，

图像列表 CellArray 中 spot_panB.img 的 Pyr 列变绿，表明产生了图像金字塔层。

2. 定义扫描图像传感器模型

本节所要定义的 SPOT 扫描式传感器的有关参数是由 SPOT 图像发行商提供的，包含在图像头文件中，具体定义过程如下。

在 LPS 工程管理器视窗（图 19-107）中进行如下操作。

① 单击 Edit | Frame Editor 命令，打开 SPOT Pushroom Frame Editor 窗口（图 19-110），显示 spot_panB.img 图像信息。在 Sensor Name 传感器名称下拉列表框中为 SPOT PAN。

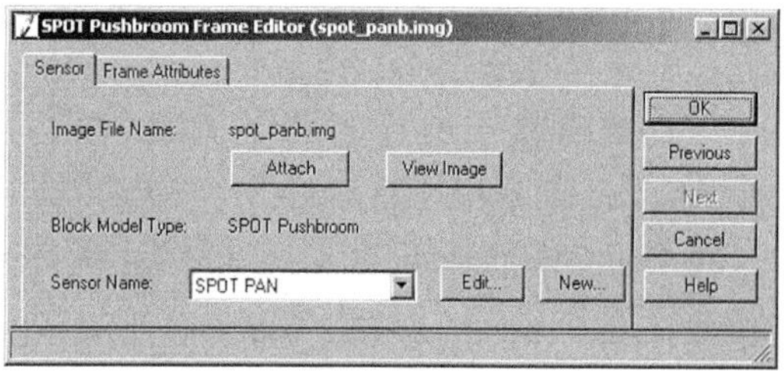

图 19-110 SPOT Pushroom Frame Editor 窗口（Sensor 选项卡）

② 单击 OK 按钮，关闭 SPOT Pushroom Frame Editor 窗口。

3. 采集地面控制点 GCP

首先需要启动点测量工具（Point Measurea- ment Tool），以便使在第一幅图像 spot_pan.img 中选定的点可以定位于第二幅图像 spot_panB. img 中。然后以图像 spot_pan.img 中的 GCP 为基础，定义图像 spot_panB.img 的 GCP 点。

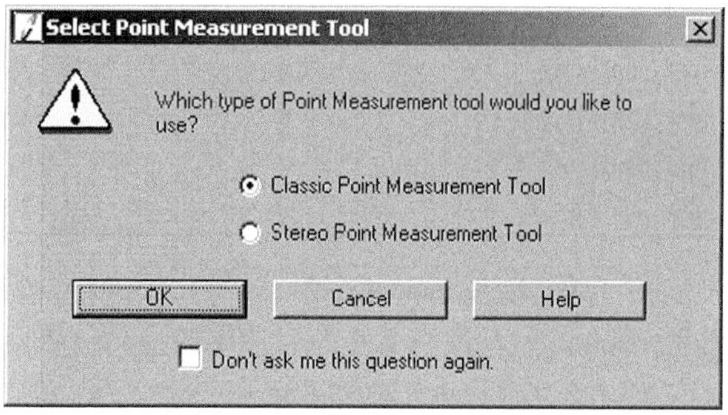

图 19-111 Select Point Measurement Tool 对话框

（1）启动点量测工具

在 LPS 工程管理器视窗（图 19-107）中进行如下操作。

① 单击 Edit | Point Measurement 命令（或者在工具条中单击 Start point measurement tool 图标 ），打开 Select Point Measurement Tool 对话框（图 19-111）。

② 选中 Classic Point Measurement Tool 单选按钮，关闭 Select Point Measurement Tool 对话框，打开 Point Measurement 窗口（图 19-112）。窗口中同时显示左右两组 6 个图像窗口——第一幅图像 spot_pan.img 位于左侧 3 个窗口中，第二幅图像

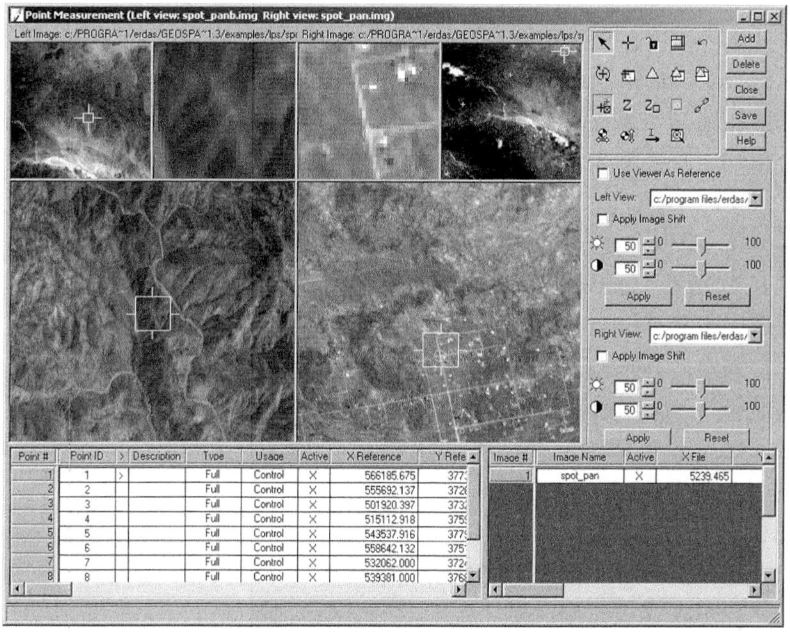

图 19-112 Point Measurement 窗口

spot_panB.img 位于右侧 3 个窗口中，一个公共工具组，两个 CellArray 坐标列表——左为参考坐标列表 Reference CellArray，右为文件坐标列表 File CellArray。

（2）采集控制点 GCP

下面将直接在屏幕上采集 GCP 点，包括同时在参考图像 spot_panB.img 和原始图像 spot_pan.img 上采集控制点 GCP。控制点在 spot_panB.img 图像上的坐标如表 19-10 所列。

在 Point Measurement 窗口（见图 19-112）中进行如下操作。

表 19-10 控制点在 spot_panB.img 图像上的坐标

Image Name	Point ID	X File	Y File
spot_panB.img	1	2857.27	753.852
spot_panB.img	2	3003.782	5387.892
spot_panB.img	5	1022.701	644.456
spot_panB.img	6	2736.125	3070.227
spot_panB.img	8	937.482	1862.696
spot_panB.img	9	221.445	3594.113
spot_panB.img	11	1499.230	3923.753

① 单击 Reference CellArray 的 Point#1 列，使该列处于选择状态（高亮度显示），图像 spot_pan.img 自动改变其在左窗口中的显示位置到 Point ID 1 控制点处。

② 在右窗口 spot_panB.img 中移动光标，使图像显示处于对应 Point ID 1 的位置。

③ 在 Point Measurement 公共工具组中单击 Create Point 图标 ＋，并在右窗口 spot_panB.img 图像的放大窗口单击，精确定义编号为 Point ID 1 的 GCP 点，在 File CellArray 中输出相应点的文件坐标；将 File CellArray 中的文件坐标与表 19-10 所给定的坐标值相比，如果误差大于一个像元，直接输入给定值，并按下回车键。

④ 重复上述方法和过程，分别在 spot_panB.img 图像中定义 Point ID 2、5、6、8、9、11 等控制点。各个控制点在 spot_panB.img 图像上的位置坐标如表 19-10 所列，采集控制点之后的结果如图 19-113 所示。

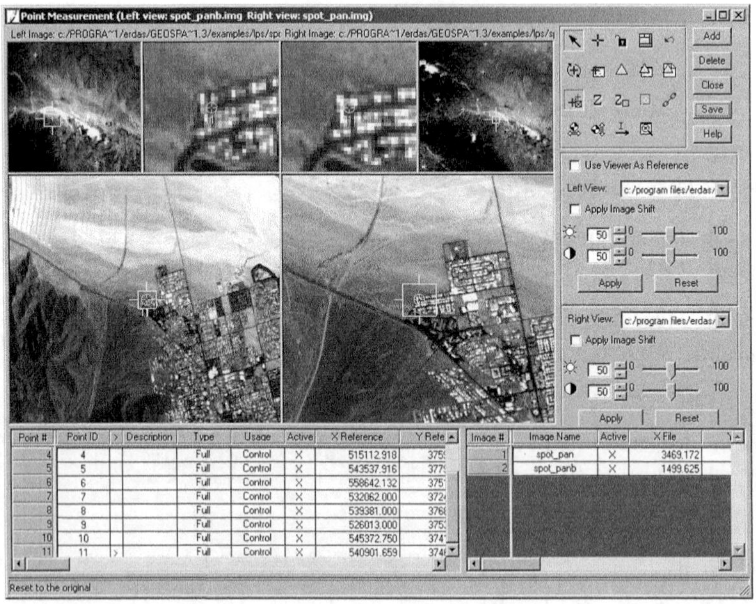

图 19-113 Point Measurement 窗口（采集控制点之后）

⑤ 单击 Save 按钮，保存当前控制点定义结果。

（3）保存点量测成果

在 Reference CellArray 中 Point # 列右击，并单击 Select None 命令，使所有点都处于非选择状态。

在 Point Measurement 窗口右上角的公共工具组（图 19-113）中单击 Save 按钮，保存控制点量测成果及工程文件当前的状态。

19.5.5 图像同名点自动量测

自动图像同名点获取过程，实质上是量测两幅 SPOT 图像重叠区域地面控制点的图像坐标。

1. **自动获取图像同名点**

在 Point Measurement 窗口（图 19-113）中进行如下操作。

① 单击右上角的公共工具组 Automatic Tie Properties 图标，打开 Automatic Tie Point Generation Properties 对话框（图 19-114）。

② 选中 All available 单选按钮。

③ 选中 Exterior / Header / GCP 单选按钮。

④ 在 Image Layer Used for Computation 微调框中输入 1（图像层数）。

⑤ 单击 Distribution 标签，进入 Distribution 选项卡（图 19-115）。

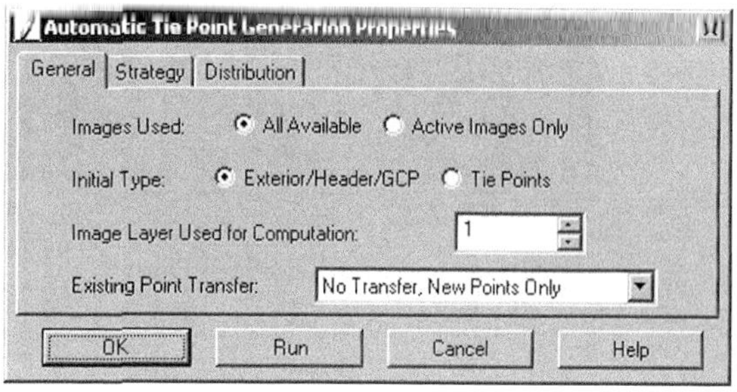

图 19-114 Automatic Tie Point Generation Properties 对话框

⑥ 在 Intended Number of Points/Image 微调框中输入 40（同名点数）。

⑦ 取消选中 Keep All Points 复选框。

⑧ 单击 Run 按钮，LPS 开始自动同名点产生过程，进程结束后，打开 Auto Tie Summary 窗口（图 19-116）。

⑨ 单击 Close 按钮，关闭 Auto Tie Summary 窗口。同名点显示在 Point Measurement 窗口的 Reference CellaArray 和 File CellArray 中，每个点的 Type 列为 None，Usage 列为 Tie；每个点只有对应的 FileX/Y 值，而没有 Reference X / Y 值（图 19-117）。

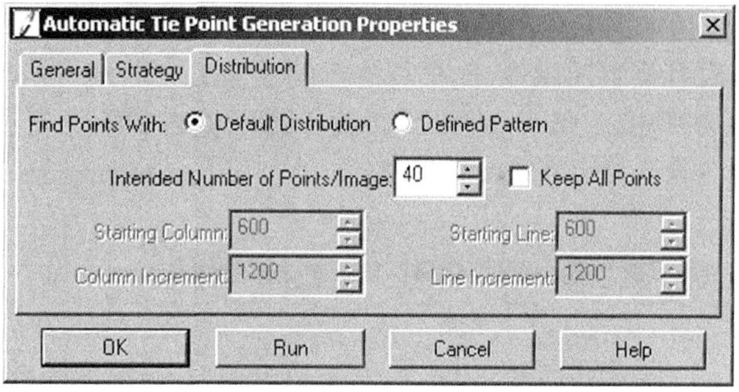

图 19-115 Automatic Tie Point Generation Properties 对话框（Distribution 选项卡）

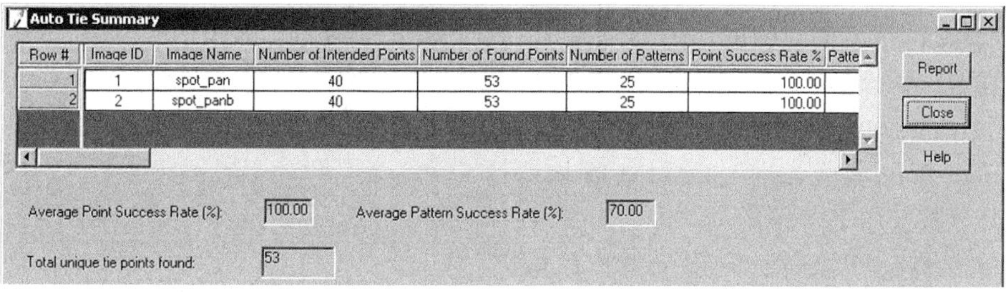

图 19-116 Auto Tie Summary 窗口

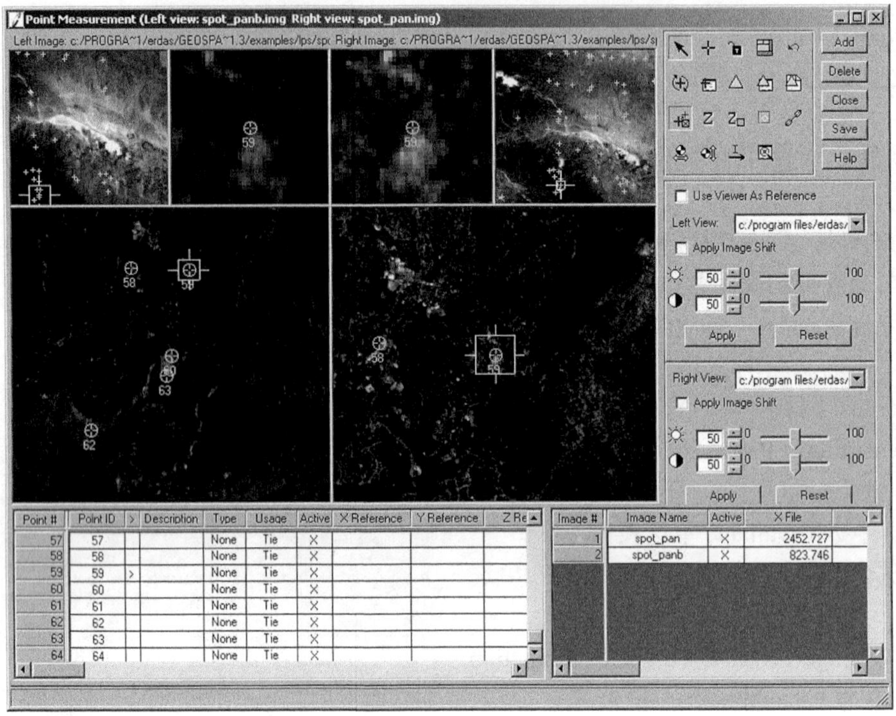

图 19-117 **Point Measurement 窗口（获取同名点之后）**

2．检查图像同名点的精度

在 Point Measurement 窗口（图 19-117）中进行如下操作。

在 File CellArray 中单击 point＃列选择同名点记录，左右图像窗口将同时显示同名点位置，查看其位置的精度。如果有些点的误差太大，可以将其删除，删除的办法是在 Reference CellArray 中选择那一行，然后按下 Delete 键。检查和编辑完成之后，单击 Save 按钮，保存自动获取的同名点；然后单击 Close 按钮，关闭 Point Measurement 窗口。

19.5.6 执行空间三角测量

三角测量的作用是建立工程文件中的图像、传感器模型及地面控制点三者之间的数据关系。

在 LPS 工程管理器视窗（图 19-107）中进行如下操作。

① 单击 Edit | Triangulation Properties 命令，打开 Triangulation 对话框（图 19-118）。

② 在 Iteration With Relaxation 微调框中设置迭代离散值为 3。

③ 单击 Point 标签，进入 Point 选项卡，显示 GCP 参数（图 19-119）。

④ 单击 Type 下拉列表框，选择相同权重值为 Same weighted values。

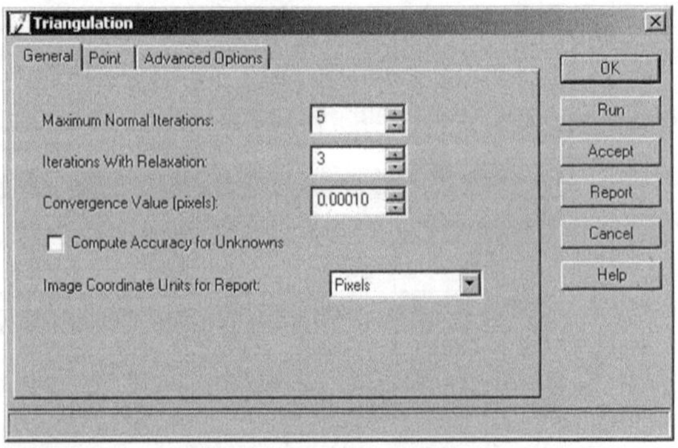

图 19-118 **Triangulation 对话框**

⑤ 分别在 X、Y、Z 微调框中设置三维坐标权重为 X：15.000000，Y：15.000000，Z：

15.000000。

⑥ 单击 Advanced Options 标签，进入 Advanced Options 选项卡（图 19-120）。

⑦ 选中 Simple Gross Error Check Using 复选框。

⑧ 在 Times of Unit Weight 微调框中设置单位权重为 3.0。

⑨ 单击 Run 按钮，执行三角测量。三角测量过程结束后，打开 Triangulation Summary 对话框（图 19-121），显示测量结果。

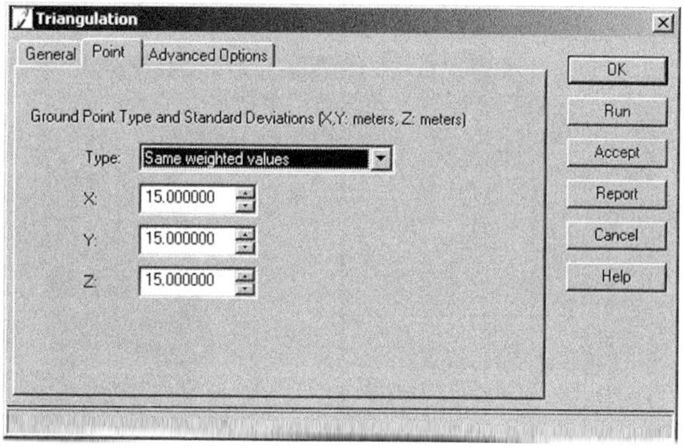

图 19-119　Triangulation 对话框（Point 选项卡）

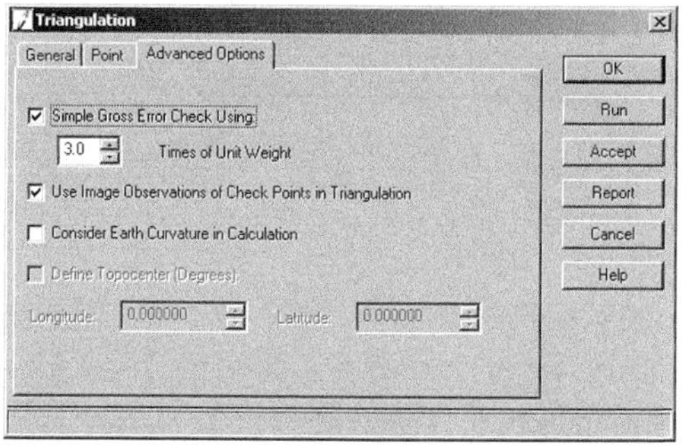

图 19-120　Triangulation 对话框（Advanced Options 选项卡）

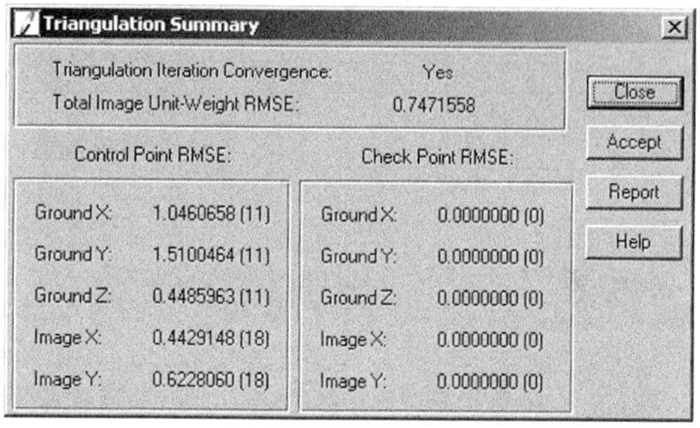

图 19-121　Triangulation Summary 对话框

在 Triangulation Summary 对话框中（图 19-121）接受和保存三角测量结果。

① 单击 Report 按钮，打开 Triangulation Report 窗口（图 19-122）。其中包含了用于三角测量的同名点的编码、坐标等所有信息。

② 如果对结果满意，单击 File | Save As 命令，将报告保存为文本文件。

③ 单击 File | Close 命令，关闭 Triangulation Report 窗口。

④ 在 Triangulation Summary 对话框中单击 Accept 按钮，确认三角测量结果。

⑤ 在 Triangulation 对话框中单击 OK 按钮，关闭 Triangulation 对话框，接受三角测量结果。在 LPS 工程管理器视窗（图 19-123）中注意图像文件列表 CellArray 中的 Ext 列目前处于绿色状态，表明外方位元素获取结束。

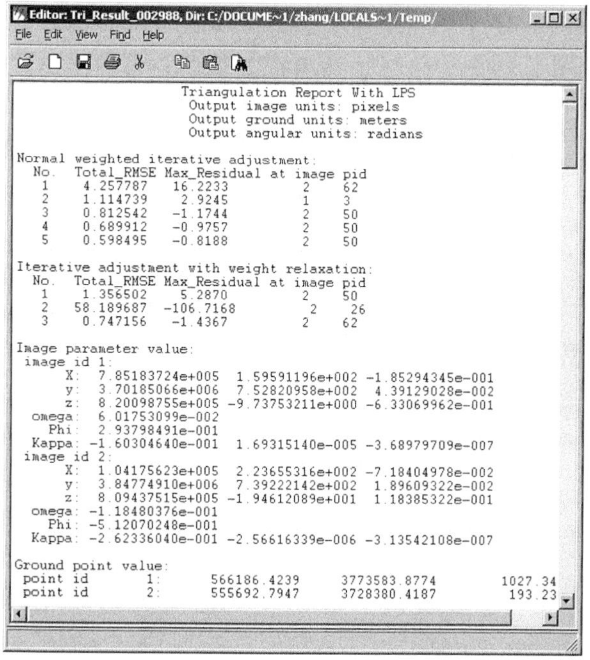

图 19-122　Triangulation Report 窗口

⑥ 在 LPS 工程管理器视窗中单击 File | Save 命令，保存三角测量成果。

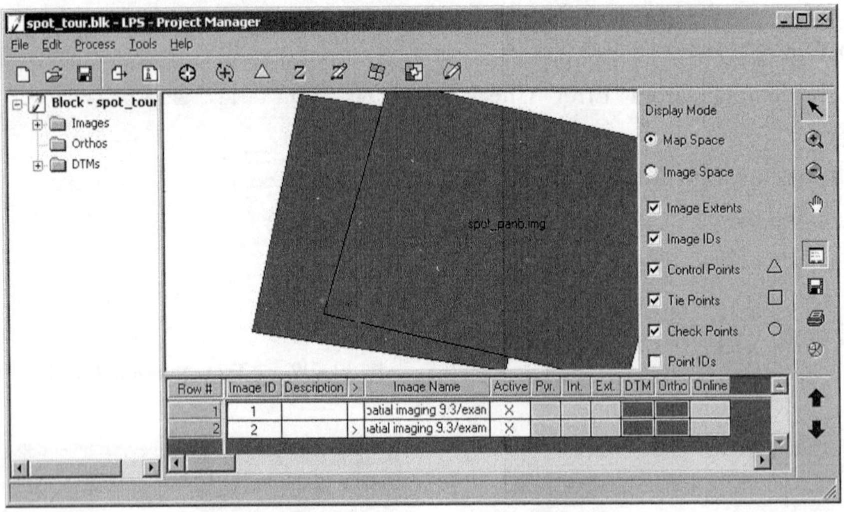

图 19-123 LPS 工程管理器视窗（空间三角测量之后）

19.5.7 图像正射校正处理

最后一步就是进行正射校正处理产生正射校正图像，正射校正图像的高程误差和几何误差都得到调整和改善，正射校正图像是以真正的现实坐标（X、Y）来显示地形地物的。

1. 执行图像正射校正

在 LPS 工程管理器视窗（图 19-123）中进行如下操作

单击 Process | Ortho Rectification | Resampling 命令，打开 Ortho Resampling 窗口（General 选项卡）(图 19-124)。或者在 LPS 工程管理器视窗工具条中单击 Ortho Resampling 图标，打开 Ortho Resampling 窗口（General 选项卡）。

在 Ortho Resampling 窗口（General 选项卡）中设置下列参数。

① 单击 DTM Source 下拉列表框，选择 DEM。

② 确认高度单位（Vertical Units）为 meters。

③ 单击 DEM File Name 下拉列表框，选择 Find DEM，打开 Add DEM File Name 对话框。

④ 选择 DEM 文件为 palm_ springs_dem.img，位于文件夹\ERDAS\Geospatial Imaging 9.3\examples\LPS\spot\下。

⑤ 确认 OK 按钮，关闭 Add DEM File Name 对话框。

⑥ 单击输出像元大小（Output Cell Sizes）微调框，X、Y 分别为 10.00000000。

⑦ 单击 Advanced 标签，进入 Advanced 选项卡（图 19-125)。

⑧ 单击重采样方法（Resample Method）下拉列表框，选择 Bilinear Interpolation。

⑨ 单击 Add 按钮，打开 Add Single Output 对话框（图 19-126)。

⑩ 在 Input File Name 下拉列表框中选择图像 spot_pan.img，前缀 ortho 自动添加在文件名 spot_pan.img 前。

⑪ 选中 Use Current Cell Sizes 复选框。

⑫ 单击 OK 按钮，关闭 Add Single Output 对话框。

⑬ 单击 OK 按钮，执行正射校正图像重采样处理过程。处理结束后，单击 OK 按钮，完成图像正射校正，同时生成两幅正射校正图像。

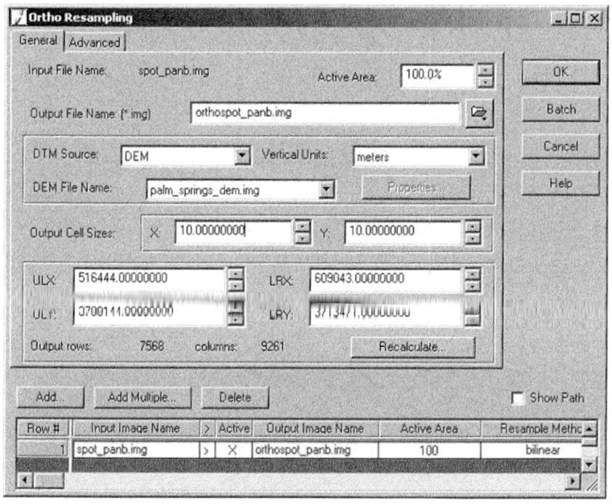

图 19-124 Ortho Resampling 窗口（General 选项卡）

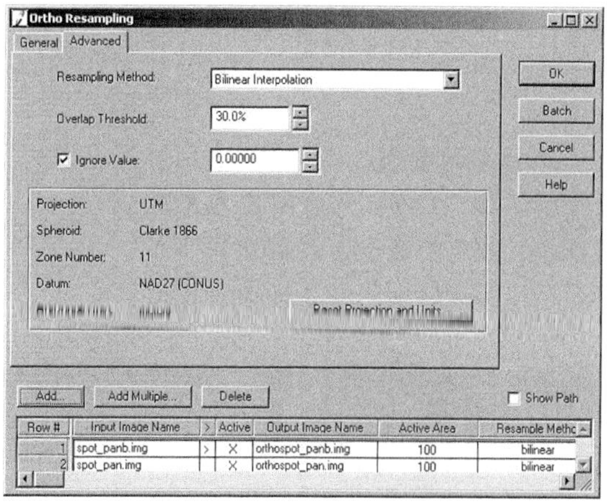

图 19-125 Ortho Resampling 窗口（Advanced 选项卡）

2. 检查正射校正图像

（1）图形显示

在 LPS 工程管理器视窗中进行如下操作。

① 单击工程树形结构的 Orthos 图标，在 LPS 工程管理器视窗的图形区显示控制点、检查点及同名点在正射图像上的分布。

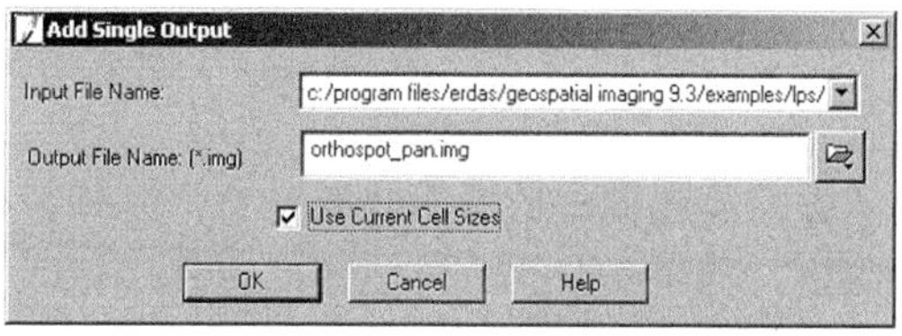

图 19-126 Add Single Output 对话框

② 单击一个点（方形为同名点、三角形为地面控制点），打开该点的残差数据报告 Point Data 窗口（图 19-127）。

③ 单击 Dismiss 按钮，关闭 Point Data 窗口。

（2）图像显示

在一个 Viewer 中同时打开两幅正射图像：orthospot_pan.img、orthospot_panB.img，注意在 Raster Options 选项卡中设置这些选项：取消选中 Clear Display 复选框、选中 Fit to Frame 复选框、选中 Background Transparent 复选框。两幅正射图像同时显示在 Viewer 中，使用放大工具、屏幕卷帘工具（Swipe Tool）等查看图像重叠部分上下层之间的匹配关系。检查结束后，关闭正射图像退出窗口。这时 CellArray 中除 DTM 外，其余 5 列全部变绿，说明所有处理过程完成。

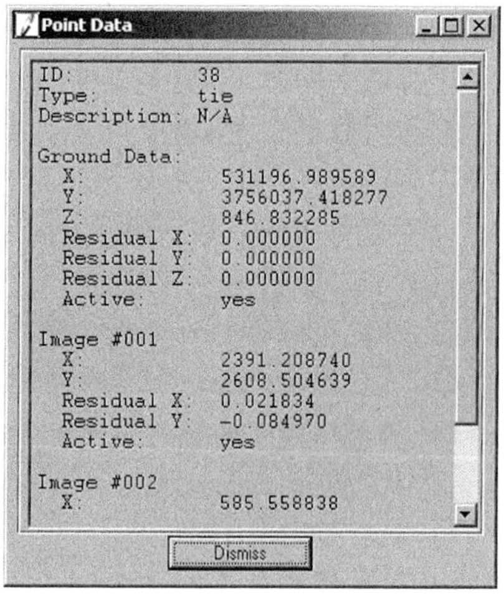

图 19-127 Point Data 窗口

3. 保存与关闭工程文件

在 LPS 工程管理器视窗中进行如下操作。

① 单击 File | Save 命令，保存工程文件。以后任何时间都可以打开一个完整的 LPS 工程。

② 单击 File | Close 命令，关闭工程文件。

③ 单击 File | Exit 命令，退出 LPS 工程管理器。

第 20 章　三维立体分析

本章学习要点

- 三维立体分析基本原理
- 三维立体分析功能简介
- 创建三维立体分析模型

20.1　三维立体分析基本原理

三维空间信息的获取主要有 3 种途径：野外实地采样获取；利用摄影测量原理，基于立体像对进行提取；通过数字化仪对地图上的信息进行数字化后内插获得。目前，最经济实用的方法就是利用立体像对，通过摄影测量方法提取三维空间信息。

20.1.1　基于立体像对的高程模型提取

数字高程模型数据的获取是整个立体分析的核心，其目的是获取三维空间信息，并根据应用需要，利用获取的三维空间信息建立相应的动态地形模型。目前常用的三维空间信息模型为数字高程模型（Digital Elevation Model ，DEM），DEM 模型是由数字地形模型（Digital Terrain Model，DTM）引申出来的。数字地形模型是地形表面形态等多种信息的数字表示，是描述地面诸特性空间分布的有序数值阵列，这些特性可以是高程、土地权属、土壤类型、交通网、水系、岩层深度以及土地利用等。当所记的地面特性仅为高程信息 Z，而它的空间分布由 X、Y 直角坐标系来描述（或用经度和纬度来描述海拔的分布）时，这种高程或海拔分布的数字地形模型被称为数字高程模型。可见，数字高程模型 DEM 的本质属性是二维地理空间定位和高程的数字表达，是仅由高程属性建立的模型，其实质是离散点的集合。

基于立体像对获取高精度的三维空间信息，主要的处理过程是数字摄影测量，处理流程如下。

- 确定获取像对的传感器模型。
- 进行图像地面控制点的量测。
- 进行图像同名点的自动采集。
- 执行空间三角测量。
- 进行 DTM 自动提取。
- 对图像进行正射校正。
- 采集目标的三维属性。

1．立体像对定向

立体像对的定向主要是通过确定获取像对的传感器模型，以确定图像的内外方位元素，从而实现对图像的精确定位。立体像对的定向包括整幅数字图像的内定向、相对定向和绝对定向，以确定其相关参数。

- **内定向**　确定数字图像扫描坐标系和像平面坐标系的关系。

- **相对定向** 用图像匹配算法自动确定立体像对中的相对定向点的像坐标，解算相对方向参数τ1、τ2、k_1、k_2、ε。
- **绝对定向** 用已知控制点的像坐标和内定向参数计算控制点在数字图像中的坐标，用图像匹配算法自动确定其在另一幅数字图像中的坐标，利用空间前方交会算法计算控制点的模型坐标 X_M、Y_M、Z_M。然后根据控制点的已知地面坐标 X_G、Y_G、Z_G 和 X_M、Y_M、Z_M 求解绝对定向参数Φ、Ω、K、λ、X_0、Y_0、Z_0。

2．数字图像处理

数字图像处理包括像对图像像元按扫描坐标系排列变换为按核线方向排列，且对图像进行增强处理和特征提取。

- **按核线重排数字图像** 原始数字化图像像元按扫描坐标系 u、v 轴方向规则排列，为了利用相应像点比在相应核线上这一几何约束特点，应重新为原数字图像按核线方向逐条核线排列，使图像匹配只需在核线方向做一维搜索相应像点。
- **增强处理与特征提取** 为了改善图像质量和图像匹配的可靠性，对按核线排列的数字图像进行图像增强提高反差、特征提取等处理。

3．建立立体模型

建立数字图像的立体模型包括沿核线的一维图像匹配、计算点的模型坐标、建立带图像灰度值的数字地面模型。

- **图像匹配** 目的是用图像匹配算法自动确定密集的相应像点对及其坐标。通常为方便起见，假定先在左图像上按核线方向构成一个按规则格网排列的二维点阵，点阵之间根据需要选定这些点作为已知点，用图像匹配确定其在右图像上的相应像点。
- **确定点的模型坐标** 根据相应像点左右图像的像坐标和相对方向参数计算各点的模型坐标，显然这些密集点在模型上是随机分布的。
- **确定点的地面坐标** 根据各点模型坐标和绝对定向参数计算各点的地面坐标。

4．提取规则格网 DEM

首先利用相关获得的相应像点坐标及已知的定向参数（内定向参数和像片的外方位元素），由前方交会计算像片矩形格网的 DEM。然后将这些在地面上为随机分布的点（X、Y、Z 已知）用内插算法内插成为地面上规则格网的 DEM，并按先前的变形改正参数对各点高程进行改正，以进一步消除数字图像的变形。对各模型的 DEM 进行接边，剔除粗差并内插正确高程、接边处取相邻模型的平均值。

20.1.2 三维场景重建的实现方法

三维场景重建是以数字高程模型（DEM）、正射图像、建筑物等空间三维信息作为综合处理对象，将地形地貌信息和建筑物信息都置于一个三维地理信息系统中，真正实现三维可视化技术和三维空间信息的有效结合。三维场景重建的实现涉及场景的三维显示、纹理映射处理、三维地理特征信息管理等内容。

- 在完成数字高程模型的生成及正射图像制作的基础上，实现三维空间建模、设计、投影变换、纹理映射、计算光照、光栅化以及三维空间的视角处理等。
- 进行三维地理特征的提取、管理，实现在三维场景的地理分析功能，包括距离量算、任意点坡度计算（法线与铅垂线夹角），实现三维空间物体标注等。
- 实现三维漫游及三维场景内物体的运动等。

1. 三维场景重建对 DEM 的要求

DEM 数据结构对 DEM 应用有着重要的影响，不同的数据结构采用的算法不同、占用的存储空间大小不同、进行计算时的效率也不相同。DEM 常用的数据结构主要有两种形式：规则格网、不规则三角网。

使用规则格网对地形进行表达时，DEM 数据是用一系列等间隔的地面高程值来表示的。规则格网代表地形，格网交叉点就是对应地面某点的高程值，这些点的 X、Y 值可从矩形区域的行列号和间距值中推算出来。为了取得理想的帧频，需要以某一间隔对源 DEM 数据进行采样。采用规则格网模型的优点：数据表示紧凑，不用存储数据的 X 坐标和 Y 坐标，只需保存数据的高度值 Z，数据简单便于管理，大大节省了内存空间；容易实现地形的多种精度表示，采用重采样的方法可以得到各种精度系列的 DEM 规则格网模型。采用规则格网模型的缺点：为了达到一定的帧频而导致分辨率降低的 DEM 常常会将复杂地形的变化过于简化，而在地势比较平坦的地方，信息又显得冗余，而且这种模型不能表示与地形结合的公路或河流。

不规则三角网结构是以原始数据的坐标位置作为格网的节点，由许多大小不一、形状不一的三角形组成。不规则三角网结构模型的优点：由于该模型直接利用原始高程取样点重建表面，故能充分利用地貌特征点、线，较好地表达复杂地形，对各种细节层次的表示失真度比较小，尤其适合表示山谷、山峰、断崖等陡峭的地形，而且可以较好地实现与道路、河流等的无缝结合。不规则三角网结构模型的缺点：结构存储量大，不便于大规模地管理地形数据。

在实际应用中，由于数据量过于庞大，对每个多边形都要进行投影变换、光照处理、纹理映射及反混淆处理，其计算量与多边形的数量成正比。尤其是在场景应用中，每帧图像必须动态创建和消隐，为了使场景平滑过渡，而不至产生跳跃感，每秒应生成 25 帧左右的场景，则每帧的生存时间仅为 0.04s。当场景中多边形数量有上万个，甚至达几百万个时，对实时显示提出的要求可想而知。解决问题的首选方法是降低场景复杂度，目前常用的方法：场景分块，将一个复杂场景划分为多个子场景，在特定时刻仅绘制与当前视点相关的子场景，这种方法对大幅面空间仍需考虑子场景的过渡问题；模型简化法，根据对原模型逼近精度的要求，相应减少模型中三角形的数目，但要保持模型拓扑结构不变。

在 DEM 数据平坦区域面积较大、某一特定高程值以下的地形并不在兴趣范围之内的时候，可以采用基于三角形删除的快速简化算法。其快速主要在于采用双重判断标准来确定格网内三角形的可删除性。具体思想：对于那些 3 个顶点及相关三角面片的边界顶点的高程均在某一域值范围之内的三角形，可以直接判断为可删除，由边界顶点构成的多边形也可近似地看做共面，而无需计算平均平面及其投影，直接进行 Delauunay 三角剖分即可；对于不满足这一条件的三角面片，再由其中 3 个顶点到平均平面的平均距离，决定是否可以删除该三角面片，并由基于投影的三角面片的边界多边形进行局部三角剖分，调整两个阈值，直到三角网中三角面片中含有的数目减少到要求的数目为止。

另外，由于需要处理的格网中含有大量的三角形，这就要求算法不仅能够处理大数据量的模型，而且还要有较快的速度，因此设计合理的数据结构是十分重要的。在本算法中所用的数据结构均为双向链表：顶点表、三角面片表、与每个顶点相关的三角面片集合表、与每个三角面片相关的三角面片标识表。

2. 三维场景显示的真实感处理

为得到连续色调的真实感三维场景，必须完成 4 项基本任务：一是建模，即用数学方法建立所需三维场景的几何描述，场景的几何描述直接影响图形的复杂性和场景计算的耗费；二是投影，即将三维场景的几何模型经过一定的变换转化为二维平面透视投影图；三是消隐，即确定场景中的可见面，将视域之外或被其他物体遮挡的不可见面消去；四是绘制，即根据基于光学物理的光照模型计算可见面投射到观察者眼中的光亮度的大小和颜色分量，并将它转换成适合图形设备的颜色，最终生成图形。

在计算机内用适当的数据结构表示 DEM 数据结构之后，需要经过一系列的图形变换才能最终生成图形出来，主要有几何变换、剪裁变换、投影变换以及视窗变换。几何变换主要用于三维场景中物体运动姿态变化的变换，包括视点变换和模型变换。视点坐标系遵守左手法则，移动视点可使之与物体分离；模型变换改变物体的姿态，是在世界坐标系中进行的，世界坐标系遵守右手法则。投影和视窗变换将三维空间形体显示在二维屏幕上。透视投影时远处的物体要比近处的小，具有透视缩小效应；视窗变换定义了最终图像的位置和尺寸。

细节层次模型（LOD）是可以在不影响生成图像质量的前提下，以不同的细节程度来表示的一种三维模型。距离较近时用较精致的模型绘制，距离较远时则用较粗糙的模型绘制。细节层次模型又可分为静态生成和实时动态生成两类。细节层次模型的静态生成方法是在绘制模型前先进行简化操作，生成一系列具有不同近似程度的近似模型，而在实时绘制时依据当前帧的视点参数或其他辅助参数来选择相应的逼近模型。由于近似模型的生成无需实时进行，则对由原模型向细节层次模型转化的速度并无太高要求，且表示形式也较容易统一。细节层次模型的实时动态生成方法可以在绘制过程中实时地产生多分辨率模型，多分辨率模型应尽可能保持原模型的拓扑结构，模型中的顶点为原模型顶点集合的子集，并能保证其连续性，从而能够让用户较容易地控制由细节层次模型生成的图像的质量。

3. 纹理映射技术的应用

纹理映射技术将一个处理好的正射图像和地表照片贴到 DEM 和地形上，以增加表面细节的真实感。对于纹理空间向像元空间的映射存在的不利因素，即选中的纹理面片常常与像元边界不匹配，这就需要计算像元的覆盖率。因此由像元空间向纹理空间的映射成为最常用的纹理映射方法，它避免了像元分割计算，并能简化反走样操作。即投影一块包含相邻像元中心的向外扩充了的像元区域，并运用金字塔函数在纹理模式中对光强度进行加权。但是，这种映射必须计算观察投影变换的逆变换和纹理映射变换的逆变换。基本思想是在对物体表面进行光照度计算时，将相应的纹理图像作为物体表面的漫反射光亮度代入光照模型。

在纹理创建过程中，对一个纹理物体创建一个名称，在绘制场景时把纹理物体所对应的名称与纹理目标连在一起，可极大地提高纹理的使用效率。

20.2 三维立体分析模块概述

三维立体分析（Stereo Analyst）模块是 ERDAS 经济实用的三维要素采集、解译和立体观察的解决方案。应用 Stereo Analyst 模块，可以通过直接从图像中采集三维空间信息，将二维地理信息转换到真实世界中去。三维立体分析对于通信、林业、城市规划等领域具有非常重要的作用。

三维立体分析的三维数据采集具有较大的优势。

- 不用生成数字高程模型就可以从图像数据中精确地提取二维和三维地理信息。
- 最大限度地降低准备、采集和编辑地理信息的时间和费用。
- 将二维地理信息数据转换为三维地理信息数据。
- 自动地将空间属性信息加入到地理信息系统中。
- 提取的三维 Shapefile 文件可以立即应用到 ERDAS IMAGINE 和 ESRI 产品中。
- 可以检验地理信息矢量图层以及数字立体模型的精度。

20.2.1　三维立体分析模块特点

- ❑ 提供经济实用的三维观察和要素提取解决方案。
- ❑ 可以当做立体镜使用，进行相片解译。地面要素以立体模式显示、提取，所有采集的信息可以保存为三维 Shapefile 文件格式。
- ❑ 在三维环境中，地理信息系统用户可以提取地面信息，提取的信息可以保存为三维 Shapefile 文件格式。
- ❑ 可以进行三维信息的测量，包括三维点、距离、坡度、面积、角度和方向。
- ❑ 可以将所采集地面信息的属性直接输入属性表。与要素相关的空间属性与非空间属性都可以边采集边输入。
- ❑ 可以采集三维建筑物、树木、塔、排水系统、桥梁、道路等。立体分析提供半自动采集地理要素等高线工具。
- ❑ 可以大量采集具有 X、Y、Z 信息的点，以及产生 TIN 需要的线。地面坐标可以按三维形式输入和输出。
- ❑ 提供三维测量工具、位置测量工具、立体像对属性工具等。

20.2.2　三维立体分析模块功能

1．立体观察功能

- ❑ 三维立体观察可以利用硬件实现，也可以利用彩色浮雕立体实现。
- ❑ 具有数字立体镜的功能进行航空摄影像对解译。
- ❑ 具有自动地形跟踪游标。
- ❑ 用户交互旋转、对准和拉伸数字立体模型。
- ❑ 可以利用 IMAGINE LPS CORE 建立的数字立体模型。
- ❑ 利用两个具有重叠的图像建立立体像对。
- ❑ 高精度确定点位。
- ❑ 高精度三维测量。
- ❑ 对立体模型进行质量检测。
- ❑ 自动图像纹理提取。
- ❑ 支持三维数字化设备。
- ❑ 制作三维透视图。

2．要素提取功能

- ❑ 建立和管理多要素库，包括全部属性。客户化符号应用于信息采集。
- ❑ 以三维 Shapefile 文件格式在三维环境中交互采集信息，提供半自动工具。
- ❑ 提取信息时计算和存储高度数据。
- ❑ 可以输入/输出通用 ASCII 文件的数据。
- ❑ 采集、编辑要素时可以 “Snap_to Arc”。

3．纹理提取功能

- ❑ **Block 自动纹理化**　提供从三维矢量文件中自动提取最佳表面纹理的功能。这些纹理可以作为纹理矢量标志文件存储起来。

- ❑ **特塞尔制图仪（Texel Mapper）** 特塞尔制图仪是一个对三维模型纹理要素进行管理、编辑和应用的工具，其功能从改变纹理选择帧到应用表面平铺纹理属性、提取新的纹理图等。这个工具主要的目标是为用户快速创建真实的三维场景。特塞尔制图仪提供了一个简洁的用户界面，对导入的三维模型进行编辑、纹理资源管理等。

20.3 创建非定向数字立体模型

利用两幅重叠的航空摄影相片或图像，根据视差原理，人工通过立体镜进行图像解译，可以产生一个三维场景。立体分析模块就是利用重叠摄影进行图像解译、可视化处理和地理信息的采集，创建一个三维数字立体模型（DSM）。

创建三维数字立体模型的处理过程如下。

- ❑ 确定一幅图像，表示数字立体模型的左图像，并调整其显示分辨率。
- ❑ 再确定一幅图像，表示数字立体模型的右图像，并对图像进行方向旋转。
- ❑ 调整图像视差。
- ❑ 定位三维浮标位置。
- ❑ 调整浮标的高度。
- ❑ 保存数字立体模型（DSM）。

本练习所涉及的数据地面分辨率约为 0.55m，像片比例尺为 1∶24000，包含 3 个波段，像对图像文件名为 la_left.img 和 la_right.img。数据图像没有地图投影，创建的 DSM 为非定向。

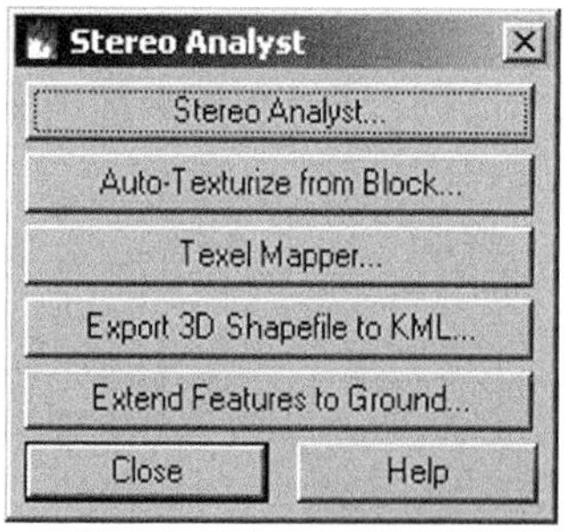

图 20-1 Stereo Analyst 菜单

20.3.1 启动三维立体分析模块

启动三维立体分析模块，首先要启动 ERDAS IMAGINE 软件，在 ERDAS 图标面板中进行如下操作。

① 单击 Stereo Analyst 图标，打开 Stereo Analyst 菜单（图 20-1）。

② 单击 Stereo Analyst 按钮，打开 Stereo Analyst for ERDAS IMAGINE 视窗（数字立体镜工作区）（图 20-2）。视窗包括 4 个窗口：左边为主窗口，在此执行大部分的操作；右上部为总览窗口，显示整个 DSM；右下部的两个窗口分别显示像对的左右图像。移动鼠标到窗口之间的边沿，可以看到鼠标变为双向箭头，按下左键拉动窗口的边沿，可以调整各个窗口的大小。

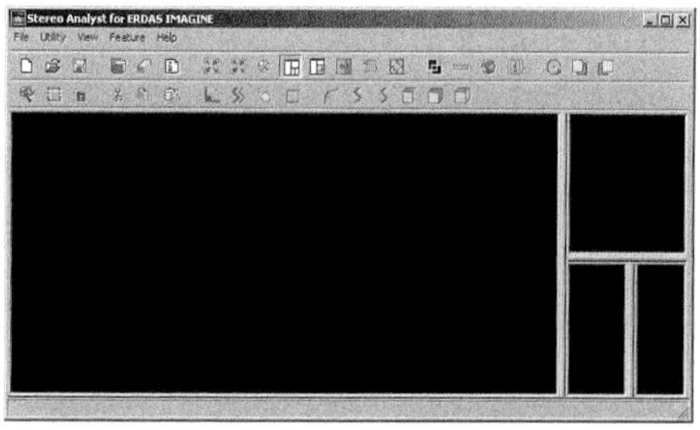

图 20-2 Stereo Analyst for ERDAS IMAGINE 视窗

20.3.2 加载三维立体分析图像

1. 加载左图像

在 Stereo Analyst for ERDAS IMAGINE 视窗（图 20-2）中进行如下操作。

① 单击打开文件图标，打开 Select Layer To Open 对话框（图 20-3）。

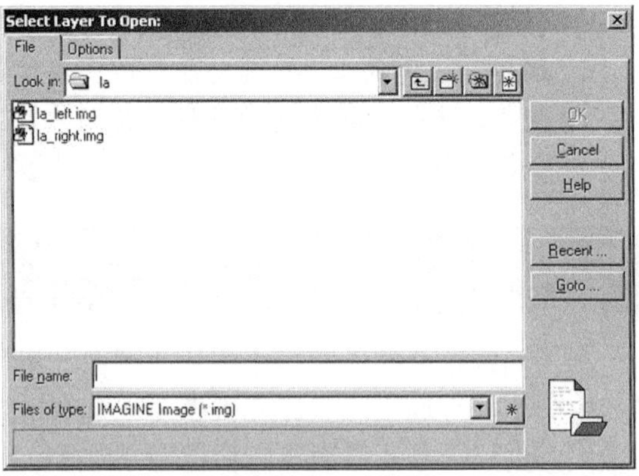

图 20-3　Select Layer To Open 对话框

② 单击 Files of type 下拉列表框，选择 IMAGINE Image(*.img)。

③ 在 Look in 下拉列表框中浏览确定图像文件目录为 \ERDAS\Geospatial Imaging 9.3\examples\LPS\ la。

④ 单击确定图像文件名为 la_left.img。

⑤ 单击 OK 按钮，打开提示进行金字塔生成的对话框（图 20-4）。

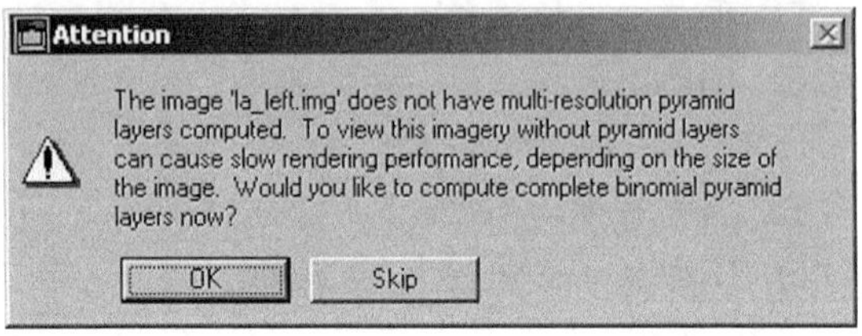

图 20-4　提示进行金字塔生成的对话框

⑥ 单击 OK 按钮，进行金字塔生成处理。金字塔生成后，图像显示在 Stereo Analyst for ERDAS IMAGINE 视窗中（图 20-5）。

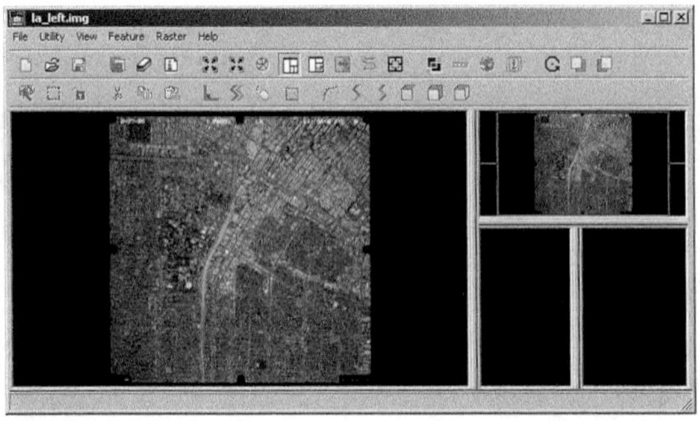

图 20-5　Stereo Analyst for ERDAS IMAGINE 视窗（打开左图像后）

（1）调整显示比例

图像显示在主窗口后，可以用鼠标调整图像的显示比例，查看图像的细节信息。在图像显示主窗口中进行如下操作。

① 将鼠标移动到需要放大显示的地方。

② 按下鼠标中间轮的同时，向外推鼠标，使图像放大显示，直到满足视觉要求为止（如果鼠标没有中间轮，可以利用中键进行操作。也可以在按下 Ctrl 键和左键的同时，移动鼠标进行操作。）

（2）图像漫游显示

利用鼠标操作可以调整图像在主窗口显示的内容，查看图像不同的区域。在图像显示主窗口中按下左键，前、后、左、右移动鼠标可以使图像的前、后、左、右不同区域显示在主窗口。移动到感兴趣的位置后，可以调整图像的显示比例，查看图像的细节。

（3）快捷菜单操作

三维立体分析工具可以用于对显示在窗口的图像进行量测、对比度调整等操作中。

① 右击打开快捷菜单（Quick Menu）。

② 在快捷菜单中单击 Left Image 命令，打开图像的快捷菜单。

③ 在图像的快捷菜单中单击需要进行的操作命令。

（4）波段组合调整

在图像的快捷菜单中进行如下操作。

① 单击波段组合（Band Combinations）命令，打开 Band Combinations 对话框（图 20-6）。

② 将 Red 和 Green 微调框的数值都调整为 3。

③ 单击 Apply 按钮，则图像显示为单色。

④ 将 Red 微调框的数值调整为 1，将 Green 微调框的数值调整为 2。

⑤ 单击 Apply 按钮，则图像显示为原来的彩色。

⑥ 单击 Close 按钮，关闭 Band Combinations 对话框。

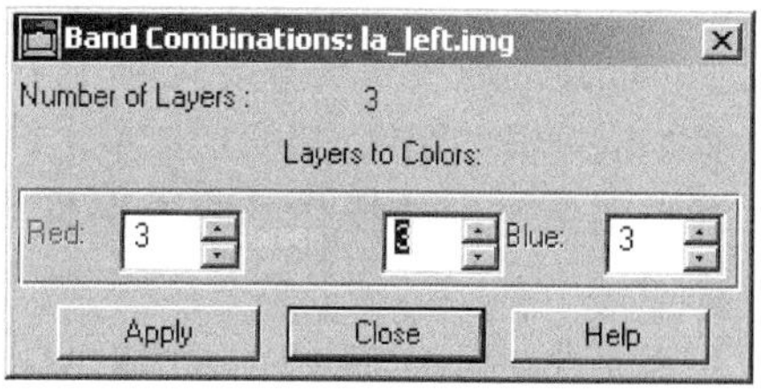

图 20-6　**Band Combinations 对话框**

2．加载右图像

在 Stereo Analyst for ERDAS IMAGINE 视窗（图 20-5）中进行如下操作。

① 单击 File | Open | Add a Second Image for Stereo 命令，打开 Select Layer To Open 对话框。

② 选择文件为 la_right.img（文件目录为 \ERDAS\Geospatial Imaging 9.3\examples\LPS\ la）。

③ 单击 OK 按钮，关闭 Select Layer To Open 对话框。

④ 在打开的提示进行金字塔生成的对话框中单击 OK 按钮，生成图像金字塔。图像金字塔生成完成后，两幅图像同时显示在 Stereo Analyst for ERDAS IMAGINE 视窗中（图 20-7）。

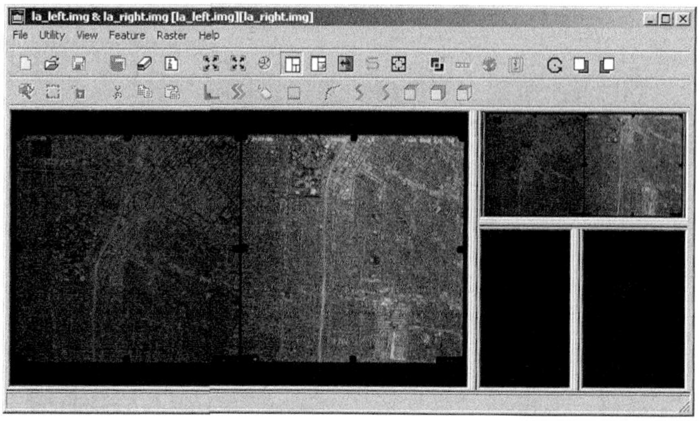

图 20-7　**Stereo Analyst for ERDAS IMAGINE 视窗（打开两幅图像）**

20.3.3　调整图像显示参数

为了在主窗口观察到图像的立体效果，眼睛的基线必须与两幅图像的基线平行。眼睛的基线是两只眼睛的连线，图像的基线是两幅图像曝光点的连线。如果眼睛基线和图像基线不平行，就不能够在数字立体模型中观察到三维场景，就需要对显示的图像进行旋转调整。

第 1 步：确定眼睛基线和图像基线平行

① 大致确定左图像的中心点。图像的中心点可以利用图像对角线的交点确定，视觉上大致确定了图像的中心点后，注意中心点的特征，如房子、建筑物、道路的交叉点或树木等。图像的中心点也称为图像的主点。

② 在右图像上确定与左图像中心点相同的特征。如果在两幅图像上的相同特征的连线平行于水平线，则图像不需要旋转，否则需要对图像进行旋转。下面结合显示的两幅图像进行判断（图 20-8）。

如果选取左图像中的运动场作为特征点（图 20-8 中左图像的椭圆点），则运动场

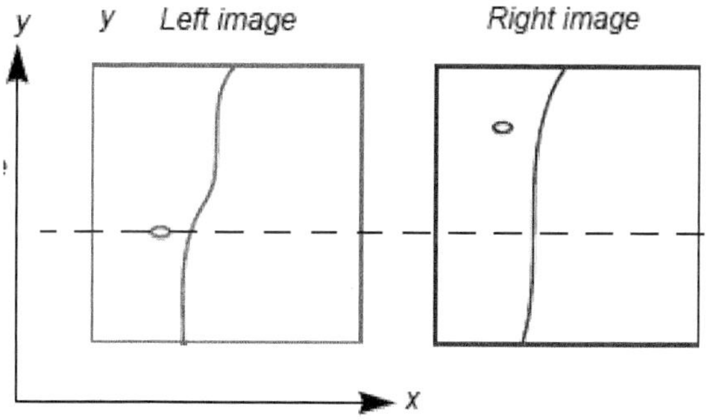

图 20-8　**图像基线示意图**

在右图像中的位置（图 20-8 中右图像上的椭圆点）相对于左图像来说，位于左图像的右上方，即两个特征点的连线与水平线 X 轴不平行。因此需要对两幅图像进行旋转调整。

第 2 步：调整图像方向

调整图像方向的操作是将左图像上的特征点与右图像上的特征点进行重合，具体操作如下。

在 Stereo Analyst for ERDAS IMAGINE 视窗（图 20-7）中进行如下操作。

① 单击左图像缓冲器图标。

② 在左图像按下左键，并进行移动，拖动左图像 la_left.img 到右图像上面，使其相同的特征点重合如图 20-9 所示。

③ 判断两幅图像的主点连线与 X、Y 坐标轴的关系，如果主点连线不平行于水平的 X 轴，则需要对图像进行旋转操作。如图 20-10 所示，主点连线与水平的 X 轴不平行，因此需要对图像进行旋转。

④ 再次单击左图像缓冲器图标。

⑤ 按下左键，将图像拖动到窗口中心位置。

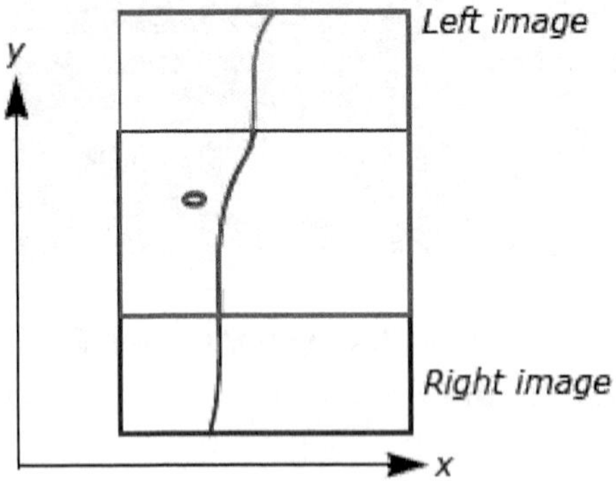

图 20-9　特征点重合示意图

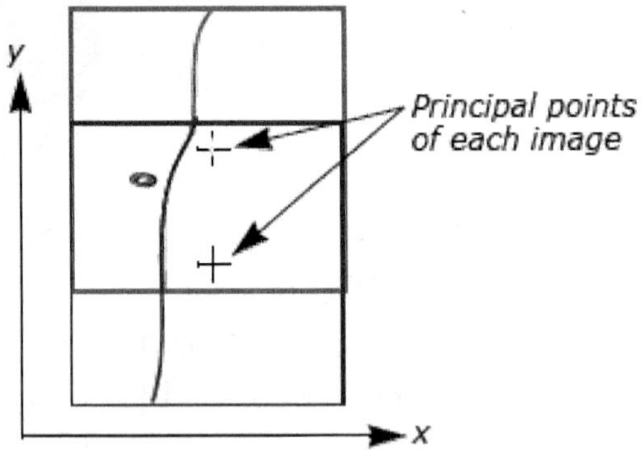

图 20-10　主点连线与水平的 X 轴不平行

第 3 步：旋转图像

在 Stereo Analyst for ERDAS IMAGINE 视窗（图 20-7）中进行如下操作。

① 单击旋转图标。

② 在主窗口的图像重叠区域中双击，出现一个靶标图标。

③ 在靶标图标内按下左键，并向左移动鼠标，使鼠标移动到图像显示区外面，同时产生一个坐标轴。

④ 顺时针移动鼠标，使图像转动到左图像。la_left.img 位于窗口左边，且图像主点的连线与水平线平行（图 20-11）。

⑤ 再次单击旋转图标。

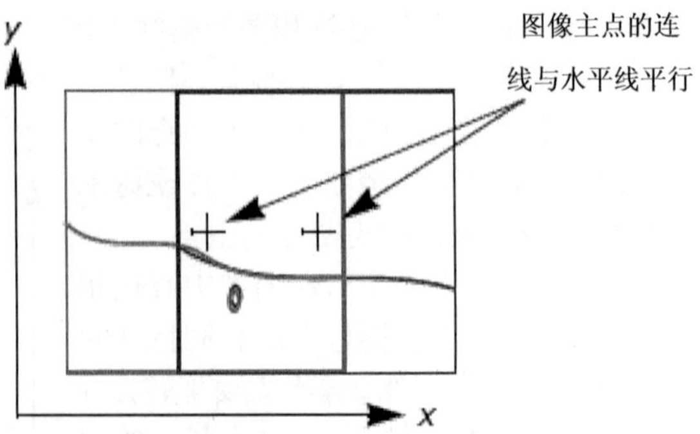

图 20-11　旋转后的图像位置

第 4 步：调整 X 方向视差

为了调整图像在深度或垂直方向的放大效果，需要调整 X 方向视差的数值。调整 X 方向视差可以产生明显的数字立体模型三维显示效果。如果视差过大，则会使地理信息提取变得困难，且提取的数据精度较差；如果视差过小，则对于高程较小的变化不能够提取出来。在三维立体分析过程中，可以利用鼠标组合和 X 键对 X 方向视差进行调整。

① 将鼠标放在运动场上，按下中间轮，向外移动鼠标，使图像放大显示。

② 如果图像重叠不好，可以利用左缓冲器图标工具重新调整图像位置。

③ 按下 X 键，同时按下左键，向左或向右移动鼠标，使相同的要素目标重叠。

第 5 步：调整 Y 方向视差

调整 Y 方向视差的操作为按下 Y 键，同时按下左键，向上或向下移动鼠标，使相同的特征目标重叠。

20.3.4 保存三维立体模型

一个三维立体模型可以保存为一幅数字立体图像，该立体图像可用于对图像进行三维立体分析，具体的保存操作如下。

在 Stereo Analyst for ERDAS IMAGINE 视窗（图 20-7）中进行如下操作。

① 单击 File | View to Image 命令，打开 View to Image 对话框（图 20-12）。

② 确定工作文件目录，在 File name 文本框中输入文件名 la_merge。

③ 单击 OK 按钮，保存三维立体模型，关闭 View to Image 对话框。

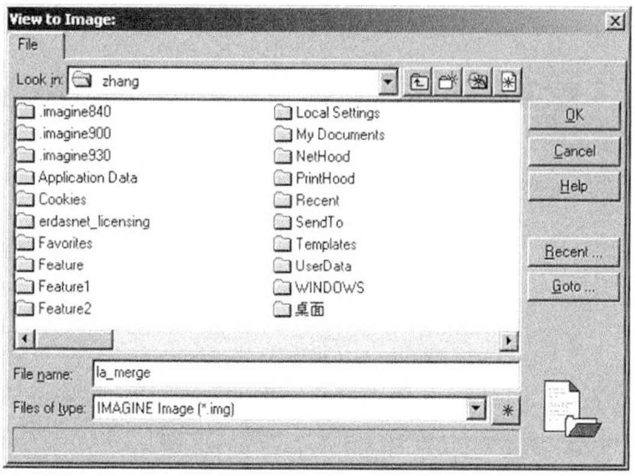

图 20-12 View to Image 对话框

第21章 自动地形提取

本章学习要点

- LPS 自动地形提取简介
- LPS 自动地形提取操作

21.1 LPS 自动地形提取概述

21.1.1 DTM 及其自动提取方法

数字地形模型（DTM）是地球表面形态的三维表示，自动地形提取包括从图像中自动提取高程信息及地球表面三维数字表示的产生过程。DTM 的提取有不同的方法，包括地表测量、传统摄影测量、数字立体观测、数字化地形图、雷达测量与激光雷达等方法。

（1）地表测量是测量与地表三维信息有关的某些特征点，每个特征点都具有三维坐标。对感兴趣区域所有离散的三维坐标点进行内插计算，可得到该区域的 DTM。该方法精度较高，但比较耗时，主要用于局部的精确测量，如道路、桥梁等的修建。

（2）传统摄影测量是利用模拟的立体观测方式，从立体像对中提取三维点或等高线，人工进行数字记录或纸质记录，对三维点进行内插形成三维地形表面。该方法具有较高的精度，但比较耗时，还需要高水平的有经验的操作员。

（3）数字立体观测与传统摄影测量的立体观测类似，从立体像对中提取三维点保存为文件，用于下一步的三维地形表面内插计算，属于半自动化三维信息提取。

（4）数字化地形图是对纸质地形图进行数字化，记录高程点与等高线，然后进行高程内插产生三维的表面特征。该方法精度低，但对于没有最新图像的区域来说，是一种有用的方法。

（5）雷达测量是利用两幅图像的雷达传感器模型对图像进行干涉处理，利用产生的视差提取高程数据。对于不同地表高度，需要的雷达角度不同。

（6）激光雷达是利用大功率激光传感器、GPS 接收器及导航单元，记录扫描的地形高度。

每种方法都有各自的优点和不足，可以根据地表自然特征或特定的用途，采用不同的方法获取 DTM。LPS 工程管理器采用自动 DTM 提取方法，对于某些大范围的 DTM 提取具有较大的优越性。

21.1.2 LPS 自动地形提取功能

LPS 自动地形提取是与 LPS 工程管理器集成为一体的功能模块。在完成 LPS 工程块文件创建后，就可以进行数字地形模型（DTM）的提取操作。为了能够从图像中自动提取 DTM，必须先计算与图像对应的传感器模型参数，即进行图像的内外定向和三角测量处理。

LPS 地形自动提取模块利用一定的算法，通过对两幅图像的比较，计算两幅图像重叠区域相同地物特征的变化，实现地物特征三维信息的提取。处理过程包括数字图像匹配和三维坐标的确定。提取的数字地形模型（DTM）数据可以用于图像正射校正、三维立体分析、虚拟地理信息系统及 ERDAS IMAGINE 的其他应用分析。

LPS 自动地形提取具有如下的功能。

- 利用数字摄影测量的数字图像匹配技术，实现从图像立体像对中自动提取高程数据，生成三维地形模型。
- 数字地形模型数据可以从框幅式相机图像、数字相机图像、视频图像、非量测相机图像、卫星传感器图像中提取。卫星图像包括 SPOT、IRS-1C、IKONOS 等。
- 输出的 DTM 格式包括 ASCII 文件格式、TIN 格式、栅格图像格式、ESRI 格式，也可以输出为 SOCET SET 格式。
- 可以从一个 LPS 工程文件的图像中提取单独的 DTM，也可以从一个工程文件的图像中提取若干 DTM，然后镶嵌为一个 DTM。
- 可以对外部输入的 DTM 进行编辑处理，进行地图投影、椭球体、水准面等参数定义，也可以对 DTM 的水平或垂直单位进行定义。
- 用于提取 DTM 的图像立体像对，可以依据一定的比例进行缩小，去掉那些在提取过程中可能产生误差的部分。
- 可以对工程中的一系列图像立体像对进行查看、选择和自动 DTM 提取。
- 提取 DTM 像对的一个区域可以定义为正方形、长方形或多边形的地理区域，因此像对可以被划分为相互包容或相互排除的多个区域，可用于对感兴趣区域的提取。
- DTM 提取的算法参数定义可以用于相互包容的区域，定义的算法参数可以保存为 ASCII 文件，用于后面的 DTM 提取。
- 自动 DTM 提取不同于地形的实地调查，可以对感兴趣的区域进行地形学处理。
- DTM 的精度依赖于三维信息的精度，如地面控制点（GCP）、地面检查点、外部 DEM 数据、输入点的坐标（X、Y、Z）等。
- 在提取 DTM 的过程中，形成一个报告文件，记录处理的状态、精度及速度等参数。
- DTM 产生后，自动形成等高线，等高线地图保存为 ESRI 格式。

21.1.3 LPS 自动地形提取过程

LPS 自动地形提取过程包括 3 个步骤。

第 1 步：数字图像匹配

数字图像匹配处理用于在左右图像重叠的部分确定 DTM 的地面点，输出结果为包括在 DTM 内的地面点在图像上的位置。遥感图像的数字图像相关处理，可以找到两幅或多幅图像重叠区域相同的地理特征。LPS 的自动地形提取就是通过图像相关和图像匹配算法，自动实现地形信息的提取，而且所提取的地形信息具有较高的精度。

在 LPS 自动地形提取的图像相关处理过程中主要应用到了如下的方法及步骤。

- **感兴趣点的确定**　感兴趣点可以是地表的特征点，如道路交叉点、房屋的角点等；在每幅图像上确定感兴趣点，作为匹配模板窗口的中心，用于提供充分的图像灰度变化和对比度变化。
- **感兴趣点的匹配**　确定了感兴趣点后，LPS 自动地形提取处理过程就可以在图像的重叠区域匹配相同的感兴趣点。

- **策略参数的设置** 策略参数影响匹配处理的成功与否及处理精度，策略参数中搜寻窗口大小、相关窗口大小、相关系数的限制等是比较重要的参数。
- **匹配约束** 为了产生高精度的可靠的图像匹配点，图像立体像对的几何特征及辐射特征用于约束图像的匹配处理过程。

第 2 步：确定地面点坐标

利用摄影测量的原理，在图像上的点的三维地面坐标被自动地确定。一旦匹配点的相关系数计算后，经过各种统计比较建立地面点与图像上的匹配点的对应关系，根据图像像元对应的行列坐标就可以确定点的地面三维坐标。

第 3 步：DTM 自动生成

DTM 中点的三维坐标确定后，就可以生成各种格式的 DTM 文件，如栅格格式、TIN 格式、SOCET SET 格式、ESRI 格式、ASCII 格式等。

21.2 LPS 自动地形提取操作

LPS 自动地形提取与 LPS 工程管理器集成为一体，进行自动地形提取的操作主要是在 LPS 工程管理器视窗中进行。对于自动地形提取过程中用到的 LPS 工程管理器视窗中的菜单组成、工具图标、快捷键等介绍，参见本书第 19 章（数字摄影测量）的相关内容。

应用 LPS 工程管理器进行自动地形提取处理的一般流程如图 21-1 所示。

21.2.1 创建 LPS 工程文件

在应用 LPS 工程管理器完成自动地形提取处理任务时，首先需要创建一个新的 LPS 工程文件（分块文件——Block File），分块文件的扩展名是.blk。一个分块文件可能只由一幅图像组成，也可能由一条航摄带上相邻的若干图像组成，还可以由多条航摄带上的若干图像组成。分块文件*.blk 是一个二进制文件，其中记录了 LPS 工程文件中所有图像的位置、相机参数、框标标记、GCP 量测坐标及相关信息。

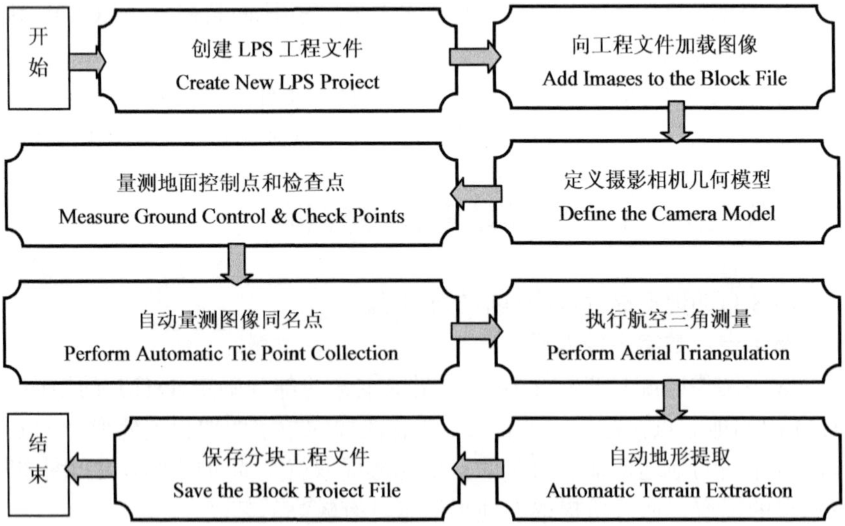

图 21-1 自动地形提取处理的一般流程

作为练习，本小节打开一个已经存在的工程文件。工程中用到的图像是 1:40000 比例尺的相片，以 50μm 进行扫描，地面分辨率大约为 2m。关于新工程文件的建立过程参见 19.3 节的内容。

第 1 步：打开 LPS 工程管理器

在 ERDAS 图标面板工具条中单击 LPS 图标，打开 LPS 工程管理器（LPS-Project Manager）视窗（图 21-2）。

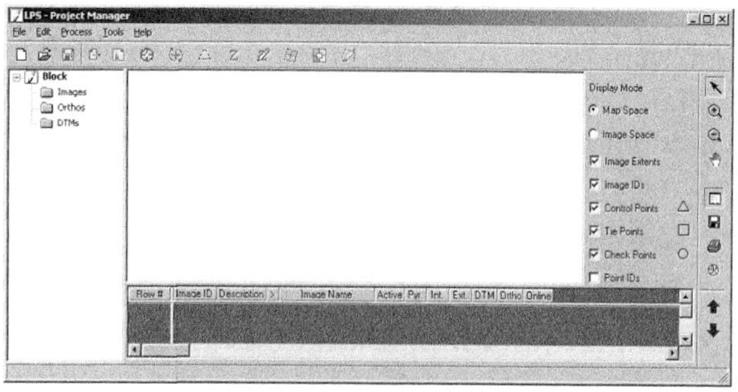

图 21-2 LPS 工程管理器视窗

在 LPS 工程管理器视窗（图 21-2）中进行如下操作。

① 单击 File | Open 命令，打开 Block File Name 对话框（图 21-3）。

② 在 Look in 下拉列表框中浏览并确定工程文件目录为\ERDAS\Geospatial Imaging 9.3\examples\LPS\laguna_beach。

③ 选择工程文件名为 laguna.blk。

④ 单击 OK 按钮，关闭 Block File Name 对话框，工程信息显示在 LPS 工程管理器视窗中（图 21-4）。

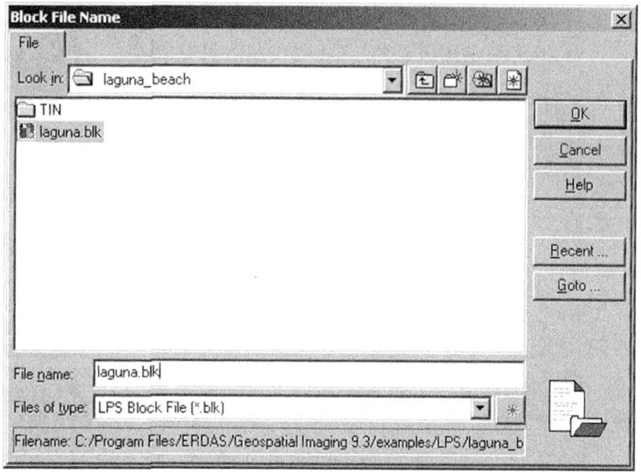

图 21-3 **Block FileName 对话框**

第 2 步：复制工程文件

为了不修改原始的工程文件，作为练习，需要复制一个工程文件。

在 LPS 工程管理器视窗（图 21-4）中进行如下操作。

① 单击 File | Save As 命令，打开 Save Block File As 对话框。

② 确定自己的工作文件夹，并确定复制的工程文件名，如 my_laguna.blk。

③ 单击 OK 按钮，关闭 Save Block File As 对话框。LPS 工程管理器视窗的标题显示为 my_laguna.blk - LPS –Project Manager。

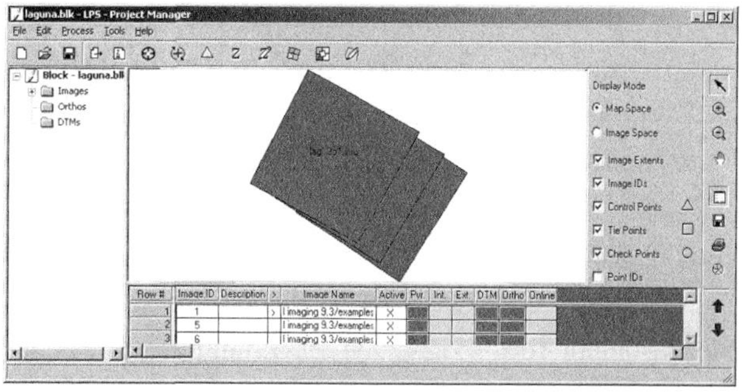

图 21-4 **打开工程后的 LPS 工程管理器视窗**

第 3 步：加载立体像对

建立了工程文件后，需要向工程中加载图像，具体的操作如下。

在 LPS 工程管理器视窗（图 21-4）中进行如下操作。

① 单击图像属性图标，打开 Frame Camera Frame Editor 窗口（图 21-5）。

② 单击 Attach 按钮，打开 Image File Name 对话框（图 21-6）。

③ 在 Look in 下拉列表框中浏览确定图像文件目录为\ERDAS\Geospatial Imaging 9.3\examples\LPS \laguna_beach。

④ 确定图像文件名为 lag11p1.img。

⑤ 按下 Shift 键，单击 lag13p1.img 图像，则选中 3 幅图像。

⑥ 单击 OK 按钮，关闭 Image File Name 对话框。

⑦ 单击 OK 按钮，关闭 Frame Camera Frame Editor 窗口，则 3 幅图像都加载到工程中（图 21-7）。

第 4 步：计算图像金字塔层

加载图像之后，为了优化图像显示效果和有利于自动同名点获取，需要计算工程文件中所有图像的金字塔层，具体步骤如下。

在 LPS 工程管理器视窗（图 21-7）中进行如下操作。

① 单击 Edit | Compute Pyramid Layers 命令，打开 Compute Pyramid Layers 对话框（图 21-8）。

② 选中 All Images Without Pyramids 单选按钮。

③ 单击 OK 按钮，计算所有图像的金字塔层（计算完成后，对应图像的 Pyr 列显示为绿色）。

④ 单击保存图标，保存生成的金字塔层。

第 5 步：打开点量测工具

在 LPS 工程管理器视窗（图 21-7）中打开点量测工具，具体操作如下。

① 单击 Edit | Point Measurement 命令（或者在工具条中单击 Start point measurement tool 图标），打开 Select Point Measurement Tool 对话框（图 21-9）。

② 选中 Classic Point Measurement Tool 单选按钮。

③ 单击 OK 按钮，关闭 Select Point Measurement Tool 对话框，打开 Point Measurement 窗口（图 21-10）。图像 lag11p1.img 和 lag12p1.img 分别显示在窗口的左右。

④ 窗口左下列表中的同名点，观察所选的点在图像上的位置。

⑤ 单击 Close 按钮，关闭 Point Measurement 窗口。

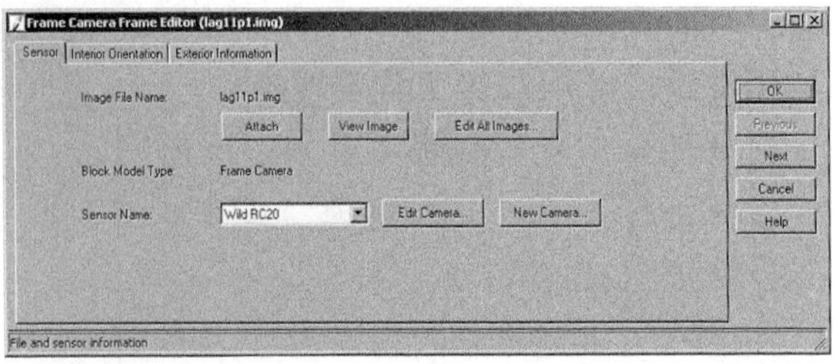

图 21-5　Frame Camera Frame Editor 窗口

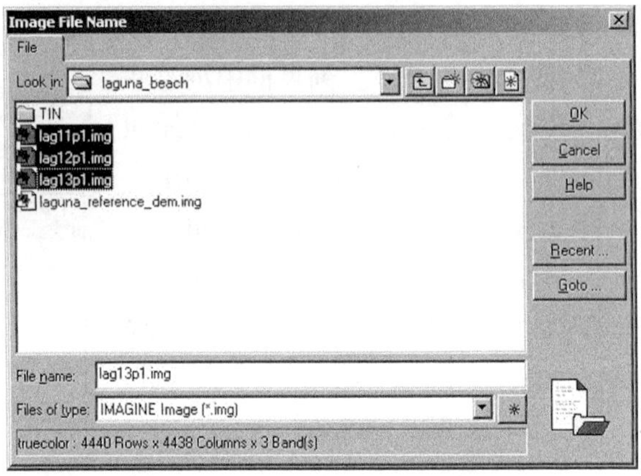

图 21-6　Image File Name 对话框

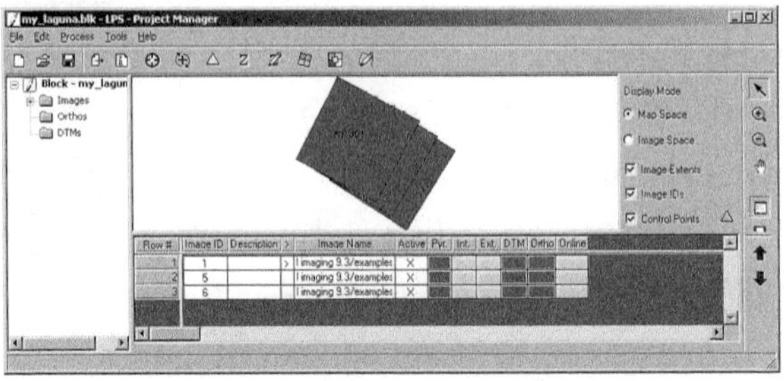

图 21-7　加载图像后的 LPS 工程管理器视窗

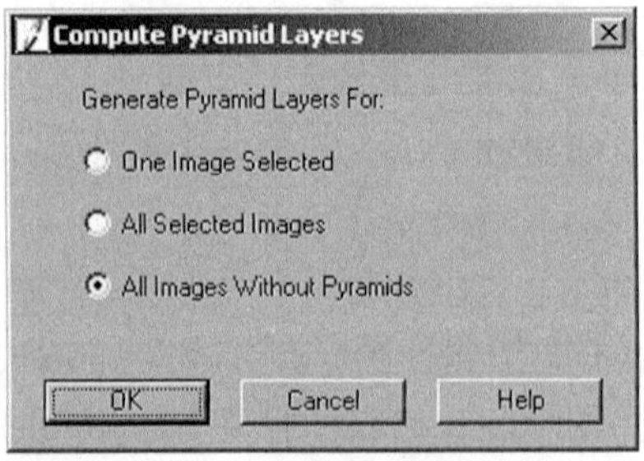

图 21-8　Compute Pyramid Layers 对话框

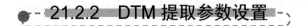

21.2.2　DTM 提取参数设置

计算图像的金字塔后，下一步开始进行自动地形提取的属性参数设置。

在 LPS 工程管理器视窗（图 21-10）中单击 Process | DTM Extraction 命令（或者在工具条中单击 DTM 提取图标 Z ），打开 DTM Extraction 对话框（图 21-11）。

第 1 步：选择 DTM 输出类型

在 DTM Extraction 对话框中进行如下操作。

① 确认输出 DTM 类型（Output Type）为 DEM。

② 选中 Single Mosaic 单选按钮，生成一个 DEM 文件。

③ 在 Output File 项中单击打开文件图标，打开 File Selector 对话框，在对话框中确定输出的 DEM 文件存放的文件夹和文件名，本练习取名为 lagunadem.img，并单击 OK 按钮，关闭 File Selector 对话框。输出的 DEM 文件名显示在 Output Form 文本框中。

第 2 步：设置 DTM 输出精度

选择合适的 DEM 输出单元大小，需要知道图像的分辨率。LPS 自动地形提取根据输入图像的地面分辨率自动确认一个 X、Y 单元大小。

在 DTM Extraction 对话框中进行如下操作。

① 选中 Make Pixels Square 复选框。

② 在单元大小 X、Y 微调框中输入数值 20.00。

③ 确认输出单位为 meters。

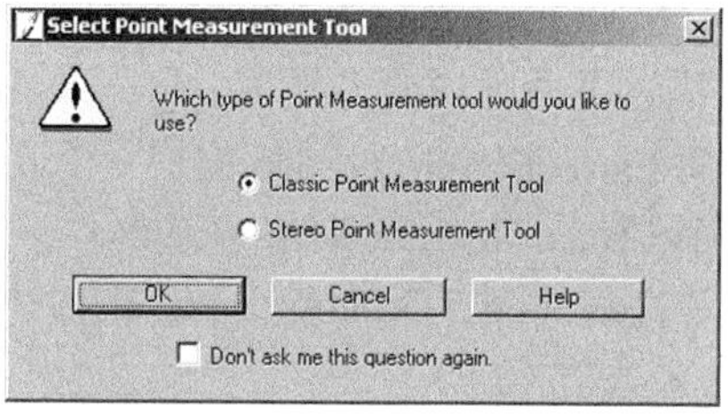

图21-9　**Select Point Measurement Tool 对话框**

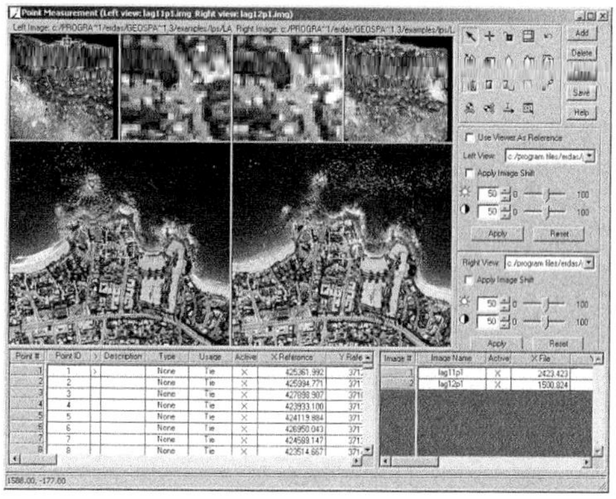

图 21-10　**Point Measurement 窗口**

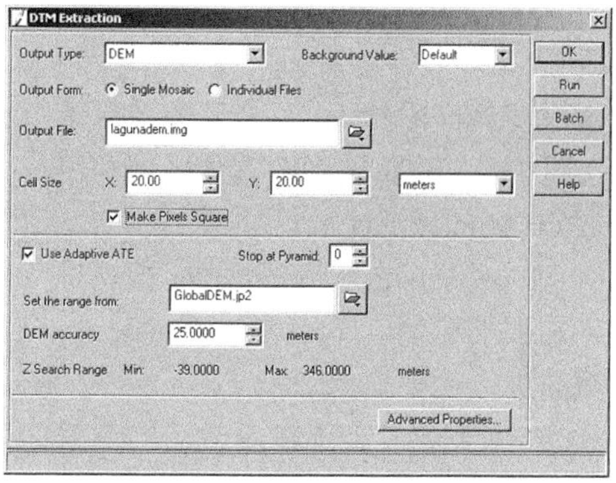

图 21-11　**DTM Extraction 对话框**

21.2.3　DTM 提取选项设置

1．通用选项设置

在 DTM Extraction 对话框（图 21-11）中单击 Advanced Properties 按钮，打开 DTM Extraction Properties 窗口（General 选项卡）（图 21-12）。

第 1 步：检查工程通用参数

在 DTM Extraction Properties 窗口（General 选项卡）中进行如下操作。

① 注意输出的投影椭球体、分区及大地水准面（Horizontal Projection、Horizontal Spheroid、Zone Number、Horizontal Datum）的参数。可以单击 Set 按钮，对这些参数进行修改。

② 确认地形水平和垂直的单位（Horizontal Units 、Vertical Units）为 meters。

第 2 步：设置等高线和 DTM 点

LPS 自动地形提取生成的 DTM 包括等高

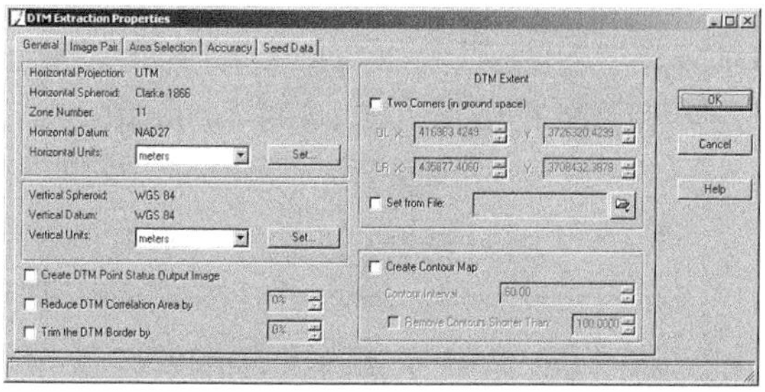

图 21-12　**DTM Extraction Properties 窗口（General 选项卡）**

线地图和 DTM 点状图像。等高线地图是一个表示地形变化的三维地形文件，DTM 点状图像是在 DTM 中描述不同区域的专题图。

在 DTM Extraction Properties 窗口（General 选项卡）中进行如下操作。

① 选中 Create Contour Map 复选框。

② 在等高线间隔（Contour Interval）微调框中输入数值 40.00。

③ 选中 Remove Contours Shorter Than 复选框，在微调框中输入数值 60.00。表示删除短于 60 的等高线。

④ 选中 Create DTM Point Status Output Image 复选框。

2．像对图像参数选项设置

像对图像（Image Pair）选项用于评估和确定工程中立体像对的属性，默认情况下像对 50%的重叠区域用于地形提取，如果要改变重叠区域的比例，需要进行像对选项的设置。

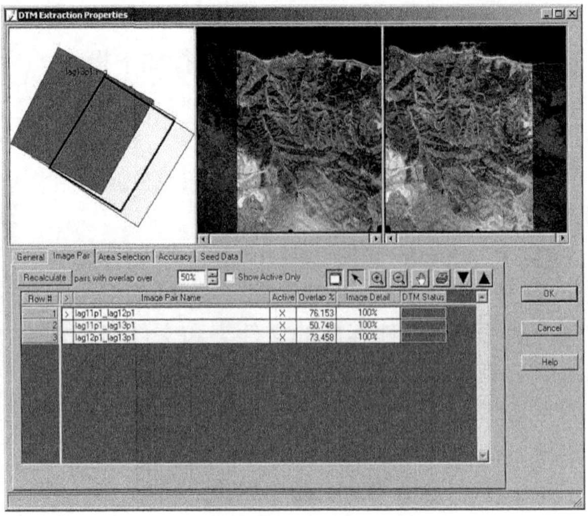

图 21-13 **DTM Extraction Properties 窗口（Image Pair 选项卡）**

在 DTM Extraction Properties 窗口（General 选项卡）中进行如下操作。

① 单击 Image Pair 标签，进入 Image Pair 选项卡。

② 单击窗口图标，打开图像显示窗口（图 21-13），查看图像重叠区域和用于提取 DTM 的激活区域。

③ 在 pairs with overlap over 微调框中输入需要的比例，单击 Recalculate 按钮，重新进行计算。

④ 在列表中单击不需要激活的像对的 Active 列，本例去除 lag11p1_lag13p1 像对。

3．DTM 区域选择选项设置

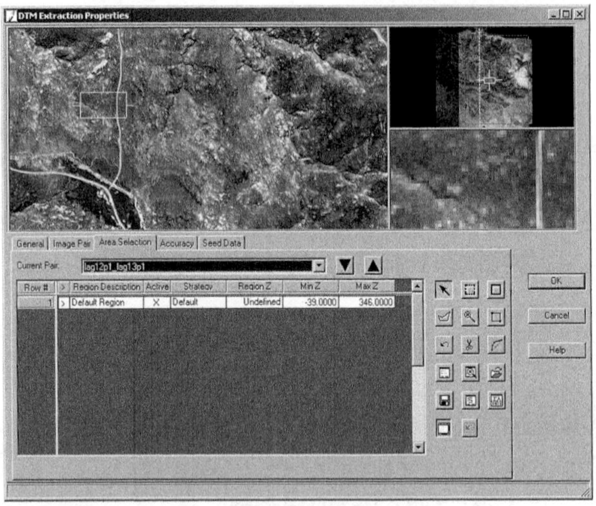

图 21-14 **DTM Extraction Properties 窗口（Area Selection 选项卡）**

区域选择选项用于确定像对中进行 DTM 提取的区域（Area Selection）和不进行提取 DTM 的区域。在 DTM Extraction Properties 窗口（Image Pair 选项卡）中进行如下操作。

① 单击 Area Selection 标签，进入 Area Selection 选项卡（图 21-14）。

② 单击窗口图标，打开图像显示窗口（图 21-14）。左边的窗口为图像显示主窗口，右上的窗口为总览窗口，显示整幅图像，右下的窗口为放大显示窗口。

第 1 步：增加一个新的区域

默认情况下，列表中第一项显示的区域是对应整个图像立体像对重叠的区域。为了在 DTM

提取过程中简化提取操作，可以去除不需要的区域，这样的区域包括湖泊、森林、城区等。如下介绍去除海洋区域的定义过程。

在 DTM Extraction Properties 窗口（Area Selection 选项卡）（图 21-14）中进行如下操作。

① 在图像显示的总览窗口中将方框标识移到图像的右上角海岸线的位置。

② 在区域选择工具区中单击多边形图标。

③ 在图像显示的主窗口中沿着海岸线画一个包含整个海洋的区域，双击完成海洋区域的定义，定义的区域显示在列表中。

④ 单击定义区域的 Region Description 列，输入 Ocean。

⑤ 单击 Region Strategy 列，在显示的菜单中单击 Exclude Area 命令，则选定的区域排除进行 DTM 提取处理（图 21-15）。

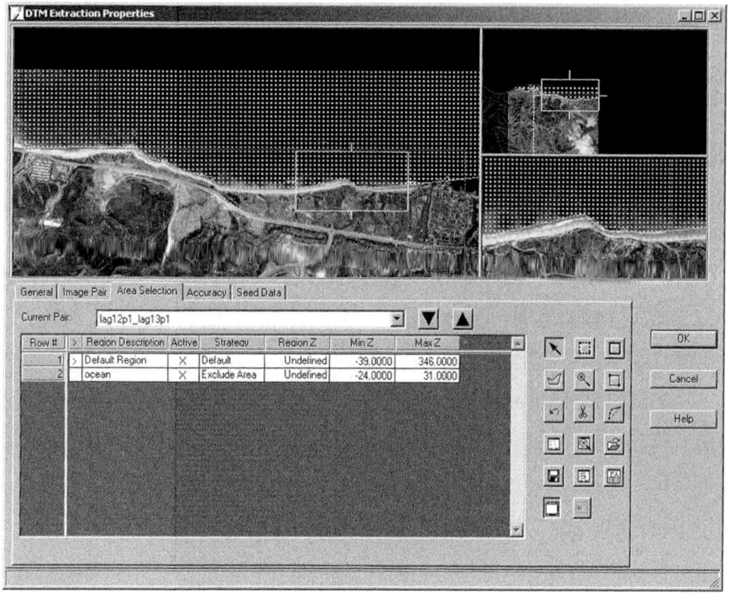

图 21-15　增加区域后的 **DTM Extraction Properties** 窗口（**Area Selection** 选项卡）

第 2 步：增加第二个区域

按照上面的操作，在 Current Pair 下拉列表框中选择 lag12p1_lag13p1 图像对，在图像的城市区域定义多边形，在 Region Description 列中输入 Urban Area。在 Region Strategy 列中单击 Low Urban 命令。

第 3 步：增加第三个区域

图像立体像对中的湖泊会影响图像的相关匹配，因此需要将湖泊区域进行定义，不进行 DTM 的提取处理，过程同上。

第 4 步：设置区域生长属性

在 DTM Extraction Properties 窗口（Area Selection 选项卡）中进行如下操作。

① 单击区域生长属性图标，打开 Region Growing Properties 对话框（图 21-16）。

② 单击 8 像元邻域生长图标。

③ 取消选中 Area 复选框。

④ 在 Spectral Euclidean Distance 微调框中输入数值 60.00。

⑤ 单击 Options 按钮，打开 Region Grow Options 对话框（图 21-17）。

⑥ 取消选中 Include Island Polygons 复选框。

⑦ 单击 Close 按钮，关闭 Region Grow Options 对话框。

⑧ 单击 Close 按钮，关闭 Region Growing Properties 对话框。

第 5 步：应用种子工具定义区域

在 DTM Extraction Properties 窗口（Area Selection 选项卡）中进行如下操作。

① 单击种子图标。

② 单击主窗口的湖泊区域，则产生一个包含整个湖泊的多边形，并将该区域增加到列表中。

③ 在 Region Description 列中输入 Lake。

④ 在 Region Strategy 列中单击 Exclude Area 命令。

⑤ 在 Region Z 列中单击 Custom 命令。打开 Region Z Value 对话框（图 21-18）。

⑥ 在 New Region Z 微调框中输入数值 112。

⑦ 单击 OK 按钮，关闭 Region Z Value 对话框。

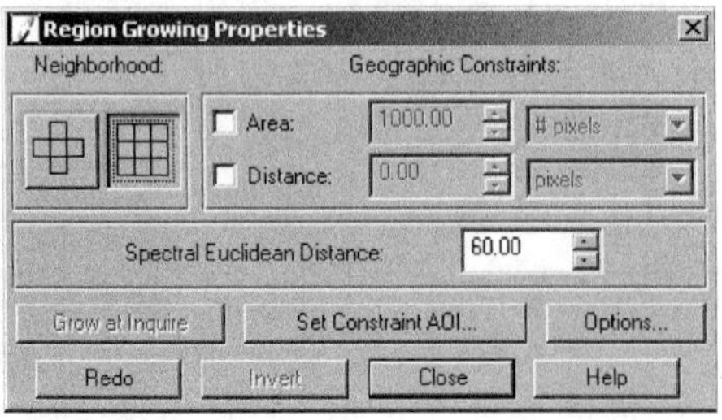

图21-16　Region Growing Properties 对话框

图 21-17　Region Grow Options 对话框

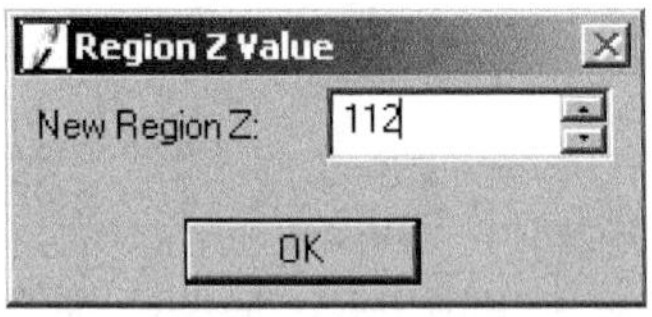

图 21-18　Region Z Value 对话框

4. DTM 计算精度选项设置

设置精度选项（Accuracy）用于确定输出 DTM 三维信息的计算精度。

在 DTM Extraction Properties 窗口（Area Selection 选项卡）中进行如下操作。

① 单击 Accuracy 标签，进入 Accuracy 选项卡。

② 单击窗口图标，打开文件图形显示窗口（图 21-19）

③ 选中 Show Image ID 复选框，图像文件名显示在窗口中。

④ 选中 Use Block Tie Points 复选框，图像同名点显示在窗口中。

第 1 步：确定外部 DEM

LPS 自动地形提取可以利用外部 DEM 数据检查输出 DTM 的精度。

在 DTM Extraction Properties 窗口（Accuracy 选项卡）（图 21-19）中进行如下操作

① 选中 Use External DEM 复选框。

② 单击打开文件图标。

③ 确定 DEM 文件名为 laguna_reference_dem.img，所在文件夹为 \ERDAS\Geospatial Imaging 9.3\examples\LPS\laguna_beach。

第 2 步：确定用户附加点

确定用户附加点（User Defined Points）是为了确保输出 DTM 的精度，这些点利用三维立体分析工具提取，存储在 ASCII 文件中。

在 DTM Extraction Properties 窗口（Accuracy 选项卡）（图 21-19）中进行如下操作。

① 选中 Use User Defined Points

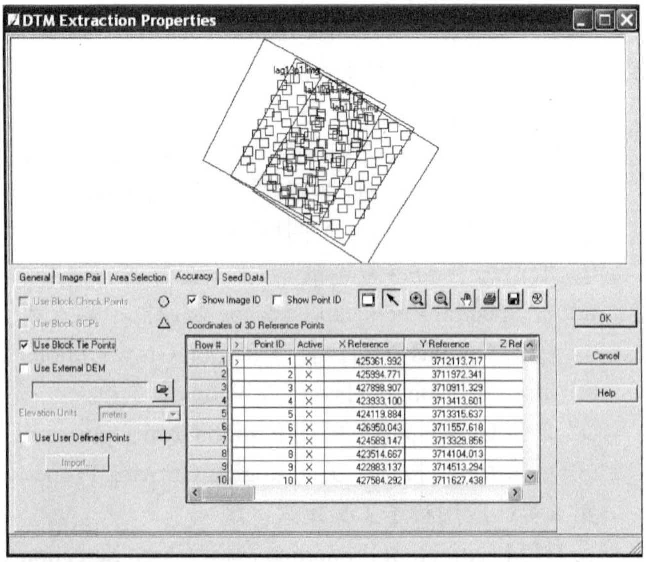

图 21-19　DTM Extraction Properties 窗口（Accuracy 选项卡）

复选框。

② 单击 Import 按钮，打开 File Selector 对话框。

③ 确定附加点文件名为 check_points.txt，所在文件夹为 \ERDAS\Geospatial Imaging 9.3\examples\LPS\laguna_beach。关闭 File Selector 对话框，打开 Reference Import Parameters 对话框（图 21-20）。

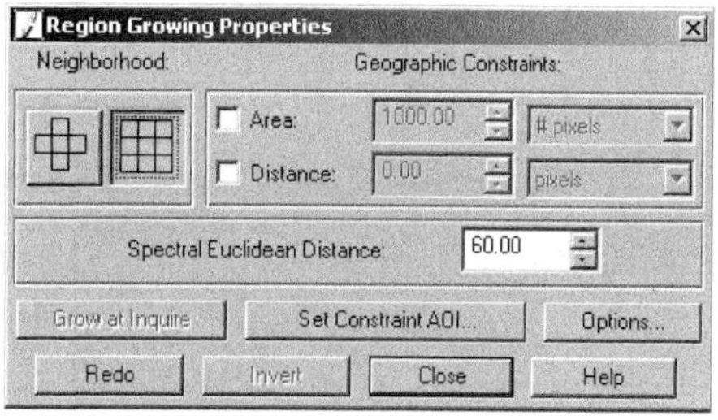

图21-20 Reference Import Parameters对话框

④ 单击 OK 按钮，关闭 Reference Import Parameters 对话框。打开 Import Options 窗口（图 21-21）。

⑤ 在 Row Terminator Character 下拉列表框中选择 Return NewLine (DOS)。

⑥ 在 Column Mapping 列表中设置 Input Field Number 列的 X、Y、Z 数值分别为 3、4、6。

⑦ 单击 OK 按钮，关闭 Import Options 窗口。附加点显示在窗口和列表中。

⑧ 单击 OK 按钮，关闭 DTM Extraction Properties 窗口，保存在 DTM Extraction Properties 窗口中所进行的设置。

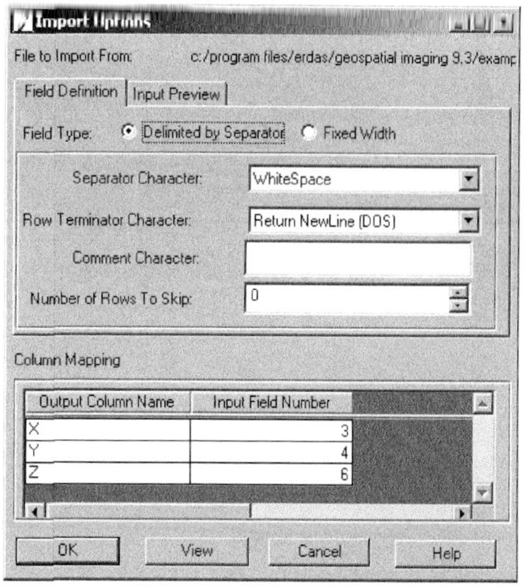

图 21-21 Import Options 窗口

21.2.4 DTM 自动提取和检查

在 DTM Extraction 对话框（图 21-11）中进行如下操作。

① 单击 Run 按钮，关闭 DTM Extraction 对话框，LPS 工程管理器开始 DTM 自动提取过程。DTM 自动提取完成后，列表中的 DTM 列变为绿色。

② 单击 LPS 工程管理器视窗左边 DTM 前的图标“+”。

③ 单击列表中生成的 DTM 文件（图 21-22）。

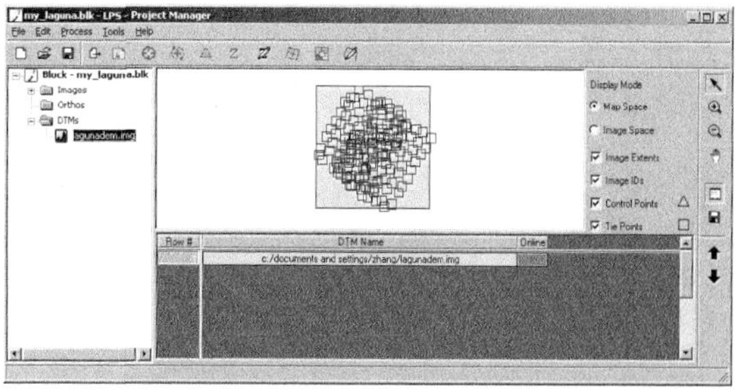

图21-22 生成 DTM 后的 LPS 工程管理器视窗

第 1 步：查看生成的 DTM

在 ERDAS IMAGINE Viewer 中分别打开生成的 DTM 文件 lagunadem.img、等高线文件 lagunadem_contour.shp、DTM 点图像文件 lagunadem_quality.img，查看不同 DTM 文件的效果。

第 2 步：检查 DTM 提取报告

在 LPS 工程管理器视窗中单击 Process | DTM Extraction Report 命令，打开 DTM Extraction Report 窗口（图 21-23）。检查 Global Accuracy 部分的内容。检查完毕后单击 Close 按钮，关闭 DTM Extraction Report 窗口。

第 3 步：保存与关闭工程文件

在 LPS 工程管理器视窗中进行如下操作。

① 单击 File | Save 命令，保存工程文件。以后任何时间都可以打开和应用该 LPS 工程。

② 单击 File | Close 命令，关闭工程文件。

③ 单击 File | Exit 命令，退出 LPS 工程管理器。

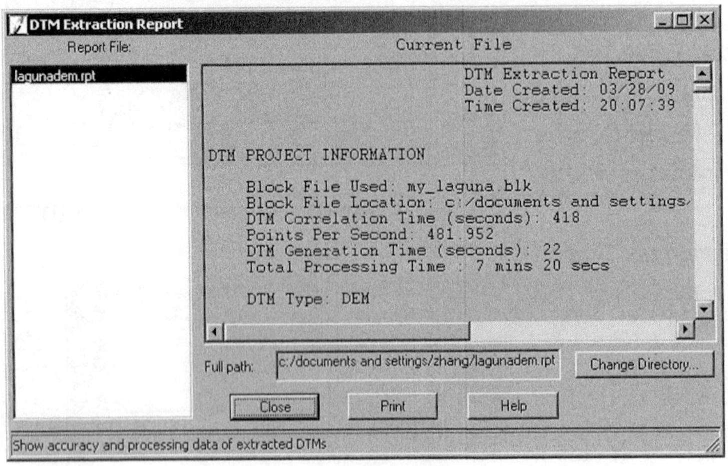

图 21-23 DTM Extraction Report 窗口

第 22 章　面向对象的信息提取

本章学习要点

- IMAGINE Objective 框架设计
- IMAGINE Objective 关键特征
- 道路信息提取模型
- 道路信息提取过程

22.1　面向对象的信息提取简介

22.1.1　IMAGINE Objective 框架设计

IMAGINE Objective 框架设计的目的是实现从图像中自动提取特征信息。框架设计的基础是模仿人类视觉系统对图像的解译过程。IMAGINE Objective 提供一系列全新的特征信息提取工具，引入基于面积、周长等几何特性和纹理、正交性、相关性、熵等空间特性的面向对象的信息提取方法，从高分辨率遥感图像中提取相应的地物信息。IMAGINE Objective 借助像元级和对象级图像处理和计算机视觉特性，结合专家知识的训练方法，提供真正面向对象的信息提取环境，同时包含大量的矢量处理操作，最大程度地减少了矢量的后处理操作。

22.1.2　IMAGINE Objective 关键特征

- 使用灵活，提供了开放的、可修改的和可扩展的特征信息模型，如果初始分类的结果不理想，用户可以将正在分析的图像调整到特定的环境状态。
- 提供真正的面向对象的分类方法。在信息提取的过程中，除了利用图像的光谱特性外，同时引入了地物的面积、周长等几何特性和纹理、正交性、相关性、熵等空间特性。
- 支持单个地物特征信息提取和多类地物提取两种模式，提供灵活的工具以适应难以辨识的空间场景。
- 在进行单个地物信息提取时，支持从集成操作到特征提取过程中，以最少的后处理需求提取高精度的矢量数据，并提供了一系列矢量编辑工具。
- 在分类信息提取过程中，支持引入辅助数据，如坡度、坡向、LIDAR、纹理等。同时提供面向对象的方法，采用形状特征、相似形、相关性等定量化的空间特性，从而提高图像的分类精度。
- 能处理所有的图像数据源，包括全色、多光谱、超光谱、SAR、LIDAR 图像数据等。
- 根据识别特征的量测数字，自动为提取的特征信息赋予属性，包括最终的可能性概率统计值，用于快速确认最后的结果和问题区域。
- 用户能够在选定的窗口中测试自己定义的特征信息模型，方便用户快速地获取满意的特征信息模型，并最终将该模型应用到整个图像数据集。

本章以道路信息的提取为例，介绍面向对象的信息提取模型与操作方法。

22.2 道路信息提取

22.2.1 道路信息提取模型

道路信息提取操作的例子主要是提供一个构造特征信息提取模型的总体概况。

利用一幅分辨率为1.25feet的居民区RGB彩色航空图像，说明道路信息提取的处理步骤与方法，包括一系列的算子和操作。道路信息提取模型及处理流程如图22-1所示。

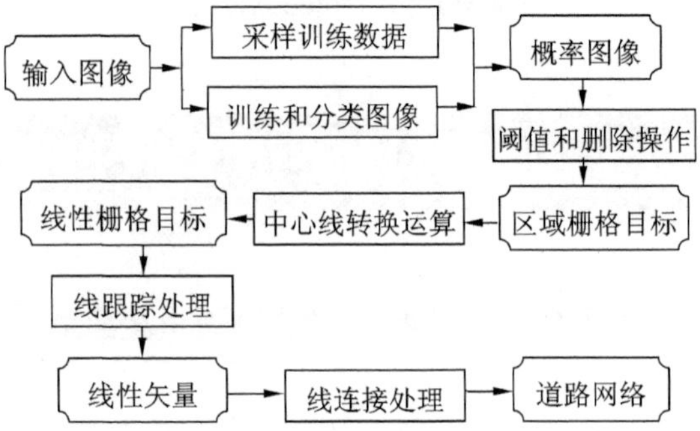

图 22-1 道路信息提取模型及处理流程

具体而言，处理步骤如下。

（1）栅格像元处理器运算（RPP）：通过采样和训练道路像元，将原始图像中的道路像元和非道路像元分类。

（2）栅格目标产生器（ROC）：根据分类结果，利用阈值和删除操作将所有可能的道路像元生成道路栅格目标。

（3）栅格目标运算器（ROO）：对所有可能的道路像元目标进行运算，去除一些非道路像元栅格目标。

（4）栅格矢量转换（RVC）：利用线跟踪方法，将目标的中心线转换为矢量数据。

（5）矢量目标运算器（VOO）：一系列的矢量目标运算用于产生最后的道路网络。

22.2.2 道路信息提取过程

第1步：启动面向对象信息提取模块

启动面向对象信息提取模块，首先要启动ERDAS IMAGINE软件，在ERDAS图标面板中进行如下操作。

① 单击Objective图标，打开Objective Workstation Startup对话框（图22-2）。

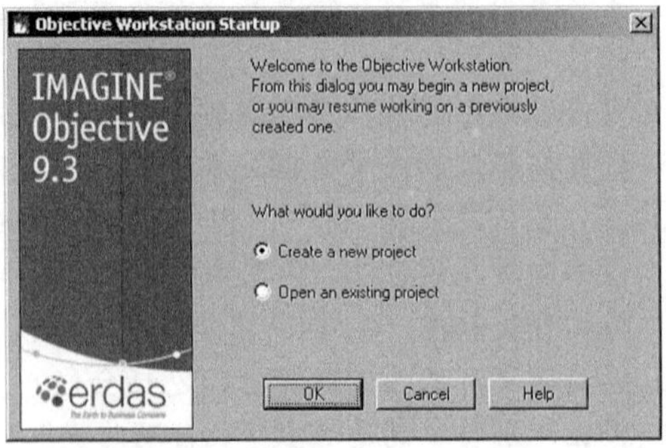

图 22-2 Objective Workstation Startup 对话框

② 选中Create a new project单选按钮，单击OK按钮，打开Create New Project对话框（图22-3）。

③ 输入项目名称为tour_road.lfp，输入新的特征信息模型为road.lfm。

④ 单击OK按钮，打开Variable Properties窗口（图22-4）。

⑤ 单击Add new Variable按钮。

⑥ 单击Raster Input File图标，打开Raster Input File对话框，选择输入文件为sub4road1.img。

⑦ 单击 OK 按钮，关闭 Variable Properties 窗口，打开 Objective Workstation 窗口（图 22-5）。

第2步：设置栅格像元处理器

在 Objective Workstation 窗口中进行如下操作

① 单击窗口左上边的树形结构，选择 Raster Pixel Processor 选项。

② 在右下边的 Properties 属性页中，从 Available Pixel Cues 列表中选择 SFP 选项。

③ 单击 + 图标，增加 SFP 项。

④ 单击右下边的 Training 属性页，自动显示 AOI Tool Palette（图 22-6）。

⑤ 在 AOI Tool Palette 中单击生成多边形 AOI（Create Polygon AOI）图标。

⑥ 利用鼠标，在图像上选择道路作为训练样本。

⑦ 单击 Add 按钮，将选择的道路样本添加到列表中。

⑧ 重复选择道路样本的操作过程，增加多个道路样本。

⑨ 选择一个非道路样本，单击 Add 按钮，选择 BG 选项，作为背景，添加到列表中。

⑩ 单击 Accept 按钮，接受训练样本。

第3步：设置其他处理节点

在 Objective Workstation 窗口中进行如下操作。

① 单击窗口左上边的树形结构，选择 Raster Object Creator 选项。

② 在右下边的 Properties 属性页中，从 Raster Object Creator 下拉列表框中选择 Threshold and Clump 选项。

③ 在树形结构中选择 Threshold and Clump 选项。

④ 在右下边的 Threshold and Clump Properties 属性页中，将 Probability 的值设为 0.5。

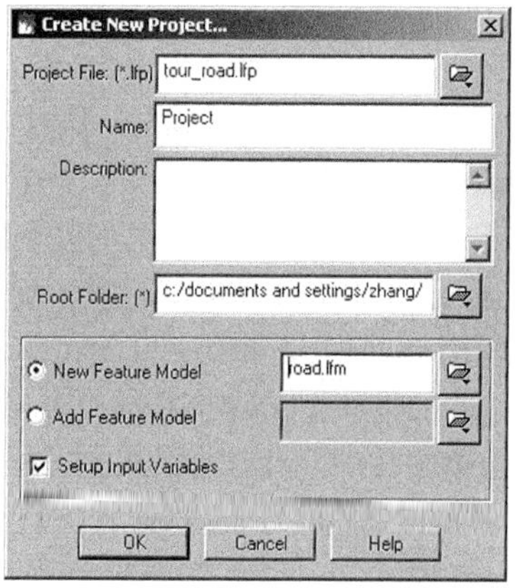

图 22-3 Create New Project 对话框

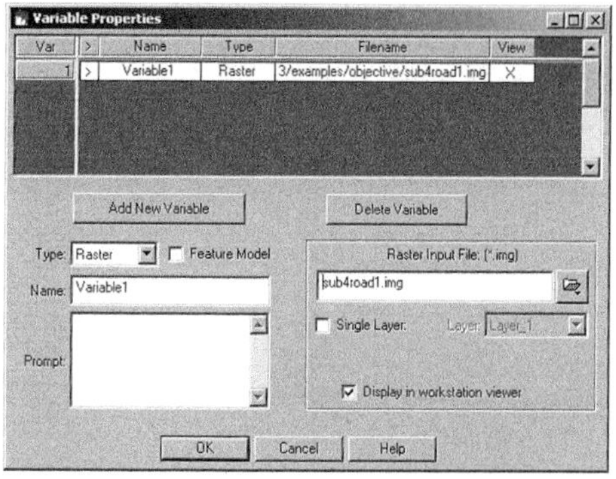

图 22-4 Variable Properties 窗口

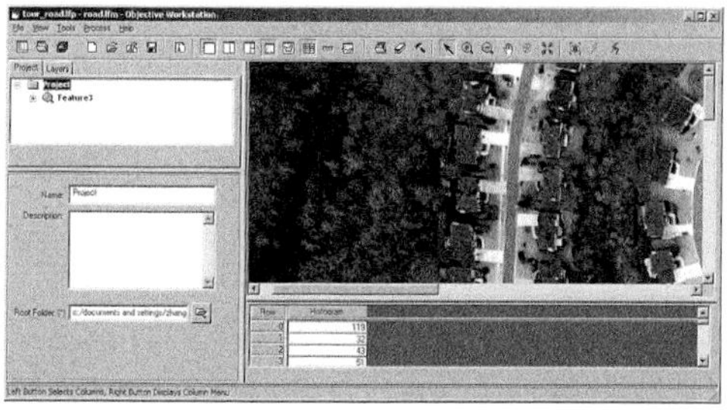

图 22-5 Objective Workstation 窗口

⑤ 在树形结构中选择 Raster Object Operators 选项。

⑥ 在右下边的 Properties 列表中选择 Size Filter 选项。单击 + 图标，增加 Size Filter 属性。选中 Minimum Object Size 复选框，并输入数值为 2000。

⑦ 单击 Properties 属性页列表，选择 Centerline Convert 选项。单击 + 图标，增加 Centerline Convert 属性。将 Min Width 和 Max Width 的值设为 10 和 18。

⑧ 在树形结构中选择 Raster to Vector Conversion 选项。

⑨ 在右下边的 Properties 列表中选择 Line Trace 选项。

⑩ 在树形结构中选择 Vector Object Operators 选项。

⑪ 在右下边的 Properties 列表中选择 Line Link 选项。单击 + 图标，增加 Line Link 属性。

⑫ 选中 Input Parameters 单选按钮，将 Min Prob、Max Gap、Min Output Length、Min Link Length 和 Tolerance 的值分别设为 1.0、80、 20、30 和 4.0。

⑬ 单击 Properties 属性页列表，选择 Smooth 选项。单击＋图标，增加 Smooth 属性。将 Smoothing Factor 的值设为 0.6。

⑭ 单击 Properties 属性页列表，选择 Line Snap 选项。单击＋图标，增加 Line Snap 属性。选中 T Junction 和 L Extension 复选框，将 Max Gap 和 Max Dist 的值分别设为 110.0 和 20.0。

⑮ 单击 Properties 属性页列表，选择 Line Remove 选项。单击＋图标，增加 Line Remove 属性。将 Max Gap 和 Min Remove Length 的值分别设为 25 和 50。

第4步：输出道路信息提取结果

在 Objective Workstation 窗口中进行如下操作。

① 在左上边的树形结构中，右击 Line Remove 选项，在弹出菜单中单击 Stop Here 命令。

② 单击执行图标，显现提取的道路图像（图 22-6）。

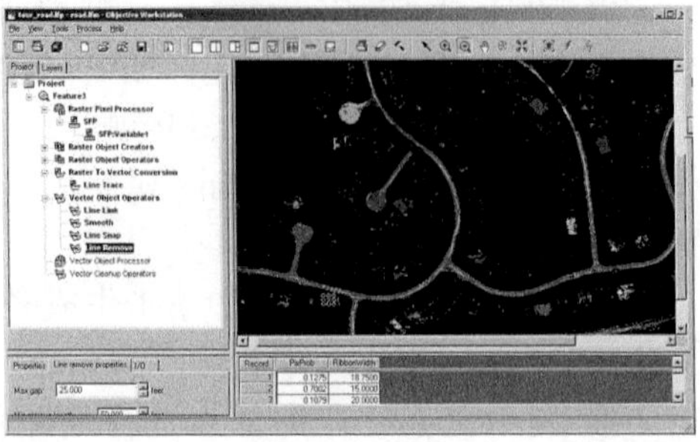

图 22-6 提取的道路图像

第 23 章　智能变化检测

本章学习要点

- 智能变化检测原理
- 变化图像显示窗口
- 智能变化检测向导模式
- 场地监测模式及其应用

23.1　智能变化检测原理

两幅图像之间的变化检测需要借助一定的处理方法和处理技术来完成，图像配准与辐射归一化处理是开展变化检测之前必须进行的遥感图像预处理工作。同时按照需要对两幅图像之间的无效变化进行过滤，也是非常必要的。ERDAS IMAGINE 的智能变化检测模块 DeltaCue 可以很好地完成两幅图像（图像对）之间的变化检测。

23.1.1　图像预处理

进行变化检测的两幅图像（图像对）的预处理包括通过标准化的程序来消除数据源上的错误或者无效的变化，而图像配准和辐射归一化是几乎所有的变化检测都要涉及到的两个预处理步骤，在一定程度上可以被标准化并自动执行。此外，加速处理进程、改进结果表现力等技术流程，也是常用的处理两幅图像（图像对）的预处理步骤。ERDAS IMAGINE 的图像自动配准模块 AutoSync 可以应用于在两幅图像之间自动生成控制点并配准图像。

图像的辐射归一化处理有许多方法。DeltaCue 通过计算两幅图像的平均数和标准差的范围，获得两幅图像之间线形变换系数，进一步用于将一幅图像的统计特征与另一幅图像进行匹配，达到图像辐射归一化处理之目的。DeltaCue 图像辐射归一化处理程序是基于如下假设：环境影响（例如背景辐射或者均匀的薄雾）是两幅图像间差异的主要来源，并且在两幅图像的像元值间存在线形转换关系。事实上，有一些情况并不符合上述假设，例如云就可能会影响辐射归一化的效果，从而影响变化检测的结果。为了处理这种问题，DeltaCue 允许用户详细说明图像中云的存在情况，然后处理运用设定好的程序来消除云和云的阴影对图像变化检测的影响。

23.1.2　变化检测方法

1．变化检测算法

有多种算法和程序可以用来检测两幅图像间的变化，总体上可以分为两大类：变换技术和变化分类技术。变换技术是通过设置变化与非变化的阈值来产生一幅变化图像；变化分类技术可以直接检测出图像中的变化并绘制成图。DeltaCue 模块主要考虑变换技术的应用。

最直接的算法就是把两幅相对应的图像进行减法运算。理论上讲，如果没有发生变化，两幅图像间的差异就是零。假如从时相 2 减去时相 1，像元变亮说明有正的变化，像元变暗说明有负的变化。这些变化与零之间的距离说明了发生变化的程度。作为结果的变化图像是一个单波段的灰度图像，表示两幅原始图像中波段间的对比。

首先，DeltaCue 模块使用一个对称性相对差的公式来衡量这种变化

$$\frac{T_2 - T_1}{|T_1|} + \frac{T_2 - T_1}{|T_2|}$$

在实际应用中，DeltaCue 是根据测量时相 2 和时相 1 图像的像元值变化的百分比来区别差异的。例如，一个像元在时相 1 的图像中的值是 20，在时相 2 的图像中的值是 80，那么这个像元的绝对差异就是 60，而变化图像中的百分比变化值为 375%

$$[(80 - 20) / 20 + (80-20)/80] * 100 = 375\%$$

另一个像元在时相 1 图像中的值是 140，在时相 2 的图像中的值是 200，那么这个像元的绝对差异也是 60，但是其变化的百分比仅为 72.86%

$$[(200 - 140) / 140 + (200-140)/200] * 100 = 72.86\%$$

在大多数情况下，可以认为像元亮度值的百分比变化比简单的绝对值的差异更能够表示图像实际发生的变化。

利用多光谱图像中一个波段和另一幅图像中相应波段的差异就可以建立百分比差异图像，但是这种方法会导致需要解译的变化图像和图像波段一样多。因此有许多不同的方法可以把包含在一个图像里所有波段的信息压缩成为另外一个具有较少波段的图像。

除了压缩多波段信息的方法外，其他处理技术也能被用来强调某些光谱特征，而抑制其他特征。如果在一个多时相图像中，一个感兴趣的现象显示出了一定的光谱特征，那么就要运用其他的程序来充分利用这种特征。例如，新近的森林采伐迹地在近红外波段（LandSat TM band4）的反射下降而在短波红外波段（LandSat TM band5）增加，为了增强这一独特的光谱特征，时相 1 图像和时间 2 图像的波段 5:4 的差异比率是检测这一变化的有效方法。

此外还有基于场景现象学的图像变换方法，例如缨帽变换方法就是一个选择。这个程序把图像从初始波段转换成一组与场景的自然环境（如土壤亮度、绿度、阴霾或其他）相符合的成分。这种变化计算出的结果可以区别出土壤亮度或者绿度的不同，并显示出变化图。

总之，有多种方法可以从图像中提取变化，关键是如何选择一种可以突出所感兴趣的变化的检测方法，下面说明常用的几种算法。

（1）数量差异（Magnitude Differences）

数量差异算法基于如下公式来计算图像所有波段中每一个像元的亮度

$$M_i = \sqrt{\sum_{j=1}^{n} BV_{ij}^2}$$

然后用一个像元在时相 2 图像中的量值（M）减去时相 1 图像中的量值，这为检测一幅图像中所有波段共同产生的变化提供了一种方法。这种检测方法适用于很多类型现象的变化，这些变化使图像中所有波段像元的亮度值都产生了变化。当背景与目标不同时，这种方法就可以检测出事件的存在。例如，一辆明亮的汽车离开沥青停车场、河水水面后退变成沙滩等，数量差异算法是有助于检测出这些变化的。

（2）缨帽差异（Tasseled Cap Differences）

缨帽变换致力于把线性变换应用到原始数据中去，线性变换的变换系数是基于对传感器的经验而形成的。变换后的新图像成分符合场景现象，例如土壤亮度和绿度。利用这些成分可以得到场景的变化图像，缨帽差异图像生成的变化图像与数量差异图像非常不同。通常绿度差异图像会提供更多的植被变化的细节性的区别。有时候，极端的变化，如森林砍伐、建筑物的建

设、火烧迹地，会在缨帽变换中被检测出来，而无论这些现象是否与正在讨论的问题相关，这些相同的极端变化事件也会在数量和主要的成分变化图像中呈现。缨帽变换要求多谱段的图像，或者说它不能应用在全色图像上，而且不是所有的多光谱传感器获取的图像都能通过缨帽系数来计算，该变换对原始图像的大气条件以及传感器反应异常及噪音非常敏感。

（3）原色差异（Primary Color Differences）

原色差异算法被 DeltaCue 用来检测场景中由颜色导致的差异。该算法首先对时相 1 和时相 2 图像中的像元设定阈值，设定阈值的依据是物体所呈现出的红、绿、蓝三原色。那些被认为是属于一个特别颜色的像元将会用普通的图像差异程序将其区别出来。

（4）单一波段差异（Single-Band Differences）

当一个特定的变化现象主要发生在一个波段，或者如果只有单波段图像是可利用的时候，单一波段差异有时候是有用的。DeltaCue 具有基于一个单一波段相关差异生成一个变化结果的功能，这个单一波段差异能够使大量无关紧要的变化被检测出来，这种方法最适合应用于全色波段图像，如果与其他滤波方法相结合效果更好。

（5）波段斜率差异（Band-Slope Differences）

临近波段间的波段斜率差异是一个有用的变化检测指标。DeltaCue 提供了一个简单的波段斜率变化检测算法，临近波段 j 和 j+1 之间的斜率通过下面的公式计算得出

$$T_1 = B_1[j+1] - B_1[j]$$
$$T_2 = B_2[j+1] - B_2[j]$$

然后用 DeltaCue 的相对差公式计算得出这些变化量的相对差异。

2．变化阈值设定

变化图像中的非零值并不能说明地面要素的实际变化情况，因为图像中目标物体的自然光谱具有可变性。如果考虑到光照等其他外界因素，两个时相中的同一个像元很少能够具有相同的值。因此首先对图像中明显地表达了真实地表类型变化的区域建立背景值，然后计算与背景值之间的距离，这是一个必要的步骤。

变化阈值的设定可以是任意选择的一个百分比变化值，或者是自己确定一个统计值（例如远离平均数的标准差）。在一个变化图像中，平均数代表了中心，在零或者零的附近（假定区域场景的主体未发生变化），数据呈高斯正态（或者类高斯正态）曲线分布，尾部表示负向变化（Negative Change）和正向变化（Positive Change）。图 23-1 显示了一个变化图像的直方图，其中数据平均数是零或者接近零（无变化），尾部的分布状态表示了正负变化的增长水平。

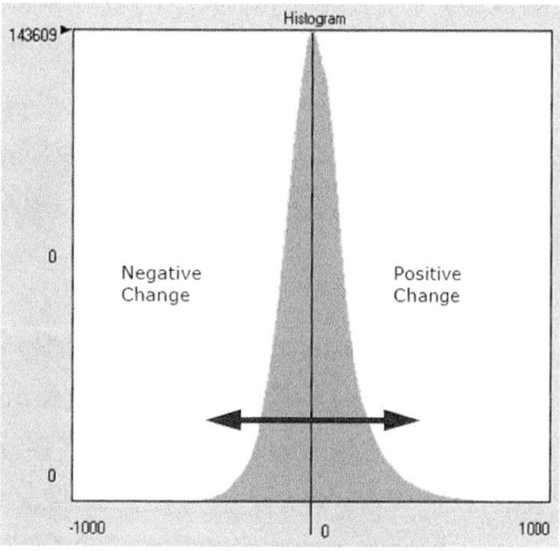

图 23-1　变化图像的直方图（引自 ERDAS 系统文档）

图 23-2 表示的是一个变化图像的直方图，添加了通过使用图像统计得出的变化阈值，取值为均值左右的 2～5 倍标准差的范围。在此范围之外的数据都被看做是变化的。

建立变化阈值是一个关键步骤，它是高斯正态分布曲线尾部上的一个值，用来确定真正发生变化的像元数。通常使用的标准偏差是负方向和

正方向的阈值相等。但是不能假定负向变化和正向变化阈值与平均数的距离相同，阈值依赖于两幅图像的变化和使用的变化检测算法。

变化阈值也可以从百分比变化图像中检测百分比变化加以设定。如果设定 30%为阈值，图像灰度值增加了 30%或者更多一些的像元按照下式计算其变化显示

$$[(200-170)/170+(200-170)/200]*100=32.64\%$$

32.64% > 30%，所以可以在变化图像就显示了出来。

超过阈值（正向变化）或者小于阈值（负向变化）就会被认为是真实存在的变化。类似地，也可以通过设置一个阈值来排除极端的变化，例如排除变化率超过 300%的情况。

图 23-3 显示了正向变化和负向变化都有上限（Upper Bound）和下限（Lower Bound）阈值的变化图像直方图。变化图像直方图变化区域上限和下限的引入，不仅提高了检测变化的能力，也意味着提高了对复杂事物的辨别能力。上限的设置有利于排除不感兴趣的无效变化，例如由于云或云的阴影而产生的无效变化。

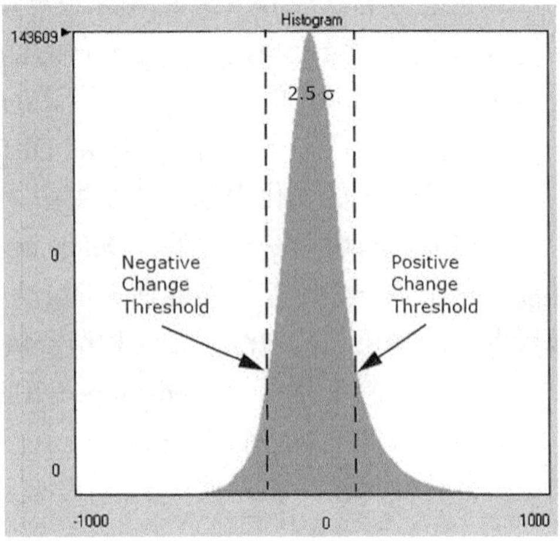

图 23-2 添加阈值的变化图像直方图（引自 ERDAS 系统文档）

3. 变化滤波处理

如果用户并没有明确的感兴趣区域，而只是想要察看两个时相的所有变化，那么设置阈值后就可以立即开始分析变化图像了。但是，在很多时候用户清楚哪些变化是重要的，哪些变化是不感兴趣的。例如，如果用户对一定规模大小的新建筑感兴趣，就可以忽略比此尺度小得多的建筑。在分辨率为 2m 的图像中，仅有一个像元大小的变化检测就被认为是无意义的，可以不用考虑，这时就需要工具来滤除不感兴趣的变化。除了面积以外，也可以根据其他特征来对变化区域进行滤波。需要滤除的变化并不是因检测错误而产生的变化，只是当前的分析不需要而已。

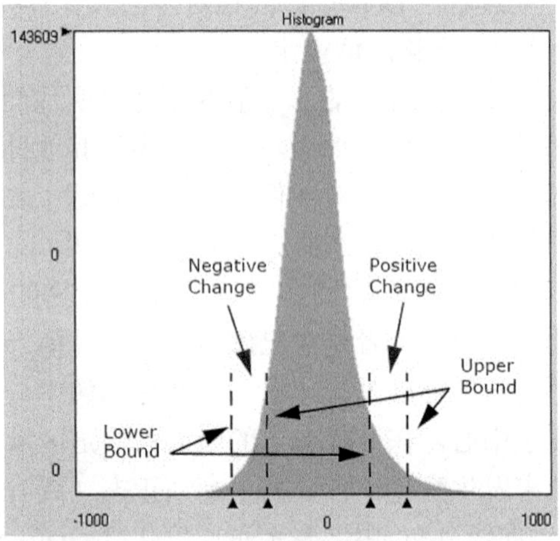

图 23-3 正负变化的阈值设置（引自 ERDAS 系统文档）

（1）空间滤波（Spatial Filtering）

DeltaCue 软件模块提供了几种根据几何特征进行滤波的功能，包括变化区域主轴的长度、几何紧性（Geometric Compact）以及伸长率（Elongation）。变化区域的斑块可以被认为是二维像元空间的集合，像元集合的中心或者斑块的质心定义了这个区域准确的中心点。长轴是沿着像元集合拉长方向上通过质心的一条线，短轴是长轴的垂线（图 23-4）。

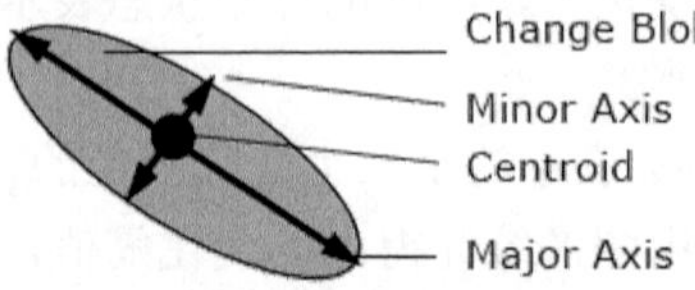

图 23-4 变化区域的斑块（引自 ERDAS 系统文档）

这些轴的长度从根本上定义了该变化区域的尺度特征，特别是对于那些有规则形状的区域。这些轴的长度可以被当成形状辨别器。例如，为

了检测一个特定尺寸的新建筑，就可以使用建筑物较长一侧的长度作为长轴进行滤波，其主要优点在于进行变化滤波时不需要知道建筑物的方位。对于像建筑物一样具有规则形状的地物，长轴与该地物的主要尺寸是相关的。

伸长率（Elongation）定义为长轴与短轴的比率。对于规则形状的变化区域来说，伸长率是衡量该区域拉伸情况的一种方法。一个圆形或方形区域伸长率是 1.0，而对于一个狭长的区域，像一条新公路，伸长率会大得多。

几何紧性（Geometric Compact）是另一个可以对变化区域进行滤除的几何特性，被定义为变化斑块的面积除以长轴与短轴的乘积

$$C = \frac{A}{P_1 P_2}$$

其中 A 代表斑块的面积，P1 和 P2 分别是该斑块的长轴和短轴。在面积确定的情况下，当变化区域变长时，几何紧性变小。一个精确的正方形区域具有“1”的几何紧性。表 23-1 显示了各种矩形的几何紧性值，也显示了几何紧性是怎样用来区分各种几何形状的。

表 23-1 各种矩形的几何紧性值（引自 ERDAS 系统文档）

矩形的长宽比	几何紧性
1	0.785
2	0.698
3	0.589
4	0.502
5	0.436
10	0.260
15	0.184
20	0.142

（2）图像匹配误差校准（Misregistration）

能够应用在阈值变化图像中的另一个空间滤波的方法就是校准两幅匹配不精确的图像。没有经过几何配准的图像在变化检测结果图像中的情况是可想而知，沿着道路和建筑物的边缘可能会检测出轻微的因图像不匹配而造成的像元的变化。图 23-5 显示了精确配准和不精确配准图像的对比，A 表示精确配准的图像，B 表示不精确配准图像。

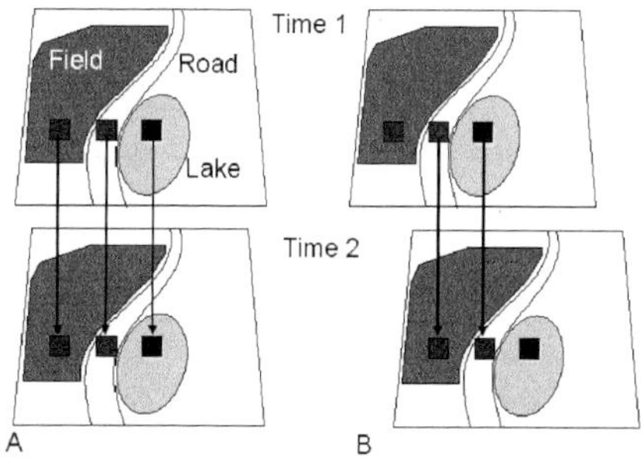

图 23-5 精确配准和不精确配准图像的对比（引自 ERDAS 系统文档）

图 23-6 显示了一个因匹配不精确而产生的变化图像：红色和蓝色表明了检测出的不正确变化。这个问题可以通过精确的图像几何配准将影响最小化，但是通常情况下，某种水平的局部图像匹配误差是不可避免的。

可以使用移动窗口对变化图像进行滤波的方法来校准这种匹配误差，这种方法可以检查变化检测的影响范围，并且确定该变化是否由图像匹配误差所引起。因为每一个变化的像元高亮显示，用给定大小的移动窗（3×3，5×5）回到原始图像搜索整幅图像，看看高亮显示的变化像元是否存在于移动窗内，如果移动窗内发生变化的像元数量微小，就可以认为变化是由图像匹配误差引起的，应该不算做是发生变化。

(3) 光谱滤波（Spectral Filtering）

除了通过图像的空间特性对检测的变化进行滤除外，也可以基于变化像元的光谱特性来加以滤除。像元的光谱特性与实际的土地覆盖类型密切相关，因此光谱滤波是基于土地覆盖类型滤除无效变化（不需要的变化）的一种手段。

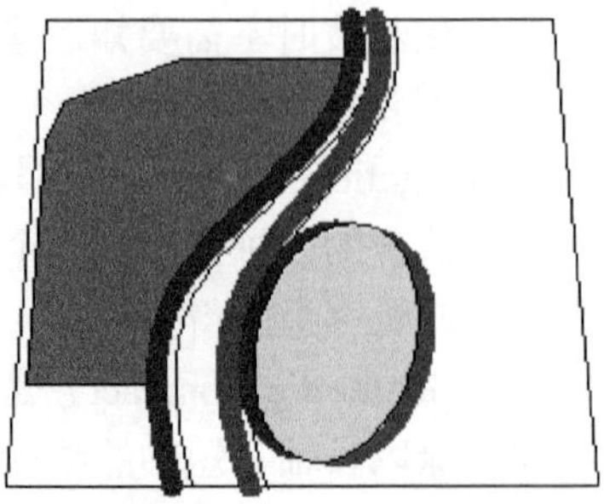

图 23-6 图像匹配不精确产生的变化图（引自 ERDAS 系统文档）

DeltaCue 软件通过建立光谱分割表，用非监督分类来划分时相 1 和时相 2 图像中的变化像元。图 23-7 中的这些分类代表土地覆盖分类前一时期和后一时期的状态，把两个时相的分类表联合起来，可以表示土地覆盖类型之间的变化。

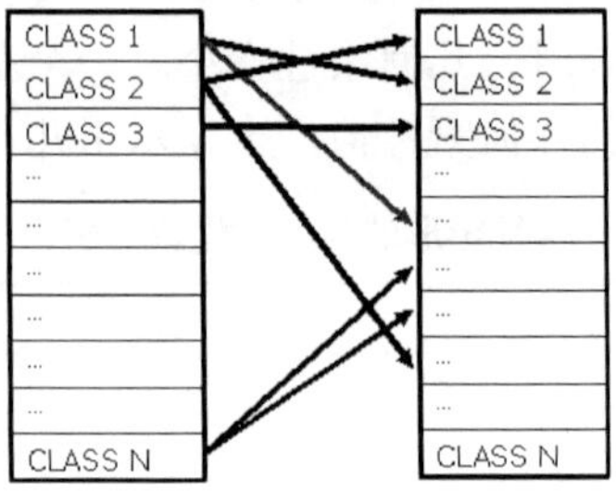

图 23-7 非监督分类的光谱分割（引自 ERDAS 系统文档）

DeltaCue 变化显示器允许用户根据前一时相的分类和后一时相的分类，或者两个时相类别的变化来滤除不需要的变化。例如，如果用户只对植被转变为裸土的变化感兴趣，就可以滤除所有的前一时期不是植被的类别以及后一时期不是裸土的种类，余下的变化就表现了从植被到裸土的变化。甚至可以通过滤除详细而精确的转变得到一些更确切的结果，例如林地变成裸土。DeltaCue 的光谱滤波没有指定的光谱分类信息，只是简单的有限分类，用户只能依据分类解译信息交互式的确定是滤除还是保留光谱变化分类。

(4) 地物类型滤波（Material Filtering）

光谱分割是从不同的数据分类中划分变化像元的一种有效方法，但是光谱分割不能告诉用户哪些分类和现场特征相符合，用户必须解译这些信息。没有严格的图像校准和大气校正以及光谱信息库和地面真实数据来识别分类信息，地面覆盖类型变化识别就会变得非常困难。

DeltaCue 地物类型滤波是应用缨帽变换、依据变化像元的地物类型，适当的在时相 1 或者时相 2 图像中滤除无效变化。地物类型滤波之目的是帮助进一步滤除不感兴趣的变化，例如物候的变化（树叶的生长与凋落）或者与湿度相关的变化。

23.1.3 变化定量分析

变化图像经过滤波之后，图像中的像元就可以依据变化的编码而被分类，如依据方向变化（由亮到暗为负，由暗到亮为正）、强度或者数量变化（百分比变化或者被分类的变化范围）或者是特定类型变化（土壤亮度变化、绿度变化等）进行分类，而没有变化的区域被归为零。这种结果可以直接作为一个模型输入参数或者决策支持输入到 GIS 中，而多数情况下，变化检测结果被叠加在原始图像上进行分析。

典型的分析过程是将变化图像叠加在原始图像上，并在时相 1 和时相 2 两幅图像间进行切换，或者进行卷帘和闪烁，或者改变图像的波段组合，改变给定变化类型的透明度和颜色，也可以应用其他功能来进行变化分析。当然，变化检测不仅仅是想要知道变化的存在以及变化发生的位置，还要确定变化发生的数量。例如在区域水文模型应用中，只知道一个森林砍伐迹地或者一个不透水面的存在及其位置是不够的，还需要描绘森林砍伐的边界用来输入模型，或者想知道不透水面增长的面积以便于定量运算。显然，在这些例子中除了需要知道变化发生的点外，还需要选择出变化的像元块，以便用于在 GIS 中进行模型集成或统计分析。

23.2 智能变化检测应用特点

变化检测是遥感数据分析最常用的方法之一，而 ERDAS IMAGINE 9.3 的新增模块 DeltaCue 可以简化变化检测过程的复杂性，使不同时相的遥感图像中变化的信息以高亮度显示或者做出明显的标记，帮助用户更快地从图像数据中提取出变化的信息。

变化检测模块 DeltaCue 把一系列图像处理技术组合成一个完整的程序，试图在图像科学家（Image Scientist，IS）和图像分析者（Image Analysts，IA）之间架起桥梁。图像科学家 IS 可以为具体的应用构造一个完善的变化检测方法，而图像分析者 IA 则负责在短时间内处理许多图像获得变化信息。DeltaCue 允许 IS 通过用户窗口工具反复地进行检测试验并建立一组程序来完成特定的变化检测工作，这些程序被存储为一个参数设置文件。在随后的变化检测处理中，IA 可以应用这个参数设置文件，自动的选择适合的算法和滤波参数获得变化信息，而变化检测结果的分析则由 IS 和 IA 共同完成。

IMAGINE DeltaCue 模块是以面向对象的工作流程来管理数据预处理、变化检测、变化滤波、变化结果分析等过程的。标准的自动预处理过程、一系列强大的变化算法以及灵活的工具，使得 DeltaCue 能满足用户的各种变化检测要求。

23.2.1 智能变化检测技术特征

- **工作流向导** 向导式(Wizards)的工作流可以帮助用户导入原始数据、选择预处理方式、执行处理过程，最后得到感兴趣目标的变化特征，而用户不感兴趣的变化类型可以被快速地过滤掉。用工作流向导建立的项目文件来管理所得到的附属结论文件，并且在工作流向导中也可以返回上一步来修改设置内容。
- **多种变化算法** 用户可以选择和自定义各种不同的变化检测算法。
- **变化阈值设置** 为用户提供了一个更加直观、动态的方法来设置重要的变化阈值，自动百分比变化阈值保证了快速、可重复的处理过程。
- **变化滤波算子** 基于特定的空间特征和光谱特征过滤各种变化结果 。
- **自动预处理过程** 可以对图像对中的相同区域自动进行分析，可以进行一幅图像到另一幅图像的辐射归一化预处理，以解决图像中云及云的阴影之影响。
- **自定义变化视窗** 地理关联的视窗在平移或缩放时会自动同步显示，变化结果重叠显示在原始图像之上，便于快速查看前期、后期图像的变化状况；可以方便地对所有数据层进行对比度和明暗度调节，而且可以将图像中不感兴趣的光谱类别剔除出去；可以使用 AOI、注记、矢量工具对输出结果进行标注，也可以快速地将变化检测结果输出成 ESRI 的 shapefile 数据。
- **设置文件保存** 可以保存所设置的处理参数到文件，以便缺乏经验的处理人员对于类似的情况可利用保存的文件自动运行变化监测处理。
- **位置监测视窗** 对特殊位置上细节变化特征的解译或监测可以自定义显示，既可显示多个时相的单波段，也可显示缨帽变换的各个成分。
- **图像匹配误差校准** 提供图像配准误差的滤波器将配准不好的像对误差影响最小化。

23.2.2 智能变化检测工作特点

DeltaCue 变化检测是处理已经配准好的图像数据，把完成变化检测作为核心目标。DeltaCue 模块提供了一系列算法、程序以及自动化的处理步骤，为用户提供一个友好的界面来进行变化检测，帮助用户有效地管理与此工作相关的图像处理任务。只要准备两幅图像，各种变化都会展现在输出的结果中。DeltaCue 软件的一个关键特征就是能够发现感兴趣的重要变化。

感兴趣的重要变化是两个时相遥感图像中的真正变化，例如新建公路或者建筑，或者土地覆盖状况的变化都被认为是重要的变化。非重要变化是由于传感器噪声、大气差异或者图像重合不良等导致的变化，这些变化并不是图像特征的有效变化，也不会成为感兴趣变化。DeltaCue 软件为消除非重要的变化提供了许多方式。如果系统检测出一系列变化，用户可以通过设置阈值来消除非重要的无效变化。同时，设置最大阈值也可以用来消除非常大而明显的异常变化，例如由于云或云的阴影造成的异常变化。

DeltaCue 模块为区别感兴趣的变化提供了几种有效的途径。

第一种途径是变化检测算法。DeltaCue 变化检测算法在完成差异检测操作之前，首先对图像数据进行转换，转换的目的是为了更好地增强那些感兴趣地面覆盖的种类。例如，如果对植被变化感兴趣，缨帽变换算法是很好的选择，因为植被的变化需要突出不同时相绿度的差异。原色差异算法适合用来检测呈现红、绿、蓝的人工物体。

第二种途径是变化检测滤波器。变化检测滤波器基于检测重要变化区域的光谱特征和空间特征来消除不感兴趣的变化，可以基于地面覆盖类型在时相 1 和时相 2 的光谱特征消除无效变化，也可以基于地物的光谱特性来限制输出的结果。例如，如果只对植被变为人行道的变化感兴趣，那么 DeltaCue 将会为过滤除其他所有的变化，只留下感兴趣的变化。当然也可以基于空间特性过滤变化。光谱过滤和空间过滤相结合，可以完全消除不感兴趣的变化。

DeltaCue 既能满足高级用户的需要，如图像科学家（Image Scientists）可以用 DeltaCue 进行变化检测试验；又可以满足一般用户的需要，如图像分析者（Image Analysts）用来获得一个变化检测结果。Image Scientist 会为特定的任务开发变化检测方法提供给图像分析者，运用到许多具有类似特性的图像变化检测中。

DeltaCue 提供了一系列的算法、滤波器以及自动化的处理步骤，高级用户能够根据特定的变化检测情景（图像类型，区域环境，兴趣改变等）很容易地分析获得的优化结果。这些被使用的过程和参数设置都可以保存在参数文件中，供图像分析者应用于以后遇到的相似情景中，图像分析者只需要调用参数文件就可以应用到新的变化检测任务中。

DeltaCue 也可以整合用户的 ERDAS IMAGINE 界面，以便解释变化检测结果。

23.3 智能变化检测应用操作

智能变化检测模块 DeltaCue 与 ERDAS IMAGINE 软件系统完全整合，用户可以借助 ERDAS IMAGINE 的高级视窗和处理功能，来进行所有的智能变化检测过程的输入和输出操作。

可以通过两种途径启动 DeltaCue 模块。

在 ERDAS 图标面板菜单条中单击 Main | DeltaCue 命令，打开 DeltaCue 菜单（图 23-8）；或者在 ERDAS 图标面板工具条中单击 DeltaCue 图标，打开 DeltaCue 菜单（图 23-8）

从 DeltaCue 菜单可以看出，ERDAS 智能变化检测模块包含了 3 项主要功能，依次是智能变化检测向导模式（Wizard Mode）、变化图像显示（Change Display）和场地检测（Site Monitoring）。

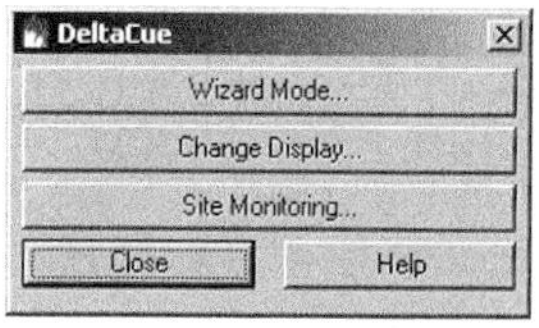

图 23-8 DeltaCue 菜单

23.3.1 智能变化检测向导模式

DeltaCue 向导界面是使用 DeltaCue 软件的一个基本方法，可用于进行一系列的初始设置，从而生成变化检测结果。一旦生成了一个初始结果，就可以通过 DeltaCue 变化图像显示窗口来查看和处理。DeltaCue 向导界面提供一系列对话框来设置所有必要的输入参数，建立变化检测工程设置文件以及工作目录来记录中间生成的文件。向导界面中的操作完成之时，DeltaCue 变化图像显示窗口会自动打开，变化检测的结果同时显示在其中。

DeltaCue 模块在 ERDAS IMAGINE 安装的 examples 目录中提供了两景 QuickBird 图像，表 23-2 列出了图像文件名及其属性参数。两景图像已经经过了配准处理，且被重采样为普通分辨率栅格图像，具有较大的重叠区域（图 23-9），但还没经过裁剪处理。

表 23-2 智能变化检测模块中使用的实例数据

图像名称	图像获取时间	图像大小(pixels)	像元大小(m)
deltacue.1.img	2002 年 9 月	1443 W x 1397 H x 4 bands	2.4
deltacue.2.img	2004 年 7 月	1443 W x 1397 H x 4 bands	2.4

下面以系统提供的这两幅图像为例，应用 DeltaCue 进行变化检测。

在 DeltaCue 菜单（图 23-8）中单击 Wizard Mode 按钮，打开文件设置对话框（图 23-10），进入 DeltaCue 设置程序。

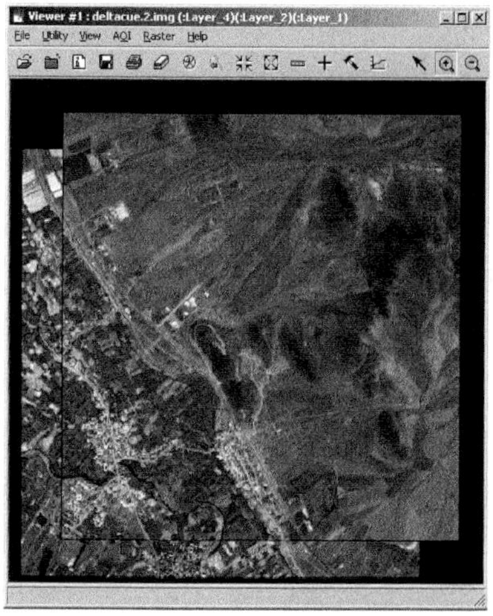

图 23-9 智能变化检测实例数据显示

在文件设置对话框中需要设置下列参数。

① 输入新建工程文件名（Project File Name）：tutorial.dqw 或者选择打开一个已经存在的工程文件（Use Existing Project）。

② 输入时相 1 图像文件（Time 1 Image File Name）：deltacue.1.img；并且选择图像的传感器类型（Sensor Time 1）：QuickBird MS。

③ 输入时相 2 图像文件（Time 1 Image File Name）：deltacue.2.img，并且选择图像的传感器类型（Sensor Time 2）：QuickBird MS。

④ 单击 Next 按钮，打开裁切图像对话框（图 23-11）。

在裁切图像对话框中需要进行下列操作。

① 选中 Yes，crop the images 单选按钮，进行图像裁切。

② 在工作目录中生成裁剪后的图像文件：subset1.img 和 subset2.img。

③ 单击 Next 按钮，打开辐射归一化设置对话框（图 23-12）。

④ 实例中的图像没有云，不需要设置。

⑤ 单击 Next 按钮，打开变化检测方法选择对话框（图 23-13）。

在变化检测方法选择对话框（图 23-13），可以选择变化检测所使用的算法。

变化检测方法选择对话框（图 23-13）中有两栏主要的设置：一是算法设置（Change Algorithm），可以设置缨帽变换绿度差异算法（TC Green Diff）、缨帽变换土壤差异算法（TC Soil Diff）、红原色差异算法（Redness Diff）、绿原色差异算法（Greenness Diff）、蓝原色差异算法（Blueness Diff）、数量差异算法（Magnitude Diff）、单波段差异算法（Single-Band Diff）和波段斜率差异算法（Band-Slope Diff）；二是变化阈值设置（Change Threshold）。

对于本实例来说，希望得到建筑物的变化情况，而数量差异算法（Magnitude Difference）在这方面有优异的表现，因此选中 Magnitude Diff 复选框；系统变化阈值（Symnetric Change Threshold）用程序默认的设置：30%；选中交互式阈值设置功能 Interactive Thresholds 复选框，以便在程序运行时交互式的改变阈值的设置；单击 Next 按钮，打开变化滤波器设置对话框（图 23-14），进入下一步设置。

在变化滤波器设置对话框（图 23-14）中可以设置光谱滤波（Spectral Segmentation，光谱分割）、空间滤波（Spatial Filtering）和图像不匹配校准（Misregistration）等参数。

在本实例中仅选中 Spectral Segmentation 复选框，单击 Next 按钮，打开变化检测输出设置对话框（图 23-15），进入下一步设置。

在变化检测输出设置对话框（图 23-15）中可以选择在变化检测结果中需要删除的时相 1 和时相 2 图像中的地物类型，具体操作如下。

① 在 Output Image Name 文本框中输入输出文件的名称：tutorial-1.img。

② 单击 Finish 按钮，执行变化检测，打开一系列运算过程的进度条（图 23-16）。

③ 由于在上一步中选择了交互式设置阈值，运行变化检测的过程中会打开变化图像的视图窗口（图 23-17 左）和直方图窗口（图 23-17 右），同时提示用户是否需要建立图像金字塔。

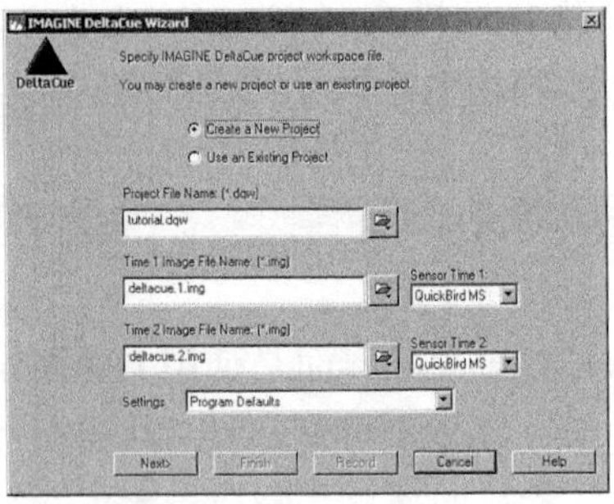

图 23-10 文件设置对话框

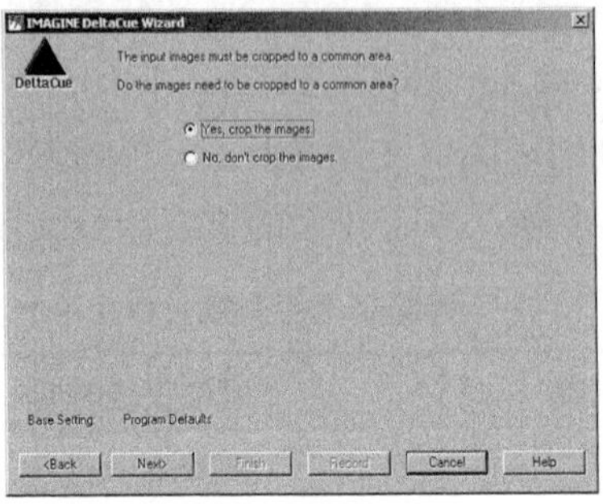

图 23-11 裁切图像对话框

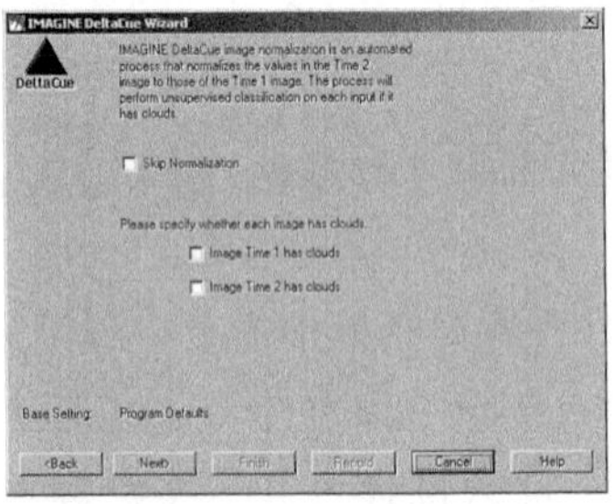

图 23-12 辐射归一化设置对话框

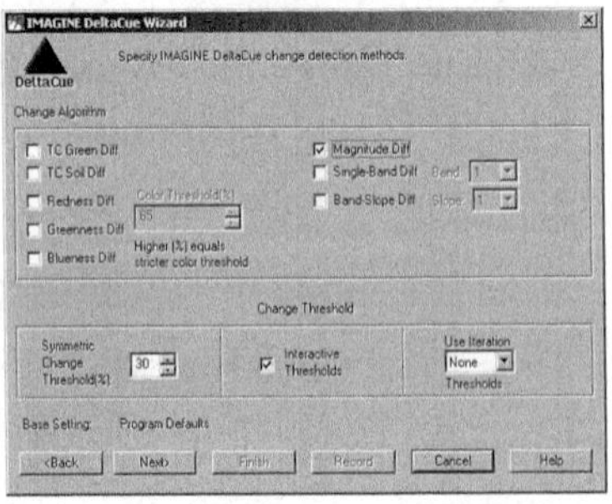

图 23-13 变化检测方法选择对话框

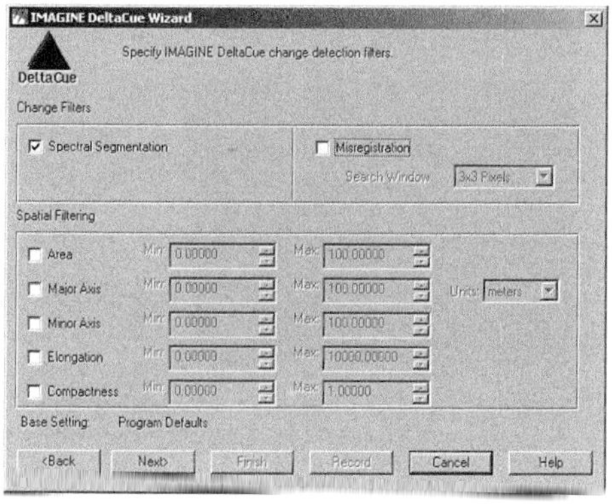

图 23-14 变化滤波器设置对话框

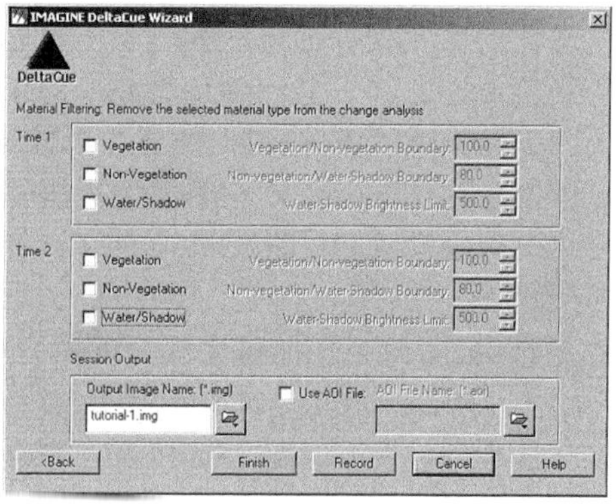

图 23-15 变化检测输出设置对话框

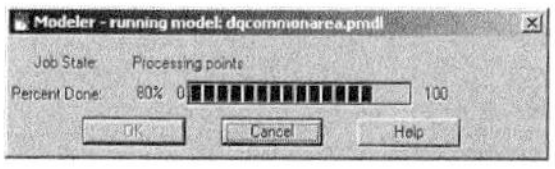

图 23-16 变化检测运算进度条

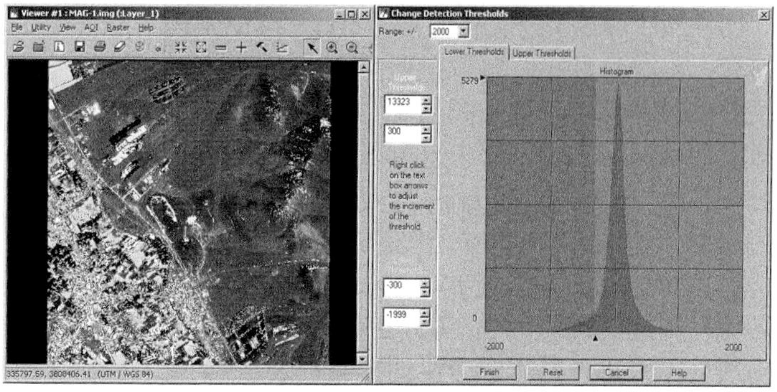

图 23-17 变化图像的视图窗口及其直方图

在变化图像的直方图窗口中（图 23-17 右），可以交互式的修改变化阈值的上限和下限。该直方图窗口包含两个变化阈值设置选项卡：一个是 Lower Thresholds（下限）选项卡，另一个是 Upper Thresholds（上限）选项卡。下限（Lower Thresholds）控制图像显示窗口中的青色覆盖层，上限（Upper Thresholds）控制图像显示窗口中的黄色覆盖层。在直方图底部的三角形控制按钮中允许调上限或下限整阈值的变化范围，可以使用 Range 控制直方图的水平坐标。

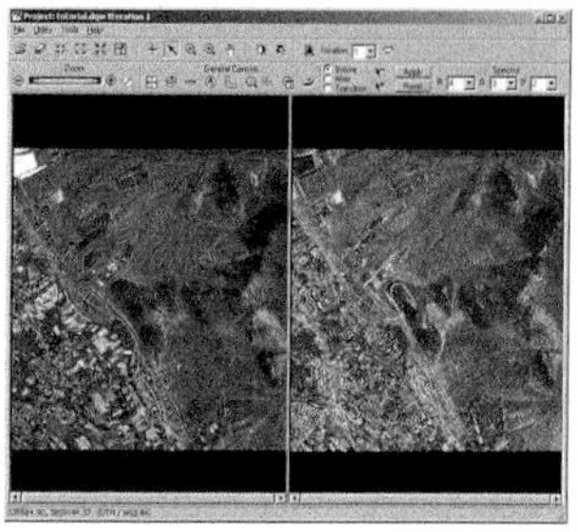

图 23-18 变化图像显示窗口

设置完阈值后，单击 Finish 按钮，继续运行变化检测程序。当变化检测程序运行完毕后，会自动打开 DeltaCue 模块的变化图像显示（Change Display）窗口（图 23-18）。

23.3.2 智能变化检测图像显示

在变化图像显示窗口（图 23-18）的工具条中选择放大两倍图标和漫游图标，放大移动显示的区域。两边的显示窗口应该是同步移动的，如果不同步，可以使用同步缩放图标进行控制。

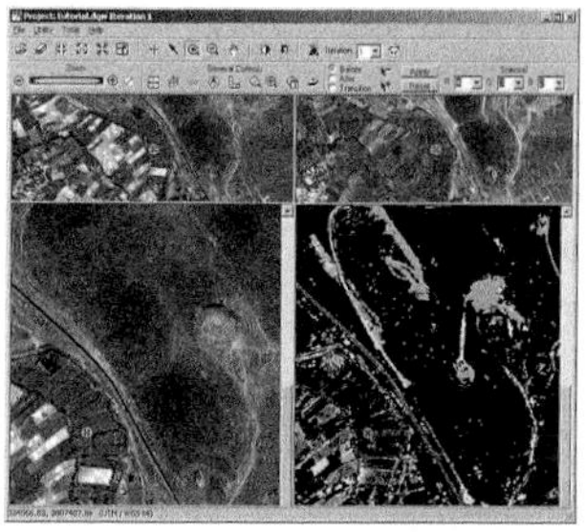

图 23-19 删除背景图像后的变化图像显示

发生变化的像元根据前一时相、后一时相或者转变类型进行彩色编码，为了能清晰地看到彩色编码，选择背景变换图标可以将右侧窗口的背景图像删除，这样就可以显示发生变化的前一时相的地物类型(图 23-19)。

在变化图像显示窗口（图 23-18）的工具条中选择变化放大镜图标，选择显示窗口右边的一个蓝色像元。蓝色区域是时相2比时相1图像中更亮的所有的像元(图 23-20）。

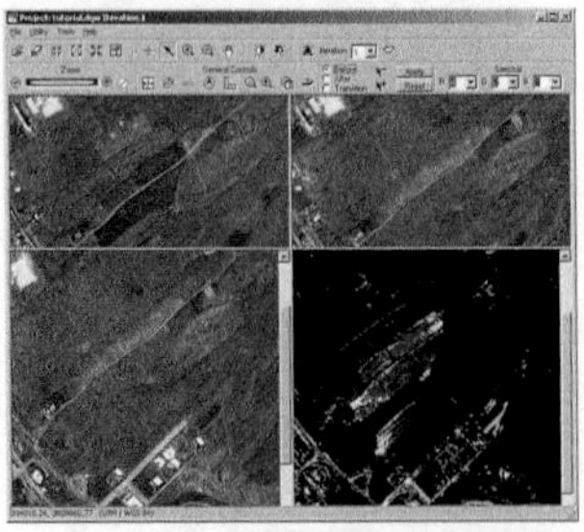

图 23-20 时相 2 比时相 1 更亮的区域

在变化图像显示窗口（图 23-18）的工具条中选择重复变化检测图标，可以重做变化检测。打开重做变化检测对话框（图 23-21），这个对话框内有 3 个选项卡，分别是变化算法（Change Algorithm）设置、变化滤波（Change Filters）设置和地物类型滤波（Material Filters）设置，经过这些设置可以重做变换检测。

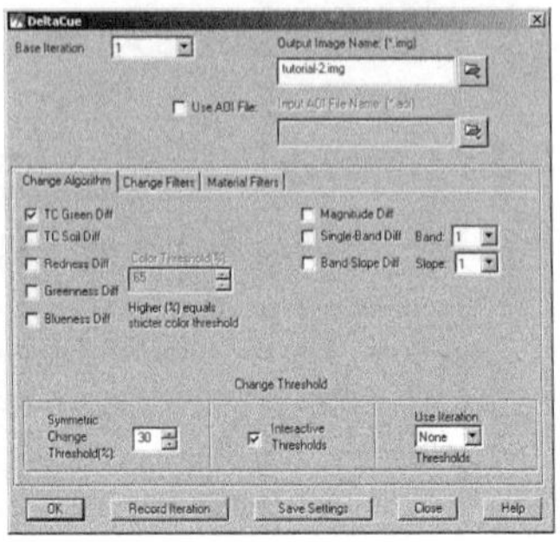

图 23-21 重做变化检测对话框

不仅变化检测向导模式完成变化检测后会自动打开变化图像显示功能，用户也可以单击 DeltaCue 菜单（图 23-8）上的 Change Display 按钮来启动这项功能。变化图像显示窗口（图 23-18）由菜单栏、工具条和显示窗组成。菜单栏包括 4 个菜单：File、Utility、Tools、Help，各菜单对应的功能如表 23-3 所列。工具条上包含了各种对变化图像进行查看、分析的工具，表 23-4 列出了各个工具的图标及其功能。

表 23-3 变化图像显示窗口的菜单及功能

菜单	功能
File:	文件菜单：
New	建立一个新文件
Left AOI Layer	在左边的图像窗口中建立一个 AOI 文件
Right AOI Layer	在右边的图像窗口中建立一个 AOI 文件
Left Shapefile Layer	在左边的图像窗口中建立一个 shape file 文件
Right Shapefile Layer	在右边的图像窗口中建立一个 shape file 文件
Left Annotation Layer	在左边的图像窗口中建立一个注记文件
Right Annotation Layer	在右边的图像窗口中建立一个注记文件
Open	打开一个文件
Open Change Detection	打开一个变化检测工程文件
Open AOI	打开一个 AOI 文件
Open Annotation	打开一个注记文件
Open Shapefile	打开一个 shape file 文件
Save	保存文件
Left AOI Layer As	保存左边的图像窗口的 AOI 文件
Right AOI Layer As	保存右边的图像窗口的 AOI 文件
Left Annotation Layer As	保存左边的图像窗口的注记文件
Right Annotation Layer As	保存右边的图像窗口的注记文件
Left Shapefile Layer As	保存左边的图像窗口的 shape file 文件
Right Shapefile Layer As	保存右边的图像窗口的 shape file 文件
Print Left View	打印左边图像窗口的上层文件
Print Right View	打印右边图像窗口的上层文件
Clear	清除窗口中所有的文件
Close	关闭变化图像显示窗口

续表

菜单	功能
Utility:	实用菜单:
Inquire Cursor	查询光标(设置查询点,并在查询光标对话框中进行查询点的记录)
Measure	量测工具(打开多种量测工具)
Tools:	工具菜单:
AOI Tools	打开 AOI 编辑工具
Edit Annotation Tools	打开注记编辑工具
Edit Shapefile Tools	打开矢量编辑工具
Enable Shapefile Editing	是否进行矢量编辑的开关
Help	联机帮助

表 23-4 变化图像显示窗口的工具图标及功能

图标	命令	功能
	Open Layer	打开工程文件或图像文件
	Clear Viewer	清除窗口中的所有文件
	Zoom In By 2	两倍放大工具
	Zoom Out By 2	两倍缩小工具
	Zoom All	显示图像的全部范围
	Synchronize Zoom	左右窗口同步缩放工具
	Inquire Cursor	查询光标工具
	Selection Tool	选择工具
	Zoom In Tool	放大工具
	Zoom Out Tool	缩小工具
	Pan Tool	漫游工具
	Contrast/Brightness Adjustment Tool	对比度/亮度调节工具
	Contrast/Brightness Update Tool	对比度/亮度更新工具
	Start DeltaCue Iterations	启动变换检测重做功能
	Iteration	变化检测重做的次数与顺序
	Zoom Tool	使用滑动条进行缩放
	Viewer Swipe Tool	卷帘工具
	Flicker Tool	闪烁工具
	Measure Tool	量测工具
	North Arrow	放置指南针
	Scale Bar	放置比例尺
	Change Magnifier	变化放大镜,打开两个变化检测放大窗口
	Set Center	设置放大的中心点
	Magnifier Properties	设置变化放大镜属性
	Change Background	显示背景图像的开关
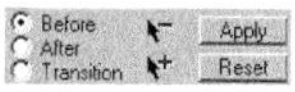	Spectral Filtering	光谱滤波:根据前一时相、后一时相图像相互转换的土地覆盖类型的光谱特征,对检测到的变化进行滤波
	Spectral Bands	图像的波段组合

23.3.3 智能变化检测场地检测

很多情况下，用户希望检测某个特定场地的变化，而不是广阔区域上的变化。DeltaCue 模块的场地检测模式（Site Monitoring）为这种应用提供了便利。在场地检测模式下，用户可以用 AOI 工具定义感兴趣场地，并且按照这个场地对图像进行切割，然后在一个用户定义的场地变化检测窗口中显示结果。这个窗口提供了一些变化检测可视化工具，帮助用户快速地解译场地变化。

场地检测模式（Site Monitoring）帮助用户自动地按照感兴趣场地切割时相 1 和时相 2 图像，然后计算感兴趣场地内的变化图像。Site Monitoring 也可以将两个时相的图像组合成为一个多时相图像，在这个多时相图像中，原来时相 1 图像的波段从 1 到 N，原来时相 2 图像的波段从 N+1 到 2N。如果缨帽变化检测对这个图像有效，那么变化图像就可以根据缨帽变换的亮度、绿度和湿度来计算，这就可以使用户从物理意义上分析检测出来的变化。

在 DeltaCue 模块的场地检测模式中，有两种可视化的视图模式：地物视图（Material View）和多时相视图（Multitemporal View）。地物视图只对根据缨帽变换得到的变化图像有效，而多时相视图只是简单地计算出原始图像波段间的差异。

场地检测模式（Site Monitoring）的应用操作过程如下。

单击 DeltaCue 菜单（图 23-8）上的 Site Monitoring 按钮，打开场地检测模式设置对话框（图 23-22），启动场地检测模式。场地检测模式在一个工程工作目录里存储中间结果，并将输入参数存成一个工程文件（.dqm 文件）。

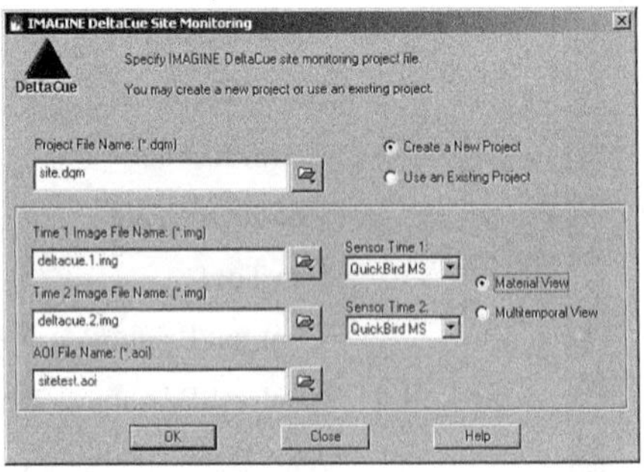

图 23-22 场地检测模式设置对话框

① 在场地检测模式设置对话框（图 23-22）中选中 Create a New Project 单选按钮，新建一个变化检测工程文件。

② 在 Project File Name 文本框中输入变化监测工程文件名，工程文件一旦建立，系统就会自动生成一个与它同名的目录，用来存储中间过程文件。

③ 分别在 Time 1 Image File Name 和 Time 2 Image File Name 文本框输入时相 1 和时相 2 图像文件名：deltacue1.img 和 deltacue2.img。

④ 同时在 Sensor Time 1 和 Sensor Time 2 下拉列表框中选择传感器类型，如果用户选用的传感器不在下拉菜单中，就选择 other，这时地物窗口（Material View）是不可用的，因为它依赖于传感器类型来建立缨帽变换系数。本例中选择传感器类型都是 QuickBird MS。

⑤ 在 AOI File Name 文本框中输入 AOI 文件名，如果用户没有包含所有感兴趣场地的 AOI 文件，则需要在图像数据窗口建立并保存这样一个 AOI 文件。

⑥ 单击 OK 按钮，执行场地变化检测。

场地变化监测运行完毕后，会自动打开场地检测窗口，这个窗口与 DeltaCue 变化图像显示窗口相似，绝大部分功能和工具也相同，在此就不重复叙述了。

第 24 章　智能矢量化

本章学习要点

- 智能矢量化模块的关键特征
- 智能矢量化模块操作快捷键
- 智能化矢量化模块应用过程
- 线状地物中心线矢量化跟踪
- 面状地物边界线矢量化跟踪
- 智能矢量化模块使用技巧

24.1　智能矢量化模块概述

通常，从图像数据中提取矢量化的要素是需要花费很多时间的，智能矢量化模块 IMAGINE Easytrace 就是为了加快矢量数字化工作进程，提高 ERDAS 用户数据生产效率而开发的。IMAGINE Easytrace 是 ERDAS IMAGINE 9.x 版本增加的模块，提供了高效的图像要素矢量化提取工具，最大限度地减少了用户操作频次，提高了矢量要素提取的效率。

当需要从图像数据（航空图像/卫星图像）中捕捉矢量信息时，传统的 heads-up 数字化方法要求用户经常单击道路或者地物边界线的拐角，而 IMAGINE Easytrace 利用交互方式放置种子点，然后选择得到一条符合算法的线，从而在各种子点之间准确地跟踪要素，减少了捕捉不规则线形或多边形要素所需要的时间。

IMAGINE Easytrace 可以处理各种各样的图像，如高分辨率航空图像、高分辨率或中低分辨率卫星图像、分类图像数据和 SAR 图像等。

24.1.1　模块的关键特征

- ❑ 具有快速响应特征，可使提取的矢量要素实时显示。
- ❑ 可以处理任何一种在系统视窗中显示的栅格图像数据。
- ❑ 绝大多数情况下，对于图像数据不需要做预处理。
- ❑ 与手动数字化操作很好地集成，使用非常方便。
- ❑ 快捷键操作使得用户可以在各种不同的数字化模式间快速切换。
- ❑ 有 4 种不同的数字化模式来适应不同时相和各种复杂的图像情况。
- ❑ 可设置相关参数进行要素的矢量提取，设置的模板可反复使用。
- ❑ 在辅助提取（半自动化提取）系统中融合了计算机处理与人工操作的能力。
- ❑ 可应用于图像中大量提取 GIS 前期数据，省时、省力，降低数字化成本。

24.1.2　模块的局限性

目前，Easytrace 还有几个需要谨记的内在局限性。

- ❑ 在大多数情况下，不支持对于屏幕以外的或穿越屏幕的要素跟踪，因为算法设计的对象仅是窗口中当前显示的图像。因此，当图像漫游时，Easytrace 不能够准确追踪要素。

当最后一个输入点不可见时，试图输入新点进行跟踪也将会导致不正确的结果。

- 如果图像场景非常复杂，例如图像上建筑物多的区域，应用 Easytrace 跟踪带状要素或要素边界要素是非常困难的。
- 在数字化带状要素时，如果带状物的宽度或纹理有急剧性的变化，Easytrace 的输出结果可能是无法预测的。
- Easytrace 仅能够跟踪操作人员输入的两点之间的要素，这两个点定义了搜索范围，Easytrace 不能够自动跟踪搜索范围以外的要素。应用搜索范围的目的是保证跟踪要素的可靠性，太大的搜索范围常常导致不稳定的输出结果。
- 对于多光谱遥感图像，Easytrace 可能不会正确地跟踪要素，这是因为 Easytrace 仅仅处理显示遥感图像的强度信息，图像的颜色反差不一定反映强度反差，因此建议应用单波段图像或预先进行图像增强处理。

24.2 智能矢量化模块应用

24.2.1 模块操作快捷键

IMAGINE Easytrace 提供了很多应用操作快捷键，可以很方便地在不同跟踪模式之间进行切换，具体的快捷键及其含义如表 24-1 所列。

表 24-1 IMAGINE Easytrace 快捷键及其含义

快捷键	功能	含义
Shift	Manual mode(switch back to manual mode)	手动模式（切换到手动模式）
A	Rubber band mode	曲线模式（橡皮带模式）
S	Streaming mode(only effective for boundary extraction)	流模式（仅对边界提取有效）
D	Discrete mode	离散模式
Z or Backspace	Undo current segment of extraction	撤销当前提取的一段
C	Hold this key to close a polygon(feature between the current cursor and start point will be traced)	按住该键闭合一个多边形（当前光标和开始点间的要素被跟踪提取）
R	Roaming	漫游

当 Easytrace 未选中时，除了 Z or Backspace（撤销）键以外，其他的快捷键是不可用的。

当在曲线模式（Rubber band mode）下数字化时，如果想闭合一个多边形，需要在移动光标时按住 C 键。

24.2.2 启动智能矢量化模块

ERDAS IMAGINE 提供了如下 4 种方法打开 IMAGINE Easytrace 工具。

在 ERDAS 图标面板菜单条中单击 Main | Start IMAGINE Viewer 命令，打开 Viewer 窗口；或在 ERDAS 图标面板工具条中单击 Viewer 图标，打开 Viewer 窗口。

① 在 Viewer 窗口中单击 File | Open | Raster Layer 命令或单击工具条中的打开图标，打开栅格图层；然后单击 Raster | Tools 命令，打开 Raster 工具面板，单击图标，打开 Easytrace Settings 对话框（图 24-1）。

② 在 Viewer 窗口中单击 File | Open | Vector Layer 命令或单击工具条中的打开图标，打开矢量图层；然后单击 Vector | Tools 命令，打开 Vector 工具面板，单击图标，打开 Easytrace Settings 对话框（图 24-1）。

③ 在 Viewer 窗口中单击 File | Open | Annotation Layer 命令或单击工具条中的打开图标，打开注记图层；然后单击 Annotation | Tools 命令，打开 Annotation 工具面板，单击图标，打开 Easytrace Settings 对话框（图 24-1）。

④ 在 Viewer 窗口中单击 AOI | Tools 命令，打开 AOI 工具面板，单击图标，打开 Easytrace Settings 对话框（图 24-1）。

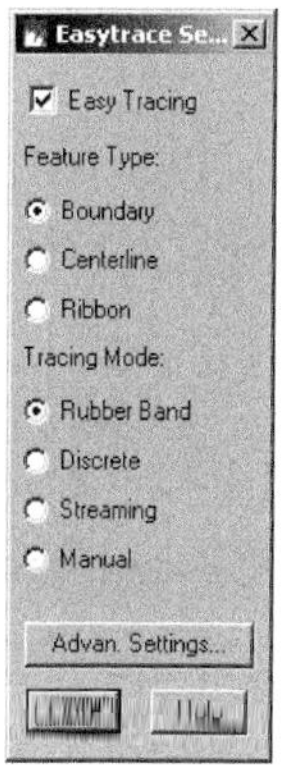

图 24-1 Easytrace Settings 对话框

说 明

Easytrace 工具需要有许可（license）才能使用。如果没有 license，将弹出以下安全检查失败并要求确认有许可后使用的警告信息：IMAGINE Easytrace security checking failed. Please make sure you have the license to run it.

24.2.3 跟踪线状地物中心线

下面以实例说明应用 Easytrace 工具进行智能矢量数字化的过程。主要介绍如何用曲线模式（Rubber Band Mode）数字化中心线（Centerline）和边界线（Boundary）这两种要素类型。本小节说明线状地物中心线的数字化，下一小节（24.2.4）说明面状地物边界线的数字化。

第 1 步：激活 Easytrace 数字化工具

首先打开需要数字化的图像，并新建一个矢量层来保存数字化的结果。

① 在 Viewer 窗口中单击 File | Open | Raster Layer 命令或单击工具条中的打开图标，打开 Select Layer To Add 对话框（图 24-2）。

② 选择例子数据 waldkirch_ads40_sub.img。

③ 单击 OK 按钮，打开图像（图 24-3）。

④ 在 Viewer 窗口中单击 File | New | Vector Layer 命令，打开 Create a New Vector Layer 对话框，输入新建图层名称为 tour_trace（图 24-4）。

⑤ 单击 OK 按钮，打开 New Arc Coverage Layer Option 对话框（图 24-5）。

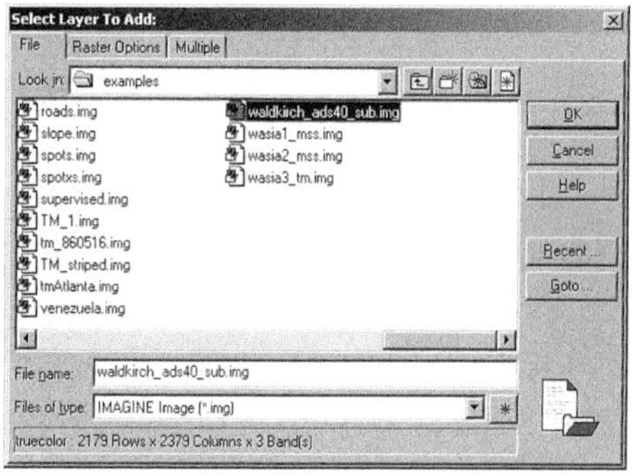

图 24-2 Select Layer To Add 对话框

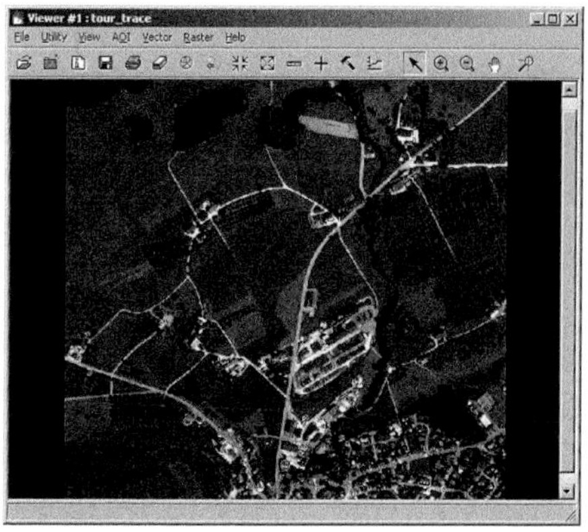

图 24-3 打开的图像

第 24 章 智能矢量化

⑥ 对于新图层的精度，系统提供了单精度（Single Precision）和双精度（Double Precision）两种选择，系统默认选择为 Single Precision。

⑦ 单击 OK 按钮，打开 Vector 控制面板。

⑧ 单击图标，打开 Easytrace Settings 对话框（图 24-1）。

⑨ 选中 Easy Tracing 复选框，激活 Easytrace 数字化工具。

第 2 步：设置 Easytrace 数字化参数

激活 Easytrace 数字化工具后，以实例来介绍利用曲线模式跟踪中心线（Centerline with Rubber Band Mode）。

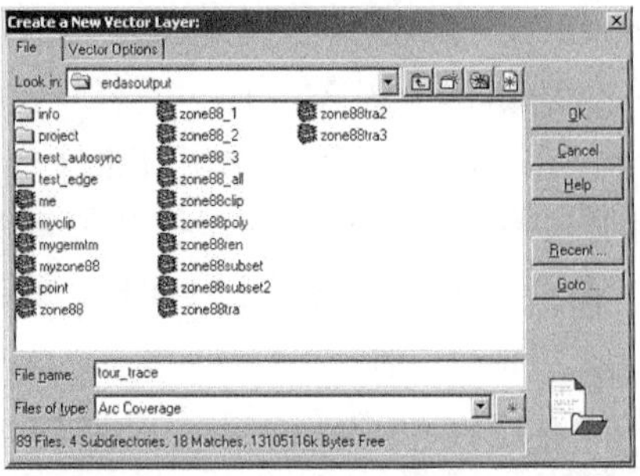

图 24-4　**Create a New Vector Layer 对话框**

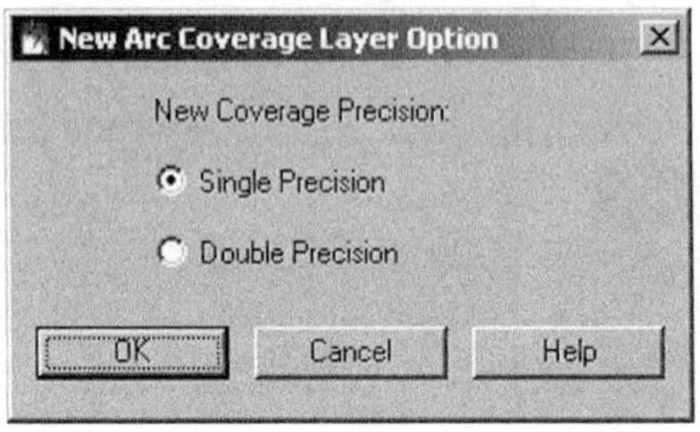

图 24-5　**New Arc Coverage Layer Option 对话框**

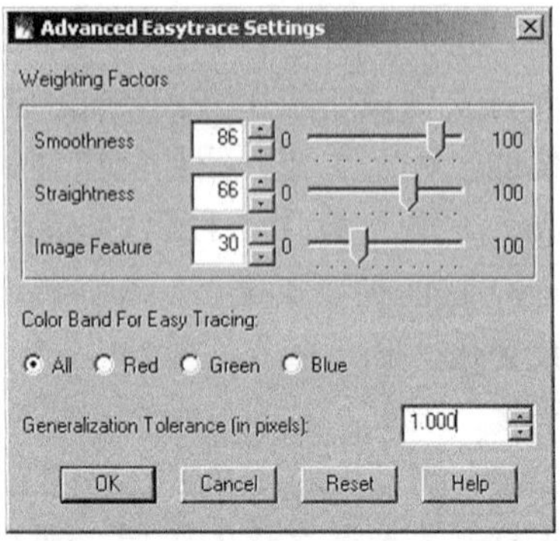

图 24-6　**Advanced Easytrace Settings 对话框**

① 在 Easytrace Settings 对话框中选择图形要素的类型（Feature Type）为 Centerline（图 24-1），有关各种图形要素类型的介绍如表 24-2 所列。

② 选择跟踪模式（Tracing Mode）为 Rubber Band，有关各种跟踪模式的说明如表 24-3 所列。

③ 取消选中 Reuse Temp 复选框，说明不想重复利用先前指定的模板来数字化 Centerline 或者 Ribbon；如果选中此复选框一般可以节省跟踪时间，因为在数字化有相似宽度和纹理的要素时，就不需要每次都指定模板；如果图形要素的类型选择为 Boundary，此复选框是不可用的。

④ 单击 Advan. Settings 按钮，打开高级设置（Advanced Easytrace Settings）对话框（图 24-6）。

⑤ 在权重因子（Weighting Factors）参数中设置平滑度（Smoothness）为 86、直线参数（Straightness）为 66、图像要素（Image Feature）为 30。

- 权重因子是 IMAGINE Easytrace 算法中用到的参数，此参数是用来确定自动生成的点的放置位置。权重因子都是关联的，如设置 Smoothness 1、Straightness 1、Image Feature 1 与设置 Smoothness 15、Straightness 15、Image Feature 15，得到的结果是一样的。
- 平滑因子（Smoothness）使数字化的要素更平滑，减少噪声；直线因子（Straightness）使数字化的要素更直，减少弯曲；图像要素因子（Image Feature）使数字化的要素更接近图像本来的特征面貌。
- 当数字化自然要素时，希望数字化的结果越接近图像特征越好，在这种情况下，可以增大图像特征权重因子，减小平滑和直线权重因子。
- 当数字化一些人为的线性要素如道路时，增大直线和平滑权重因子，减小图像特征权重因子；对于自然要素，如河流或湖泊，可增大图像特征权重因子，减小直线和平滑权重因子。

⑥ 选择颜色波段（Color Band For Easy Tracing）为 All。

⑦ 输入容限值（Generalization Tolerance（in pixels））为 1.0000。

❑ 这个值决定了数字化时可自动生成多少个点，值越大，生成的点越少。如果想数字化的结果接近图像特征，可设置为 0（即关掉此功能）或设置一个小的数值。这个值默认为 1，最大值为 100。

⑧ 单击 OK 按钮，关闭 Advanced Easytrace Settings 对话框。

⑨ 单击 Viewer 窗口中的放大图标，将需要数字化的线要素放大到适当的窗口。

⑩ 单击图标用来跟踪线要素，鼠标在图像上以“十”字显示。

⑪ 用左键单击两次（路的每一边各单击一次），得到一个测量值，指定路的模板。

❑ 这两次单击的位置越接近要素的边界越好，两点的连线与要素边界垂直。两次单击指定模板的目的是为了指定线性要素的宽度以及得到线性要素的图像纹理。

❑ 当跟踪窄的线性要素时，在数字化的缩放水平下可能很难定义模板，这时可以放大要素到需要的程度，然后指定模板，接着缩小到数字化要素水平开始数字化。

⑫ 开始跟踪，Easytrace 顺着路的中心线自动生成了需要的点。

⑬ 如果评断所得结果是可以接受的，可以单击确定跟踪的一部分，然后继续跟踪。在跟踪数字化过程中，可以用快捷键切换到需要的跟踪模式；如果数字化过程中出现错误或者看到有不满意的跟踪结果，可以按下 Z 键撤销上一步跟踪的一组结果。

⑭ 双击结束线要素的数字化，得到矢量化的图形要素（图 24-7）。

⑮ 数字化结束后，如果想修改某个节点，可以单击要修改的线，然后单击图标，调整节点的位置、添加或删除节点，最后单击选中的线的外侧结束编辑（图 24-8）。

表 24-2 Easytrace 图形要素类型

图形要素类型	含义
Boundary	边界线：用于数字化边界线，如道路、湖泊、河流的边界线等
Centerline	中心线：数字化之前需要指定模板，用于数字化线性的带状物图形要素，绘出带状物的中间线，如河流
Ribbon	带状线：数字化之前需要指定模板，用于数字化线性带状物要素，带状物的两边是平行线，并且宽度是不变的，如道路

表 24-3 Easytrace 跟踪模式

跟踪模式	含义
Rubber Band	曲线模式：连续的可见的显示，能够看到先前的节点和当前光标位置之间的数字化结果
Discrete	离散模式：没有可见的显示，总是用直线连接最后单击的点和当前光标位置，用左键单击时可插入节点
Streaming	流模式：跟随鼠标的移动，不断地给出数字化结果的可见的显示；仅对 Boundary 要素类型有效
Manual	手动模式：当对其他模式的跟踪结果不满意时，可选择此模式，如数字化一条被树或建筑物的阴影遮挡的道路

第 3 步：改变中心线跟踪结果显示

如果想改变跟踪结果的颜色和宽度，可采取以下的步骤。

① 在 Vector 控制面板中单击图标。

② 打开 Properties for tour_trace 对话框（图 24-9）。

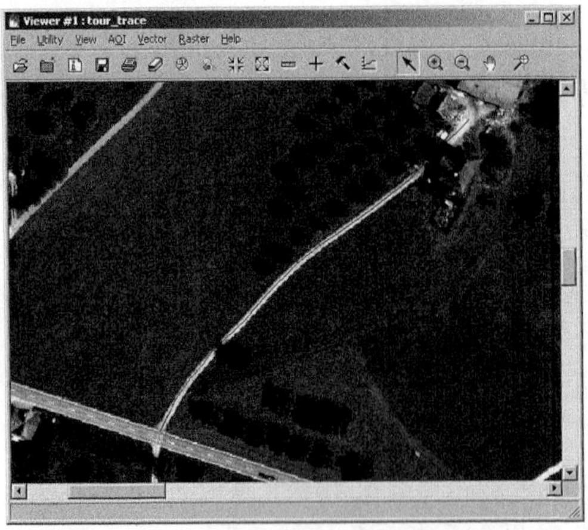

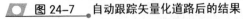

图 24-7 自动跟踪矢量化道路后的结果

图 24-8 编辑矢量化要素节点

③ 单击 Arcs 右侧的图标，打开 As Is 栏。

④ 单击 As Is 栏中的 Other 命令，打开 LineStyle Style Chooser 对话框（图 24-10）。

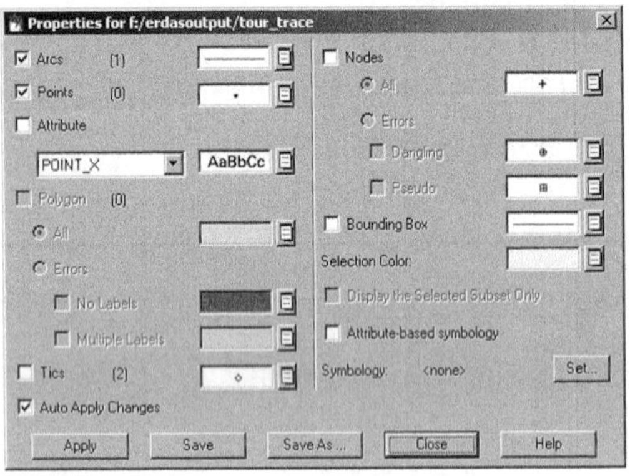

图 24-9 Properties for tour_trace 对话框

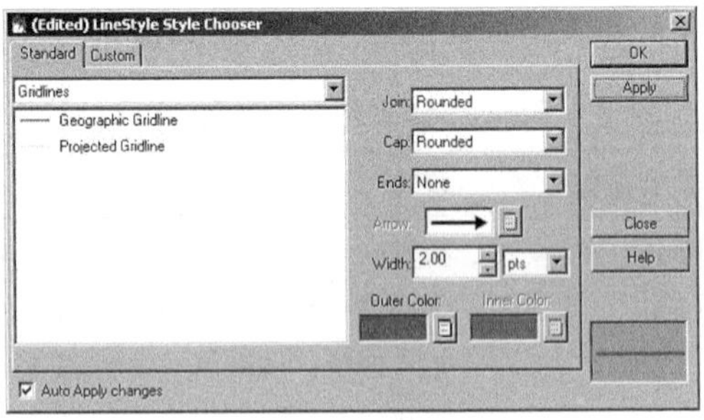

图 24-10 LineStyle Style Chooser 对话框

⑤ 输入宽度（Width）为 2.00。

⑥ 改变颜色（Outer Color）为 Red。

⑦ 单击 OK 按钮，返回 Properties for tour_trace 对话框（图 24-9）。

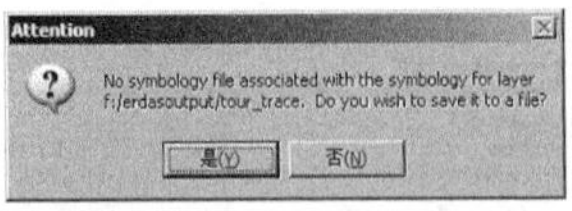

图 24-11 Attention 对话框

⑧ 单击 Close 按钮，关闭 Properties for tour_trace 对话框。

⑨ 打开 Attention 对话框（图 24-11）。

⑩ 单击【否（N）】按钮，改变后的结果如图 24-12 所示。

24.2.4 跟踪面状地物边界线

本小节要介绍的另外一种应用是利用曲线模式跟踪边界线（Boundary with Rubber Band Mode）。

① 在 Easytrace Settings 对话框中选择图形要素类型（Feature Type）为 Boundary（图 24-1），具体的要素类型介绍如表 24-2 所列。

② 选择跟踪模式（Tracing Mode）为 Rubber Band，具体的跟踪模式介绍如表 24-3 所列。

③ 单击 Advan. Settings 按钮，打开 Advanced Easytrace Settings 对话框（见图 24-6）；

④ 单击 Reset 按钮，返回默认设置。

⑤ 在权重因子（Weighting Factors）参数中设置图像特征（Image Feature）为 90。

⑥ 单击 OK 按钮，关闭 Advanced Easytrace Settings 对话框。

⑦ 单击 Vector 控制面板上的图标，开始数字化图像中小湖边上的树林。

⑧ 双击结束数字化（图 24-13）。

⑨ 保存 Coverage 文件，关闭窗口。

图 24-12 改变属性后的结果

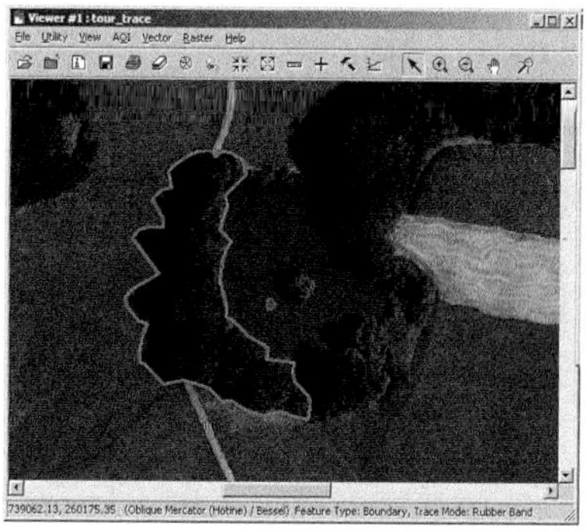

图 24-13 数字化后的结果

24.3 智能矢量化模块使用技巧

（1）在进行矢量化前需要进行适当的预处理

如果要处理的图像不够清晰或者对比度低，不利于要素提取，就需要做一些预处理。图像预处理可以是对比度调整、图像锐化、滤波或者图像分类，以使不同要素的边界更明显。

对于一幅彩色图像，如果对矢量跟踪的结果不满意，可以确定要提取的要素在哪个颜色通道上（R、G 或者 B）的对比度强，在图 24-6 中可以设置用某一个波段来跟踪要素，如选择 Red 波段；或者可以用波段组合（Band Combination）工具来显示其他波段组合的图像。

（2）在矢量化中要在合适的位置输入种子点

对于长的、直的线性要素（如城市中的街道格网），用 IMAGINE Easytrace 没有优势。因为仅两次单击就能很好地定义要素，而利用 IMAGINE Easytrace 则可能因为捕捉到图像上局部的其他要素而产生有细微弯曲的结果。

在矢量化过程中，要在尽可能接近要素特征的地方放置种子点（如带状物，在其中心放置），这样可以帮助减少数字化的点之间的不必要的 Z 字形弯曲。

图 24-14 中绿色和黑色的点是输入的点，红线是自动生成的跟踪线。比较可以看出应该在要素的拐角处输入种子点，否则 Easytrace 不能很好地跟踪要素。

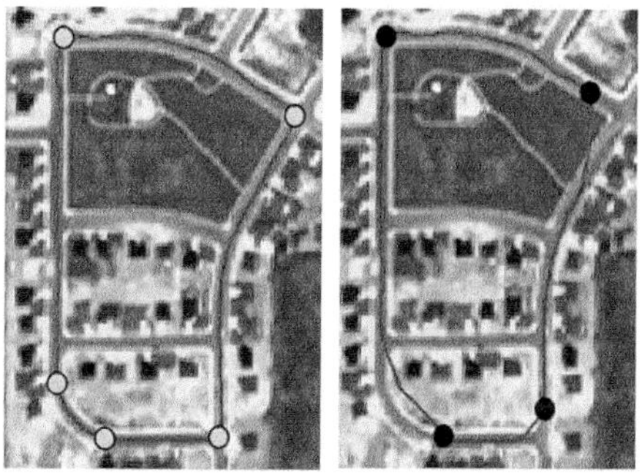

正确的　　　　不正确的

图 24-14 合适的种子点

（3）权重因子的选择

在矢量化的时候要注意权重因子的选择。如果增大平滑和直线的权重因子，就能够产生更平滑、更直的线要素，这在跟踪道路要素时会很有用。

如果增大图像特征的权重因子而减小平滑和直线的权重因子，就会产生较多的曲线要素，这对于跟踪曲线要素会很有用。

（4）快捷键切换跟踪模式的使用

在窗口中，按下R键自动切换到漫游模式，再次按下R键结束漫游，但是此时跟踪模式是手动模式，记住要通过快捷键返回到需要的跟踪模式。需要注意的是在用R快捷键前单击View | Virtual Roaming命令。

按下Z键可以删除最后跟踪的线性要素，重复按下Z键或按住Z键将一步一步向后删除跟踪的要素；当处于流模式（Streaming）时，按下Z键删除不想要的要素后，首先需要切换到手动模式（Manual）或离散模式（Discrete），重新将光标放置到最后的正确的数字化点，然后切换到流动模式继续数字化，以避免捕捉到更多不想要的点。

Easy Tracing未被选中时，除了Z or Backspace（撤销）键以外，其他的快捷键是不可用的。

（5）模板利用

当一个区域中存在许多具有相似宽度和纹理的中心线要素或带状物要素时，仔细测量设置一个模板进行数字化，然后选择再利用模板（Reuse Template）选项，之后可以直接数字化相似的要素，而不需要重新设置模板。

当数字化窄的带状物时，可以放大图像以便比较容易的、准确的设置模板；可以在不同的缩放水平下数字化，因为模板会随着缩放自动调整大小。

在采集带状要素时，在非常好的图像条件下，如果输出的结果很明显是错的，这说明可能设置了一个不正确的模板，重新测量设置一个模板。

（6）其他使用技巧

数字化时，为了避免添加额外的节点，单击Vector | Options命令，设置Node Snap，Arc Snap和Weed参数处于非选择状态。

当完成数字化带状要素类型（双击）时，如果显示不正确，尝试刷新一下窗口。

如果拖动了一条长线，输出看起来是错的，重新输入一个比前一个更近的种子点，当搜索范围减少时通常输出结果会好很多。

如果移动种子点到窗口外（即在屏幕上看不到），IMAGINE Easytrace很有可能不能正确跟踪要素，这种情况大部分发生在对图像进行漫游的时候，需要特别小心。

第 25 章　二次开发工具

本章学习要点

- 二次开发宏语言 EML
- EML 程序的编写
- EML 程序的执行
- EML 接口的开发

25.1　二次开发宏语言 EML 概述

ERDAS 二次开发宏语言（ERDAS Macro Language）简称 EML，用于对现有 ERDAS IMAGINE 的功能和用户界面进行增强和完善，也可以开发基于 ERDAS IMAGINE 的全新扩展应用。

EML 属于用户接口描述语言，提供了比较完整的语法规则。描述语言的结构包含分支和条件控制等，可以用于定义典型的对话框、定义各种操作、实现与对话框的交互，可以设计用户图形接口，包括对话框、菜单及控制按钮等。另外，EML 提供了与 C 语言的接口工具，可以使用 C 语言将 EML 嵌入应用，通过特定的变量、函数和命令扩展 C 语言的应用。

1．EML 语法规则

一个 EML 程序包含一组过程定义和图形用户接口定义。一个过程可以单独由一段程序组成，也可以包含在一个定义用户接口的程序内。图形用户接口定义包含在一个由变量、菜单、字符串和框架组成的组件内，其中框架包含按钮、表格及文本区等。过程定义和图形用户接口定义都包含关键词和表达式，关键词是由 EML 编译器预先定义的具有特定意义的单词。

EML 语法包括表达式、名字、常量、变量、运算符、函数、过程、语句、命令语句、应用命令、函数命令、组件、菜单、框架、属性、框架属性、数字属性等。对各种语法的具体说明参见 *ERDAS Macro Language Reference Manual*。

2．EML 用户接口标准

EML 用户接口标准用于规定编写程序过程中在程序代码、用户接口及在线联机帮助等方面保持一致性。在编写 EML 程序时，应当遵循 EML 用户接口标准。具体的标准包括 EML 程序应当遵循的一般原则、EML 标题中的标点、字符串、工具条、帮助按钮、组件和框架、文件命名、文本框架、模式对话框、无模式对话框、工具面板、菜单对话框、标准按钮、图标等。对各种标准的具体说明参见 *ERDAS Macro Language Reference Manual*。

在编写 EML 用户接口程序时应遵循的要求如下。

（1）对于框架要采用相对位置，这样可以保证兼容 EML 的变化、C 语言程序开发工具及窗口系统的发展。

（2）在 LABEL 中不要利用空格将一些部件排列整齐。只有在不能利用相对位置时，才利用 AT 属性定义绝对位置。

（3）在定义 SIZE 属性时要保持一致性，不要使对话框中部件的大小大于框架自身。

25.2 编写 EML 二次开发程序

25.2.1 编写 EML 程序的过程

本小节通过编写一个 EML 程序文件，说明编写 EML 程序的操作过程及语法规则。

利用 IMAGINE 文本编辑工具编写一个 EML 文本文件，命名为 simple.eml，并保存在\ERDAS\Geospatial Imaging 9.3\scripts\ntx86 文件夹下，具体操作如下。

在 ERDAS 图标面板中单击 Tools | Edit Text Files 命令，打开 Editor 窗口（图 25-1）。在 ERDAS 文本编辑窗口中输入 EML 语句，如图 25-1 所示。

在 Editor 窗口中单击 File | Save 命令，打开 Save As 对话框，选择\ERDAS\Geospatial Imaging 9.3\scripts\ntx86 文件夹，并将文件命名为 simple.eml。

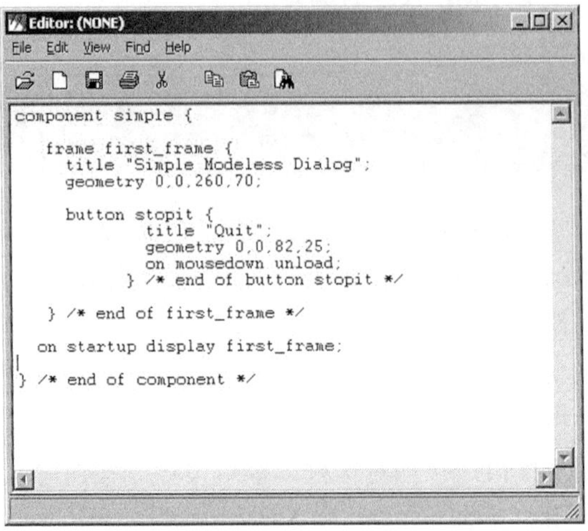

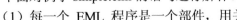

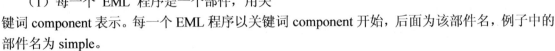

图 25-1 Editor 窗口

下面对例子 simple.eml 的语句进行解释。

（1）每一个 EML 程序是一个部件，用关键词 component 表示。每一个 EML 程序以关键词 component 开始，后面为该部件名，例子中的部件名为 simple。

（2）属于一个部件（component）的所有语句都包括在一对大括号（{}）内，形成一个语句块。

（3）每一个 EML 程序至少包含一个框架或一个对话框，框架用关键词 frame 表示。关键词 frame 后为框架名，每一个框架或一个对话框形成一个语句块，包括在一对大括号（{}）内，例子中的框架名为 first_frame。

（4）每一个框架有一个标题，显示在对话框的上面。标题是在关键词 title 后面引号（" "）内的字符串，例子中的标题为 Simple Modeless Dialog。

（5）每一个语句后面利用分号（;）结束。

（6）对话框在屏幕中的位置由关键词 geometry 表示，屏幕坐标 x、y 表示对话框左上角的位置坐标及对话框的长度和宽度。坐标数值是相对于屏幕的左上角而言的。

（7）按钮用关键词 button 表示。关键词 button 后为按钮名。每一个按钮形成一个语句块，包括在一对大括号（{}）内。例子中的按钮名为 stopit，标题为 Quit。按钮的关键词 geometry 定义按钮的位置和大小，其中位置坐标是相对于框架或对话框的左上角而言的。

（8）操作用关键词 on 表示，关键词 on 语句处理消息句柄。基本的语法是 on <消息>< 操作>。例子中消息为 mousedown，操作为执行 unload 命令。即当单击 Quit 按钮时，接收一个鼠标按下（mousedown）的消息，则 EML 执行的操作为退出目前的程序（unload）。

（9）程序注释是由符号（/*） 和（*/）表示的，注释开始为符号（/*），结束为符号（*/）。

（10）消息 startup 是当程序初始装入后自动产生的，既不属于框架，也不属于按钮。当消息 startup 自动产生后，执行 display 命令，显示框架 first_frame。

25.2.2 执行 EML 程序的过程

执行 EML 程序就是将 EML 文件装入 ERDAS 的过程，具体操作如下。

① 启动 ERDAS IMAGINE。

② 在 ERDAS 图标面板中单击菜单 Session | Session Log 命令，打开 Session Log 窗口(图 25-2)。

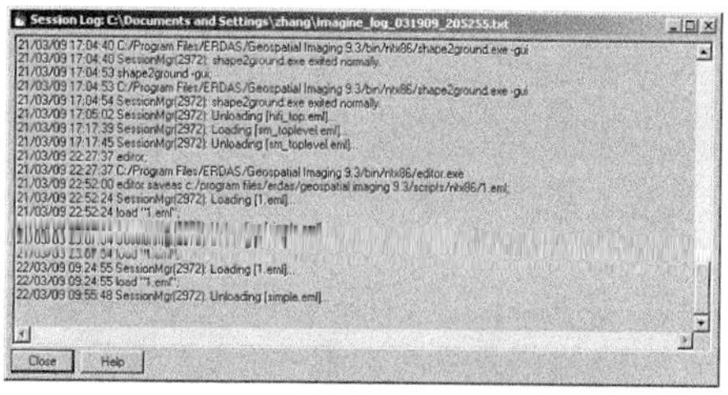

图 25-2 Session Log 窗口

③ 在 ERDAS 图标面板中单击菜单 Session | Command 命令，打开 Session Command History 窗口（图 25-3）。

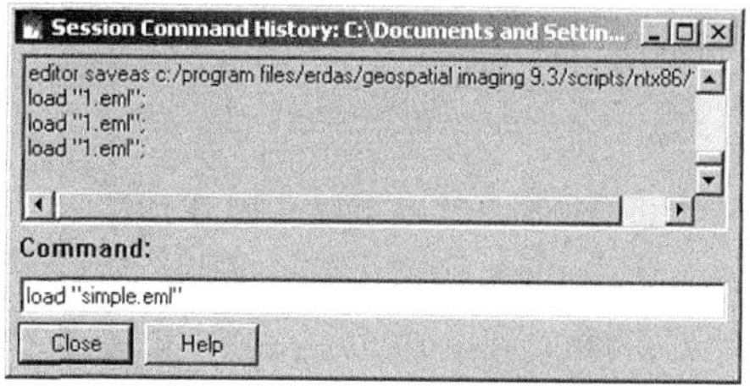

图 25-3 Session Command History 窗口

④ 在 Session Command History 窗口的 Command 文本框中输入“load "simple.eml"”，并按下回车键。在屏幕的左上角显示一个模式对话框（Simple Modeless Dialog）(图 25-4)，消息 Loading [simple.eml]...显示在 Session Log 窗口中。

图 25-4 Simple Modeless Dialog 对话框

⑤ 在 Simple Modeless Dialog 窗口中单击 Quit 按钮，关闭窗口，消息 Unloading [simple.eml]... 显示在 Session Log 窗口中。

25.2.3 丰富 EML 程序的功能

下面介绍如何在上述 EML 程序中增加一组框架，并介绍框架之间如何进行数据传送。

1. 丰富 EML 程序一

将 simple.eml 文件修改为下面的程序。

```
component simple {
   frame first_frame {
    title "Simple Modeless Dialog";
    geometry 0,0,363,188;
    button okay2;

    filename filein {
    title "Source File:";
    geometry 0,0,187,188;
    on filenamechoosen enable okay2;
    } /* end filein */
```

```
    button okay2 {
    title "OK";
    geometry 193,0,82,25;
    on mousedown echo "File" $filein " selected.";
    } /* end okay2 */

    button stopit {
    title "Quit";
    geometry 281,0,82,25;
    on mousedown unload;
    } /* end stopit */

    on framedisplay disable okay2;
    } /* end frame */

    on startup display first_frame;

} /* end of component */
```

从上面的程序可以看出如下内容。

（1）框架的大小增大了，是为了在框架上面增加一些子框架。

（2）声明了一个按钮 okay2，但没有定义属性，表明在按钮定义之前没有框架调用该按钮。

（3）在程序中增加了 filename 框架，名字为 filein。filename 框架是 EML 内在定义的，用户只可以修改框架名、框架的大小和位置。filename 框架自动显示所有的文件夹和目前文件夹下的所有文件。为了接收到系统消息后，能够执行操作命令，需要增加一个消息句柄。当选中一个文件后，消息 filenamechoosen 传送到 filename 框架，filename 框架执行显示文件夹和文件名的命令。

（4）开始按钮 okay2 为灰色，当接收到消息 filenamechoosen 后，按钮 okay2 被 filename 框架激活。单击该按钮，执行的命令是将“File 文件名 selected”显示在 Session Log 窗口中，其中“文件名”为在用户界面中选择的文件名及文件夹。操作 filename 框架中的数值是通过在框架名前加入“$”符号实现的。例子中的文件名操作为引用$filein 即可获得。

（5）语句 on framedisplay disable okay2 为框架 filename 的初始执行命令。

2. 测试 EML 程序一

测试上面的 EML 程序。

① 在 Session Command History 窗口（图 25-3）的 Command 文本框中输入 load"simple.eml"，并按下回车键。在屏幕的左上角显示一个模式对话框（Simple Modeless Dialog）(图 25-5)，消息 Loading [simple.eml]... 显示在 Session Log 窗口中。

② 选择文件夹和文件后（C:/Documents and Settings/zhang/default.ict），OK 按钮被激活。文件名（default.ict）显示在 Source File 文本框中。

③ 单击 OK 按钮，选择的文件名 File c:/documents

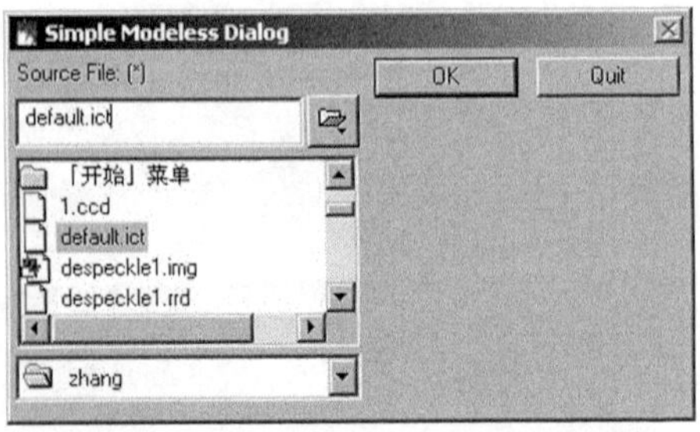

图 25-5 **Simple Modeless Dialog 对话框**

and settings/zhang/default.ict   selected.显示在 Session Log 窗口中。

④ 单击 Quit 按钮，关闭窗口。

3. 丰富 EML 程序二

下面对 simple.eml 文件进行修改，使之具有新的功能，具体修改为如下的程序。

```
component simple {
    frame first_frame {
    title "Copy / Rename / Delete";
    geometry 600,150,468,188;
    filename filein;
    button copyit;
    button renameit;
    button deleteit;
    button stopit;
    filename fileout;

    filename filein {
        title "Source File:";
        geometry 0,0,187,188;
        on filenamechoosen enable deleteit;
    } /* end filein */

    button copyit {
        title "Copy";
        geometry 193,0,82,25;
        on mousedown {
        echo "File " $filein " copied to " $fileout".";
        system cp $filein $fileout;
        disable copyit;
        disable renameit;
        disable deleteit;
        }
    } /* end copyit */

    button renameit {
        title "Rename";
        geometry 193,31,82,25;
        on mousedown {
        echo "File " $filein " renamed to "$fileout ".";
        system mv $filein $fileout;
        disable copyit;
        disable renameit;
        disable deleteit;
        }
    } /* end renameit */

    button deleteit {
```

```
        title "Delete";
        geometry 193,62,82,25;
        on mousedown {
            echo "File " $filein " deleted.";
            system rm $filein;
            disable copyit;
            disable renameit;
            disable deleteit;
            }
        } /* end deleteit */

    button stopit {
        title "Quit";
        geometry 193,93,82,25;
        on mousedown unload;
        } /* end stopit */

    filename fileout {
        title "Destination File:";
        geometry 281,0,187,188;
        newfile;
        on filenamechoosen {
        enable copyit;
        enable renameit;
        }
    } /* end fileout */
    on framedisplay {
    disable copyit;
    disable renameit;
    disable deleteit;
    }
    } /* end frame */
on startup display first_frame;
} /* end of component */
```

从上面的程序可以看出如下内容。

（1）框架对话框名改为 Copy / Rename / Delete。

（2）框架左上角位于屏幕的坐标为（600，150），框架大小为（468×188）。

（3）声明了 filein 和 fileout 两个子框架和 copyit、renameit、deleteit、stopit 这 4 个按钮。

（4）在 filein 子框架中，当收到 filenamechoosen 消息后，激活 deleteit 按钮。

（5）定义 copyit 按钮，名为 Copy。首先将执行消息显示在 Session Log 窗口中。然后执行系统的复制文件命令，并使 copyit、renameit、deleteit 按钮变灰。

（6）定义 renameit、deleteit 按钮。

（7）关键词 newfile 一方面用于输入新的文件名，另一方面检查输入的文件名是否存在。

4．测试 EML 程序二

测试上面修改后的 EML 程序。

① 在 Session Command History 窗口的 Command 文本框中输入 load"simple.eml"，并按下回车键。在屏幕上显示一个模式对话框（Copy / Rename / Delete）（图 25-6），消息 Loading [simple.eml]...显示在 Session Log 窗口中。

② 选择文件夹和文件，对各按钮进行测试。

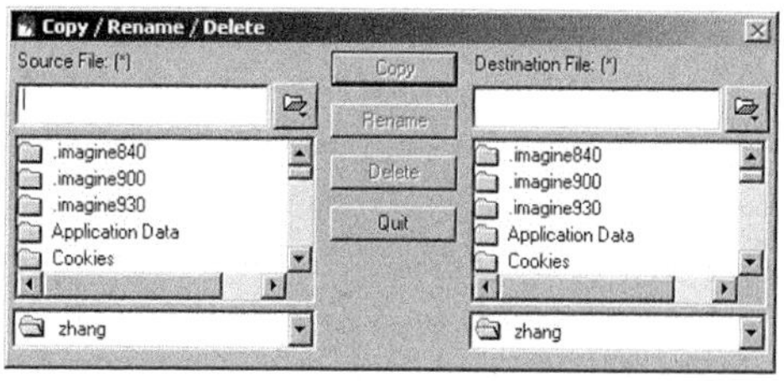

图 25-6 Copy / Rename / Delete 对话

25.3 EML 接口 C 程序开发包

C 程序开发包是软件开发者在 ERDAS IMAGINE 软件环境中，创建客户化的一个完整开发工具包。C 程序开发包允许开发者创建新的 C 程序，以便能够操作 IMAGINE 的数据结构，用 ERDAS EML 宏语言为新的程序建立与 IMAGINE 相同风格的图形界面，而且可以借助在线联机帮助为新的应用功能写出上下文相关的在线帮助信息。

1. EML 头文件

在 EML 中包含一些头文件，是 C 语言开发所需要的，具体如表 25-1 所列。

表 25-1 EML 头文件

头文件	功能描述
eeml.h	所有 EML 核心函数原型
eeml_frame.h	框架特定函数原型
eeml_cellarray.h	表格函数原型
eeml_colorwheel.h	颜色函数原型
eeml_dialog.h	标准对话框原型
eeml_canvas.h	绘图函数原型
eeml_scrollist.h	滚动条函数原型

2. 调用 EML 程序

每一个 EML 应用都利用 eeml_Parse 或 eeml_ParseVa 函数调用 EML 程序文件，以及程序产生的包含图形界面元素的树形结构。函数返回的指针结构为一个 Eeml_ParseResult。Eeml_ParseResult 包含了 EML 的结构信息，有如下的例子。

```
typedef struct _AppData {
:
} AppData;
static AppData appdata;
static Eui_Root *theRoot;
static Eeml_ParseResult *result
static Eeml_TranslationTable appfuncs[] = {
"opendoc", app_OpenDoc,
"closedoc", app_CloseDoc,
};
::
theRoot = eeml_Init(erdinit, "table", argc, argv, &err);
```

第25章 二次开发工具

```
result = eeml_ParseVa( ELEX_FILE, "table.eml",
theRoot->rootPart , &err,
EEML_PARSE_OPTION_APP_FUNCTIONS, appfuncs,
EEML_PARSE_OPTION_APP_CONTEXT, appdata,
NULL);
```

程序 table.eml 被调用，并返回一个结果指针。eeml_ParseVa 函数有两种调用方法：一种是函数调用，另一种是数据调用。函数调用是转换 EML 函数的转换表，数据调用提供具有用户特定数据的应用函数。

3. 转换表和应用函数

一个 EML 转换表（Eeml_TranslationTable）是一个与函数名对应的指针结构，EML 编译器利用该结构调用功能函数。在例子中名字 opendoc 与函数 app_OpenDoc 对应，将该对应关系放在转换表中，EML 编译器就能够正确理解。

每一个应用函数都有如下的原型。

```
Estr_StringList *
Eeml_ApplicationFunction __((
Eeml_Menu menu,/* Unused */
Emsc_Opaque *context,/* Function Context */
long argc, /* Argument Count */
char **argv,/* Argument List */
Eerr_ErrorReport **err));
```

当应用函数被调用时，每一个参数都转换为一个字符串，并通过 argv 进行数值传递。参数的个数包含在 argc 里。

4. 发现与复制部件

函数 eeml_FindPart 用于定位一个给定的框架或在 Eeml_ParseResult 内的一个给定的框架。大部分 EML 应用功能期望一个返回参数。下面是一个在结果中应用部分数据的例子。

```
Eui_BasePart *frame;
frame = eeml_FindPart(result,"tableframe",&err);
```

在一个 Viewer、ImageInfo 或其他包含多文档窗口的应用中，以框架为模板，为每个新文档窗口复制一个框架，这是利用 eeml_PartDup 进行的，下面是一个例子。

```
newframe = eeml_PartDup(frame, &err);
```

5. EML 主程序的结构

一旦所有的部分都初始化后，开始显示主框架，进入主程序结构。主程序结构循环检查并分配接收到的消息，例子如下。

```
eeml_DisplayFrame( tf, &err );
while ( !theRoot->doneFlag ) {
n = 0;
eeml_GetNextCommand(theRoot, &context,
&argc, &argv, &err );
}
```

6．部件赋值和取值

每个 EML 框架都有一个数值，如按钮、数字条等为整数值，其他如无线按钮、文本框值为字符串。函数 eeml_NumberPartValueGet 和 eeml_StringPartValueGet 用于从框架部件中取值，函数 eeml_NumberPartValueSet 和 eeml_StringPartValueSet 为框架部件赋值。当一个部件数值变化时，产生一个 valuechanged 消息。

7．退出 EML 主程序

当一个应用完成后，调用函数 eeml_SetDoneFlag，关闭 EML。

参 考 文 献

1. ERDAS Inc.，ERDAS IMAGINE Configuration Guide for Windows，Norcross，GA 30092-2500 USA
2. ERDAS Inc.，ERDAS IMAGINE 9.3 Tour Guides，Norcross，GA 30092-2500 USA
3. ERDAS Inc.，ERDAS IMAGINE 9.3 Field Guides，Norcross，GA 30092-2500 USA
4. ERDAS Inc.，ERDAS IMAGINE 9.3 On line Help，Norcross，GA 30092-2500 USA
5. ERDAS Inc.，IMAGINE Subpixel Classifier User 's Guide，Norcross，GA 30092-2500 USA
6. ERDAS Inc.，IMAGINE Vector User 's Guide，Norcross，GA 30092-2500 USA
7. ERDAS Inc.，IMAGINE Radar Mapping Suite User 's Guide，Norcross，GA 30092-2500 USA.
8. ERDAS Inc.，IMAGINEVirtualGIS User 's Guide，Norcross，GA 30092-2500 USA
9. ERDAS Inc.，ERDAS Spatial Modeler Language Reference Manual，Norcross，GA 30092-2500 USA.
10. ERDAS Inc.，IMAGINE AutoSync User 's Guide，Norcross，GA 30092-2500 USA
11. ERDAS Inc.，LPS Configuration Guide，Norcross，GA 30092-2500 USA
12. ERDAS Inc.，LPS Project Manager User 's Guide，Norcross，GA 30092-2500 USA
13. ERDAS Inc.，Stereo Analyst User 's Guide，Norcross，GA 30092-2500 USA
14. ERDAS Inc.，LPS Automatic Terrain EXtraction User 's Guide，Norcross，GA 30092-2500 USA
15. ERDAS Inc.，LPS Terrain Editor User 's Guide，Norcross，GA 30092-2500 USA
16. ERDAS Inc.，IMAGINE Objective User 's Guide，Norcross，GA 30092-2500 USA
17. ERDAS Inc.，IMAGINE DeltaCue User 's Guide，Norcross，GA 30092-2500 USA
18. ERDAS Inc.，IMAGINE Easytrace User 's Guide，Norcross，GA 30092-2500 USA
19. ERDAS Inc.，ERDAS Macro Language Reference Manual，Norcross，GA 30092-2500 USA
20. 周成虎，骆剑承等著．高分辨率卫星遥感影像地学计算．北京：科学出版社，2009
21. 赵书河著．多源遥感影像融合技术与应用．南京：南京大学出版社，2008
22. 李小文主编．遥感原理与应用．北京：科学出版社，2008
23. 关泽群，刘继琳编著．遥感图像解译．武汉：武汉大学出版社，2007
24. 贾海峰，刘雪华等编著．环境遥感原理与应用．北京：清华大学出版社，2006
25. 戴昌达，姜小光，唐伶俐著．遥感图像应用处理与分析．北京：清华大学出版社，2004
26. 赵英时等编著．遥感应用分析原理与方法．北京：科学出版社，2003
27. 党安荣，王晓栋，陈晓峰等编著．ERDAS IMAGINE 遥感图像处理方法．北京：清华大学出版社，2003
28. 李德仁，周月琴，金为铣著．摄影测量与遥感概论．北京：测绘出版社，2001
29. 魏钟铨等．合成孔径雷达卫星．北京：科学出版社，2001
30. 舒宁编著．微波遥感原理．武汉：武汉测绘科技大学出版社，2000
31. 郭华东等著．雷达对地观测理论与应用．北京：科学出版社，2000
32. 张永生著．遥感图像信息系统．北京：科学出版社，2000
33. 陈述彭，童庆禧，郭华东．遥感信息机理研究．北京：科学出版社，1998
34. 吴信才等编著．地理信息系统原理与方法（第二版）．北京：电子工业出版社，2009
35. 黄杏元，马劲松编著．地理信息系统概论（第三版）．北京：高等教育出版社，2008
36. 张超主编．地理信息系统应用教程．北京：科学出版社，2007

37. 邬伦，张晶等编著．地理信息系统—原理、方法和应用．北京：科学出版社，2001
38. 王建，杜道生．矢量数据向栅格数据转换的一种改进算法[J]．地理与地理信息科学，2004（5）：60-62．
39. 吴华意，龚健雅，李德仁．无边界游程编码及其矢栅直接相互转换算法[J]．测绘学报，1998，27（1）：63-68．
40. 黄波，陈勇．矢量、栅格相互转换的新方法[J]．遥感技术与应用，1995(3)：61-65